Wissenschaftliche Abhandlungen

VOLUME 3

LUDWIG BOLTZMANN
EDITED BY
FRIEDRICH HASENÖHRL

CAMBRIDGE UNIVERSITY PRESS

Cambridge, New York, Melbourne, Madrid, Cape Town,
Singapore, São Paolo, Delhi, Mexico City

Published in the United States of America by Cambridge University Press, New York

www.cambridge.org
Information on this title: www.cambridge.org/9781108052818

This edition first published 1909
This digitally printed version 2012

ISBN 978-1-108-05281-8 Paperback

CAMBRIDGE LIBRARY COLLECTION

Books of enduring scholarly value

Physical Sciences

From ancient times, humans have tried to understand the workings of the world around them. The roots of modern physical science go back to the very earliest mechanical devices such as levers and rollers, the mixing of paints and dyes, and the importance of the heavenly bodies in early religious observance and navigation. The physical sciences as we know them today began to emerge as independent academic subjects during the early modern period, in the work of Newton and other 'natural philosophers', and numerous sub-disciplines developed during the centuries that followed. This part of the Cambridge Library Collection is devoted to landmark publications in this area which will be of interest to historians of science concerned with individual scientists, particular discoveries, and advances in scientific method, or with the establishment and development of scientific institutions around the world.

Wissenschaftliche Abhandlungen

The Austrian physicist Ludwig Eduard Boltzmann (1844–1906), educated at the University of Vienna, was appointed professor of mathematical physics at the University of Graz in 1869 at the age of only twenty-five. Boltzmann did important work in the fields of statistical mechanics and statistical thermodynamics; for instance, he contributed to the kinetic theory concerned with molecular speeds in gas. Boltzmann also promoted atomic theory, which at the time was still highly controversial. He was a member of the Imperial Austrian Academy of Sciences from 1885 and became a member of the Royal Swedish Academy of Sciences in 1888. This three-volume work, prepared in 1909 by the physicist Fritz Hasenöhrl, one of Boltzmann's students, comprises all his academic publications from 1865 to 1905. Volume 3 contains papers from 1882 to 1905, including work on gas diffusion and thermodynamics.

Cambridge University Press has long been a pioneer in the reissuing of out-of-print titles from its own backlist, producing digital reprints of books that are still sought after by scholars and students but could not be reprinted economically using traditional technology. The Cambridge Library Collection extends this activity to a wider range of books which are still of importance to researchers and professionals, either for the source material they contain, or as landmarks in the history of their academic discipline.

Drawing from the world-renowned collections in the Cambridge University Library and other partner libraries, and guided by the advice of experts in each subject area, Cambridge University Press is using state-of-the-art scanning machines in its own Printing House to capture the content of each book selected for inclusion. The files are processed to give a consistently clear, crisp image, and the books finished to the high quality standard for which the Press is recognised around the world. The latest print-on-demand technology ensures that the books will remain available indefinitely, and that orders for single or multiple copies can quickly be supplied.

The Cambridge Library Collection brings back to life books of enduring scholarly value (including out-of-copyright works originally issued by other publishers) across a wide range of disciplines in the humanities and social sciences and in science and technology.

Ludwig Boltzmann

Wissenschaftliche Abhandlungen

III. Band

Ludwig Boltzmann

Wissenschaftliche Abhandlungen

von

Ludwig Boltzmann

Im Auftrage und mit Unterstützung der Akademien der Wissenschaften zu Berlin, Göttingen, Leipzig, München, Wien

herausgegeben
von

Dr. Fritz Hasenöhrl
Professor der theoretischen Physik an der k. k. Universität in Wien

III. Band
(1882—1905)

Mit einem Bildnis Boltzmanns radiert von August Steininger.

Leipzig
Verlag von Johann Ambrosius Barth
1909

Druck von Metzger & Wittig in Leipzig.

Inhaltsverzeichnis

des III. Bandes. (1882—1905.)

---

[1]) London (Macmillan) 1897. (Hier nicht abgedruckt).

[2]) Nature **57.** S. 77—79. (Hier nicht abgedruckt.)

---

[1]) Der Vollständigkeit halber sei hier noch das 1908 erschienene Werk: „H. Buchholz, Das mechanische Potential, nach Vorlesungen von L. Boltzmann bearbeitet, und die Theorie der Figur der Erde.“ (Leipzig, Johann Ambrosius Barth) erwähnt.

65.

Vorläufige Mitteilung über Versuche, Schallschwingungen direkt zu photographieren.

(Wien. Anz. 19. S. 242—243. 30. Nov. 1882 u. Phil. Mag. (5) 15. S. 151. 1883.)

Es wurde an eine dünne Eisenplatte, welche ähnlich wie beim Telephon oder Phonograph an ein Wandstück befestigt war, in der Mitte senkrecht darauf ein kleines dünnes Platinplättchen befestigt. Zuerst wurde konstatiert, daß das Platinplättchen die Schwingungen des in die Kapsel gelangenden Schalles wirklich nahezu unverändert mitmacht, indem in der Nähe des Pättchens ein zweites unbeweglich festgemacht wurde; der feine zwischen beiden entstehende Spalt wurde in den Brennpunkt einer Sammellinse gebracht, auf welche Sonnenlicht fiel. Nach dem Durchgange durch den Spalt trafen die Sonnenstrahlen eine Breguetsche Selenzelle, welche mit zwei Telephonen in den Schließungskreis von zwölf Leclanché-Elementen eingeschaltet war. In das Mundstück gesprochene Einzellaute und Worte waren in den Telephonen auf das deutlichste zu vernehmen. Machte man die Strahlen nach ihrem Austritte aus dem Spalt möglichst parallel und fing sie in großer Entfernung mit einer großen Sammellinse auf, um sie auf die Selenzelle zu konzentrieren, so konnte der Apparat auch als Photophon dienen. Nach diesen Vorversuchen wurde abermals auf das vibrierende Platinplättchen intensives Sonnenlicht konzentriert, und dann mittels eines Sonnenmikroskopes von dem Schatten des Platinplättchens ein Bild auf einen Schirm entworfen. Die möglichst gerade Begrenzungslinie des Schattens wurde durch eine Zylinderlinse in einen Punkt zusammengezogen. Durch eine starke Feder wurde nun an der Stelle des Schirmes, während in das Mundstück gesprochen wurde, eine mit Vogelscher Emulsion präparierte Glasplatte vorübergeschnellt, so daß die Bewegungsrichtung senkrecht auf der durch die Zylinderlinse erzeugten Lichtlinie stand. Bei gehöriger Abhaltung des Seitenlichtes erhielt man dann auf der präparierten Platte eine Begrenzungslinie zwischen Licht und Schatten, welche eine den Schallschwingungen entsprechende Kurve bildete. Den Vokalen entsprechen ziemlich einfache Kurven, oft nahe Sinuskurven, oft Interferenzkurven zweier oder dreier Sinuskurven. Beim Vokale *a* enthält eine Periode die meisten, beim Vokale *u* die wenigsten Zacken. Den Konsonanten *l*, *m*, *n*, *r*, namentlich aber auch *p* und *k* entsprechen ungemein mannigfaltige Kurven, welche Ähnlichkeit mit den von König mittels seiner Tonflamme für *r* gefundenen Kurven hatten, aber noch viel feinere Details zeigten. Der Verfasser beabsichtigt, die Versuche durch Photographie auf rotierende Scheiben zu wiederholen, um eine größere Anzahl von Schwingungen nacheinander auffassen zu können.

66.

Zur Theorie der Gasdiffusion I.[1]

(Wien. Ber. 86. S. 63—99. 1882.)

I. Aufstellung der Fundamentalgleichungen.

Geradeso wie für die innere Reibung der Gase arbeitete auch für die Diffusion zweier Gase (ohne poröse Scheidewand, wie sie experimentell von Graham[2]), Loschmidt[3]), Wretschko[4]), Benigar[5]), Obermayer[6]) usw. untersucht wurde) Maxwell in seiner ersten gastheoretischen Arbeit „On the motion and collisions of perfectly elastic hard spheres"[7]) die erste Theorie aus. Diese Theorie wurde bei weitem nicht so oft bearbeitet, wie die der inneren Reibung; es ist da vor allem nur die weit vollständigere und genauere Berechnung der Diffusion von O. E. Meyer[8]) zu erwähnen, während die Theorie von Stefan[9]) auf etwas anderen Prinzipien beruht.

Aus der allgemeinen Gleichung, welche ich in meinen weiteren Studien über das Wärmegleichgewicht unter Gasmolekülen[10]) aufgestellt habe, läßt sich eine Theorie der Diffusion

[1]) Voranzeige dieser Arbeit Wien. Anz. 19. S. 128. 9. Juni 1882.

[2]) Phil. Trans. 153. S. 404. 1863.

[3]) Wien. Ber. 61. S. 367; 62. S. 468.

[4]) Wien. Ber. 62. S. 575.

[5]) Wien. Ber. 62. S. 687.

[6]) Wien. Ber. 81. S. 1102; 85. S. 146.

[7]) Phil. Mag. (3) 19 und 21.

[8]) In dessen Buch „Kinetische Theorie der Gase". Breslau 1877. S. 162 und 327.

[9]) Stefan, Über das Gleichgewicht und die Bewegung, insbesondere die Diffusion von Gasgemengen, Wien. Ber. 63; Stefan, Über die dynamische Theorie der Diffusion der Gase, Wien. Ber. 65.

[10]) Diese Sammlung Bd. I Nr. 22.

ableiten, welche zur neueren Maxwellschen Theorie[1]) ganz in demselben Verhältnisse steht, wie meine Theorie der inneren Reibung[2]) zur neueren Maxwellschen Theorie der inneren Reibung.

Diese Theorie der Diffusion soll im folgenden behandelt werden.

Seien in einem Gefäße zwei Gasarten vorhanden. Für die erste Gasart sollen alle Größen genau so bezeichnet werden, wie sie in meinen zuletzt zitierten Abhandlungen „Zur Theorie der Gasreibung" bezeichnet sind. Die auf die zweite Gasart bezüglichen Größen sollen mit den entsprechenden großen Buchstaben bezeichnet werden. Dementsprechend will ich alle Figuren so zeichnen, als ob die Masse eines Moleküls der zweiten Gasart größer als die Masse eines Moleküls der ersten Gasart wäre. Dann lautet die allgemeine Gleichung, welche ich in meiner ebenfalls bereits zitierten Abhandlung „Weitere Studien über das Wärmegleichgewicht usw." im III. Abschnitte für den Fall eines Gemisches zweier Gase entwickelt und dort mit 44* bezeichnet habe, folgendermaßen:

$$(1)\quad \begin{cases} \dfrac{\partial f}{\partial t}+\xi\dfrac{\partial f}{\partial x}+\eta\dfrac{\partial f}{\partial y}+\zeta\dfrac{\partial f}{\partial z}+\int d\omega_1\int p\,dp\int d\varphi\, r(ff_1-f'f_1') \\ \qquad +\int d\Omega\int p\,dp\int d\varphi\, r(fF-f'F')=0; \end{cases}$$

die analoge auf die zweite Gasart bezügliche Gleichung aber lautet:

$$(2)\quad \begin{cases} \dfrac{\partial F}{\partial t}+\Xi\dfrac{\partial F}{\partial x}+H\dfrac{\partial F}{\partial y}+Z\dfrac{\partial F}{\partial z}+\int d\Omega_1\int p\,dp\int d\varphi\, r(FF_1-F'F_1') \\ \qquad +\int d\omega\int p\,dp\int d\varphi\, r(fF-f'F')=0; \end{cases}$$

dem einfachsten Falle der Diffusion entspricht folgende Lösung:

$$(3)\quad \begin{cases} f=c(1+\xi\varphi)e^{-hmv^2} \\ F=C(1+\Xi\Phi)e^{-hMV^2}, \end{cases}$$

wobei c und C Funktionen von x, nicht aber von ξ, η, ζ sind. Die Produkte $c\varphi$ und $C\Phi$ enthalten x nicht, sind dagegen Funktionen von v resp. V. Der Zustand ist stationär, daher enthält keine Größe die Zeit. In den Gleichungen (1) und (2) reduziert sich daher der Ausdruck

[1]) Phil. Mag. (4) 35.

[2]) Diese Sammlung Bd. II Nr. 57, 58, 59.

$$(4)\quad \left\{\begin{aligned} &\frac{\partial f}{\partial t}+\xi\frac{\partial f}{\partial x}+\eta\frac{\partial f}{\partial y}+\zeta\frac{\partial f}{\partial z} \\ \text{auf}\quad & \\ &\xi\frac{dc}{dx}e^{-hmv^2}\end{aligned}\right.$$

und der Ausdruck

$$(5)\quad \left\{\begin{aligned} &\frac{\partial F}{\partial t}+\Xi\frac{\partial F}{\partial x}+H\frac{\partial F}{\partial y}+Z\frac{\partial F}{\partial z} \\ \text{auf}\quad & \\ &\Xi\frac{dC}{dx}e^{-hMV^2}\end{aligned}\right.$$

Es bleiben daher nur noch die mehrfachen Integrale der Gleichungen (1) und (2) zu berechnen. Wir wollen da zunächst, wie ich es auch in der „Theorie der Gasreibung“ tat, voraussetzen, daß die Geschwindigkeit des Diffusionsstromes verschwindend klein ist gegen die mittlere Geschwindigkeit der Moleküle, also daß $\frac{dc}{dx}$ und $\frac{dC}{dx}$ und somit auch φ und Φ verschwindend kleine Größen sind, so daß man Glieder, welche bezüglich dieser Größen von höherer als der ersten Ordnung sind, vernachlässigen kann. Dann verwandelt sich $ff_1-f'f_1'$ in:

$$(6)\quad c^2[\xi\varphi(v^2)+\xi_1\varphi(v_1^2)-\xi'\varphi(v'^2)-\xi_1'\varphi(v_1'^2)]\,e^{-hm(v^2+v_1^2)}$$

$FF_1 - F'F_1'$ in:

$$(7)\quad C^2[\Xi\Phi(V^2)+\Xi_1\Phi(V_1^2)-\Xi'\Phi(V'^2)-\Xi_1'\Phi(V_1'^2)]\,e^{-hM(V^2+V_1^2)}$$

$fF-f'F'$ in:

$$(8)\quad cC[\xi\varphi(v^2)+\Xi\Phi(V^2)-\xi'\varphi(v'^2)-\Xi'\Phi(V'^2)]\,e^{-h(mv^2+MV^2)}.$$

II. Zusammenfassung in zwei Gleichungen.

Um die bestimmten Integrale der Gleichungen (1) und (2) zu berechnen, führe ich dieselben Variablen ein, von denen ich auch schon in meinen bereits zitierten Abhandlungen „Zur Theorie der Gasreibung“ Gebrauch gemacht habe und welche ich auch mit denselben Buchstaben wie dort bezeichnen will. Es wird dann

$$(9)\quad d\Omega = r^2\gamma\,dr\,dG\,dR,\quad p\,dp = \delta^2 s\,ds,\quad d\varphi = dO,$$

wobei aber, wenn Moleküle der ersten Gasart untereinander zusammenstoßen, δ der Durchmesser eines Moleküls der ersten Gasart ist; stoßen Moleküle der zweiten Gasart untereinander zusammen, so bedeutet diese Größe den Durchmesser eines

Moleküls der zweiten Gasart und soll daher mit Δ bezeichnet werden. Stößt dagegen ein Molekül der ersten auf ein Molekül der zweiten Gasart, so muß an Stelle von δ die Summe der Radien der Moleküle beider Gasarten, also das arithmetische Mittel von δ und Δ treten, welches wir mit μ bezeichnen wollen.

Die Berechnung der ξ, η, ζ geschieht am besten in der Weise, wie ich es in meiner I. Abhandlung „Zur Theorie der Gasreibung" auf S. 425 [1]) angedeutet habe. Man berechnet zunächst $\cos(H, \mathfrak{x})$, $\cos(H, \mathfrak{y})$ und $\cos(H, \mathfrak{z})$ ebenso $\cos(C, \mathfrak{x})$, $\cos(C, \mathfrak{y})$ und $\cos(C, \mathfrak{z})$, indem man dieselben Rechnungen ausführt, welche daselbst S. 419 und 420 ausgeführt wurden, aber daselbst an die Stelle des Punktes R' einerseits den Punkt H setzt, welcher den Kreisbogen RR' halbiert; andererseits den Punkt C, welcher auf der Verlängerung desselben größten Kreisbogens nach der Seite R' hinliegt und vom Punkte H um 90^0 absteht. Folgende Modifikation der Fig. 5 zeigt die Punkte H und C. Der Punkt C ist dadurch bestimmt, daß OC parallel der Zentrallinie der Kugel im Momente des Stoßes ist. Er wurde im ersten Teile meiner Theorie der Gasreibung manchmal auch mit H_1 bezeichnet, wofür jetzt immer der Buchstabe C treten soll.[2])

Dadurch ergibt sich:

$$(10)\left\{\begin{aligned}
&\cos(H, \mathfrak{x}) = \cos(R, \mathfrak{x})\cos(R, H) + \sin(R, \mathfrak{x})\sin(R, H)\cos O \\
&\qquad = gs + \gamma\sigma o, \\
&\text{ebenso} \\
&\cos(C, \mathfrak{x}) = -g\sigma + \gamma s o, \\
&\cos(H, \mathfrak{y}) = \cos(R, \mathfrak{y})\cos(R, H) + \sin(R, \mathfrak{y})\sin(R, H)\cos(\psi - O) \\
&\qquad = \gamma\varkappa s - g\varkappa\sigma o + k\sigma\omega, \\
&\cos(C, \mathfrak{y}) = \cos(R, \mathfrak{y})\cos(R, H_1) + \sin(R, \mathfrak{y})\sin(R, H_1)\cos(\psi - O) \\
&\qquad = -\gamma\varkappa\sigma - g\varkappa s o + k s\omega, \\
&\cos(H, \mathfrak{z}) = \cos(R, \mathfrak{z})\cos(R, H) + \sin(R, \mathfrak{z})\sin(R, H)\cos(\chi + O) \\
&\qquad = \gamma k s - g k\sigma o - \varkappa\sigma\omega, \\
&\cos(C, \mathfrak{z}) = \cos(R, \mathfrak{z})\cos(R, H_1) + \sin(R, \mathfrak{z})\sin(R, H_1)\cos(\chi + O) \\
&\qquad = -\gamma k\sigma - g k s o - \varkappa s\omega.
\end{aligned}\right.$$

[1]) Die Seitenzahlen beziehen sich hier stets auf den II. Band dieser Sammlung.

[2]) Es ist trotzdem an einigen Stellen (gleich im folgenden) H_1 stehen geblieben. Da ein Mißverständnis nicht recht möglich ist, blieb jedoch das Original unverändert. D. H.

Dann wendet man das Schema (30) auf S. 418 an, um in den Gleichungen (61) der S. 425 die Größen $\cos(H, \chi)$ usw. in die Größen $\cos(H, \mathfrak{x})$ usw. zu verwandeln. Substituiert man

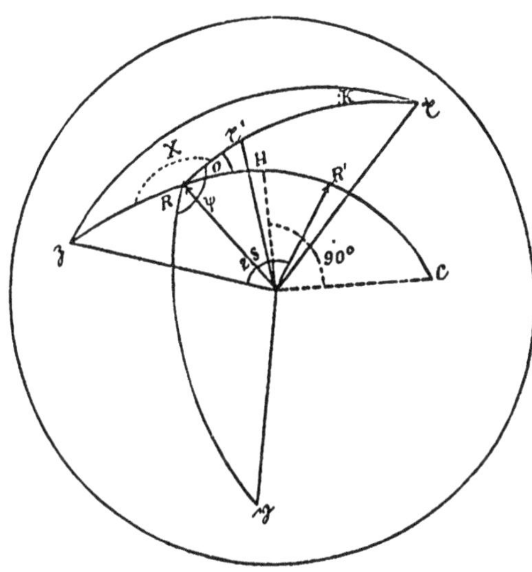

Fig. 1.

dann für die Größen $\cos(H, \mathfrak{x})$ usw. die soeben gefundenen Werte, so findet man folgende Gleichungen:

$$
(11)\left\{\begin{aligned}
\xi' &= va + r(ga\sigma^2 - \gamma as\sigma o - \alpha\gamma k\sigma^2 - \alpha gks\sigma o - \alpha\varkappa\sigma s\omega),\\
\eta' &= v\alpha\beta + r(\alpha\beta g\sigma^2 - \alpha\beta\gamma s\sigma o + b\gamma\varkappa\sigma^2 + bg\varkappa s\sigma o\\
&\qquad - b\varkappa s\sigma\omega + a\beta\gamma k\sigma^2 + a\beta gks\sigma o + a\beta\varkappa s\sigma\omega),\\
\zeta' &= v\alpha b + r(\alpha bg\sigma^2 - \alpha b\gamma\sigma so - \beta\gamma\varkappa\sigma^2 - \beta g\varkappa s\sigma o\\
&\qquad + \beta ks\sigma\omega - \alpha b\gamma k\sigma^2 + \alpha bgks\sigma o + \alpha b\varkappa s\sigma\omega),\\
\xi_1' &= va + r(gas^2 + \gamma as\sigma o - \alpha\gamma ks^2 + \alpha gks\sigma o + \alpha\varkappa s\sigma\omega),\\
\eta_1' &= v\alpha\beta + r(\alpha\beta gs^2 + \alpha\beta\gamma s\sigma o + b\gamma\varkappa s^2 - bg\varkappa s\sigma o + bks\sigma o\\
&\qquad + a\beta\gamma ks^2 - a\beta gks\sigma o - a\beta\varkappa s\sigma\omega),\\
\zeta_1' &= v\alpha b + r(\alpha bgs^2 + \alpha b\gamma s\sigma o - \beta\gamma\varkappa s^2 + \beta g\varkappa s\sigma o - \beta ks\sigma o\\
&\qquad + \alpha b\gamma ks^2 - \alpha bgks\sigma o - \alpha b\varkappa s\sigma\omega).
\end{aligned}\right.
$$

Außerdem hat man nach Gleichung (33) und (36) auf S. 418 derselben Abhandlung

$$\xi = va \text{ und } \xi_1 = va + vag - r\alpha\gamma k,$$

wenn man daher die Variablen (9) einführt und die Integration nach k ausführt, so findet man, daß das erste mehrfache Integral der Gleichung (1) durch die folgende Gleichung bestimmt wird:

$$(12)\left\{\begin{aligned}&\frac{1}{2\pi a}\int d\omega_1\int p\,dp\int d\varphi\, r(ff_1 - f'f_1')\\ &\quad = c^2\delta^2 e^{-hmv^2}\int_0^\infty r^3\,dr\int_0^\pi \gamma\, dG\, e^{-hm(r^2+2vrg}\int_0^{\pi/2} s\sigma\, dS\int_0^{2\pi} dO.\\ &\quad [v\varphi(v^2) + (v+rg)\varphi(v_1^2) - 2(v+rg\sigma^2 - r\gamma s\sigma o)\varphi(v'^2)].\end{aligned}\right.$$

Die Zusammenziehung der beiden Glieder mit $\varphi(v'^2)$ und $\varphi(v_1'^2)$ geschieht hier genau in derselben Weise, wie im zweiten Teile meiner Theorie der Gasreibung S. 439 und 440, und es würde daher eine weitere Auseinandersetzung der Methode dieser Zusammenziehung hier überflüssig sein. Ganz analog wird das erste mehrfache bestimmte Integral der Gleichung (2) behandelt. Da r, G, S, O und K bloße Integrationsvariable sind, so ist hier eine Vertauschung von kleinen und großen Buchstaben beim Übergang von der ersten zur zweiten Gasart nicht notwendig, und es ergibt sich einfach nach Analogie der Gleichung (12)

$$(13)\left\{\begin{aligned}&\frac{1}{2\pi a}\int d\Omega_1\int p\,dp\int d\varphi\, r(FF_1 - F'F_1')\\ &\quad = C^2\Delta^2 e^{-hMV^2}\int_0^\infty r^3\,dr\int_0^\pi \gamma\, dG\, e^{-hM(r^2+2Vrg)}\int_0^{\pi/2} s\sigma\, dS\int_0^{2\pi} dO\\ &\quad [V\Phi(V^2) + (V+rg)\Phi(V_1^2) - 2(V+rg\sigma^2 - r\gamma s\sigma o)\Phi(V'^2)].\end{aligned}\right.$$

Auch der Richtungswinkel A braucht für die zweite Gasart nicht anders bezeichnet zu werden, da ohnedies klar ist, daß sich alle in diesem Ausdrucke vorkommenden Größen auf die zweite Gasart beziehen und daher hier ein Irrtum nicht gut möglich ist.

Bei Berechnung des zweiten mehrfachen Integrals der Gleichungen (1) und (2) müssen die in meiner Theorie der Gasreibung angewendeten Schlüsse etwas modifiziert werden, da es sich hierbei um Zusammenstöße zweier Moleküle von verschiedener Masse handelt. Es tritt daher an Stelle der Fig. 4 S. 414 des ersten Teiles eine andere, in welcher das

Viereck $VV'V_1V_1'$ kein Rechteck, sondern ein Trapez ist. Ich will hierbei die Endpunkte der Linien nicht mit großen Buchstaben bezeichnen, sondern mit denselben Buchstaben, mit denen auch die Längen der Linien bezeichnet werden. Wir erhalten dann an Stelle der Fig. 4 die nachstehende.

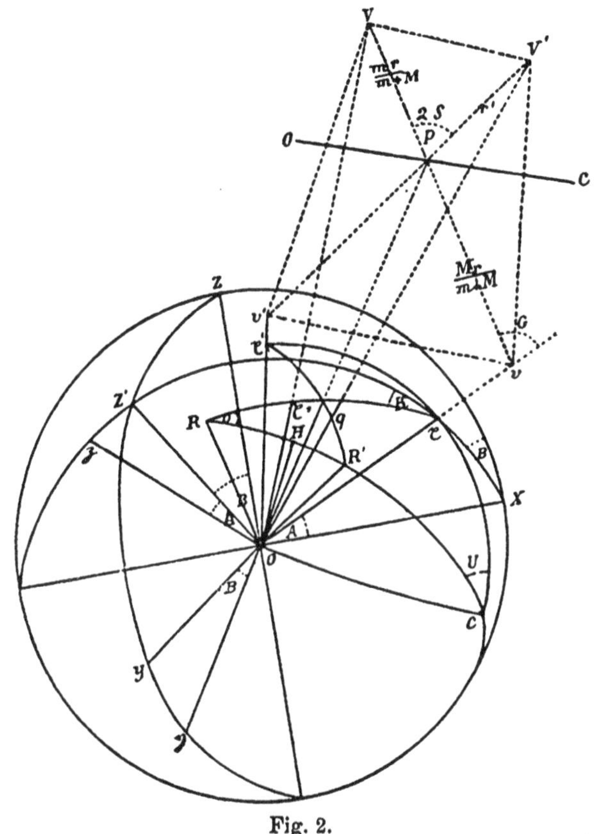

Fig. 2.

Aus derselben folgt:

$$Ov'^2 = Ov^2 + vv'^2 - 2\,Ov\cdot vv'\cdot\cos(Ovv'), \tag{14}$$

wobei der $\sphericalangle\, Ovv'$ das Supplement zum $\sphericalangle$ der Geraden Ov und vv' ist. Zieht man von O aus eine Gerade OH_1 parallel und gleichgerichtet mit $v'v$, also mit der Zentrallinie der Kugeln im Momente des Zusammenstoßes, so ist:

$$\mathrm{arc}(O\mathfrak{x}\cdot OC) = \mathrm{arc}(Ovv').$$

OP stellt die Geschwindigkeit des Schwerpunktes beider Kugeln vor und nach dem Zusammenstoße dar. Der Punkt P teilt daher die Relativgeschwindigkeiten vV und $v'V'$ im Verhältnis der Massen der Kugeln, woraus folgt:

$$vP = v'P = \frac{Mr}{m+M}$$

und

$$VP = V'P = \frac{mr}{m+M},$$

daher

$$v v' = \frac{2Mr\sigma}{m+M} \tag{15}$$

und die Gleichung (14) verwandelt sich in

$$v'^2 = v^2 + \frac{4M^2 r^2 \sigma^2}{(m+M)^2} - \frac{4Mvr\sigma}{m+M}\cos(Ov, OH_1). \tag{16}$$

ξ' ist die Projektion von Ov' auf OX; projiziert man die gebrochene Linie Ovv' und bedenkt, daß OH_1 gleichgerichtet mit $v'v$ ist, so erhält man

$$\xi' = va - \frac{2Mr\sigma}{m+M}\cos(H_1, X),$$

ebenso erhält man an Stelle der beiden folgenden Gleichungen (61)

$$\left\{\begin{aligned} \eta' &= v\alpha\beta - \frac{2Mr\sigma}{m+M}\cos(H_1, Y), \\ \zeta' &= v\alpha b - \frac{2Mr\sigma}{m+M}\cos(H_1, Z).^{1)} \end{aligned}\right. \tag{17}$$

Die Fig. 5 auf S. 419 des ersten Teiles, sowie die ihr analoge Fig. 1 dieser Abhandlung ist auf Moleküle mit ver-

---

[1]) Diese Formeln sind identisch mit den Formeln, welche Stefan im zweiten Abschnitte seiner dynamischen Theorie der Gasdiffusion (Wien. Ber. 65. S. 29 des Separatabdruckes) gibt, wie man leicht sieht, wenn man bedenkt, daß unser Winkel S und der Stefansche λ sich zu 90° ergänzen. Sie können übrigens auch so geschrieben werden:

$$\xi - \xi' = \frac{2M}{m+M}\cos(H_1X)[(\xi-\xi_1)\cos(H_1X) + (\eta-\eta_1)\cos(H_1Y) + (\zeta-\zeta_1)\cos(H_1Z)],$$

$$\eta - \eta' = \frac{2M}{m+M}\cos(H_1Y)[(\xi-\xi_1)\cos(H_1X) + (\eta-\eta_1)\cos(H_1Y) + (\zeta-\zeta_1)\cos(H_1Z)],$$

$$\zeta - \zeta' = \frac{2M}{m+M}\cos(H_1Z)[(\xi-\xi_1)\cos(H_1X) + (\eta-\eta_1)\cos(H_1Y) + (\zeta-\zeta_1)\cos(H_1Z)].$$

schiedenen Massen unverändert anwendbar und ebenso die daraus gezogenen Schlüsse. Es gelten daher analog wie früher die Gleichungen (10). Ebenso gelten die aus dem Schema (30) der S. 418 folgenden Gleichungen:

$$(18)\begin{cases}\cos(C, X) = a\cos(C, \mathfrak{x}) \quad - \alpha\cos(C, \mathfrak{z}),\\ \cos(C, Y) = \alpha\beta\cos(C, \mathfrak{x}) + b\cos(C, \mathfrak{y}) + a\beta\cos(C, \mathfrak{z}),\\ \cos(C, Z) = \alpha b\cos(C, \mathfrak{x}) - \beta\cos(C, \mathfrak{y}) + ab\cos(C, \mathfrak{z})\end{cases}$$

und es folgt daher aus den vorhergehenden Gleichungen:

$$(19)\begin{cases}\xi' = va + \frac{2Mr}{m+M}(ga\sigma^2 - \gamma as\sigma o - a\gamma k\sigma^2\\ \qquad\qquad - \alpha gks\sigma o - a\varkappa s\sigma\omega),\\ \eta' = v\alpha\beta + \frac{2Mr}{m+M}(\alpha\beta g\sigma^2 - \alpha\beta\gamma s\sigma o + b\gamma\varkappa\sigma^2 + bg\varkappa s\sigma o\\ \qquad\qquad - bks\sigma\omega + a\beta\gamma k\sigma^2 + a\beta gks\sigma o + a\beta\varkappa s\sigma\omega),\\ \zeta' = v\alpha b + \frac{2Mr}{m+M}(\alpha bg\sigma^2 - \alpha b\gamma s\sigma o - \beta\gamma\varkappa\sigma^2 - \beta g\varkappa s\sigma o\\ \qquad\qquad + \beta ks\sigma\omega + abgk\sigma so + ab\gamma k\sigma^2 + ab\varkappa s\sigma\omega).\end{cases}$$

Da ferner in Fig. 1 der größte Kreisbogen RH_1 offenbar $= 90^0 + S$ ist, so folgt aus dem sphärischen Dreieck $\mathfrak{x}RH_1$ dieser Figur:

$$(20)\qquad \cos(O\mathfrak{x}, OC) = -g\sigma + \gamma so$$

und die für v'^2 gefundene Formel liefert daher:

$$(21)\qquad v'^2 = v^2 + \frac{4Mvr}{m+M}(g\sigma^2 - \gamma s\sigma o) + \frac{4M^2r^2\sigma^2}{(m+M)^2}.$$

Die Bestimmung derjenigen Größen, welche dem zweiten der zusammenstoßenden Moleküle nach dem Zusammenstoße zukommen, muß jetzt in etwas anderer Weise geschehen, als in dem Falle, wo beide Moleküle gleiche Masse haben. So findet man die Geschwindigkeit V' dieses Moleküls nach dem Zusammenstoße in der nachfolgenden Weise: Aus dem Dreiecke VOV' der Fig. 2 folgt nämlich:

$$(22)\begin{cases}V'^2 = OV'^2 = OV^2 + VV'^2 - 2OV\cdot VV'\cos(VO, VV')\\ \quad = V^2 + \frac{4m^2r^2\sigma^2}{(m+M)^2} + \frac{4mr\sigma V}{(m+M)}\cos(OV, OH_1).\end{cases}$$

Nun folgt aus dem sphärischen Dreiecke $\mathfrak{x}_1RH_1$ (vgl. auch Fig. 1):

$$\text{(23)}\quad \begin{cases} \cos(OV, OC) = \cos(\mathfrak{x}_1, OC) \\ \qquad = \cos(RO\mathfrak{x}_1)\cos(ROC) + v\sin(RO\mathfrak{x}_1)\sin(ROC). \end{cases}$$

Nun ist zunächst der $\sphericalangle ROC = 90^0 + S$.

Ferner folgt aus dem Dreiecke vOV der Fig. 2:

$$v : V = \sin OVv : \sin(180 - G).$$

Nun sieht man aber sofort aus Fig. 2, daß der $\sphericalangle OVv = \sphericalangle ROV$ ist, es kann daher die vorige Proportion auch so geschrieben werden:

$$v : V = \sin(ROV) : \gamma,$$

woraus sich ergibt:

$$\text{(24)}\qquad \sin ROV = \sin(RO\mathfrak{x}_1) = \frac{v\gamma}{V}.$$

Ebenso ergibt sich durch Projektion der Seite OV desselben Dreiecks auf die Richtung Vv:

$$\text{(25)}\qquad \cos(RO\mathfrak{x}_1) = \frac{r + vg}{V}.$$

Die Substitution dieser Werte in die Gleichung (23) liefert:

$$\cos(OV, OC) = \frac{-2\sigma - vg\sigma + v\gamma s o}{V}$$

und daher folgt aus der Gleichung (22)

$$\text{(26)}\qquad V'^2 = V^2 + \frac{4m^2r^2\sigma^2}{(m+M)^2} + \frac{4mr\sigma}{m+M}\cdot(-r\sigma - vg\sigma + v\gamma s o).$$

Will man alles durch v und r ausdrücken, so ist hierbei zu bedenken, daß:

$$\text{(27)}\qquad V^2 = v^2 + r^2 + 2vrg$$

ist, wie aus dem Dreiecke OVv der Fig. 2 folgt.

Um auch die Projektionen Ξ', H', Z', von V' auf die drei Koordinatenachsen OX, OY, OZ zu finden, sind folgende Betrachtungen anzustellen: An Stelle der Gleichungen (61) S. 425 des dritten Teiles meiner Theorie der Gasreibung I. findet man jetzt die nachfolgenden, indem man die geradgebrochene Linie OVV' auf die besagten drei Koordinatenachsen projiziert.

$$\text{(28)}\quad \begin{cases} \Xi' = \Xi + \dfrac{2mr\sigma}{m+M}\cos(OC, OX), \\ H' = H + \dfrac{2mr\sigma}{m+M}\cos(OC, OY), \\ Z' = Z + \dfrac{2mr\sigma}{m+M}\cos(OC, OZ). \end{cases}$$

Die Gleichungen (10) und (18) dieser Abhandlung ergeben sofort die Werte für $\cos(OC, OX)$, $\cos(OC, OY)$ und $\cos(OC, OZ)$. Ferner bleiben die Gleichungen (36) auf S. 418 meiner Theorie der Gasreibung I. Teil unverändert anwendbar, wenn an Stelle von

$$\xi_1,\ \eta_1,\ \zeta_1,\ \Xi,\ H \text{ und } Z$$

gesetzt werden.

Wir bekommen also aus den Gleichungen (28)

$$(29)\left\{\begin{aligned}
\Xi' &= v a + r a g - r \alpha \gamma k - \frac{2mr}{m+M}(g a \sigma^2 - \gamma a s \sigma o \\
&\qquad - \alpha \gamma k \sigma^2 - \alpha g k s \sigma o - \alpha \varkappa s \sigma \omega), \\
H' &= v \alpha \beta + r \alpha \beta g + r b \gamma \varkappa + r a \beta \gamma k - \frac{2mr}{m+M}(\alpha \beta g \sigma^2 \\
&\qquad - \alpha \beta \gamma s \sigma o + b \gamma \varkappa \sigma^2 + b g \varkappa s \sigma o - b k \sigma s \omega \\
&\qquad + a \beta \gamma k \sigma^2 + a \beta g k s \sigma o + a \beta \varkappa s \sigma \omega), \\
Z' &= v \alpha b + r \alpha b g - r \beta \gamma \varkappa + r a b \gamma k - \frac{2mr}{m+M}(\alpha b g \sigma^2 \\
&\qquad - \alpha b \gamma s \sigma o - \beta \gamma \varkappa \sigma^2 - \beta g \varkappa s \sigma o + \beta k s \sigma \omega \\
&\qquad + a b g k \sigma s o + a b \gamma k \sigma^2 + a b \varkappa s \sigma \omega).
\end{aligned}\right.$$

Die Substitution aller dieser Werte liefert:

$$(30)\left\{\begin{aligned}
&\frac{1}{2\pi a}\int d\Omega \int p\,dp \int d\varphi\, r(fF - f'F') \\
&= \frac{c\,C\,\delta^2\mu^2}{2\pi a}\int_0^\infty r^3\,dr \int_0^\pi \gamma\,dG \int_0^{\pi/2} s\sigma\,dS \int_0^{2\pi} dO \int_0^{2\pi} dK \\
&\quad [\xi\varphi(v^2) + \Xi\,\Phi(V^2) - \xi'\varphi(v'^2) - \Xi'\,\Phi(V'^2)]\, e^{-h(mv^2+MV^2)} \\
&= cC\delta^2 e^{-h(m+M)v^2}\int_0^\infty r^3 dr \int_0^\pi \gamma\,dG\, e^{-hMr^2-2hcMvrg}\int_0^{\pi/2} s\sigma\,dS \int_0^{2\pi} dO \\
&\quad \Big\{v\,\varphi(v^2) + (v + rg)\,\Phi(v^2 + r^2 + 2vrg) \\
&\quad - \left[v + \frac{2Mr}{m+M}(g\sigma^2 - \gamma s o \sigma)\right]\varphi(v'^2) \\
&\quad - \left[v + rg - \frac{2mr}{m+M}(g\sigma^2 - \gamma s \sigma o)\right]\Phi(V'^2)\Big\}.
\end{aligned}\right.$$

Hierbei sind für v' und V' die durch die Gleichungen (21) und (26) gegebenen Werte zu setzen. Berücksichtigt man nun die Gleichungen (4), (12) und (30), so nimmt die Fundamentalgleichung (1) für das erste der beiden diffundierenden Gase, nachdem sie durch $2\pi a e^{-hmv^2}$ dividiert worden ist, folgende Gestalt an:

$$(31)\quad \begin{cases} \dfrac{v}{2\pi}\dfrac{dc}{dx} + c^2\delta^2 e^{-hmv^2}\int\limits_0^\infty r^3\,dr\int\limits_0^\pi \gamma\,dG\,e^{-hm(r^2+2vrg)}\int\limits_0^{\pi/2} s\,\sigma\,dS\int\limits_0^{2\pi} dO \\ \quad \{v\varphi(v^2) + (v+rg)\varphi(v^2+r^2+2vrg) \\ \quad - 2(v+rg\sigma^2-r\gamma s\sigma o)\varphi(v^2+2vr[g\sigma^2-\gamma s\sigma o]+r^2\sigma^2)\} \\ \quad + cC\mu^2 e^{-hMv^2}\int\limits_0^\infty r^3 dr\int\limits_0^\pi \gamma\,dG\,e^{-hMr^2-2hMvrg}\int\limits_0^{\pi/2} s\sigma\,dS\int\limits_0^{2\pi} dO \\ \quad \Big\{v\varphi(v^2) + (v+rg)\Phi(v^2+r^2+2vrg) \\ \quad - \left[v + \dfrac{2Mr}{m+M}(g\sigma^2-\gamma s\sigma o)\right]\varphi(v'^2) \\ \quad - \left[v + rg - \dfrac{2mr}{m+M}(g\sigma^2-\gamma s\sigma o)\right]\Phi(V'^2)\Big\} = 0. \end{cases}$$

Für v'^2 und V'^2 sind wieder die durch die Gleichungen (21) und (26) gegebenen Werte zu substituieren. Die Fundamentalgleichung für die zweite Gasart kann aus derjenigen für die erste Gasart bereits durch Analogie gebildet werden, indem man sämtliche auf die erste Gasart bezüglichen Größen mit den auf die zweite Gasart bezüglichen und umgekehrt vertauscht; natürlich brauchen dabei die Buchstaben, welche bloße Integrationsvariable bezeichnen, keine Veränderung zu erfahren. Man erhält auf diese Weise für die zweite Gasart folgende Fundamentalgleichung:

$$(32)\quad \begin{cases} \dfrac{V}{2\pi}\dfrac{dC}{dx} + C^2\Delta^2 e^{-hMV^2}\int\limits_0^\infty r^3\,dr\int\limits_0^\pi \gamma\,dG\,e^{-hM(r^2+2Vrg)}\int\limits_0^{\pi/2} s\,\sigma\,dS\int\limits_0^{2\pi} dO \\ \quad \{V\Phi(V^2) + (V+rg)\Phi(V^2+r^2+2Vrg) \\ \quad - 2(V+rg\sigma^2-r\gamma s\sigma o)\Phi(V^2+2Vr[g\sigma^2-\gamma s\sigma o]+r^2\sigma^2)\} \\ \quad + cC\mu^2 e^{-hmV^2}\int\limits_0^\infty r^3\,dr\int\limits_0^\pi \gamma\,dG\,e^{-hmr^2-2hmVrg}\int\limits_0^{\pi/2} s\sigma\,dS\int\limits_0^{2\pi} dO. \end{cases}$$

$$(32)\quad \left\{\begin{aligned} &\Big\{V\,\Phi(V^2) + (V + rg)\,\Phi(V^2 + r^2 + 2Vrg) \\ &- \left[V + \frac{2mr}{m+M}(g\sigma^2 - \gamma s\sigma o)\right]\Phi(\Omega'^2) \\ &- \left[V + rg - \frac{2Mr}{m+M}(g\sigma^2 - \gamma s\sigma o)\right]\varphi(\omega'^2)\Big\} = 0. \end{aligned}\right.$$

Hierbei hat Ω' nach Analogie der Gleichung (21) den Wert

$$(33)\quad \Omega'^2 = V^2 + \frac{4mVr}{m+M}(g\sigma^2 - \gamma s\sigma o) + \frac{4m^2r^2\sigma^2}{(m+M)^2}$$

und in gleicher Weise hat man analog der Gleichung (26):

$$(34)\quad \left\{\begin{aligned} \omega'^2 = {} & V^2 + r^2 + 2Vrg + \frac{4M^2r^2\sigma^2}{(m+M)^2} \\ & + \frac{4Mr\sigma}{m+M}(-r\sigma - Vg\sigma + V\gamma s o). \end{aligned}\right.$$

III. Einführung passender Integrationsvariabeln in die auf eine Gasart bezüglichen Integrale.

Es handelt sich nur noch darum, aus den beiden Gleichungen (31) und (32), in welchem die vier Größen c, C, dc/dx und dC/dx als Konstante zu betrachten sind, die beiden unbekannten Funktionen Φ und φ zu bestimmen. Zu diesem Zwecke wird es jedenfalls, ähnlich wie ich es in der Theorie der Gasreibung getan habe, am besten sein, die mehrfachen bestimmten Integrale in Summanden zu zerlegen und in jedem Summanden den Ausdruck, welcher unter dem Funktionszeichen φ oder Φ steht, als Integrationsvariable einzuführen.

Zu diesem Zwecke wollen wir die Gleichungen (31) und (32) in der Form schreiben:

$$(35)\quad \frac{v}{2\pi}\frac{dc}{dx} + c^2\delta^2(a + p - i) + cC\mu^2(b + q - z - w) = 0,$$

$$(36)\quad \frac{V}{2\pi}\frac{dC}{dx} + C^2\Delta^2(A + P - J) + cC^2\mu^2(B + Q - Z - W) = 0,$$

wobei a, b, A und B jetzt eine andere Bedeutung als früher haben.

Es ist nämlich:

$$
\left\{
\begin{aligned}
a &= e^{-hmv^2}\int_0^\infty r^3\,dr\int_0^\pi \gamma\,dG\,e^{-hm(r^2+2vrg)}\int_0^{\pi/2} s\,\sigma\,dS\int_0^{2\pi} dO\,v\,\varphi(v^2),\\
A &= e^{-hMV^2}\int_0^\infty r^3\,dr\int_0^\pi \gamma\,dG\,e^{-hM(r^2+2Vrg)}\int_0^{\pi/2} s\,\sigma\,dS\int_0^{2\pi} dO\,V\,\Phi(V^2),\\
p &= e^{-hmv^2}\int_0^\infty r^3\,dr\int_0^\pi \gamma\,dG\,e^{-hm(r^2+2vrg)}\int_0^{\pi/2} s\,\sigma\,dS\int_0^{2\pi} dO\\
&\qquad\qquad (v+rg)\,\varphi(v^2+r^2+2vrg),\\
P &= e^{-hMV^2}\int_0^\infty r^3\,dr\int_0^\pi \gamma\,dG\,e^{-hM(r^2+2Vrg)}\int_0^{\pi/2} s\,\sigma\,dS\int_0^{2\pi} dO\\
&\qquad\qquad (V+rg)\,\Phi(V^2+r^2+2Vrg),\\
i &= 2e^{-hmV^2}\int_0^\infty r^3\,dr\int_0^\pi \gamma\,dG\,e^{-hm(r^2+2vrg)}\int_0^{\pi/2} s\,\sigma\,dS\int_0^{2\pi} dO\\
&\qquad (v+rg\sigma^2-r\gamma s\sigma o)\,\varphi(v^2+2vr[g\sigma^2-\gamma s\sigma o]+r^2\sigma^2),\\
J &= 2e^{-hMV^2}\int_0^\infty r^3\,dr\int_0^\pi \gamma\,dG\,e^{-hM(r^2+2Vrg)}\int_0^{\pi/2} s\,\sigma\,dS\int_0^{2\pi} dO\\
&\qquad (V+rg\sigma^2-r\gamma s\sigma o)\,\Phi(V^2+2Vr[g\sigma^2-\gamma s\sigma o]+r^2\sigma^2),\\
b &= e^{-hMv^2}\int_0^\infty r^3\,dr\int_0^\pi \gamma\,dG\,e^{-hMr^2-2hMvrg}\int_0^{\pi/2} s\,\sigma\,dS\int_0^{2\pi} dO\,v\,\varphi(v^2),\\
B &= e^{-hmV^2}\int_0^\infty r^3\,dr\int_0^\pi \gamma\,dG\,e^{-hmr^2-2hmVrg}\int_0^{\pi/2} s\,\sigma\,dS\int_0^{2\pi} dO\,V\,\Phi(V^2),\\
q &= e^{-hMv^2}\int_0^\infty r^3\,dr\int_0^\pi \gamma\,dG\,e^{-hMr^2-2hMvrg}\int_0^{\pi/2} s\,\sigma\,dS\int_0^{2\pi} dO\\
&\qquad\qquad (v+rg)\,\Phi(v^2+r^2+2vrg),\\
Q &= e^{-hmV^2}\int_0^\infty r^3\,dr\int_0^\pi \gamma\,dG\,e^{-hmr^2-2hmVrg}\int_0^{\pi/2} s\,\sigma\,dS\int_0^{2\pi} dO\\
&\qquad\qquad (V+rg)\,\varphi(V^2+r^2+2Vrg),
\end{aligned}
\right.
\tag{37}
$$

$$(37)\left\{\begin{aligned}
z &= e^{-hMv^2}\int_0^\infty r^3\,dr\int_0^\pi \gamma\,dG\,e^{-hMr^2-2hMvrg}\int_0^{\pi/2} s\,\sigma\,dS\int_0^{2\pi} dO \\
&\qquad \left[v+\frac{2Mr}{m+M}(g\sigma^2-\gamma s\sigma o)\right]\varphi(v'^2), \\
Z &= e^{-hmV^2}\int_0^\infty r^3\,dr\int_0^\pi \gamma\,dG\,e^{-hmr^2-2hmVrg}\int_0^{\pi/2} s\,\sigma\,dS\int_0^{2\pi} dO \\
&\qquad \left[V+\frac{2mr}{m+M}(g\sigma^2-\gamma s\sigma o)\right]\Phi(\Omega'^2), \\
w &= e^{-hMv^2}\int_0^\infty r^3\,dr\int_0^\pi \gamma\,dG\,e^{-hMr^2-2hMvrg}\int_0^{\pi/2} s\,\sigma\,dS\int_0^{2\pi} dO \\
&\qquad \left[v+rg-\frac{2mr}{m+M}(g\sigma^2-\gamma s\sigma o)\right]\Phi(V'^2), \\
W &= e^{-hmV^2}\int_0^\infty r^3\,dr\int_0^\pi \gamma\,dG\,e^{-hmr^2-2hmVrg}\int_0^{\pi/2} s\,\sigma\,dS\int_0^{2\pi} dO \\
&\qquad \left[V+rg-\frac{2Mr}{m+M}(g\sigma^2-\gamma s\sigma o)\right]\varphi(\omega'^2).
\end{aligned}\right.$$

Hierbei ist v' durch die Gleichung (21), V' durch die Gleichungen (26) und (27), w' und Ω' durch die Gleichungen (33) und (34) bestimmt.

Um zunächst a zu bestimmen, setzen wir daselbst

$$r=\frac{\varrho}{\sqrt{hm}} \quad\text{und}\quad v=\frac{\omega}{\sqrt{hm}},$$

dadurch wird

$$a=\frac{v\,\varphi(v^2)}{h^2m^2}e^{-\omega^2}\int_0^\infty \varrho^3\,d\varrho\int_0^\pi \gamma\,dG\,e^{-\varrho^2-2\omega\varrho g}\int_0^{\pi/2} s\,\sigma\,dS\int_0^{2\pi} dO.$$

Behandelt man diesen Ausdruck wie den Ausdruck (36) des zweiten Teiles meiner Theorie der Gasreibung VIII. Abschnitt, S. 459, so findet man:

$$e^{-\omega^2}\int_0^\infty \varrho^3\,d\varrho\int_0^\pi \gamma\,dG\,e^{-\varrho^2-2\omega\varrho g}\int_0^{\pi/2} s\,\sigma\,dS\int_0^{2\pi} dO$$
$$=\pi\left[\frac{1}{2}e^{-\omega^2}+\left(\omega+\frac{1}{2\omega}\right)\int_0^\omega dx\,e^{-x^2}\right.$$

daher

$$(38)\quad a=\frac{\pi v\varphi(v^2)}{h^2m^2}\left[\frac{1}{2}e^{-hmv^2}+\left(v\sqrt{hm}+\frac{1}{2v\sqrt{hm}}\right)\int\limits_0^{v\sqrt{hm}}dx\,e^{-x^2}\right].$$

Analog folgt:

$$(39)\quad A=\frac{\pi V\Phi(V^2)}{h^2M^2}\left[\frac{1}{2}e^{-hMV^2}+\left(V\sqrt{hM}+\frac{1}{2V\sqrt{hM}}\right)\int\limits_0^{V\sqrt{hM}}dx\,e^{-x^2}\right].$$

Ebenso wollen wir in dem Ausdrucke für b betzen:

$$V=\frac{\omega}{\sqrt{hM}},\qquad r=\frac{\varrho}{\sqrt{hM}},$$

wodurch sich ergibt:

$$(40)\quad\left\{\begin{aligned}b&=\frac{v\varphi(v^2)}{h^2M^2}e^{-\omega^2}\int\limits_0^\infty\varrho^3d\varrho\int\limits_0^\pi\gamma\,dG\,e^{-\varrho^2-2\omega\varrho g}\int\limits_0^{\pi/2}s\sigma\,dS\int\limits_0^{2\pi}dO\\&=\frac{\pi v\varphi(v^2)}{h^2M^2}\left[\frac{1}{2}e^{-hMv^2}+\left(v\sqrt{hM}+\frac{1}{2v\sqrt{hM}}\right)\int\limits_0^{v\sqrt{hM}}dx\,e^{-x^2}\right].\end{aligned}\right.$$

Analog ist

$$(41)\quad B=\frac{\pi V\Phi(V^2)}{h^2m^2}\left[\frac{1}{2}e^{-hmV^2}+\left(V\sqrt{hm}+\frac{1}{2V\sqrt{hm}}\right)\int\limits_0^{V\sqrt{hm}}dx\,e^{-x^2}\right].$$

Zur Bestimmung der Größe p hat man die Substitutionen (38) des zweiten Teiles meiner Theorie der Gasreibung VIII. Abschnitt, Seite 460 zu machen, dadurch erhält man:

$$p=\int\limits_0^\infty e^{-hmv_1^2}v_1^2dv_1\int\limits_0^\pi r\tau\,dT\int\limits_0^{\pi/2}s\sigma\,dS\int\limits_0^{2\pi}dO\,v_1t\varphi(v_1'^2).$$

Hier ist

$$\int\limits_0^{\pi/2}s\sigma\,dS\int\limits_0^{2\pi}dO=\pi,$$

$$\int\limits_0^\pi rt\tau\,dT=\int\limits_0\frac{r^2t\,dr}{vv_1}=\int\limits_0\frac{v^2+v_1^2-r^2}{2v^2v_1^2}r^2dr$$

$$=-\frac{2}{3}v+\frac{2}{15}\frac{v^3}{v_1^2}$$

für $v_1 > v$ und

$$= -\frac{2}{3} v_1 + \frac{2}{15} \frac{v_1^3}{v^2}$$

für $v > v_1$, woraus folgt:

$$(42)\quad \begin{cases} p = \pi \int\limits_0^v e^{-hmv_1^2} \varphi(v_1^2) \left(\frac{2}{15} \frac{v_1^6}{v^3} - \frac{2}{3} v_1^4\right) d v_1 \\ \quad + \pi \int\limits_v^\infty e^{-hmv_1^2} \varphi(v_1^2) \left(\frac{2}{15} v_1 v^3 - \frac{2}{3} v v_1^3\right) d v_1 . \end{cases}$$

Hieraus folgt P, indem man M, V und Φ für m, v und φ schreibt.

$$(43)\quad \begin{cases} P = \pi \int\limits_0^V e^{-hMv_1^2} \Phi(v_1^2) \left(\frac{2}{15} \frac{v_1^6}{V^2} - \frac{2}{3} v_1^4\right) d v_1 \\ \quad + \pi \int\limits_V^\infty e^{-hMv_1^2} \Phi(v_1^2) \left(\frac{2}{15} v_1 V^3 - \frac{2}{3} V v_1^3\right) d v_1 . \end{cases}$$

Ferner aus dem letzten Ausdrucke findet man q, indem man für V wieder v schreibt, die übrigen Buchstaben aber beibehält:

$$(44)\quad \begin{cases} q = \pi \int\limits_0^v e^{-hMv_1^2} \Phi(v_1^2) \left(\frac{2}{15} \frac{v_1^6}{v^2} - \frac{2}{3} v_1^2\right) d v_1 \\ \quad + \pi \int\limits_v^\infty e^{-hMv_1^2} \Phi(v_1^2) \left(\frac{2}{15} v_1 v^3 - \frac{2}{3} v v_1^4\right) d v_1 . \end{cases}$$

Endlich findet man Q aus p, indem man darin statt v wieder V schreibt:

$$(45)\quad \begin{cases} Q = \pi \int\limits_0^V e^{-hmv_1^2} \varphi(v_1^2) \left(\frac{2}{15} \frac{v_1^6}{V^2} - \frac{2}{3} v_1^4\right) d v_1 \\ \quad + \pi \int\limits_V^\infty e^{-hmv_1^2} \varphi(v_1^2) \left(\frac{2}{15} v_1 V^3 - \frac{2}{3} v_1^3 V\right) d v_1 . \end{cases}$$

Die Ausdrücke i und J sind mittels der Substitutionen zu behandeln, welche ich zu Anfang des dritten Teiles meiner Theorie der Gasreibung auseinandergesetzt habe, dieselben liefern:

$$r^3 dr\gamma\, dG\, dO = \frac{r v'^2}{\sigma^3} dv'\, dl\, dM,$$

ferner

$$r^2 = \frac{v^2 + v'^2 - 2vv'l}{\sigma^2},$$

$$v^2 + r^2 + 2vrg = v'^2 + \frac{s^2}{\sigma^2}(v^2 + v'^2 - 2vv'l) - \frac{2vv'\lambda s m'}{\sigma},$$

$$v + rg\sigma^2 - r\gamma s\sigma o = v'l,$$

welche Werte liefern:

$$i = 2\int_0^\infty \varphi(v'^2) v'^3 dv' e^{-hmv'^2} \int_0^{\pi/2} \frac{s\, dS}{\sigma^3} \int_{-1}^{+1} l\, dl \int_0^{2\pi} dM \sqrt{v^2 + v'^2 - 2vvl'}\, .$$

$$e^{-hm\frac{s^2}{\sigma^2}(v^2+v'^2-2vv'l) + \frac{2hmvv'\lambda s m'}{\sigma}},$$

wobei $\cos M$ mit m' bezeichnet wurde, um es von der Masse m zu unterscheiden.

Die Behandlungsweise dieses Ausdruckes ist genau die von mir im dritten Teile meiner Theorie der Gasreibung, Abschnitt XII, angewendete. Entwickelt man die m' enthaltende Exponentielle in eine Potenzreihe und führt die Integration nach M durch, so ergibt sich zunächst:

$$i = 4\pi \sum_{n=0}^{n=\infty} \frac{(hmv)^{2n}}{(n!)^2} \int_0^\infty \varphi(v'^2) v'^{2n+3} e^{-hmv'^2} dv' \int_0^{\pi/2} \left(\frac{s^2}{\sigma^2}\right)^n \frac{s\, dS}{\sigma^3}\cdot$$

$$\int_{-1}^{+1} (1 - l^2)^n l\, dl \sqrt{v^2 + v'^2 - 2vv'l} \cdot e^{-hm(v^2+v'^2-2vv'l)\frac{s^2}{\sigma^2}}.$$

Führt man ebenso wie am zitierten Orte die Integration nach S durch, so folgt weiter:

$$i = 2\pi \sum_{n=0}^{n=\infty} \frac{(hm)^{n-1} v^{2n}}{n!} \int_0^\infty \varphi(v'^2) v'^{2n+3} e^{-hmv'^2} dv'.$$

$$\int_{-1}^{+1} \frac{l(1-l^2)^n\, dl}{(v^2 + v'^2 - 2vvl')^{n+1/2}}\cdot$$

Entwickelt man ebenso wie am zitierten Orte die Größe: $1/(v^2 + v'^2 - 2vv'l)^{n+1/2}$ in eine nach Potenzen von v fortschreitende Reihe, so ergibt sich:

$$\int_{-1}^{+1} \frac{l(1-l^2)^n\,dl}{(v^2+v'^2-2vv'l)^{n+1/2}} = \frac{2(2n+1)v}{v'^{2n+2}} \int_0^{+1} l^2(1-l^2)^n\,dl$$

$$+ \frac{Av^3}{v'^{2n+4}} + \frac{Bv^5}{v'^{2n+6}} + \cdot\cdot$$

Bedient man sich hier weiter der Formel:

$$\int_0^1 (1-l^2)^n\, l^{2a}\,dl = \frac{2\overset{2}{\smile}2n}{(2a+1)\overset{2}{\smile}(2n+2a+1)},$$

in welcher übrigens in meiner Theorie der Gasreibung durch einen Druckfehler der Buchstabe n im Zähler mit a verwechselt worden ist,[1]) ohne daß jedoch dieser Fehler auf die folgenden Formeln irgend einen Einfluß hätte, so folgt weiter:

$$\int_{-1}^{+1} \frac{(1-l^2)l\,dl}{(v^2+v'^2-2vv'l)^{n+1/2}} = \frac{2^{n+1}n!(2n+1)v}{1\overset{2}{\smile}(2n+3)v'^{2n+2}} + \frac{Av^3}{v'^{2n+4}} + \frac{Bv^5}{v'^{2n+6}} \cdots$$

Von dem Verschwinden der Koeffizienten A, B usw. überzeugt man sich ebenfalls durch die am zitierten Orte angewandte Substitution, welche liefert:

$$\int_{-1}^{+1} \frac{(1-l^2)^n\,l\,dl}{(v^2+v'^2-2vv'l)^{n+1/2}} = \frac{1}{2^{2n+1}(vv')^{2n+2}} \int_{v'-v}^{v'+v} (v^2+v'^2-x^2)$$

$$\times \left(-x^2+2v^2+2v'^2-\frac{(v^2-v'^2)^2}{x^2}\right)^n dx.$$

Man sieht zunächst sofort, daß die Zähler derjenigen Glieder, welche $v'+v$ oder $v'-v$ im Nenner enthalten, durch die gleiche Potenz dieser Größen teilbar sind, daß also das bestimmte Integral eine ganze homogene Funktion von v und v' von der Dimension $2n+3$ sein muß.

Berücksichtigt man jetzt noch den vor dem Integral stehenden Faktor, so findet man:

$$\int_{-1}^{+1} \frac{(1-l^2)^n\,l\,dl}{(v^2+v'^2-2vv'l)^{n+1/2}} = \frac{av}{v'^{2n+2}} + \frac{b}{vv'^{2n}} + \frac{c}{v^3v'^{2n-2}} \cdots + \frac{hv'}{v^{2n+2}}.$$

---

[1]) In dieser Ausgabe (II. S. 532) bereits verbessert.

Sobald $v' > v$ ist, muß sowohl diese endliche Reihenentwicklung, als auch die früher gefundene unendliche Reihe gelten, und daher ergibt sich:

$$\int_{-1}^{+1} \frac{(1-l^2)^n\, l\, d l}{(v^2+v'^2-2vv'l)^{n+{}^1\!/_2}} = \frac{2^{n+1}\, n!\,(2n+1)\, v}{1\underset{\smile}{2}(2n+3)\, v'^{\,2n+2}}. \tag{46}$$

Dieser Wert gilt für $v' > v$; im entgegengesetzten Falle sind v und v' miteinander zu vertauschen. Substituiert man dies in den Wert von i, so folgt:

$$\text{(46a)}\left\{\begin{aligned} i = 2\pi \sum_{n=0}^{n=\infty} \frac{(hm)^{n-1}}{v^2} \int_0^v \varphi(v'^2)\, v'^{\,2n+4}\, e^{-hmv'^2}\, dv' \cdot \frac{2^{n+1}(2n+1)}{1\underset{\smile}{2}(2n+3)} \\ + 2\pi \sum_{n=0}^{n=\infty} (hm)^{n-1} v^{2n+1} \int_v^\infty \varphi(v'^2)\, v' e^{-hmv'^2}\, dv' \cdot \frac{2^{n+1}(2n+1)}{1\underset{\smile}{2}(2n+3)}. \end{aligned}\right.$$

Zum Behufe einer Entwicklung nach Potenzen von v schreiben wir:

$$i = 2\pi \sum_{n=0}^{n=\infty} \frac{(hm)^{n-1}(2n+1)\, 2^n v^{2n+1}}{1\underset{\smile}{2}(2n+3)} \int_0^\infty \varphi(x)\, e^{-hmx}\, dx$$

$$+ 2\pi \sum_{n=0}^{n=\infty} \frac{(hm)^{n-1} 2^{n+1}(2n+1)}{1\underset{\smile}{2}(2n+3)}$$

$$\int_0^v \varphi(v'^2)\, e^{-hmv'^2}\, dv' \left(\frac{v'^{\,2n+4}}{v^2} - v' v^{2n+1}\right).$$

Bezeichnen wir $\varphi^{(k)}(0)$ mit τ_k, so ergibt sich wegen

$$\varphi(v'^2)\, e^{-hmv'^2} = \tau_0 + (\tau_1 - hm\tau_0)\, v'^2$$

$$+ \frac{\tau_2 - 2hm\tau_1 + h^2m^2\tau_0}{2!} v'^4 + \frac{\tau_3 - 3hm\tau_2 + 3h^2m^2\tau_1 - h^3m^3\tau_0}{3!} v'^6 + \dots$$

die Gleichung

$$i = 2\pi \sum_{n=0}^{n=\infty} \frac{(hm)^{n-1}(2n+1)\, 2^n v^{2n+1}}{1\underset{\smile}{2}(2n+3)} \int_0^\infty \varphi(x)\, e^{-hmx}\, dx$$

$$+ 2\pi \sum_{n=0}^{n=\infty} \frac{(hm)^{n-1} 2^{n+1} (2n+1)}{1\cdot 3 \ldots (2n+3)}$$

$$\sum_{k=0}^{k=\infty} \frac{\tau_k - \binom{k}{1} hm\tau_{k-1} + \binom{k}{2} k^2 m^2 \tau_{k-2} \ldots}{k!}$$

$$\left(\frac{1}{2n+2k+5} - \frac{1}{2k+2}\right) v^{2n+2k+3}.$$

Der zweite Teil wird nach Potenzen von v geordnet, indem man zuerst statt n die Variable $v - k$ einführt und dann wieder n für v schreibt, dadurch ergibt sich:

$$(47)\quad \left\{ \begin{aligned} i &= 2\pi \sum_{n=0}^{n=\infty} \frac{(hm)^{n-1}(2n+1)\, 2^n v^{2n+1}}{1\cdot 3 \ldots (2n+3)} \int_0^\infty \varphi(x)\, e^{-hmx}\, dx \\ &+ 2\pi \sum_{n=0}^{n=\infty} v^{2n+3} \sum_{k=0}^{k=n} \frac{(hm)^{n-k-1} 2^{n-k+1} (2n-2k+1)}{1\cdot 3 \ldots (2n-2k+3)} \\ &\frac{\tau_k - \binom{k}{1} hm\tau_{k-1} + \binom{k}{2} h^2 m^2 \tau_{k-2} - \ldots}{k!} \left(\frac{1}{2n+5} - \frac{1}{2k+2}\right). \end{aligned} \right.$$

Will man hier noch nach den τ ordnen, so schreibe man $\chi(k)$ statt:

$$\frac{(hm)^{n-k-1} 2^{n-k-1} (2n-2k+1)}{1\cdot 3 \ldots (2n-2k+1)} \left(\frac{1}{2n+5} - \frac{1}{2k+2}\right),$$

und es ergibt sich:

$$(48)\quad \left\{ \begin{aligned} i &= 2\pi \sum_{n=0}^{n=\infty} \frac{(hm)^{n-1}(2n+1)\, 2^n v^{2n+1}}{1\cdot 3 \ldots (2n+3)} \int_0^\infty \varphi(x)\, e^{-hmx}\, dx \\ &+ 2\pi \sum_{n=0}^{n=\infty} v^{2n+3} \left[\tau_0 \sum_{k=0}^{k=n} \frac{(-1)^k}{k!} \chi(k) \right. \\ &+ \tau_1 \sum_{k=1}^{k=n} \frac{(-1)^{k-1}}{k!} hm \binom{k}{1} \chi(k) \\ &+ \left. \tau_2 \sum_{k=2}^{k=n} \frac{(-1)^{k-2}}{k!} h^2 m^2 \binom{k}{2} \chi(k) + \ldots \tau_n \frac{\chi(n)}{n!} h^n m^n \right]. \end{aligned} \right.$$

Um die Summen in bestimmte Integrale zu verwandeln, benützen wir wieder die Gleichung:

$$\sqrt{x} + \frac{\sqrt{x^3}}{1\cdot 3} + \frac{\sqrt{x^5}}{1\cdot 3\cdot 5} + \frac{\sqrt{x^7}}{1\cdot 3\cdot 5\cdot 7} + \ldots = \sqrt{2}\, e^{x/2} \int_0^{\sqrt{x/2}} e^{-y^2} dy.$$

Wird diese Gleichung durch x dividiert, nachher nach x abgeleitet, so ergibt sich:

$$-\frac{1}{2\sqrt{x^3}} + \frac{1}{2\cdot 1\cdot 3\sqrt{x}} + \frac{3\sqrt{x}}{2\cdot 1\cdot 3\cdot 5} + \ldots = -\frac{\sqrt{2}}{x^2} e^{x/2} \int_0^{\sqrt{x/2}} e^{-y^2} dy$$

$$+ \frac{\sqrt{2}}{2x} e^{x/2} \int_0^{\sqrt{x/2}} e^{-y^2} dy + \frac{1}{2\sqrt{x^3}}.$$

Multipliziert man mit 2 und schafft das negative Glied von links nach rechts, so folgt ferner:

$$(48\text{a})\quad \sum_{n=0}^{n=\infty} \frac{x^{n-1/2}(2n+1)}{1\cdot 3 \ldots (2n+3)} = \frac{\sqrt{2}(x-2)}{x^2} e^{x/2} \int_0^{\sqrt{x/2}} e^{-y^2} dy + \frac{2}{\sqrt{x^3}}.$$

Man kann also den Wert (46) für i auch folgendermaßen schreiben:

$$(49)\quad \begin{cases} i = \dfrac{8\pi}{\sqrt{hmv^2}} \displaystyle\int_0^v \varphi(v'^2)\, dv'\, e^{-hmv'^2} v'^5 \\ \qquad \left[\dfrac{2hmv'^2 - 2}{(2hmv'^2)^2} e^{hmv'^2} \displaystyle\int_0^{\sqrt{hmv'^2}} e^{-y^2} dy + \dfrac{\sqrt{2}}{\sqrt{(2hmv'^2)^3}}\right] \\ \quad + \dfrac{8\pi}{\sqrt{hm}} v^2 \left[\dfrac{2hmv^2 - 2}{(2hmv^2)^2} e^{-hmv^2} \displaystyle\int_0^{\sqrt{hmv^2}} e^{-y^2} dy + \dfrac{\sqrt{2}}{\sqrt{(2hmv^2)^3}}\right]. \\ \qquad \displaystyle\int_v^\infty \varphi(v'^2)\, v'\, dv'\, e^{-hmv'^2}. \end{cases}$$

IV. Berechnung der Integrale, welche von den Zusammenstößen heterogener Moleküle geliefert werden.

Um das Integral z zu berechnen, muß die Methode, welche ich im dritten Teile meiner Theorie der Gasreibung, Abschnitt X, entwickelt habe, auf den Zusammenstoß zweier Moleküle mit verschiedenen Massen übertragen werden. Aus dem Dreiecke $v v' O$ ergibt sich $v v'^2 = v^2 + v'^2 - 2 v v' l$; dieselbe Seite ergibt sich aus dem Dreiecke $v v' P$ zu $2 M r \sigma / (m + M)$, wir erhalten also:

$$\frac{4 M^2 r^2 \sigma^2}{(m + M)^2} = v^2 + v'^2 - 2 v v' l. \tag{50}$$

Ebenso ergibt sich, indem man einmal $O v'$ dann $O v v'$ auf $O v$ projiziert,

$$v' l = v + \frac{2 M r \sigma}{m + M} \cos(O v, v v').$$

Nun ist aber

$$\cos(O v, v v') = - \cos(O C, O v) = + g \sigma - \gamma s o \tag{51}$$

nach der Gleichung, welche im ersten Teile auf die Gleichung (60) folgt und welche der Gleichung (20) dieser Abhandlung entspricht; wir erhalten daher:

$$v' l = v + \frac{2 M r \sigma}{m + M} (g \sigma - \gamma s o). \tag{52}$$

Ich will nun wieder dieselbe Kugel vom Radius 1 konstruieren, von welcher ich bereits im dritten Teile meiner Theorie der Gasreibung, X. Abschnitt, Gebrauch gemacht habe. Ich bemerke jedoch sogleich, daß sich daselbst zwei Fehler finden[1]), welche aber auf die Entwicklungen sonst keinen Einfluß haben, als daß die Gleichung $M + N = K$ auf S. 529 unrichtig ist, auf S. 523 soll es heißen: Die Ebene $R' O R$, nicht aber die Ebene $\mathfrak{r} O R$ ist parallel der Ebene $V V' V_1' V_1$, daher ist der Winkel, der dort mit M bezeichnet wurde, nicht

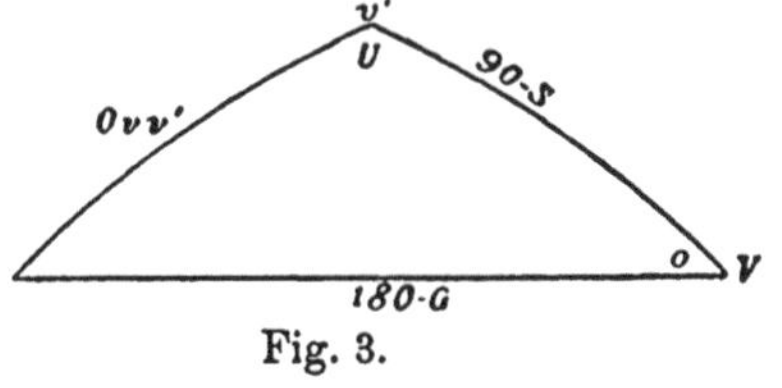

Fig. 3.

[1]) Vgl. diese Sammlung Bd. II, S. 523, Fußnote 2, wo aus Versehen Abschnitt VI an Stelle von Abschnitt IV steht. D. H.

der Winkel $X\mathfrak{x}'\mathfrak{x}R$, sondern der Winkel $\mathfrak{x}'CR$; ich will diesen Winkel übrigens jetzt mit U bezeichnen. Ferner soll es auf S. 526 heißen: v und nicht O ist das Zentrum unserer Kugel, auch jetzt soll wieder v deren Zentrum sein. Die Ecken des voranstehenden sphärischen Dreiecks sollen die Punkte sein, wo die Geraden vO, vv' und vV die Kugeloberfläche treffen, O und U sind wieder zwei Winkel dieses Dreiecks, Ovv' und $180^0 - G$ die gegenüberliegenden Seiten:

$$\omega : 8 = \sin(Ov, vv') : \gamma;$$

aus der Gleichung (51) folgt aber

$$-\cos Ovv' = g\sigma - \gamma s o = \frac{M+m}{2Mr\sigma}(v'l - v),$$

daher

$$\sin Ovv' = \frac{M+m}{2Mr\sigma}\sqrt{\frac{4M^2r^2\sigma^2}{(m+M)^2} - v'^2l^2 + 2vv'l - v^2};$$

macht man hierbei noch von der Gleichung (50) Gebrauch, so ergibt sich:

$$\sin Ovv' = \frac{(m+M)v'\lambda}{2Mr\sigma}$$

und daher:

(53) $$\gamma\omega = \frac{(m+M)v'\lambda 8}{2r\sigma M}.$$

Bestimmt man aus demselben sphärischen Dreiecke die S. $180^0 - G$ aus den beiden übrigen und dem eingeschlossenen Winkel, so folgt

$$-g = \sigma\cos Ovv' + us\sin Ovv',$$

also

(54) $$\frac{2Mg}{m+M} = \frac{v'l - v}{r} - \frac{v'\lambda s u}{r\sigma},$$

woraus dann weiter folgt

(55) $$\gamma o = \frac{m+M}{2M}\left[-\frac{v'l - v}{r\sigma}s - \frac{v'\lambda u}{r}\right].$$

Alles übrige wird genau wie am zitierten Orte berechnet; indem man statt der Variablen r, G, O die Variablen $r, G, p = \gamma o$ einführt, erhält man zunächst:

$$dr\,dG\,dp = -dr\,dG\,\gamma\omega\,dO.$$

Wir wollen nun weiter die Variablen r, G, p in die Variablen r, L, p transformieren. In die Gleichung (50) setzen wir für v^2 und für v die Werte, welche dafür aus der Gleichung (21) folgen, woraus sich ergibt:

$$\frac{2Mr\sigma}{m+M}(g\sigma - p s) = -v + l\sqrt{v^2 + \frac{4Mvr}{m+M}(g\sigma^2 - ps) + \frac{4M^2r^2\sigma^2}{(m+M)^2}}.$$

Da hierbei nur G und L als variabel zu betrachten sind, ergibt die Differentiation:

$$dG = \frac{(m+M)v'^2\,dl}{2Mr\sigma^2\gamma(vl - v')}.$$

Führt man endlich p, L, v' an Stelle der Variablen p, L, r ein, so gibt die Differentiation der Gleichung (50):

$$dr = -\frac{(m+M)^2(vl - v')\,dv'}{4M^2 r\sigma^2}.$$

Nun ist noch U, L, v' für p, L, v' einzuführen, wobei nach Gleichung (50) natürlich auch wieder r als Konstante anzusehen ist und daher die Differentiation der Gleichung (55) liefert:

$$dp = \frac{m+M}{2M}\frac{v'\lambda}{r}\cdot 8\,dU = \gamma\omega\sigma\,dU,$$

letzteres nach Gleichung (53).

Aus allen diesen Differentialgleichungen ergibt sich:

$$\gamma\,dr\,dG\,dO = \frac{(m+M)^3 v'^2\,dv'\,dl\,dU}{8M^3r^2\sigma^3}.$$

Die eckige Klammer, welche in z als Faktor bei der Funktion φ steht, hat gemäß der Gleichung (52) den Wert $v'l$.

Man erhält daher:

$$(56)\left\{\begin{aligned} z = {} & \frac{(m+M)^4}{16M^4}\int_0^\infty v'^3\varphi(v'^2)\,dv'\int_0^{\pi/2}\frac{s\,dS}{\sigma^3}\int_{-1}^{+1} l\,dl\int_0^{2\pi} dU\sqrt{v^2 + v'^2 - 2vv'l} \\ & e^{-hM\left[v^2 + \frac{(m+M)^2}{4M^2\sigma^2}(v^2 + v'^2 - 2vv'l) + \frac{m+M}{M}\left(vv'l - v^2 - \frac{vv'\lambda su}{\sigma}\right)\right]}. \end{aligned}\right.$$

Über die Grenzen des Integrals soll später die Rede sein. Ich bemerke hier bloß, daß man aus diesem Ausdrucke Z erhält, indem man vertauscht:

$$M \text{ mit } m,\quad m \text{ mit } M,\quad v \text{ mit } V,\quad \varphi \text{ mit } \Phi;$$

die übrigen Buchstaben können als Integrationsvariable unverändert bleiben. Ehe wir das Integral reduzieren, wollen wir noch die Einführung der neuen Variablen in dem Ausdrucke für w bewerkstelligen. Es liefert uns das Dreieck PvV' der Fig. 2

$$v V'^2 = v P^2 + P V'^2 + 2 v P \cdot P V' \cos 2 S$$
$$= \frac{r^2}{(m+M)^2} [m^2 + M^2 + 2 m M (s^2 - \sigma^2)] .$$

Ferner liefert das Dreieck $O v V'$:

$$v V'^2 = v^2 + V'^2 - 2 v V' l' ,$$

wobei L' der Winkel $v O V'$ ist; aus den beiden zuletzt gefundenen Gleichungen folgt:

$$(57) \qquad v^2 + V'^2 - 2 v V' l' = \frac{r^2}{(m+M)^2} [m^2 + M^2 + 2 m M (s^2 - \sigma^2)] .$$

Nun projizieren wir einmal die Linie $O V'$, dann die geradgebrochene $O v V V'$ in die Richtung $O \mathfrak{x} = O v$ und erhalten unter Berücksichtigung der Gleichung (20):

$$(58) \qquad V' l' = v + r g + \frac{2 m r \sigma}{m+M} (- g \sigma + \gamma s o) .$$

Konstruieren wir weiter eine Kugel vom Radius 1 und Zentrum v, so bilden die Durchschnittspunkte der drei Geraden $v O$, $v V$ und $v V'$ auf derselben das nebenstehende sphärische Dreieck. Zwei Winkel desselben sind O und U', wobei letzterer Buchstabe den Winkel der Ebenen $O v V'$ und $v v' V V'$ bezeichnet, also auf der Kugel der Fig. 2 den Winkel der Bögen $\mathfrak{x} \mathfrak{p}$ und $R R'$, wobei $\mathfrak{p}$ der Punkt ist, wo die Gerade $O V'$ die Kugeloberfläche trifft. Der Durchschnittspunkt der beiden Bögen $\mathfrak{x} \mathfrak{p}$ und $R R'$ soll mit $\mathfrak{q}$ bezeichnet werden, so daß $O \mathfrak{q}$ parallel $v V'$ sein muß; den Winkeln O und U' der Fig. 4 liegen die Seiten $O v V'$ und $180^0 - G$ gegenüber, so daß wir also die Proportion

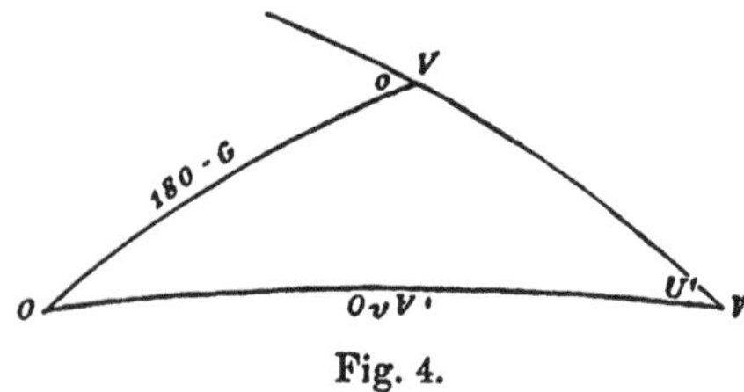

Fig. 4.

$$\omega : \mho' = \sin(O v V') : \gamma$$

erhalten. Projiziert man die Geradgebrochene $v V V'$ in die Richtung $O v$ und dividiert die Projektion durch $v V'$, so erhält man $\cos(180 - O v V')$, nun hat aber die besagte Projektion den Wert

$$r g + \frac{2 m r \sigma}{m+M} (- g \sigma + \gamma s o) ,$$

daher ist:

$$(59)\quad \begin{cases} -\cos(O\,v\,V') = \dfrac{r\,g + \dfrac{2\,m\,r\,\sigma}{m+M}(-g\,\sigma + \gamma\,s\,o)}{\dfrac{r}{m+M}\sqrt{m^2 + M^2 + 2\,m\,M\,(s^2 - \sigma^2)}} \\ \qquad = \dfrac{(m+M)(V'\,l' - v)}{2\sqrt{m^2 + M^2 + 2\,m\,M\,(s^2 - \sigma^2)}}\,; \end{cases}$$

hieraus findet sich weiter:

$$\sin(O\,v\,V') = \frac{(m+M)\,V'\,\lambda'}{r\sqrt{m^2 + M^2 + 2\,m\,M\,(s^2 - \sigma^2)}}$$

und

$$(60)\qquad \gamma\,\omega = \frac{(m+M)\,V'\,\lambda'\,\vartheta'}{r\sqrt{m^2 + M^2 + 2\,m\,M\,(s^2 - \sigma^2)}}.$$

Weiter findet man aus dem Dreiecke $v\,V'\,P$:

$$v\,V' \cdot \cos(P\,v\,V') = v\,P + P\,V' \cos(2\,S),$$

woraus folgt:

$$\cos(V\,v\,V') = \frac{M + m\,(s^2 - \sigma^2)}{\sqrt{M^2 + m^2 + 2\,m\,M\,(s^2 - \sigma^2)}}.$$

Aus demselben Dreiecke folgt:

$$\sin(O\,v\,V') : \sin(180 - 2\,S) = \frac{m\,r}{m+M} : v\,V',$$

daher:

$$\sin(V\,v\,V') = \frac{2\,m\,s\,\sigma}{\sqrt{m^2 + M^2 + 2\,m\,M\,(s^2 - \sigma^2)}}.$$

Bestimmt man daher aus dem sphärischen Dreiecke der Fig. 4 die Seite $(180 - G)$ durch die beiden andern und den von ihnen eingeschlossenen Winkel, so ergibt sich:

$$(61)\quad \begin{cases} -g = \cos(O\,v\,V')\cos(V\,v\,v') + u'\sin(O\,v\,V')\sin(V\,v\,v') \\ \quad = \dfrac{m+M}{r\,[m^2 + M^2 + 2\,m\,M\,(s^2 - \sigma^2)]} \\ \quad \times \{-(V'\,l' - v)\,[M + m\,(s^2 - \sigma^2)] + 2\,u'\,V'\,\lambda'\,m\,s\,\sigma\}. \end{cases}$$

Weiter hat man:

$$\gamma^2\,o^2 = 1 - g^2 - \gamma^2\,\omega^2,$$

$$1 - \gamma^2\,\omega^2$$
$$= \frac{(m + M^2)}{r^2\,[m^2 + M^2 + 2\,m\,M\,(s^2 - \sigma^2)]}\,(v^2 - 2\,v\,V'\,l' + V'^2\,l'^2 + V'^2\,\lambda'^2\,u^2),$$

$$1-\gamma^2\omega^2-g^2$$
$$=\frac{(m+M)^2}{r^2[m^2+M^2+2mM(s^2-\sigma^2)]^2}\{(v^2-2vV'l'+V'^2l'^2+V'^2\lambda'^2u'^2)\cdot$$
$$[m^2+M^2+2mM(s^2-\sigma^2)]-[-(V'l'-v)\big(M+m(s^2-\sigma^2)$$
$$+2u'V'\lambda'ms\sigma\big)]^2\}.$$

Ordnet man in der geschlungenen Klammer nach fallenden Potenzen von u' und zieht die Quadratwurzel aus, so findet man weiter:

$$(62)\qquad \gamma o=\frac{(m+M)\{[M+m(s^2-\sigma^2)]V'\lambda'u'+2ms\sigma(V'l'-v)\}}{r[m^2+M^2+2mM(s^2-\sigma^2)]}.$$

Über das Zeichen entscheidet man hier leicht, indem man die Gleichung (59) in der Form schreibt

$$\gamma o=\frac{g\sigma}{s}-\frac{(m+M)g}{2ms\sigma}+\frac{(m+M)(V'l'-v)}{2mrs\sigma}$$

und darin für g den soeben gefundenen Wert substituiert.

Behufs der Kontrolle dieser Formeln bemerke ich, daß sie, wenn man in denselben $m=M$ setzt, ferner V' mit v', L' mit L, U' mit M, O mit 180^0-O, S mit 90^0-S, also o mit $-o$, s mit σ und σ mit s vertauscht, in die Formeln, welche ich im dritten Teile meiner Theorie der Gasreibung S. 524—526 entwickelt habe, übergehen. Dies findet auch statt, wenn man in diesen Formeln s mit σ, σ mit $-s$ und u' mit m vertauscht. Es ist nun noch die Transformation der Differentiale durchzuführen. Setzen wir $p=\gamma o$, so ergibt sich

$$(63)\qquad dp=-\gamma\omega\, dO.$$

Nun wollen wir statt G die Variable L einführen; zu diesem Zwecke bilden wir aus den Gleichungen (26) und (58) die Gleichung

$$\frac{2mr\sigma}{m+M}(-g\sigma+ps)=-v-rg$$
$$+l'\sqrt{v^2+r^2+2vrg+\frac{4m^2r^2\sigma^2}{(m+M)^2}+\frac{4mr\sigma}{m+M}(-r\sigma-vg\sigma+vps)}$$

$$(64)\qquad dG=\frac{(m+M)V'^2dl}{r\gamma(vl'-V')[M+m(s^2-\sigma^2)]}.$$

Führt man noch V' statt r ein, was durch Differentiation der Gleichung (57) geschieht, so ergibt sich

$$(65)\qquad dr=\frac{-(vl'-V')dV'\cdot(m+M)^2}{r[m^2+M^2+2mM(s^2-\sigma^2)]}.$$

Endlich ist noch U' für p einzuführen, wofür die Differentiation der Gleichung (62) bei konstantem r gemäß Gleichung (57) liefert

$$(66)\quad \begin{cases} dp = -\dfrac{(m+M)V'\lambda' 8' dU\cdot[M+m(s^2-\sigma^2)]}{r[m^2+M^2+2mM(s^2-\sigma^2)]} \\ \quad = -\dfrac{[M+m(s^2-\sigma^2)]\gamma\omega dU}{\sqrt{[m^2+M^2+2mM(s^2-\sigma^2)]}}. \end{cases}$$

Die Gleichungen (63), (64), (65), (66) liefern:

$$(67)\qquad \gamma dr\cdot dG\cdot dO = \frac{(m+M)^3 V'^2 dV' \ dl\cdot dU}{r^2[m^2+M^2+2mM(s^2-\sigma^2)]^{3/2}}.$$

Die Substitution aller dieser Werte in dem Ausdrucke w Gleichung (37) liefert:

$$(68)\quad \begin{cases} w = \int\limits_0^\infty V'^3 dV'\int s\sigma dS\int l' dl\int\limits_0^{2\pi} dU'\,\Phi(V'^2) \\ \quad \cdot e^{-hM(v^2+r^2+2vrg)}\cdot\dfrac{r(m+M)^3}{[m^2+M^2+2mM(s^2-\sigma^2)]^{3/2}}, \end{cases}$$

wobei aber noch für r und g deren durch die Gleichungen (57) und (61) gegebene Werte zu substituieren sind.

W geht aus w wieder hervor, indem man die Buchstaben V und v, m und M, φ und Φ untereinander vertauscht. Bezüglich der Bestimmung der Grenzen in den Integralen (56) und (68) sind natürlich ganz ähnliche Betrachtungen notwendig, wie ich sie zu Anfang des dritten Teiles meiner Theorie der Gasreibung angestellt habe.

In Fig. 2 ist OC die Zentrallinie der Kugeln im Momente des Zusammenstoßes; erteilt man beiden Kugeln eine Geschwindigkeit, welche der Geschwindigkeit der Kugel m in Größe und Richtung entgegengesetzt ist, so hat vor dem Stoß die Kugel m die Geschwindigkeit Null, die Kugel M die Geschwindigkeit r, deren Komponente in der Richtung der Zentrallinie $r\sigma$, senkrecht darauf rs ist. Nach dem Stoße hat die Kugel m die Geschwindigkeit $vv' = 2Mr\sigma/(m+M)$, welche in die Richtung der Zentrallinie fällt. Die Kugel M hat nach dem Stoße die Geschwindigkeit vV', deren Komponente in der Richtung der Zentrallinie $(vv'-VV')/2 = (M-m)r\sigma/(m+M)$ ist.

Ihre Komponente senkrecht zur Zentrale ist nach wie vor rs. Bei den zu Anfang dieser Abhandlung benützten Integrationsvariabeln wurden sämtliche Zusammenstöße in folgender Weise erreicht: r durchlief alle Werte von 0 bis ∞, G alle Werte von 0 bis π und K alle Werte von 0 bis 2π. Dadurch sind alle möglichen Größen und Richtungen der Geschwindigkeit des zweiten der zusammenstoßenden Moleküle umfaßt dann durchlief noch S alle Werte von 0 bis $\pi/2$, wodurch alle; Zusammenstöße vom zentralen bis zum streifenden umfaßt erscheinen; endlich durchlief noch O alle Werte von 0 bis 2π, wodurch alle möglichen Winkel zwischen der Ebene der Zentrallinie und relativen Geschwindigkeit vor dem Stoß mit irgend einer fixen Ebene umfaßt werden. Es ist klar, daß jeder Zusammenstoß durch ein Trapez $v v' V V'$, wie ein solches in Fig. 2 gezeichnet, darstellbar ist. Alle möglichen Zusammenstöße werden wir erhalten, wenn wir diesem Trapeze alle möglichen Gestalten und Lagen im Raume erteilen. Da hierbei v in Größe und Richtung immer als bestimmt angenommen wird, so muß die Ecke v des Trapezes als gegeben betrachtet werden. Wollen wir daher die Grenzen des Integrales (56) finden, so muß zunächst die Ecke v' alle möglichen Punkte des Raumes durchwandern, d. h. es muß bezüglich v' von 0 bis ∞, bezüglich L von 0 bis π und bezüglich des Winkels N der Ebenen $v'Ov$ und XOv, also bezüglich des Winkels $R\mathfrak{x}\mathfrak{x}'$ der Fig. 2 von 0 bis 2π integriert werden. Die Ecke V des Trapezes liegt immer auf einer Geraden, welche senkrecht auf $v v'$ steht und deren Durchschnittspunkt mit $v v'$ vom Punkte v' die Distanz $(v v' - V V')/2 = (M - m) r \sigma / 2$ hat. Es muß daher V alle Punkte von diesem Durchschnittspunkte bis zu unendlicher Entfernung durchlaufen, wobei der Winkel S alle Werte von 0 bis $\pi / 2$ durchläuft. Endlich muß noch der Neigungswinkel der Ebenen $O v v'$ und $v v' V V'$, also der Winkel U alle möglichen Werte von 0 bis 2π durchlaufen. Es ist hier von keinem schädlichen Einflusse, daß wir die Integration nach k bereits durchführten, denn denkt man sich alle anderen Variablen r, G, S, O oder v', L, S, O konstant und bloß N für K eingeführt, so heißt dies, die ganze Figur $O v v' V V'$ ändert ihre Gestalt nicht, sondern dreht sich bloß um $O v$ um 360^0. Dabei wachsen offenbar die Winkel N und K um gleiches; es ist also $dN = dK$.

Es würde daher zur Berechnung des Integrales (56) wohl

am allerzweckmäßigsten sein, gleich von vornherein vor Ausführung der Integration nach K sich der Integrationsvariablen v', L, N, S und U zu bedienen. Ähnlich verhält es sich mit dem Integrale (68). In diesem Integrale wird man dadurch für alle möglichen Gestalten und Lagen des Trapezes $v v' V V'$ sorgen, daß man bei gegebenem v zunächst den Punkt V' alle möglichen Lagen im Raume durchlaufen läßt, d. h. bezüglich

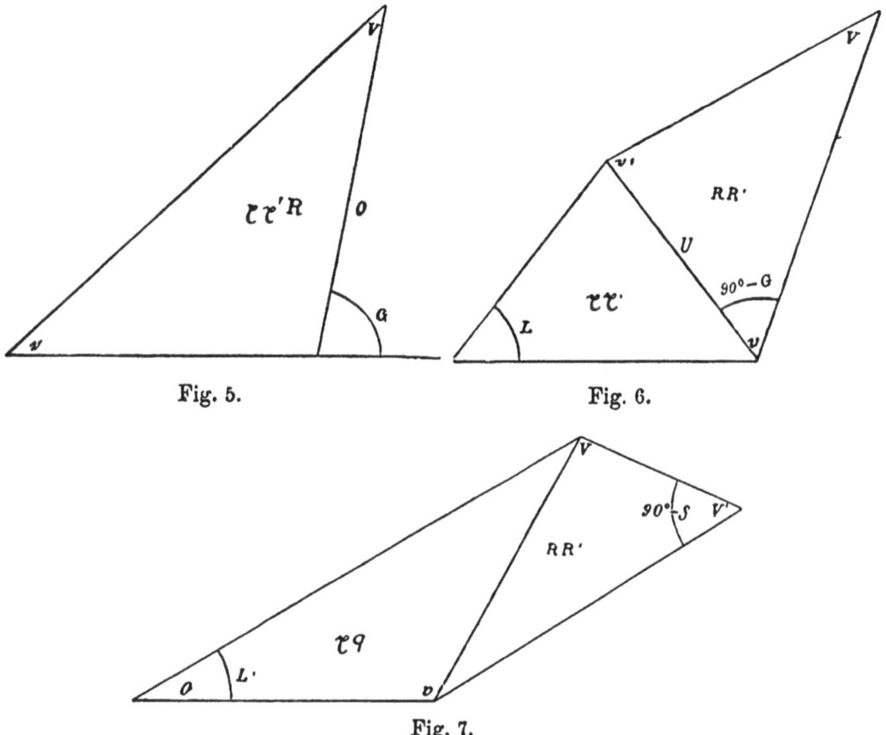

Fig. 5. Fig. 6.

Fig. 7.

V' von 0 bis ∞, bezüglich L' von 0 bis π, und bezüglich des Winkels N' der Ebenen $v O V'$ und $X O v$ von 0 bis 2π integriert. Dann durchläuft wieder der Winkel U' der Ebenen $v v' V V'$ und $O v V'$ alle Werte von 0 bis 2π und bei gegebener Lage dieser Ebenen S alle Werte von 0 bis $\pi / 2$. Die Lagen, welche dabei der Punkt v' durchläuft, findet man wie folgt: k sei der Halbierungspunkt von $v V'$; man beschreibt einen Halbkreis vom Zentrum k und Radius $v k$, so kann der

Fußpunkt f der von V' auf $v v'$ gefällten Senkrechten alle Punkte der Peripherie dieses Halbkreises durchlaufen. Der Punkt v' selbst ist auf den Geraden $v f$ durch die Proportion $v f : v v' = (M - m)/2 : M$ bestimmt, welche sich unmittelbar aus $V V' : v v' = m : M$ ergibt. Dann durchwandert wieder der Punkt V' alle Punkte einer $v v'$ einseitig gezogenen Senkrechten und diese Senkrechte dreht sich um $v v'$, um 360^0, d. h. bezüglich S wird von 0 bis $\pi/2$, bezüglich U' von 0 bis 2π integriert. Man kann sich die betreffenden geometrischen Verhältnisse durch beistehende drei Figuren versinnlichen. Sämtliche Figuren sind herauszuschneiden; die Fig. 6 ist längs der Geraden $v v'$ um den Winkel U einzubiegen und so auf die Fig. 5 zu legen, daß die gleichbezeichneten Geraden $O v$ und $v V$ zusammenfallen. Die Fig. 7 ist längs der Geraden $v V'$ um den Winkel U' einzubiegen und so unter die Fig. 5 zu legen, daß wieder die früher genannten Geraden zusammenfallen, die den Geraden der Figur in der Mitte beigegebenen Buchstaben bezeichnen die Winkel der Ebenen, welche sich in jener Geraden schneiden. In der Mitte jedes Dreiecks ist der größte Kreisbogen angegeben, in welchem die Ebene des Dreiecks die Kugel der Fig. 2 durchschneidet. Der Exponent E von e im Integrale (56) kann folgendermaßen in etwas einfacherer Form geschrieben werden. Addiert and subtrahiert man

$$h \frac{m - M}{2} v^2 - h \frac{m + M}{2} v'^2,$$

so ergibt sich:

$$(69) \quad \left\{ \begin{aligned} E = h \frac{m - M}{2} v^2 - h \frac{m + M}{2} v'^2 - h \frac{m + M}{4 M \sigma^2} (m + M - 2 M \sigma^2) \\ (v^2 + v'^2 - 2 v v' l) + h (m + M) \frac{v v' \lambda s u}{\sigma}. \end{aligned} \right.$$

Es verwandelt sich daher nach Durchführung der Integration nach U gemäß der Formel

$$(70) \qquad \int_0^{2\pi} e^{a \cos U} d U = 2 \pi \sum_{n=0}^{n=\infty} \frac{1}{(n!)^2} \left(\frac{a}{2}\right)^{2n}$$

die Gleichung (56) in folgende:

$$(71)\quad \left\{\begin{aligned} z = \pi \frac{(m+M)^4}{8M^4}\int_0^\infty v'^3 \varphi(v'^2)\, dv' \int_0^{\pi/2} \frac{s\, dS}{\sigma^3} \int_{-1}^{+1} l\, dl \sqrt{v^2 + v'^2 - 2vv'l} \\ \sum_{n=0}^{n=\infty} \frac{1}{(n!)^2}\left(h\,\frac{m+M}{2}\right)^{2n} v^{2n} v'^{2n} \lambda^{2n} \left(\frac{s}{\sigma}\right)^{2n} \\ \times e^{h\frac{m-M}{2}v^2 - h\frac{m+M}{2}v'^2 - h\frac{m+M}{4M\sigma^2}(m+M-2M\sigma^2)(v^2+v'^2-2vv'l)} \end{aligned}\right.$$

Setzt man hier wieder

$$y = \frac{s^2}{\sigma^2} = \frac{1}{\sigma^2} - 1, \quad dy = -\frac{2s\, dS}{\sigma^3},$$

so folgt weiter nach der Formel

$$(72)\qquad \int_0^\infty e^{-ay} y^n\, dy = \frac{n!}{a^{n+1}},$$

indem man den dritten Addenden des Exponenten von e in der Formel (71) so schreibt

$$(73)\quad \left\{\begin{aligned} & - h\frac{m+M}{4M}(v^2 + v'^2 - 2vv'l)\left[\frac{(m+M)(s^2+\sigma^2)}{\sigma^2} - 2M\right] \\ & = - h\frac{m+M}{4M}(v^2 + v'^2 - 2vv'l)\left(\frac{m+M}{\sigma^2}s^2 + m - M\right) \\ & z = \frac{\pi(m+M)^4}{4M^4}\int_0^\infty \varphi(v'^2)\, v'^3\, dv' \int_{-1}^{+1} l\, dl \\ & \sum_{n=0}^{n=\infty} \frac{h^{n-1} v^{2n} v'^{2n} M^{n+1} \lambda^{2n}}{n!\,(m+M)^2 (v^2+v'^2-2vv'l)} \\ & e^{h\frac{m-M}{2}v^2 - h\frac{m+M}{2}v'^2 + h\frac{M^2-m^2}{4M}(v^2+v'^2-2vv'l)} \\ & = \frac{\pi}{4}(m+M^2)\int_0^\infty \varphi(v'^2)\, v'^3\, dv'\, e^{-h\frac{(m-M)^2}{4M}v^2 - h\frac{(m+M)^2}{4M}v'^2} \\ & \sum_{n=0}^{n=\infty} \frac{h^{n-1} v^{2n} v'^{2n} M^{n-3}}{n!} \int_{-1}^{+1} \frac{\lambda^{2n}\, l\, dl}{(v^2+v'^2-2vv'l)^{n+1/2}} \\ & e^{h\frac{M^2-m^2}{4M}(v^2+v'^2-2vv'l)} \end{aligned}\right.$$

Bezeichnet man die Summe mit S, so ist

$$(74)\qquad z = \frac{\pi}{4}(m+M)^2 e^{-h\frac{(m-M)^2}{4M}v^2}\int_0^\infty \varphi(v'^2)\,v'^3\,dv'\,e^{-h\frac{(m+M)}{4M}v'^2}S.$$

und

$$(75)\quad \begin{cases} S = \dfrac{1}{hM^3}\displaystyle\int_{-1}^{+1}\frac{l\,dl}{\sqrt{v^2+v'^2-2vv'l}}\,e^{\frac{hMv^2v'^2}{v^2+v'^2-2vv'l}+\frac{h(M^2-m^2)}{4M}(v^2+v'^2-2vv'l)} \\[2ex] = \dfrac{1}{hM^3}\displaystyle\int_{-1}^{+1}\frac{l\,dl}{\sqrt{v^2+v'^2-2vv'l}} \\ \qquad e^{\frac{hMv^2v'^2(1-l^2)}{v^2+v'^2-2vv'l}+h\frac{m^2-M^2}{4M}(v^2+v'^2+2vv'l)+h\frac{M^2-m^2}{2M}(v^2+v'^2)} \\[2ex] = \dfrac{1}{hM^3}e^{h\frac{M^2-m^2}{2M}(v^2+v'^2)}\displaystyle\int_{-1}^{+1}\frac{l\,dl}{\sqrt{v^2+v'^2-2vv'l}} \\ \qquad e^{\left[\frac{m^2-M^2}{4M}(v^4+v'^4)+\frac{m^2+M^2}{2M}v^2v'^2-\frac{m^2}{M}v^2v'^2l^2\right]\frac{h}{v^2+v'^2-2vv'l}} \\[2ex] = \dfrac{1}{hM^3}e^{h\frac{M^2-m^2}{2M}(v^2+v'^2)}\displaystyle\sum_{n=0}^{n=\infty}\left(\frac{h}{4M}\right)^n \\ \qquad \displaystyle\int_{-1}^{+1}\frac{l\,dl\,[m^2(v'^2+v^2)^2-4m^2v^2v'^2l^2-M^2(v'^2-v^2)^2]^n}{n!\,(v^2+v'^2-2vv'l)^{n+1/2}}. \end{cases}$$

In Formel (68) erhält man zunächst mit Berücksichtigung der Formel (61) und unter Weglassung der jetzt überflüssig gewordenen Akzente

$$\int_0^{2\pi} dU\,e^{2hMvrg} = e^{\frac{2hM(m+M)(vVl-v^2)[M+m(s^2-\sigma^2)]}{m^2+M^2+2mM(s^2-\sigma^2)}}$$

$$\times\int_0^{2\pi} e^{-\frac{4hmMvos\sigma\lambda u(m+M)}{m^2+M^2+2mM(s^2-\sigma^2)}}\,dU = 2\pi\,e^{\frac{2hM(m+M)(vVl-v^2)[M+m(s^2-\sigma^2)]}{m^2+M^2+2mM(s^2-\sigma^2)}}$$

$$\times\sum_{n=0}^{n=\infty}\frac{1}{(n!)^2}\left[\frac{2hmM(m+M)vVs\sigma\lambda}{m^2+M^2+2mM(s^2-\sigma^2)}\right]^{2n}$$

Dies liefert zunächst

$$
(76)\quad \left\{
\begin{aligned}
w &= 2\pi\int\limits_0^\infty V^3 dV\,\Phi(V)\int\limits_{-1}^{+1} l\,dl\int\limits_0^{\pi/2} s\,\sigma\,dS\,\frac{(m+M)^4\sqrt{v^2+V^2-2vVl}}{m^2+M^2+2mM(s^2-\sigma^2)}\\
&\quad e^{-hm\frac{V^2(m+M)^2+4m^2v^2\sigma^2-4vVl(m+M)ms^2}{m^2+M^2+2mM(s^2-\sigma^2)}}\\
&\quad \sum_{n=0}^{n=\infty}\frac{1}{(n!)^2}\left[\frac{2hmM(m+M)vVs\sigma\lambda}{m^2+M^2+2mM(s^2-\sigma^2)}\right]\\
&= 2\pi\int\limits_0^\infty V^3 dV\,\Phi(V)\int\limits_{-1}^{+1} l\,dl\int\limits_0^{\pi/2} s\,\sigma\,dS\,\frac{(m+M)^4\sqrt{v^2+V^2-2vVl}}{[m^2+M^2-2mM(s^2-\sigma^2)]^2}\\
&\quad e^{-hM\frac{V^2(m+M)^2+4m^2v^2\sigma^2-4vVl(m+M)ms^2}{m^2+M^2+2mM(s^2-\sigma^2)}}\\
&\quad e^{\frac{4h^2m^2M^2(m+M)^2v^2V^2s^2\sigma^2(1-l^2)}{m^2+M^2+2mM(s^2-\sigma^2)}}
\end{aligned}
\right.
$$

Ich will die weitere Entwicklung dieser Formeln für eine nächste Abhandlung versparen und hier bloß durch ein Beispiel die Anwendbarkeit derselben zur Berechnung bestimmter Integrale zeigen. Setzen wir $v' = 1$, so liefert die Gleichung (46)

$$
\int\limits_{-1}^{+1}\frac{(1-l^2)^n\,l\,dl}{(1+v^2-2vl)^{n+1/2}} = \frac{2^{n+1}\,n!\,(2n+1)\,v}{1\underset{\smile}{3}(2n+3)},
$$

woraus folgt:

$$
\begin{aligned}
\int\limits_{-1}^{+1}\frac{l\,dl}{\sqrt{1+v^2-2vl}}\,e^{\frac{1-l^2}{1-2vl+v^2}} &= \sum_{n=0}^{n=\infty}\int\limits_{-1}^{+1}\frac{(1-l^2)^n\,l\,dl}{n!\,(1-2vl+v^2)^{n+1/2}}\\
&= \sum_{n=0}^{n=\infty}\frac{2^{n+1}(2n+1)\,v}{1\underset{\smile}{3}(2n+3)}.
\end{aligned}
$$

Für letztere Summe aber findet man leicht nach Formel (48a) den Wert $2v$. Es ist also

$$
\int\limits_{-1}^{+1}\frac{l\,dl}{\sqrt{1+v^2-2vl}}\,e^{\frac{1-l^2}{1-2vl+v^2}} = 2v \quad \text{für} \quad v < 1.
$$

Diesem Integrale kann man wieder leicht durch Rationalmachen oder Einführung zyklischer Funktionen eine mannigfaltige Gestalt geben.

67.

Zur Theorie der Gasdiffusion II.[1]

(Wien. Ber. 88. S. 835—860. 1883.)

V. Entwicklung und Einteilung der Gleichungen, welche für den Fall gelten, daß die Moleküle der diffundierenden Gase gleiche Masse besitzen.

Ich habe im ersten Teile meiner Theorie der Gasdiffusion das Problem ganz allgemein behandelt. Die große Komplikation der daselbst aufgestellten Gleichungen rührt hauptsächlich von der damit verbundenen Voraussetzung her, daß die Moleküle der diffundierenden Gase verschiedene Massen besitzen. Es scheint mir nützlich, auch die Gestalt der einfacheren Gleichungen zu untersuchen, welche man erhält, wenn man die Massen der Moleküle der diffundierenden Gase als gleich voraussetzt. Die so erhaltenen Gleichungen entsprechen freilich nicht mehr dem allgemeinsten Falle der Diffusion, allein sie werden immerhin noch in den in der Natur nicht so gar seltenen Fällen Anwendung finden können, daß die Moleküle zweier Gasarten genau oder wenigstens nahezu gleich sind. Ich will da von den Gleichungen (35) und (36) (S. 15) des ersten Teiles meiner Theorie der Gasdiffusion ausgehen, in welchem ich $m = M$ setze.

Um einige Buchstaben zu ersparen, will ich jetzt die wirkliche Geschwindigkeit eines Gasmoleküls mit v_w, deren Komponenten mit ξ_w, η_w, ζ_w bezeichnen, und statt dieser Größen die Variablen $v = v_w \cdot \sqrt{hm}$, $\xi = \xi_w \cdot \sqrt{hm}$, $\eta = \eta_w \cdot \sqrt{hm}$, $\zeta = \zeta_w \cdot \sqrt{hm}$ einführen.

---

[1]) Voranzeige dieser Arbeit Wien. Anz. 20. S. 183, 18. Oktober 1883.

$f(\xi, \eta, \zeta) \cdot d\xi \cdot d\eta \cdot d\zeta$ soll die Wahrscheinlichkeit sein, daß die jetzt gebrauchten Variablen ξ, η, ζ zwischen den Grenzen ξ und $\xi + d\xi$, η und $\eta + d\eta$, ζ und $d\zeta$ liegen, daß also die wirklichen Geschwindigkeitskomponenten ξ_w, η_w, ζ_w zwischen den Grenzen

$$\frac{\xi}{\sqrt{hm}} \quad \text{und} \quad \frac{\xi + d\xi}{\sqrt{hm}} \quad \text{usw.}$$

liegen, daher ist $(\sqrt{hm})^3 f(\xi_w\sqrt{hm}, \eta_w\sqrt{hm}), \zeta_w\sqrt{hm})\, d\xi_w\, d\eta_w\, d\zeta_w$ die Wahrscheinlichkeit, daß ξ_w, η_w, ζ_w zwischen den Grenzen ξ_w und $\xi_w + d\xi_w$ usw. liegen. Es tritt also an Stelle der im ersten Teile gebrauchten Funktion $f(\xi, \eta, \zeta)$ jetzt der Ausdruck:

$$(\sqrt{hm})^3 f(\xi\sqrt{hm}, \eta\sqrt{hm}, \zeta\sqrt{hm}),$$

d. h. hat man f gefunden, so ist es mit $\sqrt{(hm^3)}$ zu multiplizieren, dann darin $\xi\sqrt{hm}$ für ξ usw. zu schreiben, und endlich mit $d\xi\, d\eta\, d\zeta$ zu multiplizieren, um die Wahrscheinlichkeit zu finden daß ξ_w zwischen ξ und $\xi + d\xi$ usw. liegt, daher tritt an die Stelle der Gleichung (1) auf S. 4 die folgende:

$$(77)\left\{\begin{aligned} &\sqrt{hm}\,\frac{\partial f}{\partial t} + \xi\frac{\partial f}{\partial x} + \eta\frac{\partial f}{\partial y} + \zeta\frac{\partial f}{\partial z} + \int d\omega_1 \int p\,dp \int d\varphi \cdot r\,(ff_1 - f'f_1') \\ &\qquad + \int d\Omega \int p\,dp \int d\varphi \cdot r\,(fF - f'F') = 0\,. \end{aligned}\right.$$

Hierbei ist natürlich $r = \sqrt{(\xi - \xi_1)^2 + (\eta - \eta_1)^2 + (\zeta - \zeta_1)^2}$, also ebenfalls die mit $\sqrt{hm}$ multiplizierte relative Geschwindigkeit der beiden Moleküle, Ξ, H, Z sind auch die mit $\sqrt{hm}$ multiplizierten Geschwindigkeitskomponenten der zweiten Gasart.

Es empfiehlt sich ferner, in den folgenden Gleichungen die mit $\sqrt{hm}$ multiplizierte Geschwindigkeit eines Moleküls der zweiten Gasart geradeso wie die eines Moleküls der ersten Gasart mit v zu bezeichnen, da ja beide in den folgenden Gleichungen bloß die Rolle von independenten Variablen spielen und eine Unterscheidung derselben nicht weiter notwendig erscheint. An Stelle der Gleichungen (3) (auf S. 4) schreiben wir dann:

$$(78)\qquad \left\{\begin{aligned} f &= [c + \gamma x + \xi \cdot \varphi(v^2)]\, e^{-v^2}, \\ F &= [C + \Gamma x + \xi \cdot \Phi(v^2)]\, e^{-v^2}. \end{aligned}\right.$$

Behufs Vergleichung der früher gebrauchten Buchstaben mit den jetzt gebrauchten, wollen wir ersteren den Index w, letzteren den Index i geben. Wir haben also

$$f_w(\xi, \eta, \zeta) = (\sqrt{hm})^3 f_i(\xi\sqrt{hm}, \eta\sqrt{hm}, \zeta\sqrt{hm}), \tag{79}$$

daher gemäß der Gleichungen (78) und (3)

$$\sqrt{hm}^3\left[c_i + \gamma_i x + \xi\sqrt{hm}\,\varphi_i(v^2\sqrt{hm})\right]e^{-v^2hm}$$
$$= \left(c_w + x\frac{dc_w}{dx} + c_w\xi\varphi_w(v^2)\right)e^{-hmv^2},$$

woraus folgt:

$$\left\{\begin{aligned} &c_w = c_i(\sqrt{hm})^3, \quad c_w\varphi_w(v^2) = h^2m^2\varphi_i(v^2hm), \\ &(\sqrt{hm})^3\gamma_i = \frac{dc_w}{dx}, \end{aligned}\right. \tag{80}$$

die Gleichungen (35) und (36) verwandeln sich daher in folgende:

$$\left\{\begin{aligned} &\frac{v_i}{2\pi\sqrt{hm}}\frac{dc}{dx} + c_w{}^2\delta^2(a+p-i) + c_wC_w\mu^2(b+q-z-w) = 0, \\ &\frac{v_i}{2\pi\sqrt{hm}}\frac{dc}{dx} + C_n{}^2\varDelta^2(A+P-I) + c_wC_w\mu^2(B+Q-Z-W) = 0. \end{aligned}\right. \tag{81}$$

Nach Gleichung (38) (auf S. 18) ist

$$c_w a = \frac{\pi}{h^2m^2}v_wc_w\varphi_w(v^2)\left[\frac{1}{2}e^{-hmv^2_w} + \left(v_w\sqrt{hm} + \frac{1}{2v_w\sqrt{hm}}\right)\int_0^{v\sqrt{hm}} dx\,e^{-x^2}\right]$$

$$= \frac{\pi v_i}{\sqrt{hm}}\frac{c_w}{h^2m^2}\cdot\varphi_w\left(\frac{v_i^2}{h^2m^2}\right)\left[\frac{1}{2}e^{-v^2_i} + \left(v_i + \frac{1}{2v_i}\right)\int_0^{v_i} dx\,e^{-x^2}\right]$$

$$= \frac{\pi v_i}{\sqrt{hm}}\varphi_i(v_i^2)\left[\frac{1}{2}e^{-v^2_i} + \left(v_i + \frac{1}{2v_i}\right)\int_0^{v_i} dx\,e^{-x^2}\right].$$

Bezeichnen wir daher mit g_i oder auch, um anzuzeigen, daß diese Größe bloß Funktion von v ist, mit $g(v)$ den Ausdruck

$$\varphi_i(v^2)\left[\frac{v}{2}e^{-v^2} + \left(v^2 + \frac{1}{2}\right)\int_0^{v} dx\,e^{-x^2}\right], \tag{82}$$

so erhält man:

$$c_w a = \frac{\pi}{\sqrt{h m}} g(v_i).$$

Setzt man in gleicher Weise:

$$(83) \quad G_i = G(v) = \Phi_i(v^2) \left[\frac{v}{2} e^{-v^2} + \left(v^2 + \frac{1}{2} \right) \int_0^v d x \, e^{-x^2} \right]$$

so ergibt sich:

$$C_w A_w = \frac{\pi}{\sqrt{h m}} G(v_i).$$

Ferner erhält man wegen Gleichheit der Massen nach Gleichung (40) (auf S. 18)

$$c_w b_w = \frac{\pi}{\sqrt{h m}} g(v)$$

und

$$C_w B_w = \frac{\pi}{\sqrt{h m}} G(v).$$

Setzen wir weiter:

$$(84) \quad \left\{ \begin{aligned} p(v) = {} & \frac{2}{3} \int_0^v \varphi(x^2) e^{-x^2} d x \left(\frac{x^6}{5 v^2} - x^4 \right) \\ & + \frac{2}{3} \int_0^\infty \varphi(x^2) e^{-x^2} \left(\frac{x v^3}{5} - v x^3 \right) d x , \end{aligned} \right.$$

$$(85) \quad \left\{ \begin{aligned} P(v) = {} & \frac{2}{3} \int_0^v \Phi(x^2) e^{-x^2} \left(\frac{x^6}{5 v^2} - x^4 \right) d x \\ & + \frac{2}{3} \int_v^\infty \Phi(x^2) e^{-x^2} \left(\frac{x v^3}{5} - v x^3 \right) d x , \end{aligned} \right.$$

so folgt:

$$c_w p_w = \frac{\pi}{\sqrt{h m}} p(v),$$

$$C_w q_w = \frac{\pi}{\sqrt{h m}} P(v),$$

$$C_w P_w = \frac{\pi}{\sqrt{h m}} P(v),$$

$$c_w Q_w = \frac{\pi}{\sqrt{h m}} p(v).$$

Endlich setzen wir:

$$(86)\quad \begin{cases} i_v = \frac{2}{v^2}\int\limits_0^v \varphi(x^2)\,dx\left[(x^3 - x)\int\limits_0^x e^{-x^2}dx + x^2 e^{-x^2}\right] \\ \qquad + \left[\frac{2v^2-2}{v^2}\,e^{v^2}\int\limits_0^v e^{-x^2}dx + \frac{2}{v}\right]\int\limits_v^\infty \varphi(x^2)\,x\,e^{-x^2}dx \end{cases}$$

und

$$(87)\quad \begin{cases} I_v = \frac{4}{v^2}\int\limits_0^v \Phi(x^2)\,dx\left[\frac{x^3-x}{2}\int\limits_0^x e^{-x^2}dx + \frac{x^2 e^{-x^2}}{2}\right] \\ \qquad + 2v^2\left[\frac{v^2-1}{2v^4}\,e^{v^2}\int\limits_0^v e^{-x^2}dx + \frac{1}{2v^3}\right]\int\limits_v^\infty \Phi(x^2)\,x\,e^{-x^2}dx, \end{cases}$$

so folgt:

$$c_w i_w = \frac{2\pi}{\sqrt{hm}}\,i(v),$$

$$C_w I_w = \frac{2\pi}{\sqrt{hm}}\,I(v),$$

$$c_w z_w = \frac{\pi}{\sqrt{hm}}\,i(v),$$

$$C_w w_w = \frac{\pi}{\sqrt{hm}}\,I(v),$$

$$C_w Z_w = \frac{\pi}{\sqrt{hm}}\,I(v),$$

$$c_w W_w = \frac{\pi}{\sqrt{hm}}\,i(v).$$

Berücksichtigt man alle diese Gleichungen und läßt im folgenden die nun überflüssig gewordenen Indizes i weg, so verwandeln sich die Gleichungen (81) in folgende:

$$(88)\quad \begin{cases} \frac{v}{2\pi^2}\gamma + \delta^2(cg + cp - 2ci) + \mu^2(Cg + cP - Ci - cI) = 0, \\ \frac{v}{2\pi^2}\Gamma + \Delta^2(CG + CP - 2CI) + \mu^2(cG + Cp - cI - Ci) = 0. \end{cases}$$

Hierbei ist δ die Distanz, bis zu welcher sich die Centra zweier Moleküle der ersten Gasart beim Zusammenstoße nähern, Δ hat dieselbe Bedeutung für die zweite Gasart, während μ die Distanz vorstellt, bis zu welcher sich das Zentrum eines

Moleküls der ersten Gasart dem eines Moleküls der zweiten Gasart beim Zusammenstoße nähert; stellt man sich daher die Moleküle als vollkommen harte elastische Kugeln vor, so ist jedenfalls $2\mu = \delta + \varDelta$. Es dürfte jedoch immerhin von theoretischem Interesse sein, auch andere Werte von μ der Diskussion zu unterwerfen, um so mehr, als die Hypothese der Kugelgestalt der Moleküle auf keinen Fall vollkommen der Wirklichkeit entspricht. Diskutieren wir zunächst den einfachsten Fall $\mu = 0$, dann haben die Gleichungen (88) eine sehr einfache Lösung, nämlich $\gamma = I = 0$, φ und Φ sind zwei beliebige, voneinander verschiedene Konstante.

In der Tat wird alsdann nach Gleichung (82)

$$g = \varphi\left[\frac{v}{2}e^{-v^2} + \left(v^2 + \frac{1}{2}\right)\int_0^v e^{-x^2}dx\right].$$

Ferner liefert die Gleichung (84)

$$p = \frac{2}{3}\varphi\int_0^v e^{-x^2}dx\left(\frac{x^6}{5v^2} - x^4\right) + \frac{2}{3}\varphi\int_0^\infty e^{-x^2}\left(\frac{xv^3}{5} - vx^3\right)dx.$$

Wegen

$$\int_0^v e^{-x^2}x^{2n}dx = -\frac{v^{2n-1}e^{-v^2}}{2} + \frac{2n-1}{2}\int_0^v e^{-x^2}x^{2n-2}dx$$

verwandelt sich die erste Zeile des obigen Ausdrucks in

$$\frac{2}{3}\varphi\left[-\frac{v^3e^{-v^2}}{10} + \left(\frac{1}{2v^2} - 1\right)\int_0^v e^{-x^2}x^4dx\right].$$

Ferner ist

$$\int_0^v e^{-x^2}x^4dx = -\frac{v^3e^{-v^2}}{2} + \frac{3}{2}\int_0^v e^{-x^2}x^2dx$$

$$= -\frac{v^3e^{-v^2}}{2} - \frac{3}{4}ve^{-v^2} + \frac{3}{4}\int_0^v e^{-x^2}dx.$$

Es ist daher der erste Summand des Ausdrucks p

$$= \varphi\left\{\frac{1}{4v^2} - \frac{1}{2}\right\}\int_0^v e^{-x^2}dx + \varphi\left(\frac{v}{3} - \frac{1}{4v} + \frac{4}{15}v^3\right)e^{-v^2}.$$

Ferner ist:

$$\int_v^\infty e^{-x^2} x\,dx = \frac{1}{2} e^{-v^2}$$

und

$$\int_v^\infty e^{-x^2} x^3\,dx = \frac{v^2+1}{2} \cdot e^{-v^2},$$

daher wird der zweite Summand des Ausdrucks p

$$= \varphi e^{-v^2}\left(-\frac{4v^3}{15} - \frac{v}{3}\right),$$

daher

$$p = \varphi\left(\frac{1}{4v^2} - \frac{1}{2}\right)\int_0^v e^{-x^2}dx - \frac{\varphi e^{-v^2}}{4v}$$

Weiter erhält man aus Gleichung (86)

$$i = \frac{4\varphi}{v^3}\int_0^v dx\left[\frac{x^3-x}{2}\int_0^x e^{-x^2}dx + \frac{x^2 e^{-x^2}}{2}\right]$$

$$+ 4v^3\varphi\left[\frac{v^2-1}{2v^4} e^{v^2}\int_0^v e^{-x^2}dx + \frac{1}{2v^3}\right]\int_v^\infty x e^{-x^2}dx.$$

Hier erhält man durch partielle Integration:

$$\int_0^v \frac{x^3-x}{2}dx\int_0^x e^{-x^2}dx = \left(\frac{v^4}{8} - \frac{v^2}{4}\right)\int_0^v e^{-x^2}dx - \int_0^v e^{-x^2}dx\left(\frac{x^4}{8} - \frac{x^2}{4}\right),$$

daher wird die erste Zeile des Ausdrucks

$$i = \varphi\left(\frac{v^2}{2} - 1\right)\int_0^v e^{-x^2}dx + \frac{\varphi}{v^3}\int_0^v e^{-x^2}dx\left(3x^2 - \frac{x^4}{2}\right)$$

$$= \varphi\left(\frac{v^2}{2} - 1\right)\int_0^v e^{-x^2}dx + \varphi\frac{v e^{-v^2}}{4} - \frac{9\varphi}{8v}e^{-v^2} + \frac{9\varphi}{8v^2}\int_v^v e^{-x^2}dx,$$

die zweite Zeile des Ausdrucks i aber ist:

$$\varphi\left[\frac{v^2-1}{v^2}\int_0^v e^{-x^2}dx + \frac{e^{-v^2}}{v}\right],$$

daher folgt

$$i = \varphi\left\{\left(\frac{v^2}{2} + \frac{1}{8v^2}\right)\int\limits_0^v e^{-x^2}dx + \left(\frac{v}{4} - \frac{1}{8v}\right)e^{-v^2}\right\},$$

die Substitution dieser Werte liefert $g + p - 2i = 0$, und da ganz in analoger Weise auch folgen muß $G + P - 2I = 0$, so sind die beiden Gleichungen (88) erfüllt. Es ist dies übrigens auch selbstverständlich, da ja die Annahme $\mu = 0$ darauf hinausläuft, daß die beiden Gasarten keine Wirkung aufeinander ausüben. Es kann daher jede von der andern unabhängig sich mit beliebiger konstanter Geschwindigkeit im Raume fortbewegen.

Im Falle $\mu = 0$ reduzieren sich die beiden Gleichungen (88) auf:

(89) $$\frac{v}{2\pi^2}\gamma + \delta^2 c(g + p - 2i) = 0,$$

(90) $$\frac{v}{2\pi^2}\Gamma + \Delta^2 C(G + P + 2I) = 0.$$

Es ist daher jede Gasart unabhängig von der andern im Raume vorhanden und es gilt jede der beiden vorstehenden Gleichungen (89) und (90) auch für ein einziges im Raume vorhandenes Gas; die im früheren diskutierte Lösung $\gamma = 0$ und $S =$ const. der Gleichung (90) entspricht daher dem Falle, daß ein einziges Gas eine konstante progressive Bewegung im Raume besitzt.

Es sei hier noch bemerkt, daß für den Fall $\gamma = 0$ offenbar keine andere Lösung bestehen kann, da bei konstanter Dichte des Gases eine andere stationäre Bewegung nicht denkbar ist. Wäre γ von 0 verschieden, so würden wir den Fall erhalten, daß das Gas in einer zylindrischen Röhre stationär, aber mit einer von Querschnitt zu Querschnitt veränderlichen Dichte und Geschwindigkeit fortströmt. An dem Ende, wo die Dichte am größten ist, müßte fortwährend neues Gas von der dort herrschenden Geschwindigkeit nachgefüllt werden, welches infolge des dort vorhandenen Druckes mit wachsender Geschwindigkeit gegen das andere Ende der Röhre strömen würde. Jedoch müßte der Überdruck so reguliert sein, daß an einer und derselben Stelle des Raumes die Geschwindigkeit im Verlaufe der Zeit sich nicht ändern würde. Nach den

Vorstellungen der Hydrodynamik wäre dieser Zustand als eine plane Schallwelle zu bezeichnen, die sich in einem Gase fortpflanzen würde, während gleichzeitig das Gas im entgegengesetzten Sinne eine der Schallgeschwindigkeit gleiche Progressivbewegung hätte, so daß die Schallwelle immer an derselben Stelle des Raumes stehen bliebe. Es fällt hierbei freilich sogleich auf, daß bei einer derartigen Schallwelle, welche wir als eine stationäre bezeichnen wollen, die Geschwindigkeit des Gases wenigstens stellenweise der Schallgeschwindigkeit gleich sein müßte, während wir angenommen haben, daß die sichtbare Geschwindigkeit des Gases immer klein gegenüber der Progressivbewegung der einzelnen Moleküle ist. Soviel ist klar, daß, wenn die Gleichung (89), sobald γ von 0 verschieden ist, überhaupt eine reelle Lösung hat, der eine physikalische Bedeutung zukommt, dieselbe jedenfalls mit dem Vorfalle der Gasdiffusion, welcher uns jetzt allein interessiert, in gar keinem Zusammenhange steht, weshalb wir uns auch hier nicht weiter in eine Diskussion der, wie es scheint, äußerst schwierig zu behandelnden Gleichung (89) einlassen wollen.

Wir wollen jetzt sogleich zur Behandlung der Gleichungen (88) in ihrer allgemeinsten Gestalt übergehen. Wir setzen zunächst zur Abkürzung:

$$(\delta^2 c + \mu^2 C)\varphi(x) + (\mu^2 c + \Delta^2 C)\,\Phi(x) = \Psi(x)$$

und bezeichnen mit $a'\,p'\,i'$ die Ausdrücke, welche aus $a\,p\,i$ entstehen, sobald man darin $\Psi(x)$ an die Stelle von $\varphi(x)$ setzt, dann liefert die Addition der beiden Gleichungen (88)

$$\frac{v(\gamma + \Gamma)}{2\pi^2} + g' + p' - 2i' = 0\,. \tag{91}$$

Diese Gleichung hat vollkommen die Form der Gleichung (89), sollte daher die letztere, sobald γ von 0 verschieden ist, eine Lösung besitzen, so würde auch die Gleichung (91) eine ganz analoge Lösung für den Fall haben, daß $\gamma + \Gamma$ nicht $= 0$ ist; in dieser Lösung würde bloß $\Psi(x)$ an die Stelle von $\delta^2 c\,\varphi(x)$ treten. Es spielt also in bezug auf diese Gleichung das Gasgemisch durchaus keine andere Rolle als ein einzelnes Gas, wie es auch a priori evident ist. Wir wollen uns hier wieder bloß mit dem Vorgange der Diffusion beschäftigen und denjenigen Vorgang, den wir im früheren als stationäre Wellenbewegung bezeichnet haben, von vornherein ausschließen.

Wir müssen also setzen

$$\gamma + \Gamma = 0$$

und erhalten dann analog wie bei Gleichung (89) nur eine Lösung der Gleichung (91), nämlich Ψ = const., d. h. das Gasgemisch hat eine konstante Progressivgeschwindigkeit. Bei dem reinen Vorgange der Diffusion muß auch diese ausgeschlossen werden, und es ist daher zu setzen

(92) $$\Psi(x) = (\delta^2 c + \mu^2 C)\varphi(x) + (\mu^2 c + \Delta^2 C)\Phi(x) = 0.$$

In diesem Falle liefert die erste der Gleichungen (88)

(93) $$\begin{cases} \dfrac{v}{2\pi^2}\gamma + (\delta^2 c + \mu^2 C)g + \dfrac{(\delta^2\Delta^2 - \mu^4)C}{\delta^2 c + \mu^2 C}\cdot p \\ \qquad = \dfrac{\delta^2\mu^2 c^2 + 2\delta^2\Delta^2 c C + \mu^2\Delta^2 C^2}{\mu^2 c + \Delta^2 C}\cdot i. \end{cases}$$

Die Gleichung (93) vereinfacht sich noch in dem Falle, daß $\mu^2 = \delta\Delta$ ist; setzt man alsdann

$$\frac{\delta}{\mu} = \frac{\mu}{\Delta} = \sqrt{k},$$

so geht die Gleichung (93) über in:

(94) $$\gamma = 2\pi^2\delta^2\cdot\frac{kc + C}{k}\cdot\frac{i - g}{v}.$$

Die Gleichung (94) begreift den wichtigen Fall, daß $k = 1$ ist, in sich, daß also die Moleküle beider diffundierenden Gase sowohl gleiche Masse als gleichen Durchmesser haben; es ist dies der Fall, welchen Maxwell als den der Diffusion in sich selbst bezeichnet.

VI. Diffusion in sich selbst.

Wir wollen uns zunächst mit diesem einfachsten Falle befassen und setzen

(95) $$\frac{k\gamma}{2\pi^2\delta^2(kc + C)} = \beta,$$

also für den Fall der Diffusion in sich selbst

(96) $$\beta = \frac{\gamma}{2\pi^2\delta^2(c + C)},$$

dann liefert die Gleichung (94)

$$\beta v = i - g, \tag{97}$$

also mit Berücksichtigung der Gleichungen (82) und (86)

$$\left\{\begin{aligned} \beta v^3 &= 2\int_0^v \varphi(x^2)\,dx\left[(x^3 - x)\int_0^x e^{-x^2}dx + x^2 e^{-x^2}\right] \\ &\quad + \left[(v^2-1)\,e^{v^2}\int_0^v e^{-v^2}dv + v\right]\int_v^\infty 2x\,\varphi(x^2)\,e^{-x^2}dx \\ &\quad - \varphi(v^2)\left[\frac{v^3}{2}e^{-v^2} + \left(v^4 + \frac{v^2}{2}\right)\right]\int_0^v e^{-v^2}dv. \end{aligned}\right. \tag{98}$$

Diese Gleichung kann zunächst wieder zur Gewinnung einer gewöhnlichen Differentialgleichung verwertet werden. Ihre Ableitung lautet:

$$\left\{\begin{aligned} 3\beta v^2 &= \varphi(v^2)\left[(-4v^3 - v)\int_0^v e^{-v^2}dv - 2v^2 e^{-v^2}\right] \\ &\quad - v\,\varphi'(v^2)\left[v^3 e^{-v^2} + (2v^4 + v^2)\int_0^v e^{-v^2}dv\right] \\ &\quad + \left[2v^3 e^{v^2}\int_0^v e^{-v^2}dv + v^2\right]\int_v^\infty \varphi(x^2)\,2x\,e^{-x^2}dx. \end{aligned}\right. \tag{99}$$

Setzt man hier $v^2 = x$,

$$2\sqrt{x}\,e^x\int_0^{\sqrt{x}} e^{-x^2}dx = \sum_{n=1}^{n=\infty}\frac{(2x)^n}{1\cdot 3\cdots(2n-1)} = \xi$$

und

$$\int_u^\infty \varphi(u)\,e^{-u}du = y(u) = b - \tau_0 u - (\tau_1 - \tau_0)\frac{u^2}{2!} - \frac{\tau_2 - 2\tau_1 + \tau_0}{3!}u^3 - \ldots,$$

so daß

$$\varphi(u) = -y'e^u, \quad \varphi'(u) = -(y'' + y')e^u,$$

$$\int_v^\infty \varphi(x^2)\,x\,e^{-x^2}dx = \frac{1}{2}y(v^2), \quad \frac{d\xi}{dx} = \left(1 + \frac{1}{2x}\right)\xi + 1,$$

so lautet die obige Gleichung

$$
(100)\quad \begin{cases} 3\beta x = y''\left[x^2 + \left(x^2 + \frac{x}{2}\right)\xi\right] + y'\left[x^2 + 2x + \left(x^2 + \frac{5}{2}x + \frac{1}{2}\right)\xi\right] \\ \qquad + (x + x\,\xi)y, \end{cases}
$$

$$
\varphi'\left[x^2 + \left(x^2 + \frac{x}{2}\right)\xi\right] + \varphi\left[2x + \left(2x + \frac{1}{2}\right)\xi\right]
$$

$$
- e^x(x + x\,\xi)\left[b - \int_0^x e^{-x}\varphi(x)\,dx\right] = 3\beta x e^x.
$$

Da mir die Auflösung dieser Differentialgleichung nicht gelungen ist, so wollen wir wieder zur Reihenentwicklung unsere Zuflucht nehmen. Vergleicht man die Gleichungen (86) und (49), letztere im ersten Teile, so sieht man, daß die hier gebrauchte Größe i aus den dort gebrauchten gebildet wird, indem man diese mit 2π dividiert und $hm = 1$ setzt. Es liefert also die Formel (47)

$$
(101)\quad \begin{cases} i = \sum_{n=0}^{n=\infty} \frac{(2n+1)\,2^n v^{2n+1} b}{1\cdot 2(2n+3)} + \sum_{n=0}^{n=\infty} v^{2n+3} \sum_{k=0}^{k=n} \frac{2^{n-k+1}(2n-2k+1)}{1\cdot 2(2n-2k+3)} \\ \qquad \frac{\binom{k}{0}\tau_k - \binom{k}{1}\tau_{k-1} + \cdots}{k!}\left(\frac{1}{2n+5} - \frac{1}{2k+2}\right) \\ = b\left(\frac{v}{3} + \frac{2v^3}{5} + \frac{4v^5}{3\cdot 7} + \frac{8v^7}{3\cdot 5\cdot 9} + \frac{16v^9}{3\cdot 5\cdot 7\cdot 11} + \frac{32v^{11}}{3\cdot 5\cdot 7\cdot 9\cdot 13} + \cdots\right) \\ \quad - \tau_0\left(\frac{v^3}{5} + \frac{3v^5}{14} + \frac{v^7}{18} + \frac{19v^9}{3\cdot 5\cdot 8\cdot 11} + \frac{83v^{11}}{5\cdot 7\cdot 8\cdot 9\cdot 13} + \cdots\right) \\ \quad - \tau_1\left(\frac{v^5}{14} + \frac{2v^7}{27} + \frac{v^9}{8\cdot 11} + \frac{7v^{11}}{4\cdot 5\cdot 9\cdot 13} + \cdots\right) \\ \quad - \tau_2\left(\frac{v^7}{54} + \frac{5v^9}{3\cdot 8\cdot 11} + \frac{v^{11}}{5\cdot 9\cdot 13} + \cdots\right) \\ \quad - \tau_3\left(\frac{v^9}{3\cdot 8\cdot 11} + \frac{v^{11}}{4\cdot 5\cdot 13} + \cdots\right) - \frac{\tau_4 v^{11}}{3\cdot 5\cdot 8\cdot 13} - \cdots, \end{cases}
$$

wobei

$$
(102)\qquad b = \int_0^\infty \varphi(x)\,e^{-x}\,dx
$$

ist. In gleicher Weise liefert die Vergleichung der Formeln (82) und (83) $g = a/\pi$, darin $hm = 1$ gesetzt, also wenn man überall die Exponentielle in einer Reihe entwickelt

$$(103)\quad \begin{cases} g = \left(\tau_0 + \frac{\tau_1 v^2}{1!} + \frac{\tau_2 v^2}{2!} + \dots\right) \sum\limits_{n=0}^{n=\infty} \frac{(-1)^{n-1} v^{2n+1}}{n!(4n^2-1)} = v\tau_0 \\ + v^3\left(\tau_1 + \frac{\tau_0}{3}\right) + v^5\left(\frac{\tau_2}{2} + \frac{\tau_1}{3} - \frac{\tau_0}{30}\right) \\ + v^7\left(\frac{\tau_3}{6} + \frac{\tau_2}{6} - \frac{\tau_1}{30} + \frac{\tau_0}{2\cdot3\cdot5\cdot7}\right) \\ + v^9\left(\frac{\tau_4}{2\cdot3\cdot4} + \frac{\tau_3}{2\cdot9} - \frac{\tau_2}{4\cdot3\cdot5} + \frac{\tau_1}{2\cdot3\cdot5\cdot7} - \frac{\tau_0}{2\cdot3\cdot4\cdot7\cdot9}\right) \\ + v^{11}\left(\frac{\tau_5}{2\cdot3\cdot4\cdot5} + \frac{\tau_4}{8\cdot9} - \frac{\tau_3}{4\cdot9\cdot5} + \frac{\tau_2}{4\cdot3\cdot5\cdot7} - \frac{\tau_1}{8\cdot27\cdot7} + \frac{\tau_0}{8\cdot27\cdot5\cdot11}\right) + \dots \end{cases}$$

Es ist also $g = R/v$, wenn wir mit R dieselbe Größe, wie im dritten Teile der Theorie der Gasreibung (S. 538) bezeichnen. Diese Werte in die Gleichung (97) substituiert liefern nach der Methode der unbestimmten Koeffizienten:

$$\tau_0 = \frac{b}{3} - \beta, \qquad \tau_2 = -\frac{17\tau_1}{21} - \frac{38\tau_0}{105} + \frac{8b}{21},$$

$$\tau_1 = \frac{2b}{5} - \frac{8\tau_0}{15},$$

wobei β als gegebene Konstante zu betrachten ist, b dagegen muß erst zum Schlusse durch wirkliche Ausrechnung des Integrales der Gleichung (102) bestimmt werden. Da

$$\tau_0 = \varphi(0), \quad \tau_1 = \varphi'(0), \quad \tau_2 = \varphi''(0)\dots,$$

so folgt dann $\varphi(x)$ nach der Maclaurinschen Reihe. Die Gleichung (100) kann zum selben Zwecke dienen, wenn man darin

$$y^{(k)} = y^k(0) + x y^{k+1}(0)\dots, \quad \xi = \sum_{n=1}^{n=\infty} \frac{(2x)^n}{1\cdot3\dots(2n-1)}$$

setzt, und die Koeffizienten sämtlicher Potenzen von x gleich Null setzt. Um für sehr große Argumente eine semikonvergente Reihe zu erhalten, kann man folgendermaßen verfahren. Man setzt:

$$(104)\quad \begin{cases} h = 2\int\limits_0^\infty \varphi(x^2)x^2 e^{-x^2}dx + 2\int\limits_0^\infty \left[\varphi(x^2) - \frac{c_0}{x} - \frac{c_1}{x^3}\right] x^3 dx \int\limits_v^x e^{-x^2} hx \\ \qquad + 2\int\limits_0^\infty \left[\frac{c}{x} - \varphi(x^2)\right] x\, dx \int\limits_0^x e^{-x^2} dx, \end{cases}$$

dann verwandelt sich die Gleichung (98) in

$$(105)\quad \begin{cases} \beta v^3 = \left[(v^2-1)e^{v^2}\int\limits_0^v e^{-v^2}dv + v\right]\int\limits_v^\infty 2x\varphi(x^2)e^{-x^2}dx \\ -\varphi(v^2)\left[\frac{v^3}{2}e^{-v^2} + \left(v^4+\frac{v^2}{2}\right)\int\limits_0^v e^{-v^2}dv\right] + h \\ -2\int\limits_v^\infty \varphi(x^2)x^2e^{-x^2}dx - 2\int\limits_v^\infty\left[\varphi(x^2)-\frac{c_0}{x}-\frac{c_1}{x^3}\right]x^3dx\int\limits_0^x e^{-x^2}dx \\ +2\int\limits_v^\infty\left[\varphi(x^2)-\frac{c_0}{x}\right]x\,dx\int\limits_0^x e^{-x^2}dx - 2c_0\int\limits_0^v dx\int\limits_0^x e^{-x^2}dx \\ +2\int\limits_0^v dx(c_0x^2+c_1)\int\limits_0^x e^{-x^2}dx. \end{cases}$$

Diese Gleichung werden wir später benützen, um über die Größe h einen Schluß zu ziehen, da aus derselben folgt, daß h verschwinden muß, sobald $\varphi(v^2)$ für große v in der Form

$$\sum_{n=0}^{n=\infty}\frac{c^n}{v^{2n+1}}$$

darstellbar ist. Man könnte sie auch benützen, um die Koeffizienten dieser Entwicklung zu bestimmen, indem man einfach in die Gleichung für φ jene Reihe substituiert. Doch führt es kürzer zum Ziele, hierzu die Gleichung (99) zu benützen. Für große v reduziert sich dieselbe zunächst, indem man Glieder von der Ordnung e^{-v^2} vernachlässigt, auf

$$(106)\quad \begin{cases} \frac{6\beta}{\sqrt{\pi}}v^2 + \varphi(v^2)(4v^3+v) + v\varphi'(v^2)(2v^4+v^2) \\ \qquad - 4v^3e^{v^2}\int\limits_v^\infty \varphi(x^2)xe^{-x^2}dx = 0. \end{cases}$$

Die Differentiation dieser Gleichung aber liefert:

$$(107)\quad \begin{cases} (2v^4+v^2)\varphi''(v^2) + (-2v^4+5v^2+1)\varphi'(v^2) \\ \qquad + \left(-2v^2-1-\frac{1}{v^2}\right)\varphi(v^2) = \left(2v+\frac{1}{v}\right)\frac{3\beta}{\sqrt{\pi}}, \end{cases}$$

eine Gleichung, welche man übrigens auch leicht direkt aus der Gleichung (100) hätte erhalten können; denn wenn man Glieder von der Größenordnung e^{-v^2} vernachlässigt, so ist $\xi = \sqrt{\pi x}\, e^x$, daher geht (100) über in

$$(108)\qquad (2x+1)y'' + \left(2x+5+\frac{1}{x}\right)y' + 2y = \frac{6\beta}{\sqrt{\pi x}}e^{-x},$$

was durch Differentiation liefert

$$(109)\qquad \begin{cases} (2x+1)y''' + \left(2x+7+\frac{1}{x}\right)y'' \\ \qquad + \left(4-\frac{1}{x^2}\right)y' = -\frac{3\beta}{\sqrt{\pi x}}e^{-x}\left(2+\frac{1}{x}\right), \end{cases}$$

was mit der obigen Gleichung (107) identisch ist. Diese Gleichung ist besonders geeignet zur Bestimmung der Koeffizienten der semikonvergenten Reihe.

Setzt man nämlich

$$(110)\qquad \begin{cases} \varphi(v^2) = \sum_{n=0}^{n=\infty}\frac{c_n}{v^{2n+1}}, \quad \varphi'(v^2) = -\sum_{n=0}^{n=\infty}\frac{(2n+1)c_n}{2v^{2n+3}}, \\ \varphi''(v^2) = \sum_{n=0}^{n=\infty}\frac{(2n+1)(2n+3)c_n}{4v^{2n+5}}, \end{cases}$$

so folgt

$$\frac{6\beta}{\sqrt{\pi}}v + \frac{3\beta}{v\sqrt{\pi}} = -c_0 v + \frac{c_1 - 2c_0}{v} + \sum_{n=0}^{n=\infty}\frac{1}{v^{2n+3}}[(2n+3)c_{n+2}$$
$$+ (2n^3+3n-1)c_{n+1} + \frac{1}{4}(2n+3)(2n-1)c_n]$$

und hieraus ergibt sich

$$(111)\quad c_0 = -\frac{6\beta}{\sqrt{\pi}},\quad c_1 = -\frac{9\beta}{\sqrt{\pi}},\quad c_{n+2} = \frac{2n^2+3n-1}{2n+3}c_{n+1} + \frac{2n-1}{4}c_n.$$

Folgendes wäre nun der Weg zur numerischen Bestimmung der Funktion φ. Man berechnet sie zunächst mit Hilfe der Maclaurinschen Reihe für kleine Argumente mittels der Formel

$$\varphi(x) = \tau_0 + x\tau_1 + \frac{x^2}{2!}\tau_2 \ldots$$

Hat man die Funktion $\varphi(x)$ von $x = 0$ bis $x = \alpha$ bestimmt, so verwendet man f solange eben diese Reihe hinreichend konvergiert. Für größere Argumente $\alpha + \beta$ die Gleichung:

$$\varphi(\alpha+\beta) = \varphi(\alpha) + \beta\varphi'(\alpha) + \frac{\beta^2}{2}\varphi''(\alpha)\ldots,$$

wobei man $\varphi'(\alpha)$, $\varphi''(\alpha)\ldots$ aus der Gleichung (99) und deren Ableitungen bestimmt. In dieser Gleichung ist

$$\int_a^\infty \varphi(u)e^{-u}du = b - \int_0^a \varphi(u)e^{-u}du$$

zu setzen, wobei $\int_0^a \varphi(u)e^{-u}du$ bezeichnet werden kann, da $\varphi(u)$ von $u=0$ bis $u=\alpha$ bekannt ist, b aber ist als später zu bestimmende Konstante mitzunehmen. Für sehr große Argumente kann die semikonvergente Reihe benutzt werden und man kann wieder zu kleineren unter Benützung der Reihe

$$\varphi(\alpha-\beta) = \varphi(\alpha) - \beta\varphi'(\alpha) + \frac{\beta^2}{2}\varphi''(\alpha)\ldots$$

unter Verwendung der Gleichung (99) herabsteigen.

Formeln, welche für den Fall gelten, daß φ eine ganze positive Potenz ist.

Ehe ich zur Mitteilung numerischer Resultate schreite, will ich noch Rechnungen ausführen, welche den im VII. Abschnitte meiner Theorie der Gasreibung enthaltenen vollkommen analog sind. Wir werden dadurch zwar keine neuen Resultate erhalten, aber wir werden zu Formeln gelangen, welche zur Kontrolle der Rechnungen brauchbar sind, und bei derartigen numerischen Rechnungen ist eine ausgiebige Kontrolle geradezu unerläßlich. Nach Formel (97) hatten wir

$$\beta v^2 = i - g = \frac{\gamma v^2}{2\pi^2\delta^2(c+C)}\,.$$

Gemäß der Gleichung, welche auf die Gleichung (82) folgt und der ersten der Gleichungen, welche auf die Gleichung (87) folgen, ist

$$g = \frac{\sqrt{hm}}{\pi}c_w a\,,\quad i = \frac{\sqrt{hm}}{2\pi}c_w i_w\,,$$

ferner nach den Gleichungen (80)

$$c_w\varphi_w(v^2) = h^2m^2\varphi_i(v^2hm) \quad \text{oder} \quad c_w\varphi_w\left(\frac{u^2}{hm}\right) = h^2m^2\varphi_i(u^2),$$

so daß

$$g = \frac{\sqrt{hm}^5}{\pi} a_w, \quad i = \frac{\sqrt{hm}^5}{2\pi} i_w,$$

wobei a_w und i_w aus den im ersten Teile meiner Theorie der Gasdiffusion (S. 16) mit a und i bezeichneten Größen hervorgehen, indem man in letzteren das Argument v durch $\sqrt{hm}$ dividiert. Es ist also:

$$g = \frac{\sqrt{hm}^5}{\pi} e^{-v^2} \int_0^\infty r^3 dr \int_0^\pi \gamma d G e^{-hmr^2 - 2vrg\sqrt{hm}} \int_0^{\pi/2} s\sigma dS \int_0^{2\pi} dO \frac{v}{\sqrt{hm}} \varphi_i(v^2)$$

$$= \frac{1}{\pi} e^{-v^2} \int_0^\infty r^3 dr \int_0^\pi \gamma d G e^{-r^2 - 2vrg} \int_0^{\pi/2} s\sigma dS \int_0^{2\pi} dO\, v\, \varphi(v^2)$$

$$i = \frac{1}{\pi} e^{-v^2} \int_0^\infty r^3 dr \int_0^\pi \gamma d G e^{-r^2 - 2vrg} \int_0^\pi s\sigma dS \int_0^{2\pi} dO$$

$$(v + rg\sigma^2 - r\gamma s\sigma o)\varphi[v^2 + 2vr(g\sigma^2 - \gamma s\sigma o) + r^2\sigma^2].$$

Will man zu diesen Gleichungen, welche wir hier nicht ohne Umweg erhielten, direkt von den Gleichungen (1) und (2) des ersten Teiles meiner Theorie der Gasdiffusion gelangen, so bezeichne man die mit $\sqrt{hm}$ multiplizierte Geschwindigkeit eines Moleküls mit v und man erhält eine Lösung der Gleichungen (1) und (2), indem man setzt:

$$f = [c + \gamma x + \xi\varphi(v^2)]\, e^{-v^2},$$
$$F = [C - \gamma x - \xi\varphi(v^2)]\, e^{-v^2},$$

wobei $f d\xi\, d\eta\, d\zeta$ die Anzahl der Moleküle ist, deren Geschwindigkeitskomponenten zwischen $\xi/\sqrt{hm}$ und $(\xi + d\xi)/\sqrt{hm}$ usw. liegen. Dann ist

$$ff_1 - f'f_1' = ce^{-(v^2+v_1^2)}[\xi\varphi(v^2) + \xi_1\varphi(v_1^2) - \xi'\varphi(v'^2) - \xi_1'\varphi(v_1'^2)],$$
$$fF_1 - f'F_1' = e^{-(v^2+v_1^2)}[C\xi\varphi(v^2) - c\xi_1\varphi(v_1^2) - C\xi'\varphi(v'^2) + c\xi_1'\varphi(v_1'^2)],$$
$$\frac{\partial f}{\partial t} + \xi\frac{\partial f}{\partial x} + \eta\frac{\partial f}{\partial y} + \zeta\frac{\partial f}{\partial z} = \xi\gamma e^{-v^2};$$

die Gleichung (1) des ersten Teiles reduziert sich also auf

$$\xi\gamma e^{-v^2} + \int d\omega_1 \int p\,dp \int r. d\varphi\, e^{-(v^2+v_1^2)}(c + C)[\xi\varphi(v^2) - \xi'\varphi(v'^2)] = 0.$$

Bedenkt man, daß

$$\xi = va, \xi' = va + rag\sigma^2 - ra\gamma s\sigma o - ra\gamma k\sigma^2 - rugks\sigma o - ra\varkappa s\sigma\omega,$$

$$d\omega_1 = r^2 dr\gamma dG dK = v_1{}^2 dv_1 \tau dT dK, \quad pdp = \delta^2 s\sigma dS, \quad \varphi = 0,$$

so folgt:

$$\frac{\gamma v}{2\pi^2 \delta^2 (c + C)} = i - g,$$

wobei g und i die obige Bedeutung haben. Man sieht leicht, daß auch die Gleichung (2) des ersten Teiles erfüllt ist.

Es ist nun unsere Aufgabe, die Größe i für den Fall zu berechnen, daß $\varphi(v^2)$ eine ganze positive Potenz von v^2 ist. Zu diesem Zwecke setzen wir

$$\sigma^2 = l, \quad g\sigma^2 - \gamma s\sigma o = \varrho$$

und bezeichnen mit M_p^b den Koeffizienten von $v^{b-1} r^{2p+2-b}$ in $(v + r\varrho)(v^2 + 2vr\varrho + r^2 l)^p$. Dann erhält man aus M_p^b den Koeffizienten X_p^b derselben Größe in

$$X_p = \frac{1}{2\pi}\int_0^{2\pi} dO \cdot (v + r\varrho) v'^{2p}$$

durch die Vertauschungen (auf S. 448) des zweiten Teiles meiner Theorie der Gasreibung. Den Koeffizienten Y von $v^{b-1} r^{2p+2-b}$ im Ausdrucke

$$Y_p = \frac{1}{\pi}\int_0^{\pi/2} s\sigma\, dS \int_0^{2\pi} dO (v + r\varrho) v'^{2p}$$

erhält man, indem man l^a vertauscht mit

$$\frac{1}{a+1}, \quad l^a \lambda^c \text{ mit } \frac{c!}{(a+1)\underline{1}(a+c+1)};$$

für letztere Ausdrücke gelten also wieder die Werte der S. 448 f., für erstere um $\frac{1}{2}$ größere Werte. Statt γ^2 ist $1 - g^2$ zu setzen. Y_p^{2p+2} ist gleich Eins. Aus Y_p wird endlich der Ausdruck

$$U_p = \frac{1}{\pi}\int_0^{\infty} e^{-r^2} r^3 dr \int_0^{\pi} \gamma\, dG e^{-2vrg} \int_0^{\pi/2} s\sigma\, dS \int_0^{2\pi} dO (v + r\varrho) v'^{2p}$$

durch die Vertauschung (22) meines zweiten Teiles der Theorie der Gasreibung (S. 449) gebildet. Dabei ist jedoch zu bedenken, daß hier jeder Koeffizient mit einer um eine Einheit niedrigeren Potenz von v multipliziert erscheint, weshalb die Vertauschung hier folgendermaßen lautet. Im Ausdruck Y_p^b ist für g^a zu substituieren:

$$\sum_{\mu \geqq b/2}^{\mu=\infty} \frac{2^{2\mu-b}\, v^{2\mu-1} (\mu + p - b + 2)!}{(2\mu - b)!} \; \frac{(-1)^b}{(2\mu - b + a + 1)},$$

den auf diese Weise aus Y_p^b hervorgehenden Ausdruck bezeichnen wir zunächst mit U_p^b, dann ist

$$U_p = \sum_{b=1}^{b=2p+2} U_p^b = i \cdot e^{v^2}.$$

Es ist nicht schwer, auch auf unseren Fall das Schema zur sukzessiven Berechnung von U_p auszudehnen. Es ist nämlich

$$M_p = \varrho l^p, \quad X_p^1 = g\, l^{p+1}, \quad Y_p^1 = \frac{g}{p+2},$$

dieses liefert also in die Summe:

$$\sum_{\mu=1}^{\mu=\infty} \frac{-\,2^{2\mu-1}\, v^{2\mu-1} (\mu + p + 1)!}{(2\mu - 1)!\,(2\mu + 1)\,(p + 2)} = S_1.$$

Schreiben wir Y_p^2 in der Form $S A g^a$, so liefert es die Summe

$$\sum_{\mu=1}^{\mu=\infty} \frac{A\, 2^{2\mu-2}\, v^{2\mu-1} (\mu + p)!}{(2\mu - 2)!\,(2\mu - 1 + a)} = S_2.$$

Wir erhalten also $S_1 + S_2$, indem wir in Y_p^2 vertauschen g^a mit $(2\mu - 1)/(2\mu - 1 + a)$ und dazu addieren $-2(\mu + p + 1)$. Zur Summe Z_p^2 fügen wir die Ergänzung

$$\sum_{\mu=1}^{\mu=\infty} \frac{2^{2\mu-2}\, v^{2\mu-1} (\mu + p)!}{(2\mu - 1)!}.$$

Fahren wir so fort, so erhalten wir das Schema:

Faktor des vorigen	Vertauschung für g^a	zu machen in	Ergänzung
$2(\mu+p+1)$	$\frac{(2\mu-1)(2\mu+1)}{2\mu-1+a}$	Y_p^2	$\sum_1^1 \frac{2^{2\mu-2}v^{2\mu-1}(\mu+p)!}{(2\mu-1)!(2\mu+1)}$
$2(\mu+p)$	$\frac{-(2\mu-2)(2\mu-1)(2\mu+1)}{2\mu-2+a}$	Y_p^3	$\sum_1^1 \frac{2^{2\mu-3}v^{2\mu-1}(\mu+p-1)!}{(2\mu-1)!(2\mu+1)}$
$2(\mu+p-1)$	$\frac{(2\mu-3)(2\mu-2)(2\mu-1)(2\mu+1)}{2\mu-3+a}$	Y_p^4	$\sum_{2-p}^2 \frac{2^{2\mu-4}v^{2\mu-1}(\mu+p-2)!}{(2\mu-1)!(2\mu+1)}$
. . . .	. . . .	. . . . .	
$2(\mu+p-b+3)$	$\frac{(2\mu-b+1)\ldots(2\mu-1)(2\mu+1)}{2\mu-b+1+a}(-1)^b$	Y_p^b	$\sum_{b-p-2}^{<\frac{b+1}{2}} \frac{2^{2\mu-b}v^{2\mu-1}(\mu+p+b+2)!}{(2\mu-1)!(2\mu+1)}$
$(2\mu-p+1)$	$\frac{(2\mu-2p-1)\ldots(2\mu-1)(2\mu+1)}{2\mu-2p-1+a}$	$Y_p^{2p+2}=1$	$\sum_p^\infty \frac{2^{2\mu-2p-2}v^{2\mu-1}(\mu-p)!}{(2\mu-1)!(2\mu+1)}$

Hier ist die erste Vertauschung in $Y_p{}^2$ zu machen (auch g^0 ist mit $2\mu+1$ zu vertauschen) und dazu der mit $-1/(p+2)$ multiplizierte erste Faktor zu addieren, die Summen bezeichnen wir mit $Z_p{}^2$. Fügt man die erste Ergänzung dazu, so erhält man die Größe $V_p{}^2$, welche nur für $\mu=1$ mit U_p übereinstimmt. Alle anderen Faktoren sind mit den vorhergehenden Z zu multiplizieren. So ist

$$M_0^1=\varrho,\quad M_0^2=1,$$
$$X_0^1=g\,l,\quad X_0^2=1,$$
$$Y_0^1=\frac{g}{2},\quad Y_0^2=1,\quad Z_0^2=\mu,$$
$$U_0=\sum_{\mu=1}^{\mu=\infty}\frac{2^{2\mu-2}\,v^{2\mu-1}\,\mu!\,\mu}{(2\mu-1)!\,(2\mu+1)},$$
$$M_1^2=2\varrho^2+l,\quad M_1^3=3\varrho,\quad M_1^4=1,$$
$$X_1^2=2g^2l^2+\gamma^2 l\lambda+l,\quad X_1^3=3g\,l,\quad X_1^4=1,$$
$$Y_1^2=\tfrac{2}{3}+\frac{g}{2},\quad Y_1^3=\tfrac{3}{2}g,\quad Y_1^4=1,$$
$$Z_1^2=\tfrac{1}{6}(10\mu-7),\quad Z_1^3=\tfrac{1}{3}(-8\mu^2+12\mu+2),$$
$$Z_1^4=\tfrac{2}{3}(4\mu^3-\mu+3),$$
$$U_1=\sum_{\mu=1}^{\mu=\infty}\frac{2^{2\mu-3}\,v^{2\mu-1}\,(\mu-1)!\,(4\mu^3-\mu+3)}{3\,(2\mu-1)!\,(2\mu+1)},$$
$$M_2^1=\varrho\,l^2,\quad M_2^2=4\varrho^2 l+l^3,\quad M_2^3=4\varrho^3+6\varrho\,l,$$
$$M_2^4=8\varrho^2+2l,\quad M_2^5=5\varrho,\quad M_2^6=1,$$
$$X_2^1=g\,l^3,\ X_2^2=4g^2l^3+2\gamma^2l^2\lambda,\ X_2^3=4g^3l^3+6g\gamma^2l^2\lambda+6g\,l^2,$$
$$X_2^4=8g^2l^2+4\gamma^2l\lambda+2l,\quad X_2^5=5g\,l,\quad X_2^6=1,$$
$$Y_2^1=\tfrac{1}{4}g,\quad Y_2^2=\tfrac{1}{2}+\tfrac{5}{6}g^2,\quad Y_2^3=\tfrac{5}{2}g+\tfrac{1}{2}g^3,\quad Y_2^4=\tfrac{5}{3}g+2g^2,$$
$$Y_2^5=\tfrac{5}{2}g,\quad Y_2^6=1,$$
$$Z_2^2=\tfrac{1}{3}(6\mu-7),\quad Z_2^3=\tfrac{1}{3}(-23\mu^2+39\mu-10),$$
$$Z_2^4=\tfrac{1}{3}(42\mu^3-104\mu^2+60\mu+26),$$
$$Z_2^5=\tfrac{2}{3}(-18\mu^4+76\mu^3-45\mu^2-19\mu+30),$$
$$Z_2^6=\tfrac{4}{3}(6\mu^5-14\mu^4+29\mu^3-19\mu^2+10\mu-12),$$
$$U_2=\frac{2v}{3}+\sum_{\mu=2}^{\mu=\infty}\frac{2^{2\mu-4}\,v^{2\mu-1}\,(\mu-2)!}{3\,(2\mu-1)!\,(2\mu+1)}(6\mu^5-14\mu^4+29\mu^3-19\mu^2+10\mu-12).$$

Auch die Berechnung der Größe $i e^{v^2}$ nach der Methode, welche ich im IX. Abschnitte des zweiten Teiles meiner Theorie der Gasreibung auseinandergesetzt habe, ist zur Kontrolle nicht ohne Nutzen, wenngleich sie selbstverständlich viel mühevoller ist, als die Anwendung der zu Beginn dieser Abhandlung angewandten Transformation der Koordinaten. Es bleibt dann fast alles daselbst im IX. Abschnitte Vorgebrachte unverändert; nur an die Stelle von J tritt $r\varrho + v$.

Es muß also jetzt gesetzt werden

$$A_n = (r\varrho + v)(2 v r \varrho + v^2)^n = \sum_{m=n+1}^{m=2n+2} A_n^m v^{m-1} r^{2n-m+2}$$

$$(r\varrho + v)\varphi(v'^2) = \sum_{n=0}^{n=\infty} A_n \frac{\varphi^{(n)}(r^2 l)}{n!}$$

$$= \sum_{n=0}^{n=\infty} \sum_{m=n+1}^{m=2n+2} A_n^m \frac{\varphi^{(n)}(r^2 l)}{n!} v^{m-1} r^{2n-m+2},$$

was liefert

$$A_0^1 = \varrho, \quad A_0^2 = 1,$$
$$A_1^2 = 2\varrho^2, \quad A_1^3 = 3\varrho, \quad A_1^4 = 1,$$
$$A_2^3 = 4\varrho^3, \quad A_2^4 = 8\varrho^2,$$
$$A_3^4 = 8\varrho^4.$$

Hieraus entstehen die B durch die Vertauschungen auf S. 479 der zitierten Abhandlung; er ergibt sich

$$B_0^1 = g l, \quad B_0^2 = 1,$$
$$B_1^2 = l(1-l) + g^2 l(-1+3l), \quad B_1^3 = 3 g l, \quad B_1^4 = 1,$$
$$B_2^3 = 6 g l^2(1-l) + 2 g^3 l^2(-3+5l),$$
$$B_2^4 = 4 l(1-l) + 4 g^2 l(-1+3l),$$
$$B_3^4 = 3 l^2(1 - 2l + l^2) + 6 g^2 l^2(-1 + 6l - 5l^2) + g^4 l^2(3 - 30 l + 35 l^2).$$

Weiter findet man durch die Vertauschung auf S. 471, worin jedoch v^{m-1} statt v^m zu schreiben ist,

$$C_0^1 = -\frac{1}{v}\sum_{\nu=1}^{\nu=\infty} \frac{(4 v^2 r^2)^\nu}{(2\nu-1)!(2\nu+1)} = -\frac{4 v r^2 l}{3} - \frac{8 v^3 r^4 l}{3\cdot 5},$$

$$C_0^2 = \sum_{\nu=0}^{\nu=\infty} \frac{2(4v^2 r^2)^\nu v}{(2\nu)!(2\nu+1)} = 2v + \frac{4v^3 r^2}{3},$$

$$C_1^2 = \sum_{\nu=0}^{\nu=\infty} \frac{(4v^2 r^2)^\nu v r^2 (4l + 8\nu l^2)}{(2\nu^2)!(2\nu+1)(2\nu+3)} = \frac{4vr^2 l}{3} + \frac{8v^3 r^4}{15}(l + 2l^2),$$

$$C_1^3 = -4v^3 r^2 l, \quad C_1^4 = 2v^3,$$

$$C_2^3 = -\tfrac{16}{5} v^3 r^4 l^2, \quad C_2^4 = \tfrac{16}{3} v^3 r^2 l, \quad C_3^4 = \tfrac{16}{5} v^3 r^4 l^2.$$

Hieraus entstehen die mit D bezeichneten Größen durch die Vertauschungen auf S. 502:

$$D_0^1 = -\tfrac{4}{3} v x - \tfrac{8}{15} v^3 (x^2 + x), \quad D_0^2 = 2v + \frac{4v^3}{3}(x + 1),$$

$$D_1^2 = \frac{4vx}{3} + \tfrac{8}{15} v^3 (3x^2 + x), \quad D_1^3 = -4v^3 x, \quad D_1^4 = 2v^3,$$

$$D_2^3 = -\tfrac{16}{5} v^3 x^2, \quad D_2^4 = \tfrac{16}{3} v^3 x, \quad D_3^4 = \tfrac{16}{5} v^3 x^2.$$

Hieraus findet man endlich durch die Vertauschung auf S. 507

$$E_0^1 = -\frac{2v\sigma x}{3} - \frac{4v^3\sigma(x^2 + x)}{15},$$

$$E_0^2 = v\sigma + \frac{2v^3\sigma}{3}(x + 1),$$

$$E_1^2 = \frac{2v\sigma}{3}(x - 1) + \frac{4v^3\sigma}{15}(3x^2 - 5x - 1),$$

$$E_1^3 = -2v^3\sigma(x - 1),$$

$$E_1^4 = -\mathfrak{r}_0 v^3 + v^3\sigma,$$

$$E_2^3 = -\tfrac{4}{5} v^3 \sigma (x^2 - 4x + 2),$$

$$E_2^4 = +\frac{4\mathfrak{r}_0 v^3}{3} + \tfrac{4}{3} v^3 \sigma (x - 2),$$

$$E_3^4 = -\frac{8\mathfrak{r}_0 v^3}{15} + \frac{4v^3\sigma}{15}(x^2 - 6x + 6),$$

$$i e^{v^2} = \sum_{n=0}^{n=\infty} \sum_{m=n+1}^{m=2n+2} E_n^m = \frac{v\sigma}{3} + \frac{11 v^3 \sigma}{15} - \frac{v^3 \mathfrak{r}_0}{5}.$$

Die Größe σ ist identisch mit der früher mit b bezeichneten. Es stimmt also dieser Wert in den Gliedern mit v und v^3 überein mit dem durch die Gleichung (101) bestimmten. Doch ist die soeben behandelte Kontrolle in ihrer Ausführung so mühevoll, daß die vorher entwickelte wohl vorzuziehen sein dürfte.

Für die numerische Berechnung sei noch bemerkt, daß an der Stelle von φ die Funktion

$$\psi(u) = \varphi(u)e^{-u} \tag{112}$$

auch eingeführt werden kann. Setzen wir

$$\sigma_0 = \psi(0), \quad \sigma_1 = \psi'(0), \quad \sigma_2 = \psi''(0)\ldots,$$

so ist dann:

$$\left\{\begin{aligned} \sigma_0 = \tau_0, \quad \sigma_1 = \tau_1 - \tau_0, \quad & \sigma_2 = \tau_2 - 2\tau_1 + \tau_0, \\ & \sigma_3 = \tau_3 - 3\tau_2 + 3\tau_1 - \tau_0, \end{aligned}\right. \tag{113}$$

daher liefert die Gleichung (101)

$$\left\{\begin{aligned} i = & \sum_{n=0}^{n=\infty} \frac{(2n+1)\,2^n v^{2n+1} b}{1\overset{2}{\smile}(2n+3)} \\ & + \sum_{n=0}^{n=\infty} v^{2n+3} \sum_{k=0}^{k=n} \frac{2^{n-k+1}(2n-2k+1)}{1\overset{2}{\smile}(2n-2k+3)} \frac{\sigma_k}{k!}\left(\frac{1}{2n+5} - \frac{1}{2k+2}\right) \\ & = \frac{vb}{3} + v^3\left(\frac{2b}{5} + \frac{\sigma_0}{5}\right) + v^5\left(\frac{4b}{3\cdot 7} - \frac{2\sigma_0}{7} - \frac{\sigma_1}{2\cdot 7}\right) \\ & + v^7\left(\frac{8b}{3\cdot 5\cdot 9} - \frac{4\sigma_0}{3\cdot 9} - \frac{\sigma_1}{9} - \frac{\sigma_2}{2\cdot 3\cdot 9}\right) \\ & + v^9\left(\frac{16b}{3\cdot 5\cdot 7\cdot 11} - \frac{8\sigma_0}{3\cdot 5\cdot 11} - \frac{2\sigma_1}{3\cdot 11} - \frac{\sigma_2}{3\cdot 11} - \frac{\sigma_3}{3\cdot 8\cdot 11}\right) \\ & + v^{11}\left(\frac{32b}{3\cdot 5\cdot 7\cdot 9\cdot 13} - \frac{16\sigma_0}{3\cdot 5\cdot 7\cdot 13} - \frac{4\sigma_1}{3\cdot 5\cdot 13} - \frac{2\sigma_2}{9\cdot 13}\right. \\ & \qquad \left. - \frac{\sigma_3}{12\cdot 13} - \frac{\sigma_4}{120\cdot 13}\right) + \cdots, \end{aligned}\right. \tag{114}$$

wobei

$$b = \int_0^\infty \psi(u)\,du.$$

Ferner ist nach Theorie der Gasreibung, zweiter Teil, S. 471

$$\begin{aligned} R & = \left(\frac{v^2 \tau_0}{0!} + \frac{v^4}{1!}\tau_1 \ldots\right) e^{-v^2} \sum_{n=0}^{n=\infty} \frac{(2v)^{2n}}{(n+2)\overset{1}{\smile}(2n+1)} \\ & = \left(\frac{v^2}{0!}\sigma_0 + \frac{v^4}{1!}\sigma_1 + \cdots\right) \sum_{n=0}^{n=\infty} \frac{(2v)^{2n}}{(n+2)\overset{1}{\smile}(2n+1)} \\ & = \sum_{n=0}^{n=\infty} v^{2n+2} \sum_{k=0}^{k=n} \frac{2^{2n-2k}\,\sigma_k}{(n-k+2)\overset{1}{\smile}(2n-2k+1)} \end{aligned}$$

und wegen $g = R / v$

$$
(115)\left\{
\begin{aligned}
g &= \sum_{n=0}^{n=\infty} v^{2n+1} \sum_{k=0}^{k=n} \frac{2^{2n-2k}\sigma_k}{(n-k+2)\underline{1}(2n-2k+1)\,k!} \\
&= \sum_{k=0}^{k=\infty} \frac{\sigma_k v^{2k+1}}{k!} \cdot \sum_{n=0}^{n=\infty} \frac{2^{2n} v^{2n}}{(n+2)\underline{1}(2n+1)} \\
&= \sum_{n=0}^{n=\infty} v^{2n+1} \left[\frac{2^{2n}\sigma_0}{(n+2)\underline{1}(2n+1)\,0!} + \frac{2^{2n-2}\sigma_1}{(n+1)\underline{1}(2n-1)\,1!}\right. \\
&\quad \left. + \frac{2^{2n-4}\sigma_2}{n\underline{1}(2n-3)\,2!} + \ldots\right] = v\sigma_0 + \tfrac{4}{3} v^3 \sigma_0 + v^3 \sigma_1 \\
&\quad + v^5\left(\frac{4\sigma_0}{5} + \frac{4\sigma_1}{5} + \frac{\sigma_2}{2}\right) + v^7\left(\frac{32\sigma_0}{3\cdot 5\cdot 7} + \frac{4\sigma_1}{5} + \frac{2\sigma_2}{3} + \frac{\sigma_3}{2\cdot 3}\right) \\
&\quad + v^9\left(\frac{16\sigma_0}{3\cdot 7\cdot 9} + \frac{32\sigma_1}{3\cdot 5\cdot 7} + \frac{2\sigma_2}{5} + \frac{2\sigma_3}{9} + \frac{\sigma_4}{2\cdot 3\cdot 4}\right) \\
&\quad + v^{11}\left(\frac{64\sigma_0}{5\cdot 7\cdot 9\cdot 11} + \frac{16\sigma_1}{3\cdot 7\cdot 9} + \frac{16\sigma_2}{3\cdot 5\cdot 7} + \frac{2\sigma_3}{3\cdot 5} + \frac{\sigma_4}{2\cdot 9} + \frac{\sigma_5}{2\cdot 3\cdot 4\cdot 5}\right) + \ldots .
\end{aligned}
\right.
$$

Obwohl diese Formel etwas einfacher ist als die Formel (114), so zeigt sich doch, daß die Werte der Größen τ rascher abnehmen als die σ.

Zum Schlusse lasse ich noch einige numerische Werte folgen, welche ich der Güte der Herren Prof. Šantel und Hausmanninger verdanke. Dabei wurden sowohl die τ als auch die σ berechnet. Als die beiden ersten Ableitungen der Gleichung (100) ergab sich

$$
\begin{aligned}
& y'''\left[x^2 + \left(x^2 + \frac{x}{2}\right)\xi\right] + y''\left[2x^2 + \tfrac{9}{2}x + \left(2x^2 + \tfrac{11}{2}x + \tfrac{5}{4}\right)\xi\right] \\
&\quad + y'\left[x^2 + \tfrac{11}{2}x + \tfrac{5}{2} + \left(x^2 + 6x + \tfrac{17}{4} + \frac{1}{4x}\right)\xi\right] \\
&\quad + y\left[x + 1 + \left(x + \tfrac{3}{2}\right)\xi\right] = 3\beta, \\
& y^{\mathrm{IV}}\left[x^2 + \left(x^2 + \frac{x}{2}\right)\xi\right] + y'''\left[3x^2 + 7x + \left(3x^2 + \tfrac{17}{2}x + \tfrac{5}{2}\right)\xi\right] \\
&\quad + y''\left[3x^2 + 15x + \tfrac{33}{2} + 3x^2 + \tfrac{33}{2}x + \tfrac{55}{4} + \frac{7}{8x}\right]\xi \\
&\quad + y'\left[x^2 + 9x + \tfrac{43}{4} + \frac{1}{4x} + \left(x^2 + \tfrac{19}{2}x + \tfrac{59}{4} + \frac{19}{8x} - \frac{1}{8x^2}\right)\xi\right] \\
&\quad + y\left[x + \tfrac{5}{2} + \left(x + 3 + \frac{5}{4x}\right)\xi\right] = 0 .
\end{aligned}
$$

Für die Größen τ und σ ergaben sich folgende Werte:

$$\tau_0 = \frac{b}{3} - \beta, \quad \tau_1 = \frac{2b}{9} + \frac{8\beta}{3\cdot 5},$$

$$\tau_2 = \frac{76\,b}{3\cdot 5\cdot 7\cdot 9} - \frac{22\,\beta}{5\cdot 7\cdot 9},$$

$$\tau_3 = \frac{776\,b}{3\cdot 5\cdot 7\cdot 9\cdot 9} + \frac{626\,\beta}{5\cdot 5\cdot 9\cdot 9},$$

$$\tau_4 = \frac{3184\,b}{3\cdot 3\cdot 5\cdot 5\cdot 7\cdot 9\cdot 9\cdot 11} - \frac{146\,554\,\beta}{3\cdot 5\cdot 5\cdot 7\cdot 9\cdot 9\cdot 11},$$

$$\tau_5 = \frac{216\,632\,116\,b}{3\cdot 5\cdot 5\cdot 7\cdot 7\cdot 9\cdot 9\cdot 9\cdot 11\cdot 13} + \frac{20\,662\,108\,\beta}{5\cdot 7\cdot 7\cdot 9\cdot 9\cdot 9\cdot 11\cdot 13},$$

$$\sigma_0 = \frac{b}{3} - \beta,$$

$$\sigma_1 = \frac{23\,\beta}{3\cdot 5} - \frac{b}{9},$$

$$\sigma_2 = -\frac{29\,b}{3\cdot 5\cdot 7\cdot 9} - \frac{673\,\beta}{5\cdot 7\cdot 9},$$

$$\sigma_3 = \frac{1559\,b}{3\cdot 5\cdot 7\cdot 9\cdot 9} + \frac{44\,207\,\beta}{5\cdot 5\cdot 7\cdot 9\cdot 9},$$

$$\sigma_4 = -\frac{611\,441\,b}{3\cdot 3\cdot 5\cdot 5\cdot 7\cdot 9\cdot 9\cdot 11} - \frac{2\,386\,693\,\beta}{3\cdot 5\cdot 5\cdot 7\cdot 9\cdot 9\cdot 11},$$

$$\sigma_5 = \frac{381\,429\,931\,b}{3\cdot 5\cdot 5\cdot 7\cdot 7\cdot 9\cdot 9\cdot 9\cdot 11\cdot 13} + \frac{3\,766\,678\,485\,\beta}{3\cdot 5\cdot 5\cdot 7\cdot 7\cdot 9\cdot 9\cdot 9\cdot 11\cdot 13}.$$

68.

Zu K. Streckers Abhandlungen: Die spezifische Wärme der gasförmigen zweiatomigen Verbindungen von Chlor, Brom, Jod usw.

(Wied. Ann. 18. S. 309—310. 1883.)

Schon die erste Experimental-Untersuchung des Herrn Strecker[1]) habe ich mit meinen Rechnungen[2]) verglichen, nach denen sich das Verhältnis der spezifischen Wärmen eines Gases gleich 1,67, 1,4 oder 1,33 ergibt, wenn dessen Moleküle starre Kugeln, resp. Rotationskörper oder andere starre Körper sind. Seitdem hat Hr. Strecker eine Reihe neuer Beobachtungen über das Verhältnis der spezifischen Wärmen zweiatomiger Gase veröffentlicht.[3]) Bei der großen Übereinstimmung der von ihm für dieses Verhältnis gefundenen Zahlen (vgl. dessen Tabelle IV) mit den von mir theoretisch berechneten (in einigen Fällen 1,4 in anderen Fällen 1,33) kann wohl kaum mehr ein Zweifel sein, daß sich die Moleküle derjenigen Gase, bei denen die spezifische Wärme überhaupt konstant ist (und dies scheinen wieder alle Gase mit ein- und zweitatomigen Molekülen zu sein), bezüglich ihrer inneren Bewegung nahezu wie starre Körper verhalten. Die Beobachtung Streckers am Chlorgas wird durch Versuche Martinis[4]) bestätigt, welcher für dieses Gas das Verhältnis der spezifischen Wärmen gleich 1,336 und 1,319 findet. Hiernach würden sich die Moleküle des Quecksilbers wie Kugeln, die des Sauerstoffs, Wasserstoffs, Stickstoffs, Kohlenstoffs und deren zweiatomigen Verbindungen,

---

[1]) Strecker, Wied. Ann. **13.** S. 20. 1881.

[2]) Boltzmann, Wien. Ber. **74.** S. 553. 1876. Pogg. Ann. **160.** S. 175. 1877. Wied. Ann. **13.** S. 544. 1881. (Diese Sammlung Nr. 37 u. 64.)

[3]) Strecker, Wied. Ann. **17.** S. 85. 1882.

[4]) Martini, Atti d. R. Ist. Ven. **5.** S. 7, 15 u. Riv. Scient. Industr. **13.** S. 146 u. 181. 1881. Beibl. **5.** S. 564. 1881.

sowie auch des Chlor-, Jod- und Bromwasserstoffs wie Rotationskörper, die des Chlors, Jods, Broms und deren Verbindungen untereinander wie feste Körper verhalten, die nicht Rotationskörper sind. Daß damit der Linienreichtum der Spektra dieser Substanzen ganz wohl vereinbar ist, habe ich a. a. O. bereits besprochen. Dagegen verhalten sich nach den Versuchen von A. Wüllner[1]) die drei- und mehratomigen Moleküle entschieden anders, denselben schließt sich nach de Lucchi[2]) auch der Phosphordampf an. Gleichwohl scheint es fast, als ob auch bei diesen für niedere Temperaturen sich das Verhältnis der Wärmekapazitäten der Grenze 1,33 nähern würde; dann müßten sich ihre Moleküle bei niederen Temperaturen ebenfalls wie starre Körper verhalten, die nicht Rotationskörper sind, dagegen müßte bei höheren Temperaturen entweder der Zusammenhang der Atome mehr gelockert werden oder sonst eine mehr Energie konsumierende Veränderung eintreten, welche die intramolekulare Wärme vergrößert. Näherer Aufschluß hierüber ist wohl wieder nur vom Experimente zu erwarten. Besonders wäre die Bestimmung des Verhältnisses der spezifischen Wärmen für Schwefel-, Natrium-, Kalium-, Chlorkalium-, Chlorcäsiumdampf, dann für N_2O, CO_2, CH_4, C_2H_4 usw. bei sehr tiefen und sehr hohen Temperaturen, endlich die Untersuchung, ob das Verhältnis der spezifischen Wärmen des Phosphordampfes ebenfalls mit der Temperatur veränderlich ist, wünschenswert. Nach den schönen Versuchen von Kundt und Warburg über den Quecksilberdampf wären derartige Leistungen am ersten von der Kundtschen Staubfigurenmethode zu hoffen, welcher die mechanische Wärmetheorie schon so viele wichtige Aufschlüsse verdankt.

---

1) A. Wüllner, Wied. Ann. **4.** S. 231. 1878.

2) de Lucchi, Atti d. R. Ist. Ven. **5.** S. 21. 1881. Beibl. **6.** S. 221. 1882.

69.

Über das Arbeitsquantum, welches bei chemischen Verbindungen gewonnen werden kann.[1]

(Wien. Ber. 88. S. 861—896. 1883 und Wied. Ann. 22. S. 39—72. 1884.)

Es war früher die Ansicht herrschend, daß die Arbeit, welche bei irgend einer chemischen Verbindung gewonnen werden kann, genau gleich sei der Vermehrung, welche die potentielle Energie der Molekularkräfte durch die chemische Verbindung erfährt, oder mit anderen Worten: daß alle durch die chemische Verbindung erzeugte Wärme in Arbeit verwandelt werden kann. Da aber das Temperaturniveau, bis auf welches diese Wärme durch die chemische Verbindung gebracht werden kann, eine gewisse endliche Grenze nicht übersteigt, so ist es zweifelhaft, ob bei direkter chemischer Verbindung alle Wärme in Arbeit verwandelt werden kann, wenn auch jedenfalls in solchen Fällen, wo die durch die chemische Verbindung erzeugbare Temperatur eine sehr hohe ist, nahezu alle Wärme verwandelbar ist. Auch wenn die chemische Energie in anderer Weise etwa mittels elektrischer Ströme in äußere Arbeit umgesetzt wird, ist die erzeugbare Arbeit (nach Helmholtz die freie Energie) nicht immer genau proportional der bei der Verbindung entwickelten Wärme.[2]

Wenn man daher behauptet, Arbeit könne immer ohne Verlust in andere Arbeit oder lebende Kraft, Wärme dagegen nicht ohne Verlust in Arbeit verwandelt werden, so müßte dieser Satz meiner Ansicht nach genauer in folgender Weise ausgesprochen werden: die kinetische Energie der sichtbaren

---

[1]) Voranzeige dieser Arbeit Wien. Anz. 20. S. 183. 18. Okt. 1883.

[2]) Vgl. „Zur Thermodynamik chemischer Vorgänge", III. Beitrag. v. Helmholtz, Berl. Ber. 26. S. 22. 1883.

Massenbewegung, und die potentielle Energie der in sichtbare Entfernungen getrennten Massen sind ohne weiteres ineinander verwandelbar; dagegen ist die lebende Kraft der Molekularbewegung und auch die potentielle Energie der Molekularkräfte nur bedingt und teilweise in sichtbare Energie verwandelbar. Natürlich kann das Kriterium der Verwandelbarkeit nicht auf der Sichtbarkeit durch das Auge beruhen, sondern scheint mir vielmehr darin begründet zu sein, daß bei der Energie sichtbarer Massenbewegung immer einzelne Geschwindigkeitsgrößen oder Geschwindigkeitsrichtungen so überwiegend vorherrschen, daß die Verteilung der verschiedenen Geschwindigkeitsgrößen und Richtungen unter die Moleküle unendlich viel vom Maxwellschen (wahrscheinlichsten) Verteilungsgesetze abweicht; daher ist sichtbare Massenbewegung (Molarbewegung) immer als Wärme von unendlicher Temperatur zu betrachten und unbedingt in sichtbare Arbeit verwandelbar.

Helmholtz bezeichnet sie daher auch als geordnete Bewegung, wogegen er die Molekularbewegung, bei welcher alle möglichen Geschwindigkeiten und Geschwindigkeitsrichtungen vertreten und nach dem Maxwellschen Gesetz verteilt sind, als ungeordnete bezeichnet. Es ist übrigens hierbei zu bemerken, daß auch eine Molekularbewegung möglich ist, bei welcher alle möglichen Geschwindigkeitsrichtungen im Raume gleich wahrscheinlich und alle möglichen Größen der Geschwindigkeit vertreten sind und welche doch nicht dem Maxwellschen Verteilungsgesetze entspricht. Bei ihrer Überführung in die Maxwellsche Verteilung müßte, wenn meine Schlüsse[1]) richtig sind, noch immer sichtbare lebendige Kraft oder Arbeit gewonnen werden können, wenn auch nicht mehr alle lebendige Kraft in sichtbare lebendige Kraft oder Arbeit verwandelt werden könnte. Obwohl also auch erstere Geschwindigkeitsverteilung keine geordnete wäre, so müßte doch die Maxwellsche Verteilung gewissermaßen als noch mehr ungeordnet, oder wie ich mich ausdrücke, als noch wahrscheinlicher bezeichnet werden. Die Größe, welche ich in der zitierten Abhandlung als das Permutabilitätsmaß oder Wahrscheinlichkeitsmaß einer

[1]) Über die Beziehung zwischen dem zweiten Hauptsatze der mechanischen Wärmetheorie und der Wahrscheinlichkeitsrechnung, Wien. Ber. **76.** 1877 [diese Sammlung II, Nr. 42].

Zustandsverteilung bezeichnete, könnte also auch als das Maß ihrer Ungeordnetheit betrachtet werden, jede Vermehrung desselben, also jeder Übergang von einer mehr geordneten zu einer weniger geordneten Bewegung ist mit der Möglichkeit sichtbarer Arbeitsleistung verknüpft. Es scheint mir hierin die potentielle Energie nicht wesentlich verschieden von der kinetischen zu sein. Ist sie durch sichtbare Trennung sich anziehender Massen bedingt, so ist sie als vollkommen geordnet zu bezeichnen, und daher, wie Wärme von unendlicher Temperatur, unbedingt in andere sichtbare Arbeit verwandelbar.

Die potentielle Energie der Molekularkräfte dagegen ist nur teilweise geordnet und daher nur teilweise verwandelbar, und zwar um so weniger, je mehr sich das Vorkommen der verschiedenen Positionen der Atome dem durch die Wahrscheinlichkeitsrechnung geforderten wahrscheinlichsten Zustande nähert. Umgekehrt kann aber auch bei einer chemischen Verbindung mehr Energie in Arbeit verwandelbar sein, als die durch die chemischen Kräfte gewonnene potentielle Energie beträgt, weil durch die bloße Mischung der ungleichartigen Atome untereinander der Zustand des Systems aus einem unwahrscheinlicheren in einen wahrscheinlicheren, aus einem mehr geordneten in einen weniger geordneten übergeht. Dies wird am klarsten, wenn man bedenkt, daß bei der bloßen Diffusion zweier chemisch indifferenter Gase Arbeit gewonnen werden kann, ohne daß dabei irgend eine potentielle Energie frei wird, oder irgend eine Temperaturveränderung vor sich geht. In der Tat ist die Verteilung der Moleküle besser geordnet, wenn alle Sauerstoffmoleküle in der unteren, alle Wasserstoffmoleküle in der oberen Hälfte eines Gefäßes sich befinden, als wenn sämtliche Moleküle untereinander gemischt sind.[1])

[1]) Die bei der Diffusion zweier Gase gewinnbare Arbeit wurde zuerst von Lord Rayleigh (Phil. mag. April 1875) berechnet. In meiner bereits zitierten Abhandlung habe ich gezeigt, wie sich ein numerisches Maß für die Geordnetheit einer Zustandsverteilung aufstellen läßt. Berechnet man hiernach die bei der Diffusion gewinnbare Arbeit, so stimmt sie genau mit der von Lord Rayleigh gefundenen. Vgl. meine Abhandlung „Über die Beziehung der Diffusionsphänomene zum zweiten Hauptsatze der mechanischen Wärmetheorie", Wien. Ber. 78. 1878 [diese Sammlung Nr. 45], bei deren Abfassung ich übrigens die Arbeit Lord Rayleighs nicht kannte.

Diese Diffusion geschieht freilich, ohne daß chemische Kräfte ins Spiel kommen, doch ist klar, daß umgekehrt keine chemische Verbindung ohne eine gleichzeitige Mischung heterogener Atome denkbar ist, daß also diejenige Ursache, welche bei der Gasdiffusion rein zur Erscheinung kommt, auch bei jeder chemischen Verbindung mitwirken und die gewinnbare Arbeit vermehren muß. Ich habe die in der zitierten Abhandlung auseinandergesetzten Prinzipien nicht auf chemische Vorgänge angewandt und in der Tat ist gegenwärtig ein praktischer Gewinn hieraus wegen unserer Unbekanntschaft mit den chemischen Affinitätskräften kaum zu erwarten. Trotzdem scheint es mir nicht ohne theoretisches Interesse zu sein, den Fall zu behandeln, wo sich zwei Gase zu einer wiederum gasförmigen Verbindung vereinigen, welcher natürlich auch den Fall der Dissoziation von Gasen einschließt. Ich will, wie in der zitierten Abhandlung, zuerst mit einigen numerischen Beispielen der kombinatorischen Analyse beginnen, um so allmählich zu den komplizierten der Wirklichkeit entsprechenden Fällen überzugehen. Da ich in der zitierten Abhandlung bereits ausführlich die Wahrscheinlichkeit der verschiedenen Zustandsverteilungen unter gegebenen Molekülen erörtert habe, so bleibt gegenwärtig zunächst zu untersuchen, wie groß die Wahrscheinlichkeit der Bildung dieser oder jener Moleküle aus gegebenen Atomen sei.

1. Die einfachste Frage ist folgende: In wie vielen verschiedenen Weisen können wir aus aN gleichbeschaffenen Atomen N Moleküle von je a Atomen zusammensetzen? Wir können im ganzen die aN Atome $(aN)!$ mal permutieren. Die ersten a Atome sollen immer das erste, die zweiten a das zweite Molekül usw. bilden.

Alsdann führt die bloße Permutation der ersten a Atome zu keiner neuen Zusammensetzung der Moleküle aus den Atomen, ebensowenig die Permutation der nächstfolgenden a Atome usw. Durch alle diese Permutationen erhalten wir bloß Vertauschungen der Atome in einem und demselben Moleküle. Wir werden aber ohnedies später allen möglichen Anordnungen der Atome im Moleküle Rechnung tragen. Jetzt ist ein Molekül, dessen Atome bloß untereinander permutiert sind, als kein neues zu betrachten. Es ist also die Gesamtzahl $(aN)!$ der Permutationen durch $(a!)^N$ zu dividieren. Ebenso ergibt sich keine neue Gruppierung der Atome zu Molekülen, wenn das Molekül, welches früher an erster Stelle stand, jetzt an zweiter zum Vorschein kommt usw.; denn auch den verschiedenen Permutationen, welche dadurch entstehen, daß die einzelnen Moleküle alle möglichen Orte im Raume einnehmen, wird später Rechnung getragen werden. Daher ist auch noch durch $N!$ d. h. durch die Zahl zu dividieren, welche angibt, wie oft sich die N Moleküle untereinander permutieren lassen. Es können daher aus aN Atomen $(aN)!/(a!)^N N!$ als verschieden zu betrachtende a-atomige Moleküle gebildet werden. Z. B.

$$N = 2, \quad a = 2, \quad \frac{4!}{4 \cdot 2} = 3.$$

Bezeichnen wir die vier Atome mit den fortlaufenden arabischen Zahlen, so sind folgende drei Bildungsweisen der Moleküle möglich:

(12) (34), (13) (24), (14) (23).

$$N = 2, \quad a = 3, \quad \frac{6!}{6^2 \cdot 2} = 10,$$

(123) (456), (124) (356), (125) (346), (126) (345), (134) (256), (135) (246), (136) (245), (145) (236), (146) (235), (156) (234).

$$N = 3, \quad a = 2, \quad \frac{6!}{8 \cdot (3!)} = 15,$$

(12) (34) (56), (12) (35) (46), (12) (36) (45), (13) (24) (56), (13) (25) (46), (13) (26) (45), (14) (23) (56), (14) (25) (36), (14) (26) (35), (15) (23) (46), (15) (24) (36), (15) (26) (34), (16) (23) (45), (16) (24) (35), (16) (25) (34).

2. Wir wollen nun sogleich zum allgemeinsten Falle übergehen. In einem Gefäße vom Volumen V sollen verschiedenartige Atomgattungen vorhanden sein; dieselben sollen zur Bildung verschiedener Gattungen von Molekülen fähig sein. Die erste mögliche Molekülgattung sei so beschaffen, daß jedes Molekül a_1 Atome von der ersten Gattung, b_1 Atome von der zweiten Gattung, c_1 Atome von der dritten Gattung usw. enthält. Jedes Molekül der zweiten Molekülgattung soll a_2 Atome von der ersten Gattung, b_2 Atome von der zweiten Gattung, c_2 Atome von der dritten Gattung usw. enthalten. Wir fragen

uns, wie groß die Wahrscheinlichkeit ist, daß sich von der ersten Molekülgattung gerade N_1, von der zweiten N_2 Moleküle usw., von der letzten Molekülgattung N Moleküle im Gefäße bilden.

Die Gesamtzahl der Atome erster Gattung ist also

$$(1) \qquad A = \sum_{k=1}^{k=\nu} a_k N_k;$$

ebenso ist die Gesamtzahl der Atome zweiter Gattung

$$(2) \qquad B = \sum_{k=1}^{k=\nu} b_k N_k$$

usw.

Sämtliche Atome erster Gattung lassen sich $A!$ mal permutieren, für jede dieser Permutationen lassen sich wieder die Moleküle der zweiten Gattung $B!$ mal permutieren usw., so daß im ganzen $A!\,B!\,C!\ldots$ Permutationen möglich sind.

Dabei erscheinen aber wieder keine neuen Moleküle, wenn bloß die a_1 Atome irgend eines der N_1 Moleküle untereinander permutiert werden, weshalb die obige Permutationszahl durch $(a_1!)^{N_1}$ zu dividieren ist; ebenso ist durch $(b_1!)^{N_1}$, $(c_1!)^{N_1}$, $(a_2!)^{N_2}\ldots$ zu dividieren. Endlich ist auch noch durch $N_1!\,N_2!\,N_3!\ldots$ zu dividieren, da durch bloße Permutation der Stellungen der Moleküle gegeneinander, keine neuen Moleküle entstehen. Man erhält daher für die gesamte Zahl, welche angibt, wie oft sich die Moleküle aus den Atomen bilden lassen, den Ausdruck:

$$(3) \quad Z = \frac{A!\,B!\,C!\ldots}{(a_1!\,b_1!\,c_1!\ldots)^{N_1}(a_2!\,b_2!\,c_2!\ldots)^{N_2}(a_3!\,b_3!\,c_3!\ldots)^{N_3}\ldots N_1!\,N_2!\,N_3!\ldots}.$$

Es seien z. B. A Chlor- und B Wasserstoffatome gegeben. Es wird gefragt, wie wahrscheinlich es ist, daß sich daraus gerade N_1 Chlor-, N_2 Wasserstoff- und N_3 Chlorwasserstoffmoleküle bilden. Hier ist $a_1 = 2$, $b_1 = 0$; $a_2 = 0$, $b_2 = 2$; $a_3 = 1$, $b_3 = 1$; die Anzahl der Chloratome ist $A = 2N_1 + N_3$; die Anzahl der Wasserstoffatome ist $B = 2N_2 + N_3$; die Anzahl der Bildungsweisen

$$Z = \frac{A!\,B!}{2^{N_1+N_2}\,.\,N_1!\,N_2!\,N_3!}.$$

Da wir die Affinitätskräfte noch nicht der Rechnung unterzogen haben, so wollen wir hier beispielsweise bloß annehmen, daß die Wechselwirkung zwischen zwei Chloratomen, zwischen zwei Wasserstoffatomen und zwischen je einem Chlor- und einem Wasserstoffatom dieselbe sein soll. Dann wird die Wahrscheinlichkeit irgend eines Mischungsverhältnisses proportional sein der Wahrscheinlichkeit der Bildung der betreffenden Moleküle, also der oben mit Z bezeichneten Zahl. Das Gemisch wird am wahrscheinlichsten sein, wenn Z ein Maximum ist, also da der Zähler von Z konstant ist, wenn der Nenner ein Minimum ist. Benützt man für die Faktoriellen die bekannten Annäherungsformeln, so ist der Logarithmus jenes Nenners, abgesehen von einer Konstanten

$$N_1 \log 2 N_1 + N_2 \log 2 N_2 + N_3 \log N_3 .$$

Sucht man von dieser Größe das Minimum, unter den beiden Nebenbedingungen, daß $A = 2 N_1 + N_3$ und $B = 2 N_2 + N_3$ konstant sein müssen, so ergibt sich

$$N_1 = \frac{A^2}{2(A+B)}, \quad N_2 = \frac{B^2}{2(A+B)}, \quad N_3 = \frac{AB}{A+B}, \quad \left(\frac{N_3}{2}\right)^2 = N_1 N_2 ,$$

d. h., wenn die chemischen Affinitäten so wirksam wären, daß die Bildung einzelner Atome, sowie drei- und mehratomiger Moleküle unendlich unwahrscheinlich wäre, daß dagegen im zweiatomigen Moleküle die Wechselwirkung zweier Chloratome, zweier Wasserstoffatome oder eines Chlor- und eines Wasserstoffatomes dieselbe wäre, so würde das Gleichgewicht der Dissoziation dann eintreten, wenn die halbe Anzahl der Chlorwasserstoffmoleküle die mittlere geometrische Proportionale der Anzahl der Chlormoleküle und der Anzahl der Wasserstoffmoleküle wäre. Die Bedeutung der allgemeinen Formel (3) kann man sich noch an Zahlenbeispielen versinnlichen. Seien z. B. zwei Chlor- und zwei Wasserstoffmoleküle gegeben, dann ist

$$N_1 = N_2 = 0 , \quad N_3 = 2 , \; a_3 = 1 , \quad b_3 = 1 , \quad A = 2 , \quad B = 2 ;$$

daher:

$$Z = \frac{2! \cdot 2!}{2!} .$$

Bezeichnen wir die Chloratome mit arabischen, die Wasserstoffatome mit römischen Ziffern, so sind in der Tat nur zwei Bildungsweisen der Moleküle möglich, nämlich:

(1 I) (2 II), (1 II) (2 I);

seien aus vier Wasserstoffatomen und zwei Sauerstoffatomen zwei Wasserdampfmoleküle zu bilden, so ist

$$N_1 = 2\,,\quad a_1 = 2\,,\quad b_1 = 1\,,\quad A = 4\,,\quad B = 2\,,$$

daher

$$Z = \frac{4!\,2!}{(2!)^2 \cdot 2!} = 6\,.$$

Die Bildungsweisen der Moleküle sind folgende:

(12 I) (34 II), (12 II) (34 I), (13 I) (24 II), (13 II) (24 I),

(14 I) (23 II), (14 II) (23 I).

3. Nun handelt es sich weiter darum, wie oftmal aus den gegebenen Molekülen eine gegebene Zustandsverteilung gebildet werden kann. Wir kehren da wieder zu dem sub Nr. 2 zu Anfang behandelten allgemeinen Fall zurück. Um den abstrakten Charakter der Betrachtung nicht noch mehr zu steigern, wollen wir nicht von generalisierten, sondern von gewöhnlichen rechtwinkligen Koordinaten Gebrauch machen. Statt der Differentiale führen wir sehr kleine Intervalle ein, welche für sämtliche x-Koordinaten gleich δ, für die y- und z-Koordinaten, sowie für die drei Geschwindigkeitskomponenten nach den Achsen, resp. gleich ε, ζ, η, ϑ, ι sein sollen. $\varkappa$, λ, μ, ϱ, σ, τ sollen sehr große ganze Zahlen sein und zwar so, daß $\varkappa\,\delta$, $\lambda\,\varepsilon$, $\mu\,\zeta$, $\varrho\,\eta$, $\sigma\,\vartheta$, $\tau\,\iota$ auch noch sehr groß sind. Statt zu sagen, die x-Koordinaten haben alle möglichen Werte von $-\infty$ bis $+\infty$ zu durchlaufen, sagen wir, dieselben können in allen Intervallen von $-\varkappa\,\delta$ bis $+\varkappa\,\delta$ liegen. Dieselbe Bedeutung kommt den Zahlen λ, μ, ϱ, σ, τ für die anderen Koordinaten und die Geschwindigkeitskomponenten zu. Von der ersten Molekülgattung sind im ganzen N_1 Moleküle vorhanden, deren jedes a_1 Atome erster, b_1 zweiter, c_1 dritter ... g_1 Atome letzter Gattung enthält. Von diesen N_1 Molekülen sollen

$$(4)\left\{\begin{aligned} \varphi_1 = f_1(k^1\,\delta,\ l^1\,\varepsilon,\ m^1\,\zeta,\ r^1\,\eta,\ s^1\,\vartheta,\ t^1\,\iota,\ k^2\,\delta \ldots t^{a_1+b_1+c_1+\ldots g_1}\,\iota) \\ \cdot(\delta\,\varepsilon\,\zeta\,\eta\,\vartheta\,\iota)^{a_1+b_1+c_1+\ldots g_1}\,, \end{aligned}\right.$$

so beschaffen sein, daß die Koordinaten und Geschwindigkeitskomponenten

(5)

des 1. Atoms 1. Gattung zwischen den Grenzen $k^1\delta$ und $(k^1+1)\delta$, $l^1\varepsilon$ und $(l^1+1)\varepsilon$, $m^1\zeta$ und $(m^1+1)\zeta$, $r^1\eta$ und $(r^1+1)\eta$, $s^1\vartheta$ und $(s^1+1)\vartheta$, $t^1\iota$ und $(t^1+1)\iota$,

des 2. Atoms 1. Gattung zwischen den Grenzen $k^2\delta$ und $(k^2+1)\delta$, $l^2\varepsilon$ und $(l^2+1)\varepsilon$, $m^2\zeta$ und $(m^2+1)\zeta$, $r^2\eta$ und $(r^2+1)\eta$, $s^2\vartheta$ und $(s^2+1)\vartheta$, $t^2\iota$ und $(t^2+1)\iota$,

. . . .

des letzten Atoms 1. Gattung zwischen den Grenzen $k^{a_1}\delta$ und $(k^{a_1}+1)\delta$, $l^{a_1}\varepsilon$ und $(l^{a_1}+1)\varepsilon$, $m^{a_1}\zeta$ und $(m^{a_1}+1)\zeta$, $r^{a_1}\eta$ und $(r^{a_1}+1)\eta$, $s^{a_1}\vartheta$ und $(s^{a_1}+1)\vartheta$, $t^{a_1}\iota$ und $(t^{a_1}+1)\iota$,

des 1. Atoms 2. Gattung zwischen den Grenzen $k^{a_1+1}\delta$ und $(k^{a_1+1}+1)\delta$, $l^{a_1+1}\varepsilon$ und $(l^{a_1+1}+1)\varepsilon$, $m^{a_1+1}\zeta$ und $(m^{a_1+1}+1)\zeta$, $r^{a_1+1}\eta$ und $(r^{a_1+1}+1)\eta$, $s^{a_1+1}\vartheta$ und $(s^{a_1+1}+1)\vartheta$, $t^{a_1+1}\iota$ und $(t^{a_1+1}+1)\iota$,

. . . .

endlich des letzten Atoms letzter Gattung zwischen den Grenzen $k^{a_1+b_1+c_1+\dots g_1}\delta$ und $(k^{a_1+b_1+c_1\dots g_1}+1)\delta$ usw. liegen. Genau dieselbe Bedeutung soll

$$(6)\quad \left\{ \begin{aligned} \varphi_2 = f_2(k^1\delta, l^1\varepsilon, m^1\zeta, r^1\eta, s^1\vartheta, t^1\iota\cdot k^2\delta \dots t^{a_2+b_2+\dots g_2}\iota) \\ (\delta\,\varepsilon\,\zeta\,\eta\,\vartheta\,\iota)^{a_2+b_2+c_2+\dots g_2} \end{aligned} \right.$$

für die Moleküle zweiter Gattung haben, wobei natürlich auch im Grenzenschema überall a_2, b_2 ... für a_1, b_1 ... zu setzen ist. Ebenso tritt für die Moleküle dritter Gattung der untere Index 3 an Stelle von 2 usw., für die Moleküle letzter Gattung der untere Index v.

Nach den Prinzipien, welche ich jedesmal beim Übergange von einer endlichen Anzahl lebendiger Kräfte oder überhaupt Zustände zu einer unendlichen Reihe derselben angewendet habe, sind jene φ_1 Moleküle als in demselben Zustande befindlich zu betrachten, welchen wir als den Zustand p_1 bezeichnen wollen.

Die Werte, welche die Funktion f annimmt, wenn man den ganzen Zahlen k^1, l^1 ... andere und andere Werte beilegt, sollen mit χ_1, ψ_1 usw. bezeichnet werden, dann sind auch die

χ_1 Moleküle als in demselben Zustande (q_1) befindlich aufzufassen, ebenso die ψ_1 in demselben Zustande (r_1) usw.

Die Aufgabe ist also jetzt folgende: In einem Sacke befinden sich sehr viele (n) Zettel, auf jedem ist einer der Zustände p_1, q_1, oder r_1 usw. aufgeschrieben, und zwar auf gleichviel Zetteln der erstere, wie der zweite Zustand usw.[1]); für jedes der N_1 Moleküle wird nun ein Zettel gezogen; wie wahrscheinlich ist es, daß gerade die obige Zustandsverteilung gezogen wird, d. h. auf wie viele verschiedene Weisen können die Zettel gezogen werden, so daß dabei φ_1 Moleküle den Zustand p_1, χ_1 den Zustand q_1 usf. erhalten. Offenbar auf so viele verschiedene Weisen, als sich N_1 Elemente permutieren lassen, von denen φ_1 untereinander gleich sind, ebenso χ_1, ψ_1 usf. also

$$\frac{N_1!}{\varphi_1!\chi_1!\psi_1!\ldots} \text{ mal.} \tag{7}$$

Bezeichnen wir die analogen Größen für die zweite

---

[1]) Daß von allen diesen Zuständen gleichviel genommen werden müssen, ist darin begründet, daß, wenn gar keine Bedingungsgleichung gegeben ist, die Wahrscheinlichkeit vollkommen gleich ist, daß ein Atom oder der Endpunkt einer Geschwindigkeit in einem beliebigen Volumelemente liegt. Vgl. hierüber Watson, a treatise of the kinetic theorie of gases prop. III, pag. 13, oder meine Abhandlung: „Über einige das Wärmegleichgewicht betreffende Sätze". Wien. Ber. 84. S. 136. 1881 (diese Sammlung Nr. 62). Aus demselben Grunde müssen auch alle Elemente der X-Koordinaten, welche wir mit δ bezeichnet haben, untereinander gleich angenommen werden, damit alle Stellen des Raumes sowohl untereinander als auch für alle Atome als gleichberechtigt erscheinen. δ, ε, ζ, η, ϑ, ι brauchen nicht untereinander gleich zu sein, denn die X-Koordinate steht in keiner Beziehung zur Y-Koordinate. Man könnte bezweifeln, ob die Grenzen aller Koordinaten der Atome eines Moleküls mit $-\infty$ und $+\infty$ festzusetzen sind, da ja die Atome sich niemals sehr weit entfernen werden, allein dieser Zweifel wird dadurch behoben, daß die zu größerer Entfernung notwendige Arbeit einen sehr großen Wert hat, so daß solche größere Entfernungen praktisch sehr unwahrscheinlich werden. In der Theorie werden wir immer die möglichen Entfernungen der Atome eines zweiatomigen Moleküls von Null bis ∞ variieren lassen und darunter verstehen, daß auch Entfernungen, welche gegen die mittlere Entfernung ziemlich groß sind, oder besser gesagt, für welche die Kraftfunktion gegen die mittlere sehr groß ist, in einzelnen seltenen Fällen vorkommen können. Die Kraftfunktion könnte ja für kleine Zuwächse der Entfernung schon riesig anwachsen.

Molekülgattung mit dem unteren Index 2, so werden sich die Zustände der Moleküle zweiter Gattung

$$(8) \qquad \frac{N_2!}{\varphi_2!\,\chi_2!\,\psi_2!\ldots}\text{ mal}$$

permutieren lassen. Und ähnliches gilt für die übrigen Molekülgattungen. Um also das Permutabilitätsmaß, d. h. die Wahrscheinlichkeit irgend eines bestimmten Zustandes der gesamten Gasmasse zu erhalten, ist der Ausdruck (3) mit (6), (7) usf. zu multiplizieren, was liefert

$$(9) \quad P = \frac{A!\,B!\,C!\ldots}{(a_1!\,b_1!\,c_1!\ldots)^{N_1}(a_2!\,b_2!\ldots)^{N_2}(a_3!\,b_3!\ldots)^{N_3}\ldots\varphi_1!\chi_1!\psi_1!\ldots\varphi_2!\chi_2!\ldots}.$$ [1]

[1]) Um hier nochmals ein illustrierendes Beispiel mit endlichen Zahlen anzugeben, seien 4 Chlor- und 4 Wasserstoffatome gegeben; wenn daraus zwei zweiatomige Chlor- und zwei zweiatomige Wasserstoffmoleküle gebildet werden (Fall A), so ist $N_1 = N_2 = 2$, $a_1 = b_2 = 2$, daher sind $4!\,4!/2^2\,2^2\,2\cdot 2 = 9$ Bildungsweisen möglich; werden dagegen vier zweiatomige Chlorwasserstoffmoleküle (Fall B) gebildet, so ist $N = 4\, a = b = 1$, daher existieren $4!\cdot 4!/4! = 24$ verschiedene Bildungsweisen. Es verhält sich daher die Wahrscheinlichkeit des Falles A zu der des Falles B wie $3:8$, wenn, wie wir voraussetzen, das Wirkungsgesetz für die Chlor- und Wasserstoffatome aufeinander und der Chlor- auf die Wasserstoffatome dasselbe ist. Seien etwa für jedes Molekül nur zwei Zustände C und D möglich, z. B. eine größere und eine kleinere Entfernung der Atome oder die Anwesenheit des Schwerpunktes in zwei verschiedenen Volumelementen. Wir können hier nicht die wahrscheinlichste Zustandsverteilung berechnen, wir wollen daher sowohl im Falle A als auch im Falle B alle überhaupt möglichen Zustandsverteilungen addieren. Im Falle B können alle vier Moleküle den Zustand C in $4!/4!$ verschiedenen Weisen haben. Es ist dann $N = 4$, $\varphi = 4$. Ebenso oft können alle vier den Zustand D haben. Daß drei Moleküle den Zustand C, eines den Zustand D oder umgekehrt hat, ist in $4!/3!$ verschiedenen Weisen möglich, denn dann ist $N = 4$, $\varphi = 3$ und $\chi = 1$. Daß zwei Moleküle den Zustand C und ebenso viele den Zustand D haben, ist in $4!/(2!)^2$ verschiedenen Weisen möglich. Alle überhaupt möglichen Zustandsverteilungen können daher in $2 + 2\cdot 4 + 6 = 16$ Weisen hergestellt werden. Im Falle A können alle Chlormoleküle den Zustand C oder D in einer Weise, eines C das andere D in zwei Weisen haben; es können also die Chlormoleküle ihre Zustände in vier verschiedenen Weisen annehmen und ebenso alle Wasserstoffmoleküle. Deshalb sind wieder 16 verschiedene Verteilungen aller Zustände möglich. Die relative Wahrscheinlichkeit des Falles A und B bleibt also $3:8$. Man überzeugt sich leicht, daß dieses Resultat nicht alteriert wird, wenn man die Möglichkeit berücksichtigt, daß in jedem Moleküle die Atome ihre Plätze vertauschen

Hier handelt es sich natürlich bloß um die Wahrscheinlichkeit, daß gegebene Atome zu verschiedenen chemischen Verbindungen kombiniert werden und diese wieder verschiedene Zustände haben. Es ist also der Zähler des Ausdrucks (9) eine konstante Größe.

Es muß ferner angenommen werden, daß von jeder Molekülgattung in jedem Volumelemente eine sehr große Anzahl vorhanden ist. Wir können uns daher der Annäherungsformel bedienen:

$$l(\varphi!) = \frac{1}{2} l(2\pi) + \varphi l \varphi + \frac{1}{2} l \varphi - \varphi, \tag{10}$$

wobei l den natürlichen Logarithmus bezeichnet. Führen wir also wieder die ausführlichen Bezeichnungen ein, so ist

$$\begin{cases} l(\varphi_1!\chi_1!\psi_1!\ldots) = \mathfrak{S}\, l[f_1(k^1\delta, l^1\varepsilon, m^1\zeta, r^1\eta, s^1\vartheta, t^1\iota, k^2\delta\ldots \\ \qquad\qquad t^{a_1+b_1+\ldots g_1}\iota)\cdot(\delta\varepsilon\zeta\eta\vartheta\iota)^{a_1+b_1+\ldots g_1}]! \end{cases} \tag{11}$$

Die Summe ist so zu verstehen, daß jedes der k alle Werte von $-\varkappa$ bis $+\varkappa$ zu durchlaufen hat, ebenso jedes l alle Werte von $-\lambda$ bis $+\lambda$ usw. Da im ganzen $a_1 + b_1 + \ldots g_1$ Größen k vorhanden sind, deren jede $2\varkappa + 1$ Werte annimmt, so sind $(2\varkappa + 1)^{a_1+b_1+\ldots g_1}$ Wertkombinationen der k möglich. Ebenso $(2\lambda + 1)^{a_1+b_1+\ldots g_1}$ Wertkombinationen der l usf. Die Summe (11) hat also $[(2\varkappa + 1)(2\lambda + 1)\ldots(2\tau + 1)]^{a_1+b_1+\ldots g_1}$ Glieder. Eine solche Summe soll stets durch S bezeichnet werden. Setzt man daher in den Ausdruck (11) statt der Faktoriellen die Annäherungsformel (10), so liefert das erste Glied dieser Annäherungsformel in dem Ausdruck $l(\varphi_1!\chi_1!\psi_1!\ldots)$ das Glied

können. Die Molekülgruppe (12) (34) läßt vier verschiedene Platzvertauschungen (12) (34), (21) (34), (12) (43), (21) (43) zu. Ebenso oft lassen sich in den Molekülgruppen (13) (24) und (14) (23) die Plätze vertauschen. (12) (34) ist nicht mit (34) (12) zu vertauschen, wenn beide in demselben Volumelemente liegen. Ebenso sind auch im Falle A zwölf Bildungsweisen der Chlormoleküle und zwölf der Wasserstoffmoleküle, also im ganzen $144 = 9 \cdot 16$ Platzvertauschungen möglich. Im Falle B existieren 24 verschiedene Bildungsweisen der vier Moleküle, für jede können die Plätze in zwei verschiedenen Weisen, folglich für vier Moleküle in 16 verschiedenen Weisen vertauscht werden; daher existieren $24 \cdot 16$ Platzvertauschungen.

$$(12) \qquad \frac{1}{2} l(2\pi)\,[(2\varkappa+1)(2\lambda+1)\ldots(2\tau+1)]^{a_1+b_1+\ldots g_1}$$

Das zweite Glied der Annäherungsformel liefert in (11) die beiden Glieder

$$(13) \qquad \mathsf{S} f_1 \cdot l f_1 \cdot (\delta\,\varepsilon\,\zeta\,\eta\,\vartheta\,\iota)^{a_1+b_1+\ldots g_1}$$

und

$$(14) \qquad \mathsf{S} f_1 (\delta\,\varepsilon\,\zeta\,\eta\,\vartheta\,\iota)^{a_1+b_1+\ldots g_1} \cdot l(\delta\,\varepsilon\,\zeta\,\eta\,\vartheta\,\iota)^{a_1+b_1+\ldots g_1}.$$

Die beiden letzten Glieder der Annäherungsformel liefern

$$(15) \qquad \frac{1}{2} \mathsf{S}\, l\,[f_1 (\delta\,\varepsilon\,\zeta\,\eta\,\vartheta\,\iota)^{a_1+b_1+\ldots g_1}]$$

und

$$(16) \qquad -\mathsf{S} f_1 (\delta\,\varepsilon\,\zeta\,\eta\,\vartheta\,\iota)^{a_1+b_1+\ldots g_1}.$$

Als gegeben ist hier zu betrachten: die Anzahl der Atome der verschiedenen Gattungen und die möglichen Verbindungen, welche sie überhaupt eingehen können, also die $a_1\,b_1 \ldots g_\nu$. Gefragt wird nach der Wahrscheinlichkeit, daß die eine oder andere mögliche chemische Verbindung reichlicher eintritt und diesen oder jenen Zustand annimmt. Die zu bestimmenden Unbekannten sind also die Größen $N_1, N_2 \ldots f_1, f_2 \ldots$ Der Ausdruck (12) enthält keine Unbekannte, sondern bloß gegebenes, ist also als Konstante zu betrachten. Ein Zweifel hierüber könnte bloß entstehen, wenn irgend eine mögliche chemische Verbindung gar nicht aufträte, man könnte dann glauben, daß die entsprechenden $a, b, c \ldots$ gleich Null zu setzen seien und der Ausdruck (12) eine sprungweise Änderung erfahre. Allein ein solcher Sprung wäre ganz unstatthaft; der Fall, daß eine mögliche chemische Verbindung nicht auftritt, ist also immer als Grenzfall zu betrachten, daß sie nur sehr spärlich auftritt und die entsprechenden $a, b, c \ldots$ sind in der Rechnung zu belassen. Ferner handelt es sich immer um das Verschwinden der Variation von lP. In diese Variation liefert der Ausdruck (15) nur Größen von der Form $1/\varphi$, da er selbst die Form $S\,l\varphi$ hat. Da aber φ groß ist, so ist $1/\varphi$ und folglich auch der Ausdruck (15) zu vernachlässigen. Der Ausdruck (16) ist offenbar gleich $-N_1$, der Ausdruck (14) gleich

$(a_1 + b_1 + \ldots g_1) N_1\, l(\delta\, \varepsilon\, \zeta\, \eta\, \vartheta\, \iota)$. Endlich ist der Ausdruck (13), wenn man darin Differentiale einführt, gleich

$$\iint \ldots f_1\, l f_1\, dx_1\, dy_1\, dz_1\, du_1\, dv_1\, dw_1\, dx_2 \ldots dw_{a_1+b_1+\ldots g_1}.$$

Es reduziert sich also, von konstantem abgesehen, der Ausdruck $l(\varphi_1!\, \chi_1!\, \psi_1! \ldots)$ auf

$$\iint \ldots f_1\, l f_1\, dx_1\, dy_1\, dz_1\, du_1\, dv_1\, dw_1\, dx_2 \ldots dw_{a_1+b_1+\ldots g_1}$$
$$+ (a_1 + b_1 + \ldots g_1) N_1\, l(\delta\, \varepsilon\, \zeta\, \eta\, \vartheta\, \iota) - N_1$$

und nach Formel (9) erhält man, abgesehen von konstantem

$$- l P = \sum_{a=1}^{a=\nu} N_a\, l(a_a!\, b_a!\, c_a! \ldots g_a!) - \sum_{a=1}^{a=\nu} N_a$$

$$+ \sum_{a=1}^{a=\nu} \iint \ldots f_a\, l f_a\, dx_1\, dy_1\, dz_1\, du_1\, dv_1\, dw_1\, dx_2 \ldots dw_{a_a + b_a + \ldots g_a}$$

$$+ l(\delta\, \varepsilon\, \zeta\, \eta\, \vartheta\, \iota) \sum_{a=1}^{a=\nu} N_a (a_a + b_a + c_a + \ldots g_a).$$

Nun ist

$$\sum_{a=1}^{a=\nu} a_a N_a = A, \quad \sum_{a=1}^{a=\nu} b_a N_a = B \quad \text{usw.,} \tag{17}$$

daher der Ausdruck in der letzten Zeile ebenfalls konstant, und es bleibt:

$$\left\{\begin{aligned} - l P &= \sum_{a=1}^{a=\nu} N_a\, l(a_a!\, b_a!\, c_a! \ldots) - \sum_{a=1}^{a=\nu} N_a \\ &+ \sum_{a=1}^{a=\nu} \iint \ldots f_a\, l f_a\, dx_1\, dy_1\, dz_1\, du_1\, dv_1\, dw_1\, dx_2 \ldots dw_{a_a + b_a + \ldots g_a} \end{aligned}\right. \tag{18}$$

Diese Formel ist insofern noch von überflüssiger Allgemeinheit, als daselbst die die Zustandsverteilung charakterisierende Funktion f ganz willkürlich gelassen ist. Für den uns allein interessierenden Fall, daß sämtliche Gase sich bei einer mittleren lebendigen Kraft eines Atoms $T = 3/2h$ im Wärmegleichgewichte befinden, ist:

$$f_a = \frac{N_a e^{-h(\chi_a + \Lambda_a)}}{\iint \ldots e^{-h(\chi_a + \Lambda_a)} dx_1\, dy_1 \ldots dw_{a_a + b_a + \ldots g_a}},$$

wobei χ_a der Wert der Kraftfunktion, Λ_a der Wert der gesamten lebendigen Kraft aller Atome eines Moleküls im betrachteten Zustande ist. Daher wird

$$J_a = \iint \ldots f_a l f_a dx_1\, dy_1 \ldots dw_{a_a + b_a + \ldots g_a} = N_a l N_a - h N_a \bar{\chi}_a - h N_a \bar{\Lambda}_a$$
$$- N_a l \iint \ldots e^{-h(\chi_a + \Lambda_a)} dx_1\, dy_1 \ldots dw_{a_a + b_a + \ldots g_a}.$$

Hierbei ist

$$(19) \qquad \bar{\chi}_a = \frac{\iint \ldots \chi_a e^{-h\chi_a} d\xi_2\, d\eta_2 \ldots d\zeta_{a_a + b_a + \ldots g_a}}{\iint \ldots e^{-h\chi_a} d\xi_2\, d\eta_2 \ldots d\zeta_{a_a + b_a + \ldots g_a}},$$

$$\bar{\Lambda}_a = \frac{3}{2h}(a_a + b_a + \ldots g_a)$$

$\xi_a \eta_a \ldots$ sind die Koordinaten der Atome eines Moleküls relativ gegen dessen Schwerpunkt. Ferner ist

$$l \iint \ldots e^{-h\Lambda_a} du_1\, dv_1 \ldots dw_{a_a + b_a + \ldots g_a}$$
$$= \frac{1}{2} l \left[\frac{(2\pi)^{3a_a + 3b_a + \ldots 3g_a}}{m_1^{3a_a} m_2^{3b_a} \ldots m_k^{3g_a} h^{3a_a + 3b_a + \ldots 3g_a}} \right].$$

Letzteres wegen

$$\int_{-\infty}^{+\infty} e^{-h\frac{mu^2}{2}} du = \sqrt{\frac{2\pi}{hm}},$$

endlich

$$\iint \ldots e^{-h\chi_a} dx_1\, dy_1 \ldots dz_{a_a + b_a + \ldots g_a}$$
$$= V \iint \ldots e^{-h\chi_a} d\xi_2\, d\eta_2 \ldots d\zeta_{a_a + b_a + \ldots g_a},$$

wobei V das gesamte von allen Gasen erfüllte Volumen, m_1, $m_2 \ldots$ aber die Massen der Atome erster, zweiter … Gattung sind. Mit Rücksicht hierauf wird:

$$J_a = - N_a l \frac{V}{N_a} - N_a l \iint \ldots e^{-h\chi_a} d\xi_2\, d\eta_2 \ldots d\zeta_{a_a + b_a + \ldots g_a}$$
$$- h N_a \bar{\chi}_a + \frac{3 N_a}{2}(a_a + b_a + \ldots g_a) l h$$
$$- \frac{3 N_a}{2}(a_a + b_a + \ldots g_a)(1 + l 2\pi) + \frac{3 a_a N_a}{2} l m_1$$
$$+ \frac{3 b_a N_a}{2} l m_2 + \ldots \frac{3 g_a N_a}{2} l m_k.$$

Wegen den Gleichungen (17) liefert die gesamte zweite Zeile nur Konstantes in $\sum_{a=1}^{a=\nu} J_a$ und es liefert die Gleichung (18)

$$(20)\left\{\begin{aligned}
&-lP=\sum_{a=1}^{a=\nu} N_a\, l(a_a!\,b_a!\,c_a!\ldots g_a!)-\sum_{a=1}^{a=\nu} N_a-\sum_{a=1}^{a=\nu} N_a\, l\frac{V}{N_a}\\
&+\frac{3lh}{2}(A+B+C\ldots)-h\sum_{a=1}^{a=\nu} N_a\bar{\chi}_a\\
&-\sum_{a=1}^{a=\nu} N_a\, l\int\!\!\int\ldots e^{-h\chi_a}\,d\xi_2\,d\eta_2\ldots d\zeta_{a_a+b_a+\ldots g_a}\\
&=\sum_{a=1}^{a=\nu} N_a\Big[l(a_a!\,b_a!\ldots g_a!)-1-l\frac{V}{N_a}-h\bar{\chi}\\
&+\frac{3lh}{2}(a_a+b_a+\ldots g_a)-l\int\!\!\int\ldots e^{-h\chi_a}d\xi_2\,d\eta_2\ldots d\zeta_{a_a+b_a+\ldots g_a}.
\end{aligned}\right.$$

Um diese Formel sogleich auf den denkbar einfachsten Fall anzuwenden, wollen wir die Dissoziation eines Gases mit zweiatomigen Molekülen in einzelne Atome betrachten. Von den A Atomen seien N_1 einzeln, aus den übrigen seien N_2 zweiatomige Moleküle gebildet, so daß

$$(21)\qquad A=N_1+2N_2.$$

Die Kraft, welche je zwei Atome in einem Moleküle gegeneinander zieht, sei in der Entfernung ϱ derselben, gleich $\partial\chi(\varrho)/\partial\varrho$, $\chi(\infty)$ sei gleich Null. Unter Voraussetzung anziehender Molekularkräfte, ist daher $\chi(\varrho)$ negativ und bei ungestörter Bewegung zweier Atome $(mv^2/2)+\chi$ konstant. Dann ist für die zweiatomigen Moleküle

$$(22)\qquad \int\!\!\int\ldots e^{-h\chi_a}\,d\xi_2\,d\eta_2\ldots=4\pi\int_0^\infty e^{-h\chi}\varrho^2\,d\varrho,$$

$$(23)\qquad \bar{\chi}=\frac{\int_0^\infty \chi e^{-h\chi}\varrho^2\,d\varrho}{\int_0^\infty e^{-h\chi}\varrho^2\,d\varrho},$$

daher

$$(24)\quad \left\{\begin{aligned} -lP = {} & N_1\left(-l\frac{V}{N_1}+\frac{3lh}{2}-1\right)+N_2\Bigg(l2-l\frac{V}{N_2} \\ & -l4\pi\int_0^\infty e^{-h\chi}\varrho^2 d\varrho - h\frac{\int_0^\infty \chi e^{-h\chi}\varrho^2 d\varrho}{\int_0^\infty e^{-h\chi}\varrho^2 d\varrho}+3lh-1\Bigg) \\ = {} & +\tfrac{3}{2}Alh+N_1(lN_1-1)+N_2(lN_2-1)-AlV \\ & +N_2 l2V - h\bar{\chi}N_2 - N_2 l4\pi\int_0^\infty e^{-h\chi}\varrho^2 d\varrho . \end{aligned}\right.$$

Dieser Ausdruck hat die Bedeutung, daß eine gegebene lebende Kraft und Arbeit sich immer so verteilen wird, daß P ein Maximum, also $-lP$ ein Minimum ist. Fragt man bloß um den Grad der Dissoziation in einem gegebenen Volumen, so ist außer N_1 und N_2 noch $h = 3/2T$ als variabel zu betrachten. Die Bedingungen sind:

$$N_1 + 2N_2 = A, \quad \delta N_1 = -2\delta N_2,$$

$$N_2\bar{\chi} + \frac{3A}{2h} = \text{const.}, \quad \delta(N_2\bar{\chi}) - \frac{3A\delta h}{h^2} = 0.$$

Die Variation von (24) ist

$$\frac{3A\delta h}{2h} - 2lN_1\delta N_2 + lN_2\delta N_2 + l2V\delta N_2 - N_2\bar{\chi}\delta h - h\delta(N_2\bar{\chi})$$
$$- \delta N_2 l4\pi\int_0^\infty e^{-h\chi}\varrho^2 d\varrho + N_2\bar{\chi}\delta h = 0,$$

daher gemäß der Verbindungsgleichungen:

$$(25)\quad \left\{\begin{aligned} & lN_2 - 2lN_1 + l2V - l4\pi\int_0^\infty e^{-h\chi}\varrho^2 d\varrho = 0, \\ & \frac{N_2}{N_1^2} = \frac{2\pi}{V}\int_0^\infty e^{-h\chi}\varrho^2 d\varrho , \end{aligned}\right.$$

welche Gleichung also die Beziehung zwischen der Anzahl der verbundenen und einzelnen Atome angibt. Wenn sich ClH in Cl und H dissoziieren würde, so wäre $a_1 = 1$, $b_2 = 1$, $a_3 = b_3 = 1$, daher hätte die später folgende Determinante (28) den Wert

$$\begin{vmatrix} P_1 & P_2 & P_3 \\ 1 & 0 & 1 \\ 0 & 1 & 1 \end{vmatrix} = 0,$$

woraus folgt:

$$P_1 + P_2 = P_3,$$

$$l N_1 + l N_2 - l V = l N_3 - l\, 4\pi \int_0^\infty e^{-h\chi} \varrho^2 d\varrho,$$

$$\frac{N_3}{N_1 N_2} = \frac{4\pi}{V} \int_0^\infty e^{-h\chi} \varrho^2 d\varrho.$$

Betrachten wir ferner den schon früher erwähnten Fall, daß ein zweiatomiges sich in zwei zweiatomige Gase ClH in ClCl und HH dissoziiert

$$N_3 + 2 N_1 = A, \qquad N_3 + 2 N_2 = B,$$

so ist

$$a_1 = b_2 = 2, \qquad a_3 = b_3 = 1,$$

sei

$$\chi_1 = \varphi, \qquad \chi_2 = \psi, \qquad \chi_3 = \chi,$$

so wird

$$\begin{aligned} - l P = \frac{3 l h}{2}(A+B) + N_1 (l N_1 - 1) + N_2 (l N_2 - 1) + N_3 (l N_3 - 1) \\ - \left(\frac{A+B}{2}\right) l V + (N_1 + N_2) l 2 \end{aligned}$$

$$- h(N_1 \bar{\varphi} + N_2 \bar{\chi} + N_3 \bar{\psi}) - N_1 l\, 4\pi \int_0^\infty e^{-h\varphi} \varrho^2 d\varrho \qquad (26)$$

$$- N_2 l\, 4\pi \int_0^\infty e^{-h\psi} \varrho^2 d\varrho - N_3 l\, 4\pi \int_0^\infty e^{-h\chi} \varrho^2 d\varrho.$$

Die Bedingungen des Minimums sind:

$$\delta N_1 = - \tfrac{1}{2} \delta N_3, \qquad \delta N_2 = - \tfrac{1}{2} \delta N_3,$$

$$N_1 \bar{\varphi} + N_2 \bar{\psi} + N_3 \bar{\chi} + (A + B) \frac{3}{2h} = \text{const.}$$

Mit Rücksicht auf diese Bedingungen liefert die Gleichung $\delta l P = 0$ folgendes:

$$l2N_1 - l4\pi\int\limits_0^\infty e^{-h\varphi}\varrho^2 d\varrho + l2N_2 - l4\pi\int\limits_0^\infty e^{-h\psi}\varrho^2 d\varrho$$

$$= 2lN_3 - 2l4\pi\int\limits_0^\infty e^{-h\chi}\varrho^2 d\varrho,$$

(27)
$$\frac{N_3^2}{4N_1N_2} = \frac{\left(\int\limits_0^\infty e^{-h\chi}\varrho^2 d\varrho\right)^2}{\int\limits_0^\infty e^{-h\varphi}\varrho^2 d\varrho \times \int\limits_0^\infty e^{-h\psi}\varrho^2 d\varrho}.$$

Es hat keine Schwierigkeit, auch das Minimum des allgemeinen Ausdrucks (20) zu finden, wozu die Bedingungsgleichungen

$$\sum N_a a_a = A, \qquad \sum N_a b_a = B\ldots$$

$$\sum N_a \bar{\chi}_a + (A + B + \ldots)\frac{3}{2h} = \text{const.}$$

gehören.

Mit Rücksicht auf die letzte Bedingung folgt zunächst:

$$\delta(-lP) = \sum \delta N_a [l(a_a!\, b_a!\ldots) + lN_a - lV$$

$$- l\iint\ldots e^{-h\chi_a} d\xi_2\, d\eta_2\ldots d\zeta_{a_a+b_a+\ldots}].$$

Bezeichnet man den Ausdruck in der eckigen Klammer mit P_a und berücksichtigt, daß $\sum a_a \delta N_a = \sum b_a \delta N_a = \ldots = 0$ sein muß, so folgt für das Verschwinden von $\delta(-lP)$ die Bedingung:

(28)
$$\begin{vmatrix} P_1, & P_2 & \ldots & P_\nu \\ a_1, & a_2 & \ldots & \ldots \\ b_1, & b_2 & \ldots & \ldots \\ . & . & . & . \end{vmatrix} = 0.$$

Bezeichnen wir die Zahl der verschiedenen Atomgattungen A, B ... mit μ, so hat obige Determinante $\mu + 1$ Vertikalreihen, repräsentiert also $\nu - \mu$ Gleichungen; aus diesen und den μ Gleichungen $\sum a_a N_a = \sum b_a N_a = \ldots = 0$ folgen die Unbekannten $N_1, N_2, \ldots N_\nu$. Ist $\mu > \nu$, so sind jedenfalls einige der Gleichungen (1) eine Folge der übrigen und sind nur solche $a, b, c\ldots$ in die Determinante aufzunehmen, welche voneinander unabhängigen Gleichungen entsprechen.

Wir wollen nun zunächst den Fall, worauf sich Formel (25) bezieht, in einer anderen Weise behandeln. Wir denken uns das ganze Gefäß vom Volumen V in $1/\omega$ gleiche Fächer vom Volumen $v = \omega V$ geteilt. Die teilweise der Dissoziation unterworfene Gasmasse, welche sich in diesem Gefäße befindet, denken wir uns durch Vermittlung einer unendlich dünnen Scheidewand mit einer noch weit größeren Gasmasse von der Temperatur $T = 3/2h$ im Wärmegleichgewichte. Wäre im ganzen Gefäße V die Kraftfunktion für alle Atome konstant, würde also keines der Atome irgend eine Wirkung erfahren, so wäre die Wahrscheinlichkeit, daß irgend ein Atom sich in irgend einem Volumelemente befindet, einfach der Größe des betreffenden Volumelements proportional.[1]) Wären nur zwei Atome im Gefäße, so wollen wir mit (2) die Wahrscheinlichkeit bezeichnen, daß beide in demselben Fach sind, mit (11), daß sie in verschiedenen Fächern sind. Es ist dann $(2) = \omega$, $(11) = 1 - \omega$. Wären drei Atome im selben Gefäße, so wäre die Wahrscheinlichkeit, daß alle drei im selben Fache sind $(3) = \omega^2$, die Wahrscheinlichkeit, daß zwei in demselben, daß dritte in einem anderen Fache ist, hat den Wert $(12) = (2) \cdot (1 - \omega) + 2\omega \cdot (11) = 3\omega(1 - \omega)$ die Wahrscheinlichkeit, daß alle drei in verschiedenen Fächern seien, ist $(111) = (1 - \omega)(1 - 2\omega)$. Dieselben Bezeichnungen wollen wir auch auf den Fall anwenden, daß beliebig viel Atome vorhanden sind. Da die Wahrscheinlichkeit $(a_1 a_2 a_3 \ldots a_n)$ dann jedenfalls den Faktor $\omega^{a_1 + a_2 + \ldots + a_n - n}(1 - \omega)(1 - 2\omega)\ldots(1 - n\omega + \omega)$ hat, so handelt es sich nur mehr um den Koeffizienten dieses Ausdrucks. In der folgenden kleinen Tabelle sind oben immer die Wahrscheinlichkeiten, unten die zugehörigen Koeffizienten zusammengestellt:

(4)	(13)	(22)	(112)	(1111)	(5)	(14)	(23)	(113)	(122)	(1112)	(11111)
1	4	3	6	1	1	5	10	10	15	10	1

(6)	(15)	(24)	(33)	(114)	(123)	(222)	(1113)	(1122)	(11112)	(111111)
1	6	15	10	15	60	15	20	45	15	1

[1]) Vgl. meine weiteren Studien über das Wärmegleichgewicht unter Gasmolekülen. [Diese Sammlung Bd. I, Nr. 22.]

(7)	(16)	(25)	(34)	(115)	(124)	(133)	(223)	(1114)	(1123)	(1222)
1	7	21	35	21	105	70	105	35	210	105

(11113)	(11122)	(111112)	(1111111)
35	105	21	1

.

Die Wahrscheinlichkeit $(\underbrace{111\ldots}_{N_1\,\text{mal}}\underbrace{222\ldots}_{N_2\,\text{mal}})$ soll mit $f(N_1, N_2)$, der dazu gehörige Koeffizient mit $c(N_1, N_2)$ bezeichnet werden, so daß

$$f(N_1, N_2) = c(N_1, N_2)\cdot\omega^{N_2}(1-\omega)(1-2\omega)(1-3\omega)\ldots$$
$$(1 - N_1\omega - N_2\omega + \omega).$$

Dann ist gemäß des Bildungsgesetzes der Koeffizienten

$$c(N_1, N_2) = c(N_1 - 1, N_2) + (N_1 + 1)\,c(N_1 + 1, N_2 - 1),$$

woraus leicht folgt

$$c(N_1, N_2) = \frac{(N_1 + 2N_2)!}{2^{N_2} N_1!\, N_2!},$$

daher

$$\text{(28a)}\quad \begin{cases} f(N_1, N_2) = \dfrac{(N_1 + 2N_2)!}{2^{N_2} N_1!\, N_2!}\,\omega^{N_2}(1-\omega)(1-2\omega)\ldots \\ \qquad\qquad (1 - N_1\omega - N_2\omega + \omega). \end{cases}$$

Für den Fall, daß zwei Atome eines Moleküls gar keine Kräfte aufeinander ausüben würden und daß man sie dann als chemisch verbunden betrachten würde, wenn sie beide innerhalb eines Volumens $v = \omega V$ lägen, dagegen nicht als chemisch verbunden, wenn sie weiter entfernt wären, wäre dies zugleich die Wahrscheinlichkeit, daß N_2 Atome zu zweien chemisch verbunden, N_1 Atome aber einzeln im Gefäße V vorhanden sind. Wir haben noch den chemischen Kräften Rechnung zu tragen, was in folgender Weise geschieht. Wir denken uns den Schwerpunkt eines Atoms gegeben und den ganzen Raum v, in welchem dann ein zweites Atom liegen muß, damit es mit dem ersten chemisch verbunden sei, in sehr viele Teile geteilt; im Teile v_k sei χ_k der Wert der Kraftfunktion, welche den zwischen den Atomen wirksamen chemischen Kräften entspricht. Dann ist die Wahrscheinlichkeit, daß das zweite Atom im Raume v_k liegt, gleich $v_k e^{-h\chi_k}$ statt v_k zu setzen. Die Wahrscheinlichkeit, daß das zweite Atom überhaupt mit dem ersten verbunden ist, also im Raume v liegt, ist also gleich

$$\sum^r v_k e^{-h\chi_k} = 4\pi \int_0^\infty e^{-h\chi} \varrho^2 d\varrho$$

statt v zu setzen.

Mit Rücksicht auf die chemischen Kräfte ist also in Formel (28a)

$$\text{(28b)} \qquad \left[\frac{4\pi}{V} \int_0^\infty e^{-h\chi} \varrho^2 d\varrho\right]^{N_2}$$

für ω^{N_2} zu setzen. Die chemischen Kräfte sollen zugleich so beschaffen sein, daß ein gleichzeitiges Vorhandensein dreier Atome im Raume v vollkommen ausgeschlossen ist. Dann ist also die Wahrscheinlichkeit, daß N_2 Atome chemisch verbunden, N_1 einzeln seien, gleich

$$\text{(29)} \quad \begin{cases} W = \dfrac{(N_1 + 2N_2)!}{2^{N_2} N_1! N_2!} (1-\omega)(1-2\omega) \dots (1 - N_1\omega - N_2\omega + \omega) \\ \qquad \qquad \cdot \left[\dfrac{4\pi}{V} \displaystyle\int_0^\infty e^{-h\chi} \varrho^2 d\varrho\right]^{N_2}. \end{cases}$$

Wir setzen nun

$$(1-\omega)(1-2\omega) \dots (1 - N_1\omega - N_2\omega + \omega) = \omega^{N_1+N_2},$$

$$\frac{1}{\omega} \cdot \left(\frac{1}{\omega} - 1\right)\left(\frac{1}{\omega} - 2\right) \dots \left(\frac{1}{\omega} - N_1 - N_2 + 1\right) = \omega^{N_1+N_2} \frac{\left(\frac{1}{\omega}\right)!}{\left(\frac{1}{\omega} - N_1 - N_2\right)!},$$

ferner benutzen wir die Annäherungsformel

$$x! = \sqrt{2\pi x} \cdot \left(\frac{x}{e}\right)^x$$

und erhalten

$$W = \frac{(N_1 + 2N_2)!\, \omega^{N_1+N_2} e^{\frac{1}{\omega}} \frac{1}{\omega}! \left[\frac{4\pi}{V} \int_0^\infty e^{-h\chi} \varrho^2 d\varrho\right]^{N_2}}{2^{N_2} \sqrt{2\pi}^{\frac{1}{\omega}} N_1^{N_1+\frac{1}{2}} N_2^{N_2+\frac{1}{2}} \left(\frac{1}{\omega} - N_1 - N_2\right)^{\frac{1}{\omega} - N_1 - N_2 + \frac{1}{2}}}$$

$$= \frac{(N_1 + 2N_2)! \left[\frac{4\pi}{V} \int_0^\infty e^{-h\chi} \varrho^2 d\varrho\right]^{N_2}}{2^{N_2} N_1^{N_1+\frac{1}{2}} \cdot N_2^{N_2+\frac{1}{2}} [1 - \omega(N_1 + N_2)]^{\frac{1}{\omega} - N_1 - N_2 + \frac{1}{2}}},$$

$\omega(N_1+N_2)$ verhält sich zu eins wie der von den Molekülen erfüllte Raum zum ganzen Gefäßvolum, ist also klein gegen eins; daher

$$[1-\omega(N_1+N_2)]^{\frac{1}{\omega}} = e^{-(N_1+N_2)},$$

$$[1-\omega(N_1+N_2)]^{\frac{1}{\omega}-N_1-N_2+\frac{1}{2}} = \left(e^{-N_1-N_2}\right)^{1-\omega N_1-\omega N_2+\frac{\omega}{2}}$$

Es ist also

$$-lW = -l(N_1+2N_2)! - N_2\, l\frac{2\pi}{V}\int_0^\infty e^{-h\chi}\varrho^2\, d\varrho + \left(N_1+\frac{1}{2}\right)lN_1$$

$$+\left(N_2+\frac{1}{2}\right)lN_2 - N_1 - N_2 + (N_1+N_2)^2\,\omega\,.$$

Sucht man das Minimum von W, also δW, so liefert

$$\delta\left(\frac{1}{2}lN_1\right) = \frac{1}{2N_1}\delta N_1,\quad \delta\left(\frac{1}{2}lN_2\right) = \frac{1}{2N_2}\delta N_2,$$

$$\delta[(N_1+N_2)^2\omega] = (N_1+N_2)\,\omega\,(\delta N_1+\delta N_2),$$

alle diese Glieder liefern daher Verschwindendes und man kann setzen

$$(30)\quad \begin{cases} -lW = -l(N_1+2N_2)! - N_2\, l\frac{2\pi}{V}\int_0^\infty e^{-h\chi}\varrho^2\, d\varrho \\ \qquad\qquad + N_1(lN_1-1) + N_2(lN_2-1)\,. \end{cases}$$

Das erste Glied rechts ist übrigens konstant.

Das Minimum dieses Ausdruckes ist in anderer Weise zu verstehen, als das der Ausdrücke (20), (24) und (26). Da nämlich jetzt das Gas immer mit einer weit größeren Gasmasse von konstanter Temperatur $T = 3/2h$ in Verbindung ist, so ist h konstant und bloß N_1 und N_2 variabel und der Bedingung $N_1 + 2N_2 = A$ unterworfen. Es wird also

$$\delta(-lW) = \left[lN_2 - 2lN_1 - l\frac{2\pi}{V}\int_0^\infty e^{-h\chi}\varrho^2 d\varrho\right]\delta N_2\,.$$

Das Verschwinden dieses Ausdruckes führt genau wieder auf die Bedingungsgleichung (25).

Um diese Formeln an einem praktischen Beispiele zu prüfen, wollen wir sie auf die Dissoziation der Untersalpetersäure N_2O_4 in $NO_2 + NO_2$ anwenden; dann ist $a_1 = 1$, $b_1 = 2$, $a_2 = 2$, $b_2 = 4$, daher liefert die Gleichung (28)

$$\begin{vmatrix} P_1 & P_2 \\ 1 & 2 \end{vmatrix} = 0, \quad P_2 = 2P_1,$$

$$l(2!\,4!) + l N_2 - l \iint \ldots e^{-h\chi_2} d\xi_2\, d\eta_2 \ldots d\zeta_6$$
$$= 2l\,1!\,2! + 2l N_1 - lV - 2l \iint \ldots e^{-h\chi_1} d\xi_2\, d\eta_2 \ldots d\zeta_3,$$

(30a) $$\frac{N_1^2}{N_2} = V \frac{12(\iint \ldots e^{-h\chi_1} d\xi_2\, d\eta_2 \ldots d\zeta_3)^2}{\iint e^{-h\chi_2} d\xi_2\, d\eta_2 \ldots d\zeta_6}.$$

Diese Formel stimmt in ihrer Form vollkommen überein mit der Formel (25); nur daß der nur von der Temperatur abhängige Faktor von V auf der rechten Seite eine etwas andere Form hat. Es ist übrigens höchstwahrscheinlich, daß bei der Dissoziation der Untersalpetersäure die Stickstoff- und Sauerstoffatome sich nicht willkürlich untereinander vermischen, sondern daß die Gruppe NO_2 (wir wollen sie ein Untersalpetersäureatom nennen) immer gerade wie ein wirkliches Atom vereint bleibt und sich immer wechselweise von einer gleichen Gruppe trennt und wieder mit einer gleichen Gruppe zu einem Untersalpetersäuremolekül (N_2O_4) vereinigt.

In diesem Falle spielt ein Untersalpetersäureatom genau dieselbe Rolle wie das Atom eines Grundstoffs und wir können die Formel (25) vollkommen unverändert beibehalten. $\chi(\varrho)$ ist eine negative Größe und stellt mit negativen Zeichen genommen die Arbeit dar, welche erforderlich ist, um die Schwerpunkte zweier Untersalpetersäureatome aus der Entfernung ϱ in unendliche Entfernung zu bringen. Wir wollen unter A immer die auf die Gewichtseinheit entfallende Anzahl von Untersalpetersäureatomen verstehen.

Setzen wir dann:

(31) $$\frac{1}{\sigma} = 8\pi \int_0^\infty e^{-h\chi} \varrho^2 d\varrho,$$

so ist

(32) $$\frac{N_1^2}{N_2} = 4\sigma v,$$

(33) $$N_1 + 2N_2 = A,$$

v ist dabei das Volumen der Gewichtseinheit der im Dissoziationsgleichgewichte befindlichen Untersalpetersäure bei der Temperatur T und dem Drucke p. Aus den Gleichungen (32) und (33) folgt zunächst:

$$N_1^2 = 2\sigma v(A - N_1), \tag{34}$$

$$\left\{ \begin{aligned} N_1 &= -\sigma v + \sqrt{\sigma^2 v^2 + 2\sigma v A}, \\ N_2 &= \frac{A}{2} + \frac{\sigma v}{2} - \frac{1}{2}\sqrt{\sigma^2 v^2 + 2\sigma v A}. \end{aligned} \right. \tag{35}$$

Nun ist bekanntlich.

$$p v = \tfrac{2}{3}(N_1 + N_2) T. \tag{36}$$

Hier ist T die mittlere lebendige Kraft der progressiven Bewegung eines Moleküls; da dieselbe nicht direkt der Beobachtung zugänglich ist, so wollen wir $T = 3\varepsilon t/2$ setzen, wobei t die vom absoluten Nullpunkte an gezählte, nach Celsiusgraden gemessene Temperatur ist. Die Gleichung (36) geht dann über in

$$p v = (N_1 + N_2)\varepsilon t. \tag{37}$$

Die Gleichung (37) gilt übrigens mit einem und demselben Werte der Konstanten ε für jedes beliebige Gas, sobald p der Druck, v das Volumen der Gewichtseinheit und $N_1 + N_2$ die Anzahl der Moleküle desselben in der Gewichtseinheit bedeuten. Nach unserer Annahme sind beim Drucke p und der Temperatur t in der Gewichtseinheit N_2 undissoziierte Untersalpetersäuremoleküle vorhanden, während $N_1/2$ Moleküle sich in zwei Untersalpetersäureatome gespalten haben, so daß also im ganzen N_1 Untersalpetersäureatome in der Gewichtseinheit enthalten sind. Bezeichnen wir daher mit q den Quotienten der gesamten vor der Dissoziation vorhandenen Anzahl $A/2$ der Untersalpetersäuremoleküle in die Anzahl $N_1/2$ der jetzt zersetzten Moleküle, so ist

$$q = \frac{N_1}{A},$$

daher nach Gleichung (34)

$$q^2 = \frac{2\sigma v}{A}(1 - q), \tag{38}$$

oder nach Gleichung (37), welche sich in die Form

$$\frac{2v}{A} = \frac{\varepsilon t}{p}\left(1 + \frac{N_1}{A}\right) \tag{39}$$

schreiben läßt,

$$q^2 = \frac{\varepsilon \sigma t}{p}(1 - q^2). \tag{40}$$

Da σ bloß Funktion der Temperatur sein kann, so gibt die Gleichung (40) ohne weiteres das Gesetz, nach welchem die Größe q vom Druck abhängt. Um auch deren Abhängigkeit von der Temperatur zu bestimmen, muß noch eine Hypothese zu Hilfe gezogen werden, welche nicht in voller Strenge richtig ist. Bevor ich hierzu übergehe, will ich prüfen, was aus dem zweiten Hauptsatze allein für das Dissoziationsproblem für Schlüsse gezogen werden können. Sei dQ das auf umkehrbarem Wege der in Dissoziationsgleichgewicht befindlichen Gewichtseinheit Untersalpetersäure zugeführte Wärmedifferential, so können wir setzen:

$$(41) \qquad dQ = (N_1 \alpha + N_2 \beta) dt - I\gamma \, dN_2 + Ip \, dv.$$

Dabei ist γ der zur Dissoziation eines Untersalpetersäuremoleküls notwendige Arbeitsaufwand, I das thermische Arbeitsäquivalent, α, β, γ können nur Funktionen der Temperatur sein. In der Gleichung (41) ist der erste Hauptsatz bereits enthalten, derselbe kann also nichts Neues lehren. Dagegen liefert der zweite Hauptsatz allerdings eine Relation zwischen den hier vorkommenden Größen. Wenden wir ihn in der Form

$$(42) \qquad \left(\frac{dQ}{dv}\right)_t = It\left(\frac{dp}{dt}\right)_v$$

an, so erhalten wir aus der Gleichung (41)

$$\left(\frac{dQ}{dv}\right)_t = Ip - I\gamma\left(\frac{dN_2}{dv}\right)_t;$$

ferner liefert wegen $dN_1 = -2dN_2$ die Gleichung (37)

$$\left(\frac{dp}{dt}\right)_v = \frac{(N_1 + N_2)\varepsilon}{v} - \frac{\varepsilon t}{v}\left(\frac{dN_2}{dt}\right)_v.$$

Die Substitution dieser Werte in Gleichung (42) aber liefert:

$$(43) \qquad v\left(\frac{dN_2}{dv}\right)_t - \frac{\varepsilon t^2}{\gamma}\left(\frac{dN_2}{dt}\right)_v = 0,$$

woraus folgt:

$$(44) \qquad N_2 = f\left[v e^{\int \frac{\gamma dt}{\varepsilon t^2}}\right];$$

über die Natur der Funktion f kann jedoch aus dem zweiten Hauptsatze allein nichts gefolgert werden. Daß unsere Gleichungen, obwohl sie viel mehr aussagen als der zweite

Hauptsatz, nicht mit letzteren im Widerspruche stehen, sieht man in folgender Weise; es ist:

(45) $$\frac{1}{\sigma} = 8\pi \int_0^\infty e^{-h\chi} \varrho^2 d\varrho,$$

daher

$$\frac{1}{\sigma^2} \cdot \frac{d\sigma}{dh} = 8\pi \int_0^\infty \chi e^{-h\chi} \varrho^2 d\varrho$$

und wegen $3/2T = h$.

$$-\frac{2T^2}{3\sigma^2}\frac{d\sigma}{dt} = 8\pi \int_0^\infty \chi e^{-h\chi} \varrho^2 d\varrho,$$

daher

(46) $$\frac{1}{\sigma}\frac{d\sigma}{dT} = -\frac{3}{2T^2}\bar{\chi}.$$

Um zwei Untersalpetersäureatome voneinander zu trennen, muß deren Kraftfunktion im Mittel von $\bar{\chi}$ auf den Wert 0 gebracht werden; es ist also $-\bar{\chi}$ die früher mit γ bezeichnete Größe, daher

$$\frac{1}{\sigma}\frac{3\varepsilon}{2}\frac{d\sigma}{dT} = \frac{9\varepsilon^2\gamma}{4T^2}\cdot\frac{1}{\varepsilon},$$

(47) $$\frac{1}{\sigma}\frac{d\sigma}{dt} = \frac{\gamma}{\varepsilon t^2}, \quad \sigma = e^{\int \frac{\gamma dt}{\varepsilon t^2}}$$

und in der Tat fanden wir N_2 als eine Funktion von $v \times \sigma$.

Die letzten Betrachtungen führen auf eine einfache Annahme über die Abhängigkeit der Größe v von der Temperatur. Es lehrt nämlich die Erfahrung, daß die Verbindungswärme zweier Stoffe nur unbedeutend mit der Temperatur, welche die Stoffe vor und nach geschehener Verbindung besitzen, variiert, daß also die Größe $\gamma = -\bar{\chi}$ nahezu von der Temperatur unabhängig ist, woraus folgt:

(48) $$\sigma = B e^{-\frac{\gamma}{\varepsilon t}}.$$

Substituiert man diesen Wert in die Gleichung (40) und setzt

(49) $$\varepsilon B = a, \quad \frac{\gamma}{\varepsilon \, l \, 10} = b,$$

so folgt:

$$\frac{q^2}{1+q^2} = \frac{a\,t}{p} 10^{-\frac{b}{t}},$$

$$q = \sqrt{\frac{1}{1 + \frac{p}{a\,t} 10^{\frac{b}{t}}}} \tag{50}$$

Das Problem der Dissoziation wurde meines Wissens auf theoretischem Wege zuerst von Gibbs gelöst. (Transact. of the Connect. Acad. 3; Sill. journal of science **18.** S. 277. 1879), welcher nach einer gänzlich verschiedenen Methode eine Formel ableitete, die sich von der hier entwickelten nicht wesentlich unterscheidet. Je nachdem man annimmt, die auf die Gewichteinheit bezogenen spezifischen Wärmen seien Funktionen der Temperatur, oder konstant, oder nebst dem sei noch ihr Wert für die Verbindung die Summe der Werte für die Bestandteile, erhält man meine allgemeine oder Gibbs' oder meine speziellste Formel. Später gelangte wieder auf anderem Wege van der Waals zu genau derselben Formel (Verslagen en Medelingen der k. Akad. v. Wetenschapen (2) **15** S. 19. 1880). Ein Teil des Problems, die Abhängigkeit der Zusammensetzung vom Drucke wurde schon lange vor allen angeführten Arbeiten von Guldberg und Waage gelöst (Études sur les affinités chimiques, Programm d. Univ. Christiania I. Sem. 1867, Kolbes Journal für praktische Chemie **19.** S. 69. 1879). Die Übereinstimmung des Resultates, auf welches meine Methode führt, mit den angeführten, scheint mir eine Bestätigung für die Richtigkeit meiner Methode zu sein.

Obwohl bereits Gibbs ausführliche Vergleichungen mit der Erfahrung angestellt hat, glaubte ich doch der Abweichung im Werte der Gibbsschen Konstanten B' wegen auch die Formel (50) mit den Beobachtungen von Deville und Troost[1]) vergleichen zu sollen. Da bei diesen Beobachtungen der Druck p nahe konstant war, so war a/p ebenfalls konstant und ich setzte es gleich 1970270:

$$\log \frac{a}{p} = 6{,}294525\,.$$

Der Konstanten b erteilte ich den Wert 3080. Ich bemerke, daß diese Werte nur beiläufig durch Versuch gefunden wurden und eine kleine Korrektur derselben die Übereinstimmung

[1]) C. R. **64.** S. 237. 1867; Jahresber. für Chemie f. 1867. S. 177. Naumann, Thermochemie S. 117.

vielleicht noch erheblich größer machen könnte. Da bei den Beobachtungen Devilles der Druck beiläufig 755,5 mm betrug, so folgt hieraus

$$\log a = 9{,}1727595.$$

In der folgenden Tabelle sind die nach meiner Formel berechneten Werte von q mit den von Deville und Troost gefundenen zusammengestellt; man sieht, daß die Übereinstimmung eine vollkommen befriedigende ist; es scheint also in diesem Falle unsere Annahme berechtigt zu sein, daß innerhalb der hier vorkommenden Temperaturgrenzen die Dissoziationswärme eines Untersalpetersäuremoleküles nahe konstant ist.

Temperatur	100 q beobachtet	100 q berechnet	Differenz
26,7°	19,96	18,10	−1,86
35,4	25,65	25,17	−0,48
39,8	29,23	29,40	+0,17
49,6	40,04	40,26	+0,22
60,2	52,84	53,47	+0,63
70,0	65,57	65,57	0,00
80,6	76,61	76,82	+0,21
90,0	84,83	84,41	−0,42
100,1	89,23	90,07	+0,84
111,3	92,67	94,41	+1,74
121,5	96,23	96,28	+0,05
135,0	98,69	97,96	−0,73

Ich habe ferner auch die Beobachtungen Alexander Naumanns[1]) nach derselben Formel mit denselben Werten der Konstanten berechnet; da bei diesen Beobachtungen auch der Druck variabel ist, so konnte natürlich nur a, nicht aber a/p als konstant angenommen werden. Folgende Tabelle gibt das Resultat.

---

[1]) Ber. d. deutsch. chem. Ges. 1878. S. 2045; Jahresber. für Chemie 31. S. 120. 1878; dessen Thermochemie S. 127.

Temperatur	Druck	100 q beobachtet	100 q berechnet	Differenz
− 6°	125,5	5,6	10,1	4,5
− 5	123	6,7	10,7	4,0
− 3	84	8,9	14,2	5,3
− 1	153	10,8	11,7	0,9
+ 1	138	11,9	13,6	1,7
+ 2,5	145	11,9	14,2	2,3
+ 4	172,5	11,6	14,6	3
+10,5	163	16,5	19,3	2,8
+11	190	15,2	18,3	3,1
+14,5	175	20,9	22,2	1,3
+16	228,5	20,0	20,8	0,8
+16,5	224	23,7	21,4	−2,3
+16,8	172	24,7	24,6	−0,1
+ 17,5	172	26,2	25,3	− 0,9
+ 18	279	17,3	20,6	3,3
+ 18,5	136	29,8	29,4	− 0,4
+ 20	301	17,8	21,5	3,7
+ 20,8	153·5	29,3	30,4	1,1
+ 21,5	161	33,7	30,6	− 3,1
+ 22,5	101	39,0	39,0	0
+ 22,5	136·5	35,3	34,1	− 1,2

Die Übereinstimmung ist hier bedeutend schlechter, doch ist es auffallend, daß einige Zahlen sehr gut, andere, bei denen weder Druck noch Temperatur bedeutend verschieden war, wieder sehr schlecht stimmen. Es scheint mir daher vorläufig noch nicht ausgemacht, ob meine Formel für niedrige Temperaturen, wie sie größtenteils bei Naumann vorkommen, unrichtig wird. Neue Beobachtungen, namentlich solche, bei denen die Temperatur möglichst konstant und nur der Druck veränderlich wäre, wären jedenfalls sehr erwünscht.[1] Ich will hier noch einige Bemerkungen über die physikalische Bedeutung der Konstanten a und b folgen lassen. Zunächst ist:

[1]) Ich bemerke diesbezüglich noch, daß Naumann selbst (Thermochemie S. 127) bemerkt, daß er die Dichte des N_2O_4-Dampfes wahrscheinlich zu groß fand, was die größeren Werte wenig, die kleineren stark herabdrücken mußte, also qualitativ jedenfalls die Unterschiede zwischen Beobachtung und Rechnung erklärt.

$$b = \frac{\gamma}{\varepsilon l 10} = \frac{\frac{A\gamma}{2}}{\frac{A \varepsilon l 10}{2}},$$

hierbei ist: $Al\gamma/2$ die zur Dissoziation eines Kilos Untersalpetersäure erforderliche Wärme. Bezeichnen wir dieselbe mit y Cal. / 1 Kil., so ist also wegen

$$I = \frac{1 \text{ Cal.}}{430 \text{ Kilo } Met}; \quad \frac{A\gamma}{2} = y \cdot 430\, Met.$$

Bezeichnet ferner $v = 1/d$ das Volumen, welches nach Avogadros Gesetz ein Kilo undissoziierten Untersalpetersäuregases bei 274° C. und dem Normalbarometerstande einnehmen würde, so ist nach Gleichung (37)

$$\frac{A}{2}\varepsilon = \frac{pv}{274^0} = \frac{10334 \text{ Kilo}}{(Met)^2\, 274^0\, d} = \frac{10334\, met}{1{,}293 \cdot 274^0}\, \frac{28 \cdot 94}{M}$$

wegen

$$d = \frac{1{,}293 \text{ Kilo}}{Met^3}\, \frac{M}{28{,}94},$$

wobei M das Molekulargewicht der undissoziierten Untersalpetersäure bezogen auf $H_2 = 2$ also gleich 92 ist.

Wir finden also:

$$b = \frac{430 \cdot 1{,}293 \cdot 274^0 y}{10334\, l\, 10}\, \frac{M}{28{,}94}. \tag{51}$$

Die Beobachtung ergab $b = 3080$; es würde also folgen

$$y = 151{,}3. \tag{52}$$

Auch der Konstanten a würde eine physikalische Bedeutung zukommen; obwohl dieselbe gegenwärtig wegen unserer Unbekanntschaft mit dem Wirkungsgesetze der Moleküle noch ziemlich zweifelhaft ist, so will ich doch einige vorläufige Bemerkungen schon jetzt darüber machen. Das Integrale der Formel (45) setzt voraus, daß ein Untersalpetersäureatom nach allen Richtungen gleich beschaffen ist. Diese Annahme, schon bei chemischen Elementen unwahrscheinlich, ist im vorliegenden Falle ganz sicher falsch. Wir müssen also jedenfalls auf die Formel (30a) zurückgreifen und setzen:

$$\frac{N_1^2}{N_2} = 4\sigma v, \quad \sigma = \frac{3\left(\iint \cdots e^{-h\chi_1}\, d\xi_2\, d\eta_2 \ldots d\zeta_3\right)^2}{\iint \cdots e^{-h\chi_2}\, d\xi_2\, d\eta_2 \ldots d\zeta_6} \tag{53}$$

wobei freilich der numerische Koeffizient ein anderer würde, wenn man keine unbedingte Umsetzbarkeit der Stickstoff- und Sauerstoffatome in den Untersalpetersäuremolekülen annimmt; ich will jedoch gegenwärtig hierauf nicht eingehen, da ja die folgenden Schlüsse ohnedies nur auf qualitative, nicht aber quantitative Resultate abzielen. Bezeichnen wir den Wert des sechsfachen Integrals, welches im Zähler der Formel (53) in der Klammer steht, erstreckt über alle Lagen des Atoms, für welche eine mit dem Atome fix verbundene Gerade eine im Raume fixe Kugel vom Radius 1 innerhalb eines sehr kleinen Flächenelements $d\vartheta$ durchschneidet, mit $i\,d\vartheta$, also den ganzen Wert dieses Integrals mit $4\pi i$, so wird die Bedingung, daß $\bar{\chi}$ konstant ist, am einfachsten in folgender Weise realisiert. Wir denken uns das erste Atom eines Untersalpetersäuremoleküls vollkommen fix und undrehbar und nehmen folgendes an: wenn der Schwerpunkt des zweiten Atoms in einem bestimmten Raume ω liegt und eine mit dem zweiten Atome fix verbundene Gerade eine im Raume fixe Kugel vom Radius 1 in einem beliebigen Punkte eines Flächenstückes vom Flächenraume ϑ durchsetzt, so soll χ einen nahe konstanten sehr großen negativen Wert χ besitzen. Bei dieser relativen Lage sollen also die beiden Atome chemisch verbunden sein. Für alle anderen Lagen sei χ nahe gleich 0 oder positiv. Dann wird das Integral im Nenner der Formel (53) für das eine Atom den Wert $4\pi i$, für das andere aber den Wert

$$i e^{-h\bar{\chi}} \iiiint dx_4\, dy_4\, dz_4\, d\vartheta = \vartheta\, \omega\, i\, e^{-h\chi},$$

haben, wobei x_4, y_4, z_4 die Koordinaten des Schwerpunktes des zweiten Untersalpetersäureatoms sind, $d\vartheta$ ist das Flächenelement, in welchem die mit dem Atome fix verbundene Gerade die Oberfläche der erwähnten Kugel trifft, und ich bemerke noch, daß selbstverständlich die Gerade durch das Zentrum der Kugel gehen muß. Es besitzt daher das 15fache Integral im Nenner der Formel (53) den Wert $4\pi\,\vartheta\,\omega\, i^2 e^{-h\chi}$, woraus folgt

$$\sigma = \frac{12\pi}{\vartheta\,\omega} e^{-\frac{\gamma}{\varepsilon t}},$$

aus Gleichung (48) folgt

$$B = \frac{12\pi}{\vartheta\,\omega}$$

und daher aus Gleichung (49)

$$a = \frac{12\pi\,\varepsilon}{\vartheta\,\omega}.$$

Multipliziert man Zähler und Nenner mit $A/2$, so erhält ersterer nach Gleichung (50) den Wert

$$\frac{12\pi\,10334\,Met}{1{,}293\cdot 274^0}\cdot\frac{28{,}94}{M},$$

der Nenner verwandelt sich in $(A\omega/2)\vartheta$.

Wir wollen nun folgenden Begriff einführen: Wir denken uns ein Kilo undissoziierter Untersalpetersäure. In einem Moleküle denken wir uns ein Atom festgehalten; den gesamten Raum, worin sich dann der Schwerpunkt des anderen Atoms befinden kann, ohne daß die Verbindung gelöst wird, bezeichnen wir mit ω, diese Größe denken wir uns für alle in dem Kilo enthaltenen Moleküle gebildet und bezeichnen die Summe aller dieser ω mit $\Omega(Met^3/\text{Kilo})$. Ferner bezeichnen wir mit $\vartheta/4\pi$ das Verhältnis aller Richtungen, welche bei festgehaltenem ersten Atome das zweite Atom in der chemischen Verbindung N_2O_4 haben kann zu allen möglichen Richtungen im Raume überhaupt. Dann ist:

$$\frac{A}{2}\,\omega\,\vartheta = 4\pi\,\Omega\,\frac{\vartheta}{4\pi}\,\frac{Met^3}{\text{Kilo}}$$

und man erhält also

$$a = \frac{3\cdot 10334\,\text{Kilo}}{1{,}293\cdot 274^0\,Met^2}\;\frac{28{,}94}{M\,\Omega\,\frac{\vartheta}{4\pi}}$$

oder wenn wir den Druck in Millimeter Quecksilber messen

$$a = \frac{3\cdot 760\,\text{mm}\cdot 28{,}94}{1{,}293\cdot 274^0\,M\,\Omega\,\frac{\vartheta}{4\pi}}.$$

Nun zeigte die Erfahrung

$$\frac{a}{760\,\text{mm}} = 1970270.$$

Wir finden also für die Untersalpetersäure etwa

$$\frac{\Omega\cdot\vartheta}{4\pi} = \frac{1}{700000000}.$$

Bedenken wir, daß das ganze Volumen eines Kilogramms flüssiger Untersalpetersäure beim Normalbarometerstand und bei 0° C. in Kubikmetern ungefähr den Wert 0,0007 besitzt, so sehen wir, daß wir diesen Zahlen gerecht werden, wenn wir etwa folgendes annehmen: Bei fixem ersten Atome soll der Raum, in dem sich der Schwerpunkt des zweiten Atoms bewegen darf, ohne daß die chemische Verbindung gelöst wird, nur ein Tausendstel von dem Volumen betragen, welches in flüssiger Untersalpetersäure beim Normalbarometer und 0°, einem Moleküle zukommt. Zudem soll bei festgehaltenem ersten Atome die Drehung des zweiten derart beschränkt sein, daß die möglichen Richtungen, nach denen es sich drehen kann, ohne daß die chemische Verbindung gelöst wird, sich zu allen möglichen Richtungen im Raume überhaupt verhalten wie 1 : 500.

Anhang.[1])

Der nach der obigen Formel gefundene Wert von y stimmt sehr gut mit dem von Berthelot und Ogier aus ihren Versuchen über die Wärmekapazität der Untersalpetersäure berechneten. Dieselben finden nämlich, daß bei Erwärmung von 46 g Untersalpetersäuredampf von 27—150° C. 5300 Grammkalorien auf Dissoziation der Dampfmoleküle verwendet werden. Bedenkt man, daß bei 27° C. bereits etwa 20% des Gases dissoziiert sind, so folgt hieraus, daß zur völligen Dissoziation von 46 g undissoziierter Moleküle 6625 Grammkalorien notwendig sind, so daß zur Dissoziation von 1 g etwa 144 Grammkalorien notwendig sind, welche Größe mit der von mir mit y bezeichneten identisch ist und auch dem Zahlenwert nach vollkommen befriedigend damit übereinstimmt, um so mehr, wenn man bedenkt, daß die Zahl von Berthelot und Ogier auch nicht direkt aus Versuchen abgeleitet, sondern unter mehr oder weniger nur angenähert richtigen Hypothesen berechnet ist.

Ich habe die oben entwickelte Formel auch auf die Beobachtungen von Fr. Meier und J. M. Crafts[2]) über die Dissoziation des Joddampfs angewendet. Setzt man $a/p = 2{\cdot}617$, $b = 6300 \log(a/p) = 0{\cdot}43$, $\log b = 3{\cdot}8$, wobei p den mittleren Druck vorstellt, bei welchem die Beobachtungen von Meier und Crafts vorgenommen wurden, so erhält man das in der folgenden Tabelle zusammengestellte Resultat:

---

[1]) Voranzeige Wien. Anz. **20.** S. 204. 8. November 1883.

[2]) Ber. d. deutsch. chem. Ges. **13.** S. 851—873. 1880.

Temperatur	100 q beob.	100 q berech.	Differenz
448°	0,23	0,19	− 0,04
680	6,4	2,5	− 3,9
764	5,8	4,87	− 0,93
855	8,6	8,9	+ 0,3
940	14,5	14,45	− 0,05
1043	25,0	23,48	− 1,52
1275	50,5	51,31	+ 1,26
1390	66,2	65,04	− 1,16
1468	73,1	72,92	− 0,18

Die Übereinstimmung dürfte auch hier als eine vollkommen befriedigende bezeichnet werden können, so daß der Versuch nicht als unberechtigt erscheint, aus dem für b gefundenen Werte die Dissoziationswärme des Joddampfes zu berechnen. Die numerische Ausrechnung der oben für y gefundenen Formel liefert

$$y = 4{\cdot}52077 \times \frac{b}{M},$$

wobei $\log 4{\cdot}52077 = 0{\cdot}6552129$ ist. M ist das Molekulargewicht der undissoziierten Substanz, bezogen auf das Wasserstoffmolekül $H_2 = 2$. Unterläßt man die Division durch M, so erhält man direkt die zur Dissoziation eines Moleküls notwendige Wärme. Für Jod fanden wir $b = 6300$, $M = 253{\cdot}6$. Es ergibt sich also $y = 112{\cdot}5$ zur Dissoziation eines Gramms Joddampf in einzelne Moleküle, sind also 112·5 Grammkalorien erforderlich. Zur Dissoziation eines Moleküls, d. h. 253·6 g wären also 28530 Grammkalorien erforderlich. Dagegen ist zur Berechnung von Ω für Joddampf die Formel (25) anzuwenden. Dieselbe liefert Ω oder, wenn man will, $\Omega\vartheta / 4\pi$ etwa gleich 1/16000, also jedenfalls der Größenordnung nach gleich dem 5. Teile des Volumens eines Kilogramms festen Jods in Kubikmetern.[1])

[1]) Die hier durchgeführten Rechnungen haben eine Modifikation erfahren. Siehe Boltzmanns Vorlesungen über Gastheorie II. S. 195.
D. H.

70.

Über die Möglichkeit der Begründung einer kinetischen Gastheorie auf anziehende Kräfte allein.[1])

(Wien. Ber. 89. S. 714—722. 1884; Wied. Ann. 24. S. 37—44. 1885; Exner Rep. 21. S. 1—7. 1885.)

Die Begründer der kinetischen Theorie der Gase faßten die Gasmoleküle als feste unendlich wenig deformierbare elastische Kugeln auf und obwohl kaum irgend jemand der Ansicht sein dürfte, daß das Verhalten der Gasmoleküle mit dem derartiger Kugeln in Wirklichkeit genau übereinstimmt, so ist diese Auffassung doch noch heute die weitaus verbreitetste. Nur Maxwell behandelte auch den Fall, daß sich die Gasmoleküle wie Kraftzentra verhalten, welche sich mit einer der fünften Potenz ihrer Entfernung verkehrt proportionalen Kraft abstoßen.[2]) Ebensowenig als das der elastischen Kugeln dürfte dieses Wirkungsgesetz gerade das der Natur entsprechende sein; so lange sich jedoch nicht entscheiden läßt, ob das eine oder das andere ein der Wirklichkeit näher kommendes Bild der Molekularbewegung in Gasen liefert, dürfte es am besten sein, beide Hypothesen möglichst vollkommen in sich auszuarbeiten. Ja, es schiene mir sogar nicht unnütz, die Gastheorie auch unter zu Grundelegung noch anderer und möglichst mannigfaltiger Vorstellungen über das Verhalten der Gasmoleküle durchzubilden, um dann entscheiden zu können, welches Verhalten demjenigen der Moleküle in der Natur, die jedenfalls sehr komplizierte Individuen sind, am nächsten kommt.

Von diesem Standpunkte allein sind die nachfolgenden Betrachtungen aufzufassen. Nicht etwa als ob ich die Ansicht

[1]) Voranzeige dieser Arbeit Wien. Anz. 21. S. 100. 8. Mai 1884.

[2]) Phil. Mag. (4) 35. S. 129 u. 185. 1868.

hätte, daß irgend eines der dort zur Sprache kommenden Wirkungsgesetze der Moleküle gerade das der Natur entsprechende sei.

Man hat bisher immer abstoßende Kräfte zwischen den Gasmolekülen angenommen [denn auch die Hypothese elastischer Kugeln ist mechanisch äquivalent einer Abstoßung, welche für Distanzen, die größer sind als die Summe der Radien der Moleküle, gleich Null ist, für kleinere Distanzen aber plötzlich sehr groß wird]. Ja, es scheint vielfach die Ansicht herrschend zu sein, daß eine Gastheorie ohne abstoßende Kräfte gar nicht denkbar sei. Nun hat schon der bekannte Joulesche Versuch über die Ausströmung von Gasen ohne Arbeitsleistung gezeigt, daß zwischen den Gasmolekülen jedenfalls auch anziehende Kräfte tätig sein müssen.

Van der Waals hat seine Theorie der tropfbaren Flüssigkeiten wesentlich nur auf anziehende Kräfte basiert. Freilich nahm er auch einen festen elastischen Molekülkern an, welcher nur von einer anziehenden Hülle umgeben ist, allein man sieht leicht, daß dieser Molekülkern in seiner Theorie eine minder wesentliche Rolle spielt. Ja, teilweise fand er sogar die Distanz, in welcher die Anziehung am größten ist, kleiner als den Durchmesser des Molekülkernes. Wie dem auch immer sei, so schien es mir jedenfalls nicht ohne Interesse zu sein, zu untersuchen, ob nicht auch eine Gastheorie möglich sei, welche ganz ohne abstoßende Kräfte, bloß mit anziehenden auskommt. Das heißt, ich fingiere einen Komplex sehr vieler in einem von festen Wänden umschlossenen Gefäße enthaltener Moleküle. Dieselben sollen sich insofern ganz wie die üblichen Gasmoleküle verhalten, daß sich jedes derselben während des größten Teiles seiner Bahn geradlinig und gleichförmig bewegt. Die Kräfte, welche zwischen je zwei Molekülen tätig sind, sollen so beschaffen sein, daß sie eine erhebliche Wirkung nur dann ausüben, wenn sich je zwei Moleküle ganz ungewöhnlich nahe kommen; dann aber soll die Wirkung dieser Kräfte auch enorm groß sein. Der Unterschied von der bisher üblichen Gastheorie soll lediglich darin bestehen, daß diese Kräfte keine abstoßenden, sondern bloß anziehende sind.

Ich frage mich, ob ein derartiger Komplex von Molekülen Eigenschaften besitzen wird, welche mit denen der in der Natur vorkommenden Gase ebensogut übereinstimmen, wie dies unter der Annahme abstoßender Kräfte der Fall ist. Um jedem Mißverständnisse vorzubeugen, bemerke ich nochmals, daß ich hiermit nicht etwa entscheiden will, ob man auch in allen andern Fällen, so z. B. in der Theorie der festen Körper mit bloß anziehenden Kräften auskommen kann, daß ich vielmehr lediglich die Ausarbeitung der Gastheorie unter einigen neuen Annahmen über das Verhalten der Moleküle anregen will.[1])

Nehmen wir bloß anziehende Kräfte zwischen den Gasmolekülen an, so gibt es wieder zwei Fälle, in denen sich die Rechnung am leichtesten durchführen läßt; davon entspricht der erste genau dem Gesetze der elastischen Kugeln, der zweite dem Maxwellschen Wirkungsgesetze. Ich denke mir hierbei die Moleküle immer als unausgedehnte materielle Punkte. Der erste Fall besteht nun darin, das je zwei Moleküle keine Kraft aufeinander ausüben sollen, sobald ihre Distanz größer als eine bestimmte Größe δ ist, sobald sie aber im mindesten kleiner als δ wird, soll plötzlich eine sehr große (unendliche) Anziehungskraft in der Richtung der Verbindungslinie zwischen den Molekülen tätig werden. Welches Gesetz dieselbe bei weiterer Annäherung der Moleküle befolgt, ist zwar vollkommen gleichgültig, sobald ihre Intensität schon im ersten Momente als unendlich groß vorausgesetzt wird, es ist aber am anschaulichsten anzunehmen, daß die Anziehungskraft wieder verschwindet, sobald die Distanz der Moleküle kleiner als eine gewisse Größe ε geworden ist, wobei wir voraussetzen, daß das Verhältnis $(\delta - \varepsilon)/\delta$ unendlich klein, die Arbeit der Anziehungskraft auf der Strecke $\delta - \varepsilon$ aber unendlich groß ist.

Betrachten wir zunächst die relative Bewegung zweier Moleküle von gleicher Masse nach diesem Wirkungsgesetze, indem wir jedem Moleküle neben seiner wirklichen Geschwindigkeit noch eine Geschwindigkeit erteilen, welche gleich aber entgegengesetzt gerichtet der des gemeinsamen Schwerpunktes ist. Dadurch wird der gemeinsame Schwerpunkt S (Fig. 1) zur Ruhe gebracht. Die Richtung, welche die Verbindungslinie

[1]) Ähnliche Ideen hat Thomson in seinem Vortrage im Canada-Meeting der Brit. Ass. (vgl. Nature 28. Aug. 1884) entwickelt, wobei er freilich von einem ganz verschiedenen Gesichtspunkte aus auch die festen Körper betrachtet.

der Moleküle hat, wo selbe in die Distanz δ kommen, wollen wir als die Zentrilinie CD bezeichnen. Bis zu dem Momente, wo die Moleküle die Punkte C und D erreichen, sind ihre Bahnen gerade Linien AC und BD; im Momente, wo die Punkte C und D erreicht sind, krümmen sich die Bahnen sehr stark und werden nahezu parallel mit CD; wenn die Entfernung $\varepsilon = EF$ erreicht ist, werden die Bahnen wieder gerad-

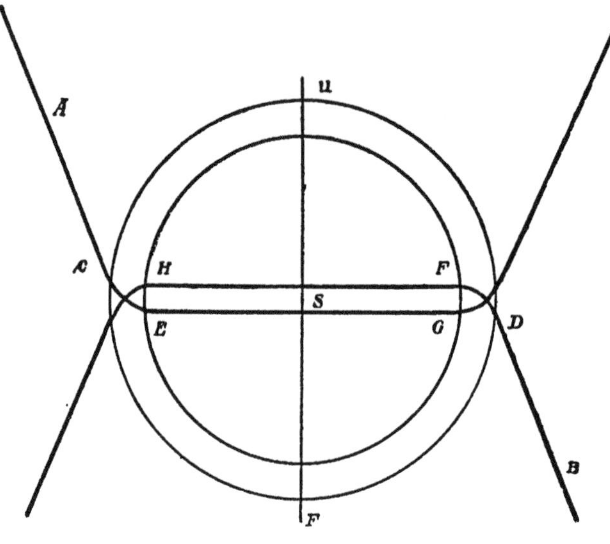

Fig. 1.

linig und sie müssen, da der gemeinsame Schwerpunkt S in Ruhe ist, auch parallel werden. Die Bahnstücke sind in der Figur mit EG und FH bezeichnet.

Zieht man durch S eine Senkrechte auf EG und FH, so müssen die Bahnen der Moleküle jedenfalls symmetrisch zu beiden Seiten dieser Senkrechten UF verlaufen, wie sie auch in der Figur gezeichnet sind. Dabei ist noch zu bemerken, daß der genannte Teil der Bahnen, welcher innerhalb des Kreises vom Radius $\varepsilon/2$ liegt, mit unendlich großer Geschwindigkeit, also in unendlich kurzer Zeit durchlaufen wird. Lassen wir nun die Größen, welche in Fig. 1 vorläufig nur als ziemlich klein vorausgesetzt wurden, unendlich klein werden, so wird der Grenzzustand der folgende sein. Die Geschwindigkeitskomponenten jedes Moleküls, welche in die Richtung der Zentrallinie CD fallen, bleiben unverändert, diejenigen senkrecht darauf dagegen kehren bei gleichbleibender Größe ihre Richtung um. In Fig. 2 stellt CD wieder die Lage der Zentrallinie im Momente des Zusammenstoßes dar. Die Pfeile m_v und M_v stellen die Geschwindigkeiten beider Moleküle vor dem Zusammenstoße dar [alle Geschwindigkeiten natürlich bloß relativ gegen den Schwerpunkt verstanden]. Die beiden Pfeile m_{na} und M_{na} stellen dieselben Geschwindigkeiten unter der Voraussetzung unseres Wirkungsgesetzes nach dem Stoße

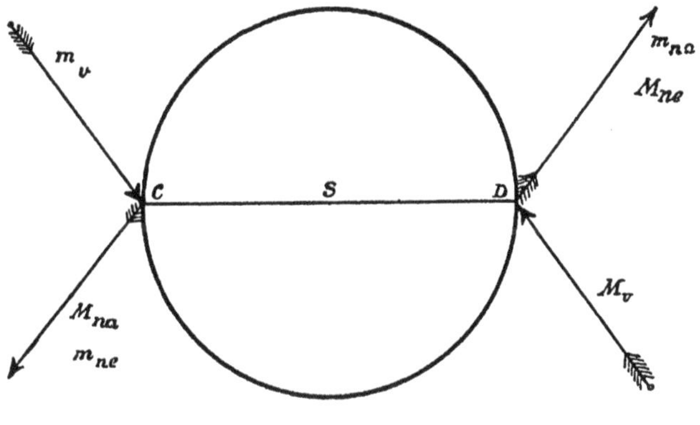

Fig. 2.

dar, während nach dem Gesetze der elastischen Kugeln der Pfeil m_{na} die Geschwindigkeit des Moleküls M nach dem Stoße darstellen würde, weshalb er in der Figur auch mit M_{ne} bezeichnet wird; ebenso ist der Pfeil M_{na} auch mit m_{ne} bezeichnet, weil er nach dem Gesetze der elastischen Kugeln die Geschwindigkeit des Moleküls m nach dem Stoße angibt. Man sieht, daß unser Anziehungsgesetz sich von dem der elastischen Kugeln bloß dadurch unterscheidet, daß die Geschwindigkeiten der beiden Moleküle vertauscht erscheinen, woran natürlich die schließliche Hinzufügung der Schwerpunktsgeschwindigkeit nichts verändert. Da wir alle Moleküle als untereinander gleich vorausgesetzt haben, und da auch jetzt die Dauer eines Zusammenstoßes unendlich klein ist, so folgt, daß das Verhalten der gesamten Gasmasse unter der Annahme des neuen Anziehungsgesetzes genau dasselbe sein muß, wie unter der

Hypothese der elastischen Kugeln, so daß, sobald die Kraft wirklich in einer unendlich kurzen Strecke unendlich groß würde, eine experimentelle Entscheidung für das eine oder andere Gesetz gar nicht möglich wäre, was wohl am besten die Möglichkeit einer Gastheorie ohne abstoßender Kräfte beweist.

Dieses Resultat gilt übrigens auch unverändert für verschiedenartige Moleküle. Man sieht da leicht, daß man dann

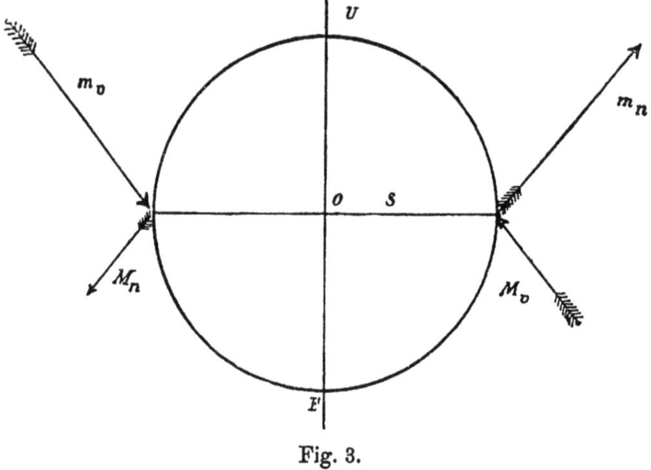

Fig. 3.

an Stelle des Diagrammes der Fig. 2 die Fig. 3 bekommt, wenn M das Molekül mit der größeren Masse vorstellt. Es würden dieselben Geschwindigkeiten, welche unser Anziehungsgesetz ergibt, nach dem Gesetze der elastischen Kugeln herauskommen, wenn die Zentrallinie die Richtung UF anstatt CD hätte, also um 90° in der Ebene der relativen Geschwindigkeiten (Bahnebene) gedreht würde. Dadurch aber wird der Effekt für die Gastheorie nicht verändert. Dieselbe Rolle, welche nach der Hypothese der elastischen Kugeln der Zusammenstoß mit der Zentrallinie UF spielt, spielt jetzt der mit der Zentrallinie CD, und es läßt sich leicht zeigen, daß beide gleich wahrscheinlich sind.

Nach meiner Theorie der Gasreibung[1]) ist die Wahr-

---

[1]) Wien. Ber. 81. [Diese Sammlung II. Nr. 57.]

scheinlichkeit eines Zusammenstoßes, bei welchem die dort mit $\xi\,\eta\,\zeta$, $\xi_1\,\eta_1\,\zeta_1$, p und φ bezeichneten Variabeln zwischen den Grenzen ξ und $\xi + d\xi$, η und $\eta + d\eta$ usw. bis φ und $\varphi + d\varphi$ liegen, gleich: $ff_1\, r\, p\, d\xi\, d\eta\, d\zeta\, d\xi_1\, d\eta_1\, d\zeta_1\, dp\, d\varphi$.

Führt man hier die Variabeln S und O ein, so wird diese Wahrscheinlichkeit gleich:

$$ff_1\, r\delta^2 \cos S \sin S\, d\xi\, d\eta\, d\zeta\, d\xi_1\, d\eta_1\, d\zeta_1\, dO\, dS$$

und aus dieser Formel ist sofort zu ersehen, daß sich die Wahrscheinlichkeit nicht verändert, wenn $90^0 - S$ für S gesetzt wird. Da hierbei auch die Grenzen für S dieselben bleiben, und da wir die Dauer eines Zusammenstoßes gegen die Zeit, welche im Mittel zwischen dem Zusammenstoße zweier Moleküle verfließt, vernachlässigen, so bleiben alle durch die mittlere Wirkung aller Moleküle bedingten Größen unverändert.

Ein zweites Wirkungsgesetz, für welches die Rechnung ebenfalls leicht durchgeführt werden kann, ist das einer der fünften Potenz der Entfernung verkehrt proportionalen Anziehung. Man sieht, daß sich dann alle Rechnungen genau wie bei Maxwells Hypothese durchführen lassen, nur daß die von Maxwell mit K bezeichnete Größe das entgegengesetzte Vorzeichen erhält. Die relative Geschwindigkeit V fällt dann ebenfalls aus den Formeln heraus und die Integrationen lassen sich sämtliche ausführen. Es tritt hier nur eine Schwierigkeit auf. Die Bahnen der Moleküle sind nämlich teilweise so beschaffen, daß die Entfernung zweier Moleküle gleich Null wird, da aber alsdann die Kraft unendlich groß würde, so stößt man auf mathematisch unbestimmte Ausdrücke. Um diese Schwierigkeit zu vermeiden, ist es am besten anzunehmen, daß das Wirkungsgesetz für alle Entfernungen, welche kleiner als eine sehr kleine Größe ϱ sind, nicht mehr gilt, sondern daß für diese Entfernungen gar keine Wirkung stattfindet, was wir die Voraussetzung a nennen wollen. Man könnte auch annehmen, daß die Moleküle vollkommen elastische Kugeln vom Radius ϱ sind (Voraussetzung b), dann hätte man freilich wieder abstoßende Kräfte, welche aber nur in Entfernungen wirksam sind, die ohne Veränderung des Resultates beliebig verkleinert werden können. Aus dem Gesagten erhellt, daß es auch für die neuere Maxwellsche Theorie durchaus unwesentlich ist, daß die Kräfte gerade abstoßende sind, auch hier bleiben alle Rechnungen Maxwells für bloß anziehende Kräfte unverändert gültig, und alle in der Gastheorie vorkommenden Größen können ebenso, wie es Maxwell macht, durch die beiden von ihm mit A_1 und A_2 bezeichneten Integrale ausgedrückt werden, nur daß jetzt diese Integrale andere Werte haben. Es hat Herr Czermak[1]) die Zentralbewegung für diesen Fall einer ausführlichen Untersuchung unterworfen und dabei den Nachweis geliefert, daß die beiden Integrale auch für anziehende Kräfte einen endlichen und eindeutig bestimmten Wert annehmen, und zwar ergibt sich unter der Hypothese $a: A_1 = 5\cdot 820{,}6897\ldots$ und $A_2 = 1\cdot 710{,}2717\ldots$ und unter der Hypothese $b: A_1 = 4\cdot 909{,}082\ldots$ und $A_2 = 1\cdot 710{,}2717\ldots$, während Maxwell findet $A_1 = 2\cdot 6595$ und $A_2 = 1\cdot 3682$. Abgesehen von dieser Veränderung der Zahlenwerte bleiben alle Formeln der Maxwellschen Gastheorie unverändert richtig. Auf eine wesentliche Eigentümlichkeit der anziehenden Kräfte will ich aber hier noch aufmerksam machen.

Solange Zusammenstöße zwischen mehr als zwei Molekülen absolut ausgeschlossen sind, wird es niemals möglich sein, daß zwei Moleküle dauernd beisammen bleiben. Durch Intervention eines dritten Moleküls beim Zusammenstoße zweier Moleküle kann es aber für den Fall anziehender Kräfte geschehen, daß deren lebendige Kraft so vermindert wird, daß sie in dauernder Verbindung bleiben. Bei hoher Temperatur und bedeutender Verdünnung wird dies nur äußerst selten vorkommen und keine wesentliche Rolle spielen. Durch Temperaturerniedrigung aber kann diese Verdichtung der Moleküle so häufig gemacht werden, daß die Doppelmoleküle schließlich vorherrschen werden. Wie viele Doppelmoleküle und einfache bei einer bestimmten Temperatur und Dichte durchschnittlich in der Volumseinheit vorhanden sind, kann nur nach den Gesetzen der Wahrscheinlichkeitsrechnung bestimmt werden, und ich habe bereits in meiner Abhandlung „Über die Arbeit, welche bei chemischen Verbindungen gewonnen werden kann“,[2]) gezeigt, daß die Wahrscheinlichkeitsrechnung ein Resultat gibt,

---

[1]) Wien. Ber. 89. S. 723. 1884.

[2]) Wien. Ber. 88. S. 861. 1883. [Dieser Band Nr. 69.]

welches nicht nur qualitativ, sondern auch quantitativ vollkommen mit den Gesetzen der unter dem Namen Dissoziation bekannten Erscheinung übereinstimmt. Vom Übergange aus dem dissoziierten in den undissoziierten Zustand unterscheidet sich die Verflüssigung bloß darin, daß bei der letzteren sich Aggregate von sehr vielen Molekülen bilden, welche dann teilweise als Dampfbläschen schwebend bleiben, teilweise an der Wand adhärieren oder durch ihr Gewicht zu Boden sinken. Auch die Möglichkeit der Bildung solcher größerer Aggregate bei genügender Abkühlung folgt der Wahrscheinlichkeitsrechnung gemäß, aus der Annahme anziehender Molekularkräfte mit Notwendigkeit. Es bietet also diese letztere den Vorzug, daß dieselben Kräfte, welche beim Zusammenstoße der Moleküle tätig sind, auch zur Erklärung der Dissoziation und Verflüssigung ausreichen, wogegen man bei der Annahme abstoßender Kräfte während des Zusammenstoßes zweier Gasmoleküle für die letzteren Erscheinungen wieder ganz neue Kräfte in Anspruch nehmen muß. Eingehender Untersuchung bedürfte hierbei noch die Modifikation, welche die Anziehung zweier Atome durch die Gegenwart eines dritten erfährt, und welche offenbar die 2- oder 3-Atomigkeit der Moleküle, die Valenz der Atome usw. bedingt.

71.

Über eine von Hrn. Bartoli entdeckte Beziehung der Wärmestrahlung zum zweiten Hauptsatze.

(Wied. Ann. 22. S. 31—39. 1884.)

Bei Gelegenheit meines Referates über Eddys „radiant heat as an exception of the second law of thermodynamics"[1]) wurde ich durch die Güte Hrn. Prof. E. Wiedemanns auf eine interessante Abhandlung Bartolis[2]) aufmerksam gemacht. Nebst einer sehr vollständigen Übersicht über die Vorgeschichte der Radiometer und sorgfältigen eigenen Beobachtungen darüber (wovon besonders das Studium der Bedingungen wichtig sein dürfte, unter denen allein empfindliche Drehwagen gegen den störenden Einfluß radiometrischer Kräfte geschützt werden können) enthält dieselbe den Nachweis einer neuen Beziehung der strahlenden Wärme zum zweiten Hauptsatze. Obwohl meine Ansichten über diesen Gegenstand, der auch im Referate der Fortschritte der Physik über Bartolis Abhandlung[3]) nicht erwähnt wird, noch nicht zum Abschlusse gelangt sind, so glaube ich doch, an dieser Stelle einige darauf bezügliche Überlegungen mitteilen zu dürfen, um entweder Hrn. Bartoli selbst oder andere Physiker zur weiteren Diskussion dieses Gegenstandes anzuregen, der mir jedenfalls mehr Aufmerksamkeit zu verdienen scheint, als ihm bisher zuteil wurde.

Hr. Bartoli geht von der Tatsache aus, daß in einem von Wärme durchstrahlten Raume eine wenn auch kleine, aber doch endliche Energie in Form von Wärmestrahlung vorhanden ist[4]), welche durch Verkleinerung des Raumes einem darin be-

---

[1]) Eddy, Beibl. 7. S. 251. 1883.

[2]) Bartoli, Sopra i movimenti prodotti dalla luce e dal calore, Florenz bei Le Monnier 1876.

[3]) Bartoli, Fortschritte (2) 32. S. 888, 1541. 1876.

[4]) Vgl. Thomson, Edinb. transact. 21. S. 57. Phil. Mag. (4) 9. S. 36. C. R. 39. S. 529. 1854.

findlichen Körper zugeführt werden kann. Denken wir uns etwa vier in sich geschlossene Fächen *A*, *B*, *C* und *D*. *B* soll ganz innerhalb *A* liegen, ebenso *C* innerhalb *B*, *D* innerhalb *C*; *A* und *D* seien absolut schwarz, *B* und *C* in- und auswendig absolut spiegelnd, die Wärme nicht leitend; die Temperatur von *D* sei höher als von *A*. Der gesamte Raum zwischen *A* und *D* sei ein absolutes Vakuum. Zu Anfang der Zeit soll *B* ein Loch haben, so daß *A* den ganzen Raum zwischen *B* und *C* durchstrahlt. Nun soll sich *B* schließen, dagegen *C* irgendwo ein Loch bekommen; dann verkleinert sich die Fläche *B*, bis der zwischen ihr und *C* übrig bleibende Raum sehr klein geworden ist im Vergleich zu dem Raume, welcher anfangs zwischen den beiden Flächen lag. Dabei wird fast alle zwischen *B* und *C* in Form von Strahlung vorhandene Energie der Fläche *D* zugeführt. Nun schließt sich wieder das Loch der Fläche *C* und das von *B* öffnet sich. Endlich nimmt *B* wieder seine alte Gestalt und Größe an.[1]) Die Verkleinerung des Rauminhaltes der Fläche *B* kann entweder durch Zusammenfalten vollkommen biegsamer Flächen (nach Analogie der Ziehharmonika) oder durch Ineinanderschieben reibungsloser Röhren (analog den Auszugsröhren der Fernröhre geschehen. Nach den bisher in der Wärmetheorie gebräuchlichen Vorstellungen würde durch den geschilderten Vorgang, der beliebig oft wiederholt werden kann, ohne Kompensation

---

[1]) Bartoli gibt bloß zwei Spezialfälle des hier behandelten allgemeinen Falles; einmal sind die hier mit *A*, *B*, *C*, *D* bezeichneten Flächen konzentrische Kugelflächen, welche, statt bloß ein Loch zu bekommen, völlig verschwinden und wieder neu entstehen; dann sind *A* und *D* die beiden vollkommen schwarzen Gegenflächen eines Zylinders; *B* und *C* aber zwei darin verschiebbare Stempel, welche, sowie die Innenseite der Zylindermantelfläche, vollkommen spiegeln und die Wärme nicht leiten. An Stelle der Durchlöcherung tritt folgender Vorgang: 1. Stempel *B* wird seitwärts geschoben, Stempel *C* ist ganz bei *D*. *A*, welches eine tiefere Temperatur als *D* hat, durchstrahlt den ganzen Zylinder. 2. Stempel *B* wird unmittelbar an *A* eingeschoben und *C* entfernt. 3. *B* wird bis nach *D* verschoben, so daß die im Zylinder in Form von Strahlung enthaltene Energie der heißeren Fläche *D* zugeführt wird. Nun beginnt der Prozeß von neuem, wobei bloß die Stempel *B* und *C* ihre Rollen vertauschen. S. 25 verspricht Bartoli noch andere Mechanismen beschreiben zu wollen, doch ist mir die betreffende Arbeit nicht bekannt.

von einem kälteren zu einem heißeren Körper eine Wärmemenge übergeführt, welche praktisch freilich sehr klein ist, wenn der Rauminhalt der Fläche B nicht enorme Dimensionen hat. Hält man daher die Richtigkeit des zweiten Hauptsatzes fest, so muß irgend eine der benutzten Vorstellungen einer Korrektur bedürfen. Am naheliegendsten ist die Annahme, daß es absolut spiegelnde Flächen nicht gibt. Es wird daher die Innenfläche von B, sobald C offen ist, Wärme von D aufnehmen, welche sich teils durch Leitung der Außenfläche von B mitteilt, teils später, wenn B offen ist, nach A überstrahlt. Ebenso nimmt die Außenfläche von C Wärme auf, sobald C offen ist, welche sie an A ausstrahlt, wenn wiederum B offen ist; im letzteren Falle geht auch ein Wärmestrom quer durch C. Man wird daher B und C aus drei Schichten bestehen lassen, wovon die beiden äußersten möglichst gut spiegeln, die mittlere die Wärme möglichst schlecht leitet. Durch hinlängliche Vergrößerung der Volumina bei gleichbleibender Dicke der Schichten wird man immer theoretisch, wenn auch nicht praktisch bewirken können, daß die von den Flächen B und C aufgenommene und wieder abgegebene Wärme klein ist gegen die in Form von Strahlung zwischen B und C vorhandene, denn erstere ist den Flächen, letztere dem Volumen proportional. Auch die beim Zusammenfalten oder Ineinanderschieben der Fläche B, sowie beim Öffnen und Schließen der Löcher durch die unvermeidliche innere oder äußere Reibung verlorene Arbeit, sowie der beim letzteren Vorgange etwa mögliche Wärmeausgleich kann in gleicher Weise durch Vergrößerung der Volumina bei gleichbleibender Dicke unschädlich gemacht werden; die Löcher können auch in dem als offen bezeichneten Zustande durch Steinsalzplatten verschlossen sein. Der Widerspruch mit dem zweiten Hauptsatze scheint mir also hierdurch noch nicht aufgehoben zu sein; aber freilich darf die Geschwindigkeit der Kontraktion der Fläche B nicht unter eine gewisse Grenze sinken, weil sonst die bei kleiner Dicke quer durch die Flächen B und C geleitete Wärme über die gewonnene überwiegen würde.

Ein Ausweg scheint mir bloß in der Annahme zu liegen, daß die Wärmestrahlung selbst, oder das dieselbe vermittelnde Medium Kräfte auf die Körper ausübt. Bartoli nimmt an, daß die Wärmestrahlen einen Druck auf die Körper ausüben, wie dies ähnlich bei den Schallwellen vielfach beobachtet wurde. Ich will versuchen, dieselbe Annahme, soweit es trotz der vielfachen Unbestimmtheit des Gegenstandes geschehen kann, in Formeln zu kleiden. Wir wollen von dem Drucke, welche die Wärmestrahlung auf die Flächeneinheit ausübt, voraussetzen, daß er immer normal ist und in einem geschlossenen, allseitig von gleichtemperierten, Wärme undurchlässigen Körpern umgebenen Raume bloß eine Funktion der absoluten Temperatur $f(t)$ ist. Nach dem Kirchhoffschen Satze muß die in einem solchen Raume in Form von Strahlung vorhandene Wärme gleich dem Volumen v multipliziert mit einer Temperaturfunktion sein. Sei die in der Zeiteinheit von der Flächeneinheit einer vollkommen schwarzen Fläche ausgestrahlte Wärme $\varphi(t)$, so wird davon die Wärmemenge $2 \sin \vartheta \cdot \varphi(t) \cos \vartheta \, d\vartheta$ so ausgestrahlt, daß der Winkel der Strahlen mit der Flächennormale zwischen ϑ und $\vartheta + d\vartheta$ liegt. Betrachten wir einen Zylinder, dessen Basis die eben betrachtete schwarze Fläche vom Inhalte Eins, und dessen unendlich kleine Höhe $= \varepsilon$ ist, so wird von der unter dem oben definierten Winkel ausgesendeten Wärme diejenige im Zylinder in Form von Strahlung vorhanden sein, welche während der Zeit $\varepsilon / c \cos \vartheta$ ausgesandt wird, und deren Betrag gleich $2 \sin \vartheta \, \varphi(t) \cos \vartheta \, d\vartheta \, \varepsilon / c \cos \vartheta$ ist. Integrieren wir von 0 bis $\pi / 2$ und multiplizieren noch mit 2, da die schwarze Fläche ebensoviel absorbiert, als sie aussendet, so erhalten wir die gesamte im Zylinder vorhandene Wärme. Diese noch durch das Volumen ε des Zylinders dividiert, liefert für die in der Volumeneinheit in Form von Strahlung vorhandene Wärme den Wert $4 \varphi(t) / c$. Dabei ist c die freilich für alle Strahlen als gleich vorausgesetzte Fortpflanzungsgeschwindigkeit der strahlenden Wärme. Die Gleichung Bartolis $\Theta = 2 K R s / v$ auf Seite 24 scheint mir bloß diejenigen Wärmestrahlen zu umfassen, welche nahe radial die Kugel durchlaufen; zu diesen kommen aber noch unendlich viele andere in den Richtungen aller möglichen Kugelsehnen hinzu, sobald die Kugel nur das mindeste Emissionsvermögen und Absorptionsvermögen besitzt Ich bemerke hier gelegentlich, daß ich schon längere Zeit die experimentelle Untersuchung der Wärmestrahlen teils im ganzen, teils zum Zwecke spektraler Zerlegung begann, indem ich die Strahlung eines rings mit gleichtemperierten Wänden umgebenen Raumes aus einem kleinen Loche oder Spalte dieser Wände für die eines schwarzen Körpers substituierte, ein Prinzip benutzend, welches unlängst Christiansen[1]) zur Erklärung der stärkeren Strahlung geritzter Metalle anwandte. Durch Vergleichung mit der Strahlung ebener Körper könnte dann auch deren Emissionsvermögen bestimmt werden. Um den zweiten Hauptsatz auf den von Bartoli ersonnenen Vorgang anwenden zu können, müssen wir diesen so modifizieren, daß er umkehrbar wird. Der Ausgangszustand sei derjenige, wo die Fläche B dasselbe Volumen wie C hat. C hat ein Loch, B sei geschlossen. B vergrößere nun sein Volumen um den Betrag v und werde dabei innen vom Körper D, dessen absolute Temperatur t_2 sei, außen vom Körper A, dessen Temperatur t_1 sei, bestrahlt. Auf die Flächeneinheit der inneren Fläche von B wird daher der Druck $f(t_2)$, auf die der Außenfläche $f(t_1)$ lasten. Zur Bewegung der ersteren muß die Arbeit $vf(t_2)$ geleistet werden, während die letztere die Arbeit $vf(t_1)$ hervorbringt. Die der ersteren Arbeit äquivalente Wärme, sowie die in Form von Strahlung im Raume v vorhandene, muß dem Körper D entzogen werden, also im ganzen $Jvf(t_2) + 4v\varphi(t_2)/c$, während dem Körper A die Wärmemenge $Jvf(t_1) + 4v\varphi(t_1)/c$ zugeführt wird. J ist das thermische Arbeitsäquivalent. Damit der Vorgang umkehrbar sei, muß nun auch das Loch der Fläche C sich schließen, und die Fläche B ihr Volumen noch weiter vergrößern, bis der Raum zwischen P und C die Temperatur t_1 angenommen hat. Da dieser Raum ein Vakuum ist, werden wir unter seiner Temperatur die als gleich vorausgesetzte Temperatur der Innenfläche von B und der Außenfläche von C zu verstehen haben, denen jedenfalls eine Spur von Emissionsvermögen zukommen wird, deren Masse aber als so klein vorausgesetzt wird, daß die in ihrer Masse enthaltene Wärme verschwindet gegen die in Form von Strahlung im Raume zwischen B und C enthaltene. Dieser Raum vergrößert dabei sein Volumen noch um w. Dann findet man wie oben, daß dabei dem Körper A noch die Wärmemenge $Jwf(t_1) + 4w\varphi(t_1)/c$ zugeführt wird.

[1]) Christiansen, Wied. Ann. 21. S. 364. 1884.

Schwieriger ist die Diskussion der Verhältnisse im Raume zwischen B und C. Dieser Raum, oder, wenn man lieber will, seine Begrenzungsflächen haben zu irgend einer Zeit die absolute Temperatur t, sein Volumen wachse um dv und seine Temperatur um dt. (dt ist negativ, da die Temperatur sinkt.) Dann vermehrt sich die im Raume enthaltene Wärme um $(4/c)\cdot d[v\varphi(t)]$. Der auf der Innenfläche B lastende Druck leistet dabei die Arbeit $f(t)dv$. Da nun die Innenfläche und Außenfläche von B durch eine Wärme undurchlässige Schicht getrennt sind, und dasselbe von der Fläche C gilt, da ferner die Flächen B und C massenlos sind, so sind jetzt die Zustandsänderungen des Raumes zwischen B und C gewissermaßen adiabatisch. Die Vermehrung des Wärmeinhaltes muß äquivalent der von außen zugeführten Arbeit, also der negativen geleisteten sein, d. h. man hat:

$$\frac{4}{c}d[v\varphi(t)] = -Jf(t)dv,$$

woraus folgt:

$$\frac{\varphi'(t)dt}{af(t)+\varphi(t)} = -\frac{dv}{v},$$

wobei:

$$a = \frac{Jc}{4}$$

ist. Integriert man hier über den ganzen zuletzt beschriebenen Vorgang, also von v und t_2 bis $v+w$ und t_1, so ergibt sich:

$$l(v+w) - lv = \int_{t_1}^{t_2} \frac{\varphi'(t)dt}{af(t)+\varphi(t)},$$

l ist der natürliche Logarithmus.

Hieran hat sich noch ein dritter Vorgang zu schließen, wobei B wieder ein Loch bekommt und sich bei geschlossenem C bis zum Volumen C zusammenzieht. Da es hierbei außen und innen von derselben Temperatur bestrahlt wird, so wird weder Arbeit geleistet, noch einem Körper Wärme zugeführt oder entzogen. Wir haben nun den Ausgangszustand in vollkommen umkehrbarer Weise erreicht, und nach dem zweiten Hauptsatze müssen wir gleiche Werte bekommen, wenn wir die dem Körper D entzogene Wärme durch t_2, oder wenn wir die dem Körper A zugeführte Wärme durch t_1 dividieren, d. h.:

$$\frac{[af(t_1)+\varphi(t_1)](v+w)}{t_1}=\frac{[af(t_2)+\varphi(t_2)]v}{t_2}$$

oder mit Rücksicht auf das früher Gefundene:

$$l\frac{af(t_2)+\varphi(t_2)}{t_2}-l\frac{af(t_1)+\varphi(t_1)}{t_1}=\int_{t_1}^{t_2}\frac{\varphi'(t)\,dt}{af(t)+\varphi(t)}.$$

Da hier t_1 und t_2 unabhängig veränderlich sind, so sieht man leicht, daß zum Bestehen dieser Gleichung notwendig und hinreichend ist, daß:

$$d\frac{af(t)+\varphi(t)}{t}=\frac{\varphi'(t)\,dt}{t}$$

sei, also:

$$f(t)=\frac{4}{Jc}\left[t\int\frac{\varphi(t)\,dt}{t}-\varphi(t)\right]=\frac{4}{Jc}t\int\frac{\varphi(t)\,dt}{t^2}.$$

Für das Stefansche Strahlungsgesetz[1] $\varphi(t)=At^4$ wäre abgesehen von einer mit t multiplizierten Konstante, welche aus diesen Betrachtungen nicht bestimmt werden kann und wohl am zweckmäßigsten gleich 0 gesetzt wird: $f(t)=4\varphi(t)/3cJ$, was abgesehen vom numerischen Faktor mit dem Resultate Bartolis übereinstimmt. Wird eine Fläche von der einen Seite unter der Temperatur t_1, von der anderen unter der Temperatur t_2 bestrahlt, so wirkt auf die Flächeneinheit die Druckdifferenz:

$$p=\frac{4[\varphi(t_2)-\varphi(t_1)]}{3cJ}.$$

Für $t_2=100^0$ C., $t_1=0^0$ C. ist $\varphi(t_2)-\varphi(t_1)$ gleich der von einer schwarzen Fläche von 100^0 C. an eine schwarze Umgebung von 0^0 C. ausgestrahlten Wärmemenge, also gleich:

0,0167 g Cal./sec (cm)^2. [2]

Das mechanische Wärmeäquivalent $1/J$ ist:

43000 g Gewicht cm/g Cal.,

endlich ist $c=3\cdot10^{10}$ cm/sec, woraus folgt $p=0{,}00002$ mg Gewicht auf den Quadratzentimeter, welche Größe allerdings 10000 mal größer würde, wenn man t_2 gegen 3000^0 setzte, wobei freilich dann wieder Luftströmungen um so störender, auf die Beobachtungen wirken würden. Der Widerspruch mit

[1]) Stefan, Wien. Ber. 79. S. 423. 1879.

[2]) Stefan, l. c. S. 419. Christiansen, Wied. Ann. 19. S. 280. 1883.

dem zweiten Hauptsatze könnte aber auch durch eine andere Hypothese gehoben werden, etwa, daß die Körper in dem die Wärmestrahlung fortpflanzenden Medium einen Widerstand nach Art der Reibung erfahren. Dasselbe würde nach obigem freilich von der Bewegungsgeschwindigkeit unabhängig herauskommen, dagegen mit der Temperatur im selben Verhältnisse wie die Wärmestrahlung wachsen. Da aber, wie bereits bemerkt, der Widerspruch mit dem zweiten Hauptsatze bei kleinen Geschwindigkeiten der Fläche B auch durch die Wärmeleitung in der Dickendimension der Flächen B und C sobald diese dünn sind oder durch die Wärmeaufnahme und -abgabe dieser Flächen (sobald sie dicker sind) gehoben werden kann, so könnte ganz gut jener hypothetische Reibungswiderstand erst bei bedeutenden Geschwindigkeiten erheblich werden. Überhaupt würde dann der Vorgang kaum quantitativ zu berechnen sein, da er nicht mehr umkehrbar wäre. Aber sollten selbst diese ponderomotorischen Kräfte des die Wärmestrahlung fortpflanzenden Mittels für immer außerhalb des Bereiches des experimentell Nachweisbaren liegen, so schien es mir doch von hohem Interesse zu sein, wenn sich deren Existenz aus dem zweiten Hauptsatze a priori nachweisen ließe.

Graz, im März 1884.

72.

Ableitung des Stefanschen Gesetzes,[1]) betreffend die Abhängigkeit der Wärmestrahlung von der Temperatur aus der elektromagnetischen Lichttheorie.

(Wied. Ann. **22.** S. 291—294. 1884.)

Maxwell[2]) hat aus seiner elektromagnetischen Lichttheorie das Resultat abgeleitet, daß ein Strahl von Licht oder strahlender Wärme auf die Flächeneinheit bei senkrechter Inzidenz einen Druck ausüben muß, welcher gleich ist der in der Volumeneinheit Äther infolge der Lichtbewegung enthaltenen Energie. Sei ein absolut leerer Raum rings von für Wärmestrahlung undurchlässigen Wänden von der absoluten Temperatur t umgeben; bezeichnen wir die in der Volumeneinheit Äther infolge der Wärmestrahlung enthaltene Energie mit $\psi(t)$, so müssen wir bedenken, daß nicht alle Wärmestrahlen senkrecht auf die gedrückte Wand auffallen. Am einfachsten ist es, da analog einer Betrachtungsweise, welche Krönig[3]) auf die Gastheorie anwandte, den Raum als Würfel zu denken, dessen Seiten parallel drei rechtwinkligen Koordinatenachsen sind. Ein dem Mittelzustand am besten entsprechendes Resultat erhält man, wenn man annimmt, daß je ein Drittel der Wärmestrahlung parallel je einer der drei Koordinatenachsen sich fortpflanzt. Es wird dann auf jede Seitenfläche nur ein Drittel der gesamten Strahlen drückend wirken, und der Druck auf die Flächeneinheit der Wand wird nach Maxwells Gesetz sein:

---

[1]) Stefan, Wien. Ber. **79.** S. 391. 1879.

[2]) Maxwell, Treatise on Electricity and Magnetism. Oxford, Clarendon Press **2.** Artikel 792. S. 391. 1873.

[3]) Krönig, Grundzüge der Theorie der Gase. Berlin bei A. W. Hain. Pogg. Ann. **99.** S. 315. 1856. (Vgl. hierzu Nr. 88. S. 361 dieses Bandes.)

$$f(t) = \frac{1}{3}\psi(t);$$

man kann diese Formel auch durch folgende Überlegung finden. Maxwells Resultat gilt, wenn der Strahl senkrecht auf die gedrückte Fläche auffällt und von derselben absorbiert wird. Würde er nahe senkrecht auffallen und unter demselben Winkel reflektiert, so wäre der Druck der doppelte; bildete er dagegen mit der Normalen den Winkel ϑ und würde mit gleicher Intensität unter demselben Winkel reflektiert, so wäre analog wie beim Stoße eines schief auffallenden Gasmoleküles bloß die lebendige Kraft der normal zur gedrückten Fläche entfallenden Komponente der Bewegung maßgebend, welche gleich der mit $\cos^2\vartheta$ multiplizierten gesamten lebendigen Kraft des Strahles ist. (Sowohl das Bewegungsmoment als auch die auftreffende Menge erscheint mit $\cos\vartheta$ multipliziert). Bezeichnen wir daher die gesamte lebendige Kraft der Strahlen in der Volumeneinheit wieder mit $\psi(t)$, so ist die lebendige Kraft derjenigen Strahlen, deren Winkel mit der Normalen zur gedrückten Fläche zwischen ϑ und $\vartheta + d\vartheta$ liegt, und welche sich in der Richtung gegen die gedrückte Fläche hin fortpflanzen, gleich $\frac{1}{2}\psi(t)\sin\vartheta\, d\vartheta$; genau ebenso groß ist die lebendige Kraft der Strahlen, welche sich längs derselben Geraden, aber von der gedrückten Fläche hinweg, fortpflanzen. Die gesamte Energie beider Strahlengattungen zusammen ist daher $\psi(t)\sin\vartheta\, d\vartheta$, und sie üben nach dem oben Gesagten auf die Flächeneinheit den Druck $\psi(t)\cos^2\vartheta\sin\vartheta\, d\vartheta$ aus. Um alle überhaupt vorhandenen Strahlen zu erhalten, haben wir diesen Ausdruck von Null bis $\pi/2$ zu integrieren, was den schon früher angegebenen Wert $\frac{1}{3}\psi(t)$ liefert.

In meinem Aufsatze über eine von Bartoli entdeckte Beziehung der strahlenden Wärme zum zweiten Hauptsatze[1]) habe ich gezeigt, daß sich zwischen den beiden Funktionen ψ und f[2]) aus dem zweiten Hauptsatze die Beziehung ergibt $f = t\int\psi\, dt / t^2$, deren Differential lautet: $t\,df - f\,dt = \psi\, dt$; wenn also, wie aus der elektromagnetischen Lichttheorie folgt, $f = \frac{1}{3}\psi$ gesetzt wird, so erhält man: $t\,d\psi/3 = 4\psi\, dt/3$ und

---

[1]) Wied. Ann. 22. S. 38. 1884. (Dieser Band Nr. 71.)

[2]) $\psi(t)$ ist die dort mit $4\varphi(t)/cJ$ bezeichnete Größe, vgl. S. 116 dieses Bd.

durch Integration $\psi = c t^4$, ein Gesetz, welches bekanntlich schon vor längerer Zeit von Stefan empirisch aufgestellt und in guter Übereinstimmung mit den Beobachtungen gefunden wurde. Es folgt also aus der elektromagnetischen Lichttheorie und dem zweiten Hauptsatze unmittelbar das Stefansche Gesetz der Abhängigkeit der Wärmestrahlung von der Temperatur, ein gewiß bemerkenswertes Resultat, wenn auch sicher niemand den vielfach provisorischen Charakter der hier durchgeführten Rechnungen verkennen wird.

Man sieht leicht, daß sich auch umgekehrt aus dem zweiten Hauptsatze und dem Stefanschen Strahlungsgesetze die Folgerung ergibt, daß in einem von Wärme undurchlässigen und gleich temperierten Wänden umgebenen Raum der Druck der Wärmestahlung auf die Flächeneinheit gleich dem dritten Teile der in der Volumeneinheit enthaltenen Energie der Strahlung ist, daß also ein Strahl, welcher senkrecht auf eine ebene Fläche vom Flächeninhalte Eins auffällt, auf diese einen Druck ausübt, welcher gleich ist der in der Volumeneinheit des Strahles enthaltenen Energie, sobald er von der gedrückten Fläche absorbiert wird; wird er dagegen von dieser mit ungeschwächter Intensität reflektiert, so ist der Druck doppelt so groß, also gleich der im einfallenden und reflektierten Strahle zusammen auf die Volumeneinheit entfallenden Energie. Nach der Emissionstheorie müßte der Druck, wie mir scheint, entgegen der von Bartoli l. c. angeführten Ansicht Hirns in allen diesen Fällen doppelt so groß sein, als es hier gefunden wurde. Es scheint mir übrigens, daß man durch ähnliche Hypothesen, wie sie Kirchhoff in seiner bekannten Abhandlung über Gleichheit des Absorptions- und Emissionsvermögens[1]) auftstellte, auch beweisen könnte, daß dieses Gesetz für vollkommen schwarze Körper, nicht bloß für die gesamte ausgestrahlte Wärmemenge, sondern auch für jede einzelne Strahlengattung für sich gelten muß, so daß bei allen Temperaturen die von einem schwarzen Körper ausgesandte Wärme einer gewissen Strahlengattung der gleiche Bruchteil der gesamten ausgesandten Wärme sein müßte, wie unter anderen Lecher[2]) vermutete.

---

[1]) Kirchhoff, Pogg. Ann. **109.** S. 275. 1860; Berl. Ber. 1861.

[2]) Lecher, Wien. Ber. **85.** S. 441. 1882; Wied. Ann. **17.** S. 477. 1882.

Ich erwähne hier noch eine etwas einfachere Ableitungsweise der Gleichung zwischen den Funktionen ψ und f aus dem Bartolischen Prozesse. Sei in einem Hohlzylinder von absolut schwarzer, Wärme undurchlässiger Umhüllung ein eben solcher Stempel S verschiebbar, derselbe berühre anfangs die Basis B des Zylinders, welche den Flächeninhalt Eins und die Temperatur t_0 haben soll und entferne sich von derselben bis zur Distanz a (er befinde sich rechts von der Basis B). Die ganze, in Form von Strahlung zwischen B und S vorhandene Wärme $a \cdot \psi(t_0)$, sowie die ganze, zur Bewegung von S aufgewendete Wärme $a f(t_0)$ werde von B geliefert. Die Wärme denken wir uns in Arbeitsmaß gemessen. Nun werde der Raum zwischen B und S durch einen zweiten Stempel T von B abgesperrt, so daß sich sein Zustand jetzt adiabatisch ändert, und der Stempel S, welcher, sowie die Mantelfläche des Zylinders, nur verschwindend wenig Wärme enthalten soll, bewege sich noch um das Stück x weiter. Für diese Zustandsänderung ist dann $d[(a+x)\psi(t)] = -f(t)\,dx$. Der Raum rechts von S und die ihn begrenzende Gegenfläche G des Zylinders sollen immer die schließlich auch links entstehende Temperatur t gehabt haben. Alle rechts vom Stempel S sowohl durch Arbeitsleistung als auch durch Volumenverkleinerung gewonnene Wärme $(a+x)[\psi(t)+f(t)]$ soll von dieser Gegenfläche G aufgenommen worden sein. Der Prozeß ist umkehrbar; es ist also:

$$(a+x)[\psi(t)+f(t)]\,/\,t = a[\psi(t_0)+f(t_0)]\,/\,t_0 = c.$$

Wir wollen nun a und t_0, somit auch c als konstant, x und t als veränderlich betrachten, addiert man zur vorigen Gleichung beiderseits $d[(a+x)f(t)]$, so ergibt sich mit Beachtung des Differentials der letzten Gleichung das Resultat:

$$\psi(t)\,dt + f(t)\,dt = t\,df(t),$$

was mit der obigen Gleichung übereinstimmt.

73.

Über die Eigenschaften monozyklischer und anderer damit verwandter Systeme.[1]

(Crelles Journal 98. S. 68—94. 1884 u. 1885.)

Der vollständigste mechanische Beweis des zweiten Hauptsatzes bestünde offenbar in der Darlegung, daß bei jedem beliebigen mechanischen Vorgange Gleichungen bestehen, welche denen der Wärmelehre analog sind. Da aber einerseits der Satz in dieser Allgemeinheit nicht richtig zu sein scheint und andererseits wegen unserer Unbekanntschaft mit dem Wesen der sogenannten Atome die mechanischen Bedingungen nicht genau angegeben werden können, unter denen die Wärmebewegung vor sich geht, so entsteht die Aufgabe, zu untersuchen, in welchen Fällen und inwieweit die mechanischen Gleichungen den wärmetheoretischen analog sind. Es wird sich da nicht um Aufstellung von mechanischen Systemen handeln, welche warmen Körpern vollkommen kongruent sind, sondern um Auffindung aller Systeme, welche mit dem Verhalten warmer Körper mehr oder weniger Analogie zeigen. In dieser Weise wurde die Frage zuerst von Hrn. von Helmholtz[2] gestellt, und ich beabsichtige, im folgenden die von ihm entdeckte Analogie zwischen den Systemen, welche er als monozyklisch bezeichnet, und den Sätzen der mechanischen Wärmetheorie an einigen mit den monozyklischen innig verwandten

---

[1]) Die drei ersten Paragraphen wurden beinahe gleichlautend in Wien. Ber. 90. S. 231. 1884 abgedruckt; Voranzeige der Arbeit Wien. Anz. 21. S. 153. 17. Juli und S. 171 9. Oktober 1884. (Diese Arbeit wurde in einem gewissen Sinne später berichtigt; siehe dieser Band Nr. 138.)

[2]) Berl. Ber. 6. und 27. März 1884.

Systemen weiter zu verfolgen, wobei ich zuvörderst, ehe ich zu allgemeinen Sätzen übergehe, einige ganz spezielle Beispiele diskutieren will[1])

§ 1.

Ein Massenpunkt bewege sich nach dem Newtonschen Gravitationsgesetze um einen fixen Zentralkörper O in elliptischer Bahn. Die Bewegung ist hier offenbar keine monozyklische; wir können sie aber mittels eines Kunstgriffes, den ich zuerst im ersten Abschnitte meiner Abhandlung „Einige allgemeine Sätze über Wärmegleichgewicht"[2]) anwandte, und welchen nachher Maxwell[3]) weiter verfolgt hat, in eine monozyklische verwandeln.

Wir denken uns die ganze elliptische Bahn mit Masse belegt, welche an jedem Punkte eine solche Dichte (auf die Längeneinheit der Bahn entfallende Masse) haben soll, daß, während im Verlaufe der Zeit fortwährend Masse durch jeden Bahnquerschnitt strömt, die Dichte in jedem Punkte der Bahn sich unverändert erhält. Würde ein Ring des Saturn aus einer homogenen Flüssigkeit oder einem homogenen Schwarme fester Körperchen bestehen, so könnte er bei passender Wahl des Ringquerschnittes an den verschiedenen Stellen ein Beispiel für die in Rede stehende Bewegung liefern. Äußere Kräfte können die Bewegung beschleunigen oder die Exzentrizität der Bahn verändern; es kann aber die Bahn auch durch sehr langsame Vermehrung oder Verminderung der Masse des Zentralkörpers verändert werden, wobei dann auf den beweglichen Ring äußere Arbeit übertragen wird, da er bei Vermehrung der Masse des Zentralkörpers im allgemeinen auf die hinzukommende Masse nicht dieselbe Anziehung ausübt, wie auf die bei Verminderung hinwegzunehmende. Die diesem überaus einfachen Beispiele entsprechenden Formeln erhält

---

[1]) Ein sehr allgemeines Beispiel monozyklischer Systeme bieten widerstandslose elektrische Ströme (vgl. Maxwell, Treatise on Electricity, Art. 579 u. 580, wo x und y die Stelle des v. Helmholtzschen p_a und p_b vertreten).

[2]) Wien. Ber. **63.** 1871. (Diese Sammlung I. Nr. 19.)

[3]) Cambridge Phil. Trans. **12.** III. 1879. (Vgl. auch Wiedemanns Beiblätter **5.** S. 403 1881. Diese Sammlung II. Nr. 63.)

man aus den in meiner Abhandlung: „Bemerkungen über einige Probleme der mechanischen Wärmetheorie“[1]) Abteilung 3 entwickelten Formeln, indem man $b = 0$ setzt und unter m die gesamte Masse des beweglichen Ringes versteht. (Dort ist übrigens aus Versehen die auf äußere Arbeit verwendete Wärme mit verkehrtem Zeichen eingeführt.) Ich bezeichne immer mit Φ die ganze potentielle Energie, mit L die ganze lebendige Kraft des Systems, mit dQ die auf direkte Steigerung der inneren Bewegung gerichtete Arbeit, wobei ich wie Hr. v. Helmholtz voraussetze, daß die äußeren Kräfte immer nur unendlich wenig von solchen Werten verschieden sein sollen, welche die augenblicklich vorhandene Bewegung stationär zu erhalten imstande sind. Sei dann a/r^2 die gesamte Anziehungskraft, welche der Zentralkörper auf die Masse des Ringes ausüben würde, wenn dieselbe sich in der Distanz r davon befände, C eine unbestimmbare vollständig konstante Größe, so ist:

$$\Phi = C - 2L, \quad dQ = -dL + 2L\frac{da}{a} = Ld\log\frac{a^2}{L};$$

es ist also L integrierender Nenner von dQ, der dazugehörende Wert der Entropie S ist $\log a^2/L$ und der dazugehörige Wert der charakteristischen Funktion ist:

$$K = \Phi + L - LS = C - L - L\log\frac{a^2}{L}.$$

Setzt man

$$2L\frac{\sqrt{L}}{a} = q, \quad \frac{a}{\sqrt{L}} = s,$$

so wird $dQ = q\,ds$, wozu die charakteristische Funktion

$$H = \Phi + L - qs = C - 3L$$

gehört, und man sieht sofort, daß

$$\left(\frac{\partial K}{\partial a}\right)_L = \left(\frac{\partial H}{\partial a}\right)_q = -A$$

die auf Vergrößerung von a hinstrebende Kraft ist, in dem Sinne, daß $A\,da$ das Quantum der inneren Bewegung ist,

---

[1]) Wien. Ber. 75. Diese Sammlung I. Nr. 39. Vgl. auch Clausius, Pogg. Ann. 142. S. 433; Math. Ann. von Clebsch 4. S. 232, 6. S. 390. Nachricht. d. Gött. Gesellsch. Jahrg. 1871 u. 1872; Pogg. Ann. 150. S. 106 u. Ergänzungsbd. 7. S. 215.

welches in Arbeit verwandelt wird, wenn a um da wächst. Ebenso ist

$$\left(\frac{\partial K}{\partial L}\right)_a = -S, \quad \left(\frac{\partial H}{\partial q}\right)_a = -s.$$

Die Analogie mit Hrn. v. Helmholtz' monozyklischen Systemen mit einer einzigen Geschwindigkeit q ist also eine vollständige. Es hat auch $\int q\,dt$ den Charakter einer Koordinate; denn

$$i = \pi \frac{\sqrt{2m}}{q}$$

ist die Umlaufszeit eines Massenteilchens (vgl. meine zitierte Abhandlung). Sei $\varrho\, d\sigma$ die Masse auf dem Längenelemente $d\sigma$ der Bahnkurve, dt die zur Durchlaufung von $d\sigma$ erforderliche Zeit, v die Geschwindigkeit daselbst, so muß $\varrho v = c$ auf der ganzen Bahn konstant sein, damit sich die Dichte überall unverändert erhält.

Da $\int \varrho v\,dt$, über die ganze Bahn erstreckt, die Gesamtmasse m des Ringes darstellt, so ist

$$c = \frac{m}{i} = q\frac{\sqrt{2m}}{2\pi}.$$

Ziehen wir vom Zentralkörper irgend eine Gerade ins Unendliche, und bezeichnen mit μ die Masse, welche bis zu einem bestimmten Zeitmoment t durch jene Gerade hindurchging, so ist

$$\frac{d\mu}{dt} = \varrho v, \quad \text{daher} \quad q = \frac{2\pi}{\sqrt{2m}}\frac{d\mu}{dt}.$$

Denken wir uns nun irgend ein Massenteilchen des ganzen Ringes besonders hervorgehoben, so ist die Lage dieses Massenteilchens zur Zeit t bestimmt, sobald die Werte a und μ zu dieser Zeit und die Anfangsposition des Massenteilchens sowie der Anfangswert von a bekannt sind, ohne daß man die Art und Weise zu kennen braucht, wie sich die Bahn in der Zwischenzeit geändert hat. Es können daher a und μ als die Koordinaten des betreffenden Massenteilchens aufgefaßt werden. Dasselbe gilt natürlich auch für jede andere Art von Zentralbewegung, sobald nur die Bahn eine geschlossene ist. Wird

z. B. jedes Massenteilchen ν mit einer Kraft $\nu a r/m$ gegen den Zentralkörper gezogen, so wäre

$$\Phi = L, \quad dQ = 2dL - L\frac{da}{a} = L\,d\log\frac{L^2}{a}, \quad q = 2\sqrt{a}, \quad s = \frac{L}{\sqrt{a}}.$$

§ 2.

Die Anwendung des Namens monozyklisch auch auf diese Bewegungsarten dürfte kaum ungerechtfertigt sein, da hier alle Bedingungen, an welche Hr. v. Helmholtz diesen Namen knüpft, erfüllt sind. Daß die lebendige Kraft nicht proportional q^2 ist, gerade als ob Parameter eliminiert wären, dürfte wohl damit zusammenhängen, daß a nicht eine Raumabmessung im eigentlichen Sinne des Wortes ist. Analoge Formeln werden in einem noch allgemeineren Falle gelten. Die Kräfte brauchen keine Zentralkräfte zu sein, sondern sie können durch beliebige Funktionen der Koordinaten des von ihnen affizierten Massenteilchens dargestellt werden; nur muß eine Kraftfunktion existieren, die Kräfte müssen für alle Massenteilchen der Gesamtmasse m dieselben Funktionen der Koordinaten sein, und alle Massenteilchen müssen kongruente geschlossene Bahnen beschreiben.

Legt man dann durch den Schwerpunkt der Gesamtmasse m eine beliebige Ebene von unveränderlicher Richtung und bezeichnet mit μ die während einer beliebigen Zeit t durch jene Ebene hindurchgegangene Masse, so hat man zu setzen:

$$p_b = \mu, \quad q_b = \frac{d\mu}{dt}.$$

Die Bedingung der Bewegung in geschlossener Bahn ist immer erfüllt, wenn sich alle Massenteilchen in Geraden bewegen (ob in einer einzigen oder in beliebig vielen parallelen Geraden ist dabei gleichgültig). Sei dann μ die während einer beliebigen Zeit t im ersteren Fall durch den Schwerpunkt der Gesamtmasse m, im letzteren Falle durch eine den Schwerpunkt enthaltende auf den Bahnen senkrechte Ebene gegangene Masse, so sei wieder

$$p_b = \mu, \quad q_b = \frac{d\mu}{dt} = \frac{m}{i},$$

wobei i die Zeit ist, die ein Massenteilchen zu einem ganzen Hin- und Hergang auf der Geraden braucht. Heben wir jenen

Massenpunkt aus der ganzen Masse m hervor, welcher sich zu Anfang der Zeit in deren Schwerpunkt (resp. der oben definierten Ebene) befand. Kennt man zu einer beliebigen Zeit t den Wert von $p_{\mathfrak{b}}$ und das Wirkungsgesetz der Kräfte, so ist dadurch bestimmt, wo sich der hervorgehobene Massenpunkt zur fraglichen Zeit befindet, ohne daß man die Zwischenzustände des Systems zu kennen braucht. Zur Zeit t sei x die Distanz eines Massenpunktes vom Schwerpunkte der Gesamtmasse (resp. jener Ebene), v dessen Geschwindigkeit, $f'(x)$ die auf die Masseneinheit wirkende Kraft, welche x zu verkleinern strebt, so ist:

$$v^2 = 2a - 2f(x), \quad i = 2\int_{x_1}^{x_2} \frac{dx}{\sqrt{2a-2f}},$$

wobei x_1 und x_2 die extremsten Werte des x sind. Die lebendige Kraft der ganzen Masse ist:

$$L = \frac{m}{i}\int_{x_1}^{x_2} \sqrt{2a-2f}\, dx.$$

Die potentielle Energie ist

$$\Phi = \frac{2m}{i}\int_{x_1}^{x_2} \frac{f\,dx}{\sqrt{2a-2f}};$$

hierbei ist

$$f = f(x),$$

a ist eine Konstante.

Man hat daher:

$$H = \Phi - L = ma - 2L.$$

Hierbei gelten a sowie die Form der Funktion f als die langsam veränderlichen Größen. Betrachten wir letztere als konstant und schreiben die obige Gleichung in der Form

$$iH = mia - 2m\int_{x_1}^{x_2} \sqrt{2a-2f}\, dx,$$

so liefert deren Differentiation:

$$H + i\frac{\partial H}{\partial i} = ma + mi\frac{\partial a}{\partial i} - 2m\frac{\partial a}{\partial i}\int_{x_1}^{x_2} \frac{dx}{\sqrt{2a-2f}}$$

oder mit Rücksicht auf den für i gefundenen Ausdruck

$$H + i\frac{\partial H}{\partial i} = ma;$$

nach Hrn. v. Helmholtz ist statt i die Variable $q = m/i$ einzuführen, was liefert

$$s = -\frac{\partial H}{\partial q} = \frac{ma - H}{q} = \frac{2L}{q} = \frac{2iL}{m}.$$

Hieraus folgt endlich:

$$dQ = q\,ds = \frac{2}{i}d(iL) = 2L \cdot d\log(iL).$$

Dies stimmt genau mit dem, was Hr. Clausius für einen etwas spezielleren Fall auf ganz anderem Wege erhielt. (Vgl. dessen Abhandlung in den Berl. Ber. vom 19. Juni 1884.) Bei richtiger den v. Helmholtzschen Annahmen entsprechender Wahl der Koordinaten sind daher die Formeln des Hrn. v. Helmholtz auch auf diesen Fall vollkommen anwendbar. Zum Zwecke des Überganges zu anderen Gattungen von Systemen will ich die Allgemeinheit wieder bedeutend beschränken und folgenden Spezialfall des Vorigen betrachten.

Ein homogener, überall gleich dichter Strom bewege sich mit der Geschwindigkeit v auf einer horizontalen Geraden von der Länge a zwischen zwei vertikalen Wänden, so daß immer dessen halbe Masse $m/2$ in der einen und die gleiche in der entgegengesetzten Richtung strömt. Die Massenteilchen sollen weder aufeinander Kräfte ausüben, noch äußeren Kräften unterworfen sein, mit Ausnahme derjenigen, welche die Arbeit dQ leisten. Von den vertikalen Wänden sollen sie gleich elastischen Kugeln abprallen. Dieses System ist strenge monozyklisch. Man hat:

$$q = \frac{mv}{2a}, \quad H = -\frac{2a^2q^2}{m}, \quad dQ = mv\,dv + mv^2\frac{da}{a} = q\,ds,$$

wobei

$$s = -\left(\frac{\partial H}{\partial q}\right)_a;$$

$-(\partial H/\partial a)_q$ ist der Druck auf die vertikale Wand.

Wir modifizieren das vorige Beispiel dahin, daß eine Masse m gleichförmig in einem parallelepipedischen Gefäße von den Seiten a, b, c verteilt ist. Jedes Massenteilchen soll sich, ohne von den anderen oder von äußeren Kräften influenziert zu werden (wieder mit Ausnahme der die Arbeit dQ erzeugenden), mit der Geschwindigkeit v in einer Geraden bewegen, welche auf der Seite c senkrecht steht und mit der Seite a den Winkel $\mathfrak{D}$ einschließt (für die eine Hälfte der Massenteilchen $+\mathfrak{D}$, für die andere $-\mathfrak{D}$). Betrachten wir a, b und v als veränderlich, so ist:

$$\Phi = 0, \quad L = -H = \frac{m v^2}{2},$$

$$dQ = mv\,dv + mv^2\left(\sin^2\mathfrak{D}\frac{da}{a} + \cos^2\mathfrak{D}\frac{db}{b}\right);$$

die Gleichungen nehmen daher genau die Form der v. Helmholtzschen an, wenn man a und b als Parameter p_a wählt und

$$q = \frac{v}{a^{\sin^2\mathfrak{D}}\, b^{\cos^2\mathfrak{D}}}$$

setzt.

$$-\left(\frac{\partial H}{\partial a}\right)_{bq} \quad \text{und} \quad -\left(\frac{\partial H}{\partial b}\right)_{aq}$$

sind die Drucke in den Richtungen a und b; dQ ist gleich $q\,ds$, wobei

$$s = -\left(\frac{\partial H}{\partial q}\right)_{ab}$$

Dagegen wäre die lebendige Kraft nicht mehr integrierender Nenner von dQ, wenn man auch solche äußeren Kräfte zuließe, welche den Winkel $\mathfrak{D}$ langsam und für alle Massenpunkte gleichmäßig verändern.

Würde die Masse m mit der konstanten Geschwindigkeit v nach allen möglichen Richtungen des Raumes in einem Gefäße vom Volumen w strömen, so hätte man zu setzen:

$$q = \frac{v}{w^{1/3}}, \quad p_a = w,$$

und die Gleichungen würden wieder genau die v. Helmholtzsche Form annehmen. Allein in allen diesen Fällen hat $\int q\,dt$ nicht mehr den Charakter einer Koordinate, da die Bewegung keine nach einer endlichen Zeit in sich zurücklaufende ist. Ich möchte mir erlauben, Systeme, deren Bewegung in diesem Sinne stationär ist, als monodische oder kürzer als Monoden zu bezeichnen.[1]) Sie sollen dadurch charakterisiert sein, daß

[1]) Mit dem Namen stationär wurde von Hrn. Clausius jede Bewegung bezeichnet, wobei Koordinaten und Geschwindigkeiten immer zwischen endlichen Grenzen eingeschlossen bleiben.

die in jedem Punkte derselben herrschende Bewegung unverändert fortdauert, also nicht Funktion der Zeit ist, solange die äußeren Kräfte unverändert bleiben, und daß auch in keinem Punkte und keiner Fläche derselben Masse oder lebendige Kraft oder sonst ein Agens ein- oder austritt. Ist die lebendige Kraft integrierender Nenner des Differentiales dQ, der auf direkte Steigerung der inneren Bewegung gerichteten Arbeit, so will ich sie als Orthoden bezeichnen. Für alle Orthoden gelten Gleichungen, welche denen der mechanischen Wärmetheorie vollkommen analog sind.

Sei dQ das Differential der auf direkte Steigerung der inneren Bewegung der Orthode gerichteten Arbeit oder der einem warmen Körper zugeführten Wärme. Wir nehmen an, daß L ein integrierender Nenner von dQ ist; für warme Körper ist dies erfüllt, wenn die Temperatur der lebendigen Kraft der Bewegung proportional ist. p seien beliebige Parameter. Wir setzen:

$$dQ = d\Phi + dL + \sum P dp = 2L d \log s.$$

Sei dann q ein beliebiger anderer integrierender Nenner von dQ und $dQ = q dS$, so besitzt nach Hrn. Gibbs[1]) auch $\Phi + L - qS$ die Eigenschaften der Massieuschen charakteristischen Funktion. Setzen wir $q = 2L/s$, so wird

$$dQ = q ds,$$

und der dazugehörige Wert der charakteristischen Funktion ist $H = \Phi - L$, genau wie es Hr. v. Helmholtz für monozyklische Systeme fand. (Vgl. l. c. S. 173.) Nur ist jetzt $\int q dt$ im allgemeinen nicht mehr eine Koordinate. Für $q = 2L/s^n$ wird $H = \Phi + L(n-2)/n$, für $n = 2$ also $H = \Phi$.

Ich erwähne hier noch beiläufig, daß der angeführte Gibbssche Satz in gewissen singulären Fällen illusorisch werden kann, wenn nämlich q bloß Funktion der Parameter p ist. Es ist dann nicht möglich, nebst den p noch q als independente Variable einzuführen. So ist für Gase nach Hrn. v. Helmholtz's Bezeichnung (l. c. S. 170):

$$dQ = J\gamma\, d\vartheta + J(c-\gamma)\frac{\vartheta\, dv}{v} = \frac{J\gamma}{v^{\frac{c-\gamma}{\gamma}}}\, d\left(\vartheta v^{\frac{c-\gamma}{\gamma}}\right).$$

[1]) Transact. of the Conn. Acad. III, S. 108. 1875.

Setzt man

$$q = \frac{J\gamma}{v^{\frac{c-\gamma}{\gamma}}}, \quad S = \vartheta v^{\frac{c-\gamma}{\gamma}},$$

so wird

$$H = J\gamma\vartheta - qS = 0,$$

ist also als charakteristische Funktion unbrauchbar. Dasselbe tritt in dem am Schlusse des § 1 angeführten Beispiele für den dort mit q bezeichneten integrierenden Nenner ein.

§ 3.

Nach diesen einleitenden Beispielen will ich zu einem sehr allgemeinen Falle übergehen. Sei ein beliebiges System gegeben, dessen Zustand durch beliebige Koordinaten $p_1 p_2 \ldots p_g$ charakterisiert sei; die dazu gehörigen Momente seien $r_1 r_2 \ldots r_g$. Wir wollen sie kurz die Koordinaten $p_\mathfrak{g}$ und die Momente $r_\mathfrak{g}$ nennen. Dasselbe sei beliebigen inneren und äußeren Kräften ausgesetzt; erstere seien konservativ. ψ sei die lebendige Kraft, χ die potentielle Energie des Systems. Dann ist also χ eine Funktion der $p_\mathfrak{g}$, ψ eine homogene Funktion zweiten Grades der $r_\mathfrak{g}$, deren Koeffizienten ebenfalls die $p_\mathfrak{g}$ enthalten können. Die willkürliche zu χ hinzutretende Konstante wollen wir so bestimmen, daß χ etwa für unendliche Entfernung aller Massenteilchen des Systems oder sonst für eine der Variation unfähige Position verschwindet. Wir machen nicht die beschränkende Annahme, daß gewisse Koordinaten des Systems gezwungen sind, bestimmte Werte zu behalten, können daher auch die Veränderung der äußeren Kräfte nicht dadurch charakterisieren, daß gewisse bei Konstanz der äußeren Kräfte konstante Parameter ihre Werte langsam verändern. Der langsamen Veränderlichkeit der äußeren Kräfte soll vielmehr dadurch Rechnung getragen werden, daß χ allmählich eine andere Funktion der Koordinaten $p_\mathfrak{g}$ wird, oder daß sich gewisse in χ vorkommende Konstanten, deren eine $p_\mathfrak{a}$ heißen soll, langsam verändern.

1. Fall. Wir denken uns nun sehr viele N genau gleich beschaffene derartige Systeme vorhanden; jedes System von jedem anderen völlig unabhängig. Die Anzahl aller dieser

Systeme, für welche die Koordinaten und Momente zwischen den Grenzen

$$p_1 \text{ und } p_1 + dp_1, \; p_2 \text{ und } p_2 + dp_2, \ldots r_g \text{ und } r_g + dr_g$$

liegen, soll sein:

$$dN = Ne^{-h(\chi+\psi)} \frac{\sqrt{\Delta}\, d\sigma\, d\tau}{\int\int e^{-h(\chi+\psi)} \sqrt{\Delta}\, d\sigma\, d\tau},$$

wobei

$$d\sigma = \Delta^{-1/2} dp_1\, dp_2 \ldots dp_g, \quad d\tau = dr_1\, dr_2 \ldots dr_g$$

ist. (Über die Bedeutung von Δ siehe Maxwell l. c. S. 556.)

Die Integrale sind über alle möglichen Werte der Koordinaten und Momente zu erstrecken. Der Inbegriff aller dieser Systeme bildet eine Monode im früher definierten Sinne (vgl. hierüber namentlich Maxwell l. c.), und ich will die so definierte Gattung von Monoden mit dem Namen Holoden bezeichnen. Jedes der Systeme nenne ich ein Element der Holode. Die gesamte lebendige Kraft der Holode ist:

$$L = \frac{Ng}{2h}.$$

Deren potentielle Energie Φ ist gleich dem N-fachen Mittelwerte $\bar{\chi}$ des χ, es ist also:

$$\Phi = N \frac{\int \chi e^{-h\chi} d\sigma}{\int e^{-h\chi} d\sigma}.$$

Die Koordinaten p_g unterscheiden sich dadurch von den v. Helmholtzschen $p_\mathfrak{b}$, daß sie in der lebendigen Kraft ψ und der potentiellen Energie χ eines Elements vorkommen. Die Bewegungsintensität der ganzen Ergode, also sowohl L als auch Φ sind nur von h und den $p_\mathfrak{a}$ abhängig, wie bei Hrn. v. Helmholtz von $q_\mathfrak{b}$ und $p_\mathfrak{a}$.

Die auf direkte Steigerung der inneren Bewegung gerichtete Arbeit ist:

$$\delta Q = \delta \Phi + \delta L - N \frac{\int \delta\chi e^{-h\chi} d\sigma}{\int e^{-h\chi} d\sigma}$$

(vgl. hierüber meine Abhandlung „Analytischer Beweis des zweiten Hauptsatzes der mechanischen Wärmetheorie aus den Sätzen über das Gleichgewicht der lebendigen Kraft"[1]) und Maxwell l. c.). Der Betrag der inneren Bewegung, welcher

[1]) Wien. Ber. 63. 1871, Formel (17). (Diese Sammlung Bd. I. Nr. 20.)

aus äußerer Arbeitsleistung entsteht, sobald der Parameter p_a um δp_a wächst, ist also $-P\delta p_a$, wobei

$$-P = \frac{N\int \frac{\partial \chi}{\partial p_a} e^{-h\chi} d\sigma}{\int e^{-h\chi} d\sigma}.$$

Die lebendige Kraft L ist integrierender Nenner von δQ; alle Holoden sind daher orthodisch, und es müssen folglich auch die übrigen wärmetheoretischen Analogien bestehen. In der Tat, setzt man:

$$s = \frac{1}{\sqrt{h}}\left(\int e^{-h\chi} d\sigma\right)^{\frac{1}{g}} e^{\frac{h\bar{\chi}}{g}} = \sqrt{\frac{2L}{Ng}}\left(\int e^{-h\chi} d\sigma\right)^{\frac{1}{g}} e^{\frac{\Phi}{2L}},$$

$$q = \frac{2L}{s}, \quad K = \Phi + L - 2L\log s, \quad H = \Phi - L,$$

so wird

$$dQ = 2L\, d\log s = q\, ds, \quad \left(\frac{\partial K}{\partial p_a}\right)_h = \left(\frac{\partial H}{\partial p_a}\right)_q = -P,$$

$$\left(\frac{\partial K}{\partial h}\right) = -2\log s, \qquad \left(\frac{\partial H}{\partial q}\right) = -s.$$

2. Fall. Es sollen wieder sehr viele (N) Systeme von der zu Anfang dieses Paragraphen geschilderten Beschaffenheit vorhanden sein; allein für alle derselben sollen die Gleichungen

$$\varphi_1 = a_1, \quad \varphi_2 = a_2, \ldots \varphi_k = a_k$$

erfüllt sein. Diese Gleichungen müssen also jedenfalls Integrale der Bewegungsgleichungen eines Systems sein. Es können aber auch noch andere Integrale vorhanden sein. dN sei die Zahl der Systeme, für welche die Koordinaten und Momente zwischen den Grenzen p_1 und $p_1 + dp_1$, p_2 und $p_2 + dp_2$, $\ldots r_g$ und $r_g + dr_g$ liegen. Natürlich fehlen hier die Differentiale derjenigen Koordinaten oder Momente, welche durch die Gleichungen $\varphi_1 = a_1 \ldots$ bestimmt gedacht werden. Diese fehlenden Koordinaten oder Momente sollen $p_c, p_d, \ldots r_f$ heißen; ihre Anzahl sei gleich k. Wenn dann

$$dN = \frac{\dfrac{N dp_1\, dp_2 \ldots dr_g}{\sum \pm \dfrac{\partial \varphi_1}{\partial p_c} \cdot \dfrac{\partial \varphi_2}{\partial p_d} \cdots \dfrac{\partial \varphi_k}{\partial r_f}}}{\displaystyle\iint \cdots \frac{dp_1\, dp_2 \ldots dr_g}{\sum \pm \dfrac{\partial \varphi_1}{\partial p_c} \cdot \dfrac{\partial \varphi_2}{\partial p_d} \cdots \dfrac{\partial \varphi_k}{\partial r_f}}}$$

ist, so wollen wir den Inbegriff aller N Systeme als eine Monode bezeichnen, welche durch die Gleichungen $\varphi_1 = a_1 \ldots$ beschränkt ist. Die Größen a können entweder ganz konstant sein oder zu den langsam veränderlichen Größen gehören. Die Funktionen φ werden im allgemeinen durch die Veränderlichkeit der p_a immer langsam ihre Form ändern. Jedes einzelne System heißt wieder ein Element. Monoden, welche nur durch die Gleichung der lebendigen Kraft beschränkt sind, will ich als Ergoden, solche, welche außer dieser Gleichung auch noch durch andere beschränkt sind, als Subergoden bezeichnen. Ergoden sind dadurch definiert, daß

$$dN = \frac{\dfrac{N dp_1\, dp_2 \ldots dp_g\, dr_1 \ldots dr_{g-1}}{\dfrac{\partial \psi}{\partial r_g}}}{\displaystyle\iint \cdots \frac{dp_1\, dp_2 \ldots dr_{g-1}}{\dfrac{\partial \psi}{\partial r_g}}}$$

ist. Für Ergoden existiert also nur ein φ, welches gleich der für alle Systeme gleichen und während der Bewegung jedes Systems konstanten Energie eines Systems $\chi + \psi = (\Phi + L)/N$ ist. Setzen wir wieder $\Delta^{-1/2} dp_1\, dp_2 \ldots dp_g = d\sigma$, so ist (vgl. meine und Maxwells zuletzt zitierte Abhandlung):

$$\Phi = N \frac{\int \chi \psi^{\frac{g}{2}-1} d\sigma}{\int \psi^{\frac{g}{2}-1} d\sigma}, \quad L = N \frac{\int \psi^{\frac{g}{2}} d\sigma}{\int \psi^{\frac{g}{2}-1} d\sigma},$$

$$\delta Q = N \frac{\int \delta \psi \psi^{\frac{g}{2}-1} d\sigma}{\int \psi^{\frac{g}{2}-1} d\sigma} = \delta(\Phi + L) - N \frac{\int \delta \chi \psi^{\frac{g}{2}-1} d\sigma}{\int \psi^{\frac{g}{2}-1} d\sigma}.$$

L ist wieder integrierender Faktor von δQ, die dazu gehörende Entropie ist $\log (\int \psi^{g/2} d\sigma)^{2/g}$, während auch $\delta Q = q \delta s$ wird, wenn

$$s = \left(\int \psi^{\frac{g}{2}} d\sigma\right)^{\frac{1}{g}}, \quad q = \frac{2L}{s}$$

gesetzt wird. Zur letzteren Entropie gehört wieder die charakteristische Funktion $\Phi - L$. Die äußere Kraft in der Richtung des Parameters p_a ist in einem Systeme

$$-P = \frac{\int \frac{\partial \chi}{\partial p_a} \psi^{\frac{g}{2}-1} d\sigma}{\int \psi^{\frac{g}{2}-1} d\sigma}$$

Aus der unendlichen Mannigfaltigkeit der Subergoden führe ich diejenigen an, bei denen für alle Systeme nicht nur die in der Gleichung der lebendigen Kraft, sondern auch die in den drei Flächengleichungen vorkommenden Konstanten die gleichen Werte haben. Ich will sie Planoden nennen. Einige ihrer Eigenschaften entwickelte Maxwell l. c. Ich erwähne hier nur, daß sie im allgemeinen nicht mehr orthodisch sind.

Der Zustand eines Elementes einer Ergode ist durch gewisse Parameter p_g bestimmt. Sobald jedes Element der Ergode ein Aggregat materieller Punkte ist und die Zahl der Parameter p_g kleiner ist als die Zahl aller rechtwinkligen Koordinaten aller materiellen Punkte eines Elementes, so wird es immer gewisse Funktionen dieser rechtwinkligen Koordinaten geben, welche während der gesamten Bewegung konstant bleiben, und die vorhergehenden Entwicklungen setzen voraus, daß diese Funktionen auch während der Zu- und Abfuhr der lebendigen Kraft konstant bleiben. Würde man außer der Veränderlichkeit der in der Kraftfunktion vorkommenden Parameter auch noch eine langsame Veränderlichkeit dieser Funktionen, welche dann die Rolle der v. Helmholtzschen p_a spielen würden, und welche hier gerade so wie die besagten Parameter mit p_a bezeichnet werden sollen, zulassen, so würde man zu Gleichungen gelangen, welche sowohl meine früheren als auch die v. Helmholtzschen Entwicklungen umfassen. Hierüber mögen hier noch einige Bemerkungen Platz finden.

Die Formeln, welche auf die Formel (18) meiner Abhandlung „Analytischer Beweis des zweiten Hauptsatzes der mechanischen Wärmetheorie aus den Sätzen über das Gleichgewicht der lebendigen Kraft“ folgen, sind daselbst nicht in ihrer vollen Allgemeinheit entwickelt, indem dort erstens nur von *einem* Systeme die Rede ist, welches für sich allein alle möglichen mit dem Prinzipe der lebendigen Kraft vereinbaren Zustände durchläuft und zweitens bloß von gewöhnlichen rechtwinkeligen Koordinaten Gebrauch gemacht wird; doch sieht man ohne weiteres nach dem von Maxwell in dessen hier schon oft zitierten Abhandlung „on Boltzmanns theorem usw.“ Gesagten, daß diese Formeln auch für beliebige durch beliebige generalisierte Koordinaten bestimmte Ergoden gelten müssen. Sind dieselben für ein Element einer Ergode wieder $p_1, p_2, \dots p_g$, so erhält man:

$$\frac{d\mathfrak{N}}{N} = \frac{\Delta^{-1/2}\psi^{\frac{g}{2}-1}dp_1\dots dp_g}{\int\int\dots\Delta^{-1/2}\psi^{\frac{g}{2}-1}dp_1\dots dp_g},$$

wobei N die Gesamtzahl der Systeme der Ergode, $d\mathfrak{N}$ die Zahl derjenigen Systeme ist, deren Koordinaten zwischen den Grenzen p_1 und $p_1 + dp_1$, p_2 und $p_2 + dp_2$, $\dots p_g$ und $p_g + dp_g$ eingeschlossen sind. ψ ist die hierbei in Form von Geschwindigkeit in einem Systeme vorhandene lebendige Kraft. Die neunte an der zitierten Stelle auf Formel (18) folgende Formel lautet dort

$$\tfrac{2}{3}\log\int\psi^{\frac{3\lambda}{2}}d\sigma + \text{const}.$$

Diese Formel liefert, da die daselbst vorkommenden Größen λ und T die Werte $g/3$ und $3\psi/g$ haben und dort δQ das einem einzigen Systeme zugeführte Wärmedifferential ist:

$$\delta Q = \frac{2L}{g}\cdot\delta\log\int\int\dots\Delta^{-1/2}\psi^{\frac{g}{2}}dp_1\dots dp_g$$

$$= \frac{2N}{g}\,\frac{\delta\int\int\dots\Delta^{-1/2}\psi^{\frac{g}{2}}dp_1\dots dp_g}{\int\int\dots\Delta^{-1/2}\psi^{\frac{g}{2}-1}dp_1\dots dp_g},$$

δQ ist hier die der gesamten Ergode zugeführte Wärme in Arbeitsmaß. $L = N\psi$ ist die gesamte lebendige Kraft der Ergode. Es ist hierbei gleichgültig, ob man sich die Kraftfunktion direkt als veränderlich denkt, oder ob man annimmt, es gäbe außer den Koordinaten p_g noch andere Koordinaten p_a, welche bei unveränderlichem Zustande der Ergode konstant sind, sich aber langsam verändern, sobald sich dieser Zustand verändert, was natürlich im allgemeinen auch mit einer Veränderung des Wertes der Kraftfunktion für gegebene Werte von $p_{\mathfrak{g}}$ verbunden ist. Um dies einzusehen, ist es gut, sich die $p_{\mathfrak{g}}$ so gewählt zu denken, daß ihre Grenzen durch die Veränderung der p_a nicht direkt, sondern höchstens durch die damit verbundene Veränderung der Kraftfunktion beeinflußt werden. Den ausführlichen Beweis werde ich in einer späteren Abhandlung mitteilen. Für den Satz selbst ist es vollkommen gleichgültig, von welchen Koordinaten man Gebrauch macht. Hrn. v. Helmholtz' monozyklische Systeme mit einer Geschwindigkeit sind nichts anderes, als Ergoden mit einer einzigen rasch veränderlichen Koordinate, welche $p_{\mathfrak{g}}$ heißen soll, da sie nicht wie das v. Helmholtzsche p_a der Bedingung unterworfen ist, daß ihre Ableitung nach der Zeit sehr langsam veränderlich ist. Es wird daher die obige Formel ebensowohl für monozyklische Systeme mit einer einzigen Geschwindigkeit, als für warme Körper gelten, und dadurch scheint mir die von Hrn. v. Helmholtz entdeckte Analogie zwischen Rotationsbewegungen und idealen Gasen (vgl. Crelles Journal **97**. S. 123; Berl. Ber. S. 170) erklärt zu sein. Wenn ein einziges System vorhanden ist, dessen rasch veränderliche Variabeln bereits alle mit der Gleichung der lebendigen Kraft vereinbaren Wertekombinationen durchlaufen (Isomonode), so ist $N = 1$, $\psi = L$. Für einen rotierenden festen Körper ist $g = 1$; setzen wir p gleich dem Positionswinkel ϑ und $\omega = d\vartheta/dt$, so wird

$$\psi = L = \frac{T\omega^2}{2} = \frac{r^2}{2T}, \quad r = T\omega;$$

daher $\Delta = 1/T$, da immer $\Delta = \mu_1 \mu_2 \mu_3 \ldots$ ist, wenn L die Form

$$\frac{\mu_1 r_1^2 + \mu_2 r_2^2 + \ldots}{2}$$

hat. T ist das Trägheitsmoment; $\int\int \ldots dp_1 dp_2 \ldots$ reduziert sich auf $\int dp = 2\pi$ und kann weggelassen werden, so daß die obige allgemeine Formel liefert $\delta Q = L\,\delta \log(TL)$. Wenn eine einzelne Masse m in der Distanz ϱ von der Achse rotiert, kann man p gleich dem Wege s der Masse setzen; dann wird

$$\psi = L = \frac{mv^2}{2} = \frac{r^2}{2m}, \quad r = mv, \quad \Delta = \frac{1}{m},$$

$$\int\int \ldots dp_1 dp_2 \ldots = \int dp = 2\pi\varrho,$$

wobei $v = ds/dt$ ist; daher liefert die obige allgemeine Formel $\delta Q = L\delta \log(mL\varrho^2)$. Für ein ideales Gas mit einatomigen Molekülen ist wieder $N = 1$, $\psi = L$; $p_1 p_2 \ldots p_g$ sind die rechtwinkligen Koordinaten $x_1 y_1 \ldots z_n$ der Moleküle, daher $g = 3n$, wenn n die Gesamtzahl der Gasmoleküle, v das Volumen des Gases ist. $\int\int \ldots dp_1 dp_2 \ldots$ hat also den Wert v^n, Δ ist konstant, solange die Massen der Moleküle konstant sind; daher liefert die obige allgemeine Formel $\delta Q = L\delta \log(L \cdot v^{2/3})$, was wieder genau der richtige Wert ist, da in diesem Falle das Verhältnis der Wärmekapazitäten $\frac{5}{3}$ ist. Strömt eine Flüssigkeitsmasse M von der Dichte ϱ in einem in sich zurücklaufenden Kanale von im allgemeinen veränderlichem Querschnitte ω, so sind zwei Auffassungen möglich. 1. Jedes einzelne Flüssigkeitsteilchen ist ein System der Ergode, die ganze Flüssigkeit ist die Ergode selbst. Wir setzen $p = x$, gleich dem Wege des Flüssigkeitsteilchens, dessen Masse μ heiße, dann ist $g = 1$, N gleich der Gesamtzahl der Flüssigkeitsteilchen,

$$\psi = \frac{\mu u^2}{2}, \quad \Delta = \frac{1}{\mu}, \quad \varrho\omega u = q = \text{const.},$$

und die allgemeine Formel liefert, da μ konstant ist:

$$\delta Q = 2L\delta \log \int u\,dx = \int \varrho\omega u^2 dx \frac{\delta \int u\,dx}{\int u\,dx} = q\delta \int u\,dx.$$

2. Die gesamte Flüssigkeitsmasse ist ein System der Ergode, welche überhaupt nur dieses eine System besitzt (isodisch ist). Dann muß p so gewählt werden, daß dp/dt nicht rasch veränderlich ist. Setzen wir mit Hrn. v. Helmholtz

$$\frac{dp}{dt} = q = \varrho\omega u,$$

so wird

$$L = \frac{q^2}{2}\int \frac{dx}{\varrho\omega} = \frac{r^2}{2\int \frac{dx}{\varrho\omega}}, \quad r = \frac{\partial L}{\partial q} = q\int \frac{dx}{\varrho\omega},$$

$$\Delta = \frac{1}{\int \frac{dx}{\varrho\omega}}, \quad \int dp = M, \quad \psi = L,$$

und die allgemeine Formel liefert

$$\delta Q = 2L\delta \log \sqrt{L\cdot\int\frac{dx}{\varrho\omega}\cdot M} = 2L\delta\log q\int\frac{dx}{\varrho\omega} = 2L\delta\log\int u\,dx.$$

Hier ist wie bei Hrn. v. Helmholtz ω der Querschnitt, dx ein Längenelement des Kanals, u die Strömungsgeschwindigkeit. Für Zentralbewegungen könnten wir unter $p_{\mathfrak{g}}$ den Polarwinkel ϑ von einem innerhalb der Bahn liegenden Punkte aus gezählt, unter $p_{\mathfrak{a}}(\varrho\,\vartheta) = \text{const.}$ die Gleichung der als eben vorausgesetzten Bahn verstehen. Die vorhergehende allgemeine Formel für δQ liefert dann, wenn m konstant ist

$$\delta Q = \frac{m\int\limits_0^{2\pi}\varrho^2\,\omega\,d\vartheta}{\int\limits_0^{2\pi}\frac{d\vartheta}{\omega}}\,\delta\log\int\limits_0^{2\pi}\varrho^2\,\omega\,d\vartheta = \frac{m\int\limits_0^{2\pi}d\vartheta\,\delta(\varrho^2\,\omega)}{\int\limits_0^{2\pi}\frac{d\vartheta}{\omega}},$$

worin ϑ der Variation nicht fähig ist; ω ist gleich $d\vartheta\,/\,dt$; m ist die Gesamtmasse der Ergode. Die zitierte allgemeine Formel für δQ gilt übrigens auch, wenn man unter $p_{\mathfrak{g}}$ den Weg s versteht, und zwar für ebene und nicht ebene Bahnen. Dann wird, wenn man $ds/dt = v$ setzt,

$$\delta Q = \frac{m}{\int\frac{ds}{v}}\cdot\delta\int v\,ds,$$

wobei der erste Faktor die von Hrn. v. Helmholtz mit $q_{\mathfrak{b}}$, der auf das Zeichen δ folgende Ausdruck die von Hrn. v. Helmholtz mit $s_{\mathfrak{b}}$ bezeichnete Größe ist. Da wir hier wieder das im Prinzip der kleinsten Wirkung erscheinende Integral $\int v\,ds$ haben, von dem ich schon im Jahre 1866[1]) ausging, so tritt wohl am besten der innere Zusammenhang aller dieser Untersuchungen zutage. Variiert man das Integral wirklich, so liefert $\int\delta v\,ds$ die auf direkte Steigerung der lebendigen Kraft der Bewegung, $\int v\,\delta\,ds$ aber die auf Arbeitsleistung verwendete Wärmemenge. In der Tat, wenn R der Krümmungsradius der Bahn, δR die Verschiebung des Elements ds in der Richtung R ist, so ist bei passender Art der Variation $\delta\,ds = \delta R\,ds\,/\,R$. Die auf ds vorhandene Masse ist

---

[1]) Wien. Ber. **53.** 8. Februar 1866. (Diese Sammlung I, Nr. 2.)

$$dm = \varrho v\, dt = \frac{m\, dt}{i} = \frac{m\, ds}{v i},$$

und deren Arbeit gegen die Zentripetalkraft ist

$$\frac{v^2\, dm\, \delta R}{R} = \frac{m v\, ds\, \delta R}{i R} = \frac{m v\, \delta\, ds}{\int \frac{ds}{v}}.$$

Für den Fall, daß sich die Masse m ergodisch auf einer Fläche bewegt, ist $g = 2$. Dann ist also ein endliches Flächenstück ganz mit Massenteilchen bedeckt, und die Dichte bleibt an jeder Stelle konstant. Die Masse dm, welche sich auf einem Flächenelemente do befindet, ist proportional der in Gleichung (24) meiner Abhandlung „Einige Sätze über Wärmegleichgewicht" bestimmten Größe dt_4, also gleich $m\, do / \int do$. Ferner ist

$$\delta Q = \frac{m}{2 \int do}\, \delta \int v^2\, do,$$

wobei wieder $\int do\, \delta (v^2)$ die auf Steigerung der lebendigen Kraft, $\int v^2\, \delta\, do$ aber die auf Überwindung der Zentripetalkräfte aufgewendete Wärme ist. Hiervon überzeugt man sich leicht durch wirkliche Ausrechnung jener Zentripetalkräfte, wobei zu berücksichtigen ist, daß in der Ergode für jeden Punkt der Fläche jede Geschwindigkeitsrichtung gleich wahrscheinlich ist. Die hier immer verwendete allgemeine Formel gilt natürlich auch für zusammengesetzte monozyklische und polyzyklische Systeme, sobald dieselben ergodisch sind, doch scheue ich mich, die Zahl der speziellen Beispiele noch weiter zu vermehren.

§ 4.

Auch die zusammengesetzten monozyklischen Systeme sind Ergoden mit einer einzigen rasch veränderlichen Größe, sobald die Fesselung durch $n - 1$ Gleichungen zwischen den Größen p_a und p_b bewirkt ist. Dann bleibt auch nur eine einzige rasch veränderliche Größe übrig, und da dieselbe alle möglichen mit der Gleichung der lebendigen Kraft und den Fesselungsgleichungen vereinbaren Werte durchläuft, so haben wir wieder eine Ergode mit einer einzigen rasch veränderlichen Größe; denn die in den Fesselungsgleichungen vorkommenden Parameter sind zu den langsam veränderlichen Größen zu rechnen, welche bei allen Phasen der rasch veränderlichen Größe als konstant zu betrachten sind. In allen diesen Fällen muß daher auch die lebendige Kraft integrierender Nenner sein, und es herrscht die vollständigste Übereinstimmung zwischen meinen Gleichungen und denen des Hrn. v. Helmholtz. Dasselbe gilt auch noch, wenn unter den Fesselungsgleichungen lineare Gleichungen mit konstanten (auch nicht langsam veränderlichen) Koeffizienten zwischen den $q_{\mathfrak{b}}$ vorkommen, wie sie etwa erforderlich wären, um die Funktion von Zahnrädern auszudrücken, bei denen die Zahl der Zähne eine endliche ist. Bei Flüssigkeitsströmungen würden solche Gleichungen durch Schaufelräder bedingt, deren Umdrehungsgeschwindigkeit lediglich proportional dem Flüssigkeitsquantum ist, das durch jeden Querschnitt geht. Beispiele solcher Schaufelräder finden sich in den Gasuhren zur Messung der Quantität des verbrauchten Leuchtgases. Wenn dagegen die Koeffizienten der Gleichungen zwischen den $q_{\mathfrak{b}}$ langsam veränderlich sind, wie es bei Verbindung durch Friktionsrollen, Schnüren ohne Ende, Wasserrädern, die durch den Mittelswiderstand getrieben werden usw., kurz bei allen Energie verzehrenden Kräften vorkommen kann, selbst wenn im speziellen Falle die verzehrte Energie unendlich klein höherer Ordnung ist, so sind die durch Integration dieser Gleichungen gewinnbaren Relationen im allgemeinen nicht mehr geeignet, das letzte $p_{\mathfrak{b}}$ auf einen einzigen oder eine endliche Anzahl von Werten zu beschränken, sobald alle andern $p_{\mathfrak{a}}$ und $p_{\mathfrak{b}}$ gegeben sind, sondern es kann vorkommen, daß dieses letzte p, wenn alle andern gegeben sind, noch eine unendliche Zahl kontinuierlich ineinander übergehender Werte annehmen kann. Dann verliert also das System seine ergodische Eigenschaft, und die lebendige Kraft ist im allgemeinen nicht mehr integrierender Nenner, ja ein integrierender Nenner von dQ braucht dann überhaupt nicht mehr zu existieren, wie ich bereits im Anzeiger der Wiener Akademie vom 9. Oktober 1884 bemerkte; in diesem Falle können die veränderlichen Koeffizienten der Fesselungsgleichungen entweder Funktionen der schon früher eingeführten $p_{\mathfrak{a}}$ sein, oder es können neue independente, langsam veränderliche Größen hinzutreten, welche die langsame Veränderlichkeit der Fesselungsbedingungen ausdrücken und dann, wie mir scheint, ohne Bedenken und ohne weitere Unterscheidung den alten $p_{\mathfrak{a}}$ beigezählt werden können.

Dies ist der einzige Fall, in welchem ich mit den Entwicklungen des Hrn. v. Helmholtz, wenn ich dieselben überhaupt hierin richtig verstanden habe, in Widerspruch stehe, da letzterer in Crelles Journal **97.** S. 133 sagt: ‚Solange nur solche (nämlich rein kinematische) Verbindungen eingeführt werden, bleibt die lebendige Kraft einer der integrierenden Nenner des Systems.“ Herr v. Helmholtz findet dieses Resultat, indem er l. c. S. 125 (vgl. auch ebenda S. 117) voraussetzt, daß die Gleichung $dQ = 0$ ein Integral von der Form $\sigma =$ const. haben muß, worin σ eine Funktion der in dQ vorkommenden independenten Veränderlichen p_a und x ist. Allein diese Voraussetzung scheint mir nicht immer zulässig zu sein; vielmehr scheint mir die von Hrn. v. Helmholtz l. c. S. 126 angegebene Gleichung (6^b) gerade die Bedingung anzugeben, daß dQ überhaupt integrierende Faktoren besitzt; wenn dann die daselbst vorkommende Funktion F eine homogene Funktion der s_b ist, so ist unter den integrierenden Faktoren die reziproke lebendige Kraft. Denn indem man statt σ eine passende Funktion von σ wählt, kann der Grad der Funktion F immer gleich Eins gemacht werden. Für den einfachsten Fall, daß die Fesselungsfunktion F linear mit konstanten Koeffizienten ist, kann man immer annehmen, daß letztere ein, wenn auch noch so kleines gemeinsames Maß haben, wodurch das System ergodisch wird. Ist dagegen F eine kompliziertere homogene Funktion, so erhält man aus den v. Helmholtzschen Gleichungen orthodische Systeme, auf welche meine Gleichungen nicht mehr passen; freilich sind alle diese Systeme, soweit ich sehe, an mechanisch ziemlich unnatürliche Bedingungen geknüpft. Auch dürften nicht ohne weiteres alle Parameter veränderlich sein. Dagegen sind hinwiederum meine Gleichungen nicht darauf beschränkt, daß die Ableitungen aller rasch veränderlichen Größen nach der Zeit Funktionen einer einzigen Variabeln sind. In meinen Gleichungen können vielmehr beliebig viele independente Ableitungen q_g rasch veränderlicher Größen p_g vorkommen. Die q_g können selbst wieder rasch veränderlich sein; nur die mittlere lebendige Kraft ist durch eine einzige Variable, die Temperatur, bestimmt. Es sind also die idealen Gase und jene Gattungen von Monoden, von denen schon Maxwell l. c. nachwies, daß sie wahrscheinlich den in der

Natur vorkommenden festen und tropfbar flüssigen Körpern entsprechen, meinen Formeln als spezielle Fälle untergeordnet.

Es erübrigt noch zu zeigen, daß dieser theoretisch mögliche Fall, daß die Gleichung $dQ = 0$ keinen integrierenden Faktor besitzt, auch an Beispielen wirklich realisierbar ist. Um möglichst klar zu sein, will ich da ein ganz spezielles, tunlichst einfaches Beispiel anführen, welches ganz in der von Hrn. v. Helmholtz selbst angedeuteten Weise gebildet ist. Eine feste vertikale Achse AB (Fig. 1) trage einen horizontalen

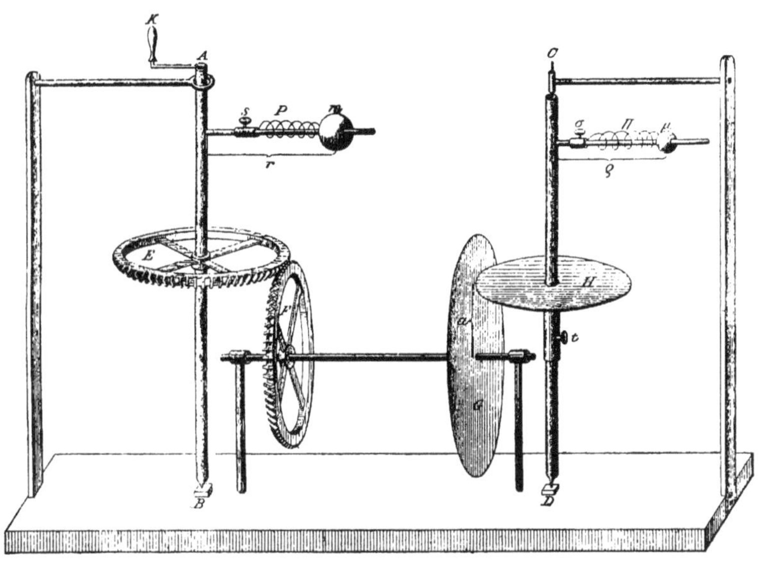

Fig. 1.

Querarm, an dem eine Masse m verschiebbar ist, genau so, wie es an den Zentrifugalmaschinen für Schulzwecke vorkommt; eine an der Masse m befestigte elastische Feder P, deren anderer Endpunkt mit der Schraube s am Querarm beliebig verstellt werden kann, leiste der Zentrifugalkraft das Gleichgewicht. An ihrer Stelle könnte auch eine an der Masse befestigte Schnur treten, welche die als hohl gedachte Achse durchsetzte und unten durch Gewichte mehr oder minder belastet würde, wie es in Fig. 2 angedeutet ist; nur wäre dann das Gleichgewicht der Masse m labil. In derselben Weise trägt die Achse CD eine mit der Feder Π versehene Masse μ.

Die Verstellung geschieht durch die Schraube σ. Die Entfernungen der beiden Massen m und μ von ihren bezüglichen Umdrehungsachsen sollen r und ϱ heißen. Die Umlaufsgeschwindigkeiten beider Achsen sollen in folgender Weise untereinander in Beziehung gebracht sein. Die Achse AB trägt ein horizontales Zahnrad E vom Radius 1, welches in ein gleich großes, vertikales F eingreift; die Achse CD trägt eine horizontale Friktionsscheibe H vom Radius 1, welche sich an einer vertikalen Scheibe G reibt; letztere ist an derselben Achse wie F befestigt. Durch eine Schraube t kann die Scheibe H in verschiedener Höhe an der Achse CD festgeklemmt und dadurch die senkrechte Entfernung a zwischen der Scheibe H und der Achse der Räder F und G beliebig reguliert werden. Sind w und ω die Winkelgeschwindigkeiten der Achsen AB und CD, so bewirken die Friktionsräder, daß immer

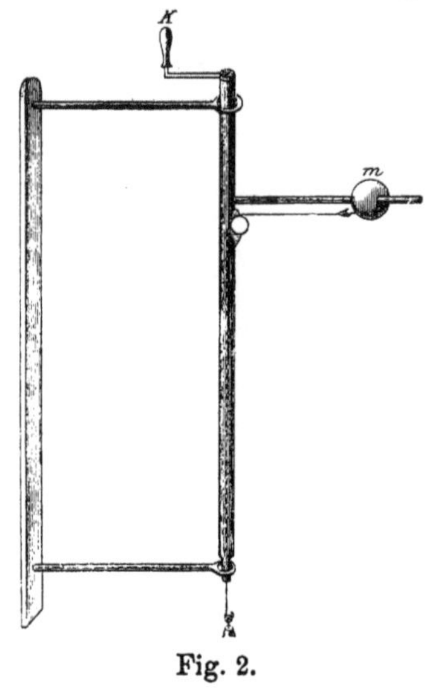

Fig. 2.

$$\omega = a\,w$$

sein muß. Die Reibung ist freilich eine Energie verzehrende Kraft, wenn aber die Geschwindigkeitsänderungen immer sehr langsam vor sich gehen, so daß die aneinander reibenden Flächen immer unendlich wenig verschiedene Geschwindigkeiten haben, so ist der Energieverlust bekanntlich unendlich klein zweiter Ordnung, und es kann daher die Verbindung als eine solche betrachtet werden, welche keine Energie verzehrt. Mit Ausnahme dieser Reibungskraft sollen alle Bewegungen vollkommen ohne Bewegungshindernisse vor sich gehen und alle Bestandteile mit Ausnahme der Massen m und μ sollen massenlos sein.

Wir haben hier drei independente, durch die Schrauben s, σ und t veränderliche Parameter p_a, nämlich r, ϱ und a, ferner zwei Parameter $q_{\mathfrak{b}}$, nämlich w und ω; w wollen wir als die v. Helmholtzsche Variable x wählen, während $\omega = a x$ ist. Der Wert von w kann durch die Kurbel K von außen ebenfalls langsam verändert werden. Da die Kräfte der Federn P und Π als äußere gerechnet werden müssen, so ist die potentielle Energie der inneren Kräfte $\Phi = 0$. (Φ kann immer $= 0$ gesetzt werden, wenn die potentielle Energie bloß von den $p_{\mathfrak{a}}$, nicht auch von den $q_{\mathfrak{b}}$ abhängt, da die $p_{\mathfrak{a}}$ nur durch äußere Kräfte verändert werden können, die $p_{\mathfrak{b}}$ aber gemäß der Definition nicht in Φ vorkommen dürfen.) Die gesamte lebendige Kraft ist

$$L = -H = \frac{m r^2 w^2}{2} + \frac{\mu \varrho^2 \omega^2}{2}.$$

Setzen wir

$$s_1 = -\frac{\partial H}{\partial w} = m r^2 w,$$

$$s_2 = -\frac{\partial H}{\partial \omega} = \mu \varrho^2 \omega,$$

so ist die gesamte, der Kurbel K mitzuteilende Energie

$$\begin{aligned} dQ &= w\, ds_1 + \omega\, ds_2 \\ &= m w\, d(r^2 w) + \mu \omega\, d(\varrho^2 \omega). \end{aligned}$$

Hiervon wird der Teil

$$m r^2 w\, dw + m w^2 r\, dr + \mu \varrho^2 \omega\, d\omega + \mu \omega^2 \varrho\, d\varrho$$

auf Erhöhung der lebendigen Kraft L verwendet.

Außerdem werden noch bei Vergrößerung der Distanzen r und ϱ die Arbeiten

$$m w^2 r\, dr \quad \text{und} \quad \mu \omega^2 \varrho\, d\varrho$$

in Überwindung der Spannungen der Federn geleistet, welche Spannungen die Werte

$$-\frac{\partial H}{\partial r} = m w^2 r \quad \text{und} \quad -\frac{\partial H}{\partial \varrho} = \mu \omega^2 \varrho$$

haben. Führen wir die $p_{\mathfrak{a}}$ und x, also in unserem Beispiele r, ϱ, a und w als independente Veränderliche ein, so erhalten wir

$$dQ = 2 m w^2 r\, dr + 2 \mu a^2 w^2 \varrho\, d\varrho + (m r^2 + \mu a^2 \varrho^2) w\, dw + \mu \varrho^2 w^2 a\, da,$$

und man überzeugt sich leicht, daß hier nicht nur die lebendige Kraft nicht integrierender Nenner ist, sondern daß dQ überhaupt keinen integrierenden Faktor besitzt, durch welchen es in das vollständige Differential einer Funktion von r, ϱ, w und a verwandelt würde. Dieser Fall unterscheidet sich von dem von Hrn. v. Helmholtz betrachteten noch insofern, als hier durch die Fesselung eine ganz neue independente a eingeführt wird. Da aber a eine ganz unabhängige Größe ist, so können leicht solche Bedingungen ersonnen werden, welche a zu einer beliebigen Funktion der p_a, also von r und ϱ machen.

Am einfachsten ist es, wenn man sich die Schraube t hinwegdenkt und dafür die Friktionsscheibe H irgendwie durch ein Gestänge mit der Masse μ verbunden denkt. Sei z. B. die Verbindung durch eine vollkommen biegsame Stange von konstanter Länge bewirkt, deren Enden an μ und H festgemacht sind, und deren einer Teil immer parallel CD, deren anderer immer parallel dem die Masse μ tragenden Querarme geht, und welche an ihrer Biegungsstelle über eine reibungslose Rolle läuft. Dann wäre

$$a = \varrho + \text{const.}$$

oder bei passender Wahl der Länge der biegsamen Stange noch einfacher

$$a = \varrho .$$

Dies würde liefern

$$\begin{aligned} dQ &= 2 m w^2 r\, dr + 3 \mu w^2 \varrho^3 d\varrho + (m r^2 + \mu \varrho^4) w\, dw \\ &= X dr + Y d\varrho + Z dw , \end{aligned}$$

und es ist

$$X\left(\frac{\partial Y}{\partial w} - \frac{\partial Z}{\partial \varrho}\right) + Y\left(\frac{\partial Z}{\partial r} - \frac{\partial X}{\partial w}\right) + Z\left(\frac{\partial X}{\partial \varrho} - \frac{\partial Y}{\partial r}\right) = - 2 m \mu w^3 \varrho^3 r.$$

Die Bedingung der Integrabilität von dQ ist also nicht erfüllt a könnte natürlich die mannigfachsten Formen erhalten, wenn statt des Rades F und der Scheibe G schon auf der Achse AB ein beliebiger Rotationskörper aufgesteckt wäre, der undrehbar gegen die Achse, aber daran reibungslos verschiebbar und durch ein Gestänge mit der Masse m verbunden wäre; auf ihm würde direkt die Friktionsscheibe H laufen, ähnlich wie es schon Hr. v. Helmholtz in seinen Abhandlungen angedeutet hat, doch habe ich hier absichtlich das Beispiel so einfach wie möglich gewählt.

Über einen Umstand muß ich hier noch eine Bemerkung beifügen: die hier angenommenen rotierenden Massen sind nicht symmetrisch um die Rotationsachse gebaut, doch sieht man sofort, daß dies vollkommen unwesentlich ist, und daß dieselben Formeln auch auf vollkommen symmetrische rotierende Körper mit veränderlichem Trägheitsmomente anwendbar wären. Man könnte ja das System sofort in eine Monode verwandeln, indem man sich unendlich viele Achsen AB und CD vorhanden denkt, auf denen die Massen m und μ alle möglichen Winkelstellungen haben, wobei natürlich jede Winkelstellung gleich wahrscheinlich sein muß,[1]) allein das in Fig. 1 dargestellte System ist dann keine Ergode; denn bezeichnen wir den Positionswinkel $\int w\,dt$ irgend einer der Massen m mit W, den irgend einer Masse μ mit Ω, so werden im Verlauf der Zeit sich einem bestimmten Werte des W alle möglichen Werte von Ω zugesellen, da a im allgemeinen irrational sein wird. Wäre also das System eine Ergode, so müßten auch alle möglichen Wertepaare von

$$w = \frac{dW}{dt} \quad \text{und} \quad \omega = \frac{d\Omega}{dt}$$

vorkommen, welche mit der Gleichung der lebendigen Kraft vereinbar sind.

Es verhält sich das in Fig. 1 dargestellte System in dieser Hinsicht wie eine Zentralbewegung in einer nicht geschlossenen Bahn, wo sich ebenfalls einem bestimmten Wertepaare der rechtwinkligen Koordinaten x und y nicht alle mit der Gleichung der lebendigen Kraft vereinbaren Richtungen zugesellen. Eine Ergode würde erst entstehen, wenn unendlich viele derartige Systeme nebeneinander bestünden, für welche a alle möglichen

[1]) Jedesmal, wenn jedes einzelne System der Monode im Verlaufe der Zeit alle an den verschiedenen Systemen gleichzeitig nebeneinander vorkommenden Zustände durchläuft, kann an Stelle der Monode ein einziges System gesetzt werden. Nur müssen dann die Veränderungen der langsam veränderlichen Größen mit so geringer Geschwindigkeit erfolgen, daß sie während der ganzen Zeit unendlich klein bleiben, welche das System braucht, um alle seine Zustände zu durchlaufen, und jene Veränderungen müssen während dieser ganzen Zeit gleichförmig erfolgen. Für eine solche Monode wurde schon früher die Bezeichnung „isodisch“ vorgeschlagen.

Werte hätte und nur die lebendige Kraft konstant wäre, so daß alle möglichen Werte von ω vorkämen und nur w durch die Gleichung der lebendigen Kraft bestimmt wäre.

§ 5.

Da die Wirksamkeit der Reibungskraft bei Friktionsrollen nicht ohne alle Unklarheit ist, so scheint es mir behufs der möglichsten Präzisierung der Begriffe nicht überflüssig zu zeigen, wie sich in dem von uns betrachteten Falle die Reibungskraft auf die Wirksamkeit von Zahnrädern mit einer unendlichen Anzahl von Zähnen zurückführen läßt. Sei O das Zentrum und OP der Radius eines Zahnrades, dessen Ebene vertikal und senkrecht zur Ebene der Fig. 3 steht; die Zähne sollen senkrecht auf der Ebene des Rades in sehr vielen konzentrischen Kreisen angeordnet sein, jeder nächstfolgende Kreis soll einen Zahn mehr als der vorhergehende enthalten. Die Distanz je zweier Zahnreihen soll unendlich klein, die Dicke ε der Zähne selbst aber unendlich klein höherer Ordnung sein, letzteres, damit ein zweites Zahnrad ohne Störung in jede beliebige Zahnreihe eingreifen kann. QR soll der Durchschnitt eines derartigen zweiten Zahnrades sein. Die Ebene desselben sei horizontal und ebenfalls senkrecht zur Ebene der Fig. 3, sein Mittelpunkt sei O', ν sei die Anzahl seiner Zähne, welche in der Radebene liegen, und deren Dicke ε' ebenfalls gegen die Distanz je zweier Zahnreihen des ersten Rades verschwinden soll. Das Rad QR soll anfangs in eine Zahnreihe mit $n-1$ Zähnen eingreifen; durch eine Verschiebung parallel mit sich selbst soll es aus dieser Zahnreihe herausgehoben und sanft gegen die nächste gedrückt werden. Es wird sich so lange mit der alten Geschwindigkeit drehen, bis es in die neue Zahn-

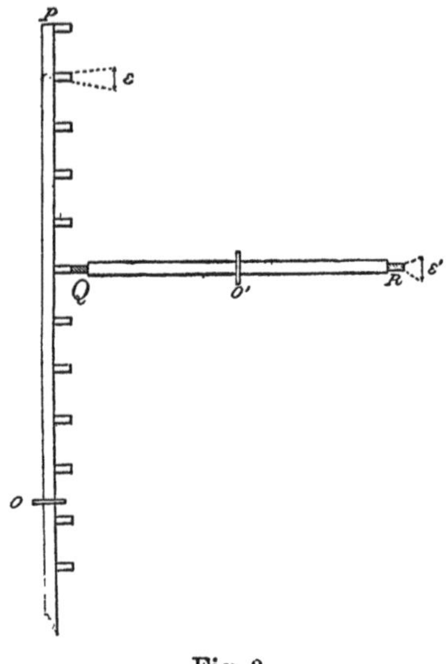

Fig. 3.

reihe mit n Zähnen einschnappt; an der Bewegung über diese Zahnreihe hinaus soll es durch einen passenden Anschlag an der Achse verhindert sein. Durch einen Druck der beiden Zahnräder gegeneinander erfolgt eine unendlich kleine Änderung ihrer Winkelgeschwindigkeit; die früheren Winkelgeschwindigkeiten beider Zahnräder sollen mit w und ω, die neuen mit w_1 und ω_1 bezeichnet werden. Die Distanz je zweier Zahnmitten, welche für beide Zahnräder und alle Zahnreihen dieselbe ist, soll δ heißen; dann wird sein

$$(n-1)w = \nu\omega,$$

$$n w_1 = \nu\omega_1.$$

$$\frac{(n-1)\delta}{2\pi}, \quad \frac{n\delta}{2\pi} \quad \text{und} \quad \frac{\nu\delta}{2\pi}$$

sind die Radien der Zahnräder von der Eingriffsstelle an gezählt. Sei f das Zeitintegral des gesamten Druckes an der Eingriffsstelle, so sind $n\delta f/2\pi$ und $\nu\delta f/2\pi$ die Momente dieses Integraldruckes bezüglich der beiden Achsen. m soll das auf die Winkelgeschwindigkeit Eins bezogene Massenmoment der mit dem Rade OP verbundenen Masse sein (also das Trägheitsmoment des um die Achse O drehbaren festen Körpers, falls jene Masse fix mit der Achse des ersten Rades verbunden ist); dieselbe Bedeutung soll μ für das zweite Rad haben. Dann ist

$$2\pi m(w - w_1) = n\delta f,$$

$$2\pi\mu(\omega_1 - \omega) = \nu\delta f,$$

daher

$$m\nu(w - w_1) = \mu n(\omega_1 - \omega),$$

woraus folgt:

$$w_1 - w = -\frac{w\mu n}{(m\nu^2 + \mu n^2)},$$

$$\omega_1 - \omega = \frac{m\nu^2\omega}{(n-1)(m\nu^2 + \mu n^2)}.$$

Erfolgt der Übergang kontinuierlich von Zahnreihe zu Zahnreihe bis w, ω und n die Werte W, Ω und N angenommen haben, so kann das schließliche Resultat durch Integration nach n gefunden werden, indem man in die vorige Gleichung dw/dn und $d\omega/dn$ statt $w_1 - w$ und $\omega_1 - \omega$ schreibt, was liefert

$$\frac{dw}{w} = -\frac{\mu n\,dn}{(m\nu^2 + \mu n^2)},$$

und durch Integration

$$W = w\sqrt{\frac{(m\nu^2 + \mu n^2)}{(m\nu^2 + \mu N^2)}},$$

während Ω aus der Gleichung

$$NW = \nu\,\Omega$$

folgt. Wie vorauszusehen war, ist die verzehrte Energie unendlich klein höherer Ordnung, und es bestätigt sich die im früheren gemachte Annahme, daß die gesamte lebendige Kraft beider Räder durch die allmähliche Verschiebung des zweiten unverändert bleibt, denn die Gleichungen

$$mW^2 + \mu\,\Omega^2 = m w^2 + \mu\,\omega^2,$$

$$nw = \nu\,\omega \quad \text{und} \quad NW = \nu\,\Omega$$

liefern dieselben Werte.

§ 6.

Genau dieselben Formeln gelten auch für die Flüssigkeitsbewegung in zwei in sich zurücklaufenden Kanälen, wenn der Querschnitt des ersten Kanals veränderlich, aber zu einer gegebenen Zeit an allen Stellen gleich ist und dasselbe auch für den zweiten Kanal gilt, und ich will diesen Fall hier noch in Kürze behandeln, sei es auch nur zu dem Zwecke, die sehr allgemeinen v. Helmholtzschen Formeln durch ausführliche Diskussion eines Beispieles dem Verständnisse näher zu bringen. r sei die Länge, g der Querschnitt, s die als vollkommen konstant vorausgesetzte Dichte der Flüssigkeit im ersten Kanale, f deren Geschwindigkeit. Die gesamte im ersten Kanale enthaltene Flüssigkeitsmasse, welche wir der Analogie mit dem vorigen Probleme halber mit $1/m$ bezeichnen wollen, ist sgr; die in der Zeiteinheit durch den Querschnitt gehende Flüssigkeitsmasse ist

$$w = sgf = \frac{f}{rm}.$$

Dieselben Größen sollen für den zweiten Kanal mit den entsprechenden griechischen Buchstaben bezeichnet werden. Da keine weiteren inneren Kräfte existieren sollen, so ist

$$\Phi = 0,$$

$$L = -H = \frac{f^2}{2m} + \frac{\varphi^2}{2\mu}$$

$$= \frac{m r^2 w^2}{2} + \frac{\mu \varrho^2 \omega^2}{2},$$

und alle früher entwickelten Formeln sind unverändert, nur mit anderer Bedeutung der Buchstaben anwendbar. Die Verbindung beider Kanäle kann man sich dadurch bewerkstelligt denken, daß in jeden ein Rad taucht, dessen Geschwindigkeit infolge des Mittelswiderstandes immer nur unendlich wenig von der der Flüssigkeit abweicht. Die Umlaufszeiten beider Räder stehen dann wie früher durch Friktionsrollen in einem bestimmten Verhältnisse, das sich sowie r und ϱ langsam ändern kann. Die ganze Vorrichtung läuft darauf hinaus, daß wieder

$$\omega = a w$$

wird, wobei a bei unveränderten äußeren Verhältnissen konstant ist, mit der Zeit sich aber langsam beliebig verändern kann. Eine weitere Verallgemeinerung ist hier durch die Annahme möglich, daß der Querschnitt g an verschiedenen Stellen verschieden ist. Bezeichnen wir mit n die von einem bestimmten Querschnitte an gezählte Flüssigkeitsmasse, so kann dann g als eine langsam veränderliche Funktion von n betrachtet werden; $\int dn$ ist die unveränderliche Gesamtmasse $1/m$ der Flüssigkeit, wodurch wir uns r als bestimmt denken; dn kann also als der Variation unfähig betrachtet werden Dann ist

$$L = -H = \frac{\int f^2 dn}{2} + \frac{\int \varphi^2 d\nu}{2}$$

$$= \frac{w^2}{2s^2}\int \frac{dn}{g^2} + \frac{\omega^2}{2\sigma^2}\int \frac{d\nu}{\gamma^2};$$

der Wert von s_b für den ersten Kanal ist

$$\frac{\partial L}{\partial w} = \frac{w}{s^2}\int \frac{dn}{g^2}.$$

Die auf Deformation des Kanales verwendete Arbeit ist

$$\delta L = -\frac{w^2}{s^2}\int \frac{dn\,\delta g}{g^3},$$

wobei δ jede durch Deformation der Kanäle erzeugte Veränderung bezeichnet. Dann ist

$$dQ = w\,d\left(\frac{w}{s^2}\int\frac{dn}{g^2}\right) + \omega d\left(\frac{\omega}{\sigma^2}\int\frac{d\nu}{\gamma^2}\right)$$

$$= \frac{w\,dw}{s^2}\int\frac{dn}{g^2} - \frac{2\,w^2}{s^2}\int\frac{dn\,\delta g}{g^3} + \frac{\omega\,d\omega}{\sigma^2}\int\frac{d\nu}{\gamma^2} - \frac{2\,\omega^2}{\sigma^2}\int\frac{d\nu\,\delta\gamma}{\gamma^3},$$

welcher Ausdruck wieder im allgemeinen keinen integrierenden Faktor besitzt, wenn $\omega = wa$ ist, und w, a, g und γ entweder alle independent veränderlich sind oder a irgendwie durch g und γ bestimmt ist.[1])

Graz, den 9. Oktober 1884.

---

[1]) Unmittelbar vor der Expedition des letzten Korrekturbogens sah ich im vorigen Hefte des Crelle-Journals den 2. Aufsatz des Hrn. v. Helmholtz über diesen Gegenstand, welcher offenbar ebenso wichtig und inhaltsreich wie der erste ist. Ich bin natürlich nicht mehr in der Lage denselben hier irgendwie zu benützen, und bemerke nur, daß mir meine Einwände auch gegenüber der von Hrn. v. Helmholtz in § 8 gegebenen Deduktion haltbar zu sein scheinen, falls selbe beweisen soll, daß in allen physikalisch möglichen monozyklischen Systemen die lebendige Kraft bedingungslos integrierender Nenner von dQ ist. Diese Deduktion scheint mir vielmehr bloß darzutun, daß wenn überhaupt integrierende Faktoren existieren, einer davon die reziproke lebendige Kraft sein muß.

Graz, den 8. Dezember 1884.

74.

Über einige Fälle, wo die lebendige Kraft nicht integrierender Nenner des Differentials der zugeführten Energie ist.[1])

(Wien. Ber. 92. S. 853—875. 1885; Exners Rep. 22. S. 135—154. 1886.)

Wenn ich im folgenden einige spezielle mechanische Beispiele etwas ausführlicher behandle, so geschieht dies hauptsächlich deshalb, weil ich glaube, daß diese Beispiele imstande sind, einiges Licht auf die mechanischen Analogien des zweiten Hauptsatzes der mechanischen Wärmetheorie zu werfen. Die Beispiele sind natürlich ganz willkürlich, lediglich zu dem Zwecke erfunden, daß sie eine möglichst gute Übersicht gestatten und die Rechnung sich einfach gestaltet. Sie dürften aber doch als die einfachsten Fälle, wo lebendige Kraft in ähnlicher Weise wie in der Wärmetheorie in Arbeit verwandelt wird, dazu beitragen, die allgemeinen Gesetze dieser Verwandlung zu erläutern. Namentlich scheint mir aus denselben hervorzugehen, daß auch der von Helmholtz in dessen neuerer Mitteilung (Berl. Ber. 18. Dezember 1884) aufgestellte Lehrsatz nicht in voller Allgemeinheit richtig sein kann.

An Stelle der in Wärmebewegung begriffenen Moleküle oder Atome setze ich sehr viele materielle Punkte, jeden von der Masse m, welche sämtliche in derselben Ebene eine Zentralbewegung um einen Punkt O ausführen. Die Zentralkraft, welche die materiellen Punkte nach O hinzieht, soll in der folgenden Weise hervorgerufen sein: Jeder Punkt m sei an dem einen Ende je eines vollkommen biegsamen, massenlosen,

---

1) Vorläufiger Bericht über diese Arbeit Wien. Anz. 22. S. 185. 8. Oktober 1885.

undehnbaren Fadens befestigt, an dessen anderem, in eine geradlinige, unendlich enge, vollkommen glatte Röhre R hineinragendem Ende je ein massenloser Punkt p befestigt sei.

An einer Stelle der Röhre befinde sich ein fixer materieller Punkt P, welcher den Punkt p mit einer mit der Entfernung direkt proportionierten Kraft anzieht. An derselben Stelle befinde sich außerdem ein unendlich kurzer Magnet Q vom Momente h, und p sei mit Nordmagnetismus geladen. Die Entfernung r zwischen m und der vom Faden durchsetzten Röhrenmündung O sei immer gleich der Entfernung zwischen p und P. Bei passender Anfangsgeschwindigkeit wird dann jede Masse m die Röhrenmündung O nach den Gesetzen der Zentralbewegung in einer im allgemeinen nicht in sich geschlossenen Bahn umlaufen, deren Ebene wir uns durch O senkrecht zur Mittellinie der Röhre R gelegt denken wollen. Die Anfangslagen und Anfangsgeschwindigkeiten der Massen m sollen so gewählt sein, daß die ganze Bahnkurve kontinuierlich mit Massen besetzt ist, und die Massendichtigkeit im Verlaufe der Zeit in jedem Längenelemente der Bahnkurve konstant bleibt. Sei $\sigma\, ds$ die auf dem Längenelemente $ds = v\, dt$ befindliche Masse, so ist die Bedingung hierfür

$$\sigma v = c, \tag{1}$$

wobei c eine Konstante ist und die in der Zeiteinheit durch jeden Punkt der Bahnkurve hindurchgehende Masse darstellt. Bezeichnen wir mit $\int$ eine Integration über eine Bahnstrecke von einem Minimum bis zu einem Maximum von r, oder umgekehrt, und sei die gesamte vorhandene Masse M auf N solchen Bahnstrecken verteilt, so ist

$$N \int \sigma v\, dt = M, \tag{2}$$

daher

$$c = \sigma v = \frac{M}{N \int dt}. \tag{3}$$

N sei unendlich groß.

Alle N Bahnstücke bedecken im allgemeinen kontinuierlich eine von zwei konzentrischen Kreisen begrenzte Fläche. Jeder innerhalb dieser Fläche liegende Kreisbogen vom Zentrum O und Zentriwinkel φ wird also $N\varphi/4\pi$ zentripetal und ebenso viele zentrifugal gerichtete Bahnstücke durchschneiden. In einem Kreisringe mit den äußersten Radien r und $r + dr$ liegen $N/2$ zentripetal und $N/2$ zentrifugal gerichtete Bahnelemente, auf deren jedem sich die Masse

$$\sigma\, ds = \frac{\sigma v\, dr}{\dot r} \tag{4}$$

befindet, wobei $\dot r$ die Komponente der Geschwindigkeit v in der Richtung r darstellt. Die gesamte, auf dem Kreisringe vorhandene Masse ist

$$\frac{N \sigma v\, dr}{\dot r} = \frac{M\, dr}{\dot r \int dt}. \tag{5}$$

Wird sie durch die Fläche $2\pi r\, dr$ des Kreisringes dividiert, so ergibt sich die Flächendichtigkeit

$$\varrho = \frac{M}{2\pi r \dot r \int dt}. \tag{6}$$

Die zuletzt entwickelten Formeln gelten immer, wenn der Winkel, welchen der Radiusvektor beim Wachstume von einem Minimum zu einem Maximum durchläuft, in einem irrationalen Verhältnisse zu π steht, für geschlossene Bahnen aber nur, wenn deren unendlich viele vorhanden und ihre Apsidenrichtungen gleichmäßig in der Ebene verteilt sind.

Der mit der Masse m verbundene Punkt p enthalte die Menge Nordmagnetismus n, die von P gegen die Röhrenmündung O gezogene Gerade bilde mit der magnetischen Achse des Magnetes Q (letztere vom Südpol gegen den Nordpol hin gezogen) den Winkel ε, dann wird die Magnetismusmenge n mit der Kraft $2hn\cos\varepsilon/r^3 = m v_0^2/r^3$ abgestoßen, während das Moment $nh\sin\varepsilon/r^2 = -m v_0\,\delta v_0/r^2\delta\varepsilon$ den Magnet im Sinne wachsender ε zu drehen sucht, was durch gleiche, aber entgegengesetzte Außenkräfte verhindert werden muß. (Hier wurde Kürze halber v_0^2 für $2hn\cos\varepsilon/m$ geschrieben.) Wächst ε um $\delta\varepsilon$, so verliert die Masse m an die Außenkräfte die Arbeit

$$\frac{nh\sin\varepsilon\,\delta\varepsilon}{r^2} = -\frac{m v_0\,\delta v_0}{r^2},$$

geradeso wie ein Gas Wärme verliert, wenn es sein Volumen dem darauf lastenden Drucke entgegenwirkend vergrößert. Die auf dem Längenelemente ds befindliche Masse $\sigma v\, dt$ verliert daher die Arbeit $-\sigma v\,dt\,v_0\,\delta v_0/r^2$; daher verliert die Gesamtmasse M die Arbeit

$$\alpha = -\sigma v N v_0 \delta v_0 \int \frac{dt}{r^2} = -M v_0 \delta v_0 \frac{\int \frac{dt}{r^2}}{\int dt}. \tag{7}$$

Die vom Fixpunkte P auf jede der Massen m ausgeübte beschleunigende Kraft sei $-\mu^2 r$, die vom Magnete Q ausgeübte ist v_0^2/r^3. Die Zentralbewegung irgend einer der Massen m ist also durch die Gleichungen bestimmt:

$$\begin{cases} \dfrac{d^2 x}{dt^2} = -\mu^2 x + \dfrac{v_0{}^2 x}{r^4}, \\[2mm] \dfrac{d^2 y}{dt^2} = -\mu^2 y + \dfrac{v_0{}^2 y}{r^4}. \end{cases} \tag{8}$$

x und y sind rechtwinklige Koordinaten, deren Ursprung in O liegt.

Führt man die Polarkoordinaten $x = r\cos\vartheta$, $y = r\sin\vartheta$ ein, so ist bekanntlich

$$r^2 d\vartheta = a\,dt, \quad \left(\frac{dr}{dt}\right)^2 = 2b - \mu^2 r^2 - \frac{v_0{}^2 + a^2}{r^2}, \tag{9}$$

$$\frac{a^2}{r^4}\left(\frac{dr}{d\vartheta}\right)^2 = 2b - \mu^2 r^2 - \frac{v_0{}^2 + a^2}{r^2}, \tag{10}$$

$$\mu^2 r^2 = b + \sqrt{b^2 - \mu^2 \nu^2}\cos(2\mu t + g), \tag{11}$$

$$\frac{\nu^2}{r^2} = b - \sqrt{b^2 - \mu^2 \nu^2}\cos\frac{2\nu}{a}(\vartheta - \vartheta_0), \tag{12}$$

$$\vartheta = \frac{a}{\nu}\operatorname{arctg}\left[\sqrt{\frac{b - \sqrt{b^2 - \mu^2 \nu^2}}{b + \sqrt{b^2 - \mu^2 \nu^2}}}\operatorname{tg}\left(\mu t + \frac{g}{2}\right)\right] + \vartheta_0. \tag{13}$$

Die Zeit $\int dt$, welche von einem Minimum bis zu einem Maximum von r vergeht, ist $\pi/2\mu$. Die mittlere lebendige Kraft der Masseneinheit ist

$$\frac{\int\left(\frac{\dot r^2}{2} + \frac{a^2}{2r^2}\right)dt}{\int dt} = \frac{b}{2} - \frac{v_0{}^2 \mu}{2\nu}.$$

Die gesamte lebendige Kraft der Masse M ist also

$$L = \frac{Mb}{2} - \frac{M\mu v_0{}^2}{2\nu}. \tag{14}$$

Hierbei sind a, b, g, ϑ_0 Integrationskonstante; $\nu^2 = v_0^2 + a^2$; a ist die doppelte Flächengeschwindigkeit; M multipliziert mit dem Zuwachse von b gibt den Zuwachs der gesamten in der Masse M enthaltenen Energie (lebendigen Kraft und Arbeit), da

$$\frac{1}{2}\frac{dr^2}{dt^2}+\frac{a^2}{2r^2}$$

das halbe Geschwindigkeitsquadrat,

$$\frac{\mu^2 r^2}{2}+\frac{\nu_0{}^2}{2r^2}$$

aber die Kraftfunktion ist, d. h. diejenige Funktion, deren Zuwachs gleich ist der Arbeit, welche der Masseneinheit von außen zugeführt werden muß, damit r um dr wachse.

r und ϑ sind diejenigen Größen, welche Helmholtz als die „rasch veränderlichen" bezeichnet; a und b haben für alle Punkte m denselben Wert, da sie die Gestalt der Bahn bestimmen, welche für alle Punkte dieselbe ist. Ebenso hat ϑ_0, welches die Lage der Bahn bestimmt, für alle Punkte denselben Wert; nur die Integrationskonstante g ändert ihren Wert von Punkt zu Punkt kontinuierlich.

Alle Größen sind Funktionen von $2\mu t + g$, so daß ein Punkt, für welchen g um einen bestimmten Betrag G größer ist, als für einen zweiten Punkt, genau dieselben Phasen durchläuft, wie jener zweite Punkt, nur um die Zeit $G/2\mu$ früher.

Betrachten wir zwei materielle Punkte, welche wir m_1 und m_2 nennen wollen, und für welche diese Integrationskonstante den Wert g, resp. $g + dg$ besitzt, so können wir die gesamte Masse, welche zwischen diesen beiden Punkten liegt, in folgender Weise berechnen: für den ersteren habe r den durch die Gleichung (11) gegebenen Wert; für den zweiten sei r zur selben Zeit um dr größer; so ist

$$2\mu^2 r\,dr = -\sqrt{b^2-\mu^2\nu^2}\sin(2\mu t+g)\cdot dg,$$

da dr durch Differentiation der Gleichung (11) nach g gefunden wird. Die zwischen beiden Punkten liegende Masse ist also nach Formel (3) und (4)

$$\frac{c\,dr}{\dot r} = \frac{c\,dg}{2\mu} = \frac{M\,dg}{2\mu N\int dt} = \frac{M\,dg}{\pi N}. \tag{15}$$

Wir wollen nun erstens die gesamte in der Masse M enthaltene Energie (lebende Kraft und Arbeit), welche, abgesehen von einer Konstanten, den Wert b hat, als eine langsam veränderliche Größe einführen. Außerdem wollen wir niemals mehr als eine zweite langsam veränderliche Größe einführen. Wir haben da eine dreifache Wahl: entweder können wir die doppelte Flächengeschwindigkeit a als die zweite langsam veränderliche Größe wählen (Fall A); oder den Winkel ε, wodurch also in den obigen Gleichungen μ langsam veränderlich wird (Fall B). Der dritte Fall (Fall C) besteht darin, daß wir anstatt μ in ähnlicher Weise die Größe v_0 als veränderlich betrachten. Dies kann folgendermaßen bewerkstelligt werden. Wir denken uns statt des einen Punktes P ein Punktepaar P_1 und P_2, welche sich genau wie die Pole des unendlich kleinen Magnetes Q in der unendlich kleinen Distanz ζ befinden und fest miteinander verbunden sind. P_1 soll den Punkt p mit einer dem Quadrate der Distanz proportionalen Kraft $k r^2$ abstoßen, P_2 ihn mit einer das gleiche Gesetz befolgenden Kraft anziehen.

Dieses Wirkungsgesetz kommt unter den bisher bekannten zwar nicht vor, da es sich hier aber lediglich um ganz allgemeine mechanische Sätze handelt, welche für alle mechanisch denkbaren Fälle in vollständig gleicher Weise gelten müssen, so tut dies offenbar hier nichts zur Sache. Die von P_2 nach P_1 gezogene Gerade heiße die Achse des Punktepaares, ihr Winkel mit der Geraden $P_2 O$ heiße η; dann ist die gesamte Abstoßungskraft, welche das Punktepaar auf p in der Röhrenrichtung ausübt, gleich $-2 k r \zeta \cos \eta$.

Die beschleunigende Kraft, welche von p durch den Faden auf die Masse m übertragen wird, ist also

$$\frac{-2 k \zeta r \cos \eta}{m} = -\mu^2 r,$$

wobei

$$\mu^2 = \frac{2 k \zeta \cos \eta}{m}$$

ist. Dadurch, daß der Winkel η einen sehr kleinen Zuwachs $\delta \eta$ erfährt, kann auch der Wert von μ einen kleinen Zuwachs $\delta \mu$ erhalten.

Das Moment, welches das Punktepaar im Sinne wachsender η zu drehen sucht, ist

$$k r^2 \zeta \sin \eta = -\frac{m \mu r^2 \delta \mu}{\delta \eta},$$

diese Drehung muß wieder durch Außenkräfte verhindert werden, an welche die Masse m die Arbeit

$$k r^2 \zeta \sin\eta\, \delta\eta = - m \mu r^2 \delta\mu$$

verliert, wenn η um $\delta\eta$ wächst. Die Gesamtmasse M verliert die Arbeit

$$\alpha' = - \frac{M\mu\delta\mu \int r^2 dt}{\int dt}. \tag{16}$$

Den Fall A realisieren wir am einfachsten dadurch, daß wir, ohne daß der Magnet Q oder das Punktepaar $P_1 P_2$ ihre Lage irgendwie verändern, an einer bestimmten Stelle der Bahn die Geschwindigkeit jedes, in einer bestimmten Richtung passierenden Massenpunktes m in Größe und Richtung in gleicher Weise um unendlich wenig verändern, bis alle Massenpunkte diese Bahnstelle in der verlangten Richtung passiert haben. Dann wiederholen wir denselben Prozeß nochmals usf., bis sich allmählich a und b unendlich langsam um endliche Größen verändert haben.

Aus dem späteren geht übrigens hervor, daß sowohl die Zufuhr der lebendigen Kraft als auch die Veränderung von a in beliebiger anderer Weise geschehen kann, wenn sie nur erstens gleichmäßig im Verlaufe der Zeit, und zweitens so langsam geschieht, daß während der Zeit $\int dt$ nur unendlich kleine Zuwächse entstehen.

Wird nur die Größe der Geschwindigkeit geändert, ohne Änderung der Flächengeschwindigkeit, so variiert nur b; wird dagegen bloß die Richtung der Geschwindigkeit verändert, ohne Änderung ihrer Größe, so variiert nur a. Bei der ersteren Veränderung wird dem Massensysteme die Energie $\delta Q = M\delta b$ zugeführt; bei der zweiten Veränderung ist $\delta Q = 0$; äußere Arbeit wird nicht geleistet. Es ist jetzt natürlich δQ selbst ein vollständiges Differentiale, $\delta Q / L$ dagegen ist kein vollständiges Differentiale, da in dem Ausdrucke

$$L = \frac{Mb}{2} - \frac{M\mu \nu_0^2}{2\sqrt{\nu_0^2 - a^2}}$$

die beiden Größen a und b die Rolle der independent Veränderlichen spielen, während M, μ und ν_0 konstant sind.

Wir gehen nun zur Betrachtung des Falles B über. Die Änderung von b erfolge in derselben Weise wie früher. Die

Änderung der zweiten independenten Variablen v_0 aber geschehe durch eine sehr langsame Veränderung des Winkels ε; a und μ bleiben konstant. Es muß nun dem Massensysteme M erstens die zum Wachstume der inneren Energie b notwendige Energie $M\delta b$ mitgeteilt werden, zweitens aber noch diejenige, die es auf äußere Arbeitsleistung verliert. Die Drehung des Magnetes Q, auf welchen das System ein Drehmoment ausübt, spielt hier genau dieselbe Rolle, wie das Zurückweichen des Stempels bei der Bestimmung der Wärmekapazität eines Gases bei konstantem Drucke. Da wir selbstverständlich lebendige Kraft und Arbeit in demselben Maße messen, so ist die von dem Massensysteme auf Arbeitsleistung verlorene Energie durch die Gleichung (7) bestimmt, und besitzt den Wert

$$- M v_0 \, \delta v_0 \frac{\int \frac{dt}{r^2}}{\int dt},$$

was nach Ausführung der Integrationen mit Hilfe der Formeln (9) und (10) in

$$\frac{- M \mu v_0 \, \delta v_0}{\nu}$$

übergeht. Es ist also

$$\delta Q = M\left(\delta b - \frac{\mu v_0 \, \delta v_0}{\nu}\right). \tag{17}$$

$$\frac{\delta Q}{L} = \frac{2\delta\,(b - \mu\nu)}{b - \mu\nu + \frac{\mu a^2}{\nu}}.$$

Die gesamte lebendige Kraft L ist wieder nicht integrierender Nenner von δQ. Diesen und den folgenden Wert von δQ erhält man übrigens auch aus den Formeln des dritten Abschnittes meiner Abhandlung: „Bemerkungen über einige Probleme der mechanischen Wärmetheorie“[1]) (Wien. Ber. 75), indem man den dortigen Wert von δQ mit M multipliziert und dann für die dort angewandten Buchstaben $-2a, b, \alpha, \beta, m$ substituiert: $\mu^2, v_0^2, b, a^2, 1$. Daß dort die die äußere Arbeitsleistung darstellenden Glieder von δQ irrtümlicherweise mit verkehrtem Zeichen versehen sind, habe ich schon in meiner ersten

---

[1]) Diese Sammlung Bd. II, Nr. 39.

Abhandlung „Über monozyklische Systeme"[1]) bemerkt. Gegen Schluß des dritten Abschnittes, wo die reine Zentralbewegung behandelt wird, ist übrigens die Größe a identisch mit derjenigen, welche hier mit μ^2 bezeichnet wurde.

Im Falle C hat die äußere Arbeitsleistung nach Gleichung (16) den Wert

$$\frac{-M\mu\,\delta\mu\int r^2 dt}{\int dt} = \frac{-bM\delta\mu}{\mu}$$

es ist also

$$\delta Q = M\delta b - bM\frac{\delta\mu}{\mu}. \tag{18}$$

Da hier der Winkel zweier sich folgender Apsidenlinien konstant ist, so ist L integrierender Nenner; allein L hört wieder auf, es zu sein, wenn die Kraftfunktion statt $\mu^2 r^2/2 + v_0^2/2r^2$ lautet: $\mu^2/r + v_0^2/2r^2$ und b und v_0 die langsam Veränderlichen sind. Da das letzte System, und das, worauf sich die Gleichung (17) bezieht, isokinetisch sind, und soweit ich übersehe, auch alle anderen Bedingungen erfullt sind, so scheint sich hier das von Helmholtz am Ende seiner Mitteilung an die Berliner Akademie vom 18. Dezember 1884 aufgestellte Theorem nicht zu bestätigen. Die Schlüsse, vermöge welcher Helmholtz zu seinem Theoreme gelangt, sind von ihm leider mit sehr geringer Ausführlichkeit dargestellt; doch scheint mir, daß daselbst der Umstand, welchen ich auf der 4. und 5. Seite[2]) des III. Abschnittes meiner soeben zitierten „Bemerkungen über einige Probleme der mechanischen Wärmetheorie" auseinandergesetzt und durch die Fig. 2 erläutert habe, keine genügende Berücksichtigung gefunden hat. Wie in der von mir daselbst auf der 2. Seite des III. Abschnittes entwickelten Gleichung $dQ = 2T_1\,\delta\log\int T dt$ scheint mir auch in der Helmholtzschen Gleichung $dQ = 2L d\log(Lt)$ die Größe unter dem Logarithmenzeichen nicht bloß vom augenblicklichen Zustande, sondern auch von der Art und Weise abzuhängen, wie das System in diesen Zustand geriet, weshalb aus dieser Gleichung nicht geschlossen werden kann, daß L integrierender Nenner von dQ ist.

---

[1]) Dieser Band Nr. 73.

[2]) Diese Sammlung Bd. II, S. 126.

Der Untersuchung bedarf nur noch die Frage, ob das Massensystem während der langsamen Veränderung der Winkel ε und η auch isokinetisch bleibt. Wir wollen da mit dem Falle C beginnen, welcher der einfachere ist. Für negative t sei die Bewegung jedes Massenpunktes m durch die Gleichungen (9) bis (13) bestimmt. Im Momente $t = 0$ beginne μ^2 sehr langsam zu wachsen, welches Wachstum bis zur Zeit $t = T$ andauern soll. Das Gesetz, nach welchem μ^2 wächst, ist vollkommen gleichgültig, wenn Schwankungen von der Periode $\int dt = \pi / 2\mu$ ausgeschlossen sind, und wir wollen deshalb das Einfachste der Rechnung zugrunde legen, nämlich daß der Zuwachs von μ^2 der Zeit proportional ist, so daß von $t = 0$ bis $t = T$ der Ausdruck $\mu^2 + \lambda t$ an die Stelle von μ^2 tritt.

Für $t > T$ tritt an die Stelle von μ^2 wieder der konstante Wert $\mu^2 + \lambda T$. λT soll noch immer eine sehr kleine Größe sein. Der Bedingung, daß das Wachstum sehr langsam geschieht, wird durch die Annahme entsprochen, daß der Zuwachs $\lambda \pi / 2\mu$, welchen die Größe μ^2 während der Zeit $\pi / 2\mu$ erfährt, unendlichmal kleiner ist, als der Gesamtzuwachs λT dieser Größe. a und v_0 sollen dabei immer konstant bleiben. Von $t = 0$ bis $t = T$ gelten daher jetzt die Gleichungen

$$\frac{d^2x}{dt^2} = -\mu^2 x + \frac{v_0{}^2 x}{r^4} - \lambda t x, \quad \frac{d^2y}{dt^2} = -\mu^2 y + \frac{v_0{}^2 y}{r^4} - \lambda t y,$$

aus denen leicht die folgenden abgeleitet werden:

$$(19) \qquad r^2 d\vartheta = a\,dt; \quad r\frac{d^2r}{dt^2} = -\mu^2 r^2 + \frac{v^2}{r^2} - \lambda t r^2.$$

Wir wollen diese Gleichungen nach der Methode der Variation der Konstanten integrieren, indem wir setzen:

$$(20) \left\{ \begin{aligned} \mu^2 r^2 &= b + \beta + \sqrt{(b+\beta)^2 - \mu^2 v^2}\cos(2\mu t + g + \gamma) \\ &= b + w\cos(2\mu t + g) + \frac{\beta}{w}[w + b\cos(2\mu t + g)] \\ &\qquad\qquad - w\gamma\sin(2\mu t + g). \end{aligned} \right.$$

Hierbei ist $w = \sqrt{b^2 - \mu^2 v^2}$; μ^2 ist immer der konstante Wert, welcher dieser Größe für negative t zukommt, wogegen ihr Wert für positive t mit $\mu^2 + \lambda t$ bezeichnet wird. Eine andere Methode bestünde darin, daß man in Gleichung (20) dem μ die letztere Bedeutung beilegte. Aus Gleichung (20) folgt, wenn man setzt

$$\frac{w + b\cos(2\mu t + g)}{w} \cdot \frac{d\beta}{dt} - w\sin(2\mu t + g)\frac{d\gamma}{dt} = 0, \tag{21}$$

$$\mu r \frac{dr}{dt} = -\sqrt{(b+\beta)^2 - \mu^2 v^2}\sin(2\mu t + g + \gamma),$$

$$r\frac{d^2 r}{dt^2} + \frac{dr^2}{dt^2} = -2\sqrt{(b+\beta)^2 - \mu^2 v^2}\cdot\cos(2\mu t + g + \gamma)$$

$$- \frac{b}{\mu w}\frac{d\beta}{dt}\sin(2\mu t + g) - \frac{w}{\mu}\frac{d\gamma}{dt}\cos(2\mu t + g).$$

Da diese Werte, wenn β und γ konstant sind, die zweite der Gleichung (19) ohne das mit λ behaftete Glied erfüllen, so folgt

$$\left\{\begin{aligned} \frac{b}{\mu w}\frac{d\beta}{dt}\sin(2\mu t + g) + \frac{w}{\mu}\frac{d\gamma}{dt}\cos(2\mu t + g) &= \lambda t r^2 \\ &= \frac{\lambda t}{\mu^2}[b + w\cos(2\mu t + g)] \end{aligned}\right. \tag{22}$$

Bestimmt man β und γ aus dieser und der Gleichung (21), so daß sie für $t = 0$ verschwinden, so ergibt sich:

$$\left\{\begin{aligned} \beta &= -\frac{w\lambda}{2\mu^2}t\cos(2\mu t + g) + \frac{w\lambda}{4\mu^3}[\sin(2\mu t + g) - \sin g], \\ \gamma &= \frac{\lambda t^2}{2\mu} + \frac{b\lambda}{2\mu^2 w}t\sin(2\mu t + g) \\ &\quad + \frac{b\lambda}{4\mu^3 w}[\cos(2\mu t + g) - \cos g]. \end{aligned}\right. \tag{23}$$

Es ergibt sich also

$$\left\{\begin{aligned} \mu^2 r^2 &= \left(1 - \frac{\lambda t}{2\mu^2}\right)[b + w\cos(2\mu t + g)] - w\frac{\lambda t^2}{2\mu}\sin(2\mu t + g) \\ &\quad + \frac{w\lambda}{4\mu^3}\sin(2\mu t + g) - \frac{\lambda}{4\mu^3}[w + b\cos(2\mu t + g)]\sin g \\ &\quad + \frac{b\lambda}{4\mu^3}\sin(2\mu t + g)\cos g. \end{aligned}\right. \tag{24}$$

Da jetzt die Werte von r und dr/dt, welche aus Gleichung (24) folgen, für $t = 0$ mit denen übereinstimmen, welche sich aus Gleichung (11) ergeben, so sind die Integrationskonstanten richtig bestimmt, da für $t = 0$ sowohl Größe als auch Richtung der Geschwindigkeit, daher auch r und dr/dt

sich nur kontinuierlich ändern können. ϑ wird am einfachsten aus der Gleichung

$$(25)\quad \left\{\begin{aligned} \frac{1}{\mu^2 a}\frac{d\vartheta}{dt} = \frac{1}{\mu^2 r^2} &= \frac{1}{b + w\cos(2\mu t + g)} \\ &+ \frac{\lambda}{2\mu^2}\cdot\frac{t}{b + w\cos(2\mu t + g)} \\ &+ \frac{w\lambda t^2 \sin(2\mu t + g)}{2\mu(b + w\cos(2\mu t + g))^2} - \frac{w\lambda\sin(2\mu t + g)}{4\mu^3(b + w\cos(2\mu t + g))^2} \\ &+ \frac{\lambda\sin g}{4\mu^3}\frac{w + b\cos(2\mu t + g)}{(b + w\cos(2\mu t + g))^2} - \frac{b\lambda\cos g\sin(2\mu t + g)}{4\mu^3(b + w\cos(2\mu t + g))^2} \end{aligned}\right.$$

gefunden, woraus folgt:

$$(26)\quad \left\{\begin{aligned} \vartheta = \frac{a}{\nu}\operatorname{arctg}\sqrt{\frac{b-w}{b+w}}\operatorname{tg}\left(\mu t + \frac{g}{2}\right) &+ \vartheta_0 \\ &+ \frac{a\lambda t^2}{4(b + w\cos(2\mu t + g))} \\ &- \frac{a\lambda}{8\mu^2}\left[\frac{1}{b + w\cos(2\mu t + g)} - \frac{1}{b + w\cos g}\right] \\ &+ \frac{a\lambda\sin g}{8\mu^2}\left[\frac{\sin(2\mu t + g)}{b + w\cos(2\mu t + g)} - \frac{\sin g}{b + w\cos g}\right] \\ &- \frac{ab\lambda\cos g}{8\mu^2 w}\left[\frac{1}{b + w\cos(2\mu t + g)} - \frac{1}{b + w\cos g}\right]. \end{aligned}\right.$$

Man kann schon aus diesen Gleichungen den Beweis liefern, daß das Massensystem fortwährend isokinetisch bleibt, wenn die Veränderung des μ^2 sehr langsam geschieht. Bezeichnen wir nämlich die Differentialquotienten von r und ϑ, welche aus den Gleichungen (24) und (26) folgen, wenn darin bloß g als veränderlich betrachtet wird, mit $d\vartheta/dg$ und dr/dg, so ergeben sich, wenn man die Größe λ/μ gegenüber λt vernachlässigt, mit Ausnahme des einzigen Falles, daß $w = 0$ ist, die Gleichungen:

$$2\mu\frac{d\vartheta}{dg} = \frac{d\vartheta}{dt}\cdot\left(1 - \frac{\lambda t}{2\mu^2}\right)$$

und ebenso

$$2\mu\frac{dr}{dg} = \frac{dr}{dt}\cdot\left(1 - \frac{\lambda t}{2\mu^2}\right).$$

Wir wollen im folgenden immer annehmen, daß die Bewegung den Fall $w = 0$, d. h. den der Bewegung im

Kreise niemals erreicht und ihm auch niemals unendlich nahe kommt.

Betrachten wir daher das Teilchen m_1, für welches g den Wert $g + dg$ hat, zur Zeit t, und das Teilchen m_2, für welches diese Variable den Wert g hat, zur Zeit

$$t + \frac{dg}{2\mu}\left(1 - \frac{\lambda t}{2\mu^2}\right),$$

so haben für beide r und ϑ genau dieselben Werte. Und weil dies für jedes t gilt, so müssen auch dr/dt und $d\vartheta/dt$ dieselben Werte haben, wovon man sich übrigens auch leicht durch direkte Berechnung von d^2r/dt^2, $d^2r/dt\,dg$, dann $d^2\vartheta/dt^2$ und $d^2\vartheta/dt\,dg$ überzeugt. Es wechseln also nur die beiden Massenteilchen m_1 und m_2 die Rolle, und da dasselbe von allen anderen Massenteilchen gilt, so bleibt der Zustand stationär. Die Masse, welche zwischen m_1 und m_2 liegt, geht dabei durch den Punkt mit den Koordinaten r und ϑ hindurch. Da nun nach Gleichung (15) zwischen zwei beliebigen Massenteilchen, für welche sich die Werte der Größe g um denselben Wert dg unterscheiden, genau gleichviel Masse liegt, so geht zu allen Zeiten durch alle Punkte der Bahn gleich viel Masse hindurch. Wenn nun zur Zeit T wieder μ konstant geworden ist, so gelten doch die Werte der Koordinaten und Geschwindigkeiten, welche dem variablen μ für $t = T$ entsprachen, auch wieder für den neuen Zustand als Anfangswerte; daher gehen im ersten Momente durch jeden Punkt gleich viel Massen; der Zustand bleibt also wiederum stationär. Doch ist hier zu bemerken, daß eine Größe von der Ordnung λ/μ, wie z. B. $(\lambda/\mu)\cos^2(2\mu t)$ nach t von Null bis T integriert, die Größenordnung λT annehmen kann; deshalb scheint der Schluß von den Differentialen auf die Integrale hier nicht einwurfsfrei und wir wollen zur Kontrolle dieser Schlüsse auch die Gleichungen berechnen, welche für $t > T$ gelten. Sie folgen unmittelbar aus den Gleichungen (9) bis (13), indem wir daselbst statt μ^2 den konstanten Wert $\mu^2 + \lambda T$ substituieren. Die Werte der Konstanten b und g sollen dabei in $b + \beta_1$ und $g + \gamma_1$ übergehen. Für die spätere Rechnung ist wieder die Reihenentwicklung angezeigt, welche für $t > T$ liefert:

$$(27)\quad \begin{cases} \mu^2 r^2 = b + w\cos(2\mu t + g) - \dfrac{\lambda T}{\mu^2}[b + w\cos(2\mu t + g)] \\ \qquad + \dfrac{\beta_1}{w}[w + b\cos(2\mu t + g)] - \gamma_1 w \sin(2\mu t + g) \\ \qquad - \dfrac{\lambda T \nu^2}{2w}\cos(2\mu t + g) - \dfrac{w\lambda T t}{\mu}\sin(2\mu t + g), \end{cases}$$

deren Differentiation nach t liefert

$$\mu r \frac{dr}{dt} = - w\sin(2\mu t + g) + \frac{w\lambda T}{2\mu^2}\sin(2\mu t + g)$$
$$- \frac{\beta_1 b}{w}\sin(2\mu t + g) - \gamma_1 w\cos(2\mu t + g)$$
$$+ \frac{\lambda T \nu^2}{2w}\sin(2\mu t + g) - \frac{w\lambda T t}{\mu}\cos(2\mu t + g).$$

Die Konstanten β_1 und γ_1 sind so zu bestimmen, daß diese Werte für $t = T$ übereinstimmen mit den aus der Gleichung (24) folgenden Werten von r und dr/dt. Vernachlässigen wir wieder λ/μ gegen λT, so folgen also die Gleichungen:

$$\frac{\beta_1}{w}[w + b\cos(2\mu T + g)] - \gamma_1 w\sin(2\mu T + g)$$
$$= \frac{\lambda T}{2\mu^3}[b + w\cos(2\mu T + g)] + \frac{w\lambda T^2}{2\mu}\sin(2\mu T + g)$$
$$+ \frac{\nu^2 \lambda T}{2w}\cos(2\mu T + g),$$

$$\frac{\beta_1 b}{w}\sin(2\mu T + g) + \gamma_1 w\cos(2\mu T + g) = \frac{w\lambda T}{2\mu^2}\sin(2\mu T + g)$$
$$- \frac{w\lambda T^2}{2\mu}\cos(2\mu T + g) + \frac{\nu^2\lambda T}{2w}\sin(2\mu T + g),$$

woraus folgt:

$$(28)\qquad \beta_1 = \frac{b\lambda T}{2\mu^2}, \quad \gamma_1 = -\frac{\lambda T^2}{2\mu}.$$

Die Gleichung (27) unterscheidet sich von der Gleichung (11) also bloß darin, daß die drei Konstanten μ^2, b und g um die drei Konstanten von g unabhängigen Werte λT, $b\lambda T/2\mu^2$ und $-\lambda T^2/2\mu$ vermehrt erscheinen. Auch die Gleichung, welche ϑ für $t > T$ liefert, wird durch genau dieselben Substitutionen aus (12) oder (13) gebildet, wobei ϑ_0 sich gar nicht ändert. Am besten sieht man dies aus der aus (11) und (12) folgenden Gleichung

(28 a) $\mu^2 \nu^2 = [b + w\cos(2\mu t + g)] \cdot [b - w\cos\frac{2\nu}{a}(\vartheta - \vartheta_0)] \cdot$

Dies ist das letzte Integral der Bewegungsgleichungen für negative t; das entsprechende für $t > T$ ergibt sich wieder, indem man den Konstanten obige Zuwächse erteilt; dadurch wächst w um $w\lambda T/2\mu^2$, $2\mu T + g$ um $\lambda T^2/2\mu$.

An Stelle von ϑ_0 könnte eine andere Integrationskonstante treten, welche so zu wählen wäre, daß die aus (28 a) durch Erteilung der obigen Zuwächse entstandene Gleichung für $t = T$ denselben Wert von ϑ wie die Gleichung (26), also wenn wieder λ/μ gegen λT vernachlässigt wird,

$$\vartheta = \frac{a}{\nu}\operatorname{arctg}\sqrt{\frac{b-w}{b+w}}\operatorname{tg}\left(\mu T + \frac{g}{2}\right) + \vartheta_0 + \frac{a\lambda T^2}{4[b + w\cos(2T + g)]}$$

liefert. Man sieht aber, daß ϑ_0 selbst diese Bedingung erfüllt. Da die endlichen Glieder für sich die Gleichung erfüllen, so handelt es sich nur noch um die Zuwächse. Der Zuwachs der linken Seite $\mu^2\nu^2$ ist $\lambda T \nu^2$. Nach Division mit

$$[b - w\cos\frac{2\nu}{a}(\vartheta' - \vartheta_0)] \cdot [b + w\cos(2\mu T + g)] = \mu^2\nu^2,$$

wobei

$$\vartheta' = \frac{a}{\nu}\operatorname{arctg}\sqrt{\frac{b-w}{b+w}}\operatorname{tg}\left(\mu T + \frac{g}{2}\right) + \vartheta_0$$

der Wert ist, welchen ϑ zur Zeit T hätte, wenn sich μ^2 nicht ändern würde, ist der Zuwachs der rechten Seite

$$\frac{\lambda T}{\mu^2} - \frac{w\lambda T^2 \sin(2\mu T + g)}{2\mu[b + w\cos(2\mu T + g)]} + \frac{w\lambda T^2}{2\mu^2\nu}\sin\frac{2\nu}{a}(\vartheta' - \vartheta_0).$$

Nun liefert aber die Gleichung (12) für jedes negative t

$$(29)\quad \begin{cases} \cos\frac{2\nu}{a}(\vartheta - \vartheta_0) = \dfrac{w + b\cos(2\mu t + g)}{b + w\cos(2\mu t + g)}, \\ \sin\frac{2\nu}{a}(\vartheta - \vartheta_0) = \dfrac{\mu\nu\sin(2\mu t + g)}{b + w\cos(2\mu t + g)}, \end{cases}$$

welche Gleichungen also auch gelten, wenn man $t = T$, $\vartheta = \vartheta'$ setzt. Daher ist der Zuwachs der rechten gleich dem der linken Seite und die Konstante ϑ_0 behält ihren Wert auch für $t > T$. Wir könnten daher das Resultat unserer Rechnungen dahin zusammenfassen, daß für $t > T$ genau dieselben Gleichungen gelten, wie für negative t nur mit geänderten Werten der Konstanten und die Bedingung, daß der Zustand stationär ist, ist wiederum erfüllt, da gleich viel Masse zwischen Punkten liegt, für welche das neue g um gleich viel verschieden ist, denn das neue g ist für je zwei Punkte genau um ebensoviel verschieden, wie das alte. Genau in derselben Weise kann dann μ^2 abermals einen sehr kleinen Zuwachs erfahren und sofort bis ins Unendliche.

Wir gehen nun zu dem Falle über, daß a und μ konstant bleiben und der Winkel ε langsam verändert wird, und zwar soll wiederum für negative t die Größe ν_0^2 konstant sein, für $0 < t < T$ soll sie gleich $\nu_0^2 - \lambda t$, und für $t > T$ wieder konstant gleich $\nu_0^2 - \lambda T$ sein. Die entsprechenden Gleichungen sind dann:

$$r^2 d\vartheta = a\,dt, \quad r\frac{d^2 r}{dt^2} = -\mu^2 r^2 + \frac{\nu^2}{r^2} - \frac{\lambda t}{r^2}. \tag{30}$$

Wählt man wieder für r die Form (20), so folgt jetzt:

$$\left\{\begin{aligned} \beta &= \frac{\mu^2 \lambda t}{2b + 2w\cos(2\mu t + g)} - \frac{\lambda}{2\nu}\left[\operatorname{arctg}\sqrt{\frac{b-w}{b+w}}\operatorname{tg}\left(\mu t + \frac{g}{2}\right)\right. \\ &\quad \left. - \operatorname{arctg}\sqrt{\frac{b-w}{b+w}}\operatorname{tg}\frac{g}{2}\right] = \frac{\mu^2 \lambda t}{2[b + w\cos(2\mu t + g)]} - \frac{\lambda(\vartheta - \vartheta_1)}{2a}, \\ \gamma &= \frac{\mu^2 . \lambda t \sin(2\mu t + g)}{2w[b + w\cos(2\mu t + g)]} + \frac{\mu\lambda}{4w^2} L, \end{aligned}\right. \tag{31}$$

wobei

$$L = \operatorname{lognat}\frac{b + w\cos(2\mu t + g)}{b + w\cos g}, \quad \vartheta_1 = \vartheta_0 + \operatorname{arctg}\sqrt{\frac{b-w}{b+w}}\operatorname{tg}\frac{g}{2},$$

daher

$$\left\{\begin{aligned} \mu^2 r^2 &= b + w\cos(2\mu t + g) + \frac{\mu^2 \lambda t}{2w}\cos(2\mu t + g) \\ &\quad - \frac{\lambda}{2a}(\vartheta - \vartheta_1)\frac{w + b\cos(2\mu t + g)}{w} - L\frac{\mu\lambda}{4w}\sin(2\mu t + g), \end{aligned}\right. \tag{32}$$

$$\left\{\begin{aligned} \mu r\frac{dr}{dt} &= -w\sin(2\mu t + g) - \frac{\mu^2 \lambda t}{2w}\sin(2\mu t + g) \\ &\quad + \frac{\lambda}{2aw}(\vartheta - \vartheta_1) b \sin(2\mu t + g) - \frac{\mu\lambda}{4w} L\cos(2\mu t + g). \end{aligned}\right. \tag{33}$$

Setzt man anderseits in den Ausdruck (11) $\nu^2 - \lambda T$, $b + \beta_1$, $g + \gamma_1$ für ν^2, b, g, so erhält man für $t > T$

$$\left\{\begin{aligned} \mu^2 r^2 &= b + w\cos(2\mu t + g) + \frac{\mu^2 \lambda T}{2w}\cos(2\mu t + g) \\ &\quad + \beta_1\frac{w + b\cos(2\mu t + g)}{w} - \gamma_1 w\sin(2\mu t + g). \end{aligned}\right. \tag{34}$$

Ebenso verwandelt sich die für negative t gültige Gleichung

$$\mu r \frac{dr}{dt} = - w \sin(2\mu t + g)$$

in
$$\mu r \frac{dr}{dt} = - w \sin(2\mu t + g) - \frac{\mu^2 \lambda T}{2w} \sin(2\mu t + g)$$
$$- \frac{b\beta_1}{w} \sin(2\mu t + g) - \gamma_1 w \cos(2\mu t + g).$$

Die Gleichsetzung dieser beiden Werte mit den vorhergehenden für $t = T$ liefert

(35)
$$\beta_1 = - \frac{\lambda}{2a}(\vartheta' - \vartheta_1), \quad \gamma_1 = 0,$$

wobei ϑ' der Wert des ϑ für $t = T$, also gleich

$$\frac{a}{\nu} \operatorname{arctg} \sqrt{\frac{b-w}{b+w}} \operatorname{tg}\left(\mu T + \frac{g}{2}\right) + \vartheta_0$$

ist. Da λT groß gegen λ/μ ist, so muß μT groß gegen Eins sein. Der Ausdruck

$$\vartheta - \vartheta_1 = \frac{a}{\nu} \operatorname{arctg} \sqrt{\frac{b-w}{b+w}} \operatorname{tg}\left(\mu t + \frac{g}{2}\right) - \frac{a}{\nu} \operatorname{arctg} \sqrt{\frac{b-w}{b+w}} \operatorname{tg} \frac{g}{2}$$

wächst jedesmal um $a/\nu \cdot \pi/2$, wenn t von einem bis zum nächsten ganzen Vielfachen von $1/\mu \cdot \pi/2$ wächst; abgesehen von Größen, welche gegen μT verschwinden, ist also $(\nu/a)(\vartheta' - \vartheta_1) = \mu T$, daher

(36)
$$\beta_1 = - \frac{\lambda \mu T}{2\nu},$$

also konstant. Der Wert von $d\vartheta/dt$ wird aus der ersten der Gleichungen (30) gefunden und zwar für $0 \leqq t \leqq T$, indem man den Wert (32), für $t \geqq T$, indem man den Wert (34) substituiert.

Beide Werte fallen für $t = T$ zusammen. Die Geschwindigkeitskomponente senkrecht zum Radiusvektor wird daher ebenfalls aus derjenigen für negative t durch die obigen drei Vertauschungen gefunden. Dagegen wächst der Absolutwert des Winkels ϑ für die verschiedenen Massen m um Verschiedenes und sind die Unterschiede der Zuwächse von der Ordnung λT. Doch kann natürlich auch hierdurch keine Ungleichmäßigkeit in der Verteilung bewirkt werden, wenn zu Anfang N sehr groß war. — In der Tat liefert die Substitution des Wertes (32) für $0 < t < T$

(37)
$$\left\{\begin{aligned} \frac{d\vartheta}{\mu^2 a} &= \frac{dt}{\mu^2 r^2} = \frac{dt}{b + w\cos(2\mu t + g)} - \frac{\mu^2 \lambda t \cos(2\mu t + g)\,dt}{2w[b + w\cos(2\mu t + g)]^2} \\ &+ \frac{\lambda(\vartheta - \vartheta_1)[w + b\cos(2\mu t + g)]}{2aw[b + w\cos(2\mu t + g)]^2} + \frac{\mu \lambda L \sin(2\mu t + g)\,dt}{4w[b + w\cos(2\mu t + g)]^2}, \end{aligned}\right.$$

wofür man schreiben kann:

$$(38)\quad \begin{cases} \dfrac{d\vartheta}{\mu^2 a} = \dfrac{dt}{b + w\cos(2\mu t + g)}\left(1 + \dfrac{\lambda t}{2\nu^2}\right) \\ \qquad + d\left[\left(\lambda\dfrac{\vartheta - \vartheta_1}{4aw\mu} - \dfrac{\lambda b t}{4\mu\nu^2 w}\right)\dfrac{\sin(2\mu t + g)}{b + w\cos(2\mu t + g)}\right] \\ \qquad + \dfrac{\lambda b}{4\mu\nu^2 w}\dfrac{\sin(2\mu t + g)\,dt}{b + w\cos(2\mu t + g)} + d\left[\dfrac{\lambda}{8w^2}\cdot\dfrac{L}{b + w\cos(2\mu t + g)}\right]. \end{cases}$$

Man sieht hier leicht, daß wenn λ/μ gegen λT vernachlässigt wird,

$$\frac{\partial(\nu\vartheta)}{\partial t} = 2\mu\frac{\partial(\nu\vartheta)}{\partial g}$$

ist. Würde man aber hieraus schließen, daß mit derselben Vernachlässigung auch $\nu\vartheta$ gleich einer Funktion von $2\mu t + g$ vermehrt um ein nur t und ein nur g enthaltendes Glied sei, so würde man irren, da in der Tat durch die Integration nach t ein neues Glied von der Größenordnung λT hineinkommt. Denn es ist

$$J = \int_0^T \frac{t\,dt}{b + w\cos(2\mu t + g)} = \frac{1}{4\mu^2}\int_g^{2\mu T + g}\frac{x\,dx}{b + w\cos x}.$$

Vernachlässigen wir nun

$$\int_g^{\pi}\frac{x\,dx}{b + w\cos x}$$

und setzen $2\mu T + g = (2n + 1)\pi + \tau$, wobei τ zwischen 0 und 2π liegt, so erhalten wir

$$(39)\quad \begin{cases} 4\mu^2 J = \displaystyle\int_{\pi}^{3\pi} + \int_{3\pi}^{5\pi} \cdots \int_{(2n-1)\pi}^{(2n+1)\pi} + \int_{(2n+1)\pi}^{(2n+1)\pi + \tau} \\ \quad = \displaystyle\int_{-\pi}^{+\pi}\frac{(2\pi + y)\,dy}{b + w\cos y} + \int_{-\pi}^{+\pi}\frac{(4\pi + y)\,dy}{b + w\cos y} + \cdots \int_{-\pi}^{+\pi}\frac{(2n\pi + y)\,dy}{b + w\cos y} \\ \quad + \displaystyle\int_0^{T}\frac{[(2n + 1)\pi + y]\,dy}{b - w\cos y} = n(n + 1)\pi\cdot\frac{2\pi}{\mu\nu} \\ \quad + (2n + 1)\pi\cdot\dfrac{2}{\mu\nu}\operatorname{arctg}\sqrt{\dfrac{b + w}{b - w}}\operatorname{tg}\dfrac{\tau}{2} = \dfrac{2\mu T^2}{\nu} + \zeta, \end{cases}$$

wobei ζ mit bloßer Beibehaltung der Glieder von der Ordnung λT den Wert

$$2T\frac{g-\tau}{\nu}+\frac{4T}{\nu}\operatorname{arctg}\sqrt{\frac{b+w}{b-w}}\operatorname{tg}\frac{\tau}{2}$$

hat. Es folgt also mit denselben Vernachlässigungen, wobei $\vartheta'-\vartheta_1=\mu aT/\nu$ wird, für $t=T$

$$(40)\quad \frac{\vartheta''-\vartheta'}{\mu^2 a}=\frac{\lambda T^2}{4\mu\nu^3}+\frac{\lambda\zeta}{8\mu^2\nu^2}+\left(\frac{\lambda T}{4w\nu}-\frac{\lambda bT}{4\mu\nu^2 w}\right)\frac{\sin(2\mu T+g)}{b+w\cos(2\mu T+g)},$$

wobei wieder ϑ' der Wert des ϑ für $t=T$ wäre, wenn die Formel (13) auch für positive t gelten würde. ϑ'' ist der wahre Wert des ϑ für $t=T$. Für $t>T$ werden wieder die Formeln (9) bis (13) gelten, nur wird ν um

$$-\frac{\lambda T}{2\nu},\quad b \text{ um } \beta_1=-\frac{\lambda\mu T}{2\nu}$$

größer sein, daher w um

$$-\frac{b\lambda\mu T}{2w\nu}+\frac{\mu^2\lambda T}{2w}.$$

Gibt man der Konstanten ϑ_0 einen passenden Zuwachs ξ, so muß also Formel (28a) für $t=T$ gelten, wenn darin auch ϑ den Zuwachs $\vartheta''-\vartheta'$ erhält. Dadurch wächst die linke Seite dieser Gleichung um $-\mu^2\lambda T$, die rechte aber um:

$$(41)\quad\left\{\begin{aligned}&\left[b-w\cos\left[\frac{2\nu}{a}(\vartheta'-\vartheta_0)\right]\right]\cdot\left[-\frac{\lambda\mu T}{2\nu}\,\frac{w+b\cos(2\mu T+g)}{w}\right.\\&\left.+\frac{\mu^2\lambda T\cos(2\mu T+g)}{2w}\right]+\Big[b+w\cos(2\mu T+g)\Big]\\&\times\left[-\frac{\lambda\mu T}{2\nu}\,\frac{w-b\cos\frac{2\nu}{a}(\vartheta'-\vartheta_0)}{w}-\frac{\mu^2\lambda T\cos\frac{2\nu}{a}(\vartheta'-\vartheta_0)}{2w}\right]\\&+[b+w\cos(2\mu T+g)]\cdot w\sin\frac{2\nu}{a}(\vartheta'-\vartheta_0)\cdot\left[-\frac{\lambda\mu T^2}{2\nu^2}-\frac{2\nu\xi}{a}\right.\\&\left.+\frac{\lambda\zeta}{4\nu}+\left(\frac{\lambda\mu^2 T}{2w}-\frac{\lambda b\mu T}{2\nu w}\right)\frac{\sin(2\mu T+g)}{b+w\cos(2\mu T+g)}\right];\end{aligned}\right.$$

die Gleichsetzung beider Zuwächse unter Berücksichtigung der Gleichungen (29) liefert:

$$(42)\quad \xi=\frac{a\lambda\zeta}{8\nu^2}-\frac{\lambda\mu a T^2}{4\nu^3}=\frac{a\lambda\mu^2}{2\nu^2}\int_0^T\frac{t\,dt}{b+w\cos(2\mu t+g)}-\frac{\lambda\mu a T^2}{2\nu^3}.$$

Verhältnisse von derselben Einfachheit wie im Falle (*C*) würden wir erhalten in folgender Weise. Wir denken uns die Koordinatenachsen, auf welche der Winkel ϑ bezogen wird, auch um den Koordinatenanfangspunkt in Drehung begriffen, und zwar mit einer Geschwindigkeit, welche sowohl mit der Zeit als auch von Masse zu Masse variiert. Während der Zeit dt sollen sich für das Massenteilchen, für welches die zu $2\mu t$ hinzutretende Integrationskonstante den Wert g hat, die Koordinatenachsen um den Winkel $d\Theta = \lambda t\, d\vartheta / 2v^2$ drehen. Bezeichnen wir dann mit ϑ_2 den Polarwinkel bezüglich des neuen beweglichen Koordinatensystems, so wird ϑ_2 und der Zuwachs seiner Integrationskonstante ξ_2 durch dieselben Formeln gegeben; nur fehlen die Glieder:

$$\frac{\mu^2 a \lambda}{2v^2}\int \frac{t\,dt}{b + w\cos(2\mu t + g)} = \frac{a\lambda\mu T^2}{4v^3} + \frac{a\lambda\zeta}{8v^2}. \tag{43}$$

Es wird also ξ_2 konstant $= - a\lambda\mu T^2 / 2v^3$.

Es ist übrigens klar, daß nicht bloß die Veränderung der Kraftfunktion, sondern auch die Zufuhr der lebendigen Kraft in jeder beliebigen Weise geschehen kann, wenn sie nur 1. sehr langsam, 2. gleichmäßig über die ganze Bewegungszeit verteilt geschieht.

Einige Worte sollen hier noch über die Definition der dem Systeme von außen zugeführten Energie gesagt werden. Es bewege sich ursprünglich ein materieller Punkt in der durch die Gleichungen (9) bis (13) bestimmten Weise.

Zuvörderst sollen b, μ^2 und $v_0{}^2$ bloß in einem einzigen Zeitmomente, während sich der materielle Punkt also an einer bestimmten Stelle seiner Bahn befindet, unendlich kleine Zuwächse erfahren, so daß er sich in einer unendlich wenig veränderten Bahn bewegt. Wurde der materielle Punkt im Momente der Änderung von b, μ^2 und $v_0{}^2$ nicht verschoben, so stellt der Zuwachs der lebendigen Kraft

$$\delta\left(\frac{mv^2}{2}\right) = \left(\delta b - \frac{r^2}{2}\delta(\mu^2) - \frac{1}{2r^2}\delta(v_0{}^2)\right)m$$

die von außen zugeführte Energie dar.

Erfuhr der materielle Punkt auch noch eine unendlich kleine Verschiebung, so muß man von $\delta(mv^2/2)$ den Zuwachs abziehen, welchen die lebendige Kraft auch ohne äußere Energiezufuhr durch die bei Überführung des materiellen Punktes aus der ursprünglichen in die variierte Lage geleistete Arbeit erhalten hätte, und für deren Berechnung wir, wenn wir unendlich Kleines zweiter Ordnung vernachlässigen, die unvariierte Kraftfunktion zugrunde legen können, sobald die alte und die variierte Lage des materiellen Punktes unendlich wenig verschieden sind. Die von außen zugeführte Energie ist also

$$\delta Q = \delta\left(\frac{m v^2}{2}\right) + \frac{m \mu^2}{2}\delta(r^2) + \frac{m \nu_0^2}{2}\delta\left(\frac{1}{r^2}\right).$$

Da nun die Definition der Konstanten b darin besteht, daß

$$\left[b - \frac{\mu^2}{2} r^2 - \frac{\nu_0}{2 r^2}\right] m$$

die momentane lebendige Kraft ist, so hat man

$$\delta\left(\frac{m v^2}{2}\right) = \left[\delta b - \delta\left(\frac{\mu^2 r^2}{2}\right) - \delta\left(\frac{\nu_0^2}{2 r^2}\right)\right] m, \tag{44}$$

daher ist die von außen zugeführte Energie wie oben

$$\begin{aligned}\delta Q &= \delta\left(\frac{m v^2}{2}\right) + \frac{m \mu^2}{2}\delta(r^2) + m \nu_0^2 \delta\left(\frac{1}{2 r^2}\right)\\ &= \left[\delta b - \frac{r^2}{2}\delta(\mu^2) - \frac{1}{2 r^2}\delta(\nu_0^2)\right] m.\end{aligned}$$

Geschieht die Änderung der Kraftfunktion zu verschiedenen Malen, für welche r die Werte $r_1, r_2 \ldots .$ hat, so sollen $\delta_1(\mu^2)$, $\delta_1(\nu_0^2)$ die Änderungen bedeuten, welche die Konstanten μ^2 und ν_0^2 das erste Mal erfahren. $\delta_1 Q$ soll die das erste Mal zugeführte Energie sein. Analoge Bedeutungen sollen die Indizes 2, 3 ... haben, während δ ohne Index den Gesamtzuwachs einer Größe darstellt. Dann ist die gesamte äußere Energiezufuhr

$$\left\{\begin{aligned}\delta Q &= \Sigma_k \delta_k Q = m \Sigma_k \left[\delta_k b - \frac{r_k^2}{2}\delta_k(\mu^2) - \frac{1}{2 r_k^2}\delta_k(\nu_0^2)\right]\\ &= m\,\delta b - \frac{m}{2}\Sigma_k r_k^2 \delta_k(\mu^2) - m \Sigma_k \frac{1}{2 r_k^2}\delta_k(\nu_0^2).\end{aligned}\right. \tag{45}$$

Wenn die Änderung der Kraftfunktion in allen möglichen Phasen gleichmäßig, d. h. proportional der Zeit, während welcher die betreffende Phase andauert, geschieht, so kann man

$$\delta_k(\mu^2) = \frac{\delta(\mu^2)\,dt}{\int dt}$$

setzen, und erhält somit

$$(46)\qquad \delta Q = m\,\delta b - \frac{m}{2}\,\delta(\mu^2)\,\frac{\int r^2\,dt}{\int dt} - \frac{m}{2}\,\delta(\nu_0{}^2)\cdot\frac{\int \frac{1}{r^2}\,dt}{\int dt},$$

dasselbe gilt auch, wenn die ganze Bahn kontinuierlich und stationär mit Masse belegt ist; nur für die Veränderung der Kraftfunktion ist es nicht gleichgültig, wann sie vor sich geht. Die Energiezufuhr selbst kann natürlich wann und wie immer geschehen, da bei konstantem μ und ν

$$\frac{m v^2}{2} - \left[b - \frac{\mu^2 r^2}{2} - \frac{\nu_0{}^2}{2 r^2}\right] m$$

nicht von der Zeit abhängt.

Ähnliche Probleme hat Clausius (Sitzb. d. niederrhein. Ges. für Natur- und Heilkunde vom 7. Nov. 1870, Pogg. Ann. **142**, S. 433) behandelt. Vergleiche auch meine „Bemerkungen über einige Probleme der mechanischen Wärmetheorie“ (Wien. Ber. **75**, 1877, 3. Seite des II. Absch.)[1]), wo übrigens die Position, welche bei der als noch einfacher bezeichneten Definition von V und $V + \delta_2 V$ erwähnt wird, unendlich benachbart derjenigen Position sein muß, bei welcher die Veränderung der Kraftfunktion vor sich geht. In den Gleichungen (45) und (46) ist natürlich $\delta Q = 0$ zu setzen, wenn die Änderung der Kraftfunktion ohne äußere Energiezufuhr geschieht, und sie dienen dann zur Bestimmung von δb; denn b ändert sich in verschiedener Weise, wenn die gleiche Veränderung von μ^2 oder $\nu_0{}^2$ ohne äußere Energiezufuhr für verschiedene r stattfindet. Wären langsam veränderliche, verallgemeinerte Koordinaten s vorhanden, so kämen zu den durch die Kraftfunktion dargestellten Kräften auch noch die Lagrangeschen Kräfte hinzu, welche die Konstanterhaltung der s besorgen.

Erstere Kräfte leisten sowohl infolge der Veränderung der rasch als auch der langsam veränderlichen Koordinaten, letztere bloß infolge der Veränderung der letzteren Koordinaten Arbeit und es wäre die durch sämtliche aufgezählte Arbeitsleistungen erzeugte lebendige Kraft von $\delta(mv^2/2)$ abzuziehen. Die Arbeit infolge der Änderung der rasch veränderlichen Größen verschwindet, wenn diese der Variation nicht fähig gedacht werden.

---

[1]) Diese Sammlung Bd. II, S. 124 f.

Zu bemerken ist noch, daß die geleistete äußere Arbeit nicht mit der von außen zugeführten Energie verwechselt werden darf. Wenn z. B. der materielle Punkt festgehalten wird, also ruht, und der kleine Magnet Q oder das Punktepaar P sich drehen, so wird dem materiellen Punkte keine Energie von außen zugeführt, trotzdem wird äußere Arbeit geleistet, aber bloß auf Kosten der inneren, potentiellen Energie b, da die von dem Punkte p auf den Magnet oder das Punktepaar ausgeübten Kräfte eine gleich große innere Arbeit leisten. Letztere Kräfte zählen aber zu den inneren des Systems, während jene Kräfte, welche ihnen entgegenwirkend die Drehung des Magnets verhindern, äußere Kräfte sind. b ändert sich,

$$b - \frac{\mu^2 r^2}{2} - \frac{\nu_0^2}{2 r^2}$$

aber bleibt konstant gleich Null.

75.

Neuer Beweis eines von Helmholtz aufgestellten Theorems betreffend die Eigenschaften monozyklischer Systeme.

(Göttinger Nachrichten 1886. S. 209—213.)

Die große Wichtigkeit, welche die Aufstellung des Begriffs der monozyklischen Systeme und die Entwicklung der wichtigsten Eigenschaften derselben[1]) für alle die mechanische Bedeutung des II. Hauptsatzes betreffenden Untersuchungen hat[2]), dürfte die folgenden Betrachtungen als nicht ganz überflüssig erscheinen lassen, welche den Zweck haben, den Zusammenhang der älteren Lehrsätze mit dem allgemeinen Theorem näher zu beleuchten, welches Helmholtz zu Anfang der letzten, eben zitierten Abhandlungen beweist. Dieses Theorem lautet, wenn man daran eine Modifikation vornimmt, welche ich in einer kurzen Mitteilung an die Wiener Akademie[3]) und Helmholtz in seiner letzten Abhandlung über monozyklische Systeme[4]) als notwendig erkannten, folgendermaßen: Sei ein beliebiges, zusammengesetztes monozyklisches (also gefesseltes polyzykli-

---

[1]) Berl. Ber. 6. u. 27. März 1884; Kroneckers Journ. **97.** S. 111 und 317. 1884.

[2]) Betreffend die Vorgeschichte des Gegenstandes möge hier noch der Arbeiten Rankines gedacht werden, welcher schon lange (Trans. R. S. Edinburgh 1869. S. 757, **20.** S. 158, **25.** S. 217; Phil. Mag. Dezember 1865. **30.** S. 241, **39.** S. 211) auf die innige Verwandtschaft der gastheoretischen Gleichungen mit denen für stationäre Flüssigkeitsströmungen hinwies, die ganz der von Helmholtz entwickelten Verwandtschaft derselben Gleichungen mit den auf die Rotation fester Körper mit veränderlichem Trägheitsmomente bezüglichen analog ist. Rankine betrachtete auch bereits Bewegungen, bei denen eine Steigerung der Geschwindigkeit ohne Änderung der Gestalt der Bahnen möglich ist.

[3]) Wien. Anz. vom 9. Oktober 1884. (Vgl. diesen Band, Nr. 73.)

[4]) Berl. Ber. vom 18. Dezember 1884.

sches) System gegeben, dessen langsam veränderliche Koordinaten mit p_a, dessen rasch veränderliche mit p_b bezeichnet werden sollen, q_a und q_b seien deren Differentialquotienten nach der Zeit, s_a und s_b die dazugehörigen Momente, endlich $-P_a$ die äußeren Kräfte, welche zum ungestörten Fortgang der Bewegung nötig sind. Es wird vorausgesetzt, daß bei passender Änderung der P_a die Bewegung in genau ähnlicher Weise vor sich gehen kann, wobei nur sämtliche Geschwindigkeiten mit einer konstanten, für alle Geschwindigkeiten gleichen aber ganz willkürlichen Zahl n multipliziert, also gewissermaßen die Zeitdauer aller Vorgänge auf den n^{ten} Teil reduziert erscheint; wenn dann außer der im Systeme enthaltenen Energie nur ein einziger langsam veränderlicher Parameter p_a vorhanden ist, so ist die gesamte im Systeme enthaltene lebendige Kraft immer integrierender Nenner des Differentials der von außen zugeführten Energie; sind dagegen mehrere p_a vorhanden, so gilt dies ebenfalls jedesmal dann, wenn jenes Differential überhaupt integrierende Faktoren besitzt. Dieses Theorem ist von Helmholtz a. a. O. in höchst origineller Weise bewiesen worden, und ich habe hier die Absicht, einen zweiten auf ganz anderer Basis beruhenden Beweis des Theorems zu geben, welcher zwar vielleicht nicht so unmittelbar aus der Natur des Gegenstandes selbst entspringt wie der Helmholtzsche, dafür aber mehr geeignet scheint, die Beziehungen des Helmholtzschen Satzes zu den älteren ähnlichen Entwicklungen in ein klares Licht zu stellen.

Ich will da von der Gleichung ausgehen, welche ich zuerst auf die mechanische Wärmetheorie angewandt habe[1]) und welche nachher von Clausius[2]), Szily[3]), J. J. Müller[4]), Ledieu[5]) verallgemeinert wurde. In meinen Bemerkungen über einige

---

[1]) Wien. Ber. 1866. (Diese Sammlung I, Nr. 2.)

[2]) Niederrhein. Gesell. f. Nat. u. Heilkunde 7. November 1870; Pogg. Ann. **142.** S. 433, **145.** S. 585; Königl. Gesell. zu Göttingen 24. Mai 1871; Berl. Ber. 19. Juni 1884; C. R. **78.** S. 461.

[3]) Müegyetemi Lapok. **1.** S. 165; Pogg. Ann. **145.** S. 295, **149.** S. 74. Ergänzbd. **7.** S. 154.

[4]) Pogg. Ann. **152.** S. 105.

[5]) C. R. **77.** S. 94, 163, 260, 325, 414, 455, 517; **78.** 26. Januar 1874, S. 537.

Probleme der mechanischen Wärmetheorie[1]) schreibe ich diese Gleichungen in der Form

$$2\delta\int T\,dt = \sum p_i \delta q_i - \sum p_i^0 \delta q_i^0 + \int dt(\delta_1 U + \delta T).$$

Da hierbei das letzte Glied gleich der gesamten von außen zugeführten Energie dQ multipliziert mit der Zeit t der Bewegung ist, so lautet diese Gleichung, wenn wir die Bezeichnungsweise Helmholtz' adoptieren:

$$t \cdot dQ = 2d\int L'\,dt - \sum s_b^1\,dp_b^1 + \sum s_b^0\,dp_b^0,$$

dabei ist L' die während der Zeit dt im Systeme als lebendige Kraft vorhandene Energie. Die Bewegung, welche das System ursprünglich während der beliebigen Zeit t durchmachte, wird durch die unendlich kleine Energiezufuhr dQ in eine beliebige andere unendlich wenig verschiedene Bewegung verwandelt, welche sich während einer der Länge nach von t unendlichwenig verschiedenen Zeit abspielt. Für die erstere Bewegung sind p_b^0 und s_b^0 die Anfangs-, p_b^1 und s_b^1 die Endwerte der rasch veränderlichen Koordinaten und Momente, für die letztere Bewegung seien die Anfangs- und Endwerte der rasch veränderlichen Koordinaten $p_b^0 + dp_b^0$ und $p_b^1 + dp_b^1$. Sei nun zunächst außer der im Systeme enthaltenen lebendigen Kraft nur noch ein langsam veränderlicher Parameter p_b vorhanden, so werden zwei Gattungen von Zustandsveränderungen möglich sein. Erstens bei ungeänderten Bahnformen ändert sich bloß die Geschwindigkeit aller beweglichen Teile proportional. Dabei können und sollen immer alle dp_b^0 und $dp_b^1 = 0$ sein. Zweitens es ändern sich die Bahnformen, dann sollen die Anfangs- und Endwerte der rasch veränderlichen Koordinaten immer orthogonal geändert werden, d. h. es soll

$$\sum s_b^0\,dp_b^0 = \sum s_b^1\,dp_b^1 = 0$$

sein. Verwandelt sich eine später auftretende Bahn in eine solche zurück, welche schon früher da war, so sollen dabei die p_b^0 und p_b^1 genau die gleichen, aber entgegengesetzt bezeichneten Veränderungen erfahren, welche sie früher erfuhren, als umgekehrt die letztere Bahn in die erstere übergeführt

---

[1]) Wien. Ber. 75. 11. Januar 1877. (Diese Sammlung II, Nr. 39.)

wurde. Dies ist hier immer möglich, da die Gestalt der Bahnen nur von einer einzigen unabhängig veränderlichen Größe abhängt, während die andere unabhängig veränderliche Größe bloß die Geschwindigkeit bestimmt, mit welcher die Bahnen durchlaufen werden. Verfährt man in der geschilderten Weise, so werden bei Rückkehr zur selben Bahn auch stets dieselben Integrationsgrenzen für $\int dt$ und $\int L' dt$ wiederkehren, es werden also diese Größen ganz bestimmte Werte besitzen. Wählen wir die Zeit t groß, so wird

$$tL = \int L' dt,$$

wobei L die sogenannte mittlere lebendige Kraft der Bewegung ist. Die obige Gleichung reduziert sich also dann auf

$$t d Q = 2 d \int L dt \quad \text{oder} \quad dQ = 2 L d \operatorname{lognat} Lt.$$

Falls außer der im Systeme enthaltenen Energie mehr als ein langsam veränderlicher Parameter p_a existiert, ist L im allgemeinen nicht mehr integrierender Nenner von dQ, da man bei Wiederkehr zu genau demselben Zustande des Systems im allgemeinen nicht mehr zu denselben Grenzen der p_b zurückkommen wird, sobald die p_b an beiden Grenzen immer orthogonal geändert werden; doch läßt sich auch in diesem Falle beweisen, daß L integrierender Nenner sein muß, falls überhaupt integrierende Faktoren von dQ existieren. Sei allgemein $dQ = M dN$ und seien immer L und die p_a die independenten Variabeln.

Nach dem eben Bewiesenen muß, sobald alle p_a bis auf eines konstant sind, L integrierender Nenner von dQ sein; ist also g irgend einer der Indizes a und $d\sigma_g$ das zum Faktor L hinzutretende Differentiale, so folgt zunächst

$$(1) \qquad M\left(\frac{\partial N}{\partial L} dL + \frac{\partial N}{\partial p_g} dp_g\right) = L\left(\frac{\partial \sigma_g}{\partial L} dL + \frac{\partial \sigma_g}{\partial p_g} dp_g\right).$$

Diese Gleichung muß für alle Wertekombinationen der dabei als konstant vorausgesetzten Variabeln $p_1, p_2, \ldots p_{g-1}, p_{g+1} \ldots$ gelten. Wenn also M und N gegeben sind, so ist daraus σ_g bis auf einen nur die letzterwähnten Variabeln enthaltenden Ausdruck bestimmt. Dasselbe gilt auch für jeden beliebigen andern der Indizes a, z. B. h; man hat also ebenso

$$M\left(\frac{\partial N}{\partial L}dL + \frac{\partial N}{\partial p_h}dp_h\right) = L\left(\frac{\partial \sigma_h}{\partial L}dL + \frac{\partial \sigma_h}{\partial p_h}dp_h\right),$$

wobei natürlich die Identität von σ_g und σ_h noch nicht erwiesen ist. Aus dieser und der Gleichung (1) folgt unmittelbar:

$$\frac{\partial \sigma_g}{\partial L} = \frac{\partial \sigma_h}{\partial L}.$$

Es können sich also σ_g und σ_h nur um Größen unterscheiden, welche kein L, sondern nur die p_a enthalten. Wir wollen setzen: $\sigma_g = \sigma + \Pi_g$, $\sigma_h = \sigma + \Pi_h$, wobei die Π nicht mehr Funktionen von L sind; dann folgt aus der Gleichung (1)

$$M\frac{\partial N}{\partial L} = L\frac{\partial \sigma}{\partial L}$$

und

$$M\frac{\partial N}{\partial p_g} = L\left(\frac{\partial \sigma}{\partial p_g} + \frac{\partial \Pi_g}{\partial p_g}\right)$$

für jeden Wert von g; hieraus ergibt sich weiter

$$dQ = MdN = L\left(d\sigma + \sum\frac{\partial \Pi_g}{\partial p_g}dp_g\right),$$

die Summe ist über alle möglichen Werte des Index g zu erstrecken. Da laut Übereinkunft dQ einen integrierenden Faktor hat, so muß es jedenfalls auch einen besitzen, wenn man alle p_a bis auf zwei derselben, etwa p_g und p_h, konstant setzt. Dividiert man dann noch das Differential dQ durch L, so ergibt sich:

$$\frac{\partial \sigma}{\partial L}dL + \left(\frac{\partial \sigma}{\partial p_g} + \frac{\partial \Pi_g}{\partial p_g}\right)dp_g + \left(\frac{\partial \sigma}{\partial p_h} + \frac{\partial \Pi_h}{\partial p_h}\right)dp_h.$$

Nach dem Gesagten muß auch dieser Differentialausdruck einen integrierenden Faktor haben. Schreibt man die bekannte Bedingung dafür hin, so sieht man, daß aus derselben folgt: entweder

$$(2)\qquad \left\{\begin{array}{ll} & \dfrac{\partial \sigma}{\partial L} = 0 \\ \text{oder} & \\ & \dfrac{\partial^2 \Pi_g}{\partial p_g \partial p_h} = \dfrac{\partial^2 \Pi_h}{\partial p_g \partial p_h} \end{array}\right.$$

für alle Wertepaare von g und h. Die erste Gleichung kann nie erfüllt sein, wenn man voraussetzt, daß im Differentialausdruck dQ das dL vorkommt, welche Voraussetzung, wie mir scheint, auch von Helmholtz stillschweigend gemacht wird. Im entgegengesetzten, physikalisch offenbar gar nicht denkbaren Falle schiene mir die Richtigkeit des zu beweisenden Theorems fraglich zu werden, in allen übrigen Fällen müssen die Gleichungen (2) gelten, aus welchen folgt, daß $\Sigma(\partial \Pi_g / \partial p_g) dp_g$ das komplette Differential einer Funktion Π der p_a ist, weshalb dann $dQ = Ld(\sigma + \Pi)$ wird.

Aus den obigen Entwicklungen folgt, daß die Frage, ob dQ einen integrierenden Faktor besitzt, auf die andere hinausläuft, ob unter beständig orthogonaler Veränderung der Grenzen bei Rückkehr zu demselben Zustande immer auch eine Rückkehr zu denselben Grenzen möglich ist, worauf ich vielleicht ein anderes Mal zurückkommen werde; im Anschluß hieran dürfte sich dann am leichtesten die allgemeine Bedingung aufstellen lassen, daß für ein beliebiges System die lebendige Kraft integrierender Nenner ist, welche Aufgabe Helmholtz für monozyklische Systeme gelöst hat.

Graz, 2. Januar 1886.

76.

Notiz über das Hallsche Phänomen.[1]

(Wien. Anz. 23. S. 77—80. 8. April 1886 und Phil. Mag. (5) 22. S. 226—228. 1886.)

Aus den allgemeinen Gleichungen, welche schon Maxwell und Rowland für die Elektrizitätsbewegung aufstellten, hat Lorentz (Wied. Beibl. 8. S. 869) folgende Gleichungen für die Elektrizitätsbewegung in einer ebenen gegen die Kraftlinien eines magnetischen Feldes senkrechten Platte gefunden, falls daselbst die von Hall entdeckte Ablenkung der Ströme durch den Magnetismus berücksichtigt wird:

$$u = -\varkappa\frac{dp}{dx} - hv, \qquad v = -\varkappa\frac{dp}{dy} + hu.$$

$u, v, p, \varkappa$ sind die Stromkomponenten, die elektrische Spannung und spezifische Leitungsfähigkeit, h eine Konstante, die wahrscheinlich der Stärke des Magnetfeldes M nahe proportional ist. Ich habe aus diesen Gleichungen einige Konsequenzen abgeleitet, welche mir der experimentellen Prüfung wohl wert scheinen. Den Beobachtungen Halls entspricht das Integral:

$$p = -ax + hay, \qquad u = \varkappa a, \qquad v = 0.$$

In einem Eisenstreifen von den Begrenzungslinien $y = 0$ und $y = b$ und der Dicke δ fließt ein Strom $J = \varkappa ab\delta$ in der Richtung OX. Der Nordpol ist auf der positiven Z-Seite. Der Zeiger einer Uhr, deren Zifferblatt gegen OZ gewendet ist, läuft von OX gegen OY. In einer Hall-Leitung, die vermöge großen Widerstandes den Zustand des Streifens nicht wesentlich alteriert, wird durch die elektromotorische Kraft $e = hab$

[1] Diese Notiz kann zum Teil als eine Voranzeige der folgenden Arbeit (Nr. 77) gelten.

ein Strom getrieben, der im Eisenstreifen der positiven y-Richtung entgegenfließt. Unter dem „rotatory power" R versteht Hall den Quotienten $e\delta / JM$, so daß $h = RM\varkappa$ ist. Ich bemerke noch, daß die Absolutwerte, welche Hall für R angibt, viel zu klein sind; vielleicht müssen sie infolge einer Verwechslung des Ohm mit dem Widerstande Eins mit 10^9 multipliziert werden. Aus den obigen Gleichungen folgt:

$$u + hv = -\varkappa \frac{dp}{dx}, \quad u = -k\left(\frac{dp}{dx} - h\frac{dp}{dy}\right),$$

$$v - hu = -\varkappa \frac{dp}{dy}, \quad v = -k\left(\frac{dp}{dy} + h\frac{dp}{dx}\right),$$

wobei $k = \varkappa : (1 + h^2)$. Die Kontinuitätsgleichung:

$$\frac{du}{dx} + \frac{dv}{dy} = 0$$

liefert

$$\frac{d^2 p}{dx^2} + \frac{d^2 p}{dy^2} = 0.$$

Für eine kreisförmige Platte ergibt sich, wenn eine Elektrode des Primärstromes im Zentrum ist und der ganze Rand als zweite Elektrode dient, folgendes Integral:

$$p = -A \operatorname{lognat} r + B, \quad u = \frac{kA(x - hy)}{r^2}, \quad v = \frac{kA(y + hx)}{r^2}, \quad \varrho = \frac{kA}{r};$$

die Strömungslinien sind logarithmische Spiralen mit der Gleichung:

$$\vartheta = h \operatorname{lognat} r + \text{const.};$$

r und ϑ sind die Polarkoordinaten, ϱ die Stromkomponente in der Richtung von r. Ähnlich geformte Strömungslinien wurden in Geisslerschen und Hittorfschen Röhren unter dem Einflusse von Magneten beobachtet. Die Strömung in einer unendlichen Platte mit zwei oder mehr punktförmigen Elektroden ergibt sich durch Superposition. Die Gleichung der Strömungslinien ist dann:

$$h \operatorname{lognat} \frac{r}{r'} = \vartheta - \vartheta' + \text{const.}$$

für zwei Elektroden, auf die sich die Polarkoordinaten $r, \vartheta, r', \vartheta'$ beziehen.

Es hat schon Leduc (Journ. de phys. (2) **3.** S. 366) die Hypothese aufgestellt, daß die Widerstandsänderungen, welche der Magnetismus im Wismut erzeugt, bloß scheinbar sind, dadurch hervorgerufen, daß die Ströme durch das Hallphänomen in längere Bahnen gezwungen werden. Dann wäre nach obigem, in einem rechteckigem Streifen, in dessen ganzer Ausdehnung die Ströme zwei vis-à-vis liegenden Seiten parallel fließen, keine Widerstandsänderung zu erwarten. Für die kreisförmige Platte ist die Stromintensität $i = 2\pi r \varrho \delta = 2\pi k A \delta$, der Widerstand s ist daher:

$$\frac{\operatorname{lognat}(r_2 : r_1)}{2\pi k \delta} = \frac{1 + h^2}{2\pi \delta \varkappa} \operatorname{lognat} \frac{r_2}{r_1},$$

wobei r_2 der Plattenradius, r_1 der der zentralen Elektrode ist. Er würde daher im Verhältnisse von $1 + h^2 : 1$ durch den Magnetismus vergrößert. Ist E die elektromotorische Kraft der Batterie, p die Potentialdifferenz der Elektroden der Platte, so ist:

$$i = \frac{p}{s} = \frac{E - p}{w} = \frac{E}{s + w},$$

wobei w der übrige Widerstand der Strombahn ist. Prof. Ettingshausen fand für eine diesen Bedingungen entsprechend hergestellte Wismutscheibe bei zwei Versuchen mit den Magnetfeldern 6364 und 4810 für dieses Verhältnis die Werte 1,257 und 1,180, was der Formel ziemlich entspricht, da für Wismut von allerdings anderer Provenienz R von 8—10 variierte. Dagegen scheint es mir schwer, die große Widerstandsänderung, die sich bei rechteckigen Wismutstreifen ergab, durch bloße Inhomogenitäten oder dadurch zu erklären, daß der Strom bloß an einzelnen Stellen, nicht an der ganzen Breite zu- und abgeleitet wurde. Einem rechteckigen Streifen von der Dicke δ, an dessen beiden kürzeren Seiten (b) der Primärstrom zu- und abgeleitet wird, wogegen die längeren Seiten (l) ganz mit zahlreichen Hallelektroden besetzt sind, jede mit der vis-à-vis liegenden leitend verbunden, entspricht das Integral $p = -ax + cy$; sei E die elektromotorische Kraft der Batterie, die den Primärstrom treibt, J dessen Intensität, $r = l / \varkappa b \delta$ der Widerstand, welchen er in der Platte findet, w dessen übriger Widerstand, ferner i die ganze Intensität des Hallstromes, $\varrho = b / \varkappa l \delta$ dessen Widerstand in der Platte, ω dessen übriger Widerstand, so ist:

$$E - a l = w J, \quad c b = \omega i, \quad E - \frac{u + h v}{\varkappa} l = w J = w b \delta u,$$

$$\frac{-v + h u}{\varkappa} b = \omega i = \omega l \delta v, \quad \frac{\varkappa E}{l} = (1+f) u + h v, \quad h u = (1 + \varphi) v;$$

$$\frac{\varkappa E}{l} = \left[1 + f + \frac{h^2}{1 + \varphi}\right] u = \left[h + \frac{(1 + f)(1 + \varphi)}{h}\right] v,$$

wobei $f = w / r$, $\varphi = \omega / \varrho$; der Widerstand wird also hier im Verhältnisse $[1 + h^2 / (1 + \varphi)] : 1$ vergrößert, da:

$$E = \left[r + w + \frac{h^2 r}{1 + \varphi}\right] \cdot J$$

ist.

Nachtrag.

(Wien. Anz. **23.** S. 113—114. 20. Mai 1886.)

Das Integral, welches ich in meiner Notiz vom 8. April d. J. für eine kreisförmige Platte fand, verwandelt sich, wenn diese längs eines Radius zwischen den Elektroden aufgeschnitten ist, in das folgende: $p = - A \operatorname{lognat} r + A h \operatorname{arctg}(y : x) + B$. Während im ersten Falle der Widerstand der Platte durch die Ablenkung der Stromlinien durch den Magnetismus im Verhältnisse von $1 : 1 + h^2$ zunimmt, ändert er sich im letzteren Falle nicht; dagegen wird jetzt zwischen zwei an den beiden Rändern des Schlitzes vis-a-vis angebrachten Hallelektroden durch den Magnetismus ein Strom erzeugt, dessen Stärke R zu berechnen erlaubt; freilich gilt das Integral ohne Korrektion nur, wenn der Abstand der Hallelektroden vom Scheibenzentrum klein gegen den Scheibenradius, dagegen groß gegen den Radius der inneren Elektrode ist.

Hr. Professor Albert v. Ettingshausen untersuchte eine derartige kreisförmige Wismutplatte sowohl als Ganzes wie auch radial aufgeschlitzt, wobei sich diese Resultate qualitativ bestätigten; die quantitative Bestimmung wird sehr erschwert durch eine von der Gestalt des Wismut unabhängige Widerstandsvermehrung durch den Magnetismus, welche die durch die Formeln gegebene an Größe weitaus übertrifft, und möglicherweise daher kommen könnte, daß im kristallinischen Wismut die Stromkurven verästelt sind, und durch den Magnetismus in ungünstigere Bahnen gedrängt werden. Auch an den zwei an beiden Rändern des Schlitzes angebrachten Hallelektroden rief der Magnetismus Ströme hervor, wenn der Primärstrom die Scheibe radial durchfloß. Die große Verschiedenheit derselben, je nach der Richtung des Primärstromes, brachte Professor Ettingshausen auf die Idee einer Wirkung des Magnetismus auf die in der Platte erzeugte Joulesche Wärme. Ich ließ darauf den Magnetismus möglichst rasch nach Unterbrechung des Primärstromes auf die kreisförmige Platte wirken und schlug, als derselbe hierbei bemerkbare Ströme zwischen den Hallelektroden erzeugte, vor, durch eine gewöhnliche rechteckige Hallplatte statt des Primärstromes einen Wärmestrom zu schicken.

77.

Zur Theorie des von Hall[1]) entdeckten elektromagnetischen Phänomens.[2])

(Wien. Ber. 94. S. 644—669. 1886.)

Die allgemeinen Gleichungen der Elektrizitätsbewegung, welche dieses Phänomen implizit enthalten, wurden schon von Maxwell[3]) aufgestellt; ihre spezielle Anwendung auf dieses Phänomen erfolgte durch Rowland[4]), Lorentz[5]) und andere.

Es ströme die Elektrizität in einer ebenen (begrenzten oder unbegrenzten) in allen Punkten gleich beschaffenen Platte; dieselbe sei vor der Wirkung des Magnetismus isotrop und werde in ein homogenes magnetisches Feld gebracht, so daß die Kraftlinien die Platte senkrecht schneiden. Dann lauten die allgemeinen Gleichungen

$$(1) \qquad u + h v = -\varkappa \frac{dp}{dx}, \quad v - h u = -\varkappa \frac{dp}{dy};$$

u, v, p, $\varkappa$ sind resp. die durch die Flächeneinheit gehenden Stromkomponenten in den Richtungen der beiden Koordinatenachsen, das Potential der gewöhnlichen elektromotorischen Kräfte und die spezifische Leitungsfähigkeit der Platte; h ist eine Konstante, welche in vielen Fällen der Stärke des Magnetfeldes wenigstens angenähert proportional ist. Wir wollen sie öfters gleich $\operatorname{tg}\gamma$ setzen, wobei γ eine andere Konstante ist.

Es lassen diese Gleichungen, wie ebenfalls schon mehrfach hervorgehoben wurde, eine zweifache Interpretation zu. Denkt man sich die mit h behafteten Glieder auf die rechte

---

1) Americ. Journal of science **19.** S. 200; **20.** S. 161. Phil. Mag. (5) **9.** S. 225. Americ. Journal **10.** S. 301.

2) Voranzeige dieser Arbeit Wien. Anz. **23.** S. 174. 7. Oktober 1886.

3) Electricity and Magnetism. **1.** S. 349.

4) Americ. Journal of math. **3.** S. 89.

5) Archives néerl. **19.** S. 123. Harlem 1884.

Seite des Gleichheitszeichens gebracht, so erscheinen sie als Zusatzglieder zur elektromotorischen Kraft. Sie sagen dann aus, daß im magnetischen Felde durch jeden galvanischen Strom eine diesem proportionale und sowohl auf der Stromesrichtung, als auch auf den Kraftlinien senkrechte elektromotorische Kraft geweckt wird. Da diese genau dieselben Gesetze befolgt, wie die durch das Biot-Savartsche Gesetz bestimmte ponderomotorische Kraft (mit der einzigen Ausnahme, daß die Proportionalität mit der Intensität des Magnetfeldes dort nicht in allen Fällen gilt), so liegt die Annahme nahe, daß diese ponderomotorische Kraft nicht bloß auf die Masse des Leiters, sondern auf die elektrischen Fluida selbst wirke. Setzt man mit W. Weber voraus, daß in einem galvanischen Strome stets durch jeden Querschnitt in gleichen Zeiten gleich viel positive Elektrizität nach der einen und negative nach der andern Richtung geht, so könnte erstens die Geschwindigkeit der positiven und negativen Elektrizität dieselbe sein: Dann würden freilich beide Elektrizitäten mit gleicher Kraft in derselben Richtung gezogen, was keinen elektrischen Strom veranlassen könnte. Es wäre aber auch zweitens möglich, daß in einer Substanz die beiden Arten der Elektrizität mit ungleicher Geschwindigkeit begabt wären, z. B. wenn von der einen Elektrizität ein Teil unbeweglich wäre, und nur ein Teil, dafür aber mit größerer Geschwindigkeit, durch die elektromotorischen Kräfte bewegt würde, während von der andern Elektrizität zwar das gesamte im Körper enthaltene Quantum in Strömung begriffen, dafür aber schwerer beweglich wäre und daher durch die gleiche elektromotorische Kraft nur eine geringere Geschwindigkeit erhielte. Sei die gesamte, in einem Leiter von der Länge λ und Breite β in Bewegung begriffene positive Elektrizitätsmenge e, die bewegte negative Elektrizitätsmenge ε, die Geschwindigkeit der ersteren $a + 2b$, die der letzteren a. Dann ist, weil durch jeden Querschnitt gleich viel positive und negative Elektrizität fließen muß, $e(a + 2b) = \varepsilon a$. Jede dieser Größen ist die halbe elektrostatisch gemessene Stromintensität $J:2$. Der Strom fließe parallel der Länge λ. Die ponderomotorische Kraft, welche ein Magnetfeld von der Intensität M bei der Versuchs anordnung Halls auf die Platte ausübt, ist $JM:v$. Unter

Annahme des Weberschen Gesetzes muß hiervon die Hälfte $Me(a+2b):v$ auf die positive, die andere Hälfte $M\varepsilon a:v$ auf die negative in der Platte strömende Elektrizität wirken. Denn sobald die Geschwindigkeiten konstant sind, sind die elektrodynamischen Kräfte nach Weber dem Produkte der Elektrizitätsmenge und Geschwindigkeit proportional. v ist gleich 3.10^{10} cm/sec. Obige auf die im Leiter beweglichen Elektrizitäten wirkende Kräfte sind aber dem Zusammenwirken zweier Kräfte äquivalent: einer Kraft, welche im Innern des Leiters auf die positive und negative Elektrizitätsmenge Eins in gleicher Richtung mit der Intensität $M(a+b):v$, und einer andern, welche auf die positive und negative Elektrizitätsmenge Eins in entgegengesetzter Richtung mit der Intensität $Mb:v$ wirkt. Man muß annehmen, daß die erstere Kraft keine bisher beobachtbare Wirkung erzielt, die letztere aber die elektromotorische Kraft des Hallstroms ist. Sie entspricht einer elektrischen Potentialdifferenz $e_{st} = Mb\beta:v$ an zwei vis-à-vis liegenden Punkten des Plattenrandes. Es ist also $b = M\beta:e_m$. Die Indizes st und m zeigen elektrostatisches und magnetisches Maß an. An die Stelle der Größe c meiner ersten Notiz[1]) über diesen Gegenstand tritt also b. Das Hallsche Rotationsvermögen ist nach dieser Anschauung der halbe Geschwindigkeitsüberschuß der einen gegenüber der anderen Elektrizität, wenn durch die Einheit des Querschnittes der Strom eins, magnetisch gemessen, fließt. In Substanzen mit positivem Drehungsvermögen, wie Eisen, Antimon usw. besitzt die positive, in den übrigen, wie Gold, Wismut usw., die negative Elektrizität die größere Geschwindigkeit.[2])

Vom Standpunkte der unitarischen Theorie, wie sie namentlich Edlund[3]) ausgebildet hat, muß die Sache folgendermaßen aufgefaßt werden. Erfahrungsmäßig wird durch die elektromotorischen Kräfte, welche den elektrischen Strom treiben, bloß die im Drahte enthaltene Elektrizität, nicht die ponderable Masse des Drahtes bewegt. Um dies zu erklären, nimmt Edlund an, daß der im Leiter bewegliche Äther rings von unbeweglichem umgeben ist. Die elektromotorische Kraft wirkt

[1]) Wien. Anz. 1880. (Diese Sammlung Bd. II, Nr. 54.)
[2]) Vgl. auch die zitierte Abhandlung von Lorentz.
[3]) Verhandl. der schwed. Akad. der Wissensch. 12. 1873.

ebensogut auf den beweglichen wie auf den umgebenden ruhenden Äther, weshalb letzterer nach dem archimedischen Prinzip einen Auftrieb auf den Leiter ausübt, welcher die ponderomotorische Wirkung wieder vollständig neutralisiert, geradeso wie jede ponderomotorische Kraft auf einen Körper neutralisiert wird, sobald jedes Volumelement des Körpers die dem unelektrischen Zustande entsprechende Äthermenge enthält. Dagegen wirken auf diesen umgebenden, ruhenden Äther die elektrodynamischen Kräfte nicht, diese werden daher auch durch keinen Auftrieb neutralisiert. Hierdurch entfällt der eine Einwand Halls.[1])

Ein schwer wiegendes Bedenken bleibt aber selbstverständlich der Umstand, daß sich das Hallsche Phänomen nicht in allen Substanzen in demselben Sinne zeigt, und ich betrachte die stoffliche Theorie der Elektrizität bloß als ein Bild zur Erleichterung der Vorstellung, dessen möglichst konsequente Durchbildung mindestens so lange nützlich ist, als keine andere ebenso klare Theorie der Elektrizität existiert. Um die Foucaultschen Ströme zu erklären, muß man annehmen, daß bei Bewegung eines Körpers wenigstens ein Teil der in ihm enthaltenen Elektrizität mitbewegt wird. Soll daher vom Standpunkte der unitarischen Theorie die Bewegung eines unelektrischen Körpers keinen elektrischen Strom darstellen, so müßte man etwa annehmen, daß durch die elektromotorische Kraft bloß die in den Leitermolekülen enthaltene Elektrizität bewegt wird und durch schmale Brücken von Molekül zu Molekül übergeht. Bei Massenbewegung des Leiters bewegt sich diese Elektrizität mit. Von der das Molekül umgebenden Elektrizität dagegen füllt immer die an der vorangehenden Molekülhälfte verdrängte den hinter dem Moleküle leer werdenden Raum aus, wodurch ein an Intensität gleicher Gegenstrom entsteht; dadurch wäre auch den Einwürfen Föppls[2]) begegnet.

Eine ganz andere Interpretation erhalten die mit h behafteten Glieder der obigen Gleichungen, wenn man sie auf die linke Seite des Gleichheitszeichens mit den anderen Gliedern

---

[1]) Sillimans Journal **20.** S. 52. 1880. Phil. Mag. (5) **10.** S. 136.

[2]) Wied. Ann. **27.** S. 410. 1886.

daselbst vereint betrachtet; sie erscheinen dann als eine Modifikation des galvanischen Leitungswiderstandes, wie ja jede der Stromintensität proportionale elektromotorische Kraft ebensogut auch als Widerstand aufgefaßt werden kann. Man muß dann annehmen, daß die Platte unter der Einwirkung des Magnetfeldes zwar in allen Punkten gleich beschaffen bleibt und sich auch nach allen Richtungen gleich verhält (d. h. sich nicht ändert, wenn man einen kreisförmigen Teil derselben um einen beliebigen Winkel gedreht wieder in die Platte einfügt), daß aber ihre kleinsten Teile eine eigentümlich gedrehte Struktur annehmen (wie Schraubenlinien, deren Achsen die magnetischen Kraftlinien sind). Infolge dieser Struktur sind die Bahnen des elektrischen Stromes bei ungehinderter Ausbreitung keine Geraden, sondern Spiralen.

Freilich ist es schwer, sich von einer derartigen Widerstandsänderung ein anschauliches mechanisches Bild zu machen. Es findet diese Ansicht in der Erfahrung dadurch eine Unterstützung, daß beim Wismut durch magnetische Kräfte auch Erscheinungen auftreten, welche durch eine Vermehrung des gewöhnlichen galvanischen Widerstandes vollkommen erklärt werden können; es wird in dieser Beziehung von besonderem Interesse sein, zu untersuchen, ob dies auch bei allen anderen Körpern der Fall ist, bei denen die scheinbaren, von der Gestalt abhängigen Widerstandsänderungen, welche durch die mit h behafteten Glieder bedingt werden, keinen so kleinen Wert haben, daß ihre Beobachtbarkeit völlig ausgeschlossen ist.

Sowohl im Interesse der allgemeinen Konsequenzen, welche ich aus diesen Gleichungen zog[1]), als auch behufs genauerer experimenteller Untersuchung des Hallschen Phänomens schien es mir wünschenswert, die obigen allgemeinen Gleichungen in den einfachsten und wichtigsten speziellen Fällen aufzulösen.

Es hat schon Lorentz (a. a. O.) den Weg angedeutet, wie diese Gleichungen zu integrieren sind; doch hat er die Rechnung nicht so weit durchgeführt, daß die Anwendung auf spezielle Fälle unmittelbar geschehen kann. Auch hat er immer die Größe h als sehr klein gegen Eins vorausgesetzt, was bei Gold, der ersten von Hall untersuchten Substanz, und bei

[1]) Wien. Anz. 1886. Dieser Band Nr. 76.

vielen anderen ganz sicher erlaubt ist, nicht aber bei einigen erst später bekannt gewordenen. So kann nach den Versuchen **Ettingshausens** für Wismut h bis fast zum Wert $^1/_7$ ansteigen.

Ohne jede Vernachlässigung ergeben sich zunächst aus den Gleichungen (1) die folgenden:

$$(2)\quad \begin{cases} u\cos\gamma + v\sin\gamma = -\dfrac{\varkappa}{\sqrt{1+h^2}}\cdot\dfrac{dp}{dx}, \\[2ex] -u\sin\gamma + v\cos\gamma = -\dfrac{\varkappa}{\sqrt{1+h^2}}\,\dfrac{dp}{dy}. \end{cases}$$

$$(3)\quad u = -\frac{\varkappa}{1+h^2}\left(\frac{dp}{dx} - h\frac{dp}{dy}\right),\quad v = -\frac{\varkappa}{1+h^2}\left(h\frac{dp}{dx} + \frac{dp}{dy}\right).$$

$$(4)\quad \begin{cases} u = -\dfrac{\varkappa}{\sqrt{1+h^2}}\left(\dfrac{dp}{dx}\cos\gamma - \dfrac{dp}{dy}\sin\gamma\right), \\[2ex] v = -\dfrac{\varkappa}{\sqrt{1+h^2}}\left(\dfrac{dp}{dx}\sin\gamma + \dfrac{dp}{dy}\cos\gamma\right). \end{cases}$$

Die Kontinuitätsgleichung

$$\frac{du}{dx} + \frac{dv}{dy} = 0$$

liefert hierzu noch

$$(5)\quad \frac{d^2p}{dx^2} + \frac{d^2p}{dy^2} = 0.$$

Man hat zu unterscheiden zwischen der Richtung, in welcher die Elektrizität durch die auch sonst wirksamen Kräfte, von denen ich hier nur die elektromotorische Kraft mit dem Potential p in Betracht ziehe, getrieben wird, und derjenigen Richtung, in welcher die Elektrizität wirklich fließt.

Nennt man die Kurven, welche auf der ersteren Richtung überall senkrecht stehen, die Äquipotentiallinien, so steht die letztere Richtung nicht mehr senkrecht auf den Äquipotentiallinien. Es erscheint vielmehr die Strömungsrichtung gegen die Normale der Äquipotentiallinien, also gegen die Richtung der elektromotorischen Kraft[1]) um den Winkel γ in demjenigen

---

[1]) Es ist unter elektromotorischer Kraft jene aller elektrostatischen Ladungen verstanden, sowohl derjenigen, welche durch die elektromotorischen Kräfte, die den Primärstrom erzeugen, hervorgerufen werden, als auch derjenigen, welche durch die Wirkung des Magnetismus an den freien Rändern der Platte entstehen können. Sind thermoelektrische

Sinne verdreht, in dem man von der positiven X-Achse zur positiven Y-Achse gelangt und der — wie wir sehen werden — für Eisen der Richtung der Ampèreschen Ströme entgegen ist.

Die Funktion p muß also auf der ganzen Platte derselben Differentialgleichung (5) genügen, wie ohne Wirkung des Magnetismus. Auch an den Elektroden bleibt die Bedingung dieselbe. Geht die Platte nach allen Richtungen ins Unendliche oder sind alle Ränder der Platte an sehr viel besser leitende Metallstreifen angelötet, welche als Elektroden dienen können oder nicht, so bleibt auch dort die Bedingung dieselbe.

Denkt man sich daher das Potential an den Elektroden als gegeben, so wird es in diesem Falle durch Einwirkung des Magnetismus in keinem Punkte der Platte verändert. Verbindet man zwei beliebige Punkte der Platte mit den Quadrantenpaaren eines Elektrometers oder mit einem Galvanometer von großem Widerstande (Potentialgalvanometer), so wird bei gegebenem Potentiale der Elektroden der Ausschlag durch den Magnetismus nicht verändert. Waren die beiden Punkte ursprünglich äquipotential, so bleiben sie es auch nach der Einwirkung des Magnetismus. Anders ist es natürlich, wenn nicht das Potential der beiden Elektroden, sondern die Stromintensität als unveränderliche Größe vorausgesetzt wird; dann würde die Potentialdifferenz der Elektroden durch den Magnetismus vergrößert werden.

Die Erfahrung lehrt, daß wenigstens für Wismut durch Einwirkung des Magnetismus auch $\varkappa$ verkleinert wird. Ich will hier immer den Fall, wo die obigen Gleichungen gelten, mit dem Falle vergleichen, „wo $h = 0$ ist", während natürlich alles übrige unverändert bleibt. Der letztere Fall würde also

---

Kräfte im Inneren der Platte vorhanden, oder ist diese äußeren, induzierenden elektrischen Kräften ausgesetzt, so müßten auch diese zur obigen elektromotorischen Kraft hinzugerechnet werden; im folgenden werden jedoch derartige thermoelektrische und Induktionskräfte ausgeschlossen.

Betrachtet man als Ursache des Hallschen Phänomens eine durch den Magnetismus auf die strömende Elektrizität wirkende Kraft, so ist diese jedoch nicht unter dem, was im Texte „elektromotorische Kraft" genannt wurde, inbegriffen, daher auch nicht unter die elektromotorischen Kräfte, deren Potential oben mit p bezeichnet wurde; dies versteht sich von selbst, wenn man das Phänomen als Widerstandsänderung auffaßt.

eintreten, wenn der Magnetismus nicht wirken würde, aber $\varkappa$ denselben Wert hätte, wie unter Einfluß des Magnetismus (z. B. durch Änderung der Temperatur oder der Plattendicke).

Bezeichnen wir im ersten Falle die totale Stromintensität durch die Flächeneinheit im Punkte x, y mit J; den Winkel, welchen die durch den Punkt x, y gehende Strömungslinie in diesem Falle mit der positiven X-Achse einschließt, mit α; die Werte der entsprechenden Größen für den Fall, wo $h = 0$ ist, mit J_1 und α_1, so ist

$$(6)\quad \begin{cases} u_1 = -\varkappa \dfrac{dp}{dx} = J_1 \cos\alpha_1, \quad v_1 = -\varkappa \dfrac{dp}{dy} = J_1 \sin\alpha_1, \\ u = \dfrac{J_1}{\sqrt{1+h^2}} \cos(\alpha_1 + \gamma), \quad v = \dfrac{J_1}{\sqrt{1+h^2}} \sin(\alpha_1 + \gamma). \end{cases}$$

Es ist also $J = J_1 : \sqrt{1+h^2}$, $\alpha = \alpha_1 + \gamma$.

Durch das Hinzukommen der mit h behafteten Glieder wurde also die totale Stromintensität in allen Punkten der Platte gleichmäßig im Verhältnisse von $1 : \sqrt{1+h^2}$ vermindert, die Stromkurven dagegen ebenfalls gleichmäßig an allen Stellen um den Winkel γ gedreht, und zwar in demselben Sinne, in welchem man von der positiven X-Achse zur positiven Y-Achse gelangt; also bei positivem h und gewöhnlicher Lage des Koordinatensystems (X-Achse nach rechts, Y-Achse nach oben) dem Uhrzeiger entgegen. Wir werden sehen, daß h bei dieser Lage der Koordinatenachsen für Eisen positiv ist, wenn der Nordpol dem Beschauer zugewendet ist, die Ampèreschen Ströme also von der positiven Y-Achse gegen die positive X-Achse wie der Uhrzeiger fließen.

Die Stromlinien erscheinen also im Eisen und allen von Hall als positiv bezeichneten Metallen dem Sinne der Ampèreschen Ströme entgegengesetzt gedreht.

Wir wollen uns die Elektrizität in auf der Platte befindlichen geschlossenen Kurven (den Elektroden) einströmend denken, die von so gut leitender Substanz gebildet oder ausgefüllt sind, daß sie äquipotential sein müssen. $Q = \int d\sigma \cdot N \cdot \delta$, über den Umfang einer Elektrode erstreckt, ist die Elektrizitätsmenge, welche in der Zeiteinheit durch die betreffende Elektrode ein- oder ausströmt: Dabei ist δ die Dicke der Platte und N die auf die Flächeneinheit bezogene Stromkomponente normal zur Elektrode, also $d\sigma \cdot N \cdot \delta$ die Elektrizitätsmenge, die in der Zeiteinheit durch das Element $d\sigma$ der Elektrode tritt. Durch die h enthaltenden Glieder wurde die Stromintensität J per Flächeneinheit im Verhältnisse von $1 : \sqrt{1+h^2}$ nach Gleichung (6) vermindert. Für $h = 0$ waren die Stromlinien senkrecht zur Elektrode; nun schließen sie den Winkel $90^0 - \gamma$ mit derselben ein, daher entfällt jetzt in die Richtung der Normale nur die Komponente

$$J \cos \gamma = \frac{J}{\sqrt{1+h^2}};$$

demnach ist N im Verhältnis von $1 : 1 + h^2$ verkleinert: in demselben Verhältnisse erscheint daher der Widerstand gegenüber dem Falle vergrößert, wo $h = 0$ ist, wo also kein Magnetismus wirkt, aber $\varkappa$ denselben Wert besitzt. Die Potentialwerte sind ja durchaus dieselben geblieben.

Als spezielles Beispiel erwähne ich den Fall einer kreisförmigen Platte. Die eine Elektrode sei im Zentrum, der ganze Rand, der eine Äquipotentialkurve bildet, sei die zweite Elektrode. Dann ist, wie im Falle, wo $h = 0$ ist,

$$p = - A \log r + B. \tag{7}$$

Aus den Gleichungen (3) folgt

$$u = \frac{\varkappa}{1+h^2} A \frac{x - hy}{r^2}, \quad v = \frac{\varkappa}{1+h^2} A \frac{y + hx}{r^2}, \quad \varrho = \frac{\varkappa A}{(1+h^2) r}.$$

Die Strömungslinien sind logarithmische Spiralen mit der Gleichung

$$\vartheta = h \log r + \text{const.};$$

r und ϑ sind die Polarkoordinaten, ϱ ist die Strömungskomponente in der Richtung von r. Ähnlich geformte Strömungslinien wurden in Geisslerschen und Hittorfschen Röhren unter dem Einflusse von Magneten beobachtet und es erschiene mir das Auftreten des Hallschen Phänomens in verdünnten Gasen sehr der Untersuchung wert.

Ist der Rand in unendlicher Entfernung, so ergibt sich aus obigem Integrale die Strömung durch eine unendliche Ebene. Für einen Einströmungs- und einen Ausströmungspunkt mit den Polarkoordinaten r, ϑ, r', ϑ' ist die Gleichung der Strömungslinien

$$h \log \frac{r}{r'} = \vartheta - \vartheta' + \text{const.}$$

Folgende Bemerkung führt uns zu einer Modifikation des betrachteten Falles.

Sei X der reelle, Y der rein imaginäre Teil einer Funktion von $x + y\sqrt{-1}$; ist dann $p = X$ irgend eine Lösung der Aufgabe für den Fall, wo $h = 0$ ist, so wird $p = X - hY$ eine Lösung sein, welche dieselben Stromlinien liefert, wenn h von Null verschieden ist.

Man sieht dies unmittelbar, wenn man den letzteren Wert in die Gleichungen (3) substituiert und bedenkt, daß

$$\frac{dX}{dx} = \frac{dY}{dy}, \quad \frac{dX}{dy} = -\frac{dY}{dx}$$

ist. Die Verteilung der Spannung in einer kreisförmigen Platte, in welcher nach Hinzutreten der mit h behafteten Glieder die Radien noch Stromlinien sein sollen, ist daher durch die Gleichung

$$(8) \qquad p = -A\log r + Ah \operatorname{arctg}\frac{y}{x} + B$$

ausgedrückt. Die Mehrdeutigkeit des arctg zeigt sofort, daß dieses Integral nur gelten kann, wenn die Platte längs eines Radius aufgeschnitten ist.

Aus den Gleichungen (3) folgt unter Einsetzung des Wertes p aus (8)

$$\varrho = \sqrt{u^2 + v^2} = \frac{\varkappa A}{r};$$

die gesamte Stromintensität ist daher $2\pi r \varrho \delta = 2\pi\varkappa A\delta$. Da die Stromintensität für den Fall $h = 0$ genau durch dieselbe Formel gegeben ist, so ist auch der Widerstand derselbe, als ob bei gleichem Werte des $\varkappa$ der Magnetismus nicht wirksam wäre. Doch darf nicht vergessen werden, daß dies nicht strenge gilt, da sowohl die Gestalt der zentralen Elektrode, als auch die des Randes eine Deformation erfahren.

Die durch das Aufschneiden der Platte bewirkte scheinbare Widerstandsverminderung erklärt sich, wenn man sich die Platte längs unendlich vieler, je einen kleinen Winkel miteinander einschließender Radien aufgeschnitten denkt. Jeder Sektor verhält sich dann wie ein unendlich schmales Rechteck, dessen zwei kürzere Seiten als Elektroden dienen, und wir werden später sehen, daß der Widerstand eines solchen Rechtecks durch Hinzutreten der mit h behafteten Glieder nicht verändert wird. Ist dagegen die Platte unaufgeschnitten, so verhält sich jeder Sektor wie das später zu betrachtende, mit unendlich vielen Hall-Leitungen von unendlich kleinem Widerstande besetzte Rechteck, dessen Widerstand durch das Hinzutreten der h enthaltenden Glieder scheinbar im Verhältnisse von $1:1+h^2$ vermehrt wird: denn in beiden Fällen wird die freie Elektrizität der Ränder widerstandslos abgeleitet. Wie durch die Hallelektroden die freie Elektrizität des einen Randes sich mit der des anderen vereinigt, so vereinigt sich bei der unaufgeschnittenen Platte die freie Elektrizität immer mit der entgegengesetzt bezeichneten des nächsten Sektors.

Den Fall, daß die Platte einen freien Rand hat, welcher an die Bedingung geknüpft ist, daß durch denselben keine Elektrizität hindurchgehen darf, kann man in folgender Weise behandeln.

Sobald $h = 0$ ist, stehen die Äquipotentiallinien senkrecht auf dem Rande. Denken wir uns nun plötzlich die mit h behafteten Glieder hinzutretend, also plötzlich den Magnet wirkend, so werden im ersten Momente die Strömungslinien gedreht werden; der Rand hört also im ersten Moment auf, Strömungskurve zu sein, wodurch sich freie Elektrizität an demselben anhäuft. Durch das Potential dieser freien Elektrizität werden die Äquipotentiallinien augenblicklich in der entgegengesetzten Richtung gedreht, bis der Rand wieder Strömungslinie geworden ist. Daraus, daß die Strömungslinien immer um den Winkel γ gegen die Linien des stärksten Gefälles von p verdreht erscheinen, folgt, daß, wenn der Rand Strömungslinie sein soll, die Linien des stärksten Gefälles den Winkel γ mit der Strömungslinie, welche den Rand bildet, einschließen müssen, und zwar so, daß die erstere Richtung in die letztere durch eine Drehung dem Sinne der Ampèreschen Ströme entgegen übergeführt wird. Die Äquipotentiallinien werden also in der unmittelbaren Nähe des Randes gerade in der entgegengesetzten Richtung gedreht, wie die Stromlinien in der unendlichen Platte, was man übrigens auch ohne Schwierigkeit aus den Gleichungen ableiten kann.

Das einfachste Beispiel hierfür bietet eine rechteckige Platte. Die beiden der Y-Achse parallelen Seiten von der

Länge β sollen als Elektroden dienen, die beiden darauf senkrechten Seiten von der Länge λ den freien Rand bilden.

Für $h=0$ ist die Strömung offenbar durch die Gleichungen gegeben

$$p = -ax + b, \quad u = \varkappa a, \quad v = 0.$$

Ist β groß gegen λ, so verschwindet der freie Rand; es wird also dann, wie oben gezeigt, der Wert des p ungeändert

$$(9) \qquad p = -ax + b$$

sein; daher nach den Gleichungen (3)

$$(10) \qquad u = \frac{a\varkappa}{1+h^2}, \quad v = \frac{ah\varkappa}{1+h^2}.$$

Die Strömungsrichtung wird durch den Magnetismus um den Winkel γ gedreht, die Elektrizitätsmenge dagegen, welche in der Zeiteinheit durch einen Querschnitt der Platte fließt, erscheint im Verhältnis von $1+h^2:1$ verkleinert gegenüber dem Falle, wo $h=0$ und die Potentiale dieselben sind.

Verschwindet dagegen β gegen λ, so verhält sich das ganze Innere der Platte so, wie sich nach dem eben Bewiesenen Stellen verhalten müssen, die in der Nähe des Randes liegen; es muß also

$$(11) \qquad v = 0, \quad u = \varkappa a$$

sein, und es wird nach den Gleichungen (1)

$$12) \qquad p = -ax + hay + \text{const.}$$

Die Äquipotentiallinien erscheinen also durchaus nach der entgegengesetzten Richtung um den Winkel γ gedreht.

Die Intensität des den Streifen durchfließenden Primärstromes ist $J = \varkappa a \beta \delta$; die Potentialdifferenz zweier vis-à-vis liegenden Randpunkte, also die elektromotorische Kraft des Hallstromes ist $e = \varkappa a \beta$. Den Quotienten $R = e\delta / JM$ nennt Hall das *Rotationsvermögen*; es ist also $h = RM\varkappa$, wobei M die Intensität des Magnetfeldes ist. Ist a und h positiv, so fließt der Primärstrom in der Richtung der positiven X-Achse, der Strom aber, welcher durch einen Nebenschluß zweier vis-à-vis liegenden Randpunkte entsteht, fließt in der Platte in der positiven Y-Richtung. Dies gilt bei der gewählten Lage der Koordinatenachsen für einen Eisenstreifen, sobald der erregende Nordpol *vor* der Zeichnung liegt, die Ampèreschen

Ströme also wie der Uhrzeiger von der positiven Y- gegen die positive X-Richtung hinfließen. Will man ohne Änderung der Gestalt des Streifens bewirken, daß statt der Gleichungen (11) und (12) die Gleichungen (9) und (10) gelten, so muß man die freie Elektrizität, die sich an beiden Rändern des Streifens ansammelt, beständig ableiten. Dies würde am besten dadurch geschehen können, daß man die beiden Ränder in leitende Verbindung brächte. Von einer zylindrischen Aufrollung des Streifens, so daß die Ränder sich direkt berühren, wollen wir hierbei absehen, da dann der eine Pol ebenfalls ein Zylinder, der andere ein ihn umgebender Hohlzylinder sein müßte; auch kann man am Rande nicht einen gut leitenden Streifen anlöten, da sonst der Primärstrom durch diesen und nicht durch die Platte gehen würde.

Ich denke mir daher an den längeren Seiten λ zahlreiche Hallelektroden angebracht, von denen je zwei vis-à-vis liegende leitend verbunden sein sollen. Den totalen Strom in allen diesen Leitungen nenne ich den Hallstrom. Sind die Elektroden sehr zahlreich und nahe, so sieht man leicht, daß in einiger Entfernung von denselben im Innern der Platte die Stromlinien wieder Gerade sein werden, die aber von der X-Richtung etwas gegen die Y-Richtung gedreht sein werden (eine Eisenplatte unter den früher angegebenen Bedingungen angenommen). Es sind daher u und v positive Konstanten und die Gleichungen (1) liefern

$$p = -\frac{u + hv}{\varkappa}x - \frac{v - hu}{\varkappa}y + c.$$

Sei E die elektromotorische Kraft der Batterie, welche den Primärstrom treibt, $J = \beta\delta u$ dessen Totalintensität, $S = \lambda/\varkappa\beta\delta$ der Widerstand, welchen er in der Platte findet, Ω dessen übriger Widerstand; ferner $i = \lambda\delta v$ die Totalintensität des Hallstromes, $s = \beta/\varkappa\lambda\delta$ dessen Widerstand in der Platte und ω dessen übriger Widerstand, so ist

$$E - \frac{u + hv}{\varkappa}\lambda$$

die gesamte elektromotorische Kraft, welche den Primärstrom durch den Widerstand Ω treibt, daher

$$E - \frac{u + hv}{\varkappa}\lambda = \Omega J = \Omega\beta\delta u.$$

Weiter ist die Potentialdifferenz, welche den Hallstrom durch den Widerstand ω treibt,

$$\frac{-v+hu}{\varkappa}\beta = \omega i = \omega\lambda\delta v,$$

woraus sich leicht findet

$$\varkappa E:\lambda = (1+\Phi)u + hv; \quad hu = (1+\varphi)v,$$

$$\frac{\varkappa E}{\lambda} = \left(1+\Phi+\frac{h^2}{1+\varphi}\right)\cdot u = \left(h+\frac{(1+\Phi)(1+\varphi)}{h}\right)\cdot v,$$

wobei

$$\Phi = \frac{\Omega}{S}, \quad \varphi = \frac{\omega}{s}.$$

Der Widerstand erscheint also im Verhältnisse von

$$1+\frac{h^2}{1+\varphi}:1$$

vergrößert, da

$$E = \left(\Omega + S\left(1+\frac{h^2}{1+\varphi}\right)\right)J$$

ist.

Um die Gleichungen (1) auf kompliziertere Fälle anzuwenden, soll von folgender Betrachtung ausgegangen werden: Man bestimme zuerst die Strömung in der Platte für den Fall $h = 0$; p_0 sei ein solches Potential einer unendlichen Platte, bei welchem der Rand unserer Platte Strömungslinie ist und es handelt sich um solche Zusatzglieder zu p_0, daß, wenn h nicht verschwindet, der Rand wieder Strömungslinie wird. Zählt man die Elemente des Randes dem Uhrzeiger entgegen und bezeichnet eines derselben mit $d\sigma$, so ist $-\varkappa\, dp_0/d\sigma$ die Dichtigkeit des Stromes, welcher dem Rande der Platte entlang an der betreffenden Stelle dem Uhrzeiger entgegen fließt. Fassen wir wieder Eisen ins Auge und nehmen wieder an, daß die Ampèreschen Ströme im Sinne des Uhrzeigers fließen, so würde diese Strömung, falls die Platte unendlich und p_0 ihr Potential wäre, durch Hinzutreten der mit h behafteten Glieder um den Winkel γ dem Uhrzeiger entgegen gedreht und im Verhältnisse von $\sqrt{1+h^2}:1$ vermindert. Es tritt daher jetzt durch das Element $d\sigma$ des ehemaligen Randes die Elektrizitätsmenge

$$-\frac{\varkappa}{1+h^2}\cdot\frac{dp_0}{d\sigma}\, d\sigma\, h\, \delta$$

in der Zeiteinheit ein; sei ferner $N_0\, d\sigma\, \delta$ die Elektrizitätsmenge, welche in der Zeiteinheit durch das Flächenelement $d\sigma \cdot \delta$ des Plattenrandes austreten würde, wenn das Potential p_0 wäre, aber der Magnetismus bereits wirken würde, also die mit h behafteten Glieder hinzutreten, so ist

$$(13)\qquad N_0\, d\sigma\, \delta = \frac{\varkappa}{1+h^2} \cdot \frac{d p_0}{d\sigma} \cdot d\sigma\, h\, \delta.$$

N_0 ist hierbei die auf die Flächeneinheit bezogene Stromkomponente senkrecht zum Rande nach außen. Damit durch den Rand keine Elektrizität austrete, muß in jedem Element $d\sigma$ desselben ein Einströmungspunkt fingiert werden, durch welchen in der Zeiteinheit die Elektrizitätsmenge $N_0\, d\sigma \cdot \delta$ einströmt. Das Potential dieses Einströmungspunktes auf einen in sehr kleiner Entfernung ϱ befindlichen Punkt sei $B \log \varrho$; im übrigen muß es den Wert haben, den für den Fall $h = 0$ das Potential eines am Rande der Platte liegenden Einströmungspunktes hat, wobei ausgedehnte Elektroden als Äquipotentiallinien zu betrachten sind. Um die Konstante B zu bestimmen, denken wir uns die Platte zuerst als unbegrenzt und auf ihr das Potential p_0 vorhanden. Die unbegrenzte Platte kann dann, ohne daß sich etwas ändert, längs dieser Kontur aufgeschnitten werden und man sieht sofort, daß von jeder am Rande der Platte befindlichen Einströmungsstelle die Hälfte der Elektrizität in die Platte, die andere Hälfte ins Unbegrenzte fließt.

Wäre $h = 0$, so würde $B \log \varrho$ das Potential eines Einströmungspunktes am Rande sein, durch welchen in der Zeiteinheit die Elektrizitätsmenge $-\pi \varrho \varkappa B \delta / \varrho$ in die Platte fließen würde; diese wird durch die mit h behafteten Glieder noch im Verhältnisse von $1 + h^2 : 1$ vermindert, daher ist in unserem Falle $B \log \varrho$ das Potential eines Einströmungspunktes, welcher die Elektrizitätsmenge $-\pi \varkappa B \delta / (1 + h^2)$ in die Platte hineinsendet: diese Menge muß aber $N_0\, d\sigma \cdot \delta$ sein, woraus nach Gleichung (13) folgt

$$(14)\qquad B \log \varrho = -\frac{1+h^2}{\pi \varkappa} N_0\, d\sigma \log \varrho = -\frac{d p_0}{d\sigma} \cdot \frac{h}{\pi}\, d\sigma \log \varrho.$$

Will man nur die erste Annäherung, so kann man h^2 überall vernachlässigen.

Würde man die Einströmungspunkte bloß unendlich nahe dem Rande annehmen, so müßte man (wie dies bei kreisförmigen Platten gang und gäbe ist) auf der anderen Seite des Randes ihr Bild hinzufügen; das Bild würde nicht Elektrizität in die Platte schicken, dagegen würden beide das Potential auf der Platte vermehren.

Denkt man sich alle Randelemente der Platte mit derartigen Einströmungspunkten versehen und superponiert deren Potentiale p_1 über p_0, so erhält man eine erste Annäherung (d. h. bis auf Glieder von der Ordnung h). Dieselbe Bedeutung, welche N_0 dem Potentiale p_0 gegenüber hat, soll N_1 dem Potentiale $p_0 + p_1$ gegenüber haben; das Potential der Einströmungspunkte, welche N_1 kompensieren (daher eine Annäherung bis auf Glieder von der Ordnung h^2 geben), soll mit p_2 bezeichnet werden usw.: Das definitive Potential der Platte ist dann durch eine unendliche Reihe $p = p_0 + p_1 + p_2 + \dots$ gegeben.

Sind die Elektroden nicht punktförmig, so würde durch Hinzufügung der Potentiale $p_1, p_2 \dots$ zu p_0 die Bedingung, daß das Potential an den Elektroden konstant ist, verletzt, wenn man nicht bei Bestimmung von p_1 bereits die Elektroden als Äquipotentiallinien betrachtet hätte.

Als Beispiel betrachten wir eine kreisförmige Platte mit dem Radius a, auf welcher beliebig viele punktförmige Elektroden sein können. Eine derselben habe die Distanz b vom Zentrum; unter ihrem Bilde verstehen wir den Punkt, welcher auf der Verlängerung ihres Radius in der Distanz a^2/b vom Zentrum der Platte liegt. Dann ist für $h = 0$ das durch diese Elektrode bestimmte Potential in einem Punkte der Platte, dessen Distanz von der Elektrode gleich r, und von deren Bilde gleich r' ist,

$$p_0 = A(\log r + \log r').$$

Das gesamte Potential ist eine Summe von Gliedern von der Form Σp, wobei aber $\Sigma A = 0$ sein muß, damit alle Bedingungen der Aufgabe erfüllt werden. Es genügt vollkommen, ein einzelnes Glied dieser Summe zur weiteren Rechnung zu benützen. Wählen wir das Zentrum der Platte als Koordinatenursprung und ziehen die Abszissenachse durch die betreffende Elektrode, bezeichnen ferner mit μ eine später zu bestimmende Konstante, so wollen wir zunächst setzen

$$p_0 = A(1+2\mu)\log r + A\log r'$$
$$= A(1+2\mu)\log\sqrt{(x-b)^2+y^2} + A\log\sqrt{\left(x-\frac{a^2}{b}\right)^2+y^2}.$$

Die oben mit N_0 bezeichnete Stromkomponente ist

$$(15)\quad \begin{cases} N_0 = \dfrac{x}{a}u + \dfrac{y}{b}v \\ \quad = -\dfrac{\varkappa}{a(1+h^2)}\left[x\dfrac{dp_0}{dx} + y\dfrac{dp_0}{dy} + hy\dfrac{dp_0}{dx} - hx\dfrac{dp_0}{dy}\right]. \end{cases}$$

Bildet man dp_0/dx und dp_0/dy und setzt nachher $x^2+y^2=a^2$, so findet man

$$x\frac{dp_0}{dx} + y\frac{dp_0}{dy} = A + \frac{2\mu A(a^2-bx)}{a^2+b^2-2bx},$$

$$hy\frac{dp_0}{dx} - hx\frac{dp_0}{dy} = -\frac{2A(1+\mu)hby}{a^2+b^2-2bx}.$$

ΣA verschwindet über alle Elektroden erstreckt. Das zweite Glied rechts in der ersten Zeile soll zur Kompensation der Glieder von der Ordnung h^2 dienen, und wird daher erst bei Berechnung von N_1 berücksichtigt werden.

Wir wollen also zunächst die Glieder von der Ordnung h, das heißt das Glied der zweiten Zeile kompensieren. Dieses liefert

$$N_0 = \frac{2A(1+\mu)\varkappa hby}{a(1+h^2)(a^2+b^2-2bx)}.$$

Um dieses Glied zu kompensieren, müssen wir zu p_0 ein zweites Potential p_1 hinzufügen, welches nach Gleichung (14) auf einen Punkt mit den Polarkoordinaten c, ε den Wert

$$-\int\frac{2A(1+\mu)hby\,d\sigma}{\pi a(a^2+b^2-2bx)}\log\sqrt{(x-c\cos\varepsilon)^2+(y-c\sin\varepsilon)^2}$$

hat; denn beim Potentiale $B\log\varrho$ ist der Rand Strömungslinie, wenn ϱ die Distanz von einem Randelemente $d\sigma$ bedeutet. Setzt man auch $x=a\cos\vartheta$, $y=a\sin\vartheta$, $d\sigma=a\,d\vartheta$, so wird

$$(16)\quad \begin{cases} p_1 = -\dfrac{2A(1+\mu)h}{\pi} \\ \displaystyle\int_0^{2\pi}\frac{ab\sin\vartheta\,d\vartheta}{a^2+b^2-2ab\cos\vartheta}\log\sqrt{a^2+c^2-2ac\cos(\vartheta-\varepsilon)}. \end{cases}$$

Bezeichnen wir das bestimmte Integral mit $-\pi q$, so ist

$$-\pi\frac{dq}{dc}=\int\limits_0^{2\pi}\frac{ab\sin\vartheta\,(c-a\cos(\vartheta-\varepsilon))\,d\vartheta}{(a^2+b^2-2ab\cos\vartheta)(a^2+c^2-2ac\cos(\vartheta-\varepsilon))}.$$

Setzen wir den mit $d\vartheta$ multiplizierten Ausdruck gleich

$$\frac{M+N\sin\vartheta}{a^2+b^2-2ab\cos\vartheta}+\frac{P+Q\sin(\vartheta-\varepsilon)}{a^2+c^2-2ac\cos(\vartheta-\varepsilon)}$$

so wird

(17) $$-\frac{dq}{dc}=\frac{2M}{a^2-b^2}+\frac{2N}{a^2-c^2}.$$

Um die Koeffizienten M, N, P, Q zu bestimmen, bringe man auf gemeinsamen Nenner, löse $\sin(\vartheta-\varepsilon)$ und $\cos(\vartheta-\varepsilon)$, wo sie mit keiner Funktion von ϑ multipliziert sind, auf und benütze die Gleichung

$$\cos\vartheta\sin(\vartheta-\varepsilon)=\sin\vartheta\cos(\vartheta-\varepsilon)-\sin\varepsilon.$$

Setzt man dann die von ϑ freien und die mit $\cos\vartheta$ multiplizierten Glieder des Zählers für sich gleich Null, die mit $\sin\vartheta$ und $\sin\vartheta\cos(\vartheta-\varepsilon)$ multiplizierten Glieder aber gleich denen des Zählers auf der anderen Seite, so erhält man

$$M(a^2+c^2)+P(a^2+b^2)+2abQ\sin\varepsilon=0,$$
$$2acM\cos\varepsilon+2abP+(a^2+b^2)Q\sin\varepsilon=0,$$
$$(a^2+c^2)N-2acM\sin\varepsilon+(a^2+b^2)Q\cos\varepsilon=abc,$$
$$2cN+2bQ=ab.$$

Hieraus folgt

$$M=-\frac{\sin\varepsilon}{4n}(a^2-c^2)(a^2-b^2)^2$$

$$P\frac{a^2-b^2}{a^2-c^2}=M\frac{4a^2bc\cos\varepsilon-(a^2+c^2)(a^2+b^2)}{(a^2-b^2)(a^2-c^2)},$$

wobei

$$n=(b^2+c^2-2bc\cos\varepsilon)(a^4+b^2c^2-2a^2bc\cos\varepsilon).$$

Dies in Gleichung (17) substituiert, liefert

$$\frac{dq}{dc}=\frac{a^2b\sin\varepsilon}{a^4+b^2c^2-2a^2bc\cos\varepsilon}.$$

Führt man statt c die Variabeln $z=bc\sin\varepsilon:(a^2-bc\cos\varepsilon)$ ein und beachtet, daß nach Gleichung (16) für $c=0$, q verschwinden muß, so erhält man

(18) $$q=\operatorname{arctg}\frac{bc\sin\varepsilon}{a^2-bc\cos\varepsilon};$$

da hier der Nenner notwendig positiv ist und q sich kontinuierlich ändern muß, wenn c von Null bis zu seinem Endwerte wächst, so folgt, daß q zwischen Null und $\pi/2$ liegen muß, wenn ε zwischen Null und π liegt, dagegen zwischen Null und $-\pi/2$, wenn ε zwischen π und 2π liegt.

Um nun den Wert $p_0 + p_1$ statt p_0 in die Gleichung (15) einzusetzen, bezeichnen wir die Koordinaten des letzteren Aufpunkts wieder mit x, y und erhalten

$$p_1 = 2A(1+\mu)hq = 2A(1+\mu)h \operatorname{arctg} \frac{by}{a^2 - bx}.$$

Es ist q der imaginäre und $\log r'$ der reelle Teil von

$$\log\left(x - \frac{a^2}{b} - y\sqrt{-1}\right).$$

Wenn der Punkt x, y auf dem Rande der Platte liegt, findet man:

$$x\frac{dp_1}{dx} + y\frac{dp_1}{dy} = \frac{2A(1+\mu)hby}{a^2 + b^2 - 2bx},$$

$$hy\frac{dp_1}{dx} - hx\frac{dp_1}{dy} = -\frac{2Ah^2(1+\mu)(a^2 - bx)}{a^2 + b^2 - 2bx} + 2Ah^2(1+\mu).$$

Setzt man also in die Gleichung (15) $p_0 + p_1$ für p_0 ein und faßt alle Glieder zusammen, so ergibt sich

$$N_1 = -\frac{\varkappa}{a(1+h^2)}\left[A + 2Ah^2(1+\mu) + \frac{2\mu A(a^2 - bx)}{a^2 + b^2 - 2bx} - \frac{2A^2h^2(1+\mu)(a^2 - bx)}{a^2 + b^2 - 2bx}\right].$$

Da $\Sigma A = 0$, so wird ΣN_1 exakt gleich Null sein, wenn

$$\mu = h^2 + h^2\mu, \quad \text{also} \quad \mu = \frac{h^2}{1 - h^2} \text{ ist.}$$

Es ist daher das gesamte Potential auf einen beliebigen Aufpunkt

$$(19) \quad p = \sum A\left\{\frac{1+h^2}{1-h^2}\log r + \log r' + \frac{2h}{1-h^2}\operatorname{arctg}\frac{bc\sin\varepsilon}{a^2 - bc\cos\varepsilon}\right\}$$

oder, wenn man $A/(1-h^2) = A_1$ setzt,

$$(20) \quad p = \sum A_1\left\{(1+h^2)\log r + (1-h^2)\log r' + 2h\operatorname{arctg}\frac{bc\sin\varepsilon}{a^2 - bc\cos\varepsilon}\right\}.$$

Hierbei ist r die Entfernung einer Elektrode, r' die ihres Bildes vom Aufpunkte; b, c sind die Entfernungen der Elektrode und des Aufpunktes vom Zentrum der Platte, ε deren Winkel von der ersteren zur letzteren Richtung dem Uhrzeiger entgegen gezählt. Welcher Wert des arctg zu nehmen sei, wurde oben diskutiert.

Setzt man endlich $A_1(1+h^2) = A_2$, so wird

$$(21)\quad p = \sum A_2 \left\{ \log r + \frac{1-h^2}{1+h^2} \log r' + \frac{2h}{1+h^2} \operatorname{arctg} \frac{bc \sin \varepsilon}{a^2 - bc \cos \varepsilon} \right\}.$$

Sei ein Einströmungspunkt (1) und ein Ausströmungspunkt (2) im Innern der Platte (d. h. in einer Entfernung vom Plattenrande, welche groß ist gegen den Durchmesser der Elektrode) vorhanden.

Wenn die Elektroden unendlich klein sind, so ist in ihrer unmittelbaren Nähe die Strömung durch das erste Glied

$$p = A_2 \log r$$

bestimmt. Die Stromintensität ist daher

$$(22)\quad J = -\frac{2\pi r \varkappa \delta}{1+h^2} \cdot \frac{dp}{dr} = -\frac{2\pi \varkappa A_2 \delta}{1+h^2} = -2\pi \varkappa A_1 \delta.$$

Wenn daher nach Hinzutreten der mit h behafteten Glieder die Intensität des Primärstromes J unverändert bleiben soll, so darf A_1 seinen Wert nicht ändern. Die Potentialdifferenz zwischen zwei beliebigen Aufpunkten (3) und (4) der Platte (das Potential von (3) positiv, jenes von (4) negativ gedacht) wird also nach Gleichung (20) hierdurch um

$$\begin{aligned} e = 2h A_1(q_{23} - q_{24} - q_{13} + q_{14}) \\ + h^2 A_1(\log r_{13} - \log r_{14} - \log r_{23} + \log r_{24} \\ - \log r'_{13} + \log r'_{14} + \log r'_{23} - \log r'_{24}) \end{aligned}$$

wachsen. Hierbei ist q_{13} der Wert des arctg der Gleichung (20), also die durch Gleichung (18) bestimmte Größe, für die Punkte (1) und (3) berechnet; r_{13} ist die Entfernung dieser Punkte, r'_{13} die des Punktes (3) vom Bilde des Punktes (1).

Bezeichnet man die Größe

$$H = \frac{e\delta}{JM},$$

wobei M die Stärke des Magnetfeldes ist, als den „reduzierten Halleffekt", so ist

$$\begin{aligned} H = \frac{h}{\pi \varkappa M}(q_{13} - q_{14} - q_{23} + q_{24}) \\ + \frac{h^2}{2\pi\varkappa M}(\log r_{14} - \log r_{24} - \log r_{13} + \log r_{23} \\ - \log r'_{14} + \log r'_{24} + \log r'_{13} - \log r'_{23}) \end{aligned}$$

Wird die Entfernung der Punkte (1) und (3) vom Zentrum mit b_1 und b_3, der Winkel dieser Geraden mit (13) bezeichnet, so ist

$$\log r'_{13} - \log r'_{14} = \log \sqrt{\frac{a^4 + b_1^2 b_3^2 - 2 b_1 b_3 a^2 \cos(13)}{a^4 + b_1^2 b_4^2 - 2 b_1 b_4 a^2 \cos(14)}}.$$

Es bleibt also $\log r'_{13} - \log r'_{14} - \log r'_{23} - \log r'_{24}$ ungeändert, wenn man die Punkte (1), (2) mit (3), (4) und umgekehrt vertauscht. Der reduzierte Halleffekt ändert sich also nicht, wenn man die Elektroden und Aufpunkte verwechselt, ein Satz, der übrigens auch für beliebig anders gestaltete Platten gelten muß, da ja, wie bei der gewöhnlichen, stationären Strömung, so auch bei der durch die Gleichungen (1) bestimmten (solange das Rotationsvermögen R von der Intensität des Primärstromes, daher h von der Stromdichtigkeit $\sqrt{u^2 + v^2}$ unabhängig ist) folgender Satz gilt: Bildet man eine beliebige Fläche auf eine beliebige andere ähnlich in den kleinsten Elementen ab, so sind die neuen Strömungslinien, Äquipotentiallinien, Elektroden immer die Bilder der alten; denn denkt man sich ein von zwei unendlich nahe liegenden Äquipotentiallinien und zwei unendlich nahen, darauf senkrechten Geraden begrenztes Rechteck, so ändert sich durch die ähnliche Abbildung dessen Widerstand nicht. Behalten daher die Äquipotentiallinien nach der Abbildung dieselbe Potentialdifferenz, so bleibt auch die totale Stromintensität und daher auch die elektromotorische Kraft des Halleffekts in den Elementen dieselbe. Nach diesem Prinzip hat die Behandlung der h enthaltenden allgemeinen Differentialgleichungen für eine rechteckige Platte und in vielen anderen Fällen nicht mehr die mindeste Schwierigkeit.

Den Satz der Vertauschbarkeit der Elektroden und Aufpunkte fanden Ettingshausen und Nernst experimentell, bevor ich denselben aus den allgemeinen Formeln abgeleitet hatte.

Eine besondere Betrachtung bedarf noch der Fall, daß eine Elektrode am Rande der Platte liegt. Das auf sie bezügliche Glied des Potentials nimmt dann den Wert

$$(23) \qquad 2 A_1 \log r + 2 h A_1 \operatorname{arc\,tg} \frac{b c \sin \varepsilon}{a^2 - b c \cos \varepsilon}$$

an. Wir wollen in die Elektrode einen neuen Koordinatenanfangspunkt legen und die neue X-Achse gegen das Plattenzentrum ziehen. Sind ϱ', ϑ' die neuen Polarkoordinaten eines der Elektrode sehr nahen Punktes (ϑ' wieder dem Uhrzeiger entgegen gezählt), so reduziert sich für diesen der Ausdruck (23) sehr nahe auf

$$p' = 2A_1 \log \varrho' - 2A_1 h \vartheta',$$

die Stromlinien werden also Gerade und die Stromintensität ist

$$J = -\varkappa\delta \int_{-\pi/2}^{+\pi/2} \varrho' \, d\vartheta' \frac{dp'}{d\varrho'} = -2\pi\varkappa\delta A_1$$

wie früher. Denkt man sich daher die Intensität J des Primärstromes gegeben, so bleiben alle Formeln wie früher gültig. Sämtliche auf die Randelektrode bezüglichen logarithmischen Glieder tilgen sich, da ja die Elektrode alsdann mit ihrem Bilde zusammenfällt. Dagegen ist das Potential an der Elektrode nicht mehr $A_2 \log r$, sondern $2A_1 \log r$; bei gegebener Stromintensität und für eine unendlich kleine Elektrode also so groß, als ob $h = 0$ wäre. Auch ist die Kontur der Elektrode nicht mehr halbkreisförmig, was aber bei sehr kleinen Elektroden kaum von Belang sein dürfte.

Sind beide Elektroden oder beide Aufpunkte am Rande, so verschwinden alle logarithmischen Glieder im Ausdrucke für H. Sind sowohl die Elektroden als auch die Aufpunkte am Rande der Platte, so reduziert sich zudem q auf $(\pi - \varepsilon)/2$ und $q_{13} - q_{14} - q_{23} + q_{24}$ auf $\pm\pi$ oder Null, je nachdem die Aufpunkte mit den Elektroden alternieren oder zwischen zwei Aufpunkten eine gerade Elektrodenzahl liegt. Das positive Vorzeichen gilt, wenn man dem Uhrzeiger entgegen die Reihenfolge (1), (3), (2), (4) durchläuft. Der reduzierte Halleffekt hat also, wenn Elektroden und Aufpunkte alternieren, immer den äußerst einfachen Wert $h/\varkappa M$, er ist also gleich der Größe, welche Hall als das Drehungsvermögen bezeichnete. Im andern Falle ist er Null. Nach dem Abbildungsprinzip gilt dies ebensogut für jede anders geformte Platte, wenn die Elektroden und Aufpunkte am Rande liegen. Diese und einige damit zusammenhängende Sätze wurden, nachdem ich sie aus den Differentialgleichungen abgeleitet, von Ettingshausen und Nernst experimentell bestätigt.

Wir wollen als letztes Beispiel die radialen Ströme durch eine aufgeschlitzte kreisförmige Platte betrachten, und zwar zunächst durch einen Halbkreis, dessen Zentrum O die eine, dessen Peripherie die andere Elektrode sei. Der ihn begrenzende Durchmesser BOA soll freier Rand sein. Setzen wir

$$p_0 = A \log r + B,$$

so tritt durch das Element $d\varrho$ des Randes die Elektrizitätsmenge

$$N_0 \, d\varrho \, \delta = -\frac{Ah\varkappa\delta}{\varrho} d\varrho$$

in der Zeiteinheit aus, wenn dasselbe auf den Halbmesser OA, rechts von O, auf der Seite der positiven Abszisse liegt; links tritt die gleiche Elektrizitätsmenge ein. ϱ ist die Distanz vom Zentrum.

Wir haben daher in $d\varrho$ einen Einströmungspunkt zu fingieren, welcher auf einen anderen Punkt mit den Polarkoordinaten r, ϑ nach Gleichung (14) das Potential

$$\frac{Ahd\varrho}{\pi\varrho} \log \sqrt{r^2 + \varrho^2 - 2r\varrho\cos\vartheta}$$

hat. Glieder mit h^2 sind hier und im folgenden vernachlässigt.

Damit die Halbperipherie äquipotential bleibt, muß auf dem Element $d\varrho_1$ der Verlängerung von OA ebenfalls ein Einströmungspunkt gedacht werden, der die gleiche entgegengesetzt bezeichnete Elektrizitätsmenge liefert, wobei $\varrho_1 = a^2/\varrho$ ist. Sein Potential auf den Punkt r, ϑ ist

$$\frac{Ahd\varrho}{\pi\varrho} \log \sqrt{r^2 + \varrho_1{}^2 - 2r\varrho_1\cos\vartheta}$$
$$= -\frac{Ahd\varrho_1}{\pi\varrho_1} \log \sqrt{r^2 + \varrho_1{}^2 - 2r\varrho_1\cos\vartheta},$$

wobei das negative Zeichen ausdrückt, daß im letzteren Punkte die entgegengesetzte Elektrizität einströmt. Gleich intensive, aber entgegengesetzt bezeichnete Einströmungspunkte wie auf OA sind auf OB anzubringen, denen wieder ihre Bilder beizufügen sind. Das Potential aller Einströmungspunkte, welches zu p_0 hinzukommt, ist dann:

$$p_1 = \frac{Ah}{\pi}\int_0^a \frac{d\varrho}{\varrho}\Big(\log\sqrt{r^2 + \varrho^2 - 2r\varrho\cos\vartheta}$$
$$- \log\sqrt{r^2 + \varrho^2 + 2r\varrho\cos\vartheta}\Big)$$
$$- \frac{Ah}{\pi}\int_a^\infty \frac{d\varrho}{\varrho}\Big(\log\sqrt{r^2 + \varrho^2 - 2r\varrho\cos\vartheta}$$
$$- \log\sqrt{r^2 + \varrho^2 + 2r\varrho\cos\vartheta}\Big),$$

woraus sich ergibt

$$\frac{dp_1}{d\vartheta} = \frac{Ah}{\pi}\left(\int\limits_0^a - \int\limits_a^\infty\right) d\varrho \left(\frac{r\sin\vartheta}{r^2+\varrho^2-2r\varrho\cos\vartheta} + \frac{r\sin\vartheta}{r^2+\varrho^2+2r\varrho\cos\vartheta}\right).$$

Man findet ganz wie oben

$$\int\limits_0^a \frac{r\sin\vartheta\, d\varrho}{r^2+\varrho^2+2r\varrho\cos\vartheta} = \vartheta - \operatorname{arctg}\frac{r\sin\vartheta}{a+r\cos\vartheta} = \operatorname{arctg}\frac{a\sin\vartheta}{r+a\cos\vartheta}$$

$$\int\limits_a^\infty \frac{r\sin\vartheta\, d\varrho}{r^2+\varrho^2+2r\varrho\cos\vartheta} = \operatorname{arctg}\frac{r\sin\vartheta}{a+r\cos\vartheta},$$

wobei ϑ zwischen 0 und π liegt. Die Funktion arctg muß sich mit ϑ kontinuierlich ändern, kann also nur zwischen 0 und $\pi/2$ liegen; letzteres exklusive. Die beiden anderen Integrale ergeben sich, indem man $\pi - \vartheta$ für ϑ setzt; es ist daher

$$\frac{\pi}{Ah}\frac{dp_1}{d\vartheta} = \pi - 2\operatorname{arctg}\frac{r\sin\vartheta}{a+r\cos\vartheta} - 2\operatorname{arctg}\frac{r\sin\vartheta}{a-r\cos\vartheta},$$

wobei an den Grenzen der Funktion arctg das oben Gesagte gilt. Weiter hat man

$$\frac{dp_1}{dr} = \frac{Ah}{\pi}\left(\int\limits_0^a - \int\limits_a^\infty\right)\frac{d\varrho}{\varrho}\left(\frac{r-\varrho\cos\vartheta}{r^2+\varrho^2-2r\varrho\cos\vartheta} - \frac{r+\varrho\cos\vartheta}{r^2+\varrho^2+2r\varrho\cos\vartheta}\right)$$

$$= \frac{Ah}{\pi r}\left(\int\limits_0^a - \int\limits_a^\infty\right) d\varrho \left(\frac{\varrho+r\cos\vartheta}{r^2+\varrho^2+2r\varrho\cos\vartheta} - \frac{\varrho-r\cos\vartheta}{r^2+\varrho^2-2r\varrho\cos\vartheta}\right)$$

$$= \frac{2Ah}{\pi r}\log\sqrt{\frac{a^2+r^2+2ar\cos\vartheta}{a^2+r^2-2ar\cos\vartheta}}.$$

Da $r\,dp_1/dr$ und $(dp_1/d\vartheta) - \pi$ der reelle und imaginäre Teil von

$$\frac{2Ah}{\pi}\left[\log\left(a + re^{\vartheta\sqrt{-1}}\right) + \log\left(a - re^{\vartheta\sqrt{-1}}\right)\right]$$

sind, so folgt, daß $p_1 - \pi\vartheta$ der reelle Teil von

$$\frac{2Ah}{\pi}\int\limits_1^{re^{\vartheta\sqrt{-1}}}\log(a+z)\frac{dz}{z} + \frac{2Ah}{\pi}\int\limits_1^{re^{\vartheta\sqrt{-1}}}\log(a-z)\frac{dz}{z}$$

ist. Doch wird man für praktische Zwecke die Reihenentwicklung vorziehen.

So ist die Potentialdifferenz, welche in zwei Punkten des Randes durch das Hinzukommen der h enthaltenden Glieder erzeugt wird, von denen der eine Punkt auf OA, der andere in gleicher Entfernung von O auf OB liegt,

$$e = \int_0^\pi \frac{dp_1}{d\vartheta} \cdot d\vartheta = \pi A h \left(1 - \frac{8}{\pi^2} \cdot \frac{r}{a} - \frac{8}{9\pi^2} \frac{r^3}{a^3} \ldots\right).$$

Die Intensität des Primärstromes ist $J = \pi \varkappa A \delta$. Daher ergibt sich

$$H = \frac{e\delta}{MJ} = \frac{h}{\varkappa M}\left(1 - \frac{8}{\pi^2} \cdot \frac{r}{a} - \frac{8}{9\pi^2} \frac{r^3}{a^3} \ldots\right).$$

Durch ähnliche Abbildung kann man die Lösung auch auf den Fall der Strömung in einem Kreisausschnitte übertragen, dessen beide Radien OA und OB nicht wie früher den Winkel π, sondern einen beliebigen Winkel π/n machen. Man braucht bloß a^n, r^n und $n\vartheta$ resp. für a, r und ϑ in die Formeln zu setzen.

Für $n = 1/2$ erhält man die Strömung durch eine längs eines Radius aufgeschnittene kreisförmige Platte; für diese ist also

$$H = \frac{h}{\varkappa M}\left(1 - \frac{8}{\pi^2} \cdot \sqrt{\frac{r}{a}} - \frac{8}{9\pi^2} \sqrt{\frac{r^3}{a^3}} \ldots\right).$$

Wie erwähnt, sind hier die Glieder mit h^2 vernachlässigt. Auch gilt die Formel exakt nur dann, wenn der Umfang der zentralen Elektrode nicht kreisförmig, sondern spiralig ist; doch dürfte die Bedingung der Kleinheit der zentralen Elektrode eher realisierbar sein.

78.

Bemerkung zu dem Aufsatze des Hrn. Lorberg[1]) über einen Gegenstand der Elektrodynamik.

(Wied. Ann. 29. S. 598—603. 1886.)

Hr. Lorberg hat zunächst die erste von Hrn. Aulinger[2]) gefundene Formel beträchtlich verallgemeinert. Die Wichtigkeit dieser Formel scheint mir darin zu bestehen, daß sie ein Experimentum crucis für die Webersche Theorie der Elektrodynamik angibt, welches mit durchaus geschlossenen Strömen und ruhenden elektrostatischen Ladungen ausgeführt werden kann. Die zu erwartende Wirkung ist freilich, wenn auch vielleicht nicht gänzlich außerhalb der Grenze des Beobachtbaren gelegen, doch jedenfalls so klein, daß die großartigsten experimentellen Hilfsmittel zu ihrem Nachweise erforderlich wären, und gegenwärtig keine Aussicht vorhanden ist, daß ein solcher Versuch unternommen werden wird. Doch scheint es mir immerhin nicht ganz ohne Interesse, wenn in solchen Dingen die Theorie dem Experimente hier und da voraneilt.

Hr. Lorberg unterzieht ferner auch die Betrachtungen einer Kritik, welche von mir stammen, und welche die Anregung zu den Untersuchungen des Hrn. Aulinger gegeben haben und von diesem auch seiner Abhandlung vorangeschickt werden. Hr. Lorberg erinnert zunächst, daß diesen Betrachtungen noch eine Annahme zugrunde liegt, welche weder Hr. Aulinger noch Hr. Hertz[3]) explizit erwähnt haben. Diese Annahme besteht darin, daß die elektrischen Kräfte, welche die Induktionsströme erzeugen, nicht bloß imstande sind, elektromotorisch, sondern auch ebensogut ponderomotorisch zu wirken. Diese ponderomotorische Wirkung ist

---

1) Lorberg, Wied. Ann. 27. S. 666. 1886.

2) Aulinger, Wied. Ann. 27. S. 119. 1886.

3) Hertz, Wied. Ann. 23. S. 84. 1884.

so klein, daß sie bisher allerdings nicht experimentell beobachtet wurde; allein es schien mir und offenbar auch Hrn. Hertz ganz selbstverständlich, daß ein in sich geschlossenes Solenoid, wenn darin die Stromstärke ansteigt oder abnimmt, nicht nur in einem geschlossenen Leitungsdraht, welcher seine Mittellinie umfaßt, einen Induktionsstrom erzeugt, sondern auch auf eine in der Nähe befindliche, elektrostatisch geladene kleine Kugel ponderomotorisch wirkt, d. h. sie gerade so um seine Mittellinie herumzudrehen strebt, wie das Faradaysche Pendel um einen elektrischen Strom kreist, überhaupt, daß alle elektrischen Kräfte, welche Induktionsströme erzeugen, auch ebensogut auf elektrostatisch geladene Körper ponderomotorisch zu wirken imstande sind. Es soll dies als die Annahme X bezeichnet werden. Ich will hier die größere oder geringere aprioristische Wahrscheinlichkeit dieser Annahme nicht weiter diskutieren; jedenfalls würde ihre experimentelle Bestätigung wieder Veranlassung zu einem interessanten und schwierigen Versuche geben. Es müßte da eine leichte kreisförmige, ebene Metallscheibe um eine darauf senkrechte Achse leicht drehbar zwischen zwei entgegengesetzten ebenen Magnetpolen, wovon einer durchbohrt, aufgehängt und ihre Drehung um diese Achse beobachtet werden, wenn die statisch elektrische Ladung der Scheibe, sowie der Magnetismus der Pole fortwährend kommutiert würden.

Eine Bemerkung will ich mir noch erlauben. Denken wir uns im Innern eines unendlichen oder ellipsoidförmigen Solenoids, kurz in einem homogenen magnetischen Felde einen in sich geschlossenen Drahtkreis, dessen Ebene senkrecht auf den Kraftlinien steht; bei jeder Änderung des Feldes wird dann in dem Drahtkreise ein elektrischer Strom induziert. So weit ist das Feld in allen Punkten vollkommen gleich beschaffen. Es gibt kein Merkmal, welches irgend einen Punkt des Feldes vor einem andern zu unterscheiden erlauben würde. Unter der Annahme X wird aber bei jeder Veränderung der Intensität des Feldes auf eine kleine, im Felde befindliche, elektrostatisch geladene Kugel eine ponderomotorische Kraft ausgeübt werden. Die Richtung dieser Kraft K liegt jedenfalls in der durch das Zentrum Z der Kugel senkrecht zu den Kraftlinien gelegten Ebene. Um aber diese Richtung genauer zu bestimmen, muß ein Punkt O in dieser Ebene gegeben sein, welchen wir den Mittelpunkt des homogenen Feldes (oder, genauer gesprochen, der Feldänderung) nennen wollen. Die Richtung der Kraft K steht dann immer senkrecht auf der geraden Verbindungslinie dieses Punktes O mit dem Punkte Z. Bezüglich dieser experimentell allerdings noch nicht nachgewiesenen Kraft K verhalten sich also durchaus nicht alle Punkte des homogenen Feldes gleich. Im Punkte O wird auf einen elektrostatisch geladenen Körper durch Änderung der Feldintensität keine ponderomotorische Kraft ausgeübt. In jedem andern Punkte ist eine solche wirksam, welche der Entfernung des Körpers vom Punkte O proportional ist.[1])

Machen wir nun die Annahme X, so ist klar, daß das Potential der elektrischen Kräfte der Induktion eine genau ebenso reelle physikalische Bedeutung hat, wie das der elektromagnetischen und elektrodynamischen Kräfte; denn die ersteren können in genau ebenso reeller Weise auf eine dünne geladene Franklinsche Tafel wirken, wie die letzteren auf eine transversal magnetische Scheibe. Sie existieren auch im Innern eines Nichtleiters, welcher durch sie dielektrisch polarisiert wird, ebensogut, wie im Innern eines Leiters, auf welchem letzteren sie auch eine Influenzladung erzeugen können. Nach dem Prinzip der Gleichheit der Wirkung und Gegenwirkung endlich übt auch ein elektrostatisch geladener Körper eine ponderomotorische Rückwirkung auf ein Solenoid mit veränderlicher Stromintensität aus. Die Annahme X ist also jedenfalls zum Beweise der von Hrn. Hertz erschlossenen Wechselwirkung der erlöschender Ringmagnete notwendig.

Ich glaube aber, daß Hr. Lorberg durchaus Unrecht hat, wenn er behauptet, daß außer ihr hierzu nur mehr das Prinzip der Erhaltung der lebendigen Kraft erforderlich sei.

---

[1]) Ist p die Kraft in Dynen, welche auf die im Punkte Z befindliche Elektrizitätsmenge 1 (elektrostatisch gemessen) senkrecht auf $OZ = r$ wirkt, so ist $2\pi r p$ die ebenfalls elektrostatisch gemessene elektromotorische Kraft in einem Kreise vom Radius r, dessen Ebene auf den Kraftlinien senkrecht steht; $2\pi r p v$ ist diese elektromotorische Kraft in magnetischem Maße. Da diese andererseits gleich $\pi r^2 dM:dt$ ist, so folgt $p = (r/2v)\cdot(dM/dt)$. Hierbei ist M die Stärke des Magnetfeldes in magnetischem Maße, $v = 3\cdot 10^{10}$ cm/sec.

Die Gleichungen (3) der Lorbergschen Abhandlungen können nämlich aus den Gleichungen (2) keineswegs mittels des Prinzips der Erhaltung der lebendigen Kraft ganz allein abgeleitet werden. Ich will hier nicht weiter ausführen, daß bei Ableitung der ersteren Gleichungen aus den letzteren außer diesem Prinzip auch noch das Ohmsche, das Joulesche Gesetz, das Gesetz, daß die Arbeit einer galvanischen Batterie pro Zeiteinheit dem Produkte der elektromotorischen Kraft und der Stromintensität gleich ist, oder ähnliche Gesetze herangezogen werden müssen, welche alle nicht in gleicher Weise von magnetischen Strömen gelten, und daß es schon aus diesem Grunde zur vollkommenen Klarlegung aller zum Beweise notwendigen Voraussetzungen sehr erwünscht wäre, die Gleichungen (6) wirklich explizit und ausführlich aus den Gleichungen (5) abzuleiten, anstatt einfach auf die Analogie mit der Ableitung der Gleichungen (3) aus den Gleichungen (2) hinzuweisen. Der Kernpunkt scheint mir vielmehr darin zu liegen, daß die Gleichungen (3) überhaupt erst dann mit Hilfe des Prinzips der lebendigen Kräfte aus den Gleichungen (2) gewonnen werden können, wenn aus diesen letzteren die elektrodynamischen Kräfte zwischen zwei elektrischen Strömen erschlossen worden sind. Hr. Lorberg erkennt dies selbst im folgenden Passus auf S. 66 an: „Aus der Intensität der Resultierenden der Kräfte auf ein magnetisches Molekül nach dem Ampèreschen Prinzip folgt dann weiter, daß auch die Komponenten und Drehungsmomente der gesamten ponderomotorischen Kraft auf einen elektrischen Strom ein Potential besitzen.“ Diesem Schlusse aus der Wirkung eines elektrischen Stromes auf einen Magnet oder umgekehrt auf die Wechselwirkung zweier elektrischer Ströme, ohne welchen (ich betone es nochmals) die Gleichungen (3) aus den Gleichungen (2) nicht gewonnen werden können, entspricht bei Ableitung der Gleichungen (6) aus den Gleichungen (5) der Schluß von der Wirkung eines geschlossenen Solenoides von veränderlicher Stromintensität auf einen elektrostatisch geladenen Körper oder umgekehrt auf die Wirkung zweier geschlossener Solenoide mit veränderlicher Stromintensität aufeinander. Gerade dieser letztere Schluß scheint mir aber aus dem Prinzip der lebendigen Kräfte in keiner Weise zu folgen und überhaupt nicht möglich zu sein ohne das von mir aufgestellte Prinzip, daß in einem Raume alle elektrischen und magnetischen Kräfte gegeben sind, sobald in jedem Punkte die auf eine ruhende unveränderliche elektrische Masse und auf einen ruhenden unveränderlichen Magnetpol wirkenden Kräfte gegeben sind oder unter Annahme der Ampèreschen Theorie des Magnetismus, daß die elektrischen Kräfte nur von den Koordinaten der elektrischen Massen und deren ersten Differentialquotienten nach der Zeit abhängen.[1]) Aus den Gleichungen (5) folgt unter der Annahme X unzweifelhaft, daß ein Solenoid von veränderlicher Stromstärke auf eine elektrische Doppelschicht (geladene Franklinsche Tafel) ponderomotorische Kräfte ausübt, daher auch umgekehrt, daß die Doppelschicht auf das veränderliche Solenoid ponderomotorisch wirkt; daraus kann aber noch nicht geschlossen werden, daß auch ein zweites veränderliches Solenoid auf das erste ponderomotorisch wirkt; denn daraus, daß das zweite veränderliche Solenoid dieselben elektrostatischen, magnetischen und induzierenden Wirkungen wie die Doppelschicht ausübt, mögen diese ein Potential haben oder nicht, folgt ohne das von mir aufgestellte Prinzip noch nicht, daß es auch auf veränderliche elektrische Ströme (z. B. auf das erste Solenoid) dieselbe Wirkung ausübt. Nimmt man das Webersche Gesetz als richtig an, so würde in der Tat im ganzen Raume mit Ausnahme des Innern der Doppelschicht diese dieselben elektrostatischen und induzierenden Kräfte ausüben, wie ein Solenoid mit variabler Stromstärke, aber auf ein zweites derartiges Solenoid würde die Doppelschicht ponderomotorisch wirken, das erste Solenoid dagegen nicht. Der beste Beweis für die Unentbehrlichkeit des von mir ausgesprochenen Prinzips besteht in diesem ebenfalls von Hrn. Aulinger[2]) bereits ausführlich erbrachten Nachweise, daß aus dem Weberschen Gesetze sich nicht die mindeste Wirkung zwischen zwei geschlossenen, von Strömen mit veränderlicher Intensität durchflossenen Solenoiden ergibt. Da es sich hier nur um logische Untersuchungen handelt, so kann die Frage, ob die Elektrizitäten wirklich Fluida sind, welche das Webersche Gesetz

[1]) Vgl. zu diesem Satz „Einige kleine Nachträge und Berichtigungen" dieser Band Nr. 88.

[2]) Aulinger, l. c. S. 131.

befolgen, ganz aus dem Spiele bleiben. Folgendes ist unbestrittene Tatsache. Unter der Annahme des Weberschen Gesetzes folgen mit Notwendigkeit die Lorbergschen Gleichungen von (1) bis (5); unter Annahme des Weberschen Gesetzes folgt aber auch mit Notwendigkeit, daß ein geschlossenes Solenoid von veränderlicher Stromintensität auf einen statisch geladenen elektrischen Körper, daher auch auf eine elektrische Doppelschicht, etwa eine geladene Franklinsche Tafel, ponderomotorische Kräfte ausüben muß, also dasjenige, was wir die Annahme X nannten, die reale Existenz des Potentials der elektrischen Kräfte der Induktion. Trotz alledem folgt aber aus dem Weberschen Gesetze keine Wechselwirkung zweier geschlossener Solenoide von veränderlicher Stromintensität. Diese letztere Konsequenz kann also aus allen vorhergenannten Sätzen nur mittels eines Prinzips abgeleitet werden, welches das Webersche Gesetz ausschließt, also keinesfalls allein mittels des Prinzips der Erhaltung der lebendigen Kräfte. Denn das Webersche Gesetz steht mit dem Prinzip der lebendigen Kraft, insoweit es hier in Frage kommt, in vollem Einklange, da nach dem Weberschen Gesetze immer die erzeugte lebendige Kraft genau gleich der aufgewendeten Arbeit ist. Man sieht leicht, daß die ungereimten Konsequenzen, welche, wie Hr. v. Helmholtz zeigte, sich aus dem Weberschen Gesetze ergeben, mit der Frage, welche uns beschäftigt, absolut nichts zu schaffen haben; denn diese beziehen sich bloß darauf, daß nach dem Weberschen Gesetze in gewissen Fällen, ohne daß irgendwelche Entfernungen unendlich klein werden, eine unendliche Arbeit geleistet werden kann. Zu diesen Fällen gehören aber die hier behandelten durchaus nicht.

79.

Über die von Pebal[1]) in seiner Untersuchung des Euchlorins verwendeten unbestimmten Gleichungen.

(Ann. d. Chemie 232. S. 121—124. 1886.)

Die von Pebal angewandte Methode hat auf überraschend kurzem Wege zur Kenntnis der wahren Natur einer Reihe von Sauerstoffverbindungen des Chlors geführt. Da zu erwarten steht, daß dieselbe Methode, vielleicht mit passenden Abänderungen, auch wohl auf noch andere gasförmige Körper wird Anwendung finden, so dürfte die nachfolgende allgemeinere und auch wohl einfachere Behandlung der unbestimmten Gleichungen Pebals vielleicht nicht ganz ohne Interesse für die Chemie sein.

Gehen wir, um einen ganz konkreten Fall vor Augen zu haben, von Pebals Versuchen über das *Euchlorin* aus. Das in der verschiedensten Weise dargestellte Euchlorin verwandelt sich durch Explosion in ein Gemenge von gewöhnlichem Sauerstoff und gewöhnlichem Chlorgas. Euchlorin kann also jedenfalls nur ein Gemenge verschiedener chemischer Verbindungen von Cl und O sein, die also sämtlich von der Zusammensetzung $Cl_a O_b$ sein müssen, wo a und b positive ganze Zahlen sind; eine derselben kann auch Null sein, wenn dem Euchlorin Chlor- oder Sauerstoffgas beigemengt sind. Bestehe ein Volumteil Euchlorin aus x_1 Volumteilen der chemischen Verbindung $Cl_{a_1} O_{b_1}$, x_2 Volumteilen der Verbindung $Cl_{a_2} O_{b_2}$ ..., x_g Volumteilen der Verbindung $Cl_{a_g} O_{a_g}$; d. h. einschließlich des etwa beigemengten Chlors oder Sauerstoffs seien g derartige Verbindungen im Euchlorin gemengt. Die erste Verbindung hatte vor der Explosion das Volum x_1, durch die Explosion zerfiel sie in Cl_2 und O_2, und zwar hat das von ihr gelieferte Chlor das Volum $x_1 a_1 / 2$, der gelieferte Sauerstoff das Volum $x_1 b_1 / 2$; die gesamte Gasmasse, welche aus den x_1 Volumteilen der fraglichen chemischen Verbindung $Cl_{a_1} O_{b_1}$ entsteht, hat also nach der Explosion das

[1]) Annalen d. Chemie 177. S. 1.

Volum $x_1 a_1/2 + x_1 b_1/2$, daher hat diese chemische Verbindung durch die Explosion die Volumzunahme $(x_1 a_1/2) + (x_1 b_1/2) - x_1$ erfahren; ebenso erfährt die zweite chemische Verbindung $Cl_{a_2}O_{b_2}$, von welcher x_2 Volumteile in einem Volumteile Euchlorin vorhanden waren, durch die Explosion die Volumvermehrung $(x_2 a_2/2) + (x_2 b_2/2) - x_2$ und liefert in die explodierte Gasmasse das Sauerstoffvolum $x_2 b_2/2$ usf.

Es hat also der gesamte in der explodierten Gasmasse vorhandene Sauerstoff das Volumen

$$\sum_{h=1}^{h=g} \frac{x_h b_h}{2}$$

und die ganze Gasmasse erfährt durch die Explosion die Volumvermehrung

$$\sum_{h=1}^{h=g} \frac{x_h}{2}(a_h + b_h - 2).$$

Ersterer Ausdruck durch letzteren dividiert, liefert also den Quotienten

$$A = \frac{\sum_{h=1}^{h=g} x_h b_h}{\sum_{h=1}^{h=g} x_h (a_h + b_h - 2)}.$$

Wir nehmen mit Pebal an, Euchlorin von verschiedener Erzeugungsweise müsse immer dieselben chemischen Verbindungen, aber verschieden prozentisch gemengt enthalten, d. h. für Euchlorin von verschiedener Erzeugungsweise sollen die x, nicht aber die a und b die verschiedensten Werte haben; dadurch, daß sich für Euchlorin von der verschiedensten Erzeugungsweise $A = 2$ ergibt, sei bewiesen, daß der oben für A gegebene Ausdruck für alle möglichen Werte der x den Wert 2 haben muß. Dann muß er auch gleich 2 sein für

$$x_1 = 1, \quad x_2 = x_3 = \ldots = 0,$$

was liefert

$$\frac{b_1}{a_1 + b_1 - 2} = 2 \quad \text{oder} \quad 2a_1 + b_1 = 4;$$

ebenso ergibt sich für

$$x_2 = 1, \quad x_1 = x_3 = \ldots = 0, \quad 2a_2 + b_2 = 4 \text{ usf.}^{1)}$$

---

1) Dasselbe Resultat findet man, wenn man, da A sich nicht ändern

Diese Gleichungen lassen nur drei Wertepaare für a und b zu; nämlich, wenn wir sie der Reihe nach durch die Indizes 1, 2 und 3 bezeichnen,

$$a_1 = 2, \quad b_1 = 0; \quad a_2 = 1, \quad b_2 = 2; \quad a_3 = 0, \quad b_3 = 4,$$

welche den 3 Mol. Cl_2, ClO_2 und O_4 entsprechen. Es kann also unter den gemachten Annahmen das Euchlorin nur ein Gemenge dreier Gase sein, wovon das erste gewöhnliches Chlor, das zweite Unterchlorsäure ist, das Molekül des dritten aber aus vier Sauerstoffatomen bestehen müßte, geradeso wie wahrscheinlich das Ozonmolekül aus drei Sauerstoffatomen besteht. Dieses letzte Gas müßte sich natürlich bei der Explosion mit in gewöhnliches Sauerstoffgas verwandeln. So wenig Wahrscheinlichkeit nun auch die Existenz dieses sonst nirgends beobachteten Gases hat und so leicht sich sein Nichtvorkommen im Euchlorin wahrscheinlich durch direkt darauf gerichtete Versuche erweisen lassen dürfte, so scheint es mir doch, schon zur Klarlegung der Theorie der Pebalschen Methode für eventuelle spätere Anwendungen derselben auf minder einfache Fälle von Interesse zu sein, zu konstatieren, daß aus den Versuchen Pebals nicht hervorgeht, daß im Euchlorin dem Chlor und der Unterchlorsäure nicht auch das Gas O_4 beigemengt sein könnte.

Für die Unterchlorsäure konstatiert Pebal durch einen Diffusionsversuch, daß sie kein Gemenge ist; aber selbst wenn man diesem Versuche bei dem ähnlichen Molekulargewichte der 3 Mol. Cl_3, ClO_2 und O_4 kein so großes Gewicht beilegen würde, so würde schon aus dem Umstand, daß in der explodierten Gasmasse auf ein Volum Chlor immer zwei Volum Sauerstoff kommen, die Zusammensetzung ClO_2 folgen.

---

darf, wenn irgend eines der x sich allein ändert, $d \,\mathrm{lognat}\, A / dx_h$ für irgend ein h gleich Null setzt, was liefert

$$0 = \frac{b_h}{\sum x_h b_h} - \frac{a_h + b_h - 2}{\sum x_h (a_h + b_h - 2)}$$

oder

$$\frac{b_h}{a_h + b_h - 2} = \frac{\sum x_h b_h}{\sum x_h (a_h + b_h - 2)} = 2\,.$$

Die Grenzen der Summen sind die gleichen wie oben. Die x kann man dabei auf ein beliebiges Volumen Euchlorin, nicht auf die Volumeinheit beziehen.

80.

Zur Berechnung der Beobachtungen mit Bunsens Eiskalorimeter.

(Ann. d. Chemie 232. S. 125—128. 1886.)

Bekanntlich läßt sich nie ganz verhüten, daß durch die Außenwände des Kalorimeters etwas Wärme ein- oder ausdringt, daß also auch unabhängig von der Einführung des erwärmten Körpers etwas Quecksilber eingesogen wird oder ausfließt. Diese positive oder negative, unabhängig von der Einführung eines erwärmten Körpers eingesogene Quecksilbermenge soll als *sekundär eingesogen* bezeichnet werden. Sie kann angenähert der Zeit t proportional, also gleich $a + bt$ gesetzt werden; größere Genauigkeit werden wir erhalten, wenn wir sie gleich $a + bt + ct^2$ setzen. a, b und c sind Konstanten. Wir wollen nun annehmen, daß durch den ins Kalorimeter geworfenen Körper das Gesetz, nach welchem die sekundär eingesogene Quecksilbermenge von der Zeit abhängt, also der Wert der Konstanten b und c gar nicht verändert wird. Die faktisch eingesogene Quecksilbermenge wird sich also jetzt folgendermaßen verhalten. Vor dem Hineinwerfen des Körpers ist sie gleich $a + bt + ct^2$; dann bewirkt auch die vom hineingeworfenen Körper abgegebene Wärme ein Einsaugen von Quecksilber; sobald aber dieser Körper alle Wärme abgegeben hat, ist die eingesogene Quecksilbermenge wieder durch dasselbe Gesetz bestimmt; nur hat die Konstante a einen anderen Wert, sie ist nämlich um diejenige Quecksilbermenge Q gewachsen, welche durch die vom Körper abgegebene Wärmemenge eingesogen wurde. Es ist also jetzt die eingesogene Quecksilbermenge durch $\alpha + bt + ct^2$ gegeben, wo b und c dieselben Werte haben wie früher, $\alpha - a$ aber gleich Q, also der eigentlich zu bestimmenden Unbekannten ist.[1]) Wir be-

[1]) Darüber, wann der hineingeworfene Körper seine ganze Wärme abgegeben hat, vermögen obige Betrachtungen nichts zu lehren und muß

zeichnen den beliebigen Zeitanfang mit Null und zählen alle Zeiten von dort angefangen. Zu den Zeiten t_1, $t_2 \dots t_k$, wo der Körper noch nicht hineingeworfen war, sollen die Beobachtungen als eingesogene Quecksilbermengen q_1, $q_2 \dots q_k$ ergeben, während nach der Formel die wirklich eingesogenen Quecksilbermengen $a + b t_1 + c t_1^2$, $a + b t_2 + c t_2^2$ usw. sind, so daß der Fehler der ersten Beobachtung $a + b t_1 + c t_1^2 - q_1$ beträgt. Zu den Zeiten t_{k+1}, $t_{k+2} \dots t_{k+l}$, wo die Wärmeabgabe des hineingeworfenen Körpers vollendet gewesen sein soll, sollen die Beobachtungen für die eingesogene Quecksilbermenge die Werte q_{k+1}, $q_{k+2} \dots q_{k+l}$ ergeben haben, deren wahre Werte nach der Formel $\alpha + b t_{k+1} + c t_{k+1}^2$ usw. sind. Nach den Prinzipien der Methode der kleinsten Quadrate muß die Summe der Fehlerquadrate ein Minimum sein. Bezeichnen wir also mit Σ_k eine Summe über alle Werte der Indizes von 1 bis k, mit Σ_l eine solche über alle Werte von $k+1$ bis $k+l$ und mit Σ_{kl} eine solche von 1 bis $k+l$, so daß z. B.

$$\Sigma_k t^2 = t_1^2 + t_2^2 + \dots t_k^2, \quad \Sigma_l t^2 = t_{k+1}^2 + t_{k+2}^2 + \dots + t_{k+l}^2 \text{ usw.}$$

ist, so können wir die Größe, welche ein Minimum werden soll, folgendermaßen schreiben:

$$\Sigma_k (a + b t + c t^2 - q)^2 + \Sigma_l (\alpha + b t + c t^2 - q)^2,$$

deren Differentiation partiell nach a, α, b und c liefert:

$$k a + b \Sigma_k t + c \Sigma_k t^2 = \Sigma_k q;$$

$$l \alpha + b \Sigma_l t + c \Sigma_l t^2 = \Sigma_l q;$$

$$a \Sigma_k t + \alpha \Sigma_l t + b \Sigma_{kl} t^2 + c \Sigma_{kl} t^3 = \Sigma_{kl} t q;$$

$$a \Sigma_k t^2 + \alpha \Sigma_l t^2 + b \Sigma_{kl} t^3 + c \Sigma_{kl} t^4 = \Sigma_{kl} t^2 q.$$

---

dies aus anderen Wahrscheinlichkeitsgründen erschlossen werden. Würde man eine einfache Hypothese über das Gesetz dieser Wärmeabgabe machen, was wohl für den späteren Verlauf derselben erlaubt sein dürfte, so könnte man aus Beobachtungen selbst ihr Ende berechnen, resp. die kleine Wärmeabgabe korrigieren, die noch zu einer Zeit stattfindet, wo die eingesogene Quecksilbermenge schon wieder nahe der Zeit proportional ist. Hierauf, sowie auf die Fälle, wo das Kalorimeter zur Messung von Verbrennungswärmen oder elektrisch entwickelten Wärmen verwendet wird, werde ich vielleicht noch einmal zurückkommen.

Die Elimination von α aus den drei letzten Gleichungen liefert:

$$a\, l \Sigma_k t \;+ b\,[l \Sigma_{kl} t^2 - (\Sigma_l t)^2] + c\,[l \Sigma_{kl} t^3 - \Sigma_l t \Sigma_l t^2]$$
$$= l \Sigma_{kl} t q - \Sigma_l t \Sigma_l q\,;$$
$$a\, l \Sigma_k t^2 + b\,[l \Sigma_{kl} t^3 - \Sigma_l t \Sigma_l t^2] + c\,[l \Sigma_{kl} t^4 - (\Sigma_l t^2)^2]$$
$$= l \Sigma_{kl} t^2 q - \Sigma_l t^2 \Sigma_l q\,;$$

aus diesen beiden und der ersten der früheren Gleichungen kann a, b und c ohne weiteres bestimmt werden; ebenso wird α berechnet.

Viel einfacher gestaltet sich die Sache, wenn man $c = 0$ setzt, also annimmt, daß die sekundär eingesogene Quecksilbermenge der Zeit proportional ist, also durch die Formel $a + bt$ dargestellt wird und der hineingeworfene Körper wieder bloß die Konstante a in α verwandelt, b aber nicht ändert. Dann verwandelt sich die Größe, welche ein Minimum werden soll, in:

$$\Sigma_k (a + b\,t - q)^2 + \Sigma_l (\alpha + b\,t - q)^2,$$

deren Differentiation partiell nach a, α und b liefert:

$$k\,a + b \Sigma_k t = \Sigma_k q\,;$$
$$l\,\alpha + b \Sigma_l t = \Sigma_l q\,;$$
$$a \Sigma_k t + \alpha \Sigma_l t + b \Sigma_{kl} t^2 = \Sigma_{kl} t q\,;$$

woraus man ohne weiteres findet:

$$\text{I.}\quad a = \frac{l \Sigma_k t \Sigma_{kl} t q - \Sigma_l q \Sigma_k t \Sigma_l t - l \Sigma_k q \Sigma_{kl} t^2 + \Sigma_k q (\Sigma_l t)^2}{l (\Sigma_k t)^2 + k (\Sigma_l t)^2 - k l \Sigma_{kl} t^2},$$

$$\text{II.}\quad \alpha = \frac{k \Sigma_l t \Sigma_{kl} t q - \Sigma_k q \Sigma_l t \Sigma_k t - k \Sigma_l q \Sigma_{kl} t^2 + \Sigma_l q (\Sigma_k t)^2}{l (\Sigma_k t)^2 + k (\Sigma_l t)^2 - k l \Sigma_{kl} t^2},$$

$$b = \frac{l \Sigma_k q \Sigma_k t + k \Sigma_l t \Sigma_l q - k l \Sigma_{kl} t q}{l (\Sigma_k t)^2 + k (\Sigma_l t)^2 - k l \Sigma_{kl} t^2}.$$

Dieselben Formeln erhält man, wenn man b erst aus den Beobachtungen vor Einführung des Körpers, hierauf aus denen nach der Wärmeabgabe desselben in bekannter Weise nach der Methode der kleinsten Quadrate bestimmt, dann ersteren Wert mit k, letzteren mit l multipliziert, die Produkte addiert und die Summe durch $k + l$ dividiert. Die praktische Anwendung der letzten Formeln dürfte sich wohl hier und da lohnen; vielleicht auch, wo es sich um die größte Genauigkeit handelt, die der ersteren, welche aber noch durch die in der Anmerkung besprochene Korrektion ergänzt werden müßten.

Praktische Anwendung der letzten Formeln. — Der Beobachter lese vor dem Einwerfen des wärmeabgebenden Körpers in das Kalorimeter k mal den Stand des Quecksilbers q ab und notiere dabei die Zeiten $t_1, t_2 \ldots . t_k$; ebenso nach mutmaßlicher Vollendung der Wärmeabgabe l mal zu den Zeiten $t_{k+1}, t_{k+2}, \ldots . t_{k+l}$. Aus diesen Beobachtungen berechne er $\Sigma_k t = t_1 + t_2 + \ldots . + t_k$; $\Sigma_l t = t_{k+1} + t_{k+2} + \ldots . + t_{k+l}$; $\Sigma_{kl} t q = t_1 q_1 + t_2 q_2 + \ldots . + t_k q_k + t_{k+1} q_{k+1} + \ldots . + t_{k+l} q_{k+l}$ usw. und setze die erhaltenen Werte in die Gleichungen I und II ein. Aus a und α findet er dann die zu berechnende Wärmemenge $Q = \alpha - a$.

81.

Über die zum theoretischen Beweise des Avogadroschen Gesetzes erforderlichen Voraussetzungen.[1])

(Wien. Ber. **94.** S. 613—643. 1886; Phil. Mag. (5) **23.** S. 305—333. 1887.)

Es hat Hr. Tait[2]) unter einer Reihe spezieller Annahmen einen sehr exakten Beweis des Avogadroschen Gesetzes, oder vielmehr des Satzes geliefert, daß im Falle des Wärmegleichgewichtes die mittlere lebendige Kraft der Moleküle zweier gemischter Gase gleich sein muß. Dagegen scheint mir Hr. Tait nicht den mindesten Beweis geliefert zu haben, daß die von ihm gemachten, speziellen Annahmen zur Begründung des in Rede stehenden Satzes unentbehrlich sind oder gar, daß noch allgemeinere von mir[3]) und Maxwell[4]) aufgestellte Sätze unrichtig seien.

Ich glaube bei meinen Rechnungen die Voraussetzungen genau präzisiert und immer mit möglichster Konsequenz daraus Schlüsse gezogen zu haben und daher den Vorwurf Hrn. Taits, dieselben seien mehr ein Spiel mit Symbolen als ein folgerichtiges Räsonnement, nicht zu verdienen, welcher übrigens auch die soeben zitierte Abhandlung Maxwells treffen müßte, wo dieser meine von Hrn. Tait in Zweifel gezogenen Sätze akzeptiert und weiter begründet. Der Widerspruch dieser Sätze mit gewissen Erfahrungstatsachen scheint mir nur durch eine zu große Verallgemeinerung derselben entstanden zu sein. Man muß bedenken, daß die Analyse immer nur Systeme behandelt, welche den Molekülen der Natur mehr oder minder analog, nicht aber mit ihnen kongruent sind.

---

[1]) Voranzeige dieser Arbeit Wien. Anz. **23.** S. 174. 7. Oktober 1886.

[2]) Phil. Mag. (5) **21.** S. 343. 1886.

[3]) Wien. Ber. **58. 63. 66.** (Diese Sammlung Bd. I, Nr. 5, 18, 19, 20, 22.)

[4]) Cambridge Phil. Trans. **12.** Tl. 3. S. 547. 1879.

Das Verhalten warmer Körper wird sicher durch die Wärmestrahlung, vielleicht auch durch Elektrizitätsbewegungen usw. beeinflußt, was weder von mir, noch in irgend einer anderen mechanischen Theorie der Wärme berücksichtigt wurde. Absolute Übereinstimmung mit den Tatsachen kann daher gar nicht erwartet werden. Es kann sich nur darum handeln: 1. ob die aufgestellten Sätze wirklich konsequent aus den gemachten Annahmen folgen, und 2. ob die Analogie zwischen den Eigenschaften der betrachteten Systeme und denen warmer Körper eine zweifellose ist.

Letztere Analogie wird aber erst durch Einbeziehung aller meiner Arbeiten, namentlich auch der über den zweiten Hauptsatz der mechanischen Wärmetheorie, vollkommen klar.

Obwohl schon Hr. Burbury[1]) begründete Einwendungen gegen den Aufsatz des Hrn. Tait gemacht hat, so scheint es mir doch wünschenswert, die Frage noch eingehender zu diskutieren, welche von den Voraussetzungen des Hrn. Tait wirklich zur Beweisführung unentbehrlich sind. Ich will hierbei dem Vorgange Hrn. Taits folgen und vorläufig wieder nur einige spezielle Fälle behandeln, um nicht durch zu große Allgemeinheit schwer verständlich zu werden. Obwohl er es nicht ausdrücklich erwähnt, macht derselbe doch implizit auch die Annahme, daß sich zwei Moleküle beim Zusammenstoße wie elastische Kugeln verhalten. Denn bei einem anderen Gesetze der Wechselwirkung würden die Gleichungen Hrn. Taits auf S. 346 nur dann gelten, wenn die von ihm daselbst mit u und v bezeichneten Größen die Komponenten in der Richtung der Apsidenlinie wären; auf diese wären aber dann die Rechnungen auf S. 347 nicht mehr anwendbar. Ich will dieselbe Voraussetzung machen, und mich ganz der Bezeichnungen meiner Theorie der Gasdiffusion, 1. Teil[2]), bedienen.

Ich habe daselbst den Stoß zweier elastischer Kugeln mit Rücksicht auf die Gastheorie möglichst allseitig behandelt. Die Figuren und Formeln sind freilich etwas weitläufig, aber dafür auch sehr allgemein und, wie ich glaube, anschaulich, wenn man sich einmal daran gewöhnt hat.

---

[1]) Phil. Mag. (5) **21.** S. 481. 1886.

[2]) Wien. Ber. **86.** S. 63. Juni 1882. (Dieser Band Nr. 66.)

Zwei elastische Kugeln (Moleküle) von den Massen m und M sollen aufeinander stoßen. $v = \Omega v$ und $V = \Omega V$ seien die Geschwindigkeiten derselben vor dem Stoße (siehe Fig. 1), $v' = \Omega v'$ und $V' = \Omega V'$ nach demselben, δ sei die Summe

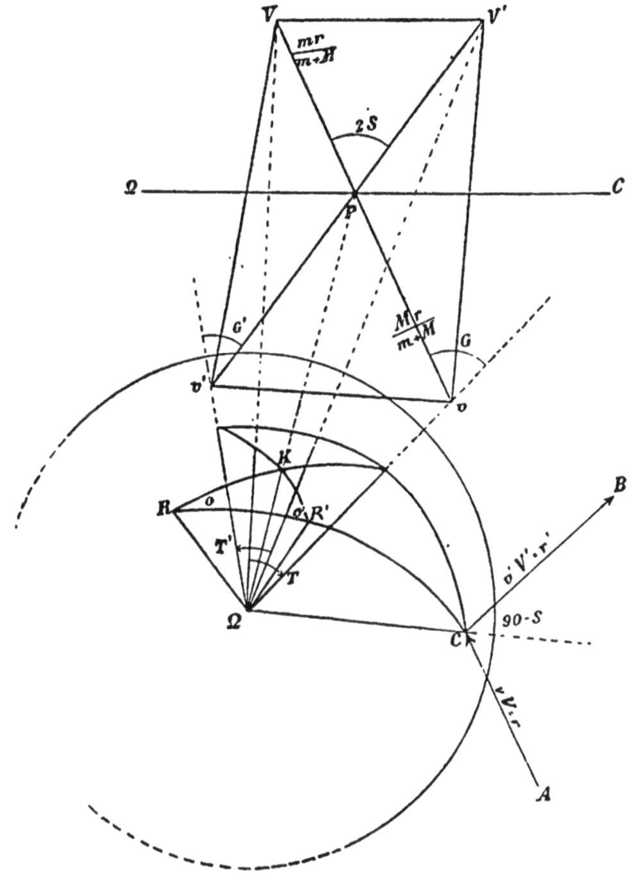

Fig. 1.

der Radien der Kugeln, $r = v\,V$ deren relative Geschwindigkeit vor dem Stoße, welche nach demselben die Richtung $r' = v'\,V'$ haben soll. $\Omega\,C$ sei die Zentrallinie der Kugeln im Momente des Stoßes. Es sei

$$\sphericalangle v\,V = T, \quad \sphericalangle v\,r = G, \quad \sphericalangle r\,r' = 2S, \quad \sphericalangle r, \Omega\,C = 90^0 + S,$$
$$\sphericalangle v'\,V' = T', \quad \sphericalangle v'\,r' = G'.$$

O sei der Winkel der Ebenen r, v und r, ΩC; O' der Winkel der Ebenen r', v' und r', ΩC. Die Kosinus und Sinus der Winkel bezeichne ich mit den entsprechenden kleinen lateinischen und griechischen Buchstaben. Ich schließe zur Veranschaulichung unter Fig. 1 diejenigen Linien der Fig. 2 meiner soeben zitierten Theorie der Gasdiffusion bei, welche hier nötig sind. Dann ist nach Formel (21) S. 11[1]) jener Abhandlung

$$(1)\quad D = \frac{m v'^2}{2} - \frac{m v^2}{2} = \frac{2 m M v r}{m + M}(g \sigma^2 - \gamma s \sigma o) + \frac{2 m M^2 r^2 \sigma^2}{(m + M)^2}.$$

Die rechte Seite stimmt vollkommen mit dem Ausdrucke, welchen Hr. Tait auf S. 346 für $(P/2)(\mathrm{u}'^2 - \mathrm{u}^2)$ findet, da nach Gleichung (20) meiner Abhandlung die von Hrn. Tait mit u bezeichnete Größe den Wert $v(-g\sigma + \gamma s o)$ hat, wogegen $\mathrm{u} - \mathrm{v}$ die Projektion von r auf ΩC, also gleich $r\sigma$ ist. Seien nun sowohl von den Molekülen mit den Massen m (den Molekülen erster Art) als auch von denen mit den Massen M (den Molekülen zweiter Art) sehr viele in einem Raume gleichförmig gemischt und bezüglich der Richtung ihrer Geschwindigkeiten gleichmäßig orientiert. Von allen möglichen Zusammenstößen, welche überhaupt stattfinden können, wollen wir zunächst bloß jene hervorheben, für welche die Variablen v, V, T, S, O zwischen den unendlich nahen Grenzen

$$(2)\quad \begin{cases} v \text{ und } v + dv, \quad V \text{ und } V + dV, \quad T \text{ und } T + dT, \\ \qquad S \text{ und } S + dS, \quad O \text{ und } O + dO \end{cases}$$

liegen.

In der Fig. 1 ist eine dem Moleküle mit der Masse M konzentrische ruhend gedachte Kugel vom Radius δ gezeichnet. Alle Geraden sind vom Durchschnittspunkte mit der Oberfläche dieser Kugel an punktiert. Die Bögen sind größte Kreisbögen dieser Kugel. Gegen diese Kugel fliegen die Moleküle mit der Masse m an, wobei deren Centra relativ gegen das erstere Molekül die Gerade AC beschreiben, welche parallel vV und ΩR ist. Im Punkte C werden die Centra nach der Richtung CB reflektiert, welche parallel $v'V'$ und $\Omega R'$ ist. Die Relativbewegung vor dem Stoße, auf welche es hier allein ankommt, bleibt unverändert, wenn wir uns die Moleküle von

[1] Dieses Bandes.

der Masse m ruhend und die in Fig. 1 gezeichnete Kugel mit der Geschwindigkeit $r = v V$ in der ΩR entgegengesetzten Richtung bewegt denken. Teilen wir deren Oberfläche durch eine auf ΩR senkrechte und durch ihr Zentrum gehende Ebene in zwei Hälften, so wird bei der zuletzt genannten Auffassung der Relativbewegung die vorausgehende Hälfte in der Zeiteinheit einen von zwei Halbkugeln und einer Zylinderfläche begrenzten Raum vom Volumen $\pi \delta^2 r$ durchstreichen. Von diesem gesamten Raume ist noch ein kleiner Teil in folgender Art herauszuschneiden. ΩC ist derjenige Radius der Kugel, welcher der Richtung der Zentrilinie parallel ist. Indem wir den Punkt C auf der Kugeloberfläche so bewegen, daß S bei ungeänderter Richtung von ΩR um dS wächst, beschreibt C ein Linienelement von der Länge δdS. Bewegen wir dagegen C so, daß O um dO wächst, so beschreibt C ein Linienelement von der Länge $\delta s dO$. Beide bestimmen auf der Kugel ein Flächenelement vom Flächeninhalte $\delta^2 s \, dS \, dO$. Dieses ist gegen die Richtung von r um den Winkel S geneigt. Da sich die Halbkugel mit der Geschwindigkeit r in der Richtung $-\Omega R$ bewegt, so durchwandert dieses Flächenelement in der Zeiteinheit ein Prisma vom Volumen $r \delta^2 s \sigma \, dS \, dO$. Sobald das Zentrum eines Moleküls erster Art in diesem Prisma liegt, stößt es mit dem Moleküle zweiter Art in der betrachteten Weise zusammen.

Von allen Molekülen erster Art, welche in diesem Prisma liegen, haben wir bloß diejenigen zu betrachten, deren Geschwindigkeit zwischen den Grenzen v und $v + dv$ liegt und deren Geschwindigkeitsrichtung mit der Richtung von V einen Winkel bildet, welcher zwischen T und $T + dT$ liegt. Seien in der Volumeneinheit $4\pi v^2 f(v) dv$ Moleküle erster Art vorhanden, welche die erstere Bedingung erfüllen, so sind im obigen Prisma

$$2\pi v^2 f(v) r \delta^2 \tau s \sigma \cdot dv \, dS \, dT \, dO$$

Moleküle erster Art vorhanden, welche auch noch der letzteren Bedingung genügen.

Seien ferner in der Volumeneinheit $4\pi V^2 F(V) dV$ Moleküle zweiter Art, deren Geschwindigkeiten zwischen den Grenzen V und $V + dV$ liegen. Dann hat man den obigen Ausdruck noch mit diesem Faktor zu multiplizieren und erhält für die gesamte Zahl der Zusammenstöße, welche in der Zeit- und Volumeneinheit zwischen einem Moleküle erster Gattung und einem Moleküle zweiter Gattung so erfolgen, daß dabei die Bedingungen (2) erfüllt sind, den Wert:

$$(3)\qquad dZ = 8\pi^2 v^2 V^2 f(v) F(V) r\, \delta^2 \tau\, s\, \sigma\, dv\, dV\, dT\, dS\, dO.$$

Um hieraus die Zahl Z aller Zusammenstöße zu erhalten, welche überhaupt in der Zeit- und Volumeneinheit zwischen einem Moleküle erster Gattung und einem zweiter Gattung stattfinden, haben wir bezüglich O von 0 bis 2π, bezüglich T von 0 bis π, bezüglich S von 0 bis $\pi/2$, bezüglich v und V von 0 bis ∞ zu integrieren, was wir durch $Z = \int dZ$ bezeichnen wollen.

$J = \int D\, dZ$ ist die lebendige Kraft, welche durch alle diese Zusammenstöße den Molekülen erster Gattung zugeführt wird. Integriert man den Ausdruck $D\, dZ$ zunächst nach O und S, so ergibt sich

$$(4)\qquad 8\pi^3 v^2 f(v) \cdot V^2 F(V) r\, \delta^2 \tau\, dv\, dV\, dT \frac{mM}{m+M}\left(v\, r\, g + \frac{M r^2}{m+M}\right),$$

während dZ, über dieselben Variablen integriert, liefert $8\pi^3 v^2 f(v) V^2 F(V) r\, \delta^2 \tau\, dv\, dV\, dT$. Der Quotient beider Ausdrücke kann als die lebendige Kraft bezeichnet werden, welche im Mittel von den Molekülen zweiter Art an die erster Art übertragen wird, wenn die Größe der Geschwindigkeiten v und V und deren Winkel T gegeben ist. Dieser Quotient ist

$$\frac{mM}{m+M}\left[v\, r\, g + \frac{M r^2}{m+M}\right].$$

Es steht dies in voller Übereinstimmung mit dem ersten Ausdrucke für $l_1' - l_1$, welchen Stefan in seiner Abhandlung über die dynamische Theorie der Diffusion der Gase[1]) gegen Ende des zweiten Abschnittes findet, und welcher nach Verbesserung einiger Druckfehler lautet:

$$l_1' - l_1 = -\frac{2 m m_1}{(m_1 + m_2)^2}\left[l_1 - l_2 - \frac{m_1 - m_2}{2}(x_1 x_2 + y_1 y_2 + z_1 z_2)\right].$$

Denn im Stefanschen Ausdrucke ist:

[1]) Wien. Ber. 65. April 1872.

$$l_1 = m\frac{v^2}{2},\; l_2 = M\frac{V^2}{2},\; x_1 x_2 + y_1 y_2 + z_1 z_2 = vVt = vrg + v^2$$

und es ist

$$V^2 = v^2 + r^2 + 2vrg.$$

Allein die weiteren Schlüsse Stefans würden bloß für den Fall zutreffen, daß die Moleküle mit einer der fünften Potenz der Entfernung verkehrt proportionalen Kraft aufeinander wirken. In diesem Falle fällt nämlich der Faktor r aus dZ heraus und bei der weiteren Integration nach dT verschwinden die Glieder

$$x_1 x_2 + y_1 y_2 + z_1 z_2.$$

Bei elastischen Kugeln dagegen sind die Zusammenstöße um so wahrscheinlicher, je größer die relative Geschwindigkeit r ist, daher sind für jedes der Produkte $x_1 x_2$, $y_1 y_2$, $z_1 z_2$ positive Werte wahrscheinlicher als negative und man kann nicht im Mittel $x_1 x_2 + y_1 y_2 + z_1 z_2 = 0$ setzen. In der Tat wollen wir den Ausdruck (4) auch noch nach T integrieren, so haben wir zu berücksichtigen, daß $r^2 = v^2 + V^2 - 2vVt$, $rg = Vt - v$ ist.

Die Integration liefert also:

$$\frac{8\pi^3 m M}{m + M} v f(v) V F(V) \delta^2 dv\, dV \int \left(\frac{V^2 - v^2}{2} + \frac{M - m}{M + m} \frac{r^2}{2} \right) r^2 dr,$$

die obere Grenze ist $V + v$, die untere aber $V - v$ oder $v - V$, je nachdem $V > v$ oder umgekehrt ist. Im ersten Falle hat das Integral den Wert:

$$(5) \qquad -\tfrac{1}{3}v^5 - \tfrac{2}{3}v^3 V^2 + vV^4 + \frac{M - m}{M + m}\left(\tfrac{1}{5}v^5 + 2v^3 V^2 + vV^4\right).$$

Im letzten Falle sind V und v zu vertauschen. Wählt man daher die Funktionen f und F ganz willkürlich, so wird $\int D\,dZ$ im allgemeinen nicht verschwinden, wenn die Moleküle der ersten und zweiten Art gleiche lebendige Kraft haben. Mit anderen Worten: wenn auch die Moleküle erster und zweiter Art gleiche lebendige Kraft haben, so kann doch, sobald f und F willkürlich gewählt werden, im ersten Zeitmomente den Molekülen erster Art von denen zweiter Art oder auch umgekehrt lebendige Kraft zugeführt werden. Sie würde ihnen fortwährend zugeführt, wenn durch irgendwelche äußere Einwirkung die ursprünglich gewählten Werte der Funktionen f und F gewaltsam fortwährend erhalten würden.

Wenn z. B. bei gleichmäßiger Verteilung im Raume und gleicher Wahrscheinlichkeit aller Geschwindigkeitsrichtungen die Moleküle erster Gattung alle dieselbe Geschwindigkeit v, die zweiter Gattung alle die gleiche andere Geschwindigkeit $V > v$ hätten, so würde im ersten Momente dann keine Mitteilung von lebendiger Kraft an die Moleküle erster Gattung durch die Moleküle zweiter Gattung stattfinden, wenn der Ausdruck (5) verschwinden würde. Setzt man die jedenfalls positive Größe

$$\frac{m-M}{m+M} = \mu, \quad \frac{V^2}{v^2} = x,$$

so folgt

$$(1-\mu)x = \tfrac{1}{3} + \mu + \sqrt{\frac{4}{9} + \frac{8\mu}{15} + \frac{4\mu^2}{5}},$$

$$3Mx = 2m - M + \sqrt{\frac{4}{5}(5m^2 - 2mM + 2M^2)}.$$

Wenn m nur wenig größer ist als M, etwa $m = M(1+\varepsilon)$, so liefert dies nahe $MV^2 = mv^2 \cdot (1 + \varepsilon/5)$, für $m = 4M$ folgt:

$$MV^2 = mv^2(1{\cdot}21\ldots).$$

Wenn m sehr groß gegenüber M ist, so folgt angenähert

$$MV^2 = \tfrac{4}{3} m v^2.$$

Die Bedingung, daß den Molekülen erster Gattung im ersten Momente im Mittel keine lebendige Kraft mitgeteilt wird, erfordert also, daß die Moleküle mit kleineren Massen größere lebendige Kraft haben, als die übrigen. Es ist aber zu beachten, daß dies nur im ersten Momente gilt; allsogleich werden durch die Zusammenstöße selbst die Geschwindigkeiten der Moleküle erster Gattung untereinander verschieden werden, ebenso die der Moleküle zweiter Gattung, wodurch die Verhältnisse sofort vollständig geändert werden.

Nimmt man das Maxwellsche Geschwindigkeitsverteilungsgesetz an, indem man setzt: $f(v) = Ae^{-av^2}$, $F(V) = Be^{-bV^2}$, so findet man durch ganz dieselbe Rechnung, welche auch Hr. Tait anstellte, daß die Moleküle zweiter Gattung denen erster Gattung dann im Mittel keine Energie mitteilen und umgekehrt, wenn die mittlere lebendige Kraft beider dieselbe ist, was ich nach dem Vorgange Taits das Maxwellsche Theorem nennen will. Insoweit sind alle Schlußfolgerungen Taits zweifellos richtig. Es folgt aber hieraus noch durchaus nicht, daß das

Vorhandensein der Maxwellschen Geschwindigkeitsverteilung dem Beweise des Maxwellschen Theorems als Annahme vorausgeschickt werden muß. Es kann vielmehr bewiesen werden, daß sich, wie immer die Massen und Durchmesserverhältnisse sein mögen, wenn nur überhaupt die Moleküle erster Gattung mit denen zweiter Gattung zum Zusammenstoße gelangen, dadurch von selbst sowohl unter den ersteren als auch den letzteren Molekülen das Maxwellsche Geschwindigkeitsverteilungsgesetz herstellt.

Es ist dabei nicht einmal notwendig anzunehmen, daß die Moleküle erster Gattung überhaupt unter sich zusammenstoßen, ebensowenig, daß die Moleküle zweiter Gattung unter sich zusammenstoßen. Die einzigen Voraussetzungen sind, daß sowohl die Moleküle erster als auch die zweiter Gattung gleichförmig im ganzen Raume verteilt sind, sich durchschnittlich nach allen Richtungen gleich verhalten und daß die Dauer eines Zusammenstoßes kurz ist gegen die Zeit, welche zwischen zwei Zusammenstößen vergeht. Den Beweis hierfür habe ich in meiner Abhandlung über das Wärmegleichgewicht von Gasen, auf welche äußere Kräfte einwirken[1]) ganz am Schlusse des § 1 geliefert; da ich jedoch daselbst die Rechnung nur flüchtig andeutete und bloß das Resultat mitteilte, so hat Hr. Tait diese Stelle offenbar ganz übersehen und ich will gegenwärtig ausführlicher sein.

Die Moleküle der ersten und zweiten Gasart seien zu Anfang der Zeit ($t = 0$) gleichmäßig in einem von unveränderlichen vollkommen elastischen Wänden eingeschlossenen Raume verteilt: aber die Verteilung der lebendigen Kraft unter denselben sei eine ganz willkürlich gegebene. Ganz wie früher sei

$$4\pi v^2 f(v, 0)\, dv$$

die Anzahl der Moleküle der ersten Gasart in der Volumeneinheit, deren Geschwindigkeiten zwischen den Grenzen

$$v \text{ und } v + dv \tag{6}$$

liegen. Ebenso $4\pi V^2 F(V, 0) dV$ die Zahl der Moleküle, deren Geschwindigkeiten zwischen

$$V \text{ und } V + dV \tag{7}$$

[1]) Wien. Ber. 72. (Diese Sammlung II, Nr. 32.)

liegen. Da keine Richtung im Raume vor einer anderen und auch kein Volumelement vor einem anderen etwas voraus hat, so können wir annehmen, daß die Verteilung der lebendigen Kraft auch zu allen folgenden Zeiten eine gleichförmige bleibt. Sie wird aber im allgemeinen durch die Zusammenstöße verändert werden. Zur Zeit t seien in der Volumeneinheit $4\pi v^2 f(v, t) dv$ Moleküle der ersten Gasart, deren Geschwindigkeit zwischen den Grenzen (6) liegt, eine analoge Bedeutung hat $F(V, t)$.

Das Problem ist offenbar in seiner größten Allgemeinheit gefaßt, wenn wir uns $f(v, 0)$ und $F(V, 0)$ beliebig gegeben denken und die Veränderung dieser Funktionen im Verlauf der Zeit bestimmen. Offenbar haben wir da zuvörderst die Zuwächse

$$\vartheta \frac{\partial f(v, t)}{\partial t} \quad \text{und} \quad \vartheta \frac{\partial F(V, t)}{\partial t}$$

zu bestimmen, welche die Funktionen f und F erfahren, während die Zeit vom Werte t bis zum Werte $t + \vartheta$ wächst. Während des Zeitelementes ϑ sollen in der Volumeneinheit von den daselbst enthaltenen $4\pi v^2 f(v, t) dv$ Molekülen erster Art, deren lebendige Kraft zwischen den Grenzen (6) liegt, n Moleküle mit anderen Molekülen erster Art und N Moleküle mit solchen zweiter Art zusammenstoßen. Wir denken uns ϑ so gewählt, daß n und N, obzwar große Zahlen, doch noch klein gegenüber $4\pi v^2 f(v, t) dv$ sind.

Da die Zahl derjenigen Moleküle, für welche auch nach dem Zusammenstoße die Geschwindigkeiten zwischen den Grenzen (6) liegen, oder für welche auch die Geschwindigkeit des zweiten zusammenstoßenden Moleküls zwischen denselben Grenzen liegt, unendlich klein höherer Ordnung ist, so können wir annehmen, daß die Geschwindigkeiten aller dieser n und ebenso aller N Moleküle nach Verlauf der Zeit ϑ nicht mehr zwischen den Grenzen (6) liegen. $n + N$ ist daher die Zahl derjenigen Moleküle, deren Geschwindigkeit zu Beginn, nicht aber am Ende der Zeit ϑ zwischen den Grenzen (6) liegt.

Während der Zeit ϑ werden aber auch Moleküle, deren Geschwindigkeit vorher nicht zwischen den Grenzen (6) lag, durch die Zusammenstöße eine zwischen diesen Grenzen liegende Geschwindigkeit erhalten und zwar sollen p Moleküle erster Art durch Zusammenstöße mit anderen Molekülen erster Art und P Moleküle erster Art durch Zusammenstöße mit Molekülen zweiter Art eine Geschwindigkeit erhalten, welche zwischen den Grenzen (6) liegt. Dann ist:

$$(8)\qquad 4\pi v^2 \vartheta \frac{\partial f(v,t)}{\partial t} = p + P - n - N.$$

Wir fanden früher für die Anzahl der Zusammenstöße, welche in der Zeiteinheit und Volumeneinheit so geschehen, daß dabei die Variablen v, V, T, S und O zwischen den Grenzen (2) eingeschlossen sind, den Ausdruck (3).

Integriert man diesen Ausdruck bezüglich aller anderen Differentiale bis auf dv und multipliziert mit ϑ, so ergibt sich

$$(9)\qquad N = 8\pi^2 v^2 f(v,t)\, dv\, \delta^2 \vartheta \int_0^\infty \int_0^\pi \int_0^{\pi/2} \int_0^{2\pi} V^2 F(V,t) r \tau s \sigma\, dV\, dT\, dS\, dO.$$

Durch die Werte der Variablen v, V, T, S und O ist die Art und Weise des Zusammenstoßes vollkommen bestimmt. Die Größe v' und V' der Geschwindigkeiten beider Moleküle nach dem Stoße, deren Winkel T', sowie der Winkel O', welchen die Ebene $R\Omega R'$ der beiden relativen Geschwindigkeiten mit der Ebene $v'\Omega V'$ der beiden absoluten Geschwindigkeiten v' und V nach dem Stoße bildet, können also als Funktionen von v, V, T, S und O ausgedrückt werden. Für alle Zusammenstöße, für welche die letzteren Variablen zwischen den Grenzen (2) liegen, werden auch v', V', T', S' und O' zwischen gewissen unendlich nahen Grenzen liegen, welche wir mit

$$(10)\qquad \begin{cases} v' \text{ und } v' + dv',\ V' \text{ und } V' + dV' \\ T' \text{ und } T' + dT',\ O' \text{ und } O' + dO',\ S \text{ und } S + dS \end{cases}$$

bezeichnen wollen. — Der Winkel S hat vor und nach dem Zusammenstoße dieselbe Bedeutung, ist also auch nach dem Zusammenstoße zwischen den Grenzen S und $S + dS$ eingeschlossen. Nun ist aber klar, daß sich jeder Zusammenstoß auch in umgekehrter Weise abspielen kann. Wenn daher umgekehrt die Werte der Variablen vor dem Zusammenstoße zwischen den Grenzen (10) lagen, so werden sie nach demselben zwischen den Grenzen (2) liegen. Ganz analog dem Ausdrucke (3) wird also:

$$(11)\qquad dZ' = 8\pi^2 v'^2 V'^2 f(v',t) F(V',t) \cdot \vartheta r \delta^2 \tau' s \sigma\, dv'\, dV'\, dT'\, dO'\, dS'$$

die Zahl der Zusammenstöße sein, welche in der Volumeneinheit während der Zeit ϑ zwischen einem Moleküle erster Gattung und einem zweiter Gattung so geschehen, daß nach denselben die Variablen zwischen den Grenzen (2) liegen. Da v', V', T' und O' als Funktionen von v, V, T, O und S bekannt sind, so kann man hier wiederum die Differentiale der letzteren Variablen einführen und erhält:

$$dZ' = 8\pi^2 v'^2 V'^2 f(v', t) F(V', t) \vartheta r \delta^2 \tau' s \sigma \Delta \, dv \, dV \, dT \, dO \, dS, \tag{12}$$

wobei

$$\Delta = \sum \pm \frac{\partial v'}{\partial v} \cdot \frac{\partial V'}{\partial V} \cdot \frac{\partial T'}{\partial T} \cdot \frac{\partial O'}{\partial O} \tag{13}$$

ist; die partiellen Differentiale sind bei konstantem S verstanden. Integriert man den Ausdruck (12) über alle Variablen mit Ausnahme von dv, so erhält man alle Zusammenstöße, welche in der Volumeneinheit während der Zeit ϑ zwischen einem Moleküle erster und einem Moleküle zweiter Art so erfolgen, daß nach dem Stoße die Geschwindigkeit des Moleküls erster Art zwischen den Grenzen (6) liegt.

Es ist also

$$P = 8\pi^2 \vartheta \delta^2 dv \int_0^\infty \int_0^\pi \int_0^{\pi/2} \int_0^{2\pi} v'^2 V'^2 f(v', t) F(V', t) r \tau' s \sigma \Delta \, dV \, dT \, dS \, dO.$$

Es hat schon Maxwell[1]) eine Gleichung ausgesprochen, welche in unserer Bezeichnungsweise lautet:

$$\Delta v'^2 V'^2 \tau' = v^2 V^2 \tau. \tag{15}$$

Einen Beweis dieser Gleichung hat er daselbst zwar auch schon dunkel angedeutet, aber durchaus nicht klar angegeben.

Ich habe diesen Satz ausführlicher bewiesen, und einen analogen für mehratomige Moleküle entwickelt, weshalb ich ihn auch in meiner Abhandlung über das Wärmegleichgewicht von Gasen, auf welche äußere Kräfte wirken, als bekannt voraussetzte. Der allgemeinste Satz, in welchem alle andern verwandten Sätze enthalten sind, ist bewiesen in Maxwells Abhandlung: On Boltzmann's Theorem etc.[2]) Da uns jedoch gegenwärtig alle notwendigen Formeln zur Disposition stehen, so will ich die Gleichung (15) hier durch direkte Berechnung

---

[1]) Phil. Mag. (4) 35. März 1868.

[2]) Cambridge Phil. Trans. 12. T. 3, S. 547. 1879. Wied. Beibl. 5. S. 403. 1881. (Diese Sammlung Bd. II, Nr. 63.)

der Funktionaldeterminante verifizieren. Führen wir zunächst statt V und T die Variablen r und G ein, so erhalten wir $V^2 dV\tau dT = r^2 dr\gamma dG$, wie geometrisch evident ist. Ebenso ist

$$V'^2 dV'\tau' dT' = r^2 dr\gamma' dG'.$$

Da r durch den Zusammenstoß nicht verändert wird, so führen wir statt dv, dG, dO die Differentiale der drei Variabeln

$$x = v'^2 = v^2 + \frac{4Mvr}{m+M}(g\sigma^2 - \gamma s\sigma o) + \frac{4M^2r^2\sigma^2}{(m+M)^2},$$

$$y = (m+M)v^2 + 2Mvrg + Mr^2,$$

$$z = v\gamma\omega$$

ein. Die Berechnung der Funktionaldeterminante liefert:

$$dx\,dy\,dz = \frac{4Mv^2r\gamma}{m+M}[(m+M)v(2gs\sigma - \gamma s^2 o + \gamma\sigma^2 o)$$
$$+ 2Mrs\sigma]\,dv\,dG\,dO.$$

Ferner folgt aus dem sphärischen Dreieck RKR', Fig. 1

$$\omega : \omega' = \sin R'\Omega K : \sin R\Omega K$$

und aus den Dreiecken $P\Omega v$ und $P\Omega v'$

$$\sin R\Omega K : \gamma = v : \Omega P,$$
$$\sin R'\Omega K : \gamma' = v' : \Omega P,$$

daher

(16) $$v\gamma\omega = v'\gamma'\omega' = z,$$

woraus sich

$$(v'\gamma' o')^2 = v'^2 - v'^2 g'^2 - v^2\gamma^2\omega^2$$
$$= \left\{v(2gs\sigma - \gamma s^2 o + \gamma\sigma^2 o) + \frac{2Mr\sigma s}{m+M}\right\}^2$$

ergibt. Es ist also:

$$dx\,dy\,dz = 4Mv^2v'r\gamma\gamma' o'\,dv\,dG\,dO.$$

Da ferner

$$x = v'^2, \quad y = (m+M)v'^2 + 2Mv'rg' + Mr^2, \quad z = v'\gamma'\omega',$$

so folgt

$$dx\,dy\,dz = 4Mv'^3r\gamma'^2 o'\,dv'\,dG'\,dO',$$

woraus die zu beweisende Beziehung zwischen $dv\,dG\,dO$ und $dv'\,dG'\,dO'$ folgt. Nach Gleichung (15) aber folgt aus (14)

$$(17)\quad P = 8\pi^2\delta^2\vartheta\, dv \int_0^\infty \int_0^\pi \int_0^{\pi/2} \int_0^{2\pi} v^2 V^2 f(v',t) F(V',t) r\tau s\sigma\, dV dT dS dO.$$

Aus N und P werden n und p durch einfache Vertauschung der Funktion F und der Masse M mit f und m gefunden, an Stelle von δ tritt der Durchmesser λ eines Moleküls erster Art.

Es ist also

$$(18)\quad n = 8\pi^2 v^2 f(v,t) dv \lambda^2\vartheta \int_0^\infty \int_0^\pi \int_0^{\pi/2} \int_0^{2\pi} V^2 f(V,t) r\tau s\sigma\, dV dT dS dO,$$

$$p = 8\pi^2 v^2 dv\, \lambda^2 \vartheta \int_0^\infty \int_0^\pi \int_0^{\pi/2} \int_0^{2\pi} V^2 f(v',t) f(V',t) r\tau s\sigma\, dV dT dS dO,$$

und daher

$$(19)\quad \left\{ \begin{aligned} \frac{\partial f(v,t)}{\partial t} &= 2\pi\lambda^2 \int_0^\infty \int_0^\pi \int_0^{\pi/2} \int_0^{2\pi} (f' f_1' - f f_1) V^2 r\tau s\sigma\, dV dT dS dO \\ &+ 2\pi\delta^2 \int_0^\infty \int_0^\pi \int_0^{\pi/2} \int_0^{2\pi} (f' F_1' - f F_1) V^2 r\tau s\sigma\, dV dT dS dO. \end{aligned} \right.$$

$$(20)\quad \left\{ \begin{aligned} \frac{\partial F(V,t)}{\partial t} &= 2\pi\Lambda^2 \int_0^\infty \int_0^\pi \int_0^{\pi/2} \int_0^{2\pi} (F' F_1' - F F_1) v^2 r\tau s\sigma\, dv\, dT dS dO \\ &+ 2\pi\delta^2 \int_0^\infty \int_0^\pi \int_0^{\pi/2} \int_0^{2\pi} (f' F_1' - f F_1) v^2 r\tau s\sigma\, dv\, dT dS dO. \end{aligned} \right.$$

Hierbei ist $f = f(v,t)$, $f_1 = f(V,t)$, $f' = f(v',t)$, $f_1' = f(V',t)$, $F = F(v,t)$, $F' = F(v',t)$, $F_1 = F(V,t)$, $F_1' = F(V',t)$. Λ ist der Durchmesser eines Moleküls zweiter Art.

Mittels dieser Gleichungen wollen wir nun den Beweis liefern, daß die Größe

$$(21)\quad E = \int_0^\infty f(lf - 1) v^2 dv + \int_0^\infty F_1 (lF_1 - 1) V^2 dV,$$

deren innige Beziehung zu der von **Clausius** als Entropie bezeichneten Größe ich a. a. O. ebenfalls betonte, nur abnehmen, höchstens konstant bleiben kann. l bedeutet den natürlichen Logarithmus. Man hat zunächst:

$$\frac{dE}{dt} = \int_0^\infty lf\frac{\partial f}{\partial t}v^2dv + \int_0^\infty lF_1\frac{\partial F_1}{\partial t}V^2dV,$$

daher mit Berücksichtigung der Gleichungen (20)

$$(22)\left\{\begin{aligned}
&\frac{1}{2\pi}\frac{\partial E}{\partial t}\\
&=\int_0^\infty\int_0^\infty\int_0^\pi\int_0^{\pi/2}\int_0^{2\pi}\lambda^2lf\cdot(f'f_1'-ff_1)v^2V^2r\tau s\sigma\,dv\,dV\,dT\,dS\,dO\\
&+\int_0^\infty\int_0^\infty\int_0^\pi\int_0^{\pi/2}\int_0^{2\pi}\Lambda^2lF_1(F'F_1'-FF_1)v^2V^2r\tau s\sigma\,dv\,dV\,dT\,dS\,dO\\
&+\int_0^\infty\int_0^\infty\int_0^\pi\int_0^{\pi/2}\int_0^{2\pi}\delta^2lf(f'F_1'-fF_1)v^2V^2r\tau s\sigma\,dv\,dV\,dT\,dS\,dO\\
&+\int_0^\infty\int_0^\infty\int_0^\pi\int_0^{\pi/2}\int_0^{2\pi}\delta^2lF_1(f'F_1'-fF_1)v^2V^2r\tau s\sigma\,dv\,dV\,dT\,dS\,dO.
\end{aligned}\right.$$

Aus dem Umstande, daß jeder Zusammenstoß auch genau in umgekehrter Weise erfolgen kann, folgt unmittelbar, daß der Wert irgend eines bestimmten Integrals, welches nach Art der obigen über alle möglichen Werte der vor dem Stoße geltenden Variabeln zu erstrecken ist, sich nicht ändert, wenn man die Werte der Variablen vor dem Stoße mit denen nach demselben und umgekehrt vertauscht und schließlich wieder über alle möglichen Werte integriert.

Es wird also für jede in beliebiger Weise aus den Variablen unter dem Funktionszeichen zusammengesetzte Funktion Ψ sein:

$$\int_0^\infty\int_0^\infty\int_0^\pi\int_0^{\pi/2}\int_0^{2\pi}\Psi(v, V, T, O, v', V', T', O', S)\,dv\,dV\,dT\,dS\,dO$$

$$=\int_0^\infty\int_0^\infty\int_0^\pi\int_0^{\pi/2}\int_0^{2\pi}\Psi(v', V', T', O', v, V, T, O, S)\,\Delta\,dv\,dV\,dT\,dO\,dS,$$

wobei

$$\Delta = v^2V^2\tau : v'^2V'^2\tau',$$

daher ist die dritte Zeile der Gleichung (22) auch gleich

$$\int_0^\infty\int_0^\infty\int_0^\pi\int_0^{\pi/2}\int_0^{2\pi} \delta^2 l f'(f F_1 - f' F_1') v^2 V^2 r \tau s \sigma \, dv\, dV\, dT\, dS\, dO,$$

ebenso die vierte gleich

$$\int_0^\infty\int_0^\infty\int_0^\pi\int_0^{\pi/2}\int_0^{2\pi} \delta^2 l F_1'(f F_1 - f' F_1') v^2 V^2 r \tau s \sigma \, dv\, dV\, dT\, dS\, dO.$$

Für die Summe der dritten und vierten Zeile findet man, indem man aus den früheren und den jetzt gefundenen Ausdrücken das arithmetische Mittel nimmt,

$$\tfrac{1}{2}\int_0^\infty\int_0^\infty\int_0^\pi\int_0^{\pi/2}\int_0^{2\pi} \delta^2 (f' F_1' - f F_1)\, l \frac{f F_1}{f' F_1'} v^2 V^2 r \tau s \sigma \, dv\, dV\, dT\, dS\, dO.$$

Dieselben Transformationen haben wir auch auf die erste und zweite Zeile der Gleichung (22) anzuwenden. In den letzteren Ausdrücken spielen aber zudem die beiden stoßenden Moleküle genau dieselbe Rolle, weshalb man hier auch die auf das erste Molekül bezüglichen Größen mit den auf das zweite Molekül bezüglichen und umgekehrt vertauschen kann. Wenn beide Moleküle derselben Gattung angehören, ist wieder allgemein:

$$\int_0^\infty\int_0^\infty\int_0^\pi\int_0^{\pi/2}\int_0^{2\pi} \Psi(v, V, T, O, v', V', T', O', S)\, dv\, dV\, dT\, dS\, dO$$

$$= \int_0^\infty\int_0^\infty\int_0^\pi\int_0^{\pi/2}\int_0^{2\pi} \Psi(V, v, T, O, V', v', T'; O', S)\, dv\, dV\, dT\, dS\, dO,$$

daher kann die erste Zeile der Gleichung (22) auch so geschrieben werden:

$$\int_0^\infty\int_0^\infty\int_0^\pi\int_0^{\pi/2}\int_0^{2\pi} \lambda^2 l f_1 (f' f_1' - f f_1) v^2 V^2 r \tau s \sigma \, dv\, dV\, dT\, dS\, dO.$$

Wendet man hierauf nochmals die oben erwähnte Transformation an, so erhält man einen vierten Wert für die erste Zeile der Gleichung (22) und man hat nun statt derselben das arithmetische Mittel aller vier Werte zu setzen. Verfährt man ebenso mit der zweiten Zeile dieser Gleichung, so findet man endlich

$$\frac{2}{\pi}\frac{dE}{dt} = \int_0^\infty\int_0^\infty\int_0^\pi\int_0^{\pi/2}\int_0^{2\pi} v^2 V^2 r\tau s\sigma\, dv\, dV dT dS dO$$

$$\times\left[\lambda^2(f'f_1' - ff_1)\cdot l\frac{ff_1}{f'f_1'} + \varLambda^2(F'F_1' - FF_1)\cdot l\frac{FF_1}{F'F_1'} + 2\delta^2(f'F_1' - fF_1)\cdot l\frac{fF_1}{f'F_1'}\right].$$

Für den Zustand des Gleichgewichts der lebendigen Kraft muß f und F, daher auch E von der Zeit unabhängig werden; es muß also $dE/dt = 0$ sein. Man sieht aber sofort, daß das zuletzt für dE/dt gefundene Integral eine Summe von unendlich vielen Gliedern darstellt, die alle nur negativ, höchstens gleich Null sein können, denn wenn $f'f_1' - ff_1$ positiv ist, ist der dabei stehende Faktor $l(ff_1/f'f_1')$ negativ und umgekehrt.

Daher kann dE/dt nur dann verschwinden, wenn jedes dieser Glieder für sich verschwindet.

Wenn die Moleküle erster Art sehr klein gegen die zweiter Art wären, so wäre $\lambda = 0$, $\varLambda = \delta$. Wir können noch allgemeiner annehmen, daß die Moleküle erster Art für einander vollkommen durchdringlich sind, ebenso die zweiter Art füreinander und daß nur jedes der letzteren Moleküle mit einer Kugel vom Radius δ umgeben ist, an welcher die Centra der Moleküle erster Art wie unendlich kleine elastische Kugeln reflektiert werden; im letzteren Falle wäre $\varLambda = \lambda = 0$; sobald nur δ von Null verschieden ist, muß noch immer $f'F_1' = fF_1$ für alle Werte der Variablen unter den Funktionszeichen sein.

Da nun v, V und v' vollkommen independent sind und nur V' durch die Gleichung der lebendigen Kraft bestimmt ist, so findet man hieraus unschwer $f = Ae^{-hmv^2}$, $F = Be^{-hMV^2}$. Schon durch die Zusammenstöße der Moleküle erster Gattung mit denen zweiter Gattung allein wird also unter allen Molekülen die Maxwellsche Geschwindigkeitsverteilung und Gleichheit der mittleren lebendigen Kraft bewirkt. Ich bemerke hier gelegentlich, daß ich nicht begreife, wie man die Gravitation erklären will, wenn man den Lesageschen ultramundanen Partikeln die Eigenschaften von Gasmolekülen zuschreibt, denn während die Sonne die Erde vor einigen Stößen schirmt, so reflektiert sie wieder andere Partikeln gegen die Erde, welche die Erde sonst nicht treffen würden. Nur wenn die Partikeln von Erde und Sonne nicht reflektiert, sondern absorbiert oder doch unter Verlust von lebendiger Kraft reflektiert werden, folgt eine Anziehung zwischen Sonne und Erde.

Ich habe in meiner Abhandlung „Weitere Studien über das Wärmegleichgewicht unter Gasmolekülen"[1]) ganz ähnliche Rechnungen wie die obigen für eine einzige Molekülgattung nach einer etwas anderen Methode durchgeführt, die sich, wie ich glaube, durch große Klarheit auszeichnet und ich erlaube mir den geneigten Leser zu bitten, den I. Abschnitt dieser Abhandlung durchzulesen.

Man kann auch die dortige Methode leicht auf ein Gemisch zweier Gasarten anwenden. Für die erste derselben sei $\sqrt{x}\cdot\varphi(x,t)\,dx$ die Zahl der Moleküle in der Volumeneinheit, deren lebendige Kraft zur Zeit t zwischen x und $x+dx$ liegt. Analoge Bedeutung habe $\Phi(x,t)$ für die zweite Gasart. Ich habe dort die Zahl der Zusammenstöße, welche in der Volumen- und Zeiteinheit zwischen zwei Molekülen erster Gattung so geschehen, daß vor dem Stoße deren lebendige Kräfte zwischen den Grenzen

$$x \text{ und } x+dx, \qquad X \text{ und } X+dX$$

liegen, während nach dem Stoße die des einen Moleküls zwischen x' und $x'+dx'$ liegt, mit

$$\sqrt{xX}\,\varphi(x,t)\,dx\,\varphi(X,t)\,dX\,\psi(x,X,x')\,dx'$$

bezeichnet. Bei veränderlicher Zustandsverteilung ist darunter immer die Zahl der Stöße während einer sehr kurzen Zeit dividiert durch diese Zeit zu verstehen. Eine analoge Bedeutung habe Ψ für die Zusammenstöße der Moleküle zweiter Art untereinander und χ für die der Moleküle erster Art mit denen zweiter Art. Dann überzeugt man sich wie oben, daß

$$(23)\quad \left\{\begin{aligned} &\sqrt{x}\frac{\partial\varphi(x,t)}{\partial t} = \int_0^\infty\int_0^{x+X} dX\,dx'\,[\varphi(x',t)\,\varphi(x+X-x',t)\\ &\sqrt{x'(x+X-x')}\,\psi(x',x+X-x',x).\\ &-\varphi(x,t)\,\varphi(X,t)\sqrt{xX}\,\psi(x,X,x') + \varphi(x',t)\,\Phi(x+X-x',t)\\ &\times\sqrt{x'(x+X-x')}\,\chi(x',x+X-x',x)\\ &-\varphi(x,t)\,\Phi(X,t)\sqrt{xX}\,\chi(x,X,x')], \end{aligned}\right.$$

[1]) Wien. Ber. 66. (Diese Sammlung Bd. I, Nr. 22.)

woraus

$$\sqrt{X}\,\frac{\partial\,\Phi(X,t)}{\partial t}$$

folgt, indem man φ und Φ, x und X, ψ und Ψ untereinander vertauscht. An Stelle von x' kommt dabei die lebendige Kraft X' des zweiten Moleküls nach dem Stoße.

Es wird ferner abgesehen von einem konstanten Faktor

$$(24)\quad \begin{cases} E = \int_0^\infty \sqrt{x}\,\varphi(x,t)\,[l\,\varphi(x,t) - 1]\,dx \\ \qquad + \int_0^\infty \sqrt{X}\,\Phi(X,t)\,[l\,\Phi(X,t) - 1]\,dX, \\ \frac{dE}{dt} = \int_0^\infty \sqrt{x}\,l\,\varphi(x,t)\,\frac{\partial\,\varphi(x,t)}{\partial t}\,dx \\ \qquad + \int_0^\infty \sqrt{X}\,l\,\Phi(X,t)\,\frac{\partial\,\varphi(X,t)}{\partial t}\,dX. \end{cases}$$

Bevor wir die obigen Werte in die Gleichung (24) substituieren, haben wir noch zwei Eigenschaften der Funktionen ψ, Ψ und χ festzustellen. In den Funktionen ψ und Ψ spielen beide stoßenden Moleküle dieselbe Rolle. Es ist also ebenso wahrscheinlich, daß vor dem Stoße die lebendige Kraft des ersten zwischen x und $x + dx$, die des zweiten zwischen X und $X + dX$ und nach dem Stoße die des ersten zwischen x' und $x' + dx'$ liegt, als daß umgekehrt vor dem Stoße die des ersten Moleküls zwischen X und $X + dX$, die des zweiten Moleküls zwischen x und $x + dx$, nach demselben die des zweiten zwischen x' und $x' + dx'$, daher die des ersten zwischen $x + X - x'$ und $x + X - x' + dx'$ liegt. Oder in der Sprache der Algebra

$$(25)\qquad \psi(x, X, x') = \psi(X, x, x + X - x'),$$

$$26)\qquad \Psi(X, x, X') = \Psi(x, X, x + X - X').$$

Die zweite Eigenschaft kann folgendermaßen gewonnen werden: Wir fanden für die Zahl dZ der Zusammenstöße, welche in der Zeit- und Volumeneinheit zwischen einem Moleküle erster und einem zweiter Art so geschehen, daß dabei die Variablen v, V, T, S, O zwischen den Grenzen (2) liegen, den

Wert (3). Wir wollen zuerst statt V, T die Variablen r, G einführen. Dann statt G die doppelte lebendige Kraft beider Moleküle

$$y = (m+M)v^2 + Mr^2 + 2Mvrg = (m+M)v'^2 + Mr^2 + 2Mv'rg',$$

dies liefert

$$dZ = \frac{4\pi^2}{M} v r^2 s \sigma \, dv \, dr \, dy \, dS \, dO \, f(v) F(V) \delta^2 .$$

Nun wollen wir bei konstanten v, r, y und S statt O die Variable v' einführen. Da hierbei auch g konstant ist, so liefert die Gleichung:

$$v'^2 = v^2 + \frac{4Mvr}{m+M}(g\sigma^2 - \gamma s \sigma o) + \frac{4M^2 r^2 \sigma^2}{(m+M)^2},$$

$$dZ = \frac{m+M}{M^2} \frac{2\pi^2 v' r \delta^2}{\gamma \omega} dv \, dv' \, dr \, dy \, dS \, f(v) F(V).$$

Führt man endlich statt v, v' die lebendigen Kräfte x und x' ein, so wird

$$dZ = \frac{m+M}{m^2 M^2} \frac{2\pi^2 r \delta^2}{v \gamma \omega} dx \, dx' \, dy \, dr \, dS \, f(v) F(V).$$

Nun ist $4\pi v^2 f(v) dv = \sqrt{x}\, \varphi(x, t) dx$, daher

$$f(v) = \frac{m\sqrt{m}}{4\pi\sqrt{2}} \varphi(x, t), \quad F(V) = \frac{M\sqrt{M}}{4\pi \cdot \sqrt{2}} \Phi(X, t),$$

also, da bei konstantem x und x' offenbar $dy = dX$ ist,

$$dZ = \frac{m+M}{16\sqrt{mM}} \varphi(x, t) \Phi(X, t) \frac{r\delta^2}{v\gamma\omega} dx \, dx' \, dX \, dr \, dS .$$

Es ist also die früher mit $\sqrt{xX}\,\chi(x, X, x')$ bezeichnete Größe gleich:

$$\frac{m+M}{16\sqrt{mM}} \delta^2 \iint \frac{r\, dr\, dS}{v\gamma\omega},$$

wobei die Integration über alle bei den gegebenen x, X, x' möglichen Werte zu erstrecken ist. Vertauscht man die Werte vor und nach dem Zusammenstoße, so wird

$$\sqrt{x'(x+X-x')}\,\chi(x', x+X-x', x) = \frac{m+M}{16\sqrt{mM}} \delta^2 \iint \frac{r\, dr\, dS}{v'\gamma'\omega'}$$

Da nach Gleichung (16) $v'\gamma'\omega' = v\gamma\omega$ ist und auch die Grenzen beider Doppelintegrale dieselben sind, so folgt sofort

$$(27)\quad \sqrt{x X}\,\chi(x, X, x') = \sqrt{x'(x + X - x')}\,\chi(x', x + X - x', x).$$

Zwei analoge Gleichungen gelten für ψ und Ψ.

Die weiteren Rechnungen bestehen nur mehr in rein algebraischen Transformationen der bestimmten Integrale und geschehen ganz wie im ersten Abschnitte meiner bereits besprochenen weiteren Studien. Ich will daher nur kurz den Weg andeuten, den man einzuschlagen hat. Nach Substitution der Werte von

$$\frac{\partial\,\varphi(x, t)}{\partial t} \quad \text{und} \quad \frac{\partial\,\Phi(X, t)}{\partial t}$$

in Gleichung (24) erscheint daselbst ein Glied mit

$$l\,\varphi(x, t)\cdot[\varphi(x', t)\,\varphi(x + X - x', t) - \varphi(x, t)\,\varphi(X, t)].$$

Dieses ist mit Hilfe einer der Gleichung (27) analogen Gleichung für ψ in ein Gleiches zu verwandeln, das vor der eckigen Klammer den Faktor $-\,l\,\varphi(x', t)$ besitzt. Beide sind durch Gleichung (25) in zwei Glieder zu verwandeln, die vor der eckigen Klammer die Faktoren $l\varphi(X, t)$ und $-l\varphi(x+X-x', t)$ haben. Das arithmetische Mittel aller vier so gewonnenen Ausdrücke ist in Gleichung (24) statt des transformierten Gliedes zu substituieren. Ganz ebenso ist das Glied mit

$$l\,\Phi(X, t)\cdot[\Phi(X', t)\,\Phi(x + X - X', t) - \Phi(X, t)\,\Phi(x\, t)]$$

zu behandeln.

Die noch übrigen Glieder sind nur einmal mittels Gleichung (27) so zu transformieren, daß statt der Faktoren $l\,\varphi(x, t)$ und $l\,\Phi(X, t)$ die Faktoren $-\,l\,\varphi(x', t)$ und $-\,l\,\Phi(x+X-x', t)$ auftreten und wieder das arithmetische Mittel des ursprünglichen und transformierten Ausdruckes zu nehmen. Auf diese Art erweist sich dE/dt wieder als eine Summe von lauter Gliedern, von denen jedes einzeln verschwinden muß, wenn dE/dt verschwinden soll. Es können ψ und Ψ gleich Null sein; sobald nur χ für kein endliches Gebiet der Variablen verschwindet, d. h. sobald nur die Moleküle erster Gattung mit denen zweiter Gattung frei zusammenstoßen, können diese Glieder nur dann einzeln verschwinden, wenn sowohl unter den Molekülen der ersten als auch der zweiten Gasart das Maxwellsche Geschwindigkeitsverteilungsgesetz herrscht und die mittlere lebendige Kraft eines Moleküls für beide Gasarten gleich ist.

Durch die obigen Betrachtungen kann übrigens auch der noch allgemeinere Satz, welchen Hr. Burbury a. a. O. aufgestellt hat, ganz zweifellos bewiesen werden. In der Tat nehmen wir an, die erste Gasart bestehe wie oben aus sehr vielen Molekülen (den Molekülen A), welche aber untereinander nicht zusammenstoßen, die zweite Gasart dagegen bestehe nur aus einem einzigen Moleküle B, welches mit den Molekülen der ersten Gasart zusammenstößt. Die Zeit seiner freien Bewegung sei groß gegenüber der Dauer eines Zusammenstoßes. Das Ganze sei in einem Gefäße R mit unveränderlichen elastischen Wänden eingeschlossen. R bezeichne auch den Rauminhalt des Gefäßes. Jedenfalls muß sich endlich ein stationärer Zustand herstellen, in welchem die Moleküle der ersten Gasart durchschnittlich gleichförmig in Gefäße verteilt sind und für ihre Geschwindigkeit jede Richtung im Raume gleich wahrscheinlich ist. In diesem Zustande seien in der Volumeneinheit $4\pi v^2 f_1(v)\,dv$ Moleküle, deren Geschwindigkeiten zwischen den Grenzen (6) liegen. Das Molekül B wird freilich seine Geschwindigkeit fortwährend wechseln; allein wenn wir nach Eintritt des stationären Zustandes eine sehr lange Zeit vergehen lassen, so wird seine Geschwindigkeit während derselben durchschnittlich mit gleicher Wahrscheinlichkeit alle möglichen Richtungen im Raume angenommen haben und die Wahrscheinlichkeit, daß seine Geschwindigkeit zwischen den Grenzen (7) liegt, wird jedenfalls irgend eine Funktion von V sein, welche wir mit

$$4\pi V^2 R F_1(V)\,dV$$

bezeichnen wollen. Wir denken uns nun unendlich viele vollkommen gleich beschaffene Gefäße R gegeben, in jedem derselben seien gleich viele wie oben beschaffene Moleküle A vorhanden, und zwar soll in jedem dieselbe Geschwindigkeitsverteilung bestehen. $4\pi v^2 f(v)\,dv$ sei die Zahl der Moleküle in der Volumeneinheit, deren Geschwindigkeiten zwischen den Grenzen (6) liegen. In jedem der Gefäße R soll sich ein einziges Molekül B befinden, und zwar soll sich in den verschiedenen Gefäßen dieses Molekül bald hier bald dort, bald nach dieser, bald nach jener Richtung (mit gleicher Wahrscheinlichkeit bewegen. Die Zahl der Gefäße R, für welche die Geschwindigkeit des Moleküls B zwischen den Grenzen (7) liegt, sei $4\pi N V^2 R F(V) dV$, wobei N die Zahl aller Gefäße darstellt, deren jedes das Volumen R hat. Es finde sonst kein Zusammenstoß statt, als daß das Molekül B in jedem Gefäße mit den daselbst befindlichen Molekülen A zusammenstößt. Es ist dann offenbar mindestens im ersten Zeitmomente $\partial F / \partial t$ durch dieselbe Gleichung bestimmt, durch welche oben $\partial F(V, t)/\partial t$ bestimmt war, da es vollkommen gleichgültig ist, ob sich alle Moleküle B in demselben Gefäße oder jedes in einem gleichbeschaffenen befindet.

Denkt man sich aber alle N Gefäße vom Volumen R zu einem einzigen zusammengefügt, so erhält man ein Gefäß vom Volumen NR, in welchem auf die Volumeneinheit $4\pi V^2 F(V) dV$ Moleküle zweiter Art entfallen, deren Geschwindigkeiten zwischen den Grenzen (7) liegen. Damit dies kein echter Bruch, sondern eine große Zahl sei, kann man sich die Volumeneinheit beliebig groß gegenüber R, also $1:R$ als eine beliebig große Zahl denken, die aber noch sehr klein gegenüber N sein muß.

Die Veränderung von f wird allerdings in den verschiedenen Gefäßen verschieden sein. Bezeichnen wir aber mit f das arithmetische Mittel aus allen für die verschiedenen Gefäße geltenden Werte von f, so wird wieder mindestens im ersten Zeitmomente $\partial f / \partial t$ durch dieselbe Gleichung gegeben sein wie früher $\partial f(v, t) / \partial t$. In den früheren Ausdrücken ist hierbei natürlich $\lambda = \Lambda = 0$ zu setzen, da weder die Moleküle A untereinander zusammenstoßen, noch auch die Moleküle B. Von der Wahrheit der obigen Behauptung überzeugt man sich am leichtesten, wenn man sich alle Gefäße R zu einem einzigen großen Gefäße vom Volumen NR aneinandergefügt denkt, in welchem in der Volumeneinheit $4\pi V^2 F(V) dV$ Moleküle B liegen, deren Geschwindigkeit zwischen den Grenzen (7) und $4\pi f(v) v^2 dv$ Moleküle A, deren Geschwindigkeit zwischen den Grenzen (6) liegt. Man könnte nun das Bedenken haben, daß f m Verlaufe der Zeit in den verschiedenen Gefäßen verschiedene Werte annimmt und erst zum Schlusse wieder in allen gleich wird. Dieses Bedenken wird am leichtesten dadurch hinweg geschafft, daß man annimmt, daß schon zu Anfang der Zeit f und F die oben mit f_1 und F_1 bezeichneten Werte hatten. Es bleibt dann alles stationär $\partial f / \partial t$, $\partial F / \partial t$ und dE/d werden verschwinden. Trotzdem müssen die ersteren beiden

Größen durch die Gleichungen (19) und (20) gegeben sein, (worin $\lambda = \Lambda = 0$). Daher wird auch dE/dt durch die Gleichung (22) gegeben sein müssen und aus dem Umstande, daß es zugleich verschwinden muß, folgt ganz wie früher

$$f = Ae^{-hmv^2}, \quad F = Be^{-hMV^2},$$

womit der Satz Burburys bewiesen ist. Angenommen ist hierbei bloß, daß die Anzahl der Moleküle A eine sehr große ist. Dadurch wird bewirkt, daß sobald der Zustand stationär geworden ist, die Geschwindigkeitsverteilung in jedem einzelnen Gefäße nur unmerklich von dem Zustande beeinflußt wird, welchen das gerade in diesem Gefäße befindliche Molekül B besitzt.

Es sei hier nur noch beiläufig bemerkt, daß der Beweis in ganz derselben Weise geführt werden kann, wenn man die Moleküle nicht als elastische Kugeln betrachtet, sondern ein ganz beliebiges anderes Gesetz der Wechselwirkung annimmt, sobald nur erstens für dieses Gesetz die Lagrange-Hamiltonschen Bewegungsgleichungen anwendbar sind und zweitens die Zeit bemerkbarer Wechselwirkung für jedes Molekül verschwindend klein ist gegen die Zeit der freien Bewegung desselben.

Erster Nachtrag.

Soeben kommt mir eine Abhandlung von Hrn. Stankewitsch[1]) zu Gesicht, welche den Beweis einer Gleichung zum Gegenstande hat, die dem Wesen nach mit der Gleichung (15) dieser Abhandlung identisch ist. Ich habe schon längst in meiner Abhandlung: „Einige allgemeine Sätze über Wärmegleichgewicht"[2]) auf den Zusammenhang einer noch weit allgemeineren Gleichung mit dem Jacobischen Prinzip des letzten Multiplikators aufmerksam gemacht. Hr. Stankewitsch gelangt auf einem gänzlich verschiedenen Wege zum Beweise seiner Gleichung, der jedoch ebenfalls der Art und Weise nachgebildet ist, wie Jacobi das Prinzip des letzten Multiplikators beweist. So sinnreich auch diese von Stankewitsch angewandte Methode ist, so glaube ich doch im folgenden

---

1) Wied. Ann. 29. S. 153. 1886.

2) Wien. Ber. 58. [Diese Sammlung I, No. 19.]

noch zeigen zu sollen, daß die betreffende Gleichung in weit einfacherer Weise bewiesen werden kann, wenn man den von Maxwell angedeuteten Weg geht.

Ich will aber vorher beweisen, daß die Gleichung Hrn. Stankewitschs nur eine veränderte Form unserer Gleichung (15) ist. Sei A der Winkel zwischen der Geschwindigkeit v und der Abszissenachse, B der Winkel der XZ-Ebene mit der Ebene, welche den Richtungen von v und OX parallel ist, endlich K, der Winkel der letzteren Ebene mit der Ebene, welche den Richtungen von v und V parallel ist. Seien ferner ξ, η, ζ die Komponenten von v, ξ_1, η_1, ζ_1 die von V in den Richtungen der Koordinatenachsen, so ist zunächst

$$d\xi\, d\eta\, d\zeta = v^2 \cdot \alpha \cdot dv \cdot dA \cdot dB, \tag{28}$$

$$d\xi_1 \cdot d\eta_1 \cdot d\zeta_1 = V^2 \cdot \tau \cdot dV \cdot dT \cdot dK. \tag{29}$$

Bezeichnen wir die entsprechenden auf die Geschwindigkeiten v' und V' nach dem Stoße Bezug habenden Größen mit einem Striche, so ist ebenso

$$d\xi' \cdot d\eta' \cdot d\zeta' = v'^2 \cdot \alpha' \cdot dv'\, dA'\, dB', \tag{30}$$

$$d\xi_1'\, d\eta_1'\, d\zeta_1' = V'^2 \cdot \tau'\, dV'\, dT' \cdot dK'. \tag{31}$$

Wir bezeichnen in Fig. 2 die Durchschnittspunkte aller dieser vom Zentrum Ω einer Kugel vom Radius Eins aufgetragenen Linien mit der Oberfläche der Kugel mit denselben Buchstaben wie die betreffenden Linien selbst. Die Variablen v, V, T, S, O bestimmen bloß die Größe und relative Lage der den Zusammenstoß bestimmenden Linien; sie bestimmen das, was ich die Gestalt des Zusammenstoßes genannt habe; $v' V' T' \Omega'$ sind daher bloß Funktionen der erstgenannten Variablen. Wir wollen diese Variablen konstant lassen, so daß die gesamte Gestalt des Zusammenstoßes unverändert bleibt. Bloß seine Lage im Raume, also die Variablen A, B und K sollen

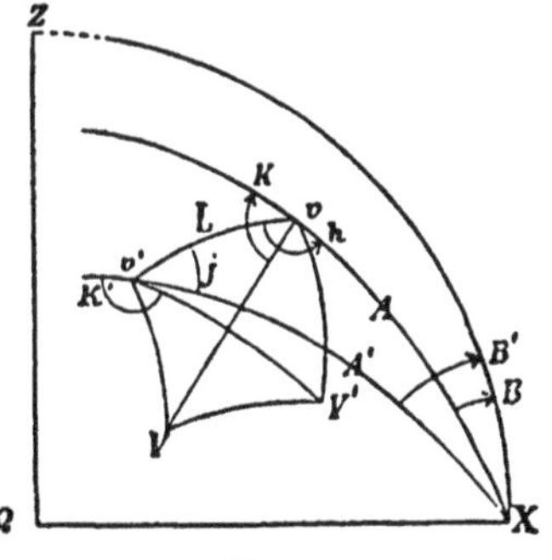

Fig. 2.

sich ändern und das Produkt der entsprechenden Veränderungen der Variablen $A' B' K'$, nämlich

$$dA'\,dB'\,dK' = dA\,dB\,dK \cdot \sum \pm \frac{dA'}{dA} \cdot \frac{dB'}{dB} \cdot \frac{dK'}{dK},$$

soll gesucht werden. Es ist geometrisch evident, daß $dA\,dB\,dK = dA'\,dB'\,dK'$ sein muß; denn die einen und andern Differentiale kann man dadurch entstanden denken, daß bei fixer Lage und Größe von v, v', V, V' die Abszissenachse das ganze Innere eines Kegels von unendlich kleiner Öffnung beschreibt und das Koordinatensystem um die Abszissenachse um einen sehr kleinen Winkel gedreht wird. Analytisch folgt dies in nachstehender Weise. Man sieht aus Fig. 2, daß $B' = B + \measuredangle vXv'$ ist. $\measuredangle vXv'$ ist bloß Funktion von A, K und den jetzt konstanten Winkeln; führt man daher zunächst A, K, B' statt der Variablen A, K, B ein, so ist $dB' = dB$, daher

$$\sum \pm \frac{\partial A'}{\partial A} \cdot \frac{\partial B'}{\partial B} \cdot \frac{\partial K'}{\partial K} = \sum \pm \frac{\partial A'}{\partial A} \cdot \frac{\partial K'}{\partial K}.$$

In der letzteren Funktionaldeterminante ist außer den schon in der vorigen konstanten Winkeln noch B' als konstant zu betrachten. Es ist ferner:

$$a' = al + \alpha\lambda \cos h,$$

$$\sin j : \sin h = \alpha : \alpha',$$

woraus folgt:

$$\operatorname{tg} j = \frac{\alpha \sin h}{\sqrt{1 - a'^2 - \alpha^2 \sin h}} = \frac{\alpha \sin h}{a\lambda - \alpha l \cos h}.$$

Man sieht weiter aus der Figur, daß

$$180^0 - K = h - \measuredangle v'vV$$

ist, wobei der letztere Winkel bloß von der Gestalt des Zusammenstoßes abhängt, daher gegenwärtig als konstant zu betrachten ist. Ebenso ist

$$j + 180 = K' + \measuredangle V'v'v.$$

Letzterer $\measuredangle$ ist wieder konstant, daraus folgt, da es hier auf die Zeichen nicht ankommt:

$$\sum \pm \frac{\partial A'}{\partial A} \cdot \frac{\partial K'}{\partial K} = \sum \pm \frac{\partial A'}{\partial A} \cdot \frac{\partial j}{\partial h}.$$

Da in den Gleichungen für a' und $\operatorname{tg} j$ auch der Winkel L, der ja ebenfalls nur von der Gestalt des Zusammenstoßes abhängt, die Rolle einer Konstanten spielt, so kann die Determinante ohne Schwierigkeit berechnet werden und man findet für dieselbe den Wert: α' / α. Dies Resultat hätte man auch ohne alle Rechnung erhalten können, wenn man sich die Punkte v, v', V und V' als fix denkt, da A und h sphärische Polarkoordinaten des Punktes X der Kugeloberfläche sind, ebenso A', j; das Flächenelement $\alpha\, dA\, dh$, ausgedrückt durch die ersteren Polarkoordinaten muß gleich dem Flächenelement $\alpha'\, dA'\, dj$, ausgedrückt durch die letzteren sein.

Es ist also:

$$\alpha'\, dA'\, dB'\, dK' = \alpha\, dA\, dB\, dK.$$

Bei fixer Lage der Punkte v, v', V und V' könnten auch einmal AK, dann $A'K'$ als sphärische Polarkoordinaten des Punktes X betrachtet werden, was unmittelbar $\alpha\, dA\, dK = \alpha'\, dA'\, dK'$ liefern würde. Da ferner nach der Definition von Δ [Gleichung (13)]

$$dv'\, dV'\, dT'\, dO' = \Delta\, dv\, dV\, dT\, dO$$

ist, so folgt aus den Gleichungen (28), (29), (30), (31)

$$\frac{d\xi'\, d\eta'\, d\zeta'\, d\xi_1'\, d\eta_1'\, d\zeta_1'\, dO'}{d\xi\, d\eta\, d\zeta\, d\xi_1\, d\eta_1\, d\zeta_1\, dO} = \frac{v'^2\, V'^2\, \tau'\, \Delta}{v^2\, V^2\, \tau}.$$

Die Gleichung (15) ist daher erwiesen, wenn die Gleichung:

$$(32) \quad d\xi'\, d\eta'\, d\zeta'\, d\xi_1'\, d\eta_1'\, d\zeta_1'\, dO' = d\xi\, d\eta\, d\zeta\, d\xi_1\, d\eta_1\, d\zeta_1\, dO$$

bewiesen ist und umgekehrt.

Hier ist O der Winkel der Ebenen $R\,\Omega\,R'$ und $R\,\Omega\,v$ der Figur 1. Führen wir auf der rechten Seite der Gleichung (32) statt O den $\sphericalangle\,\psi$ ein, welchen die erstere Ebene mit der Ebene $R\,\Omega\,X$ (vgl. Fig. 3) einschließt, so bleibt dabei ξ, η, ζ, ξ_1, η_1, ζ_1, daher auch der $\sphericalangle$ der Ebenen $R\,\Omega\,X$ und $R\,\Omega\,v$ konstant und da dieser gleich der Differenz der $\sphericalangle\,O$ und ψ ist, so folgt $d\psi = dO$. Führt man ebenso auf der linken Seite der Gleichung (32) ψ' statt O' ein, so folgt ebenso $dO' = d\psi'$ und die Gleichung (32) geht über in:

$$d\xi'\, d\eta'\, d\zeta'\, d\xi_1'\, d\eta_1'\, d\zeta_1'\, d\psi' = d\xi\, d\eta\, d\zeta\, d\xi_1\, d\eta_1\, d\zeta_1\, d\psi,$$

was genau die Form ist, welche Hr. Stankewitsch der Gleichung gibt. Wir wollen jedoch noch beiderseits mit $\sigma\, dS$ multiplizieren, wodurch wir zugleich andeuten, daß S als die achte independente Variable gewählt werden muß. Hierdurch erhält die zu beweisende Gleichung die Form:

(33) $$d\xi' d\eta' d\zeta' d\xi_1' d\eta_1' d\zeta_1' d\psi' \sigma dS = d\xi d\eta d\zeta d\xi_1 d\eta_1 d\zeta_1 d\psi \sigma dS.$$

Wir tragen nun wieder alle Linien vom Zentrum Ω einer Kugel vom Radius Eins aus auf und bezeichnen in Fig. 3 die Durchschnittspunkte der beiden relativen Geschwindigkeiten vor und nach dem Stoße mit der Oberfläche der Kugel mit R und R'; die Endpunkte dieser beiden relativen Geschwindigkeiten mit R_1 und R_1'. H sei der Halbierungspunkt des größten Kreisbogens RR', X der Durchschnittspunkt der Abszissenachse mit der Kugeloberfläche. Wir führen nun bei konstanten ξ, η, ζ, ξ_1, η_1, ζ_1 statt der $\sphericalangle S = RH$ und $\psi = XRR'$ die $\sphericalangle N = XH$ und $E = ZXH$ ein. Da wieder bei fixer Lage der Punkte X, Z und R sowohl S und ψ als auch N und E sphärische Polarkoordinaten des Punktes H der Kugel sind, so ist

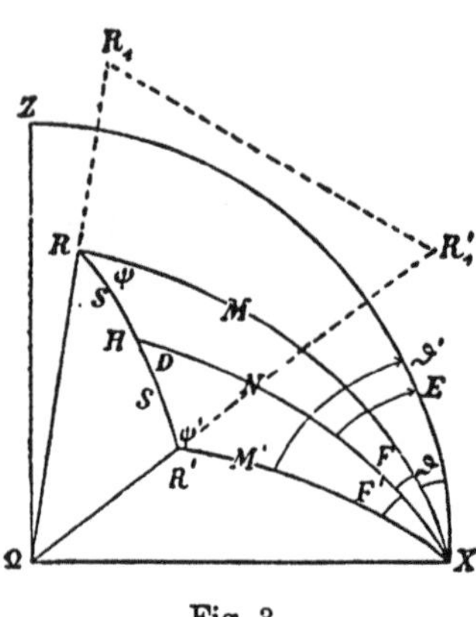

Fig. 3.

$$v\, dN\, dE = \sigma\, dS\, d\psi.$$

Die linke Seite der Gleichung (33) geht daher zunächst über in:

(34) $$d\xi\, d\eta\, d\zeta\, d\xi_1\, d\eta_1\, d\zeta_1\, v\, dN\, dE.$$

Nun bezeichnen wir die Projektionen der relativen Geschwindigkeit ΩR_1 vor dem Stoße auf die Koordinatenachsen mit x, y, z, ebenso die Projektionen der relativen Geschwindigkeit $\Omega R_1'$ nach dem Stoße auf die Koordinatenachsen mit x', y', z' und führen bei konstantem ξ, η, ζ statt ξ_1, η_1, ζ_1 die Variablen

$$x = \xi_1 - \xi; \quad y = \eta_1 - \eta; \quad z = \zeta_1 - \zeta$$

ein. Dadurch verwandelt sich der Ausdruck (34) in:

(35) $$d\xi\, d\eta\, d\zeta\, dx\, dy\, dz\, v\, dN\, dE.$$

Hierauf lassen wir x, y, z, N, E konstant, und führen statt ξ, η, ζ die Variablen ξ', η', ζ' ein. Seien $x_1\, y_1\, z_1$ die Projektionen der Verbindungslinie $R_1\, R_1'$ der von Ω aus aufgetragenen relativen Geschwindigkeiten auf die Koordinatenachsen, so ist:

$$\xi' = \xi - \frac{M x_1}{m + M}; \quad \eta' = \eta - \frac{M y_1}{m + M}; \quad \zeta' = \zeta - \frac{M z_1}{m + M}.$$

Da jetzt sämtliche in Fig. 3 gezeichneten Linien in Größe und Lage vollkommen unverändert bleiben, so sind auch x_1, y_1 und z_1 konstant und es ist:

$$d\xi'\, d\eta'\, d\zeta' = d\xi\, d\eta\, d\zeta.$$

Der Ausdruck (35) geht daher über in:

(36) $$d\xi'\, d\eta'\, d\zeta'\, dx\, dy\, dz\, v\, dN\, dE.$$

Der nächste Schritt besteht darin, daß wir bei konstanten $\xi', \eta', \zeta', N, E$ die Variablen x', y', z' statt x, y, z, also die Koordinaten des Punktes R_1' statt der Koordinaten des Punktes R_1 einführen. Aus der Fig. 3 ist unmittelbar ersichtlich, daß das Volumenelement, welches der Punkt R_1 bei Veränderung seiner Koordinaten durchläuft, dabei genau gleich groß demjenigen ist, welches der Punkt R_1' beschreibt, denn die Lage des Punktes H bleibt unverändert. Es folgt also

(37) $$dx\, dy\, dz = dx'\, dy'\, dz'$$

und der Ausdruck (36) geht über in:

(38) $$d\xi'\, d\eta'\, d\zeta'\, dx'\, dy'\, dz' \cdot v \cdot dN \cdot dE.$$

Nun werde wieder rückwärts

$$\xi_1' = \xi' + x'; \quad \eta_1' = \eta' + y'; \quad \zeta_1' = \zeta' + z'$$

statt $x'\, y'\, z'$ eingeführt, wodurch sich der Ausdruck (38) verwandelt in:

(39) $$d\xi'\, d\eta'\, d\zeta'\, d\xi_1'\, d\eta_1'\, d\zeta_1'\, v\, dN\, dE.$$

Endlich führen wir statt der sphärischen Polarkoordinaten N, E des Punktes H, dessen sphärische Polarkoordinaten S, ψ' ein, wodurch sich ergibt

$$v\, dN \cdot dE = \sigma\, dS \cdot d\psi';$$

der Ausdruck (30) verwandelt sich daher schließlich in

$$d\xi' d\eta' d\zeta' d\xi_1' d\eta_1' d\zeta_1' \sigma d S \cdot d\psi',$$

womit die zu beweisende Gleichung (33) bewiesen ist.

Wollte man die Gleichung (37) lieber analytisch beweisen, so würde die Fig. 3 liefern:

$$x = r m, \quad y = r \mu \sin \vartheta, \quad z = r \mu \cos \vartheta,$$

wobei $\Omega R_1 = \Omega R_1' = r$ ist.

$$\delta : \varphi = \mu : \sigma, \quad \delta : \varphi' = \mu' : \sigma, \quad \mu' \varphi' = \mu \varphi, \quad s = m n + \mu \nu f,$$

$$\sigma^2 d^2 = \sigma^2 - \mu^2 \varphi^2 = 1 - (m n + \mu \nu f)^2 - \mu^2 \varphi^2 = (m \nu - \mu n f)^2,$$

$$m' = n s + \nu \sigma d = m n_2 + \mu \nu_2 f,$$

wobei $n_2 = \cos 2N$, $\nu_2 = \sin 2N$ ist. Aus

$$s = m' n + \mu' \nu f' = m n + \mu \nu f$$

folgt:

$$\mu' f' = m \nu_2 - \mu f n_2 .$$

Setzt man in dieser und der Gleichung $\mu' \varphi' = \mu \varphi$:

$$f' = e \cos \vartheta' + \varepsilon \sin \vartheta', \quad \varphi' = e \sin \vartheta' - \varepsilon \cos \vartheta',$$

so folgt:

$$\mu' \cos \vartheta' = m e \nu_2 - \mu e f n_2 - \mu \varepsilon \varphi,$$

$$\mu' \sin \vartheta' = m \varepsilon \nu_2 - \mu \varepsilon f n_2 + \mu e \varphi .$$

Multipliziert man mit r und berücksichtigt, daß:

$$r m' = x', \quad r \mu' \sin \vartheta' = y', \quad r \mu' \cos \vartheta' = z',$$

$$f = e \cos \vartheta + \varepsilon \sin \vartheta, \quad \varphi = \varepsilon \cos \vartheta - e \sin \vartheta,$$

$$r \mu f = \varepsilon y + e z, \quad r \mu \varphi = - e y + \varepsilon z,$$

so wird:

$$x' = n_2 x + \nu_2 \varepsilon y + \nu_2 e z,$$

$$y' = \nu_2 \varepsilon x - (e^2 + \varepsilon^2 n_2) y + 2 \nu^2 e \varepsilon z,$$

$$z' = \nu_2 e x + 2 \nu^2 e \varepsilon y - (\varepsilon^2 + e^2 n_2) z,$$

und man kann sich nun direkt überzeugen, daß

$$\sum \pm \frac{\partial x'}{\partial x} \cdot \frac{\partial y'}{\partial y} \cdot \frac{\partial z'}{\partial z} = 1$$

ist.

Obwohl ich bereits eine große Mannigfaltigkeit von Relationen aus Fig. 1 abgeleitet habe, so ließen sich aus derselben vielleicht noch verschiedene Gleichungen gewinnen, welche unter Umständen von Nutzen sein könnten, z. B. wenn man Größe und Lage der Geraden v, V, v', V' symmetrisch durch Größe und Lage der Geraden ΩP und der Verbindungslinie des Punktes P mit dem Halbierungspunkte der Geraden VV' ausdrücken würde. Derartige symmetrische Relationen dürften sich besonders empfehlen, wenn man Gleichungen gewinnen will, in denen die Größen vor und nach dem Zusammenstoße dieselbe Rolle spielen, wie die früher benutzte Gleichung

$$\sqrt{x X} \cdot \chi(x, X, x') = \sqrt{x'(x + X - x')} \cdot \chi(x', x + X - x', x).$$

Zweiter Nachtrag.[1]

After correcting the foregoing for the press, I became acquainted, by the kindness of the author, with Prof. Tait's paper "On the Foundations of the Kinetic Theory of Gases".[2] While reserving for a future occasion my remarks on Prof. Tait's observations on the mean path, and on the case when external forces act, I will here mention only one point. If in a gas on which no external forces act, and whose molecules are elastic spheres, $F(x, y, z)\,dx\,dy\,dz$ be the probability that the components of the velocity of a molecule parallel to the axes of coordinates shall at the same time lie between the limits x and $x + dx$, y and $y + dy$, z and $z + dz$, then Maxwell bases the first proof which he gives[3] of his law of distribution of velocities on the assumption that $F(x, y, z)$ is a product of three functions, of which the first contains only x, the second only y, the third only z. This is the same as the assumption that, for a given component of velocity at right angles to the axis of abscissæ, the quotient of two probabilities, viz. the probability that the component of the velocity of a molecule in

[1] Dieser Nachtrag findet sich erst in der englischen Ausgabe der Abhandlung. D. H.

[2] Trans. Roy. Soc. Edin. **23.** S. 65. 1886.

[3] Phil. Mag. (4) **19.** S. 19. 1860.

the direction of the axis of abscissæ lies between x and $x+dx$, and the probability that the same quantity lies between certain other limits ξ and $\xi+d\xi$, is altogether independent of the given value of the component of the velocity of the same molecule at right angles to the axis of abscissæ. In a later paper[4]) Maxwell himself speaks of this assumption as precarious; and therefore gives a proof resting on a quite different foundation. In fact, we should expect that greater velocities in the direction of the axis of abscissæ in comparison with the smaller ones would be so much the more improbable the greater the component of velocity of the molecule at right angles to the axis of abscissæ. If, for example,

$$F(x, y, z) = c\, e^{-h(x^2+y^2+z^2)^2} = c\, e^{-h(y^2+z^2)^2} \cdot e^{-h[x^4+2x^2(y^2+z^2)]};$$

then the quotient just mentioned would be

$$\frac{F(x, y, z)\, dx}{F(\xi, y, z)\, d\xi} = \frac{dx}{d\xi} \cdot e^{h(\xi^4 - x^4)} \cdot e^{2h(\xi^2 - x^2)(y^2+z^2)}.$$

The larger $\sqrt{y^2+z^2}$, the more would small values in comparison with large ones gain in probability. Now, by means of the law of distribution of velocities, which is to be proved, we obtain the proof of the very remarkable theorem: that the relative probability of the different values of x is altogether independent of the value, supposed to be given, which $\sqrt{y^2+z^2}$ has for the same molecule; that therefore the quotient $F(x, y, z)$: $F(\xi, y, z)$ is independent of y and z; or, what is the same, since the three axes of coordinates must play the same part, that $F(x, y, z)$ may be represented as a product of three functions of which the first contains only x, the second only y, the third only z.

It is therefore an altogether inadmissible *circulus vitiosus* to make use of this assumption to prove Maxwell's law of distribution of velocities. This therefore also holds good of the proof which Prof. Tait has given (pp. 68 & 69 of the paper quoted), and which is only a reproduction of Maxwell's first proof, which he himself later rejected. For, from the circumstance that the distribution of velocities must be inde-

[4]) Phil. Mag. (4) **35**. S. 145. 1868.

pendent of the special system of coordinates chosen for its calculation, we can never show that $F(x, y, z)$ must have the form $f(x)\varphi(y)\psi(z)$, only when this has been already proved. One might make use of the circumstance to show the similarity of form of the three functions f, φ, and ψ. I do not even need to enter upon known geometrical investigations if the value of a function of three rectangular coordinates x, y, z is independent of the choice of the system of coordinates. For Prof. Tait has already shown of the function denoted above by F, that it can only be a function of $\sqrt{x^2+y^2+z^2}$; but the value of the expression $\sqrt{x^2+y^2+z^2}$ is already quite independent of the special position of the system of coordinates; therefore evidently any function whatever of $\sqrt{x^2+y^2+z^2}$ fulfils the same condition, and by this condition no other further property of the function F can be disclosed. As, for example, the value of the above-used function $e^{-h(x^2+y^2+z^2)^2}$ is also entirely independent of the special choice of the system of the coordinates, although it does not permit of being reduced to the form $f(x)\cdot\varphi(y)\cdot\psi(z)$.

82.

Über die mechanischen Analogien des zweiten Hauptsatzes der Thermodynamik.[1]

(Crelles Journal 100. S. 201—212. 1887.)

Unter allen rein mechanischen Systemen, für welche Gleichungen bestehen, welche den aus dem sog. zweiten Hauptsatze der mechanischen Wärmetheorie sich ergebenden analog sind, scheinen mir diejenigen, welche ich[2]) und Maxwell[3]) in mehreren Abhandlungen untersucht haben, weitaus die wichtigste Rolle zu spielen. Nicht nur gilt die Analogie mit den wärmetheoretischen Gleichungen für alle derartigen Systeme ohne Ausnahme, und für alle ihr Verhalten bestimmenden Gleichungen ohne Ausnahme, sondern es lassen sich auch die meisten anderen Systeme, insofern sie unter mechanisch einfachen Bedingungen durchgreifende und zweifellose Analogie zeigen, den von mir und Maxwell betrachteten als spezielle Fälle unterordnen. Zudem sind noch andere mechanische Gründe vorhanden, welche wahrscheinlich machen, daß die warmen Körper im allgemeinen den Charakter der letzteren Systeme an sich tragen.

Den allgemeinsten Satz bezüglich der Verwandelbarkeit der inneren Energie in äußere Arbeitsleistung bei diesen

---

1) Diese Arbeit hat (Gl. 4) eine Berichtigung erfahren. S. 431 dieses Bandes.

2) Studien über das Gleichgewicht der lebendigen Kraft zwischen bewegten materiellen Punkten. (Diese Sammlung I, Nr. 5.) — Einige allgemeine Sätze über Wärmegleichgewicht. (Diese Sammlung I, Nr. 19. — Analytischer Beweis des zweiten Hauptsatzes der mechanischen Wärmetheorie aus den Sätzen über das Gleichgewicht der lebendigen Kraft. (Diese Sammlung I, Nr. 20.) — Über die Eigenschaften monozyklischer und anderer damit verwandter Systeme. (Dieser Band Nr. 73.)

3) On Boltzmanns Theorem on the average distribution of energy in a system of material points. Cambridge Philosophical Transactions 12. Part. 3. Beiblätter zu Wiedemanns Annalen 5. S. 403. 1881. (Diese Sammlung II, Nr. 63.)

Systemen habe ich in der zuletzt zitierten Abhandlung bloß ohne Beweis angeführt. Diese Lücke soll nun hier ausgefüllt werden. Denken wir uns zunächst ein beliebiges mechanisches System, dessen innere Kräfte konservativ sind. Die relative Lage sämtlicher Teile des Systems soll durch b Koordinaten $p_1, p_2, p_3, \ldots p_b$ bestimmt sein, deren Differentialquotienten nach der Zeit, welche wir auch die Geschwindigkeiten nennen wollen, $p_1', p_2', \ldots p_b'$ heißen sollen. Die inneren und äußeren an dem Systeme wirksamen Kräfte seien als Funktionen der Koordinaten gegeben, und außerdem sei der ganze Energieinhalt des Systems gegeben. Es entspricht dies einem warmen Körper, für welchen die innere Natur, die äußeren Kräfte und die Temperatur gegeben sind. Das Verhalten des warmen Körpers ist hierdurch, wie die Erfahrung lehrt, vollständig bestimmt, wogegen das des mechanischen Systems, je nach dem Anfangszustande desselben, ein ganz verschiedenes sein kann. Bezüglich der Anzahl der Anfangsbedingungen, welche erforderlich sind, um die Bewegungsform des mechanischen Systems zu bestimmen, kann aber eine große Verschiedenheit bestehen. Die Bewegung des Systems ist durch $2b$ Differentialgleichungen erster Ordnung zwischen den $2b$ dependent Veränderlichen $p_1, p_2, \ldots p_b, p_1', p_2', \ldots p_b'$ und der independent veränderlichen Zeit t besimmt. Die Integrale derselben werden $2b$ Integrationskonstanten enthalten, von denen jedoch, da wir den Fall ausschließen, daß die Bewegungsgleichungen den Absolutwert der Zeit explizit enthalten, eine immer additiv zu t hinzukommt. Wir wollen sie mit $-\tau$ bezeichnen. Zur Bestimmung der Integrationskonstanten müßten nach den gewöhnlichen Regeln $2b$ Anfangswerte, also die Werte sämtlicher Koordinaten und Geschwindigkeiten für $t = 0$ gegeben sein. Da nun einer dieser Anfangswerte die Größe τ bestimmt, also bloß angibt, wann sich die Bewegung abspielt, so wird die Bewegungsform, d. h. die Gestalt und Lage der Bahnen im Raume und die Art und Weise, wie sie beschrieben werden, durch $2b - 1$ Anfangswerte bestimmt sein, oder noch allgemeiner gesprochen, nebst den Differentialgleichungen der Bewegung müssen behufs vollständiger Bestimmung der Bewegungsform noch $2b - 1$ voneinander unabhängige Größen gegeben sein, welche wir die Parameter der Bahn nennen wollen.

Die Größe τ aber bestimmt bloß die Zeit, wann die Bahn durchlaufen wird. Davon können aber und werden auch im allgemeinen Ausnahmen eintreten. Es können nämlich Integralgleichungen so beschaffen sein, daß sie nicht bloß durch eine einzige oder eine endliche Anzahl von Wertekombinationen der Koordinaten und Geschwindigkeiten, sondern durch eine unendliche Anzahl derselben befriedigt werden, wie die Gleichung $\arcsin x = A \arcsin y$, wenn A irrational ist, durch eine unendliche Anzahl von Wertepaaren für x und y befriedigt wird. Denken wir uns sämtliche Integrationskonstanten gegeben, so können wir irgend eine der Variablen $p_1, p_2, \ldots p_b$, z. B. p_1, als Funktion einer zweiten, z. B. p_2, und der $2b-1$ Integrationskonstanten ausdrücken, indem wir $p_3, p_4, \ldots p_b$ und $t-\tau$ eliminieren. Die resultierende Gleichung kann nun so beschaffen sein, daß sie bei gegebenen Werten der Integrationskonstanten und des p_2 nur durch einen einzigen oder eine endliche Zahl von Werten des p_1 erfüllt wird. Sie kann aber auch wie die oben angeführte Gleichung $\arcsin x = A \arcsin y$ durch eine Reihe von stetig ineinander übergehenden Werten von p_1 befriedigt werden, so daß durch sie p_1 bloß zwischen gewisse Grenzen eingeschlossen wird, innerhalb welcher es imstande ist, einen beliebigen Wert anzunehmen.

Ein Beispiel hierfür bietet die Bewegung eines materiellen Punktes mit den rechtwinkligen Koordinaten x, y in einer Ebene, auf welchen in den beiden Koordinatenrichtungen die Kräfte $X = -a^2 x$, $Y = -b^2 y$ wirken, der sich also genau nach denselben Gesetzen wie der Lichtpunkt bei den Lissajousschen Figuren bewegt. Wenn a und b, also die Schwingungsdauern der beiden Stimmgabeln kommensurabel sind, so beschreibt der materielle Punkt eine in sich geschlossene Kurve; wählen wir also für p_1 und p_2 die beiden rechtwinkligen Koordinaten x und y, so ist, sobald der Wert der Integrationskonstanten und des x gegeben ist, der des y auf eine endliche Anzahl von Werten beschränkt. Wenn dagegen a und b inkommensurabel sind, so wird der materielle Punkt im Verlaufe einer sehr langen Zeit die ganze innerhalb eines Rechtecks gelegene Fläche durchlaufen, und sobald x gegeben ist, ist y bloß zwischen zwei Grenzen eingeschlossen.

Wir wollen in diesem Falle sagen, daß eine der Integralgleichungen unendlich vieldeutig wird. Genau analoge Fälle treten auch bei der Zentralbewegung auf; ist die Bahn eine in sich geschlossene, so ist keines der Integrale der Bewegungsgleichungen unendlich vieldeutig, dagegen tritt letzterer Fall ein, sobald die Bahn nicht in sich geschlossen ist. Jedesmal wenn ein Integral unendlich vieldeutig wird, ist die Zahl der zur Bestimmung der Bewegungsform erforderlichen independent variablen Parameter um Eins kleiner, also nur mehr $2b - 2$.[1]) In dem ersten angeführten Beispiele sind die beiden Energien der Bewegung in der Richtung der X- und Y-Achse und die Phasendifferenz dieser beiden Bewegungen die drei Integrationskonstanten. Ist die Bahn geschlossen, so ist zur Bestimmung der Bewegungsform die Kenntnis der drei Werte dieser Größen, welche die Rolle dreier völlig unabhängiger Variablen spielen, erforderlich.

Sind aber a und b inkommensurabel, so daß die Bahn nicht geschlossen ist, so genügt die Kenntnis der Werte der beiden ersteren Integrationskonstanten zur Bestimmung der Art und Weise der Bewegung vollkommen. Die beiden ersteren Integrationskonstanten allein sind also das, was ich Parameter der Bahn genannt habe; wie immer die anfängliche Phasendifferenz der Bewegungen in den beiden Koordinatenrichtungen gewesen sein mag, es werden im Verlaufe einer unendlich langen Zeit immer alle möglichen Phasendifferenzen erscheinen. Alle Bahnen, für welche die Werte der beiden ersteren Integrationskonstanten dieselben sind, gehen nach einer endlichen oder unendlichen Zeit ineinander über, alle übrigen Größen bestimmen also nur die Zeit, wann die Bahn durchlaufen wird. Wir können auch so sagen: Wenn die Bahn geschlossen ist, bilden alle Wertepaare von x und y, welche einer Bahn entsprechen, eine Mannigfaltigkeit von nur einer Dimension.

[1]) Allerdings kann es vorkommen, daß, wenn die Bewegungsgleichungen und die $2b - 2$ Parameter gegeben sind, die Bewegungsform nicht eindeutig bestimmt ist, sondern daß noch eine endliche Zahl von Bewegungsformen möglich ist, so daß zur eindeutigen Bestimmung noch die Grenzen gegeben sein müssen, zwischen welchen die letzte Integrationskonstante liegt. Doch ist es für das Folgende nicht notwendig, diesen Umstand, welcher natürlich auch in dem später zu besprechenden allgemeineren Falle eintreten kann, einer ausführlicheren Betrachtung zu unterziehen.

Wenn die beiden Energien nach den beiden Koordinatenrichtungen gegeben sind, so sind noch unendlich viele Bahnen von verschiedener Gestalt möglich. Im zweiten Falle dagegen werden alle Werte von x und y durchlaufen, welche überhaupt mit den beiden Gleichungen der lebendigen Kraft vereinbar sind. Das dritte Integral der Bewegungsgleichung verliert seine Bedeutung. Die durchlaufenen Wertepaare von x und y bilden daher jetzt eine Mannigfaltigkeit von zwei Dimensionen. Ähnlich verhält es sich auch mit der Zentralbewegung in geschlossener oder nicht geschlossener Bahn.

Geradeso könnte auch ein zweites Integral der Bewegungsgleichungen unendlich vieldeutig werden. Bei der Zentralbewegung könnte z. B. senkrecht zur Bahnebene ein Zylinder von unendlich kleiner, übrigens beliebig gestalteter Basis liegen, an dessen Umfange der bewegliche Punkt wie ein elastischer Ball reflektiert würde. Dadurch würde nach einer sehr langen Bewegung der Wert der Flächengeschwindigkeit immer wieder geändert, und diese würde im Verlaufe einer sehr langen Zeit eine unendliche Reihe kontinuierlich ineinander übergehender Werte annehmen, so daß also auch die Flächengleichung ihre Bedeutung verlieren würde. Vgl. meine Abhandlung: „Lösung eines mechanischen Problems". (Wiener Ber. **58.** 1868.)[1]) Durch eine gleiche Vorrichtung würde bei der Lissajousschen Bewegung an Stelle der zwei Gleichungen der lebendigen Kraft eine einzige treten. Hätte jener Zylinder zudem eine solche Lage, daß er von allen mit der Gleichung der lebendigen Kraft vereinbaren Bahnen getroffen würde, läge er also für die Zentralbewegung unendlich nahe der Kreisbahn, für die Lissajoussche Bewegung unendlich nahe dem Koordinatenanfangspunkte, so würden im Verlaufe der Zeit in der Tat alle möglichen mit der einzigen Gleichung der lebendigen Kraft vereinbaren Wertekombinationen von x, y, dx/dt und dy/dt durchlaufen.

Wir wollen sogleich den allgemeinsten Fall betrachten, indem wir annehmen, daß k Integrale der Bewegungsgleichungen unendlich vieldeutig werden. Nach Elimination von $t-\tau$ bleiben dann nur mehr $2b-k-1$ Integralgleichungen, welche

---

[1]) Diese Sammlung I, Nr. 6.

nicht unendlich vieldeutig sind, und die Variablen können im Verlaufe der Zeit alle möglichen mit jenen $2b - k - 1$ Gleichungen vereinbaren Werte durchlaufen. Wir können uns in dieser Weise ein System denken, in welchem $k = 2b - 2$ ist, in welchem also von den Variablen alle möglichen mit der Gleichung der lebendigen Kraft vereinbaren Werte durchlaufen werden. Ein Beispiel dafür gab die durch den eben besprochenen unendlich dünnen Zylinder gestörte Lissajoussche oder Zentralbewegung. Ein noch weit einfacheres bieten alle Bewegungen, sobald $b = 1$ ist. Einem derartigen Systeme würden insofern dieselben Eigenschaften zukommen, welche warme Körper erfahrungsmäßig zeigen, daß sein Zustand vollkommen bestimmt wäre, wenn man nebst den äußeren und inneren Kräften auch noch die gesamte darin enthaltene Energie kennen würde. Die Wahrscheinlichkeit der verschiedenen Zustände sowie das gesamte Verhalten eines derartigen Systems läßt sich nun besonders leicht berechnen. (Vgl. meine zitierten „Studien", Abschnitt III und meine Abhandlung „Einige allgemeine Sätze über Wärmegleichgewicht"[1]), Abschnitt II.) Warme Körper besitzen aber sogar eine Eigenschaft von noch größerer Allgemeinheit, indem sich auch die verschiedenen Phasen, die ihr Bewegungszustand im Verlaufe der Zeit annimmt, nicht experimentell bemerkbar machen, sondern wegen der großen Anzahl ihrer Atome jedesmal, sobald irgend ein Atom in eine andere Zustandsphase tritt, dafür wieder ein benachbartes die Zustandsphase annimmt, welche früher das erstere besaß. Daraus folgt zweifellos, daß durch die verschiedenen Anfangsbedingungen nur ganz zufällige Verschiedenheiten in dem Zustande warmer Körper herbeigeführt werden, während alle wesentlichen und beobachtbaren Eigenschaften derselben außer von den inneren und äußeren Kräften bloß von dem Gesamtwerte ihrer Energie abhängen. Der präzise mathematische Ausdruck gerade dieses Umstandes bietet aber Schwierigkeiten, und dürfte am besten mittels folgenden Kunstgriffes geschehen. (Vgl. hierüber meine bereits zitierte Abhandlung „Einige allgemeine Sätze über Wärmegleichgewicht", I. Abschnitt; Maxwells zitierte Abhandlung S. 549.)

---

[1]) Diese Sammlung I, Nr. 19.

Statt eines einzigen Systems fingieren wir unendlich viele, vollkommen gleich beschaffene Systeme, in deren jedem auch gleich viel Energie enthalten ist, die aber im übrigen alle möglichen Anfangszustände besitzen. Alle sollen dieselbe Energievermehrung erfahren, und für alle sollen sich auch die äußeren Bedingungen in derselben Weise verändern. Alle Eigenschaften, welche von den zufälligen Anfangsbedingungen unabhängig sind, müssen nun auch diesem Inbegriffe von Systemen in gleicher Weise zukommen. Würde z. B. die Arbeit, welche ein System gegen irgend eine Außenkraft leistet, die mittlere Energie, welche ein Bestandteil des Systems enthält, oder ähnliches, wesentlich von dem Anfangszustande des Systems abhängen, so wäre natürlich auch der Mittelwert dieser Größen für den Inbegriff von Systemen nicht gleich dem Werte derselben für ein einzelnes System. Wenn aber die Werte dieser Größen vom Anfangszustande nicht in merklicher Weise abhängen, so wird dieser Mittelwert gleich sein müssen dem Werte derselben Größe für jedes einzelne System. Es ist also durchaus nicht notwendig, daß wir die Werte dieser Größen für jedes einzelne bestimmten Anfangsbedingungen unterworfene System berechnen, sondern es genügt, ihre Mittelwerte für den ganzen Inbegriff von Systemen zu berechnen. Diese Rechnung wird noch dadurch erleichtert, daß es unserer freien Wahl anheimgestellt ist, wie wir den Inbegriff bilden wollen, d. h. wenn N die Zahl der Systeme überhaupt, dN die Zahl derjenigen Systeme ist, für welche die Anfangszustände zwischen gewissen unendlich nahen Grenzen liegen, so kann dN eine ganz willkürliche Funktion der die Anfangszustände bestimmenden Variablen enthalten. Bei passender Wahl dieser Funktion können wir es nun ermöglichen, daß für den Inbegriff von Systemen Gleichungen von derselben Einfachheit gelten, wie für ein System, das für sich allein alle möglichen, mit der Gleichung der lebendigen Kraft vereinbaren Zustände durchläuft. Da wir nun nachgewiesen haben, daß die Werte derjenigen Größen, welche von den Anfangsbedingungen unabhängig sind, für jedes einzelne System gleich dem Mittelwerte derselben Größen für einen beliebig gebildeten Inbegriff von Systemen sind, so genügt es, die Mittelwerte derartiger Größen für denjenigen Inbegriff zu bestimmen, für welchen die Rechnung möglichst einfach wird. Wir wollen nun zunächst eine derartige Wahl treffen.

Wir denken uns also nicht ein einziges, sondern unendlich viele (N) gleich beschaffene Systeme gegeben. Im übrigen befolgen wir genau die von Hrn. v. Helmholtz[1]) angegebene Methode, durch welche in alle diese Untersuchungen mit einem Schlage eine bisher ungeahnte Klärheit gebracht wurde. Wir teilen die Koordinaten jedes Systems in zwei Klassen: a derselben, $s_1, s_2, \ldots s_a$ sollen vollkommen konstant sein, solange der Zustand des Systems unveränderlich ist, und sollen sich beim Übergang in einen anderen Zustand nur äußerst langsam verändern. Diese Koordinaten sollen auch immer für alle N Systeme genau dieselben Werte haben, und ihre Werte für alle N Systeme genau in derselben Weise verändern. Sie charakterisieren das, was man in der Wärmelehre als die äußeren Bedingungen zu bezeichnen pflegt, unter denen sich der warme Körper befindet. Die Wärmebewegung dagegen soll durch rasche Veränderung der zweiten Klasse der Koordinaten $p_1, p_2, \ldots p_b$ dargestellt werden. Die Differentialgleichungen, welche die Veränderung dieser Koordinaten bestimmen, sollen ebenfalls für alle N Systeme genau dieselben sein. Alle Kräfte, welche die Werte der rasch veränderlichen Größen zu verändern streben, sollen innere Kräfte des Systems heißen. Diejenigen dagegen, welche nur auf die langsam veränderlichen Koordinaten wirken, sollen äußere Kräfte heißen. Die Anfangswerte der rasch veränderlichen Koordinaten sollen für die verschiedenen Systeme die verschiedensten sein; jener für die Rechnung besonders bequeme Inbegriff ist nun dadurch charakterisiert, daß die Anzahl derjenigen Systeme, für welche die Anfangswerte der Koordinaten zwischen den Grenzen

(1) p_1 und $p_1 + dp_1$, p_2 und $p_2 + dp_2, \ldots p_b$ und $p_b + dp_b$

und gleichzeitig deren Momente zwischen den Grenzen

(2) q_1 und $q_1 + dq_1$, q_2 und $q_2 + dq_2, \ldots q_{b-1}$ und $q_{b-1} + dq_{b-1}$

liegen, gleich

[1]) Berl. Ber. 6. u. 27. März 1884.

$$(3)\qquad d\mathfrak{N} = N \cdot \frac{\dfrac{dp_1 \cdot dp_2 \cdot dp_3 \ldots dp_b \cdot dq_1 \cdot dq_2 \ldots dq_{b-1}}{p_b'}}{\displaystyle\iint \ldots \frac{dp_1 \cdot dp_2 \ldots dp_b \cdot dq_1 \cdot dq_2 \ldots dq_{b-1}}{p_b'}}$$

ist. Das letzte Moment q_b ist durch die Gleichung der lebendigen Kraft bestimmt. Die Integrationen sind durchweg über alle möglichen Werte der Variablen zu erstrecken, welche während der Bewegung aller Systeme durchlaufen werden. Wie Maxwell l. c. S. 554, Formel (28) bewiesen hat, ist dann die Verteilung der Systeme eine vollkommen stationäre, d. h. solange die Werte der langsam veränderlichen Koordinaten konstant sind, bleibt die Anzahl der Systeme, für welche die Koordinaten und Momente zwischen den Grenzen (1) und (2) liegen, immer dieselbe. (Ich habe für derartige Inbegriffe von Systemen den Namen Ergoden vorgeschlagen.) In dieser Beziehung besitzt also der Inbegriff aller N Systeme genau die Eigenschaft warmer Körper, daß bei Unveränderlichkeit der Außenbedingungen (der s) und des Energieinhaltes seine Eigenschaften unverändert bleiben. Wenn daher der Wert irgend einer Größe bei unveränderten Außenbedingungen und Energieinhalte für jedes einzelne System sich schon im Verlaufe der Zeit nicht merklich verändert, und auch nicht in bemerkbarer Weise von den Anfangsbedingungen abhängt, so muß der Wert dieser Größe für jedes einzelne System gleich deren Mittelwert für den Inbegriff aller N Systeme sein, wie schon oben ausführlich erörtert wurde. Wir können die Koordinaten immer so transformieren, daß sich die lebendige Kraft als eine Summe von Quadraten der Momente darstellt. Ohne Beeinträchtigung der Allgemeinheit können wir daher annehmen, daß bei konstanten s die Gleichung der Energie für ein einzelnes System sich in der Form schreibt

$$(4)\qquad \tfrac{1}{2}(\mu_1 q_1^2 + \mu_2 q_2^2 + \cdots + \mu_b q_b^2) + V = L + V = E.$$

Die Kraftfunktion V ist eine Funktion der langsam und der rasch veränderlichen Koordinaten. Es kann sein, daß einige der langsam veränderlichen Koordinaten s in den Koeffizienten μ nicht vorkommen; diese spielen dann die Rolle von in der Kraftfunktion vorkommenden Parametern, deren langsame Veränderlichkeit die langsame Änderung des Wirkungsgesetzes von Außenkräften darstellt. Andere s dagegen können wahre Koordinaten sein, welche bei ungeändertem Zustande durch passende Außenkräfte (die Lagrangeschen Kräfte) konstant erhalten werden, deren Änderung aber eine räumliche Positionsänderung gewisser Teile des Systems darstellt. Diese s werden nebst den rasch veränderlichen Koordinaten auch in den Koeffizienten μ enthalten sein können. Um Mißverständnissen vorzubeugen, bemerke ich, daß ich die Helmholtzsche Annahme, daß V die rasch veränderlichen Koordinaten nicht enthalte, niemals mache, welche Annahme bei mir durch die Betrachtung eines Inbegriffes sehr vieler Systeme ersetzt wird. Da die Zahl der Systeme, für welche die Koordinaten und Momente zwischen den Grenzen (1) und (2) liegen, stationär bleibt, solange sich E und die s nicht ändern, so ist sie auch immer durch die Formel (3) bestimmt. Die Zahl der Systeme, für welche bloß die Koordinaten zwischen den Grenzen (1) eingeschlossen sind, während die Momente beliebige Werte haben, ist

$$
(5)\quad \left\{
\begin{aligned}
dN &= N \cdot \frac{dp_1 \cdot dp_2 \ldots dp_b \iint \ldots \frac{dq_1 \cdot dq_2 \ldots dq_{b-1}}{p_b'}}{\iint \ldots \frac{dp_1 \cdot dp_2 \ldots dp_b \cdot dq_1 \cdot dq_2 \ldots dq_{b-1}}{p_b'}} \\
&= N \cdot \frac{\frac{1}{\sqrt{\mu_1 \cdot \mu_2 \ldots \mu_b}} \cdot (E - V)^{\frac{b}{2}-1} \cdot dp_1 \cdot dp_2 \ldots dp_b}{\iint \ldots \frac{1}{\sqrt{\mu_1 \cdot \mu_2 \ldots \mu_b}} \cdot (E - V)^{\frac{b}{2}-1} \cdot dp_1 \cdot dp_2 \ldots dp_b}.
\end{aligned}
\right.
$$

(Vgl. Maxwell l. c. S. 556, Formel (41).)

Wir müssen nun zur Definition eines der wichtigsten Begriffe, nämlich der beim Übergange von einem bestimmten Zustande zu einem unendlich wenig variierten von außen zugeführten Energie übergehen, und zwar heiße: $\delta_1 Q$ die einem der $d\mathfrak{N}$ Systeme, $d\delta Q$ die den dN Systemen, und δQ die allen N Systemen zugeführte Energie. Haben alle Koordinaten p und s im variierten Zustande dieselben Werte wie im ursprünglichen, so ist die von außen zugeführte Energie offenbar gleich dem Zuwachse der lebendigen Kraft δL; denn da keine Positionsänderung stattgefunden hat, so muß die gesamte zugeführte Energie die Form von lebendiger Kraft angenommen haben. Haben dagegen im variierten Zustande auch die Werte der Koordinaten sich verändert, so würde auch ohne äußere Zufuhr von Energie die lebendige Kraft um die bei jener Koordinatenveränderung gewonnene Arbeit δA zugenommen haben. Der gesamte Zuwachs der lebendigen Kraft δL ist daher gleich der von außen zugeführten lebendigen Kraft $\delta_1 Q$ mehr der durch Arbeitsleistung gewonnenen δA. Man hat somit

$$\delta_1 Q = \delta L - \delta A. \tag{6}$$

Nach Gleichung (4) ist $\delta L = \delta(E - V)$. Um δA zu bestimmen, wollen wir die Variation immer so bewerkstelligen, daß wir die rasch veränderlichen Koordinaten p als nicht der Variation fähig betrachten, d. h. wir wollen mit dem ursprünglichen Zustande eines Systems immer den variierten Zustand eines solchen Systems vergleichen, für welches die rasch veränderlichen Koordinaten genau dieselben Werte haben. Wenn die s keine wahren Koordinaten, sondern bloß in der Kraftfunktion V vorkommende Parameter sind, so wird mit jedem variierten Zustande ein solcher unvariierter verglichen, in welchem sämtliche Koordinaten dieselben Werte haben. Es ist daher $\delta A = 0$ und die jedem Systeme zugeführte Energie hat den Wert

$$\delta_1 Q = \delta L = \delta(E - V).$$

Da diese Größe für alle dN Systeme denselben Wert besitzt, so ist $d\delta Q = dN \cdot \delta(E - V)$ und die allen Systemen N zugeführte Energie ist

$$\delta Q = \int dN \cdot \delta(E - V).$$

Sind dagegen unter den s auch wahre Koordinaten vorhanden, welche die räumliche Lage von Systemteilen bestimmen, und daher auch in den Koeffizienten μ vorkommen, so haben im variierten Zustande zwar die Koordinaten p dieselben Werte, wie in dem damit verglichenen unvariierten, nicht aber die Koordinaten s. Durch Veränderung der letzten Koordinaten wird also Arbeit geleistet, welche aus zwei Teilen besteht: 1. diejenige, welche von den durch die Kraftfunktion V definierten Kräften geleistet wird; der durch sie bewirkte Zuwachs der lebendigen Kraft des Systems ist

$$-\sum_{k=1}^{k=a} \frac{\partial V}{\partial s_k} \cdot \delta s_k,$$

und 2. diejenige, welche von den Lagrangeschen Kräften geleistet wird, welche die Konstanterhaltung der Koordinaten s besorgen. Letztere Arbeit liefert die lebendige Kraft

$$\sum_{k=1}^{k=a} \left(\frac{\partial V}{\partial s_k} + \frac{\partial L}{\partial s_k} \right) \delta s_k = \sum_{k=1}^{k=a} \left(\frac{\partial V}{\partial s_k} + \sum_{h=1}^{h=b} \frac{q_h^2}{2} \cdot \frac{\partial \mu_h}{\partial s_k} \right) \delta s_k,$$

da die Lagrangesche Kraft, welche dem Wachstum des s_k entgegenwirkt, den Wert $-(\partial V / \partial s_k) - (\partial L / \partial s_k)$ besitzt. Der gesamte Wert von δA ist daher

$$\sum_{k=1}^{k=a} \sum_{h=1}^{h=b} \frac{q_h^2}{2} \cdot \frac{\partial \mu_h}{\partial s_k} \cdot \delta s_k = \sum_{h=1}^{h=b} \frac{q_h^2}{2} \cdot \delta \mu_h,$$

wenn δ den gesamten Zuwachs bedeutet, welcher bei konstant gehaltenen p durch die langsame Veränderung der s und des E entstehen. Daher ist

$$\delta_1 Q = \delta(E - V) - \delta A = \delta(E - V) - \sum_{h=1}^{h=b} \frac{q_h^2}{2} \cdot \delta \mu_h.$$

Wollen wir hieraus $d\delta Q$ bestimmen, so haben wir mit dem durch Gleichung (3) gegebenen Werte von $d\mathfrak{N}$ zu multiplizieren, und bezüglich der q über alle möglichen Werte zu integrieren. Dabei ist zu bedenken, daß $E - V$ nicht Funktion der q ist, ferner daß

$$\frac{\dfrac{\mu_h}{2} \displaystyle\iint \cdots \frac{q_h^2 \cdot dq_1 \cdot dq_2 \ldots dq_{b-1}}{p_b'}}{\displaystyle\iint \cdots \frac{dq_1 \cdot dq_2 \ldots dq_{b-1}}{p_b'}}$$

nichts anderes ist als der Mittelwert von $\mu_h q_h^2 / 2$, welcher für alle q derselbe, und gleich $(E - V)/b$ ist. (Vgl. Maxwell l. c. S. 558, Formel (52).) Es ist daher

$$d\delta Q = dN \cdot \left[\delta(E - V) - \frac{1}{b}(E - V) \sum_{h=1}^{h=b} \frac{\delta \mu_h}{\mu_h} \right].$$

Die dem Inbegriffe aller Systeme zugeführte Energie ist daher

$$\delta Q = \frac{2N}{b} \cdot \frac{\int\int \cdots \left[\frac{b}{2}\,\delta(E-V) - \frac{1}{2}(E-V)\sum_{h=1}^{h=b}\frac{\delta \mu_h}{\mu_h}\right]\frac{(E-V)^{\frac{b}{2}-1}}{\sqrt{\mu_1\cdot\mu_2\ldots\mu_b}}\,dp_1\cdot dp_2\ldots dp_b}{\int\int\cdots\frac{(E-V)^{\frac{b}{2}-1}}{\sqrt{\mu_1\cdot\mu_2\ldots\mu_b}}\,dp_1\cdot dp_2\ldots dp_b}$$

$$= \frac{2N}{b}\cdot\frac{\delta\int\int\cdots\frac{(E-V)^{\frac{b}{2}}}{\sqrt{\mu_1\cdot\mu_2\ldots\mu_b}}\,dp_1\cdot dp_2\ldots dp_b}{\int\int\cdots\frac{(E-V)^{\frac{b}{2}-1}}{\sqrt{\mu_1\cdot\mu_2\ldots\mu_b}}\,dp_1\cdot dp_2\ldots dp_b}$$

Eine etwaige Variation der Grenzen erzeugt keine Variation des bestimmten Integrales, da die Funktion unter dem Integralzeichen an den Grenzen, wo diese überhaupt der Variation fähig sind, verschwindet. Wenn gewisse Variable, wie Winkel nach Wachstum um 2π, in sich zurücklaufen, so existiert eine Variation der Grenzen eigentlich nicht oder man kann sagen, daß die durch Variation der oberen und unteren Grenze entstehenden Glieder sich tilgen. Da die lebendige Kraft aller N Systeme zusammengenommen den Wert besitzt

$$T = N\cdot\frac{\int\int\cdots\frac{(E-V)^{\frac{b}{2}}}{\sqrt{\mu_1\cdot\mu_2\ldots\mu_b}}\,dp_1\cdot dp_2\ldots dp_b}{\int\int\cdots\frac{(E-V)^{\frac{b}{2}-1}}{\sqrt{\mu_1\cdot\mu_2\ldots\mu_b}}\,dp_1\cdot dp_2\ldots dp_b},$$

so kann man auch schreiben

$$\frac{\delta Q}{T} = \frac{2}{b}\,\delta\,\mathrm{lognat}\int\int\cdots\frac{(E-V)^{\frac{b}{2}}}{\sqrt{\mu_1\cdot\mu_2\ldots\mu_b}}\,dp_1\cdot dp_2\ldots dp_b,$$

womit die zu beweisende Formel in ihrer vollen Allgemeinheit erwiesen ist. Bewegt sich eines der Systeme während der sehr langen Zeit t, und ist dt derjenige Bruchteil der Zeit t, während dessen die Koordinaten zwischen den Grenzen (1) liegen, so ist

$$dt = t \cdot \frac{\frac{(E-V)^{\frac{b}{2}-1}}{\sqrt{\mu_1 \cdot \mu_2 \ldots \mu_b}} dp_1 \cdot dp_2 \ldots dp_b}{\int\int \ldots \frac{(E-V)^{\frac{b}{2}-1}}{\sqrt{\mu_1 \cdot \mu_2 \ldots \mu_b}} dp_1 \cdot dp_2 \ldots dp_b}.$$

Hängt also alles von einer einzigen Variablen p ab, welche nach einer endlichen Zeit t (der Schwingungsdauer) wieder denselben Wert annimmt, so wird

$$t = \int \frac{dp}{2\sqrt{\mu}\sqrt{E-V)}}, \quad \delta Q = 2T\delta \operatorname{lognat}(T \cdot t).$$

Zur Versinnlichung können zwei in den langsam veränderlichen Distanzen r und ϱ von zwei fixen Zentren mit den ebenfalls langsam veränderlichen Winkelgeschwindigkeiten w und ω sich im Kreise bewegende Massen m und μ dienen. Hier ist $r = s_1$, $\varrho = s_2$, $w = p_1'$, $\omega = p_2'$. Es müssen N Punktepaare vorhanden sein, in denen alle möglichen Wertepaare von w und ω vertreten sind, für welche

$$\frac{m r^2 w^2}{2} + \frac{\mu \varrho^2 \omega^2}{2}$$

den geforderten Wert E der Gesamtenergie hat. Natürlich ist jedoch in diesem Beispiele die Bedingung nicht erfüllt, daß die Eigenschaften jedes einzelnen Punktepaares von den Anfangsbedingungen desselben unabhängig sind, weshalb der bewiesene Satz hier bloß für die auf alle Punktepaare bezüglichen Mittelwerte, nicht für die auf ein einziges Punktepaar bezüglichen Werte gilt.

Graz, September 1885.

83.

Neuer Beweis zweier Sätze über das Wärmegleichgewicht unter mehratomigen Gasmolekülen.[1]

(Wien. Ber. **95**. S. 153—164. 1887.)

Hr. Lorentz hat mich brieflich auf einen wesentlichen Irrtum aufmerksam gemacht,[2] welcher in dem Beweise enthalten ist, den ich für zwei das Wärmegleichgewicht zwischen mehratomigen Gasmolekülen betreffende Sätze gab.[3] Da diese Sätze als spezielle Fälle noch allgemeinerer Sätze der Wahrscheinlichkeitsrechnung betrachtet werden können, welche letztere ich in meinen Abhandlungen über „Die Beziehung zwischen dem zweiten Hauptsatze der mechanischen Wärmetheorie und der Wahrscheinlichkeitsrechnung" und über „Die Theorie monozyklischer Systeme"[4] entwickelt habe, so war es von vornherein nicht wahrscheinlich, daß sie sich als falsch erweisen würden; es handelte sich aber darum, sie durch einen neuen einwurfsfreien Beweis zu stützen. Es läßt sich ein solcher gewinnen, wenn man einer Idee folgt, welche ich schon in den „Weiteren Studien"[5] (drei Zeilen vor Formel 55), sowie in einer zwischen Formel (76) und (77) eingeschalteten Anmerkung andeutete[6], aber bisher nicht weiter entwickelte.

Denken wir uns ein Gas, welches aus lauter gleichbeschaffenen mehratomigen Molekülen besteht.

Wir bezeichnen die laufende Distanz der Schwerpunkte zweier Moleküle mit s und nehmen an, daß, sobald s größer

[1]) Voranzeige dieser Arbeit Wien. Anz. **24**. S. 25, 20. Januar 1887.

[2]) Eine ausführliche Erörterung der Betrachtungen Lorentz' ist in einer Abhandlung desselben Wien. Ber. **95**. S. 115—152. 1887 enthalten.

[3]) Wien. Ber. **63**; **66** Abschn. 4; **72** § 2. (Diese Sammlung Bd. I, Nr. 18 und 22; Bd. II, Nr. 32.)

[4]) Wien. Ber. **76** u. **90**. (Diese Sammlung Bd. II, Nr. 42; Bd. III, Nr. 73.)

[5]) Wien. Ber. **66**. (Diese Sammlung Bd. I, Nr. 22.)

[6]) Diese Sammlung Bd. I. S. 379 resp. 391.

als eine gewisse Konstante p ist, niemals eine bemerkbare Wechselwirkung zwischen beiden Molekülen stattfindet. Eine Kugel vom Radius p, deren Zentrum der Schwerpunkt eines Moleküls ist, bezeichnen wir als die Sphäre des betreffenden Moleküls. Wir können daher auch sagen: sobald der Schwerpunkt eines Moleküls außerhalb der Sphäre eines zweiten Moleküls liegt, findet zwischen beiden niemals erhebliche Wechselwirkung statt. Jeder Vorgang, wobei der Schwerpunkt eines Moleküls in die Sphäre eines zweiten eindringt, soll ein Stoß heißen.

Es ist dabei allerdings möglich, daß der Schwerpunkt des ersteren Moleküls die Sphäre des letzteren wieder verläßt, ohne daß erhebliche Wechselwirkung stattgefunden hat, daß also durch einen Stoß die Bewegung keines der beiden stoßenden Moleküle erheblich modifiziert wird. Durch die Mehrzahl der Stöße aber wird in der Tat eine bedeutende Modifikation der Bewegung beider Moleküle bewirkt werden.

Obwohl der in Rede stehende Beweis auch leicht auf den Fall übertragen werden kann, wo der Zustand eines Moleküls durch generalisierte Koordinaten bestimmt ist, so will ich doch der größeren Deutlichkeit halber die Moleküle als Aggregate von je r materiellen Punkten (den Atomen) auffassen.

Ich bezeichne die Koordinaten dieser Atome bezüglich eines Koordinatensystems, dessen Achsen fixe Richtungen haben, dessen Ursprung aber im Schwerpunkte des betreffenden Moleküls liegt, mit $\xi_1, \eta_1, \zeta_1, \xi_2 \ldots \zeta_r$; die Komponenten der Geschwindigkeiten der Atome in den Koordinatenrichtungen mit $u_1 \ldots w_r$. Dann sage ich, der Zustand eines Moleküls sei bestimmt, wenn für dasselbe die Werte dieser Koordinaten und Geschwindigkeitskomponenten zwischen den Grenzen

$$(1) \quad \begin{cases} \xi_1 \text{ und } \xi_1 + d\xi_1, \ldots \zeta_{r-1} \text{ und } \zeta_{r-1} + d\zeta_{r-1} \\ u_1 \text{ und } u_1 + du_1, \ldots w_r \text{ und } w_r + dw_r \end{cases}$$

liegen. ξ_r, η_r, ζ_r sind durch die Gleichung des Schwerpunktes bestimmt. Seien zwei Moleküle gegeben; der Zustand des ersteren sei durch die Bedingung (1) gegeben, der Zustand des zweiten dadurch, daß für dasselbe die Variablen zwischen folgenden Grenzen liegen:

$$(2)\qquad \begin{cases} \Xi_1 \text{ und } \Xi_1 + d\,\Xi_1, \ldots Z_{r-1} \text{ und } Z_{r-1} + d\,Z_{r-1}, \\ U_1 \text{ und } U_1 + d\,U_1, \ldots W_r \text{ und } W_r + d\,W_r. \end{cases}$$

Die Distanz der Schwerpunkte beider Moleküle soll gleich p sein; es soll sich also der Schwerpunkt des zweiten Moleküls genau auf der Oberfläche der Sphäre des ersten befinden; endlich soll die Richtung der Verbindungslinie der Schwerpunkte innerhalb eines unendlich kleinen Kegels

$$(3)\qquad d\lambda$$

liegen. Dann wollen wir die Zusammenstellung dieser beiden Moleküle eine kritische Konstellation nennen. Jede kritische Konstellation stellt, wenn in dem Momente, wo sie eintritt, der Schwerpunkt des zweiten Moleküls in die Sphäre des ersteren eintritt, den Beginn eines Stoßes dar (sie heiße dann eine Anfangskonstellation); wenn dagegen in diesem Momente der Schwerpunkt des zweiten Moleküls die Sphäre des ersten verläßt, stellt sie das Ende eines Stoßes dar (Endkonstellation). Die kritischen Konstellationen, für welche die Schwerpunktsdistanz beider Moleküle im Momente ihres Eintrittes ein Minimum ist, können außer acht gelassen werden, da sie gleichzeitig Beginn und Ende eines Stoßes darstellen, welcher aber keinen modifizierenden Einfluß auf die Bewegung der Moleküle hat. Wir bezeichnen zwei Konstellationen als entgegengesetzt, wenn in beiden sämtliche Koordinaten die gleichen Werte, sämtliche Geschwindigkeitskomponenten ebenfalls die gleiche Größe, aber entgegengesetztes Zeichen haben; wir bezeichnen zwei kritische Konstellationen als einander entsprechend, wenn sämtliche Koordinaten der Atome des ersten Moleküls relativ gegen seinen Schwerpunkt und ebenso sämtliche Koordinaten der Atome des zweiten Moleküls relativ gegen den Schwerpunkt des letzteren und ebenso sämtliche Geschwindigkeitskomponenten dieselbe Größe und dasselbe Zeichen haben, wogegen die Koordinaten des Schwerpunktes des einen Moleküls bezüglich der durch den Schwerpunkt des anderen gezogenen Koordinatenachsen zwar dieselbe Größe, aber das entgegengesetzte Zeichen haben; aus irgend einer Konstellation wird also die ihr entsprechende gebildet, indem man das erste Molekül völlig unverändert läßt und das zweite Molekül ohne Änderung der Konfiguration und der Geschwindigkeiten seiner

Atome parallel zu sich selbst um das Stück $2p$ in der Richtung der von seinem Schwerpunkt gegen den Schwerpunkt des ersten Moleküls hingezogenen Geraden verschoben denkt, mit andern Worten, indem man ohne Änderung des Zustandes und ohne Drehung der Moleküle im Raume die Orte der Schwerpunkte beider Moleküle vertauscht. Es ist nun ohne weiteres folgendes klar: Denken wir uns sämtliche Anfangskonstellationen zusammengefaßt und die jeder derselben entgegengesetzte Konstellation aufgesucht, so erhalten wir sämtliche Endkonstellationen und umgekehrt. Ebenso erhalten wir sämtliche Endkonstellationen, wenn wir die sämtlichen Anfangskonstellationen entsprechenden aufsuchen, was auch wieder umgekehrt gilt.

Sei nun

$$f(t, \xi_1 \ldots \zeta_{r-1}, u_1 \ldots w_r)\, d\xi_1 \ldots d\zeta_{r-1}\, du_1 \ldots dw_r,$$

wofür wir auch kurz $f d\omega$ schreiben wollen, die Anzahl der Moleküle, welche zur Zeit t in der Volumeneinheit den Zustand (1) haben. Ebenso sei

$$f(t, \Xi_1 \ldots Z_{r-1}, U_1 \ldots W_r)\, d\Xi_1 \ldots dZ_{r-1}\, dU_1 \ldots dW_r,$$

wofür wieder $F d\Omega$ geschrieben werden soll, die Zahl der Moleküle in der Volumeneinheit, welche zur Zeit t den Zustand (2) haben, so ist

$$dn = f d\omega F d\Omega p^2 g\, d\lambda\, dt$$

die Zahl der Zusammenstöße, welche während der Zeit dt in der Volumeneinheit so geschehen, daß deren Anfangskonstellation durch die Bedingungen (1), (2) und (3) bestimmt ist, g ist dabei die Komponente der relativen Geschwindigkeit des Schwerpunktes des zweiten Moleküls gegen den des ersten, welche in die Richtung fällt, die die Verbindungslinie dieser beiden Schwerpunkte im Momente des Beginns des Zusammenstoßes hat. Für die Konstellationen, mit welchen alle diese Stöße enden, sollen die Variablen

(3a) $$\xi_1 \ldots \zeta_{r-1}\, u_1 \ldots w_r$$

für das eine Molekül zwischen den Grenzen

(4) $$\xi_1' \text{ und } \xi_1' + d\xi_1' \ldots w_r' \text{ und } w_r' + dw_r',$$

für das andere Molekül zwischen den Grenzen

(5) $$\Xi_1' \text{ und } \Xi_1' + d\Xi_1' \ldots W_r' \text{ und } W_r' + dW_r'$$

und die Verbindungslinie der Schwerpunkte der Moleküle in einem Kegel von der Öffnung

$$(6) \qquad d\lambda'$$

liegen. Mit $d\omega'$ bezeichnen wir das Produkt aller in (4), mit $d\Omega'$ das aller in (5) vorkommenden Differentiale. g' sei die Komponente der relativen Geschwindigkeit beider Moleküle im Momente des Endes des Stoßes, welche in die Richtung fällt, die die Verbindungslinie der Schwerpunkte in diesem Momente hat. Nach den in meinen bereits zitierten Abhandlungen über mehratomige Gasmoleküle bewiesenen Sätzen ist dann

$$(7) \qquad g\,d\omega\,d\Omega\,d\lambda = g'\,d\omega'\,d\Omega'\,d\lambda'.$$

(Vgl. hierüber den Abschnitt IV der zitierten Abhandlung des Hrn. Lorentz, wo man nur für dS und dS' die beiden Elemente, welche die relative Bewegungsröhre aus der Sphäre des zweiten Moleküls herausschneidet, zu setzen braucht, um zu obiger Gleichung zu gelangen.) Fassen wir nun sämtliche Endkonstellationen dieser dn Stöße ins Auge, bilden die jeder derselben entsprechende Konstellation und bezeichnen mit dn' die Zahl der Stöße, welche während der Zeit dt in der Volumeneinheit so geschehen, daß sie mit den in der beschriebenen Weise gebildeten Konstellationen beginnen, so ist

$$dn' = f'\,d\omega'\,F'\,d\Omega'\,p^2\,g'\,d\lambda'\,dt$$

und man hat $dn = dn'$, wenn $fF = f'F'$ ist. Da nun durch jeden der dn Stöße ein Molekül den Zustand (3) und eines den Zustand (4) verliert, wogegen durch jeden der dn' Stöße eines den Zustand (3) und eines den Zustand (4) gewinnt, so wird die Zahl der Moleküle, welche den Zustand (3) haben und ebenso die Zahl derer, welche den Zustand (4) haben, nicht verändert, wenn für alle möglichen Stöße die Bedingung $fF = f'F'$ erfüllt ist.

Da aber dasselbe dann natürlich wie von den Zuständen (3) und (4) so auch von allen andern Zuständen gelten muß, so wird unter dieser Bedingung die Zustandsverteilung unter den Molekülen durch die Stöße überhaupt nicht verändert, was der erste zu beweisende Satz ist.

Um auch den zweiten Satz zu beweisen, bediene ich mich zunächst der Abstraktion, welche ich in meinen Abhandlungen über das Wärmegleichgewicht von Gasen schon mehrfach angewendet und deren Bedeutung ich daselbst bereits erörtert habe.

Ich nehme an, daß die Moleküle nur eine endliche Anzahl von Zuständen anzunehmen imstande sind, welche ich der Reihe nach mit 1, 2, 3 usw. bezeichne; übrigens kann jeder beliebige Zustand mit 1, jeder beliebige andere mit 2 usw. bezeichnet werden; (a, b) drücke symbolisch eine kritische Konstellation zweier Moleküle aus, welche die Zustände a und b haben, (b, a) drücke die ihr entsprechende, $(-a, -b)$ die ihr entgegengesetzte Konstellation aus.

Ein Stoß, welcher mit der Konstellation (a, b) beginnt und mit der Konstellation (c, d) endet, soll mit $\binom{a, b}{c, d}$ bezeichnet werden. w_a sei die Zahl der Moleküle in der Volumeneinheit, welche den Zustand a haben, eine analoge Bedeutung habe w_b usw. $C_{c, d}^{a, b} \cdot w_a \cdot w_b$ sei die Anzahl der Stöße in der Volumeneinheit, welche mit der Konstellation (a, b) beginnen und mit der Konstellation (c, d) enden; wenn dann $d w_a$ den Zuwachs bedeutet, den w_a durch die Stöße während der Zeit $d t$ erfährt, so ist

$$\frac{d w_a}{d t} = \Sigma C_{a z}^{x y} w_x w_y - \Sigma C_{p q}^{a n} w_a w_n,$$

wobei die Summen über alle möglichen Werte der Größen x, y, z, n, p, q zu erstrecken sind. Wir denken uns nun alle Ausdrücke für $d w_1 / d t, d w_2 / d t \ldots$ aufgeschrieben; setzen

$$E = w_1 (l w_1 - 1) + w_2 (l w_2 + 1) + \ldots;$$

bezeichnen mit $d E$ den Zuwachs, welchen E während der Zeit $d t$ durch die Stöße der Moleküle erfährt und denken uns in

$$\frac{d E}{d t} = \frac{d w_1}{d t} l w_1 + \frac{d w_2}{d t} l w_2 + \ldots$$

die obigen Werte von $d w_1 / d t,\ d w_2 / d t, \ldots$ substituiert; l bedeutet den natürlichen Logarithmus. Der Stoß $\binom{2, 1}{3, 4}$, in welchem übrigens 1, 2, 3, 4 beliebige Zustände, (2, 1) und (3, 4) beliebige kritische Konstellationen sein können, liefert sowohl in den Ausdruck für $d w_1$ als auch in den für $d w_2$ das Glied

$$- C_{3, 4}^{2, 1} w_1 w_2,$$

in den Ausdruck für dw_3/dt und dw_4/dt aber je ein gleiches positives Glied. Alle diese Glieder liefern dann in dE/dt die Summe

$$C^{2,1}_{3,4} w_1 w_2 (l w_3 + l w_4 - l w_1 - l w_2).$$

Der entsprechende Stoß $\binom{4,3}{5,6}$, d. h. derjenige, welcher als Anfangskonstellation diejenige Konstellation (4, 3) hat, welche der Endkonstellation (3, 4) des früher betrachteten Stoßes entspricht, liefert in dw_3/dt und dw_4/dt je das Glied $-C^{4,3}_{5,6} w_3 w_4$, in dw_5/dt und dw_6/dt aber wieder je zwei gleiche positive Glieder.

In gleicher Weise schreite man zu dem Stoße $\binom{6,5}{7,8}$ fort, welcher dem Stoß $\binom{4,3}{5,6}$ entspricht usw.

Da wir es jetzt nur mit einer endlichen Zahl von Zuständen zu tun haben, so müssen wir in dieser Reihe einander entsprechender Stöße jedenfalls einmal zu einem Stoße $\binom{k, k-1}{x, y}$ gelangen, welchem irgend ein vorhergehender entspricht und es läßt sich beweisen, daß dem ersten Stoße, für welchen dies stattfindet, der Stoß $\binom{2,1}{3,4}$ entsprechen muß, denn würde ihm z. B. der Stoß $\binom{6,5}{7,8}$ entsprechen, so müßten (x, y) und (6, 5) entsprechende Konstellationen sein, es müßte also (x, y) identisch mit (5, 6) sein und zwei Stöße, von denen der eine mit der Konstellation $(k, k-1)$, der andere mit (4, 3) beginnt, müßten zur gleichen Endkonstellation führen, folglich müßte die Anfangskonstellation $(-5, -6)$ sowohl zur Endkonstellation $(-4, -3)$ als auch zur Endkonstellation $(-k, -k+1)$ führen. Die beiden letzteren Konstellationen müßten daher ebenfalls identisch sein, daher müßte der Stoß $\binom{k, k-1}{x, y}$ mit dem Stoße $\binom{4,3}{5,6}$ und aus demselben Grunde der Stoß $\binom{k-2, k-3}{k-1, k}$ mit dem Stoße $\binom{2,1}{3,4}$ identisch sein, der Zyklus wäre also schon früher geschlossen.

Die Gleichung (7) in unsere jetzige Bezeichnungsweise übertragen, bedeutet aber, daß die Koeffizienten $C^{a,b}_{c,d}$ und $C^{d,c}_{e,f}$ einander gleich sein müssen. Hieraus folgt, daß man alle in dE/dt enthaltenen Glieder in Zyklen von der Form anordnen kann:

$$C_{3,4}^{2,1}[w_1w_2(lw_3+lw_4-lw_1-lw_2)+w_3w_4(lw_5+lw_6-lw_3-lw_4)+\cdots$$
$$+w_{k-1}w_k(lw_1+lw_2-lw_{k-1}-lw_k)].$$

Bezeichnet man den Ausdruck in der eckigen Klammer mit lX und setzt $w_1w_2=\alpha$, $w_3w_4=\beta\ldots$, so ist:

(8)
$$X=\beta^{\alpha-\beta}\gamma^{\beta-\gamma}\delta^{\gamma-\delta}\ldots\ldots\alpha^{\sigma-\alpha}.$$

Unter den Zahlen $\alpha, \beta, \gamma\ldots$ muß es mindestens eine, z. B. γ, geben, welche nicht größer ist als ihre beiden Nachbarwerte β und δ, es ist dann

(9)
$$X=\left(\frac{\gamma}{\delta}\right)^{\beta-\gamma}Y,$$

wobei

$$Y=\beta^{\alpha-\beta}\cdot\delta^{\beta-\delta}\ldots\alpha^{\sigma-\alpha}$$

genau dieselbe Form, aber um ein Glied weniger als X hat.

Der Faktor von Y ist $=1$, wenn entweder $\gamma=\beta$ oder $\gamma=\delta$ ist, sonst immer kleiner als Eins. Wendet man dieselbe Betrachtung auf Y an, so reduziert sich X endlich auf ein Produkt von Brüchen, deren jeder $\lesseqqgtr 1$ ist und die nur dann alle $=1$ sein können, wenn die Größen $\alpha, \beta, \gamma, \ldots$ alle untereinander gleich sind.[1])

---

[1]) Der Güte Prof. Mertens' verdanke ich nachfolgenden anderen Beweis. Es seien $a_1, a_2, a_3\ldots a_n$ irgend n gegebene positive Zahlen, welche der Größe nach geordnet die Reihe

$$a_\alpha, a_\beta, a_\gamma\ldots a_\mu, a_\nu$$

bilden mögen, so daß

$$a_\alpha\geqq a_\beta\geqq a_\gamma\geqq\ldots a_\mu\geqq a_\nu.$$

Man setze allgemein

$$a_k-a_{k+1}=+\Delta_k,$$

wobei $a_{n-1}=a_1$ zu denken ist; es erhellt dann zunächst, daß

$$\Delta_\alpha\geqq 0,\ \Delta_\alpha+\Delta_\beta\geqq 0,\ \Delta_\alpha+\Delta_\beta+\Delta_\gamma\geqq 0,\ \ldots.\ \Delta_\alpha+\Delta_\beta+\Delta_\gamma\ldots+\Delta_\mu\geqq 0.$$

Man hat daher identisch

$$a_2(la_1-la_2)+a_3(la_2-la_3)+\ldots=\Delta_\alpha la_\alpha+\Delta_\beta la_\beta+\ldots+\Delta_\nu la_\nu$$
$$=\Delta_\alpha l\left(\frac{a_\alpha}{a_\beta}\right)+(\Delta_\alpha+\Delta_\beta)l\left(\frac{a_\beta}{a_\gamma}\right)+(\Delta_\alpha+\Delta_\beta+\Delta_\gamma)l\left(\frac{a_\gamma}{a_\delta}\right)+\ldots.$$
$$+(\Delta_\alpha+\Delta_\beta+\Delta_\gamma+\ldots+\Delta_\mu)l\left(\frac{a_\mu}{a_\nu}\right),$$

in welcher Summe kein Glied negativ sein kann.

Es kann daher E nur abnehmen oder konstant sein und zwar letzteres nur dann, wenn für alle Zusammenstöße $\begin{pmatrix} a, b \\ c, d \end{pmatrix}$ die Gleichung

$$w_a w_b = w_c w_d$$

erfüllt ist. Daß E durch die Bewegung der Atome in den Molekülen im Verlaufe derjenigen Zeit, während welcher diese mit keinem anderen im Stoße begriffen sind, nicht verändert werden kann, habe ich schon in meinen bereits zitierten „Weiteren Studien" Abschnitt V bewiesen. Da nun für den stationären Zustand E nicht weiter abnehmen kann, so muß für denselben die Gleichung

$$w_a w_b = w_c w_d$$

für alle möglichen Zusammenstöße erfüllt sein.

Will man den Übergang von der Betrachtung einer endlichen Zahl von Zuständen zu der einer unendlichen vermeiden und sogleich von den Differentialen Gebrauch machen, so ist es am kürzesten, die Methode anzuwenden, welche zuerst Hr. Lorentz in der zitierten Abhandlung eingeführt und mir brieflich mitgeteilt hat.

Sei φ eine beliebige Funktion der Zeit und der den Zustand eines Moleküls bestimmenden Variablen $\xi_1 \ldots\ldots \zeta_{r-1} u_1 \ldots w_r$; gemäß den Betrachtungen, welche Hr. Lorentz dort anstellt, ist:

$$(10) \quad \frac{d}{dt}\int \varphi f d\omega = \iiint f F(\varphi' + \Phi' - \varphi - \Phi)\, d\omega\, d\Omega\, p^2 g\, d\lambda,$$

wobei das einfache Integral eine Integration bezüglich der in $d\omega$, das Dreifache eine Integration bezüglich aller in $d\omega\, d\Omega\, d\lambda$ enthaltenen Differentiale bezeichnet, $d\int \varphi f d\omega$ bezeichnet die Veränderung, welche dieses Integral bloß infolge der Stöße der Moleküle während der Zeit dt erfährt. Die übrigen Größen haben dieselbe Bedeutung wie zu Anfang dieser Abhandlung, φ und Φ sind die Werte einer beliebigen Funktion der Variablen (3a) und der Zeit t, wenn darin die Variablen substituiert werden, welche die Zustände der beiden Moleküle zu Anfang eines bestimmten Stoßes charakterisieren, φ' und Φ' sind die Werte derselben Funktion, wenn man darin die Variablen substituiert, welche die Zustände der Moleküle am Ende dieses Stoßes charakterisieren und welche als Funktionen der ersteren Variablen und der Richtungswinkel der Verbindungslinie der Schwerpunkte im Momente des Beginnes des Stoßes aufzufassen sind. Wir wollen uns den diesem Stoße entsprechenden gebildet denken, dessen Anfangskonstellation also der Endkonstellation des zuerst betrachteten Stoßes entspricht, und bezeichnen mit φ'' und Φ'' die Werte, welche die Funktionen φ und Φ annehmen, wenn man darin die Variablen substituiert, welche den Zustand der beiden Moleküle am Ende dieses zweiten Stoßes charakterisieren; ferner wollen wir uns zu diesem zweiten Stoße nochmals den entsprechenden bilden und mit φ''' und Φ''' die Funktionswerte bezeichnen, welche durch Substitution der die Endzustände beider Moleküle für diesen letzteren Stoß charakterisierenden Werte der Variablen entstehen usf.

Ferner seien f' und F' die Werte der Funktionen f und F, wenn darin die Variablen substituiert werden, welche die Zustände der beiden Moleküle charakterisieren, mit denen der zweite Stoß beginnt, und analoge Bedeutungen sollen f'' und F'' für den dritten Stoß usw. haben; dann kann die Größe

$$\frac{d}{dt}\int \varphi f d\omega$$

in die Form gebracht werden:

$$(11)\quad \begin{cases} \int p^2 g\, d\omega\, d\Omega\, d\lambda\, [fF(\varphi' + \Phi' - \varphi - \Phi) + f'F'(\varphi'' + \Phi'' - \varphi' - \Phi') \\ \qquad\qquad + f''F''(\varphi''' + \Phi''' - \varphi'' - \Phi'') + \ldots]. \end{cases}$$

Setzt man $\varphi = lf$, so verschwindet die Veränderung

$$\int f \frac{\partial \varphi}{\partial t} d\omega,$$

welche die Größe $\int \varphi f d\omega$ dadurch erfährt, daß die Funktion φ außer den Variablen $\xi_1 \ldots\ldots w_r$ noch explizit die Zeit enthält.

Ferner verschwindet auch die Veränderung, welche dieses Integral durch die Bewegung der Atome in jedem Moleküle, solange dieses mit keinem anderen in Wechselwirkung begriffen ist, erfährt, gemäß den Auseinandersetzungen im Abschnitt V meiner „Weiteren Studien“.

Es wird also dann die gesamte Veränderung dieses Integrals durch die Formel (10) dargestellt, welche auch in die Form (11) gebracht werden kann.

Setzt man wieder

$$fF = \alpha, \quad f'F' = \beta, \quad f''F'' = \gamma$$

usw., so wird der Ausdruck, welcher in Formel (11) in der eckigen Klammer steht, der natürliche Logarithmus von

$$\beta^{\alpha-\beta}\gamma^{\beta-\gamma}\delta^{\gamma-\delta}\ldots \tag{12}$$

Es hat diese Größe genau die Form des Ausdruckes (8), nur daß jetzt der Zyklus der Größen $\alpha, \beta, \gamma \ldots$ im allgemeinen kein endlicher ist. Doch wird man jedenfalls, wenn man die Reihe dieser Größen nur genügend lang fortsetzt, zu einem Gliede gelangen, dessen Basis wieder sehr nahe gleich α ist, so daß der Unterschied zwischen dem Ausdrucke (12) und einem in sich geschlossenen beliebig klein gemacht werden kann. Sobald durch einen Stoß die Bewegung beider Moleküle nicht verändert wird, kann es freilich vorkommen, daß von den Größen α, β, γ ... eine gleich der ihr benachbarten ist; wenn wir aber nur p nicht so groß wählen, daß dies bei der Mehrzahl der Stöße der Fall ist, so wird auch die Mehrzahl dieser Größen gänzlich verschieden von den beiden benachbarten sein, es wird also auch die Mehrzahl der Brüche kleiner als Eins sein, als deren Produkt der Ausdruck (12) dargestellt werden kann und welche alle die Form des Faktors von Y in der Formel (9) haben. Daher wird dE/dt negativ und nur dann gleich Null sein, wenn für alle Stöße die Bedingung

$$fF = f'F'$$

erfüllt ist, womit auch der zweite zu beweisende Satz bewiesen ist.

84.

Versuch einer theoretischen Beschreibung der von Prof. Albert v. Ettingshausen beobachteten Wirkung des Magnetismus auf die galvanische Wärme.[1]

(Wien. Anz. 24. S. 71—74. 17. März 1887.)

Um über die Gesetze dieser im Anzeiger vom 13. Januar d. J. Nr. II[2]) beschriebenen Erscheinung eine Vorstellung zu bilden, und zugleich Anhaltspunkte für weitere Experimente zu gewinnen, ging ich von der folgenden Annahme aus, welche mir die einfachste schien: Ähnlich wie nach Thomsons Vorstellung durch den elektrischen Strom in jedem Leiter Wärme in der Richtung des Stromes oder in der entgegengesetzten fortgeführt wird, soll der Strom in einer im magnetischen Felde befindlichen Wismut- (oder Tellur-) Platte auf die Wärme auch eine forttreibende Wirkung ausüben, die auf seiner Richtung und auf der der Kraftlinien senkrecht steht. Die Wärmemenge, welche infolge dieser Wirkung in jedem Punkte der Platte durch die Flächeneinheit getrieben wird, kann jedenfalls nur eine Funktion der daselbst herrschenden Stromdichtigkeit J_1, der Feldintensität M und des Winkels zwischen Stromrichtung und Magnetkraft sein. Wir wollen annehmen, daß dieser Winkel stets ein rechter ist. Dann ist es jedenfalls am einfachsten, dieser Funktion die Form $a J_1 M$ zu erteilen (was auch durch Versuche l. c. erwiesen wurde). Der spezielle Fall einer langen rechteckigen Platte im homogenen Magnetfeld berechnet sich dann wie folgt, wenn man vorläufig von einer Veränderung der Wärmefortführung *in der Richtung* des Stromes, also des Thomsoneffektes, durch den Magnetismus vollständig absieht,

---

[1]) Diese Arbeit hat eine Berichtigung erfahren, vgl. die Bemerkung auf S. 359 dieses Bandes, Nr. 87.

[2]) Hier sind die Versuche gemeint, die A. v. Ettingshausen auf Anregung Boltzmanns über den thermomagnetischen Effekt beim Wismut machte. D. H.

dessen Wirkung übrigens in einer langen Platte vorwiegend nur an den beiden Enden Temperaturveränderungen hervorrufen könnte, worüber ich mir Versuche vorbehalte.

Sei δ die Dicke, β die Breite und λ die Länge der Platte; in der Richtung von λ fließe der Strom von der Gesamtintensität $J = J_1 \beta \delta$, die Magnetkraft wirke in der Richtung von δ; senkrecht auf beide, also in der Richtung β, sei die Abszissenachse gezogen und der Mittelpunkt der Platte sei Koordinatenursprung. Wenn ferner k_i das Wärmeleitungsvermögen der Platte, k_a die Wärmeabgabskonstante an die Umgebung, deren Temperatur überall als gleich vorausgesetzt wird, und ϑ den Überschuß der Temperatur eines Punktes der Platte über die der Umgebung bezeichnet, so ist die Wärmemenge, welche durch einen zur Abszissenachse senkrechten Querschnitt, dessen Abszisse x ist, in der Richtung der wachsenden x hindurchfließt,

$$Q = - k_i \lambda \delta \cdot \frac{d\vartheta}{dx} + a J_1 M \lambda \delta$$

a ist positiv, wenn die Wärme durch die Magnetkraft $+M$ bei der Stromrichtung $+J$ in der Richtung der positiven x getrieben wird.

In der Schicht der Platte, welche zwischen den beiden Querschnitten x und $x + dx$ liegt, sammelt sich infolge des Wärmestromes in der Zeiteinheit die Wärmemenge

$$q_1 = - \frac{dQ}{dx} dx = k_i \lambda \delta \cdot \frac{d^2 \vartheta}{dx^2} \cdot dx$$

an; in derselben Schicht entwickelt der Strom in der Zeiteinheit die Joulesche Wärmemenge

$$q_2 = \gamma \cdot J_1{}^2 \frac{\lambda dx \delta}{\varkappa};$$

hierbei ist $\varkappa$ die spezifische Leitungsfähigkeit und γ die Wärmemenge, welche der Strom 1 in der Zeiteinheit im Widerstande 1 entwickelt.

Die Wärmemenge, welche die beiden Seiten dieser Schichte in der Zeiteinheit an die Umgebung abgeben, ist

$$q_3 = 2 k_a \cdot \lambda dx \vartheta,$$

da die gesamte Wärme abgebende Fläche den Inhalt $2 \lambda dx$ hat.

Für den stationären Zustand muß $q_1 + q_2 = q_3$ sein, was für ϑ die Differentialgleichung liefert

$$(1) \qquad k_i \delta \frac{d^2 \vartheta}{dx^2} = 2 k_a \vartheta - \frac{\gamma}{\varkappa} J_1{}^2 \delta.$$

Die Bedingung, daß an den beiden Endquerschnitten, für welche $x = \pm \beta/2$ ist, keine Wärmeanhäufung stattfinde, liefert für diese Werte von x

$$(2) \qquad - k_i \frac{d\vartheta}{dx} + a J_1 M = \pm k_a \cdot \vartheta,$$

wobei das positive Zeichen für $x = + \beta/2$, das negative für $x = - \beta/2$ gilt.

Diesen Gleichungen wird genügt, wenn man setzt

$$\vartheta = t + t',$$

wobei die Gleichungen, denen t resp. t' zu genügen haben, aus (1) und (2) gefunden werden, indem man γ resp. a je gleich Null setzt. Hierbei bedeutet t' die Temperaturerhöhung der Platte infolge Joulescher Wärme, t aber die „galvanomagnetische" Temperaturdifferenz zwischen den Stellen der Platte mit den Abszissen x und 0.

Obige Bedingungen liefern

$$t = \frac{a J M (e^{2bx} - e^{-2bx})}{\beta \sqrt{2 \delta k_a k_i}(e^{b\beta} + e^{-b\beta}) + k_a \beta \delta (e^{b\beta} - e^{-b\beta})},$$

wobei

$$b = \sqrt{\frac{k_a}{2 k_i \delta}}.$$

Die *Temperaturdifferenz* an den Plattenrändern reduziert sich daher, falls $b\beta$ groß gegen die Einheit ist, auf

$$\varDelta = \frac{2 a J M}{\beta \sqrt{2 \delta k_a k_i} + k_a \beta \delta};$$

ist dagegen $b\beta$ klein, so wird

$$\varDelta = \frac{a J M}{k_i \delta}.$$

85.

Über einen von Prof. Pebal vermuteten thermochemischen Satz, betreffend nicht umkehrbare elektrolytische Prozesse.[1])

(Wien. Ber. **95.** S. 935—941. 1887.)

Prof. Pebal teilte mir wenige Tage vor dem schrecklichen Unglücke, das ihn so plötzlich dahinraffte, einige Ideen zu einer Untersuchung mit, welche er nach Abschluß seiner Versuche über spezifische Wärme sofort in Angriff zu nehmen gedachte. Wiewohl diese Ideen, weit entfernt ein abgeschlossenes Ganzes zu bilden, vielmehr nur ein flüchtig skizzierter Plan einer künftigen Arbeit sind, so scheint es mir doch die Wichtigkeit derselben zu gebieten, sie der Vergessenheit zu entreißen; vielleicht wird hierdurch ein anderer Forscher angeregt werden, den betreffenden Gegenstand weiter zu verfolgen. Unter den nachgelassenen Papieren fanden sich mit Ausnahme einer Zahlentabelle keine geordneten Aufzeichnungen hierüber. Ich bin daher ganz auf jene gesprächsweisen Mitteilungen angewiesen, von denen wir damals nicht ahnten, daß sie die Grundlage zu einer Publikation werden sollten, und kann daher, wiewohl ich überzeugt bin, die Grundidee Prof. Pebals richtig wiederzugeben, doch bezüglich der Details keine Verantwortung übernehmen.

Die auseinanderzusetzenden Betrachtungen schließen sich an die Anwendung des zweiten Hauptsatzes der mechanischen Wärmelehre auf elektrolytische Prozesse durch Helmholtz[2])

[1]) Voranzeige dieser Arbeit Wien. Anz. **24.** S. 128. 5. Mai 1887.

[2]) v. Helmholtz, Ges. Abhandl. **2.** S. 958.

an. Dieser betrachtete die sogenannten umkehrbaren elektrolytischen Vorgänge, welche folgendermaßen charakterisiert sind: Wird durch eine der Polarisation p entgegengesetzte nur unendlich wenig größere Potentialdifferenz Elektrizität durch die Zersetzungszelle getrieben (Fall I), so findet unendlich langsame Abscheidung der Ionen statt; wird dagegen umgekehrt ohne Anwendung einer primären zersetzenden Batterie die Zelle durch einen sehr großen Widerstand in sich geschlossen, so muß daselbst genau derselbe Prozeß wie früher in gerade umgekehrter Ordnung erfolgen. Die Ionen müssen sich in derselben Weise, wie sie früher getrennt wurden, nun wieder vereinigen; die Zelle wird dabei von einem sehr schwachen Strom in der entgegengesetzten Richtung durchflossen, dessen elektromotorische Kraft nur unendlich wenig von p verschieden sein darf. Im letzteren Falle (dem Falle II) spielt die Zelle die Rolle eines gewöhnlichen galvanischen Elementes (umkehrbares Element). p muß in beiden Fällen wenigstens für kleine Stromintensität von dieser unabhängig sein.

Helmholtz berechnete nun aus dem zweiten Hauptsatze, daß in einem derartigen Elemente allemal keine sekundäre Wärme entwickelt wird, sobald p von der absoluten Temperatur ϑ unabhängig ist. Ist dagegen p Funktion von ϑ, so muß dem Elemente, sobald es im Falle II durch die Zeit t von einem Strom von der Intensität I durchflossen wird, die Wärmemenge

$$\alpha \vartheta I t \frac{dp}{d\vartheta} \tag{1}$$

zugeführt werden, um seine Temperatur konstant zu erhalten. Die gleiche Wärmemenge müßte natürlich umgekehrt im Falle I der umkehrbaren Zersetzungszelle behufs Konstanterhaltung ihrer Temperatur entzogen werden. Es versteht sich von selbst, daß obiger Ausdruck positiv oder negativ ist, je nachdem p mit steigender Temperatur wächst oder abnimmt. α ist das Wärmeäquivalent der Arbeitseinheit.

Da die Schlüsse Helmholtz' notwendige Konsequenzen des zweiten Hauptsatzes der mechanischen Wärmelehre sind, so konnte nur noch die Frage sein, inwieweit die von Helmholtz gemachten Voraussetzungen an galvanischen Elementen und

Zersetzungszellen realisiert werden können. Czapski[1]) und Gokel[2]) unternahmen zuerst dahin abzielende Experimente und fanden zwar qualitative Übereinstimmung, ohne jedoch einen quantitativen Nachweis für die Richtigkeit des Helmholtzschen Satzes liefern zu können. Diesen erbrachte erst Jahn[3]) auf Veranlassung Prof. Pebals für mehrere galvanische Elemente. Es war somit erwiesen, daß sich wirklich eine ganze Reihe galvanischer Elemente finden lasse, für welche die Voraussetzungen Helmholtz, mit genügender Annäherung realisiert sind. War also auch die praktische Anwendbarkeit des Helmholtzschen Satzes auf einige Elemente außer Zweifel gesetzt, so war diese doch noch immer eine beschränkte, da der weitaus größte Teil der galvanischen Elemente und Zersetzungszellen die Bedingung der Umkehrbarkeit nicht erfüllt. Es ist z. B. nicht möglich, durch Leitung eines entgegengesetzt gerichteten elektrischen Stromes durch ein längere Zeit gebrauchtes Bunsensches Element, das Stickoxyd und die Untersalpetersäure wieder zu Salpetersäure zu oxydieren. Prof. Pebal schloß nun etwa folgendermaßen: In den meisten Fällen, auf welche der zweite Hauptsatz der mechanischen Wärmetheorie angewendet wurde, wie in der Theorie der Dampfmaschine, der Änderung des Aggregatzustandes durch Wärme, der Gasdiffusion usw. sind die unmittelbar sich bietenden Vorgänge nicht umkehrbar; sie müssen vielmehr erst durch ideale ersetzt werden, bei denen jede plötzliche Energieverwandlung, jede endliche Temperaturdifferenz, jede direkte Mischung usw. vermieden werden. In ähnlicher Weise kann vielleicht auch der Helmholtzsche Satz für alle elektrolytischen Prozesse nutzbar gemacht werden, indem man die plötzlichen Energieverwandlungen daselbst durch umkehrbare zu ersetzen sucht.

Im Falle der Gasentwicklung an einer Elektrode ist der rein elektrolytische Vorgang umkehrbar; dagegen können die aufsteigenden Gasblasen nicht auf umgekehrtem Wege wieder zur Elektrode zurückgebracht und so ein die Zersetzungszelle in entgegengesetzter Richtung durchfließender Strom unter

---

[1]) Czapski, Wied. Ann. 21. S. 209. 1884.

[2]) Gokel, Wied. Ann. 24. S. 618. 1885.

[3]) Jahn, Wied. Ann. 28. S. 22, 491 u. 498. 1886.

exakter Umkehrung aller früheren Prozesse kontinuierlich erhalten werden. Dies wäre aber ganz wohl möglich, wenn z. B. das Gas zunächst in der elektrolysierten Flüssigkeit absorbiert würde und erst an deren Oberfläche langsam entwiche. Wäre dann der Partialdruck des Gases über der Flüssigkeit so groß, daß die Flüssigkeit immer nahe mit Gas gesättigt wäre, so könnte bei der einen Stromrichtung immer Gas entwickelt, bei der anderen in vollkommen umgekehrter Weise absorbiert werden. Dasselbe würde auch gelten, wenn das entwickelte Gas fortwährend an der Oberfläche der Elektrode kondensiert und längs derselben langsam in einen mit demselben Gase erfüllten Raum wandern würde, was gewisse Ähnlichkeit mit Groves Gasbatterie hätte. Ich will dies als zwei ideale Fälle der Gasentwicklung[1]), das Aufsteigen von Blasen dagegen als den realen Fall der Gasentwicklung bezeichnen. In den ersten Fällen müßte in der Zersetzungszelle eine sekundäre Wärme entwickelt werden, welche durch die Formel (1) gegeben ist. Die in der realen Zersetzungszelle, in welcher das Gas in Blasenform aufsteigt, entwickelte Wärme ist offenbar um jene Wärmemenge kleiner, welche bei der Absorption jener Blasen in der Flüssigkeit oder deren Kondensation an der Oberfläche der Elektrode frei wird, da jene Wärmemenge durch das Lostrennen der Blasen von der Oberfläche und ihr Aufsteigen in der Flüssigkeit aus dem Wärmevorrate der Zelle verbraucht wird. Namentlich im Falle der Kondensation an der Elektrodenoberfläche sieht man, daß jene letztere Wärmemenge nur von der Natur der Elektrode und des entwickelten Gases, nicht aber vom elektrolysierten Salze abhängt. Mag auch Prof. Pebal vielleicht an andere Methoden der Einsetzung der realen elektrolytischen Vorgänge durch umkehrbare gedacht haben, sicher wurde er durch Überlegungen ähnlicher Art auf die Vermutung gebracht, daß sobald an der einen Elektrode ein umkehrbarer Vorgang, an der anderen dagegen Gasentwicklung stattfindet, die in der Zelle wirklich entwickelte Wärme um einen Betrag $\varkappa$ kleiner ist, als die durch Formel (1) ausgedrückte, welcher nur von der Natur des

---

[1]) Streng genommen ist natürlich nur ein einziger vollkommen umkehrbarer Modus möglich, welcher beide Fälle vereint.

freiwerdenden Gases abhängt. Fände an beiden Elektroden Gasentwicklung statt, so sollte von der nach Formel (1) berechneten Wärme die Summe der Beträge $\varkappa$ und $\varkappa'$ abzuziehen sein, welche der Entwicklung jedes Gases für sich entsprächen.

Da die Formel (1) bloß die sekundäre Wärme gibt, so muß man, um die gesamte Wärmetönung des in der idealen Zelle vor sich gehenden Prozesses zu finden, dazu noch die elektrische Energie $\alpha I p t$ der Zelle addieren, und zwar nahm Prof. Pebal beide Größen mit gleichem Zeichen, was er damit rechtfertigte, daß man es mit einer Zersetzungszelle, nicht aber mit einem galvanischen Elemente zu tun hat. Die Summe

$$Q_1 = \alpha I p t + \alpha I \vartheta t \frac{dp}{d\vartheta}$$

verglich er dann mit der Wärmetönung Q des chemischen Prozesses in der Zersetzungszelle und seine Vermutung ging dahin, daß die Differenz $Q_1 - Q$ für alle Prozesse, bei welchen nur ein Gas entwickelt wird, einen bestimmten diesem Gase eigentümlichen Wert besitzen müsse. Treten dagegen zwei Gase auf, so müßte $Q_1 - Q$ gleich der Summe der Werte sein, welche jedem Gase für sich eigentümlich sind. In der folgenden Tabelle sind die Zahlenwerte für einige Substanzen zusammengestellt; die Tabelle fand sich, bis auf die letzten beiden (Kupfernitrat und Bleiacetat betreffenden und von mir nachgetragenen) Zeilen, im Nachlasse Prof. Pebals vor. Die Werte von Q sind den Beobachtungen Thomsens, der Wert von $dp:d\vartheta$ für H_2SO_4 denen Raoults, alle übrigen denen Jahns (l. c.) entnommen. Die Wärmemengen sind in Grammkalorien angegeben, unter It ist jene Elektrizitätsmenge in Coulomb verstanden, welche 2 mg Wasserstoff abscheidet, und auf das elektrolytische Äquivalent dieser Wasserstoffmenge bezieht sich natürlich auch der Wert von Q. p ist in Volt ausgedrückt gedacht und demgemäß α das thermische Äquivalent des Voltampère. Die Wärmemengen müßten daher mit 500 multipliziert werden, wenn man jene Wärmemenge in Grammkalorien erhalten wollte, welche der Entwicklung oder dem Verbrauche der Substanzmenge entsprechen, die einem Gramme Wasserstoff elektrolytisch äquivalent ist, z. B. 8 g Sauerstoff.

	$\alpha I t p$	$\alpha I t \vartheta \frac{dp}{d\vartheta}$	Q_1	Q	$Q_1 - Q$
H_2SO_4	110,07	69,10	179,17	68,46	110,81
$2(AgNO_3)$ . . .	56,23	20,36	76,59	16,78	59,81
$CuSO_4$	76,51	42,19	118,70	55,96	62,74
$Pb(NO_4)_2$ . . .	98,78	29,66	128,44	68,07	60,37
$ZnSO_4$	125,14	37,02	162,16	106,09	56,07
$Zn(C_2H_3O_2)_3$ . .	120,95	40,35	161,30	100,71	60,59
$Cu(NO_3)_2$ . . .	75,41	41,46	116,87	52,41	64,46
$Pb(C_2H_3O_2)_2$ . .	94,17	23,69	117,86	65,77	52,09

Bedenkt man die große Unsicherheit, welche sowohl den Thomsenschen, als auch den galvanischen Beobachtungen notwendig anhaftet, letzteren namentlich für die beiden letzten Substanzen wegen ihrer großen Neigung zur Bildung basischer Salze, so kann man eine bessere Übereinstimmung kaum erwarten. Man darf also aus diesen Zahlen wohl den Schluß ziehen, daß $Q_1 - Q$ für alle Substanzen, bei denen bloß Sauerstoffentwicklung auftritt, einen nahe konstanten Wert (im Mittel 59,45), für die erste Substanz H_2SO_4 aber, wo sich Sauerstoff und Wasserstoff entwickelt, fast den doppelten Wert hat. Dagegen ist die Größe $Q_1 - Q$ viel zu groß, als daß daran gedacht werden könnte, daß sie die bloße Kondensationswärme von 16 mg Sauerstoff in Grammkalorien darstellen könne. Prof. Pebal dachte daher, sie stelle vielleicht die Dissoziationswärme der Moleküle dieses Sauerstoffquantums in einzelne Atome, vielleicht noch vermehrt um die Überführungswärme des Sauerstoffs aus dem kondensierten in den gasförmigen Aggregatzustand dar, indem etwa durch den elektrolytischen Vorgang die Sauerstoffatome einzeln abgeschieden würden und ihre Vereinigung zu Molekülen erst ein sekundärer Prozeß sei, welcher bei Aufstellung der Formel für die Wärmeentwicklung nicht mehr einzubeziehen sei. Allein selbst unter dieser Hypothese schienen ihm die Werte für $Q_1 - Q$ zu hoch. Er wollte daher vor allem Versuche anstellen, um die Werte dieser Größe für andere Gase und deren Abhängigkeit von der Lösungsflüssigkeit und dem Elektrodenmateriale zu bestimmen, sowohl, wenn nur an einer, als auch, wenn an beiden Elektroden Gasentwicklung stattfände. Auch sollte die Abhängigkeit der galvanischen Polarisation und besonders ihres Temperaturkoeffizienten $dp:d\vartheta$ von absorbierten und an der Elektrode kondensierten Gasen untersucht werden. Wie eingreifend auch die Veränderungen sein mögen, welche die hier skizzierte Betrachtungsweise wird erfahren müssen, so glaube ich doch, daß die Grundidee Prof. Pebals einer derartigen Zurückführung nicht umkehrbarer elektrolytischer Prozesse auf umkehrbare eine glückliche ist, und daß deren Veröffentlichung willkommene Anregung zu weiteren Experimenten und Spekulationen geben wird.

86.

Über einige Fragen der kinetischen Gastheorie.[1])

(Wien. Ber. 96. S. 891—918. 1887 und Phil. Mag. (5) 25. S. 81—103. 1888.)

§ 1. Über das Avogadrosche Gesetz und den Reibungskoeffizienten.

Ich hatte in meinen früheren Abhandlungen über das Wärmegleichgewicht eines Gemisches zweier Gase nirgends des physikalisch wenig wichtigen Falles Erwähnung getan, daß die Moleküle des einen der gemischten Gase untereinander nur relativ selten zum Zusammenstoße gelangen, oder daß die Zahl (N_1) der Moleküle in der Volumeneinheit für das eine Gas unverhältnismäßig kleiner ist, als die (N_2) für das andere.

In bezug hierauf zählt Hr. Tait in seiner ersten Abhandlung in den Verhandlungen der königl. Gesellschaft zu Edinburgh[2]) über diesen Gegenstand auf S. 78 unter den zum Beweise des Avogadroschen Gesetzes notwendigen Voraussetzungen auf: „That there is perfectly free access for collision between each pair of particles, whether of the same or of different systems; and that, in the mixture the number of particles of one kind is not overwhelmingly greater than that of the other kind“, und knüpft hieran die Bemerkung: „This is one of the essential points which seem to be wholly ignored by Boltzmann and his commentators. There is no proof given by them that one system, while regulating by its internal collisions the distribution of energy among its own members, can also by impacts regulate the distribution of energy among the members of another system, when these are not free to collide with one another. — In fact, if (to take an extreme

[1]) Voranzeige dieser Arbeit Wien. Anz. 24. S. 228. 6. Oktober 1887.

[2]) Tait, Transact. of the Roy. soc. of Edinb. 33. Tl. 1. S. 65, 1886; im Auszuge Phil. Mag. (5) 21. S. 343. 1886.

case) the particles of one system were so small, in comparison whit the average distance between any two contiguous ones, that they practically had no mutual collisions, they would behave towards the particles of another system much as Le Sage supposed his ultra-mundane corpuscles to behave towards particles of gross matter etc.“

Gegen diesen Vorwurf suchte ich sowohl mich, als jene, welche später in ihren Forschungen einen ähnlichen Ideengang einschlugen und welche Hr. Tait wahrscheinlich unter der Bezeichnung „commentators“ versteht, in der Abhandlung „Über die zum theoretischen Beweise des Avogadroschen Gesetzes erforderlichen Voraussetzungen“[1]) zu verteidigen, indem ich daselbst S. 241[2]) die allgemeine Gleichung bewies:[3])

$$\frac{2}{\pi}\frac{dE}{dt}=\int_0^\infty\int_0^\infty\int_0^\pi\int_0^{\pi/2}\int_0^{2\pi} v^2V^2 r\tau s\sigma\, dv\, dV\cdot dT\cdot dS\cdot dO$$

$$\times\left[\lambda^2(f'f_1'-ff_1)l\frac{ff_1}{f'f_1'}+\Lambda^2(F'F_1'-FF_1)l\frac{FF_1}{F'F_1'}\right.$$

$$\left.+2\delta^2(f'F_1'-fF_1)l\frac{fF_1}{f'F_1'}\right].$$

Bei Ableitung dieser Gleichung habe ich dort im übrigen genau dieselben Voraussetzungen zugrunde gelegt, welche auch Hr. Tait machte, nur daß ich über die relative Größe der Durchmesser λ und Λ der Moleküle beider Gase, sowie über den Größenwert des Verhältnisses $N_1:N_2$ nicht die mindeste Annahme gemacht habe. Für den stationären Zustand muß $dE:dt$ verschwinden, woraus, wie ich wiederholt nachwies, folgt:

[1]) L. Boltzmann, Wien. Ber. **94.** (Dieser Band Nr. 81.)

[2]) Dieses Bandes.

[3]) Die daselbst ausgeführten Rechnungen ließen sich ebenso wie die auf das Wärmegleichgewicht schwerer Gase bezüglichen (vgl. § 4 des Textes) durch Anwendung der in jenem Paragraph ausführlich erörterten Methode Lorentz's bedeutend vereinfachen. Auf die Möglichkeit anderer weiterer Vereinfachungen, namentlich mit Hilfe des äußerst fruchtbaren Satzes, daß für die relative Geschwindigkeit nach dem Zusammenstoße bei gegebener Größe und Richtung der Geschwindigkeiten vor dem Zusammenstoße, dagegen willkürlicher Richtung der Centrilinie jede Richtung im Raume gleich wahrscheinlich ist, machte mich Hr. Burbury gütigst brieflich aufmerksam, und ich werde auf alle diese Punkte vielleicht später einmal zurückkommen.

1. *daß jedes der Gase die Maxwellsche Geschwindigkeitsverteilung (wie Hr. Tait sagt, den speziellen Zustand) annimmt,*
2. *daß die mittlere lebendige Kraft eines Moleküls für beide Gase gleich wird.*

Lediglich, um zu rechtfertigen, daß ich in meinen früheren Abhandlungen die Fälle, wo $\lambda : \varLambda$ oder $N_1 : N_2$ sehr kleine oder sehr große Werte haben, nicht speziell erwähnt hatte, wies ich nun darauf hin, daß diese Sätze für beliebige Werte von λ, $\varLambda$ und δ gelten; folglich auch, wenn $\lambda = 0$ und nur $\varLambda$ und δ von Null verschieden sind, ja sogar wenn $\lambda = \varLambda = 0$ und nur δ von Null verschieden wäre, was auf die Annahme hinausliefe. daß weder die Moleküle der ersten Gasart unter sich, noch die der zweiten unter sich, sondern bloß die Moleküle erster mit denen zweiter Art zusammenstießen. Es ist mir ganz unbegreiflich, wie Hr. Tait in einer zweiten Abhandlung in den „Edinburgher Verhandlungen"[1]) die Sache so darstellen kann, als ob diese letztere Annahme eine Grundannahme wäre, die ich meinen Entwicklungen vorausschickte, so daß meine Entwicklungen nur unter Voraussetzung dieser letzteren Annahme gelten würden.

Wenn der Molekulardurchmesser für die eine Gasart sehr viel kleiner als für die andere ist, so daß z. B. λ nahe $= 0$, $\varLambda$ nahe $= 2\delta$ ist, so tritt der von Hrn. Tait im obigen Zitat besprochene Fall ein, daß die Moleküle der ersteren Gasart untereinander sehr selten, dagegen oft mit denen der zweiten Gasart zusammenstoßen. Aus obiger Formel folgt unmittelbar, daß auch dann die Moleküle der ersten Gasart bloß durch ihre Zusammenstöße mit denen der anderen Gasart in den speziellen Zustand versetzt und die mittlere lebendige Kraft eines Moleküls für beide Gase gleich werden muß, und zwar sehr rasch, wenn nur die Zusammenstöße von Molekülen erster mit solchen zweiter Art sehr häufig geschehen.[2]) Es gibt

[1]) Transact. of the Roy. soc. of Edinb. **33.** Tl. 2. S. 251. 1887; im Auszuge Phil. Mag. (5) **23.** S. 141 und 433.

[2]) Nur wenn die Moleküle einer bestimmten Gattung sowohl untereinander, als auch mit den übrigen nur sehr selten zusammenstoßen, dann wird selbstverständlich der spezielle Zustand von diesen auch sehr spät erreicht. Dies nicht erwähnt zu haben, kann aber weder mir, noch einem meiner Kommentatoren zum Vorwurfe gereichen, da dazu nicht die mindeste Veranlassung war.

dieser Fall das klarste Beispiel, daß der spezielle Zustand und das Avogadrosche Gesetz auch unter Umständen gelten, welche Hr. Tait ausdrücklich von ihrem Gültigkeitsbereiche ausschließt.

Auch die zweite eben erwähnte Abhandlung Hrn. Taits enthält nicht den mindesten Beweis, daß in diesem einfachsten Falle die Gültigkeit des Avogadroschen Gesetzes aufhöre oder eines der Gase den speziellen Zustand nicht annehme oder daß sonst der im obigen Zitate enthaltene Vorwurf in irgend einem Punkte gerechtfertigt wäre. Denn aus dem Umstande, daß in diesem Falle Taits Beweis des Avogadroschen Satzes nicht mehr anwendbar ist, folgt doch offenbar noch nicht, daß der Satz selbst zu gelten aufhört. Letztere Abhandlung enthält vielmehr bloß allgemeine, durch englische und griechische Zitate gestützte Phrasen, daß meine Annahmen unzulässig seien; wie aber, wenn die bloße Annahme dieser Fälle unzulässig ist, konnte es mir zum Vorwurfe gemacht werden, sie in meinen früheren Abhandlungen ignoriert zu haben? Wie kann Hr. Tait nun wieder S. 255 behaupten: „I have not yet seen any attempt to prove that two sets of particles, which have no internal collisions, will by their mutual collisions tend to the state assumed by Professor Boltzmann", nachdem er nicht ein Wort zur tatsächlichen Widerlegung meines Beweises gesagt hat, ja im Phil. Mag. sogar dessen Richtigkeit zugibt, freilich ohne ihn gelesen zu haben. Aber dies scheint überhaupt die Gewohnheit meines illustren Herrn Kritikers zu sein, die Arbeiten derjenigen, über die er urteilt, nicht zu lesen. Nur dadurch ist es erklärlich, daß er auf S. 260 seiner zweiten Abhandlung diejenige Formel für den Reibungskoeffizienten als neu entwickelt, die ich in meiner Abhandlung „Zur Theorie der Gasreibung", zweiter Teil[1]), wesentlich in derselben Weise wie Hr. Tait bereits entwickelt und als Formel (9), S. 436[2]), angeführt habe. Der Koeffizient von B in dem Ausdrucke, welchen Hr. Tait in der 14. Zeile v. o. der zitierten Seite mitteilt, ist der Reibungskoeffizient. Substituiert man in diesem Koeffizienten für C_1 den von Hrn. Tait auf S. 257 gegebenen Wert und vertauscht die Buchstaben P

[1]) Wien. Ber. 84. (Diese Sammlung Bd. II, Nr. 58.)

[2]) Des II. Bandes dieser Sammlung.

und s mit m resp. δ, so erhält man genau meine Formel (9). Natürlich stimmt auch meine Formel (8) auf S. 435 [1]) vollkommen mit dem von Hrn. Tait auf S. 73 seiner ersten Abhandlung für ev gefundenen Werte, welchen übrigens schon vor mir O. E. Meyer berechnet hatte.

Hr. Tait hätte sich, falls er meine Abhandlung gelesen hätte, auch die Mühe der numerischen Auswertung des bestimmten Integrals ersparen können, da ich auch den numerischen Wert von $C_1 : 3\pi = 0{,}0889426$ in der besagten Formel (9) bereits mitgeteilt habe, woraus durch Multiplikation mit $3\pi = 9{,}42478$ genau der Taitsche Wert $C_1 = 0{,}838$ folgt, nur daß ich größere Genauigkeit anstrebte.

Wenn ich daselbst die Diffusion und Wärmeleitung nicht nach derselben Methode behandelt habe, welche nun Hr. Tait nochmals eingeschlagen hat, so geschah dies bloß, teils weil die betreffenden Rechnungen ohnedies mit Leichtigkeit nach derselben Schablone ausgeführt werden können, teils deshalb, weil, wie ich sowohl an der eben zitierten Stelle, als auch im ersten Teile meiner „Theorie der Gasreibung" [2]) zu Anfang des I. Abschnittes nachgewiesen habe, diese Methode nicht das leistet, was sie auf den ersten Blick zu leisten scheint. Es sind in diesem von mir zuerst berechneten Ausdrucke für den Reibungskoeffizienten geradeso wie in den älteren Ausdrücken von Maxwell usw. Glieder von derselben Größenordnung wie die Ausschlag gebenden vernachlässigt, und man kann daher nicht einmal wissen, ob er der Wahrheit näher kommt als jene.

Es kommt dies auch in der großen Unsicherheit des Resultates zum Ausdrucke, zu welchem diese Methode führt. Hr. O. E. Meyer hat in seinem Buche: „Die kinetische Theorie der Gase", Breslau 1877, schon früher einen im wesentlichen ähnlichen Gedankengang auf einem allerdings etwas weitschweifigeren, aber doch im Grunde genommen gleichberechtigten Wege verfolgt und gelangte auf S. 320 zu einem verschiedenen numerischen Resultate.

Wollte man durchaus möglichst wenig Glieder von der Größenordnung des Reibungskoeffizienten vernachlässigen, so

---

[1]) Des II. Bandes dieser Sammlung.

[2]) Wien. Ber. **91**. (Diese Sammlung Bd. II, Nr. 57.)

müßte man an der von mir und Tait angewandten Methode noch eine Verbesserung anbringen, welche in der Tat zum numerischen Resultate Hrn. O. E. Meyers führt; man müßte nämlich berücksichtigen, daß jedes Molekül während seines Weges Schichten durchwandert, in denen eine verschiedene progressive Massenbewegung herrscht, daß also die Wahrscheinlichkeit des Zusammenstoßes in jeder Schicht einen etwas anderen Wert hat. Schließen wir uns ganz an die Bezeichnungen Hrn. Taits an, so müßte unter Berücksichtigung dieses Umstandes seine Schlußweise etwa folgendermaßen modifiziert werden. Wie auf S. 259 seiner zweiten Abhandlung soll die der yz-Ebene parallele Gasschicht, welche die Abszisse x hat, sich mit der mittleren Geschwindigkeit Bx parallel der Y-Achse bewegen. Sind in der Volumeneinheit im Ganzen n Moleküle, so werden nach Hrn. Tait von der Flächeneinheit der Schicht, welche zwischen x und $x + dx$ liegt, in der Zeiteinheit

$$n \cdot \nu \cdot e \cdot v \cdot dx$$

Moleküle ausgesendet, deren Geschwindigkeiten zwischen v und $v + dv$ liegen. Wir wollen das Produkt ev mit $f(v)$ bezeichnen. Setzen wir ferner

$$\nu = \sqrt{\frac{h^3}{\pi^3}}\, e^{-h(p^2+q^2+r^2)}\, dp\, dq\, dr\,,$$

so erhalten wir

$$N_0 = n\, dp\, dq\, dr\, dx \sqrt{\frac{h^3}{\pi^3}}\, e^{-h(p^2+q^2+r^2)} f\left(\sqrt{p^2+q^2+r^2}\right)$$

für die Zahl der von der Schicht ausgesandten Moleküle, deren Geschwindigkeit relativ gegen die Gesamtbewegung der Schicht nach den drei Koordinatenrichtungen Komponenten hat, die respektive zwischen den Grenzen p und $p + dp$, q und $q + dq$, r und $r + dr$ liegen. Da aber die Schicht selbst die Geschwindigkeit Bx in der Richtung der Y-Achse hat, so liegen die Komponenten der absoluten Geschwindigkeit dieser ausgesandten Moleküle zwischen den Grenzen p und $p + dp$, $q + Bx$ und $q + Bx + dq$ und r und $r + dr$. Von diesen N_0 Molekülen sollen N, ohne weiter zusammenzustoßen, die Ebene mit der Abszisse ξ erreichen. Wir denken uns ferner die Schicht, welche zwischen ξ und $\xi + d\xi$ liegt, konstruiert und fragen, wie viele unserer N Moleküle in dieser Schicht zum Zusammenstoße gelangen. Wie Hr. Tait in der ersten Abhandlung, S. 73, findet, gelangen in einer Schicht, deren mittlere Geschwindigkeit Null ist, während der Zeit dt von N Molekülen, welche sich alle mit derselben Geschwindigkeit v bewegen, $N \cdot e \cdot v \cdot dt = Ndt : f(v)$ Moleküle zum Zusammenstoße.

Im obigen Falle haben die N Moleküle die Geschwindigkeitskomponenten p, $q + Bx$, r in den Richtungen der Koordinatenachsen, die Schicht selbst aber hat die mittlere Geschwindigkeit $B\xi$ in der Richtung der Y-Achse; die relative Bewegung ist daher geradeso, als ob die Schicht selbst ruhte, die N Moleküle aber die Geschwindigkeit

$$v = \sqrt{p^2 + (q + Bx - B\xi)^2 + r^2}$$

hätten. Die Zeit dt, welche jedes der N Moleküle braucht, um die Schicht zu durchlaufen, ist $d\xi : p$. Da die Zahl der Zusammenstöße offenbar bloß von der relativen Bewegung abhängt, so ist die Zahl derjenigen unserer N Moleküle, welche in der Schicht $d\xi$ zum Zusammenstoße gelangen

$$Nf(\sqrt{p^2 + (q + Bx - B\xi)^2 + r^2}) \cdot \frac{d\xi}{p}.$$

Dieser Ausdruck gibt zugleich an, um wieviel die Zahl N in der Schicht $d\xi$ abnimmt, kann also mit $-dN$ bezeichnet werden. Wenn die Gesamtgeschwindigkeit der Schichten sehr klein ist gegen die Geschwindigkeit der Molekularbewegung, so kann B als sehr klein vorausgesetzt und die Funktion f nach dem Taylorschen Lehrsatze entwickelt werden. Schreibt man noch

$$f \text{ für } f(\sqrt{p^2 + q^2 + r^2}) \quad \text{und} \quad f' \text{ für } f'(\sqrt{p^2 + q^2 + r^2}),$$

wobei der angehängte Strich die abgeleitete Funktion bezeichnet, so wird demgemäß:

$$-dN = N\left(f + qBf' \frac{x - \xi}{\sqrt{p^2 + q^2 + r^2}}\right)\frac{d\xi}{p},$$

$$N = N_0 e^{-\frac{\xi f}{p} - \frac{qB\xi(2x - \xi)f'}{2p\sqrt{p^2 + q^2 + r^2}}}$$

oder, da B als sehr klein vorausgesetzt wurde,

$$N = N_0 \cdot \left[1 - \frac{qB\xi(2x - \xi)f'}{2p\sqrt{p^2 + q^2 + r^2}}\right] \cdot e^{-\frac{\xi f}{p}}.$$

Setzen wir hierin $\xi = x$, so erhalten wir die Anzahl derjenigen unserer N_0 Moleküle, welche die YZ-Koordinatenebene ohne Zusammenstoß erreichen. Da jedes dieser Moleküle die Geschwindigkeitskomponente $q + Bx$ in der Richtung der Y-Achse besitzt, so finden wir das gesamte, durch die Flächeneinheit der YZ-Ebene in der Zeiteinheit von rechts nach links hindurchgetragene, nach der Y-Achse geschätzte Bewegungsmoment M, indem wir mit $P(q + Bx)$ multiplizieren und bezüglich x von Null bis ∞, bezüglich p von $-\infty$ bis Null, bezüglich q und r aber von $-\infty$ bis $+\infty$ integrieren. Dabei ist P die Masse eines Moleküls. Es ist also, wenn wieder B^2 vernachlässigt wird,

$$M = P \cdot n \sqrt{\frac{h^3}{\pi^3}} \int_{-\infty}^{+\infty} dq \int_{-\infty}^{+\infty} dr \int_{-\infty}^{0} dp \int_{0}^{\infty} f\, dx$$

$$\left(q + Bx - \frac{Bx^2 q^2 f'}{2p\sqrt{p^2 + q^2 + r^2}}\right) \cdot e^{-h(p^2+q^2+r^2)} \cdot e^{-\frac{xf}{p}}$$

Schon die vollständige Symmetrie bezüglich der YZ-Ebene zeigt, daß das gleiche, entgegengesetzt bezeichnete Bewegungsmoment von links nach rechts durch die YZ-Ebene hindurchgetragen wird, daß also der Reibungskoeffizient

$$\eta = 2M : B$$

ist. Die Integrationen werden ausgeführt, indem man

$$p = -v \cos\vartheta\,, \quad q = v \sin\vartheta \cos\lambda\,, \quad r = v \sin\vartheta \sin\lambda$$

setzt. Integriert man zuerst nach λ von Null bis 2π, dann nach x, so folgt zunächst:

$$\eta = 2Pn\sqrt{\frac{h^3}{\pi}} \int_0^\infty v^4 e^{-hv^2} dv \int_0^{\pi/2} d\vartheta \sin\vartheta \left(\frac{2\cos^2\vartheta}{f} - \frac{v\cos^2\vartheta \sin^2\vartheta f'}{f^2}\right).$$

Die Integration nach ϑ liefert

$$\eta = \frac{4}{3} Pn\sqrt{\frac{h^3}{\pi}} \int_0^\infty v^4 e^{-hv^2} dv \left(\frac{1}{f} - \frac{vf'}{5f^2}\right)$$

und die partielle Integration des negativen Gliedes

$$\eta = \frac{8}{15} P n \sqrt{\frac{h^5}{\pi}} \int_0^\infty \frac{v^6}{f} e^{-h v^2} dv .$$

Bedenkt man, daß, wenn s den Molekulardurchmesser bezeichnet,

$$f = e v = \pi n s^2 \sqrt{\frac{h^3}{\pi}} \left[\frac{1}{h^2} e^{-h v^2} + \left(\frac{1}{h^2 v} + \frac{2 v}{h} \right) \int_0^v e^{-h v^2} d v \right]$$

ist, so folgt

$$\eta = \frac{8 P}{15 \pi s^2 \sqrt{h}} \int_0^\infty \frac{x^7 e^{-x^2} dx}{x e^{-x^2} + (2 x^2 + 1) \int_0^x e^{-x^2} dx} .$$

Dies ist genau der von O. E. Meyer gefundene Ausdruck. Ich will nicht behaupten, daß er wesentlich genauer als der von mir und Hrn. Tait berechnete ist, da man nach anderen Methoden noch andere numerische Werte erhalten könnte; aber mindestens gleichberechtigt ist er ganz sicher. Dieser Wert ist etwa um den zwanzigsten Teil kleiner als der von Maxwell berechnete Wert des Reibungskoeffizienten, während der von Hrn. Tait berechnete Wert fast genau um ebensoviel größer ist.

Dasselbe, was hier von der Gasreibung ausführlich erörtert wurde, gilt natürlich auch von Hrn. Taits Berechnungsmethode der Diffusion und Wärmeleitung.

Noch zwei mit der Theorie der Gasreibung zusammenhängende Bemerkungen mögen hier Platz finden:

1. Wenn sich ein Gas als Ganzes mit der konstanten, sehr kleinen Geschwindigkeit b in der Richtung der y-Achse bewegt, ist die Zahl der Moleküle, deren absolute Geschwindigkeit zwischen v und $v + dv$ liegt und mit der positiven y-Achse einen Winkel einschließt, der zwischen ε und $\varepsilon + d\varepsilon$ liegt, gleich

$$2 n \sqrt{\frac{h^3}{\pi}} e^{-h v^2 - h b^2 + 2 h b v \cos \varepsilon} v^2 \sin \varepsilon \, d \varepsilon \, d v .$$

Faßt man alle Moleküle, welche eine gegebene absolute Geschwindigkeit v haben, ins Auge, so findet man für deren mittlere Geschwindigkeit parallel der y-Achse den Wert

$$\frac{v\int\limits_0^\pi e^{2hbv\cos\varepsilon}\cos\varepsilon\sin\varepsilon\,d\varepsilon}{\int\limits_0^\pi e^{2hbv\cos\varepsilon}\sin\varepsilon\,d\varepsilon}=v\left(\frac{e^{4hbv}+1}{e^{4hbv}-1}-\frac{1}{2hbv}\right),$$

der sich für kleine Werte von b auf $2hbv^2/3$ reduziert, welch letzteren Wert man natürlich noch einfacher findet, wenn man von vornherein b sehr klein annimmt. Die mittlere Geschwindigkeit parallel der y-Achse ist also nicht etwa für alle Moleküle gleich b, sondern größer für die geschwinderen Moleküle. Ist b nicht konstant, sondern gleich Bx, wie dies bei Gasreibung der Fall ist, so ist daher ebenfalls das mittlere Bewegungsmoment der Moleküle, welche die Geschwindigkeit v haben, nicht gleich PBx, sondern gleich $(2h/3)PBxv^2$. Läßt man alle Rechnungen Hrn. Taits vollkommen ungeändert, während man nur statt des Ausdruckes PBx, den er in der zweiten Abhandlung S. 260, Zeile 6 von oben einführt, den hier gefundenen Ausdruck $(2h/3)PBxv^2$ substituiert, so gelangt man ebenfalls zu der O. E. Meyerschen Formel für den Reibungskoeffizienten (vgl. II. Teil meiner „Theorie der Gasreibung", S. 437).[1]) Man hat dann von vornherein das richtige Korrektionsglied von der Größenordnung B an die Bewegung jedes Moleküls angebracht und kann im übrigen den speziellen Zustand eines ruhenden Gases der Rechnung zugrunde legen.

2. Ein Zustand eines einzelnen Gases, welcher total von dem speziellen verschieden ist, muß sich wohl ohne Zweifel mit ähnlicher Raschheit dem speziellen nähern, wie sich die mittlere lebendige Kraft eines Moleküls bei zwei gemischten Gasen ausgleicht, nicht aber müssen sich notwendig auch beliebige unbedeutende und eine bestimmte Gesetzmäßigkeit befolgende Abweichungen vom speziellen Zustande, wie sie durch Gasreibung usw. hervorgerufen werden, mit derselben Geschwindigkeit ausgleichen. Über diesen letzteren Punkt können, wie ich glaube, nur die Gleichungen Aufschluß geben, welche ich in meinen älteren Abhandlungen aufgestellt habe und

---

[1]) Des II. Bandes dieser Sammlung.

welche die Berechnung einer Größe erlauben, die für den speziellen Zustand ein Minimum wird. Der Unterschied des Wertes, den diese Größe für einen bestimmten Zustand hat, von diesem Minimalwerte, liefert dann das Maß, wie weit dieser Zustand vom speziellen abweicht; der Wert des Differentialquotienten dieser Größe nach der Zeit gibt die Geschwindigkeit, mit welcher sich dieser Zustand dem speziellen nähert.

Um wieder zum Beweise des Avogadroschen Gesetzes zurückzukehren, so wurde in dem, was eingangs über diesen Gegenstand gesagt wurde, sowie in allen meinen älteren Abhandlungen über das Verhältnis $N_1 : N_2$ keine beschränkende Annahme gemacht, aber doch vorausgesetzt, daß auch die kleinere dieser Zahlen sehr groß ist, wenn auch die größere noch beliebig vielmal größer sein kann. Hr. Burbury[1]) geht noch weiter, indem er die beiden eingangs mit gesperrter Schrift gedruckten Sätze selbst dann noch aufrecht hält, wenn von der einen Gasart nur ein einziges Molekül vorhanden ist. Ich habe dieser Behauptung, welche natürlich bloß mathematisches, kein physikalisches Interesse hat, beigestimmt und tue dies noch. Da jedoch die Gültigkeit dieser Behauptung wieder eine ganz neue Frage ist, von der die Richtigkeit des bisher Gesagten nicht im mindesten abhängt, so will ich nicht durch ihre Diskussion die Polemik noch mehr in die Länge ziehen und bemerke nur, daß der Einwand Hrn. Taits bezüglich der Wirkung der Umkehrung der Richtung sämtlicher Geschwindigkeiten, welche erst nach Eintritt des speziellen Zustandes geschehen und dann nicht bloß das eine, sondern auch alle anderen Moleküle treffen müßte, schon in meiner Abhandlung „Bemerkungen über einige Probleme der mechanischen Wärmetheorie“[2]) seine Widerlegung fand. Von einem willkürlich gewählten, nicht speziellen Zustande gelangt man unter den Annahmen Burburys (freilich vielleicht erst nach sehr langer Zeit) zum speziellen Zustande. Würde man dagegen im anfangs gewählten Zustande die Richtungen sämtlicher Geschwindigkeiten umkehren, so würde man nach rückwärts nicht

---

[1]) Burbury, Phil. Mag. (5) **21.** S. 481. 1886.
[2]) Wien. Ber. **75.** (Diese Sammlung Bd. II No. 39.)

etwa (oder doch nur während einiger Zeit) zu Zuständen gelangen, welche vom speziellen noch weiter entfernt sind; man müßte vielmehr schließlich auch nach rückwärts wieder zum speziellen Zustande gelangen.

§ 2. Über den Beweis des Maxwellschen Geschwindigkeitsverteilungsgesetzes.

Hr. Tait gibt in der zweiten Abhandlung zu, daß sein erster Beweis dieses Gesetzes mangelhaft war, indem der Grund, den er dafür anführte, daß $F(x y z)$ das Produkt dreier Funktionen sein müsse, von denen eine nur x, die zweite nur y, die dritte nur z enthalte, nicht stichhaltig war. Unter $F(x y z)\, dx\, dy\, dz$ ist dabei die Wahrscheinlichkeit zu verstehen, daß die nach den Koordinatenachsen geschätzten Geschwindigkeitskomponenten eines Moleküls zwischen den Grenzen x und $x + dx$, y und $y + dy$ und z und $z + dz$ resp. liegen. Allein ich kann in dem von Hrn. Tait auf S. 252 und 253 seiner zweiten Abhandlung Gesagten neuerdings nichts weniger als einem exakten bindenden Beweis hierfür erblicken. Daß sich diejenige Gruppe von Molekülen, welche er daselbst als die Minorität bezeichnet, geradeso verhält, als ob sie *allein* zwischen zwei materiellen Ebenen eingeschlossen wäre und als ob alle Zentrallinien im Momente des Zusammenstoßes diesen Ebenen parallel wären, wird von ihm zwar behauptet, allein ohne den mindesten Beweis. Da ja ein Molekül dieser Minorität unendlichmal öfter mit einem Moleküle der Majorität als mit einem anderen Moleküle der Minorität zusammenstößt, wobei sich beständig die x-, y- und z-Komponenten der Geschwindigkeiten austauschen, so ist nicht einzusehen, warum sich die Moleküle der Minorität so verhalten sollten, als ob sie allein vorhanden wären, wenn man nicht das Maxwellsche Geschwindigkeitsverteilungsgesetz schon als bewiesen annimmt. Der Zustand der Moleküle der Minorität wird freilich stationär sein, aber mitbedingt durch den Zustand der Moleküle der Majorität. Die relative Bewegung der Moleküle der Minorität gegen die der Majorität ist aber verschieden für verschiedene Werte der Geschwindigkeit x, mit welcher sehr nahezu sich sämtliche Moleküle der Minorität parallel der

Abszissenachse bewegen. Daher könnte die relative Wahrscheinlichkeit der verschiedenen Werte der y- und z-Komponenten der Geschwindigkeit ganz gut auch von dem Werte des x für die betreffenden Minoritätsmoleküle abhängig sein.

Sei z. B., um nur einen Fall ganz willkürlich herauszugreifen, x gleich der doppelten mittleren Geschwindigkeit eines Moleküls oder noch etwas größer; dann wird es nur sehr wenige Moleküle der Majorität geben, welche kleine relative Geschwindigkeiten gegen die der Minorität haben. Relativ gegen jedes Molekül der Minorität wird sich mehr als die Hälfte der Moleküle der Majorität mit einer Geschwindigkeit bewegen, welche gleich der doppelten mittleren Geschwindigkeit oder noch größer ist. Da sich diese große relative Geschwindigkeit bei den Stößen fortwährend in Geschwindigkeit parallel der Y- oder Z-Achse umsetzt, so wäre es ganz gut möglich, daß für so große Werte des x unter den Minoritätsmolekülen große Geschwindigkeitskomponenten in der Y- und Z-Richtung vorherrschen würden, wogegen für kleine x unter den Minoritätsmolekülen die kleinen y- und z-Komponenten der Geschwindigkeit mehr vertreten wären. Aus dem Verhalten der verschiedenen Gruppen einer Kommunität kann daher bloß geschlossen werden, daß die Zahl derjenigen Moleküle der Minorität, für welche die nach der Y- und Z-Achse geschätzten Geschwindigkeitskomponenten zwischen y und $y + dy$, resp. z und $z + dz$ liegen, im Durchschnitte immer dieselbe bleibt, also von der Zeit t unabhängig ist, nicht aber, daß das Verhältnis dieser Zahl zur Gesamtzahl der Minoritätsmoleküle unabhängig von x ist. Ich stelle hier dem Ausspruche De Morgans den anderen gegenüber, daß man sich gerade in der Wahrscheinlichkeitsrechnung nicht mit allgemeinen Phrasen begnügen darf, sondern jede Behauptung haarscharf auf ihre Richtigkeit prüfen muß, auf die Gefahr hin, durch klare, streng logische Entwicklungen schwerfällig zu werden. Die bloße räumliche Ausdehnung mathematischer Entwicklungen dürfte doch kaum der richtige Prüfstein ihrer Brauchbarkeit für die Physik sein.

Mit seinem Beweise des Maxwellschen Geschwindigkeitsverteilungsgesetzes fällt aber zugleich Hrn. Taits Beweis des Avogadroschen Gesetzes, welcher ja das erstere Gesetz voraussetzt, oder er wird wenigstens überflüssig, da bei dem zweiten Maxwellschen und meinem Beweise des ersteren Gesetzes das Avogadrosche ohnedies unter einem mitbewiesen wird, ein anderer Beweis des Maxwellschen Geschwindigkeitsverteilungsgesetzes aber bis heute nicht existiert.

(Wenn etwa das Gas in konstanter Bewegung begriffen wäre, so müßte unter x der Unterschied der Geschwindigkeitskomponenten eines Moleküls von der mittleren aller Moleküle verstanden werden, und ähnliches müßte für y und z gelten, falls dann die Geschwindigkeitsverteilung unter den Minoritätsmolekülen dieselbe Funktion von x, y, z wie bei einem ruhenden Gase sein sollte.)

§ 3. Über die mittlere Weglänge.

Die mittlere Weglänge eines Gasmoleküls dürfte am natürlichsten nach dem Vorgange Maxwells dahin definiert werden, daß man aus allen Wegen, welche alle in der Volumeneinheit enthaltenen Moleküle während der Zeiteinheit von einem Zusammenstoße bis zum nächsten zurücklegen, das arithmetische Mittel nimmt. Hr. Tait dagegen schlägt in der ersten Abhandlung der Edinb. Transact. S. 74 vor, alle Gasmoleküle, die sich in der Volumeneinheit befinden, in einem bestimmten Zeitmomente ins Auge zu fassen und zu beobachten, welchen Weg jedes dieser Moleküle vom gegebenen Zeitmomente an zurücklegt, bis es zum nächsten Male mit einem anderen zum Zusammenstoße gelangt. Aus allen diesen Wegen nimmt dann Hr. Tait das arithmetische Mittel. Bei der Maxwellschen Methode werden von jedem Moleküle so viele Wege in das arithmetische Mittel einbezogen, als es in der Zeiteinheit Zusammenstöße macht; bei der Methode Taits dagegen wird von jedem Moleküle nur ein einziger Weg gezählt; da die rascheren Moleküle häufiger zusammenstoßen, und durchschnittlich von einem Zusammenstoße bis zum nächsten längere Wege zurücklegen als die langsameren, so werden bei der ersteren Methode die längeren Wege verhältnismäßig öfter gezählt, daher muß auch das Mittel größer ausfallen als bei der zweiten Methode. Um die mittlere Weglänge nach der ersten Methode zu berechnen, beobachte man alle Zusammenstöße, welche jedes in der Volumeneinheit enthaltene Molekül während einer ganzen Sekunde erleidet, notiere alle Wege, welche jedes Molekül zwischen je zwei aufeinander folgenden Zusammenstößen zurücklegt, und nehme aus allen diesen Wegen das arithmetische Mittel. Seien entsprechend den Bezeichnungen Hrn. Taits n Moleküle in der Volumeneinheit, von denen $n \cdot n_v$ eine Geschwindigkeit haben, welche zwischen v und $v + dv$ liegt, so daß $\Sigma n_v = 1$ ist. Diese letzteren Moleküle sollen in der Sekunde $N_v$mal mit anderen zusammenstoßen und ihr mittlerer Weg dabei p_v sein, so daß $N_v \cdot p_v = v$ ist. Da N_v zugleich angibt, wieviel Wegstücke jedes der $n \cdot n_v$ Moleküle in der Sekunde zurücklegt, so ist nach der Maxwellschen Definition der mittlere Weg

$$\lambda_1 = \frac{\Sigma n n_v N_v p_v}{\Sigma n n_v N_v} = \frac{\Sigma n_v v}{\Sigma n_v v : p_v}.$$

Es ist dies genau die Formel, welche Maxwell[1]), O. E. Meyer[2]) usw. benutzten, und welche liefert $\lambda_1 = 0 \cdot 707\, \lambda$. Hierbei ist λ der mittlere Weg, welcher einem Moleküle zukäme, wenn alle anderen ohne Änderung der Größe und der auf die Volumeneinheit entfallenden Zahl ruhen würden. Nach der Methode, welche Hr. Tait vorschlägt, hat man von jedem der $n \cdot n_v$ Moleküle nicht N_v Glieder, sondern nur ein einziges Glied p_v in das arithmetische Mittel aufzunehmen, und erhält somit

$$\lambda_2 = \frac{\Sigma n n_v p_v}{\Sigma n n_v} = \sum n_v p_v = 0{,}677\, \lambda.$$

Gemäß dem Gesagten dürfte Hr. Tait entschieden im Unrechte sein, wenn er die von Maxwell stammende Definition der mittleren Weglänge als eine irrige bezeichnet; sie scheint mir im Gegenteile naturgemäßer, als die beiden neuen Taitschen Definitionen. Für diejenigen, welche sich für die numerischen Werte interessieren, bemerke ich, daß ich schon vor etwa 20 Jahren bei Gelegenheit ähnlicher Untersuchungen, welche unpubliziert liegen blieben, fand:

---

1) Phil. Mag. (4) 19. 1860.

2) Theorie der Gase, Breslau 1877. S. 294.

$$\int_0^\infty \frac{4x^3 e^{-x^2}\,dx}{x e^{-x^2} + (2x^2+1)\int_0^x e^{-x^2}\,dx} = 0{,}650511,$$

$$\int_0^\infty \frac{4x^4 e^{-x^2}\,dx}{x e^{-x^2} + (2x^2+1)\int_0^x e^{-x^2}\,dx} = 0{,}677464,$$

$$\int_0^\infty \frac{4x^5 e^{-x^2}\,dx}{x e^{-x^2} + (2x^2+1)\int_0^x e^{-x^2}\,dx} = 0{,}838264,$$

welche Werte genauer als die von Hrn. Tait angeführten sein dürften. Die Gesamtzahl der Zusammenstöße, welche alle in der Volumeneinheit enthaltenen Moleküle in einer Sekunde machen, ist $\Sigma n n_v N_v = \Sigma n n_v v : p_v$. Nur das dritte dieser Integrale wurde, wie bereits in § 1 bemerkt, im zweiten Teile meiner Theorie der Gasreibung in Formel (9), S. 436, publiziert. Noch ein Umstand verdient Erwähnung. Es wurde immer gesprochen, als ob während der ganzen Sekunde dieselben $n \cdot n_v$ Moleküle sich mit einer Geschwindigkeit bewegen würden, welche zwischen v und $v + dv$ liegt. In Wirklichkeit wechseln die Geschwindigkeiten der Moleküle beständig. Da aber durchschnittlich für ein Molekül, welches die Geschwindigkeit v verliert, wieder ein anderes dieselbe Geschwindigkeit annimmt, so führt die obige Ausdrucksweise zu keinem falschen Resultate.

§ 4. Über das Wärmegleichgewicht von Gasen, auf welche äußere Kräfte wirken.

Auch gegen meine Berechnung des Wärmegleichgewichtes in einem Gase, auf welches äußere Kräfte wirken[1]), erhebt Hr. Tait in der ersten Abhandlung in den Edinb. Trans. S. 91 Bedenken, und behandelt diesen Fall in anderer Weise, indem er von einer Voraussetzung ausgeht, welche er auf S. 92 der

[1]) Wien. Ber. 72. u. 74. (Diese Sammlung Bd. II, Nr. 32 u. 36.)

oben zitierten Abhandlung am Schlusse des Abschnittes 31 mit Kursivschrift anführt. Man hat da wohl zu unterscheiden zwischen den definierenden Annahmen, die nur den Zweck haben, das Problem, welches man mathematisch behandeln will, zu definieren, und zwischen einer unbewiesenen Voraussetzung, daß aus den gemachten definierenden Annahmen sich gewisse Konsequenzen ergäben. Wenn man z. B. annimmt, daß die Moleküle elastische Kugeln, die Gefäßwände undeformierbare elastische Ebenen seien usw. usw., so sind dies definierende Annahmen. In der Natur sind diese Annahmen sicher nicht exakt erfüllt, aber dadurch wird die innere Folgerichtigkeit der an sie geknüpften Konsequenzen nicht beeinträchtigt. Zu den Voraussetzungen der letzeren Art aber gehört die oben angeführte des Hrn. Tait, da derselbe keinen Beweis liefert, daß sie eine mathematische Konsequenz der gemachten definierenden Annahmen ist. Auch ich bin sicher, daß meine definierenden Annahmen den Eigenschaften der wirklichen Gase in vielen Dingen nur äußerst unvollkommen entsprechen; dagegen ist sowohl mein Beweis des Avogadroschen Gesetzes, als auch meine Berechnung des Wärmegleichgewichts eines schweren Gases von nachträglichen unbewiesenen Voraussetzungen frei. Um dies zu zeigen, will ich unter Benützung der in den seither verflossenen 12 Jahren erschienenen Arbeiten anderer über diesen Gegenstand eine, wie mir scheint, bedeutend vereinfachte Behandlung dieses Problems geben. Und zwar will ich mich hierbei ganz der Methode bedienen, welche Hr. H. A. Lorentz in seiner Abhandlung: „Über das Gleichgewicht der lebendigen Kraft unter Gasmolekülen“[1]) zuerst angewendet hat.

Ich nehme an, wir hätten ein Gas, welches in bekannter Weise aus lauter gleichbeschaffenen einatomigen Molekülen besteht, und in einem allseitig von festen Wänden begrenzten Gefäße eingeschlossen ist. Die Gestalt des Gefäßes denken wir uns der Einfachheit halber unveränderlich. Jedes Molekül sei eine feste, absolut elastische Kugel von der Masse m, welche zudem beim Stoße nur unendlich wenig deformiert werden soll, und deren Durchmesser verschwindend klein gegen die mittlere

---

[1]) H. A. Lorentz, Wien. Ber. **95.** S. 117. 1887.

Weglänge ist. Die Moleküle sollen auch an den Gefäßwänden wie vollkommen elastische Kugeln reflektiert werden.

Außer diesen elastischen Kräften sollen noch äußere Kräfte auf die Gasmoleküle wirken, und zwar seien mX, mY, mZ die nach den Koordinatenachsen geschätzten Komponenten der äußeren Kraft, welche auf ein Molekül wirkt, dessen Zentrum die Koordinaten x, y, z hat. Diese äußeren Kräfte sollen nicht von der Zeit abhängen, sollen ein Potential besitzen und innerhalb eines Raumes von den Dimensionen der mittleren Weglänge nahe konstant sein. Wir wollen das Geschwindigkeitsdiagramm konstruieren, indem wir vom Koordinatenursprunge aus die Geschwindigkeit jedes Moleküls in Größe und Richtung auftragen. Der Endpunkt der dadurch entstehenden Geraden heiße der Geschwindigkeitspunkt des betreffenden Moleküls. Wir heben aus der Gesamtheit der Moleküle diejenigen hervor, für welche die Koordinaten des Zentrums zwischen den Grenzen

$$(1)\qquad x \text{ und } x + dx,\quad y \text{ und } y + dy,\quad z \text{ und } z + dz$$

und die Geschwindigkeitskomponenten zwischen den Grenzen

$$(2)\qquad \xi \text{ und } \xi + d\xi,\quad \eta \text{ und } \eta + d\eta,\quad \zeta \text{ und } \zeta + d\zeta$$

liegen, und von denen wir sagen wollen, sie liegen im Parallelepiped $dx\,dy\,dz$, ihr Geschwindigkeitspunkt im Parallelepiped $d\xi\,d\eta\,d\zeta$. Die Anzahl dieser Moleküle werde mit

$$(3)\qquad f(x, y, z\ \xi, \eta, \zeta, t)\,do\,d\omega$$

bezeichnet, wobei $do = dx\,dy\,dz$, $d\omega = d\xi\,d\eta\,d\zeta$ ist.

Wir schreiben hier auch noch die Zeit t unter dem Funktionszeichen, um den allgemeinen Fall zu umfassen, daß das Gas unter dem Einflusse der äußeren Kräfte in Bewegung ist; für den Ruhezustand muß natürlich die Funktion f von der Zeit unabhängig sein.

Wir denken uns nun mit Lorentz eine zweite Funktion der 7 Variablen x, y, z, ξ, η, ζ, t gebildet, welche wir mit φ bezeichnen wollen. Diese Funktion soll eine ganz willkürlich gewählte sein. Sie kann von der Funktion f ganz unabhängig sein, oder auch in irgend einer Weise mit ihr zusammenhängen (z. B. mit f identisch, oder gleich dem natürlichen Logarithmus von f sein usw. usw.). Substituieren wir in φ die Koordinaten und Geschwindigkeitskomponenten des Zentrums irgend eines

Moleküls, so erhalten wir den zur Zeit t dem betreffenden Molekül entsprechenden Wert von φ. Die Summe der allen Molekülen zur Zeit t entsprechenden Werte von φ bezeichnen wir mit $\Sigma(\varphi)$.

Wir können dann offenbar schreiben:

$$\sum \varphi = \int \varphi \cdot f \cdot do\, d\omega, \tag{4}$$

wobei das Zeichen $\int$ eine Integration bezüglich der Variablen ξ, η, ζ von $-\infty$ bis $+\infty$, bezüglich der Variablen x, y, z aber über das gesamte Volumen des Gefäßes bedeutet. Eine Veränderung der Summe $\Sigma\varphi$ wird während einer unendlich kleinen Zeit δt durch verschiedene Ursachen bewirkt werden:

1. dadurch, daß die Funktion φ die Zeit explizit enthält. Die hierdurch bewirkte Veränderung soll durch ein vorgesetztes δ_1 bezeichnet werden. Es ist also

$$\delta_1 \sum \varphi = \delta t \int \frac{\partial \varphi}{\partial t} \cdot f\, do\, d\omega, \tag{5}$$

2. dadurch, daß das Molekül, welches zur Zeit t die Koordinaten x, y, z und die Geschwindigkeitskomponenten ξ, η, ζ hatte, zur Zeit $t + \delta t$ die Koordinaten $x + \xi\delta t$, $y + \eta\delta t$, $z + \zeta\delta t$ und die Geschwindigkeitskomponenten $\xi + X\delta t$, $\eta + Y\delta t$, $\zeta + Z\delta t$ hat. Die gesamte hierdurch bewirkte Veränderung von $\Sigma\varphi$ wird sein

$$\delta_2 \sum \varphi + \delta_3 \sum \varphi,$$

wobei

$$\delta_2 \sum \varphi = \delta t \int f \left(\xi \frac{\partial \varphi}{\partial x} + \eta \frac{\partial \varphi}{\partial y} + \zeta \frac{\partial \varphi}{\partial z} \right) do\, d\omega, \tag{6}$$

$$\delta_3 \sum \varphi = \delta t \int f \left(X \frac{\partial \varphi}{\partial \xi} + Y \frac{\partial \varphi}{\partial \eta} + Z \frac{\partial \varphi}{\partial \zeta} \right) do\, d\omega. \tag{7}$$

Setzen wir zur Abkürzung

$$\left(\frac{\partial \varphi}{\partial t} + \xi \frac{\partial \varphi}{\partial x} + \eta \frac{\partial \varphi}{\partial y} + \zeta \frac{\partial \varphi}{\partial z} + X \frac{\partial \varphi}{\partial \xi} + Y \frac{\partial \varphi}{\partial \eta} + Z \frac{\partial \varphi}{\partial \zeta} \right) \delta t = \delta' \varphi, \tag{8}$$

so wird

$$\delta_1 \sum \varphi + \delta_2 \sum \varphi + \delta_3 \sum \varphi = \int \delta' \varphi f\, do\, d\omega. \tag{9}$$

Von der Integration sollten hier genau genommen diejenigen Moleküle ausgeschlossen werden, welche während der Zeit δt mit anderen zusammenstoßen. Da aber die Zahl dieser

Moleküle unendlich klein wie δt ist, und die Integrale außerdem noch mit δt multipliziert sind, so entstehen hierdurch bloß Glieder von der Größenordnung $(\delta t)^2$, welche vernachlässigt werden dürfen.

3. Erfährt noch $\Sigma\varphi$ eine Veränderung durch die Zusammenstöße, welche während der Zeit δt erfolgen, und es muß auch noch diese Veränderung, welche wir mit $\delta_4 \Sigma\varphi$ bezeichnen wollen, berechnet werden. Ich verfahre da ebenfalls ganz wie Lorentz an der zitierten Stelle. Ich hebe von allen Zusammenstößen, welche im Parallelepipede $dx\,dy\,dz$ während der Zeit δt geschehen, bloß diejenigen hervor, für welche vor dem Stoße die Geschwindigkeitskomponenten des einen der stoßenden Moleküle zwischen den Grenzen (2) liegen, während die Geschwindigkeit des Schwerpunktes der stoßenden Moleküle zwischen den Grenzen

$$(10) \qquad u \text{ und } u + du, \; v \text{ und } v + dv, \; w \text{ und } w + dw$$

liegen soll, endlich soll die Richtung der Zentrilinie C beider Moleküle für die hervorgehobenen Zusammenstöße im Momente des Stoßes innerhalb eines unendlich schmalen Kegels von bestimmter Richtung im Raume und der Öffnung $d\lambda$ liegen. Bedeutet σ den Durchmesser der Moleküle, V deren relative Geschwindigkeit und ϑ den spitzen Winkel der Richtungen von V und C, so ist die Zahl der hervorgehobenen Zusammenstöße

$$(11) \qquad dn = \sigma^2 f f_1 V \cos\vartheta \, do \, d\omega \, dp \, d\lambda \, \delta t,$$

wobei

$$(12) \qquad \begin{cases} f = f(x, y, z, \xi, \eta, \zeta, t), \; f_1 = f(x, y, z, u - \xi, v - \eta, w - \zeta, t), \\ dp = du\,dv\,dw \end{cases}$$

ist.

Da wir die Massen als gleich voraussetzen, so sind nämlich die Geschwindigkeitskomponenten des zweiten der stoßenden Moleküle vor dem Stoße nur unendlich wenig von $u - \xi$, $v - \eta$, $w - \zeta$ verschieden. Nach dem Stoße sollen die Geschwindigkeitskomponenten des ersten der stoßenden Moleküle zwischen den Grenzen

$$(13) \qquad \xi' \text{ und } \xi' + d\xi', \; \eta' \text{ und } \eta' + d\eta', \; \zeta' \text{ und } \zeta' + d\zeta'$$

liegen, die des zweiten Moleküls sind dann unendlich wenig von $u - \xi'$, $v - \eta'$, $w - \zeta'$ verschieden.

Es hat dann die Funktion φ für die beiden Moleküle vor dem Stoße die Werte:

$$\varphi(x, y, z, \xi, \eta, \zeta, t) \text{ und } \varphi(x, y, z, u-\xi, v-\eta, w-\zeta, t),$$

wofür wir der Kürze halber φ und φ_1 schreiben wollen. Nach dem Zusammenstoße aber hat φ für dieselben Moleküle die Werte

$$\varphi(x, y, z, \xi', \eta' \zeta', t) \text{ und } \varphi(x, y, z, u-\xi', v-\eta', w-\zeta', t),$$

wofür wir φ' und φ_1' schreiben wollen. Unendlich kleine Größen von der Ordnung δt können hierbei vernachlässigt werden (es kann also z. B. in den beiden letzten Ausdrücken t statt $t+\delta t$ geschrieben werden), da die Größen φ, φ_1, φ' und φ_1' in die Gleichung (18) mit einem Faktor multipliziert eingehen, der selbst unendlich klein von der Ordnung δt ist. Durch jeden dieser Zusammenstöße wird daher $\Sigma\varphi$ um $\varphi+\varphi_1$ vermindert, dagegen um $\varphi'+\varphi_1'$ vermehrt. Durch alle hervorgehobenen Zusammenstöße vereint wird also $\Sigma\varphi$ um

$$dn(\varphi'+\varphi_1'-\varphi-\varphi_1)$$

vermehrt. Wir wollen nun vereint mit der Wirkung der bisher hervorgehobenen Zusammenstöße die Wirkung derjenigen betrachten, welche im Volumenelemente do während der Zeit δt gerade in umgekehrter Weise verlaufen, und welche wir der Kürze halber die umgekehrten Zusammenstöße nennen wollen. Es werden diese letzteren also diejenigen sein, bei denen die Geschwindigkeitskomponenten des Schwerpunktes und die Lage der Zentrilinie der Kugeln im Momente des Zusammenstoßes genau zwischen denselben Grenzen liegen, wie bei den zuerst hervorgehobenen, bei denen aber die Geschwindigkeitskomponenten des ersten stoßenden Moleküls im Momente des Beginnes des Zusammenstoßes zwischen den Grenzen (13) liegen, so daß die des zweiten der stoßenden Moleküle im Momente des Beginnes des Zusammenstoßes unendlich wenig von $u-\xi'$, $v-\eta'$, $w-\zeta'$ verschieden sind. Dagegen werden, wie man sofort einsieht, für die umgekehrten Zusammenstöße nach dem Stoße die Geschwindigkeitskomponenten des ersten der stoßenden Moleküle zwischen den Grenzen (2) liegen, die des zweiten aber unendlich wenig von $u-\xi$, $v-\eta$, $w-\zeta$ verschieden sein. Durch jeden der umgekehrten Zusammenstöße wird daher $\Sigma\varphi$ um $\varphi + \varphi_1 - \varphi' - \varphi_1'$ vermehrt, und bezeichnen wir mit dn' die Gesamtzahl der umgekehrten Zusammenstöße, so wird durch sie $\Sigma\varphi$ während der Zeit δt um

$$dn' \cdot (\varphi + \varphi_1 - \varphi' - \varphi_1')$$

vermehrt. Dieselbe Größe erfährt daher durch alle zuerst hervorgehobenen und die ihnen entsprechenden umgekehrten Zusammenstöße vereint den Zuwachs:

$$\Delta = (dn - dn')(\varphi' + \varphi_1' - \varphi - \varphi_1). \tag{14}$$

Genau wie die Formel (11) ergibt sich zunächst

$$dn' = \sigma^2 f' f_1' V \cos\vartheta \, do \, d\omega' \, dp \, d\lambda \, \delta t, \tag{15}$$

wobei

$$f' = f(x, y, z, \xi', \eta', \zeta', t), \quad f_1' = f(x, y, z, u - \xi', v - \eta', w - \zeta', t),$$
$$d\omega' = d\xi' \, d\eta' \, d\zeta'$$

ist.

Um $d\omega'$ durch $d\omega$ auszudrücken, muß man Größe und Lage der Geschwindigkeit des Schwerpunktes, sowie die Richtung der Zentrilinie im Momente des Stoßes sich vollkommen unveränderlich denken. Dagegen die Geschwindigkeitskomponenten des ersten der stoßenden Moleküle zwischen den Grenzen (2) variieren lassen. — In der nachstehenden Fig. 1,

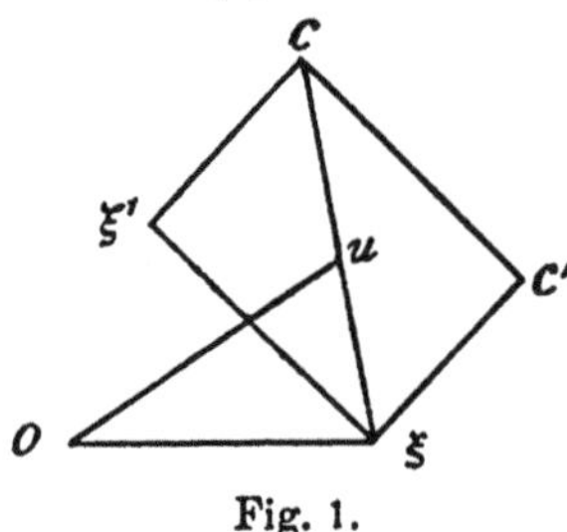

Fig. 1.

in welcher das Rechteck $\xi\xi'CC'$ nicht in derselben Ebene wie das Dreieck $O\xi u$ zu liegen braucht, sei $O\xi$ die Geschwindigkeit des ersten Moleküls vor dem Stoße, Ou die Geschwindigkeit des Schwerpunktes beider Moleküle, und $\xi C'$ die Richtung der Zentrilinie im Momente des Stoßes. Die nicht gezeichneten geraden Verbindungslinien $O\xi'$, OC und OC' stellen daher resp. die Geschwindigkeit des ersten Moleküls nach dem Stoße, die des zweiten vor, und die des zweiten nach dem Stoße dar. — Wir haben jetzt die Punkte O und u und die Richtung von $\xi C'$ unverändert zu erhalten, wogegen der Punkt ξ das ganze Innere des Parallelepipeds $d\omega$ beschreiben muß. Da hierbei die Figur $\xi\xi'CC'$ immer ein Rechteck, und u immer dessen Zentrum bleiben muß, so sieht man sofort, daß der

Punkt ξ' ein dem Parallelepiped $d\omega$ kongruentes Parallelepiped $d\omega'$ beschreibt, welches nichts anderes als das Produkt der Differentiale $d\xi' d\eta' d\zeta'$ darstellt. Es ist also $d\omega = d\omega'$. (Eine weit ausführlichere Darstellung dieser Koordinatentransformation und ihrer Beziehung zu verschiedenen Formeln der kinetischen Gastheorie habe ich in meiner Abhandlung „Über die zum Beweise des Avogadroschen Gesetzes erforderlichen Voraussetzungen"[1]) gegeben. Hr. H. A. Lorentz erreicht die größte Einfachheit, indem er die Geschwindigkeitskomponenten des Schwerpunktes statt der von mir S. 253[2]) gebrauchten Komponenten die relative Geschwindigkeit einführt.) Man erhält daher aus Formel (15)

$$dn' = \sigma^2 f' f_1' V \cos\vartheta\, do\, d\omega\, dp\, d\lambda\, \delta t, \tag{16}$$

sowie aus Formel (14)

$$\Delta = (\varphi' + \varphi_1' - \varphi - \varphi_1)(f f_1 - f' f_1')\sigma^2 V \cos\vartheta\, do\, d\omega\, dp\, d\lambda\, \delta t. \tag{17}$$

Um hieraus $\delta_4 \Sigma\varphi$ zu finden, haben wir diesen Ausdruck bezüglich aller mit d bezeichneten Differentiale über alle möglichen Werte zu integrieren, was wir durch ein einziges Integralzeichen ausdrücken wollen.

Dabei ist aber zu beachten, daß wir nach Ausführung der Integration jeden Zusammenstoß viermal gezählt haben. Indem wir nämlich die Integration über alle zuerst hervorgehobenen Zusammenstöße erstreckt haben, haben wir schon alle Zusammenstöße gezählt, bei weiterer Erstreckung der Integration über alle umgekehrten Stöße haben wir alle Stöße zum zweitenmal gezählt; außerdem wurde sowohl bei der ersten als bei der zweiten Integration jeder einzelne Stoß doppelt gezählt, indem das Molekül mit den Geschwindigkeitskomponenten $\xi\,\eta\,\zeta$ sowohl das erste als auch das zweite der zusammenstoßenden Moleküle sein kann.

Es ist also schließlich

$$\left\{\begin{aligned} &\delta_4 \Sigma\varphi = \tfrac{1}{4}\sigma^2 \delta t \\ &\qquad \int (\varphi' + \varphi_1' - \varphi - \varphi_1)(f f_1 - f' f_1') V \cos\vartheta\, do\, d\omega\, dp\, d\lambda. \end{aligned}\right. \tag{18}$$

Der gesamte Zuwachs $\delta\Sigma\varphi$, welchen $\Sigma\varphi$ während der Zeit δt erfährt, ist die Summe der Ausdrücke (5), (6), (7) und (18).

[1]) Wien. Ber. **94.** (Dieser Band Nr. 81.)

[2]) Dieses Bandes.

Da die Funktion φ bisher ganz willkürlich gelassen wurde, so steht nichts im Wege, daß wir nun setzen:

$$\varphi = lf,$$

wobei l den natürlichen Logarithmus bedeutet. Dann wird

$$\text{(19)} \qquad \delta_1 \Sigma \varphi = \delta t \int \frac{\partial f}{\partial t} \cdot do\, d\omega .$$

Dies ist einfach die Veränderung, welche die Gesamtzahl der im Raume enthaltenen Moleküle während der Zeit δt erfährt, also offenbar gleich Null, da wir annehmen, daß die Wände des Gefäßes fest sind.

$\delta_2 \Sigma \varphi$ besteht nach Formel (6) aus drei Summanden. Integrieren wir den ersten derselben nach x, den zweiten nach y, den dritten nach z, so ergibt sich:

$$\text{(20)} \qquad \delta_3 \Sigma \varphi = \delta t \int f n\, ds\, d\omega ,$$

wobei ds ein Oberflächenelement des Gefäßes, n die Geschwindigkeitskomponente eines Moleküls normal zum betreffenden Oberflächenelemente bezeichnet.

Wir können für jedes Oberflächenelement ds statt $\xi \eta \zeta$ drei neue Variable einführen, nämlich die Komponenten der Geschwindigkeit in der Richtung der Gefäßnormalen, und in zwei darauf senkrechten Richtungen, welche wir mit n, q, r bezeichnen wollen. Das Integral (20) geht dann über in

$$\text{(20a)} \qquad \delta t \int f n\, ds\, dn\, dq\, dr ,$$

wobei bezüglich n, q, r von $-\infty$ bis $+\infty$ zu integrieren ist. Da wir nun annehmen, daß die Moleküle an den festen Wänden wie elastische Kugeln reflektiert werden, so müssen genau dieselben Moleküle, welche mit gewissen Werten von q, r gegen die Wand anfliegen, mit denselben Werten von q und r von der Wand wieder zurückkehren. Die anfliegenden Moleküle unterscheiden sich von den zurückkehrenden nur durch das Zeichen von n. Es bleibt also die Funktion f unverändert, wenn q und r unverändert bleiben und nur n sein Zeichen ändert, woraus folgt, daß in dem Integral (20a) je zwei Glieder sich tilgen, also dieses Integral selbst den Wert Null besitzt.

Ebenso können wir von den drei Summanden, aus denen nach Gleichung (7) die Größe $\delta_3 \Sigma \varphi$ besteht, den ersten nach ξ, den zweiten nach η, den dritten nach zwischen den Grenzen $-\infty$ und $+\infty$ integrieren. Da nun für unendliche Werte der Geschwindigkeiten f notwendig verschwinden muß, so sieht man, daß auch $\delta_3 \Sigma \varphi = 0$ ist.

Wäre das Gas zu Anfang der Zeit in einem endlichen, aber nicht von Wänden umschlossenen Raume (dem Integrationsraume) vorhanden, so würde der Ausdruck (19) negativ, und zwar dem Zahlenwerte nach gleich der Zahl der Moleküle sein, welche während der Zeit δt aus dem Integrationsraume heraustreten. Die Anzahl dieser Moleküle würde aber dann genau gleich dem Ausdrucke (20) sein, so daß $\delta_1 \Sigma \varphi + \delta_2 \Sigma \varphi$ noch immer gleich Null wäre. Ebenso würde $\delta_1 \Sigma \varphi$ einen negativen und $\delta_3 \Sigma \varphi$ einen gleich großen positiven Wert annehmen, wenn die Geschwindigkeiten der Moleküle zu Anfang der Zeit zwischen endlichen Grenzen eingeschlossen wären.

Will man die Gleichung

$$\delta_1 \Sigma \varphi + \delta_2 \Sigma \varphi + \delta_3 \Sigma \varphi = 0 \tag{21}$$

ohne Anwendung einer Integration nach einer der Koordinaten oder Geschwindigkeiten direkt beweisen, so kann man so verfahren: Man denke sich jeden Punkt des Parallelepipeds do mit den Geschwindigkeitskomponenten $\xi \eta \zeta$, ebenso jeden des Parallelepipeds $d\omega$ mit den Geschwindigkeitskomponenten XYZ im Raume fortbewegt, wobei die ersteren Punkte natürlich geradeso wie die Moleküle an den Wänden reflektiert und auch die letzteren dabei entsprechend geändert werden müssen.

Da X, Y, Z nicht Funktionen von $\xi \eta \zeta$ sind, so ändert dabei keines der Parallelepipede seine Größe. Die Parallelepipede sollen in ihrer ursprünglichen Lage mit do und $d\omega$, in der neuen, in welche sie durch das Fortwandeln ihrer Punkte während der Zeit δt kommen, mit do^* und $d\omega^*$ bezeichnet werden. φ sei der Wert dieser Funktion zur Zeit t, wenn darin für die Variablen die Werte substituiert werden, welche den Mittelpunkten der Parallelepipede do und $d\omega$ entsprechen, während diese Funktion zur Zeit $t + \delta t$ den Wert φ^* annehmen soll, wenn für die Variablen die Werte substituiert werden, welche den Mittelpunkten von do^* und $d\omega^*$ entsprechen; dann ist

$$\varphi^* - \varphi = \delta t \left(\frac{\partial \varphi}{\partial t} + \xi \frac{\partial \varphi}{\partial x} + \eta \frac{\partial \varphi}{\partial y} + \zeta \frac{\partial \varphi}{\partial z} + X \frac{\partial \varphi}{\partial \xi} + Y \frac{\partial \varphi}{\partial \eta} + Z \frac{\partial \varphi}{\partial \zeta} \right),$$

welche Größe wir schon in der Gleichung (8) mit $\delta'\varphi$ bezeichnet haben.

Nach der Gleichung (9) ist:

$$\delta_1 \Sigma\varphi + \delta_2 \Sigma\varphi + \delta_3 \Sigma\varphi = \int \delta'\varphi f\, do\, d\omega\,.$$

Setzt man nun $\varphi = lf$, so wird

$$\delta_1 \Sigma\varphi + \delta_2 \Sigma\varphi + \delta_3 \Sigma\varphi = \int \delta' f\, do\, d\omega = \int f^*\, do^*\, d\omega^* - \int f\, do\, d\omega\,.$$

Da in dem letzten Ausdrucke sowohl das erste wie das zweite Integral die Gesamtzahl der Moleküle des Gases darstellen, so muß ihe Differenz gleich Null sein.

Die Indizes und die Vorsetzung des Zeichens δ' haben für die Funktion f genau dieselbe Bedeutung, wie früher für die Funktion φ.

Es reduziert sich daher, wenn $\varphi = lf$ gesetzt wird, $\delta\Sigma\varphi$ auf $\delta_4\Sigma\varphi$, und man erhält, wenn man von den Gleichungen (4 und (18) Gebrauch macht, die Gleichung:

$$(22)\quad \left\{ \begin{aligned} \delta \int f\, lf\, do\, d\omega = \frac{1}{4}\sigma^2 \delta t \int V \cos\vartheta\, do\, d\omega\, dp\, d\lambda \\ \times (ff_1 - f'f_1') \cdot l\left(\frac{f'f_1'}{ff_1}\right). \end{aligned} \right.$$

Wir werden auch die allgemeine Gleichung für die Veränderung der Funktion f brauchen, welche ich in meinen „Weiteren Studien über das Wärmegleichgewicht unter Gasmolekülen“[1]) als Gleichung (44), in meiner Abhandlung „Über das Wärmegleichgewicht von Gasen, auf welche äußere Kräfte wirken“[2]) als Gleichung (2) bezeichnet habe. Obwohl ich diese Gleichung in der zuletzt genannten Abhandlung bereits ausführlich bewiesen habe, will ich dieselbe doch, da dies wenig Schwierigkeiten macht, aus dem Bisherigen nochmals kurz ableiten. Die Anzahl der Moleküle, deren Centra zur Zeit t im Parallelepipede do und deren Geschwindigkeitspunkte gleichzeitig im Parallelepipede $d\omega$ liegen, ist

$$(23)\qquad N_1 = f(x, y, z, \xi, \eta, \zeta, t)\, do\, d\omega\,,$$

wofür wieder kurz $f\, do\, d\omega$ geschrieben werden soll; ebenso ist

---

[1]) Wien. Ber. 66. (Diese Sammlung Bd. I, Nr. 22.)

[2]) Wien. Ber. 72. (Diese Sammlung Bd. II, Nr. 32.)

die Anzahl der Moleküle, für welche zur Zeit $t+\delta t$ das Zentrum im Parallelepipede do^* und der Geschwindigkeitspunkt im Parallelepipede $d\omega^*$ liegt:

$$(24)\quad \begin{cases} N_2 = f(x+\xi\delta t,\, y+\eta\delta t,\, z+\zeta\delta t, \\ \qquad \xi + X\delta t,\, \eta + Y\delta t,\, \zeta + Z\delta t,\, t+\delta t)\, do^*\, d\omega^* \\ \quad = do^* d\omega^* \Big[f + \delta t\Big(\frac{\partial f}{\partial t} + \xi\frac{\partial f}{\partial x} + \eta\frac{\partial f}{\partial y} + \zeta\frac{\partial f}{\partial z} \\ \qquad + X\frac{\partial f}{\partial \xi} + Y\frac{\partial f}{\partial \eta} + Z\frac{\partial f}{\partial \zeta}\Big)\Big]. \end{cases}$$

Die Anzahl der Moleküle, welche von den N_1 Molekülen während der Zeit δt mit beliebigen anderen zum Zusammenstoße gelangen, erhalten wir, wenn wir den durch Gleichung (11) gegebenen Ausdruck für dn über alle möglichen Werte von du, dv, dw und $d\lambda$ integrieren. Das Resultat dieser Integration soll mit

$$(25)\qquad N_3 = do\, d\omega\, \sigma^2 \delta t \int f f_1\, V \cos\vartheta\, dp\, d\lambda$$

bezeichnet werden. Außer diesen N_3 Molekülen gelangen alle Moleküle, deren Anzahl oben mit N_1 bezeichnet wurde, nach Verlauf der Zeit δt in das Parallelepiped do^*, und ihre Geschwindigkeitspunkte in das Parallelepiped $d\omega^*$.

Von den Molekülen, deren Centra sich im Parallelepipede do befinden, werden aber während der Zeit δt einige (ihre Anzahl heiße N_4), welche vorher ganz andere Geschwindigkeiten hatten, durch Zusammenstöße mit anderen Molekülen gerade solche Geschwindigkeiten erlangen, daß ihr Geschwindigkeitspunkt nach dem Stoße in dem Parallelepipede $d\omega^*$ liegt. Es wird also $N_2 = N_1 - N_3 + N_4$ sein. Berücksichtigt man die Gleichungen (23), (24) und (25) und bedenkt, daß N_4 aus Gleichung (16) durch Integration genau so gewonnen wird, wie N_3 aus Gleichung (11), so ergibt sich, da wie bereits bemerkt, $do^* = do$ und $d\omega^* = d\omega$ ist,

$$(26)\quad \begin{cases} \frac{\partial f}{\partial t} + \xi\frac{\partial f}{\partial x} + \eta\frac{\partial f}{\partial y} + \zeta\frac{\partial f}{\partial z} + X\frac{\partial f}{\partial \xi} + Y\frac{\partial f}{\partial \eta} + Z\frac{\partial f}{\partial \zeta} \\ \qquad = \sigma^2 \int (f' f_1' - f f_1)\, V \cos\vartheta\, dp\, d\lambda. \end{cases}$$

Die rechte Seite der Gleichung (22) ist eine Summe von Gliedern, von denen keines positiv sein kann. Da aber, sobald das Gas in Ruhe ist und seinen Zustand nicht verändert, die linke Seite verschwinden muß, so muß auch auf der rechten Seite jedes Glied für sich verschwinden, und es muß daher ganz allgemein für beliebige Werte der Variablen $ff_1 = f'f_1'$ sein.

Da diese Gleichung für alle möglichen Werte der darin vorkommenden Variablen gelten muß, sobald nur die Bedingung

$$(27) \qquad \xi^2 + \eta^2 + \zeta^2 = \xi'^2 + \eta'^2 + \zeta'^2$$

erfüllt ist, so folgt daraus zunächst in bekannter Weise, daß f, falls das Gas sich in Ruhe befindet, die Form haben muß:

$$(28) \qquad F e^{-h(\xi^2 + \eta^2 + \zeta^2)},$$

wobei h eine Konstante ist, und F bloß mehr die Variablen x, y, z enthält. Um F zu bestimmen, benützen wir die Gleichung (26). Man sieht sofort, daß, sobald f die Form (28) besitzt, der Ausdruck $f'f_1' - ff_1$ immer verschwinden muß, da ja die Gleichung (27) für jeden Zusammenstoß erfüllt sein muß; daher verschwindet auch die rechte Seite der Gleichung (26) und die Substitution des Wertes (28) liefert

$$\xi \frac{\partial F}{\partial x} + \eta \frac{\partial F}{\partial y} + \zeta \frac{\partial F}{\partial z} + 2hF(\xi X + \eta Y + \zeta Z) = 0.$$

Da nun die Größe F die Variablen ξ, η und ζ nicht mehr enthalten darf, so muß in der letzten Gleichung das mit ξ, das mit η und das mit ζ multiplizierte Glied separat verschwinden, woraus sofort die bekannten hydrostatischen Differentialgleichungen folgen. Es beruht also diese Schlußweise, welche Hr. Tait als eine „remarkable Prozedur" bezeichnet, keineswegs auf einer besonderen Annahme, sondern sie ist eine konsequente Folge der allgemeinen Gleichungen der kinetischen Gastheorie, und ich glaube kaum, daß derjenige, welcher allem Vorhergehenden die genügende Aufmerksamkeit geschenkt hat, ein Bedenken dagegen wird erheben können. (Vgl. hierüber auch Maxwell, Nature 7, S. 525 und 535, 23. Okt. 1873.)

87.

Zur Theorie der thermoelektrischen Erscheinungen.[1]

(Wien. Ber. **96.** S. 1258—1297. 1887.)

Eine aus den Prinzipien der mechanischen Wärmelehre abgeleitete Theorie der thermoelektrischen Phänomene wurde bekanntlich zuerst von Clausius[2]) und Thomson[3]) begründet und durch Budde[4]) weiter entwickelt. (Vgl. auch einen Vortrag Taits.[5])) Während aber Thomson (vgl. dessen zuletzt zitierte Abhandlung S. 220 und 221) seine Theorie zwar als sehr wahrscheinlich bezeichnet, aber doch klar ausspricht, daß dieselbe eine hypothetische ist und nicht mit Notwendigkeit aus dem zweiten Hauptsatze folgt (gleicher Ansicht ist le Roux[6])), glaubt Budde (II. Abhandlung S. 683) beweisen zu können, daß der thermoelektrische Prozeß an sich umkehrbar und derart von der Wärmeleitung unabhängig sei, daß in seiner Theorie von dieser ganz abgesehen werden könne. Wenn während eines einzigen unendlich kleinen Zeitmomentes der thermoelektrische Prozeß ohne die mindeste Wärmeleitung vor sich gehen könnte, so würde allerdings folgen, daß für diesen Moment die von Budde mit dQ_1/T bezeichnete Größe ein vollständiges Differential sein muß, und würde dies für einen beliebigen Zeitmoment gelten, so müßte auch $\int dQ_1/T = 0$ sein. Der innige Zusammenhang zwischen Wärme- und Elek-

---

1) Voranzeige dieser Arbeit Wien. Anz. **24.** S. 295. 15. Dez. 1887.

2) Clausius, Pogg. Ann. **90.** S. 513. 1853; **139.** S. 230, **150.** S. 230. 1874; Mech. Wärmelehre **2.** Beh. d. Elektr. S. 170 u. 335.

3) Thomson, Edinb. proc. 15. Dez. 1851; Edinb. Trans. **21.** 1. S. 123. 1854; Phil. Trans. **3.** S. 661. 1856 u. 1875; Phil. Mag. (4) **11.** S. 214 u. 281. 1856.

4) Budde, Pogg. Ann. **153.** S. 343. 1874; Wied. Ann. **21.** S. 277. 1884; **30.** S. 664. 1887.

5) Tait, Pogg. Ann. **152.** S. 427. 1874.

6) Le Roux, Ann. de chimie (4) **10.** S. 241. 1867.

trizitätsleitung macht es jedoch wahrscheinlich, daß auch nicht für einen einzigen Zeitmoment thermoelektrische Wirkung ohne Wärmeleitung möglich ist.

Die Verknüpfung der Wärmeleitung mit der Theorie der Thermoelektrizität wäre dann eine viel innigere, als z. B. mit der Theorie der Dampfmaschine. Auch die letztere kann freilich nicht ohne Wärmeverluste durch Leitung, Strahlung, Reibung der Räder usw. arbeiten; allein es läßt sich doch keine bestimmte Grenze angeben, unter welche das Verhältnis dieser Verluste zur Gesamtleistung der Maschine durch passende Wahl der Dimensionen, des einhüllenden Materials usw. nicht herabgedrückt werden könnte. In der Theorie der Thermoelektrizität dagegen ist die Angabe einer unteren Grenze für die Verluste durch Wärmeleitung möglich, da diese mit dem Materiale der wirkenden Körper selbst notwendig verknüpft sind. Daher scheint mir der Versuch einer Theorie, welche beide Phänomene als notwendig miteinander verknüpft betrachtet, gerechtfertigt. Schon F. Kohlrausch[1]) spricht diese Ansicht aus, ohne jedoch ihren mathematisch formulierten Ausdruck in seine Theorie der Thermoelektrizität aufzunehmen.

Die Clausius-Thomson-Buddesche Theorie ist so schön in sich abgeschlossen, daß die Möglichkeit ihrer vollständigen Übereinstimmung mit den Tatsachen nicht geleugnet werden kann. Eine andere Frage aber ist die, ob ihre strenge Richtigkeit aus den Prinzipien der mechanischen Wärmetheorie mit Notwendigkeit folgt. Letzteres ist, wie ich glaube, nicht der Fall, und nur das Experiment wird entscheiden können, ob die genannte Theorie exakt richtig ist oder vielleicht nur angenähert, wie z. B. der Thomsonsche Satz über den Zusammenhang der elektromotorischen Kraft galvanischer Elemente und der Wärmetönung ihrer chemischen Prozesse, bei welchen Phänomenen auch die einfachste Annahme, daß jedesmal die gesamte chemische Wärme in elektrische Energie verwandelt wird, in der Natur im allgemeinen nicht zutrifft.

Da die bisherigen Theorien der thermoelektrischen Erscheinungen hier eine bedeutende Verallgemeinerung erfahren

---

[1]) Kohlrausch, Pogg. Ann. **156**. S. 601. 1875; Gött. Nachr. 1874. S. 65; Wied. Ann. **23**. S. 477. 1884.

sollen, so ist damit notwendig eine gewisse Unbestimmtheit verknüpft, und es wäre die Möglichkeit einer noch größeren Verallgemeinerung nicht völlig ausgeschlossen. Ich will daher das Hauptgewicht nicht darauf legen, die größtmögliche Allgemeinheit der Formeln anzustreben, sondern vielmehr so strenge wie möglich nachzuweisen, daß die hier entwickelten Formeln, welche jedenfalls weit allgemeiner als die Thomson-Buddeschen sind, weder mit den Hauptsätzen der mechanischen Wärmetheorie, noch sonst mit einem bekannten physikalischen Prinzip im Widerspruche stehen, daß also die Thomson-Buddeschen Formeln keine notwendige Konsequenz der mechanischen Wärmetheorie sind.

Wir betrachten zunächst ein einfaches Thermoelement, gebildet aus zwei Metallen, welche wir, um die Begriffe zu fixieren, Wismut und Antimon nennen wollen (Fig. 1). Die eine Lötstelle habe die absolute Temperatur T_1, die andere T_2, und es sei $T_2 > T_1$. Die Längenelemente ds im Antimon und $d\sigma$ im Wismut zählen wir in der Richtung der wachsenden Temperaturen von der ersten gegen die zweite Lötstelle, also dem Sinne des in beiden Metallen fließenden Wärmestromes entgegen. Im Wismut ist dies die Richtung des vom Elemente selbst erregten positiven thermoelektrischen Stromes, im Antimon dagegen die entgegengesetzte. Die Längen s und σ von der ersten Lötstelle an gezählt, sollen als die Abszissen einer Stelle im Wismut oder Antimon bezeichnet werden, wenn sie auch auf einem krummen oder geradgebrochenen Wege fortschreiten. Das ganze Element werde von einem elektrischen Strome i durchflossen, welchem wir das positive Zeichen geben, wenn er die Richtung des vom Elemente selbst erregten Thermostromes hat, also im Wismut von der ersten gegen die zweite Lötstelle im Sinne der wachsenden σ fließt. Derselbe kann aber auch durch äußere elektromotorische Kräfte mitbedingt werden.

Wir nehmen mit Thomson als durch die Erfahrung genügend festgestellt an, daß die in einem bestimmten Systeme geweckte elektromotorische Kraft bloß von der Temperatur der Lötstellen, also nicht von der Art und Weise abhängt, wie die Temperatur längs des Drahtes von dem heißen gegen das kalte Ende hin absinkt; ferner daß alle Metalle eine thermoelektrische Spannungsreihe bilden, derart, daß die elektromotorische Kraft einer aus beliebigen Metallen gebildeten Thermokette gleich ist einer Summe, in welcher jedes Metall ein Glied liefert, das nur von seiner Beschaffenheit und den beiden Temperaturen seiner Enden abhängt.

Dann wird zunächst an der Berührungsstelle zweier beliebiger Metalle eine thermoelektromotorische Kraft tätig sein können, welche die Differenz zweier je einem der Metalle

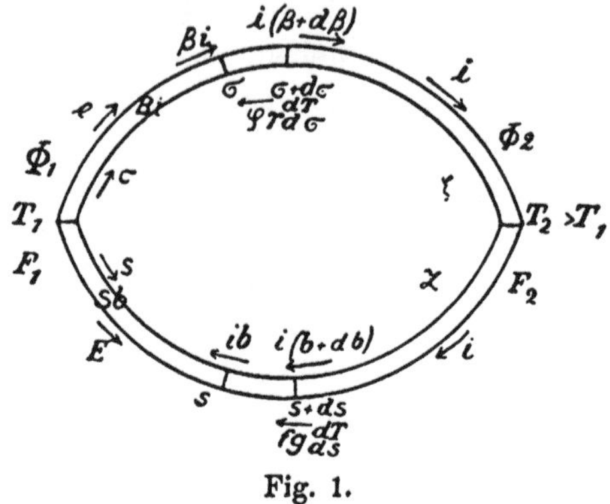

Fig. 1.

eigentümlicher Funktionen der Temperatur ist. Die elektromotorische Kraft, welche an der zweiten der in Fig. 1 gezeichneten Lötstellen die Elektrizität in dem Sinne zu treiben sucht, in welchem wir den Strom i positiv zählen, also vom Wismut zum Antimon, sei

$$F(T_2) - \Phi(T_2) = F_2 - \Phi_2 ;$$

die elektromotorische Kraft, welche ebenfalls in der Richtung von i an der ersten Lötstelle wirkt, ist

$$\Phi(T_1) - F(T_1) = \Phi_1 - F_1 .$$

Außerdem sei in jedem Elemente ds eine elektromotorische Kraft $f(T)dT$ tätig, welche die Elektrizität im Sinne der abnehmenden Temperaturen, also im Sinne des Wärmestromes zu treiben sucht. Dann ist die ganze elektromotorische Kraft, welche im Antimondrahte selbst ihren Sitz hat, und in der Richtung von i wirkt

$$\int_{T_1}^{T_2} f\,dT .$$

Dieselbe Bedeutung, welche die Funktion $f(T)$ für Antimon hat, habe die Funktion $\varphi(T)$ für Wismut, so daß in einem Längenelemente des Wismut in der Richtung des Wärmestromes die elektromotorische Kraft $\varphi \cdot dT$ wirke. Dann ist die elektromotorische Kraft, welche im Verlaufe des Wismutdrahtes der Fig. 1 in der Richtung von i wirkt:

$$-\int_{T_1}^{T_2} \varphi \, dT.$$

Wir lassen es vorläufig vollkommen unentschieden, ob dieselbe daher rührt, daß die Wärme, wie Kohlrausch annimmt, Elektrizität mit sich zieht, oder daß, wie Clausius annimmt, zwei verschieden warme Teile desselben Metalles wie zwei verschiedene Metalle bei ihrer Berührung thermoelektromotorisch wirken; oder endlich, daß die Elektrizität in verschiedenen Metallen und in verschieden warmen Teilen desselben Metalles eine verschiedene spezifische Energie besitzt.

Nach dem Obigen ist die gesamte elektromotorische Kraft des in Fig. 1 dargestellten Thermoelementes, welche die positive Elektrizität in der Richtung zu treiben sucht, in welcher i positiv gezählt wird,

(1) $$e = F_2 - \Phi_2 - F_1 + \Phi_1 + \int_{T_1}^{T_2} f \, dT - \int_{T_1}^{T_2} \varphi \, dT.$$

Wir gelangen von dieser allgemeinen Formel sofort zur Form, in welcher Budde die Thomsonsche Theorie darstellt, wenn wir den Clausiusschen Satz anwenden, daß die von der Wärme geleistete Arbeit der absoluten Temperatur proportional ist. Seien z und ζ die betreffenden Proportionalitätsfaktoren, so werden Tz und $T\zeta$ die Spannungen sein, welche dem Antimon, resp. Wismut bei der Temperatur T zukommen. An der zweiten Lötstelle der Fig. 1 stößt bei der Temperatur T_2 ein Metall mit dem Proportionalitätsfaktor z_2 an eines mit dem Proportionalitätsfaktor ζ_2, daher ist die elektromotorische Kraft daselbst

(2) $$F_2 - \Phi_2 = T_2 (z_2 - \zeta_2).$$

Ebenso wird

(3) $$F_1 - \Phi_1 = T_1 (z_1 - \zeta_1).$$

In dem Querschnitte des Antimonstabes, dessen Abszisse s und dessen absolute Temperatur T ist, hat der Proportionalitätsfaktor den Wert z; im Querschnitte mit der Abszisse $s + ds$ und der Temperatur $T + dT$ den Wert $z + dz$. Wir wollen nun mit Budde die Sache so betrachten, als ob im Elemente ds ein Metall mit dem Proportionalitätsfaktor $z + dz$ bei der Temperatur T zusammenstoßen würde mit einem Metalle mit dem Proportionalitätsfaktor z; dann finden wir die elektromotorische Kraft, welche im Elemente ds wirkt und welche wir mit $f dT$ bezeichnet haben, indem wir einfach die Formel (2) anwenden. Wenn man in der Richtung, in welcher i positiv gezählt wird, fortschreitet, so gelangt man zuerst zum Querschnitte $s + ds$ und dann erst zu s, also zuerst zu dem Metalle mit dem Proportionalitätsfaktor $z + dz$. Daher hat man in Formel (2) statt ζ_2 zu schreiben $z + dz$, statt z_2 aber z.

Man erhält also:

$$f dT = T[z - (z + dz)] = - T dz. \tag{4}$$

Ebenso

$$\varphi dT = - T d\zeta. \tag{5}$$

Für die gesamte elektromotorische Kraft ergibt sich daher

$$e = T_2(z_2 - \zeta_2) - T_1(z_1 - \zeta_1) - \int_{T_1}^{T_2} T dz + \int_{T_1}^{T_2} T d\zeta, \tag{6}$$

wobei z und ζ die von Thomson mit σ, von Budde mit α und β bezeichneten Größen sind. Diese Betrachtungsweise scheint mir jedoch eine Willkürlichkeit zu haben; denn bei der zweiten Lötstelle haben beide Metalle dieselbe Temperatur, aber einen um eine endliche Größe verschiedenen Proportionalitätsfaktor z. Betrachtet man dagegen das heißere und kältere Antimon, welche in dem Elemente ds zusammenstoßen, als zwei verschiedene Stoffe, so ist ihre Temperaturdifferenz dT von derselben Größenordnung wie der Unterschied dz der ihnen eigentümlichen Proportionalitätsfaktoren und daher die Anwendbarkeit der Formel (2) fraglich. Es wäre im Grunde genommen mit der obigen Betrachtungsweise gleichberechtigt, wenn man sagen würde: die Spannung im Querschnitte s sei Tz, die im Querschnitte $s + ds$ aber $Tz + d(Tz)$, daher sei die elektromotorische Kraft im Elemente ds

$$= - d(Tz).$$

Freilich hat schon Thomson gezeigt, daß die Formel (6) in Verbindung mit den später folgenden Formeln (13)...(16) eine notwendige Konsequenz des zweiten Hauptsatzes der mechanischen Wärmetheorie ist, sobald man die Wärmeleitung nicht berücksichtigt. Da wir aber eben diese als notwendig mit der Thermoelektrizität verknüpft in den Kreis unserer Betrachtungen ziehen wollen, so müssen wir wieder zur ganz allgemeinen Formel (1) zurückkehren.

Bezeichnen wir mit F' und Φ' die Ableitungen der Temperaturfunktionen F und Φ, so können wir die Formel (1) auch so schreiben:

$$e = \int_{T_1}^{T_2} (F' + f)\, dT - \int_{T_1}^{T_2} (\Phi' + \varphi)\, dT,$$

oder wenn wir setzen

$$F' + f = a, \qquad \Phi' + \varphi = \alpha,$$

(7) $$e = \int_{T_1}^{T_2} a\, dT - \int_{T_1}^{T_2} \alpha\, dT.$$

Unter denselben Grundannahmen wollen wir auch die Formel für die entwickelte Peltiersche Wärme aufstellen. Wir setzen wieder voraus:

1. daß sie der Stromstärke proportional ist;

2. daß die an der Berührungsstelle zwischen den Metallen A und C entwickelte Peltiersche Wärme gleich der Summe der an den Berührungsstellen von A und B einerseits, und B und C andererseits durch denselben elektrischen Strom bei gleicher Temperatur entwickelten ist.

Unter diesen Voraussetzungen ist also die an der zweiten Lötstelle in der Zeiteinheit entwickelte Peltiersche Wärme

(8) $$w_2 = -\, i m_2 + i \mu_2 .$$

Ebenso ist die an der ersten Lötstelle in der Zeiteinheit entwickelte Peltiersche Wärme

(9) $$w_1 = i m_1 - i \mu_1 .$$

Hierbei sind m und μ Temperaturfunktionen, welche die Wärme darstellen, die beim Austritte der Elektrizitätsmenge 1 aus dem betreffenden Metalle entwickelt wird. Für die in

Fig. 1 vorausgesetzten Metalle ist bei mäßiger Temperatur $m - \mu$ positiv. Außerdem wird, wie Thomson theoretisch und experimentell nachgewiesen hat, in jedem Längenelemente eines Metalles, sobald daselbst Temperaturgefälle und ein elektrischer Strom vorhanden ist, Wärme entwickelt. Wir nehmen von dieser letzteren an, daß sie der Stromintensität proportional ist, und außerdem nur von der Natur des Metalls, dessen absoluter Temperatur und der Temperaturdifferenz an den beiden Enden des betrachteten Elementes abhängt, welcher letzteren sie ebenfalls proportional sein soll. Wir können also die in ds in der Zeiteinheit entwickelte Wärme für einen Strom von der Intensität 1, der vom kälteren zum heißeren Ende fließt, mit $n\,dT$, die in $d\sigma$ unter denselben Umständen entwickelte Wärme mit $v\,dT$ bezeichen. Dann wird von dem in Fig. 1 betrachteten Strome i in dem Elemente ds die Wärme

$$dw = -i n\,dT, \tag{10}$$

dagegen in dem Elemente $d\sigma$ die Wärmemenge

$$d\omega = i v\,dT \tag{11}$$

in der Zeiteinheit entwickelt. Die gesamte, in dem betrachteten Thermoelemente in der Zeiteinheit entwickelte Wärme ist also:

$$\sum dw = i\left[-m_2 + \mu_2 + m_1 - \mu_1 - \int_{T_1}^{T_2} n\,dT + \int_{T_1}^{T_2} v\,dT\right]. \tag{12}$$

Nimmt man an, daß die in Formel (1) mit $F_1 - \Phi_1$, $F_2 - \Phi_2$, $f dT$ und φdT bezeichneten elektromotorischen Kräfte von einer ganz durch die Wärme erzeugten Potentialdifferenz (oder auch wie Budde neuerdings annimmt) teilweise von einer Verschiedenheit der Energie der Elektrizität an verschieden beschaffenen oder verschieden heißen Metallen herrührt,[1]) so

[1]) Dann muß die positive Elektrizität im Wismut kleinere Energie der lebendigen Kraft, als im Antimon besitzen, daher beim Übergange von Wismut zum Antimon Wärme an sich ziehen; der hiervon herrührende Teil von $i\mu_2 - i m_2$ wäre also negativ. Andererseits würde hierdurch die positive Elektrizität vom Wismut ins Antimon gezogen, geradeso als ob sie von den Molekülen des letzteren stärker angezogen würde. Daher wäre die elektromotorische Kraft $F_2 - \Phi_2$, welche den Strom vom Wismut zum Antimon treibt, positiv, wodurch die eben gebrauchten Zeichen auch in diesem Falle gerechtfertigt sind.

muß nach dem ersten Hauptsatze die freiwerdende Wärme jedesmal der Arbeit oder dem Verluste an lebendiger Kraft der daselbst durchgehenden Elektrizität gleich sein; also

$$w_2 = -i m_2 + i \mu_2 = -i(F_2 - \Phi_2),$$
$$w_1 = i m_1 - i \mu_1 = i(F_1 - \Phi_1),$$
$$d w = -i n d T = -i f d T,$$
$$d \omega = i \mu d T = i \varphi d T.$$

Substituiert man hier die Werte aus den Gleichungen (2), (3), (4), (5), so folgt:

$$(13) \qquad w_2 = -i m_2 + i \mu_2 = i T_2 (\zeta_2 - z_2),$$
$$(14) \qquad w_1 = i m_1 - i \mu_1 = i T_1 (z_1 - \zeta_1),$$
$$(15) \qquad d w = -i n d T = i T d z,$$
$$(16) \qquad d \omega = i \nu d T = i T d \zeta;$$

die gesamte entwickelte Peltiersche Wärme ist also

$$(17) \quad \Sigma d w = i \left[T_2 (\zeta_2 - z_2) - T_1 (\zeta_1 - z_1) + \int_{T_1}^{T_2} T d z - \int_{T_1}^{T_2} T d \zeta \right].$$

Es ist dies genau der schon von Thomson aus seiner Theorie abgeleitete Wert. Wie der erste, so ist auch der zweite Hauptsatz der mechanischen Wärmetheorie erfüllt, und zwar so, als ob der thermoelektrische Prozeß ganz unabhängig von der gleichzeitig stattfindenden Wärmeleitung vollkommen umkehrbar wäre. Denn es ist in der Tat

$$\sum \frac{d w}{T} = \frac{w_2}{T_2} + \frac{w_1}{T_1} + \int_{T_1}^{T_2} \frac{d w}{T} + \int_{T_1}^{T_2} \frac{d \omega}{T} = 0.$$

Wollen wir eine allgemeinere Formel aufstellen, in der wir die thermoelektrischen Ströme als mit der Wärmeleitung untrennbar verbunden und daher den Gesamtprozeß nicht als rein umkehrbar betrachten, so müssen wir wieder zur Formel (12) zurückkehren. Diese Formel gibt den allerallgemeinsten Ausdruck für die entwickelte Peltierwärme, welcher nun so zu spezialisieren ist, daß den beiden Hauptsätzen der mechanischen Wärmetheorie genügt wird.

Die gesamte Arbeit, welche die ganze thermoelektrische Kraft e in der Zeiteinheit leistet, ist

$$e\,i = i\int_{T_1}^{T_2}(a-\alpha)\,d\,T;$$

diese kann nur aus der der Umgebung entnommenen Wärme stammen; sie muß also, wenn Arbeit und Wärme in gleichem Maße gemessen werden, gleich der gesamten absorbierten Wärme $= -\Sigma\,d\,w$ sein, was nach Formel (12) liefert:

$$(18)\qquad \int_{T_1}^{T_2}(a-\alpha)\,dT = m_2 - \mu_2 - m_1 + \mu_1 + \int_{T_1}^{T_2} n\,d\,T - \int_{T_1}^{T_2} \nu\,d\,T.$$

Differentiiert man nach T_2, und setzt hernach $T_2 = T$, so folgt:

$$a - \alpha = \frac{d\,m}{d\,T} - \frac{d\,\mu}{d\,T} + n - \nu.$$

Da dies für beliebig herausgegriffene Metalle gilt, so muß sein:

$$a = \frac{d\,m}{d\,T} + n + \frac{d\,M}{d\,T};$$

ebenso:

$$\alpha = \frac{d\,\mu}{d\,T} + \nu + \frac{d\,M}{d\,T},$$

wobei M eine für alle Metalle gleiche Funktion der Temperatur ist. Diese Gleichungen vereinfachen sich noch ein wenig, wenn man die Summen $m + M$ und $\nu + M$ mit b und β bezeichnet. Die Gleichungen (8), (9), (10) und (11) liefern dann für die entwickelten Wärmen

$$(19)\qquad w_1 = i\,b_1 - i\,\beta_1, \quad w_2 = -\,i\,b_2 + i\,\beta_2,$$

$$(20)\qquad d\,w = \left(\frac{d\,b}{d\,T} - a\right) i\,d\,T, \quad d\,\omega = \left(\alpha - \frac{d\,\beta}{d\,T}\right) i\,d\,T,$$

dabei sind a und b gewisse Funktionen der Temperatur, welche für jedes Metall andere Werte haben können. $d\,w$ ist die in der Zeiteinheit in einem Elemente entwickelte Thomsonsche Wärme, an dessen Enden die Temperaturdifferenz $d\,T$ besteht, und welches vom heißeren gegen das kältere Ende hin von einem elektrischen Strome von der Intensität i durchflossen wird. $w_2 = \beta_2 - b_2$ ist die Peltiersche Wärme, welche in der Zeiteinheit an der Berührungsstelle entwickelt wird, sobald der Strom i daselbst von dem Metalle mit den Konstanten α, β zum Metalle mit den Konstanten a, b bei der Temperatur T_2 übergeht. Die gesamte im Stromkreise der Fig. 1 entwickelte Wärme kann nach Formel (12) auch so geschrieben werden:

$$(21)\quad \left\{ \begin{aligned} \Sigma\, d w &= i\left[\int_{T_1}^{T_2}\left(\frac{d\mu}{dT}+\nu\right)dT-\int_{T_1}^{T_2}\left(\frac{dm}{dT}+n\right)dT\right] \\ &= i\cdot\int_{T_1}^{T_2}(\alpha-a)\,dT \end{aligned} \right.$$

und man sieht sofort, daß der erste Hauptsatz stets erfüllt sein muß, sobald es diese Gleichungen sind.

Ich habe die bisherigen Entwicklungen absichtlich von jeder Ansicht über die Ursache der thermoelektrischen Erscheinungen unabhängig gemacht und bloß die allgemeinsten Gleichungen aufgesucht, welche wenigstens mit großer Wahrscheinlichkeit eine richtige Beschreibung dieser Erscheinungen darstellen. Es scheint mir aber jetzt angezeigt, wenigstens beiläufig zu erwähnen, daß diese Gleichungen wie von selbst zur Kohlrauschschen Theorie der Thermoelektrizität hinleiten.

Man sieht nämlich leicht, daß man die Gleichungen (19), (20) und (21) dahin interpretieren kann, daß im Antimon in der Richtung des positiven elektrischen Stromes durch jeden Querschnitt von der Temperatur T in der Zeiteinheit die Wärmemenge $b\,i$, im Wismut dagegen die Wärmemenge $\beta\, i$ hindurchgeführt, und außerdem im Elemente ds, wenn es vom Strome i in der Richtung wachsender Temperaturen durchflossen wird, die Wärmemenge $a\cdot i\cdot dT$ entwickelt wird. Ebenso müßte im Elemente $d\sigma$, wenn es im Sinne wachsender Temperaturen vom Strome i durchflossen wird, die Wärmemenge $\alpha\, i\, dT$ entwickelt werden. In der Tat würde, sobald man eine derartige Fortschiebung der Wärme durch den elektrischen Strom annimmt, an der zweiten Lötstelle die Wärmemenge $\beta_2\, i$ am Ende des Wismuts zum Vorschein kommen, dagegen $b_2\, i$ im Antimon von der Lötstelle weggeführt werden; die gesamte daselbst entwickelte Wärmemenge wäre also durch die zweite der Formeln (19) bezeichnet. — Durch den Wismutquerschnitt mit der Abszisse σ tritt die Wärmemenge βi in das Element $d\sigma$ ein, durch den Querschnitt mit der Abszisse $\sigma + d\sigma$ die Wärmemenge $i(\beta + d\beta)$ aus. Außerdem wird daselbst die Wärmemenge $\alpha i dT$ entwickelt, was wieder zur letzten der Formeln (20) führt. In gleicher Weise ergeben sich die übrigen Gleichungen. Auch durch diese Vorstellung braucht übrigens noch nichts über die Ursache der thermoelektrischen Erscheinungen ausgesagt zu werden, sondern es wird dadurch bloß konstatiert, daß die Wärmeverhältnisse sich genau in derselben Weise verändern, wie es durch die oben beschriebene Fortführung der Wärme geschähe. Da wir bisher bloß entscheiden können, ob der Wärmeinhalt eines Teiles eines Körpers zu- oder abgenommen hat, nicht aber ob bei gleichbleibendem Wärmeinhalte jedes Teiles des Körpers die in den verschiedenen Teilen enthaltenen Wärmequanta ihre Plätze im Körper vertauscht haben, so gibt es auch kein Mittel, um die letztere Vorstellung von der Vorstellung zu unterscheiden, daß lediglich die Wärmemenge (19) an den Lötstellen und (20) in den Längenelementen ohne irgend eine Wanderung der Wärme frei werden. Da die Wärme kein Stoff ist, gibt es vielleicht kaum eine Möglichkeit, die begriffliche Verschiedenheit der beiden Vorstellungen zu definieren. Aber am naheliegendsten ist unstreitig die Annahme Kohlrauschs, daß der elektrische Strom eine mitziehende Kraft auf die im Leiter enthaltene Wärmemenge ausübt. Auch die Formel (7) für die elektromotorische Kraft findet ihre einfachste Erklärung, wenn man einstweilen wieder, ohne nach der Ursache zu fragen, annimmt, daß die elektromotorische Kraft nicht an den Kontaktstellen, sondern bloß in den Längenelementen der beiden Leiter selbst ihren Sitz hat, und zwar liefert ein Antimonelement, dessen Enden die Temperaturdifferenz dT haben, die elektromotorische Kraft $a\,dT$, welche die Elektrizität im Sinne des Wärmestromes, also in der Richtung der Temperaturabnahme zu treiben sucht. Dieselbe Größe hat für Wismut die Größe $\alpha\,dT$.

Nimmt man mit Kohlrausch eine Mitführung der positiven Elektrizität mit dem Wärmestrome im Antimon an, so hat man sich dieselbe so zu denken, daß dabei ein Teil der strömenden Wärme einfach in Elektrizitätsbewegung verwandelt wird. Der Thomsoneffekt ist dann keine selbständige neue

Wirkung, sondern es ist selbstverständlich, daß, wenn die Verwandlung von Wärme in Elektrizitätsbewegung nicht durch eine gegenwirkende elektromotorische Kraft aufgehoben wird, wenn also wirklich im Antimon ein elektrischer Strom i von einer Stelle mit der höheren Temperatur $T + dT$ zu einer andern von der Temperatur T zustande kommt, die Wärmemenge $a i dT$ als Wärme verschwinden muß. Der gleichzeitige gleichgerichtete Strom von Wärme und positiver Elektrizität im Antimon wäre dann immer so aufzufassen, als ob die inneren Kräfte im Antimon oder auch mitwirkende äußere elektromotorische eine teilweise Verwandlung der Wärme in Elektrizitätsbewegung bewirkten, d. h. in eine Bewegung, die sich erst außerhalb wieder in Arbeit oder Wärme umsetzt.

Nimmt man an, daß ein Metall möglich ist, dessen Oberfläche genau dieselbe Beschaffenheit hat wie das Innere, und welches von einem Isolator umgeben ist, der absolut keine Elektrizität aufnimmt, so daß die Ladung nur auf der Oberfläche des Metalles sitzen kann, so wäre zwischen der Kohlrauschschen und der Clausius-Thomsonschen Vorstellung, welche den Sitz der thermoelektrischen Kraft teilweise an die Berührungsstellen verlegt, freilich eine experimentelle Entscheidung möglich, indem unter der ersten Voraussetzung an den Berührungsstellen kein Potentialsprung oder wenigstens kein solcher, welcher von der Temperatur abhängt, stattfinden müßte.

Da aber das Potential einer Metalloberfläche immer selbst im sogenannten Vakuum durch eine Oberflächenschicht ganz wesentlich modifiziert wird, so dürfte auch hier jeder Versuch einer experimentellen Entscheidung scheitern.

Die Gleichungen (7), (19) und (20) können als der allgemeinste Ausdruck jeder möglichen Theorie der thermoelektrischen Erscheinungen aufgefaßt werden. Sie sind jedoch insofern noch zu allgemein, als darin keine Rücksicht auf den zweiten Hauptsatz der mechanischen Wärmetheorie genommen ist. Zu diesem Behufe müssen wir auch auf das Phänomen der Wärmeleitung unser Augenmerk richten. Sei g die (innere) Wärmeleitungskonstante, l die Länge, f der Querschnitt des Antimonstabes. γ, λ und φ sollen dieselbe Bedeutung für den Wismutstab haben. Da wir eine Fortführung der Wärme durch die Elektrizität hier nicht ausschließen, so müssen wir das Phänomen der Wärmeleitung mit der größten Vorsicht behandeln, und daher ausdrücklich hervorheben, daß wir dazu noch die Annahme machen, daß die im vorhergehenden geschilderten Wärmephänomene sich einfach über die gewöhnliche Wärmeleitung und die Joulesche Wärmeerzeugung superponieren, ohne daß dabei die Gesetze der letzteren Phänomene alteriert würden, jedoch auch ohne daß der zweite Hauptsatz auf erstere Phänomene allein angewendet werden darf. Höchstens könnte der Wert der Wärmeleitungskonstante durch den elektrischen Strom verändert werden, in welchem Falle g und γ die neuen, während der Zirkulation des Stromes geltenden Werte dieser Konstanten bedeuten würden. Diese Annahme bedingt es auch, daß der elektrische Strom die zu seiner Erhaltung notwendige Wärme nur aus dem durch die Gleichungen (19) und (20) ausgedrückten Peltier-Thomsonschen Phänomene schöpfen kann, und daß wir daher bei Ableitung der Gleichung (18) berechtigt waren, von der Wärmeleitung und der Jouleschen Wärme zu abstrahieren.

Unter dieser Voraussetzung wird der ersten Lötstelle durch Wärmeleitung im Antimon die Wärmemenge

$$fg\left(\frac{dT}{ds}\right)_1,$$

durch Wärmeleitung im Wismut die Wärmemenge

$$\varphi\gamma\left(\frac{dT}{d\sigma}\right)_1,$$

zugeführt.

Die Indizes 1 der Differentialquotienten drücken aus, daß nach der Differentiation der für die erste Lötstelle geltende Wert der Temperatur zu subsituieren ist. Nimmt man dazu den durch die erste der Gleichungen (19) gegebenen Wert, so ergibt sich für die daselbst im ganzen entwickelte Wärmemenge:

$$W_1 = fg\left(\frac{dT}{ds}\right)_1 + \varphi\gamma\left(\frac{dT}{d\sigma}\right)_1 + b_1 i - \beta_1 i. \tag{22}$$

Ebenso ergibt sich für die an der zweiten Lötstelle im ganzen entwickelte Wärmemenge:

$$W_2 = -fg\left(\frac{dT}{ds}\right)_2 - \varphi\gamma\left(\frac{dT}{d\sigma}\right)_2 - ib_2 + i\beta_2. \tag{23}$$

Dieser Ausdruck ist natürlich negativ, da an der zweiten Lötstelle Wärme absorbiert wird.

Durch den Querschnitt mit der Abszisse s tritt infolge der Wärmeleitung die Wärmemenge

$$fg\frac{dT}{ds}$$

aus dem Elemente ds aus. Durch den Querschnitt mit der Abszisse $s + ds$ tritt die Wärmemenge

$$fg\frac{dT}{ds} + ds\frac{d}{ds}\left(fg\frac{dT}{ds}\right)$$

ein, daher häuft sich durch Wärmeleitung in dem Elemente in der Zeiteinheit die Wärmemenge

$$ds\frac{d}{ds}\left(fg\frac{dT}{ds}\right)$$

an. Bezeichnen noch k und $\varkappa$ die absoluten elektrischen Leitungsvermögen des Antimons resp. des Wismuts, so hat der elektrische Leitungswiderstand des Elementes ds den Wert:

$$\frac{ds}{kf}.$$

Die daselbst entwickelte Wärmemenge ist daher $i^2 ds/kf$, und nimmt man dazu noch den durch die erste der Gleichungen (20) gegebenen Wert, so ergibt sich für die gesamte im Elemente ds in der Zeiteinheit entwickelte Wärme der Wert

$$(24)\qquad dW = ds\left[\frac{d}{ds}\left(fg\frac{dT}{ds}\right) + i\frac{db}{dT}\frac{dT}{ds} - ai\frac{dT}{ds} + \frac{i^2}{kf}\right].$$

Ebenso wird im Längenelemente $d\sigma$ die Wärmemenge

$$(25)\qquad d\Omega = d\sigma\left[\frac{d}{d\sigma}\left(\varphi\gamma\frac{dT}{d\sigma}\right) - i\frac{d\beta}{dT}\frac{dT}{d\sigma} + \alpha i\frac{dT}{d\sigma} + \frac{i^2}{\varkappa\varphi}\right]$$

entwickelt. Falls bloß an beiden Lötstellen durch Wärme-Zu- und Abfuhr die Temperatur konstant erhalten wird, die übrigen Stellen der Drähte aber von unendlich schlechten Wärmeleitern umgeben sind, müßte der Ausdruck der eckigen Klammer in den Gleichungen (24) und (25) verschwinden. Würde auch den Lötstellen Wärme weder zugeführt noch entzogen, so daß man bloß die durch einen von außen durchgeleiteten elektrischen Strom erzeugten Peltier-Thomsonschen Temperaturveränderungen beobachten würde, so müßten auch noch die Ausdrücke (22) und (23) verschwinden, wodurch dann die Temperatur in jedem Punkte des Systems bestimmt wäre, wenn die Stromintensität i und die in einem willkürlich gewählten Punkte herrschende Temperatur gegeben wären, die dort durch äußere Einflüsse konstant erhalten werden müßte.

Ich bemerke, daß es hier ganz im Sinne des zweiten Hauptsatzes ist, von einer Umgebung der Drähte oder Lötstellen mit unendlich schlechten Wärmeleitern zu sprechen, da die Wärmeabgabe derselben nach außen nicht wie die Wärmeleitung im Innern des Antimon oder Wismut wesentlich mit dem Vorgange verknüpft ist, sondern es den Anschein hat, daß in der Tat durch Vergrößerung des Querschnittes der Drähte gegenüber der Oberfläche derselben und Anwendung einer sehr schlecht leitenden Umgebung die nach außen abgegebene Wärme beliebig klein gemacht werden kann.

Wir wollen nun zunächst die gesamte Temperaturdifferenz unendlich klein annehmen und demgemäß setzen:

$$T_1 = T, \quad T_2 = T + \tau .$$

Wir nehmen den oben besprochenen Fall an, daß die heiße Lötstelle durch stete Wärmezufuhr von einem großen Wärmereservoir von der Temperatur $T + \tau$, die kalte durch stete Wärmeabgabe an ein Wärmereservoir von der Temperatur T auf konstanter Temperatur erhalten werden, während die Drähte in ihrem übrigen Verlaufe von sehr schlechten Wärmeleitern umgeben sind. Letzteres widerspricht, wie eben bemerkt, den von uns aufgestellten Prinzipien nicht. Die Bedingung hierfür ist, daß in den Gleichungen (24) und (25) die eckig eingeklammerte Größe verschwinden muß. Wir setzen voraus, daß der Querschnitt f des Antimonstabes an allen Stellen gleich groß ist, und daß dasselbe auch für den Wismutstab gilt. Wenn τ sehr klein ist, so können zudem die Größen g, γ, a, α, db/dT, $d\beta/dT$ als konstant betrachtet werden. Außerdem soll i sehr klein von derselben Ordnung wie τ sein. Setzt man daher die Konstante

$$\left(a - \frac{db}{dT}\right)\frac{i}{fg} = c$$

und

$$\frac{i^2}{kf^2g} = c',$$

so ist die Größe c unendlich kein von derselben Ordnung wie τ, c' von derselben Ordnung wie τ^2, und es folgt

$$\frac{d^2T}{ds^2} = c\frac{dT}{ds} - c', \qquad \frac{dT}{ds} - \frac{c'}{c} = \frac{(c\tau - c'l)e^{cs}}{e^{cl} - 1},$$

was bei Vernachlässigung von unendlich Kleinem höherer Ordnung liefert:

$$\frac{dT}{ds} = \frac{\tau}{l}, \quad \text{ebenso} \quad \frac{dT}{d\sigma} = \frac{\tau}{\lambda},$$

welche Gleichungen besagen, daß die Störungen, die die gewöhnliche Wärmeleitung durch die thermoelektrischen Phänomene erfährt, unendlich klein höherer Ordnung ist.

Mit Rücksicht hierauf zeigt die Formel (22) und (23), wo jetzt die Indizes überflüssig geworden sind, daß vom heißeren zum kälteren Wärmereservoir in der Zeiteinheit die Wärmemenge

$$W = \frac{fg\tau}{l} + \frac{\varphi\gamma\tau}{\lambda} + (b - \beta)i \tag{26}$$

übergeführt wird, während die elektromotorische Kraft des Thermoelementes nach Formel (7) den Wert

$$e = (a - \alpha)\tau$$

hat. Außer dieser elektromotorischen Kraft soll in dem Stromkreise, der aber nur aus dem Wismut- und Antimonstabe bestehen soll, noch eine andere elektromotorische Kraft ε tätig sein, der wir das positive Zeichen geben, wenn sie der elektromotorischen Kraft e entgegenwirkt. Wir können uns dies etwa so vorstellen, daß ein kleiner Teil des Wismut- oder Antimondrahtes selbst der bewegliche Teil eines Elektromotors oder einer magnetischen oder dynamoelektrischen Maschine sei. Natürlich kann der betrachtete Teil des Wismut- oder Antimondrahtes auch fix sein, wenn dafür der übrige Teil des Elektromotors relativ gegen ihn bewegt wird. Die elektromotorische Kraft ε ist dann die durch die Induktionswirkung der betreffenden Maschine erzeugte. Sei

$$r = \frac{l}{kf} + \frac{\lambda}{\varkappa\varphi}, \quad \text{und} \quad \varrho = \frac{gf}{l} + \frac{\gamma\varphi}{\lambda},$$

so ist r der gesamte Leitungswiderstand des aus beiden Drähten gebildeten Stromkreises, $\varrho\tau$ die gesamte Wärmemenge, welche durch Leitung dem heißen Wärmereservoir entzogen und dem kälteren zugeführt wird. Wir können die Formel (26) auch so schreiben:

$$W = \varrho\tau + (b - \beta)i.$$

Ferner ist:

$$i = \frac{e - \varepsilon}{r} = \frac{(a - \alpha)\tau - \varepsilon}{r}. \tag{28}$$

Die gesamte Arbeit, welche die Elektrizität am Elektromotor leistet, ist $\varepsilon i = A$. Es sind nun zwei Fälle möglich:

Erstens kann der Thermostrom Arbeit leisten, dann ist notwendig $\varepsilon < e$, i positiv, W positiv. Es sinkt die Wärmemenge W von dem Temperaturniveau $T + \tau$ auf das Niveau T herab und dabei wird die Arbeit εi geleistet. Der zweite Hauptsatz fordert dann, daß die positive Größe εi kleiner oder höchstens gleich der positiven Größe $W\tau/T$ ist, oder daß

$$W\tau - \varepsilon i T$$

keinen negativen Wert haben kann.

Zweitens kann die Maschine durch eine äußere Arbeitsquelle getrieben werden, so daß sie einen Strom erzeugt, welcher dem vom Thermoelemente bewirkten entgegengesetzt ist. Dann ist $\varepsilon > e$, i ist negativ. Wenn W positiv ist, so ist der zweite Hauptsatz sicher erfüllt, da lediglich Arbeit in Wärme verwandelt wird und gleichzeitig Wärme von einem höheren zu einem tieferen Temperaturniveau herabsinkt. Ob der zweite Hauptsatz erfüllt ist, kann nur fraglich sein, wenn auch W negativ ist. Es wird dann durch Aufwendung der äußeren Arbeit $-\varepsilon i$ die Wärmemenge $-W$ von dem niedrigeren Temperaturniveau T zu dem höheren $T + \tau$ gehoben. Sowohl $-\varepsilon i$, als auch $-W$ sind positive Größen. Der zweite Hauptsatz erfordert wieder, daß die positive Größe $-W\tau/T$ kleiner, höchstens gleich der positiven Größe $-\varepsilon i$ sei, also wiederum, daß der Ausdruck $W\tau - i\varepsilon T$ nicht negativ sein darf.

Die Substitution der obigen Werte liefert:

$$rW\tau - r\varepsilon i T = \varepsilon^2 T + [(\beta - b)\tau - eT]\varepsilon + (b - \beta)\tau e + r\varrho\tau^2. \tag{29}$$

Die Bedingung, daß dieser Ausdruck für beliebige ε keinen negativen Wert annehmen kann, ist

$$eT + (\beta - b)\tau \leqq 2\tau\sqrt{r\varrho T} \tag{29b}$$

oder

$$T(a - \alpha) - b + \beta \leqq 2\sqrt{r\varrho T}. \tag{29c}$$

In den letzten beiden Formeln bezieht sich das Ungleichheitszeichen auf den absoluten Zahlenwert. a, b, α, β sind Konstanten des Materials; dagegen hängt $r\varrho$ noch von den Dimensionen der Drähte ab: es ist

$$r\varrho = \frac{g}{k} + \frac{\gamma}{\varkappa} + \frac{g\lambda f}{\varkappa l \varphi} + \frac{\gamma l \varphi}{k \lambda f}.$$

Da hier alle Größen wesentlich positiv sind, so erreicht $r\varrho$ sein Maximum, wenn

$$\frac{l\varphi}{\lambda f} = \sqrt{\frac{kg}{\varkappa\gamma}}$$

ist. Dieser Maximalwert von $r\varrho$ beträgt:

$$\left(\sqrt{\frac{g}{k}} + \sqrt{\frac{\gamma}{\varkappa}}\right)^2.$$

Damit daher für alle möglichen Dimensionen der Drähte, die Ungleichheit (29c) erfüllt sei, muß sein

(30) $$T(a-\alpha) - (b-\beta) \leqq 2\sqrt{\frac{gT}{k}} + 2\sqrt{\frac{\gamma T}{\varkappa}}.$$

Diese Bedingung ist jedenfalls für alle möglichen Materialien erfüllt, wenn für jedes Material $aT - b$ dem Zahlenwerte nach kleiner oder höchstens gleich $2\sqrt{gT/k}$ ist, was wir durch

(31) $$aT - b \leqq 2\sqrt{\frac{gT}{k}}$$

ausdrücken wollen.

Es hat diese Lösung auch genügende Allgemeinheit, da eine allgemeinere, welche dadurch entstünde, daß man zu a oder b eine für alle Metalle gleiche Funktion der Temperatur addieren würde, physikalisch nicht von ihr verschieden ist. Durch Bestimmung der elektromotorischen Kraft geschlossener Thermobatterien kann nämlich eine zu a hinzutretende für alle Metalle gleiche Temperaturfunktion niemals bestimmt werden, der Versuch einer Bestimmung dieser Funktion aus der Spannung an den Polen eines offenen Thermoelementes aber wird durch den Einfluß der Oberflächenschicht dieser Pole vereitelt; die Messung der in einem Elemente entwickelten Thomsonschen Wärme würde $(db/dT) - a$ für dieses Metall liefern. Dadurch bleibt aber noch immer eine zu a oder b tretende, für alle Metalle gleiche Temperaturfunktion unbestimmt.

Die durch $b - \beta$ bestimmte Peltiersche Wärme kann teils von einer durch Molekularanziehungen auf die Elektrizität nicht kompensierten Energievermehrung derselben beim Übergange von einem Metalle zum anderen, teils vom Kohlrausch effekt herrühren. Da es nun bisher kein Mittel gibt, einen in allen Metallen gleichen mit dem elektrischen Strome verbundenen Wärmestrom zu entdecken, und da bei Beobachtung von Temperaturänderungen bei elektrostatischer Ladung oder Entladung von Leitern wieder die Oberflächenschichten stören würden, so scheint eine Bestimmung der letztgenannten Temperaturfunktion nicht möglich. Bei Beobachtungen der Spannung an den Polen offener Thermoketten würden übrigens die früher mit F und f bezeichneten und durch partielle Integration vereinigten Größen separat hervortreten.

Falls wir von der Wärmeleitung abstrahieren, haben wir $g = 0$ zu setzen. Dann muß

$$aT = b \tag{32}$$

sein, was wieder auf die Thomson-Buddesche Theorie zurückführt, da alsdann die Formeln (19), (20) genau die Form der Gleichungen (13), (14), (15) und (16) annehmen. Da die Größen a und α in ersteren ebenso wie die Größen z und ζ in letzteren Formeln Temperaturfunktionen sind, welche für jedes Material ganz beliebige Werte haben können, so steht natürlich der Identifizierung von z mit a und ζ mit α nichts im Wege; beide Formelgruppen haben gleiche Bedeutung. Es war dies zu erwarten, da ja, sobald von der Wärmeleitung abgesehen wird, sich notwendig die Thomson-Buddesche Theorie als Konsequenz des zweiten Hauptsatzes ergeben muß. Bezeichnet man wie Thomson $(d\beta/dT) - \alpha$ mit σ, $(db/dT) - a$ mit s und $b - \beta$ mit $-\pi$, so folgt sofort die Thomsonsche Gleichung

$$\sigma - s = \frac{d\pi}{dT} - \frac{\pi}{T}$$

(vgl. die Gleichungen (19), (20) und (32)). Für alle bekannten Körper aber, in denen nebst den thermoelektrischen Eigenschaften auch noch Wärmeleitung stattfindet, ist g von Null verschieden, und es kann aus dem zweiten Hauptsatze bloß die durch die Ungleichung (31) bestimmte obere Grenze gefolgert werden, welche der Zahlenwert von $aT - b$ nicht überschreiten darf.

Wir haben bisher nur den speziellen Fall betrachtet, daß die Temperaturdifferenz der beiden Lötstellen unendlich klein ist. Wir wollen jetzt einen viel allgemeineren Fall der Rechnung unterziehen. Die Temperaturdifferenz der Lötstellen soll einen endlichen Wert haben und es soll auch der Fall nicht ausgeschlossen werden, daß an beliebigen Stellen der Drähte kontinuierlich Wärme zugeführt, resp. entzogen wird. Wir warten ab, bis ein stationärer Temperaturzustand sich in den Drähten gebildet hat. Wenn dann dW die in der Zeiteinheit irgend einem Elemente zugeführte Wärmemenge bezeichnet, so ist:

$$\int \frac{dW}{T} = \frac{W_1}{T_1} - \frac{W_2}{T_2} + \int \frac{dW'}{T} + \int \frac{d\Omega}{T}.$$

Substituiert man hier die durch die Gleichungen (22) und (23), (24) und (25) gegebenen Werte und integriert die in den beiden letzteren vorkommenden nach s und σ differentiierten Glieder partiell, so folgt:

$$(33)\quad \int \frac{dW}{T} = \int \frac{dT}{T^2}\left[\frac{fg}{s'} + \frac{\varphi\gamma}{\sigma'} + i(b - \beta - aT + \alpha T) + i^2 T\left(\frac{s'}{kf} + \frac{\sigma'}{\varkappa\varphi}\right)\right].$$

In dieser Formel ist T als independente, von T_1 bis T_2 zunehmende Variable gedacht. Die Drahtlängen s und σ sind als Funktionen dieser Independenten aufgefaßt, und ihre Differentialquotienten nach T mit s und σ' bezeichnet. Der zweite Hauptsatz ist immer erfüllt, sobald dieser Ausdruck niemals negativ werden kann, und man sieht sofort, daß dies eintritt, wenn

$$(34)\quad (b - \beta - aT + \alpha T)^2 \leqq 4\left(\frac{fg}{s'} + \frac{\varphi\gamma}{\sigma'}\right)\left(\frac{s'}{kf} + \frac{\sigma'}{\varkappa\varphi}\right)\cdot T$$

ist. Da die beiden eingeklammerten Größen auf der rechten Seite genau dieselbe Form haben, wie die oben mit r und ϱ bezeichneten Größen, nur daß hier s' und σ' an die Stelle von l und λ treten, so sieht man, daß ganz dieselben Betrachtungen wie oben angestellt werden können, und daß die Ungleichung (34) jedesmal erfüllt ist, sobald es die Ungleichung (30) oder (31) ist. Jede der letzteren Ungleichungen ist also ausreichende Bedingung dafür, daß auch in diesem allgemeineren Falle die thermoelektrischen Erscheinungen niemals in Widerspruch mit dem zweiten Hauptsatze treten.

Durch eine nahe liegende Verallgemeinerung kann man sehen, daß dies auch für die Fälle gilt, wo mehr als zwei Metalle zu einem Stromkreise angeordnet sind, wobei sowohl an den Lötstellen als auch sonst an beliebigen Stellen der Drähte Wärme zugeführt oder entzogen werden kann. Sobald der stationäre Zustand eingetreten ist, wollen wir wie früher den Ausdruck für $\int dW/T$ bilden. Die partielle Integration ergibt ganz wie früher zunächst:

$$\int \frac{dW}{T} = S \int \frac{dT}{T} \left[\frac{fg}{s'} + i(b - aT) + i^2 T \frac{s'}{kf} \right]. \tag{35}$$

S bezeichnet eine Summation über alle möglichen Metalle; es bedeutet also, daß die Integration rund über den von den Metallen gebildeten Kreis herum zu erstrecken ist. s' ist der Quotient des Temperaturdifferentials in das Längendifferential des betreffenden Drahtes, welches letztere immer im Sinne der

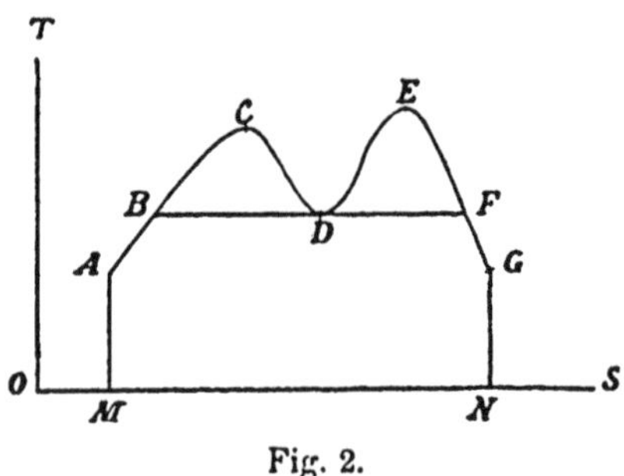

Fig. 2.

wachsenden Temperatur positiv zu zählen, also mit demselben Zeichen, wie dT zu versehen ist. Wir wollen nun die ganze Länge des Drahtkreises MN auf der Abszissenachse, die zu jedem Punkte gehörige Temperatur dazu als Ordinate auftragen, wodurch eine beliebig gestaltete Kurve $ABCDEFG$ entstehen soll. Die Ordinate AM des Punktes M muß natürlich gleich der Ordinate GN des Punktes N sein, da ja M und N identische Punkte des Drahtkreises sind. Wir vereinen das Integral über AB mit dem über FG, das über BC mit dem über CD, und das über DE mit dem über EF zu je einer Summe. Wo immer dann die Stellen liegen mögen, an denen zwei ungleichartige Drähte zusammenstoßen, immer wird jede dieser Summen die Form (33) annehmen, und es werden daher die früher daran geknüpften Folgerungen hier wieder zutreffen (vgl. Fig. 2).

Das Resultat unserer Untersuchungen kann also dahin ausgesprochen werden, daß man mit keinem bisher bekannten Naturgesetze in Widerspruch kommt, sobald man annimmt, daß die Gesamtheit der thermoelektrischen Erscheinungen durch die Gleichungen (7), (19) und (20) gegeben ist, sobald nur zwischen den Konstanten a und b für jeden Körper die Ungleichung (31) besteht. Einen speziellen Fall, der allerdings der einfachste ist, und die am besten in sich abgeschlossenen Formeln liefert, erhält man, wenn man an Stelle der Ungleichung (31) die Gleichung (32) annimmt. Doch glaube ich, daß nur experimentell entschieden werden kann, ob dieser theoretisch einfachste Fall auch allezeit mit vollkommener Genauigkeit der Natur entspricht. Die einfachste Entscheidung hierüber würden Experimente über die Peltiersche Wärme liefern, wie sie schon von Thomson in Aussicht genommen wurden.

Die Differentiation der Formel (7) liefert nämlich:

$$\frac{de}{dT_1} = a_1 - \alpha_1,$$

wogegen nach Formel (19) die Peltierwärme, welche während der Zeiteinheit durch Wirkung eines Stromes von der Intensität 1 bei konstanter Temperatur an der Lötstelle mit der Temperatur T_1 entwickelt wird, den Wert $p = b_1 - \beta_1$ hat. Unter Weglassung des Index 1 folgt daher aus der Thomsonschen Theorie, wie schon dieser gezeigt hat[1]),

$$\frac{T de}{dT} = p, \tag{36}$$

während aus der hier vorliegenden Theorie bloß die Ungleichung

$$T \cdot \frac{de}{dT} - p \leqq 2\sqrt{\frac{gT}{k}} + 2\sqrt{\frac{\gamma T}{\varkappa}} \tag{37}$$

folgt. Nun sind allerdings schon teils direkte, teils indirekte Versuche angestellt worden, um die Gleichung (36) experimentell

[1]) Thomson, Phil. Mag. (4) **11.** S. 285. 1856.

zu prüfen. Le Roux[1]) maß für die Kombinationen verschiedener Metalle mit Kupfer die Werte von p und de/dT und fand zwar im allgemeinen Proportionalität, doch ergaben sich, selbst wenn man das dem Kupfer zu nahe stehende Zink ausschließt, noch Abweichungen bis über 35%; Edlund[2]) fand bei einer zu dem gleichen Zwecke nach einer ganz anderen Methode angestellten Untersuchung sogar Abweichungen, die bis 60% gehen (ebenfalls unter Ausschluß des Zinks). Die Versuche Boutys[3]), welcher für die Berührungsstelle von $CuSO_4$, und Cu aus Formel (36) berechnete $p = 0{,}528$ cal, während er experimentell fand $p = 0{,}508$ cal, kommen hier kaum in Betracht, da hierbei noch eine elektrolytische Ausscheidung oder Auflösung von Cu stattfindet, worauf die obigen Formeln keine Rücksicht nehmen. Die Prüfung der Formel (36) durch absolute Messungen unternahm zuerst Budde in der ersten der zitierten Abhandlungen. Er zeigte, daß für die Kombination CuFe die Temperatur, für welche $de/dT = 0$ wird, nicht bedeutend verschieden sein kann von der Temperatur, für welche p verschwindet. Für letztere fand er 245° C., während für die erstere Temperatur aus Gaugains Messungen sich 264° C. ergibt. Da jedoch Budde p mittels der elektromotorischen Kraft des Thermoelementes FeCu selbst maß, welche in der Nähe dieser Temperatur gerade sehr klein wird, so konnte er naturgemäß nicht den höchsten Grad von Genauigkeit erzielen.

In der zweiten zitierten Abhandlung erwähnt Budde S. 285, daß er für ein aus Antimon und Kupfer gebildetes Thermoelement direkt sowohl $T de/dT$ als auch p (letzteres mittels des Eiskalorimeters) gemessen und letztere Größe gleich 92% der ersteren gefunden habe, wodurch er ihre Gleichheit für genügend erwiesen halte; allein er bezeichnet seine Versuche selbst als Vorversuche und gibt nähere Details nicht an.

Ausführlichere Versuche wurden von Naccari und Bellati[4])

---

[1]) Le Roux, Ann. de chim. (4) **10.** S. 201. 1867; Wiedemann, Elektrizitätslehre **2.** S. 422.

[2]) Edlund, Pogg. Ann. **137.** S. 474. 1869; **140.** S. 435. 1870; **143.** S. 404. 1871.

[3]) Bouty, C. R. **90.** S. 987. 1880; Wiedemann, Elektrizitätslehre **2.** S. 449.

[4]) Naccari u. Bellati, Atti del R. istituto Veneto (5) **4.** S. 1. 1878; (5) **5.** S. 58. 1879; Wiedemann, Elektrizitätslehre **2.** S. 450.

angestellt. Dieselben fanden in der ersten Abhandlung Tde/dT für Bi–Cu mittels einer Interpolationsformel gleich 0,0459, während das Experiment ergab $p = 0{,}03046$. In der zweiten Abhandlung fand Naccari für Fe–Zn p zwischen 0,00578 und 0,00646 liegend, Tde/dT aber gleich 0,005923.

Da an verschiedenen Metallindividuen angestellte Beobachtungen niemals untereinander vergleichbare Zahlen liefern, so wollen wir diese letzteren Beobachtungen zugrunde legen, um die in der Theorie vorkommenden Größen, soweit es angeht, numerisch zu berechnen. Als Einheiten sollen dabei durchwegs der Zentimeter, die Sekunde, die Masse des Gramms (g), der Grad Celsius (1°), die Grammkalorie (cal), endlich die elektromagnetische Einheit der Stromstärke, elektromotorischen Kraft und Elektrizitätsmenge benutzt werden. Die letztere werde mit $E = \sqrt{\mathrm{cm\,g}}$ bezeichnet; sie ist gleich 10 Coulomb.

Es ist eine Grammkalorie

$$\mathrm{cal} = 42 \cdot 10^6 (\mathrm{cm})^2 \mathrm{g} : (\mathrm{sec})^2.$$

Naccari und Bellati fanden die elektromotorische Kraft von Bi–Cu bei den absoluten Temperaturen T_1 und T_2 der Lötstellen gleich

$$e = 11(T_1 - T_2)\left(878 - \frac{T_1 + T_2}{2}\right) \frac{\sqrt{\mathrm{g(cm)^3}}}{(\mathrm{sec})^2},$$

was für 24° C. liefert

$$\frac{de}{dT} = a - \alpha = \frac{6400\sqrt{\mathrm{g(cm)^3}}}{(\mathrm{sec})^2 \cdot 1^0} = \frac{15 \cdot 10^{-5}\,\mathrm{cal}}{1^0 \cdot E}$$

a und α sind jetzt selbstverständlich nicht die Werte dieser Konstanten für Bi und Sb, sondern für Bi und Cu. Hieraus folgt weiter für 24° C.

$$\frac{Tde}{dT} = \frac{19 \cdot 10^5\sqrt{\mathrm{g(cm)^3}}}{(\mathrm{sec})^2} = \frac{0{,}045\,\mathrm{cal}}{E}.$$

Becquerel[1]) fand die elektromotorische Kraft des Thermoelementes Bi–Cu zwischen 0° und 100° gleich 0,0039 Dan gleich

$$0{,}0043\,\mathrm{Volt} = \frac{43 \cdot 10^4\sqrt{\mathrm{g(cm)^3}}}{(\mathrm{sec})^2},$$

woraus, wenn man sich erlaubt die elektromotorische Kraft zwischen diesen Grenzen der Temperaturdifferenz proportional zu setzen, folgt

[1]) Becquerel, Ann. de chim. et phys. (4) 8. S. 413. 1866.

$$\frac{de}{dT} = \frac{4300 \sqrt{g(cm)^3}}{(sec)^2 \, 1^0}.$$

Die große Verschiedenheit dieser Zahl von der obigen dürfte zum geringeren Teile durch Beobachtungsfehler, zum größeren durch individuelle Verschiedenheiten der Metallindividuen zu erklären sein. Nach Thomsons Angabe[1]) wäre

$$de:dT = 7140 \sqrt{g(cm)^3} / (sec)^2 \, 1^0 \text{ für Bi–Cu}.$$

Die Peltiersche Wärme ist nach Naccari (l. c.) ebenfalls für Bi–Cu bei 24° C.

$$p = \frac{0{,}03 \text{ cal}}{E} = \frac{126 \cdot 10^4 \sqrt{g(cm)^3}}{(sec)^2} = b - \beta.$$

Würde man also annehmen, daß die spezifische Energie der Elektrizität beim Übergange von einem Metalle ins andere sich nicht ändert, daß also die Peltiersche Wärme bloß durch Kohlrauschs Mitführungswirkung entsteht, so würde folgen, daß eine elektromagnetische Elektrizitätseinheit, also 10 Coulomb 0,03 Grammkalorien im Kupfer mehr als im Wismut in der positiven Stromrichtung mitführen.

Le Roux (l. c.) verwandte einen Strom, welcher während der Versuchszeit 1,314 g Cu reduzierte. Da die elektromagnetische Elektrizitätsmenge Eins 3,281 mg Cu reduziert, so lieferte Le Roux's Strom während der Versuchszeit rund 400 E. Während derselben Zeit war die gesamte entwickelte Peltiersche Wärme bei Bi–Cu 21,3 cal, was liefert $p = 0{,}053$, welcher Wert wieder nur in der Größenordnung mit dem obigen Werte übereinstimmt. Für die Kombination Sb–Cu ist die Peltierwärme nach Le Roux's Messungen etwa $4^1/_2$ mal so klein. Die elektromagnetische Leitungsfähigkeit des Wismuts ist nach den Versuchen Prof. Ettingshausens

$$k = \frac{5 \cdot 10^{-6} \text{ sec}}{(cm)^2},$$

während nach demselben die (innere) Wärmeleitungsfähigkeit

$$g = \frac{0{,}015 \text{ cal}}{cm \text{ sec } 1^0} = \frac{63 \cdot 10^4 \text{ cm g}}{(sec)^3 \, 1^0}$$

ist. Man hat daher

---

[1]) Thomson, Phil. Mag. (4) 11. S. 286. 1856.

$$\frac{g}{k} = \frac{3 \cdot 10^3 \text{ cal cm}}{(\text{sec})^2\, 1^0} = \frac{126 \cdot 10^9 \text{ cm}^3 \text{ g}}{(\text{sec})^4\, 1^0},$$

$$\frac{g\,T}{k} = \frac{35 \cdot 10^{12} \text{ cm}^3 \text{ g}}{(\text{sec})^4}.$$

Wegen der nahen Proportionalität von g und k nach dem Wiedemann-Franzschen Gesetze wollen wir für $\gamma T/\varkappa$ denselben Wert annehmen, wodurch beiläufig folgen würde

$$2\sqrt{\frac{g\,T}{k}} + 2\sqrt{\frac{\gamma\,T}{\varkappa}} = \frac{24 \cdot 10^6 \sqrt{\text{g}\,(\text{cm})^3}}{(\text{sec})^2} = \frac{4}{7} \cdot \frac{\text{cal}}{e}.$$

Es wäre also die durch die Ungleichung (37) bestimmte obere Grenze für den Unterschied von p und $T\,de:dT$ etwa 37mal so groß als der von Naccari und Bellati experimentell gefundene Unterschied. Diese obere Grenze könnte aber, wenn man auf die Ungleichung (31) zurückgeht, nur erreicht werden, wenn a und b für Kupfer und Wismut nahe gleiche, aber entgegengesetzt bezeichnete Werte hätten; sie würde halb so groß, wenn man annähme, daß die Werte der Größen a und b für Kupfer viel kleiner als für Wismut sind; dann wäre nahe $a = de/dT$, $b = p$ und nach Ungleichung (31)

$$T(de/dT) - p \lesseqgtr 2\sqrt{g\,T/k},$$

wobei der Ausdruck rechts sich bloß auf Wismut bezieht.

Selbstverständlich kann jedoch durchaus nicht behauptet werden, daß die Unterschiede, welche sowohl Naccari als auch die übrigen genannten Experimentatoren zwischen $T\,de/dT$ und p fanden, nicht auch aus bloßen Beobachtungsfehlern erklärbar wären. Die angeführten Versuche beweisen also jedenfalls, daß die Gleichung (36) in vielen Fällen mit ziemlicher Annäherung erfüllt ist; einen unzweifelhaften Beweis aber, daß diese Gleichung exakt erfüllt sei, scheinen sie mir ebensowenig zu bieten, als die theoretischen Schlußfolgerungen von Clausius, Thomson, Budde usw. Die Entscheidung dieser, wie ich glaube, für unsere Vorstellung von der Natur der thermoelektrischen Prozesse, ja der Arbeitsleistung durch Wärme überhaupt, so wichtigen Frage, dürfte nur durch noch weit exaktere Versuche, wie sie wohl nur mit dem Eiskalorimeter möglich sind, beantwortet werden können.

Seitdem dies niedergeschrieben wurde, hat Jahn in einer im chemischen Institute der Grazer Universität ausgeführten

Experimentaluntersuchung alle Schwierigkeiten derartiger Versuche überwunden und gefunden, daß für einige Metallkombinationen, namentlich Zn–Cu, Cd–Cu und Ag–Cu der Thomsonsche Satz in der Tat nicht genau gilt. Seine Versuche werden demnächst publiziert werden.

Adoptieren wir auch bezüglich der Entstehung der thermoelektromotorischen Kräfte die Anschauung Kohlrauschs (l. c.), so hätte die Differenz der von diesem mit α bezeichneten Größen für Wismut und Kupfer den Wert:

$$\frac{k}{g}(a - \alpha) = \frac{2\sqrt{\mathrm{g\ cm}}}{\mathrm{cal}} = \frac{2E}{\mathrm{cal}},$$

d. h. also, wenn keine elektrische Potentialdifferenz entgegenwirken würde, so würde eine Grammkalorie im Kupfer zwei elektromagnetische positive Elektrizitätseinheiten mehr als im Wismut mit sich führen. Natürlich würde diese Zahl einen kleineren, eventuell auch größeren Wert haben können, wenn man außerdem noch eine thermoelektromotorische Kraft an den Kontaktstellen annimmt. Ebenso könnte man auch wesentlich größere Werte der durch den elektrischen Strom mitgeführten Wärme entweder durch die Annahme erklären, daß die Wärme in allen Metallen mit nahe gleicher Geschwindigkeit in gleicher Richtung fortgeführt wird, oder daß beim Übergang von einem Metalle zum andern die Elektrizität eine Energieveränderung erfährt; die infolgedessen freiwerdende oder gebundene Wärme müßte dann sehr nahe dadurch kompensiert werden, daß der Berührungsstelle der Metalle durch Wärmemitführung nahe die gleiche Wärmemenge entzogen resp. zugeführt wird. (Vgl. Budde, 3. Abh. S. 697.) Eine Energieänderung der Elektrizität beim Übergange von einem Metalle in ein anderes, welche Wärme bindet oder frei macht, kann nun in doppelter Weise bewirkt werden. Entweder findet daselbst ein nicht durch eine Molekularanziehung, sondern durch Wärmebewegung bewirkter Potentialsprung statt, oder es kommt nach Buddes Vorstellung der Elektrizität in den verschiedenen Metallen verschiedene rein kinetische Energie zu. Ein durch bloße Anziehung der ponderablen Moleküle gegen die Elektrizität bewirkter Potentialsprung kann, wie schon Clausius (Pogg. Ann. **90**. S. 517, 520; Mechan. Wärmel.

S. 173, 175) zeigte, zu keiner Wärmeentwicklung an der Kontaktstelle durch den Strom Veranlassung geben. Auch ein solcher Potentialsprung könnte mit der Temperatur veränderlich sein, aber niemals zu einem Thermostrome Veranlassung geben, da immer die Potentialsprünge an der Berührungsstelle durch allmähliche Potentialänderungen längs der an einer Stelle erwärmten, an der anderen abgekühlten Metalle gerade aufgehoben werden müßten, wie es nach der alten Kontakttheorie geschähe, wenn man einen geschlossenen Kreis von lauter durchaus gleich temperierten Leitern erster Ordnung bildete, von denen jedoch einer an einem Ende Kupfer, am anderen Zink, im Verlaufe seiner Länge aber eine Legierung aus Kupfer und Zink wäre, die ganz allmählich von reinem Zink zu reinem Kupfer überginge. Sobald dagegen die Anziehung der Moleküle gegen die Elektrizität teilweise durch die Wärmebewegung selbst bedingt wird, wie der Gasdruck nach der kinetischen Gastheorie oder wie die Gasabsorption bewirkenden Kräfte, welche jedenfalls auch durch die Molekularbewegung wesentlich modifiziert werden, werden sie auch zu Thermoströmen und zum Peltierphänomen Veranlassung geben müssen.

Es kann also auch, wie bekannt, aus dem Peltiereffekte durchaus kein Schluß auf den an der betreffenden Stelle stattfindenden Potentialsprung gemacht werden. In einem geschlossenen Stromkreise muß allerdings, wenn keinerlei Arbeit geleistet wird, die gesamte erzeugte Wärme gleich der Stromarbeit, also dem Produkte aus der im Stromkreise tätigen elektromotorischen Kraft in die durchgegangene Elektrizitätsmenge sein. Ebenso muß die gesamte, zwischen zwei beliebigen gleichbeschaffenen Elektroden entwickelte galvanische Wärme gleich der Potentialdifferenz derselben multipliziert mit der durchgegangenen Elektrizitätsmenge sein, falls diese sich bloß in Wärme verwandelt. Sind dagegen die Elektroden von ungleichem Materiale oder haben ungleiche Temperatur, so ist dieser Schluß nicht mehr erlaubt. Analog muß auch, wenn man eine inkompressible Flüssigkeit durch ein Röhrensystem pumpt, die durch Reibung daselbst erzeugte Wärme gleich der mit dem durchgegangenen Flüssigkeitsvolumen multiplizierten Druckdifferenz am Anfange und Ende des Röhrensystems sein, sobald die Flüssigkeit sonst keine Arbeit leistet, ihre lebendige Kraft verschwindet und Anfang und Ende des Röhrensystems in derselben Horizontalebene liegen. Kann dagegen das Gewicht der Flüssigkeit nicht vernachlässigt werden, und ist zwischen der Eintritts- und Austrittsstelle derselben eine Niveaudifferenz, so muß bei Berechnung der erzeugten Wärme auch die Hebungsarbeit der Flüssigkeit mitberücksichtigt werden. Ebenso könnte dem Eintritte der Elektrizität durch Kupfer (etwa aus einer unendlichen Kupferkugel) und dem Austritte durch Zink (etwa in ein ähnliches Zinkreservoir) eine Arbeit entsprechen.

Trotzdem scheint auch die Entladung statisch geladener Leiter durch Drahtkombinationen zu keinem weiteren Aufschluß zu führen. Denken wir uns z. B. eine Platte eines Metalles, dessen Moleküle die positive Elektrizität anziehen (nennen wir es Zink), mit einer gleichen Platte eines anderen Metalles (Kupfer) metallisch verbunden, dessen Moleküle eine gleich große Anziehung gegen die negative Elektrizität ausüben sollen. Das Zink wird sich positiv, das Kupfer negativ laden. Nun schieben wir über die Zinkplatte eine isolierte Kassette aus Zinkblech, welche die Platte überall einhüllt, aber nirgends berührt. Eine ebensolche Kassette aus Kupferblech werde über die Kupferplatte geschoben. Bei passend gewählter positiver Ladung der Zink- und negativer der Kupferkassette werden sich hierbei die Ladungen der beiden Platten vollständig vereinigen. Die hierbei aufgewandte Arbeit würde in potentielle Energie verwandelt, wenn bloß die Anziehungskräfte der Moleküle gegen die Elektrizitäten überwunden werden. (Annahme *A*.)

Wenn das Überschieben sehr langsam erfolgt, so ist die elektromotorische Kraft, welche die Elektrizitäten vereint, immer verschwindend klein, da diese die Differenz der Molekularanziehungen der Platten und der Abstoßung der darübergeschobenen Elektrizitäten ist; dann verschwindet auch die Joulesche Wärme. Wird nun die leitende Verbindung der Platten unterbrochen und erst nach Entfernung der Kassetten wieder hergestellt, so laden sich beide Platten wieder, wobei sich die gesamte aufgespeicherte potentielle Energie wieder in Joulesche Wärme des Ladungsstromes verwandelt, welche ebenso groß ist, als ob beide Platten aus Kupfer wären, ursprünglich diejenigen Ladungen hätten, die bei Zink und Kupfer den Endzustand bilden und hernach durch Kupfer leitend verbunden würden. Selbstverständlich soll hiermit nur gezeigt werden, daß die alte Kontakttheorie in dieser Beziehung auf keinen inneren Widerspruch führt. Der Voltasche Fundamentalversuch kann trotzdem im Wasserdampfe der umgebenden Luft seine wahre Ursache haben.

Kehren wir zur oben betrachteten Zink- und Kupferplatte zurück und nehmen (*B*) an: die Anziehung der ersteren gegen die positive Elektrizität werde durch bloße molekulare Bewegungserscheinungen bewirkt, so müßte bei Vereinigung der positiven Elektrizität des Zinkes und der negativen des Kupfers allerdings die gesamte dabei aufgewandte Arbeit als Peltiersche Wärme an der Kontaktstelle zwischen Zink und Kupfer zum Vorschein kommen. Bei der Wiederverbindung der Metalle nach Entfernung der Kassette würde dann dieselbe Peltiersche Wärme wieder absorbiert und jetzt in Joulesche Wärme des Ladungsstromes verwandelt. Nach Kohlrauschs Theorie dagegen (Annahme *C*) würde bei Vereinigung der positiven Elektrizität des Zinkes mit der negativen des Kupfers bloß Wärme von den Metalloberflächen zur Berührungsstelle von Zink und Kupfer getrieben, so daß die als Peltiersche Wirkung erscheinende Wärme an der Oberfläche der Metalle wieder absorbiert würde.

Setzen wir nun voraus, die unter (*B*) und (*C*) angenommenen Wirkungen bestünden gleichzeitig, so könnte ganz gut die nach (*B*) entstandene Peltiersche Wärme durch Kohlrauscheffekt gerade aufgehoben werden, so daß nur durch den letzteren Effekt an den Metalloberflächen Wärme frei würde, wo sie zudem noch durch gewöhnlichen Peltiereffekt beim Übergange der Elektrizität aus der anhaftenden Luftschicht oder auch aus der Oberflächenschicht des Metalles selbst in das Innere desselben beliebig modifiziert werden könnte. Es wäre also auch unter den Annahmen (*B*) und (*C*) Spannungsdifferenz ohne beobachtbare Peltierwärme, sowie umgekehrt Peltierwärme ohne jede Spannungsdifferenz erklärlich.

Sehr eigentümliche Konsequenzen ergeben sich namentlich in den Fällen, wo a und b solche Werte haben, daß in

Formel (30) das Gleichheitszeichen gilt, daß also unter Mitberücksichtigung der geleiteten Wärme

$$\int \frac{dW}{T} = 0$$

werden kann. Diese Fälle bilden gewissermaßen das der Thomson-Buddeschen Theorie gerade entgegengesetzte Extrem. Wenn ich hier ein wenig auf die Diskussion dieser Fälle eingehe, so ist dies natürlich nicht etwa so aufzufassen, als ob ich an die Möglichkeit von Körpern oder gar an deren Vorhandensein in der Natur glauben würde, an denen derartige extreme Fälle rein realisiert sind; sicher hat für keinen in der Natur vorkommenden Körper die Größe $aT - b$ auch nur den zehnten Teil jenes Wertes, welcher notwendig wäre, damit derartige Fälle eintreten und welcher durch die Formel (31) gegeben ist, sobald man daselbst das Gleichheitszeichen setzt. Nur eine kleine Verschiedenheit der Größe $aT - b$ von Null, also eine kleine Hinneigung zu den jetzt zu betrachtenden Extremen halte ich für möglich.

Um einen ganz speziellen Fall vor Augen zu haben, nehmen wir an, daß beide Drähte gleich lang und durchaus gleich dick sind und Elektrizität und Wärme gleich gut leiten, das heißt also:

$$\lambda = l, \quad \varphi = f, \quad \varkappa = k, \quad \gamma = g;$$

letztere sechs Größen sollen auch konstant sein.

Ferner sollen die Größen a und b für den zweiten Körper den gleichen aber entgegengesetzt bezeichneten Wert haben, als für den ersten Körper, also

$$\alpha = -a, \quad \beta = -b.$$

Um auch bezüglich der Temperaturverteilung in den Drähten einen bestimmten Fall vor Augen zu haben, soll immer sowohl den Lötstellen, als auch den Längenelementen der Drähte soviel Wärme zugeführt oder entzogen werden, daß die Temperatur eine lineare Funktion von s und σ wird, so daß

$$\frac{ds}{dT} = \frac{d\sigma}{dT} = s' = \sigma' = \frac{l}{T_2 - T_1}$$

ist.

Soll $\int dW/T = 0$ sein, so muß in Formel (31) das Gleichheitszeichen gelten, und außerdem nach Formel (33)

$$\frac{fg}{s'} + \frac{\varphi\gamma}{\sigma'} + i(b - \beta - aT + \alpha T') + i^2 T'\left(\frac{s'}{kf} + \frac{\sigma'}{\varkappa\varphi}\right) = 0 \tag{38}$$

sein. Soll diese Gleichung für alle Längenelemente gelten, so muß daraus i unabhängig von T' herauskommen, was am leichtesten erzielt werden kann, wenn man setzt:

$$k = \varkappa = c \cdot T,$$

wobei c eine Konstante ist und annimmt, daß auch g von der Temperatur unabhängig ist. Die Formel (31) liefert dann:

$$b - aT = 2\sqrt{\frac{g}{c}} \tag{39}$$

und die Gleichung (38) ist durch alle diese Werte erfüllt.

Der Gesamtwiderstand beider Drähte ist

$$r = 2\int \frac{ds}{kf} = \frac{2lL}{cf(T_2 - T_1)}, \tag{40}$$

wobei

$$L = \operatorname{lognat} \frac{T_2}{T_1}. \tag{41}$$

Die in Gleichung (39) vorkommende Quadratwurzel kann das positive oder negative Zeichen haben, muß aber das Zeichen, welches sie daselbst hat, in allen folgenden Rechnungen beibehalten. Die Gleichung (39) wird in sehr einfacher Weise erfüllt, wenn man annimmt, daß b unabhängig von der Temperatur ist und setzt:

$$a = \frac{h}{T},$$

wobei h ebenfalls von der Temperatur unabhängig ist, und der Gleichung genügt:

$$b - h = 2\sqrt{\frac{g}{c}}. \tag{42}$$

Der elektromotorischen Kraft des Thermostromes wirkt eine äußere elektromotorische Kraft ε entgegen, so daß die gesamte elektromotorische Kraft

$$E = 2hL - \varepsilon$$

ist. Die Stromstärke ist

$$i = \frac{cf(T_2 - T_1)(2hL - \varepsilon)}{2lL}. \tag{42a}$$

Es wird daher:

$$(43)\quad \begin{cases} W_1 = -W_2 = \dfrac{2f(T_2-T_1)(g+hbc)}{l} - \dfrac{bcf\varepsilon(T_2-T_1)}{lL}, \\ dw = d\Omega = \dfrac{\varepsilon\, dT\, cf(T_2-T_1)}{4TlL^2}(\varepsilon - 2hL). \end{cases}$$

Es ist:

$$W_1 + W_2 + \int_{T_1}^{T_2} dw + \int_{T_1}^{T_2} d\Omega = -\varepsilon i,$$

wie es der erste Hauptsatz erfordert. Ferner

$$(44)\quad \begin{cases} \sum \dfrac{dW}{T} + \dfrac{W_1}{T_1} + \dfrac{W_2}{T_2} + \displaystyle\int_{T_1}^{T_2} \dfrac{dw}{T} + \int_{T_1}^{T_2} \dfrac{d\Omega}{T} \\ \qquad = \dfrac{cf(T_2-T_1)^2}{2lT_1T_2L^2}[(b+h)L-\varepsilon]^2. \end{cases}$$

Da diese Größe niemals negativ werden kann, ist auch der zweite Hauptsatz stets erfüllt. Jedoch verschwindet $\int dW/T$ für $\varepsilon = (b+h)L$, also für

$$(45)\quad i = \frac{cf(T_2-T_1)(h-b)}{2l} = -\frac{f(T_2-T_1)\sqrt{gc}}{l}.$$

In diesem extremen Falle könnte also die Wärmeleitung durch den elektrischen Strom dermaßen aufgehoben werden, daß der Prozeß trotz des Mitwirkens der Wärmeleitung innerhalb gewisser Grenzen umkehrbar wäre. Spezialisieren wir noch weiter und setzen $b = -h$, so würde diese angenäherte Umkehrbarkeit für sehr kleine Werte von ε eintreten. Dann wäre

$$(46)\quad \begin{cases} b = -h = \sqrt{g:c}, \\ i = -cf(T_2-T_1)(2bL+\varepsilon):2lL, \\ W_1 = -W_2 = -bcf\varepsilon(T_2-T_1):lL, \\ dw = d\Omega = cf\varepsilon(T_2-T_1)(\varepsilon+2bL)\,dT:4TlL^2, \\ \sum \dfrac{dW}{T} = \dfrac{cf(T_2-T_1)^2\varepsilon^2}{2lT_2T_1L^2}. \end{cases}$$

Es würde also ohne äußere elektromotorische Kraft die den Lötstellen durch Leitung entzogene Wärme durch die Peltiersche Wärme vollständig kompensiert; die zur Erhaltung des Thermostromes erforderliche Wärme aber den Elementen der Drähte in einer solchen Weise entzogen, daß sich dabei unter Mitberücksichtigung der Jouleschen Wärmeentwicklung die Wärmeübergänge von kälteren zu heißeren, mit denen von heißeren zu kälteren Stellen gerade kompensieren würden. Man könnte glauben, daß dieser Thermostrom, sobald er Arbeit leiste, sofort mit dem zweiten Hauptsatze in Widerspruch geraten müsse; die Formeln zeigen, daß dies nicht der Fall ist. Denn wirkt eine elektromotorische Kraft ε außerdem im Stromkreise, so superponiert sich hierüber ein Vorgang, welcher für sehr kleine ε nahe umkehrbar ist. Die durch Peltiereffekt von der einen Lötstelle zur anderen übergeführte Wärme findet in der in den Drahtelementen entwickelten Jouleschen und Thomsonschen Wärme ihre Kompensation (im Sinne wie Clausius dieses Wort in seinen grundlegenden Abhandlungen über den zweiten Hauptsatz gebraucht). Nur ein Glied von der Größenordnung ε^2 bleibt unkompensiert; dasselbe entspricht genau der Entropieänderung, welche durch die Verwandlung von Arbeit in Joulesche Wärme bewirkt würde, sobald die elektromotorische Kraft ε in einem Stromkreise wirken würde, in welchem jedes Element dieselbe Temperatur und denselben Widerstand wie in dem Falle der Fig. 1 hätte, in welchem aber gar keine thermoelektrischen, Peltierschen und Thomsonschen Wirkungen aufträten. Es ist nämlich der in Gleichung (46) gegebene Wert von

$$\int \frac{dW}{T} = \int \frac{j^2\, dr}{T},$$

wobei $j = \varepsilon : r$ der Strom ist, welcher durch die elektromotorische Kraft ε allein im Stromkreise erzeugt wird;

$$dr = ds : kf = l\, dT : cTf(T_2 - T_1)$$

ist der Widerstand des Elementes ds und die Integration ist über beide Drähte zu erstrecken.

Setzt man $b = 0$, $h = -2\sqrt{g:c}$, so erhält man einen Spezialfall, in welchem die Peltiersche Wärme ganz verschwindet, setzt man $h = 0$, $b = 2\sqrt{g:c}$, einen solchen, in welchem Peltiersche Wärme ohne thermoelektromotorische Kraft auftritt; für beide muß die Stromstärke (45) durch eine äußere elektromotorische Kraft hergestellt werden, wenn

$\int dW/T = 0$ sein soll. Ich bemerke nochmals, daß ich diese Abschweifung nur zur Veranschaulichung der Bedeutung der Formeln an ihren extremsten Konsequenzen machte, nicht als ob ich glaubte, daß diese an einem wirklichen Materiale auch nur angenähert realisiert sind.

Einen Fall, wo der aus Gleichung (38) folgende Wert von i abhängig von T wird, wo also nur zwischen unendlich nahen Temperaturgrenzen $\int dW/T = 0$ werden könnte, erhielte man, wenn man setzte:

$$\varkappa = k = c:T, \quad a = -\alpha = \sqrt{g:c}, \quad b = -\beta = -aT,$$
$$\lambda = l, \quad f = \varphi, \quad g = \gamma,$$

dann müßte man haben, wenn wieder T lineare Funktion von s und σ sein soll:

$$r = (T_1 + T_2)l:cf,$$
$$i = [2a(T_2 - T_1) - \varepsilon]cf:l(T_2 + T_1),$$
$$W_1 = \frac{2cfT_1a}{l(T_2+T_1)}[\varepsilon - 2a(T_2 - T_1)] + \frac{2gf(T_2 - T_1)}{l}$$
$$= \frac{2cfa}{l(T_2+T_1)}[\varepsilon T_1 + a(T_2 - T_1)^2],$$
$$\int dW = \int d\Omega = i^2 r - \frac{2a(T_2 - T_1)}{l} = \frac{cf}{l(T_1+T_2)}[\varepsilon^2 - 4a^2(T_2 - T_1)^2].$$

W_2 entsteht aus W_1 durch Wechsel des Zeichens von ε und Vertauschung von T_1 und T_2. —

Es scheint, daß dieselben Betrachtungen, welche wir bisher auf die gewöhnlichen thermoelektrischen Erscheinungen anwandten, auch bezüglich der Erscheinungen gemacht werden können, welche Ettingshausen und Nernst bei Gelegenheit von Experimenten auffanden[1]), welche sie behufs experimenteller Prüfung meiner Theorie des Hallschen Phänomens[2]) anstellten. Letztere Erscheinungen finden ihre Erklärung, wenn man annimmt, daß in einer rechteckigen in einem homogenen Magnetfelde senkrecht zu den Kraftlinien aufgestellten Wismutplatte, sobald sie ihrer Länge (λ) nach von einem Wärmestrome durchflossen wird, eine elektromotorische Kraft in der Richtung ihrer Breite (β) auftritt (vgl. Fig. 3). Die Länge denken wir uns horizontal, die Breite vertikal. Verbindet man

[1]) Wien. Anz. **23.** S. 114. 1886.

[2]) Wien. Anz. **23.** S. 77. 1886. (Dieser Band Nr. 76.)

zwei vis-a-vis liegende, also gleich temperierte Stellen des Randes durch einen Kupferdraht, so entsteht demgemäß in diesem ein elektrischer Strom. Die Verhältnisse liegen in diesem Falle insofern sogar noch einfacher als bei gewöhnlichen Thermoelementen, daß hier der ganze Kupferdraht vollkommen gleich temperiert sein kann und daher nur in einem der Metalle thermoelektrische Kräfte auftreten. Dieselbe Rolle, welche in Fig. 1 der Wismutdraht spielte, spielt jetzt ein beliebiger, aus der Platte parallel der Breitenrichtung herausgeschnitten gedachter Streifen von unendlich kleiner Breite ds' und dem Querschnitte $\delta\, ds'$, da δ die Dicke der Wismutplatte

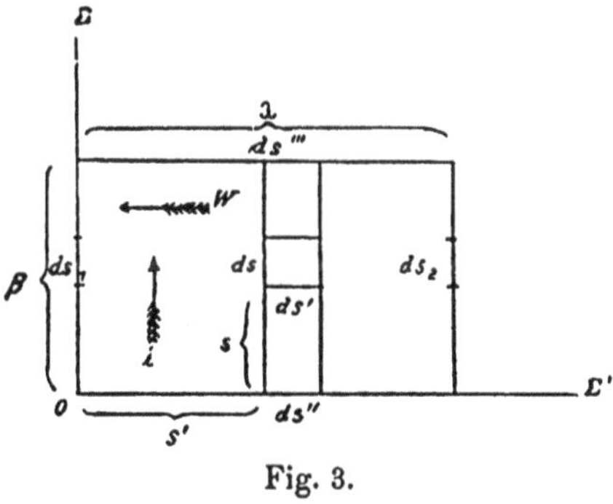

Fig. 3.

ist. s ist jetzt die Entfernung eines derartigen Querschnittes von dem einen Plattenrande und entspricht dem, was früher Abszisse des Querschnittes hieß. Die Platte sei ein für allemal unter dem Einflusse einer bestimmten magnetischen Kraft und alle Größen sollen sich auf diesen Zustand beziehen (z. B. die elektrische, die Wärmeleitungsfähigkeit usw.). Die Temperaturdifferenz an beiden Seiten des Streifens ds' sei dT, dann bestehe auf der Länge des Streifenelementes ds die elektromotorische Kraft $a \cdot (dT / ds') \cdot ds$, also auf dem ganzen Streifen die elektromotorische Kraft $a \cdot \beta \cdot (dT / ds')$, wobei a Funktion der Temperatur sein kann. Wir bezeichnen dies als den Fall I.

Um die Analogie mit der gewöhnlichen Thermoelektrizität zu vervollständigen, nehmen wir ferner an, daß, wenn alle Punkte der natürlich immer im Felde befindlichen Platte bei gleicher Temperatur erhalten werden und diese in der Richtung der Breite von einem durch äußere elektromotorische Kräfte erzeugten elektrischen Strome von der totalen Intensität J durchflossen wird, am linken Rande, welcher im Falle I kälter war, die Wärme $b\beta J/\lambda$ in der Zeiteinheit entwickelt wird; die gleiche Wärme wird am vis-à-vis liegenden Rande in der Zeiteinheit absorbiert.[1]) Wir bezeichnen jetzt die Konstanten für Wismut mit denselben Buchstaben, wie früher für Antimon, was zu keinem Irrtum führen kann, da wir es jetzt bloß mit einem Metalle zu tun haben. Man sieht leicht ein, daß nun alle Betrachtungen, welche früher von jedem einzelnen Metalle der thermoelektrischen Kette gemacht wurden, auf das im magnetischen Felde befindliche Wismut anwendbar sind.

Sei die linke untere Ecke der Wismutplatte Koordinatenursprung, die Abszissenachse $O\Sigma'$ parallel der Länge, die Ordinatenachse $O\Sigma$ parallel der Breite der Platte, in welcher die Temperatur T beliebig verteilt sei und in welcher der Querschnitt $\delta\, ds'$ jedes Streifens von einem beliebigen elektrischen Strome durchflossen sei, dessen Gesamtintensität $i = j\,\delta\, ds'$ sei, so daß also j die Stromdichtigkeit an der betreffenden Stelle bezeichnet. Nur sollen die elektrischen Ströme durchweg parallel der Ordinatenachse $O\Sigma$ fließen und es soll allenthalben $dT/ds = 0$ sein. Dann ist die im Parallelepipede $\delta\, ds\, ds'$ während der Zeit dt entwickelte Wärme nach Analogie des Ausdruckes (24), welcher jedoch mit dt zu multiplizieren und in welchem $i = jf$, $f = \delta\, ds'$ zu setzen ist:

$$(47)\qquad dW = dt\, ds\, ds'\, \delta\left[\frac{d}{ds'}\left(g\frac{dT}{ds'}\right) + j\frac{db}{dT}\cdot\frac{dT}{ds'} - aj\frac{dT}{ds'} + \frac{j^2}{k}\right].$$

In einem Elemente ds_1 des linken Plattenrandes wird durch Wirkung des elektrischen Stromes die Wärmemenge

$$(48)\qquad Q = \delta\, dt\, ds_1\, bj$$

entwickelt, durch Wärmeleitung tritt daselbst während derselben Zeit die Wärmemenge

$$(49)\qquad Q' = dt\cdot ds_1\cdot \delta g\, dT/ds'$$

auf. In ganz analoger Weise verschwindet am vis-à-vis liegenden Randelemente ds_2 die Wärmemenge $\delta\, dt\, ds_2\, bj$ infolge der ersten und $\delta\, dt\, ds_2\, g\, dT/ds'$ infolge der zweiten Wirkung. Die

[1]) Vgl. die Versuche v. Ettingshausens, Wien. Anz. **24.** S. 15. 1887.

elektromotorische Kraft zwischen den beiden Randelementen ds'' und ds''' ist:

$$e = a\beta\, dT / ds' \tag{50}$$

Es bleiben sonst alle früheren Schlüsse unverändert anwendbar, nur daß das Maximum des Temperatur- und Potentialgefälles jetzt nicht in dieselbe, sondern in zwei aufeinander senkrechte Richtungen fallen. Der erste Hauptsatz ist durch die aufgestellten Gleichungen bereits erfüllt, der zweite fordert wieder, daß

$$aT - b \leqq 2\sqrt{\frac{gT}{k}}$$

sei. Es kann daher, ohne Widerspruch mit dem zweiten Hauptsatze, auch b das entgegengesetzte Zeichen wie a haben, was nach den Versuchen Ettingshausens für Wismut und Tellur in der Tat der Fall zu sein scheint. Es geht aus diesen Betrachtungen hervor, daß die Gleichungen, welche ich im Anzeiger der Wiener Akademie vom 17. März 1887[1]) entwickelte, nicht ganz exakt sind. Da daselbst gleichzeitig das Vorhandensein eines Temperaturgefälles in der Richtung der Breite β und eines elektrischen Stromes in der Richtung der Länge λ der Platte angenommen wird, so darf nicht einfach die Wärme, welche auf der einen Seite austritt, von der Summe der Jouleschen und derjenigen Wärme abgezogen werden, welche an der anderen Seite eintritt, um die Wärmeanhäufung in einem Volumenelemente der Platte zu finden, sondern es muß auch noch das Glied

$$j\frac{db}{dT}\cdot\frac{dT}{ds'} - aj\frac{dT}{ds'}$$

der Formel (47) berücksichtigt werden. Doch war in den Versuchen, auf welche sich meine Rechnungen vom 17. März 1887 bezogen, das Temperaturgefälle immer klein und daher dieses Glied unmerklich. Dagegen glaube ich, daß man den Einfluß dieses Gliedes ganz gut beobachten und daher meine gegenwärtigen Rechnungen experimentell kontrollieren könnte, wenn man absichtlich sowohl den Strom j, als auch das Temperaturgefälle groß machte.

---

[1]) Diese Sammlung, Bd. III, Nr. 84.

88.

Einige kleine Nachträge und Berichtigungen.

(Wied. Ann. 31. S. 139—140 1887.)

Auf S. 602 meiner Abhandlung über einen Gegenstand der Elektrodynamik[1]) ist Zeile 7—10 unrichtig stilisiert. Es soll dort heißen, „daß unter Annahme der Ampèreschen Theorie des Magnetismus sämtliche elektrischen Kräfte in einem Raume bestimmt sind, sobald daselbst die auf beliebige ruhende und mit konstanter Geschwindigkeit strömende elektrische Massen wirkenden Kräfte gegeben sind".

Daß die daselbst als Annahme X bezeichnete Hypothese den Tatsachen entsprechen müsse, hat schon vor längerer Zeit Lippmann[2]) aus dem Versuche Rowlands[3]), daß ein bewegter elektrischer Körper elektrodynamisch wirkt, erschlossen. Endlich sei mir gestattet, zu bemerken, daß die Rechnungen Hrn. Aulingers[4]) eine Bestätigung durch die Abhandlung Hrn. Buddes[5]) gefunden haben. Letzterer betrachtet das Solenoid als unveränderlich und berechnet das gesamte Stoßmoment, welches darauf wirkt, wenn die Ladung der Kugel von Null bis zu ihrem Endwerte anwächst. Dies ist nach Hrn. Aulingers Bezeichnung:

$$\int D_y\, d t = -\frac{2\pi\varrho^2}{3 v R} E_{\text{mech.}}\, i_{\text{magn.}}$$

Da $2\pi\varrho^2 \mathrm{i}_{\text{magn.}}$ das magnetische Moment N des Kreisstromes, $E_{\text{mech.}}: R$ das Potential V im Innern der Kugel und $v = 1:\sqrt{k}$

---

[1]) Wied. Ann. 29. S. 598. 1886. (Diese Band Nr. 78. S. 216 Zeile 5—9.)

[2]) Lippmann, C. R. 89. 21. Juli 1879.

[3]) Helmholtz, Berl. Ber. 1876.

[4]) Aulinger, Wied. Ann. 27. S. 119. 1886.

[5]) Budde, Wied. Ann. 29. S. 488. 1886.

ist, so stimmt diese Formel vollkommen mit derjenigen, welche Hr. Budde in dem von ihm betrachteten Falle findet.

Ich wurde durch eine anonyme Zuschrift aus Edinburgh darauf aufmerksam gemacht, daß Joule[1]) schon vor Krönig von dem Kunstgriffe, den auch ich[2]) benutzte, Gebrauch machte, bei Berechnung des Gasdruckes je ein Drittel der Moleküle in drei senkrechten Richtungen fliegend zu denken. Ich konstatiere das gerne, ohne den Wunsch zu hegen, zu dem von Hrn. Clausius schon vor Jahrzehnten abgeschlossenen Prioritätsstreit bezüglich der Entdeckung der kinetischen Gastheorie weitere Beiträge zu liefern. Der ebengenannte ohne einen besonderen Beweis seiner Erlaubtheit natürlich nicht streng beweisende Kunstgriff kann in meiner Abhandlung folgendermaßen durch eine exakte Schlußfolgerung ersetzt werden.

Ich habe dort gezeigt, daß die gesamte Energie der Strahlen, welche die Flächeneinheit unter einem Winkel treffen, der zwischen ϑ und $\vartheta + d\vartheta$ liegt, oder unter diesem Winkel von ihr reflektiert werden, $g = \psi(t) \sin\vartheta\, d\vartheta$ ist. Nach Maxwells Anschauung versetzt ein Bündel paralleler Lichtstrahlen den Äther in den Zustand eines einseitig in der Strahlenrichtung gepreßten elastischen Körpers. Der Druck auf die Flächeneinheit senkrecht zur Strahlenrichtung ist gleich g, wobei g die in der Volumeneinheit in Form von Strahlung enthaltene Energie ist. Es sei AC der Durchschnitt der Flächeneinheit und es mögen die oben besprochenen Lichtstrahlen schief in der Richtung des Pfeiles (1) darauf fallen. Ihr Normaldruck auf diese Fläche heiße λ. Konstruieren wir uns in dem als einseitig gepreßten elastischen Körper gedachten Äther ein rechtwinkliges Prisma, dessen Durchschnitt ABC sei. Die Fläche AB vom Flächeninhalte $\cos\vartheta$ stehe senkrecht auf der Richtung der Lichtstrahlen; erleide also den Druck $g\cos\vartheta$; alle anderen Flächen

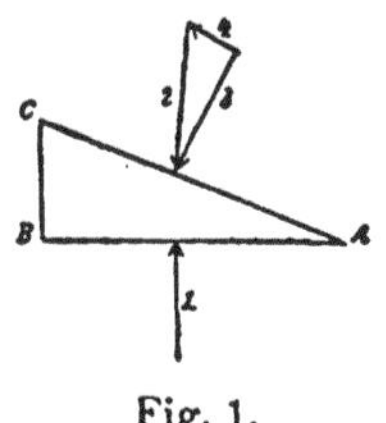

Fig. 1.

---

[1]) Joule, Phil. Mag. (4) **14.** S. 211. 1857.

[2]) Wied. Ann. **22.** S. 291. 1884. (Dieser Band Nr. 72.)

sind parallel den Lichtstrahlen; erleiden also keinen Druck bis auf AC vom Flächeninhalte Eins, welches im ganzen eine gleiche entgegengesetzte Kraft (Pfeil 2) erfahren muß, die wir in eine tangentielle Kraft $g \sin \vartheta \cos \vartheta$ (Pfeil 4) und eine normale $g \cos^2 \vartheta$ (Pfeil 3) zerlegen können. Letztere ist die oben mit λ bezeichnete Größe. Substituieren wir für g seinen Wert und integrieren bezüglich ϑ von Null bis $\pi : 2$, so erhalten wir für den Gesamtdruck aller Strahlen den Wert: $(1/3) \cdot \psi(t)$.

89.

Über die Wirkung des Magnetismus auf elektrische Entladungen in verdünnten Gasen.[1]

(Wied. Ann. 31. S. 789—792. 1887.)

Eine plattgedrückte Geisslersche Röhre, worin meist 2—5 mm Gasdruck herrschte, wurde in ein homogenes magnetisches Feld gebracht; ihr Querschnitt senkrecht zu den Kraftlinien war nahe ein Rhombus mit den Diagonalen von 6 cm und 4 cm, ihre Dicke etwa 2 cm. An den Ecken des Rhombus waren die Elektroden angebracht (bei einem Exemplare I eingeschmolzene Platindrähte, welche sich noch im Felde befanden, beim anderen II engere angesetzte Glasröhren, in welche erst weit außerhalb des Feldes Platindrähte eingeschmolzen waren). Durch die beiden Elektroden an den spitzen Winkeln des Rhombus (Primärelektroden) ging der Induktionsstrom eines kleinen Ruhmkorffschen Induktoriums von etwa 1 cm Schlagweite (Primärstrom), wogegen die beiden andern Elektroden (Transversalelektroden) mit einem feindrahtigen Galvanometer verbunden waren. Durch den Magnetismus wird bekanntlich die Lichterscheinung in der Geisslerschen Röhre in demselben Sinne abgelenkt, in welchem ein vom Primärstrome durchflossener Draht nach der Ampereschen Regel abgelenkt würde; allein dies erlaubt bei symmetrischer Gestalt des Rohres und symmetrischer Lage der Transversalelektroden gegen die Verbindungslinie der primären keinen Schluß, ob und in welcher Richtung ein Strom in der die Transversalelektroden verbindenden Leitung durch den Magnetismus hervorgerufen wird.

Der Versuch zeigte nun, daß dort allemal ein Strom erzeugt wurde, und zwar war immer die Austrittsstelle des

[1] Die Arbeit ist in anderer Form bereits im Wien. Anz. 23. S. 217—219. 18. November 1886 erschienen. D. H.

positiven Stromes aus der Röhre an derjenigen Transversalelektrode, von welcher der Lichtstreifen hinweggedrängt wurde. Würde man also diese Wirkung mit dem von Hall[1]) entdeckten elektromagnetischen Phänomen vergleichen, so würde sich die Luft wie Wismut oder Gold verhalten.

Wurde das Rohr mit H oder CO_2 von nahe gleichem Drucke erfüllt, so zeigten diese Gase weder qualitativ, noch quantitativ einen nachweisbaren Unterschied im Vergleiche zum Verhalten der Luft. In dem Rohre I war der Strom zwischen den Transversalelektroden im Mittel etwa der sechzigste, im Maximo der dreißigste Teil des Primärstromes bei einem Felde von etwa 1800 (cm g sec); doch kann diese Zahl jedenfalls nur zur Schätzung der Größenordnung dienen, da die Zuleitung zum Galvanometer für Ströme von solcher Spannung ganz unzureichend isoliert war, und da wegen der elektromotorischen Kraft, welche nach Edlund an den Elektroden auftritt, die Stromintensität nicht der elektromotorischen Kraft des primären oder transversalen Stromes proportional gesetzt werden darf. Beim Rohre II war der transversale Strom viel kleiner, wohl weil er außer dem Rhombus auch noch die engen Ansatzröhren passieren mußte.

Bei diesen Versuchen war das Induktorium und die dasselbe versorgende Batterie (2—3 Chromsäureelemente) auf Siegellackstangen isoliert, so daß ohne Einwirkung des Magnetismus durch die Transversalelektroden Elektrizität in größerer Menge weder ein- noch austreten konnte. Es entspricht diese Anordnung vollständig derjenigen, welche Hall zur Beobachtung des von ihm an Metallen entdeckten Phänomens gewählt hat. Ich machte auch Versuche, wobei eine der an den spitzen Winkeln des Rhombus angebrachten Elektroden nicht benutzt wurde; der Primärstrom trat dann nur durch die andere derselben in die Röhre ein und teilte sich in zwei Teile, von denen der eine durch die eine, der zweite durch die andere Transversalelektrode austrat, und welche ein Differentialgalvanometer entgegengesetzt durchflossen. Auch hier zeigten sich alle Phänomene, welche Righi[2]) bei gleicher Anordnung in Metallen beobachtet hat. Außerdem erzeugte aber der

[1]) E. H. Hall, Phil. Mag. (5) **9.** S. 225. 1880.

[2]) A. Righi, Exners Rep. **20.** S. 825. 1884.

Magnetismus noch eine andere Art transversaler Ströme. Es wurde nämlich der Strom, welcher die Transversalelektroden schon vor Wirkung des Magnetismus durchfloß, an derjenigen Elektrode, gegen welche der Lichtstreifen hingetrieben wurde, verstärkt, an der andern geschwächt, wodurch im Galvanometer ein Transversalstrom entstand, welcher an derjenigen Transversalelektrode, gegen welche der Lichtstreifen hingetrieben wurde, dieselbe Richtung, wie der daselbst fließende Primärstrom hatte (dessen Richtung daher wohl bei Umkehrung des Feldes, nicht aber bei Umkehrung des Primärstromes wechselte).[1]) Dieser letztere Transversalstrom war im Rohre II nicht oder doch nicht bedeutend schwächer, als im Rohre I. Er zeigte sich auch schon bei der gewöhnlichen (Hallschen) Anordnung mit vier Elektroden, sobald eine der Primärelektroden zur Erde abgeleitet oder mangelhaft isoliert war, da alsdann nur ein Teil des Hauptstromes durch die zweite (mangelhaft isolierte) Primärelektrode, ein anderer Teil aber durch die beiden Transversalelektroden und die Galvanometerleitung floß, welche ja ebenfalls nur mangelhaft vom Erdboden isoliert war: Durch den letzteren Stromesanteil mußten alle bei der Anordnung Righis auftretenden Phänomene zustande kommen. Da die bekannte Tatsache, daß die Wirkung eines Magnets den Durchgang des Stromes durch Geisslersche Röhren erschwert[2]), ein Analogon zur Widerstandsvermehrung des Wismuts im magnetischen Felde zu bieten schien, machte ich auch einen diesbezüglichen Versuch. Der Primärstrom durchfloß nebeneinander das Rohr II und ein anderes Geisslersches Rohr; ohne Wirkung des Magnetismus teilte er sich in beide fast gleichmäßig, durch die Wirkung des Magnetfeldes wurde dagegen die Stromverzweigung derartig abgeändert, wie es unter Annahme der gewöhnlichen Stromverzweigungsgesetze durch eine Verzehnfachung des Widerstandes im Rohre II der Fall gewesen wäre.

---

[1]) v. Ettingshausen, Wien. Ber. 94. S. 833. 1886.
[2]) G. Wiedemann, Elektrizität (1) 4. S. 562.

90.

Über das Gleichgewicht der lebendigen Kraft zwischen progressiver und Rotationsbewegung bei Gasmolekülen.

(Berl. Ber. 1888. S. 1395—1408.)

Die Resultate, zu welchen Maxwell und ich in Beziehung auf das Gleichgewicht der lebendigen Kraft gelangt sind, werden ohne Zweifel erst durch Anwendung auf spezielle Fälle, in denen der Natur der Sache gemäß die Rechnung sich vollständig durchführen läßt, für die Gastheorie nutzbar gemacht werden können. Hrn. Burnside gebührt das Verdienst, einen ziemlich allgemeinen hierher gehörigen Fall durchgearbeitet zu haben.[1]) Die Schlußresultate, zu welchen derselbe gelangt, widersprechen zwar dem allgemeinen Theoreme, wonach die mittlere lebendige Kraft für jeden Freiheitsgrad dieselbe sein soll; doch rührt dies bloß daher, daß er unendlich Kleines von derselben Größenordnung wie die ausschlaggebenden Glieder vernachlässigt, indem er annimmt, daß die Häufigkeit der Zusammenstöße durch die exzentrische Lage des Schwerpunktes seiner Moleküle nicht alteriert wird. Bei genauer Berücksichtigung dieses Umstandes steht vielmehr das von Hrn. Burnside angezogene Beispiel in voller Übereinstimmung mit dem erwähnten allgemeinen Satze und ist wohl geeignet, diesen zu veranschaulichen und zu verifizieren.

Dies zu zeigen, soll der Zweck der gegenwärtigen Abhandlung sein; außerdem soll die Rechnung noch in bedeutend allgemeineren Fällen durchgeführt werden, wo sie zu dem gleichen Resultate führt.

§ 1. Wir wollen zunächst genau den von Hrn. Burnside vorausgesetzten Fall betrachten. Die Gasmoleküle seien voll-

[1]) Edinb. Trans. 18. Juli 1887.

kommen elastische, unendlich wenig deformierbare Kugeln vom Durchmesser δ, deren Masse jedoch ungleichförmig in ihrem Innern verteilt sei, so daß der Schwerpunkt exzentrisch liegt und sie drei verschiedene Hauptträgheitsmomente A, B, C bezüglich desselben besitzen. Wie bei Hrn. Burnside bezeichne c die Länge der vom Zentrum eines Moleküls bis zu dessen Schwerpunkt gezogenen Geraden. Durch das Zentrum jedes Moleküls denken wir uns drei Gerade, die „bewegten Achsen" des Moleküls, parallel den drei Hauptträgheitsachsen des Schwerpunktes in beliebigem Sinne gelegt, jedoch so, daß sie bei zyklischer Vertauschung kongruente körperliche Winkel bilden; die Kosinus der Winkel, welche die Gerade c mit den bewegten Achsen bildet, seien α, β, γ. Wir denken uns nun mit einem bestimmten Moleküle M eine konzentrische Kugel vom Radius δ starr verbunden und mitbewegt. Vom Zentrum O desselben ausgehend ziehen wir eine Gerade G, welche mit den bewegten Achsen OA, OB, OC des Moleküls Winkel bildet, deren Kosinus

$$l = \sin\vartheta \cos\varphi, \quad m = \sin\vartheta \sin\varphi, \quad n = \cos\vartheta$$

seien. Lassen wir ϑ und φ um $d\vartheta$ bzw. $d\varphi$ wachsen, so schneidet diese Gerade aus der Kugel vom Radius δ ein Flächenelement vom Flächeninhalte $df = \delta^2 \sin\vartheta\, d\vartheta\, d\varphi$ aus, welches sich fest mit dem Moleküle M verbunden mit diesem mitbewege. Alle anderen Moleküle, deren Centra O' von diesem Flächenelemente ereilt werden, gelangen mit M so zum Zusammenstoße, daß die Gerade G im Momente des Zusammenstoßes Zentrilinie ist, daß also die Zentrilinie im Momente des Stoßes gegen die bewegten Achsen des Moleküls M eine Lage hat, welche dadurch bestimmt ist, daß ϑ und φ zwischen den Grenzen ϑ und $\vartheta + d\vartheta$ bzw. φ und $\varphi + d\varphi$ liegen, was wir die Bedingung 4 nennen wollen. Wir heben von allen diesen Molekülen nur diejenigen hervor, für welche folgende Bedingungen erfüllt sind:

1. Die Winkel ϑ' und φ' sollen zwischen den Grenzen ϑ' und $\vartheta' + d\vartheta$ bzw. φ' und $\varphi' + d\varphi'$ liegen. Dabei seien $l' = \sin\vartheta' \cos\varphi'$, $m' = \sin\vartheta' \sin\varphi'$, $n' = \cos\vartheta'$ die Kosinuse der Winkel, welche die Zentrilinie $O'O$ im Momente des Zusammenstoßes, also die der Geraden G entgegengesetzte Richtung mit

den bewegten Achsen $O'A'$, $O'B'$, $O'C'$ des zweiten Moleküls bildet.

2. Die Winkelgeschwindigkeiten der Drehung des zweiten Moleküls um seine drei durch den Schwerpunkt S' gehenden Hauptträgheitsachsen sollen zwischen ω_1' und $\omega_1' + d\omega_1'$, ω_2' und $\omega_2' + d\omega_2'$, ω_3' und $\omega_3' + d\omega_3'$ liegen.

3. Die Komponenten der progressiven Bewegung des Schwerpunktes S' in der Richtung $O'O$ und in zwei gegebenen darauf senkrechten Richtungen sollen zwischen den Grenzen u' und $u' + du'$, v' und $v' + dv'$, w' und $w' + dw'$ liegen.

Sei u die Geschwindigkeitskomponente des Schwerpunktes S des Moleküls M in der Richtung G oder OO', welche sich auch auf das fest damit verbundene Flächenelement df überträgt, und σ die in derselben Richtung geschätzte Komponente der Geschwindigkeit, welche df vermöge der Rotation von M besitzt. Ferner sei σ' die in der Richtung $O'O$ geschätzte Komponente der Geschwindigkeit, welche O' infolge der Rotation des zweiten Moleküls besitzt, zu welcher noch die progressive Geschwindigkeit u' des zweiten Moleküls kommt. Die Häufigkeit der Zusammenstöße hängt offenbar bloß von der relativen Geschwindigkeit ab; sie wäre also dieselbe, wenn sich df mit der Geschwindigkeit $u + u' + \sigma + \sigma'$ in der Richtung OO' bewegte und die Centra der gestoßenen Moleküle ruhen würden. Dann würde aber das Element df während einer sehr kurzen Zeit τ einen Zylinder vom Volumen $dq = df \cdot \tau(u + u' + \sigma + \sigma')$ durchlaufen. Es sollen sich in der Volumeneinheit überhaupt durchschnittlich die Centra von N Molekülen befinden. Wir nehmen mit Burnside als bewiesen an, daß durchschnittlich

$$dN_1 = \sqrt{\frac{h^3}{\pi^3}}\, N e^{-h(u'^2 + v'^2 + w'^2)}\, du'\, dv'\, dw'$$

dieser Moleküle die oben unter 3. angeführte Bedingung erfüllen und daß von diesen wieder

$$dN_2 = dN_1 \sqrt{\frac{k_1 k_2 k_3}{\pi^3}}\, e^{-k_1 \omega_1'^2 - k_2 \omega_2'^2 - k_3 \omega_3'^2}\, d\omega_1'\, d\omega_2'\, d\omega_3'$$

auch noch die unter 2. besprochene Bedingung erfüllen. Diese dN_2 Moleküle haben noch alle möglichen Lagen im Raume. Die Zahl derjenigen von ihnen, deren Lage auch noch durch die Bedingung 1. beschränkt ist, beträgt

$$dN_3 = \frac{1}{4\pi} dN_2 \sin\vartheta' \, d\vartheta' \, d\varphi'.$$

Da dies die Zahl der Moleküle in der Volumeneinheit ist, so werden

$$dN_4 = dN_3 \, dq$$

Moleküle sich im Volumen dq befinden, welche die Bedingungen 1., 2. und 3. erfüllen. Mit allen diesen stößt das Molekül M während der Zeit τ so zusammen, daß die Bedingungen 1., 2., 3. und 4. erfüllt sind. Unter unendlich ähnlichen Bedingungen wie das Molekül M befinden sich alle Moleküle, für welche 5. die Komponenten der Geschwindigkeit des Schwerpunktes in der Richtung OO' und zwei gegebenen darauf senkrechten Richtungen zwischen den Grenzen u und $u + du$, v und $v + dv$ bzw. w und $w + dw$ liegen.

6. Die Winkelgeschwindigkeiten der Drehung um die drei beweglichen Achsen OA, OB, OC dieses Moleküls zwischen den Grenzen ω_1 und $\omega_1 + d\omega_1$, ω_2 und $\omega_2 + d\omega_2$, ω_3 und $\omega_3 + d\omega_3$ liegen.

Die Zahl aller Moleküle, welche den Bedingungen 5. und 6. genügen, ist pro Volumeneinheit

$$dN_5 = N\sqrt{\frac{h^3 k_1 k_2 k_3}{\pi^6}} e^{-h(u^2+v^2+w^2)-k_1\omega_1^2-k_2\omega_2^2-k_3\omega_3^2} du\, dv\, dw\, d\omega_1\, d\omega_2\, d\omega_3;$$

die Zahl aller Zusammenstöße überhaupt, welche in der Volumeneinheit während der Zeiteinheit so geschehen, daß dabei die Bedingungen 1. bis 6. erfüllt sind, ist

$$dN_6 = dN_4 \cdot dN_5 : \tau.$$

Bezeichnen wir $u + u'$ mit λ, $\sigma + \sigma'$ mit μ,

$$e^{-h(u^2 + v^2 + w^2 + u'^2 + v'^2 + w'^2) - k_1(\omega_1^2 + \omega_1'^2) - k_2(\omega_2^2 + \omega_2'^2) - k_3(\omega_3^2 + \omega_3'^2)}$$

mit ν, so ist

$$dN_6 = N^2 \frac{h^3 k_1 k_2 k_3 \delta^2}{4\pi^7} \nu(\lambda + \mu)\, du\, dv\, dw\, du'\, dv'\, dw'$$

$$d\omega_1\, d\omega_2\, d\omega_3\, d\omega_1'\, d\omega_2'\, d\omega_3' \sin\vartheta \sin\vartheta'\, d\vartheta\, d\vartheta'\, d\varphi\, d\varphi'.$$

Dieser Ausdruck über alle möglichen Werte der darin enthaltenen Variablen, welche $\lambda + \mu$ nicht negativ machen, integriert, liefere den Wert Z. Dieser ist dann gleich der doppelten Anzahl der Zusammenstöße, welche in der Volumeneinheit während der Zeiteinheit überhaupt stattfinden, oder der Nfachen Zahl der Zusammenstöße, welche ein Molekül durchschnittlich während der Zeiteinheit erfährt. Ehe wir die Integration ausführen, muß noch σ und σ' bestimmt werden. Die Winkelgeschwindigkeit des Moleküls M um eine durch den Schwerpunkt S senkrecht auf die Ebene $O'OS$ gezogene Achse ist:

$$\omega_4 = \frac{p\omega_1 + q\omega_2 + r\omega_3}{\sin\varepsilon}.$$

Dabei ist $p = n\beta - m\gamma$, $q = l\gamma - n\alpha$, $r = m\alpha - l\gamma$; $\sin\varepsilon = \sqrt{p^2 + q^2 + r^2}$ ist der Sinus des Winkels $O'OS$.

Wir wollen der Größe ω_1 positives Zeichen geben, wenn die Drehung von der positiven OC- gegen die positive OB-Achse gerichtet ist, woraus sich durch zyklische Vertauschung das Zeichen von ω_2 und ω_3 ergibt. Dann wird der Zähler von ω_4 positiv, wenn die Rotation in demselben Sinne erfolgt, in welchem OO' auf kürzestem Wege in OS übergeführt werden kann, negativ im entgegengesetzten Falle. Nehmen wir daher $\sin\varepsilon$ im ersten Falle positiv, im letzten negativ, so wird ω_4 allemal positiv. Die Geschwindigkeit eines beliebigen mit dem Moleküle M fest verbundenen Punktes P der Geraden OO' infolge der Rotation des Moleküls um den Schwerpunkt ist $\omega_4 \cdot SP$ und deren Komponente σ in der Richtung OO' ist $\omega_4 SP \sin SPO$, welche Größe unter denselben Bedingungen positiv bzw. negativ ist, unter denen gemäß unserer Übereinkunft $\sin\varepsilon$ positiv bzw. negativ ist.

Wegen $SP \sin SPO = c \sin\varepsilon$ ist

$$\sigma = c\,\omega_4 \sin\varepsilon = c(p\,\omega_1 + q\,\omega_2 + r\,\omega_3).$$

Dieser Ausdruck hat für alle Punkte der Geraden OO' denselben Wert, folglich auch für den Punkt O', für welchen er in die schon früher mit σ bezeichnete Größe übergeht. Denken wir uns umgekehrt die Gerade $O'O$ fest mit dem zweiten Moleküle verbunden, so ergibt sich

$$\sigma' = (p'\,\omega_1' + q'\,\omega_2' + r'\,\omega_3')\,c$$

für die Geschwindigkeitskomponente, welche jeder Punkt dieser Geraden, folglich auch der Punkt O' in der Richtung $O'O$ infolge der Rotationsbewegung des zweiten Moleküls um seinen Schwerpunkt hat. — Die gestrichenen Buchstaben haben hier für das zweite Molekül durchaus analoge Bedeutung wie die ungestrichenen für das erste. Für den Betrag, um welchen durch den Zusammenstoß die gesamte lebendige Kraft progressiver Bewegung der Schwerpunkte beider Moleküle vermehrt, daher die der Rotationsbewegung um den Schwerpunkt für beide Moleküle vermindert wird, findet schon Burnside a.a.O.

$$T = \frac{2}{(2 + c^2 K)^2}(\lambda + \mu)(2\mu - c^2 K\lambda)$$

wobei:

$$K = \frac{p^2 + P^2}{A} + \frac{q^2 + Q^2}{B} + \frac{r^2 + R^2}{C}.$$

Bei Burnside treten die Buchstaben P, Q, R an die Stelle der hier gebrauchten p', q', r'. Die lebendige Kraft, welche in der Zeit- und Volumeneinheit im Mittel aus der Form von Rotationsbewegung in solche progressiver Bewegung übergeht, ist

$$\overline{T} = \frac{\int T\, d N_6}{Z},$$

wobei $Z = \int d N_6$.

Die Integrationen nach v, w, v' und w' können ohne weiteres zwischen $-\infty$ und $+\infty$ durchgeführt werden. Setzen wir zudem:

$$c p \omega_1 = x_1, \quad c q \omega_2 = x_2, \quad c r \omega_3 = x_3,$$

$$c p' \omega_1' = x_4, \quad c q' \omega_2' = x_5, \quad c r' \omega_3' = x_6,$$

$$a_1 = \frac{k_1}{c^2 p^2}, \quad a_2 = \frac{k_2}{c^2 q^2}, \quad a_3 = \frac{k_3}{c^2 r^2},$$

$$a_4 = \frac{k_1}{c^2 p'^2}, \quad a_5 = \frac{k_2}{c^2 q'^2}, \quad a_6 = \frac{k_3}{c^2 r'^2},$$

so wird:

$$Z\overline{T} = \int T\, d N_7, \quad Z = \int d N_7,$$

wobei:

$$d N_7 = N^2 \frac{h k_1 k_2 k_3 \delta^2}{4\pi^5 c^6 p q r p' q' r'} v_1 (\lambda + \mu)\, du\, du'\, dx_1\, dx_2 \ldots dx_6$$
$$\sin\vartheta \sin\vartheta'\, d\vartheta\, d\varphi\, d\vartheta'\, d\varphi',$$

$$v_1 = e^{-h(u^2 + u'^2) - a_1 x_1^2 - \ldots - a_6 x_6^2},$$

$$\mu = x_1 + x_2 + \ldots + x_6.$$

Die Weiterführung der Integration kann nach folgenden allgemeinen Formeln geschehen. Es sei

$$\iint\cdots e^{-(a_1x_1^2+a_2x_2^2+\ldots+a_{n+1}x_{n+1}^2)}f\cdot dx_1\,dx_2\ldots dx_{n+1}=J$$

zu entwickeln, wobei f bloß eine Funktion der Summe $x_1+x_2+\ldots+x_{n+1}$ sein soll und die Integrationen alle Werte umfassen, für welche diese Summe gleich oder größer als eine gegebene Größe ϱ wird. Wir setzen

$$x_1+x_2+\ldots+x_{n+1}=z,\quad x_2+x_3+\ldots+x_n=y_2$$
$$x_3+x_4+\ldots+x_n=y_3;\ \ldots$$

$$a_{n+1}=b_1,\quad \frac{1}{a_{n+1}}+\frac{1}{a_1}=\frac{1}{b_2},\quad \frac{1}{a_{n+1}}+\frac{1}{a_1}+\frac{1}{a_2}=\frac{1}{b_3},\ldots$$

Dann ist:

$$J=\iint\cdots e^{-a_1x_1^2-\ldots-a_nx_n^2-b_1(z-y_2-x_1)^2}f\cdot dx_1\ldots dx_n\,dz$$

$$=\iint\cdots e^{-(a_1+b_1)\left[x_1-\frac{b_1}{a_1+b_1}(z-y_2)\right]^2-b_2(z-y_2)^2-a_2x_2^2-\ldots-a_nx_n^2}f$$
$$\times\,dx_1\ldots dx_n\,dz$$

$$=\sqrt{\frac{\pi}{a_1+b_1}}\iint\cdots e^{-a_2x_2^2-\ldots-a_nx_n^2-b_2(z-y_3-x_2)^2}f\cdot dx_2\ldots dx_n\,dz$$

$$=\sqrt{\frac{\pi^2}{(a_1+b_1)(a_2+b_2)}}\iint\cdots e^{-a_3x_3^2-\ldots-a_nx_n^2-b_3(z-y_4-x_3)^2}f$$
$$\times\,dx_3\ldots dx_n\,dz$$

$$=\ldots\ldots\ldots\ldots\ldots\ldots\ldots$$

$$=\sqrt{\frac{\pi^n}{(a_1+b_1)(a_2+b_2)\ldots(a_n+b_n)}}\int_\varrho^\infty e^{-b_{n+1}z^2}f\cdot dz$$

$$=\sqrt{\frac{\pi^n}{a_1a_2\ldots a_{n+1}\left(\frac{1}{a_1}+\frac{1}{a_2}+\ldots+\frac{1}{a_{n+1}}\right)}}\int_\varrho^\infty f(z)\cdot e^{-\frac{z^2}{\frac{1}{a_1}+\frac{1}{a_2}+\ldots+\frac{1}{a_{n+1}}}}dz.$$

Wir können nach dieser Formel zunächst die Integrationen nach u und u' auf eine reduzieren und erhalten:

$$\iint\varphi(\lambda)\,e^{-h(u^2+u'^2)}du\,du'=\sqrt{\frac{\pi}{2h}}\int\varphi(\lambda)e^{-\frac{h}{2}\lambda^2}d\lambda,$$

hernach kann man die Integrationen nach den x in eine einzige zusammenfassen, was gibt:

$$\iint \cdots \psi(\mu)\, e^{-a_1 x_1^2 - \cdots - a_6 x_6^2}\, dx_1 \ldots dx_6$$
$$= \frac{c^6 p q r p' q' r'}{k_1 k_2 k_3} \sqrt{\frac{\pi^5}{L}} \int \psi(\mu)\, e^{-\frac{\mu^2}{c^2 L}} d\mu,$$

wobei:

$$L = \frac{p^2 + p'^2}{k_1} + \frac{q^2 + q'^2}{k_2} + \frac{r^2 + r'^2}{k_3}.$$

Setzen wir daher:

$$H = \iint T e^{-\frac{h}{2}\lambda^2 - \frac{\mu^2}{c^2 L}} (\lambda + \mu)\, d\lambda\, d\mu,$$

$$H_1 = \iint e^{-\frac{h}{2}\lambda^2 - \frac{\mu^2}{c^2 L}} (\lambda + \mu)\, d\lambda\, d\mu,$$

so wird:

$$Z\bar{T} = \frac{N^2 \delta^2}{4\pi^2 c} \sqrt{\frac{h}{2}} \iiiint \frac{H}{\sqrt{L}} \sin\vartheta \sin\vartheta'\, d\vartheta\, d\vartheta'\, d\varphi\, d\varphi',$$

$$Z = \frac{N^2 \delta^2}{4\pi^2 c} \sqrt{\frac{h}{2}} \iiiint \frac{H_1}{\sqrt{L}} \sin\vartheta \sin\vartheta'\, d\vartheta\, d\vartheta'\, d\varphi\, d\varphi'.$$

Man findet leicht (am bequemsten, indem man die früher für J aufgestellte Formel zur Reduktion auf ein einfaches Integral benutzt):

$$i = \int_{-\infty}^{+\infty} dx \int_{-x}^{\infty} dy\, e^{-(ax^2 + by^2)} (x + y) = \frac{\sqrt{\pi(a+b)}}{2ab},$$

$$i_1 = \iint dx\, dy\, e^{-(ax^2 + by^2)} (x + y)^3 = \sqrt{\pi(a+b)} \cdot \frac{a+b}{2a^2 b^2} = \frac{i(a+b)}{ab}.$$

Die Differentiation des ersten Integrals, einmal nach a, ein anderes Mal nach b, liefert:

$$i_2 = \iint dx\, dy\, e^{-ax^2 - by^2}\, x^2 (x + y) = \frac{i(a + 2b)}{2a(a+b)},$$

$$i_3 = \iint dx\, dy\, e^{-ax^2 - by^2}\, y^2 (x + y) = \frac{i(2a + b)}{2b(a+b)}.$$

Aus den letzteren drei Integralen folgt noch:

$$i_4 = \iint dx\, dy\, e^{-ax^2 - by^2}\, xy\,(x + y) = \frac{i}{2\,(a + b)}.$$

Bisher ist nirgends die Voraussetzung, daß c sehr klein sei, gemacht worden.

Machen wir nun für einen Augenblick diese Voraussetzung, so wird μ klein gegen λ, folglich

$$T = \lambda\mu + \mu^2 - \frac{c^2}{2} K \lambda^2.$$

Es zerfällt daher H in drei Integrale von der Form von i_2, i_3 und i_4, wobei

$$a = \frac{h}{2}, \quad b = \frac{1}{c^2 L}$$

ist. Da c sehr klein ist, so verschwindet a gegen b, es ist also:

$$i_4 = i_3 = \frac{c^2 L i}{2}, \quad i_2 = \frac{2i}{h},$$

daher

$$H = c^2 H_1 \left(L - \frac{K}{h}\right).$$

H und folglich auch $\overline{T}$ verschwindet also sicher, wenn allgemein $hL = K$, also

$$h = \frac{k_1}{A} = \frac{k_2}{B} = \frac{k_3}{C}$$

ist, d. h. wenn die gesamte lebendige Kraft der fortschreitenden Bewegung gleich der gesamten lebendigen Kraft der drehenden Bewegung ist. Man überzeugt sich übrigens leicht, daß dasselbe auch gilt, wenn c nicht als klein vorausgesetzt wird. Dann ist

$$T = \frac{4}{(2 + c^2 K)^2}\left(\lambda\mu + \mu^2 - \frac{c^2}{2} K \lambda^2 - \frac{c^2}{2} K \lambda \mu\right),$$

daher:

$$H = H_1 \frac{2}{(2 + c^2 K)^2} \cdot \frac{1}{ab\,(a + b)}\left[ab\left(1 - \frac{c^2 K}{2}\right) + 2a^2 + ab - \frac{c^2 K}{2}(ab + 2b^2)\right],$$

was wegen

$$a = \frac{h}{2}, \quad b = \frac{1}{c^2 L} = \frac{h}{c^2 K}$$

ebenfalls verschwindet.

Die Zahl der Zusammenstöße, welche ein Molekül in der Zeiteinheit durchschnittlich erleidet, ist

$$\frac{Z}{N} = \frac{N\delta^2}{4\sqrt{2h\pi^3}} \int_0^\pi d\vartheta \int_0^\pi d\vartheta' \int_0^{2\pi} d\varphi \int_0^{2\pi} d\varphi' \sin\vartheta \sin\vartheta' \sqrt{1 + \frac{hc^2 L}{2}}\,.$$

Die Ausführung der Integration ist leicht, wenn c als sehr klein betrachtet wird, dann ist:

$$\frac{Z}{N} = N\delta^2 \sqrt{\frac{8\pi}{h}} \left[1 + \frac{c^2}{6}\left(\frac{1-\alpha^2}{A} + \frac{1-\beta^2}{B} + \frac{1-\gamma^2}{C}\right)\right],$$

wobei $1-\alpha^2$, $1-\beta^2$, $1-\gamma^2$ die Quadrate der Sinus der Winkel sind, welche c mit den Hauptträgheitsachsen bildet. Die Gesamtzahl der Stöße ändert sich also nur um eine Größe, die klein von der Ordnung c^2 ist; dagegen ändert sich die Zahl der Zusammenstöße, welche bei bestimmten Werten der Progressiv- und Rotationsbewegung der Moleküle und unter bestimmten Winkeln erfolgen, um ein Glied, welches von der Größenordnung c gegenüber dem Hauptgliede ist, sobald sich c um einen Betrag von gleicher Größenordnung ändert.

---

§ 2. Wir wollen nun zu dem allgemeineren Falle übergehen, daß die Moleküle starre, vollkommen elastische Körper von beliebiger Gestalt sind, wobei wir nur voraussetzen, daß ihre Oberfläche immer nach außen konvex ist und nirgends Spitzen oder scharfe Ecken besitzt. Wir betrachten zunächst ein bestimmtes Molekül M. Auf dessen Oberfläche konstruieren wir ein unendlich kleines Rechteck DEE_1K, dessen Seiten $p = DE$ und $p_1 = DE_1$ je einer Hauptkrümmungsrichtung an der betreffenden Stelle parallel sein sollen. Wir fragen zunächst, wie viele Moleküle (M') mit dem Moleküle M so zusammenstoßen, daß der Berührungspunkt auf dem betrachteten Flächenelemente vom Flächeninhalte $df = pp_1$ liegt, und daß im Momente des Stoßes die Richtung des zweiten Moleküls eine völlig gegebene ist. Das Molekül M' soll zuerst in der Ecke D des Rechtecks berühren; nun werde es parallel zu sich selbst verschoben, bis es in der benachbarten Ecke E berührt; der Punkt, mit dem es anfangs berührte (P), soll dabei nach F gelangt sein. Zieht man durch E eine Ebene parallel der Berührungsebene in D, so schneidet diese die Oberfläche des zweiten Moleküls in einer Ellipse. ζ sei die Entfernung des Zentrums F' der Ellipse von F; die Gerade FF' steht senkrecht auf der Ebene der Ellipse. Ebenso sei $\varepsilon = DD'$ die von D auf diese Ebene gefällte Senkrechte. Die Halbachsen der Ellipse seien a und b; erstere bilde mit der im Punkte E an die Ellipse gezogenen Tangente den Winkel α, das von F' auf diese Tangente gefällte Lot sei $F'N$. Die gemeinsame Tangentialebene beider Moleküle im Punkte E schneide die Verlängerungen der beiden Geraden DD' und FF' in D'' bzw. F'', dann ist $FF'':DD'' = NF':DE$ oder, da $2\varepsilon = DD''$, $2\zeta = FF''$ so folgt

$$\zeta:\varepsilon = NF':DE.$$

Nach bekannten Eigenschaften der Ellipse ist

$$NF' = \sqrt{a^2\cos^2\alpha + b^2\sin^2\alpha},$$

$$NE = \sqrt{EF'^2 - NF'^2} = \frac{(a^2-b^2)\sin\alpha\cos\alpha}{\sqrt{a^2\cos^2\alpha + b^2\sin^2\alpha}}.$$

Verschieben wir das zweite Molekül wieder von der Stellung wo es in D berührte, in die, wo es in E_1, der anderen D benachbarten Ecke des Rechtecks DEE_1K, berührt; der ursprüngliche Berührungspunkt gelange dabei nach F_1. Die durch E und E_1 gelegte Ebene, welche der Tangentialebene des Moleküls M im Punkte D parallel ist, schneidet die jetzige Lage des Moleküls in einer der früheren ähnlichen und ähnlich gelegenen Ellipse, deren Zentrum F_1' heiße und für welche dieselben Bezeichnungen wie für die erste Ellipse, nur mit angehängtem Index 1 gelten sollen. Für die letztere Ellipse tritt dann $90 - \alpha$ an die Stelle von α und man hat

$$N_1F_1' = \sqrt{a_1{}^2\sin^2\alpha + b_1{}^2\cos^2\alpha},$$

$$N_1E_1 = \frac{(a_1{}^2 - b_1{}^2)\sin\alpha\cos\alpha}{\sqrt{a_1{}^2\sin^2\alpha + b_1{}^2\cos^2\alpha}},$$

$$\zeta_1:\varepsilon_1 = N_1F_1':DE_1.$$

Denken wir uns nun beiden Molekülen eine solche gemeinsame Geschwindigkeit zur Bewegung, die sie bereits besitzen, dazu erteilt, daß der Punkt P des zweiten Moleküls in Ruhe kommt, denken wir uns das Parallelogramm $D' F' F_1' G$ (welches durch die bereits definierten drei Ecken D', F' und F_1' bestimmt ist) mit dem in diesem Bewegungszustande gedachten Moleküle M fest verbunden und mitbewegt und bezeichnen wir mit $\lambda + \mu$ die Geschwindigkeitskomponente dieses Parallelogramms normal zu seiner Ebene, mit $d\varphi$ den Flächeninhalt des Parallelogramms und mit $dv = (\lambda + \mu)\tau\, d\varphi$ das Volumen, welches es während der Zeit τ durchstreicht, so wird das Molekül M mit allen jenen Molekülen M' während der Zeit τ zusammenstoßen, für welche der Punkt P in dv liegt. Da alle Moleküle M' parallele Lage haben, so ist die Zahl dieser Moleküle gleich der Zahl derjenigen, deren Schwerpunkt innerhalb eines Raumes vom Volumen dv liegt.

Die beiden Hauptkrümmungsradien des Moleküls M sind $R = p^2 : \varepsilon$ und $R_1 = p_1^2 : \varepsilon_1$, die des Moleküls M' im Punkte P sind

$$S = a^2 : \zeta = a_1^2 : \zeta_1, \qquad S_1 = b^2 : \zeta = b_1^2 : \zeta_1,$$

daher nach den obigen Proportionen

$$S = \frac{a^2 p}{\varepsilon NF'} = \frac{a^2 R}{p\, N F'} = \frac{a_1^2 R_1}{p_1 N_1 F_1'},$$

ebenso:

$$S_1 = \frac{b^2 R}{p\, N F'} = \frac{b_1^2 R_1}{p_1 N_1 F_1'}.$$

Ferner ist

$$d\varphi = \begin{vmatrix} p + \dfrac{a^2\cos^2\alpha + b^2\sin^2\alpha}{NF'}, & \dfrac{(a^2 - b^2)\sin\alpha\cos\alpha}{NF'} \\[2ex] \dfrac{(a_1^2 - b_1^2)\sin\alpha\cos\alpha}{N_1 F_1'}, & p_1 + \dfrac{a_1^2\sin^2\alpha + b_1^2\cos^2\alpha}{N_1 F_1'} \end{vmatrix}$$

$$= \frac{p p_1}{R R_1} \begin{vmatrix} R + (S\cos^2\alpha + S_1\sin^2\alpha), & (S - S_1)\sin\alpha\cos\alpha \\ (S - S_1)\sin\alpha\cos\alpha, & R_1 + (S\sin^2\alpha + S_1\cos^2\alpha) \end{vmatrix}$$

$$= \frac{p p_1}{R R_1}(R R_1 + R S\sin^2\alpha + R S_1\cos^2\alpha + R_1 S\cos^2\alpha + R_1 S_1\sin^2\alpha + S S_1).$$

Da für alle möglichen Werte von α die Wechselwirkung der Moleküle, folglich auch der ganze Geschwindigkeitsaustausch derselbe bleibt, so können wir diesen Ausdruck bezüglich α von Null bis 2π integrieren und durch 2π dividieren, was liefert

$$\frac{p p_1}{R R_1} \Omega = \frac{p p_1}{R R_1} \left(\frac{(R + S)(R_1 + S_1) + (R + S_1)(R_1 + S)}{2} \right).$$

$(p / R) \cdot (p_1 / R_1)$ ist nichts anderes als der körperliche Winkel, den die zu den verschiedenen Punkten des Rechtecks DEE_1K an das Molekül M gezogenen Normalen erfüllen. Bestimmen wir daher, wie früher, durch die beiden Polarwinkel ϑ und φ die relative Lage der genannten Normalen gegen die drei Hauptträgheitsachsen des Moleküls M, so wird

$$\frac{p}{R} \cdot \frac{p_1}{R_1} = \sin\vartheta \, d\vartheta \, d\varphi,$$

daher

$$dv = (\lambda + \mu) \tau \sin\vartheta \, d\vartheta \, d\varphi \, \Omega.$$

Alle Moleküle M', deren Schwerpunkte in einem gleich großen Volumenelement liegen, stoßen während der Zeit τ mit dem Moleküle M so zusammen, daß ϑ und φ zwischen ϑ uud $\vartheta + d\vartheta$ und φ und $\varphi + d\varphi$ liegen. In diesem Volumenelemente liegen $dN_3 \, dv$ Moleküle M', für welche die Variablen zwischen den durch die Differentiale bestimmten Grenzen liegen, wobei dN_3 dieselbe Bedeutung wie früher hat. Da diese Grenzen durchaus unendlich eng und unabhängig von $d\vartheta$ und $d\varphi$ sind, so können wir annehmen, daß sie alle parallele Lage haben. Multiplizieren wir den Ausdruck $dN_3 \, dv$ noch mit dN_5, was ebenfalls dieselbe Bedeutung wie früher hat, und dividieren durch τ, so erhalten wir einen Ausdruck, welcher ebenfalls vollkommen zusammenfällt mit dem früher mit dN_6 bezeichneten Ausdrucke und welcher auch dieselbe Bedeutung hat; nur tritt an Stelle von δ^2 die mit Ω bezeichnete Größe. λ, u, v, w haben ganz die gleiche Bedeutung, ebenso die ω; in den späteren Formeln für $\mu = \sigma + \sigma'$ haben p, q, r die Richtungskosinus der Ebene, welche den Schwerpunkt und die Stoßlinie (gemeinsame Normale der Moleküle im Momente des Zusammenstoßes) enthält, bezüglich der bewegten Achsen und c die Entfernung des Schwerpunktes von der Stoßlinie zu bedeuten. Bei derart veränderter Bedeutung der Buchstaben p, q, r, P, Q, R und c gelten auch die Formeln Taits für die Verwandlung von progressiver in Rotationsbewegung ohne weitere Modifikation und daher auch die hier gefundenen Schlußformeln, in denen natürlich noch Ω für δ^2 zu setzen ist. Die Integrationen nach den Winkeln können natürlich nur durchgeführt werden, wenn die Gestalt der Moleküle gegeben ist. Dagegen können die Integrationen nach den u, v, w und ω gerade wie früher durchgeführt werden, da Ω nur die Winkel enthält. Es ergibt sich somit auch für das Gleichgewicht zwischen der progressiven und rotierenden Bewegung dieselbe Bedingung wie früher. Für die Anzahl der Zusammenstöße, welche ein Molekül in der Zeiteinheit erfährt, folgt der Wert

$$\frac{Z}{N} = \frac{N\delta^2}{4\sqrt{2h\pi^3}}$$

$$\iint \frac{\Omega\, ds\, ds'}{RR_1\, SS_1} \sqrt{1 + \frac{hc^2}{2}\left(\frac{p^2 + p'^2}{A} + \frac{q^2 + q'^2}{B} + \frac{r^2 + r'^2}{C}\right)}$$

ds bzw. ds' sind Oberflächenelemente des ersten bzw. zweiten Moleküls.

§ 3. Bei derartigen Aufgaben, deren Hauptzweck die Veranschaulichung allgemeiner Theoreme ist, habe ich öfter eine allseitigere Übersicht dadurch erzielt, daß ich auch das analoge Problem der Bewegung in einer Ebene behandelte. Ich will auch hier die entsprechenden Formeln, welche auf die Bewegung in der Ebene Bezug haben, kurz skizzieren. Es sollen sich zunächst Kreise, jeder mit der Masse Eins begabt, in der Ebene bewegen. Die Distanz des Schwerpunktes S jedes Kreises vom Mittelpunkte O sei c; das Trägheitsmoment eines Kreises bezüglich einer senkrecht zu seiner Ebene durch den Schwerpunkt gelegten Achse sei A. Wir denken uns mit einem dieser kreisförmigen Moleküle M einen konzentrischen Kreis K vom doppelten Radius δ fest verbunden und ziehen den Radius OO' dieses Kreises, welcher mit OS den Winkel ε bildet. Das Molekül, dessen Mittelpunkt sich in O' befindet, stößt mit M so zusammen, daß OO' die Zentrilinie ist. Lassen wir ε um $d\varepsilon$ wachsen und bezeichnen mit $\delta d\varepsilon$ den Bogen des Kreises K, welcher dem Zentriwinkel $d\varepsilon$ gegenüberliegt. Von allen Molekülen, welche mit M zusammenstoßen, heben wir jene (M') hervor, für welche die Geschwindigkeitskomponente des Schwerpunktes in der Richtung $O'O$ zwischen u' und

$u' + du'$, in einer darauf senkrechten Richtung zwischen v' und $v' + dv'$ liegt, für welche ferner die von O' nach dem Schwerpunkte S' gezogene Gerade einen Winkel mit $O'O$ bildet, der zwischen ε' und $\varepsilon' + d\varepsilon'$ liegt, und für welche die Winkelgeschwindigkeit um S' zwischen ω' und $\omega' + d\omega'$ liegt. Denjenigen Sinn der Winkelgeschwindigkeit wollen wir als positiv nehmen, der $O'O$ auf kürzestem Wege in $O'S'$ überführt. Sind u und v die Geschwindigkeitskomponenten des Schwerpunktes von M in der Richtung OO' und senkrecht darauf, ω die Winkelgeschwindigkeit um den Schwerpunkt, so durchstreicht der Bogen $\delta d\varepsilon$ in seiner relativen Bewegung gegen die Centra der hervorgehobenen Moleküle M' in der Zeit τ ein Flächenelement vom Flächeninhalte

$$df = \tau(\lambda + \mu)\delta d\varepsilon,$$

wobei:

$$\lambda = u + u',$$

$$\mu = \omega c \sin\varepsilon + \omega' c \sin\varepsilon'$$

ist. Die Zahl der Moleküle, welche sich in df befinden und von der Beschaffenheit der hervorgehobenen Moleküle sind, ist

$$dN_1 = \frac{Nh\sqrt{k}}{2\pi^2\sqrt{\pi}} e^{-h(u'^2+v'^2)-k\omega'^2} du'\,dv'\,d\omega'\,d\varepsilon'\,df.$$

Multiplizieren wir noch mit

$$dN_2 = \frac{Nh\sqrt{k}}{\pi\sqrt{\pi}} e^{-h(u^2+v^2)-k\omega^2} du\,dv\,d\omega$$

und dividieren durch τ, so erhalten wir das Differential dN_3, dessen Integral Z, durch N dividiert, die Zahl der Zusammenstöße gibt, die ein Molekül in der Zeiteinheit erfährt.

Für den Betrag, wieviel lebendige Kraft bei einem Zusammenstoße aus der Form der Rotationsbewegung in die progressiver übergeht, erhalten wir wie früher

$$T = \frac{2}{(2 + c^2 K)^2}(\lambda + \mu)(2\mu - c^2 K\lambda),$$

wobei jetzt

$$K = \frac{\sin^2\varepsilon + \sin^2\varepsilon'}{A}$$

ist. Wir können die Integrationen wie früher durchführen, indem wir

$$x = \omega c \sin \varepsilon$$

und

$$x' = \omega' c \sin \varepsilon'$$

für ω und ω' einführen und zuerst nach diesen Variablen bei konstantem ε und ε' integrieren. Der Ausdruck dN_3 verwandelt sich dann, nachdem er noch bezüglich v und v' von $-\infty$ bis $+\infty$ integriert wurde, in

$$dN_4 = \frac{N^2 h k \delta}{2\pi^3 c^2} e^{-h(u^2+u'^2)-px^2-p'x'^2} \frac{u+u'+x+x'}{\sin\varepsilon \sin\varepsilon'} du\, du'\, dx\, dx'\, d\varepsilon\, d\varepsilon',$$

wobei

$$p = \frac{k}{c^2 \sin^2 \varepsilon}, \quad p' = \frac{k}{c^2 \sin^2 \varepsilon'}.$$

Führt man statt u und u' die Veränderlichen u und $\lambda = u + u'$ ein, ebenso statt der x die Veränderlichen x und $\mu = x + x'$, so folgt nach der Ausführung der Integrationen bezüglich x und u

$$dN_5 = \frac{N^2 \delta k \sqrt{2h}}{4\pi^2 c^2 \sqrt{p+p'}} e^{-\frac{h\lambda^2}{2} - \frac{pp'}{p+p'}\mu^2} \cdot \frac{\lambda+\mu}{\sin\varepsilon \sin\varepsilon'} d\lambda\, d\mu\, d\varepsilon\, d\varepsilon'.$$

Nach den oben für i, i_1, i_2 und i_3 gefundenen Formeln läßt sich sowohl in $\int T dN_5$ als auch in $\int dN_5$ die Integration nach λ und μ durchführen. Das erstere Integral verschwindet genau wie bei den entsprechenden Problemen der Bewegung im Raume für jedes ε und ε', sobald $hA = k$, also die lebendige Kraft der Rotationsbewegung gleich der halben lebendigen Kraft der gesamten progressiven Bewegung ist, was mit meinen allgemeinen Theoremen vollkommen übereinstimmt.

Ferner folgt:

$$Z = \int dN_5 = \frac{N^2 \delta}{2\pi\sqrt{2\pi h}} \int_0^{2\pi}\int_0^{2\pi} d\varepsilon\, d\varepsilon' \sqrt{1 + \frac{c^2 h}{2k}(\sin^2\varepsilon + \sin^2\varepsilon')}.$$

Die beiden ersten Glieder der Entwicklung nach Potenzen von c^2 liefern für Z/N, also für die Zahl der Zusammenstöße eines Moleküls in der Zeiteinheit,

$$N^2 \delta \sqrt{\frac{2\pi}{h}} \left(1 + \frac{c^2 h}{4k}\right).$$

Haben die Moleküle nicht die Gestalt von Kreisen, so folgt hier schon aus dem Umstande, daß für die Häufigkeit der Zusammenstöße außer der Lage und Bewegung des Schwerpunktes und der Drehung um denselben nur die Gestalt in der unmittelbaren Nähe des Berührungspunktes maßgebend sein kann, daß an die Stelle von δ die Summe der Krümmungsradien R und R' beider Moleküle am Berührungspunkte treten muß. An Stelle von $c \sin \varepsilon$ und $c \sin \varepsilon'$ treten die Abstände g und g' des Schwerpunktes von der am Berührungspunkte gezogenen Normalen, während ε und ε' die Winkel zwischen diesen Normalen und einer beliebigen mit dem Moleküle fix verbundenen Richtung bedeuten, so daß also

$$d\varepsilon = \frac{ds}{R}, \quad d\varepsilon' = \frac{ds'}{R'},$$

wenn ds und ds' die Elemente des Umfangs der Moleküle sind. Die Bedingung des Gleichgewichts der lebendigen Kraft ist dieselbe, wie bei kreisförmigen Molekülen. Die Zahl der Zusammenstöße eines Moleküls in der Zeiteinheit ist

$$\frac{N^2}{2\pi\sqrt{2\pi h}} \iint ds\, ds' \left(\frac{1}{R} + \frac{1}{R'}\right) \sqrt{1 + \frac{h}{2k}(g^2 + g'^2)}.$$

Von einigem mathematischen Interesse dürfte die Behandlung rechteckig oder parallelopipedisch gedachter Moleküle sein.

91.

Über das Verhältnis der Größe der Moleküle zu dem von den Valenzen eingenommenen Raume.[1])

(Vortrag, gehalten bei der 62. Versammlung D. Naturforscher und Ärzte in Heidelberg 1889.)

Referat von W. Nernst.

Auf der kinetischen Gastheorie fußende Betrachtungen machen es wahrscheinlich, daß die Verbindungen der einzelnen Atome untereinander innerhalb des Moleküls keine absolut starre ist; vielmehr behält das Atom, wenn es in den von den Valenzen des zweiten eingenommenen Raum, d. h. in den Bezirk, innerhalb dessen die chemischen Valenzkräfte tätig sind, gelangt, noch eine gewisse Freiheit der Bewegung, die wohl vornehmlich aus Rotationen um den Schwerpunkt besteht. Aus der von dem Vortragenden früher entwickelten Hypothese über die Dissoziationserscheinungen bei Gasen ergibt sich nun, daß die chemischen Kräfte wirksam sind in Abständen, die beim Stickstoffdioxyd nur $^1/_{10000}$, beim J_2 nur $^1/_{500000}$ des Abstandes der beiden Gruppen NO_2, resp. J betragen. Um diese Rechnungen auszudehnen, wäre eine größere Anzahl von Messungen der Dissoziationserscheinungen bei Gasen erwünscht, wenn möglich mit gleichzeitigen Messungen ihrer spezifischen Wärme.

---

[1]) Im Tageblatt dieser Versammlung ist S. 248 nur der Titel des Vortrages angegeben; derselbe ist nicht im Druck erschienen. Dagegen findet sich im Chem. Centralblatt **60.** II. S. 677—678. 1889 ein Referat von Hrn. W. Nernst. Dasselbe wurde, wie ich einer gütigen Mitteilung dieses Herrn entnehme, nach dem Gedächtnis verfaßt. Der Vollständigkeit halber habe ich dieses Referat mit Erlaubnis des Hrn. W. Nernst in die vorliegende Sammlung aufgenommen. D. H.

92.

Über die Hertzschen Versuche.

(Wied. Ann. **40.** S. 399—400 und Phil. Mag. (5) **30.** S. 126. 1890.)

Die bei den Hertzschen Versuchen über Strahlen elektrischer Kraft zwischen einer Kugel und einer Spitze auftretenden Fünkchen habe ich mit Erfolg dadurch einem großen Auditorium demonstriert, daß ich die Kugel mit einem empfindlichen Elektroskop, die Spitze mit dem Pole einer passenden galvanischen Batterie, deren anderer Pol zur Erde abgeleitet war, verband: solange keine Fünkchen waren, blieb das Elektroskop ungeladen; die Fünkchen aber bildeten bei ihrem Erscheinen sofort eine leitende Brücke zwischen Kugel und Spitze und brachten das Elektroskop zum Ausschlag. Auf diese Art konnten auf 36,8 m Distanz der primären und sekundären Induktoren (die größte Entfernung, die mir zur Verfügung stand) noch mit Sicherheit die durch einen einzigen Primärfunken erzeugten sekundären Fünkchen nachgewiesen werden.

Auf 8,7 m Distanz wurden sämtliche Hertzsche Versuche einem Auditorium von etwa 200 Personen, für jeden sichtbar, in bequemster Weise demonstriert, wobei zu jedem Versuche nur drei bis vier Primärfunken erforderlich waren, wodurch die Elektroden blank erhalten werden konnten. Mehr noch als die Oxydschicht scheint mir Staub, Risse im Metall oder eine unreine, fettige Beschaffenheit der Oberfläche schädlich; Putzen mit verdünnter Schwefelsäure, destilliertem Wasser und dann trockenes Abreiben erwies sich hiergegen am besten; eine stärkere Oxydschicht wird durch Polieren mit Wienerkalk (mit etwas Spiritus angefeuchtet) entfernt, wonach trockenes Abreiben genügt. Den Nutzen eines Luftstromes, wie ihn Dr. Classen empfiehlt, konnte ich nicht wahrnehmen.

Bei der großen Distanz von 36,8 m schätzte ich die Länge des sekundären Funkens auf $^1/_{5000}$ mm im Maximum. Da die zur Ladung des Elektroskops dienende trockene Säule etwa 200 Volt Spannung hatte, so waren somit Kugel und Spitze auf eine Distanz eingestellt, welche etwa um $^1/_{5000}$ mm die Schlagweite der trockenen Säule übertraf, deren Entladung dann durch das Hinzukommen der Hertzschen Wellen zur Spannung der Trockensäule eingeleitet wurde. Bei Benutzung einer schwächeren ladenden Batterie an Stelle der Trockensäule und eines viel empfindlicheren, z. B. Hankelschen Elektroskops könnten die Strahlen der elektrischen Kraft wohl noch auf viel größere Distanzen nachgewiesen werden. Bei letzterem wäre auch eine Messung des Ausschlags behufs quantitativer Bestimmungen nicht ausgeschlossen. Nur müßte dann die Regulierung der Distanz zwischen Kugel und Spitze ebenfalls entsprechend verfeinert werden.

Ich machte auch Interferenzversuche, indem ich die Wellen von dem primären parabolischen Spiegel in den sekundären reflektierte durch zwei ebene Spiegel, welche ähnlich den Fresnelschen Spiegeln einen stumpfen Winkel bildeten und deren Ebenen um Vielfache einer halben Wellenlänge voneinander abstanden. Für genaue Messung der Wellenlänge und des Dekrements der Schwingungen dürfte sich diese Methode gut eignen.

Graz, den 10. Mai 1890.

93.

Die Hypothese van't Hoffs über den osmotischen Druck vom Standpunkte der kinetischen Gastheorie.

(Zeitschrift f. phys. Chemie 6. S. 474—480. 1890.)

§ 1. Einleitung.

Ausgangspunkt der vorliegenden Untersuchung sind bekannte Betrachtungen der kinetischen Gastheorie, welche ich der Vollständigkeit halber hier kurz wiederhole. Es sei der Druck eines Gases auf eine der yz-Ebene parallele Wand vom Flächeninhalte 1 zu bestimmen. Die positive Abszissenachse ziehen wir senkrecht zur Wand von der Seite, wo sich das Gas befindet, nach der entgegengesetzten Seite hin. Jedesmal, wenn ein Molekül in die Wirkungssphäre der Wand gerät, üben Molekül und Wand Wechselwirkung aufeinander aus, wodurch einesteils die Geschwindigkeitsrichtung des Moleküls von der Wand abgekehrt, anderenteils auf letztere ein Druck ausgeübt wird. Der Gesamtdruck p, welcher auf die Wand wirkt, ist die Summe aller Druckkräfte, welche die verschiedenen n ihrem Wirkungsbereiche befindlichen Moleküle auf dieselbe in der Richtung der positiven Abszissenachse ausüben. Da in jedem Momente sehr viele Moleküle anfliegen, so ist es nicht gerade notwendig, ein Zeitmittel zu nehmen, aber erlaubt ist dies zweifellos. Man kann sich die Sache so denken, daß an jedem Punkte der Wand der Druck bald Null, bald, wenn gerade ein Molekül anfliegt, sehr groß ist. Der mittlere Druck an jeder Stelle ist also das Zeitmittel aus allen diesen Kräften, welche von den anfliegenden Molekülen zu verschiedenen Zeiten auf die betreffende Stelle ausgeübt werden.

Übe ein Molekül während der Zeit dt die Kraft X in normaler Richtung auf die Wand gegen die positiven Abszissen hin gerichtet aus, so ist also $\Sigma \int X dt$ das Zeitintegral der

Gesamtkraft, welche während einer längeren Zeit t von den verschiedenen anfliegenden Molekülen auf die Wand ausgeübt wird; die Summe ist über alle während der Zeit t anfliegenden Moleküle zu erstrecken.

$$\frac{1}{t}\Sigma\int X\,dt = p \tag{1}$$

ist also der mittlere Druck. Da Wirkung und Gegenwirkung gleich aber entgegengesetzt gerichtet ist, so ist die Veränderung der Geschwindigkeitskomponente u eines Moleküls senkrecht zur Wand durch die Gleichung

$$m\frac{du}{dt} = -X$$

gegeben. Ist daher u die Geschwindigkeitskomponente, mit welcher ein Molekül gegen die Wand anfliegt, u' diejenige, mit der es die Wand wieder verläßt, so ist für jedes auftreffende Molekül

$$\int X\,dt = m(u-u').$$

Substituieren wir dies in die Formel (1), so folgt zunächst:

$$p = \frac{1}{t}\Sigma m u - \frac{1}{t}\Sigma m u'. \tag{2}$$

Um zunächst $\Sigma m u$ zu berechnen, ist noch zu bestimmen, wieviel Moleküle in der Zeit t auf die Wand so auftreffen, daß ihre Geschwindigkeiten zwischen gewissen Grenzen eingeschlossen sind. Die Anzahl derjenigen Moleküle in der Volumeneinheit, für welche die in den Richtungen der Koordinatenachsen geschätzten Geschwindigkeitskomponenten zwischen den Grenzen

$$u \text{ und } u+du,\quad v \text{ und } v+dv,\quad w \text{ und } w+dw \tag{3}$$

liegen, sei durchschnittlich

$$f(u\,v\,w)\,du\,dv\,dw\,.^{1)}$$

Von diesen Molekülen werden in einer sehr kurzen Zeit τ gerade diejenigen auf die Wand aufstoßen, welche sich im

---

[1]) Die Gesamtzahl der Moleküle in der Volumeneinheit ist dann:

$$N = \iiint_{-\infty}^{+\infty} du\,dv\,dw\,f.$$

Momente des Beginnes der Zeit τ in einem Zylinder von der Basis 1 und der Höhe $u\tau$ befinden, deren Anzahl also

$$u\tau f\,du\,dv\,dw \tag{4}$$

ist. Da im stationären Zustande offenbar die Zahl der während einer gewissen Zeit aufstoßenden Moleküle der Länge dieser Zeit proportional ist, so ist die Zahl der Moleküle, welche auf die Wand in der Zeit t so aufstoßen, daß ihre Geschwindigkeitskomponenten vor dem Auftreffen zwischen den Grenzen (3) liegen:

$$u t f\,du\,dv\,dw\,. \tag{5}$$

Diese Zahl mit $m u$ multipliziert und über alle möglichen Werte der Variablen integriert, liefert den Ausdruck $\Sigma m u$ der Formel (2).

Da nur Moleküle mit positivem u die Wand treffen können, so ist also:

$$\Sigma m u = t\int_0^{\infty} du \int_{-\infty}^{+\infty} dv \int_{-\infty}^{+\infty} dw\, m u^2 f.$$

Nimmt man als selbstverständlich an, daß der Vorgang des Hinwegfliegens der Moleküle im Mittel symmetrisch zu dem des Hinzufliegens vor sich geht, so erhält man die zweite Summe der Gleichung (2), indem man $u' = -u$ setzt und bezüglich u von $-\infty$ bis 0 integriert, während sonst alles unverändert bleibt. Beide Summen zusammen liefern daher

$$p = \iiint_{-\infty}^{+\infty} du\,dv\,dw\, m u^2 f = N m \overline{u^2}, \tag{6}$$

wobei in bekannter Weise

$$\overline{u^2} = \left(\iiint_{-\infty}^{+\infty} du\,dv\,dw\, u^2 f\right) : N$$

den Mittelwert von u^2 bezeichnet und selbstverständlich

$$3\overline{u^2} = 3\overline{v^2} = 3\overline{w^2} = \overline{c^2},$$

d. h. gleich dem mittleren Geschwindigkeitsquadrate ist.

§ 2. Der osmotische Druck.

Von diesen bekannten Betrachtungen wollen wir nun folgende Anwendung machen. Wir betrachten ein zylindrisches Gefäß vom Querschnitte 1 ganz mit einer Flüssigkeit gefüllt und in der Mitte durch ein Diaphragma in zwei Abteilungen geteilt. Jede Abteilung sei durch einen Stempel verschlossen. Der Druck, der auf dem einen Stempel lastet, ist willkürlich, der auf dem zweiten sei aber so gewählt, daß Gleichgewicht herrscht. In der einen (linken) Abteilung sei in der Flüssigkeit eine kleine Quantität Salz gelöst; das Diaphragma sei für die Flüssigkeitsmoleküle permeabel, für die Salzmoleküle dagegen impermeabel. Die Abszissenachse sei parallel der Achse des Zylinders, ihre positive Seite nach rechts gerichtet, also von der Salzlösung abgekehrt. Da die Lösung sehr verdünnt ist, so können die Salzmoleküle nur verschwindend selten mit anderen Salzmolekülen in Wechselwirkung kommen. Die Kräfte, durch welche sie am Diaphragma stets zur Umkehr gezwungen werden, gehen natürlich hauptsächlich vom Diaphragma aus, können aber möglicherweise auch durch Anwesenheit der Flüssigkeitsmoleküle etwas modifiziert werden. Die Grenze, wo die Wirkung des Diaphragma aufhört, wird sich wohl nicht mathematisch scharf bestimmen lassen; doch wird es sicher eine dem Diaphragma parallele mathematische Ebene in geringer Entfernung von diesem geben, von der man behaupten kann, daß jenseits derselben eine Wechselwirkung zwischen Salzmolekülen und Diaphragma nicht mehr stattfindet. Eine solche Ebene wollen wir ins Auge fassen und sie die kritische Ebene nennen. Es braucht zwar nicht jedes Salzmolekül in dem Momente, wo es von der linken Seite dieser Ebene auf die rechte, dem Diaphragma zugewendete Seite tritt (diese Ebene überschreitet), sofort mit dem letzteren in Wechselwirkung zu treten, ja es kann sogar der Fall eintreten, daß ein Salzmolekül selbst nach ihrer Überschreitung lediglich durch die Wirkung der Flüssigkeitsmoleküle wieder zur Umkehr gebracht wird, ohne daß es überhaupt zur Wechselwirkung mit dem Diaphragma gelangte. Trotzdem kann und soll jedenfalls diese kritische Ebene so gelegt sein, daß die Mehrzahl der Moleküle, welche sie überschreiten, auch tatsächlich mit dem Diaphragma in Wechselwirkung treten.

Die Salzmoleküle bewegen sich im allgemeinen zwar nicht während einer endlichen Zeit in geradliniger Bahn; da aber die kritische Ebene eine mathematische Ebene ist und die Zeit τ im Ausdrucke (4) beliebig klein gewählt werden kann, so kann der Weg jedes Salzmoleküls in dem bei Ableitung dieses Ausdrucks benutzten Zylinder von der Basis 1 und der Höhe $u\tau$ trotzdem als geradlinig betrachtet werden. Es gibt daher auch im jetzt betrachteten Falle der Ausdruck (5) die Zahl der Salzmoleküle, welche in der Zeit t die kritische Ebene so überschreiten, daß im Momente des Überschreitens ihre Geschwindigkeitskomponenten zwischen den Grenzen (3) liegen.

$f(u\,v\,w)\,du\,dv\,dw$ bedeutet selbstverständlich jetzt die Anzahl der Salzmoleküle in der Volumeneinheit, deren Geschwindigkeitskomponenten durchschnittlich zwischen eben diesen Grenzen liegen. Alle Salzmoleküle, welche die kritische Ebene überschritten haben, werden nach kurzer Zeit wieder durch dieselbe Ebene in die mit Lösung erfüllte linke Abteilung des Gefäßes zurückkehren. Sei u die Geschwindigkeitskomponente irgend eines Salzmoleküls beim Eintritte, u' die beim Austritte aus der kritischen Ebene, so ist jedenfalls wieder

$$-\int X\,dt = m(u - u'),$$

wobei X die Kraftkomponente senkrecht zum Diaphragma nach rechts ist, welche während eines Zeitmomentes dt auf das Salzmolekül wirkt und das Integral über die ganze Zeit zu erstrecken ist, während welcher sich das Salzmolekül links von der kritischen Ebene befindet. Der Kraft X entspricht eine Gegenwirkung, welche teils auf die Flüssigkeit, teils auf das Diaphragma, jedenfalls aber nicht in erheblicher Weise auf andere Salzmoleküle ausgeübt wird. Heiße derjenige Teil der Gegenwirkung, welcher auf die Flüssigkeit entfällt, s_f, der, welcher auf das Diaphragma entfällt, s_d, so ist

$$s_f + s_d = -X.$$

Die Richtung der Kräfte s_f und s_d wurde, weil selbstverständlich senkrecht zum Diaphragma, in der Bezeichnung nicht besonders zum Ausdrucke gebracht.

Die gesamte Kraft also, welche von dem Salze auf das Diaphragma und die Flüssigkeit zusammen ausgeübt wird, ist:

$$\frac{1}{t}\Sigma\int s_f\,dt+\frac{1}{t}\Sigma\int s_d\,dt=\frac{1}{t}\Sigma m u-\frac{1}{t}\Sigma m u'.$$

Das erste Glied der linken Seite dieser Gleichung stellt die Kraft dar, welche von den Salzmolekülen auf die Gesamtheit der Flüssigkeit ausgeübt wird, da ein ganz im Innern der Flüssigkeit weit vom Diaphragma entfernt befindliches Salzmolekül von der Flüssigkeit Kräfte erfährt, bei denen im Durchschnitte jedenfalls weder die Richtung nach rechts noch die nach links vorwiegen kann. Ebenso bezeichnet das zweite Glied die Kraft, welche alle Salzmoleküle durchschnittlich auf das Diaphragma ausüben, daher wollen wir das erste mit S_f, das zweite mit S_d bezeichnen und erhalten so:

(7) $$S_f+S_d=\frac{1}{t}\Sigma m u-\frac{1}{t}\Sigma m u'.$$

Die Moleküle des Diaphragmas werden im allgemeinen auch mit den benachbarten Flüssigkeitsmolekülen in Wechselwirkung stehen und jedenfalls ist die gesamte Kraft D_f, welche das Diaphragma auf die gesamte Flüssigkeitsmasse ausübt, gleich und entgegengesetzt bezeichnet als die Kraft F_d, mit welcher umgekehrt die Flüssigkeit auf das Diaphragma wirkt. Im Zustande des Gleichgewichtes kann keine Kraft existieren, welche die Flüssigkeit nach der einen oder anderen Seite des Diaphragmas zu treiben sucht; in diesem Zustande muß also sein

$$S_f+D_f=S_f-F_d=0.$$

In diesem Falle können wir also die Gleichung (7) auch so schreiben:

(8) $$F_d+S_d=\frac{1}{t}\Sigma m u-\frac{1}{t}\Sigma m u'.$$

Vergleichen wir die rechte Seite dieser Gleichung mit der Gleichung (2), so sehen wir, da alle weiteren Rechnungen hier genau so wie im § 1 durchgeführt werden können, daß die gesamte Resultierende aller Druckkräfte, welche die in beiden Abteilungen enthaltene Flüssigkeit und Lösung auf das Diaphragma ausübt, „der osmotische Druck", genau so groß ist, als ob die Salzmoleküle allein in Gasform bei gleicher Temperatur den von der Salzlösung eingenommenen Raum erfüllten, vorausgesetzt, daß die mittlere lebendige Kraft des Schwerpunktes für ein Salz- und ein Gasmolekül bei gleicher Temperatur dieselbe ist. Sollte etwa an den Salzmolekülen Kristallwasser oder sonst ein Anhang von der Flüssigkeit haften, so müßte natürlich diesem ganzen Komplexe dieselbe mittlere lebendige Kraft des Schwerpunktes wie einem Gasmoleküle bei gleicher Temperatur zugeschrieben werden.

§ 3. Diffusion.

Da semipermeable Diaphragmen eine vielleicht nicht realisierbare Abstraktion sind, so könnten Zweifel entstehen, ob im obigen auch der Beweis enthalten sei, daß derselbe mathematische Ausdruck (6) auch den Druck angibt, mit welchem bei der Diffusion das Salz von den Stellen stärkerer gegen die schwächerer Konzentration hingetrieben wird.[1]) Diesem Falle sollen deshalb noch einige Worte gewidmet werden.

In einem zylindrischen Gefäße vom Querschnitte 1 soll sich eine Lösung befinden, in welcher irgend eine stationäre Bewegung (Diffusion, Elektrolyse oder ähnliches) stattfindet. Der Zustand soll an allen Stellen, die in einer und derselben zur Zylinderaxe (zugleich Abszissenachse) senkrechten Ebene liegen, derselbe sein. Unter einer kritischen Ebene verstehen wir jetzt eine beliebige derartige zur Abszissenachse senkrechte Ebene. Die Anzahl der Moleküle, welche durch dieselbe in der Zeit t von der Seite der negativen gegen die Seite der positiven Abszissen (von links nach rechts) so gehen, daß im Momente ihres Eintrittes in die kritische Ebene deren Geschwindigkeitskomponenten zwischen den Grenzen (3) liegen, ist durch den Ausdruck (5) gegeben. Genau ebensogroß ist die Zahl der Moleküle, welche durch die gleiche kritische Ebene von rechts nach links unter sonst gleichen Umständen gehen, nur daß deren Komponente in der Richtung der x-Achse zwischen $-u$ und $-u-du$ liegt. Die erstgenannten Moleküle haben die Bewegungsgröße mu. Die gesamte Bewegungsgröße G, welche durch alle von links nach rechts die kritische Ebene passierenden Moleküle der Gesamtheit der auf der rechten Seite befindlichen Moleküle zugeführt wird, ist also

1) W Nernst, Zeitschr. f. phys. Chemie 2. S. 613. 1888.

$$t\int_0^\infty du \int_{-\infty}^{+\infty} dv \int_{-\infty}^{+\infty} dw\, m u^2 f$$

Die von rechts nach links durch dieselbe kritische Ebene tretenden Moleküle vermindern den Betrag G um

$$-t\int_{-\infty}^{0} du \int_{-\infty}^{+\infty} dv \int_{-\infty}^{+\infty} dw\, m u^2 f.$$

Im ganzen erfährt daher die Größe G während der Zeiteinheit durch alle Moleküle, welche die kritische Ebene von rechts nach links und umgekehrt passieren, einen Zuwachs, welcher genau wieder gleich der durch Formel (6) definierten Größe p ist. Denken wir uns noch eine zweite kritische Ebene rechts von der ersten und parallel zu ihr in der Distanz dx von derselben, so erfährt die Bewegungsgröße der Salzmoleküle, welche sich links von der zweiten kritischen Ebene befinden, durch das Hindurchtreten der Salzmoleküle nach rechts und links durch jene zweite kritische Ebene den Zuwachs

$$-p - \frac{dp}{dx}dx$$

in der Zeiteinheit. Die Bewegungsgröße g derjenigen Salzmoleküle, welche in der kritischen Schicht, d. h. im Zwischenraume zwischen beiden kritischen Ebenen liegen, erfährt also durch den gesamten Ein- und Austritt von Salzmolekülen durch beide kritischen Ebenen in der Zeiteinheit den Zuwachs

$$-\frac{dp}{dx}dx.$$

Wir haben somit das uns vorgesteckte Ziel erreicht, indem wir bewiesen haben, daß das Aus- und Einwandern der Salzmoleküle durch die beiden kritischen Ebenen auf die Bewegungsgröße der zwischen denselben enthaltenen Salzmoleküle genau denselben Effekt hat, als ob auf dieselben von links nach rechts der Druck p, von rechts nach links der Druck

$$p + \frac{dp}{dx}dx$$

wirken würde und daß dabei die Größe p durch den Ausdruck (6) gegeben ist, der auch den Druck bestimmen würde, wenn sich die Salzmoleküle im gleichen Raume bei gleicher Temperatur als Gasmoleküle bewegen würden.

Im stationären Zustande muß der obige Zuwachs

$$-\frac{dp}{dx}dx$$

an Bewegungsgröße den in der kritischen Schicht enthaltenen Salzmolekülen anderweitig fortwährend wieder entzogen werden. Hätten wir es mit Gasmolekülen zu tun, so wäre ohne weiteres klar, daß dies nur durch äußere Kräfte geschehen könnte. Bei den Salzmolekülen ist diesen äußeren Kräften, da wir wegen der großen Verdünnung die Kräfte der Salzmoleküle aufeinander vernachlässigen können, nur noch die Einwirkung der Flüssigkeitsmoleküle beizuzählen. Setzen wir voraus, daß diese Einwirkung aus einem Widerstande besteht, der der mittleren Geschwindigkeit proportional ist, mit welcher die Salzmoleküle in ihrer Gesamtheit in der Lösung fortwandern, worauf weiter einzugehen hier nicht meine Absicht ist, und fügen noch die elektrischen Kräfte usw. hinzu, so erhalten wir genau die Gleichungen, welche Nernst, Arrhenius, Planck usw. aufstellen.

München, den 1. November 1890.

94.

Nachtrag zur Betrachtung der Hypothese van't Hoffs vom Standpunkte der kinetischen Gastheorie.

(Zeitschr. f. phys. Chemie 7. S. 88—90. 1891.)

In einer soeben erschienenen Abhandlung[1]) erhebt Hr. H. A. Lorentz einen Einwand gegen die Art und Weise, wie ich[2]) die Gleichung $S_f + D_f = 0$ begründet habe, welchen er mir bereits vor dem Erscheinen seiner Abhandlung brieflich mitzuteilen die Güte hatte. Ich gebe die Berechtigung dieses Einwandes zu und ersetze meinen früheren mangelhaften Beweis durch den folgenden:

Sei $AA'BB'$ das von mir l. c. fingierte zylindrische Gefäß, DD' das Diaphragma, in welchem ich mir sehr wenige, sehr

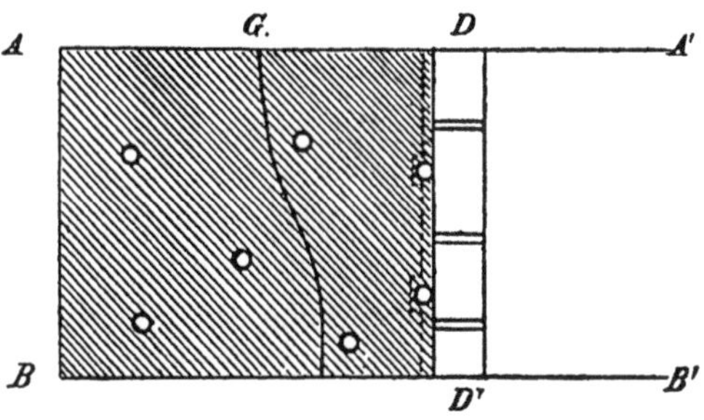

Fig. 1.

enge Kanäle denke. Rechts davon soll sich reine Flüssigkeit befinden, links sollen die Punkte, die natürlich in fortwährender Bewegung begriffenen Centra der Salzmoleküle, und die um dieselben gezogenen kleinen Kurven diejenigen Gebiete G darstellen, wo die Beschaffenheit der Flüssigkeit durch die Anwesenheit der Salzmoleküle modifiziert ist. Ich setze

[1]) Zeitschr. f. phys. Chemie 7. S. 36. 1891.

[2]) Ebenda 6. Dieser Band Nr. 93.

voraus, daß die Summe der Gebiete G noch immer klein gegenüber dem in der Zeichnung schraffierten Volumen desjenigen Teiles der links vom Diaphragma befindlichen Flüssigkeit ist, welcher durch die Anwesenheit der Salzmoleküle in seiner Beschaffenheit gar keine Modifikation erlitten hat. Diese Annahme, nicht bloß die, daß die Distanz zweier benachbarter Salzmolekülcentra gegen die zweier benachbarter Flüssigkeitsmolekülcentra sehr groß ist, scheint mir zum Beweise des van't Hoff-Arrheniusschen Satzes notwendig zu sein.

Sei P der Druck, welchen die rechts vom Diaphragma befindliche Flüssigkeit auf die Flächeneinheit ausübt, also auch der Druck, welcher daselbst auf jedem Flüssigkeitsquerschnitte lastet, da wir voraussetzen, daß der Querschnitt des zylindrischen Gefäßes den Flächeninhalt 1 hat; dann muß derselbe Druck auch auf die rechte Begrenzungsfläche des Diaphragmas von der Flüssigkeit ausgeübt werden. Es ist also D_f', d. h. die gesamte Kraft, welche die Moleküle der rechten Seite des Diaphragmas auf die anliegende Flüssigkeit in der Richtung von links nach rechts ausüben, gleich P. Eine Korrektion wegen der Poren des Diaphragmas ist hierbei nicht notwendig, da dieselben sehr wenig zahlreich und sehr enge vorausgesetzt wurden, ja sogar ein einziger sehr enger, für das Salz impermeabler, für die Flüssigkeit dagegen vollkommen permeabler Kanal hinreicht. Damit die Flüssigkeit im Kanale weder nach der einen, noch nach der andern Richtung ströme, ist notwendig, daß derselbe Druck P auch in dem schraffierten Gebiete der links vom Diaphragma befindlichen Flüssigkeit herrsche. An allen Stellen S, wo dieses Gebiet unmittelbar bis ans Diaphragma reicht, herrschen dieselben Verhältnisse wie rechts vom Diaphragma; nur an den Stellen Σ, wo zufällig eins der Gebiete G am Diaphragma anliegt, erscheinen diese modifiziert.

Wir konstruieren nun eine Fläche F, deren Flächenelemente sämtlich teils senkrecht, teils parallel der Achse des zylindrischen Gefäßes sein sollen und welche das ganze Gefäß durchqueren soll. An allen Stellen S soll diese Fläche unmittelbar an der linken Seite des Diaphragmas anliegen; an den Stellen Σ dagegen soll sie das hier befindliche Gebiet G rechts liegen lassen, aber sich ziemlich eng an dieses Gebiet anschließen. Diese Fläche F ist in der Fig. 1 durch eine punktierte Linie angedeutet.

Da die Resultierende aller Kräfte, welche ein Salzmolekül, das sich ganz im Innern der Flüssigkeit befindet, auf diese ausübt, offenbar gleich Null sein muß, so muß der gesamte Druck, welcher auf der Fläche F lastet und der wieder den Wert P hat, gleich der Kraft D_f'' sein welche die Moleküle der linken Seite des Diaphragmas auf die anliegende Flüssigkeit ausüben, vermehrt um die Kraft S_f, welche die in der Nähe des Diaphragmas befindlichen Salzmoleküle auf die Flüssigkeit ausüben, beide Kräfte in der Richtung von rechts nach links wirkend gedacht.[1]) Wir haben also:

$$P = D_f' = D_f'' + S_f$$

und da

$$D_f'' - D_f'$$

die gesamte Kraft D_f ist, welche das Diaphragma von rechts nach links auf die gesamte zu beiden Seiten befindliche Flüssigkeit ausübt, so ist die in Rede stehende Gleichung

$$S_f + D_f = 0$$

bewiesen.

München, den 13. Januar 1891.

---

[1]) Hr. Lorentz schlug mir, zur besseren Verdeutlichung meiner Schlüsse, brieflich vor, statt der punktierten Fläche F eine sonst beliebiggestaltete, das ganze Gefäß durchquerende Fläche G zu substituieren, welche nur der Bedingung unterworfen sein soll, daß sie ganz im schraffierten Raume liegt. Zwischen den Flüssigkeitsmassen, welche dieselbe voneinander trennt, besteht der Druck P. Suchen wir jetzt die Gleichgewichtsbedingung für die Flüssigkeit, welche zwischen der Fläche G und dem Diaphragma liegt. Dieselbe erfährt zunächst von der Flüssigkeit an der linken Seite eine Kraft P nach rechts; ferner an der rechten Seite die Kraft D_f'' nach links und noch die von allen Salzmolekülen darauf ausgeübte Kraft S_f. Da aber der Wirkungsbereich keines links von G liegenden Salzmoleküls sich auf die Flüssigkeit rechts von G erstreckt, so kann man auch sagen: S_f ist die Kraft, mit welcher die Salzmoleküle, die sich zwischen G und dem Diaphragma befinden, auf die eben dort befindliche Flüssigkeit wirken, oder auch: S_f ist die Kraft, mit welcher diese Salzmoleküle auf die ganze Flüssigkeit wirken, da ja die Flüssigkeit links von G auf das Salz rechts von G nicht wirkt. Daher folgt:

$$S_f = - F_s \text{ und } P = D_f'' + S_f.$$

95.

Über einige die Maxwellsche Elektrizitätstheorie betreffende Fragen.

(Verh. d. 64. Vers. D. Naturf. u. Ärzte. S. 29–34. Halle a. S 1891; Wied. Ann. 48. S. 100—107. 1893.)

a) In des Verfassers Buche über diesen Gegenstand wurde der Satz, daß die Arbeit, welche ein Solenoidpol bei der Bewegung in einer geschlossenen Kurve, welche eine Strombahn einmal umfaßt, leistet, gleich dem Produkte der Intensität m des Solenoidpols und der Gesamtintensität i des elektrischen Stromes in eine Konstante ist, durch Zuziehung des Biot-Savartschen Gesetzes begründet. Wenngleich die in diesem Gesetze vorausgesetzte Fernwirkung von vornherein als scheinbare aufgefaßt wurde, so bleibt trotzdem die Notwendigkeit der Zuziehung eines Fernwirkungsgesetzes störend. Dieselbe kann nun ganz vermieden und dadurch die Anzahl der Annahmen, welche zur Begründung der Maxwellschen Theorie erforderlich sind, um eine vermindert werden, indem man an die schon gemachte Annahme anknüpft, daß der Ausdruck, welcher bei Bewegung eines Solenoidpols die Arbeit angibt, das vollständige Differential einer Funktion ist, welche nur bei Umkreisung eines fremden elektrischen Stromes mehrdeutig wird. Daraus folgt sofort, daß sich die Arbeit nicht ändern kann, wenn die Umkreisungskurve in eine beliebige andere, dieselben fremden Ströme gleich oft und in gleichem Sinne umkreisende, übergeht. Im Falle eines einzigen fremden Stromes kann also die Arbeit nur vom m und i abhängen. Daß sie diesen beiden Größen proportional sein muß, folgt schon aus den mechanischen Ausgangspunkten der Theorie.

b) Aus den Gleichungen Maxwells folgt bekanntlich, daß wahrer Magnetismus unmöglich ist. Nun kann man sich zwar dadurch helfen, daß man sagt, in Stahlmagneten gelten diese Gleichungen nicht. Da man aber bisher Gleichungen, welche für Eisen und Stahl gelten, nicht aufstellen konnte, so scheint es doch wünschenswert, auch aus den Maxwellschen Gleichungen die Möglichkeit von Körpern herzuleiten, welche sich wie Magnete verhalten. Es sind selbstverständlich die Solenoide. Man sagt also etwa: das Auftreten von Magnetismus ohne elektrische Ströme ist nicht möglich. Sind diese durchaus solenoidartig angeordnet, so bezeichnet man die dadurch erzeugten Erscheinungen als rein magnetische. Stahlmagnete verdanken ihre Wirkung solenoidartig angeordneten Molekularströmen. Allein dabei bleibt eine Schwierigkeit. Wenn μ die Maxwellsche Magnetisierungszahl ist, so sind die Kräfte, welche elektrische Ströme (daher auch Solenoide) bei unveränderter Lage in verschiedenen Medien aufeinander ausüben, μ direkt proportional (vgl. Art. 109 des oben zitierten Buches). Die Kräfte, welche Stahlmagnete bei unveränderter Lage in verschiedenen Medien aufeinander ausüben, sind aber dem μ verkehrt proportional. Dies erklärt sich daraus, daß ersteres Gesetz immer gilt, wenn vorausgesetzt wird, daß sowohl vor als auch nach der Vertauschung des Mediums außerhalb und innerhalb der aus unendlich dünnem Drahte hergestellten Solenoidwindungen dasselbe Medium vorhanden ist. Bei Stahlmagneten ist aber diese Bedingung offenbar nicht erfüllt; doch nicht so ganz einfach ist die Frage, unter welchen Bedingungen das Gesetz der verkehrten Proportionalität mit μ gilt.

Um der Lösung dieser Aufgabe näher zu treten, denken wir uns zunächst einen geschlossenen geometrischen Rotationskörper gleichförmig mit elektrisch durchströmtem Draht umwickelt, d. h. er sei senkrecht zur Umdrehungsachse, welche wir zur Abszissenachse wählen, durch sehr viele parallele Ebenen (n auf die Längeneinheit) in sehr viele, gleich dicke Scheiben zerlegt und jede Scheibe von einem Strome von der Intensität i umflossen. Dieses Stromsystem wirkt nach außen geradeso, wie zwei mit Magnetismus erfüllte Körper zusammen (vgl. Stefan, Wien. Ber. **69**. 12. Februar 1874). Der eine Körper ist mit dem umwickelten identisch und mit Nordmagnetismus von der Dichte ϱ gleichförmig erfüllt; der andere ist kongruent und in gleicher Weise mit gleichviel Südmagnetismus erfüllt, aber um die sehr kleine Strecke δ in der Richtung der negativen Abszissenachse verschoben. Die Ströme fließen dem Uhrzeiger entgegen, wenn sich das beobachtende Auge dort befindet, wo der nordmagnetische Körper liegt, also wohin die positive Abszissenachse zeigt. $\varrho\delta$, das magnetische Moment der Volumeneinheit beider sich durchdringenden Magnetkörper, ist gleich $4\pi n i$. Sei V die Funktion, deren negative Ableitungen die magnetische Kraft des Stromsystems liefern, Ω dieselbe Funktion für das System beider Magnetkörper, der Index a bezeichne Werte außerhalb, der Index i innerhalb des umwickelten Körpers. Dann ist

$$(1) \qquad V_a = \Omega_a, \quad V_i = \Omega_i - 4\pi n i x.$$

Vgl. die zitierte Abhandlung Stefans; man findet dies auch, wenn man auf jede Drahtwindung den Stokesschen Satz anwendet. Bezeichnet man ferner mit d/dn_i und d/dn_a Differentiationen nach der nach innen oder außen zum umwickelten Körper gezogenen Normale, mit d/dS eine Differentiation tangential zum Parallelkreise in der Richtung, wie die Ströme fließen, endlich mit d/dT eine Differentiation tangential zu diesem Körper und in dessen Meridianebene, und zwar so gerichtet, daß, von dort gesehen, wohin n_a zeigt, die positive S-Richtung dem Uhrzeiger entgegen sich auf kürzestem Wege in die positive T-Richtung drehen läßt, so ist, weil das Potential V bloß dem Vorhandensein elektrischer Ströme, aber keinem freien Magnetismus entspricht:

$$(2) \qquad \frac{dV_a}{dn_a} + \frac{dV_i}{dn_i} = 0.$$

Um $dV : dT$ zu finden, wählt man in der Maxwellschen Gleichung

$$(3) \qquad 4\pi w = \frac{d\beta}{dx} - \frac{d\alpha}{dy}$$

die Richtungen T, n_a, S als OX, OY, OZ, was Winkelkoordinaten liefert. Man integriert bezüglich y von der Innen- bis zur Außenfläche und erhält, da natürlich $d\beta/dx$ nur Verschwindendes liefert,

$$4\pi w\delta = \alpha_0 - \alpha_1 = \frac{dV_i}{dT} - \frac{dV_a}{dT}.$$

Hierbei ist δ die Dichte der Oberflächenschicht, welche zur Vermittelung der Kontinuität fingiert wurde, $w\delta$ ist daher die

Elektrizität, die durch die auf der Fläche senkrecht zur Strömungsrichtung gezogene Längeneinheit fließt, $w\delta dT$ ist also gleich $nidx$, wenn dx die Projektion von dT auf die Abszissenachse ist. α, β, γ sind die magnetischen Kräfte im Sinne Maxwells, in des Vortragenden Buch über Maxwells Theorie mit $4\pi\alpha$, $4\pi\beta$, $4\pi\gamma$ bezeichnet. Wir erhalten somit

$$(4) \qquad 4\pi n i \frac{dx}{dT} = \frac{dV_i}{dT} - \frac{dV_a}{dT}.$$

Ebenso erhält man aus $4\pi u = d\gamma / dy - d\beta / dz$ bei gleicher Lage der Koordinatenachsen

$$(5) \qquad \frac{dV_i}{dS} = \frac{dV_a}{dS}.$$

Da das Potential Ω bloß freiem Magnetismus, keinen elektrischen Strömen entspricht, so muß

$$(6) \qquad \frac{d\Omega_i}{dT} = \frac{d\Omega_a}{dT}, \quad \frac{d\Omega_i}{dS} = \frac{d\Omega_a}{dS}$$

sein. $d\Omega_i / dn_i + d\Omega_a / dn_a$ aber ist die -4πfache Flächendichte ϱ des freien Magnetismus, welcher die Wirkung des Stromsystems nach außen ersetzt. Also

$$\frac{d\Omega_i}{dn_i} + \frac{d\Omega_a}{dn_a} = -4\pi\varrho.$$

Betrachten wir zunächst einen speziellen Fall. Sei der umwickelte Körper ein Rotationsellipsoid. Dann ist

$$(7) \qquad \Omega_i = 4\pi n i h x, \quad \Omega_a = 4\pi n i f,$$

wobei h eine Konstante, f aber das Potential des um δ verschobenen und von Masse mit der Dichte $1:\delta$ erfüllten Rotationsellipsoids ist.

Für eine Kugel vom Radius R wird

$$(10) \qquad h = \tfrac{1}{3}, \; f = \frac{R^3 x}{\sqrt{x^2 + y^2 + z^2}^3}$$

Die Gleichungen (1), (5) liefern

$$(11) \qquad V_i = 4\pi n i (h-1) x, \; V_a = 4\pi n i f,$$

$$(12) \qquad \frac{df}{dx_i} = \frac{dx}{dn_i}(1-h), \; \frac{df}{dT} = h\frac{dx}{dT}, \quad \frac{df}{dS} = h\frac{dx}{dS}.$$

Wir denken uns nun das Innere des Ellipsoids mit einem Medium erfüllt (dem Innenmedium), für welches die Maxwellsche Magnetisierungskonstante μ den Wert μ hat, während sie im Außenmedium den Wert ν haben soll. Dann sollen $\alpha = d\varphi / dx$, $\beta = d\varphi / dy$, $\gamma = d\varphi / dz$ die magnetischen Kräfte sein. Das magnetische Potential φ ist bestimmt durch die Gleichungen

$$(13)\quad \mu \frac{d\varphi_i}{dn_i} + \nu \frac{d\varphi_a}{dn_a} = 0, \quad \frac{d\varphi_i}{dT} = \frac{d\varphi_a}{dT} + 4\pi n i \frac{dx}{dT}, \quad \frac{d\varphi_i}{dS} = \frac{d\varphi_a}{dS},$$

deren zweite aus der Gleichung (3) gerade so folgt, wie die Gleichung (4) daraus abgeleitet wurde. Nach der Fernwirkungstheorie würde sie daraus folgen, daß $\varphi + V$ das Potential des durch die Fernwirkung des Stromsystems in beiden Medien induzierten Magnetismus, also kein Potential elektrischer Ströme, sondern bloß magnetischer Massen ist, und man daher hat

$$\frac{d(\varphi_i + V_i)}{dT} = \frac{d(\varphi_a + V_a)}{dT},$$

worauf dann Gleichung (4) anzuwenden ist.

Bezeichnen wir nun mit s und t zwei zu bestimmende Konstanten, so werden diese Gleichungen erfüllt durch

$$\varphi_i = s x, \quad \varphi_a = t f.$$

Zur Bestimmung von s und t erhält man aus (12) und (13)

$$\lambda s + \mu t (1 - h) = 0, \quad s = h t + \pi n i,$$

woraus folgt

$$s = \frac{4\pi n i \mu (1 - h)}{\lambda h + \mu (1 - h)}, \quad t = - \frac{4\pi n i \lambda}{\lambda h + \mu (1 - h)}.$$

Die magnetischen Kräfte α, β, γ im Außenmedium haben also das Potential

$$(15)\qquad - \varphi_a = \frac{4\pi n i \lambda f}{\lambda h + \mu (1 - h)}.$$

Die ponderomotorischen Kräfte auf einen und denselben elektrischen Strom sind nach Maxwell proportional den Größen $a = \mu\alpha$, $b = \mu\beta$, $c = \mu\gamma$. Dasselbe gilt von dem Pole eines Solenoids, dessen Inneres stets von demselben Medium wie die Außenumgebung erfüllt ist. Vgl. das oben zitierte Buch Art. 79, wo m eine dem Solenoide eigentümliche Konstante, also X proportional $a = \mu\alpha$ ist. Es bleibe nun das Medium im Innern des Ellipsoids, daher auch λ unverändert, dagegen trete μ' an

Stelle von μ, φ' an Stelle von φ und a', b', c' an Stelle von a, b, c. Dann wird

(16) $$\varphi_a' = \frac{4\pi n i \lambda f}{\lambda h + \mu'(1-h)},$$

daher

(17) $$a' : a = b' : b = c' : c = \frac{\mu'}{\lambda h + \mu'(1-h)} : \frac{\mu}{\lambda h + \mu(1-h)}.$$

In diesem Verhältnisse ändern sich daher auch die auf einen Strom wirkenden Kräfte. Ist das Ellipsoid sehr langgestreckt, also h verschwindend, so sind diese von der Natur des Zwischenmediums unabhängig, geradeso wie die Kräfte, welche ein unveränderlicher Stahlmagnet auf elektrische Ströme ausübt.

Es läßt sich übrigens zeigen, daß dasselbe von jedem beliebigen, sehr langgestreckten Körper, speziell also auch von einem sehr langen, beiderseits senkrecht abgeschnittenen, gleichmäßig umwickelten Zylinder gilt. Es sei wieder V das Potential der umwickelten Ströme allein, und

$$V_i = 4\pi n i x(h-1), \quad V_a = 4\pi n i f,$$

so gelten dieselben Gleichungen wie früher; nur wird h jetzt Funktion von x, y, z sein können. Doch setzen wir voraus, daß es eine sehr kleine Größe ist, da der Körper sehr langgestreckt ist. Man hat wie früher

(18) $$\frac{df}{dn_a} = \frac{dx}{dn_i} - \frac{d(hx)}{dn_i}, \quad \frac{df}{dS} = \frac{d(hx)}{dS}, \quad \frac{df}{dT} = \frac{d(hx)}{dT}.$$

Es sei nun wieder das Innere des Körpers mit einem anderen Medium erfüllt, als die Umgebung; die Magnetisierungskonstante sei innen λ, außen μ, und φ die Funktion, deren positive Ableitungen gleich den magnetischen Kräften sind. Dann setzen wir

(19) $$\varphi_i = s x + \sigma, \quad \varphi_a = t f + \tau,$$

wobei s und t Konstante, σ und τ aber sehr kleine Funktionen von x, y, z sein sollen.

Die erste der Gleichungen (13) liefert jetzt

$$\lambda s \frac{dx}{dn_i} + \lambda \frac{d\sigma}{dn_i} + \mu t \frac{df}{dn_a} + \mu \frac{d\tau}{dn_a} = 0.$$

Setzen wir also

(20) $$\lambda s + \mu t = 0,$$

so bleibt gegen Gleichung (18)

$$\lambda \frac{d\sigma}{dn_i} + \mu \frac{d\tau}{dn_a} = \frac{d(hx)}{dn_i} \mu t. \tag{21}$$

Die zweite der Gleichungen (13) liefert

$$s \frac{dx}{dT} + \frac{d\sigma}{dT} = t \frac{df}{dT} + \frac{d\tau}{dT} + 4\pi n i \frac{dx}{dT}.$$

Setzt man daher

$$s = 4\pi n i, \tag{22}$$

so bleibt wegen der zweiten der Gleichungen (18)

$$\frac{d\sigma}{dT} = t \frac{d(hx)}{dT} + \frac{d\tau}{dT}. \tag{23}$$

Nehmen wir noch der Einfachheit halber an, daß der langgestreckte Körper ein Rotationskörper ist, so sind selbstverständlich alle Differentialquotienten nach S gleich Null. Setzen wir noch $\sigma - thx = \psi_i$, $\tau = \psi_a$, so liefern die Gleichungen (21) und (23)

$$\lambda \frac{d\psi_i}{dn_i} + \mu \frac{d\psi_a}{dn_a} = (\mu - \lambda) \frac{d(hx)}{dn_i},$$

$$\frac{d\psi_i}{dT} = \frac{d\psi_a}{dT}, \quad \frac{d\psi_i}{dS} = \frac{d\psi_a}{dS}.$$

Es ist also ψ das Potential einer magnetischen Masse, welche mit der unendlich kleinen Oberflächendichte $(\lambda - \mu)/4\pi \cdot d(hx)/dn_i$ den Körper bedeckt, während außen und innen die Magnetisierungskonstanten μ und λ herrschten. Daher ist ψ und folglich auch σ und τ überall sehr klein und für unendlich langgestreckte Körper nach (19), (20) und (22)

$$\varphi_a = tf = -\frac{4\pi n i \lambda}{\mu} f.$$

Es ist also wieder φ_a dem μ verkehrt proportional, woraus sich dieselben Konsequenzen wie früher ergeben.

c) Maxwell findet in seiner ersten, in den Jahren 1861 und 1862 im Phil. Mag. publizierten Elektrizitätstheorie, wenn man ganz seine dortigen Bezeichnungen beibehält, im Ausdrucke für die Kraft, welche scheinbar in einem Punkte in der Abszissenrichtung auf die Volumeneinheit wirkt, das Glied αm, worin er α als magnetische Kraft, m als Menge des freien Magnetismus bezeichnet. Ein anderes Glied $\mu / 8\pi \cdot d(\alpha^2 + \beta^2 + \gamma^2)/dx$

wird hierbei einfach mit dp_1/dx vereinigt und nur in den Fällen, wo μ variabel ist, besprochen. Es hat jedoch dieses Glied noch eine andere Bedeutung, indem es in einem speziellen Falle gerade nochmals αm liefert, so daß die Gesamtkraft doppelt so groß ist, als sie von Maxwell angegeben wird. Da Maxwell die lebendige Kraft des Mediums bloß aus der Arbeit dieser und der analogen in den beiden anderen Koordinatenrichtungen wirkenden Kräfte berechnet, so findet er auch diese halb so groß, und man kann sich durch direkte Berechnung der lebendigen Kraft aus den im Medium herrschenden Geschwindigkeiten der Wirbelbewegung überzeugen, daß die lebendige Kraft tatsächlich doppelt so groß ist, als sie von Maxwell gefunden wird.[1])

[1]) Im Anschluß an diesen Vortrag wurde noch das Modell demonstriert, das in den Vorlesungen Boltzmanns über die Maxwellsche Theorie der Elektrizität Art. 56—58 beschrieben ist.

96.

Über ein Medium, dessen mechanische Eigenschaften auf die von Maxwell für den Elektromagnetismus aufgestellten Gleichungen führen.

(Münch. Ber. 22. S. 279—301. 1892; Wied. Ann. 48. S. 78—99. 1893.)

Wir denken uns einen feinen, mit Masse und Trägheit (aber nicht mit Gewicht) begabten Stoff und nennen denselben der Kürze halber den Äther. Er soll alle Körper und auch das sogenannte Vakuum durchdringen. Ob die Eigenschaften, welche wir demselben beilegen werden, durch eine Molekularstruktur verwirklicht werden können, lassen wir dahingestellt und denken uns den Äther vorläufig als Kontinuum, ganz in demselben Sinne wie Kirchhoff in den Kapiteln über Elastizitätslehre und Hydromechanik seiner Vorlesungen über mathematische Physik die ponderable Materie auffaßt. Wir setzen überall Isotropie voraus, schließen also Kristalle vorläufig aus. Wo nicht gerade elektromotorische Kräfte tätig sind, soll der Äther nach denselben Gesetzen wie eine inkompressible Flüssigkeit strömen; zu den Kräften, welche in einer solchen wirksam sind, soll aber noch zweierlei hinzukommen:

1. Soll er an jeder Stelle (vielleicht durch die daselbst befindliche ponderable Materie, aber auch im sogenannten Vakuum) einen Widerstand erfahren, welcher der Geschwindigkeit an dieser Stelle proportional und entgegengesetzt gerichtet ist. Die hierdurch verrichtete Arbeit soll in (Joulesche) Wärme verwandelt werden.

2. Soll an jeder Stelle ein Drehmoment auf das daselbst befindliche Volumenelement des Äthers wirken, welches der gesamten Verdrehung desselben proportional und entgegengesetzt gerichtet ist. Ich schließe mich hierin vollkommen

den Ideen Thomsons[1]) an; der Begriff der Drehung eines Volumenelementes ist dabei in dem von Stokes und Helmholtz gebrauchten Sinne zu verstehen.[2])

Wir setzen zunächst voraus, daß die ponderable Materie ruhe und bezeichnen mit F, G, H die Verschiebungen, mit φ, χ, ψ die Geschwindigkeitskomponenten irgend eines Ätherteilchens mit den Koordinaten x, y, z zur Zeit t in den Koordinatenrichtungen. Dann sind:

$$(1)\qquad \begin{cases} a = \dfrac{dH}{dy} - \dfrac{dG}{dz}, \\[2mm] b = \dfrac{dF}{dz} - \dfrac{dH}{dx}, \\[2mm] c = \dfrac{dG}{dx} - \dfrac{dF}{dy} \end{cases}$$

die doppelten Drehungen eines daselbst befindlichen Volumenelementes des Äthers. Gemäß unserer Annahme wirken daher auf das Volumenelement die Drehmomente

$$\frac{a\,d\tau}{2\pi\mu}; \quad \frac{b\,d\tau}{2\pi\mu}; \quad \frac{c\,d\tau}{2\pi\mu}$$

um die Koordinatenachsen, deren Arbeit während der Zeit dt gleich:

$$\left(\frac{a}{4\pi\mu}\cdot\frac{da}{dt} + \frac{b}{4\pi\mu}\cdot\frac{db}{dt} + \frac{c}{4\pi\mu}\cdot\frac{dc}{dt}\right) dt\,d\tau$$

ist. μ ist eine innerhalb eines homogenen isotropen Körpers konstante Größe. Wählen wir eine Zeit, wo noch keine elektrischen oder magnetischen Störungen vorhanden wären, das Feld sich also vollkommen im Normalzustande befand, zum Zeitanfange, so ist die vom Zeitanfange bis zur Zeit t von den Drehmomenten im Volumenelemente $d\tau$ geleistete Arbeit:

$$(2)\qquad \frac{a^2 + b^2 + c^2}{8\pi\mu}\,d\tau.$$

---

[1]) Sir W. Thomson, Math. and phys. papers 3. art. 99.

[2]) Stokes, On the Theories of the internal friction of fluids in motion etc., Trans. Cambr. Phil. soc. April 1845; Helmholtz, Über die Integrale der hydrodynamischen Gleichungen, welche Wirbelbewegungen entsprechen. Crelles Journ. 55; Kirchhoff, Zehnte Vorlesung über Mechanik. Teubner 1883.

Hierbei sind freilich die Koordinaten x, y, z des Ätherteilchens als variabel aufzufassen; wollte man darunter fixe Koordinaten verstehen, so könnte man unter φ, χ, ψ die Komponenten der daselbst zu irgend einer Zeit t herrschenden Geschwindigkeit des Äthers in den Richtungen der Koordinatenachsen verstehen, so daß man hätte:

$$(3) \qquad F = \int_0^t \varphi\, dt, \qquad G = \int_0^t \chi\, dt, \qquad H = \int_0^t \psi\, dt.$$

Die Drehung, welche das im Punkte x, y, z befindliche Volumenelement $d\tau$ während der Zeit dt um die x-Achse erfährt, wäre dann gleich

$$\frac{dt}{2}\left(\frac{d\psi}{dy} - \frac{d\chi}{dz}\right)$$

und a wäre die doppelte Summe der Drehungen, welche alle durch den Punkt x, y, z von der Zeit Null bis t hindurchgegangenen Volumenelemente im Momente des Durchganges um die x-Achse erfuhren. Analoge Bedeutung hätten b und c bezüglich der y- und z-Achse.

Beide Auffassungen führen weder bei der stationären Ätherbewegung (Elektrostatik, Elektrodynamik und Induktion stationärer und angenähert stationärer elektrischer Ströme, Magnetismus), noch bei sehr kleinen Schwingungen (Licht) zu verschiedenen Gleichungen. Andere Phänomene wurden aber bisher kaum quantitativ mit den Gleichungen verglichen.

Bezeichnen wir ferner die Dichte des Äthers mit $k/4\pi$, so ist die kinetische Energie des im Volumenelemente $d\tau$ befindlichen Äthers:

$$(4) \qquad \frac{k}{8\pi}(\varphi^2 + \chi^2 + \psi^2)\, d\tau.$$

Wir denken uns, bloß um die Bewegungsgleichungen des Äthers zu erhalten, auf jedes Volumenelement $d\tau$ des Äthers beliebige Kräfte mit den Komponenten:

$$X d\tau, \quad Y d\tau, \quad Z d\tau$$

wirkend, deren Arbeit während der Zeit dt also:

$$(5) \qquad \left(X\frac{dF}{dt} + X\frac{dG}{dt} + Z\frac{dH}{dt}\right) dt\, d\tau$$

ist. Da außerdem in dem betreffenden Volumenelemente die Arbeit:

$$(6)\qquad C\cdot\left[\left(\frac{dF}{dt}\right)^2+\left(\frac{dG}{dt}\right)^2+\left(\frac{dH}{dt}\right)^2\right]dt\,d\tau$$

in Wärme umgesetzt werden soll, so lautet die Gleichung der lebendigen Kraft:

$$(7)\qquad 0=\int d\tau\left\{\begin{aligned}&\frac{1}{\mu}\left(a\frac{da}{dt}+b\frac{db}{dt}+c\frac{dc}{dt}\right)\\&+k\left(\varphi\frac{d\varphi}{dt}+\chi\frac{d\chi}{dt}+\psi\frac{d\psi}{dt}\right)\\&+4\pi\left(X\frac{dF}{dt}+Y\frac{dG}{dt}+Z\frac{dH}{dt}\right)\\&+4\pi C\left[\left(\frac{dF}{dt}\right)^2+\left(\frac{dG}{dt}\right)^2+\left(\frac{dH}{dt}\right)^2\right]\end{aligned}\right\},$$

wobei dies Integral über den ganzen in Betracht kommenden Raum zu erstrecken ist. Befinden sich daselbst verschiedene Körper, so wollen wir deren Trennungsflächen niemals als absolute Diskontinuitätsstellen, sondern vielmehr als Übergangsschichten denken, innerhalb deren die Werte von μ, k und C, wenn auch rasch, so doch kontinuierlich von den im Innern des einen zu den im Innern des anderen Körpers geltenden Werten übergehen.

Wir substituieren für da/dt, db/dt und dc/dt deren Werte aus den Gleichungen (2) und integrieren jedes Glied partiell. Nach der gemachten Annahme gibt es im Innern keine diskontinuierlichen Trennungsflächen, an der äußeren in großer Entfernung gedachten Oberfläche unseres Raumes aber sollen F, G und H verschwinden, so daß also alle Oberflächenintegrale verschwinden. Substituiert man ferner für φ, χ, ψ deren Werte aus den Gleichungen (1), so geht die Gleichung (7) über in:

$$(8)\int d\tau\left\{\begin{aligned}&\frac{dF}{dt}\left[\frac{d}{dy}\left(\frac{c}{\mu}\right)-\frac{d}{dz}\left(\frac{b}{\mu}\right)+k\frac{d^2F}{dt^2}+4\pi C\frac{dF}{dt}+4\pi X\right]\\+&\frac{dG}{dt}\left[\frac{d}{dz}\left(\frac{a}{\mu}\right)-\frac{d}{dx}\left(\frac{c}{\mu}\right)+k\frac{d^2G}{dt^2}+4\pi C\frac{dG}{dt}+4\pi Y\right]\\+&\frac{dH}{dt}\left[\frac{d}{dx}\left(\frac{b}{\mu}\right)-\frac{d}{dy}\left(\frac{a}{\mu}\right)+k\frac{d^2H}{dt^2}+4\pi C\frac{dH}{dt}+4\pi Z\right]\end{aligned}\right\}=0.$$

Da die Kräfte und Beschleunigungen mit Ausnahme natürlich der von den Bewegungshindernissen herrührenden von den augenblicklich herrschenden Geschwindigkeiten unabhängig sind, so sind in dieser Gleichung dF/dt, dG/dt und dH/dt als unabhängig zu betrachten und es müssen deren Koeffizienten separat verschwinden. Man kann übrigens die Veränderungen von F, G und H in echte Variationen verwandeln, dadurch, daß man den Größen X, Y, Z während eines sehr kurzen Zeitintervalles sehr große Werte erteilt. (Vgl. Maxwell, On physical lines of force, Scient. Pap. 1. S. 475, Gleichung (53), Phil. Mag. (4) **21.**)

Setzen wir daher lediglich zur Abkürzung:

$$(9)\quad f = -\frac{k}{4\pi}\cdot\frac{dF}{dt}; \quad g = -\frac{k}{4\pi}\,\frac{dG}{dt}; \quad h = -\frac{k}{4\pi}\,\frac{dH}{dt},$$

$$(10)\quad p = -C\frac{dF}{dt}; \quad q = -C\frac{dG}{dt}; \quad r = -C\frac{dH}{dt},$$

$$(11)\quad u = p + \frac{df}{dt}; \quad v = q + \frac{dg}{dt}; \quad w = r + \frac{dh}{dt},$$

so erhalten wir:

$$(12)\quad \begin{cases} 4\pi\cdot u = \dfrac{d}{dy}\left(\dfrac{c}{\mu}\right) - \dfrac{d}{dz}\left(\dfrac{b}{\mu}\right), \\ 4\pi\cdot v = \dfrac{d}{dz}\left(\dfrac{a}{\mu}\right) - \dfrac{d}{dx}\left(\dfrac{c}{\mu}\right), \\ 4\pi\cdot w = \dfrac{d}{dx}\left(\dfrac{b}{\mu}\right) - \dfrac{d}{dy}\left(\dfrac{a}{\mu}\right), \end{cases}$$

was genau mit den Gleichungen übereinstimmt, welche Maxwell für die elektrischen und magnetischen Erscheinungen in ruhenden Körpern fand. (Vgl. meine Vorlesungen über Maxwells Theorie l. t. z. Barth. 1891. S. 84. Art. 88.)

Direkt könnten diese Gleichungen nach der folgenden, ebenfalls schon von Thomson l. c. in ähnlicher Weise angewandten Methode gewonnen werden. Das Volumenelement $d\tau$ sei ein Parallelepiped, dessen eine Ecke die Koordinaten x, y, z hat, während die anderen um ξ, resp. η, ζ größere Koordinaten haben. Daher wirkt darauf um die y-Achse das Drehmoment:

$$m = \frac{b\,\xi\,\eta\,\zeta}{2\pi\mu}.$$

Das Volumenelement ist aber mit den umgebenden so verbunden, daß es sich nicht davon loslösen, und ohne diese mitzudrehen, diese Drehung ausführen kann. Es werden daher von den umgebenden Ätherteilchen auf die vier Seitenflächen, welche der y-Achse parallel sind, Tangentialkräfte ausgeübt werden müssen, welche zusammen das gleiche Drehungsmoment liefern. Nehmen wir an, daß im Gegensatze zum Verhalten gewöhnlicher elastischer Körper hier Winkeländerungen des Parallelepipeds *keine* erheblichen elastischen Kräfte wachrufen, also die gewöhnlichen Tangentialkräfte der Elektrizitätslehre nahe Null sind, so wird sich das Drehmoment unter beide Flächenpaare gleichmäßig verteilen. Auf die eine Fläche Φ vom Inhalte $\xi\eta$, welche zur z-Achse senkrecht steht, wirkt daher die Kraft $m/2\zeta$ in der positiven, auf die Gegenfläche Φ' die gleiche Kraft in der negativen x-Richtung. Diese Kräfte werden an den Trennungsflächen je zweier Volumenelemente wirken und natürlich an Intensität sich kontinuierlich von Punkt zu Punkt im Raume ändern. Da aber Φ' und Φ sich dadurch unterscheidet, daß z um ζ größer ist, so wirkt mit Beachtung des Kleinen zweiter Ordnung auf letztere Fläche die Kraft:

$$\frac{1}{2\zeta}\left(m + \frac{dm}{dz}\zeta\right)$$

Beide Kräfte zusammen liefern daher:

$$\frac{1}{2}\cdot\frac{dm}{dz} = \frac{\xi\eta\zeta}{4\pi}\cdot\frac{d\left(\frac{b}{\mu}\right)}{dz}$$

in der x-Richtung. Ganz analog ist die Resultierende:

$$-\frac{\xi\eta\zeta}{4\pi}\,\frac{d\left(\frac{c}{\mu}\right)}{dy}.$$

Zieht man von diesen Molekularkräften den Reibungswiderstand $C\,dF/dt$ ab, setzt die so erhaltene Gesamtkraft gleich der mit der Masse $k\xi\eta\zeta/4\pi$ multiplizierten Beschleunigung in der x-Richtung und multipliziert schließlich mit $4\pi/(\xi\eta\zeta)$, so folgt sofort die obige Gleichung:

$$k\frac{d^2F}{dt^2} + 4\pi C\frac{dF}{dt} = \frac{d\left(\frac{b}{\mu}\right)}{dz} - \frac{d\left(\frac{c}{\mu}\right)}{dy}.$$

Die Grundgleichungen des Elektromagnetismus für bewegte Körper findet man hieraus, indem man unter x, y, z nicht die Koordinaten einer fixen Stelle des Raumes, sondern eines

Punktes der ponderablen Körper versteht, welcher deren etwaige Bewegung mitmacht. In Räumen, wo sich keine ponderable Materie befindet, kann dem Äther jede beliebige damit verträgliche Bewegung zugeschrieben werden. Diese Bewegungen müssen sich mit den im früheren beschriebenen Bewegungen superponieren. (Vgl. Hertz über die Grundgleichungen der Elektrodynamik in bewegten Körpern. Wied. Ann. **41.** S. 369. 1890; Ges. Abh. S. 256.)

Wie man sieht, basiert die gesamte Beweisführung auf den Ausdrücken (2), (4), (5), (6) für die Energie des Äthers. Man kann nun den Ausdruck (2) auch in anderer Weise als durch die bisher superponierten Drehmomente erhalten. Man denke den Äther in einem isotropen Medium als einen homogenen, isotropen, elastischen Körper und F, G, H als die Verschiebungen eines Teilchens desselben, die Energie der elastischen Kräfte ist dann, wie bekannt:

$$(13)\begin{cases} \Lambda = K\Big[\left(\frac{dF}{dx}\right)^2 + \left(\frac{dG}{dy}\right)^2 + \left(\frac{dH}{dz}\right)^2 + \frac{1}{2}\left(\frac{dG}{dz} + \frac{dH}{dy}\right)^2 \\ + \frac{1}{2}\left(\frac{dH}{dx} + \frac{dF}{dz}\right)^2 + \frac{1}{2}\left(\frac{dF}{dy} + \frac{dG}{dx}\right)^2 + \theta\left(\frac{dF}{dx} + \frac{dG}{dy} + \frac{dH}{dz}\right)^2\Big]. \end{cases}$$

(Vgl. Kirchhoff, 11. Vorlesung über Mechanik. 3. Aufl. S. 122.)

Wir wollen $\theta = -1$ setzen und jedes Glied von der Form

$$\int d\tau\, K \frac{dF}{dx} \cdot \frac{dG}{dy}$$

zuerst partiell nach x, hierauf partiell nach y integrieren. Wenn K überall denselben Wert hat, die Trennungsfläche zweier Körper keine mathematische Diskontinuitätsstelle enthält, und F, G, H an der im Unendlichen gedachten Begrenzungsfläche des gesamten betrachteten Körpersystems verschwinden, so verschwinden auch die auf die Oberfläche bezüglichen Glieder und die Gleichung (13) verwandelt sich in:

$$\Lambda = \frac{K}{2}\left[\left(\frac{dH}{dy} - \frac{dG}{dz}\right)^2 + \left(\frac{dF}{dz} - \frac{dH}{dx}\right)^2 + \left(\frac{dG}{dx} - \frac{dF}{dy}\right)^2\right],$$

was mit dem Ausdrucke (2) übereinstimmt, wenn man $K = 1/4\pi\mu$ setzt. Es würden also dann ebenfalls die Maxwellschen Gleichungen für den Elektromagnetismus folgen. Hierbei ist freilich zu bemerken, daß für einen festen Körper mit freier im Endlichen liegenden Oberfläche θ keinen negativen Wert haben kann. Allein bei einem überall unbegrenzten Körper, wie es der Äther ist, dürften auch negative Werte von θ zulässig sein, wenigstens sobald es sich nur um eine dynamische Illustration, wie hier, handelt.[1]) Schreibt man obendrein dem Äther Inkompressibilität zu, so ist eo ipso:

$$\frac{dF}{dx} + \frac{dG}{dy} + \frac{dH}{dz} = 0$$

und der Faktor θ, welcher bei dieser Größe steht, gleichgültig, und daher kommen die Maxwellschen Gleichungen nicht bloß für $\theta = -1$, sondern für jeden beliebigen Wert des θ zum Vorschein. Namentlich gilt dies auch für $\theta = \infty$, was Inkompressibilität zur Folge hat. Für andere Werte des θ würde eine verallgemeinerte Maxwellsche Theorie erhalten, wie sie Helmholtz aus den Fernwirkungsgleichungen ableitete. Der schreiende Widerspruch, welcher zwischen der Existenz so magnetisierbarer Körper, wie Eisen, und der Annahme, daß K in allen Körpern gleich ist, zu bestehen scheint, kann, wie ich glaube, durch die Voraussetzung behoben werden, daß die hohe Magnetisierbarkeit des Eisens nicht durch Herrschen eines kleineren Wertes von K in seinem Innern bewirkt wird, sondern durch darin schon vorher bestehende Molekularmagnete, d. h. kleine elektrische Ströme von unveränderlicher Intensität, die bei der Magnetisierung bloß gerichtet werden.

Hier ist freilich noch eines zu bemerken. Dem Äther, welchen wir anfangs als inkompressible Flüssigkeit voraussetzten, werden neue Eigenschaften einer festen Substanz beigelegt. Er müßte sich also gewissen Kräften gegenüber wie ein fester, anderen wie ein flüssiger Körper verhalten. Analogien dafür an ponderabeln Körpern fehlen nicht. Man denke an Trescas Versuche über den Ausfluß fester Körper, welche mit großem Drucke durch Öffnungen gepreßt werden. Bei solchen Körpern werden trotz der Anwendbarkeit der Elastizitätsgleichungen innerhalb gewisser Grenzen doch die Verschiebungen F, G, H einen beliebig großen Wert annehmen können. Die Theorie dieser Körper ist offenbar für die Erforschung der

[1]) Der durch $\theta = -1$ bedingte Zustand, welchen Thomson l. c. den quasilabilen nennt, wurde entdeckt durch Loschmidt in dessen Schrift über die Natur des Äthers, Wien bei Gerold & Sohn 1862, vgl. Fortschritte der Physik, 1862, S. 68.

Natur des Äthers von größter Wichtigkeit. Vgl. Stokes, „Über die Natur des Äthers, wie sie sich aus der Aberration ergibt", Phil. Mag. Juli 1846; Scient. pap. 1. S. 153. Übrigens macht es noch Schwierigkeiten, daß unsere Gleichungen k mit der Zeit veränderlich liefern, während die Annahme der Inkompressibilität wieder der Maxwellschen Theorie fremde Druckkräfte hineinbringen würde. Hier will ich nur noch eine Untersuchung anschließen, ob diese Hypothese nicht in quantitativer Beziehung auf Widersprüche stößt.

Sei ein homogenes, isotropes Medium, z. B. Luft gegeben. Daselbst habe C einen sehr kleinen Wert; bei gegebenem Werte der Geschwindigkeit:

$$\omega = \sqrt{\varphi^2 + \chi^2 + \psi^2}$$

des Äthers sei also die in der Zeit und Volumeneinheit in Wärme umgesetzte lebendige Kraft des Äthers $C\omega^2$ sehr klein. Ein solcher Körper heißt ein schlechter Elektrizitätsleiter, weil bei gegebener Stromstärke $\delta = C\omega$ umgekehrt die erzeugte Joulesche Wärme δ^2/C sehr groß ist. Sei:

$$F = \frac{dW}{dx}; \quad G = \frac{dW}{dy}; \quad H = \frac{dW}{dz}; \quad V = \frac{dW}{dt}.$$

Der Druck an irgend einer Stelle ist dann:

$$p = p_0 - \frac{k}{8\pi}\left[\left(\frac{dV}{dx}\right)^2 + \left(\frac{dV}{dy}\right)^2 + \left(\frac{dV}{dz}\right)^2\right].\ ^{1)}$$

Die gesamte Kraft X, welche auf einen im Äther befindlichen Körper in der Richtung der x-Achse wirkt, ist:

$$X = \int p\, ds \cos(n,x) = \iint p\, dy\, dz = \int \frac{dp}{dx}\, d\tau,$$

wobei $d\tau$ ein Volumenelement, ds ein Oberflächenelement des Körpers, n die zu letzterem gezogene Normale ist. Die Substitution des Wertes für p liefert:

$$X = -\int d\tau \frac{k}{4\pi}\left[\frac{dV}{dx}\cdot\frac{d^2V}{dx^2} + \frac{dV}{dy}\cdot\frac{d^2V}{dx\,dy} + \frac{dV}{dz}\cdot\frac{d^2V}{dx\,dz}\right],$$

und die partielle Integration liefert:

$$X = \int k \frac{d\tau}{4\pi}\frac{dV}{dx}\Delta V.$$

Setzt man $\Delta V = -4\pi\varepsilon$ und betrachtet bloß die Koordinaten $\xi\eta\zeta$ der elektrischen Masse $\varepsilon\, d\tau$ als variabel, so erhält man:

[1]) In der Ausgabe in den Münch. Ber. ist diese Stelle anders formuliert. D. H.

$$X = -k \frac{d}{d\xi} \int \varepsilon V d\tau.$$

(Vgl. Maxwell, Scient. pap. 1. S. 497.)

Wir wollen hier aber nur ein ganz spezielles Beispiel in einer ganz direkten Weise behandeln. In dem oben beschriebenen Medium sollen sich zwei gleichnamig geladene Körper befinden. Der erste derselben soll nur unendlich wenig von einer Kugel mit dem Mittelpunkte A und dem Radius ϱ, der zweite nur unendlich wenig von einer Kugel mit dem Mittelpunkte B und dem Radius ϱ' abweichen. Wir wählen A zum Koordinatenanfangspunkt und ziehen die negative Abszissenachse gegen B hin. Die Länge $AB = \gamma$ soll sehr groß sein gegenüber den beiden Radien ϱ und ϱ'. Setzen wir wieder:

$$F = \frac{dW}{dx}; \quad G = \frac{dW}{dy}; \quad H = \frac{dW}{dz},$$

so entspricht diesem Problem bekanntlich die Lösung:

$$W = \frac{M}{r} + \frac{N}{s},$$

wobei M und N Funktionen der Zeit, r und s die Entfernungen des Punktes mit den Koordinaten x, y, z (des Aufpunktes) von A resp. B sind. Ferner ist:

$$\varphi = \frac{dV}{dx}; \quad \chi = \frac{dV}{dy}; \quad \psi = \frac{dV}{dz},$$

wobei V die Ableitung W nach der Zeit ist, also:

$$V = \frac{M'}{r} + \frac{N'}{s},$$

wo:

$$M' = \frac{dM}{dt}; \quad N' = \frac{dN}{dt}.$$

Dies liefert überall $a = b = c = 0$. Daher folgt aus den Gleichungen (12):

$$u = p + \frac{df}{dt} = -C\varphi - \frac{k}{4\pi}\frac{d\varphi}{dt} = 0,$$

also:

$$(14) \quad \begin{cases} M' = \alpha e^{-\frac{4\pi C t}{k}}, \\ N' = \beta e^{-\frac{4\pi C t}{k}} \end{cases}$$

α und β sind Konstanten.

Das Äthervolumen, welches in der Zeit dt dem ersten Körper entströmt, ist:

$$4\pi\varrho^2\frac{M'}{\varrho^2}dt;$$

alles andere kann als unendlich klein vernachlässigt werden. Der gesamte Äther, welcher von der Zeit 0 bis zur Zeit ∞ dem ersten Körper entströmt, womit dieser also geladen war, hat nach dem Ausströmen das Volumen:

$$(15)\qquad \Omega = 4\pi\cdot\int\limits_0^\infty M'\,dt = k\frac{\alpha}{C},$$

da $k/4\pi$ die Dichte des Äthers nach dem Ausströmen ist. (Die Körper selbst können aus beliebiger ponderabler Masse bestehen, worin wir uns den Äther durch irgendwelche Kräfte [chemische] beliebig verdichtet denken.)

Die Masse des Äthers, womit der erste Körper geladen war, ist also:

$$(16)\qquad m = \frac{k^2\alpha}{4\pi C}.$$

Dieselbe Größe hat für den zweiten Körper den Wert:

$$\frac{k^2\beta}{4\pi C}.$$

Wir wollen nun die gesamte Kraft X suchen, welche auf den ersten Körper infolge des Ätherdruckes ausgeübt wird. Derselbe sendet beständig durch innere Kräfte Äther normal zu seiner Oberfläche aus. Wäre er absolut kugelförmig, so müßte die durch obige Formeln angegebene Ätherbewegung ein wenig modifiziert werden, damit die Ätherausstrahlung überall normal zur Körperoberfläche geschieht. Es vereinfacht die Rechnung, wenn man umgekehrt die Gestalt des Körpers so von der Kugelform abweichen läßt, daß dessen Oberfläche überall senkrecht auf der durch die obigen Gleichungen definierten Ätherströmung steht; d. h. der Gleichung:

$$\frac{\alpha}{r}+\frac{\beta}{s}=c$$

genügt, wo c eine Konstante ist.

Seien x, y, z die Koordinaten eines Punktes der Körperoberfläche und setzen wir:

$$y^2+z^2=\eta^2,$$

so ist also:
$$\frac{\alpha}{r} + \frac{\beta}{\sqrt{\gamma^2 + 2\gamma x + x^2 + \eta^2}} = c,$$
also, da γ groß gegen r ist:
$$\frac{\alpha}{r} = c + \frac{\beta x}{\gamma^2}. \tag{17}$$
Der Druck im Punkte mit den Koordinaten x, y, z ist (wieder mit Vernachlässigung des unendlich kleinen höherer Ordnung):
$$p = p_0 - \frac{k}{8\pi}\left(\frac{\alpha^2}{r^4} + \frac{2\alpha\beta x}{r^3\gamma^2}\right).$$
p_0 bedeutet den Druck in sehr großer Entfernung. Setzen wir in der Klammer im ersten Glied für $1/r^4$ seinen Wert aus der Gleichung (17) ein und dann in den Gliedern von der niedrigsten Größenordnung für c wieder seinen angenäherten Wert α/r, so folgt:
$$p = p_0 - \frac{k}{4\pi}\left(\frac{c^2}{\alpha^3} + \frac{6\alpha\beta x}{r^3\gamma^2}\right).$$
Sämtliche Punkte des Körpers, für welche x zwischen x und $x + dx$, η zwischen η und $\eta + d\eta$ liegt, besetzen einen Gürtel von der Fläche:
$$2\pi\eta\sqrt{dx^2 + d\eta^2}.$$
Der Druck, welcher auf diesen Gürtel wirkt, hat in der Richtung der positiven Abszissenachse die Komponente $-2\pi p\, d\eta$. Da $\eta\, d\eta$, über den ganzen Körper integriert, gleich Null ist, so verschwinden dabei die beiden ersten konstanten Glieder im Ausdruck von p, und die gesamte auf den ersten Körper in der Richtung der Abszissenachse wirkende Kraft ist:
$$X = \frac{3k\alpha\beta}{2\gamma^2} \cdot \int \frac{x\eta\, d\eta}{r^3}.$$
Hier kann der Körper wieder als Kugel betrachtet und
$$x = r\cos\vartheta,$$
$$\eta = r\sin\vartheta$$
gesetzt werden, wodurch man, da r konstant ist, erhält:
$$X = \frac{3k\alpha\beta}{2\gamma^2} \cdot \int_0^\pi \cos^2\vartheta \sin\vartheta\, d\vartheta = \frac{k\alpha\beta}{\gamma^2}.$$
Es soll nun das Dielektrikum so schlecht leiten, daß die Ladung in T Tagen von 1 auf $1/e$ sinkt ($e = 2{,}718\ldots$). Dann ist:

$$\frac{4\pi C}{k} = \frac{1}{24 \cdot 60 \cdot 60\, T \sec}, \quad C = \frac{k}{10^6\, T \sec}.$$

Ferner soll jede der geladenen Kugeln R cm Radius haben und zu Anfang mit 30000 V Volt geladen worden sein. Ein Volt ist in elektromagnetischem Maße das Potential:

$$\frac{10^8 \sqrt{\mathrm{g\,cm}^3}}{\sec^2};$$

in elektrostatischem Maße:

$$\frac{\sqrt{\mathrm{g\,cm}}}{300 \sec}.$$

Da das Potential einer Kugel gleich der Elektrizitätsmenge dividiert durch den Kugelradius ist, so ist die auf jeder der Kugeln vorhandene Elektrizitätsmenge in statischem Maße gemessen:

$$\varepsilon = \frac{100\, R \sqrt{\mathrm{g\,cm}^3}}{\sec} V.$$

Die Kraft, mit welcher sich die Kugeln abstoßen, ist $X = \varepsilon^2/\gamma^2$, und vergleicht man dies mit dem oben gefundenen Werte von X, so folgt

$$\alpha = \frac{\varepsilon}{\sqrt{k}} = \frac{100}{\sec} VR \sqrt{\frac{\mathrm{g\,cm}^3}{k}},$$

also:

$$\Omega = 10^8\, V \cdot T \cdot R \sqrt{\frac{\mathrm{g\,cm}^3}{k}};$$

$$m = \frac{10^8}{4\pi} V \cdot T \cdot R \sqrt{k \cdot \mathrm{g\,cm}^3}.$$

Setzen wir die Dichte des Äthers 10^{16+2h} mal kleiner als die des Wassers, also:

$$k = 10^{-16-2h} \frac{\mathrm{g}}{\mathrm{cm}^3} \cdot 4\pi,$$

so folgt:

$$\Omega = \frac{10^{h+16}}{\sqrt{4\pi}} VTR\,\mathrm{cm}^3; \quad m = \frac{10^{-h}}{\sqrt{4\pi}} VTR\,\mathrm{g}.$$

Thomson fand als untere Grenze für die Dichte des Äthers 10^{-22} g cm^{-3}.[1]) Wäre dieselbe wirklich gleich dieser unteren Grenze, so hätte man h etwa $= 3{\cdot}5$[1]), $m = VTR/(11000\,\mathrm{g})$.[1]) Wäre für das Medium, in welchem sich die angenommene Kugel von einem cm-Radius befindet, $R = 1$, $T = 1$, d. h. die

[1]) In der Ausgabe in den Münch. Ber. steht hier $156 \cdot 10^{-18}$ g cm^{-3}; resp. $h = 2{\cdot}1$; $m = VTR/(440\,\mathrm{g})$. D. H.

Ladung würde in einem Tage auf den 2,718. Teil herabsinken, so müßte für $V = 1$, d. h. bei einer Ladung mit 30000 Volt, bereits eine Äthermasse von 1 / 11000 g[1]) in sie hinein, oder aus ihr herausgeschafft werden. Nun gibt es unzweifelhaft Media, wo T weit größer ist, so daß m noch größer ausfiele. Allein man muß bedenken, daß für die enorme von uns angenommene Ladung die Elektrizitätsleitung und -verbreitung wesentlich komplizierteren Gesetzen folgt, so daß die Anwendbarkeit der einfachen linearen Gleichungen Maxwells fraglich wird. Wenn daher diese Zahl auch jedenfalls an der Grenze des Möglichen liegt, so kann doch meiner Ansicht nach gerade nicht behauptet werden, daß sie der Erfahrung widerspreche. Bedenklicher sind die Werte, die für die Geschwindigkeit des Äthers folgen.[2])

Behufs weiterer Versinnlichung unserer mechanischen Analogie betrachten wir dasselbe Dielektrikum (Luft) wie im vorigen. Es sollen jedoch darinnen sich verschiedene Körper befinden, in welchen k und C andere Werte haben. In der Luft und in allen Körpern, worin C klein von derselben Größenordnung ist, werden φ, χ, ψ sehr lange endlich bleiben, dagegen werden, weil alles fast stationär wird, deren Differentialquotienten nach der Zeit, sowie p, q, r und u, v, w bald sehr klein werden. Daher wird gemäß der Gleichung (12):

$$\frac{a}{\mu} d x + \frac{b}{\mu} d y + \frac{c}{\mu} d z$$

ein vollständiges Differential dW, d. h. die magnetischen Kräfte haben ein Potential. Aus Gleichung (2) folgt ferner:

$$\frac{d}{dx}\left(\mu \frac{d W}{d x}\right) + \frac{d}{dy}\left(\mu \frac{d W}{d y}\right) + \frac{d}{dz}\left(\mu \frac{d W}{d z}\right) = 0.$$

Da W und μ überall stetig und die erstere Größe im Unendlichen gleich Null ist, so folgt hieraus:

$$W = a = b = c = 0.$$

Obige Gleichung ist nämlich die Bedingung dafür, daß:

$$\iiint \mu\, dx\, dy\, dz \left[\left(\frac{d W}{d x}\right)^2 + \left(\frac{d W}{d y}\right)^2 + \left(\frac{d W}{d z}\right)^2\right]$$

ein Minimum ist, was nur für $W = 0$ zutrifft.

[1] In den Münch. Ber. steht hier 1 / 440 g. D. H.

[2]) Die letzten Sätze sind in den Münch. Ber. etwas anders stilisiert.

Man sieht daher durch diese Darstellung den Grund ein, weshalb die Magnetisierung so geschieht, daß die magnetische Energie, d. h. die Summe der mit μ multiplizierten Quadrate der magnetischen Momente der Volumenelemente ein Minimum wird, sowie anderer ähnlicher Minimumsätze. (Vgl. Stefan, Wien. Ber. **99.** S. 319, 1890.)

Wären in einzelnen Körpern Ampèresche Molekularströme, so würde in diesen und an ihrer Oberfläche u, v, w *nicht* gleich Null. Man würde daher ein von Null verschiedenes magnetisches Potential bekommen. Sehr rasche Veränderungen desselben mit der Zeit (magnetische Ströme) würden elektrische Kräfte erregen, wie sie freilich noch nicht beobachtet wurden. Wir wollen jedoch hier solche Fälle ausschließen und überall $a = b = c = 0$ setzen. Dann folgt aus den Gleichungen (2), daß:

$$\varphi\, dx + \chi\, dy + \psi\, dz$$

ebenfalls ein vollständiges Differential dV ist, daß daher auch die elektrischen Kräfte ein Potential haben. Die Trennungsfläche zweier Körper denken wir uns als eine sehr dünne, aber kontinuierliche Übergangsschicht, in welcher dieselben Bedingungen erfüllt sind, die wir überall annehmen. Da die Gleichungen (2) auch im Innern dieser Übergangsschicht erfüllt sein müssen, so findet man in bekannter Weise, indem man sie nach t differentiiert und die Normale zur Übergangsschicht als Abszissenachse wählt, daß der Differentialquotient von V nach einer Richtung tangential zur Übergangsschicht zu beiden Seiten derselben den gleichen Wert haben muß. Die durch die Flächeneinheit dv der Übergangsschicht hindurchgehende Äthermasse ist:

$$\frac{k}{4\pi} \cdot \frac{dV}{dn},$$

wenn die Richtung n normal zur Übergangsschicht ist. Da dieselbe Äthermasse auf der andern Seite austreten muß, so muß dieser Ausdruck zu beiden Seiten denselben Wert haben. Dies sind die alten bekannten Bedingungsgleichungen an der Trennungsfläche zweier Dielektrika.

Hat in einem Körper C einen größeren Wert, so nimmt daselbst (vgl. Gleichung (14)) V rascher ab (dielektrische Nachwirkung, elektrische Absorption). Hat C einen sehr großen

Wert, d. h. ist der Körper ein Leiter, so muß V bald konstant werden. Die Ätherströmung umgibt dann den betreffenden Körper wie Wasser einen eingetauchten festen Körper. Die dadurch entstandene Modifikation des Wertes von V nennt man die Elektrisierung des eingetauchten Körpers durch Influenz. Man kann diese Modifikation auch dadurch entstanden denken, daß sich zur Ätherbewegung, welche ohne Anwesenheit des Leiters stattfinden würde, noch ein Ausströmen von Äther von der positiv influenzierten Seite des Körpers, ein Einströmen von der negativen superponiert, von der Beschaffenheit, daß dadurch die Ätherbewegung überall tangential zur Oberfläche des Körpers gemacht wird. Im Körper selbst ist nur ein ganz schwacher Strom, welcher die langsame Abnahme der elektrischen Influenz bewirkt, die durch die allmähliche Zerstreuung der Elektrizität an den ursprünglich geladenen Körpern bedingt ist. Dies wäre in allgemeinen Zügen das Bild der sogenannten Elektrostatik.

Um uns ein Bild von der Ätherbewegung beim stationären elektrischen Strome zu verschaffen, wollen wir einen unendlich langen geraden Kreiszylinder vom Radius ϱ betrachten, dessen Achse die Abszissenachse ist und der in Richtung der positiven Abszissen vom positiven elektrischen Strome durchflossen wird. Das elektrostatische Potential, welches nötig ist, um einen solchen Strom zu treiben, wird in unendlicher Entfernung von der Abszissenachse unendlich. In der alten Fernwirkungstheorie schadet dies wenig, da man die elektrostatischen und elektrodynamischen Erscheinungen daselbst völlig getrennt betrachtet. Es muß eher als ein Vorzug der neuen Theorie betrachtet werden, daß dabei eine solche Trennung überhaupt nicht angeht.

Um das elektrostatische Potential endlich zu erhalten, können wir den Zylinder von einem koaxialen Hohlzylinder von sehr großem Radius R umgeben denken, der zur Erde abgeleitet und ohne elektromotorische Kräfte ist. Sei A/C die Stromdichte im massiven Zylinder, so muß daselbst F das Glied $-At$ enthalten. Da wir es mit einem Leiter zu tun haben, setzen wir $k = 0$ und es folgt aus der Gleichung (80) meiner „Vorlesungen über Maxwells Theorie“, welche ja auch leicht aus den hier entwickelten Gleichungen gewonnen werden kann:

$$F = -At - \pi \mu A C r^2, \quad G = H = 0,$$

wobei $r = \sqrt{y^2 + z^2}$ die Distanz des betrachteten Punktes von der Achse des Zylinders vorstellt. Hieraus folgt im Innern des massiven Zylinders:

$$a = 0; \quad b = -2\pi \mu A C z; \quad c = 2\pi \mu A C y.$$

Zwischen dem massiven und dem Hohlzylinder ist ein Dielektrikum (Luft). Daselbst sollen μ, C, k die Werte μ', C', k', haben, wovon C' sehr klein ist. An der Trennungsfläche muß:

$$a = a' \quad \mu b = \mu' b' \quad \mu C = \mu' C' \quad F = F'$$

$$C \frac{dG}{dt} = \frac{k'}{4\pi} \frac{dG'}{dt} \qquad C \frac{dH}{dt} = \frac{k'}{4\pi} \frac{dH'}{dt}$$

sein. Die soeben zitierte Gleichung (80) liefert hier:

$$\Delta F = \Delta G = \Delta H = 0.$$

Daher muß zunächst:

$$F = -A\left(\frac{t}{l\frac{\varrho}{R}} + 2\pi \mu' C \varrho^2\right) l\frac{r}{R} + \pi A C \varrho^2 \left(2\mu' l\frac{\varrho}{R} - \mu\right)$$

sein, wobei l den natürlichen Logarithmus bezeichnet. Da ferner a, b, c nicht ins Unendliche wachsen dürfen, weil dadurch unendliche Kräfte geweckt würden, so muß im Dielektrikum der t enthaltende Teil von:

$$F dx + G dy + H dz$$

ein vollständiges Differential sein, woraus folgt:

$$\left.\begin{aligned} G &= -\frac{A t x y}{r^2 l\frac{\varrho}{R}} \\ H &= -\frac{A t x z}{r^2 l\frac{\varrho}{R}} \end{aligned}\right\}$$

Die Größe:

$$\left(\frac{gy + hz}{r}\right)_{r=\varrho} = -\frac{k}{4\pi\varrho}\left(y\frac{dG}{dt} + \frac{dH}{dt}\right) = \frac{kAx}{4\pi\varrho\, l\frac{\varrho}{R}}$$

ist das, was man die Flächendichte der freien Elektrizität auf der Oberfläche des massiven Zylinders,

$$\int\left(\frac{dF}{dt}dx + \frac{dG}{dt}dy + \frac{dH}{dt}dz\right) = -\frac{Ax}{l\frac{\varrho}{R}} l\frac{r}{R}$$

das, was man deren Potentialfunktion nennt.

Für elektrostatisches Maß ist im Standardmedium $k = 1$. Von R würde man unabhängig, wenn zwei gleichbeschaffene, in entgegengesetzter Richtung durchströmte Zylinder, für deren Achsen $y = 0$, $z = p$ und $z = -p$ ist, vorhanden wären, welche für $x = 0$ das elektrostatische Potential Null haben. Sind dann:

$$r = \sqrt{y^2 + (z-p)^2} \quad \text{und} \quad s = \sqrt{y^2 + (z+p)^2}$$

die Entfernungen eines Punktes von der ersten resp. zweiten Achse, und ist der Radius ϱ beider Zylinder klein gegen p, so ist im ersten Zylinder:

$$F = -At - \pi \mu A C r^2; \quad G = H = 0;$$

$$a = 0; \quad b = -2\pi \mu A C(z-p); \quad c = 2\pi \mu A C y;$$

im zweiten Zylinder:

$$F = At + \pi \mu A C s^2; \quad G = H = 0;$$

$$a = 0; \quad b = -2\pi \mu A C(z+p); \quad c = 2\pi \mu A C y$$

und im umgebenden Dielektrikum:

$$F = \left(-\frac{t}{l\frac{2p}{\varrho}} + 2\pi \mu' C \varrho^2\right) A l \frac{s}{r} - \pi A C \varrho^2 \left(2\mu' l \frac{2p}{\varrho} + u\right);$$

$$G = \frac{Atxy}{l\frac{2p}{\varrho}}\left(\frac{1}{r^2} - \frac{1}{s^2}\right); \quad H = \frac{Atx}{l\frac{2p}{\varrho}}\left(\frac{z-p}{r^2} - \frac{z+p}{s^2}\right);$$

$$a = 0; \quad b = -2\pi \mu' C \varrho^2 \left(\frac{z-p}{r^2} - \frac{z+p}{s^2}\right);$$

$$c = 2\pi \mu' C \varrho^2 y \left(\frac{1}{r^2} - \frac{1}{s^2}\right).$$

Nachtrag.[1])

Es sei mir gestattet, wenn auch zusammenhanglos, noch folgende Bemerkungen beizufügen.

1. Hr. A. Sommerfeld[2]) hat versucht, umgekehrt die elektrischen Kräfte den Verdrehungen U, V, W, die magnetischen dagegen den Geschwindigkeitskomponenten u, v, w eines Ätherteilchens proportional zu setzen. Sind ξ, η, ζ dessen Verschiebungen zur Zeit t, so ist also $u = d\xi : dt$, $2U = (d\zeta : dy - d\eta : dz)$. Daß man in dieser Weise ebenfalls im allgemeinen auskommt, bietet eine interessante Illustration zur Reziprozität zwischen

[1]) Dieser Nachtrag findet sich erst in der Ausgabe in den Wied. Ann.

[2]) Sommerfeld, Wied. Ann. 46. S. 139. 1892.

Elektrizität und Magnetismus[1]), sowie zur Tatsache, daß alle mechanischen Vorstellungen, wenn sie nur gewissen allgemeinen Bedingungen genügen, zu den Gleichungen des Elektromagnetismus führen müssen.[2]) Doch können im speziellen Schwierigkeiten eintreten. So scheint mir bei Hrn. Sommerfelds Anschauung eine gleichförmig elektrisierte Kugel unmöglich. Ziehen wir auf der Kugel einen beliebig kleinen Kreis, so müßte

$$\int (\xi\, dx + \eta\, dy + \zeta\, dz) = \int dv \left[\left(\frac{d\zeta}{dy} - \frac{d\eta}{dz}\right) \cos(n\,x) \right.$$
$$\left. \left(\frac{d\xi}{dz} - \frac{d\zeta}{dx}\right) \cos(n\,x) + \left(\frac{d\eta}{dx} - \frac{d\xi}{dy}\right) \cos(n\,z) \right]$$

sein. Dabei ist das erste Integral über den Umfang des kleinen Kreises, das zweite über die ganze Kugelfläche mit Ausnahme der vom Kreis umschlossenen Fläche zu erstrecken. Nach Hrn. Sommerfeld müßte für eine gleichförmig elektrisierte Kugel der eckig eingeklammerte Ausdruck im Innern der Kugel Null, außerhalb aber an deren Oberfläche gleich einer endlichen Konstanten sein. Daher müßte auch das links vom Gleichheitszeichen stehende Integral, wenn der kleine Kreis sehr nahe der Kugel, aber außerhalb gezeichnet wird, endlich, also die Verschiebungen unendlich sein. Es müßte also von der Kugel weg nach außen mindestens eine, wenn auch unendlich enge Röhre führen, innerhalb welcher ganz andere Verhältnisse herrschen. Da dies bei Magnet- und Solenoidpolen, nicht aber bei geladenen Kugeln zutrifft, scheint mir die Sommerfeldsche Auffassung die unwahrscheinlichere zu sein.

Außerdem verzichtet Hr. Sommerfeld von vornherein auf die Vorteile, welche die Betrachtung von Diskontinuitätsschichten als sehr rasche, aber nicht unendlich rasche Übergänge bietet, indem er annimmt, daß daselbst seine Gleichung (2c), welche eine Folge seiner Definition von U, V, W ist, nicht gilt und nicht sagt, was diese Größen bedeuten, wenn die zu ihrer Definition verwendeten Differentiationen unerlaubt würden.

---

[1]) Vgl. außer Maxwell u. a. Rowland, Amer. Journ. of Math. 2. S. 354. 1879; 3. S. 89. 1880.

[2]) Vgl. meine Vorlesung über Maxwellsche Elektrizitätstheorie. Barth 1891.

2. Wenn man nach Hrn. Hertz' Vorgange[1]) sich die Aufgabe stellt, ohne mechanische Begründung bloß die Gleichungen für den Elektromagnetismus in der einfachsten Form aufzustellen, so kann man die Anzahl der Hilfsvorstellungen auf die Hälfte reduzieren, indem man nur die drei elektrischen Kräfte F, G, H und die sie bestimmende Gleichung als erfahrungsmäßig gegeben betrachtet. Letztere laut für homogene Körper

$$k\frac{d^2F}{dt^2}+4\pi l\frac{dF}{dt}=v\left[\varDelta F-\frac{d}{dx}\left(\frac{dF}{dx}+\frac{dG}{dy}+\frac{dH}{dz}\right)\right],$$

für inhomogene isotrope aber kommt dazu noch das Glied

$$\left(\frac{dF}{dz}-\frac{dH}{dx}\right)\frac{d\nu}{dz}+\left(\frac{dG}{dx}-\frac{dF}{dy}\right)\frac{d\nu}{dy}.$$

Die in diesen vier Zeilen ausgesprochenen Voraussetzungen genügen zur Erklärung der elektromagnetischen Erscheinungen in isotropen ruhenden Körpern. Trennungsschichten werden immer als kontinuierliche, wenn auch beliebig rasche Übergänge betrachtet, Magnete als Solenoide, Eisen und Stahl als Aggregate drehbarer, resp. fixer kleiner Ströme[2]), welche alle durch die Variablen F, G, H und deren Differentialquotienten bestimmbar sind, während die Bezeichnung von $dH:dy - dG:dz$ usw. durch einzelne Buchstaben nur zur Vereinfachung der Formeln dient.

3. Die Bemerkung auf S. 414[5]) ladet ein, als Analogon des Äthers einen Körper zu betrachten, für welchen die Gleichungen gelten, die ich in zwei Aufsätzen „Über Theorie der elastischen Nachwirkung" aufstellte[3]), worüber ich hier, meine dort angewendeten Buchstaben in gleicher Bedeutung beibehaltend, nur folgendes anführe. Meine Formeln, welche übrigens die Maxwellsche Transformation[4]) nur dann zulassen, wenn Maxwells Reihen konvergieren, was z. B. niemals eintritt, wenn die Deformation früher von Null verschieden, dann

[1]) Gött. Nachr. 19. März 1890. Wied. Ann. **40.** S. 577; Ausbreit. d. el. Kraft. S. 208. Barth 1892.

[2]) Über die Einführung solcher dehnbarer und fixer kleiner Ströme in die Maxwellsche Theorie vgl. Verhandl. d. Gesellsch. der Naturforscher v. 1891. S. 30. (Dieser Band Nr. 95 S. 399.)

[3]) Wien. Ber. **70.** **76.** (Diese Sammlung Bd. I, Nr. 30; Bd. II, Nr. 43.)

[4]) Maxwell, Scient. pap. **2.** S. 623.

[5]) Dieses Bandes.

aber während einer endlichen Zeit Null war, können auch so interpretiert werden.

Wir tragen die Zeit von $-\infty$ bis zur fraglichen Zeit t auf der Abszissenachse OT Fig. 1 auf und teilen sie in unendlich viele Differentiale. Über jedem tragen wir den zu dieser Zeit stattfindenden Wert von $p = dv:dz - dw:dy$ auf, multiplizieren ihn mit dem betreffenden Zeitdifferential und noch einem ebenfalls darüber aufgetragenen Faktor. Die Summe (Integral) dieser Produkte ist dann der Wert von T_1' zur fraglichen Zeit. Die Endpunkte aller Faktoren bilden dann die Linie der Fig. 1, wobei ε sehr klein ist. Mit wachsender Zeit rückt diese Linie ohne Gestaltänderung in der

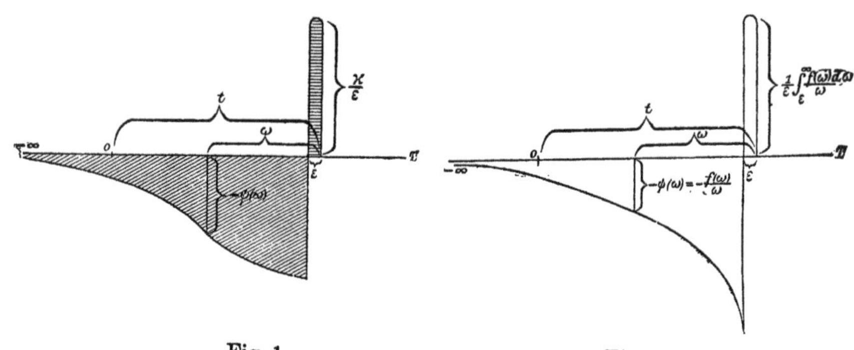

Fig. 1. Fig. 2.

Abszissenrichtung fort. Für den von mir als den wahrscheinlichsten bezeichneten Fall hat sie die spezielle Form der Fig. 2. Ist die horizontal schraffierte Fläche gleich der schief schraffierten, so nähern sich die Gleichungen in zwei Fällen denen für eine reibende Flüssigkeit: erstens wenn die ganze schraffierte Fläche verschwindet bis auf die Teile, welche zu sehr kleinen Werten von ω gehören, zweitens wenn die Bewegung sehr langsam geschieht. Sind die besprochenen Flächen nicht gleich, so nähern sich die Gleichungen in diesen Fällen den Neumann-O. E. Meyerschen für die innere Reibung fester Körper.

In dem speziellen Falle, daß

$$N_1 = \lambda\theta + 2\mu\frac{du}{dx} - \alpha\lambda\int_0^\infty d\omega\, e^{-b\omega}\,\theta(t-\omega) - a\mu\int_0^\infty d\omega\, e^{-b\omega}\,\frac{du(t-\omega)}{dx},$$

$$T_1 = \mu p - a\mu \int_0^\infty d\omega\, e^{-b\omega} p(t-\omega)$$

ist, findet man

$$b N_1 + \frac{d N_1}{d t} = \lambda_1 \theta + \mu_1 \frac{d u}{d x} + \lambda \frac{d \theta}{d t} + 2\mu \frac{d^2 u}{d x\, d t},$$

$$b T_1 + \frac{d T_1}{d t} = \mu_1 p + \mu \frac{d p}{d t},$$

wobei $\lambda_1 = \lambda(b - \alpha)$, $\mu_1 = \mu(b - a)$, daher

$$\varrho\left(b\frac{d^2 u}{d t^2} + \frac{d^3 u}{d t^3}\right) = (\lambda_1 + \mu_1)\frac{d\theta}{d x} + \gamma_1 \Delta u + (\lambda + \mu)\frac{d^2\theta}{d x\, d t} + \mu\frac{d \Delta u}{d t}.$$

Falls $\gamma_1 = 0$ ist, sind die beiden früher schraffierten Flächen gleich. In dem Falle, daß auch $\lambda_1 = 0$ ist, wo freilich auch kubische Zusammenpressung nach genügend langer Zeit keinen Widerstand finden würde, aber auch in allen Fällen, wo $\theta = 0$ ist, läßt sich diese Gleichung nach t integrieren und gibt

$$\varrho b \frac{d u}{d t} + \varrho \frac{d^2 u}{d t^2} = (\lambda + \mu)\theta + \mu \Delta u,$$

also für $\lambda + \mu = 0$ (Quasilabilität) aber auch in allen Fällen, wo $\theta = 0$ ist, die Gleichung der elektromagnetischen Lichttheorie für Halbleiter. Man erhält also hier das Glied $\varrho\, b\, du/dt$, welches gewöhnlich als ein der Geschwindigkeit proportionaler Widerstand gedeutet wird, in ganz anderer Weise.

München, Oktober 1892.

97.

III. Teil der Studien über Gleichgewicht der lebendigen Kraft.

(Münch. Ber. 22. S. 329—358. 1892; Phil. Mag. (5) 35. S. 153—173. 1893.)

I think, that a problem of such primary importance in molecular science ought to be scrutinized and examined on every side, so that as many persons as possible may be enabled to follow the demonstration.

Maxwell, Scient. pap. 2. S. 713.

§ 1. Über die Variablen, welche den Ausdruck für die lebendige Kraft auf eine Summe von Quadraten reduzieren.

Maxwell hat zuerst[1]) die Formel für die Verteilung der lebendigen Kraft unter einatomigen Gasmolekülen aufgestellt, welche er als vollkommen harte Kugeln von gleicher oder verschiedener Beschaffenheit (Masse und Radius) voraussetzte. Er behandelte daselbst auch den Fall, daß die Moleküle harte Körper mit drei verschiedenen Hauptträgheitsmomenten sind, und fand, daß für ein solches Gas das Verhältnis der spezifischen Wärmen $1^1/_3$ sein müßte. Da dasselbe jedoch für die bekanntesten einfachen Gase den Wert 1,4 hat, so schloß er, daß in diesem Punkte die mechanische Analogie mit der Erfahrung im Widerspruch steht.[2])

Es ist ein eigentümliches Verhängnis gewesen, daß Maxwell, dem mit solcher fast unbegreiflicher Leichtigkeit die Lösung des Problems sowohl für Kugeln als auch für solche Körper geglückt war, welche keine Rotationsachse besitzen, nicht schon damals auf die verhältnismäßig naheliegende Idee kam, vollkommen glatte und harte von der Kugelgestalt verschiedene Rotationskörper zu betrachten. Er hätte in diesem

---

[1]) Illustrations of the Dynamical Theory of Gases. Phil. Mag. Jan. and June 1860. Scient. pap. 1. S. 377.

[2]) Maxwell, Scient. pap. S. 409.

Falle genau das gewünschte Verhältnis der spezifischen Wärmen 1,4 erhalten.

Der Beweis, welchen Maxwell damals für sein Verteilungsgesetz der lebendigen Kraft gab, wurde von ihm selbst später als unzureichend bezeichnet und er gab in einer zweiten Abhandlung[1]) einen exakten Beweis, daß die von ihm gefundene Verteilung der lebendigen Kraft eine mögliche ist, d. h. daß sie, wenn einmal unter den Gasmolekülen hergestellt, durch die Zusammenstöße nicht verändert wird.

Dieser Beweis sowie der Satz Maxwells selbst ließen sich bedeutend erweitern und letzterer zeigte den engsten Zusammenhang mit einem weit allgemeineren Theorem, das für beliebige Systeme gilt, in denen beliebige Kräfte wirksam sind.[2]) Bei dem Versuche, letzteres noch weiter zu verallgemeinern[3]), beging jedoch Maxwell ein Versehen, da seine Voraussetzung, daß man durch passende Wahl der Koordinaten immer bewirken könne, daß der Ausdruck für die lebendige Kraft nur die Quadrate der Momente enthält, wie Lord Kelvin[4]) zeigte, im allgemeinen unzulässig ist. Dieses Versehen läßt sich jedoch leicht korrigieren, wenn man Maxwells Schlüsse verhältnismäßig unbedeutend modifiziert. Um dies zu zeigen, knüpfen wir ganz an die zuletzt zitierte Abhandlung Maxwells an und verstehen wie Maxwell (Scient. pap. S. 720) unter $b_1, b_2 \ldots b_n$ generalisierte Koordinaten, unter $a_1, a_2 \ldots a_n$ die betreffenden Momente. Wir müssen dann bei dem Ausdrucke (42) Maxwells (l. c. S. 724) stehen bleiben und also für die lebendige Kraft schreiben

$$T = \tfrac{1}{2}[11]\, a_1{}^2 + [12]\, a_1\, a_2 \ldots$$

Alle Schlüsse Maxwells bis inkl. zur Gleichung (29) (l. c. S. 722) sind vollkommen richtig. Um auch die weiteren Schlüsse einwurfsfrei zu machen, könnte man statt Maxwells Deduktion von da ab die folgende setzen. Wir wollen unter α lineare Funktionen der Momente a verstehen, also setzen:

---

[1]) Phil. Mag. (4) **35.** 1868; Scient. pap. **2.** S. 26.

[2]) Boltzmann, Wien. Ber. **58, 63, 66, 72, 74, 76.** (Diese Sammlung Bd. I, Nr. 5. 19. 20. 22. Bd. II, Nr. 32. 36. 43.

[3]) Maxwell, On Boltzmanns theorem on the average distribution of energie. Cambr. Phil. Trans. **12.** Tl. 3. 1878; Scient. pap. **2.** S. 713.

[4]) Nature, 13. August 1891.

$$\alpha_h = \sum_{k=1}^{k=n} c_{hk}\, a_k$$

Dann können wir die Koeffizienten c immer so wählen, daß erstens ihre Determinante $\Theta = 1$, also

$$\Theta = \begin{vmatrix} c_{11}\; c_{12} \ldots \\ c_{21} \ldots\ldots \\ \ldots \end{vmatrix} = 1$$

ist und zweitens die doppelte lebendige Kraft die Form

$$2T = \sum_{i=1}^{i=n} \mu_i \alpha_i^2$$

annimmt.

Dabei sind die Koeffizienten c und μ Funktionen der generalisierten Koordinaten $b_1 \ldots b_n$, die α dagegen werden im allgemeinen nicht als Momente aufgefaßt werden können, welche zu irgendwelchen generalisierten Koordinaten gehören. Ich will sie daher, um jeden Zweifel zu beseitigen, Momentoide nennen.

Die Winkelgeschwindigkeiten um die drei Hauptträgheitsachsen bei allseitiger Drehung eines festen Körpers sind ein Beispiel hierfür.

$\frac{1}{2}\mu_i \alpha_i^2$ will ich als den auf das Momentoid α entfallenden Teil der gesamten lebendigen Kraft bezeichnen. Wegen $\Theta = 1$ erhalten wir zunächst $da_1\, da_2 \ldots da_n = d\alpha_1\, d\alpha_2 \ldots d\alpha_n$. Führen wir links statt a_1, rechts statt α_1 die Variable T ein, so folgt

$$\frac{1}{\frac{dT}{da_1}}\, dT\, da_2\, da_3 \ldots da_n = \frac{1}{\frac{dT}{d\alpha_1}}\, dT\, d\alpha_2\, d\alpha_3 \ldots d\alpha_n,$$

dividieren wir durch dT weg und berücksichtigen, daß

$$\frac{dT}{da_1} = \dot{b}_1, \quad \frac{dT}{d\alpha_1} = \mu_1 \alpha_1,$$

so folgt

$$\frac{1}{\dot{b}_1}\, d\,a_2\, d\,a_3 \ldots d\,a_n = \frac{1}{\mu_1 \alpha_1}\, d\alpha_2\, d\alpha_3 \ldots d\alpha_n.$$

Aus Maxwells Gleichung (28) (l. c. S. 721) folgt für die Anzahl der Systeme, für welche die generalisierten Koordinaten zwischen den Grenzen b_1 und $b_1 + db_1 \ldots b_n$ und $b_n + db_n$, die Momentoide aber zwischen den Grenzen α_2 und $\alpha_2 + d\alpha_2 \ldots \alpha_n$ und $\alpha_n + d\alpha_n$ liegen, während α_1 durch die Gleichung der lebendigen Kraft bestimmt ist, der Wert

$$\frac{NC}{\mu_1 \alpha_1} db_1 \ldots db_n d\alpha_2 \ldots d\alpha_n.$$

Führt man nun die Integrationen genau so aus, wie es Maxwell tut, so gelangt man zu dessen Gleichung (45), welche somit vollständig richtig ist.

Bestimmt man die Wahrscheinlichkeit, daß die auf das Momentoid α_n entfallende lebendige Kraft $\mu_n \alpha_n^2 / 2$ zwischen den Grenzen k_n und $k_n + dk_n$ liegt, so gelangt man wieder genau zu dem Maxwellschen Ausdruck (51) (l. c. S. 725).

Es stellen daher auch die Maxwellschen Ausdrücke (52) und (53) (l. c. S. 726) den Mittelwert und den Maximalwert der auf irgend ein Momentoid entfallenden lebendigen Kraft dar. An Stelle des Maxwellschen Satzes, daß die mittlere lebendige Kraft für jede Koordinate den gleichen Wert hat, tritt daher der Satz, daß der Mittelwert der auf jedes Momentoid entfallenden lebendigen Kraft derselbe ist.

Da die Anzahl der Momentoide immer dieselbe ist, wie die der Beweglichkeitsgrade, so bleibt auch der von Maxwell eingangs (l. c. S. 716) angeführte Satz richtig, daß die mittlere lebendige Kraft zweier gegebener Teile des Systems sich so verhält, wie die respektive Zahl ihrer Beweglichkeitsgrade. Dabei kann die lebendige Kraft T_k eines jeden der Teile nach Belieben auch die Produkte verschiedener p_k enthalten, wenn p_k die Momente der allgemeinen Koordinaten des betreffenden Teiles sind. Aber es darf T_k nicht das Produkt eines p_k in ein anderes Moment enthalten, welches nicht zu den p_k gehört. Speziell also für sogenannte mehratomige Gasmoleküle, deren Zustand durch verallgemeinerte Koordinaten bestimmbar ist, wird der Satz unverändert gelten.

Da $2\partial T / \partial b$ jedenfalls gleich $\sum_{i=1}^{i=n} \alpha_i^2 \frac{\partial \mu}{\partial b}$ ist, so bleibt auch mein Beweis des zweiten Hauptsatzes[1]) richtig, worin jedoch ebenfalls unter q_h nicht die zu den Koordinaten p_h gehörigen Momente, sondern die Momentoide verstanden werden müssen.

[1]) Borchard-Kroneckers Journal. **100.** S. 201. 1887. Dieser Band Nr. 82.

Über die von Lord Kelvin als Stichproben (test-cases) vorgeschlagenen speziellen Fälle.

§ 2. Bewegung eines materiellen Punktes in einer Ebene.

Ich glaube, daß unter diesen Modifikationen der Beweis Maxwells für die im vorigen Paragraphen erwähnten Lehrsätze ein befriedigender ist; außerdem habe ich schon früher[1]) einen auf ganz anderer Basis beruhenden Beweis dieses Satzes geliefert. Ich glaube daher, daß seine Richtigkeit als Lehrsatz der analytischen Mechanik kaum angezweifelt werden kann.[2]) Da ich selbst nur mühsam durch Betrachtung vieler speziellen Fälle[3]) zu meinem Satz gelangte, so weiß ich den Wert einer steten Erläuterung allgemeiner Sätze durch spezielle Beispiele zu schätzen und will mich daher noch mit einigen der von Lord Kelvin l. c. als Stichproben vorgeschlagenen speziellen Beispielen beschäftigen und zwar zunächst mit dem letzten, weil es das einfachste ist, und weil ich den von Hrn. Tait einmal zitierten Ausspruch de Morgans respektiere, welcher ungefähr besagt, daß zu lange Formeln oft nicht gelesen werden.

Ein materieller Punkt von der Masse eins bewege sich in der xy-Ebene. x, y seien seine Koordinaten, q seine Ge-

---

[1]) Über das Wärmegleichgewicht zwischen mehratomigen Gasmolekülen, 1. Abschnitt: Bewegung der Atome in den Molekülen. Wien. Ber. 3. 9. März 1871. (Diese Sammlung Bd. I, Nr. 18.) Einige allgemeine Sätze über Wärmegleichgewicht. Ebenda. 13. April 1871; in der letzten Abhandlung habe ich auch schon von generalisierten Koordinaten Gebrauch gemacht. (Diese Sammlung Bd. I, Nr. 19.)

[2]) Eine hiervon völlig getrennte Frage ist die, ob solche Systeme eine genügend durchgreifende Analogie mit warmen Körpern zeigen. Diese Frage soll hier nicht erörtert werden; vergleiche jedoch hierüber. Wied. Beiblätter 5. S. 403. 1881. (Diese Sammlung Bd. II, Nr. 63.)

[3]) Studien über das Gleichgewicht der lebendigen Kraft. Wien. Ber. 58. 8. Oktober 1868. (Diese Sammlung Bd. I, Nr. 5.) Lösung eines mechanischen Problemes. Ebenda. 17. Dezember 1868. (Diese Sammlung Bd. I, Nr. 6.) Einige allgemeine Sätze über Wärmegleichgewicht, Schluß des 2. Abschnittes (l. c.). (Diese Sammlung Bd. I, Nr. 19.) Bemerkungen über einige Probleme der mechanischen Wärmetheorie. Wien. Ber. 75. 11. Januar 1877. Schluß des 3. Abschnittes usw. (Diese Sammlung Bd. II, Nr. 39.)

schwindigkeit, u, v deren Komponenten in den Koordinatenrichtungen und θ deren Winkel mit der positiven Abszissenachse, den wir von Null bis 2π zählen. Das Potential V sei eine beliebige Funktion der Koordinaten. Wir nehmen an, daß die Bewegung nicht ins Unendliche geht, sich auch nicht asymptotisch einer gewissen Grenze nähert und daß alle möglichen Wertekombinationen von x, y und θ, welche mit der Gleichung der lebendigen Kraft vereinbar sind, mit beliebiger Annäherung erreicht werden, wenn sich nur das Bewegliche durch eine genügend lange Zeit T bewegt.

Wir wollen senkrecht zur xy-Ebene eine z-Koordinate errichten und irgend einen Zustand des Beweglichen dadurch charakterisieren, daß wir über dem Punkte der xy-Ebene, wo sich das Bewegliche befindet, den Winkel θ als z-Koordinate auftragen, welchen seine Geschwindigkeit mit der positiven Abszissenachse bildet. Den Punkt des Raumes mit den Koordinaten x, y, θ nennen wir dann den Punkt, welcher den Zustand des Beweglichen charakterisiert oder kurz den augenblicklichen Zustandspunkt.

Wir können unsere Annahme dann dahin aussprechen, daß der Zustandspunkt im Verlauf der Zeit T alle Punkte eines endlichen Zylinders (des Zustandszylinders) durchläuft, welcher die Höhe 2π in der Richtung der z-Achse hat. Von der Basis bis zur Gegenfläche dieses Zylinders und umgekehrt macht der Zustandspunkt stets einen Sprung; sonst geschieht seine Bewegung kontinuierlich.

Wir nehmen nun an, daß zu irgend einer Zeit t das Bewegliche sich in irgend einem Punkte x, y befinde, daß seine Geschwindigkeit mit der positiven Abszissenachse den Winkel θ bilde und in den Koordinatenrichtungen die Komponenten u, v habe. Der Zustandspunkt befindet sich also zur Zeit t an der Stelle A des Raumes, welche die Koordinaten x, y, θ hat.

Nach Verlauf einer sehr kleinen Zeit δt, also zur Zeit $t + \delta t$, soll das Bewegliche die Koordinaten x', y' haben. Seine Geschwindigkeit soll mit der positiven Abszissenachse den Winkel θ' bilden und in den Koordinatenrichtungen die Komponenten u', v' haben.

Die Lage des Zustandspunkts zur Zeit $t + \delta t$ soll mit A'

bezeichnet werden. A' soll der dem Punkte A entsprechende Punkt heißen. Betrachten wir δt als konstant, so wird jedem Punkte innerhalb des Zustandszylinders ein anderer Punkt daselbst entsprechen. Jedesmal, wenn sich zu irgend einer Zeit der Zustandspunkt in irgend einem Raumpunkte befunden hat, wird er sich nach Verlauf der Zeit δt in dem diesem Raumpunkte entsprechenden befinden; und umgekehrt kann er niemals nach dem entsprechenden Punkte kommen, ohne genau vor der Zeit δt in demjenigen Raumpunkte gewesen zu sein, dem der vorhergenannte Raumpunkt entspricht.

Bekanntlich ist:

$$(1)\qquad \begin{cases} x' = x + q\cos\theta\cdot\delta t, & y' = y + q\sin\theta\cdot\delta t, \\ u' = u + \xi\cdot\delta t, & v' = v + \eta\cdot\delta t, \end{cases}$$

wobei

$$\xi = -\frac{\partial V}{\partial x},\ \eta = -\frac{\partial V}{\partial y}$$

die Komponenten der auf das Bewegliche wirkenden Kraft, also Funktionen von x und y sind. Ferner ist

$$\theta' = \operatorname{arctg}\frac{v'}{u'},$$

was nach Substitution der obigen Werte liefert

$$(2)\qquad \theta' = \theta + (\eta\cos\theta - \xi\sin\theta)\frac{\delta t}{q}.$$

Wir konstruieren nun ein unendlich kleines, rechtwinkliges Parallelepiped $dx\,dy\,d\theta$, dessen eine Ecke im Punkte A liegt. Derjenige Bruchteil der gesamten Zeit T, während dessen der Zustandspunkt innerhalb dieses Parallelepipeds liegt, sei dt. Es ist dies die Zeit, während welcher die drei Variablen x, y, θ zwischen den Grenzen x und $x + dx$, y und $y + dy$, θ und $\theta + d\theta$ eingeschlossen sind. Wir können dann jedenfalls setzen:

$$(3)\qquad dt = f(x, y, \theta)\,dx\,dy\,d\theta.$$

Wir konstruieren nun zu jedem Punkte des Parallelepipeds $dx\,dy\,d\theta$ den entsprechenden Punkt, wodurch das Parallelepiped $dx'\,dy'\,d\theta'$ erhalten werden soll. Derjenige Bruchteil der Zeit T nun, während dessen der Zustandspunkt innerhalb $dx'\,dy'\,d\theta'$ liegt, ist nach Formel (3)

$$dt' = f(x', y', \theta')\,dx'\,dy'\,d\theta'.$$

Da aber nach unserer Definition der Zustandspunkt, so oft er in das Parallelepiped $dx\,dy\,d\theta$ eingetreten ist, jedesmal nach der Zeit δt in das Parallelepiped $dx'\,dy'\,d\theta'$ eintritt, und auch die Zeitdifferenz zwischen dem Austritte aus dem ersten und zweiten Parallelepipede wieder genau δt ist, so folgt, daß der Zustandspunkt in beide Parallelepipede genau gleich oft eintritt und auch jedesmal in beiden gleich lang verweilt, daß also $dt' = dt$ oder

$$f(x', y', \theta')\,dx'\,dy'\,d\theta' = f(x, y, \theta)\,dx\,dy\,d\theta$$

ist. Nun ist aber

$$dx'\,dy'\,d\theta' = \begin{vmatrix} \frac{\partial x'}{\partial x}, & \frac{\partial x'}{\partial y}, & \frac{\partial x'}{\partial \theta} \\ \frac{\partial y'}{\partial x}, & \frac{\partial y'}{\partial y}, & \frac{\partial y'}{\partial \theta} \\ \frac{\partial \theta'}{\partial x}, & \frac{\partial \theta'}{\partial y}, & \frac{\partial \theta'}{\partial \theta} \end{vmatrix} \cdot dx\,dy\,d\theta\,.$$

Da δt const., $q^2 = \text{const.} - 2V$ ist, so liefern die Gleichungen (1) und (2)

$$\frac{\partial x'}{\partial x} = 1 + \xi \cos\theta \cdot \frac{\delta t}{q}, \qquad \frac{\partial y'}{\partial y} = 1 + \eta \sin\theta \cdot \frac{\delta t}{q},$$

$$\frac{\partial \theta'}{\partial \theta} = 1 - (\xi \cos\theta + \eta \sin\theta)\frac{\delta t}{q}\,.$$

Vernachlässigt man die Glieder von der Ordnung δt^2, so reduziert sich aber die Funktionaldeterminante auf

$$\frac{\partial x'}{\partial x} \cdot \frac{\partial y'}{\partial y} \cdot \frac{\partial \theta'}{\partial \theta} = 1\,,$$

man hat also

$$dx'\,dy'\,d\theta' = dx\,dy\,d\theta$$

und daher auch $f(x', y', \theta') = f(x, y, \theta)$. Da man nun vom Parallelepipede $dx'\,dy'\,d\theta'$ wieder zu dem diesem entsprechenden, dann wieder zu dem dem neuen entsprechenden usw. übergehen kann, so folgt, daß $f(x, y, \theta)$ überhaupt konstant, daher $dt = C\,dx\,dy\,d\theta$ ist. Es stimmt dies vollkommen mit dem schon in meiner bereits zitierten Abhandlung „Lösung eines mechanischen Problems" gefundenen Resultate.

Lord Kelvin bezeichnet mit $N\,d\theta\,dr$ die Zahl, wie oft während der Zeit T das Bewegliche ein Flächenelement, dessen Länge in der Bewegungsrichtung ds, dessen Breite senkrecht darauf dr ist, so durchsetzt, daß dabei θ zwischen θ und

$\theta + d\theta$ liegt. Da das Bewegliche jedesmal die Zeit $ds:q$ in dem Flächenelemente zubringt, so ist der Bruchteil von T, während dessen das Bewegliche in $dr\,ds$ weilt und zugleich θ zwischen θ und $\theta + d\theta$ liegt,

$$\frac{N}{q}\,dr\,ds\,d\theta$$

Da aber nach dem eben Gefundenen diese Zeit

$$C\,dr\,ds\,d\theta$$

sein muß, so folgt $N = Cq$. Es ist also N vom Winkel θ vollständig unabhängig und nicht nur Lord Kelvins Koeffizient A_1, sondern auch A_2 und alle folgenden verschwinden.

Ich kann kaum bezweifeln, daß Lord Kelvin von diesem Resultate seiner Stichprobe befriedigt sein wird.

§ 3. Über die Verteilung der lebendigen Kraft unter Kelvins Dublets.

Die übrigen Beispiele Lord Kelvins beziehen sich auf ein Theorem, welches zwar in innigem Zusammenhange mit dem früher besprochenen steht; aber doch keineswegs damit identisch, noch auch ein spezieller Fall davon ist; nämlich auf das Problem des Wärmegleichgewichtes unter mehratomigen Gasmolekülen. Es läßt sich bei diesem letzteren Probleme immer leicht von einer bestimmten Verteilung der lebendigen Kraft beweisen, daß sie weder durch die innere Bewegung der Moleküle, noch durch die Zusammenstöße verändert wird.

Seien $p_1, p_2 \ldots p_n$ die generalisierten Koordinaten, durch welche die Lage aller Bestandteile eines Moleküls gegen dessen Schwerpunkt einschließlich der Drehung desselben bestimmt ist. $q_1, q_2 \ldots q_n$, die dazu gehörigen Momente, T die gesamte lebendige Kraft des Moleküls und V die Potentialfunktion der inneren Kräfte desselben, u, v, w die Geschwindigkeitskomponenten seines Schwerpunktes, endlich A und h Konstanten; dann ist dies diejenige Verteilung der lebendigen Kraft, wo die Anzahl der Moleküle in der Volumeneinheit, für welche die Variablen $u, v, w, p_1, p_2 \ldots p_n, q_1, q_2 \ldots q_n$ zwischen den Grenzen u_1 und $u_1 + du_1 \ldots q_n$ und $q_n + dq_n$ liegen, gleich $A e^{-h(V+T)} du \ldots dq_n$ ist. Sind mehrere Gattungen von Molekülen vorhanden, so muß die Konstante h, nicht aber A für alle denselben Wert haben.

Die Richtigkeit dieses Resultates in den von Lord Kelvin vorgeschlagenen Spezialfällen zu verifizieren, halte ich für so leicht, daß ich mich nicht damit aufhalten will. Der zweite Beweis dagegen, daß die durch obige Formel ausgedrückte Verteilung der lebendigen Kraft die einzig mögliche ist, läßt sich nur indirekt durch den Nachweis erbringen, daß eine gewisse eigentümliche Funktion durch die Zusammenstöße nur vergrößert werden kann. Da diese Funktion einerseits mit der von Clausius als Entropie bezeichneten Größe, andererseits mit der Wahrscheinlichkeit des betreffenden Zustandes aufs innigste zusammenhängt[1]), so erscheint dadurch der zweite Hauptsatz als ein reiner Wahrscheinlichkeitssatz.

Diesen letzteren Beweis für das von Lord Kelvin ersonnene, mit elastischen Federn ausgestattete Molekül, welches wir nach seinem Vorgange Dublet nennen wollen, durchzuführen, scheint mir von genügendem Interesse zu sein (siehe Motto!). Unter einem Dublet verstehen wir die Vereinigung zweier materieller Punkte mit den Massen m und m'', welche sich mit einer ihrer Entfernung proportionalen Kraft anziehen. m'' (der Kern) soll sonst niemals von einer anderen Kraft affiziert werden. Die Massen m (Schalen) je zweier Dublets sollen, wenn sie sich bis zur Distanz D'' nähern, wie elastische Kugeln aneinander abprallen. Außerdem sollen noch einfache Atome mit den Massen m' vorhanden sein, welche untereinander in der Distanz D', an den Schalen in der Distanz D ebenso abprallen. Wir wollen immer kurz „Schale" statt Zentrum der Schale, und „Kern" statt Zentrum des Kernes sagen. Es seien x, y, z die Koordinaten des Kernes eines Dublets bezüglich eines rechtwinkligen Koordinatensystems, dessen Anfangspunkt im Mittelpunkte der Schale liegt und dessen Achsen fixe Richtungen haben; u'', v'', w'' die absoluten, $\mathfrak{u}, \mathfrak{v}, \mathfrak{w}$ die Geschwindigkeitskomponenten des Kernes relativ gegen die Schale, g, h, k die Geschwindigkeitskomponenten des Schwerpunktes des Dublets, u, v, w, die der Schale; u_1, v_1, w_1 die eines einzelnen Atoms; endlich $\chi(x, y, z, \mathfrak{u}, \mathfrak{v}, \mathfrak{w}, g, h, k)\,dx \ldots dk$ die Anzahl der Dublets in der Volumeneinheit, für welche die Variablen $x \ldots k$ zur Zeit t zwischen den Grenzen

[1]) Wien. Ber. 76. 1877; 78. 1878. (Diese Sammlung Bd. II, Nr. 42 u. 44.)

$$x \text{ und } x + dx \ldots k \text{ und } k + dk$$

liegen und

$$f(u_1, v_1, w_1)\, du_1\, dv_1\, dw_1$$

die Zahl der Einzelatome in der Volumeneinheit, deren Geschwindigkeitskomponenten u_1, v_1, w_1 zwischen den Grenzen

$$u_1 \text{ und } u_1 + du_1, \quad v_1 \text{ und } v_1 + dv_1, \quad w_1 \text{ und } w_1 + dw_1$$

liegen. Dann ist der Ausdruck, welcher durch die Zusammenstöße nur abnehmen kann und welchen wir kurz die Entropie nennen,

$$E = \int \chi\, l\chi\, dx \ldots dk + \int f\, l f\, du_1\, dv_1\, dw_1,$$

wobei die Integration über alle möglichen Werte der differentiierten Größen zu erstrecken ist. l bedeutet den natürlichen Logarithmus. Der erste Addend im Ausdrucke E kann folgendermaßen erhalten werden. Wir bilden die Größe $l\chi$ für jedes in der Volumeneinheit enthaltene Dublet; d. h. wir setzen in $l\chi$ für alle Variablen diejenigen Werte ein, welche sie für das betreffende Dublet haben. Alle die Werte von $l\chi$ summieren wir dann. Wir wollen daher, um diese Bildungsweise symbolisch auszudrücken, diesen Addenden mit $\Sigma l\chi$ bezeichnen. Ähnlich bezeichnen wir den zweiten Addenden mit $\Sigma l f$, was eine Summation über alle in der Volumeneinheit befindlichen Einzelatome ausdrückt.

Um zu beweisen, daß E nur abnehmen kann, suchen wir zuerst die Veränderung, welche $\Sigma l\chi$, wenn keine Zusammenstöße stattfänden, bloß durch die relative Bewegung von Kern und Schale in den Dublets erführe. Dadurch würden offenbar g, h, k gar nicht verändert. Dagegen könnte man zu irgend einer Zeit t setzen

$$x = A \sin(at + B), \quad \mathfrak{u} = Aa \cos(at + B),$$

und zur Zeit Null

$$x_0 = A \sin B, \quad \mathfrak{u}_0 = Aa \cos B.$$

Betrachtet man alle Dublets, für welche A und B zwischen gewissen, unendlich nahen Grenzen eingeschlossen sind, so ist

$$dx\, d\mathfrak{u} = dx_0\, d\mathfrak{u}_0 = Aa\, dA\, dB, \tag{4}$$

und ebenso für die y- und z-Achse

$$dy\, d\mathfrak{v} = dy_0\, d\mathfrak{v}_0, \quad dz\, d\mathfrak{w} = dz_0\, d\mathfrak{w}_0. \tag{5}$$

Man überzeugt sich leicht, daß die Gleichung

$$dx\,dy\,dz\,d\mathfrak{u}\,d\mathfrak{v}\,d\mathfrak{w} = dx_0\,dy_0\,dz_0\,d\mathfrak{u}_0\,d\mathfrak{v}_0\,d\mathfrak{w}_0$$

auch gilt, wenn Kern und Schale eine beliebige andere Zentralbewegung machen (vgl. meine schon zitierte Abhandlung „Über das Wärmegleichgewicht unter mehratomigen Gasmolekülen"). Würden nun gar keine Zusammenstöße erfolgen, so würden genau für dieselben Dublets, für welche zur Zeit Null die Variablen zwischen den Grenzen x_0 und $x_0 + dx_0 \ldots k$ und $k + dk$ lagen, dieselben zur Zeit t zwischen den Grenzen x und $x + dx \ldots k$ und $k + dk$ liegen. Schreiben wir daher für einen Augenblick unter dem Funktionszeichen χ noch die Variable t explizit, um den Fall einer Veränderlichkeit von χ mit der Zeit nicht von vornherein auszuschließen, so ist die Zahl der ersten Dublets

$$\chi(x_0 \ldots \mathfrak{w}_0, g, h, k, 0)\,dx_0 \ldots dk = \chi_0\,dx_0 \ldots dk,$$

die der letzteren aber

$$\chi(x \ldots k, t)\,dx \ldots dk = \chi\,dx \ldots dk.$$

Daher hat man

$$\chi_0\,dx_0 \ldots dk = \chi\,dx \ldots dk,$$

und wegen (4) und (5)

$$\chi_0 = \chi,$$

daher auch

$$\chi_0\,l\chi_0\,dx_0 \ldots dk = \chi\,l\chi\,dx \ldots dk.$$

Die Integration dieser letzten Gleichung über alle möglichen Werte der Variablen, deren Differentiale sie enthält, zeigt sofort, daß die Größe $\Sigma l\chi$ durch die innere Bewegung der Dublets keine Veränderung erfährt, was natürlich auch für jede Zentralbewegung richtig bleibt. Es bleibt daher nur der Einfluß der Zusammenstöße zu berechnen.

Wir wollen da zunächst statt $\mathfrak{u}, \mathfrak{v}, \mathfrak{w}, g, h, k$ die absoluten Geschwindigkeiten u, v, w, u'', v'', w'' einführen. Da

$$(m + m'')g = mu + m''u'', \quad \mathfrak{u} = u'' - u,$$

so folgt

$$dg\,d\mathfrak{u} = du\,du''.$$

Setzen wir daher die Anzahl der Dublets in der Volumeneinheit, für welche die Variablen $x, y, z, u'', v'', w'', u, v, w$

zwischen den Grenzen x und $x + dx \ldots w$ und $w + dw$ liegen, gleich $F(x, y, z, u'', v'', w'', u, v, w)\, dx \ldots dw$, wobei

$$F = \chi\left(x, y, z, u'' - u, \ldots \frac{m u + m'' u''}{m + m''} \ldots\right),$$

so wird

$$\Sigma l \chi = \int F l F\, dx \ldots dw = \Sigma l F,$$

wo die Summation wieder über alle in der Volumeneinheit enthaltenen Dublets zu erstrecken ist. Wir bezeichnen nun mit $\delta_1 \Sigma l F$ den Zuwachs, welchen $\Sigma l F$ durch die Zusammenstöße der Dublets untereinander, mit $\delta_2 \Sigma l f$ denjenigen, den $\Sigma l f$ durch die Zusammenstöße der Einzelatome untereinander, und mit $\delta_{12}(\Sigma l F + \Sigma l f)$ denjenigen Zuwachs, den die eingeklammerte Größe durch die Zusammenstöße je eines Dublets mit einem Einzelmolekül während der Zeit δt erfährt.

Um $\delta_{12}(\Sigma l F + \Sigma l f)$ zu berechnen, heben wir von allen Zusammenstößen, welche eine Schale mit einem Einzelatom in der Volumeneinheit während der Zeit δt erfährt, diejenigen hervor, für welche die Geschwindigkeitskomponenten der Schale im Momente des Stoßes (aber noch vorher) zwischen den Grenzen u und $u + du$, v und $v + dv$, w und $w + dw$, die des Kerns zwischen den Grenzen u'' und $u'' + du''$, v'' und $v'' + dv''$, w'' und $w'' + dw''$, die Koordinaten des Kerns relativ gegen die Schale zwischen x und $x + dx$, y und $y + dy$, z und $z + dz$, ferner die Geschwindigkeitskomponenten des gemeinsamen Schwerpunktes der Schale und des Einzelatoms zwischen den Grenzen p und $p + dp$, q und $q + dq$, r und $r + dr$, endlich die Richtung der Zentrilinien der stoßenden Atome im Momente des Stoßes innerhalb eines unendlich schmalen Kegels von bestimmter Richtung im Raume und unendlich kleiner Öffnung $d\lambda$ liegt. Die Geschwindigkeitskomponenten des Einzelatoms im Momente des Beginnes des Stoßes sind dann

$$(6)\quad \left\{\begin{aligned} u_1 &= \frac{m + m'}{m'} p - \frac{m}{m'} u, \quad v_1 = \frac{m + m'}{m'} q - \frac{m}{m'} v, \\ w_1 &= \frac{m + m'}{m'} r - \frac{m}{m'} w. \end{aligned}\right.$$

Für die Zahl der Zusammenstöße, welche in der Volumeneinheit während der Zeit δt in der hervorgehobenen Weise geschehen, findet man leicht den Wert:

$$dn = D^2 \cdot F(x, y, z, u'', v'', w'', u, v, w) f(u_1, v_1, w_1)$$
$$\times V\varepsilon dx \ldots dw'' du\, dv\, dw\, du_1\, dv_1\, dw_1\, d\lambda\, \delta t.$$

Hierbei ist V die relative Geschwindigkeit beider Atome im Momente des Stoßes, ε der Kosinus des spitzen Winkels derselben mit der Zentrilinie. Führen wir statt u_1, v_1, w_1 die Variablen p, q, r mittels der Gleichungen (6) ein, so folgt

$$dn = D^2 F f_1 \frac{(m+m')^3}{m'^3} V\varepsilon dx \ldots dw'' du\, dv\, dw\, dp\, dq\, dr\, d\lambda\, \delta t,$$

wobei der unten angehängte Index 1 jedesmal ausdrückt, daß unter dem Funktionszeichen die drei Werte (6) zu substituieren sind.

Durch jeden der hervorgehobenen Zusammenstöße verliert eine Schale die Geschwindigkeitskomponenten u, v, w, durch alle dn Zusammenstöße wird also $\Sigma l F$ um $dn l F$ vermindert.

Nach jedem der hervorgehobenen Zusammenstöße sollen die Geschwindigkeitskomponenten der Schale zwischen den Grenzen u' und $u' + du'$, v' und $v' + dv'$, w' und $w' + dw'$ liegen. Dadurch, daß Schalen mit diesen neuen Geschwindigkeitskomponenten geschaffen werden, wächst $\Sigma l F$ um $dn l F'$, wobei der oben angehängte Strich ausdrückt, daß unter dem Funktionszeichen $x, \ldots w''$, u', v', w' zu substituieren ist. Wir nehmen an, daß die Zusammenstöße momentan geschehen, weshalb die Variablen $x \ldots w''$ durch die Zusammenstöße nicht verändert werden. Es hat daher $\Sigma l F$ durch die hervorgehobenen Zusammenstöße im ganzen den Zuwachs $(l F' - l F) dn$ erhalten. Ganz ebenso findet man, daß $\Sigma l f$ durch die hervorgehobenen Zusammenstöße während der Zeit δt den Zuwachs $(l f_1' - l f_1) dn$ erhalten hat, wobei die beiden Indizes unten und oben ausdrücken, daß unter dem Funktionszeichen die Geschwindigkeitskomponenten des stoßenden Einzelatoms nach dem Stoße

$$(7) \quad \begin{cases} u_1' = \frac{m+m'}{m'} p - \frac{m}{m'} u', \quad v_1' = \frac{m+m'}{m'} q - \frac{m}{m'} v', \\ w_1' = \frac{m+m'}{m'} r - \frac{m}{m'} w' \end{cases}$$

zu substituieren sind. Der gesamte Zuwachs, den $\Sigma l F + \Sigma l f$ durch alle hervorgehobenen Zusammenstöße erfährt, ist daher $dn(l F' + l f_1' - l F - l f_1)$. Hieraus würde der gesamte Zuwachs, welchen wir mit $\delta_{12}(\Sigma lF + \Sigma lf)$ bezeichneten, durch Integration über alle Variablen erhalten, deren Differentiale in dn enthalten sind.[1])

Diese Integration soll nun durch einen eigentümlichen Kunstgriff bewerkstelligt werden. Mit dem obigen Gliede, welches die „hervorgehobenen" Zusammenstöße in das Integral liefern, vereinigen wir das Glied, welches die „entgegengesetzten" Zusammenstöße liefern, und ebenso mit jedem anderen Gliede des Integrales das durch die „entgegengesetzten" Zusammenstöße gelieferte Glied.

Wir sagen ein Zusammenstoß ist einem anderen entgegengesetzt, wenn beim ersteren jedes der stoßenden Atome im Momente des Beginnes genau denselben Zustand hat, wie beim letzteren im Momente des Endes und umgekehrt; außerdem müssen natürlich die Mittelpunkte der beiden Atome vertauscht sein, damit vor dem Stoße Annäherung stattfindet. Die übrigen Variabeln $x \ldots w''$ sollen für beiderlei Zusammenstöße genau zwischen denselben Grenzen eingeschlossen sein. In der nebenstehenden Zeichnung soll der größte Kreis eine

---

[1]) Nimmt man an, daß das zweite der zusammenstoßenden Atome kein Einzelatom, sondern ebenfalls eine Schale gewesen ist, so gelangt man durch vollkommen analoge Schlüsse znr vollkommen analogen Gleichung

$$2\delta_1 \Sigma lF = \int dn\,(lF' + lF_1' - lF - lF_1).$$

Dabei ist

$$F_1 = F(x_1, y_1, z_1, u_1'', v_1'', w_1'', u_1, v_1, w_1),$$

$$F_1' = F(x_1, y_1, z_1, u_1'', v_1'', w_1'', u_1', v_1', w_1').$$

u_1, v_1, w_1 und u_1', v_1', w_1', die Geschwindigkeitskomponenten der zweiten Schale vor und nach dem Stoße, muß man sich wieder durch Gleichungen ausgedrückt denken, die den Gleichungen (6) und (7) analog sind. $x_1, y_1, z_1, u_1'', v_1'', w_1''$ sind die übrigen, den Zustand des zweiten Dublets im Momente des Stoßes bestimmenden Größen. Endlich ist

$$dn = D''^2 F F_1 V s\, dx \ldots dw''\, du\, dv\, dw\, dx_1 \ldots dw_1''\, dp\, dq\, dr\, d\lambda\, \delta t.$$

Ebenso würde sich ergeben

$$2\delta_2 \Sigma lf = \int dn\,(lf' + lf_1' - lf - lf_1),$$

wobei

$$dn = D'^2 f f_1 V s\, du\, dv\, dw\, dp\, dq\, dr\, d\lambda\, \delta t.$$

Die angewandten Zeichen dürften hier ohne weiteres verständlich sein.

Schale, der kleinste einen Kern, der mittlere ein Einzelatom darstellen; die vom Zentrum aus gezogenen Pfeile sind die Geschwindigkeiten. Fig. 1 bedeutet die Konstellation vor einem, Fig. 2 die nach demselben Zusammenstoße; Fig. 3 und 4 aber sind die Konstellationen vor und nach dem umgekehrten Zusammenstoße. Pfeile, die mit gleicher Ziffer bezeichnet sind, haben immer gleiche Länge und gleiche Lage gegen die Zentrilinie.

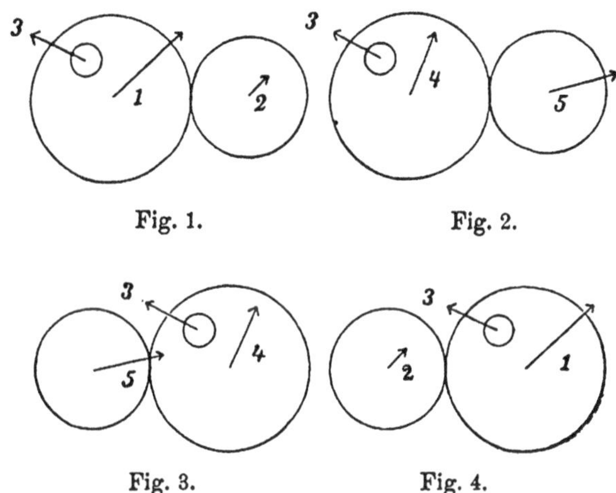

Fig. 1. Fig. 2.

Fig. 3. Fig. 4.

Für alle Zusammenstöße, welche den früher hervorgehobenen entgegengesetzt verlaufen, liegen im Momente des Beginnes die Geschwindigkeitskomponenten der stoßenden Schale zwischen den Grenzen

$$u' \text{ und } u' + du', \quad v' \text{ und } v' + dv', \quad w' \text{ und } w' + dw',$$

im Momente des Endes aber zwischen den Grenzen

$$u \text{ und } u + du, \quad v \text{ und } v + dv, \quad w \text{ und } w + dw.$$

Ähnliches gilt vom stoßenden Einzelatome, wogegen die Bewegung des Schwerpunktes, die Größe der relativen Geschwindigkeit und deren Winkel mit der Zentrilinie für die entgegengesetzten Zusammenstöße ebenso groß ist wie für die ursprünglich hervorgehobenen. Durch jeden entgegengesetzten Zusammenstoß verliert eine Schale die Geschwindigkeitskomponenten u', v', w', ein Einzelatom die Geschwindigkeitskomponenten u_1', v_1', w_1', dagegen gewinnt eine Schale die

Komponenten u, v, w, ein Einzelatom die Komponenten u_1, v_1, w_1. Ist daher dn' während der Zeit δt in der Volumeneinheit die Zahl der den ursprünglich hervorgehobenen entgegengesetzten Zusammenstöße, so wächst durch diese letzteren $\Sigma l F + \Sigma l f$ um

$$dn'(lF + lf_1 - lF' - lf_1').$$

Daher wächst es durch die ursprünglich hervorgehobenen und die ihnen entgegengesetzten Stöße zusammen um

$$(lF' + lf_1' - lF - lf_1)(dn - dn').$$

Integriert man diesen Ausdruck über alle Werte der Variablen, deren Differentiale in dn und dn' enthalten sind, so erhält man $2\,\delta_{12}(\Sigma l F + \Sigma l f)$, da man dann jeden Zusammenstoß doppelt zählt; einmal als ursprünglich hervorgehobenen, dann als entgegengesetzten. Da V, ε und $d\lambda$ durch den Stoß nicht geändert werden, so ist

$$dn' = D^2 F' f_1' \frac{(m + m')^3}{m'^3} V \varepsilon\, dx \ldots dw''\, du'\, dv'\, dw'\, dp\, dq\, dr\, d\lambda\, \delta t.$$

Man findet zudem leicht (am leichtesten auf geometrischem Wege) $du'\, dv'\, dw' = du\, dv\, dw$ und erhält daher

$$(8)\left\{\begin{aligned} &\delta_{12}(\Sigma l F + \Sigma l f) = \frac{\delta t}{2}\int (lF' + lf_1' - lF - lf_1) \\ &(Ff_1 - F'f_1')\frac{(m + m')^3}{m'^3} V \varepsilon D^2\, du\, dv\, dw\, dp\, dq\, dr\, dx \ldots dw''\, d\lambda. \end{aligned}\right.$$

Man sieht sofort, daß sich in derselben Weise ergibt:

$$(9)\left\{\begin{aligned} &\delta_1 \Sigma l F = 2\delta t \int (lF' + lF_1' - lF - lF_1)(FF_1 - F'F_1') \\ &\qquad \cdot V \varepsilon D''^2\, dx \ldots dw''\, dx_1 \ldots dw_1''\, du\, dv\, dw\, dp\, dq\, dr\, d\lambda, \\ &\delta_2 \Sigma l f = 2\delta t \int (lf' + lf_1' - lf - lf_1)(ff_1 - f'f_1') \\ &\qquad \cdot V \varepsilon D'^2\, du\, dv\, dw\, dp\, dq\, dr\, d\lambda, \end{aligned}\right.$$

wobei die Bezeichnungen dieselben sind, wie in der Anmerkung auf S. 442.

Wir beschränken uns hier bloß auf die Betrachtung des stationären Zustandes, wo F und f für alle Zeiten dieselben Funktionen der darin vorkomenden Variablen sind. Für diesen sind die betrachteten Ursachen die einzigen, welche eine Veränderung von $\Sigma l F$ und $\Sigma l f$ bewirken könnten. Es ist daher die gesamte Veränderung, welche E während δt erfährt,

$$\delta E = \delta_{12}(\Sigma l F + \Sigma l f) + \delta_1 \Sigma l F + \delta_2 \Sigma l f.$$

Da alles, folglich auch E, unverändert bleibt, muß $\delta E = 0$ sein. Nun haben aber in den Integralen der Formeln (8) und (9) beide eingeklammerte Faktoren wesentlich das entgegengesetzte Vorzeichen, während die übrigen Größen wesentlich positiv sind. Die Größe unter den Integralzeichen ist daher wesentlich negativ und die Summe der Integrale, welche in δE erscheint, kann nur verschwinden, wenn für jeden Zusammenstoß:

$$F' f_1' = F f_1, \quad F' F_1' = F F_1, \quad f' f_1' = f f_1 \tag{10}$$

ist.

Betrachten wir zunächst den einfachsten Fall, daß die Schalen für einander vollständig durchdringlich sind, ebenso die Einzelatome für einander; nur zwischen einer Schale und einem Einzelatome soll jedesmal in der Distanz D Abprallen stattfinden. Dann bleibt nur die erste der Gleichungen (10), die aber für jeden möglichen Stoß gelten muß. Bezeichnen wir die Geschwindigkeit $\sqrt{u_1^2 + v_1^2 + w_1^2}$ eines Einzelatoms mit c_1, so ist f_1 offenbar nur Funktion von c_1, F dagegen kann als Funktion der folgenden sechs Variablen ausgedrückt werden: 1. der beiden Geschwindigkeiten c und c'' von Schale und Kern, 2. der Distanz ϱ derselben (natürlich ihrer Centra), 3. der Winkel α und α'' der Richtungen von c und c'' mit der Geraden ϱ (letztere von der Schale gegen den Kern gezogen), 4. des Winkels β der Ebenen ϱc und $\varrho c''$.

Wir fassen nun einen Stoß ins Auge und bezeichnen die Werte dieser Variablen im Momente des Stoßes, jedoch noch vor demselben, ohne oberen Index, die unmittelbar nach dem Stoße dagegen oben mit einem Striche; wir können offenbar die Lage der Zentrilinie im Momente des Stoßes und die Richtung von c_1 so wählen, daß c, α und β nach dem Stoße ganz beliebige Werte c', α', β' annehmen, welche für den Wert c_1' der Variablen c_1 nach dem Stoße reelle Werte liefern; dieser letztere ist durch die Gleichung der lebendigen Kraft $m' c_1'^2 + m c'^2 = m' c_1^2 + m c^2$ bestimmt. Die Werte der Variablen c'', ϱ und α'' dagegen werden durch den Stoß nicht verändert. Die erste der Gleichungen (10) kann daher so geschrieben werden:

$$F(c'', \alpha'', \varrho, c, \alpha, \beta)\cdot f_1(c_1) = F(c'', \alpha'', \varrho, c', \alpha', \beta') \times f_1\left(\sqrt{c_1^2 + \frac{m}{m'}(c^2 - c'^2)}\right).$$

Diese Gleichung muß für alle möglichen Werte der Variablen c'', α'', ϱ, c, α, β, c', α', β' und c_1 erfüllt sein, woraus man mit Leichtigkeit findet:

$$f_1(c_1) = A_1\, e^{-h m' c_1^2}, \quad F = A\, e^{-h m c^2}.$$

Hierbei sind A_1 und h reine Konstanten; A dagegen kann noch die Variablen c'', ϱ und α'' enthalten.

Man sieht sofort, daß hieraus die Gleichheit der mittleren lebendigen Kraft einer Schale und eines Einzelatoms folgt, und daß die Maxwellsche Geschwindigkeitsverteilung unter den Schalen und Einzelatomen erwiesen ist, ohne daß man Zusammenstöße der Schalen untereinander und der Einzelatome untereinander anzunehmen braucht. Die Annahme, daß auch solche Zusammenstöße vorkommen, ändert an der Verteilung der lebendigen Kraft gar nichts, da durch die gefundenen Werte von f_1 und F die beiden anderen der Gleichungen (10) identisch erfüllt werden. Dagegen wird durch den Umstand, daß der Kern keinerlei Stöße erfährt, die Gültigkeit des Satzes auch für diesen zwar nicht gestört, aber der Beweis erheblich erschwert. Denn würde auch der Kern Stöße erfahren, so würde sofort folgen, daß F von c'' in derselben Weise wie von c abhängt, und wir wären zu Ende. So aber müssen wir die Zentralbewegung der Dublets weiterrechnen.

Man beweist zunächst leicht, daß bei der gefundenen Zustandsverteilung für jede Wertekombination von c'', ϱ, α'' die Werte von c, α, β durch die Zusammenstöße jede Veränderung durchschnittlich genau ebensooft, wie die gerade entgegengesetzte erfahren. Werden daher auch gewisse Formen der Zentralbewegung plötzlich durch einen Zusammenstoß zerstört, so entstehen doch wieder anderswo umgekehrt durch Zusammenstöße ebensooft wieder dieselben Formen und es müßte daher dasselbe Verteilungsgesetz der Zentralbewegungen auch fortbestehen bleiben, wenn plötzlich alle Zusammenstöße aufhörten.

Es ist nun sonderbar, daß gerade für das einfache, von Lord Kelvin angenommene Gesetz der Proportionalität der Zentralkraft mit ϱ die nun noch nötige Rechnung am weitschweifigsten wird. Um daher nicht gezwungen zu sein, den angezogenen Satz M. Morgans allzusehr zu ignorieren, will ich ein anderes Gesetz, z. B. $a\varrho + (b/\varrho^3)$, oder irgend eines voraussetzen, wobei der Winkel zweier sich folgender Apsidenrichtungen im allgemeinen zu π in keinem rationalen Verhältnisse steht.

Die Gesamtenergie eines Dublets ist

$$\text{(I)} \qquad L = \frac{m c^2}{2} + \frac{m'' c''^2}{2} + \varphi(\varrho).$$

wobei φ die Potentialfunktion ist. Die doppelte Flächengeschwindigkeit der Zentralbewegung (der Relativbewegung von Schale und Kern in der Bahnebene) ist

$$\text{(II)} \qquad K = \varrho \sqrt{c^2 \sin^2\alpha + c''^2 \sin^2\alpha'' - 2 c c'' \sin\alpha \sin\alpha'' \cos\beta}\,,$$

die mit $m + m''$ multiplizierte Geschwindigkeit des Schwerpunktes des Dublets ist

$$\text{(III)} \quad G = \sqrt{m^2 c^2 + m''^2 c''^2 + 2 m m'' c c'' (\cos\alpha\cos\alpha'' + \sin\alpha\sin\alpha''\cos\beta)}$$

und sie hat senkrecht zur Bahnebene die Komponente

$$\text{(IV)} \qquad H = \frac{c c'' \sin\alpha \sin\alpha'' \sin\beta}{\sqrt{c^2 \sin^2\alpha + c''^2 \sin^2\alpha'' - 2 c c'' \sin\alpha \sin\alpha'' \cos\beta}}.$$

Die Zahl der Dublets in der Volumeneinheit, für welche K, L, G, H zwischen den Grenzen

K und $K + dK$, L und $L + dL$, G und $G + dG$, H und $H + dH$

liegen, soll

$$\Phi(K, L, G, H)\, dK\, dL\, dG\, dH$$

heißen. Die Zahl derjenigen unter allen diesen Dublets, für welche noch ϱ zwischen ϱ und $\varrho + d\varrho$ liegt, ist

$$\Phi \cdot dK\, dL\, dG\, dH\, \frac{d\varrho}{\sigma} : \int_{\varrho_1}^{\varrho_0} \frac{d\varrho}{\sigma} = \Psi\, dK\, dL\, dG\, dH\, \frac{d\varrho}{\sigma}.$$

Hierbei ist $\sigma = d\varrho / dt$,

$$\int_{\varrho_1}^{\varrho_0} \frac{d\varrho}{\sigma}$$

ist die Zeit, welche von einem Peri- bis zu einem Apozentrum vergeht, also eine gegebene Funktion von K, L, G, H;

$$\Psi = \Phi : \int_{\varrho_0}^{\varrho_1} \frac{d\varrho}{\sigma}$$

ist ebenfalls eine Funktion dieser vier Größen. Beschränken wir uns auf jene Dublets, für welche 1. noch die letzte Apsidenlinie der Bahn mit einer in der Bahnebene einer fixen Ebene parallel gezogenen Geraden einen Winkel bildet, der zwischen ε und $\varepsilon + d\varepsilon$ liegt, 2. die beiden durch die Geschwindigkeit des Schwerpunktes normal zur Bahnebene und parallel einer fixen Geraden Γ gelegten Ebenen einen Winkel bilden, der zwischen ω und $\omega + d\omega$ liegt, und endlich 3. noch die Geschwindigkeitsrichtung des Schwerpunktes innerhalb eines Kegels von gegebener Richtung und unendlich kleiner Öffnung $d\lambda$ fällt, so haben wir noch mit $d\varepsilon\, d\omega\, d\lambda : 16\pi^3$ zu multiplizieren. Die Zahl der Dublets in der Volumeneinheit, welche alle diese Bedingungen erfüllen, ist daher

$$(11) \qquad \Psi \cdot \frac{1}{16\pi^3 \sigma}\, dK\, dL\, dG\, dH\, d\varrho\, d\varepsilon\, d\omega\, d\lambda \,.$$

Bezeichnen wir mit g und $g + dg$, h und $h + dh$, k und $k + dk$ die Grenzen, zwischen denen für die Dublets die Geschwindigkeitskomponenten des Schwerpunktes bezüglich der fixen rechtwinkligen Koordinatenachsen liegen, so ist

$$G^2\, dG\, d\lambda = dg\, dh\, dk .$$

Nun lassen wir g, h und k konstant, legen durch die Schale (deren Zentrum) ein rechtwinkliges Koordinatensystem, dessen z-Achse die Richtung von G hat, bezeichnen Koordinaten und Geschwindigkeitskomponenten des Kerns bezüglich dieses Systems mit $x_1, y_1, z_1, u_1, v_1, w_1$ und transformieren diese sechs Variablen in $K, L, H, \varrho, \varepsilon, \omega$. Wir führen da ein zweites Koordinatensystem ein, bezüglich dessen Koordinaten und Geschwindigkeitskomponenten der Schale mit $x_2, y_2, z_2, u_2, v_2, w_2$ bezeichnet werden sollen. Die z-Achse des zweiten Systems soll senkrecht zur Bahnebene, die x-Achse in deren Durchschnittslinie mit der alten xy-Ebene liegen. Es ist dann

$$H = G \sin\vartheta,$$

wenn $90 - \vartheta$ der Winkel beider z-Achsen ist; daher, weil G konstant ist,

$$dH = G\cos\vartheta\, d\vartheta.$$

Endlich bezeichnen wir den Winkel der beiden x-Achsen mit ω, da er sich von dem früher so bezeichneten Winkel jedenfalls nur um einen Betrag unterscheidet, den wir jetzt als konstant zu betrachten haben. Wir finden:

$$z_2 = x_1 \cos\vartheta \sin\omega + y_1 \cos\vartheta \cos\omega + z_1 \sin\vartheta,$$
$$w_2 = u_1 \cos\vartheta \sin\omega + v_1 \cos\vartheta \cos\omega + w_1 \sin\vartheta,$$

welche beide Ausdrücke verschwinden müssen, da die $x_2 y_2$-Ebene Bahnebene ist. Mittels dieser beiden Gleichungen kann man bei konstantem x_1, y_1, u_1, v_1 zunächst ϑ, ω statt z_1, w_1 einführen und findet

$$dz_1\, dw_1 = (y_1 u_1 - x_1 v_1)\frac{\cos\vartheta}{\sin^3\vartheta}\, d\vartheta\, d\omega.$$

Nun ist weiter

$$x_2 = x_1 \cos\omega - y_1 \sin\omega,$$
$$y_2 \sin\vartheta = x_1 \sin\omega + y_1 \cos\omega,$$

und analoge Gleichungen folgen für u_2, v_2, u, v. Daraus folgt

$$y_1 u_1 - x_1 v_1 = \sin\vartheta (y_2 u_2 - x_2 v_2) = K \sin\vartheta,$$

und bei konstantem ϑ und ω

$$dx_2\, dy_2 \sin\vartheta = dx_1\, dy_1; \quad du_2\, dv_2 \sin\vartheta = du_1\, dv_1,$$

daher

$$dx_1\, dy_1\, dz_1\, du_1\, dv_1\, dw_1 = K\cos\vartheta\, dx_2\, dy_2\, du_2\, dv_2\, d\vartheta\, d\omega.$$

Nun bezeichnen wir, wie früher, mit σ und τ die Geschwindigkeitskomponenten der Relativbewegung von Schale und Kern in der Richtung von ϱ und senkrecht darauf; dann ist bei konstantem x_2 und y_2

$$d\sigma\, d\tau = du_2\, dv_2,$$

$$K = \varrho\tau, \quad L = L_g + \frac{m m''}{2(m + m'')}(\sigma^2 + \tau^2) + \varphi(\varrho),$$

$$dK\, dL = \frac{m m''}{m + m''}\sigma\varrho\, d\sigma\, d\tau,$$

wobei L_g die jetzt konstant betrachtete Energie der Schwerpunktsbewegung ist. Ist endlich ψ der Winkel zwischen ϱ und der letzten Apsidenlinie, so folgt

$$x_2 = \varrho \cos(\varepsilon + \psi), \quad y_2 = \varrho \sin(\varepsilon + \psi),$$

wobei ψ Funktion von ϱ, K und L ist; letztere beide sind jetzt konstant, daraus folgt

$$\varrho\, d\varrho\, d\varepsilon = dx_2\, dy_2$$

Faßt man alles zusammen, so ist:

$$dx_1\, dy_1\, dz_1\, du_1\, dv_1\, dw_1 = \frac{m + m''}{m m''} \frac{K}{\sigma} dK\, dL\, dH\, d\varrho\, d\omega\, d\varepsilon$$

und man sieht sofort, daß, wenn sich Koordinaten und Geschwindigkeitskomponenten ohne Index auf ein beliebig gelegenes fixes Koordinatensystem beziehen, ebenfalls

$$dx\, dy\, dz\, du\, dv\, dw = \frac{m + m''}{m m''} \frac{K}{\sigma} dK\, dL\, dH\, d\varrho\, d\omega\, d\varepsilon$$

sein muß. Führen wir dies in den Ausdruck (11) ein und bedenken noch, daß bei konstantem u, v, w

$$dg\, dh\, dk = \frac{m''^3}{(m + m'')^3} du''\, dv''\, dw'',$$

so findet man

$$\frac{1}{16\,\pi^3} \frac{m\, m''^4}{(m + m'')^4} \frac{\Psi}{K G^2} dx\, dy\, dz\, du\, dv\, dw\, du''\, dv''\, dw''$$

als die Zahl der Dublets in der Volumeneinheit, für welche die Variablen $x \ldots w''$ zwischen x und $x + dx \ldots w''$ und $w'' + dw''$ liegen. Da wir für diese Zahl früher den Ausdruck

$$F \cdot dx\, dy\, dz\, du\, dv\, dw\, du''\, dv''\, dw''$$

fanden und sahen, daß F die Form haben muß $A e^{-hmc^2}$, wobei A nur Funktion von c'', ϱ und α'' sein kann, so folgt, wenn wir jetzt setzen

$$F = B e^{-h(mc^2 + m''c''^2 + 2\varphi(\varrho))},$$

daß B einerseits nur Funktion von c'', ϱ und α'', andererseits nur Funktion von K, L, G und H sein kann. Es muß B also eine solche Funktion dieser letzteren Variablen sein, welche von den Werten von c, α und β ganz unabhängig und bloß Funktion von c'', ϱ und α'' ist.[1]) Setzen wir $\beta = 0$, so wird

$$K = \varrho(c'' \sin\alpha'' - c\sin\alpha),$$
$$G^2 = m^2 c^2 + m''^2 c''^2 + 2mm'' c c'' \cos(\alpha'' - \alpha),$$
$$H = 0,$$

während

$$L = \frac{mc^2}{2} + \frac{m'' c''^2}{2} + \varphi(\varrho)$$

ist. Die Elimination von c und α aus diesen Gleichungen liefert:

$$c''^2 \sin^2\alpha'' [(m + m'')(2L - \varphi) - G^2]$$
$$- K \sin\alpha'' [m(2L - \varphi) + m''(m + m'')c''^2 - G^2] + mm'' K^2$$
$$+ \varrho^2 \left\{ m''^2 c''^2 - m''(2L - \varphi) + \frac{1}{4mm'' c''^2}[G^2 - m(2L - \varphi) + m'(m - m'')c''^2]^2 \right\}$$
$$= 0.$$

Denken wir uns aus dieser Gleichung etwa c'' bestimmt, so sollen wir erhalten $c'' = \chi(\alpha'', \varrho, L, G, K)$. Wir wissen nun, daß B sich sowohl als Funktion von c'', α'', ϱ, als auch von L, G, K muß ausdrücken lassen, also

$$B = F(\chi, \alpha'', \varrho) = \Phi(L, G, K).$$

---

[1]) In der englischen Ausgabe steht an Stelle des folgenden: If we put $B = f(K, L, G, H)$ then this function must be independent of c, α and β for all values of c'' and α''. Substitute for the variables K, L, G, H their values from (11), (12), (13), (14) [in dieser Ausgabe mit (I), (II), (III), (IV) bezeichnet D. H.] and make $c'' = 0$ at first. Then

$$K = \varrho c \sin\alpha, \quad L = \tfrac{1}{2} mc^2 + \varphi(\varrho), \quad G = mc, \quad H = 0,$$
$$B = f\left(\varrho c \sin\alpha, \quad \frac{mc^2}{2} + \varphi(\varrho), \quad mc, \ 0\right).$$

As this expression is independent of c and α the function f does not contain the quantity K, and it only involves L and G in the form $2mL - G^2$. We can best express this by writing the function with variable $2mL - G^2$, instead of L, G, when it becomes

$$B = f(2mL - G^2, H)$$

If we introduce again into this expression the general values given in equations (11) to (14) [(I). bis (IV).] we see that the two variables in the function are quite independent of each other if c, α, β are to have all possible values. And since B ist constant for all values of c, α and β, it is so for all values of $2mL - G^2$ and H, and is therefore absolutely constant. The distribution of vis viva is therefore obtained.

Diese Gleichung muß auch für $\alpha'' = 0$ gelten; es muß also $F(\chi, 0, \varrho)$ bloß Funktion von L, G, K sein, welche wegen der Willkürlichkeit von c und α auch für $\alpha'' = 0$ noch independent sind. Für $\alpha = 0$ wird:

$$(12)\quad \begin{cases} m''^2(m+m'')^2 c''^4 \\ + 2m'' c''^2 [(m-m'')D + 2m^2 m'' \dfrac{K^2}{\varrho^2} + (\varphi - 2L)m(m+m'')] \\ + [D + m(\varphi - 2L)]^2 = 0\,. \end{cases}$$

Setzen wir

$$(m - m'')D - 2m(m+m'')L = \xi, \quad D - 2mL = \eta,$$
$$2m^2 m'' K^2 = \zeta,$$

so müßte sich $F(c'', \varrho)$ auf eine Funktion von ξ, η, ζ reduzieren, wenn darin c'' durch Gleichung (12) als Funktion von ϱ, L, D, K ausgedrückt wird. Da durch Veränderung von c und α bewirkt werden kann, daß sich ξ und η unabhängig von c'', α'' und ϱ verändern, so muß auch

$$\frac{\partial F}{\partial c''} \cdot \frac{\partial c''}{\partial \xi} \quad \text{und} \quad \frac{\partial F}{\partial c''} \cdot \frac{\partial c''}{\partial \eta}$$

von ϱ unabhängig sein. Dies kann aber wegen

$$\frac{\partial c''}{\partial \zeta} = \varrho^2 \frac{\partial c''}{\partial \xi}$$

nur stattfinden, wenn entweder

$$\frac{\partial c''}{\partial \xi} \quad \text{oder} \quad \frac{\partial F}{\partial c''}$$

verschwindet. Erstere Größe hat den Wert

$$-\frac{c''}{2m''(m+m'')^2 c''^2 + 2\xi + \dfrac{2\zeta}{\varrho^2} + 2m(m+m'')\varphi},$$

kann also nicht allgemein verschwinden, da c'', ϱ, ξ und ζ auch für $\alpha'' = \beta = 0$ noch unabhängig voneinander geändert werden können. Es muß also F von c'' und daher auch von ϱ unabhängig sein; daraus folgt sofort, daß es auch von α'' unabhängig ist, da ja α'' nicht als Funktion von L, G und K allein ausdrückbar ist. Es muß also F oder B eine Konstante sein, womit die Verteilung der lebendigen Kraft endlich eindeutig bestimmt ist. Vorausgesetzt ist dabei noch, daß φ so beschaffen ist, daß Kern und Schale überhaupt beisammen bleiben, und auch nicht in einen Punkt zusammenschrumpfen, da sonst die obigen Wahrscheinlichkeitsbetrachtungen unzulässig werden.

Daß sich namentlich die zuletzt gemachten Schlüsse durch etwas einfachere ersetzen lassen, scheint mir wahrscheinlich; doch dürften auch in dieser Darstellung die allgemeinen Ursachen klar hervortreten, welche die Richtigkeit des Theorems unabhängig von den speziellen Details der Aufgabe verbürgen.

98.

Über ein mechanisches Modell zur Versinnlichung der Anwendung der Lagrangeschen Bewegungsgleichungen in der Wärme- und Elektrizitätslehre.

(Jahresbericht d. Deutsch. Math.-Vereinigung 1. S. 53—55. 1892.)

Seien: p generalisierte Koordinaten eines materiellen Systems, $\dot{p}$ deren Ableitungen nach der Zeit, T die lebendige Kraft des Systems als Funktion von p und $\dot{p}$, endlich P die nach p wirkende Kraft, so daß $\Sigma P \delta p$ die Arbeit ist; so hat man:

$$P = \frac{d}{dt}\frac{\partial T}{\partial \dot{p}} - \frac{\partial T}{\partial p}.$$

In gewissen Aufgaben der Elektrizitäts- und Wärmelehre zerfallen nun die Koordinaten in zwei Gruppen. Für die erste Gruppe (langsam veränderliche Parameter, nach wie vor von uns mit p bezeichnet) kann $d(\partial T / \partial \dot{p}) / dt$ vernachlässigt werden; die der zweiten Gruppe (zyklische Koordinaten, für welche wir die Buchstaben p und P mit q und Q vertauschen wollen) sind dadurch charakterisiert, daß sie nicht explizit, sondern nur ihre Ableitungen nach der Zeit in T vorkommen. Dann erhalten wir also an Stelle der obigen Gleichungen:

$$P = -\frac{\partial T}{\partial p}, \quad Q = \frac{d}{dt}\frac{\partial T}{\partial \dot{q}}.$$

Ein noch speziellerer Fall ist der, daß die Geschwindigkeit eines jeden Massenteilchens m_l eine lineare Funktion der $\dot{q}$, also etwa gleich $\Sigma_k a_{k,l} \dot{q}_k$ ist, wobei die Koeffizienten $a_{k,l}$ Funktionen der p sind. Setzen wir dann

$$A_{k,k} = \Sigma_l m_l a_k^2,$$

dagegen für ungleiche Indizes des A

$$A_{k,h} = \Sigma_l m_l a_{k,l} a_{h,l},$$

so wird

$$2T = \Sigma_k \Sigma_h A_{k,h} \dot{q}_k \dot{q}_l$$

wo jeder Wert des h mit jedem des k zu kombinieren ist, und folglich wegen $A_{k,h} = A_{h,k}$

$$P_i = -\tfrac{1}{2}\Sigma_k \Sigma_h \dot{q}_k \dot{q}_h \frac{\partial A_{k,h}}{\partial p_i}, \quad Q_i = \frac{d\Sigma_k A_{k,i} \dot{q}_k}{dt}.$$

Die wesentlichsten Eigenschaften dieser Gleichungen, wie sie in der mechanischen Wärmetheorie in Anwendung kommen, sind schon zu ersehen, wenn eine Masse m mit einer einzigen zyklischen Koordinate q und einer langsam veränderlichen p vorhanden ist. Ein Beispiel bietet eine rasch rotierende Röhre, mit welcher eine Masse m mitrotiert. Alles übrige ist natürlich massenlos. q ist der Winkel, um den sich die Röhre, von einer gegebenen Anfangslage ausgehend, gedreht hat; p ist die Entfernung der Masse von der Drehungsachse. An der Masse ist ein Faden befestigt, welcher über eine Rolle und dann in der Achse der Röhre fortläuft. Eine an seinem Ende angreifende Kraft kann sich während der Drehung p langsam verändern. Dies ist also die Kraft P, während Q an einer mit der Röhre verbundenen Kurbel angreift.

Um dagegen die Anwendung derselben Gleichungen auf die Theorie der elektrischen Ströme zu versinnlichen, sind drei Massen erforderlich, welche in analoger Weise an drei koaxialen Röhren befestigt sind. Die oberste und unterste Röhre, welche die gleichen Massen m_1 und m_2 tragen, sind wieder durch Kurbeln drehbar, an denen die Kräfte Q_1 und Q_2 angreifen. Durch Zahnräder aber wird bewirkt, daß die Winkeldrehung q_3 der mittleren Röhre, woran die Masse $m_3 = 4m_1$ befestigt ist, das arithmetische Mittel der beiden Winkeldrehungen q_1 und q_2 der übrigen Röhren ist. Drei aus dem Röhrensystem heraushängende Fäden regulieren wie oben die drei Distanzen l_1, l_2 und l_3 der Massen von der Drehungsachse. Dann wird

$$A_{11} = m_1(l_1{}^2 + l_3{}^2), \quad A_{22} = m_1(l_2{}^2 + l_3{}^2), \quad A_{12} = m_1 l_3{}^2.$$

Denkt man sich daher drei Handgriffe durch ein Gestänge so mit den drei Fäden verbunden, daß bei Bewegung des ersten resp. zweiten um die Stücke p_1 resp. p_2 nur l_1 resp. l_2 sich ändern, bei Bewegung des dritten um p_3 aber sich alle l so ändern, daß $l_1{}^2 + l_3{}^2$ und $l_2{}^2 + l_3{}^2$ konstant bleiben, so sind die auf die Handgriffe wirkenden Kräfte

$$P_1 = -\tfrac{1}{2}\dot{q}_1^2 \frac{\partial A_{11}}{\partial p_1}, \quad P_2 = -\tfrac{1}{2}\dot{q}_2^2 \frac{\partial A_{22}}{\partial p_2}, \quad P_3 = -\dot{q}_1\dot{q}_2 \frac{\partial A_{12}}{\partial p_3},$$

während die auf die beiden Kurbeln wirkenden Kräfte sind

$$Q_1 = \frac{d}{dt}(A_{11}\dot{q}_1 + A_{12}\dot{q}_2), \quad Q_2 = \frac{d}{dt}(A_{12}\dot{q}_1 + A_{22}\dot{q}_2).$$

Die Gleichungen haben vollkommen dieselbe Form, wie die von Thomson für zwei elektrische Ströme mit den Intensitäten $\dot{q}_1$ und $\dot{q}_2$, und den Selbstinduktionskoeffizienten A_{11} und A_{22} gefundenen. A_{12} ist ihr wechselseitiger Induktionskoeffizient, p_1, p_2 und p_3 sind Koordinaten, von denen nur A_{11} resp. A_{22} und A_{12} abhängen.

Ein vom Mechaniker Gasteiger in Graz verfertigter Apparat, an welchem diese Bedingungen realisiert waren (es konnte jedoch nur p_3, nicht p_1 und p_2 verändert werden), und welcher in der Tat alle an zwei elektrischen Strömen beobachteten Erscheinungen mechanisch nachzuahmen gestattete, wurde vom Vortragenden vorgezeigt. Die Fäden waren durch eine Stange ersetzt, an welcher die drei Massen durch Parallelogrammführungen befestigt waren, wie sie beim Zentrifugalregulator der Dampfmaschine vorkommen. Bezüglich der Details mag verwiesen werden auf: „Boltzmann, Vorlesungen über Maxwells Theorie der Elektrizität und des Lichtes“, Leipzig bei J. A. Barth 1891, sechste Vorlesung.

99.

Beschreibung einiger Demonstrationsapparate.

(Deutsche Mathematiker-Vereinigung, Katalog mathem. Modelle usw. 1892.)

A. (235.) **Apparat zur Demonstration der Gesetze der gleichförmig beschleunigten Rotationsbewegung von Prof. L. Boltzmann.**

(Ausgestellt vom Physikalischen Institut der Universität Graz.)

Eine möglichst leichte, möglichst reibungslos drehbare vertikale Achse trägt zwei leichte senkrechte Querarme, an denen je eine ziemlich bedeutende Masse festgeklemmt werden kann. Die Achse verjüngt sich an einer Stelle so, daß ihr Durchmesser gerade halb so groß wird. Ein um die Achse gewickelter Faden läuft über eine Rolle und erzeugt, wenn er mit einem kleinen Gewicht belastet wird, eine gleichförmig beschleunigte Rotationsbewegung, welche wie bei der Atwoodschen Fallmaschine beobachtet wird, indem das fallende Gewicht sich dicht vor einer vertikalen Skala bewegt. Durch Veränderung der Größe des Fallgewichtes, durch Aufwicklung des Fadens auf den dünneren oder dickeren Teil der Achse kann das Drehmoment, welches die Rotation beschleunigt, durch Veränderung der Größe und Lage der beiden größeren Massen das Trägheitsmoment variiert werden. Einen ähnlichen Apparat fand ich, nachdem dieser längst fertig war, in Carls Repertorium beschrieben.

B. (265.) **Wellenmaschine zur Demonstration der Superposition von Wellen von Prof. L. Boltzmann.**

(Ausgestellt vom Physikalischen Institut der Universität Graz.)

Die Wellenmaschine zeigt untereinander drei Reihen von Kugeln. Die Kugeln der obersten Reihe sind rot, die der mittleren gelb, die der untersten weiß bemalt. Jede Kugel ist am Ende eines horizontalen Stabes befestigt, der um den andern Endpunkt A drehbar ist (s. Fig. 1). Der Stab geht durch den vertikalen Schlitz eines Messingbleches hindurch, so daß er sich nur in einer vertikalen Ebene hin und her bewegen kann. Nahe dem kugeltragenden Ende kann unter der obersten und mittleren Reihe der Stäbe je eine Schiene von beliebiger Gestalt hindurchbewegt werden, auf welcher die Stäbe durch ihr Gewicht aufruhen. Dadurch kann in der obersten resp. mittelsten Kugelreihe (der der roten resp. gelben Kugeln) in bekannter Weise eine wellenähnliche Bewegung erzeugt werden. Jede weiße Kugel dagegen ist mit der darüberliegenden roten und gelben Kugel so verbunden, daß ihre Bewegung immer die algebraische Summe der Bewegungen der beiden andern Kugeln ist, so daß also die weiße Kugelreihe jedesmal die Superposition der beiden in der roten und gelben Kugelreihe erregten Wellen zeigt.

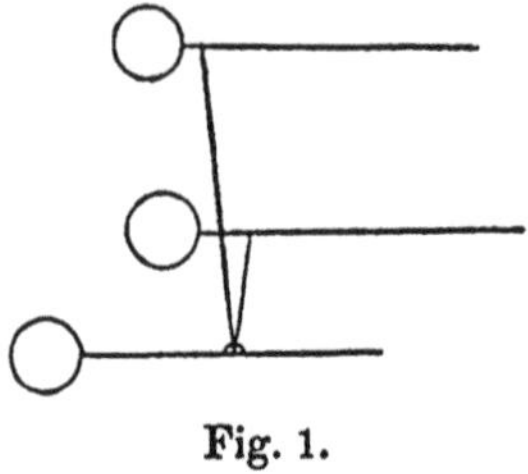

Fig. 1.

Dies ist in der folgenden Weise bewirkt: Die beiden Enden einer Schnur sind an den oberen resp. mittleren Stab nahe dem kugeltragenden Stabende angeknüpft. Der untere Stab dagegen trägt in der Mitte einen Ring, durch welchen die Schnur hindurchgezogen ist (s. Fig. 1). Um nun die Interferenz zweier gleichgerichteter Wellenzüge zu zeigen, können die Schienen fest verbunden werden. — Um die Interferenz entgegengesetzt laufender Wellenzüge (stehende Wellen) zu zeigen, ist an jeder Schiene eine Zahnstange befestigt. Zwischen beide Zahnstangen kann ein Zahnrad eingeschoben werden, dessen Drehung beide im entgegengesetzten Sinn bewegt.

C. (266.) Zwei Apparate, um die Obertöne gezupfter Saiten zu zeigen von Prof. L. Boltzmann.

(Ausgestellt vom Physikalischen Institut der Universität Graz.)

Erster Apparat. Über 5 parallele, rechteckige Metallplatten laufen in passenden Einschnitten 17 Schnüre, deren eines Ende an der hintersten Metallplatte festgemacht ist, deren anderes Ende je eine Kugel trägt. Alle Kugelcentra stehen ursprünglich in einer horizontalen Geraden. Zwischen je zwei Metallplatten können Metallbleche von den aus der Fig. 2 ersichtlichen Formen eingesteckt werden. Dadurch werden die verschiedenen Schnüre zwischen die beiden Metallplatten verschieden tief hinabgezogen und daher die Kugeln so hinaufgezogen, daß ihre Centra in eine Kurve zu liegen kommen, welche die Superposition aller jener Kurven darstellt, von denen die eingesteckten Metallbleche nach unten begrenzt werden. Stellen letztere Kurven die Partialtöne einer in der Mitte, in $^1/_3$ ihrer Länge usw. gezupften Saite dar, so liegen die Centra der Kugeln in einer Kurve, welche die Gestalt der gezupften Saite selbst darstellt.

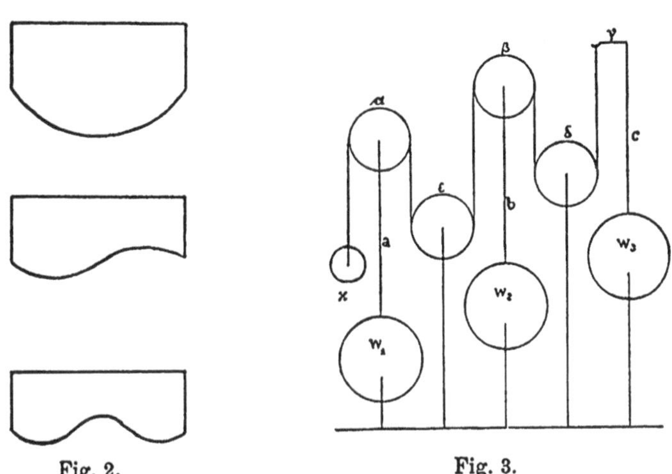

Fig. 2. Fig. 3.

Zweiter Apparat. Derselbe dient dazu, um nicht bloß die Zerlegung der Gestalt der in der Mitte gezupften Saite im ersten Momente ihrer Bewegung, sondern auch während des ganzen Verlaufes der Bewegung zu zeigen. Die Fig. 3 stellt bloß jene Bestandteile dar, welche in einer und derselben vertikalen Ebene liegen. a, b, c sind 3 Stäbe, die so geführt sind, daß sie sich bloß vertikal auf und ab bewegen können. Ihre unteren Enden ruhen durch das eigene Gewicht auf 3 Walzen, W_1, W_2, W_3, während die beiden ersten Stäbe oben je eine Rolle α und β, der dritte dagegen einen Haken γ trägt. Am Haken ist eine Schnur befestigt, die zuerst über die fixe Rolle δ, dann über die bewegliche β, dann wieder über eine fixe Rolle ε, dann über die bewegliche Rolle α läuft und am Ende eine Kugel $\varkappa$ trägt. Wir denken uns nun 17 in dieser Weise eingerichtete Rollensysteme mit 17 Kugeln $\varkappa$ nebeneinander aufgestellt. Die Walze W_1 ist für alle 17 Stäbe a ein und dieselbe und von solcher Gestalt, daß bei ihrer Umdrehung die 17 Stäbe a dieselbe Bewegung machen, wie die Teilchen einer stehenden einfachen Sinuswelle. Diese ist an den 17 Rollen α sichtbar. In gleicher Weise kann durch Umdrehung der Walze W_2 eine einfache Sinusschwingung der Stäbe b, durch Umdrehung der Walze W_3 eine solche der Stäbe c erzeugt werden. Während jedoch auf alle 17 Stäbe a nur eine halbe Welle entfällt, so entfallen auf die 17 Stäbe b $^3/_2$, auf die 17 Stäbe c $^5/_2$ Wellen. Die Rollen β zeigen also eine Wellenbewegung von 3 mal kleinerer, die Haken γ eine Wellenbewegung von 5 mal kleinerer Wellenlänge als die Rollen α. Ferner sind die 3 Walzen so durch Zahnräder verbunden, daß auf eine Umdrehung der ersten 3 Umdrehungen der zweiten und 5 Umdrehungen der dritten Walze kommen. Endlich sind noch die Amplituden der 3 Wellengattungen so gewählt, daß sie denen der drei ersten Partialtöne einer in der Mitte gezupften Saite entsprechen. Die letzte Amplitude ist natürlich verdoppelt. Die Kugeln $\varkappa$ machen dann annähernd die Bewegungen der Teilchen der Saite selbst.

D. (297.) Apparat zur mechanischen Versinnlichung des Verhaltens zweier elektrischer Ströme (Bicycle) von Prof. L. Boltzmann.

Nach Maxwell sind zur Versinnlichung des Zusammenwirkens zweier elektrischer Ströme zwei Antriebspunkte (driving points) notwendig, die sich mit voneinander unabhängigen Geschwindigkeiten u und v bewegen; letztere entsprechen den Stromstärken beider Stromkreise. Außerdem müssen noch beliebige Massen vorhanden sein. Die Geschwindigkeit w irgend einer Masse m ist eine homogene lineare Funktion der beiden Stromstärken, also gleich

$$au + bv.$$

Die Bewegungsgleichungen für die beiden Antriebspunkte sind dann identisch mit den Gleichungen, durch welche die wechselseitige Induktion zweier elektrischer Ströme ausgedrückt wird. $\frac{1}{2}\Sigma m a^2$ resp. $\frac{1}{2}\Sigma m b^2$ spielen die Rolle der Selbstinduktionskoeffizienten der beiden Stromkreise. $\Sigma m a b$ ist der wechselseitige Induktionskoeffizient.

Der erste Apparat, an welchem diese Bedingungen mechanisch realisiert wurden[1]), ist von Maxwell selbst angegeben und befindet sich im Cavendish laboratory in Cambridge.

Auf einer Achse (1) (Fig. 4 stellt den Durchschnitt dar), deren eines Ende eine Kurbel, deren anderes einen Zeiger

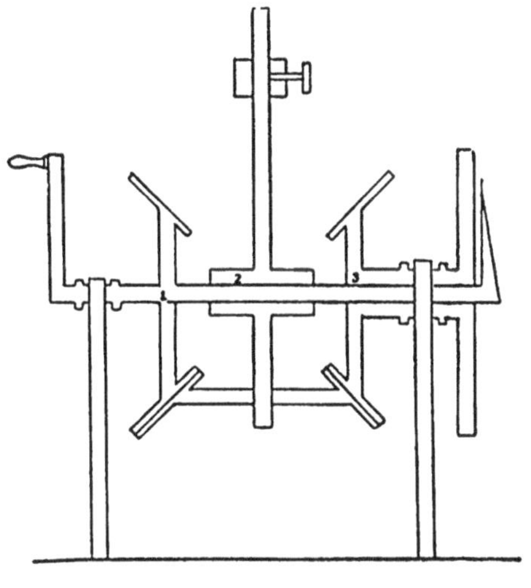

Fig. 4.

trägt, sind zwei andere Achsen (2) und (3) aufgesteckt. Die Achsen (1) und (3) tragen konische Räder, die Achse (2) einen Querstab, an dessen einem Ende ein Gewicht C an einer beliebigen Stelle festgeklemmt werden kann, während das andere ein drittes konisches Rad trägt, das gleichzeitig in die beiden ersten eingreift. Ist u die Winkelgeschwindigkeit der Achse (1), v die der Achse (2), so ist die Geschwindigkeit der Masse C in der Tat gleich $a(u+v)$, wenn a die doppelte Distanz der Masse C von der Drehachse vorstellt.

---

[1]) Ich lernte denselben selbst erst vor kurzer Zeit kennen, und er dürfte hier zum ersten Male beschrieben sein.

Dieses Modell zeigt bloß die Induktion, welche eine Veränderung der einen Stromstärke u auf die andere v ausübt, sowie deren Abhängigkeit vom wechselseitigen Induktionskoeffizienten, d. h. von der Distanz der Masse C von der Drehachse. Da jedoch diese Distanz während der Bewegung nicht verändert werden kann, so kann die Induktion durch Bewegung der Stromkreise im Raume, also durch Veränderung des wechselseitigen Induktionskoeffizienten ebensowenig demonstriert werden, als die Wirkung der ponderomotorischen Kräfte.

Um alle diese Erscheinungen zeigen zu können, muß mit jeder der Achsen eine Masse verbunden werden, deren Distanz

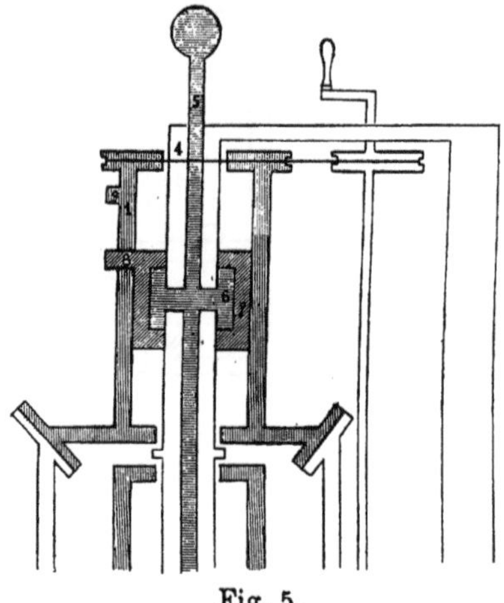

Fig. 5.

von der Drehachse während der Bewegung verändert werden kann. Dies ist an dem ausgestellten Apparat (Nr. 297) in folgender Weise realisiert: Die drei Röhren (1), (2), (3), welche genau wie beim Maxwellschen Apparat durch konische Zahnräder so verbunden sind, daß die Winkelgeschwindigkeit der mittleren Röhre das arithmetische Mittel der Winkelgeschwindigkeiten der beiden äußeren sein muß, sind hintereinander auf eine fixe vertikale Röhre (4) (Fig. 5) aufgesteckt. In der Figur ist nur die obere Röhre (1) und ein kleiner Teil der mittleren sichtbar. Die Kurbel ist nicht direkt an der oberen Röhre befestigt, sondern letztere ist mittels einer Schnur mit einer zweiten Achse verkuppelt, welche die Kurbel trägt. In gleicher

Weise ist auch die untere Röhre drehbar, und es kann gedreht werden: 1. die obere Röhre allein, 2. obere und untere Röhre in gleichem Sinne, 3. obere und untere Röhre in entgegengesetztem Sinne. In der Röhre (4) steckt nun ein Stab (5), welcher durch passende Zapfen einen Ring (6) trägt, der die Röhre (4) umschließt. Letztere hat natürlich Schlitze, in denen sich die Zapfen bewegen können. Ein zweiter Ring (7) umschießt den Ring (6), liegt aber noch immer innerhalb der Röhre (1). Ein am Ring (7) befestigter Zapfen (8) ragt jedoch durch einen Schlitz der Röhre (1) aus dieser hervor. Dank dieser Vorrichtung kann während der Rotation der Röhre (1) der Zapfen (8) mittels des Stabes (5) ohne Störung der Rotation auf und ab bewegt werden. Hierdurch aber wird die Distanz zweier Gewichte von der Drehachse in folgender Weise reguliert:

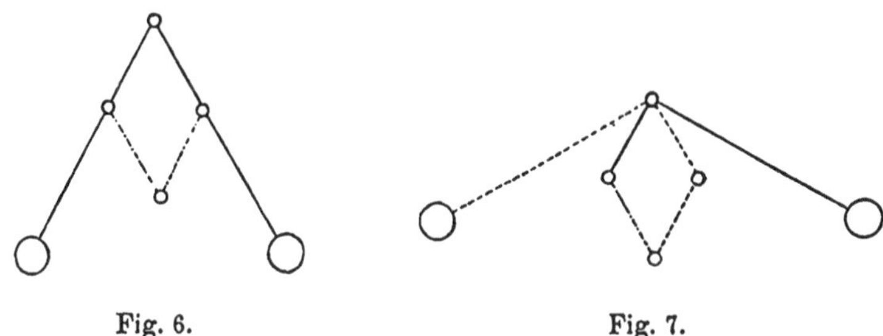

Fig. 6. Fig. 7.

Der Zapfen (8) und ein mit der Röhre (1) fest verbundener Zapfen (9) sind die beiden vis-à-vis liegenden Gelenke einer Parallelogrammführung, deren Enden jene beiden Gewichte tragen, genau so wie beim Zentrifugalregulator einer Dampfmaschine. (Vgl. Fig. 6.)

Eine vollkommen analoge, an derselben Stange befestigte Vorrichtung befindet sich an den Röhren (2) und (3). Die an der Röhre (3) befindliche ist identisch gebaut. Dagegen hat die an der Röhre (2) befindliche folgende zwei Unterschiede: 1. sie trägt viermal so große Gewichte; 2. die Gewichte nähern sich der Achse, sobald die der andern Parallogrammführungen sich von der Achse entfernen, und umgekehrt. Letzteres wird dadurch bewirkt, daß die Gewichte von Armen getragen werden, welche nicht die Fortsetzung der Arme der Scharniere bilden, sondern auf letzteren senkrecht stehen. (Siehe Fig. 7.)

Durch Auf- und Abschieben des Stabes (5) kann während der Bewegung ohne Veränderung der Selbstinduktionskoeffizienten der wechselseitige Induktionskoeffizient geändert werden. Daher können alle Erscheinungen der Induktion durch Bewegung demonstriert werden, sobald man die obere Röhre in konstanter Rotation erhält und dabei den Stab (5) aufwärts oder abwärts bewegt. Den ponderomotorischen Kräften analog sind die Kräfte, welche auf den Stab (5) wirken, wenn die beiden Röhren (1) und (3) entweder im gleichen oder im entgegengesetzten Sinne gedreht werden. Näheres hierüber, sowie über einen zum selben Zwecke dienenden Apparat Lord Rayleighs siehe Boltzmanns „Vorlesungen über Maxwells Theorie der Elektrizität und des Lichts". 6. Vorlesung, Barth 1891.

100.

Über das den Newtonschen Farbenringen analoge Phänomen beim Durchgang Hertzscher elektrischer Planwellen durch planparallele Metallplatten.

(Münch. Ber. 22. S. 53—70. 1892; Wied. Ann. 48. S. 63—77. 1893.)

Von den Erscheinungen der Elektrizitätsbewegung wurden anfangs experimentell ausschließlich die in Leitern vor sich gehenden geprüft; Maxwell mußte die für die Elektrizitätsbewegung in Leitern gefundenen Gesetze (das Ohmsche, das Neumannsche Induktionsgesetz usw.) mit entsprechenden Modifikationen auf Nichtleiter übertragen, fast ohne sich dabei auf quantitative Experimente stützen zu können, die an letztern angestellt worden wären; nur so gelang es ihm, seine allgemeine die Leiter und Nichtleiter umfassende Theorie der Elektrizitätsbewegung aufzubauen.

Um so auffallender muß es erscheinen, daß, während diese Theorie sich im Verhalten der Nichtleiter fast ausnahmslos bestätigt hat, dies für die Leiter nicht in gleichem Maße gilt. Schon Maxwell fiel dies auf; in neuerer Zeit hat Hr. Cohn[1]) diesem Gegenstande eine besondere Abhandlung gewidmet. Er bespricht daselbst besonders die Lichtbewegung in Metallen und findet im Gegensatz zu Maxwell, daß sie weniger absorbiert wird als es die Theorie verlangt. Wie er jedoch selbst erwähnt, beweisen die Erscheinungen der auswählenden Absorption, daß hier die diskontinuierliche Molekularstruktur der Materie von wesentlichem Einfluß ist. Da nun die elektrischen Eigenschwingungen der Moleküle offenbar notwendig ebenfalls Veranlassung zur Absorption geben, so wäre

[1]) Wied. Ann. 45. S. 55. 1892. Über Durchsichtigkeit der Metalle, vgl. Rathenau, Inauguraldissertation, Berlin 1889; Drude, Wied. Ann 39. 1890.

die Tatsache, daß letztere ohne deren Berücksichtigung zu klein herauskommt, von vornherein zu erwarten.

In neuester Zeit haben auch E. Wiedemann, Ebert[1]) und Hertz[2]) auf die unerwartet große Durchlässigkeit dünner Metallschichten für Kathodenstrahlen hingewiesen. Die beiden ersteren sagen bei dieser Gelegenheit: „Wir haben hier einen neuen Fall vor uns, welcher zeigt, daß die Maxwellsche Theorie nicht ausreicht, die Erscheinungen zu erklären.“ Wahrscheinlich hat man es jedoch auch hier mit Schwingungen zu tun, deren Wellenlänge nicht mehr unendlich groß gegen die Molekulardimensionen ist und welche sich daher der Maxwellschen Theorie von vornherein entziehen, so daß deren Gültigkeit auf alle anderen Erscheinungen, für welche sie allein gemacht wurde, unangefochten bleibt.

Es folgt nun aus der Maxwellschen Theorie, daß sehr rasche elektrische Schwingungen, wenn sie sich längs eines Drahtes fortpflanzen, auf dessen Oberfläche beschränkt bleiben; ferner, daß Wellen, deren Fortpflanzungsrichtung nicht wie im eben angeführten Falle parallel, sondern senkrecht zur Metalloberfläche steht (wie dies bei Lichtschwingungen der Fall ist, die senkrecht in Metall eindringen), innerhalb einer Wellenlänge bereits ganz enorm geschwächt werden. Aus dem letzteren Resultate folgt weiter, daß echte Lichtschwingungen schon beim Durchwandern sehr dünner Metallschichten außerordentlich an Intensität verlieren. Die Wellen aber, welche Hertz auch in freier Luft erzeugt hat, und deren Wellenlänge nach Dezimetern zählt, müßten nach Maxwells Theorie durch das bloße Durchwandern eines Metallschirmes von $^1/_{10}$ Millimeter, ja selbst einem Millimeter Dicke noch kaum erheblich geschwächt werden. Nun hat aber Hertz beobachtet, daß selbst weit dünnere Metallschichten für diese Wellen undurchlässig sind; die Ursache hiervon kann nach dem obigen nicht in der Absorption in deren Innerem, sondern nur in den Grenzbedingungen beim Überschreiten ihrer Oberfläche liegen, was in der Tat durch Berechnung der Metallreflexion aus Maxwells Formeln bestätigt wird.

---

[1]) Phys.-med. Soc. zu Erlangen 14. Dezember 1891. [Vgl. Fußnote 1 S. 479 dieses Bandes.]

[2]) Wied. Ann. 45. S. 28. 1892.

Obwohl die betreffenden Rechnungen für Planwellen und planparallele Metallplatten ohne alle Schwierigkeiten sind, da sie ja vollkommen analog denjenigen sind, welche in der Theorie des Newtonschen Farbenglases vorkommen, so scheint mir doch bei der Wichtigkeit des Gegenstandes eine ausführliche Mitteilung desselben angezeigt, um so mehr, als gerade über diese Vorgänge angestellte Experimente wichtige neue Aufschlüsse namentlich über die noch nicht einmal der Größenordnung nach bekannten Werte der Dielektrizitätskonstanten der Metalle zu versprechen scheinen. Die allgemeinen Maxwellschen Gleichungen, welche Metalle und Dielektrika umfassen, sind folgende:

$$\text{(A)} \quad a = \frac{dH}{dy} - \frac{dG}{dz}, \quad b = \frac{dF}{dz} - \frac{dH}{dx}, \quad c = \frac{dG}{dx} - \frac{dF}{dy}$$

(M. T. 591, A)[1].

$$\text{(B')} \quad 4\pi u = \frac{d\gamma}{dy} - \frac{d\beta}{dz}, \quad 4\pi v = \frac{d\alpha}{dz} - \frac{d\gamma}{dx}, \quad 4\pi w = \frac{d\beta}{dx} - \frac{d\alpha}{dy}$$

(M. T. 607, E), worin

$$\text{(F)} \quad a = \mu\alpha, \quad b = \mu\beta, \quad c = \mu\gamma$$

(M. T. 616, im Text unmittelbar vor Gleichung (1), B. V. Art. 116.)

$$\text{(C')} \quad 4\pi f = kP, \quad 4\pi g = kQ, \quad 4\pi h = kR.$$

(M. T. 608, F; denn die beiden dortigen Vektoren $\mathfrak{E}$ und $\mathfrak{D}$ haben die Komponenten P, Q, R und f, g, h; vgl. auch M. T. 790, 16; statt Maxwells Buchstaben K wurde k geschrieben.)

$$\text{(D')} \quad p = CP, \quad q = CQ, \quad r = CR$$

(M. T. 609, G. Diese Gleichungen heißen bei Maxwell $\mathfrak{K} = C\mathfrak{E}$; p, q, r sind die Komponenten von $\mathfrak{K}$; vgl. M. T. 611, I*).

$$\text{(E)} \quad u = p + \frac{df}{dt}, \quad v = q + \frac{dg}{dt}, \quad w = r + \frac{dh}{dt}$$

(M. T. 610, H*).

[1]) M. T. bedeutet Maxwells Treatise on electr. a. magn. second edit. Die folgende Zahl bedeutet den Artikel, worauf die Nummer der Gleichung folgt. Vgl. auch: Boltzmann, Vorles. über Maxwells Theorie Art. 88, Barth 1891, was ich kurz als B. V. zitieren will.

(G) $P = -\frac{dF}{dt} - \frac{d\Psi}{dx}, \quad Q = -\frac{dG}{dt} - \frac{d\Psi}{dy}, \quad R = -\frac{dH}{dt} - \frac{d\Psi}{dz}$

(M. T. 598, B, worin

$$\frac{dx}{dt} = \frac{dy}{dt} = \frac{dz}{dt} = 0,$$

da das Medium ruht.)

§ 1. Einmalige Reflexion.

Wir betrachten zuerst den Fall, daß nur eine Trennungsfläche vorhanden ist, welche wir als eben voraussetzen und zur yz-Ebene wählen. Links von derselben auf der Seite der negativen Abszissen sei Luft, rechts ein Metall. Elektrische Planwellen sollen vom negativ Unendlichen gegen die Trennungsfläche anrücken. Hier werden sie teils reflektiert, teils dringen sie ins Metall ein; in letzterem existieren also nur Wellen, die in der Richtung der positiven Abszissen fortschreiten. Die Abszissenachse ist die Fortpflanzungsrichtung, so daß alles nur Funktion von x und t ist. Die elektrischen Verschiebungen sollen in der Richtung der y-Achse geschehen. Wir haben also für negative x: $f = P = h = R = 0$

$$(1) \left\{ \begin{aligned} g = {} & A \sin \frac{2\pi}{\tau}(t - x\sqrt{\mu k}) + B \cos \frac{2\pi}{\tau}(t - x\sqrt{\mu k}) \\ & + C \sin \frac{2\pi}{\tau}(t + x\sqrt{\mu k}) + D \cos \frac{2\pi}{\tau}(t + x\sqrt{\mu k}) = \frac{k}{4\pi} Q. \end{aligned} \right.$$

Hier stellen die Glieder der ersten Zeile die direkte, die der zweiten die reflektierte Welle dar. An Stelle von $\sqrt{\mu k}$ sollte vorläufig eine später zu bestimmende Konstante stehen. Wir schreiben jedoch schon jetzt diesen später sich ergebenden Wert (M. T. 784, 10; B. V., Art. 95, Gl. 87). Aus (C′) und (G) folgt $H = T_1$,

$$(2) \left\{ \begin{aligned} G = {} & \frac{2\tau}{k} \Big[A \cos \frac{2\pi}{\tau}(t - x\sqrt{\mu k}) - B \sin \frac{2\pi}{\tau}(t - x\sqrt{\mu k}) \\ & + C \cos \frac{2\pi}{\tau}(t + x\sqrt{\mu k}) - D \sin \frac{2\pi}{\tau}(t + x\sqrt{\mu k}) \Big] + T_2, \end{aligned} \right.$$

wobei T_1 und T_2 kein x enthalten. Nach (A) folgt weiter $a = \alpha = b = \beta = 0$,

$$(3)\quad \begin{cases} c=\mu\gamma = 4\pi\sqrt{\frac{\mu}{k}}\Big[A\sin\frac{2\pi}{\tau}(t-x\sqrt{\mu k}) \\ \quad + B\cos\frac{2\pi}{\tau}(t-x\sqrt{\mu k}) - C\sin\frac{2\pi}{\tau}(t+x\sqrt{\mu k}) \\ \quad - D\sin\frac{2\pi}{\tau}(t+x\sqrt{\mu k})\Big] \end{cases}$$

Bilden wir dc/dx und dg/dt, so sehen wir, daß auch die Gleichungen (B) und (E) erfüllt sind, daß also für die Konstante, die eigentlich statt $\sqrt{\mu k}$ hätte gesetzt werden sollen, der richtige Wert gewählt wurde.

Die Werte unserer Größen rechts von der yz-Ebene sollen mit dem Index 1 versehen werden. C_1 und vorläufig auch k_1 sollen dort von Null verschieden sein, so daß die allgemeinen Gleichungen (A) bis (G) gelten. Wir haben dort nur die durchgehende in der positiven x-Richtung fortschreitende, keine reflektierte Welle und können den Zeitanfang so wählen, daß auch das Glied verschwindet, welches die Zeit unter dem Kosinuszeichen enthält. Dann würden die für positive Abszissen geltenden Gleichungen erfüllt durch

$$f_1 = P_1 = h_1 = R_1 = 0$$

$$(4)\quad q_1 = \frac{4\pi C_1}{k_1} g_1 = e^{-\xi x} E\sin\left(\frac{2\pi t}{\tau} - \eta x\right)^{1)},$$

wobei

$$(5)\quad \begin{cases} \xi^2 = -\frac{2\pi^2 k_1\mu_1}{\tau^2} + \sqrt{\frac{4\pi^4 k_1^2\mu_1^2}{\tau^4} + \frac{16\pi^4 C_1^2\mu_1^2}{\tau^2}}, \\ \eta = \frac{4\pi^2\mu_1 C_1}{\tau\xi},\quad \eta^2 = \frac{2\pi^2 k_1\mu_1}{\tau^2} + \sqrt{\frac{4\pi^4 k_1^2\mu_1^2}{\tau^4} + \frac{16\pi^4 C_1^2\mu_1^2}{\tau^2}}, \end{cases}$$

wobei der Quadratwurzel der positive Wert beizulegen ist und auch für ξ und η deren positive Werte zu setzen sind. Aus (D') und (G) folgt wieder $H_1 = T_3$,

$$(6)\quad G_1 = \frac{\tau E}{2\pi C_1} e^{-\xi x}\cos\left(\frac{2\pi t}{\tau} - \eta x\right) + T_4$$

und aus (A) folgt $a_1 = \alpha_1 = b_1 = \beta_1 = 0$,

---

[1]) Siehe B. V. Art. 96. S. 101. Nach (C') und (D') können sich f, g, h von p, q resp. r nur durch konstante Faktoren unterscheiden.

$$(7)\qquad \begin{cases} c_1 = \mu_1 \gamma_1 = \dfrac{\tau E}{2\pi C_1} e^{-\xi x} \Big[\eta \sin\left(\dfrac{2\pi t}{\tau} - \eta x\right) \\ \qquad - \xi \cos\left(\dfrac{2\pi t}{\tau} - \eta x\right)\Big]. \end{cases}$$

Durch Bildung von $d\gamma_1/dx$ und dg_1/dt können wieder die Gleichungen (B′) und (E) noch verifiziert werden.

Es handelt sich noch um die Grenzbedingungen für die Trennungsfläche. Obwohl dieselben schon von Maxwell aufgestellt wurden, wollen wir sie doch lieber nach einer oft (von Helmholtz, Hertz usw.) verwendeten Methode aus den Gleichungen (A) bis (G) entwickeln. Wir betrachten sogleich den allgemeinsten Fall, daß rechts und links von der Trennungsfläche, welche wir zur yz-Ebene wählen, ein ganz beliebiges Medium vorhanden ist. Rechts wenden wir den Index 1 an. Substituieren wir statt der Trennungsfläche eine Schicht kontinuierlichen Übergangs von der Dicke δ, so sind darin die Differentialquotienten nach x im allgemeinen unendlich wie $1:\delta$, die nach y und z aber sind endlich, so daß letztere, sowie die ebenfalls überall endlichen Größen $a, b, c \ldots u$, mit dx multipliziert und von Null bis δ integriert, Verschwindendes liefern. Es liefern daher die Gleichungen (A) mit dx multipliziert und von Null bis δ integriert:

$$G = G_1, \qquad H = H_1.$$

Da Ψ das Potential der freien Elektrizität ist, so haben seine Differentialquotienten in Richtungen, die tangential zur Trennungsfläche stehen, zu beiden Seiten derselben den gleichen Wert. In dem von uns betrachteten Falle müssen übrigens die Glieder $d\Psi/dy$ und $d\Psi/dz$ überhaupt verschwinden, da alles nur Funktion von x und t ist. Wir erhalten also aus (G), (C′) und (D′)

$$(\mathrm{H})\qquad \begin{cases} Q = Q_1 = \dfrac{4\pi}{k} g = \dfrac{q}{C} = \dfrac{4\pi}{k_1} g_1 = \dfrac{q_1}{C_1}, \\ R = R_1 = \dfrac{4\pi}{k} h = \dfrac{r}{C} = \dfrac{4\pi}{k_1} r_1 = \dfrac{r_1}{C_1}. \end{cases}$$

Multiplizieren wir ebenso die Gleichungen (B′) mit dx und integrieren von Null bis δ, so folgt:

$$(\mathrm{G})\qquad \beta = \beta_1 = \frac{b}{\mu} = \frac{b_1}{\mu_1}, \quad \gamma = \gamma_1 = \frac{c}{\mu} = \frac{c_1}{\mu_1}.$$

In unserem speziellen Falle erhalten wir für $t = 0$:

$$
(8)\quad \begin{cases} g = (A + C)\sin\frac{2\pi t}{\tau} + (B + D)\cos\frac{2\pi t}{\tau}, \\ c = \mu\gamma = 4\pi\sqrt{\frac{\mu}{k}}\left[(A - C)\sin\frac{2\pi t}{\tau} + (B - D)\cos\frac{2\pi t}{\tau}\right], \\ q_1 = E\sin\frac{2\pi t}{\tau},\; c_1 = \mu_1\gamma_1 = \frac{\tau E}{2\pi C_1}\left[\eta\sin\frac{2\pi t}{\tau} - \xi\cos\frac{2\pi t}{\tau}\right] \end{cases}
$$

Die Gleichungen (H) liefern also:

$$
D = -B, \quad A + C = \frac{Ek}{4\pi C_1};
$$

nimmt man dazu die Gleichungen (G), so folgt:

$$
(9)\quad \begin{cases} A = \left(\frac{k}{8\pi C_1} + \frac{\tau\eta\sqrt{\mu k}}{16\pi^2\mu_1 C_1}\right)E, \\ C = \left(\frac{k}{8\pi C_1} - \frac{\tau\eta\sqrt{\mu k}}{16\pi^2\mu_1 C_1}\right)E, \\ D = -B = \frac{\tau\xi\sqrt{\mu k}}{16\pi^2\mu_1 C_1}E. \end{cases}
$$

Man setzt gewöhnlich voraus, daß in Leitern die dielektrische Polarisation gering ist, also k verschwindet. Experimentell dürfte dies freilich kaum feststehen, da auf elektrostatische Phänomene, stationäre Strömung und die Integralinduktionsströme der Wert von k bei genügend guter Leitung ohne Einfluß ist. Sei das Medium rechts ein derartiger Leiter, also $k_1 = 0$, dann wird $\xi = \eta = 2\pi\sqrt{\mu_1 C_1/\tau}$, daher

$$
A = \frac{E}{8\pi}\left(\frac{k}{C_1} + \sqrt{\frac{\mu k \tau}{\mu_1 C_1}}\right), \quad C = \frac{E}{8\pi}\left(\frac{k}{C_1} - \sqrt{\frac{\mu k \tau}{\mu_1 C_1}}\right),
$$

$$
D = -B = \frac{E}{8\pi}\sqrt{\frac{\mu k \tau}{\mu_1 C_1}}.
$$

Der Unterschied der lebendigen Kraft der direkten und reflektierten Welle geteilt durch die erstere lebendige Kraft ist

$$
(10)\quad Q = \frac{A^2 - C^2}{A^2 + B^2} = \frac{4\sqrt{\mu\mu_1 k C_1 \tau}}{(\sqrt{\mu_1 k} + \sqrt{\mu C_1 \tau})^2 + \mu C_1 \tau}.
$$

Für alle Körper außer Eisen, Nickel, Kobalt kann $\mu = \mu_1$ gesetzt werden. Wenden wir elektrostatisches Maß an, so ist für Luft $k = 1$. Die Siemenseinheit S ist 0,94 Ohm $= 0{,}94 \cdot 10^9$ cm/sec.

Bezeichnet C_{mq} die Leitungsfähigkeit des Quecksilbers im magnetischen Maße, so ist $S = 10^4 / C_{mq}$ cm, daher

$$C_{mq} = 1{,}062 \cdot 10^{-5} \frac{\text{sec}}{\text{cm}^2}. \tag{11}$$

Behufs Verwandlung in elektrostatisches Maß haben wir mit $V^2 = (3 \cdot 10^{10}\,\text{cm sec}^{-1})^2$, behufs Übergang zu einem anderen Metalle mit L zu multiplizieren, wobei L angibt, wievielmal das andere Metall besser leitet, als das Quecksilber. Es ist also für ein beliebiges Metall in elektrostatischem Maße etwa

$$C_1 = 9{,}56 \cdot 10^{15} L\,\text{sec}^{-1}.$$

Bei den von Hertz in Luft erzeugten Wellen geschahen in der Sekunde etwa 500 Millionen Schwingungen (die Schwingung zu einem ganzen Hin- und Rückgange inklusive gerechnet), was liefert

$$C_1 \tau = 2 \cdot 10^7 L.$$

Setzt man für Kupfer $L = 60$, so folgt Q für dieses Metall gleich $\frac{1}{17000}$; für Platin resp. Quecksilber würde Q etwa drei- resp. achtmal so groß. Es überschreitet also da überhaupt nur ein verschwindender Bruchteil der lebenden Kraft der Welle die Trennungsfläche; die Welle wird fast total reflektiert. Dies gilt in erhöhtem Maße von noch langsameren Schwingungen.

Dagegen dringt der kleine eintretende Bruchteil ziemlich tief ein, pflanzt sich aber enorm langsam fort. Bezeichnen wir ein für allemal mit a die Fortpflanzungsgeschwindigkeit, mit λ die Wellenlänge im Metalle, so ist

$$a = 2\pi : \eta\tau = 1 : \sqrt{\mu_1 C_1 \tau}, \quad \lambda = a\tau = \sqrt{\tau : \mu_1 C_1},$$

wobei damit $\mu_1 = 1$ sei, jetzt C_1 magnetisch zu messen ist. Die Absorption ist ein für allemal dadurch bestimmt, daß sich die Amplitude in einer halben Welle auf den e^π, also etwa 23. Teil, die Intensität auf den 529. Teil reduziert. Für die besprochenen Hertzschen Schwingungen wäre für Kupfer, Platin resp. Quecksilber etwa

$$a = 10^6,\ 3 \cdot 10^6,\ 7 \cdot 10^6\,\text{cm sec}^{-1},$$

$$\lambda = \frac{1\,\text{cm}}{500},\ \frac{1\,\text{cm}}{170},\ \frac{1\,\text{cm}}{70}.$$

In der Hälfte dieser Strecke reduziert sich die Intensität auf den 529. Teil. Die Länge der Strecke gleicher Intensitätsabnahme wächst für noch langsamere Schwingungen der Quadratwurzel aus der Schwingungsdauer proportional.

Im Natriumlichte geschehen etwa 500 Billionen Schwingungen in der Sekunde, da folgt also $C_1 \tau = 20\,L$,

$$Q = \frac{1}{18},\ \frac{1}{6},\ \frac{1}{3},$$

$$a = \frac{3 \cdot 10^{10}\,\text{cm}}{\sec \sqrt{20\,L}} = 10^9,\ 3 \cdot 10^9,\ 7 \cdot 10^9\,\text{cm},$$

$$\lambda = \frac{10^{-4}\,\text{cm}}{7\sqrt{L}} = \frac{1\,\text{cm}}{500000},\ \frac{1\,\text{cm}}{170000},\ \frac{1\,\text{cm}}{70000}.$$

Im Platin dringt also der zwölfte Teil der einfallenden Intensität ein und diese reduziert sich nach Durchwanderung des 30000. Teils eines Millimeters wieder etwa auf den 500. Teil. Für die Dämpfungskonstante folgt $\xi = 470000\sqrt{L}$. ξ ist gleich Cohns p, Rathenaus $k_0 : 2$; die Größe, welche Rathenau mit $2k$, Drude mit $\varkappa$ bezeichnet, ist unsere $\xi : \eta$, müßte also bei verschwindender Dielektrizitätskonstante für alle Metalle gleich Eins sein. Die angenäherte Übereinstimmung der Werte Rathenaus ist eine scheinbare, da er bei der Berechnung die Wellenlänge in Luft zugrunde legt. Wie schon erwähnt, ist allgemeine Anwendbarkeit dieser Formeln in der Optik ebensowenig zu erwarten, als daß für alle durchsichtigen Körper die Dielektrizitätskonstante das Quadrat des Brechungsexponenten ist.

Der Ausdruck (10) für Q hat seinen Maximalwert $2(\sqrt{2}-1) = 0{,}828$ für $\tau = \mu_1 k : 2\mu C_1$, also für Kupfer, Platin und Quecksilber für etwa 1200000, 120000 und 20000 Billionen Schwingungen in der Sekunde. Alsdann sind Fortpflanzungsgeschwindigkeit und Wellenlänge im Metalle $\sqrt{2}$mal so groß als auf der anderen Seite der Trennungsfläche in Luft.

Für noch raschere Schwingungen nimmt Q wieder und zwar bis ins Unendliche ab. Doch ist zu bemerken 1. daß in den zuletzt betrachteten Fällen die Wellenlänge von molekularer Kleinheit ist, dieselben also außerhalb des Gültigkeitsbereichs unserer Formeln liegen; 2. daß die Resultate wesentlich modifiziert werden können, wenn die Dielektrizitätskonstante k_1 des Metalles einen erheblichen Wert hat, und es böten Experimente über rasche elektrische Schwingungen in Metallen wohl das einzige Mittel, über die Dielektrizitätskonstante der Metalle etwas zu erfahren; 3. daß man mit der Erfahrung vergleichbare Resultate erst erhalten kann, wenn man auch den Wiederaustritt der elektrischen Schwingungen aus dem Metalle in Luft betrachtet. Zum zweiten Punkte bemerken wir folgendes:

Setzt man k_1 von Null verschieden und zur Abkürzung

$$\frac{\mu k_1}{\mu_1 k} = u, \quad 2\frac{C_1 \mu \tau}{k \mu_1} = v,$$

so wird:

$$Q = \frac{A^2 - C^2}{A^2 + B^2} = \frac{2\sqrt{2u + 2\sqrt{u^2 + v^2}}}{1 + \sqrt{2u + 2\sqrt{u^2 + v^2}} + \sqrt{u^2 + v^2}}$$

Bei den früher betrachteten Hertzschen Schwingungen war $\mu = \mu_1$, $k = 1$, $C_1 \tau = v : 2 = 2 \cdot 10^7 L$. Wenn also selbst die Dielektrizitätskonstante des Metalles eine millionmal größer als die der Luft wäre, so würden die für diesen Fall gefundenen Resultate kaum alteriert. Dagegen würde im Falle des Natriumlichts die Dielektrizitätskonstante des Metalles schon einen kleinen Einfluß bekommen, wenn sie der der Luft gleich wäre. Der Verlauf noch viel rascherer Schwingungen wäre dann gänzlich verändert.

Die Gleichungen (5) zeigen, daß mit wachsendem k_1 sowohl die Dämpfungskonstante ξ als auch die Fortpflanzungsgeschwindigkeit $2\pi : \eta\tau$ nur abnehmen kann. Habe ξ, wenn alles sonst unverändert bleibt, nur $k_1 = 0$ ist, den Wert ξ_0, so hat man nämlich $\xi_0{}^4 = \xi^4 + 4\pi^2 k_1 \mu_1 \xi^2 : \tau^2$.

Wenn entgegen dem zuerst betrachteten Falle das k_1 enthaltende Glied groß gegen das C_1 enthaltende ist, so wird:

$$\xi = 2\pi C_1 \sqrt{\frac{\mu_1}{k_1}}, \quad \frac{2\pi}{\eta\tau} = \frac{1}{\sqrt{k_1 \mu_1}}, \quad Q = \frac{4\sqrt{\mu \mu_1 k k_1}}{(\sqrt{\mu k_1} + \sqrt{\mu_1 k})^2},$$

$$A = \left(\frac{k}{k_1} + \sqrt{\frac{\mu k}{\mu_1 k_1}}\right)\frac{E k_1}{8\pi C_1}, \quad C = \left(\frac{k}{k_1} - \sqrt{\frac{\mu k}{\mu_1 k_1}}\right)\frac{E k}{8\pi C_1},$$

$$B = -D = \frac{\tau E}{8\pi} \sqrt{\frac{\mu k}{\mu_1 k_1}}.$$

Nun schreiten wir zur Erledigung des dritten Punktes.

§ 2. Betrachtung einer planparallelen Metallplatte.

Seien die Ebenen $x = -p$ und $x = 0$ die beiden Begrenzungsflächen einer Metallplatte. Die im Innern der Metallplatte gültigen Werte sollen den Index 1 erhalten. Links auf Seite der negativen Abszissen (wofür kein Index angewendet wird) und rechts von der Metallplatte (Index 2 für die variabeln Größen) sei dasselbe Dielektrikum Luft. Von links sollen Planwellen anrücken, welche an beiden Metalloberflächen reflektiert werden. Rechts von der yz-Ebene ist dann keine reflektierte, nur die durchgedrungene Welle vorhanden. Die übrigen Verhältnisse sollen wie im vorigen Paragraph sein. Dann ist also für $-\infty < x < -p$:

$$g = A \sin\frac{2\pi}{\tau}(t - x\sqrt{\mu k}) + B\cos\frac{2\pi}{\tau}(t - x\sqrt{\mu k})$$

$$+ C\sin\frac{2\pi}{\tau}(t + x\sqrt{\mu k}) + D\cos\frac{2\pi}{\tau}(t + x\sqrt{\mu k}),$$

$$c = 4\pi\sqrt{\frac{\mu}{k}}\Big[A\sin\frac{2\pi}{\tau}(t - x\sqrt{\mu k}) + B\cos\frac{2\pi}{\tau}(t - x\sqrt{\mu k})$$

$$- C\sin\frac{2\pi}{\tau}(t + x\sqrt{\mu k}) - D\cos\frac{2\pi}{\tau}(t + x\sqrt{\mu k})\Big]\cdot$$

Für $-p < x < 0$:

$$\left[E\sin\left(\frac{2\pi}{\tau}t - \eta x\right) + F\cos\left(\frac{2\pi}{\tau}t - \eta x\right)\right]$$

$$+ e^{\xi x}\left[G\sin\left(\frac{2\pi}{\tau}t + \eta x\right) + H\cos\left(\frac{2\pi}{\tau}t + \eta x\right)\right],$$

$$G_1 = \frac{\tau}{2\pi C_1}\Big\{e^{-\xi x}\Big[E\cos\left(\frac{2\pi}{\tau}t - \eta x\right) - F\sin\left(\frac{2\pi}{\tau}t - \eta x\right)\Big]$$

$$+ e^{\xi x}\Big[G\cos\left(\frac{2\pi}{\tau}t + \eta x\right) - H\sin\left(\frac{2\pi}{\tau}t + \eta x\right)\Big]\Big\},$$

$$c_1 = \frac{\tau}{2\pi C_1}\Big\{e^{-\xi x}\Big[(E\eta + F\xi)\sin\left(\frac{2\pi}{\tau}t - \eta x\right)$$

$$+ (-E\xi + F\eta)\cos\left(\frac{2\pi}{\tau}t - \eta x\right)\Big]$$

$$+ e^{\xi x}\Big[(-G\eta - H\xi)\sin\left(\frac{2\pi}{\tau}t + \eta x\right)$$

$$+ (G\xi - H\eta)\cos\left(\frac{2\pi}{\tau}t + \eta x\right)\Big]\Big\}$$

Endlich für $x > 0$ haben wir nur die durchgehende in der positiven x-Richtung fortschreitende Welle und können den Zeitanfang so wählen, daß das Glied, welches die Zeit unter dem Kosinuszeichen enthält, verschwindet. Dann wird also für $x > 0$

$$g_2 = J \sin\frac{2\pi}{\tau}\left(t - x\sqrt{\mu k}\right), \quad c_2 = 4\pi\sqrt{\frac{\mu}{k}}\, J \sin\frac{2\pi}{\tau}\left(t - x\sqrt{\mu k}\right).$$

Die Bedingungsgleichungen für $x = 0$ lauten:

$$\frac{q_1}{C_1} = \frac{4\pi g_2}{k}, \quad \frac{c_1}{\mu_1} = \frac{c_2}{\mu},$$

was liefert:

$$H = -F, \quad G = E - 2\frac{\eta F}{\xi}, \quad E - \frac{\eta}{\xi} F = \frac{2\pi C_1 J}{k},$$

$$F = -H = \frac{4\pi^2 \mu_1 C_1 \xi J}{(\xi^2 + \eta^2)\tau\sqrt{\mu k}}, \quad E = \frac{2\pi C_1 J}{k} + \frac{4\pi^2 \mu_1 C_1 \eta J}{(\xi^2 + \eta^2)\tau\sqrt{\mu k}},$$

$$G = \frac{2\pi C_1 J}{k} - \frac{4\pi^2 \mu_1 C_1 \eta J}{(\xi^2 + \eta^2)\tau\sqrt{\mu k}}.$$

Setzen wir

$$\cos\frac{2\pi p}{\tau}\sqrt{\mu k} = a, \quad \sin\frac{2\pi p}{\tau}\sqrt{\mu k} = \alpha, \quad \cos p\eta = b, \quad \sin p\eta = \beta,$$

$$e^{\xi p} = \gamma,$$

so liefern die Bedingungsgleichungen für $x = -p$:

$$Aa - B\alpha + Ca + D\alpha = \frac{k}{4\pi C_1}\left(Eb\gamma - F\beta\gamma + \frac{Gb}{\gamma} + \frac{H\beta}{\gamma}\right),$$

$$A\alpha + Ba - C\alpha + Da = \frac{k}{4\pi C_1}\left(E\beta\gamma + Fb\gamma - \frac{G\beta}{\gamma} + \frac{Hb}{\gamma}\right),$$

$$Aa - B\alpha - Ca - D\alpha = \frac{\tau\sqrt{\mu k}}{8\pi \mu_1 C_1}\Big[E\gamma(b\eta + b\xi)$$

$$+ F\gamma(b\xi - \beta\eta) + \frac{G}{\gamma}(-b\eta + \beta\xi) - \frac{H}{\gamma}(b\xi + \beta\eta)\Big],$$

$$A\alpha + Ba + C\alpha - Da = \frac{\tau\sqrt{\mu k}}{8\pi^2 \mu_1 C_1}\Big[E\gamma(-b\xi + \beta\eta)$$

$$+ F\gamma(b\eta + \beta\xi) + \frac{G}{\gamma}(b\xi + \beta\eta) + \frac{H}{\gamma}(-b\eta + \beta\xi)\Big]$$

Wir wollen $J = 1$ setzen, wodurch nur sämtliche Amplituden mit einem konstanten Faktor multipliziert werden; ferner setzen wir zur Abkürzung

$$2\delta = \gamma + \frac{1}{\gamma} = e^{p\xi} + e^{-p\xi}, \quad 2\varepsilon = \gamma - \frac{1}{\gamma} = e^{p\xi} - e^{-p\xi}$$

dann wird:

$$A a - B \alpha + C a + D \alpha = b \delta + \frac{b \varepsilon \eta - \beta \delta \xi}{(\xi^2 + \eta^2)} \cdot \frac{2 \pi \mu_1}{\tau} \sqrt{\frac{k}{\mu}},$$

$$A \alpha + B a - C \alpha + D a = \beta \varepsilon + \frac{b \varepsilon \xi + \beta \delta \eta}{(\xi^2 + \eta^2)} \cdot \frac{2 \pi \mu_1}{\tau} \sqrt{\frac{k}{\mu}},$$

$$A a - B \alpha - C a - D \alpha = b \delta + (b \varepsilon \eta + \beta \delta \xi) \cdot \frac{\tau}{2 \pi \mu_1} \sqrt{\frac{\mu}{k}},$$

$$A \alpha + B a + C \alpha - D a = \beta \varepsilon + (- b \varepsilon \xi + \beta \delta \eta) \cdot \frac{\tau}{2 \pi \mu_1} \sqrt{\frac{\mu}{k}}.$$

Multipliziert man diese Gleichungen der Reihe nach: 1. mit a, α, a, α; 2. mit $-\alpha$, a, $-\alpha$, a; 3. mit a, $-\alpha$, $-a$, α; 4. mit α, a, $-\alpha$, $-a$ und setzt noch zur Abkürzung:

$$\varkappa = \frac{\tau}{4 \pi \mu_1} \sqrt{\frac{\mu}{k}} + \frac{\pi \mu_1}{\tau (\xi^2 + \eta^2)} \sqrt{\frac{k}{\mu}},$$

$$\lambda = \frac{\tau}{4 \pi \mu_1} \sqrt{\frac{\mu}{k}} - \frac{\pi \mu_1}{\tau (\xi^2 + \eta^2)} \sqrt{\frac{k}{\mu}},$$

so erhält man

$$A = a b \delta + \alpha \beta \varepsilon + (a b \varepsilon + \alpha \beta \delta) \eta \varkappa + (a \beta \delta - \alpha b \varepsilon) \xi \lambda,$$

$$B = a \beta \varepsilon - \alpha b \delta + (a \beta \delta - \alpha b \varepsilon) \eta \varkappa - (a b \varepsilon + \alpha \beta \delta) \xi \lambda,$$

$$C = (\alpha \beta \delta - a b \varepsilon) \eta \lambda - (a \beta \delta + \alpha b \varepsilon) \xi \varkappa,$$

$$D = - (a \beta \delta + \alpha b \varepsilon) \eta \lambda + (a b \varepsilon - \alpha \beta \delta) \xi \varkappa,$$

$$A^2 + B^2 = (b^2 \varepsilon^2 + \beta^2 \delta^2)(\eta^2 \varkappa^2 + \xi^2 \lambda^2) + 2 \delta \varepsilon \eta \varkappa$$
$$+ 2 b \beta (\delta^2 - \varepsilon^2) \xi \lambda + b^2 \delta^2 + \beta^2 \varepsilon^2,$$

$$C^2 + D^2 = (b^2 \varepsilon^2 + \beta^2 \delta^2)(\eta^2 \lambda^2 + \xi^2 \varkappa^2).$$

Sobald die Metallplatte sehr dünn, also p sehr klein ist, wird

$$a = b = \delta = 1, \quad \alpha = \beta = \varepsilon = 0,$$

daher

$$A = 1, \quad B = C = D = 0,$$

es werden also die Wellen durchgelassen, als ob die Metallplatte nicht vorhanden wäre (Fall 1). Ein anderer extremer Fall (2) tritt ein, wenn $\xi \lambda$ und $\varkappa \eta$ (wenigstens eine dieser beiden Größen) sehr groß ist. Dann verschwindet das erste Glied im Ausdruck für A sowie in dem für B und man hat $A^2 + B^2 = C^2 + D^2$. Alle Bewegung wird reflektiert.

Man kann die Frage aufwerfen, wie dünn in diesem letzten Falle bei gegebener Schwingungsdauer die Metallplatte sein müsse, damit der Übergang in das zuerst genannte Extrem eintrete.

Wir wollen da wieder bloß den Fall betrachten, daß die dielektrischen Eigenschaften der Metallschicht nicht in Betracht kommen, also k_1 verschwindet. Dann wird, wie wir sahen,

$$\xi = \eta = 2\pi \sqrt{\frac{\mu_1 C_1}{\tau}}.$$

Wir setzen ferner $\mu = \mu_1$ und erhalten

$$\varkappa \eta = \varkappa \xi = \frac{1}{2}\sqrt{\frac{C_1 \tau}{k}} + \frac{1}{4}\sqrt{\frac{k}{C_1 \tau}},$$

$$\lambda \xi = \lambda \eta = \frac{1}{2}\sqrt{\frac{C_1 \tau}{k}} - \frac{1}{4}\sqrt{\frac{k}{C_1 \tau}}$$

Dieser Ausdruck wird sehr groß, wenn $\sqrt{C_1 \tau / k}$ sehr groß oder sehr klein ist. Im ersteren Falle, der, wie aus den numerischen Beispielen des vorigen Paragraphen ersichtlich ist, bei den Hertzschen Schwingungen eintritt, wird $\varkappa \xi = \lambda \xi$.

Da

$$\frac{\arccos b}{\arccos a} = \sqrt{\frac{C_1 \tau}{k}},$$

so wird in diesem Falle auch dieses Verhältnis sehr groß, und daher α noch viel kleiner, als β sein, dessen Kleinheit die Größe von $\eta \varkappa$ und $\xi \lambda$ zu kompensieren hat. a und b können gleich Eins gesetzt werden. Wir verbinden hiermit den Fall 1, daß fast alles Licht durchgeht, wenn p so klein ist, daß

$$\varepsilon = p\xi = 2\pi p \sqrt{\frac{C_1 \mu}{\tau}}$$

klein gegen Eins, $\delta = 1$ wird.

Setzt man dann die Fortpflanzungsgeschwindigkeit der elektrischen Wellen im Medium zu beiden Seiten der Metallschicht (Luft)

$$\frac{1}{\sqrt{\mu k}} = V,$$

so ist

$$A = 1 + 2\pi p \frac{C_1}{k V}, \quad C = -2\pi p \frac{C_1}{k V}, \quad B = D = 0.$$

Wenn $p\xi$ groß ist, also nur wenig Licht hindurchgeht, so wird

$$A^2 + B^2 = \frac{1}{2} e^{2p\xi}(\xi^2 \varkappa^2 + \xi \varkappa), \quad C^2 + D^2 = \frac{\xi^2 \varkappa^2}{2} e^{2p\xi}.$$

Numerische Berechnungen nach dieser Formel, ähnlich wie wir sie an die Formel des vorigen Paragraphen geknüpft haben, stoßen natürlich nicht auf die mindeste Schwierigkeit. Eine experimentelle Prüfung der Durchlässigkeit äußerst dünner Schichten aus schlecht leitenden Metallen oder anderen Leitern für Licht und elektrische Schwingungen könnte vielleicht Aufschlüsse über deren Dielektrizitätskonstante liefern.

Auch die Berechnung des entgegengesetzten Falles, daß die Schwingungen so rasch geschehen, daß $C_1 \tau / k$ sehr klein ist (Kathodenstrahlen?), hat keine Schwierigkeit, doch gehe ich darauf nicht weiter ein, da diese Phänomene wohl durch den spezifischen Einfluß der Resonanz der einzelnen Moleküle zu sehr gestört werden dürften.[1])

---

[1]) In der Ausgabe in den Wied. Ann. werden die S. 466 zitierten Versuche von E. Wiedemann und Ebert beschrieben: Kathodenstrahlen dringen durch dünne Metallschichten die für das Licht undurchsichtig sind. In ein zylindrisches Glasrohr von 2,5 cm Weite ist axial eine Platindrahtkathode eingeschmolzen. Man benutzt sie eine Zeitlang als Kathode, die Wand bedeckt sich dann mit einer mehr oder weniger dicken Metallschicht, einige Stellen sind fast undurchsichtig, andere nicht. Geht die Entladung in solcher Weise durch, das an nicht von Metall bedeckten Stellen des Glases grünes Licht einfließt, so ist dies auch an den mit Metall bedeckten der Fall. Die Unterschiede in der Durchsichtigkeit der Metallschicht bedingen Unterschiede in der Helligkeit des grünen Lichtes, die aber kleiner sind als erstere. Nicht nur bei Platin, sondern auch bei Kupferdrähten zeigt sich dasselbe Phänomen.

Abgesehen von allen weiteren theoretischen Konsequenzen lehrt die eben beschriebene Tatsache, daß die Crookes'sche Anschauung von der Fortschleuderung der sogenannten strahlenden Materie irrig sein muß, da solche nicht durch die Metallschichten hindurchgehen könnte.

Da die dünnsten Dielectrica für Kathodenstrahlen undurchlässig sind, Metalle aber durchlässig, so haben wir hier einen weiteren typischen Unterschied zwischen beiden.

101.

Über die Beziehung der Äquipotentiallinien und der magnetischen Kraftlinien.

(Münch. Ber. **23.** S. 119—127. 1893; Wied. Ann. **51.** S. 550—558. 1894.)

§ 1. In vier Abhandlungen[1]) hat Hr. Prof. v. Lommel eine äußerst interessante Methode angegeben, die Äquipotentiallinien in durchströmten Platten sichtbar zu machen und meines Wissens auch zum ersten Male die wichtige Frage nach ihrer Beziehung zu den Magnetkraftlinien angeregt. Daß diese beiden Kurvenscharen im allgemeinen einen ähnlichen Verlauf nehmen, zeigt Hr. v. Lommel in folgender Weise: Die Äquipotentiallinien oder in durchströmten Körpern die Äquipotentialflächen stehen immer senkrecht zu den Stromlinien. Die magnetischen Kraftlinien umkreisen jeden Stromfaden in einer Fläche, die denselben senkrecht durchschneidet. An der Oberfläche eines Leiters wird die gesamte magnetische Kraft die Resultierende aller Magnetkraftlinien sein, die alle Stromfäden umkreisen. Da hierbei die in der unmittelbaren Nachbarschaft liegenden Stromfäden das Meiste zur Summe beitragen und zu ihrer eigenen Richtung senkrechte Magnetkraftlinien liefern, so werden auch die resultierenden Magnetkraftlinien gewissermaßen eine Tendenz haben an der Oberfläche senkrecht zu den Stromlinien zu stehen, also sich der Richtung der Durchschnittslinien der Äquipotentialflächen mit der Körperoberfläche anzuschließen. Da aber zu den Magnetkraftlinien auch die entfernten Stromfäden, über deren Richtung man im allgemeinen nichts weiß, beitragen, so werden die resultierenden Magnetkraftlinien im allgemeinen aus den Äquipotentialflächen heraustreten können. Nach Maxwells Theorie wird freilich der magnetische Zustand in jedem Punkte nur durch die Zustände der unmittel-

[1] Wied. Ann. **48.** S. 462; **49.** S. 539; **50.** S. 316, 320; 1893.

baren Umgebung bedingt; man könnte daher meinen, die Magnetkraftlinien müßten an jeder Stelle durch die unmittelbar benachbarten Stromfäden allein schon bestimmt sein. Allein das wäre ein Irrtum, da durch die unmittelbar benachbarten Stromfäden bloß eine Differentialgleichung für die Magnetkraft bestimmt ist, diese selbst aber noch von Grenzbedingungen abhängt, die für Magnetkraftlinien und Äquipotentialflächen ganz verschieden sind.

Betrachten wir zuerst einen Punkt einer durchströmten Fläche: Die xy-Ebene sei Tangentialebene derselben im betrachteten Punkte, die x-Richtung sei die Stromrichtung. Für die Komponenten α, β, γ der magnetischen Induktion, welche in unmagnetisierbaren Substanzen mit denen der magnetischen Kraft zusammenfallen, haben wir dann:

$$4\pi u = \frac{d\gamma}{dy} - \frac{d\beta}{dz}, \quad 4\pi v = \frac{d\alpha}{dz} - \frac{d\gamma}{dx}, \quad 4\pi w = \frac{d\beta}{dx} - \frac{d\alpha}{dy}.$$

u ist die Stromdichte, v und w verschwinden. Da α, β und γ, wenn die Platte dünn ist, in der z-Richtung viel rascher als in den darauf senkrechten variieren, so erhalten wir:

$$\beta_0 - \beta_1 = 4\pi \int u\, dz, \quad \alpha_0 = \alpha_1,$$

wozu noch kommt

$$\gamma_0 = \gamma_1,$$

was aus der Gleichung

$$\frac{d(\mu\alpha)}{dx} + \frac{d(\mu\beta)}{dy} + \frac{d(\mu\gamma)}{dz} = 0$$

folgt, wo μ die konstant angenommene Magnetisierungszahl ist. Der Index Null bezieht sich dabei auf die eine, der Index 1 auf die andere Plattenseite. Bei jeder von Elektrizität durchströmten Fläche ist daher die Differenz der magnetischen Kraft auf der einen und andern Seite endlich und senkrecht auf der Strömungsrichtung. Hätte man daher einen Nordpol auf der einen und einen gleich starken Südpol auf der andern Seite fest verbunden, so daß sie miteinander längs der Fläche beweglich wären, so würde die gesamte auf beide zusammenwirkende Kraft D überall senkrecht auf den Stromlinien sein. Addiert man hierzu noch die Kraft S, welche zwei gleich starke, gleich verbundene und gleich gelegene Nordpole erfahren würden, so erhält man die Kraft $M = D + S$, welche ein doppelt so starker nur auf der einen Seite befindlicher Pol erfährt. Die letztere Kraft ist daher immer senkrecht zu den Stromlinien, wenn die Kraft S es ist. Es folgt dies auch ohne Rechnung daraus, daß zu D nur die den Polen unmittelbar benachbarten Stromteile beitragen, welche man als parallel in einer Ebene strömend betrachten kann. S könnte auch bezeichnet werden als die Kraft, welche an der betreffenden Stelle auf einen mitten in der Platte befindlichen Nordpol von doppelter Stärke wirkt. Ist die Platte eben, so ist S immer senkrecht auf der Platte, daher auch auf den Stromlinien und daher fallen auf der Oberfläche die Kraftlinien, d. h. die Linien, welche überall die Richtung der zur Platte parallelen Komponente der magnetischen Kraft angeben, mit den Äquipotentiallinien zusammen. Natürlich stören auch Zuleitungsdrähte nicht, die in derselben Ebene liegen.

Hat man in einer Ebene einen Magnetpol und im Raume zwei Stromelemente, die vollkommen symmetrisch bezüglich dieser Ebene liegen, so steht die resultierende Kraft, die sie auf den Magnetpol ausüben, stets senkrecht auf dieser Ebene, wie man am besten sieht, wenn man diese Ebene als yz-Ebene wählt, darin die z-Achse durch den Magnetpol legt, die xy-Ebene aber durch beide Stromelemente und in deren Richtung legt, so daß beide zur y-Achse symmetrisch liegen. Ist die Stromrichtung der y- oder z-Richtung parallel, so hat die Magnetkraft die x-Richtung; ist die Stromrichtung der x-Richtung parallel, so ist die magnetische Kraft Null. Daraus folgt, daß, wenn die durchströmte Fläche an einer Stelle eben ist, an andern aber sich in zwei zu dieser Ebene symmetrische Teile teilt, die auch symmetrisch durchflossen werden, in dem ebenen Teile die Kraft S immer senkrecht zu dessen Ebene ist und die magnetischen Kraftlinien nicht aufhören Äquipotentiallinien zu sein.

Wollte man daher nach Hrn. v. Lommels Methode die Äquipotentiallinien auf einer Platte in einem Falle zeigen, wo sich die Elektroden nicht am Rande befinden, so könnte man zwei gleich beschaffene bezüglich der Plattenebene symmetrische Elektrodendrähte benutzen. Aus dem Gesagten folgt weiter: Wenn eine durchströmte Fläche oder ein Körper eine Symmetrieebene haben, bezüglich deren auch die Stromlinien symmetrisch sind, so muß dieselbe im Körper Stromfläche sein und die magnetischen Kraftlinien müssen darauf senkrecht stehen. Die Tatsache, daß die Kraft, die auf einen Magnetpol wirkt, der sich mitten im Innern eines durchströmten ebenen Bleches befindet, immer senkrecht auf dem Bleche steht, ist hiervon eigentlich nur ein spezieller Fall. Ein anderer bezieht sich auf eine Rotationsfläche, in der die Stromlinien Meridiankurven sind, oder einen Rotationskörper, in dem die Stromflächen Rotationsflächen von gleicher Achse sind; die magnetischen Kraftlinien sind dann Parallelkreise.

Die Zahl der allgemeinen Bedingungen, unter denen die magnetischen Kraftlinien senkrecht zu den Stromlinien sind, ließe sich sicher noch vermehren[1]); doch zeigt schon das Gesagte,

[1]) In der Ausgabe in den Wied. Ann. steht statt des folgenden: Doch zeigt schon das Gesagte, daß falls die gesamte Strömung in einer Ebene vor sich geht, die Magnetkraftlinien mit den Äquipotentiallinien zusammenfallen und zwar liefert es hierfür meines Wissens den ersten strengen Beweis. Für gekrümmte Flächen und räumlich ausgedehnte Körper aber wird dies im allgemeinen nicht zutreffen, so in dem in der zweiten Abhandlung Hrn. von Lommels durch Fig. 2 (Wied. Ann. 49. S. 544), sowie in den in der vierten Abhandlung durch Fig. 2 und 3 (Wied. Ann. 50. S. 322) dargestellten Fällen.

Ein Satz von solcher Allgemeinheit, wie ihn Hr. v. Lommel auf der ersten Seite seiner zweiten Abhandlung (Wied. Ann. 49. S. 539) ausspricht, wo das Zusammenfallen der Magnetkraftlinien und Äquipotentiallinien für die Oberfläche beliebiger durchströmter Körper behauptet wird (daher auch für beliebige krumme durchströmte Flächen, die ja immer als Grenzfälle sehr dünner Körper betrachtet werden können), ist daher unrichtig.

Da gegen meine in den Sitzungsberichten der bayerischen Akademie gebrachten Beispiele der Einwand erhoben wurde, es werde daselbst die Abweichung der Äquipotentiallinien von den Magnetkraftlinien durch ein fremdes Magnetfeld verursacht, so will ich hier ein anderes Beispiel wählen, bei welchem dieser Einwand gänzlich ausgeschlossen scheint.

Es sei ein sehr dünnes, homogenes, durchaus gleich dickes Blech gegeben, das die Gestalt einer Halbkugelfläche vom Zentrum O und und Radius Eins hat. Die beiden Hälften des größten Kreises, der die Halbkugelfläche begrenzt, mögen DFE und DGE heißen; D und E (zwei vis-à-vis liegende Pole der Kugel) mögen die Elektroden sein; F und G sind beliebig auf den entsprechenden Halbkreisen gewählt. OD sei die positive x-Achse, in der Halbebene DFE liege die positive y-Achse und gegen die Halbkugel gewendet die positive z-Achse. Wir denken uns in F einen Magnetpol von der Stärke Eins und suchen die Kraft FP, welche die ganze in der Halbkugel vor sich gehende Strömung

daß in allen von Hrn. v. Lommel untersuchten Fällen mit Ausnahme des letzten in der zweiten Abhandlung S. 109 angeführten und in Fig. 3 dargestellten die Magnetkraftlinien mit den Äquipotentiallinien zusammenfallen und zwar liefert es hierfür meines Wissens den ersten strengen Beweis.

Doch sind natürlich auch Fälle möglich, wo dies nicht stattfindet. Ein Blech A habe z. B. die Form der Mantelfläche eines halben geraden Kreiszylinders; daran seien zwei andere halbkreisförmige Bleche B und C gelötet, welche Basis und Gegenfläche des Halbzylinders bilden. Die Mittelpunkte der letzteren seien die beiden Elektroden. Wäre nur die Strömung im Bleche B vorhanden, so wären die magnetischen Kraftlinien diesem konzentrische Kreise. Die in der Mantel-

von der Gesamtintensität i darauf in der Richtung tangential zum Halbkreise DFE ausübt. Der Leser wird sich leicht selbst die Figur machen.

Wir bezeichnen den Winkel DOF mit A und verbinden D und E noch mit einem größten Halbkreise DJE, dessen Ebene mit der Ebene DFE den beliebigen Winkel B bildet. Der Punkt J ist ebenfalls beliebig auf DJE gewählt und durch den Winkel $DOJ = C$ bestimmt. Wächst C um dC, so erhalten wir das Bogenelement $JK = dC$; wächst auch noch B und dB, so erhalten wir auf der Kugel ein Flächenelement $dB \cdot dC \cdot \sin C$. Die Kraft, welche die durch dieses Flächenelement gehende Strömung auf den Magnetpol ausübt, ist $i\,dB \cdot dC \sin(r, JK)/\pi r^2$, wobei $r = FJ$ die Entfernung des Magnetpols vom wirkenden Stromelemente ist. Multiplizieren wir noch mit dem Kosinus des Winkels zwischen n und FP, so erhalten wir die Komponente dQ dieser Kraft in der Richtung FP. n sei senkrecht zu r und JK. Setzt man $a = \cos A$, $\alpha = \sin A$, $b = \cos B$, $\beta = \sin B$, $c = \cos C$, $\gamma = \sin C$, so folgt aus dem sphärischen Dreiecke JDF:

$$\cos(JOF) = ac + \alpha b \gamma, \quad r^2 = 4\sin^2(JOF/2) = 2(1 - ac - \alpha b \gamma).$$

Sei OK' der Radius der Kugel, der parallel JK ist, so ist die Projektion von r auf OK' gleich der von OF auf OK', daher $r \cdot \cos(r, JK) = \cos(FOK) = -a\gamma + \alpha b c$. Letzteres folgt aus dem sphärischen Dreiecke KDF. JK, JF, FP wählen wir als die positiven Richtungen dieser Geraden. Es folgt $r^2 \sin^2(r, JK) = (1 - ac - \alpha b \gamma)^2 + \alpha^2 \beta^2$. Ferner sind die mit $r \sin(r, JK)$ multiplizierten Richtungskosinus von n gleich $\alpha\beta c$, $\beta - a\beta c$, $abc - b + \alpha\gamma$ und daher

$$r \sin(r, JK) \cos(n, FP) = \beta(a - c).$$

Einer meiner Hörer, Hr. stud. math. Leonhard Fleischmann, bewies diese Relation auch synthetisch, indem er das Volumen des Tetraeders $OJHF$ einmal mit JHF als Basis, dann mit OHF als Basis berechnete; H ist der Schnittpunkt von JK und OD.

fläche A fließenden Ströme aber üben auf einen Magnetpol, der nahe dem Durchmesser d liegt, der das Blech B begrenzt, eine Kraft aus, die eine d parallele Komponente hat. Die Kraftlinien werden also den Durchmesser d nicht mehr senkrecht treffen, sondern auf der Außenseite der Platte B Kreisstücken ähneln, die größer als Halbkreise sind, deren Mittelpunkt also innerhalb des Bleches B liegt. Auf der der Innenseite des hohlen Halbzylinders zugewandten Seite des Bleches B aber werden sie Kreisstücken gleichen, die kleiner sind als

---

Die Komponente der Gesamtkraft der Strömung auf den Magnetpol in der Richtung FP ist daher

$$Q = \frac{i}{\pi\, 2^{3/2}} \int_0^\pi d\,C \int_0^\pi d\,B \frac{\beta(a-c)}{(1 - a c - \alpha b \gamma)^{3/2}}.$$

Die Ausführung der Integration nach B liefert

$$Q = \frac{i}{\alpha \pi \sqrt{2}} \int_0^\pi \frac{d\,C\,(a-c)}{\gamma} \left(\frac{1}{\sqrt{1 - a c - \alpha \gamma}} - \frac{1}{\sqrt{1 - a c + \alpha \gamma}} \right).$$

Wären die Elektroden nicht Punkte, sondern Parallelkreise, deren Centra auf der Geraden DE liegen, so wäre

$$Q = \frac{i}{\pi \alpha \sqrt{2}} \int_\varepsilon^{\pi - \vartheta} \frac{a - c}{\gamma}\, d\,C \left(\frac{1}{\sqrt{1 - a c - \alpha \gamma}} - \frac{1}{\sqrt{1 - a c + \alpha \gamma}} \right).$$

Die Integration ist in zwei Teile von ε bis A und dann von A bis $\pi - \vartheta$ zu teilen und liefert:

$$Q = \frac{i}{2\pi} \left[\frac{l\,\mathrm{tg}\left(\frac{\pi}{4} - \frac{\vartheta}{4}\right) - l\,\mathrm{tg}\left(\frac{\pi}{4} - \frac{A}{4}\right)}{\sin \frac{A}{2}} + \frac{l\,\mathrm{tg}\,\frac{A}{4} - l\,\mathrm{tg}\left(\frac{\pi}{4} - \frac{\varepsilon}{4}\right)}{\cos \frac{A}{2}} \right].$$

$l\,\mathrm{tg}$ bedeutet den natürlichen Logarithmus der trigonometrischen Tangente. Dieser Ausdruck ist im allgemeinen nicht Null; daher stehen die Magnetkraftlinien im allgemeinen nicht senkrecht auf dem Rande der Halbkugelfläche und können daher auch nicht mit den Äquipotentiallinien zusammenfallen.

Die Definition der Äquipotentiallinien ist dabei folgende: Von zwei Galvanometerdrähten setze man den einen an einem beliebigen Punkt der Oberfläche eines leitenden durchströmten Körpers auf; der Inbegriff aller Punkte, wo der zweite aufzusetzen ist, damit das Galvanometer stromlos bleibt, ist eine Äquipotentiallinie. [Ab § 2 sind die beiden Ausgaben wieder identisch.]

Halbkreise, daher ihren Mittelpunkt außerhalb des Bleches B haben. Auf beiden Seiten weichen sie daher im entgegengesetzten Sinne von den Äquipotentiallinien ab.

Ich habe einen sehr langen, überall gleich breiten Blechstreifen in eine Form biegen lassen, wo die Abweichung zwischen Stromlinien und Magnetkraftlinien noch drastischer hervortritt, nämlich so, daß ein Teil des Blechstreifens eben ist und in geringer Distanz davon etwas unterhalb ein anderer Teil desselben Blechstreifens vorüberläuft. Die Ebenen der genannten beiden Teile des Streifens sind, wo der eine gerade unter dem andern vorüberläuft, parallel. Die Mittellinien der beiden Streifenteile aber aufeinander senkrecht. In größerer Entfernung kann der Streifen, wie man will, gebogen sein. Die beiden ebenfalls in größerer Entfernung befindlichen Enden können wieder gegeneinander gebogen und beliebig mit je einer Elektrode verbunden werden. Durch die Verbiegung des Streifens ändern sich bekanntlich weder die Stromlinien noch die Äquipotentiallinien im Innern und an der Oberfläche des Streifens. Letztere sind in einiger Entfernung von den Elektroden, wo der Streifen eben ist, zur Mittellinie senkrechte Geraden. Die magnetischen Kraftlinien aber werden dort, wo sehr nahe unterhalb der andere Teil des Streifens vorüberläuft, fast um 45 Grad gedreht. Die Definition der Äquipotentiallinien ist dabei folgende: Von zwei Galvanometerdrähten setze man den einen an einem beliebigen Punkte der Oberfläche eines leitenden durchströmten Körpers auf; der Inbegriff aller Punkte, wo der zweite aufzusetzen ist, damit das Galvanometer stromlos bleibt, ist eine Äquipotentiallinie. Da der Wert des Potentials selbst an der Oberfläche keinen Sprung macht, müssen die Äquipotentialflächen unmittelbar an der Oberfläche im Innern und außerhalb des Leiters gleich verlaufen, ihr Verlauf unmittelbar an der Oberfläche kann daher durch den in einiger Entfernung unten vorbeigehenden Teil des Streifens nicht geändert werden.

§ 2. Bezüglich der, wie alle auf einer neuen Idee beruhenden Verknüpfungen zweier Phänomene, äußerst interessanten Versinnlichung des Hallphänomens, welche Hr. v. Lommel in der ersten Abhandlung gibt, möchte ich folgendes bemerken: So gut als wir die Stromrichtung der positiven Elektrizität ins Auge fassen, können wir auch auf die der negativen unser Augenmerk richten, dann würden in der Fig. 3 von Hrn. v. Lommels erster Abhandlung S. 464 (Wied. Ann. **48**) die den Pfeilen bei A und B entgegengesetzten die Stromrichtung der negativen Elektrizität andeuten; auch in den Ampèreschen Strömen des Magnetfeldes würden wir die Stromrichtung der negativen Elektrizität durch einen dem gekrümmten Pfeile entgegengesetzten auszudrücken haben. Die Molekularströme der Platte würden einen resultierenden Strom geben, in dem die negative Elektrizität wieder den gefiederten Pfeilen entgegengesetzt fließt. Die Molekularströme sind also wie bei Hrn. v. Lommel längs ab dem Primärstrom entgegen, längs cd aber gleichgerichtet. So gut wie der Strom der positiven wird also auch der der negativen Elektrizität längs ab vermindert, längs cd verstärkt. Man würde daher auch, wenn man die Strömung der negativen Elektrizität verfolgt, zu dem Resultate kommen, daß im Punkte D ein höheres Potential (eine höhere die jetzt negative Elektrizität treibende Kraft) als im Punkte C herrscht und folgerichtig jetzt schließen, daß auch die negative Elektrizität von D durch das Galvanometer nach C fließt, daß also im Hallstrome positive und negative Elektrizität in derselben Richtung fließen oder wenigstens würde man, wenn es zufällig üblich wäre, statt der positiven die negative Elektrizität zu verfogen, in der Hallleitung für die negativen dieselbe Stromrichtung finden, wie sie Hr. v. Lommel für die positive findet. Natürlich würde man dieser Konsequenz vom unitarischen Standpunkte oder auch, wenn man positive und negative Elektrizität als nicht gleichberechtigt betrachtet, entgehen, dann aber für den Hallstrom den entgegengesetzten Sinn finden, je nachdem man die positive oder die negative Elektrizität als die allein existierende betrachtet.

§ 3. Aus der Erfahrung und Theorie übereinstimmend folgt [vgl. meine Theorie des Hallphänomens, Wien. Ber. **94** (dieser Band Nr. 77), unmittelbar nach Gleichung 12], daß die elektromotorische Kraft des Hallstroms $\varepsilon = CMJ/d$ ist, wo C eine Konstante des Materials, J die Stärke des Primärstroms, M die Intensität des Magnetfeldes und d die Plattendicke ist.

Diese elektromotorische Kraft ist die Potentialdifferenz, welche an zwei vor Wirkung des Magnets äquipotentialen Stellen des Plattenrandes durch das Magnetfeld erzeugt wird, wenn diese durch keinen Nebenschluß (Hallleitung) verbunden sind; also auch wenn dieser Nebenschluß zwar vorhanden, aber darein eine elektromotorische Kraft $-\varepsilon$ eingefügt wäre. Wird diese dann entfernt, so tritt in der Hallleitung genau dieselbe Stromintensität i auf, in der Platte aber zum Primärstrom hinzu, welche allein aufträte, wenn der Primärstrom ganz hinweggenommen würde und bloß in der Hallleitung die elektromotorische Kraft $+\varepsilon$ tätig wäre. Ist also r der Widerstand der Galvanometerleitung zwischen den beiden Punkten, wo sie die Platte berührt, R der Widerstand der Platte zwischen denselben Punkten, so ist:

$$i = \frac{\varepsilon}{r + R}.$$

Dies ist richtig, ob r groß oder klein gegen R ist, was auch schon experimentell bestätigt wurde.[1]) Nur wenn gleichzeitig r nicht groß gegen R und C sehr groß wären, könnten Abweichungen eintreten; es würde dann die Intensität des Hallstroms nicht klein gegen die des primären und daher durch den ersteren selbst wieder ein Hallstrom zweiter Ordnung erzeugt, der dem Primärstrom entgegenwirken würde. Daß zum Gelingen des Hallversuches die Bedingung erfordert würde, daß r klein gegen R sei, scheint mir ein Mißverständnis zu sein, welches offenbar durch den Umstand hervorgerufen wurde, daß bei Gold, wo C klein ist, r nicht allzugroß gegen R sein darf, da ja dieses dem Widerstande der Batterie, jenes dem äußern Widerstande vergleichbar ist und der günstigste Effekt bekanntlich immer eintritt, wenn diese beiden Widerstände nicht allzu verschieden sind oder, wenn man diese Analogie nicht gelten lassen will, da der Halleffekt nur der Breite der Platte und der Dichte des Primärstromes proportional ist, letztere aber nur bei dünnen Platten genügend groß gemacht werden kann. Deshalb wurden aus einem so gut leitenden Materiale wie Gold äußerst dünne Platten ge-

---

[1]) Vgl. Ettingshausen und Nernst, über das Hallsche Phänomen, Wien. Ber. **94.** S. 579. 1886.

wählt. Es entspricht der Erfahrung, wenn Hr. v. Lommèl die elektromotorische Kraft des Hallstromes proportional JM und verkehrt proportional d findet, daß er sie aber auch verkehrt proportional dem Galvanometerwiderstand, dagegen die Klemmspannung der Galvanometerleitung von r unabhängig findet, scheint mir ein Rätsel.

§ 4. Bezüglich der Ableitung der Strömung in der Kugel durch Hrn. v. Lommel bemerke ich nur, daß mir erstens der Beweis, daß die zwei Kugelsysteme, die sich rechtwinklig durchschneiden, wirklich als Äquipotentiale und dazu gehörige Stromflächen betrachtet werden können sowie, daß hierbei die Strömung in einer Kugelschale von überall gleicher Dicke gefunden wird, noch der Ergänzung zu bedürfen scheint.

102.

Über die Bestimmung der absoluten Temperatur.

(Münch. Ber. 23. S. 321—328. 1893; Wied. Ann. 53. S. 948—954. 1894.)

Bekanntlich läßt sich sehr leicht konstatieren, ob zwei Körper gleiche Temperatur haben, dadurch, daß sie, miteinander in Berührung gebracht, sich im Wärmegleichgewicht befinden. Um die Gleichheit der Temperatur zu konstatieren, genügt also jedes beliebige empirische Thermometer. Quantitativ gemessen kann dagegen die Temperatur in rationeller Weise nur mittels der Lord Kelvinschen Temperaturskala[1]) werden, wonach die Temperaturen zweier Körper sich so verhalten wie die Wärmemengen, welche von einem Zwischenkörper, der einen einfachen, umkehrbaren, aus zwei Adiabaten und zwei Isothermen bestehenden Kreisprozeß zwischen diesen Temperaturen durchmacht, aufgenommen, resp. abgegeben werden. Die so gemessene Temperatur wollen wir die absolute nennen und mit T bezeichnen, wogegen t dieselbe nach einer beliebigen empirischen Skala gemessene Temperatur sein soll. Wenn für irgendwelche Körper die empirische Temperatur denselben Wert hat; so muß dies auch von der absoluten gelten, es kann also T nur eine Funktion von t sein, deren Ableitung wir mit T' bezeichnen wollen.

Da aber die an realisierbaren thermodynamischen Maschinen vorgehenden Prozesse weit entfernt sind, solche einfache umkehrbare Kreisprozesse zu sein, so ist die experimentelle Bestimmung der Temperatur durch direkte Anwendung dieser Definition unmöglich. Schon Lord Kelvin selbst benutzte die Eigenschaften verschiedener Körper, um auf indirektem Wege die Berechnung der absoluten Temperatur zu erreichen.

---

[1]) Lord Kelvin, Phil. Mag. 1848; Phil. Trans. 1854; El. and heat. Enc. Brit. 1878, Scient. Pap. 3. S. 1.

Er zeigte, daß man mit Hilfe der Eigenschaften der gesättigten Dämpfe verschiedener Substanzen die absolute Temperaturskala im weiten Umfange berechnen könnte. Ein ähnliches Verfahren schlug Lippmann[1]) ein, welcher sehr allgemeine Gleichungen entwickelte und daraus die Berechnung der absoluten Temperatur nach dem Pictetschen Thermometer mit schwefliger Säure durchführte. Die wichtigsten Versuche aber, die absolute Temperatur indirekt zu berechnen, beruhen auf dem bekannten Versuche von Thomson und Joule über die Temperaturveränderungen eines Gases bei Ausdehnung ohne äußere Arbeitsleistung. Sie wurden von ihm selbst (l. c.) und Jochmann[2]) der Berechnung unterzogen. Eine etwas andere Formel stammt von Weinstein.[3]) Derselbe gibt auf S. 8 seiner Dissertation einen Ausdruck für die Größe, welche nach unserer Bezeichnung $T:T'$ hieße, der nur abhängt von der Relation, welche für den zugrunde gelegten Körper zwischen Druck, Volumen und empirischer Temperatur besteht mit Ausnahme einer einzigen darin vorkommenden Größe γ. Diese Größe γ wird ebenfalls aus der Relation zwischen Druck, Volumen und Temperatur, aber nicht der empirischen, sondern der absoluten definiert. Da letztere Relation natürlich nicht bekannt ist, so müssen zur Ermittelung von γ gewisse Hypothesen herbeigezogen werden. Weinstein findet für diese Größe verschiedene Werte, je nachdem er die van der Waalssche oder Clausiussche Zustandsgleichung zugrunde legt und hält schließlich durch eine Art Kompromiß zwischen beiden Zustandsgleichungen den Wert $\gamma = 2$ für den wahrscheinlichsten; doch scheinen mir gegen alle diese Berechnungen von γ Bedenken möglich zu sein. Die Schlußformel Weinsteins enthält daher, nachdem für γ dieser Wert substituiert wurde, nur mehr Größen, welche aus der Beziehung zwischen Druck, Volumen und empirischer Temperatur eines Gases gefunden werden können.

---

[1]) Lippmann, C. R. 95. S. 1058; Journ. de phys. (2) 3. S. 53, 277.

[2]) Jochmann, Beiträge zur Theorie der Gase, Programm des Kölnischen Realgymnasiums. Berlin 1858, Schlömilchs Zeitschr. f. Math. u. Phys. 5. S. 24—39 u. 96—131.

[3]) Weinstein, Dissertation, Berlin 1881, Metronomische Beiträge der kaiserl. Normaleichungskommission 1881 Nr. 3.

Die angenäherte Berechnung der absoluten Temperatur geschieht bekanntlich mittels der Voraussetzung, daß die schwer koerziblen Gase sich angenähert wie sogenannte vollkommene oder ideale Gase verhalten und daß für ein ideales Gas sowohl der Druck bei konstantem Volumen als auch das Volumen der Gewichtseinheit bei konstantem Drucke der absoluten Temperatur proportional sind. Es liegt daher der Gedanke nahe, ob nicht die Berechnung der absoluten Temperatur mit Hilfe der Relationen zwischen Druck, Volumen und empirischer Temperatur, welche bei wirklichen Gasen an Stelle des Boyle Charlesschen Gesetzes treten, allein schon möglich ist. Diese Relation läßt sich nämlich mit weit größerer Schärfe durch empirische Formeln darstellen, als die Bestimmung der spezifischen Wärme oder der Temperaturveränderungen durch Ausdehnung usw. möglich ist.

Wir wollen daher nur zunächst von der Relation zwischen Druck, Volumen und empirischer Temperatur und den beiden Hauptsätzen der mechanischen Wärmetheorie ausgehen. Man erhält bekanntlich nach dem zweiten Hauptsatze

$$\frac{T}{T'} = \frac{1}{A\frac{d_v p}{dt}} \frac{d_t Q}{dv}.$$

Dabei ist A das thermische Arbeitsäquivalent $\left(\frac{\text{groß. Cal}}{430\,\text{m kg}}\right)$, dQ das Differential der zugeführten Wärme; p ist der Druck auf die Flächeneinheit, von welchem vorausgesetzt wird, daß er auf der ganzen Oberfläche des Körpers gleich ist und die einzige auf den Körper wirkende äußere Kraft darstellt; v ist das Volumen der Gewichtseinheit und die dem Differentialzeichen unten angefügten Indizes bezeichnen die Variable, welche bei Bildung des Differentialquotienten als konstant anzusehen ist. Die Größe $d_v p / dt$ ist unmittelbar durch die Relation zwischen Druck, Volumen und empirischer Temperatur bestimmt; zur Bestimmung von $d_t Q / dv$ dagegen sind im allgemeinen Angaben über spezifische Wärme erforderlich. Sei U die in Wärmemaß gemessene innere Energie des Körpers und S dessen Entropie, so ist bekanntlich in dem von uns betrachteten Falle:

$$dQ = dU + A p\, dv$$

Sei die als bekannt vorausgesetzte Beziehung zwischen Druck, Volumen und empirischer Temperatur durch die Gleichung ausgedrückt

$$p = f(v, t),$$

so wollen wir setzen

$$dS = \frac{dQ}{T} = d\left(s + \frac{A}{T}\int\limits_{v} f\,dv\right),$$

wobei die Integration bloß nach v bei konstant zu erhaltendem t zu verstehen ist. Die wirkliche Ausführung der Differentiation liefert:

$$\frac{dQ}{T} = \frac{A f\,dv}{T} + A\,dt\frac{d_v}{dt}\left(\frac{1}{T}\int\limits_{v} f\,dv\right) + ds;$$

da dies nach dem Obigen gleich

$$\frac{dU}{T} + \frac{A f\,dv}{T}$$

sein muß, so folgt, wenn man nun s und t als independente Variablen betrachtet:

$$\frac{\partial_t U}{\partial s} = T, \quad \frac{\partial_s U}{\partial t} = A\,T\frac{d}{dt}\left(\frac{1}{T}\int\limits_{v} f\,dv\right).$$

Aus der ersten dieser beiden partiellen Differentialgleichungen folgt:

$$U = s\,T + \varphi(t),$$

wobei $\varphi(t)$ eine vorläufig willkürliche Funktion von t ist. Daher

$$\frac{d_s U}{dt} = s\,T' + \varphi'(t)$$

und folglich nach der zweiten partiellen Differentialgleichung

$$s = \frac{A\,T}{T'}\frac{d_v}{dt}\left(\frac{1}{T}\int\limits_{v} f\,dv\right),$$

wo die willkürliche Funktion von t wieder unterdrückt wurde, da eine solche selbstverständlich zu dem Integrale nach v hinzutritt.

Setzt man diesen Wert in den anfangs gegebenen Ausdruck dS ein, so folgt ohne Schwierigkeit

$$dQ = \frac{AT}{T'}\frac{d_v f}{dt}dv + AT\,dt\frac{d_v}{dt}\left(\frac{1}{T'}\int\limits_v \frac{d_v f}{dt}dv\right).$$

Diese Gleichung könnte auch aus der bekannten

$$dQ = \vartheta\,dt + AT\frac{d_v p}{dT}dv$$

abgeleitet werden.

Man sieht, daß durch die Funktion f und T, also durch den Zusammenhang zwischen Druck, Volumen und absoluter Temperatur dQ bis auf eine als Addend hinzutretende mit dt multiplizierte noch willkürliche Funktion der Temperatur bestimmt ist, d. h. wenn dieser Zusammenhang gegeben ist, kann bloß mehr zur spezifischen Wärme bei konstantem Volumen eine beliebige Funktion der Temperatur als Addend hinzutreten. Versucht man dagegen aus dieser Gleichung $d_t Q / dv$ zu bestimmen und in die eingangs angeführte Gleichung für T' / T einsetzen, so erhält man eine Identität. Wir gelangen daher zu dem Schlußresultate, daß die Berechnung der absoluten Temperatur ohne Zuziehung von Angaben über spezifische Wärme oder über die Temperaturänderung bei Ausdehnung usw. aus der bloßen Beziehung zwischen Druck, Volumen und empirischer Temperatur für beliebige Körper unmöglich ist.

Die willkürliche Funktion der Temperatur fällt, wie übrigens ebenfalls schon Lord Kelvin bemerkte, vollkommen aus, sobald man die Differenz der spezifischen Wärme γ_p bei konstantem Drucke und γ_v bei konstantem Volumen berechnet. Dieselbe findet sich:

$$\gamma_p - \gamma_v = \frac{d_p Q}{dt} - \frac{d_v Q}{dt} = -\frac{AT}{T'}\frac{\left(\frac{d_v p}{dt}\right)^2}{\frac{d_t p}{dv}}.$$

Wenn man daher aus den Versuchen Regnaults und E. Wiedemanns mit genügender Sicherheit als bewiesen annähme, daß für Luft und Wasserstoff $\gamma_p - \gamma_v$ konstant ist, so würde folgen

$$\operatorname{lognat} T = -\frac{A}{\gamma_p - \gamma_v}\int dt \frac{\left(\frac{d_v p}{dt}\right)^2}{\frac{d_t p}{dv}}.$$

Doch sieht man, daß jedenfalls der Ausdruck

$$\frac{1}{(\gamma_p - \gamma_v)\frac{d_t p}{dv}} \cdot \frac{d_v p}{dt}$$

bloß Funktion der Temperatur sein darf, daß also weder mit dem van der Waalsschen noch dem Clausiuschen Gesetze eine vollkommene Konstanz von $\gamma_p - \gamma_v$ vereinbar ist. Nur sehr genaue Beobachtungen über $\gamma_p - \gamma_v$ resp. über die Abhängigkeit von γ_p und $\gamma_p : \gamma_v$ von der Temperatur könnten daher zur Bestimmung der absoluten Temperatur auf diesem Wege führen; aber immerhin wäre es sehr wünschenswert, sich durch experimentelle Durchführung der Bestimmung der absoluten Temperatur auch auf diesem Wege eine willkommene Kontrolle zu verschaffen.

Natürlich liefert obige Formel ohne weiteres auch die Gleichung zur Berechnung der Versuche von Thomson und Joule. Wenn sich ein Gas ohne Wärmezufuhr oder Abgabe und ohne Arbeitsleistung nicht umkehrbar um dv ausdehnt, so ist, nachdem sich alle etwa entstandenen Störungen wieder beruhigt haben und deren lebendige Kraft in Wärme übergegangen ist, der Endzustand offenbar derselbe, als ob es sich in umkehrbarer Weise ausgedehnt hätte und ihm dabei die zur Arbeitsleistung erforderliche Wärme $Ap\,dv$ zugeführt worden wäre. Wir finden daher die im ersten Falle entstehende Temperaturvermehrung dt, indem wir in obiger Formel setzen $dQ = Ap\,dv$, wodurch sich ergibt

$$Ap\,dv = \frac{AT}{T'}\frac{d_v p}{dt}dv + \gamma_v dt,$$

$$\frac{T}{T'} = \frac{1}{\frac{d_v p}{dt}}\left(p - \frac{\gamma_v}{A}\frac{dt}{dv}\right) = \frac{1}{\frac{d_v p}{dt}}\left\{p - \frac{1}{A}\frac{dt}{dv}\left[\gamma_p + \frac{AT}{T'}\frac{\left(\frac{d_v p}{dt}\right)^2}{\frac{d_t p}{dv}}\right]\right\}$$

oder

$$\frac{T}{T'} = \frac{\left(p - \frac{\gamma_p}{A}\frac{dt}{dv}\right)\frac{d_t p}{dv}}{\frac{d_v p}{dt}\left(\frac{d_t p}{dv} + \frac{d_v p}{dt}\frac{dt}{dv}\right)}$$

Die Ausdehnung dieser Formel auf endliche Prozesse hat keine Schwierigkeit.

Solange nicht, wie oben erwähnt, sehr genaue Versuche über die Abhängigkeit von γ_p und $\gamma_p:\gamma_v$ von der Temperatur vorliegen, scheint der Thomson-Joulesche Versuch noch immer die beste Basis zur Berechnung der absoluten Temperatur zu sein. Da derselbe in neuerer Zeit wiederholt wurde, so würde es sich wohl lohnen, nun alle älteren und neueren Erfahrungen in denkbar genauester Weise berücksichtigende Rechnungen durchzuführen; zu diesem Zwecke müßten aber die Formeln genau den Modalitäten der jeweiligen Versuche angepaßt werden, worauf ich ein andermal zurückzukommen hoffe. [1])

[1]) In dieser Arbeit wurden einige Druckfehler verbessert. Im Original steht in der ersten Gleichung S. 492 T/T' an Stelle von T/T' ferner fehlt im zweiten Summanden der obersten Gleichung S. 492 der; Faktor T. — Es mußte endlich nach Ansicht d. H. in der vorletzten Gleichung S. 494 im Nenner T'^2 an Stelle von T' stehen. Dadurch würde auch die nächste Gleichung eine Änderung erfahren, ohne daß jedoch die folgenden Schlüsse dadurch berührt würden. D. H.

103.

Der aus den Sätzen über Wärmegleichgewicht folgende Beweis des Prinzips des letzten Multiplikators in seiner einfachsten Form.

(Math. Ann. 42. S. 374—376. 1893.)

Ich bin schon im Jahre 1871[1]) bei Behandlung des Wärmegleichgewichtes unter Gasmolekülen durch Zufall auf einen eigentümlichen Beweis des Jacobischen[2]) Prinzips des letzten Multiplikators gestoßen. Dieser Beweis ist jedoch dort nicht in seiner einfachsten, von jeder Beziehung zur Gastheorie losgelösten Form mitgeteilt und es sei mir daher gestattet, hier nochmals darauf zurückzukommen, weil er mir doch einen neuen Einblick in das Wesen des Jacobischen Satzes oder wenigstens in dessen Beziehungen zu scheinbar ganz fremden Gebieten der Mechanik zu bieten scheint.

Sei x eine independente Variable. Die dependenten Variablen $x_1, x_2 \ldots x_n$ seien durch die Differentialgleichungen

$$\frac{dx_1}{dx} = \frac{X_1}{X}, \quad \frac{dx_2}{dx} = \frac{X_2}{X} \ldots \frac{dx_n}{dx} = \frac{X_n}{X}$$

und durch die Anfangswerte $x_1^0, x_2^0 \ldots x_n^0$ gegeben, welche zu $x = 0$ (oder wenn man will $x = x^0$) gehören. Sämtliche X seien Funktionen von $x, x_1 \ldots x_n$. Den Inbegriff aller bei Voraussetzung bestimmter Anfangswerte als Funktionen von x ausgedrückten Werte von $x_1, x_2 \ldots x_n$ nennen wir kurz ein System. Wir betrachten alle Systeme, für welche die Anfangswerte zwischen den Grenzen

(1) x_1^0 und $x_1^0 + dx_1^0$, x_2^0 und $x_2^0 + dx_2^0 \ldots x_n^0$ und $x_n^0 + dx_n^0$

liegen. Für dieselben sollen die zu irgend einem andern x gehörigen Werte zwischen

[1]) Wien. Ber. **63.** (Diese Sammlung Bd. I, Nr. 19.)

[2]) Jacobi, Vorlesungen über Dynmik, Ges. Werke Supplementband 10.—15. Vorlesung.

$$x_1 \text{ und } x_1 + dx_1, \quad x_2 \text{ und } x_2 + dx_2 \ldots x_n \text{ und } x_n + dx_n,$$
die zu $x + \delta x$ gehörigen Werte zwischen
$$x_1 \text{ und } x_1' + dx_1', \quad x_2' \text{ und } x_2' + dx_2' \ldots x_n' \text{ und } x_n' + dx_n$$
liegen. Dann ist
$$dx_1'\, dx_2' \ldots dx_n' = \begin{vmatrix} \frac{\partial x_1'}{\partial x_1}, & \frac{\partial x_2'}{\partial x_1} & \ldots \\ \frac{\partial x_1'}{\partial x_2} & . & \ldots \\ . & . & . \; . \; . \; . \; . \end{vmatrix} dx_1\, dx_2 \ldots dx_n.$$
Ferner ist für jedes i
$$x_i' = x_i + \frac{X_i}{X} \delta x, \quad \frac{\partial x_i'}{\partial x_i} = 1 + \delta x \left(\frac{1}{X} \frac{\partial X_i}{\partial x_i} - \frac{X_i}{X^2} \frac{\partial X}{\partial x_i} \right)$$
und die obige Formel liefert, wenn man δx^2 vernachlässigt,
$$dx_1'\, dx_2' \ldots dx_n' = \left[1 + \frac{\delta x}{X} \left(\frac{\partial X}{\partial x} + \frac{\partial X_1}{\partial x_1} \ldots \frac{\partial X_n}{\partial x_n} \right) \right.$$
$$\left. - \frac{\delta x}{X} \left(\frac{\partial X}{\partial x} + \frac{X_1}{X} \frac{\partial X}{\partial x_1} \ldots \frac{X_n}{X} \frac{\partial X}{\partial x_n} \right) \right] dx_1\, dx_2 \ldots dx_n.$$
Setzt man
$$Z = e^{\int \frac{dx}{X} \left(\frac{\partial X}{\partial x} + \frac{\partial X_1}{\partial x_1} \ldots \frac{\partial X_n}{\partial x_n} \right)}$$
und bezeichnet mit einem Striche oben die zu $x + \delta x$, mit einer oben angehängten Null aber die zu $x = 0$ gehörigen Werte, so findet man für den Ausdruck in der eckigen Klammer
$$1 + \frac{\delta Z}{Z} - \frac{\delta X}{X} = \frac{Z'}{X'} \cdot \frac{X}{Z}$$
und hat daher
$$\frac{X'}{Z'} dx_1'\, dx_2' \ldots dx_n' = \frac{X}{Z} dx_1\, dx_2 \ldots dx_n.$$
Da eine analoge Gleichung für alle früheren und folgenden Zuwächse von x gilt, so folgt auch

(2) $$\frac{X}{Z} dx_1\, dx_2 \ldots dx_n = \frac{X^0}{Z^0} dx_1^0\, dx_2^0 \ldots dx_n^0.$$

Nun seien
$$\varphi_i(x, x_1 \ldots x_n) = a_i \qquad i = 1, 2 \ldots n$$
die Integrale obiger Differentialgleichungen.

Für die durch die Bedingungen (1) gegebenen Systeme sollen die a zwischen den Grenzen
$$a_1 \text{ und } a_1 + da_1, \quad a_2 \text{ und } a_2 + da_2 \ldots a_n \text{ und } a_n + da_n$$

liegen und wir bezeichnen mit D die Funktionaldeterminante

$$\sum \pm \frac{\partial \varphi_1}{\partial x_1} \cdot \frac{\partial \varphi_2}{\partial x_2} \cdots \frac{\partial \varphi_n}{\partial x_n};$$

dann ist für jedes gegebene x

$$da_1\, da_2 \ldots da_n = D\, dx_1\, dx_2 \ldots dx_n = D^0\, dx_1{}^0\, dx_2{}^0 \ldots dx_n{}^0.$$

Dies liefert in Verbindung mit Gleichung (2)

$$\frac{ZD}{X} = \frac{Z^0 D^0}{X^0} = C,$$

wobei C eine für jedes System konstante Größe ist, d. h. der Ausdruck $ZD:X$ reduziert sich, wenn man $x_1, x_2 \ldots x_n$ durch x und die a ausdrückt, bloß auf eine Funktion der letzteren.

Um nun auf den Fall zu kommen, daß wir alle Integrale bis auf eines (bis auf φ_1) kennen, wollen wir in der obigen für ein beliebiges konstantes x geltenden Gleichung

$$da_1\, da_2 \ldots da_n = D\, dx_1\, dx_2 \ldots dx_n$$

beiderseits die Differentiale $dx_1\, da_2\, da_3 \ldots da_n$ einführen. Rechts ist zu setzen

$$dx_1\, dx_2 \ldots dx_n = \frac{1}{\varDelta}\, dx_1\, da_2 \ldots da_n,$$

wobei in

$$\varDelta = \sum \pm \frac{\partial \varphi_2}{\partial x_2} \frac{\partial \varphi_3}{\partial x_3} \cdots \frac{\partial \varphi_n}{\partial x_n}$$

x und x_1 als konstant, $\varphi_2 \ldots \varphi_n$ aber als Funktionen von $x_2 \ldots x_n$ zu betrachten sind.

Links dagegen ist

$$da_1 = \frac{\partial \varphi_1 (x\, x_1\, a_2 \ldots a_n)}{\partial x_1}\, dx_1.$$

Man erhält also, wenn man durch $dx_1\, da_2 \ldots da_n$ wegdividiert

$$\frac{\partial \varphi_1 (x\, x_1\, a_2 \ldots a_n)}{\partial x_1} = \frac{D}{\varDelta} = \frac{CX}{\varDelta Z}.$$

Wenn alle Integrale bis auf φ_1 bekannt sind, so ist aber dies ein integrierender Faktor der Differentialgleichung

$$dx_1 = \frac{X_1}{X}\, dx.$$

X ist gegeben, $\varDelta$ läßt sich berechnen, Z ist freilich im allgemeinen unbekannt, kann aber, wie Jacobi gezeigt hat, in gewissen Spezialfällen leicht gefunden werden.

104.

Über die Notiz des Hrn. Hans Cornelius bezüglich des Verhältnisses der Energien der fortschreitenden und inneren Bewegung der Gasmoleküle.

(Zeitschr. f. phys. Chemie **11.** S. 751—752. 1893.)

Da diese Notiz[1]) so stilisiert ist, als ob darin Neues enthalten wäre, so sei nur erinnert, daß die allgemeinste Formel, zu welcher Hr. Cornelius S. 406, zwei Zeilen nach Formel (2), gelangt,[2]) schon (und zwar fast genau unter Anwendung derselben Bezeichnungsweise) — auf der 1. Seite der bekannten Abhandlung der Herren Kundt und Warburg „Über die spezifische Wärme des Quecksilbergases"[3]) als Formel (1a) angeführt ist. Dieselbe Formel findet sich auch in der neuesten Ausgabe der Clausiusschen Abhandlungen[4]) und sicher noch an manchen anderen Orten.

Es bedarf wohl keines Beweises mehr, daß die Herren Kundt und Warburg nicht glaubten, in der genannten Abhandlung mehr bewiesen zu haben, als sie tatsächlich bewiesen hatten, nämlich daß die so genaue Übereinstimmung der spezifischen Wärme des Quecksilbergases mit dem theoretisch vorausberechneten Werte kaum ein bloßer Zufall sein kann, sondern darauf hinweist, daß für das Verhalten des Quecksilbergases innerhalb der Versuchstemperaturen die Bewegungen kugelförmiger Moleküle in der von der kinetischen Gastheorie voraus-

---

[1]) Zeitschr. f. phys. Chemie **11.** S 403. 1893.

[2]) Die Formel (1) des Hrn. Cornelius ist wieder nicht allgemein, da sie zwar nicht wie die erste Clausiussche voraussetzt, daß H vom absoluten Nullpunkt an, aber doch, daß es in einem endlichen Temperaturintervall konstant ist.

[3]) Pogg. Ann. **157.** S. 353. 1876.

[4]) Die kinetische Theorie der Gase von Clausius, herausgeg. von Planck und Pulfrich. S. 36. Braunschweig 1889.

gesetzten Art eine brauchbare mechanische Analogie bietet. Denn gerade die Möglichkeit, Tatsachen voraus zu berechnen, war ja zu allen Zeiten das Kriterium für die Zweckmäßigkeit einer mechanischen Analogie. Natürlich folgt daraus nicht, daß sich die Quecksilbermoleküle in allen Stücken genau wie Billardbälle oder punktförmige Kraftcentra verhalten, noch daß die Anwendbarkeit der mechanischen Analogie und Konstanz der spezifischen Wärme für alle Temperaturen gilt.

Im gleichen Sinne scheinen mir die Beobachtungen über die spezifische Wärme sehr wahrscheinlich zu machen, daß für das Verhalten von O, N, H und allen bisher untersuchten zweiatomigen Verbindungen dieser Elemente sowohl untereinander als auch mit C, Cl, Br, J die kinetische Theorie eines Gases, dessen Moleküle von Kugeln abweichende Rotationskörper sind, und für das Verhalten von Cl, Br, J und deren Verbindungen untereinander die kinetische Theorie eines Gases, dessen Moleküle starre Nichtrotationskörper sind, eine in vieler Beziehung treffende mechanische Analogie bietet. Für die übrigen Gase aber, soweit sie bisher untersucht wurden, müssen kompliziertere mechanische Analogien beigezogen werden. (Elektrische Schwingungen, deren Energie bei der Erwärmung dieser, nicht aber der früheren Gase in Betracht kommt?)

München, den 17. Mai 1893.

105.

Über die neueren Theorien der Elektrizität und des Magnetismus.

(Verh. d. 65. Vers. Deutsch. Naturf. u. Ärzte. S. 34 u. 35. Nürnberg 1893.)

Der Vortragende referiert über die neueren Theorien des Elektromagnetismus. Zuerst bespricht er die durch Hertz inaugurierte Anschauung, wonach die Gleichungen vollkommen von jeder mechanischen Vorstellung zu trennen sind, welche zu deren Auffindung diente oder sie veranschaulicht. Er weist auf gewisse Schwierigkeiten hin, womit dann die Definition der Fundamentalbegriffe verbunden ist, und meint, daß einerseits die vollständige Trennung des erfahrungsmäßig gegebenen von unseren subjektiven mechanischen Hypothesen von größtem Nutzen ist, andererseits aber ein Nachlassen des Eifers, adäquate mechanische Hypothesen zu finden, oder gar eine Geringschätzung letzterer die Wissenschaft schädigen würden.

Hierauf führt er aus, daß, wie schon Maxwell gezeigt hat, unendlich viele mechanische Hypothesen möglich sind und auch in der Tat bereits zahlreiche aufgestellt wurden. Eine große Zahl derselben läßt sich in zwei Gruppen teilen. Bei der ersten spielt der Fundamentalvektor die Rolle einer gewöhnlichen elastischen Deformation, bei der zweiten bedeutet er eine Drehung der Volumenelemente, zwischen denen noch Friktionsrollen oder Transmissionsschnüre zu denken sind. Die erste Gruppe geht von den einfachsten Annahmen aus, aber alle hierher gehörigen Theorien stoßen in einzelnen Punkten auf, wie es scheint, unüberwindliche Schwierigkeiten. Dies gilt nicht von den Theorien der zweiten Gruppe, welche aber eine viel kompliziertere, sozusagen unwahrscheinliche Grundlage haben.

Jede Gruppe hat zwei Unterabteilungen: die Differentialquotienten des Fundamentalvektors nach der Zeit werden

a) mit den elektrischen, b) mit den magnetischen Kräften identifiziert.

Zu Gruppe 1, Abt. a) gehören die Theorien Glazebrooks, Helms und eine vom Vortragenden in der Münchener Akademie behandelte[1]; zu Gruppe 1, Abt. b) die Sommerfelds und Reiffs. Gruppe 2, Abt. a) gibt eine Theorie, welche der Vortragende im zweiten Bande seines Buches „Über die Maxwellsche Theorie" bespricht; zu Gruppe 2, Abt. b) gehört die allererste Maxwellsche Theorie und die Theorien Fitzgeralds und Oliver Lodges.

Eine eigentümliche Elektrizitätstheorie könnte folgendermaßen konstruiert werden. Man denkt sich den Äther als ein Aggregat von Kraftzentren, deren Abstand nicht unter eine bestimmte Grenze sinken kann, sagen wir Kugeln, und die sich möglichst dicht aneinander zu drängen suchen. Dieselben können sich nicht, wie Kreise in der Ebene, deren Centra unter analogen Bedingungen die Ecken gleichseitiger Dreiecke bilden würden, vollkommen symmetrisch anordnen. Aus den Bewegungen der offenbar besonders beweglichen Orte, wo die Centra am weitesten entfernt sind, die Ecken von Tetraedern zu bilden, wären die elektrischen Erscheinungen zu erklären.

Auch die Theorie Hicks und Lord Kelvins, wonach der Äther als sogenannter Wirbelschwamm zu betrachten ist, wird besprochen und schließlich ermahnt, den Eifer im Aufsuchen mechanischer Theorien nicht erkalten zu lassen, welche sowohl für die Anschauung als auch für Auffindung neuer Tatsachen von größtem Werte sind, was schon dadurch bewiesen wird, daß Maxwell seine Grundgleichungen nur durch seine ersten mechanischen Bilder fand.

---

[1]) Dieser Band Nr. 96.

106.

Zur Integration der Diffusionsgleichung bei variablen Diffusionskoeffizienten.

(Münch. Ber. **24.** S. 211—217. Wied. Ann. **53.** S. 959—964. 1894.)

Hr. O. Wiener gab[1]) eine interessante Methode an, den Vorgang der Diffusion zweier Flüssigkeiten in allen Schichten gleichzeitig zu beobachten. Dabei zeigte sich bedeutende Veränderlichkeit des Diffusionskoeffizienten. Hr. Wiener zeigt, wie man diesem Umstande bei Berechnung der Versuche durch ein Näherungsverfahren Rechnung tragen kann. Ich habe nun schon vor langer Zeit ein Integral der Diffusionsgleichung für variablen Diffusionskoeffizienten gefunden, welches Hausmaninger[2]) allerdings mit geringem Erfolge zur Berechnung der Versuche Waitz' verwendete. Da dasselbe vielleicht zur Berechnung der Wienerschen Versuche nützlich sein könnte, so erlaube ich mir hier nochmals darauf zurückzukommen.

Zählen wir, wie Hr. Wiener, die $+x$ von der ursprünglichen Grenze der übereinandergeschichteten Flüssigkeiten aus vertikal nach abwärts, bezeichnen mit n_1, n_2, n die Brechungsindizes in der oberen resp. unteren reinen und an irgend einer Stelle der gemischten Flüssigkeit, mit t die seit Beginn der Diffusion verflossene Zeit und nehmen an, daß n die partielle Differentialgleichung

$$\frac{\partial n}{\partial t} = \frac{\partial}{\partial x}\left(k \frac{\partial n}{\partial x}\right) \tag{1}$$

erfüllt, wo k eine gegebene Funktion von n ist, sowie daß die Diffusion weder Boden noch Niveau der oberen Flüssigkeit in merklicher Weise erreicht hat, so folgt allgemein

---

[1]) Wied. Ann. **49.** S. 105. 1893.

[2]) Wien. Ber. **86.** S. 1073. 1882.

$$(2).\qquad n = n_2 - \frac{(n_2 - n_1)\int\limits_{x/\sqrt{t}}^{\infty} \frac{d\lambda}{k} e^{-\int\limits_0^{\lambda} \frac{\lambda\, d\lambda}{2k}}}{\int\limits_{-\infty}^{+\infty} \frac{d\lambda}{k} e^{-\int\limits_0^{\lambda} \frac{\lambda\, d\lambda}{2k}}}.$$

Man sieht, daß n und daher auch k nur Funktion von $x:\sqrt{t}$ ist. Unter den Integralzeichen ist immer der Wert des k für $x:\sqrt{t} = \lambda$ zu verstehen. Ich will mich hier nicht weiter darauf einlassen, wie diese Formel abgeleitet werden kann; daß sie alle Bedingungen der Aufgabe erfüllt, sieht man ohne weiteres. Die Gleichung (2) würde auch richtig sein, wenn k direkt als Funktion von $x:\sqrt{t}$ gegeben wäre; man könnte dann n unmittelbar daraus berechnen. Da aber hier k nicht direkt als Funktion von $x:\sqrt{t}$ gegeben ist, sondern eine zu findende Funktion von n ist, so kann diese Formel zur Berechnung der Versuche nicht verwendet werden. Man muß vielmehr k aus derselben berechnen. Man findet zunächst, wenn man wieder $\lambda = x:\sqrt{t}$ setzt

$$(3)\qquad -\frac{1}{2}\lambda \frac{dn}{d\lambda} = \frac{d}{d\lambda}\left(k\frac{dn}{d\lambda}\right)$$

und hieraus bei konstantem t

$$(4)\qquad k = \frac{1}{2t\frac{dn}{dx}} \int\limits_x^{\infty} \frac{dn}{dx} \cdot x \cdot dx.$$

Hr. Wiener findet nun durch das Experiment direkt Kurven, deren (von einer schrägen Geraden an gezählte) Ordinaten z den Werten von dn/dx multipliziert mit der Konstanten $a\delta$ gleich sind, während die Abszissen $y = y_0 + x/\eta$ sind. (Vgl. dessen Fig. 13, S. 123.) Dabei ist η eine experimentell gegebene Konstante, y_0 aber der Wert des y für die Stelle, wo die schräge Gerade die ursprüngliche Trennungsfläche der beiden Flüssigkeiten schneidet. Daraus folgt:

$$(5)\qquad k = \frac{\eta^2}{2tz}\int\limits_y^{\infty} z(y - y_0)\, dy. \qquad (\ )$$

Wir berechnen nun zu irgend einem x das dazu gehörige y, ziehen die diesem y entsprechende Ordinate z der Diffusionskurve, bezeichnen mit f den Flächenraum, der links von der Ordinate z, oben von der schrägen Geraden, unten von der Diffusionskurve begrenzt ist, und mit y_s die Abszisse des Schwerpunktes dieses Flächenraumes. Dann ist

$$f = \int_y^\infty z\,dy, \quad y_s \cdot f = \int_y^\infty z\,y\,dy,$$

daher ist

(6) $$k = \frac{y^2 f(y_s - y_0)}{2t\varkappa}$$

der Wert des Diffusionskoeffizienten für das betreffende x und t. Kann der Anfang der Diffusion nicht genau festgestellt werden, so ist er natürlich als zweite Unbekannte einzuführen, die Gleichung (6) für zwei verschiedene Zeiten aufzustellen, und daraus k und der Zeitanfang zu bestimmen. Die Vermutung Hrn. Wieners, daß der Diffusionskoeffizient besser aus Versuchen mit geringen Konzentrationsunterschieden berechnet werden kann, dürfte vollkommen richtig sein. Dagegen kann die obige Formel dienen, um zu kontrollieren, ob für beträchtliche Konzentrationsdifferenzen die Gleichung (1) gilt, in welchem Falle für beliebige Zeiten für gleiche Werte von n, also von $n_2 - f\eta$, auch für k derselbe Wert folgen müßte.

Sollte die Gleichung (1) nicht gültig sein, so könnte eine analoge von der Konzentration u gelten, so daß

$$\frac{\partial u}{\partial t} = \frac{\partial}{\partial x}\left(\varkappa \frac{\partial u}{\partial x}\right)$$

wäre. Wäre dann $u = f(n)$ und setzt man $f'(n) = h$, $h\varkappa = k$, so hätte man

(1a) $$h\frac{\partial n}{\partial t} = \frac{\partial}{\partial x}\left(k\frac{\partial n}{\partial x}\right)$$

oder

(1b) $$\frac{\partial n}{\partial t} = \frac{k}{h}\frac{\partial^2 n}{\partial x^2} + \frac{1}{h}\frac{\partial k}{\partial n}\left(\frac{\partial n}{\partial x}\right)^2.$$

An Stelle der Gleichungen (2), (3), (4) und (5) würde folgen

(2a) $$n = n_2 - \frac{(n_2 - n_1)\int\limits_{x/\sqrt{t}}^{\infty} \frac{d\lambda}{k} e^{-\int\limits_0^{\lambda} \frac{\lambda h\, d\lambda}{2k}}}{\int\limits_{-\infty}^{+\infty} \frac{d\lambda}{k} e^{-\int\limits_0^{\lambda} \frac{h\lambda\, d\lambda}{2k}}}$$

(3a) $$-\frac{h\lambda}{2}\frac{dn}{d\lambda} = k\frac{d^2 n}{d\lambda^2} + \frac{dk}{dn}\left(\frac{dn}{d\lambda}\right)^2,$$

(4a) $$k = \frac{1}{2t\frac{dn}{dx}}\int\limits_x^{\infty} \frac{dn}{dx} hx\, dx = \frac{\eta^2}{2tz}\int\limits_y^{\infty} hz(y - y_0)\, dy.$$

Wäre h als Funktion von $n = n_2 - \eta f$ bekannt, so müßten also die Ordinaten der Diffusionskurve eine Korrektion erfahren und es müßte erst von dieser korrigierten Kurve der Schwerpunkt gesucht werden.

Man könnte auch bloß voraussetzen, daß n die Gleichung (1a) erfüllt und ohne Rücksicht auf ihre Bedeutung h und k als zwei unbekannte Funktionen von n betrachten. Dann müßte man so verfahren. Für eine bestimmte Diffusionskurve ist t konstant. Daher folgt aus Gleichung (3a)

(7) $$\frac{hx}{2t}\frac{dn}{dx} + k\frac{d^2 n}{dx^2} + \frac{dk}{dn}\left(\frac{dn}{dx}\right)^2 = 0,$$

also

(8) $$\frac{z^2}{a\delta}\cdot\frac{1}{h}\frac{dk}{dn} + \frac{1}{\eta}\frac{dz}{dy}\frac{k}{h} + \frac{\eta}{2t}(y - y_0)z = 0.$$

In dieser Gleichung sind die beiden Größen $1/h \cdot dk/dn$ und k/h, also die beiden Koeffizienten der Gleichung (1b), als die beiden Unbekannten (unbekannte Funktionen von n) zu betrachten. Die übrigen Größen können, wie Hr. Wiener zeigt, leicht für jede Diffusionskurve berechnet werden. Man muß also in zwei zu verschiedenen Werten von t gehörigen Diffusionskurven solche Ordinaten (y) suchen, für welche n (also die Flächen f bis zu diesen Ordinaten) gleiche Werte haben. Diese beiden Stellen der beiden Diffusionskurven liefern zwei Gleichungen für die zu jenem n gehörigen Werte von $1/h \cdot dk/dn$ und k/h. Wäre auch der Zeitanfang unbekannt, so müßte noch eine dritte Gleichung aus einer dritten Diffusionskurve beigezogen werden. Man kann also so für beliebig viele n die Werte der beiden Koeffizienten der Gleichung (1b) bestimmen. Natürlich ist dieses Verfahren auch auf den eingangs betrachteten Fall, daß die Gleichung (1) gilt, anwendbar und dürfte auch da dem früher beschriebenen vorzuziehen sein.

Besonders einfach gestalten sich die Verhältnisse natürlich wieder für den Punkt, wo z sein Maximum hat, also $dz/dy = 0$ ist. Für diesen Punkt ist

$$\frac{1}{h}\frac{dk}{dn} = \frac{\eta(y_0 - y)a\delta}{2\varkappa t}. \tag{9}$$

Bezeichnen wir den Maximalwert des z zu zwei verschiedenen Zeiten t_1 und t_2 mit z_1 und z_2, die dazu gehörigen y mit y_1 und y_2, so ist also, wenn man annimmt, daß sich $1/h \cdot dk/dn$ in der Zeit $t_2 - t_1$ nicht erheblich verändert hat

$$\frac{1}{h}\frac{dk}{dn} = \frac{\eta a\delta}{2(t_2 - t_1)}\left[\frac{y_0 - y_2}{\varkappa_2} - \frac{y_0 - y_1}{\varkappa_1}\right]. \tag{10}$$

Man könnte nun aus Versuchen mit geringer Konzentrationsdifferenz k als Funktion von n und daraus dk/dn berechnen. Würden diese Werte mit den für große Konzentrationsunterschiede nach der letzten Formel (darin $h = 1$ gesetzt) berechneten stimmen, so wäre dies ein Beweis der Gültigkeit der Gleichung (1).

Obwohl die vorliegenden Versuche Hrn. Wieners zu einer ausführlichen theoretischen Diskussion, wie er selbst bemerkt, noch zu ungenau sind, so will ich doch die Formel (9) auf das Diagramm Wieners, Fig. 15, S. 135, anwenden, um überhaupt zu zeigen, wie die numerische Berechnung geschehen kann. Daselbst ist

$$\eta = \frac{e_1 - a}{e_1} = \frac{575{,}9}{676{,}5} = 0{,}851, \quad a = 100{,}6 \text{ cm}, \quad \delta = 1{,}027 \text{ cm},$$

$$t = \frac{4{,}18}{24}\text{ Tage}, \quad y_0 - y = \text{etwa } 4 \text{ mm}, \quad z = 20 \text{ mm},$$

daher

$$\frac{1}{h}\frac{dk}{dn} = \frac{53 \text{ cm}^2}{\text{Tag}}.$$

Würde die Gleichung (1) gelten, so wäre $h = 1$; obiger Ausdruck wäre also gleich dk/dn. Andererseits findet Hr. Wiener für k zwischen Wasser und 3 proz. Salzsäure den Wert $k_1 = 2{,}8$, zwischen Wasser und 26 proz. Salzsäure aber $k_2 = 4{,}2$, daher $k_2 - k_1 = 1{,}4$ cm²: Tag. Der Unterschied der Brechungsindizes zwischen Wasser und der letzten Salzsäure ist $\eta f : a\delta$, wobei f die Fläche zwischen der schiefen Geraden und einer der Kurven der Fig. 15 ist. Schätzt man f zu 6 cm² (die Figur ist $^1/_2$ linear verkleinert), so wird $\eta f : a\delta = 0{,}05$. k_1 und k_2 sind die Diffusionskoeffizienten beim mittleren Salzsäuregehalt. Es entspricht also k_1 fast reinem Wasser, k_2 aber 13 proz. Salzsäure. Daher entspricht der Änderung $k_2 - k_1$ des Diffusionskoeffizienten etwa die Änderung $\Delta n = 0{,}025$ des Brechungsindex; es ist also

$$\frac{k_2 - k_1}{\Delta n} = 56 .$$

Dies stimmt gut mit dem oben für dk/dn gefundenen Wert überein, was aber auch ein Zufall sein kann. Die Ableitung weiterer für die Berechnung nützlicher Formeln wird besser geschehen, wenn neue Beobachtungen vorliegen.

107.

Über die mechanische Analogie des Wärmegleichgewichtes zweier sich berührender Körper. Gemeinsam mit G. H. Bryan.[1])

(Wien. Ber. **103.** S. 1125—1134. 1894; Proc. Phys. Soc. London. **13.** S. 485—493. 1895.)

§ 1. Die fundamentalste Eigenschaft der Temperatur besteht darin, daß zwei Körper von gleicher Temperatur miteinander in Berührung gebracht, sich im Wärmegleichgewichte befinden. Aus dieser Eigenschaft konnte bisher die gastheoretische Definition der Temperatur nicht abgeleitet werden. Es konnte nur der Beweis geliefert werden[2]), daß in einem Gemische mehrerer Gase die Bedingung des Wärmegleichgewichtes erfordert, daß die mittlere lebendige Kraft der fortschreitenden Bewegung für jede Gattung von Gasmolekülen dieselbe sei. Aus dieser Tatsache kann dann unter Zuziehung des gastheoretischen Beweises des zweiten Hauptsatzes der Wärmetheorie indirekt der Schluß gezogen werden, daß in der kinetischen Gastheorie die Temperatur der mittleren lebendigen Kraft der fortschreitenden Bewegung eines Moleküls proportional gesetzt werden muß.

Allein alle unsere experimentellen Kenntnisse von den Eigenschaften der Temperatur sind von der Manipulation mit Körpern abgeleitet, welche sich nicht mischen und es ist nicht möglich, in einem Gemische von Gasen die Temperatur jedes einzelnen der Bestandteile gesondert durch das Experiment zu definieren. Wir können zwar die Temperatur der ganzen Mischung messen, aber wir haben kein Mittel, irgend eine thermometrische Substanz der Wirkung eines der Bestandteile

[1]) Voranzeige dieser Arbeit Wien. Anz. **31.** S. 252. 13. Dezember 1894. [Die englische Ausgabe ist gegenüber der vorliegenden etwas verändert.]

[2]) Wien. Ber. **63.** 1871; **66.** 1872; **94.** 1886; **95.** 1887. (Diese Sammlung Bd. I, Nr. 18, 19, 22: Bd. III, Nr. 81, 83.)

allein auszusetzen. Ja selbst der Begriff der Temperatur eines der Bestandteile für sich wird schwankend.

§ 2. Unter diesen Umständen muß jedes mechanische Bild, welches die Mitteilung der Wärme von einem Körper zum andern ohne gleichzeitige Vermischung der beiden Körper durch Diffusion zu versinnlichen vermag, von hohem Interesse sein. Ein derartiges mechanisches Bild soll im folgenden beschrieben werden. Die Idee dazu wurde von Hrn. Bryan angegeben.

Es seien X und Y (siehe beistehende Figur) zwei unendliche, parallele Ebenen, die sich in geringer Entfernung von-

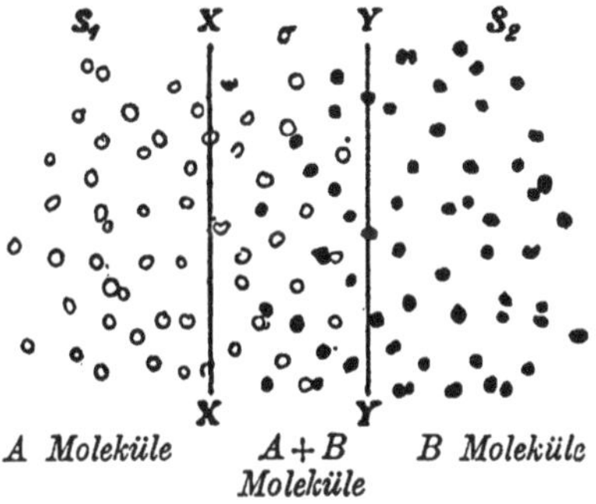

einander befinden und den ganzen von Gas erfüllten Raum in drei Regionen teilen, S_1, S_2 und σ. Unter S_1 verstehen wir den gesamten Raum links von X, unter S_2 den Raum rechts von Y, unter σ den sehr dünn gedachten Raum zwischen X und Y. Übrigens würden die folgenden Schlüsse nicht an Beweiskraft verlieren, wenn X und Y zwei beliebige, allseitig sich bis zur Grenze des vom Gase erfüllten Raumes erstreckende oder auch in sich geschlossene Flächen wären, welche ohne sich zu treffen überall sehr nahe aneinander verlaufen.

Es seien nun zwei verschiedene Gattungen (A und B) von Gasmolekülen gegeben, von denen die ersteren in der Figur durch weiße, die letzteren durch schwarze Punkte dargestellt sind. Die Ebene Y soll die Moleküle A mit einer Kraft abstoßen, welche links von X überall verschwindet, zwischen X und Y aber eine Funktion der Entfernung des betreffenden Moleküls von der Ebene Y ist. Diese Funktion soll für Entfernungen, die sehr klein sind im Vergleiche zur Entfernung der Ebenen X und Y, unendlich groß werden, so daß nach der Region S_2, die sich rechts von Y befindet, niemals ein Molekül A gelangen kann. Ganz analog soll die Ebene X auf die Moleküle B mit einer Kraft abstoßend wirken, welche unendlich nahe an X unendlich groß, rechts von Y aber gleich Null ist, so daß in den Raum S_1, der sich links von X befindet, niemals Moleküle B gelangen. Es soll im übrigen weder die Ebene Y auf die Moleküle B, noch die Ebene X auf die Moleküle A eine Kraft ausüben.

Dann haben wir in S_1 ein einfaches Gas, das nur Moleküle A enthält, ebenso in S_2 ein anderes einfaches Gas, das nur Moleküle B enthält, in σ aber ein Gemisch beider Gase. Im letzteren Raume stoßen fortwährend Moleküle A mit Molekülen B zusammen, so daß daselbst Wärmeaustausch stattfinden kann, wie zwischen zwei sich berührenden Körpern.

§ 3. Der hier zu betrachtende Fall ist lediglich ein Spezialfall davon, daß auf ein beliebiges Gasgemisch beliebige äußere Kräfte wirken. Es handelt sich daher nur darum, die im allgemeinen Falle geltenden Formeln[1]) dem speziellen Probleme anzupassen.

Es ist da gut, von generalisierten Koordinaten Gebrauch zu machen. Seien $q_1, q_2 \ldots q_m$ die generalisierten Koordinaten eines Moleküls von der Gattung A (sagen wir kurz eines A-Moleküls), $p_1, p_2 \ldots p_m$ die dazu gehörigen Momente, T_1 die lebendige Kraft, χ_1 die gesamte potentielle Energie, daher $E_1 = T_1 + \chi_1$ die totale Energie dieses Moleküls.

Ferner seien $Q_1, Q_2 \ldots Q_n$ die Koordinaten eines Moleküls von der Gattung B (B-Moleküls), $P_1, P_2 \ldots P_n$ die dazugehörigen Momente, T_2 die lebendige Kraft, χ_2 die potentielle Energie und $E_2 = \chi_2 + T_2$ die gesamte Energie desselben. χ_1 und χ_2 können völlig verschiedene Funktionen der betreffenden Koordinaten sein, so daß also auf die B-Moleküle ganz andere Kräfte als auf die A-Moleküle wirken können. Nun wurde in den auf S. 508 zitierten Abhandlungen bereits folgendes bewiesen:

---

[1]) Wien. Ber. 72, 78, 96. (Diese Sammlung Bd. II, Nr. 32, 44; Bd. III, Nr. 86.)

Wenn die Anzahl der A-Moleküle, für welche die Koordinaten und Momente zwischen den durch das Differentialprodukt

$$dp_1 \dots dp_m dq_1 \dots dq_m$$

bestimmten Grenzen liegen, gleich

$$(1) \qquad A e^{-h_1 E_1} dp_1 \dots dp_m dq_1 \dots dq_m$$

ist, so wird diese Zustandsverteilung weder durch die Fortbewegung der A-Moleküle, noch durch die Zusammenstöße derselben untereinander verändert; sie ist also stationär, sobald man von den Zusammenstößen mit den B-Molekülen absieht. Für die letzteren gilt der analoge Satz. Abgesehen von ihren Zusammenstößen mit den A-Molekülen bleibt ihre Zustandsverteilung sicher stationär, wenn die Zahl der Moleküle, für welche Koordinaten und Momente zwischen den durch das Differentialprodukt

$$dP_1 \dots dP_n dQ_1 \dots dQ_n$$

bestimmten Grenzen liegen, gleich

$$(2) \qquad B e^{-h_2 E_2} dP_1 \dots dP_n dQ_1 \dots dQ_n$$

ist. A, B, h_1 und h_2 sind Konstanten.

§ 4. Wir haben nun noch den Effekt der Zusammenstöße der A- und B-Moleküle im Raume σ zu betrachten. Wir betrachten da zuerst den Fall, daß die Zeitdauer eines derartigen Zusammenstoßes so außerordentlich kurz ist, daß die Koordinaten eines jeden der zusammenstoßenden Moleküle im Momente des Endes des Zusammenstoßes nahezu dieselben Werte, wie im Momente des Beginnes, haben.

Wenn wir daher bloß diejenigen Zusammenstöße hervorheben, für welche die Koordinaten gegebene Werte haben, so sind χ_1 und χ_2 konstant und die Wahrscheinlichkeit der verschiedenen Momente ist für die beiden zusammenstoßenden Moleküle

$$A_1 e^{-h_1 T_1} dp_1 \dots dp_m,$$

respektive

$$B_1 e^{-h_2 T_2} dP_1 \dots dP_n,$$

wobei A_1 und B_1 für die betrachteten Zusammenstöße konstant sind. Wenn wir nun setzen

$$f = A_1 e^{-h_1 T_1}, \quad F = B_1 e^{-h_2 T_2},$$

und mit f' und F' die Werte derselben Funktionen im Momente des Endes des betreffenden Zusammenstoßes bezeichnen, so tritt[1]) Wärmegleichgewicht zwischen den A- und B-Molekülen ein, wenn allgemein die Gleichung besteht

$$(3) \qquad fF = f'F',$$

welche sich wegen der Konstanz von A_1 und B_1 reduziert auf

$$e^{-(h_1 T_1 + h_2 T_2)} = e^{-(h_1 T_1' + h_2 T_2')},$$

woraus folgt

$$h_1 T_1 + h_2 T_2 = h_1 T_1' + h_2 T_2'.$$

Wegen der Erhaltung der Energie hat man

$$T_1 + T_2 = T_1' + T_2'.$$

Multipliziert man die Gleichung mit h_2 und subtrahiert sie von der vorigen, so folgt

$$(h_1 - h_2) T_1 = (h_1 - h_2) T_1',$$

was für alle Zusammenstöße nur erfüllt sein kann, wenn

$$(4) \qquad h_1 = h_2$$

ist. Die mittlere lebendige Kraft der fortschreitenden Bewegung ist für die A-Moleküle $^3/_2 h_1$, für die B-Moleküle $^3/_2 h_2$; beide Werte müssen daher gleich sein.

§ 5. Hr. Bryan schlug in seinem, in der „British Association" zu Oxford 1894 vorgelegten Referate vor, diejenige Zustandsverteilung unter gleich- oder verschiedenartigen Molekülen, welche für jede Molekülgattung durch die Formel (1) resp. (2) bestimmt ist, die Boltzmann-Maxwellsche zu nennen, wenn die Konstante h für alle Gattungen von Molekülen denselben Wert hat, ferner das Gesetz, wonach diese Zustandsverteilung in jedem speziellen Falle stationär ist, das Boltzmann-Maxwellsche Gesetz zu nennen. Wenn wir uns dieser Bezeichnung bedienen, so können wir das Resultat unserer Untersuchung dahin aussprechen, daß das Boltzmann-Maxwellsche Gesetz für eine Mischung verschiedener Gase

---

[1]) Vgl. Boltzmann, Wien. Ber. **66**, letzter Abschnitt. (Diese Sammlung Bd. I, Nr. 22.)

auch dann gilt, wenn auf die verschiedenen Gase ganz verschiedene äußere Kräfte wirken, sobald sich nur in einem beliebig kleinen Raume je zwei zu mischen vermögen.

Wenn wir h_1 und h_2 als verschieden voraussetzen, so könnten wir vielleicht, sei es mit Hilfe des Boltzmannschen Minimumtheorems, sei es in anderer Weise, die Geschwindigkeit berechnen, mit welcher in irgend einem Volumenelemente des den beiden Gasen gemeinsamen Bezirks, Energie von dem einen zum anderen übergeht und durch Integration dieses Betrages über den gesamten gemeinsamen Bezirk könnten wir die Geschwindigkeit der gesamten Energieübertragung berechnen, welche wir als die Flächenleitfähigkeit der beiden Gase an ihrer gemeinsamen Berührungsfläche bezeichnen könnten.

§ 6. Die Dichten der beiden Gasarten A und B sind den Faktoren

$$A e^{-h_1 \chi_1} \quad \text{und} \quad B e^{-h_2 \chi_2} \tag{5}$$

der Formeln (1) und (2) proportional. In χ_1 und χ_2 sind die Potentiale der von den Ebenen X und Y ausgeübten Kräfte einbegriffen. Diese werden unendlich, sobald man eine Fläche unendlicher Abstoßung passiert und bleiben jenseits derselben unendlich. In dieser Weise wird durch unsere Formel ausgedrückt, daß der Raum S_1 frei von B-Molekülen, der Raum S_2 frei von A-Molekülen ist und nur der Raum σ, wo χ_1 und χ_2 endlich ist, von Molekülen beider Gattung erfüllt ist.

Anstatt der Annahmen des § 2 könnten wir auch voraussetzen, daß die A-Moleküle positiv und die B-Moleküle negativ elektrisch sind. Wenn die Ladung eines A-Moleküls q, die eines B-Moleküls q' ist und die beiden Ebenen X und Y auf der konstanten Potentialdifferenz V erhalten werden, so verhält sich die Dichte des Gases von der Gattung A, resp. B in den Räumen S_1 und S_2 wie $1 : e^{-hqV}$, resp. $e^{-hq'V}$, und wenn man V so groß voraussetzt, daß die beiden Exponentiellen gegen die Einheit fast verschwinden, so werden wieder die beiden Räume S_1 und S_2, deren Potential gleich dem der Begrenzungsebenen X resp. Y vorausgesetzt wird, fast nur je eine Gasart enthalten. Diese letztere Annahme hat ihr Analogon in den bekannten, durch Kontakt heterogener Körper erzeugten elektrischen Doppelschichten.

§ 7. Wenn an Stelle der bisher vorausgesetzten Zusammenstöße von unendlich kurzer Zeitdauer solche von endlicher, wenn auch noch immer gegen die Zwischenzeit zweier Zuzusammenstöße, die dasselbe Molekül nacheinander erfährt, kurzer Zeitdauer vorausgesetzt werden, welche durch beliebige anziehende oder abstoßende Kräfte bewirkt werden, so kann dasselbe Resultat mittels der Methode bewiesen werden, welche in den Berichten der British Association unter dem Titel: „On the application, of the determinantal-relation to the kinetic theory of polyatomic gases"[1]) auseinandergesetzt ist.

Diese Gleichung zwischen den Produkten der Differentiale der Koordinaten und Momente eines beliebigen konservativen Systems, welche sich einesteils auf den Beginn, anderenteils auf das Ende einer beliebigen Bewegung während einer beliebigen Zeit $t' - t$ bezieht, hat die Form

$$(6) \qquad \frac{\partial (p_1' \ldots p_m',\ q_1' \ldots q_m')}{\partial (p_1 \ldots p_m,\ q_1 \ldots q_m)} = 1 .$$

1. Wenn wir diese Gleichung auf ein beliebiges einzelnes Molekül anwenden, das sich in einem beliebigen Felde äußerer Kräfte bewegt, ohne mit anderen zusammenzustoßen, so sehen wir folgendes: Für jedes derartige Molekül ist sowohl die gesamte Energie als auch das Produkt der Differentiale $dp_1 \ldots dp_m dq_1 \ldots dq_m$ konstant.

Wenn wir daher eine sehr große Zahl gleichbeschaffener Moleküle haben, und wenn

$$f_1(E_1)\, dp_1 \ldots dq_m$$

die Zahl derjenigen bezeichnet, für welche zu einer beliebigen Zeit die Koordinaten und Momente zwischen den durch das Differentialprodukt

$$dp_1 \ldots dq_m$$

gegebenen Grenzen liegen, so kann die Zustandsverteilung durch die Bewegung der Atome in den Molekülen und die fortschreitende Bewegung der letzteren nicht verändert werden. Dabei ist $f_1(E_1)$ eine beliebige Funktion von E_1 allein. Auf die Zusammenstöße der Moleküle untereinander oder mit anderen Molekülen ist jedoch noch keine Rücksicht genommen. Setzen wir hier

$$f_1(E_1) = A e^{-h_1 E_1},$$

[1]) Dieser Band Nr. 108.

so sehen wir sofort, daß, solange wir auf die Zusammenstöße keine Rücksicht nehmen, die durch die Formel (1) gegebene Zustandsverteilung unter den A-Molekülen nicht verändert wird. Dasselbe folgt bezüglich der durch die Formel (2) gegebenen Zustandsverteilung für die B-Moleküle.

2. Wir verstehen nun unter unserem konservativen System ein Paar zusammenstoßender Moleküle, welche beide der Gattung A oder B, oder wovon eines der einen, das andere der anderen Gattung angehören können. Es wird vorausgesetzt, daß die während eines Zusammenstoßes wirkenden Kräfte endliche sind und daß die Anzahl der zusammenstoßenden Paare eine so große ist, daß man überhaupt von Mittelwerten sprechen kann. Dann muß das Differentialprodukt die Koordinaten und Momente beider Moleküle umfassen und auch unter E ist die Gesamtenergie beider Moleküle zu verstehen. Sobald daher die Anzahl der im Zusammenstoße begriffenen Molekülpaare durch den Ausdruck

$$f(E)\,dp_1 \ldots dp_m\,dq_1 \ldots dq_m\,dP_1 \ldots dP_n\,dQ_1 \ldots dQ_n$$

gegeben ist, wird diese Verteilung ebenfalls ungeändert bleiben, solange kein Molekül mit einem nicht dem stoßenden Paare angehörigen Moleküle zusammentrifft. Aber in einem Gase wird jedes Molekül der Reihe nach mit verschiedenen Molekülen zusammenstoßen, so daß nicht immer dieselben Paare als zusammengehörig betrachtet werden können. Da nun die Größe f eine Funktion der Energie allein sein soll, so muß es die wohlbekannte Form e^{-hE} haben. Denn bevor zwei Moleküle zusammenstoßen, muß die Wahrscheinlichkeit des Zustandes eines jeden derselben vollkommen unabhängig von dem des anderen sein. Es muß also $f(E) = f_1 \cdot f_2$ sein, wobei f_1 nur vom Zustande des einen, f_2 von dem des anderen der stoßenden Moleküle abhängen kann.

Wir können nun schreiben:

$$E = T_1 + T_2 + \chi_1 + \chi_2 + \chi_{12};$$

dabei sind T_1 und T_2 die lebendigen Kräfte, χ_1 und χ_2 die potentiellen Energien der Moleküle, wegen der von der Anwesenheit des anderen Moleküls unabhängigen Kräfte, endlich ist χ_{12} die potentielle Energie vermöge der Wechselwirkung beider Moleküle.

Nun müssen dieselben Gleichungen auch vor dem Zusammenstoße gelten, wo bei passender Konstantenbestimmung $\chi_{12} = 0$ und $E = E_1 + E_2$ ist, wenn E_1 und E_2 die Einzelenergien der Moleküle sind. Daher folgt

$$f_1 f_2 = f(E_1 + E_2),$$

was nur erfüllt sein kann, wenn

$$f_1 = e^{-hE_1}, \quad f_2 = e^{-hE_2}, \quad f = e^{-hE}$$

ist. Daher gelten vor und nach dem Zusammenstoße die Formeln (1) und (2). Während eines Zusammenstoßes aber können die beiden zusammenstoßenden Moleküle nicht separat betrachtet werden und es ist die Wahrscheinlichkeit irgend einer Konstellation beider Moleküle proportional e^{-hE}. Schreiben wir wie früher

$$f = e^{-h(T_1 + \chi_1 + T_2 + \chi_2 + \chi_{12})} = e^{-hT_1} e^{-hT_2} e^{-h(\chi_1 + \chi_2 + \chi_{12})},$$

so sehen wir, daß für eine gegebene Position aller Teile der beiden stoßenden Moleküle die kinetische Energie eines jeden derselben noch immer proportional e^{-hT_1}, resp. e^{-hT_2} ist. Dagegen ist die Wahrscheinlichkeit gewisser Werte der Koordinaten des einen Moleküls nicht unabhängig von der Position des anderen vermöge des Faktors $e^{-h\chi_{12}}$. Wenn jedoch der Zusammenstoß vorüber, verschwindet χ_{12} und die Wahrscheinlichkeit gewisser Werte der Koordinaten wird wieder für beide Moleküle unabhängig von der Form (1) resp. (2).

Da bisher unter χ_1 und χ_2 ganz beliebige Funktionen verstanden wurden, so sind unsere Schlüsse ohne weiteres anwendbar auf die spezielle in § 2 vorausgesetzte Form der Kräfte. Wo χ_1 oder χ_2 unendlich ist, ist die Anzahl der Moleküle der betreffenden Gattung gleich Null.

Die gleiche Schlußweise ist anwendbar auf die Zusammenstöße zwischen A-Molekülen unter sich oder B-Molekülen unter sich oder auch zwischen mehr als zwei Molekülen. Doch ist natürlich bei unseren Schlüssen immer vorausgesetzt, daß die betreffenden Zusammenstöße so häufig sind, daß überhaupt von einem Verteilungsgesetz gesprochen werden kann. Natürlich können momentane Zusammenstöße immer als Grenzfälle von Zusammenstößen aufgefaßt werden, die eine endliche, aber sehr kurze Dauer haben.

Die obige kurze Auseinandersetzung dürfte genügen, um die Anwendbarkeit der Funktionaldeterminantengleichung sowohl auf die Zusammenstöße, als auch auf die Bewegung der Moleküle zwischen zwei Zusammenstößen zu zeigen.

Dieser Gegenstand wurde hier hauptsächlich deshalb so ausführlich behandelt, um zu zeigen, daß es bei Anwendung dieser Methode nicht nötig ist, von vornherein anzunehmen, daß die die Verteilung bestimmende Funktion f die Form e^{-hE} hat, sondern daß es genügt vorauszusetzen, daß f irgend eine Funktion von E ist. Es kann dann bewiesen werden, daß die Form $f = e^{-hE}$ sowohl notwendig als auch genügend ist, was den einfachsten, leichtesten und besten Beweis des Boltzmann-Maxwellschen Gesetzes liefert.

108.

On the Application of the Determinantal Relation to the Kinetic Theory of Polyatomic Gases.

(Appendix C, zum Artikel über Thermodynamik II. von G. H. Bryan in den Rep. British Ass. for the Advanc. of science. Oxford. S. 102—106. 1894.)

We shall consider a gas whose molecules are compound (or polyatomic), but are all similarly constituted. Let $a, b, c, \ldots$ be the coordinates which determine the position and configuration of a molecule of such a gas; and let $p, q, r, \ldots$ be the corresponding momenta. Let us suppose that the time during which any one molecule acts upon or is acted upon by other molecules is short in comparison with the whole time of its motion. Let the gas be contained in a vessel of invariable form. After a certain time the state of the gas will become stationary, and the question is, what is then the probability that the coordinates and momenta of any one molecule lie between certain limits? To express the probability by means of a number let us suppose the stationary state to last for a long time, Θ. Divide this time into n infinitely small parts, ϑ. We shall call the beginning of the first of these parts the time zero; the beginning of the second t_1, the beginning of the third t_2 &c.; the end of the last of the n parts t_n. After the whole time Θ has elapsed, let another series of times of length ϑ begin. Denote the end of the first part after t_n by t_{n+1}; the end of the next following part t_{n+2}, etc. Assume for a moment that we have n separate vessels, all exactly similar to the one containing the gas; that each of these n vessels contains the same gas, and that the motion of the gas is the same in each. The beginning, however, is different. For example, let the gas in the second vessel at time zero be in the same condition in which the gas of the first vessel is at the time t_1; in the third vessel let the gas at the time zero be in exactly the same condition as it is in the first vessel at the thime t_2, and so on. We have now in the different vessels all the different states of the gas existing simultaneously which in the first vessel exist successively during the whole time interval Θ.

The probability du that the coordinates and momenta of a molecule may lie between the limits

(1) a and $a+da$, b and $b+db\ldots p$ and $p+dp$, q and $q+dq\ldots$

can be defined in two ways. If we consider a single *vessel* containing gas, we must observe it for a long time O; if τ be the fraction of the time during which the coordinates and momenta of a molecule lie between the limits (1) — which we shall call the condition (1) — then τ/Θ is the probability required. The limits (1) differ only infinitesimally from one another. No two molecules of the same gas can be in the condition (1) at the same time. On the other hand, if we consider the above series of n vessels at any single *instant* of time, we can define the probability dw to be dz/n, where dz is the number of vessels in which a molecule is in the condition (1). Evidently dw will hawe different values for different values of the coordinates and momenta. It will also be proportional to the differentials da, $db\ldots$ We may theretore put

(2) $$\frac{\tau}{\Theta}=\frac{dz}{n}=dw=f(a,b,\ldots p,q,\ldots)\,da\,db\ldots dp\,dq\ldots$$

To find the condition for a stationary state we may consider one gas at successive instants, or the series of vessels at one instant. In the first case the values of dw for the stationary state will be the same, whether we consider the gas from time 0 to time t_n, or from time t_1 to time t_{n+1}, or in general from t_k to t_{n+k}. Evidently the converse is true; that is, if dw has the same values for all these cases, the state is stationary. By the second method we must remember that at the time 0 we have in our n vessels all the states which appear in the first case from time 0 to time t_n; at the time t_1 we have in these vessels all the states which appear in the first case from t_1 to t_{n+1}. ... The above statement, that τ/Θ has the same values in all cases, whether we consider the time from zero to t_n, or from t_1 to t_{n+1}, or from t_k to t_{n+k}, becomes in this second case identical with the statement that dz/n has the same value, whether we consider the n vessels at time zero, or time t_1, or time t_2, &c. That is, since the difference between t_1 and zero, t_2 and t_1 ... can be made infinitely small, the above statement amounts to saying that for the stationary state dz/n has the same values at all times. We shall next prove that dz/n has this property under the following conditions: —

We define a *free* molecule to be one which is not acted upon by any other molecule. For each free molecule let the values of $f(a, b \ldots p, q \ldots) = He^{-hg}$ at time 0, where g is the total energy of this molecule; H and h are constants; therefore at time 0 the number of vessels in which a free molecule is in the state (1) is

(3) $$n\,dW = nHe^{-hg}\,da\,db \ldots dp\,dq \ldots$$

Similarly the number of vessels in which a free molecule appears with coordinates and momenta between

(4) $$\begin{cases} a' \text{ and } a' + da',\ b' \text{ and } b' + db' \ldots p' \text{ and } p' + dp', \\ \qquad q' \text{ and } q' + dq' \ldots \end{cases}$$

(condition 4) is

$$n\,dW' = nHe^{-hg'}\,da'\,db' \ldots dp'\,dq' \ldots$$

where g' is the total energy of this second free molecule. Finally, the number of vessels in which one free molecule is in condition (1) and a second one in condition (4) is

(5) $$\begin{cases} n\,dW\,dW' = nH^2 e^{-h(g+g')}\,da\,db \ldots dp\,dq \ldots \\ \qquad da'\,db' \ldots dp'\,dq' \ldots \end{cases}$$

Let $a'', b'', \ldots a''', b''', \ldots$ be values of the coordinates such that a molecule with the former coordinates acts on or encounters a molecule with the latter coordinates. And let us assume that at the time 0 the number of vessels which contain a pair of molecules whose coordinates and momenta respectively lie between

(6) $$\begin{cases} a'' \text{ and } a'' + da'',\ b'' \text{ and } b'' + db'', \ldots p'' \text{ and } p'' + dp'', \\ \qquad q'' \text{ and } q'' + dq'' \ldots \\ a''' \text{ and } a''' + da''',\ b''' \text{ and } b''' + db''', \ldots p''' \text{ and } p''' + dp''', \\ \qquad q''' \text{ and } q''' + dq''' \ldots \end{cases}$$

is

(7) $n H^2 e^{-hf} da'' db'' \dots dp'' dq'' \dots da''' db''' \dots dp''' dq''' \dots$

where f is the total energy of the two molecules. We proceed to prove that a stationary state is defined by these formulæ. Consider a duration of time t long enough to permit of encounters between a finite number of molecules, but not so long as to permit of many molecules colliding more than once. We must demonstrate that after this time t, the number of vessels in which the state of a molecule lies between certain limits, is exactly the same as before this time. We distinguish between four kinds of molecules: —

(I) Molecules which are free at the beginning and at the end, and during the whole time t. For any of these molecules let the coordinates and momenta lie at the time 0 between

$$(8) \quad \begin{cases} A \text{ and } A + dA,\ B \text{ and } B + dB, \dots P \text{ and } P + dP, \\ \qquad Q \text{ and } Q + dQ \dots \end{cases}$$

and at the time t between

(9) a and $a + da$, b and $b + db$, ... p and $p + dp$, q and $q + dq$ ...

Let G and g represent the energy of such a molecule at the times 0 and t respectively; G, g being equal. According to equation (3) the number of vessels in which at the time 0 the coordinates and momenta of a molecule lie between the limits (8) is $n H e^{-hG} dA\, dB. \dots dP\, dQ. \dots$ But, by hypothesis, the coordinates and momenta of these same molecules lie between the limits (9) at the time t; hence the above expression gives also the number ζ of vessels in which, at the time t, coordinates and momenta of a molecule lie between the limits (9). But we have $G = g$, and by a well-known theorem (cf. Watson, ,Kinetic Theory of Gases', 2nd edition, p. 22)

$$da\, db \dots dp\, dq \dots = dA\, dB \dots dP\, dQ \dots$$

Therefore the number ζ is equal to

$$n H e^{-hg} da\, db \dots dp\, dq \dots$$

But this last expression gives at the time 0 the number of vessels for which the coordinates and momenta of a molecule lie between the limits (9) (according to formula 3). We see that this number remains constant during the time t; and since the same is true for all values of $a, b, \ldots p, q, \ldots$ the theorem holds good for all molecules of the first kind.

(II) We call all those molecules ,molecules of the second kind' which are free at the time 0, but which are in process of encounter at the time t. For a pair of such molecules let the coordinates and momenta lie at the time 0 between the limits

$$(10) \quad \begin{cases} A_1 \text{ and } A_1 + dA_1,\ B_1 \text{ and } B_1 + dB_1, \ldots P_1 \text{ and } P_1 + dP_1, \\ \qquad Q_1 \text{ and } Q_1 + dQ_1 \ldots \\ \text{and} \\ A_2 \text{ and } A_2 + dA_2,\ B_2 \text{ and } B_2 + dB_2, \ldots P_2 \text{ and } P_2 + dP_2, \\ \qquad Q_2 \text{ and } Q_2 + dQ_2 \ldots \end{cases}$$

respectively, and at the time t between the limits

$$(11) \quad \begin{cases} a_1 \text{ and } a_1 + da_1,\ b_1 \text{ and } b_1 + db_1, \ldots p_1 \text{ and } p_1 + dp_1, \\ \qquad q_1 \text{ and } q_1 + dq_1 \ldots \\ \text{and} \\ a_2 \text{ and } a_2 + da_2,\ b_2 \text{ and } b_2 + db_2, \ldots p_2 \text{ and } p_2 + dp_2, \\ \qquad q_2 \text{ and } q_2 + dq_2 \ldots \end{cases}$$

respectively. Because these molecules were free at the time 0, the number of vessels in which at time 0 a pair of molecules fulfils the condition (10) is, according to formula (5),

$$n H^2 e^{-h(G_1+G_2)} dA_1\, dB_1 \ldots dP_1\, dQ_1 \ldots dA_2\, dB_2 \ldots dP_2\, dQ_2 \ldots$$

G_1 and G_2 are the energies of the molecules at the time 0. But the above-mentioned vessels are identical with the vessels for which at the time t a pair of molecules fulfil the conditions (11). The number of the last kind of vessels is therefore also given by the above expression. It is easily seen that this expression is equal to

$$n H e^{-hf} da_1\, db_1 \ldots dp_1\, dq_1 \ldots da_2\, db_2 \ldots dp_2\, dq_2 \ldots$$

where f is the whole energy of the two molecules at time t. Comparison with formula (7) shows that the last formula gives also the number of vessels in which at time 0 a pair of molecules fulfilled the condition (11). Therefore the theorem also holds good for the molecules of the second kind.

(III) Molecules which are in process of encounter at time 0, but are free at time t;

(IV) Molecules which are free at times 0 and t, but which have been encountered by another molecule between these two instants of time.

It is easily seen that our theorem can be proved in the same way as before for every pair of molecules of the third or fourth kind.

To calculate the mean *vis viva* T of a molecule we put

$$x_1 = k_{11} p + k_{12} q + \ldots, \; x_2 = k_{21} p + k_{22} q \ldots, \; \text{\&c.}$$

The coefficients k may be chosen to be functions of the coordinates such that T acquires the form $\frac{1}{2}(m_1 x_1^2 + m_2 x_2^2 + \ldots m_f x_f^2)$, where f is the number of degrees of freedom of a molecule. The probability that for a molecule the coordinates and the values of x may lie between a and $a + da$, b and $b + db \ldots x_1$ and $x_1 + dx_1$, x_2 and $x_2 + dx_2 \ldots$ is, according to formula (3),

$$H e^{-h(V + \frac{1}{2}\Sigma m x^2)} D \, da \, db \ldots dx_1 \, dx_2 \ldots$$

where

$$D = \begin{vmatrix} k_{11}, & k_{12} & \ldots \\ k_{21}, & k_{22} & \ldots \\ . & . & . \; . \; . \end{vmatrix}.$$

It is evident that each momentum, and therefore, also, each of the variables x, can assume all values from $-\infty$ to $+\infty$. We easily obtain the value $1/2h$ for the average value of each term of the form $\frac{1}{2} m_i x_i^2$. Therefore the average vis viva of a molecule is $f/2h$, the average vis viva of the centre of mass of a molecule is $3/2h$, and the ratio of these two quantities is $f : 3$.

109.

On Maxwell's Method of deriving the Equations of Hydrodynamics from the Kinetic Theory of Gases.

(Report of the British Association, Oxford 1894. S. 579.)

It is well known that the equations of hydrodynamics for a viscous fluid, as Maxwell was the first to show, can be derived from the hypothesis of the kinetic theory of gases. But Maxwell's method is not quite satisfactory. Many terms of the equations must be neglected in order to obtain the hydrodynamical equations in their usual form. Even if this course in most cases is justifiable, it cannot be rigorously proved that such is the case, and the mathematician is not satisfied. The following question arises, is this a defect of the theory of gases, or is it rather one of hydrodynamics? Are these terms required by the theory of gases not an essential correction of the equations of hydrodynamics? Will it not be possible to find cases where these two theories are not in accord, and to decide by experiments between them? Maxwell himself raised this question, and he found that the ordinary assumption, that in gases which conduct heat the pressure is everywhere equal in all directions, is only approximately true. A short time before his death he published an ingenious method of treating these questions, viz., the applications of spherical harmonics to the theory of gases. Maxwell only gave in a few words the results of his calculations, in three short notes, which are included in square brackets in his paper, „On Stresses produced by Conduction of Heat in Rarefied Gases". These three notes show evidently that he must have made a long and elaborate investigation on this subject a short time before his death, which, however, has not been published. I have treated the same subject by a different method, and have also found that many corrections of the equations of hydrodynamics can be derived from the theory of gases. It will be not easy, but perhaps not impossible, to test some of these differences by experiment. I have not yet published these results, because they do not agree in all respects with the results briefly announced by Maxwell, and the danger of falling into errors in this subject is great.

With regard to this I beg the British Association to make efforts to ascertain if the manuscript of the investigation made by Maxwell on the application of spherical harmonics to the theory of gases is still in existence, and, if this manuscript should be lost, to encourage physicists to repeat these calculations.

110.

Über den Beweis des Maxwellschen Geschwindigkeitsverteilungsgesetzes unter Gasmolekülen.

(Münch. Ber. 24. S. 207—210. Wied. Ann. 53. S. 955—958. 1894.)

Der Abschnitt der Kirchhoffschen Vorlesungen über Gastheorie überragt so wie die übrigen Teile dieses Werkes sowohl in der Vorzüglichkeit der Auswahl des Stoffes als auch in der Darstellung weit die gewöhnlichen Lehrbücher. So wird dort zum ersten Male auf die Wichtigkeit der Tatsache hingewiesen, daß die drei experimentell so oft gefundenen Werte 1,67, 1,4 und 1,33 für das Verhältnis der Wärmekapazitäten eines Gases bei konstantem Drucke und Volumen aus der Annahme der Analogie der Gasmoleküle mit festen Körperchen folgen und ich will bei dieser Gelegenheit nur beiläufig bemerken, daß der Haupteinwand gegen diese Analogie, der auf der komplizierten Natur des Spektrums selbst des Hg-Dampfes begründet ist, durch die Versuche von Pringsheim[1]) sehr an Bedeutung verliert, welche beweisen, daß diese Spektra nicht durch die regelmäßige innere Wärmebewegung der Gasmoleküle zwischen je zwei Zusammenstößen, sondern durch fremdartige chemische Erregungen (elektrische Schwingungen im umgebenden Äther?) hervorgebracht werden.

Um so mehr müssen, wie mir scheint, die Ungenauigkeiten der Darstellung in dem eingangs erwähnten Buche rückhaltlos aufgedeckt werden, damit sich nicht, von Kirchhoffs Autorität gedeckt, Irrtümer in die Gastheorie einschleichen. Denn selbst diejenigen, die wie der Herausgeber des in Rede stehenden Teiles der Kirchhoffschen Vorlesungen die Gastheorie des auf sie aufgewandten Scharfsinnes unwert achten, können und sollen nicht wünschen, daß, wer überhaupt über Gastheorie schreibt, es mit geringerem Scharfsinn tue.

Auf S. 147 des 4. Bandes der Vorlesungen über mathematische Physik findet Kirchhoff für die Wahrscheinlichkeit,

[1]) Wied. Ann. 49. S. 347. 1893.

daß gleichzeitig die Koordinaten und Geschwindigkeitskomponenten eines von einem Zusammenstoße kommenden Molekülpaares in den durch das Integral angegebenen Gebieten liegen, den Wert:

$$(1)\quad \begin{cases} N^2 f(\xi_1^2+\eta_1^2+\zeta_1^2+Q)\, f(\xi_2^2+\eta_2^2+\zeta_2^2-Q) \\ \times \int dx_1\, dy_1\, dz_1\, d\xi_1\, d\eta_1\, d\zeta_1\, dx_2\, dy_2\, dz_2\, d\xi_2\, d\eta_2\, d\zeta_2 . \end{cases}$$

Da hier Q einen bestimmten Wert hat, nach welchem später differentiiert wird, so sind die Grenzen der Gebiete so eng zu ziehen, daß sie nur Molekülpaare umfassen, die vorher in ganz bestimmter Weise zusammengestoßen sind. Das gleichzeitige Zusammentreffen zweier Moleküle in diesen beiden Gebieten kann daher nie durch die zufällige progressive Bewegung, bei welcher beide Moleküle voneinander unabhängig sind, veranlaßt werden, sondern nur durch einen vorhergehenden Zusammenstoß. Die Wahrscheinlichkeit, daß beide Moleküle gleichzeitig in diesen Gebieten liegen, darf daher nicht, wie die Wahrscheinlichkeit des Zusammentreffens zweier voneinander unabhängiger Ereignisse berechnet und gleich

$$N^2 f(\xi_1^2+\eta_1^2+\zeta_1^2)\, f(\xi_2^2+\eta_2^2+\zeta_2^2)$$
$$\times \int dx_1\, dy_1\, dz_1\, d\xi_1\, d\eta_1\, d\zeta_1\, dx_2\, dy_2\, dz_2\, d\xi_2\, d\eta_2\, d\zeta_2$$

gesetzt werden, wodurch die Beweiskraft der folgenden Deduktionen hinfällig wird. Diese Wahrscheinlichkeit kann nur aus der Wahrscheinlichkeit der Zustände der beiden Moleküle vor dem Zusammenstoße und dem Verlaufe des letzteren berechnet werden, wodurch sich der Ausdruck (1) ergibt. Erst wenn man die Gültigkeit der Gleichung

$$f(\xi_1^2+\eta_1^2+\zeta_1^2+Q)\, f(\xi_2^2+\eta_2^2+\zeta_2^2-Q)$$
$$= f(\xi_1^2+\eta_1^2+\zeta_1^2)\, f(\xi_2^2+\eta_2^2+\zeta_2^2)$$

bereits voraussetzt, folgt, daß diese Wahrscheinlichkeit ebenso groß ist, als ob die beiden Moleküle unabhängig voneinander in die betreffenden Bezirke gelangt wären, woraus dann Maxwell in bekannter Weise schließt, daß sein Geschwindigkeitsverteilungsgesetz durch die Zusammenstöße nicht verändert wird. Daß nicht auch andere Geschwindigkeitsverteilungsgesetze möglich sind, die durch die Zusammenstöße ebenfalls nicht gestört werden, kann auf diesem Wege überhaupt nicht bewiesen werden.

Bezüglich der Anwendung der auch von Kirchhoff benützten Funktionaldeterminante in der Gastheorie sowie deren Beziehung zu Liouville und Jacobis Rechnungen vgl. Wien. Ber. **58, 63.**[1]) usw., bezüglich der Abgrenzung der Integrationsgebiete vor und nach dem Zusammenstoße Wien. Ber. **66.** Abschn. 4.[2]) Die letzte dieser Abhandlungen zitiert auch Hr. Planck bei anderer Gelegenheit.

Um nicht mißverstanden zu werden, will ich mich noch enger dem Texte des Kirchhoffschen Buches anschließen. Daselbst werden auf S. 145 zwei Gebiete der Variablen

$$\int dx_1\, dy_1\, dz_1\, d\xi_1\, d\eta_1\, d\zeta_1 \quad \text{und} \quad \int dx_2\, dy_2\, dz_2\, d\xi_2\, d\eta_2\, d\zeta_2$$

betrachtet. Nehmen wir nun an, es soll sich gleichzeitig ein Molekül in dem einen und ein zweites in dem zweiten Gebiete befinden (d. h. die Werte der Koordinaten und Geschwindigkeitskomponenten des betreffenden Moleküls sollen innerhalb der durch das Integral angegebenen Grenzen liegen). Dann sind, je nach der Lage der betreffenden Gebiete drei Fälle möglich. 1. Die beiden Moleküle eilen eben einem Zusammenstoße zu (d. h. sie stoßen, nachdem sie gleichzeitig die Gebiete passiert haben, miteinander zusammen und keines stößt in der Zwischenzeit mit einem dritten zusammen). 2. Sie kommen eben von einem Zusammenstoße (d. h. sie stießen, bevor sie in die Gebiete eintraten, miteinander zusammen, wieder ohne daß eines derselben in der Zwischenzeit mit einem dritten zusammenstieß). Der dritte Fall umfaßt alle andern Möglichkeiten.

Im Kirchhoffschen Buche wird nun auch im zweiten Falle die Wahrscheinlichkeit, daß beide Moleküle gleichzeitig in beiden Gebieten liegen, gleich dem Produkte der Wahrscheinlichkeiten gesetzt, daß je eines der Moleküle im betreffenden Gebiete liegt, was nur erlaubt ist, wenn man die Richtigkeit der zu erweisenden Gleichung $f(u_1 + Q)\, f(u_2 - Q) = f(u_1) f(u_2)$ schon voraussetzt. Denn da im zweiten Falle die Gebiete so liegen, daß soeben eine Wechselwirkung der Moleküle stattgefunden haben muß, so kann die Anwesenheit des einen Moleküls in seinem Gebiete nicht als ein von der Anwesenheit des andern Moleküls in seinem Gebiete unabhängiges Ereignis

[1]) Diese Sammlung Bd. I, Nr. 5, 18, 19.

[2]) Diese Sammlung Bd. I, Nr. 22.

aufgefaßt werden. Der bekannte erste Maxwellsche Beweis, welcher als selbstverständlich annimmt, daß f das Produkt dreier Funktionen ist, von denen jede nur die Komponente der Geschwindigkeit nach einer der Koordinatenrichtungen enthält, wird zwar von Kirchhoff selbst als „nicht ganz strenge“ bezeichnet. Da er jedoch auch in der sonst so ausgezeichneten theoretischen Physik von Voigt wiederkehrt, so bemerke ich nur, daß er von der Voraussetzung, daß die Moleküle zusammenstoßen, gar keinen Gebrauch macht. Es würde also ebenso auch beweisen, daß unter Molekülen, die an den Wänden nach dem Reflexionsgesetz reflektiert werden, unter sich aber gar nicht zusammenstoßen, das Maxwellsche Geschwindigkeitsverteilungsgesetz bestehen müsse, war offenbar falsch ist.

111.

Nochmals das Maxwellsche Verteilungsgesetz der Geschwindigkeiten.

(Münch. Ber. 25. S. 25—26; Wied. Ann. 55. S. 223—224. 1895.)

Wenn ich in meiner kurzen Notiz über den Beweis des Maxwellschen Geschwindigkeitsverteilungsgesetzes[1]) von einer Ungenauigkeit in der Darstellung in Kirchhoffs Vorlesungen über Wärmetheorie sprach, so meinte ich damit nicht die Redaktion derselben durch Hrn. Planck, sondern den Inhalt des Buches selbst, welches ja wie alle Vorlesungen vornehmlich den Zweck hat, von andern gefundene Sätze in neuer Form darzustellen.

Die Spitze meiner Notiz war überhaupt nicht gegen eine Person, sondern lediglich gegen einen Beweis gerichtet, den ich nicht für beweisend halte. Hr. Planck gab demselben nun durch Beiziehung eines oft verwendeten Prinzips eine vielversprechende Abänderung.[2,3])

---

[1]) Münch. Ber. 24; Wied. Ann. 53. (Dieser Band Nr. 110.)

[2]) Münch. Ber. 24; Wied. Ann. 55. S. 220. 1894.

[3]) An Stelle des folgenden steht in der Ausgabe in den Wied. Ann.: Dieses Prinzip [vgl. Bemerkungen über einige Probleme der mechanischen Wärmetheorie II; diese Sammlung Bd. II, Nr. 39] wurde in neuester Zeit [vgl. zahlreiche Briefe in Nature vom 25. Okt. 1894 bis 18. April 1895, besonders Burbury 22. Nov. 1894, Boltzmann 28. Febr. 1895, dieser Band Nr. 112. Vgl. übrigens schon Boltzmann, Weitere Bemerkungen über Wärmetheorie, drittletzte und vorletze Seite, diese Sammlung Bd. II, Nr. 44)] verwendet, um die Voraussetzungen zu prüfen, an welche der Beweis gebunden ist, daß eine von mir in die Gastheorie eingeführte, der Entropie verwandte Größe nur abnehmen kann. Zu diesem Beweise ist die Annahme erforderlich, daß der Zustand des Gases molekular ungeordnet ist und bleibt, d. h. daß nicht die Moleküle von bestimmter Beschaffenheit immer oder doch vorwiegend in bestimmter Weise zusammenstoßen, sondern daß die Häufigkeit jeder

Sei jedes von den folgenden Bestimmungsstücken Größe und Richtung der Geschwindigkeit jedes der stoßenden Moleküle vor dem Stoße, Richtung der Zentrilinie im Momente des Stoßes zwischen gewissen unendlich nahen Grenzen eingeschlossen (was wir die Bedingungen A nennen wollen). Dann werden dieselben Bestimmungsstücke nach dem Stoße ebenfalls zwischen gewissen unendlich nahen Grenzen liegen (sagen wir die Bedingungen B erfüllen). Wenn das Maxwellsche Verteilungsgesetz der Geschwindigkeiten herrscht, so ist bekanntlich die Wahrscheinlichkeit eines Zusammenstoßes, für den die Bedingungen A erfüllt sind, gleich der eines Zusammenstoßes, für den sonst genau die Bedingungen B gelten, nur daß die Richtung der Zentrilinie umgekehrt, also die Orte der beiden stoßenden Moleküle im Momente des Stoßes vertauscht sind.

Wenn man aber nicht eine neue Analyse zu Hilfe nimmt, kann man nicht beweisen, daß es nicht noch andere Verteilungsgesetze gibt, für welche zwar obiges nicht gilt, aber doch die Wahrscheinlichkeit, daß ein Molekül eine gewisse, bestimmt gerichtete Geschwindigkeit durch irgendwelche sonst wie immer beschaffene Zusammenstöße verliert, noch immer gleich der Wahrscheinlichkeit ist, daß ein Molekül eine gleiche, gleichgerichtete Geschwindigkeit durch irgend welche Zusammenstöße erhält.[1]) Unter diesen Verteilungsgesetzen könnten be-

---

Gattung von Zusammenstößen nach den Wahrscheinlichkeitsgesetzen gefunden werden kann.

Nimmt man nun an, daß eine Zustandsverteilung im allgemeinen niemals beliebig lange molekular geordnet bleibt, ferner, daß für eine stationäre Zustandsverteilung jede Geschwindigkeit gleich wahrscheinlich, wie die gleichgroße genau entgegengesetzt gerichtete ist, so folgt, daß durch eine nach unendlich langer Zeit erfolgende Umkehrung aller Geschwindigkeiten jede stationäre Zustandsverteilung in sich selbst übergeht. Nach der Umkehrung werden aber genau so viele Zusammenstöße in verkehrter, als vorher in direkter Weise geschehen, und da beide Zustandsverteilungen identisch sind, so muß für jede die Wahrscheinlichkeit der verkehrten und direkten Stöße gleich sein, woraus sofort das Maxwellsche Geschwindigkeitsverteilungsgesetz folgt.

[1]) Für welche also in der Formel (16) meiner „Weiteren Studien über das Wärmegleichgewicht unter Gasmolekülen“, Wien. Ber. 66 (diese Sammlung Bd. I, Nr. 22. S. 334), das doppelte Integral verschwindet, ohne daß die Größe unter dem Integralzeichen für alle Werte der Variablen identisch gleich Null ist.

liebig viele sein, für welche jede Geschwindigkeit gleich wahrscheinlich, wie die gleiche, entgegengesetzt gerichtete wäre. Jede durch die letzeren Verteilungsgesetze dargestellte Zustandsverteilung würde durch eine plötzliche Umkehrung aller Geschwindigkeiten nicht verändert. Aus einer derartigen Umkehrung auf das dynamische Gleichgewicht gezogene Schlüsse haben oft viel Bedenkliches.[2]) Im vorliegenden Falle aber scheint die Umkehrung in der Tat alle möglichen Phasen der Zustandsverteilung wieder in alle Phasen überzuführen und daher die Veränderung der Wahrscheinlichkeit irgend eines Zusammenstoßes durch die Umkehrung unmöglich.

---

[2]) Vgl. Boltzmann, Bemerkungen über einige Probleme der mechanischen Wärmelehre II. Wien. Ber. 75. Januar 1877. (Diese Sammlung Bd. II, Nr. 39.) Nature. Februar 1895. (Dieser Band Nr. 112.) Culverwell, Burbury, Bryan, Nature. Oktober bis Dezember 1894.

112.

On certain Questions of the Theory of Gases.

(Nature 51. S. 413–415. 1895)

§ 1. I propose to answer two questions: —

(1) Is the Theory of Gases a true physical theory as valuable as any other physical theory?

(2) What can we demand from any physical theory?

The first question I answer in the affirmative, but the second belongs not so much to ordinary physics (let us call it orthophysics) as to what we call in Germany metaphysics. For a long time the celebrated theory of Boscovich was the ideal of physicists. According to his theory, bodies as well as the ether are aggregates of material points, acting together with forces, which are simple functions of their distances. If this theory were to hold good for all phenomena, we should be still a long way of what Faust's famulus hoped to attain, viz. to know everything. But the difficulty of enumerating all the material points of the universe, and of determining the law of mutual force for each pair, would be only a quantitative one; nature would be a difficult problem, but not a mystery for the human mind.

When Lord Salisbury says that nature is a mystery[1]), he means, it seems to me, that this simple conception of Boscovich is refuted allmost in every branch of science, the Theory of Gases not excepted. The assumption that the gas-molecules are aggregates of material points, in the sense of Boscovich, does not agree with the facts. But what else are they? And what is the ether through which they move? Let us again hear Lord Salisbury. He says:

„What the atom of each element is, whether it is a movement, or a thing, or a vortex, or a point having inertia,

---

[1]) Presidential Address to the British Association at Oxford.

all these questions are surrounded by profound darkness. I dare not use any less pedantic word than entity to designate the ether, for it would be a great exaggeration of our knowledge if I were to speak of it as a body, or even as a substance."

If this be so — and hardly any physicist will contradict this — then neither the Theory of Gases nor any other physical theory can be quite a congruent account of facts, and I cannot hope with Mr. Burbury, that Mr. Bryan will be able to deduce all the phenomena of spectroscopy from the electromagnetic theory of light. Certainly, therefore, Hertz is right when he says:[1])

„The rigour of science requires, that we distinguish well the undraped figure of nature itself from the gay-coloured vesture with which we clothe it at our pleasure." But I think the predilection for nudity would be carried too far if we were to forego every hypothesis. Only we must not demand too much from hypotheses.

It is curious to see that in Germany, where till lately the theory of action at a distance was much more cultivated than in Newton's native land itself, where Maxwell's theory of electricity was not accepted, because it does not start from quite a precise hypothesis, at present every special theory is oldfashioned, while in England interest in the Theory of Gases is still active; vide, among others, the excellent papers of Mr. Tait, of whose ingenious results I cannot speak too highly, though I have been forced to oppose them in certain points.

Every hypothesis must derive indubitable results from mechanically well-defined assumptions by mathematically correct methods. If the results agree with a large series of facts, we must be content, even if the true nature of facts is not revealed in every respect. No one hypothesis has hitherto attained this last end, the Theory of Gases not excepted. But this theory agrees in so many respects with the facts, that we can hardly doubt that in gases certain entities, the number and size of which can roughly be determined, fly about pell-mell. Can it be seriously expected that they will behave exactly as

---

[1]) Hertz, „Untersuchungen über die Ausbreitung der elektrischen Kraft," S. 31. (Barth, Leipzig 1892.)

aggregates of Newtonian centres of force, or as the rigid bodies of our Mechanics? And how awkward is the human mind in divining the nature of things, when forsaken by the analogy of what we see and touch directly?

The following assumptions, while not professing to explain the mysteries to which Lord Salisbury alluded, nevertheless show that it is possible to explain the spectra of gases while ascribing 5 degrees of freedom to the molecules, and without departing from Boscovich's standpoint.

Let the molecules of certain gases behave as rigid bodies. The molecules of the gas and of the enclosing vessel move through the ether without loss of energy as rigid bodies, or as Lord Kelvin's vortex rings move through a frictionless liquid in ordinary hydrodynamics. If we were to take a vessel filled with one gram of gas kept during an infinitely long time always at 0° C. and containing always the same portion of ether, every atom of ether, and every atom of our gas molecules would reach the same average *vis viva*. If then we were to raise the temperature to 1° C. and to wait till every ponderable and every ether atom was in thermal equilibrium, the total energy would be augmented by what we may call the ideal specific heat. But in actually heating one gram of gas, the ether always flows freely through the walls of the vessel. It comes from the universe, and is not at all in thermal equilibrium with the molecules of the gas. It is true that it always carries off energy, if the outside space is colder than the gas; but this energy may be so small as to be quite negligible in comparison with the energy which the gas loses by heat-conduction, and which must be experimentally determined and subtracted in measuring the specific heat Only certain transverse vibrations of the ether can transfer sensible energy from one ponderable body to another, and therefore a correction for radiant heat must be applied to observations of specific heats. These transverse vibrations are not produced (as in the older theories of light) by simple atomic vibrations, but their pitch depends on the shape of the hollow space which the molecule forms in the ether, just as Hertzian waves are not caused by vibrations of the ponderable matter of the brass balls, the form of which only determines the pitch. The unknown electric action accompanying a chemical process augments these transverse vibrations enormously. The generalised coordinates of the ether, on which these vibrations depend, have not the same *vis viva* as the coordinates which determine the position of a molecule, because the entire ether has not had time to come into thermal equilibrium with the gas molecules, and has in no respect attained the state which it would have if it were enclosed for an infinitely long time in the same vessel with the molecules of the gas.

But how can the molecules of a gas behave as rigid bodies? Are they not composed of smaller atoms? Probably they are; but the *vis viva* of their internal vibrations is transformed into progressive and rotatory motion so slowly, that when a gas is brought to a lower temperature the molecules may retain for days, or even for years, the higher *vis viva* of their internal vibrations corresponding to the original temperature. This transference of energy, in fact, takes place so slowly that it cannot be perceived amid the fluctuations of temperature of the surrounding bodies. The possibility of the transference of energy being so gradual cannot be denied, if we also attribute to the ether so little friction that the Earth is not sensibly retarded by moving through it for many hundreds of years.

If the ether be an external medium which flows freely through the gas, we might find a difficulty in explaining how it is that the source of radiant heat seems to be in the energy of the gas itself. But I still think it possible that the source of energy of the electric vibrations caused by the impact of two gas molecules in the surrounding ether, may be in the progressive and rotatory energy of the molecule. If the electric states of two molecules differ in their motions of approach and separation, the energy of progressive motion may be transformed into electric energy.

Moreover, it is doubtful whether emission of rays of visible light takes place in simple gases without chemical action. Certainly the light of sodium and that of Gassiot's tubes do not come from gases whose molecules are in thermal equilibrium.

It may be objected that the above is nothing more than

a series of imperfectly proved hypotheses. But granting its improbability, it suffices that this explanation is not impossible. For then I have shown that the problem is not insoluble, and nature will have found a better solution than mine.

§ 2. Mr. Culverwell's objections against my Minimum Theorem bear the closest connections to what I pointed out in the second part of my paper „Bemerkungen über einige Probleme der mechanischen Wärmetheorie", Wien. Ber. 75. 1877.[1]) There I pointed out that my Minimum Theorem, as well as the so-called Second Law of Thermodynamics, are only theorems of probability. The Second Law can never be proved mathematically by means of the equations of dynamics alone.

Let us compare two motions of a dynamical system. At the beginning of the second motion, let the coordinates specifying the position of every part of the moving system, and the magnitudes of all the corresponding velocities, be the same as they were at the end of the first motion, but let the direction of every velocity be exactly reversed. Then in the second motion the system moves exactly in the opposite way to what it does in the first; hence, if for the first motion we have

$$\int \frac{dQ}{T} < 0,$$

then for the second we must have

$$\int \frac{dQ}{T} > 0.$$

That is, if under certain conditions

$$\int \frac{dQ}{T} < 0,$$

we can always find other initial conditions which give to the same system with the same equations of motion,

$$\int \frac{dQ}{T} > 0.$$

In the same manner, Mr. Culverwell wishes to refute my Minimum Theorem. Mr. Culverwell's reasoning is suspicious, because by the same reasoning we could prove that oxygen and nitrogen do not diffuse. Suppose that initially one

[1]) Diese Sammlung Bd. II, Nr. 39.

half of a closed vessel contains pure oxygen, and in the other half pure nitrogen; when the diffusion has advanced for a certain time, reverse the directions of all velocities, then the gases separate again, and, according to Mr. Culverwell's argument, we could believe that the probability that oxygen and nitrogen separate, is as great as the probability that they mix.

Though interesting and striking at the first moment, Mr. Culverwell's arguments rest, as I think, only upon a mistake of my assumptions. It can never be proved from the equations of motion alone, that the minimum function H must always decrease. It can only be deduced from the laws of probability, that if the initial state is not specially arranged for a certain purpose, but haphazard governs freely, the probability that H decreases is always greater than that it increases. It is well known that the theory of probability is as exact as any other mathematical theory, if properly understood. If we make 6000 throws with dice, we cannot prove that we shall throw any particular number exactly 1000 times; but we can prove that the ratio of the number of throws, approaches the more to $^1/_6$ the oftener we throw.

Let us now take a given rigid vessel with perfectly smooth and perfectly elastic walls containing a given number of gas-molecules moving for an indefinitely long time. All *regular* motions (*e. g.* one where all the molecules move in one plane) shall beexcluded. During the greater part of this time H will be very nearly equal to its minimum value H (min.). Let us construct the H-curve, *i. e.* let us take the time as axis of abscissæ and draw the curve, whose ordinates are the corresponding values of H. The greater majority of the ordinates of this curve are very nearly equal to H (min.). But because greater values of H are not mathematically impossible, but only very improbable, the curve has certain, though very few, summits or maximum ordinates which rise to a greater height than H (min.).

We will now consider a certain ordinate $H_1 > H$ (min.). Two cases are possible. H_1 may be very near the top of a summit, so that H decreases if we go either in the positive or negative direction along the axis representing time. The second case is, that H_1 lies in a part of the curve ascending to or descending from a higher summit. Then the ordinates on the one side of H_1 will be geater, and on the other less than H_1. But because higher summits are so extremely improbable, the first case will be the most probable, and if we choose an ordinate of given magnitude H_1 guided by haphazard in the curve, it will be not certain, but very probable, that the ordinate decreases if we go in either direction.

We will now assume, with Mr. Culverwell, a gas in a given state. If in this state H is greater than H (min.) it will be not certain, but very probable, that H decreases and finally reaches not exactly but very nearly the value H (min.), and the same is true at all subsequent instants of time. If in an intermediate state we reverse all velocities, we get an exceptional case, where H increases for a certain time and then decreases again. But the existence of such cases does not disprove our theorem. On the contrary, the theory of probability itself shows that the probability of such cases is not mathematically zero, only extremely small.

Hence Mr. Burbury is wrong, if he concedes that H increases in as many cases as it decreases, and Mr. Culverwell is also wrong, if he says that all that any proof can show is, that taking all values of dH/dt got from taking all the configurations which approach towards a permanent state, and all the configurations which recede from it, and then striking some average, dH/dt would be negative. On the contrary, we have shown the possibility that H may have a tendency to decrease, whether we pass to the former or to the latter configurations. What I proved in my papers is as follows: It is extremely probable that H is very near to its minimum value; if it is greater, it may increase or decrease, but the probability that is decreases it always greater. Thus, if I obtain a certain value for dH/dt, this result does not hold for every time-element dt, but is only an average value. But the greater the number of molecules, the smaller is the time-intervall dt for which the results holds good.

I will not here repeat the proofs given in my papers; I will only show that just the same takes place in the much simpler case of dice. We will make an indefinitely long series of throws with a die. Let A_1 be the number of times of throwing the number 1, among the first $6n$ throws, A_2 the number of times of throwing 1, among all the throws between the second and the $(6n+1)$th inclusive, and so on. Let us construct a series of points in a plane, the successive abscissæ of which are

$$0, \frac{1}{n}, \frac{2}{n}, \frac{3}{n}, \ldots,$$

the ordinates of which are

$$y_1 = \left(\frac{A_1}{n} - 1\right)^2, \quad y_2 = \left(\frac{A_2}{n} - 1\right)^2 \ldots;$$

let us call this series of points the „P-curve". If n is a large number, the greater proportion of the ordinates of this new curve will be very small. But the P-curve (like the afore mentioned H-curve) has summits which are higher than the ordinary course of the curve. Let us now consider all the points of the P-curve, whose ordinates are exactly $= 1$. We will call these points „the points B". Since for each point $y = (A/n - 1)^2$, therefore for the point B we have $A = 2n$; these points mark, therefore, the case where, by chance, we have thrown the number 1 in $2n$ out of $6n$ throws. If n is at all large, that is extremely improbable, but never absolutely impossible. Let v be a number much smaller than n, and let us go forward from the abscissa of each point B through a distance $= 6v/n$ in the direction of x positive. We shall probably meet a point, the ordinate of which < 1. The probability that we meet an ordinate > 1 is extremely small, but not zero. By reasoning in the same manner as Mr. Culverwell, we might believe that if we go backward (*i. e.* in the direction of x negative) from the abscissa of each point B through a distance $= 6v/n$, it would be probable that we should meet ordinates > 1. But this inference is not correct. Whether we go in the positive or in the negative direction the ordinates will probably decrease.

We can even calculate the probable diminution of y. We have seen that for every point B we have $A = 2n$ (*i. e.* $2n$ throws out of $6n$ turning up 1). If we move in the positive or negative direction along the axis of x through the distance $1/n$, we exclude one of the $6n$ throws, and we include a new one. When we move forward through the distance $6v/n$, we have excluded $6v$ of the original throws, and included $6v$ others. Among the excluded throws we have probably $2v$, among the included ones v throws of the number 1. Therefore the probable diminution of A is v, the probable diminution of y is $2v/n$ approximately. Because the variation of x was $6v/n$, we may write

$$\frac{dy}{dx} = -\frac{1}{3}.$$

But this is not an ordinary differential coefficient. It is only the average ratio of the increase of y to the corresponding increase of x for all points, whose ordinates are $= 1$. The P-curve belongs to the large class of curves which have nowhere a uniquely defind tangent. Even at the top of each summit the tangent is not parallel to the x-axis, but is undefined. In other words, the chord joining two points of the curve does not tend toward a difinite limiting position when one of the two points approaches and ultimately coincides with the other.[1]) The same applies to the H-curve in the Theory of Gases. If I find a certain negative value for dH/dt, that does not define the tangent of the curve in the ordinary sense, but it is only an average value.

§ 3. Mr. Culverwell says that my theorem cannot be true because if it were true every atom of the universe would have the same average *vis viva*, and all energy would be dissipated. I find, on the contrary, that this argument only tends to confirm my theorem, which requires only that in the course of time the universe must tend to a state where the average *vis viva* of every atom is the same and all energy is dissipated, and that is indeed the case. But if we ask why this state is not yet reached, we again come to a „Salisburian mystery".

I will conclude this paper with an idea of my old assistant, Dr. Schuetz.

We assume that the whole universe is, and rests for ever, in thermal equilibrium. The probability that one (only one)

[1]) See Ulisse Dini, „Grundlagen für eine Theorie der Funktionen einer reellen Veränderlichen" (Teubner 1892. § 126), or Weierstrass, Journal für die Mathematik 79. S. 29.

part of the universe is in a certain state, is the smaller the further this state is from thermal equilibrium; but this probability is greater, the greater the universe itself is. · If we assume the universe great enough we can make the probability of one relatively small part being in any given state (however far from the state of thermal equilibrium), as great as we please. We can also make the probability great that, though the whole universe is in thermal equilibrium, our world is in its present state. It may be sayd that the world is so far from thermal equilibrium that we cannot imagine the improbability of such a state. But can we imagine, on the other side, how small a part of the whole universe this world is? Assuming the universe great enough, the probability that such a small part of it as our world should be in its present state, is no longer small.

If this assumption were correct, our world would return more and more to thermal equilibrium; but because the whole universe is so great, it might be probable that at some future time some other world might deviate as far from thermal equilibrium as our world does at present. Then the aforementioned H-curve would form a representation of what takes place in the universe. The summits of the curve would represent the worlds where visible motion and life exist.

113.

Erwiderung an Culverwell.

(Nature **51.** S. 581. 1895.)

It seems to me that my meaning has not been expressed quite clearly; therefore, it may be worth while to add one remark. Not for every curve, but only for the particular form of the H-curve, disymmetrical in the upward and downward direction, can it be proved that H has a tendency to decrease. This particular form is very well illustrated by Mr. Culverwell's suggestion of an inverted tree. The H-curve is composed of a succession of such trees. Almost all these trees are extremely low, and have branches very nearly horizontal. Here H has nearly the minimum value. Only very few trees are higher, and have branches inclined to the axis of abscissæ, and the improbability of such a tree increases enormously with its height. The difficulty consists only in imagining all these branches infinitely short.

Finally there is the difference between the ordinary cases, where H decreases or is near to its minimum value, and the very rare cases, where H is far from the minimum value and still increasing. In the last cases, H will reach, probably in a very short time, a maximum value. Then it will decrease from that value to the well-known minimum value.

Paris, April 6.

114.

On the Minimum Theorem in the Theory of Gases.

(Nature 52. S. 221. 1895.)

You would oblige me by inserting the following lines in Nature. The last remark made by Mr. Burbury points out, indeed, the weakest point of the demonstration of the H-theorem. If condition (A) is fulfilled at $t = 0$, it is not a mechanical necessity that it should be fulfilled at all subsequent times. But let the mean path of a molecule be very long in comparison which the average distance of two neighbouring molecules; then the absolute position in space of the place where one impact of a given molecule occurs, will be far removed from the place where the next impact of the same molecule occurs. For this reason, the distribution of the molecules surrounding the place of the second impact will be independent of the conditions in the neighbourhood of the place where the first impact occurred, and therefore independent of the motion of the molecule itself. Then the probability that a second molecule moving with given velocity should fall within the space traversed by the first molecule, can be found by multiplying the volume of this space by the function f. This is condition (A).

Only under the condition, that all the molecules were arranged intentionally in a particular manner, would it be possible that the frequency (number in unit volume) of molecules with a given velocity, should depend on whether these molecules were about to encounter other molecules or not. Condition (A) is simply this, that the laws of probability are applicable for finding the number of collisions.

Therefore, *I* think that the assumption of external disturbances is not necessary, provided that the given system is a very large one, and that the mean path is great in comparison with the mean distance of two neighbouring molecules.

3 Türkenstraße, Vienna, June 20.

115.

Über die Berechnung der Abweichungen der Gase vom Boyle-Charlesschen Gesetz und der Dissoziation derselben.[1]

(Wien. Ber. 105. S. 695—706. 1896.)

Ich gehe von dem folgenden Satze aus, den ich in mehreren meiner Abhandlungen bewiesen habe (vgl. Report on the present state of our knowlegde of thermodynamics, by G. H. Bryan, Brit. Ass. of Oxford 1894, S. 64).

Eine beliebige Anzahl materieller Punkte soll sich im Wärmegleichgewichte befinden. Die Wahrscheinlichkeit, daß n derselben sich in einer solchen Lage befinden, daß sich das erste im Raumelemente do_1, das zweite in do_2 usw. befindet, ist proportional

$$e^{-2h\chi}\, do_1\, do_2\, do_3 \ldots, \tag{1}$$

d. h. sie verhält sich zur Wahrscheinlichkeit, daß sich das erste in do_1', das zweite in do_2' usw. befindet, wie der obige Ausdruck zu

$$e^{-2h\chi'}\, do_1'\, do_2'\, do_3' \ldots$$

Dabei ist χ der Wert der Kraftfunktion in der ersten, χ' der in der zweiten Lage, d. h. die Arbeit, welche erforderlich ist, um die materiellen Punkte aus einer Lage, wo sie keine Wirkung mehr aufeinander ausüben, in die betreffende Lage zu bringen. h ist eine die Temperatur bestimmende Konstante, und zwar ist

$$\frac{3}{4h} = \frac{m}{2}\overline{c^2}$$

gleich der mittleren lebendigen Kraft irgend eines der materiellen Punkte.

---

[1]) Voranzeige dieser Arbeit Wien. Anz. 33. S. 200. 9. Juli 1896.

1. Abweichungen vom Boyle-Charlesschen Gesetze.

Wir denken uns nun die Gasmoleküle als materielle Punkte, welche in der Entfernung r die abstoßende Kraft $f(r)$ aufeinander ausüben und suchen die Abweichungen vom Boyle-Charlesschen Gesetze auf, welche dadurch bedingt sind, daß die Entfernung r, in welcher jede bemerkbare Wechselwirkung aufhört, nicht völlig verschwindet gegen die mittlere Weglänge. Man hat bekanntlich gemäß der Virialgleichung

$$3pv = \sum m\overline{c^2} + \sum \overline{rf(r)}. \tag{2}$$

Die Querstriche deuten Zeitmittel an. Sie können daher wegfallen, wenn der Zustand stationär ist. p ist der Druck auf die Flächeneinheit, v das gesamte Gasvolumen. Enthält dasselbe n Gasmoleküle, so ist deren gesamte lebendige Kraft

$$\frac{1}{2}\sum m\overline{c^2} = \frac{1}{2}nm\overline{c^2},$$

und es folgt

$$3pv = nm\overline{c^2} + \sum rf(r). \tag{3}$$

Die letzte Summe, welche über alle Molekülpaare zu erstrecken ist, welche sich in Wechselwirkung befinden, ist noch zu berechnen. Wir denken uns da die Lagen aller n Moleküle mit Ausnahme eines einzigen gegebenen. Wenn dieses einzige sich relativ gegen irgend eines der gegebenen Moleküle in einer Entfernung befinden soll, welche zwischen r und $r + dr$ liegt, so steht ihm dazu in erster Annäherung der Raum $4\pi(n-1)r^2dr$ zur Verfügung, wofür auch $4\pi nr^2dr$ geschrieben werden kann. Soll es mit keinem andern Molekül in Wechselwirkung stehen, so steht ihm ein Raum zur Verfügung, welcher in erster Annäherung gleich dem ganzen Volumen v des Gases ist. Nach Formel (1) verhält sich also die Wahrscheinlichkeit der ersteren Eventualität zu der der letzteren wie

$$4\pi nr^2dr\, e^{-2h\int_r^\infty f(r)\,dr} : v. \tag{3a}$$

Dies muß für jedes Molekül gelten; es muß also auch die gesamte Anzahl der Moleküle, welche von irgend einem andern eine Entfernung haben, die zwischen r und $r + dr$ liegt, zur Anzahl der Moleküle, welche mit keinem andern in

Wechselwirkung stehen, im obigen Verhältnisse stehen. Letztere Anzahl kann gleich n gesetzt werden, da überhaupt in jedem Zeitmomente nur sehr wenige Moleküle in Wechselwirkung stehen. Erstere Anzahl ist aber das Doppelte von der Anzahl dn der Molekülpaare, welche eine Entfernung haben, die zwischen r und $r + dr$ liegt. Es folgt also:

$$2\,dn : n = 4\pi n r^2 dr\, e^{-2h\int_r^\infty f(r)\,dr} : v.$$

$$\text{(3b)} \qquad dn = \frac{2\pi n^2}{v} r^2 dr\, e^{-2h\int_r^\infty f(r)\,dr}$$

Da alle diese Molekülpaare in das Virial das Glied $r f(r)$ liefern, so ist

$$\text{(4)} \qquad \sum r f(r) = \int r f(r)\, dn = \frac{2\pi n^2}{v}\int_0^\infty r^3 f(r)\, dr\, e^{-2h\int_r^\infty f(r)\,dr}$$

Wenn die Moleküle sich wie elastische Kugeln verhalten, so beginnt die Abstoßung erst in einer Entfernung σ, welche gleich dem doppelten Radius derselben ist und wird schon in einer wenig kleineren Entfernung $\sigma - \delta$ unendlich. Dann kann man setzen:

$$\sum r f(r) = \frac{2\pi n^2 \sigma^3}{v}\int_{\sigma-\delta}^{\sigma} f(r)\, dr\, e^{-2h\int_r^\sigma f(r)\,dr}$$

Setzt man $\int_r^\sigma f(r)\,dr = x$, so folgt

$$\sum r f(r) = \frac{2\pi n^2 \sigma^3}{v}\int_0^\infty e^{-2hx}\,dx,$$

da für $r = \sigma$, $x = 0$, für $r = \sigma - \delta$ aber $x = \infty$ ist. Daher wird

$$\sum r f(r) = \frac{\pi n^2 \sigma^3}{vh} = \frac{2\pi n^2 \sigma^3}{3v}\, m\overline{c^2},$$

$$3pv = nm\overline{c^2}\left(1 + \frac{2\pi n \sigma^3}{3v}\right).$$

nm/v ist die Dichte des Gases. Ist ferner T die absolute Temperatur, R die Gaskonstante, so hat man

(5) $$\frac{1}{3}\overline{c^2} = RT,$$

daher

(6) $$\frac{p}{\varrho} = RT\left(1 + \frac{2\pi n \sigma^3}{3v}\right)$$

in Übereinstimmung mit dem von H. A. Lorentz gefundenen Werte.

Die Formel (4) gestattet auch die Durchführung der Rechnung für ein beliebiges anderes Wirkungsgesetz. Um hierfür nur ein Beispiel zu geben, sei $f(r) = K / r^5$. Dann wird

$$\int_r^\infty f(r)\,dr = \frac{K}{4r^4}$$

$$\sum r f(r) = \frac{2\pi n^2 K}{v}\int_0^\infty \frac{dr}{r^2} e^{-\frac{hK}{2r^4}}$$

$$= \frac{2\pi n^2}{v}\sqrt[4]{\frac{2}{h}K^3}\int_0^\infty e^{-x^4}\,dx = \frac{a n^2}{v\sqrt[4]{h}},$$

wobei a eine Konstante des Gases ist. An Stelle der van der Waalsschen Gleichung würde man daher erhalten:

$$\frac{p}{\varrho} = RT\left(1 + \frac{2an\sqrt{h^3}}{3v}\right).$$

Es wäre also jetzt das zur Einheit hinzutretende Korrektionsglied der Quadratwurzel aus der dritten Potenz der absoluten Temperatur verkehrt proportional. Wir wollen noch mit σ die Distanz bezeichnen, bis zu welcher sich zwei Moleküle nähern würden, wenn das eine festgehalten wird, das andere aber mit solcher Geschwindigkeit darauf zufliegt, daß seine lebendige Kraft gleich der mittleren lebendigen Kraft eines Moleküls ist. Dann hat man:

$$\frac{K}{4\sigma^4} = \frac{m}{2}\overline{c^2} = \frac{3}{4h}$$

$$\sum r f(r) = \frac{2\pi n^2 \sigma^3}{vh}\sqrt{54}\int_0^\infty e^{-x^4}\,dx,$$

$$\frac{p}{\varrho} = RT\left(1 + \frac{4\pi n \sigma^3}{v}\sqrt[4]{\frac{2}{3}}\int_0^\infty e^{-x^4}\,dx\right),$$

welche Formel bis auf den numerischen Koeffizienten mit Formel (6) übereinstimmt. Doch ist jetzt σ nicht konstant, sondern der Quadratwurzel aus der absoluten Temperatur verkehrt proportional.

In dem speziellen Falle, daß die Moleküle elastische Kugeln vom Durchmesser σ sind, wollen wir die Annäherungsrechnung noch um einen Grad weiter treiben. Wir nennen eine um das Zentrum eines Moleküls mit dem Radius σ geschlagene Kugel dessen Wirkungssphäre. Wir müssen dann bedenken, daß das Zentrum des Moleküls, welches wir bei Ableitung des Verhältnisses (3a) hervorgehoben, sich bloß in dem Raume befinden kann, der nicht von der Wirkungssphäre irgend eines der übrigen Moleküle erfüllt wird, daß wir also in diesem Verhältnisse vom Volumen v das Volumen aller dieser Wirkungssphären, also, wenn wir n für $n-1$ schreiben, die Größe $4\pi n\sigma^3/3$ abziehen müssen. Aber auch von dem Raume $\Omega = 4\pi n r^2 dr$ müssen wir alle Teile abziehen, welche von der Wirkungssphäre eines andern der $n-1$ nicht hervorgehobenen Moleküle bedeckt werden. Wenn die Entfernung der Mittelpunkte zweier Moleküle zwischen ϱ und $\varrho + d\varrho$ liegt, so findet eine solche Überdeckung jedesmal statt, wenn $\sigma < \varrho < 2\sigma$, und zwar entfällt dann an jedem Molekül vom Raume Ω der Betrag

$$2\pi r\,dr\left(r - \frac{\varrho}{2}\right),$$

im ganzen entfällt daher an diesem Molekülpaare vom Raume Ω der Betrag $2\pi r\,dr(2r-\varrho)$.

Nun gibt es nach Formel (3b), worin, da jetzt keine Wechselwirkung stattfindet, die Exponentielle gleich Eins zu setzen ist, $d\nu = (2\pi n^2/v)\varrho^2 d\varrho$ Molekülpaare, für welche die Entfernung der Mittelpunkte zwischen ϱ und $\varrho + d\varrho$ liegt. Es ist also im ganzen von Ω der Betrag

$$\int 2\pi r\,dr(2r-\varrho)\,d\nu = \frac{4\pi^2 n^2 r\,dr}{v}\int_{\sigma}^{2\sigma}(2r-\varrho)\varrho^2 d\varrho = \frac{11\pi^2 n^2 r^5 dr}{3v}$$

abzuziehen.

Da wir jetzt die Moleküle als elastische Kugeln betrachten, so können diejenigen Werte des r, für welche überhaupt

Wirkung stattfindet, nur sehr wenig von σ verschieden sein; es konnte daher unbedenklich $r = \sigma$ gesetzt werden.

Wenn man die Annäherung um einen Grad weiter treibt, tritt daher an Stelle des Verhältnisses (3a) das folgende:

$$4\pi n r^2 dr\, e^{-2h\int\limits_r^\infty f(r)\,dr} \cdot \left(1 - \frac{11\pi r^3 n}{12v}\right) : v\left(1 - \frac{4\pi n \sigma^3}{3v}\right),$$

und an Stelle der Gleichung (3b) tritt die folgende:

$$dn = \frac{2\pi n r^2 dr}{v} e^{-2h\int\limits_r^\infty f(r)\,dr} \cdot \left(1 + \frac{5\pi n \sigma^3}{12v}\right).$$

Diese Gleichung kann genau wie Gleichung (3b) behandelt werden, da sich ihre rechte Seite nur durch den für die Integration ohnedies konstanten Faktor $1 + (5\pi n \sigma^3 / 12v)$ von der rechten Seite der letzteren Gleichung unterscheidet. Es folgt also jetzt, wenn man mit van der Waals

$$\frac{2\pi n \sigma^3}{3} = b$$

setzt, so daß also b die Hälfte des von den Wirkungssphären erfüllten Raumes ist,

$$\sum r f(r) = b n m \overline{c^2}\left(1 + \frac{5b}{8v}\right),$$

$$pv = \frac{1}{3} n m \overline{c^2}\left(1 + \frac{b}{v} + \frac{5b^2}{8v^2}\right),$$

was mit dem zuerst von Jäger[1]) gefundenen vollkommen übereinstimmt. Daß derselbe Faktor $1 + (5b/8v)$ auch zur Anzahl der Zusammenstöße hinzutritt, wenn man die Glieder berücksichtigt, welche von der Größenordnung b^2/v^2 sind, hat schon Clausius[2]) gezeigt.

2. Theorie der Dissoziation.

Wir wollen hier nur den einfachsten Fall der Dissoziation betrachten. Wir denken uns in einem Gefäße vom Volumen v lauter gleichbeschaffene Atome, deren Anzahl n sei. Die Masse eines Atoms sei m. Dieselben seien unendlich wenig deformierbare elastische Kugeln vom Durchmesser σ. Da wir keine Vor-

---

[1]) Wien. Ber. 105. S. 15. Januar 1896.

[2]) Wärmetheorie, 3. Kinet. Gastheorie, S. 69.

stellung von der wahren Natur der chemischen Anziehungskraft haben, wollen wir uns ein allerdings nur rohes mechanisches Bild von derselben machen, das aber doch, was die Wirkung betrifft, auf die es hier ankommt, in den Grundzügen eine gewisse Verwandtschaft mit der Wirkungsweise der chemischen Kräfte bieten dürfte. Wir denken uns unmittelbar an einem kleinen Teile der Oberfläche jedes Atoms einen kleinen Raum anliegend, welchen wir den empfindlichen Raum nennen wollen. Die von dem Mittelpunkte eines Atoms nach einem für alle Atome gleich gewählten Punkte des empfindlichen Raumes gezogene Gerade nennen wir die Achse des Atoms. Nur wenn die relative Lage zweier Atome eine solche ist, daß die empfindlichen Räume ineinandergreifen, sollen die beiden Atome Anziehungskräfte aufeinander ausüben, welche für gewisse relative Lagen sehr groß sein sollen und nicht notwendig die Richtung der Verbindungslinie der Centra der beiden Atome zu haben brauchen. Wir wollen diese Anziehungskräfte kurz die chemischen Kräfte nennen. Größe und Lage der empfindlichen Räume sollen immer so beschaffen sein, daß niemals drei Atome gleichzeitig chemische Kräfte aufeinander ausüben können. Wir wollen um den Mittelpunkt eines Atoms zwei Kugeln schlagen, von denen die eine den Radius Eins hat und die Einheitskugel heißen soll; die andere soll den Radius σ haben und die Wirkungssphäre des Atoms heißen. Unmittelbar derselben anliegend, können wir einen Raum ω konstruieren von der Beschaffenheit, daß ein zweites Atom nur dann eine chemische Kraft auf das erste ausübt, wenn das Zentrum des zweiten Atoms innerhalb des Raumes ω liegt. Dieser Raum ω soll der kritische Bezirk des betreffenden Atoms heißen. Sei $d\omega$ ein Volumenelement desselben. Wenn der Mittelpunkt eines zweiten Atoms innerhalb $d\omega$ liegt, so werden beide Atome keineswegs immer chemische Kräfte aufeinander ausüben, sondern nur, wenn die vom Mittelpunkte des ersten Atoms in der Richtung der Achse des zweiten Atoms gezogene Gerade, deren Schnittpunkt mit der Einheitskugel der Punkt Λ heißen mag, die Oberfläche der Einheitskugel innerhalb eines gewissen Flächenstückes λ trifft, welches wir das zu $d\omega$ gehörige kritische Flächenstück nennen wollen. Liegt der Mittelpunkt des zweiten Atoms innerhalb $d\omega$ und der Punkt Λ innerhalb eines Flächenelementes $d\lambda$ des dazugehörigen kritischen Flächenstückes, so ist dadurch seine Lage relativ gegen das erste Atom völlig bestimmt. Die Arbeit, welche notwendig ist, um es aus dieser Lage in eine solche zu bringen, wo keine Wirkung mehr stattfindet, sei χ. Diese Größe wird also im allgemeinen eine Funktion sowohl der Lage des Volumenelements $d\omega$ innerhalb des kritischen Bezirkes ω, als auch des Flächenelementes $d\lambda$ innerhalb des dazugehörigen kritischen Flächenstückes λ sein. Der einfachste Fall wird jedoch der sein, daß χ immer einen und denselben Wert hat, sobald die beiden Atome überhaupt chemisch gebunden sind. Wir sagen, die Atome sind chemisch gebunden, wenn sie chemische Kräfte aufeinander ausüben, oder mit anderen Worten, wenn das Zentrum des einen Atoms innerhalb irgend eines Volumenelementes $d\omega$ des kritischen Bezirkes des andern und der Punkt $\varDelta$ innerhalb des dazugehörigen Flächenstückes λ liegt.

Wir heben nun von allen n Gasatomen eins hervor. Von den übrigen $n-1$ seien $2n_2$ an ein anderes chemisch gebunden, n_1 dagegen frei, so daß n_2 Doppelatome und n_1 einfache vorhanden sind. Es ist dann $2n_2 + n_1 = n - 1$ oder, da eins gegenüber n vernachlässigt werden kann,

$$2n_2 + n_1 = n.$$

Unser hervorgehobenes Atom kann mit keinem der $2n_2$ ohnedies schon gebundenen Atome chemisch verbunden sein, dagegen mit jedem der n_1 einzelstehenden Atome. Die Wahrscheinlichkeit, daß das Zentrum des hervorgehobenen Atoms in dem Volumenelemente $d\omega$ des kritischen Bezirkes irgend eines der einzelstehenden Atome und dabei der Punkt $\varDelta$ im Flächenelemente $d\lambda$ des dazugehörigen Flächenstückes liegt, heiße dW. Die Wahrscheinlichkeit, daß das hervorgehobene Atom einzeln steht, heiße E. Vernachlässigen wir den von den Wirkungssphären erfüllten Raum gegen das gesamte Volumen v des Gefäßes, so steht dem Mittelpunkte des hervorgehobenen Atoms, damit es einzeln stehe, nahezu der ganze Raum v des Gefäßes zur Verfügung. Wären daher die chemischen Anziehungskräfte nicht vorhanden, so hätte man

$$dW : E = \frac{d\omega\, d\lambda}{4\pi} : v.$$

Vermöge der chemischen Anziehungskräfte aber ist nach Formel (1)

$$dW : E = e^{2h\chi} \frac{d\omega\, d\lambda}{4\pi} : v.$$

Bezeichnet ferner W die Wahrscheinlichkeit, daß das hervorgehobene Atom mit irgend einem der n_1 Einzelmoleküle in beliebiger Weise chemisch verbunden ist, so ist

$$W : E = \frac{n_1}{4\pi} \iint e^{2h\chi}\, d\omega\, d\lambda : v,$$

wobei die erste Integration über alle Volumenelemente des kritischen Bezirkes eines Atoms, die zweite über alle Flächenelemente des zu $d\omega$ gehörigen kritischen Flächenstückes der Einheitskugelfläche zu erstrecken ist. Da aber die obige Proportion nicht bloß von dem hervorgehobenen, sondern auch von jedem beliebigen anderen Atom gelten muß, so muß $W : E$ auch das Verhältnis der Zahl der chemisch gebundenen zur Zahl der einzeln stehenden Atome sein. Es ist also auch

$$2n_2 : n_1 = \frac{n_1}{4\pi} \iint e^{2h\chi}\, d\omega\, d\lambda : v.$$

Sei nun die Gesamtmasse des Gases Eins also $nm = 1$ und setzen wir

$$K = \frac{1}{4\pi m} \iint e^{2h\chi}\, d\omega\, d\lambda = \frac{n}{4\pi} \iint e^{2h\chi}\, d\omega\, d\lambda,$$

so wird

$$(7) \qquad n_1 + 2n_2 = n, \qquad n_1^2 K = 2n_2 n v,$$

woraus nach Elimination von n_2 folgt:

$$\frac{n_1}{n} = -\frac{v}{2K} + \sqrt{\frac{v^2}{4K^2} + \frac{v}{K}}.$$

Den Quotienten n_1/n nennen wir den Dissoziationsgrad und bezeichnen ihn mit q. Wollen wir diese Größe als Funktion des Gesamtdruckes p und der absoluten Temperatur T bestimmen, so bezeichnen wir mit $m_2 = 2m$ die Masse eines Doppelatoms, mit $\overline{c_1^2}$ das mittlere Geschwindigkeitsquadrat eines einzelnen, mit $\overline{c_2^2}$ das eines Doppelatoms. Dann ist

$$pv = \frac{n_1 m \overline{c_1^2}}{3} + \frac{n_2 m_2 \overline{c_2^2}}{3}.$$

Bezeichnen wir ferner mit M die Masse eines Moleküls des Normalgases (einatomigen Wasserstoffgases), mit R dessen

Gaskonstante und mit $\overline{C^2}$ das mittlere Geschwindigkeitsquadrat eines Moleküls desselben bei gleicher Temperatur, so ist

$$m\overline{c_1^2} = m_2\overline{c_2^2} = M\overline{C^2} = 3MRT = \frac{3}{2h}, \tag{8}$$

daher

$$pv = (n_1 + n_2)MRT = \frac{n + n_1}{2}MRT = \frac{1+q}{2\mu}RT,$$

wobei $\mu = m/M$ das Atomgewicht unseres Gases, bezogen auf das des Normalgases (1 Atom Wasserstoff $= 1$) ist. Multipliziert man diese Gleichung mit der Gleichung (7), welche in der Form

$$q^2 = \frac{v}{K}(1 - q)$$

geschrieben werden kann, so folgt

$$q^2 = (1 - q^2)\frac{RT}{2\mu Kp},$$

daher

$$q = \sqrt{\frac{1}{1 + \frac{2\mu pK}{RT}}}.$$

Die Größe K ist Funktion der Temperatur. Setzt man für h seinen Wert aus der Gleichung (8), so folgt

$$K = \frac{1}{4\pi m}\iint d\omega\, d\lambda\, e^{\frac{\chi}{MRT}}$$

Der einfachste Fall ist der, wo χ für jedes innerhalb ω liegende Volumenelement und für jede Lage von $d\lambda$ innerhalb des dazugehörigen kritischen Flächenstückes λ konstant ist. Bezeichnen wir dann die Größe

$$\frac{n}{4\pi}\iint d\omega\, d\lambda = \frac{n}{4\pi}\int \lambda\, d\omega$$

mit Ω, so wird

$$K = \Omega\, e^{\frac{\chi}{MRT}}.$$

In diesem Falle ist die Dissoziationswärme der Masseneinheit Δ unabhängig von der Temperatur und gleich $(n\chi/2) = (\chi/2m)$, daher

$$K = \Omega\, e^{\frac{2\mu\Delta}{RT}}.$$

Ω und $2\mu\Delta/R$ sind Konstanten des betreffenden Gases. Wir sind so aus sehr einfachen Annahmen zu den bekannten Grundgleichungen der Theorie der Dissoziation der Gase gelangt [vgl. Wien. Ber. **88.** S. 861. Oktober 1883].[1]) Es hat natürlich nicht die mindeste Schwierigkeit, nach denselben Prinzipien den komplizierteren Fall der Dissoziation beliebiger Molekülgruppen in beliebige andere zu behandeln, worauf ich in einer späteren Abhandlung zurückkommen will. Ich werde daselbst auch den Fall behandeln, daß der empfindliche Raum gleichförmig über die ganze Oberfläche des Atoms verbreitet ist, bemerke aber hierüber jetzt schon, daß man in diesem Falle nicht die Gesetze der chemischen Dissoziation, vielmehr eher die der Verflüssigung des Gases erhält, da sich dann, sobald einmal eine erhebliche Anzahl von Doppelatomen entsteht, sich sogleich auch zahlreiche Aggregate von noch weit mehr Atomen bilden.

---

[1]) Dieser Band Nr. 69.

116.

Ein Vortrag über die Energetik.

(Berichte über die Sitzungen der Chemisch-physikalischen Gesellschaft in Wien, 11. Februar 1896. Vierteljahresber. d. Wiener Ver. z. Förderung des phys. u. chem. Unterrichts. 2. S. 38.)

Nach Besprechung der von Carnot, Zeuner, Mach, Popper usw. gefundenen Analogien in dem Verhalten der verschiedenen Erscheinungsformen der Energie gesteht der Vortragende, daß sein Interesse an diesen Analogien so groß sei, daß er sich selbst als leidenschaftlichen Energetiker bezeichnen müsse. Gleichwohl könne er nicht wie Helm, Ostwald usw. die Energiesätze ohne weiteres als die Grundsätze der theoretischen Physik ansehen, was im folgenden näher[1]) dargelegt werden soll.

Sei auf der Erde ein willkürliches Nullniveau, z. B. das Meeresniveau gegeben. Ein Körper von der Masse m befinde sich ursprünglich in der Höhe h_1 über diesem Niveau. Er (resp. das System Erde-Körper) hat dann um $E_1 = m g h_1$ mehr Energie, als wenn er sich (ohne daß sich sonst in diesem System etwas geändert hat) im Nullniveau befindet. Wird der Körper in die Höhe h_0 gebracht, so wird seine Energie $E_0 = m g h_0$ (g ist die Beschleunigung der Schwere).

Es wird also die Energie

$$E_1 - E_0 = E_1 \frac{h_1 - h_0}{h_1} = E_0 \frac{h_1 - h_0}{h_0}$$

in anderweitige Energie verwandelt. Man kann sich auch zwei große Wasserspiegel von den Höhen h_1 und h_0 denken. Die Überführung der Wassermasse m vom ersten zum zweiten Spiegel entzieht dem ersten die Energie E_1, führt dem zweiten die Energie E_0 zu und verwandelt $E_1 - E_0$ in andere Energie. Ebenso enthält ein Körper von der Masse m und der kon-

[1]) Diese Ausführungen geben übrigens aus dem Vortrage nur einen unvollständigen Auszug, in dem manches Wesentliche fehlt.

stanten spezifischen Wärme c bei den Celsiustemperaturen t_0 resp. t_1 die Wärmen $Q_1 = cm(t_1 + a)$ resp. $Q_0 = cm(t_0 + a)$ mehr als bei $-a^0$ C. Bei Abkühlung von t_1 auf t_0 gibt er daher die Wärme

$$(1) \qquad Q_1 - Q_0 = \frac{Q_1}{t_1 + a}(t_1 - t_0) = \frac{Q_0}{t_0 + a}(t_1 - t_0)$$

ab. Wir können auch hier zwei sehr große Körper A und B von der Temperatur t_1 resp. t_0 annehmen. Dem ersten entziehen wir die Wärme Q_1. Damit dabei die Temperatur nicht sinke, trennen wir die Masse $m = Q_1 / c(t_1 + a)$ ab, kühlen sie auf t_0 ab und vereinen sie dann dem zweiten Körper. Wir haben dann vollständige Analogie mit den obigen Formeln. Q_1 und Q_0 sind die ganzen in m enthaltenen, von einem willkürlichen Temperaturniveau an gezählten Wärmemengen, und wir kümmern uns nicht, was mit der gewonnenen Wärme $Q_1 - Q_0$ geschieht. Aber gerade hierin liegt das für die Wärme Charakteristische. Während im ersten Beispiele die gewonnene Energie $E_1 - E_0$ in beliebige verwandelt werden kann (Hebung eines andern Gewichtes, kinetische Energie, Wärme), so kann im zuletzt betrachteten Falle nicht alle gewonnene Wärme $Q_1 - Q_0$ zur Hebung eines Gewichtes oder zur Erzeugung kinetischer Energie verwendet werden, ohne daß ein neuer Körper eine dauernde Veränderung erfährt, z. B. ein Gas sich ausdehnt.

Es entsteht daher hier eine ganz neue Frage. Wenn einem Körper A von der Celsiustemperatur t_1 die Wärme Q_1 entzogen wird und sonst keine Veränderung eintritt, als daß ein Teil der Wärme auf Hebung eines Gewichtes verwendet und der Rest einem kälteren Körper von der Temperatur t^0 C. zugeführt wird, wieviel mechanische Arbeit kann dann im Maximum geleistet werden? Ein Analogon zu dieser Frage kommt weder bei der Distanz- noch der elektrischen Energie vor. Die Antwort auf diese Frage kann in die Form der Gleichung (1) gekleidet werden; allein der Unterschied springt in die Augen. Dort handelt es sich nicht um Verwandlung in eine neue Energieart, hier um Verwandlung von Wärme in Arbeit, dort war bloß die Differenz $Q_1 - Q_0$ meßbar, hier sind Q_1 und Q_0 separat meßbar; dort war die Abkühlung des Körpers A und die Erwärmung von B auszuschließen, hier sind sie belanglos, endlich ist hier ein Zwischenkörper nötig, dieser muß zum Schlusse den alten Zustand haben, und alles muß umkehrbar geschehen. Daher ist auch hier das Nullniveau der Temperatur nicht willkürlich, wie schon Mach bemerkte, sondern es ist $a = 273^0$ C. (Daß a diesen Wert hat, kann, wenn das Verhalten des gesättigten Wasserdampfes empirisch bekannt ist, auch bewiesen werden, wenn man diesen mit Wasser gemischt als Zwischenkörper verwendet.)

Natürlich gilt die analoge Form der Gleichungen auch für den allgemeinen Fall. Es soll durch beliebige Zwischenkörper beliebigen Körpern Wärme zugeführt oder entzogen werden; alles soll umkehrbar geschehen, und zum Schlusse sollen nur die Wärmeentziehungen und Zufuhren und gewisse Hebungen von Gewichten übrig bleiben. Setzt man statt jeder bei der Temperatur $a + t$ entzogenen oder zugeführten Wärmemenge dQ eine von der Höhe $h = a + t$ weggenommene oder hingebrachte Gewichtsmenge $dk = dQ / (a + t)$, so ist

$$\int dk = \int \frac{dQ}{a+t} = 0, \quad \int h\,dk = \int dQ$$

die gewonnene Arbeit. Nehmen wir ein beliebiges System warmer Körper. Sei dS die Entropie, $a + t$ die absolute Temperatur eines Massenelements. Wir fingieren eine Wassersäule von der Höhe $(a + t)$ und dem Gewichte dS für jedes Volumenelement. Erfahren die warmen Körper irgend eine Änderung in der Wärmeverteilung, so ist die dabei im Maximum (nie die in Wirklichkeit) durch Zwischenkörper, die Kreisprozesse durchlaufen, leistbare Arbeit gleich der bei der entsprechenden Lagenänderung der Wassersäulen geleisteten Arbeit.

Es entsteht nun die Frage: Ist der zweite Hauptsatz ein spezieller Fall der Energiesätze, wie sie Helm, Ostwald usw. aufstellten, d. h.: Können die Energiesätze so formuliert werden, daß auch derjenige, welcher den zweiten Hauptsatz nicht kennt, klar darüber ist, wie sie auf Wärmeübergänge anzuwenden sind, und daß er daraus den zweiten Hauptsatz in richtiger und unzweifelhafter Weise ableiten könnte? Bis dies gelungen ist, können die Energiesätze noch immer interessante Analogien ausdrücken und namentlich didaktischen und heuristischen Wert haben, aber nimmer können sie an Stelle der Grundsätze der theoretischen Physik treten, da bei letzteren gerade die jeden Zweifel ausschließende Anwendbarkeit auf spezielle Fälle die Hauptsache ist.

Wir betrachten nun irgend ein Monozykel, z. B. das in meinen Vorlesungen über Maxwells Theorie (Barth 1891. S. 8) beschriebene. Dasselbe befinde sich in einem Kasten, nur die Wagschale und eine Stange rage daraus hervor, durch deren fortgesetzte Hin- und Herbewegung die Drehung der Achse beschleunigt oder verzögert werden kann. Durch Handhabung dieser Stange und durch Zulegen oder Wegnehmen von Gewichten auf der Wagschale kann dann der ebendort beschriebene Kreisprozeß ausgeführt werden. Durch die Stange wird die Arbeit Q_1 in Rotationsbewegung verwandelt, Q_0 aus Rotationsbewegung erzeugt, $Q_1 - Q_0$ auf Hebung von Gewichten durch die Wagschale verwendet. Diese Analogie ist viel treffender, denn Q_1 und Q_0 sind hier separat meßbar, der absolute Nullpunkt ist, ohne daß man in den Kasten sieht, bestimmbar, stete Umkehrbarkeit ist Bedingung usw. Freilich hinkt auch diese Analogie noch in vielen Punkten; allein dies stammt daher, daß wir keine ungeordnete Bewegung annahmen. Setzen wir elastische Kugeln voraus, die sich nach Art von Gasmolekülen bewegen, so wird die Analogie eine vollständige. Es entsteht die Frage: Sind Vorrichtungen möglich, die unter Benützung einer andern als kinetischer Energie gleiche Analogie mit dem Carnotschen Prozesse zeigen? Solange solche anzugeben nicht gelungen ist, muß zugegeben werden, daß die Wärme mit der kinetischen Energie verborgener zyklischer Bewegungen mehr Analogie zeigt, als mit irgend einer andern Energie.

Bezüglich der Analogie der Wärme mit der elektrostatischen Ladung und der Temperatur mit dem Potential, auf welche Mach aufmerksam gemacht hat, bemerkt der Vortragende: Da kein Körper absolut isoliert, wird sich ein etwa vorhandener Überschuß einer Elektrizitätsart jedenfalls im Raume zerstreuen. Wird neuerdings Elektrizität erzeugt, so erhält man immer gleichviel + und − Ladung, durch deren Vereinigung immer die gesamte Energie als Wärme oder auch Arbeit gewonnen werden kann. Will man Analogie mit der Wärme, so muß man von absoluten Nichtleitern umgeben eine endliche Zahl verschieden stark, aber durchaus mit derselben Elektrizität geladener Körper annehmen. Auch dann kann man noch durch Ablösung einer beliebig dünnen Oberflächenschicht von denselben und Zerstreuung derselben im Raume alle Energie in mechanische Arbeit verwandeln. Wenn man die Bedingung stellt, daß auch die dünnste Schicht wieder in die alte Lage kommen muß und jede Spur von Leitung ausschließt, dann bleibt ein gewisses Elektrizitätsquantum unverwandelbar; allein dieses wird nicht bei Erzeugung von elektrischer Energie aus mechanischer Arbeit vermehrt, sondern wäre eine tote Naturkonstante (dies gilt auch von der nicht umwandelbaren kinetischen Energie). Es kommt dies, wie übrigens auch schon Mach bemerkte, daher, daß die Summe der Elektrizitätsmengen immer konstant ist, die der Entropiemengen nur für den umkehrbaren Prozeß. Jede erzeugte elektrische Energie könnte wieder in mechanische umgesetzt werden; überhaupt würde immer periodisches Fluktuieren von Energie stattfinden, solange nicht Wärme entsteht. Durch Hertzsche Wellen geht elektrische Energie, nicht Umwandelbarkeit derselben verloren. Der Machsche elektrostatische Kreisprozeß hat Ähnlichkeit mit dem Carnotschen; allein er ist überflüssig, da die Elektrizität ihr Potential gar nicht ausgleichen kann, ohne andere Energie zu erzeugen. Nur bei Energie ungeordneter Bewegung ist der Kreisprozeß notwendig. Daß die Naturvorgänge irreversibel sind und die umkehrbaren einen nie erreichbaren Grenzfall bilden, ist die Hauptsache, nicht, daß aus $Q_1 : Q_0 = T_1 : T_0$ die Gleichungen

$$Q_1 - Q_0 = Q_1 \frac{T_1 - T_0}{T_1} = Q_0 \frac{T_1 - T_0}{T_0}$$

folgen. Letzteres gilt für jeden Naturvorgang, der auf eine Proportion von der Form $Q_1 : Q_0 = T_1 : T_0$ führt. Besonderheiten sind: Die Körper ändern durch Kontakt ihr Potential, die Summe der Elektrizitätsmengen muß erhalten bleiben.

Es ist keineswegs charakteristisch, daß man nicht alle Wärme in Arbeit verwandeln kann oder besser: daß nicht alle Wärme in Arbeit sich verwandelt — man kann auch nicht alle lebendige Kraft eines von allen andern getrennt im Raume fortschreitenden Systems in andere Energie verwandeln —, sondern daß immer solche Verwandlungen eintreten, wo sichtbare Energie in Wärme übergeht. Das Maximum des Verwandelbaren verwandelt sich immer gerade in Wärme.

Sobald das Energiedifferential in die Form $TdS - \Sigma JdM$ gebracht werden kann und M dieselben additiven Eigenschaften wie S hat, folgt schon aus den Gibbsschen Sätzen, daß sich J analog der Temperatur, M analog der Entropie verhalten muß. Ein spezieller Fall sind die von Meyerhoffer hervorgehobenen Analogien zwischen Gasausdehnung, Gasdiffusion und Wärmeausgleich.

Schließlich gibt der Vortragende einen Auszug aus seiner Wied. Ann. **57**. S. 39 publizierten Abhandlung.[1])

[1] Populäre Schriften Nr. 8 S. 104.

117.

Sur la théorie des gaz. Lettre à M. Bertrand. I.

(C. R. 122. S. 1173. 1896.)

Wien, le 21 mai 1896.

Je viens de lire votre Mémoire dans les Comptes rendus du 4 mai 1896. Vous y expliquez que la première démonstration que Maxwell a donnée de son théorème dans les Scient. papers, I, p. 380; Phil. mag. (4) **19.** S. 22. 1860 est fausse. Certainement vous avez droit. Je m'étonne seulement que vous croyez dire quelque chose de nouveau. Maxwell même a déjà reconnu que sa première démonstration n'était pas exacte. Il dit [Scient. papers, II, p. 43; Phil. mag. (4) **35.** S. 145. 1868] ces mots:

„The assumption, that the probability of a molecule having a velocity resolved parallel to x lying between given limits is not in any way affected by the knowledge that the molecule has a certain velocity parallel to y, may appear precarious."

Moi-même j'ai exposé la même chose avec plus de détail dans le Phil. mag. (5) **23.** S. 331. 1887. [Dieser Band Nr. 81. S. 255.[1])]

Mais vous avouerez que, si une démonstration d'un théorème est fausse, il ne suit pas que le théorème même est faux. Maxwell même a donné une autre démonstration de son théorème [Scient. papers, II, p. 43; Phil. mag. (4) **35.** S. 185. 1868]. Moi j'en ai donné quelques dé-

---

[1]) Vous trouverez la même chose: Wien. Ber. **66.** (Diese Sammlung Bd. I. Nr. 22. S. 318.); Kirchhoff, Vorles. über Wärmetheorie; Teubner, 1894, p. 140; Voigt, Compend. der theoret. Physik, II, p. 801.

monstrations [Wien. Ber. **58**. 66[1])] dans mon livre: Vorlesungen über Gastheorie, Leipzig bei Ambrosius Barth, 1895, § 3—5. D'autres démonstrations du théorème de Maxwell ont été données par Lorentz (Wien. Ber. **95**. S. 117. 1887); Kirchhoff, Vorlesungen über Wärmetheorie, p. 142; etc.

Vous n'avez pas examiné toutes ces autres démonstrations et vous n'avez pas donné une démonstration directe que le théorème de Maxwell soit faux Si seulement une de toutes ces démonstrations est bien fondée, le théorème doit être exact.

---

[1]) Diese Sammlung Bd. I, Nr. 5 u. 22.

118.

Sur la théorie des gaz. Lettre à M. Bertrand. II.

(C. R. 122. S. 1314. 1896.)

Pardonnez-moi de ne pas être encore d'accord avec vous. S'il s'agit seulement de la distribution des vitesses en un seul moment, la fonction $F(v)$, que vous introduisez, reste en effet tout à fait indéterminée. Mais Maxwell pose la condition que la distribution des vitesses ne soit pas changée par les chocs. On peut facilement démontrer que, sous cette condition, la fonction $F(v)$ n'est pas tout à fait arbitraire. Si elle était arbitraire, elle pourrait être égal à N pour une certaine valeur de v, et zéro pour toutes les autres valeurs de v. Alors, toutes les molécules auraient la même vitesse. Mais on voit aisément que, alors, la condition de Maxwell ne serait plus remplie, parce que, après quelques chocs, certaines molécules auraient de moindres vitesses et d'autres en auraient de plus grandes, et la distribution des vitesses aurait changé. Si vous étudiez la manière dont on a jusqu'à présent introduit dans le calcul cette condition que la distribution ne soit pas alterée par les chocs, vous ne pourrez pas dire que vous avez démontré que la fonction $F(v)$ est arbitraire et qu'elle n'est point du tout déterminée par cette condition. Certainement, elle est déterminée, si l'on suppose que les centres des molécules et les directions des vitesses sont distribuées irrégulièrement dans l'espace, et si l'on exige que la fonction $F(v)$ ne soit pas alterée par les chocs. Seulement, vous pouvez dire que vous ne croyez pas qu'on ait introduit correctement cette condition dans le calcul.

119.

Entgegnung auf die wärmetheoretischen Betrachtungen des Hrn. E. Zermelo.

(Wied. Ann. 57. S. 773—784. 1896.)

Schon Clausius, Maxwell u. a. haben wiederholt darauf hingewiesen, daß die Lehrsätze der Gastheorie den Charakter statistischer Wahrheiten haben. Ich habe besonders oft und so deutlich als mir möglich war betont[1]), daß das Maxwellsche Gesetz der Geschwindigkeitsverteilung unter Gasmolkülen keineswegs wie ein Lehrsatz der gewöhnlichen Mechanik aus den Bewegungsgleichungen allein bewiesen werden kann, daß man vielmehr nur beweisen kann, daß dasselbe weitaus die größte Wahrscheinlichkeit hat und bei einer großen Anzahl von Molekülen alle übrigen Zustände damit verglichen so unwahrscheinlich sind, daß sie praktisch nicht in Betracht kommen. An derselben Stelle habe ich auch betont, daß der zweite Hauptsatz vom molekulartheoretischen Standpunkte ein bloßer Wahrscheinlichkeitssatz ist. Die Abhandlung des Hrn. Zermelo „Über einen Satz der Dynamik und die mechanische Wärmetheorie"[2]) zeigt nun zwar, daß meine betreffenden Arbeiten trotzdem nicht verstanden worden sind, demungeachtet muß ich mich über diese Abhandlung freuen, als über den ersten Beweis, daß diesen Arbeiten in Deutschland überhaupt Aufmerksamkeit geschenkt wird.

Der von Hrn. Zermelo zu Anfang auseinandergesetzte

---

[1]) L. Boltzmann, Wien. Ber. 75. S. 67. 1877; 76. S. 373. 1877; 78. S. 740. 1878. (Diese Sammlung Bd. II, Nr. 39. S. 116; Nr. 42; Nr. 45. S. 296) „Der zweite Hauptsatz der Wärmetheorie", Rede gehalten am 29. Mai 1886, Almanach d. Wien. Akad. [Populäre Schriften Nr. 3]. Nature 51. S. 413. 28. Febr. 1895. (Dieser Band Nr. 112.) Vorlesung über Gastheorie S. 42. 1895. Leipzig bei J. A. Barth.

[2]) Zermelo, Wied. Ann. 57. S. 485. 1896.

Satz Poincarés ist selbstverständlich richtig, aber dessen Anwendung auf die Wärmetheorie ist es nicht.

Ich habe den Beweis des Maxwellschen Geschwindigkeitsverteilungsgesetzes aus dem Satze abgeleitet, daß nach den Wahrscheinlichkeitsgesetzen eine gewisse Größe H (gewissermaßen das Maß des Grades der Abweichung des herrschenden Zustandes vom Maxwellschen) für ein in einem ruhenden Gefäße ruhendes Gas nur abnehmen kann. Die Art und Weise dieser Abnahme wird am besten klar, wenn man sich, wie ich es[1]) tat, die Zeit als Abszisse und die dazu gehörigen Werte der Größe H, vermindert um deren kleinsten Wert $H_{\text{min.}}$, als Ordinate aufgetragen denkt, wodurch man die sogenannte H-Kurve erhält.

Setzt man, wie es bei dem in meiner Gastheorie § 5 auseinandergesetzten Beweise ausdrücklich geschieht, zuerst die Anzahl der Gasmoleküle unendlich und läßt erst nachher die Zeit der Bewegung sehr groß werden, so erhält man in der weitaus überwiegenden Mehrheit der Fälle eine Kurve, welche sich asymptotisch der Abszissenachse nähert. Dann ist auch, wie man leicht sieht, der Poincarésche Satz nicht anwendbar.

Nimmt man aber die Zeit der Bewegung unendlich groß, dagegen die Anzahl der Moleküle zwar sehr, aber nicht absolut unendlich groß an, so hat die H-Kurve einen anderen Charakter. Sie verläuft, wie ich schon am zitierten Orte in der Nature zeigte, fast immer sehr nahe der Abszissenachse. Nur äußerst selten erhebt sie sich höher über dieselbe, was wir einen Buckel nennen wollen, und zwar nimmt die Wahrscheinlichkeit eines Buckels mit wachsender Höhe desselben rapid ab. Für jede Zeit, für welche die Ordinate der H-Kurve sehr klein ist, herrscht fast genau die Maxwellsche Geschwindigkeitsverteilung; bedeutende Abweichung von derselben aber finden an den hohen Buckeln der H-Kurve statt. Hr. Zermelo glaubt nun aus dem Poincaréschen Satze schließen zu können, daß sich das Gas nur bei gewissen singulären Anfangszuständen, deren Anzahl unendlich klein ist gegen die aller möglichen Anfangszustände, dem Maxwellschen Geschwindigkeitsverteilungsgesetze immer mehr nähert, während bei den meisten

[1]) L. Boltzmann, Nature l. c. (Dieser Band Nr. 112.)

Anfangszuständen dieses Gesetz nicht Platz greift. Dies scheint mir nicht richtig zu sein. Gerade für gewisse singuläre Anfangszustände tritt das Maxwellsche Geschwindigkeitsverteilungsgesetz niemals ein, z. B. wenn alle Moleküle anfangs in einer an beiden Enden auf der Gefäßwand senkrechten Geraden lagen. In der weitaus (unendlich) überwiegenden Mehrzahl von Anfangsbedingungen dagegen hat die H-Kurve den soeben geschilderten Charakter.

Liegt der Anfangszustand des Gases auf einem enorm hohen Buckel, d. h. weicht er gänzlich von der Maxwellschen Geschwindigkeitsverteilung ab, so wird sich der Zustand mit enormer Wahrscheinlichkeit dieser Geschwindigkeitsverteilung nähern und während enorm langer Zeit nur verschwindend wenig davon abweichen. Allerdings kann man, wenn die Zeit der Bewegung noch mehr verlängert wird, wieder zu einem größeren Buckel der H-Kurve gelangen, ja, wenn diese Verlängerung nur genügend fortgesetzt wird (also selbstverständlich für in mathematischem Sinn unendlich lange Bewegungsdauer unendlich oft), muß sogar der alte Zustand wiederkehren.

Hr. Zermelo hat daher vollständig recht, wenn er behauptet, daß die Bewegung im mathematischen Sinne eine periodische ist, aber, weit entfernt meine Sätze zu widerlegen, ist diese Periodizität vielmehr in vollster Harmonie mit denselben. Man vergesse nicht, daß die Maxwellsche Geschwindigkeitsverteilung kein Zustand ist, wobei jedem Molekül ein bestimmter Ort und eine bestimmte Geschwindigkeit angewiesen wird und welcher etwa dadurch erreicht wird, daß sich der Ort und die Geschwindigkeit jedes Moleküls diesem bestimmten Orte und dieser bestimmten Geschwindigkeit asymptotisch nähern. Unter einer endlichen Zahl von Molekülen kann überhaupt niemals exakt, sondern nur mit großer Annäherung die Maxwellsche Geschwindigkeitsverteilung bestehen. Diese ist keineswegs eine ausgezeichnete singuläre Geschwindigkeitsverteilung, welcher unendlich vielmal mehr Nicht-Maxwellsche Geschwindigkeitsverteilungen gegenüber stehen; sondern sie ist im Gegenteile dadurch charakterisiert, daß die weitaus größte Zahl der überhaupt möglichen Geschwindigkeitsverteilungen die charakteristischen Eigenschaften der Maxwellschen haben und gegenüber dieser Zahl die Anzahl derjenigen möglichen Geschwindigkeitsverteilungen, welche bedeutend von der Maxwellschen abweichen, verschwindend klein ist. Während daher Hr. Zermelo sagt, die Anzahl derjenigen Zustände, welche schließlich zum Maxwellschen führen, sei verschwindend gegenüber der aller möglichen Zustände, so behaupte ich dagegen, daß überhaupt die weitaus größte Zahl der gleich möglichen Zustände „Maxwellsche“ sind und dagegn die Zahl der wesentlich von der Maxwellschen Geschwindigkeitsverteilung abweichenden nur verschwindend klein ist.[1])

Für das erste Molekül ist jeder Ort im Raume und für dessen erste Geschwindigkeitskomponente jede mit dem Energieprinzip verträgliche Größe gleich wahrscheinlich.

Kombiniert man aber alle Zustände aller Moleküle, so erhält man in den weitaus meisten Fällen mit großer Annäherung das Maxwellsche Geschwindigkeitsverteilungsgesetz. Nur ganz wenige Kombinationen geben eine total davon abweichende Zustandsverteilung.

Ein Analogon hierfür bietet die Theorie der Methode der kleinsten Quadrate, wo für jeden Elementarfehler ein positiver oder ein gleicher negativer Wert als gleich wahrscheinlich angenommen und dann bewiesen wird, daß wenn man alle möglichen Werte der Elementarfehler in allen möglichen Weisen kombiniert, bei der größten Mehrzahl der Kombinationen das Gausssche Fehlergesetz herauskommt und nur bei verhältnismäßig verschwindend wenigen Kombinationen bedeutende Abweichungen davon eintreten, welche also nicht unmöglich, aber unendlich unwahrscheinlich sind.

Ein noch einfacheres Beispiel bietet das Würfelspiel. Bei 6000 Würfen mit demselben Würfel wird man beiläufig 1000 Einser-, 1000 Zweierwürfe usw. machen, aber keineswegs deshalb, weil die gerade zufällig eingetretene Reihenfolge der Würfe wahrscheinlicher wäre, als eine Reihe von 6000 Einserwürfen, sondern bloß, weil weit mehr mögliche Kombinationen auf eine nahe gleiche Zahl von Einserwürfen, Zweierwürfen usw., als auf lauter Einserwürfe führen.

---

[1]) Über das, was hierbei unter gleich möglichen Zuständen zu verstehen ist, vgl. meine eingangs zitierten Abhandlungen.

Die Wahrscheinlichkeitsrechnung führt daher, wie längst bekannt, ebenfalls zu dem Resultate, daß eine Wiederkehr des ursprünglichen Zustandes durchaus nicht mathematisch ausgeschlossen ist, ja daß dieselbe sogar zu erwarten ist, wenn die Zeit der Bewegung genügend lange ausgedehnt wird, da die Wahrscheinlichkeit eines dem Anfangszustande sehr nahe liegenden Zustandes sehr klein, aber nicht unendlich klein ist. Die Konsequenz des Poincaréschen Satzes, daß abgesehen von wenigen singulären Zustandsverteilungen ein dem Anfangszustande sehr naher Zustand nach einer, wenn auch sehr langen Zeit immer wiederkehren muß, steht daher in vollstem Einklange mit meinen Lehrsätzen.

Nur der Schluß, daß an den mechanischen Grundanschauungen irgend etwas geändert oder diese gar aufgegeben werden müßten, darf daraus nicht gezogen werden. Dieser Schluß wäre nur berechtigt, wenn sich aus den mechanischen Grundanschauungen irgend eine mit der Erfahrung in Widerspruch stehende Konsequenz ergäbe. Dies wäre aber nur der Fall, wenn Hr. Zermelo beweisen könnte, daß die Zeitdauer dieser Periode, innerhalb welcher der alte Zustand des Gases nach dem Poincaréschen Satze eintreten muß, eine beobachtbare Länge hat. Es dürfte nun zwar schon a priori evident sein, daß, wenn etwa eine Trillion winziger Kugeln, jede mit einer großen Geschwindigkeit begabt, zu Anfang der Zeit in einer Ecke eines Gefäßes mit absolut elastischen Wänden beisammen waren, sich dieselben in kurzer Zeit ziemlich gleichmäßig im Gefäße verteilen werden, und daß die Zeit, wo sich alle ihre Stöße so kompensiert haben, daß sie alle wieder in derselben Ecke zusammenkommen, so groß sein muß, daß sie niemand zu erleben imstande ist. Zum Überfluß ergibt die im Anhange beigefügte Rechnung für diese Zeit einen Betrag, dessen enorme Größe wahrhaft beruhigend ist. So wenig nun die im Anhange gegebene Rechnung irgend einen Anspruch auf Genauigkeit machen kann, so zeigt dieselbe doch, daß aus dem Poincaréschen Satze jedenfalls nicht bewiesen werden kann, daß die theoretische Existenz einer Periode, nach welcher derselbe Zustand des Gases wiederkehrt, irgend einen Widerspruch mit der Erfahrung involviere, da die Länge dieser Periode jeder Beobachtbarkeit spottet. Die Zustände, die wir beobachten, aber fallen ja alle in die Zwischenzeit zwischen den Anfang und das Ende der Periode, wo der Poincarésche Satz Zustände, die sich im beliebigen Grade den Maxwellschen nähern, nicht ausschließt.

Der Zermelosche Fall ist daher nur einer jener vielen Fälle (und zwar ein gegen die Gastheorie besonders wenig beweisender), wo ein theoretisch nur sehr unwahrscheinlicher Zustand praktisch als niemals eintretend betrachtet werden muß. So müssen z. B. selbst bei gewöhnlicher Temperatur im Knallgase einzelne Moleküle mit großer Geschwindigkeit zu zweien und selbst zu dreien aufeinander stoßen. Dasselbe muß sich also auch bei gewöhnlicher Temperatur in Wasser verwandeln.

Um ein anderes Beispiel zu geben, ist der Fall, daß in einem Gase während einer Sekunde kein Molekül auf einen Stempel von bestimmter Größe stößt, nur sehr unwahrscheinlich, nicht unmöglich.

Die Zeit, wie lange man warten müßte, bis im Knallgase bei gewöhnlicher Temperatur eine meßbare Wassermenge entsteht oder bis ein nicht allzu kleiner Stempel während einer Sekunde einen meßbar kleineren Druck als den durchschnittlichen Gasdruck erfährt, sind bei weitem nicht so lange, als die Zermelosche Periode, aber doch ausreichend lang, um jede Beobachtbarkeit auszuschließen. Ein Argument gegen die Gastheorie könnte aus solchen Betrachtungen nur dann abgeleitet werden, wenn derartige Erscheinungen in Fällen ausblieben, wo sie nach der Rechnung in beobachtbaren Zeiten eintreten müßten. Dies scheint aber nicht der Fall zu sein, im Gegenteil: bei einer Temperatur, die tiefer als die allgemeine Umsetzungstemperatur ist, wurden wirklich Spuren chemischer Umsetzungen gefunden; ebenso wurden an ganz kleinen, in einem Gase befindlichen Körperchen Bewegungen wahrgenommen, welche davon herrühren können, daß in solchen Fällen in der Tat auf einem gegen ihre ganze Oberfläche nicht mehr verschwindenden Teil derselben bald ein etwas größerer, bald ein etwas kleinerer Druck wirkt.

Wenn daher Hr. Zermelo aus der theoretischen Notwendigkeit, daß in einem Gase der Anfangszustand wiederkehren muß, ohne zu berechnen, nach wie langer Zeit dies geschehen muß, den Schluß zieht, daß die Hypothesen der Gastheorie verlassen oder im Fundamente verändert werden müssen, so gleicht er einem Würfelspieler, welcher berechnet hat, daß die Wahrscheinlichkeit 1000 mal hintereinander ein Auge zu werfen nicht gleich Null ist und nun schließt, daß seine Würfel falsch sein müssen, weil ihm dieser Fall noch nie vorgekommen ist.

Mit dem Vorgebrachten hängt nach meinen Ausführungen an den eingangs zitierten Stellen der zweite Hauptsatz aufs innigste zusammen. Auch er ist nach den molekular-theoretischen Anschauungen lediglich ein Wahrscheinlichkeitssatz. Nach diesen Anschauungen kann nicht aus den Bewegungsgleichungen bewiesen werden, daß sich alle Erscheinungen immer in einem bestimmten Sinne abspielen müßten. Bei allen Erscheinungen, wo nur sichtbare Bewegungen vorkommen, wo sich also die Körper bloß als Ganzes bewegen, muß jeder Bewegungssinn gleichberechtigt sein. Wo dagegen die Bewegung auf eine sehr große Anzahl sehr kleiner Moleküle übergeht, dürfen wir, abgesehen von verschwindend wenigen Fällen, die um so weniger zur Beobachtung gelangen können, je mehr Moleküle ins Spiel kommen, den Übergang von einem unwahrscheinlichen zu einem wahrscheinlicheren Zustande, also immerwährende Veränderungen in einem bestimmten Sinne erwarten, wie in einem Gase den Eintritt der Maxwellschen Zustandsverteilung. Wenn dagegen die Bewegungen einzelner Moleküle in Frage kämen, wäre dies nicht mehr zu erwarten.

Der erste und zweite Fall bestätigen sich in der Erfahrung: der dritte Fall wurde noch niemals realisiert. Seine Möglichkeit ist daher nicht bewiesen, aber auch nicht widerlegt. Namhafte Forscher, z. B. Helmholtz[1]), glaubten an dieselbe und wie ich in meinem Buche über Gastheorie nachzuweisen suchte[2]), wird die Ansicht, daß der zweite Hauptsatz ein bloßer Wahrscheinlichkeitssatz sei, durch die Tatsachen nicht nur nicht widerlegt, sondern dieselben schließen sich dieser Ansicht sogar besonders gut an. Auch Gibbs[3]) gelangt

---

[1]) Berl. Ber. 17. S. 172. 1884; ebenda S. 34. Febr. 1882.

[2]) l. c. S. 61.

[3]) Gibbs, Conn. acad. trans. 3. S. 229. 1875; Ostwalds deutsche Ausgabe S. 198.

aus rein empirischen Tatsachen zu folgendem Schlusse: „The impossibility of an incompensated decrease of entropy seems to be reduced to an improbability."

Wir kommen also zu folgendem Resultate: Wenn man die Wärme als eine Bewegung von Molekülen auffaßt, welche gemäß den allgemeinen Gleichungen der Mechanik stattfindet und annimmt, daß sich der Komplex von Körpern, den wir wahrnehmen, jetzt gerade in einem sehr unwahrscheinlichen Zustande befindet, so ergibt sich ein Satz, welcher für alle bisher beobachteten Erscheinungen mit dem zweiten Hauptsatze übereinstimmt.

Freilich sobald man Körper von so kleinen Dimensionen beobachtet, daß dieselben nur mehr wenige Moleküle enthalten, muß die Gültigkeit dieses Satzes aufhören. Da aber über das Verhalten so kleiner Körper keinerlei Versuche vorliegen, so widerspricht diese Annahme keiner bisherigen Erfahrung; ja, gewisse mit sehr kleinen, in Gasen befindlichen Körpern vorgenommene Versuche sprechen eher zu ihren Gunsten, wenn man auch noch weit davon entfernt ist, von einem experimentellen Beweise ihrer Richtigkeit sprechen zu können.

Auch wenn die in Frage kommenden Körper sehr viele Moleküle enthalten, müssen noch immer enorm kleine Abweichungen von diesem Satze eintreten, da die Zahl der Moleküle nicht unendlich ist. Allein diese Abweichungen könnten nur in so langen Zeiträumen sich bis zu einem beobachtbaren Werte summieren, daß auch diese Konsequenz der Atomistik nicht durch die Erfahrung widerlegt wird. Dies gilt um so mehr, da ja die Gastheorie nur beansprucht, ein angenähertes Bild der Wirklichkeit zu sein. Störungen, welche die Molekularbewegung durch den Lichtäther, durch elektrische Eigenschaften der Moleküle usw. erfährt, muß sie wegen unserer völligen Unbekanntschaft mit der Natur dieser Agentien vernachlässigen, absolut glatte Wände kommen niemals vor, vielmehr steht jedes Gas mit dem ganzen Universum in Wechselwirkung und die Zulässigkeit der Gastheorie im großen und ganzen wird daher durch kleine Abweichungen von der Erfahrung nicht widerlegt.

Eine Antwort auf die Frage, woher es komme, daß sich gegenwärtig die uns umgebenden Körper gerade in einem sehr unwahrscheinlichen Zustande befinden, kann man natürlich von der Naturwissenschaft ebensowenig erwarten, wie etwa auf die Frage, woher es komme, daß es überhaupt Erscheinungen gibt und daß sich dieselben nach gewissen gegebenen Gesetzen abspielen.

Die Gastheorie ist nicht zu verwechseln mit der Kraftcentratheorie, d. h. mit der Hypothese, daß sich alle Naturerscheinungen durch Zentralkräfte zwischen materiellen Punkten erklären lassen, da die Gastheorie weder die Voraussetzung macht, daß sich das Verhalten des Lichtäthers, noch daß sich die innere Beschaffenheit der Moleküle durch Kraftcentra erklären läßt, sondern bloß, daß für die Wechselwirkung zweier Moleküle während der Zusammenstöße mit einer für die Erklärung der Wärmeerscheinungen genügenden Annäherung die Lagrangeschen Bewegungsgleichungen gelten.

Gegen diese letztere Kraftcentratheorie könnte noch eine Konsequenz des Poincaréschen Satzes bezüglich des Verhaltens des ganzen Universums ins Feld geführt werden. Man könnte sagen, daß nach dem Poincaréschen Satze auch das ganze Universum nach genügend langer Zeit in seinen Anfangszustand zurückkehren müßte und daher Zeiten kommen müßten, wo sich alle Vorgänge im entgegengesetzten Sinne wie jetzt abspielen. Allein derartige Schlüsse scheinen mir jeder Berechtigung zu entbehren. Wie sollen wir, sobald wir die Sphäre des Beobachtbaren verlassen, entscheiden, ob die Existenzdauer des Universums oder die Anzahl der Kraftcentra, welche es enthält, unendlich groß höherer Ordnung ist? Auch wird dann die Annahme, daß der Bewegungsraum und der gesamte Energieinhalt endlich sind, fraglich. Es führt ja auch die Annahme der unbedingten Gültigkeit des Irreversibilitätsprinzips bei Anwendung auf das Universum unter Voraussetzung einer unendlich langen Dauer desselben bekanntlich zu der kaum mehr verlockenden Konsequenz, daß, wenn sich alle irreversiblen Prozesse abgespielt haben, das Universum noch unendlich lange Zeit ohne jedes Geschehen fortexistieren oder wegen Mangels an Geschehen allmählich verschwinden muß. So wenig es nun berechtigt wäre, hieraus auf die Unrichtigkeit des Irreversibilitätsprinzips Schlüsse zu ziehen, so wenig beweist der gleiche Fall etwas gegen die Atomistik.

Alle gegen die mechanische Naturanschauung erhobenen Einwände sind daher gegenstandslos und beruhen auf Irrtümern. Wer aber die Schwierigkeiten, welche die klare Erfassung der gastheoretischen Sätze bietet, nicht zu überwinden vermag, der sollte in der Tat dem Rate Hrn. Zermelos folgen und sich entschließen, dieselbe ganz aufzugeben.

Anhang.

Wir setzen ein Gefäß von 1 ccm Rauminhalt voraus. Darin soll sich Luft von gewöhnlicher Dichte, also rund eine Trillion (n) Moleküle befinden. Die Geschwindigkeit eines jeden sei anfangs 500 m pro Sekunde. Der mittlere Abstand der Centra zweier Nachbarmoleküle ist also etwa 10^{-6} cm.

Wir konstruieren nun um den Mittelpunkt jedes Moleküls einen Würfel von 10^{-7} cm Seitenlänge, welchen wir den Anfangsraum des betreffenden Moleküls nennen. Wir zeichnen ferner das Geschwindigkeitsdiagramm, indem wir die Geschwindigkeit jedes Moleküls vom Koordinatenursprunge aus in Größe und Richtung auftragen. Der Endpunkt dieser Geraden heiße der Geschwindigkeitspunkt des betreffenden Moleküls. Hierauf teilen wir den ganzen unendlichen Raum in lauter Würfel von 1 m Seitenlänge, welche wir die Elementarwürfel nennen. Denjenigen Elementarwürfel, in welchem sich der Geschwindigkeitspunkt eines Moleküls zu Anfang der Zeit befindet, nennen wir den Anfangsraum seines Geschwindigkeitspunktes.

Wir fragen nun zunächst, nach wie langer Zeit gemäß des Poincaréschen Satzes die Centra sowie die Geschwindigkeitspunkte aller Moleküle wieder gleichzeitig in die betreffenden Anfangsräume zurückkehren müssen, wobei wir, wie man sieht, den Spielraum für das, was wir Rückkehr zu einem gleichen Zustande nennen, gewiß nicht enge gezogen haben, da wir den Geschwindigkeitszustand eines Moleküls als den alten bezeichnen, wenn jede seiner Geschwindigkeitskomponenten zu einem Werte zurückgekehrt ist, der sich um nicht mehr als 1 m von seinem ursprünglichen Werte unterscheidet.

Wir nehmen an, daß jedes Molekül in der Sekunde $4 \cdot 10^9$ Zusammenstöße erfährt. Es erfolgen also im ganzen in der Sekunde etwa $b = 2 \cdot 10^{27}$ Zusammenstöße im Gase. Bei jedem solchen Zusammenstoße werden im allgemeinen die Geschwindigkeitspunkte zweier Moleküle in andere Elementarwürfel versetzt. Nach dem Poincaréschen Satze braucht der ursprüngliche Zustand nicht früher wiederzukehren, bis die Geschwindigkeitspunkte alle möglichen (N) Kombinationen von Elementarwürfeln durchlaufen haben.

Das erste Molekül kann alle Geschwindigkeiten von Null bis ($500 \cdot 10^9 = a$) m/sec annehmen. Hat es die Geschwindigkeit v_1 m/sec, so kann das zweite noch alle Geschwindigkeiten von Null bis $\sqrt{a^2 - v_1^2}$ m/sec annehmen usw.

Die Anzahl aller möglichen Kombinationen, aller Geschwindigkeitspunkte in die verschiedenen Elementarwürfel ist also:

$$N = (4\pi)^{n-1} \int_0^a v_1^2\, d v_1 \int_0^{\sqrt{a^2 - v_1^2}} v_2^2\, d v_2 \ldots \int_0^{\sqrt{a^2 - v_1^2 \ldots v_{n-2}^2}} v_{n-1}^2\, d v_{n-1}$$

$$= \frac{\pi^{\frac{3n-3}{2}} a^{3(n-1)}}{2 \cdot 3 \cdot 4 \ldots [3(n-1)/2]}$$

oder

$$\frac{2 \cdot (2\pi)^{\frac{3n-4}{2}} a^{3(n-1)}}{3 \cdot 5 \cdot 7 \ldots 3(n-1)},$$

je nachdem n ungerade oder gerade ist.

Da jede dieser Kombinationen durchschnittlich nach $1/b$ Sekunden wechselt, so werden sie alle in N/b Sekunden durchlaufen sein. Nach dieser Zeit also müßten alle Moleküle bis auf eines das erlangt haben, was wir ihren ursprünglichen Geschwindigkeitszustand nannten. Dabei ist noch die Geschwindigkeitsrichtung dieses letzten Moleküls gar nicht beschränkt, ebensowenig die Lage des Mittelpunktes irgend eines Moleküls. Damit aber der Zustand wieder der alte würde, müßte auch der Mittelpunkt jedes Moleküls wieder in seinen Anfangsraum zurückkehren, also die obige Zahl noch mit einer zweiten von ähnlicher Größenordnung multipliziert werden.

Wie groß aber schon die Zahl N/b ist, davon erhält man einen Begriff, wenn man bedenkt, daß sie viele Trillionen

Stellen hat. Wenn dagegen um jeden mit dem besten Fernrohr sichtbaren Fixstern so viele Planeten, wie um die Sonne kreisten, wenn auf jedem dieser Planeten so viele Menschen wie auf der Erde wären und jeder dieser Menschen eine Trillion Jahre lebte, so hätte die Zahl der Sekunden, welche alle zusammen erleben, noch lange nicht fünfzig Stellen.

Wären hingegen die Gasmoleküle anfangs im Gefäße ziemlich gleichmäßig verteilt, hätten aber alle genau dieselbe Geschwindigkeit, so würde sich schon nach einhundertmilliontel Sekunde sehr nahe die Maxwellsche Geschwindigkeitsverteilung hergestellt haben. Die Vergleichung dieser Zahlen zeigt einerseits, einen wie kleinen Bruchteil der Zahl aller möglichen Zustandsverteilungen diejenigen bilden, welche von der Maxwellschen erheblich abweichen, andererseits wie zweifellos solche Sätze, welche theoretisch nur den Charakter von Wahrscheinlichkeitssätzen haben, praktisch mit Naturgesetzen gleichbedeutend sind.

Wien, den 20. März 1896.

120.

Zu Hrn. Zermelos Abhandlung „Über die mechanische Erklärung irreversibler Vorgänge“.[1])

(Wied. Ann. 60. S. 392—398. 1897.)

Ich will mich in der Duplik so kurz fassen, als es ohne Gefährdung der Klarheit möglich ist.

§ 1. Der zweite Hauptsatz wird mechanisch durch die natürlich unbeweisbare Annahme A erklärt, daß das Universum, wenn man es als mechanisches System auffaßt, oder wenigstens ein sehr ausgedehnter, uns umgebender Teil desselben von einem sehr unwahrscheinlichen Zustande ausging und sich noch in einem solchen befindet. Wenn man daher ein kleineres System von Körpern in dem Zustande, in dem es sich gerade befindet, plötzlich von der übrigen Welt abschließt, so befindet sich dasselbe vermöge der Annahme über den Zustand des Universums anfangs oft in einem ganz unwahrscheinlichen Zustande und dieser geht dann, solange das System abgeschlossen ist, in immer wahrscheinlichere über. Dagegen hat es eine an Unmöglichkeit grenzende Unwahrscheinlichkeit, daß das abgeschlossene System sich anfangs im Wärmegleichgewichte befand, und sich, während es abgeschlossen ist, soweit davon entfernt, daß seine Entropieverminderung wahrnehmbar wäre.

Es handelt sich also nicht um das Verhalten eines ganz beliebigen, sondern eines gerade dem jetzigen Weltzustande entnommenen Systems (l. c. S. 795). Dies hat der Anfangszustand vor den späteren Zuständen voraus (l. c. S. 798), wodurch Hrn. Zermelos Schluß entfällt, daß alle Punkte der H-Kurve Maxima sein müßten (l. c. S. 798). Daher kommt es, daß die Entropie jedesmal zunimmt, sich Temperatur- und

[1]) Zermelo, Wied. Ann. 59. S. 793. 1896.

Konzentrationsunterschiede ausgleichen (l. c. S. 795), daß der Anfangswert des H ein solcher ist, der in beobachtbarer Zeit fast ausnahmslos abnimmt (l. c. S. 797), daß Anfangs- und Endzustand nicht vertauschbar sind (l. c. S. 799). Die Annahme A ist die nach den Gesetzen der Mechanik begreifliche physikalische Erklärung der Besonderheit der Anfangszustände (l. c. S. 799) oder besser ein einheitlicher, diesen Gesetzen entsprechender Gesichtspunkt, der die Art der Besonderheit des Anfangszustandes in jedem speziellen Falle voraussagen läßt; denn niemand wird verlangen, daß man das letzte Erklärungsprinzip selbst wieder erkläre.

Würden wir dagegen über den gegenwärtigen Zustand des Universums keine Voraussetzung machen, so könnten wir natürlich nicht erwarten, daß sich das vom Universum abgetrennte System, dessen Anfangszustand dann ein ganz beliebiger wäre, eher anfangs als später in einem unwahrscheinlichen Zustande befinde. Dann wäre vielmehr zu erwarten, daß es sich schon im Momente der Abtrennung im Wärmegleichgewichte befindet. Unter den wenigen Fällen, wo dies nicht eintreffen würde, wären solche am häufigsten, wo der Zustand des Systems, wenn man ihn in der Zeit (immer im abgetrennten Zustande) vor- oder rückwärts verfolgt, sich fast augenblicklich einem wahrscheinlicheren nähert. Noch weit seltener wären Fälle, wo der Zustand während längerer Zeit noch unwahrscheinlicher wird; diese aber wären ebenso häufig wie die, wo er die gleiche Zeit nach rückwärts verfolgt, noch unwahrscheinlicher wird.

§ 2. Die Anwendbarkeit der Wahrscheinlichkeitsrechnung auf einen bestimmten Fall kann natürlich niemals exakt bewiesen werden. Wenn von 100000 Objekten einer bestimmten Gattung jährlich etwa 100 durch Brand zerstört werden, so können wir nicht sicher schließen, daß dies auch im nächsten Jahre eintreffen wird. Im Gegenteile, wenn die gleichen Bedingungen durch $10^{10^{10}}$ Jahre andauern würden, so würde es während dieser Zeit oft vorkommen, daß an einem Tage alle 100000 Objekte gleichzeitig abbrennen, und auch daß während eines ganzen Jahres nicht ein einziges Objekt Schaden leidet. Trotzdem vertraut jede Versicherungsgesellschaft der Wahrscheinlichkeitsrechnung.

Um wie viel mehr scheint wegen der großen Zahl der Moleküle in einem Kubikmillimeter die freilich für keinen einzigen speziellen Fall mathematisch beweisbare Annahme gerechtfertigt und allen unseren Erfahrungen entsprechend, daß, wenn zwei materiell verschiedene oder ungleich warme Gase in Berührung gebracht werden, jedes Molekül nicht nur im ersten Momente, sondern während langer Zeit Molekülen von den verschiedensten Zuständen begegnet, entsprechend den Wahrscheinlichkeitsgesetzen, welche durch die an der betreffenden Stelle herrschenden Mittelwerte bestimmt sind. Diese Wahrscheinlichkeitsbetrachtungen können die direkte Verfolgung der Bewegung jedes Moleküls zwar nicht ersetzen, aber wenn man von den verschiedensten, gleichen Mittelwerten entsprechenden (also für die Beobachtung gleichen) Anfangsbedingungen ausgeht, so ist man berechtigt zu erwarten, daß die nach beiden Methoden erhaltenen Resultate bis auf einzelne Ausnahmen genügend übereinstimmen werden, welche relativ noch viel seltener sind, als im obigen Beispiele der Fall, daß alle 100000 Objekte am selben Tage verbrennen. Die Annahme, daß diese seltenen Fälle in der Natur nicht zur Beobachtung kommen, ist nicht strenge beweisbar (strenge beweisbar ist das ganze mechanische Bild nicht), aber sie ist nach dem Gesagten so natürlich und naheliegend, so allen Erfahrungen über Wahrscheinlichkeiten von der Methode der kleinsten Quadrate bis zum Würfelspiel entsprechend, daß der Zweifel daran gewiß nicht die Berechtigung des Bildes, wenn es sonst brauchbar ist, in Frage stellen wird.

Ganz unbegreiflich aber ist es mir, wie man darin eine Widerlegung der Anwendbarkeit der Wahrscheinlichkeitsrechnung sehen kann, wenn irgendwelche andere Betrachtungen zeigen, daß innerhalb Äonen hin und wieder Ausnahmen eintreten müssen; denn gerade das lehrt ja die Wahrscheinlichkeitsrechnung ebenfalls.

§ 3. Denken wir uns speziell plötzlich eine Scheidewand, welche zwei mit verschiedenartigen Gasen erfüllte Räume trennte, hinweggezogen. Man dürfte kaum bei irgend einer andern Gelegenheit (am wenigsten in allen Fällen, wo sich die Methode der kleinsten Quadrate bewährt) so viele voneinander unabhängige, in der verschiedensten Weise wirkende

Ursachen haben, welche die Anwendung der Wahrscheinlichkeitsgesetze rechtfertigen. Die Ansicht, daß sich gerade hier die Wahrscheinlichkeitsgesetze nicht bewähren, daß in der Mehrzahl der Fälle die Moleküle nicht diffundieren, daß vielmehr fortwährend große Teile des Gefäßes bedeutend mehr Sauerstoff-, andere wieder mehr Stickstoffmoleküle enthalten werden, kann und will ich nicht dadurch widerlegen, daß ich die Bewegung von Trillionen von Molekülen in Millionen von verschiedenen speziellen Fällen exakt rechnend verfolge; so viel Berechtigung dürfte diese Ansicht sicher nicht haben, daß dadurch die Brauchbarkeit des Bildes, welches von der Annahme der Anwendbarkeit der Wahrscheinlichkeitsgesetze ausgeht und daraus die logischen Konsequenzen zieht, in Frage gestellt würde.

Der Poincarésche Satz aber spricht nicht gegen, sondern insofern sogar für die Anwendbarkeit der Wahrscheinlichkeitsrechnung, da auch diese lehrt, daß in Äonen wieder verhältnismäßig kurz dauernde Zeiten eintreten werden, während welcher die Zustandswahrscheinlichkeit, die Entropie des Gasgemisches wieder erheblich abnimmt, wo also wieder mehr geordnete, ja hier und da sogar dem Anfangszustande sehr ähnliche Zustände eintreten. In diesen enorm viel späteren Zeiten ist natürlich fortwährend jede bemerkbare Abweichung der Entropie von ihrem Maximalwerte äußerst unwahrscheinlich, aber eine augenblickliche Zu- oder Abnahme derselben gleich wahrscheinlich.

Es ist auch in diesem Beispiele wieder klar, daß sich der Prozeß in beobachtbarer Zeit deshalb in nicht umkehrbarer Weise abspielt, weil man absichtlich von einem ganz unwahrscheinlichen Zustand ausging. Bei den Naturvorgängen wird dies durch die Annahme erklärt, daß man das Körpersystem aus dem Universum ausscheidet, welches augenblicklich einen sehr unwahrscheinlichen Gesamtzustand hat.

Dieses Beispiel zweier anfangs unvermischter Gase gibt uns sogar ein beiläufiges Bild, wie man sich den Anfangszustand der Welt zu denken hat. Denn wenn wir in dem Beispiele eine in einem kleineren Raume befindliche Gasmasse bald nach begonnener Diffusion von der übrigen Gasmasse isolieren, so wird sie bezüglich des Vor- und Rückschritts in der

Zeit ganz dieselbe Einseitigkeit zeigen, wie das in § 1 isolierte Körpersystem.

§ 4. Ich habe selbst wiederholt gewarnt, einer Ausdehnung unserer Gedankenbilder über die Erfahrung hinaus zu sehr zu vertrauen und erinnert, daß man darauf gefaßt sein muß, daß sich die Bilder der heutigen Mechanik und besonders die Auffassung der kleinsten Teilchen der Körper als materielle Punkte, als provisorisch herausstellen werden. Unter allen diesen Reserven aber kann derjenige, welcher dazu Lust hat, dem Drange nachgeben, sich spezielle Vorstellungen über das Universum zu machen.

Man hat dann die Wahl zwischen zweierlei Vorstellungen. Man kann annehmen, daß sich das gesamte Universum gegenwärtig in einem sehr unwahrscheinlichen Zustande befindet. Man kann sich aber auch die Äonen, innerhalb deren wieder unwahrscheinliche Zustände eintreten, winzig gegen die Dauer, die Siriusfernen winzig gegen die Dimensionen des Universums denken. Es müssen dann im Universum, das sonst überall im Wärmegleichgewichte, also tot ist, hier und da solche verhältnismäßig kleine Bezirke von der Ausdehnung unseres Sternenraums (nennen wir sie Einzelwelten) vorkommen die während der verhältnismäßig kurzen Zeit von Äonen erheblich vom Wärmegleichgewichte abweichen, und zwar ebenso häufig solche, in denen die Zustandswahrscheinlichkeit gerade zu- als abnimmt. Für das Universum sind also beide Richtungen der Zeit ununterscheidbar, wie es im Raum kein Oben oder Unten gibt. Aber wie wir an einer bestimmten Stelle der Erdoberfläche die Richtung gegen den Erdmittelpunkt als nach unten bezeichnen, so wird ein Lebewesen, das sich in einer bestimmten Zeitphase einer solchen Einzelwelt befindet, die Zeitrichtung gegen die unwahrscheinlicheren Zustände anders als die entgegengesetzte (erstere als die Vergangenheit, den Anfang, letztere als die Zukunft, das Ende) bezeichnen und vermöge dieser Benennung werden sich für dasselbe kleine Gebiete, die es aus dem Universum isoliert, „anfangs" immer in einem unwahrscheinlichen Zustande befinden. Diese Methode scheint mir die einzige, wonach man den zweiten Hauptsatz, den Wärmetod jeder Einzelwelt ohne eine einseitige Änderung des ganzen Universums von einem bestimmten Anfangs- gegen einen schließlichen Endzustand denken kann. Die Einwendung, daß ein Gedankenbild, welches so viele tote Teile des Universums zur Erklärung von so wenig belebten braucht, unökonomisch und daher unzweckmäßig sei, lasse ich nicht gelten. Ich erinnere mich noch zu gut einer Person, welche absolut nicht glaubte, daß die Sonne 20 Millionen Meilen von der Erde entfernt sei, denn die Annahme von so viel nur Lichtäther enthaltendem Raum nebe nso wenig mit Leben erfülltem, sei einfach einfältig.

§ 5. Ob man sich in solchen Spekulationen ergehen will, ist natürlich Geschmackssache. Von einer Wahl nach Geschmack zwischen der Carnot-Clausiusschen Fassung und dem mechanischen Bilde aber kann sicher nicht die Rede sein (l. c. S. 791). Die Wichtigkeit der ersteren als des einfachsten Ausdruckes der bisher beobachteten Tatsachen bestreitet niemand. Ich behaupte nur, daß das mechanische Bild in allem wirklich Beobachteten damit übereinstimmt. Daß es auf die Möglichkeit gewisser neuer Beobachtungen, z. B. über die Bewegung kleiner Körperchen in tropfbaren und gasförmigen Flüssigkeiten, über Reibung und Wärmeleitung in äußerst verdünnten Gasen usw. hinweist, daß es in unkontrollierbaren Fragen (z. B. über das Verhalten des Universums oder eines ganz abgeschlossenen Systems während unendlich langer Zeit) nicht mit der Carnot-Clausiusschen Fassung stimmt, mag man einen prinzipiellen Unterschied nennen, jedenfalls scheint es kein Grund, das mechanische Bild aufzugeben, wie Hr. Zermelo (l. c. S. 794) meint, wenn es sich nicht, was nicht zu erwarten, prinzipiell abändern läßt. Gerade dieser Unterschied scheint mir dafür zu sprechen, daß es die Allseitigkeit unserer Gedankenbilder fördern muß, neben den Konsequenzen des Prinzips in der Carnot-Clausiusschen Fassung auch die des mechanischen Bildes zu studieren.

Anhang.

§ 6. Die Wahrscheinlichkeit eines Zustandes maß ich seit jeher unabhängig vom zeitlichen Verlaufe durch die „Ausdehnung γ“ (l. c. S. 795) des ihm entsprechenden Gebietes, wozu ich schon seit 30 Jahren den Liouvilleschen Satz benutze.[1]) Der Maxwellsche Zustand ist bloß deshalb der wahrscheinlichste, weil er in der verschiedensten Weise realisiert sein kann. Die Gesamtausdehnung γ des Gebietes aller jener Zustände, für welche die Geschwindigkeitsverteilung angenähert durch die Maxwellsche Formel gegeben ist, ist also viel größer, als die Gesamtausdehnung des Gebietes aller übrigen Zustände. Nur zur Versinnlichung der in den früheren Paragraphen geschilderten Beziehung zwischen dem zeitlichen Verlaufe der Zustände und deren Wahrscheinlichkeit stellte ich die reziproken Werte der so gemessenen Wahrscheinlichkeit für die verschiedenen zeitlich sich folgenden Zustände durch die H-Kurve dar, falls es sich um eine große, endliche Zahl von unendlich wenig deformierbaren Gasmolekülen handelt. Verschwindend wenige spezielle Anfangszustände ausgenommen wird dann allerdings auch der wahr-

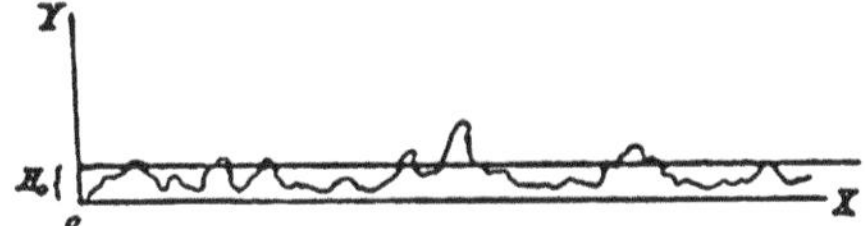

scheinlichste Zustand am häufigsten vorkommen (wenigstens bei einer sehr großen Zahl von Molekülen). Die Ordinaten dieser Kurve sind fast ausnahmslos sehr klein und diese kleinen Ordinaten sind natürlich nicht mit Vorliebe Maxima. Lediglich die Ordinaten von ganz ungewöhnlicher Größe sind es meist und zwar um so wahrscheinlicher, je größer sie sind. Daß eine sehr große Ordinate H_0 öfter einem Maximum als dem Durchschnittspunkte der Geraden $y = H_0$ mit einem noch größeren Buckel entspricht (l. c. S. 797), kommt von der enormen Zunahme der Seltenheit der Buckel mit wachsender Höhe. Vgl. die vorstehende Figur, die freilich sehr cum grano zu nehmen ist. Eine richtige Figur hätte der Zinkograph

---

[1]) Vgl. besonders Wien. Ber **58.** S. 517. 1868; **63.** S. 679 und S. 712. 1871; **66.** 1872; **76.** S. 373. 1877. (Diese Sammlung Bd. I, Nr. 5, 19, 20, 22; Bd. II, Nr. 42.) Dort habe ich auch für die oben ohne Beweis angeführten Sätze die Beweise geliefert, die alle zu wiederholen hier natürlich der Platz fehlt.

nicht herstellen können, da das, was wir die H-Kurve nannten, auf jeder endlichen Strecke sehr viele Maxima und Minima hat und daher nicht durch einen Strich von kontinuierlich wechselnder Richtung darstellbar ist. Sie hieße besser: Aggregat vieler sehr naher Punkte oder kleiner horizontaler Striche. Bezüglich des Näheren muß ich auf die „Nature" 1894 und 1895 verweisen.[1])

Auf einen in unseren Händen befindlichen irdischen Körper ist natürlich der Poincarésche Satz niemals anwendbar, weil kein solcher ganz abgeschlossen ist, ebensowenig auf ein ganz abgeschlossenes Gas der kinetischen Theorie, wenn man zuerst die Anzahl der Moleküle, dann erst den Quotienten der Zwischenzeit zwischen zwei benachbarten Zusammenstößen in die Beobachtungszeit unendlich werden läßt.

Wien, den 16. Dezember 1896.

---

[1]) Dieser Band Nr. 112—114.

121.

Über einen mechanischen Satz Poincaré's.[1])

(Wien. Ber. 106. S. 12—20. 1897.)

In der Entgegnung[2]) gegen Hrn. Zermelo's Abhandlung: „Über einen Satz der Dynamik und die mechanische Wärmetheorie"[3]) habe ich den daselbst angeführten Satz Poincaré's ohne weiteres zugegeben, da derselbe meinen wärmetheoretischen Sätzen nicht nur nicht widerspricht, sondern diese sogar bestätigt. Natürlich habe ich damit keineswegs dem von Hrn. Zermelo am zitierten Orte gegebenen Beweise des Poincaréschen Satzes zugestimmt. Dieser Beweis scheint mir vielmehr so wenig bis zur vollständigen Klarlegung aller Umstände, worauf es ankommt, ausgearbeitet zu sein, daß ich es nicht für überflüssig erachte, nochmals auf die Sache zurückzukommen und eine möglichst gedrängte Darstellung des Satzes selbst und seines Beweises zu geben.

Die Grundlage des in Rede stehenden Satzes ist die Eindeutigkeit und Umkehrbarkeit der Integrale der mechanischen Differentialgleichungen[4]) und das Liouvillesche Theorem. Sei die Lage eines beliebigen mechanischen Systems durch n generalisierte Koordinaten $p_1, p_2, \dots p_n$ gegeben. $q_1, q_2, \dots q_n$ seien die dazugehörigen Momente. Das System gehe zweimal von demselben Anfangszustande, d. h. denselben Anfangswerten der Koordinaten und Momente aus. Der Zustand (worunter

---

[1]) Voranzeige dieser Arbeit Wien. Anz. 34. S. 3. 7. Januar 1897.

[2]) Wied. Ann. 57. S. 773. 1896. (Dieser Band Nr. 119.)

[3]) Wied. Ann. 57. S. 485. 1896.

[4]) Damit diese garantiert sei, genügt es nicht, daß die Kräfte stetige eindeutige Funktionen der Koordinaten sind. Auch in diesem Falle können, wenn die Ableitungen dieser Funktionen unendlich werden, die Integrale mehrdeutig sein. (Vgl. Cauchy-Moigno-Schnuse, Integralrechnung 1846, S. 288 und 387; Lipschitz, Lehrbuch der Algebra, S. 504; Picard, J. de math. 1890, Bull. d. sciens.; Boussinesq, Par. C. R. 84. S. 944).

wie immer der Inbegriff der $2n$ Werte sämtlicher Koordinaten und Momente verstanden werden soll), den es das eine Mal nach Verlauf einer gewissen Zeit t erreicht, soll also niemals irgendwie verschieden sein können von dem Zustande, den es das andere Mal nach Verlauf derselben Zeit ereicht. Die Bewegung soll vollkommen umkehrbar sein; dann können auch niemals zwei verschiedene Anfangszustände während derselben Zeit zu dem gleichen Endzustande führen. Dieser Satz heiße der Satz A.

Wir denken uns nun dasselbe System, dessen Bewegung durch dieselben Differentialgleichungen bestimmt ist, unendlich oftmal vorhanden und jedesmal wieder von anderen Anfangszuständen ausgehend. Alle diese Anfangszustände sollen jedoch so beschaffen sein, daß in der Folgezeit niemals der Wert irgend einer der Koordinaten oder eines der Momente unendlich wird. Es muß sich daher jedenfalls ein endliches Gebiet H von endlicher Ausdehnung V angeben lassen, innerhalb dessen die Zustände liegen, welche alle betrachteten Systeme nach beliebig langer Zeit annehmen.

Sehr viele (N) aller dieser Systeme sollen so beschaffen sein, daß ihr Anfangszustand, d. h. der Zustand zur Zeit $t = t_0$ durch alle möglichen Punkte eines gewissen kleineren, jedoch ebenfalls endlichen Gebietes g_0 von der Ausdehnung γ dargestellt sind.

Unter einem endlichen Gebiete verstehen wir den Inbegriff aller Kombinationen aller Werte der Variablen $p_1, p_2, \ldots q_n$, welche folgenden Bedingungen genügen: Keiner der Werte der Variablen darf unendlich werden. Der Wert der ersten dieser Variablen muß zwischen gewissen um Endliches verschiedenen Grenzen liegen. Für jeden dieser Werte der ersten Variablen bis auf eine Zahl von Werten, die gegen die Gesamtzahl dieser Werte verschwindet, muß auch der Wert der zweiten Variablen zwischen gewissen um Endliches verschiedenen Grenzen liegen, welche bis auf eine endliche Zahl von Sprüngen kontinuierliche Funktionen des gewählten Wertes der ersten Variablen sind. Für alle Wertepaare der beiden ersten Variablen (wieder bis auf eine gegen die Gesamtzahl der Wertepaare verschwindende Zahl von Wertepaaren) muß auch der Wert der dritten Variablen zwischen gewissen endlichen Grenzen

(Funktionen der beiden Werte der beiden ersten Variablen) liegen usf. bis zur letzten Variablen. Eine bestimmte Kombination von Werten der Variablen $p_1, p_2, \ldots q_n$, welche diesen Bedingungen genügen, also innerhalb des Gebietes liegen, nennen wir einen Punkt dieses Gebietes. Der durch die betreffenden Werte der Koordinaten und Momente definierte Zustand heißt der durch diesen Punkt dargestellte oder ihm entsprechende Zustand oder ein in diesem Gebiete liegender Zustand. Ein Gebiet kann daher im allgemeinen durch eine Ungleichung von der Form

$$f(p_1, p_2, \ldots q_n) \leqq 0$$

dargestellt werden. Unter der Ausdehnung eines Gebietes verstehen wir das bestimmte Integral $\int\int \ldots dp_1 \, dp_2 \ldots dq_n$ erstreckt über alle Wertekombinationen der Variablen, die in diesem Gebiete liegen, d. h. also über alle Punkte des Gebietes.

Da g_0 ein wenn auch sehr kleines, doch endliches Gebiet ist, so muß der Quotient V/γ endlich sein. Es sei n die erste ganze Zahl, die größer als dieser Quotient ist, so daß man also hat:

$$n > \frac{V}{\gamma}. \tag{1}$$

Ferner sei ϑ eine beliebige endliche Zeit. Die Zustände unserer N Systeme sollen zur Zeit $t_1 = t_0 + \vartheta$ im Gebiete $g^{(1)}$, zur Zeit $t_2 = t_0 + 2\vartheta$ im Gebiete $g^{(2)}$ usf. liegen. Wir haben nun zwei Fälle zu unterscheiden.

Fall 1. Die Gebiete $g^{(1)}, g^{(2)} \ldots g^{(k)}$ haben, wie immer wir die Länge der endlichen Zeit ϑ und wie groß wir die Zahl k wählen mögen, immer endliche Teile mit dem Gebiete g_0 gemein. Dann gibt es in aller Zukunft unter den N Systemen eine unendliche Anzahl von solchen, deren Zustände einem Punkte des Anfangsgebietes g_0 entsprechen.

Fall 2. Das sub Fall 1 Gesagte tritt nicht ein; dann sei τ die kürzeste Zeit, nach welcher das von den Zuständen der N Systeme erfüllte Gebiet keinen endlichen Teil mehr mit dem Gebiete g_0 gemein hat. Der Satz Poincarés geht nun dahin, daß sich dann immer eine endliche Zeit angeben läßt, nach welcher wieder die Zustände unendlich vieler der N Systeme Punkten des Gebietes g_0 entsprechen. Da dies nun im Falle 1 für jede beliebige endliche verstrichene Zeit gilt, so kann man sagen: Entweder es entsprechen überhaupt immer die Zustände einer unendlichen Zahl der N Systeme gewissen Punkten des Anfangsgebietes g_0 oder, wenn dieser Fall nicht zu allen Zeiten zutrifft, so tritt er immer eine endliche Zeit, nachdem er aufgehört hat, zuzutreffen, wieder ein. Wenn dem Gebiete g_0 kein Punkt, der der Ruhe in einem Gleichgewichtszustande entspricht, für den also alle Momente Null und alle Koordinaten konstant sind, angehört oder unendlich nahe liegt, so kann übrigens das Gebiet g_0 immer so klein gewählt werden, daß nicht der Fall 1, sondern der Fall 2 eintritt.

Wir haben nur noch den Poincaréschen Satz im Falle 2 zu beweisen. Es seien $g_1, g_2, \ldots$ die Gebiete, innerhalb deren zu den Zeiten $t_1 = t_0 + \tau$ resp. $t_2 = t_0 + 2\tau \ldots$ die Zustände unserer N Systeme liegen, deren Anfangszustände durch sämtliche Punkte des Gebietes g_0 dargestellt wurden. Wir verfolgen zunächst die Bewegung der N Systeme bis zur Zeit $t_n = t_0 + n\tau$. Die gesamte Ausdehnung aller Gebiete $g_0, g_1, \ldots g_n$ wäre, wenn kein einziges dieser Gebiete mit irgend einem andern einen endlichen Teil gemein hätte, gleich $n\gamma$. Nun müssen aber alle diese Gebiete im Gebiete H liegen, daher kann ihre Gesamtausdehnung nicht größer als V sein, und da nach der Ungleichung (1) $n\gamma > V$ ist, so müssen wenigstens zwei der Gebiete $g_0, g_1, \ldots g_n$ einen endlichen Teil gemein haben. Es mögen dies die Gebiete g_a und g_b sein, wobei a und b zwei verschiedene ganze Zahlen sind, die kleiner oder höchstens gleich n sind; b sei die größere derselben. Der gemeinsame Teil der beiden Gebiete sei s. Das Gebiet s muß ein kontinuierlich zusammenhängendes sein. Es kann nicht durch unendlich viele Punkte, die Mannigfaltigkeiten von weniger als $2n$ Dimensionen bilden und nicht den Gebieten g_a und g_b gemeinsam sind, in unendlich viele unendlich wenig ausgedehnte Teile geteilt werden; denn dann müßte mindestens eines der Gebiete g_a oder g_b selbst Teile haben, die in solcher Weise aus lauter unendlich kleinen, nicht zusammenhängenden Teilen bestehen, was unmöglich ist; denn wenn die Kräfte im ganzen Gebiete eindeutige nach dem Taylorschen Lehrsatze entwickelbare Funktionen der Koordinaten sind, so können nicht die Zustände solcher Systeme nach einer endlichen Zeit ein unzusammenhängendes Gebiet erfüllen, welche vor dieser Zeit ein kontinuierlich zusammenhängendes Gebiet g_0 erfüllten, was wir den Satz C nennen wollen. Jeder Punkt des Gebietes s gehört sowohl dem Gebiete g_a, als auch dem Gebiete g_b an, d. h. den ihm entsprechenden Zustand hat eines unserer N Systeme (das System S_a) zur Zeit $t_a = t_0 + a\tau$ und auch eines unserer N Systeme (das System S_b) zur Zeit $t_b = t_0 + b\tau$. Es muß daher nach dem Satze A das System S_a auch zur Zeit $t_{a-1} = t_0 + (a-1)\tau$ genau denselben Zustand haben wie das System S_b zur Zeit $t_b = t_0 + (b-1)\tau$. Da ersterer Zustand dem Gebiete g_{a-1}, letzterer dem Gebiete g_{b-1} angehört, so müssen also auch die letzteren zwei Gebiete einen gemeinsamen Punkt haben und da dasselbe von allen Punkten des Gebietes s gilt, so müssen, sobald die Gebiete g_a und g_b einen gemeinsamen Teil s haben, auch die beiden Gebiete g_{a-1} und g_{b-1} einen gemeinsamen Teil s' haben, dessen Ausdehnung nach dem Liouvilleschen Satze gleich der Ausdehnung des Gebietes s sein muß, was wir den Satz B nennen wollen. Denn das Gebiet s umfaßt die Zustände aller Systeme, deren Zustände vor der Zeit τ innerhalb s' lagen, genau so wie das Gebiet g_1 die Zustände aller Systeme umfaßt, deren Zustand vor der Zeit τ innerhalb g_0 lagen. Schließt man ebenso von $a-1$ und $b-1$ auf $a-2$ und $b-2$ usf., so überzeugt man sich, daß auch die Gebiete g_0 und g_{b-a} ein Gebiet s_0 von derselben Ausdehnung wie das Gebiet s gemein haben müssen. Es muß also unter den Gebieten $g_1, g_2, \dots g_n$ mindestens eines existieren, welches einen endlichen Teil s_0 mit dem Gebiete g_0 gemein hat. Da jeder Punkt des Gebietes s_0 innerhalb des Gebietes g_{b-a} liegt, so stellt er den zur Zeit $t_0 + (b-a)\tau$ gehörigen Zustand eines unserer N Systeme (des Systems Σ) dar. Das System Σ ist also ein Beispiel eines unserer N Systeme, welches während der Zeit $(b-a)\tau$ zu einem Zustande zurückkehrt, der wieder durch einen innerhalb g_0 liegenden Punkt dargestellt wird, und da dasselbe von jedem andern Punkte des Gebietes s_0 gilt, so haben wir den zu beweisenden Satz bewiesen, daß unendlich viele von den N Systemen, deren Anfangszustände durch Punkte des Gebietes g_0 dargestellt sind, nach Verlauf einer Zeit, die kleiner als $n\tau$ ist, wieder zu einem Zustande zurückkehren müssen, der irgend einem Punkte des Ausgangsgebietes g_0 entspricht. Sind die Ausdehnungen γ und V, sowie die Zeit τ gegeben, so ist $n\tau$ eine endlich angebbare Zeit. Wir können also den bewiesenen Poincaréschen Satz, indem wir das Angeführte nochmals zusammenfassen, wie folgt aussprechen:

Wir betrachten N Systeme, deren Anfangszustände durch sämtliche Punkte eines beliebigen endlichen Gebietes g_0 von der Ausdehnung γ dargestellt sind und nehmen an, daß für keines dieser Systeme der Wert irgend einer Koordinate oder eines Momentes, wenn es sich auch noch so lange bewegt, unendlich wird, so daß sich ein Gebiet von endlicher Ausdehnung V angeben läßt, außerhalb dessen keiner der nach beliebiger Zeit folgenden Zustände unserer N Systeme liegt. Es sind dann zwei Fälle möglich: Im Falle 1 entsprechen in jedem Momente einer beliebig langen endlichen, auf den Zeitanfang folgenden Zeit die Zustände einer unendlichen Zahl unserer N Systeme Punkten desselben Gebietes g_0. Im Falle 2 ist dies nach einer endlichen Zeit τ nicht mehr der Fall, muß aber jedenfalls nach einer Zeit, die kürzer ist als die endliche Zeit $V\tau/\gamma$, wieder eintreten. Da dasselbe natürlich auch von jeder kleineren endlichen Unterabteilung des Gebietes g_0 gilt, so können wir sagen: Es kann unter den N Systemen zwar solche (sogar deren unendlich viele) geben, deren Zustände in einer endlichen Zeit das Gebiet g_0 verlassen und niemals während einer beliebig langen Zeit wieder in dasselbe zurückkehren; allein die Punkte P, welche die Anfangszustände aller so beschaffenen Systeme darstellen, können im Anfangsgebiete g_0 niemals ein Gebiet von endlicher Ausdehnung bedecken. Sie bilden, wie sich Poincaré ausdrückt, singuläre Fälle. In der Tat, wenn wir die Punkte des Anfangsgebietes g_0, welche solchen Systemen entsprechen, deren Zustände dasselbe entweder während beliebig langer Zeit nicht verlassen oder nach endlicher Zeit wieder zu Punkten des Anfangsgebietes zurückkehren, mit Q bezeichnen, so haben wir bewiesen, daß in jeder Unterabteilung des Gebietes g_0 von endlicher Ausdehnung unendlich viele Punkte Q existieren, welche auch ein endlich ausgedehntes Gebiet bedecken, von dem allerdings noch nicht bewiesen ist, daß es nicht kleiner als die betreffende Unterabteilung sein kann. Das Gebiet g_0 ist ein $2n$-fach ausgedehntes. Es kann nach dem Bewiesenen kein endlicher Teil von g_0 in unendlich viele unendlich dicht gedrängte Mannigfaltigkeiten von weniger als $2n$ Dimensionen zerfallen, die abwechselnd bald aus Punkten P, bald aus Punkten Q bestehen. Die Zahl der Punkte P innerhalb des Gebietes g_0 muß also unendlich klein im Vergleich mit der Zahl der Punkte Q sein. Die Punkte P können nirgends ein endliches zusammenhängendes Gebiet und auch nicht unendlich viele unzusammenhängende Gebiete, deren Gesamtausdehnung einem endlichen gleichkäme, erfüllen.

Wir haben bisher nur von der einmaligen Wiederkehr des den Zustand darstellenden Punktes in das Anfangsgebiet g_0 gesprochen, da der Beweis einer solchen für die wärmetheoretische Anwendung vollkommen genügt. Nur der Vollständigkeit halber will ich kurz ausführen, wie eine beliebig oftmalige Wiederkehr zu beweisen ist. Nehmen wir eine Zahl von singulären Punkten aus, d. h. solchen, deren Inbegriff nur eine unendlich kleine Ausdehnung hat, so stellt jeder Punkt D des Anfangsgebietes g_0 den Anfangszustand eines Systems dar, dessen Zustand nach irgend einer endlichen Zeit $t < V\tau / \gamma$ wieder durch einen Punkt E des Gebietes g_0 dargestellt wird. Wegen des Satzes C muß es ein endliches, den Punkt D umgebendes, innerhalb g_0 liegendes Gebiet k_0 von solcher Beschaffenheit geben, daß jeder Punkt desselben den Anfangszustand eines Systems darstellt, dessen Zustand zur Zeit t wieder durch einen Punkt eines andern endlichen innerhalb g_0 liegenden, den Punkt E umgebenden Gebietes k dargestellt wird. Von diesem Gebiete k gilt aber dasselbe, was von jedem endlichen Teile des Gebietes g_0 bewiesen wurde. Mit Ausnahme singulärer Punkte stellen alle Punkte desselben Zustände von Systemen dar, deren Zustand nach abermals einer endlichen Zeit wieder durch einen Punkt des Gebietes k und daher auch des Gebietes g_0 dargestellt wird. Die Zustände aller dieser Systeme wurden also zu Anfang und dann noch zweimal durch Punkte des Gebietes g_0 dargestellt. Da dasselbe wie vom Gebiete k_0 auch von jedem andern endlichen Teile des Gebietes g_0 gilt, so ist bewiesen, daß, von singulären Punkten abgesehen, alle Punkte des Gebietes g_0 die Anfangszustände solcher Systeme darstellen, die noch zweimal nach endlicher Zeit wieder durch Punkte des Anfangsgebietes g_0 dargestellt werden. Ebenso kann der Beweis der dreimaligen und einer eine beliebige endliche Zahl mal wiederholten Wiederkehr geliefert werden.

An dem Maßstabe des Gesagten können wir nun die Ausführungen Hrn. Zermelos messen. Derselbe macht von dem Satze, den wir den Satz B nannten, gar keinen Gebrauch. Er bezeichnet mit G den Inbegriff aller Zustände, die künftig einmal in endlicher Zeit (sagen wir bis zur Zeit T) aus solchen hervorgehen, die zur Zeit t im Gebiete g lagen, und mit Γ und γ die Ausdehnungen der Gebiete G und g. Die nun folgenden Ausführungen Hrn. Zermelos waren mir nicht verständlich. Aber es sind nur zwei Fälle möglich.

Fall 1. Er denkt sich die Ausdehnung jedes Teiles des Gebietes G in der Ausdehnung Γ so oftmal gezählt, als dieser Teil während der Zeit $T-t$ von Zuständen der Systeme durchstrichen wird. Dann kann Γ mit wachsendem T beliebig weit wachsen. Denkt man sich dann T konstant, aber t wachsend, so kann allerdings Γ nur abnehmen; allein der Schluß Hrn. Zermelos l. c. S. 488, daß aus der Gleichung $\gamma=$ const. und $\Gamma \geqq \gamma$ folgt, daß Γ konstant sein müsse, wird falsch. Denkt man sich aber beide Zeiten t und T wachsend; so daß $T-t$ konstant bleibt, so ist allerdings Γ konstant, aber dann wird wieder der Schluß hinfällig, daß Γ nur abnehmen könne.

Fall 2 wäre nun der, daß man die Ausdehnung jedes Teiles des Gebietes G, selbst wenn dasselbe beliebig oftmal von den Zuständen der Systeme durchstrichen wird, nur einmal in die Ausdehnung Γ zählt. Dann kann das Gebiet G nicht größer als das von mir oben mit H bezeichnete werden, seine Ausdehnung muß also mit wachsendem T sich einer endlichen Grenze nähern, und wenn T so groß ist, daß wir dieser schon genügend nahe sind, so kann Γ auch, wenn T und t gleichzeitig so wachsen, daß $T-t$ konstant bleibt, nur abnehmen; andererseits ist dann auch der Schluß, daß bei solchem gleichzeitigen Wachstume von T und t Γ konstant bleiben muß, gerechtfertigt. Allein dann kann jeder Teil dieses Gebietes von jedem Zustande beliebig oftmal durchlaufen werden, und da Hr. Zermelo von dem Satze B keinen Gebrauch macht, so hat er keinen Beweis geliefert, daß dies nicht für Gebiete, die den Anfangszustand keines der betrachteten Systeme enthalten, öfter als eine bestimmte endliche Zahl von Malen geschehen kann, bevor irgend eines dieser Systeme zu einem Zustande des Anfangsgebietes zurückgekehrt ist Er kann daher auch keine obere Grenze für die Zeit angeben, nach welcher irgend eines der betrachteten Systeme zu einem solchen Zustande zurückkehren muß, und hat keinen Beweis geliefert, daß nicht jedes der Systeme erst nach einer unendlichen Zeit zu einem solchen Zustande zurückkehrt, der durch einen Punkt des Anfangsgebietes dargestellt ist. Zu dem letzteren Beweis ist durchaus der Satz, den wir den Satz B nannten, unentbehrlich, und dessen Konsequenz, daß, wenn zwei beliebige von den Gebieten, welche wir mit $g_0, g_1, g_2, \ldots$ bezeichnet haben, einen Teil gemein haben, dann auch eines dieser Gebiete mit dem Anfangsgebiete g_0 einen Teil von gleicher Ausdehnung gemein haben muß.

Da der Poincarésche Satz selbst richtig ist, so kann natürlich kein Zweifel sein, daß sich der Beweis Hrn. Zermelos ergänzen läßt; aber ich glaube, daß jeder Mathematiker meiner Meinung sein wird, daß man sich gerade bei Schlußfolgerungen, wie die in Rede stehenden, vollkommen präzise ausdrücken und kein wesentliches Glied als selbstverständlich mit Stillschweigen übergehen soll.

Praktisch zeigt sich dies darin, daß sich an der Hand der Ausführungen des Hrn. Zermelo allein eine numerische obere Grenze für die Zeit der Rückkehr in einem bestimmten Falle, wie ich sie z. B. in der zitierten Abhandlung berechnet habe, nicht angeben läßt, da in denselben der Begriff der Zeit τ, nach welcher sämtliche Zustände der N Systeme aus dem Anfangsgebiete g_0 ausgetreten sind, vollkommen fehlt. Unter alleiniger Benutzung der Schlüsse des Hrn. Zermelo kann diese obere Grenze noch beliebig groß, also auch unendlich sein.

122.

Über Rotationen im konstanten elektrischen Felde.

(Wied. Ann. 60. S. 399—400. 1897.)

Ich will auf die Erklärung, welche Hr. Quincke von seinen schönen Versuchen über den im Titel bezeichneten Gegenstand gibt[1]), um so weniger im einzelnen eingehen, als mir dieselbe keineswegs ganz klar geworden ist, bemerke aber doch, daß sie mir einer nicht unwesentlichen Ergänzung zu bedürfen scheint. Hr. Quincke zieht nur die gewöhnliche dielektrische Polarisation mit Hysteresis in den Kreis seiner Betrachtung. Diese befolgt nach den heutigen Anschauungen (wenigstens bezüglich des nun zu erörternden Punktes) dieselben Gesetze, wie die magnetische Polarisation mit Hysteresis. Letztere aber kann niemals Energie erzeugen, sondern nur vernichten. Es ist also vollkommen klar, daß eine magnetisierbare mit einer magnetisierbaren Luftschicht bekleidete in eine magnetisierbare Flüssigkeit getauchte Kugel zwischen den unveränderlichen Polen eines permanenten Magneten niemals in dauernd hin- und hergehende Rotationen kommen könnte. Jede Theorie, nach welcher, wie es mir bei der des Hrn. Quincke der Fall zu sein scheint, auch hier solche Rotationen möglich sind, muß daher notwendig unvollständig sein.

Um die analogen Drehungen zwischen zwei elektrisierten Kondensatorplatten zu erklären, muß man daher jedenfalls den Ausgleich der Elektrizität zwischen den Platten, sei es durch schwache Leitung oder, was wahrscheinlicher ist, durch Konvektion in der Flüssigkeit, in welche die Kugel taucht, mit berücksichtigen. Dieser Ausgleich muß die zur Erhaltung der Rotation erforderliche Energie liefern, man kann sich z. B. denken, daß durch die Rotation der Kugel die Flüssigkeit in einer Weise mitgenommen wird, welche die Konvektion fördert.

---

[1]) Quincke, Wied. Ann 59. S. 481. 1896.

Wie immer man sich aber das denken mag, jedenfalls müßte man, wenn man leugnen wollte, daß der Elektrizitätsausgleich zwischen den Kondensatorplatten bei dem Phänomen eine Rolle spielt, ganz neue Gesetze der Dielektrisierung annehmen, wobei die Dielektrika Energiequellen sind, also bei Fortdauer der hin- und hergehenden Rotation stets wachsende Veränderungen erfahren, welche die fortdauernde Verwandlung von Energie in Wärme durch innere Flüssigkeitsreibung bei der Rotation der Kugel erklären. Hr. Quincke erwähnt der Konvektion zwar auf S. 468, doch nur nebensächlich und nur der Wirkung auf durch Kontakt entstandene Elektrizität. In seiner Theorie gedenkt er derselben gar nicht und auch nicht des Ausgleiches der Ladungen der Kondensatorplatten, der vielleicht auch in den auf S. 470 erwähnten Versuchen mit dazwischen gestellten Glimmerplatten eine Rolle spielt.

Wien, Oktober 1896.

123.

Über einige meiner weniger bekannten Abhandlungen über Gastheorie und deren Verhältnis zu derselben.

(Verh. der 69. Vers. D. Naturf. und Ärzte, S. 19—26. Braunschweig 1897; Jahresber. d. D. Mathem.-Vereinigung 6. I. S. 130—138. 1899.)

§ 1. Ich habe unlängst darauf hingewiesen[1]), daß wir keineswegs die Dinge selbst denken, sondern uns Vorstellungsbilder konstruieren, durch welche wir den Zusammenhang unserer Erfahrung darstellen. Wenn wir nun die Phänomene durch partielle Differentialgleichungen darstellen, so bilden wir uns zunächst immer die Vorstellung einer sehr großen endlichen Zahl von — sagen wir Einzeldingen, die eine Mannigfaltigkeit von meist drei Dimensionen bilden, und deren zeitliche Veränderungen nach bestimmten Gesetzen von den Zuständen der benachbarten abhängen.

Wenn ich sage, ich habe darauf hingewiesen, so soll das nicht etwa heißen, daß ich es entdeckt habe. Die Mathematiker wissen das, wie ich glaube, seit je. Ich hielt nur für notwendig, es den Physikern wieder ins Gedächtnis zu rufen. Unter diesen ist es jetzt sehr verbreitet, mit dem Hinschreiben von Differentialgleichungen zu beginnen und diese dann als das vollkommenste Bild der Phänomene zu betrachten. Man nennt diese Methode, da sie die Phänomene ohne jede Rücksicht auf die ihnen zugrunde liegenden Ursachen zu beschreiben strebt, die Phänomenologie. Ihr Wesen besteht nach einem von Maxwell und Hertz unabhängig voneinander angewandten Gleichnisse darin, daß man sich begnügt, die nackten Tatsachen durch Formeln wiederzugeben, ohne ihnen das bunte Mäntelchen von Hypothesen umzuhängen.

---

[1]) Wien. Ber. 105. S. 907. November 1896; Wied. Ann. 60. S. 231. 1897; 61. S. 790. 1897. (Populäre Schriften Nr. 10 u. 11.)

Es liegt mir fern, gegen die Berechtigung der Vorliebe dieser beiden großen Forscher für das Nackte etwas einwenden zu wollen. Die Darstellung des rein Tatsächlichen mit möglichst wenig willkürlichem Beisatze ist zu allen Zeiten wünschenswert und wichtig. Nur darf man nicht meinen, die Vorstellung des Kontinuums sei eine einfachere, weniger über die Tatsachen hinausgehende als die Atomistik im allgemeinen, von speziellen, allzu verkünstelten atomistischen Bildern natürlich nicht zu reden. Im Gegenteil, die Definition der Differentialgleichung geht zunächst ebenfalls von der Forderung der Vorstellung einer endlichen Zahl von Einzelwesen aus und fügt nur noch nachher die neue Behauptung bei, daß nur die Limite für stets wachsende Zahl der Einzelwesen die Erscheinungen am besten darstellt.

Um möglichste Freiheit von Hypothesen zu erzielen, muß die Phänomenologie den Einzelwesen höchst komplizierte, mancher würde sagen paradoxe, Eigenschaften beilegen (daß sie Vektoren sind, entstehen und verschwinden können usw.) und muß für jedes Erscheinungsgebiet wieder ganz andere, gerade diesem Erscheinungsgebiete angepaßte Eigenschaften wählen, weshalb sie von den Einzelwesen lieber schweigt und gleich die Differentialgleichungen hinschreibt. Durch Totschweigen dürfte aber der Mangel nicht verbessert werden. Diese Nachteile sind eben durch die Vorteile, welche sie erreichen will, bedingt.

Deshalb erscheint mir nicht statt, aber neben der Phänomenologie eine Theorie von Interesse und Wichtigkeit, welche in aufrichtigster Weise von möglichst einfach und klar konstruierten Einzelwesen ausgeht, aus einer einzigen Gattung von Einzelwesen oder aus einer geringen Zahl lediglich quantitativ verschiedener Einzelwesen die Differentialgleichungen für eine Reihe von Erscheinungsgebieten rein logisch herauskonstruiert und unentschieden läßt, ob die Annahme einer großen endlichen Zahl von Einzelwesen oder erst die Limite, der die Erscheinungen bei unendlich wachsender Zahl derselben zueilen, die Erscheinungen am besten darstellt.

Eine solche Theorie ist die Gastheorie.

Ihre Grundannahme kann ich als bekannt voraussetzen und bemerke nur, daß man sich die Moleküle als kleine elastische

Kugeln oder als Abstoßungscentra oder mit komplizierteren, noch unbekannten Eigenschaften begabt denken kann. Ihr Grundcharakter bleibt derselbe; die Durchführung der Rechnung im Detail und die Veranschaulichung wird natürlich um so schwieriger, je allgemeinere Annahmen man macht. Auch die Erklärung des Gasdruckes, des Boyleschen Gesetzes und die einstigen Kontroversen darüber, die aber schon längst abgeschlossen sind, fallen außerhalb des Rahmens des hier Vorzubringenden.

§ 2. Ich beginne sogleich mit den inneren Vorgängen in einem Gase oder Gasgemisch.

Die einfachsten Vorgänge der Reibung, Diffusion und Wärmeleitung wurden zuerst von Clausius und Maxwell unter der Hypothese, daß die Moleküle verschwindend wenig deformierbare elastische Kugeln sind, in höchst genialer Weise entwickelt. Ersterer wies speziell für die Wärmeleitung nach, daß der letztere an manchen Stellen Glieder von derselben Größenordnung, wie die ausschlaggebenden, vernachlässigte, berücksichtigte in mühsamen Rechnungen diese Glieder dort, wo es anging, und beseitigte so den Defekt der Maxwellschen Formel für die Wärmeleitung, daß dieselbe, verbunden mit dieser, auch einen Massentransport liefert. Dafür liefert Clausius' Formel so große Druckdifferenzen im wärmeleitenden Gase, daß man sie längst bemerkt haben müßte. Wer später die Wärmeleitung aus der Gastheorie berechnete, berücksichtigte oder vernachlässigte nach Geschmack bald da, bald dort Glieder, so daß fast immer dieselbe Formel — aber jedesmal wieder mit andern numerischen Koeffizienten — herauskam. Die zehn verschiedenen so für das Wärmeleitungsvermögen erhaltenen Koeffizienten, die ich einmal gesammelt habe[1]), sind wahrscheinlich noch die Minderzahl aller erhaltenen. Um diese Rechnungsmethode schlagend zu charakterisieren, lasse ich hier eine Stelle aus einer Abhandlung Hofrat v. Langs[2]) folgen. Nachdem dieser bemerkt, daß ein anderer Faktor den neuesten Beobachtungen über Wärmeleitung besser entspreche, als ein

---

[1]) Wien. Ber. 81. S. 122. 1880. (Diese Sammlung Bd. II, Nr. 57. S. 393.)

[2]) Wien. Ber. 65. S. 415. 1872.

von ihm früher durch Rechnung gefundener, sagt er wörtlich: „Es ist aber leicht, die von mir gegebene Ableitung so zu transformieren, daß dieser Faktor herauskommt, und ich glaube, daß durch diese Änderung mein Verfahren nur noch logischer wird.“

Ähnlich wurde die Diffusion und innere Reibung behandelt, doch war da die Anzahl der erhaltenen Koeffizienten nicht so groß.

Man hatte dabei das sogenannte Gesetz der Geschwindigkeitsverteilung, überhaupt den Umstand, daß unter den Molekülen die verschiedensten Geschwindigkeiten vorkommen, nicht berücksichtigt. Was man unter dem Geschwindigkeitsverteilungsgesetze versteht, kann ich wohl als bekannt voraussetzen; übrigens werde ich darauf noch zurückkommen. Es war nun eine meiner Erstlingsarbeiten, die mir nahe lag, da ich ja dies Geschwindigkeitsverteilungsgesetz zum Gegenstande meines speziellen Studiums gemacht hatte, die eben besprochenen Rechnungen Maxwells, Clausius' und ihrer Nachfolger durch Berücksichtigung dieses Gesetzes zu ergänzen. Ich veränderte auch in einem Punkte die Methode. Statt nämlich planlos bald hier, bald dort Glieder von der passenden Größenordnung zu suchen, formte ich dieselben nach einem möglichst einfachen Schema. Ich erhielt so Formeln für den Reibungs-, Diffusions- und Wärmeleitungskoeffizienten, von denen ich mir eine Zeitlang einbildete, sie seien exakt. Dieselben enthielten drei bestimmte Integrale, die ich mühevoll durch mechanische Quadraturen auf sieben Dezimalen genau auswertete.

Aber vor ihrer Publikation entdeckte ich, daß in diesen meinen neuen Formeln auch wieder Glieder von der Ordnung des ausschlaggebenden vernachlässigt waren. Aus Ärger ließ ich alles unpubliziert liegen. Glücklicherweise nahm ich dann die Schlußformel und den Wert eines der bestimmten Integrale in eine im Jahre 1881 publizierte Abhandlung auf.[1]) Es kam nämlich noch später Tait auf dieselbe Idee und publizierte identisch dieselben Formeln und bestimmten Integrale, nur letztere mit vier Dezimalen weniger, ohne mich zu erwähnen.[2])

[1]) Wien. Ber. **84.** S. 45. Juni 1881. (Diese Sammlg. Bd. II, Nr. 58. S. 436.)

[2]) Trans. of Roy. soc. of Edinb., **33.** II. S. 260. 1887; Phil. Mag. (5) **23.** S. 143.

Daß er meine frühere Publikation übersah, darin liegt gewiß gar nichts Besonderes. Das kann bei der gegenwärtigen Ausbreitung der Literatur einem jeden jeden Tag passieren; aber daß er gerade gegen diese meine Abhandlungen polemisierte und schließlich als höchste Errungenschaft eine Formel herausbrachte, die in einer dieser selben Abhandlungen gleich zu Anfang unter Nachweis ihrer Unvollständigkeit angeführt wurde, habe ich dann doch in einer neuen Publikation höflich, aber mit Nachdruck ins rechte Licht gesetzt.[1]) Jetzt kommt aber noch das Beste. Dieselbe Formel, meine alte Jugenderinnerung, wird in dem 1890 posthum erschienenen dritten Bande von Clausius' Wärmetheorie, S. 99 u. 100, wieder unter ausschließlicher Nennung Taits angeführt. Keine meiner jetzt schon ziemlich zahlreichen Abhandlungen über diesen Gegenstand wird dabei erwähnt. Und ich hatte Tait aus seiner Unkenntnis der deutschen Literatur einen Vorwurf gemacht.

§ 3. Die Bedeutung der früher erwähnten Vernachlässigung ausschlaggebender Glieder will ich nur oberflächlich am Beispiele der Diffusion erläutern. Am Boden eines zylindrischen Gefäßes soll reiner Sauerstoff, an der Decke reiner Stickstoff, dazwischen aber alle möglichen Mischungen dieser Gase sein. In jeder Schicht soll anfangs dieselbe Geschwindigkeitsverteilung herrschen, die herrschen würde, wenn das ganze Gefäß mit einem Gase von gleichem Mischungsverhältnisse erfüllt wäre. Dann würde im ersten Moment eine Diffusion eintreten, welche der von mir und nachher von Tait abgeleiteten Formel entspricht. Durch diese Diffusion wird aber der anfangs vorausgesetzte Zustand sofort gestört. Es stoßen nämlich die schnelleren Moleküle öfter an andere und machen daher kürzere Wege als die langsameren. Dadurch wird die Geschwindigkeitsverteilung gestört, und diese Störung bedingt neue Glieder in dem Ausdrucke für die Menge des diffundierenden Gases, die von derselben Größenordnung wie die durch die besprochene Formel gegebenen sind.

Ich versuchte die Berücksichtigung dieser neuen Glieder und gelangte dadurch zu einer Reihenentwicklung, auf Grund deren jedoch wegen ihrer Weitläufigkeit und der fehlenden

---

[1]) Wien. Ber. 96. S. 894. Oktober 1887. (Dieser Band Nr. 86, S. 297.)

Gewißheit der Konvergenz die Reibungs-, Diffusions- und Wärmeleitungskonstante wohl kaum je numerisch berechnet werden wird.

§ 4. Maxwell schlug einen andern Weg ein. Wenn man annehmen würde, daß der Durchmesser eines Moleküls um so kleiner ist, je rascher es sich bewegt, so würden die rascheren Moleküle wegen ihrer größeren Geschwindigkeit öfter, wegen des kleineren Durchmessers aber wieder weniger oft zusammenstoßen, und es wäre ein solches Verhältnis zu suchen, daß sich beide Ursachen gerade kompensieren.

Maxwell fand, daß diese Kompensation eintritt, wenn die Moleküle materielle Punkte sind, die sich mit einer der fünften Potenz der Entfernung verkehrt proportionalen Kraft abstoßen. Dann nähern sich zwei Moleküle bei einem Zusammentreffen um so mehr, je größer ihre relative Geschwindigkeit ist. Der Effekt ist also derselbe, als ob die schnelleren Moleküle kleinere Durchmesser hätten als die langsameren. Unter der Maxwellschen Annahme läßt sich nicht nur die Reibungs-, Diffusions- und Wärmeleitungskonstante berechnen, sondern es ergeben sich die kompletten hydrodynamischen Differentialgleichungen samt den Gesetzen der Diffusion und Wärmeleitung. Das Schöne dabei ist folgendes: man braucht jedes dieser Phänomene nicht etwa besonders in die Gleichungen hineinzulegen, sondern diese wissen alles schon vorher, daß in erster Annäherung die älteren hydrodynamischen Gleichungen ohne Reibung gelten, wann und nach welchen Gesetzen Reibung eintreten muß, daß diese Wärme erzeugen muß, und wie die letztere wieder modifizierend auf die Bewegung wirkt. Nach dieser Theorie aber sind alle unsere bisherigen Formeln bloß angenähert richtig. Im wärmeleitenden Gase z. B. müßte der Druck nicht an allen Stellen und nach allen Richtungen vollkommen gleich sein. Der Druckunterschied ergibt sich aber jetzt so klein, daß das Resultat nicht den bisherigen Beobachtungen widerspricht, sondern zu neuen reizt. Die Resultate der in Rede stehenden Maxwellschen Theorie werden sich sicher nicht numerisch exakt bestätigen, da ja die zur Erleichterung der Rechnung den Molekülen beigelegten Eigenschaften nur ein ganz rohes, provisorisches Bild sind; aber einige Aussicht, daß sie sich im großen und ganzen bestätigen, ist sicher vorhanden.

Ich bemerke noch, daß Maxwell in einigen Zusätzen, die er in seinen letzten Lebensmonaten einer Abhandlung[1]) beigefügt hat, zeigt, daß sich für jede Kugelfunktion der Geschwindigkeitskomponenten eines Moleküls die Veränderung durch die Zusammenstöße besonders leicht berechnen läßt. Entwickelt man die Funktionen, deren Veränderung zu berechnen ist, in eine Reihe von Kugelfunktionen, so lassen sich die Rechnungen bis zu einem früher nicht gehofften Grade von Annäherung treiben. Maxwell teilt bloß in wenigen Zeilen die von ihm erhaltenen Resultate mit. Ich führte die Rechnungen nach seiner Methode durch. Da meine Resultate nicht in allen Punkten mit denen Maxwells stimmen, hätte ich, als ich in England war, gern Maxwells Originalmanuskript gesehen, das einmal vorhanden gewesen sein muß, aber nicht mehr gefunden wurde.

§ 5. Nun noch einige Worte über das Geschwindigkeitsverteilungsgesetz. Man sieht sofort ein, daß selbst, wenn alle Moleküle anfangs dieselbe Geschwindigkeit gehabt hätten, in kurzer Zeit alle möglichen Geschwindigkeiten von Null bis zu einer Geschwindigkeit, die weit größer ist als die mittlere, vertreten sein werden. Die Rechnung lehrt nun, daß bei gegebener lebendiger Kraft des ganzen Gases weitaus die größte Mehrzahl der Zustände desselben die Eigenschaft hat, daß die Häufigkeit der verschiedenen Größen der Geschwindigkeit V dasselbe Gesetz befolgt, wie die Häufigkeit der verschiedenen Größen der Beobachtungsfehler (Maxwells Zustand), daß diese Häufigkeit also proportional

$$e^{-hl} \tag{1}$$

ist, wo $l = v^2$, h eine Konstante ist. Wenn also auch natürlich unendlich viele Zustände des Gases möglich sind, wo die Verteilung der Geschwindigkeit eine andere ist, so sind diese doch unendlich wenige gegenüber den dem Maxwellschen Zustande sehr nahen, und wenn sich das Gas auch anfangs in einem solchen seltenen Zustande befunden hätte und auch nach Äonen wieder einen solchen annimmt, so wird sein Zustand doch jedesmal sehr bald einem Maxwellschen sehr nahe kommen und in jeder beobachtbaren Zeit sehr nahe bleiben.

---

[1]) Cambr. Phil. Trans. 1879. I. S. 231.

Für ein Gemisch zweier einfacher Gase fand Maxwell, daß in Formel (1) bloß an Stelle von l für jedes Gas die lebendige Kraft eines Moleküls tritt und h für zwei gemischte Gase denselben Wert haben muß. Daraus folgt die Gleichheit der mittleren lebendigen Kraft eines Moleküls für beide Gase, und damit das Avogadrosche Gesetz. Ebenso fand Maxwell, daß, wenn die Moleküle starre Körper sind, die Wahrscheinlichkeit, daß die Lage der augenblicklichen Drehungsachse und die Winkelgeschwindigkeit der Rotation zwischen gewissen unendlich nahen Grenzen liegen, wieder durch Formel (1) gegeben ist, wo aber jetzt l die ganze lebendige Kraft bedeutet. Daraus folgte für das Verhältnis der Wärmekapazitäten ein nicht mit der Erfahrung stimmender Wert, woraus Maxwell schloß, daß die Moleküle nicht als starre Körper betrachtet werden dürfen. Ich erweiterte den Satz und zeigte, daß bei Molekülen, die beliebig aus materiellen Punkten (Atomen), zwischen denen Zentralkräfte tätig sind, bestehen, und auf welche beliebige äußere Kräfte wirken, noch immer eine der Formel (1) analoge besteht worin aber jetzt l die Summe der gesamten lebendigen Kraft und Kraftfunktion ist. Es ist wieder die mittlere lebendige Kraft jedes Atoms gleich, das Verhältnis der Wärmekapazitäten stimmte aber wieder nicht mit der Erfahrung. Maxwell erweiterte den Satz noch mehr, indem er ihn auf Moleküle übertrug, deren Zustand durch beliebige generalisierte Koordinaten bestimmt ist. Routh wies einen Fehler in den betreffenden Rechnungen Maxwells nach, ich zeigte jedoch, daß Maxwells Resultat richtig ist, und stützte es durch einen verbesserten einwurfsfreien Beweis.

Nun ergab sich, daß genau das durch die Erfahrung für Luft und die meisten einfachen Gase gefundene Verhältnis der Wärmekapazitäten herauskommt, wenn man annimmt, daß die Moleküle starre Rotationskörper sind. Maxwell hatte in der früher erwähnten Abhandlung bloß an Nichtrotationskörper gedacht. Hätte er auch Rotationskörper betrachtet, so hätte die ganze Entwicklung der Gastheorie eine andere Wendung genommen. Maxwell hätte schon damals für Gase, deren Moleküle Rotationskörper sind, genau das für die meisten einfachen Gase experimentell gegebene, für Gase, deren Moleküle keine Rotationskörper sind, das für Chlor, Brom und mehrere andere Gase experimentell gefundene Verhältnis der Wärmekapazitäten erhalten, und an Stelle des Schlusses, daß es zu Widersprüchen mit der Erfahrung führt, die Moleküle in dieser Beziehung als starre Körper zu betrachten, hätte er schon damals sagen müssen, daß diese Annahme Werte für das Verhältnis der Wärmekapazitäten liefert, die für die einfacheren Gase ausgezeichnet mit der Erfahrung stimmen, wodurch viel Kopfzerbrechen über diesen vermeintlichen Widerspruch zwischen der Gastheorie und Erfahrung den Physikern erspart geblieben wäre.

Den Molekülen der zusammengesetzten Gase freilich muß man eine kompliziertere Struktur zuschreiben, und zur Erklärung der Spektra usw. muß man annehmen, daß auch die Moleküle der einfachen Gase mannigfacher Zustandsänderungen fähig sind, die aber entweder gar nichts mit der Molekularbewegung zu tun haben (elektrische Schwingungen), oder sich so langsam mit den übrigen Molekularbewegungen ins Wärmegleichgewicht setzen, daß sie bei Bestimmung der Wärmekapazitäten nach den bisher üblichen Methoden nicht mitreden.

§ 6. Die Formel (1) gilt auch für äußere Kräfte, daher ist z. B. in einem schweren Gase die auf die Volumeneinheit entfallende Molekülzahl (die Dichte) proportional e^{-hgz}, wo g die Beschleunigung der Schwere, z die Erhebung über den Erdboden ist (Formel für das barometrische Höhenmessen). Die Formel (1) gilt ferner auch für die chemischen Kräfte, welche die Atome in chemischer Verbindung zusammenhalten.[1]) Nur muß man da annehmen, daß die Atome keineswegs einzelne materielle Punkte und die chemischen Kräfte zwischen denselben wirkende Zentralkräfte sind. Man muß vielmehr den Atomen eine bestimmte Gestalt zuschreiben und annehmen, daß die chemischen Kräfte nur in einem sehr kleinen Spielraume der möglichen relativen Lagen, dann aber sehr energisch tätig sind. Unter dieser Annahme ergeben sich aus Formel (1) alle Gesetze der Dissoziation. In bestimmten Fällen sind z. B. unterhalb einer gewissen Temperatur bis auf verschwindend wenige Ausnahmen je zwei Atome zu einem Molekül vereint. Dann kommt ein Temperaturintervall, wo die Zersetzung genau

---

[1]) Wien. Ber. 105. S. 701. Juli 1896. (Dieser Band Nr. 115. S. 552.)

nach den durch die Erfahrung für sich dissoziierende Gase gefundenen Gesetzen vor sich geht, während bei noch höheren Temperaturen (wieder bis auf verschwindend wenige Ausnahmen) alle Atome einzeln herumfliegen.

§ 7. Die Erfahrung lehrt nun, daß ein System von in Wechselwirkung tretenden Körpern sich „anfangs" immer in einem sehr unwahrscheinlichen Zustande befindet und bald den wahrscheinlichsten (den des Wärmegleichgewichts) annimmt, der nun für alle beobachtbaren Zeiten andauert und nur durch Einwirkung einer fremden Entropiequelle (z. B. der Sonne oder von Körpern, auf welche die Sonne gewirkt hat) wieder in einen unwahrscheinlichen Zustand versetzt werden kann. Das letztere ist nach unserer Theorie begreiflich, aber da wir die Sonne doch als Teil des Weltganzen auffassen müssen, so entsteht die Frage, warum ist das Weltganze in einem so unwahrscheinlichen Zustande und nicht auch in einem wahrscheinlichen, oder gar in einem so exzeptionellen Zustande, daß es von wahrscheinlichen zu unwahrscheinlicheren Zuständen übergeht. Mir schiene es nicht unwissenschaftlich, die Tatsache, daß die Welt anfangs in einem noch unwahrscheinlicheren Zustande war als gegenwärtig und heute noch immer zu wahrscheinlicheren übergeht, einfach der Theorie als Annahme vorauszustellen, wie die Kant-Laplacesche Theorie für die ursprüngliche Drehung des Weltnebels keine Ursache angibt, oder eine Betrachtung der Welt als Ganzes und eines von der Welt unendlich lange getrennten Systems überhaupt abzulehnen. Doch wer dem Reize, sich in Phantasien über das Weltall zu ergehen, nachgeben will, der könnte sich die ganze Welt in Ewigkeit im Wärmegleichgewichte denken. Wenn sie nur groß gedacht wird, so werden immer verhältnismäßig winzige Partien derselben (Einzelwelten), die aber noch immer so groß wie unsere Fixsternwelt sein können, in gegen die Dauer der Welt verschwindenden Zeiträumen, die aber für uns Äonen sein können, sich vom wahrscheinlichsten Zustand weit entfernen (Prozeß a), ein Maximum der Zustandsunwahrscheinlichkeit erreichen und dann sich wieder dem wahrscheinlichsten Zustande nähern (Prozeß b). Ein Wesen, das diese Einzelwelt während des Prozesses a bewohnt, wird ebenso wie ein Wesen, das sie während des Prozesses b bewohnt, einen dem zweiten Hauptsatze analogen Satz vorfinden. Beide Wesen werden ihre Zeit von den Momenten größerer Zustandsunwahrscheinlichkeit gegen die größerer Zustandswahrscheinlichkeit, also gerade im entgegengesetzten Sinne zählen, was aber niemals entdeckt werden kann, da beide Wesen durch Äonen und von denen anderer Einzelwelten durch Milliarden von Fixsternweiten getrennt sind. Für die Gesamtwelt aber sind beide Zeitrichtungen vollkommen gleichberechtigt. Findet man überhaupt an solchen Phantasien Gefallen, so scheint mir dies der einzige Weg, den zweiten Hauptsatz ohne die abgeschmackte Annahme eines Wärmetodes der Gesamtwelt zu erklären. Dieser wird durch die Auflösung jener Einzelwelten in die im Wärmegleichgewichte befindliche Umgebung ersetzt.

§ 8. Die Gastheorie, sowie überhaupt die Theorie, daß die Wärme auf einer steten Bewegung kleinster Einzelwesen beruht, ist, wie jede Theorie, sicher nur ein Bild der Erscheinungen. Unsere Vorstellungen von den Molekülen sind noch ganz rohe und werden wohl immer unvollkommene bleiben. Doch stimmt diese Theorie in so vielen, so disparaten Einzelheiten mit der Erfahrung, gestattet schon so vieles vorherzusagen (die Schilderung Rich. Meyers in der ersten allgemeinen Sitzung in Braunschweig, wie Kekulé den Benzolring im Geiste schaute, erinnerte mich neuerdings daran) und ergibt noch so viele Fingerzeige zu neuen Experimenten und Spekulationen, daß ich wohl glaube, daß ihre Grundlinien nie aus der Naturwissenschaft verschwinden werden. Auf Einwände, welche gegen diese Theorie von Poincaré in sehr feiner und scharfsinniger, von Bertrand in minder höflicher und auch minder scharfsinniger Weise gemacht wurden und auch in Deutschland Widerhall fanden, will ich hier nicht eingehen. Diese Sache bildet noch immer den Gegenstand von Kontroversen, doch glaube ich auch von den Molekülen beruhigt sagen zu können:

Und dennoch bewegen sie sich!

124.

Kleinigkeiten aus dem Gebiete der Mechanik.

(Verh. d. 69. Vers. D. Naturf. u. Ärzte S. 26—29. Braunschweig 1897; Jahresb.. d. D. Mathem Vereinigung 6. I. S. 138—142. 1899.)

§ 1. Das Gleichgewicht eines konservativen ruhenden Systems ist durch die Bedingung bestimmt, daß die Kraftfunktion V, deren positive partielle Ableitungen nach den Koordinaten die auf das System wirkenden Kräfte liefern, ein Grenzwert ist. Helmholtz nennt deshalb die Kraftfunktion das statische Potential. Ebenso sind die Bewegungsgleichungen eines bewegten Systems dadurch bestimmt, daß die sogenannte Wirkung

$$w = \int_0^t (V + T)\,dt$$

ein Grenzwert sein soll. Dabei ist T die lebendige Kraft des Systems. Die Zeit t, über welche integriert wird, und die Anfangs- und Endwerte der Koordinaten sind als invariabel zu betrachten. Deshalb nennt Helmholtz die Größe w/t, die offenbar auch ein Grenzwert wird, das mittlere kinetische Potential.

Dieselbe Funktion V, also das statische Potential, liefert auch für den Fall des Gleichgewichtes das Kriterium der Stabilität. Dieses besteht nämlich darin, daß der Wert der Kraftfunktion oder des statischen Potentials, verglichen mit den allen möglichen Nachbarlagen zukommenden Werten, ein wahres Maximum wird. Die Arbeiten mehrerer Forscher (Appell, mec. rat. II, art. 458; Thomson und Tait I, art. 350, 355, 358—361; Routh, rig. dyn., art. 102; Routh, stability of motion, Lond. 1877, Ad. prize-Schrift; Poincaré, C. R. **124**, S. 713, 1897; Painlévé, C. R. **124**, S. 1222, 1340) behandeln analoge Eigenschaften des kinetischen Potentials. So besteht bei der Zentralbewegung im Kreise ebenfalls zwischen der Stabilität und der Maximumeigenschaft des kinetischen Potentials oder der Größe w eine Beziehung, allerdings von etwas anderer Art. Es ist nämlich für den Fall der Labilität der Bewegung w ein wahres Maximum.

Dieser Satz ist allerdings von dem für das statische Potential geltenden disparat genug, zeigt aber trotzdem eine gewisse Beziehung dazu. Ich fand noch nicht Zeit, zu prüfen, ob er sich auf die von Korteweg ebenfalls untersuchte Bedingung der Labilität der Zentralbewegung in einer ellipsenartigen Bahn ausdehnen läßt.

Für die Bewegung eines materiellen Punktes auf einer krummen Fläche ohne Einwirkung sonstiger Kräfte gilt teilweise, aber nicht allgemein, ein ähnlicher Satz. Da dann $V = 0$ ist, so reduziert sich w auf $\int T dt$. Ist daher m die Masse und v die Geschwindigkeit des Beweglichen, so wird

$$w = \frac{1}{2} m \int v\, ds.$$

Nimmt man v nicht konstant, so wird w jedenfalls vergrößert gegenüber den Werten, die es bei gleicher Bahn und konstantem v hat. Beschränkt man daher die Variation durch die Bedingung, daß v konstant sein soll, so kann man keine Variationsart ausschließen, durch welche w kleiner wird als bei den betrachteten. Dann wird aber

$$w = \frac{1}{2} m v \int ds = \frac{m s^2}{2t}.$$

Da t als konstant zu betrachten ist, so ist w ein Minimum, wenn s ein solches ist.

Wir wollen uns auf den Fall beschränken, daß die unvariierte Bewegung in einer geschlossenen Bahn geschieht, und lassen bei ihr und daher auch bei der variierten Bewegung immer den Anfangspunkt der Integration mit dem Endpunkte zusammenfallen. Die Bewegung auf dem größten Kreise einer Kugel, sowie die auf derjenigen Ellipse des dreiachsigen Ellipsoides, deren Ebene die größte und mittlere oder die mittlere und kleinste Achse enthält, wollen wir stabil nennen, weil bei jeder unendlich kleinen Störung die Bahn immer unendlich nahe der ungestörten bleibt. Diese Begriffsbestimmung ist vollkommen analog der Kortewegschen Definition der Stabilität der Zentralbewegung im Kreise. Doch machte mich Hr. Sommerfeld darauf aufmerksam, daß nicht auch der Ort des Beweglichen unendlich nahe dem Orte ist, an dem sich dasselbe bei der ungestörten Bewegung nach Verlauf derselben Zeit befand. Dies gilt sowohl hier, als auch bei der stabilen Zentralbewegung im Kreise. Für alle diese Bewegungen ist $s\, v$, daher auch w ein Maximum-Minimum. Die Bewegung auf der Kehlellipse des einschaligen Hyperboloids oder in einer auf der Achse senkrechten Ebene auf einem Zylinder mit elliptischer oder kreisförmiger Basis nennen wir eine primär labile, da bei jeder kleinsten Störung die Bahn sich ununterbrochen von der ungestörten entfernt. Für diese Bahnen ist auch analog dem für die Zentralbewegung im Kreise gefundenen Satz s, und daher auch w, ein absolutes Minimum.

Für die Bewegung auf dem dreiachsigen Ellipsoide in der Ellipse, welche die größte und kleinste Achse enthält, oder auf dem Rotationsellipsoid in einer Meridianellipse geht bei unendlich kleiner Störung der Bewegung die Bahn im allgemeinen in eine solche über, welche die ursprüngliche zwar schneidet, aber sich doch allmählich um endliches davon entfernt. Wir wollen eine Bewegung, welche diese Eigenschaft zeigt, sekundär-labil nennen. In dem eben betrachteten Falle ist w ein Maximum-Minimum. Ich fand auch noch nicht Zeit, zu untersuchen, wie sich w bei Drehung eines Körpers um die Achse seines größten oder mittleren oder kleinsten Trägheitsmomentes verhält.

§ 2. In seinen Rechnungen über zusammengesetzte monozyklische, resp. gefesselte polyzyklische Systeme beobachtet Helmholtz Fälle von folgendem Typus. An zwei parallelen Achsen sei je ein koaxialer Rotationskörper befestigt. Diese beiden Rotationskörper mögen sich so nach entgegengesetzten Seiten verjüngen, daß in einer kontinuierlichen Reihe von Ebenen, die alle senkrecht zu beiden Achsen stehen, derselbe beide Achsen verbindende Transmissionsriemen oder ein ebensolches Friktionsrad laufen kann, was ohne Gleitung geschehen soll. Riemen oder Friktionsrad kann masselos oder mit Masse begabt sein. Durch Verschiebung der Riemenebene parallel zu sich selbst um ein Stück p aus ihrer Anfangslage kann die

Übersetzungszahl (das Verhältnis der Winkelgeschwindigkeiten der beiden Achsen) kontinuierlich verändert werden.

An jeder der Achsen soll ein koaxialer, mit Masse gleichmäßig erfüllter Rotationskörper (oder eine an einer Stange langsam verschiebbare Masse) befestigt sein. w und ω seien deren Drehungswinkel um die Achsen gegen bestimmte Anfangslagen. Der Wert von p und dw/dt bestimmt allerdings im ersten Falle den äußerlich sichtbaren Zustand des Systems vollständig, da die Körper als vollkommene Rotationskörper gedacht sind, deren absolute Winkelstellung dem Auge nicht erkennbar sein soll, wogegen ihre Winkelgeschwindigkeit an den Zentrifugalkräften usw. bemerkbar sein soll. Es fragt sich nun, ob daraus folgt, daß man richtige Gleichungen erhält, wenn man die lebendige Kraft T durch p und dw/dt ausdrückt, also daraus $d\omega/dt$ eliminiert und dann die Differentialgleichungen für die Änderung von p und w nach der Lagrangeschen bekannten Schablone so ableitet, als ob die Größen p und w gewöhnliche generalisierte Koordinaten wären.

Bei Ableitung der Lagrangeschen Gleichungen wird nämlich vorausgesetzt, daß durch die Werte der generalisierten Koordinaten allein die Position jedes materiellen Punktes des Systems bestimmt ist, unabhängig von der Art und Weise, wie sie von ihren Anfangswerten zu diesen Werten übergegangen sind, abgesehen vielleicht von einzelnen Verzweigungspunkten. Mit anderen Worten: die rechtwinkligen Koordinaten x, y, z jedes materiellen Punktes des Systems können vielleicht mehrdeutige Funktionen der generalisierten Koordinaten sein, aber es dürfen nicht zu jeder Wertkombination der generalisierten Koordinaten alle überhaupt möglichen Werte der Koordinaten x, y, z eines materiellen Punktes gehören.

Mit noch anderen Worten: wenn $p_1, p_2, \ldots$ die generalisierten Koordinaten sind, so müssen die Differentialgleichungen

$$dx = \xi_1\, dp_1 + \xi_2\, dp_2 + \ldots,$$
$$dy = \eta_1\, dp_1 + \eta_2\, dp_2 + \ldots \text{ usw.}$$

integrabel sein. Dies gilt von den Größen w und p nicht. Je nachdem man zuerst den Transmissionsriemen verschiebt und dann den ersten Körper dreht oder umgekehrt, kann man bewirken, daß zu einem bestimmten Wertpaare von p und w die verschiedensten sich kontinuierlich folgenden Lagen des zweiten Körpers gehören, was man in neuerer Zeit häufig als das Fehlen der Holonomie bezeichnet. Wenn man p als generalisierte Koordinate auffaßt, so kommt nur, wenn der Transmissionsriemen Masse hat, nicht aber, wenn er masselos gedacht wird, der Differentialquotient von p nach der Zeit in T vor. Das Fehlen des Differentialquotienten einer der Koordinaten nach der Zeit in T aber scheint immer auf Ungereimtheiten zu führen.

Natürlich würde man sofort richtige Gleichungen erhalten, wenn man die lebendige Kraft T als Funktion von dw/dt und $d\omega/dt$ ausdrücken und diejenige Form der Lagrangeschen Gleichungen anwenden würde, welche gilt, falls noch eine Bedingung zwischen den Koordinaten besteht. Als solche wäre die durch den Riemen bedingte Beziehung zwischen beiden Winkelgeschwindigkeiten einzuführen. Dann würde bloß, falls der Riemen Masse hat, der Differentialquotient von p nach der Zeit in T vorkommen. Die Veränderlichkeit der Bedingung mit der Zeit aber würde sonst gar nicht in die Gleichungen eingehen, so daß die kontinuierliche Veränderlichkeit des Übersetzungsverhältnisses gar keine Rolle mehr spielt. Dann kann aber dieses immer als rational und die ganze Bewegung als eine periodische aufgefaßt werden. Die Helmholtzschen Sätze werden dann spezielle Fälle der von mir und Clausius in unseren Abhandlungen über die Beziehung des Prinzips der kleinsten Wirkung zum zweiten Hauptsatz abgeleiteten.

§ 3. Das d'Alembertsche Prinzip wird manchmal folgendermaßen ausgesprochen: Wenn man auf jeden materiellen Punkt eines Systems in einem beliebigen Zeitmomente seiner Bewegung eine Kraft wirken läßt, deren Intensität gleich der mit der Masse des Punktes multiplizierten Beschleunigung desselben, und deren Richtung der letzteren Beschleunigung gerade entgegengesetzt ist, so kommt das System sofort ins Gleichgewicht. Das Gleichgewicht kann hier nicht dahin definiert werden, daß kein materieller Punkt eine Beschleunigung erfährt. Diese werden, sobald überhaupt Bewegung vorhanden ist, infolge der Bedingungsgleichungen die mannigfachsten Beschleunigungen erfahren können. Man könnte sagen, das System kommt bei Hinzufügung der besagten Kräfte ins Gleichgewicht, wenn es gleichzeitig in der Position, die es augenblicklich hat, in Ruhe versetzt wird. Allein diese Definition wird sinnlos, wenn Ruhe des Systems mit den Bedingungsgleichungen gar nicht vereinbar ist. Man kann da folgende Definition aufstellen: gewisse Kräfte halten sich an einem bewegten System das Gleichgewicht, wenn unter ihrem Einfluß die Bewegung gerade so vor sich geht (dieselben Beschleunigungen eintreten), wie dies bei gleicher Anfangsposition und gleichen, gleichgerichteten Anfangsgeschwindigkeiten ohne alle äußeren Kräfte der Fall wäre. Wenn die Bedingungen durch lauter Gleichungen ausgedrückt sind und Ruhe überhaupt damit vereinbar ist, so halten sich die Kräfte am ruhenden System immer auch Gleichgewicht. Sind hingegen die Bedingungen durch Ungleichungen ausgedrückt, so ist dies nicht immer der Fall. Auf einen bewegten, an einem unausdehnbaren Faden befestigten Körper kann eine Kraft, die kleiner als die Zentrifugalkraft ist, in der Richtung des Fadens wirken, ohne die Bewegung zu verändern. Diese Kraft würde aber an dem unter sonst gleichen Bedingungen ruhenden Körper nicht das Gleichgewicht unterhalten.

125.

Über irreversible Strahlungsvorgänge I.

(Berl. Ber. 1897. S. 660—662.)

Hr. Planck hat in drei Mitteilungen an die Akademie[1]) eine Reihe von Formeln entwickelt, welche sich gewiß zur Berechnung von Experimenten mit elektrischen Resonatoren und auch vielleicht für die Theorie der Dispersion des Lichtes als nützlich erweisen werden. Den Konsequenzen aber, welche er daraus für die Erklärung oder schematische Darstellung irreversibler Vorgänge zieht, kann ich nicht beipflichten.

Auch wenn sich beliebige elektrische Resonatoren im Felde befinden, bleibt, sobald nur nirgends Joulesche Wärmeentwicklung stattfindet, der Satz unverändert gültig, daß die Maxwellschen Gleichungen und Grenzbedingungen nirgends verletzt werden, wenn man in einem Momente im Felde und in allen Resonatoren sämtliche elektrischen Kräfte und Polarisationen ungeändert läßt, dagegen die Zeitrichtung und sämtliche magnetische Kräfte und Polarisationen einfach umkehrt. Ja Körper von unendlicher Leitungsfähigkeit sind bekanntlich nichts als Räume, in welche die elektromagnetischen Schwingungen nicht eindringen können, sondern an denen sie vollkommen reflektiert werden. In dem einfachsten Falle, daß die Resonatoren nur aus Körpern von unendlicher Leitungsfähigkeit bestehen, stellen sie daher nur passend gestaltete Hohlräume dar, an denen die Wellen vollständig reflektiert werden und welche sich nicht wesentlich von entsprechend gestalteten Ausstülpungen der spiegelnden Umgrenzung unterscheiden. Wenn also in einem überall von vollkommenen Spiegeln umschlossenen Raume, der beliebige elektrische Resonatoren enthält, plötzlich im Felde und in den Resonatoren,

---

[1]) Berl. Ber. 21. März 1895, 20. Februar 1896, 4. Februar 1897.

insofern diese auch Dielektrika enthalten, ohne Änderung der elektrischen Kräfte und Polarisationen plötzlich alle magnetischen Kräfte und Polarisationen genau umgekehrt würden, so würde der ganze Strahlungsvorgang genau rückgängig werden.

Wenn etwa früher eine elektromagnetische Planwelle über einen Resonator hinweggestrichen wäre, ihn dadurch zum Mitschwingen veranlaßt hätte und durch die von ihm ausgesandten Wellen modifiziert weiter gewandert wäre, so würde jetzt die modifizierte Welle wieder zurückkehren; aber auch die vom Resonator ausgesandte Welle würde wieder radial gegen ihn zurückströmen. Derselbe würde dadurch zu dem gleichen Schwingungsvorgange wie früher, nur ebenfalls in verkehrter Reihenfolge angeregt, und die Planwelle würde schließlich den Resonator in derselben Form, in der sie ihn zu Anfang traf, wieder verlassen. Natürlich ist dabei vorausgesetzt, daß weder Joulesche Wärmeentwicklung noch ein in den Maxwellschen Gleichungen nicht enthaltener Vorgang wie magnetische oder dielektrische Hysteresis stattfindet. Alle Einseitigkeiten, welche Hr. Planck in der Wirkung der Resonatoren findet, rühren also daher, daß er einseitige Anfangsbedingungen wählt.

Ein molekulares Analogon hätte man, wenn man statt des Resonators eine im Raume fixe Kugel, statt der elektrischen Wellen aber eine Schar kleiner Kügelchen annähme, welche wenigstens in der unmittelbaren Nähe der fixen Kugel in parallelen gleichgerichteten Bahnen auf diese zuflögen. Durch die Reflexionen an der fixen Kugel würde deren Bewegung sofort mehr ungeordnet. Würde man aber in einem Momente alle Geschwindigkeiten genau umkehren, so würde der ganze Vorgang wieder rückgängig. Es ist in dieser Beziehung nicht der mindeste Unterschied zwischen den rein mechanischen und den elektrischen Vorgängen, solange jede Wärmeentwicklung ausgeschlossen ist.

Die Dissipation der Energie als Erfahrungstatsache hinzunehmen und sich mit denjenigen Formeln zu begnügen, welche die allgemeine mechanische Wärmetheorie als den besten Ausdruck dieser Erfahrungstatsachen aufgestellt hat, ist ein Standpunkt, gegen den sich nichts einwenden läßt. Daß mechanische oder überhaupt von konservativen Vorgängen hergenommene Bilder sich in Zukunft noch nützlich erweisen werden, kann aus dem großen Nutzen, den sie bisher gewährten, nicht mit mathematischer Sicherheit bewiesen werden. Wollte man aber mittels elektromagnetischer Wellen Bilder der dissipativen Erscheinungen konstruieren, so könnte dies nur wieder mittels der übrigens nicht neuen, sondern uralten Hypothese geschehen, daß die Anfangszustände in besonderer Weise geordnet sind. Da man dabei von Differentialgleichungen, nämlich den elektromagnetischen Grundgleichungen ausgeht, so würde man eine vollkommene Analogie mit den Grenzwerten erhalten, denen die molekularen Bilder zueilen, wenn die Anzahl der Moleküle unendlich, ihre Größe unendlich klein angenommen wird. Die molekularen Bilder der dissipativen Erscheinungen, in denen die Zahl der Moleküle bloß sehr groß, aber endlich angenommen wird, wie dies z. B. meist in der Gastheorie geschieht, zeigen noch Besonderheiten. Daß diese nirgends mit beobachteten Erscheinungen im Widerspruch sind, glaube ich in meinen Entgegnungen gegen die Herren Loschmidt, Culverwell, Poincaré, Zermelo usw.[1]) gezeigt zu haben. Auch glaube ich, daß gewisse von den landläufigen Ansichten abweichende Schlußfolgerungen, die sich in bezug auf unglaublich lange Zeiten oder unermesslich ausgedehnte Körper oder wieder auf Körper, die nur aus wenigen Molekülen bestehen, aus dem molekularen Bilde ergeben, nicht gegen, sondern sogar für die Brauchbarkeit desselben sprechen, da sie es als Fingerzeig zu neuen Überlegungen und Experimenten erscheinen lassen.

Auf die Rechnungen Hrn. Plancks einzugehen, habe ich hier keine Veranlassung. Denn von der Aufstellung eines mathematischen Ausdrucks, der eine der Entropie analoge Rolle spielt, ja von einem Beweise, daß die Strahlung unbedingt einseitig verläuft, ist daselbst gar keine Rede. Es wird nur für eine spezielle, von vornherein einseitig gewählte Anregungsart gezeigt, daß sie im unendlichen Raume überhaupt, im geschlossenen wenigstens durch längere Zeit einseitig verlaufende Erscheinungen zur Folge hat.

---

[1]) Nature **51**. 28. Februar 1895; Wied. Ann. **57**. S. 773. 1896; **60**. S. 392. 1897. (Dieser Band Nr. 112, 119 u. 120.)

126.

Über irreversible Strahlungsvorgänge II.

(Berl. Ber. 1897. S. 1016—1018.)

Um Zweifel, ob ich die Mitteilungen Hrn. Plancks[1]) gut verstanden habe, zu beseitigen, sei es mir gestattet, nochmals kurz den gegenwärtigen Stand der Frage zu präzisieren. Es ist sicher möglich und wäre jedenfalls dankenswert, einen dem Entropiesatze analogen auch für die Strahlungserscheinungen aus den allgemeinen Gesetzen derselben nach den gleichen Prinzipien wie in der Gastheorie abzuleiten. Es würde mich daher freuen, wenn sich einmal zu diesem Zwecke die Ausführungen Hrn. Plancks über die Gesetze der Zerstreuung elektrischer Planwellen an sehr kleinen Resonatoren als nützlich erweisen würden, welche übrigens ganz einfache Rechnungen sind, deren Richtigkeit ich niemals in Zweifel gezogen habe.

Nur wenn Hr. Planck in der zweiten Mitteilung wieder sagt, daß in der ganzen Natur sonst kein Vorgang bekannt ist, in welchem irreversible Veränderungen durch lediglich konservative Kräfte erzeugt werden, so kann ich dem nicht beipflichten. Läßt man Theorien zu, welche wie die Plancksche gewisse Bedingungen voranstellen, so kommen irreversible Vorgänge auch bei andern mechanischen Prozessen vor. Wenn ich eine „Theorie“ unendlich vieler materieller Punkte aufstelle, welche von vornherein die Bedingung voranstellt, daß deren Geschwindigkeiten in der unmittelbaren Nähe eines oder beliebig vieler fixer Kraftcentra oder kleiner elastischer Kugeln sehr nahe gleich und gleich gerichtet sind[2]), so kann ich

[1]) Berl. Ber. 4. Februar und 8. Juli 1897.

[2]) Hierfür könnte man auch eine anfangs gleichmäßig in einer Richtung strömende reibungslose Wasser- oder Luftmasse setzen, in der sich kleine feste Hindernisse befinden oder ähnliches. Die aus den allgemeinen Gleichungen für solche Fälle folgenden Spezialgleichungen würden dann immer wie die Hrn. Plancks Differentialquotienten nach der Zeit von ungerader Ordnung enthalten.

hiermit die Fälle, wo sie genau auf diese Centra zufliegen (von ihnen eingesaugt werden), mit ebensoviel Recht ausscheiden und dadurch die Einseitigkeit der Erscheinungen verbürgen, wie Hr. Planck die gegen den Resonator konvergierenden Wellen ausscheidet.

Dagegen ist in einem endlichen (beim mechanischen Probleme durch eine vollkommen elastische, bei den elektromagnetischen Schwingungen durch eine absolut spiegelnde geschlossene Hülle) abgegrenzten Raume jedesmal der direkt entgegengesetzte Vorgang ebenfalls möglich. Ob derselbe Resonatoren enthält oder nicht, ist im letzteren Falle absolut gleichgültig.[1]) Darüber hilft keine Art des Grenzüberganges an den Einsaugungsstellen der Wellen hinweg. Daß die Lösung der Aufgabe immer diese Eigenschaft haben muß, kann niemals unbestimmt sein.

Auch durch die physikalisch ohnehin unzulässige Annahme, daß die Resonatoren im mathematischen Sinne unendlich klein seien, würde hieran nichts geändert. Man müßte ja dann, um überhaupt Zerstreuung einer endlichen Energiemenge zu erhalten, annehmen, daß in einem, wenn auch gegen die Resonatordimensionen sehr großen, doch noch immer unendlich kleinen Raume unendlich starke elektrische Schwingungen stattfinden, die noch immer die Maxwellschen Gleichungen erfüllen. Abgesehen von dieser Schwierigkeit entspricht auch in diesem Falle noch immer jeder von einem Resonator ausgehenden Welle eine ebenso mögliche in umgekehrter Weise auf ihn zugehende und für die allgemeine Theorie dieser Vorgänge, welche nicht einzelne Fälle ausschließt, sondern alle gleichmäßig umfaßt, ist wieder jeder Vorgang reversibel.

Der Beweis, daß bei molekularen Vorgängen nach einer endlichen Zeit derselbe Zustand eintreten muß, beruht nur auf der Annahme einer endlichen Zahl von Molekülen. Es wäre absurd, zu erwarten, daß ein Inbegriff einer endlichen Zahl von Molekülen ein vollständiges Analogon der gewöhnlichen Fassung des zweiten Hauptsatzes bieten könne. Dies kann nur von der Limite gelten, der sich die Erscheinungen bei

[1]) Wenn diese unendlich gute Leiter sind, ist in ihnen gar nichts zu ändern, enthalten sie aber Dielektrika, so sind natürlich deren magnetische Polarisationen in die Umkehrung einzubegreifen.

wachsender Zahl der Moleküle nähern. Würde man statt der elektromagnetischen Differentialgleichungen endliche Differenzengleichungen zwischen einer endlichen Zahl von Elementen[1]) annehmen, so würde auch dort ein analoger Satz gelten.

Wenn daher Hr. Planck sagt, daß sich ihm auf seinem Wege bis jetzt die Aussicht auf die Begründung einer rationellen Theorie der irreversiblen Prozesse noch eher zu bieten scheint, als durch die bisherige Auffassung, so wird man darüber ebensowenig mit ihm streiten, als wenn er in der ersten Mitteilung darin, nicht aber in den von der Gastheorie angenommenen Prozessen, einen lediglich aus konservativen Wirkungen bestehenden und dennoch einseitig verlaufenden Vorgang erblicken zu müssen glaubt. Nur darf man diese Sätze nicht so auffassen, als ob Hr. Planck einen Grund für seine Ansicht angeführt hätte.

Ich will noch dreierlei zu bedenken geben, 1. den schon in meiner ersten Mitteilung[2]) gemachten Einwand, daß man die Oberflächen unendlich gut leitender Resonatoren einfach als Teile der Wand betrachten kann, daß daher durch die Anwesenheit solcher Resonatoren die Richtigkeit des Satzes Hrn. Plancks „Man übersieht leicht ... stationären Endzustandes ausgeschlossen“ (Berl. Ber. 4. Februar 1897 Ende der S. 58) unmöglich alteriert werden kann und dieser eine Satz geradezu den Beweis enthält, daß auch durch Resonatoren eine Irreversibilität in seinem Sinne nicht erzeugt werden kann. Daher wäre auch jeder Versuch, beweisen zu wollen, daß sich die von ihm vorangestellte Bedingung in einem endlichen von absoluten Spiegeln begrenzten Raume, wenn sie anfangs besteht, ins Unendliche erhalten müsse, aussichtslos.

2. Die rein mechanischen Modelle, für welche genau die Gleichungen der elektromagnetischen Lichttheorie gelten, sind

---

[1]) In Vorahnung, daß ich die Stelle, wo ich dies als nicht nur möglich, sondern durch den ersten Schritt vor dem Grenzübergange sogar gefordert bezeichnete, noch werde zitieren müssen, suchte ich sie in den Wien. Ber. **105.** S. 911 dadurch auffällig zu machen, daß ich sie mit den sonderbar stilisierten Worten einleitete „wenn Hertz ehrlich ist“, die ich in Wied. Ann. **60.** S. 235 (Populäre Schriften Nr. 10, S. 145) um Mißdeutungen zu verhüten, mit den Worten vertauschte „wenn wir ehrlich sind“.

[2]) Berl. Ber. 17. Juni 1897. S. 660. (Dieser Band Nr. 125.)

zwar kompliziert und die Hypothese ihrer wirklichen Existenz im Äther ist unannehmbar. Aber sie sind doch mathematisch möglich. Wenn daher elektrische oder gar akustische Resonatoren Veranlassung zu irreversiblen Vorgängen geben können, so muß mindestens Hrn. Poincarés Ansicht falsch sein, daß irreversible Vorgänge aus den Differentialgleichungen der reinen Mechanik prinzipiell nicht ableitbar seien.

3. Ebenso wie in der Gastheorie könnte man auch bei der Strahlung einen wahrscheinlichsten Zustand bestimmen oder richtiger eine allgemeine Formel, die alle die vielen Zustände umfaßt, bei denen die Wellen nicht geordnet sind, sondern in der mannigfaltigsten Weise durcheinander laufen. Derselbe wird sich in einem Resonatoren von genügender Mannigfaltigkeit enthaltenden Raume höchstwahrscheinlich aus jedem geordneten Anfangszustande entwickeln. Daß sich ein ungeordneter Zustand in einen geordneten zurückverwandelt, wird immer nur in verhältnismäßig wenigen Ausnahmefällen geschehen. Doch kann die Unmöglichkeit hiervon bei der Strahlung so wenig wie in der Gastheorie bewiesen werden. Ja, wenn man statt der Differentialgleichungen solche mit endlichen Differenzen setzt (den Äther aus einer großen endlichen Zahl von Vektorenatomen bestehend denkt, vgl. a. a. O.), so muß in einem begrenzten Raume (singuläre Fälle ausgenommen) ein dem Anfangszustande beliebig naher in endlicher Zeit wiederkehren, und wenn man auch nur eine große, endliche Zahl von möglichen Zuständen der Vektoratome annimmt, so muß sogar im allgemeinen exakt der Anfangszustand wiederkehren.

127.

Über vermeintlich irreversible Strahlungsvorgänge.

(Berl. Ber. 1898. S. 182—187.)

§ 1. In zwei Mitteilungen an die Akademie[1]) glaube ich nachgewiesen zu haben, daß in einem Vakuum oder beliebigen vollkommenen Dielektrikum, welches Resonatoren ohne Ohmschen Widerstand enthält und von absolut spiegelnden Wänden begrenzt ist, alle elektromagnetischen Vorgänge auch in genau umgekehrter Weise vor sich gehen können. Besonders evident scheint mir der Beweis in dem Falle, daß die Resonatoren aus lauter unbeweglichen, vollkommen leitenden Blechen und Drähten zusammengesetzt sind oder ohne Änderung ihrer Wirkung daraus zusammengesetzt gedacht werden können.

Hr. Planck[2]) hat nun für einen Vorgang, der nichts als ein spezieller Fall hiervon ist, nach einer sehr interessanten Methode die Integration der Maxwellschen Gleichungen allgemein durchgeführt. Daß er aber aus seinen Formeln die Irreversibilität des betreffenden Vorganges ableiten zu können glaubt, scheint mir auf einem Versehen zu beruhen, wie ich im folgenden zeigen will.

§ 2. Wir definieren die Umkehr eines Vorganges genau wie Hr. Planck a. a. O. zu Anfang des § 12. Wie dieser wählen wir den Zeitmoment der Umkehr als Zeit Null. Die Bedeutung aller von Hrn. Planck verwendeten Buchstaben lassen wir unverändert und schreiben auch die Größen, welche sich auf den ursprünglichen Vorgang beziehen, ohne Index, wogegen wir den auf den umgekehrten Vorgang bezüglichen

---

[1]) Berl. Ber. 17. Juni und 18. November 1897. (Dieser Band Nr. 125 und 126.)

[2]) Berl. Ber. vom 16. Dezember 1897.

den Index u geben. Für das elektrische Moment des Resonators gilt dann die Gleichung:

(a) $$f_u(t) = f(-t).$$

Ferner müssen in dem den Resonator umgebenden Medium an jeder Stelle des Raumes die Komponenten der elektrischen Kraft X, Y, Z die Gleichungen erfüllen:

$$X_u(t) = X(-t), \quad Y_u(t) = Y(-t), \quad Z_u(t) = Z(-t).$$

Das Vorkommen der Koordinaten in den Ausdrücken X, Y, Z wurde nicht ersichtlich gemacht, da die Koordinaten im Ausdrucke rechts und links vom Gleichheitszeichen stets dieselben Werte haben.

Hieraus folgt mittels der Gleichung (2) des Hrn. Planck:

$$\frac{\partial^2 F_u(t,r)}{\partial t^2} = \frac{\partial^2 F(-t,r)}{\partial t^2}, \qquad \frac{\partial F_u(t,r)}{\partial r} = \frac{\partial F(-t,r)}{\partial r},$$

und, da man von einem Addenden, der r gar nicht, t aber bloß linear enthält, absehen kann:

$$F_u(t,r) = F(-t,r).$$

Mit Rücksicht auf die Gleichung (20) des Hrn. Planck und auf unsere Gleichung (a) reduziert sich dies auf:

$$\varphi_u\left(t - \frac{r}{c}\right) + f\left(-t + \frac{r}{c}\right) - \varphi_u\left(t + \frac{r}{c}\right)$$
$$= \varphi\left(-t - \frac{r}{c}\right) + f\left(-t - \frac{r}{c}\right) - \varphi\left(-t + \frac{r}{c}\right).$$

Diese Gleichung kann für alle Werte von r und t nur erfüllt sein, wenn:

(b) $$\varphi_u(\omega) = -\varphi(-\omega) - f(-\omega)$$

für ein beliebiges Argument ω ist.

§ 3. Nun definiert Hr. Planck am Schlusse des § 11 einen Vorgang, den wir den Vorgang A nennen wollen, dadurch, daß er

(c) $$f(t) = -2D\sin(k\pi)\sin\left(\frac{2k\pi t}{\mathfrak{T}} + \pi k - \vartheta\right),$$

(d) $$\varphi(t) = D\cos\left(\frac{2\pi k t}{\mathfrak{T}} - \vartheta\right)$$

setzt, in § 12 einen andern (den Vorgang B) dadurch, daß er

(e) $$f_u(t) = 2D \sin(k\pi) \sin\left(\frac{2k\pi t}{\mathfrak{T}} - \pi k + \vartheta\right),$$

(f) $$\varphi_u(t) = -D \cos\left(\frac{2k\pi t}{\mathfrak{T}} + \vartheta\right)$$

setzt. Die Werte (c), (d) und (f) erfüllen nicht die Gleichung (b). Der Vorgang B ist daher nicht die Umkehr des Vorganges A, was man, wenn man will, noch dadurch verifizieren kann, daß man aus den Werten (c), (d), (e) und (f) für f und φ nach Hrn. Plancks Gleichung (20) die den Vorgängen A und B entsprechenden Funktionen F und daraus mittels der Gleichungen (2) des Hrn. Planck die elektrischen und magnetischen Kräfte berechnet, welche bei dem einen und andern Vorgange zu jeder Zeit an jeder Stelle des Raumes wirken. Man wird finden, daß keineswegs die beim Vorgange B zu irgend einer Zeit wirkenden elektrischen Kräfte identisch sind mit den beim Vorgang A zur Zeit $-t$ wirkenden und daß ebensowenig die magnetischen Kräfte gleich aber entgegengesetzt gerichtet sind.

Da also der Vorgang B nicht die Umkehr des Vorganges A ist, so ist der von Hrn. Planck gelieferte Nachweis, daß der Vorgang B unmöglich ist, kein Beweis dafür, daß die Umkehr des Vorganges A unmöglich wäre.

§ 4. Die der richtigen Umkehr des Vorganges A entsprechenden Funktionen f_u und φ_u erhält man vielmehr, wenn man zwar gemäß unseren Gleichungen (a) und (c) f_u wieder durch die Gleichung (e) bestimmt, φ_u aber gemäß unseren Gleichungen (b), (c) und (d) gleich

(g) $$-D \cos\left(\frac{2\pi k t}{\mathfrak{T}} + \vartheta\right) - 2D \sin(\pi k) \sin\left(\frac{2\pi k t}{\mathfrak{T}} - \pi k + \vartheta\right)$$

setzt.

Man kann sich leicht durch direkte Rechnung überzeugen, daß bei genauer Umkehr des Vorganges A im Resonator und im Medium f und φ die zuletzt angegebenen Werte haben müssen, daß aber diese jetzt auch alle von Hrn. Planck für die Möglichkeit des Vorganges gefundenen Bedingungsgleichungen erfüllen.

Davon, daß die zuletzt angegebenen Werte von f und φ wirklich den dem Vorgange A gerade entgegengesetzten im Medium darstellen, überzeugt man sich durch Berechnung von F aus diesen Werten von f und φ mittels der Gleichung (20) Hrn. Plancks und nachheriger Berechnung der elektrischen und magnetischen Kräfte aus F mittels der Gleichungen (2) des Hrn. Planck.

Wir wollen statt der Durchführung dieser elementaren, aber weitschweifigen Rechnungen lieber gleich allgemein nachweisen, daß die Gleichungen Hrn. Plancks niemals mit der vollkommenen Umkehrbarkeit eines Vorganges in Widerspruch stehen.

§ 5. Es seien f, φ und F die Funktionen, welche genau wie bei Hrn. Planck einen beliebigen Vorgang, den „ursprünglichen" darstellen, von dem daher die Gleichungen (2), (4) und (20) bis (24) Hrn. Plancks gelten. Wir definieren ferner entsprechend den Gleichungen (a) und (b) zwei neue Funktionen f_u und φ_u dadurch, daß für jedes Argument ω

$$\text{(h)} \qquad \begin{cases} f_u(\omega) = f(-\omega), \\ \varphi_u(\omega) = -\varphi(-\omega) - f(-\omega) \end{cases}$$

sei, woraus auch umgekehrt folgt

$$\text{(i)} \qquad \begin{cases} f(\omega) = f_u(-\omega), \\ \varphi(\omega) = -\varphi_u(-\omega) - f_u(-\omega). \end{cases}$$

Aus f_u und φ_u leiten wir nun einen Wert F_u geradeso ab, wie F aus f und φ gewonnen wurde, so daß also entsprechend Hrn. Plancks Gleichung (20)

$$\text{(k)} \qquad r F_u = \varphi_u\left(t - \frac{r}{c}\right) + f_u\left(t - \frac{r}{c}\right) - \varphi_u\left(t + \frac{r}{c}\right),$$

oder nach (h)

$$\text{(l)} \qquad r F_u = \varphi\left(-t - \frac{r}{c}\right) + f\left(-t - \frac{r}{c}\right) - \varphi\left(-t + \frac{r}{c}\right)$$

für jeden Wert von r und t sein soll.

Endlich leiten wir einen neuen Vorgang in dem den Resonator umgebenden Medium genau so aus F ab, wie der „ursprüngliche" aus F abgeleitet wurde, also durch Hrn. Plancks

Gleichungen (2). Ebenso sei auch für den neuen Vorgang das elektrische Moment des Resonators zu jeder Zeit t

(m) $$f_u(t) = f(-t).$$

Berechnet man aus dem Werte (l) von F_u nach Hrn. Plancks Gleichungen (2) die elektrischen und magnetischen Kräfte in dem den Resonator umgebenden Medium, so sieht man unmittelbar, daß der neue Vorgang daselbst genau die Umkehrung desjenigen ist, den wir als den ursprünglichen bezeichneten und der durch die Funktionen f, φ und F bestimmt war. Die Gleichung (m) entspricht ebenfalls dem umgekehrten Vorgange im Resonator, soweit dieser bei dem angestrebten Genauigkeitsgrade auf den im Medium von Einfluß ist.

Man sieht aber auch, daß die Funktionen f_u, φ_u und F_u ebenfalls alle von Hrn. Planck aufgestellten Bedingungen befriedigen, wenn es die Funktionen f, φ und F tun, daß daher der neue Vorgang im Systeme ebenfalls möglich ist, wenn es der alte ist. Ich will diese Rechnungen ihrer Einfachheit halber hier nicht durchführen und nur bemerken, daß aus der Gleichung (22) Hrn. Plancks, auf die es hier am meisten ankommt, wenn man f und φ mittels unserer Gleichungen (i) durch f_u und φ_u ausdrückt, sofort die vollkommen gleichlautende Gleichung für f_u und φ_u folgt. Es ist also der genau umgekehrte Vorgang in Medium und Resonator jedesmal ebenfalls mit sämtlichen Gleichungen Hrn. Plancks vereinbar.

§ 6. Für den umgekehrten Vorgang hat in jedem Punkte des Raumes die gesamte elektrische Kraft zur Zeit t denselben Wert wie für den direkten Vorgang zur Zeit $-t$, welche wir die entsprechende Zeit nennen wollen. Dies gilt jedoch nicht für die Größe, welche Hr. Planck die den Resonator erregende elektrische Kraft nennt und welche wir unter Weglassung der übrigen Indizes mit Z für den direkten, mit Z_u für den umgekehrten Vorgang bezeichnen wollen. Denn es ist nach Hrn. Plancks Gleichung (21)

$$Z = \frac{4}{3c^3}\varphi'''(t),$$

dagegen

(n) $$Z_u = \frac{4}{3c^3}\varphi_u'''(t) = \frac{4}{3c^3}[\varphi'''(-t) + f'''(-t)].$$

Dies steht aber keineswegs im Widerspruche damit, daß

der inverse Vorgang gerade das Umgekehrte des direkten ist. Denn Z ist keineswegs die gesamte elektrische Kraft, die im Koordinatenursprung wirkt und deren Wert unbestimmt wäre, sondern bloß ein durch eine bestimmte Definition festgesetzter Bruchteil derselben. Wenn man nun vom direkten zum umgekehrten Vorgange übergeht, so ändert sich nicht die elektrische Kraft für die entsprechende Zeit, wohl aber der durch jene Definition bestimmte Bruchteil.

In der Tat ist die den Resonator erregende elektrische Kraft Z als diejenige definiert, welche im Koordinatenanfange wirken würde, wenn bloß die auf den Resonator zulaufende Welle und diejenige existieren würde, welche gewissermaßen deren Reflexion am Koordinatenursprunge ist, aber nicht die vom Resonator ausgesandte, wenn also der Zähler von F bloß das erste und dritte, nicht aber das zweite Glied des Planckschen Ausdruckes (20) enthielte. Beim umgekehrten Vorgange aber verwandelt sich die vom Resonator ausgesandte Welle in eine auf ihn zulaufende. Es ist also laut der Definition von Z jetzt sowohl sie als auch ihre Reflexion am Koordinatenursprunge in die Berechnung von Z mit einzubeziehen. Als vom Resonator ausgesandte Welle figuriert jetzt die jener Reflexion gerade entgegengesetzte, welche durch ihr Eingehen in F jene Reflexion aus F wieder herausschafft. Da die durch f dargestellte Welle beim direkten Vorgange bloß vom Resonator ausging, wirkte sie nicht erregend und f kam in Z nicht vor. Beim umgekehrten Vorgange aber läuft die durch f dargestellte Welle auf den Resonator zu, spielt also die Rolle einer erregenden Welle, woraus sich das Vorkommen von f im Ausdrucke Z_u (vgl. unsere Gleichung (n)) erklärt. Daher hat auch in dem von Hrn. Planck in § 12 betrachteten Falle die umgekehrte Welle φ_u nicht den von ihm daselbst angeführten Wert, sondern den Wert (g), welcher, wie schon gezeigt, alle Bedingungen für einen möglichen Vorgang erfüllt. Das Versehen Hrn. Plancks besteht also darin, daß er statt unserer Gleichung (b)

$$\varphi_u(t) = -\varphi(-t)$$

setzt.

§ 7. Zur Veranschaulichung, daß sich bei Umkehrung des Vorganges nicht, wie es Hr. Planck voraussetzt, auch die den Resonator anregende Kraft umzukehren braucht, diene das folgende Beispiel, für welches zwar die Ableitung von φ an einer Stelle diskontinuierlich würde, was aber hier nicht wesentlich ist. Der Resonator sei anfangs in Schwingungen begriffen, aber das ganze ihn umgebende (unbegrenzt gedachte) Medium im Ruhezustande ohne elektrische und magnetische Polarisation. Dann gehen vom Resonator elektrische Wellen aus und er kommt bald nahe in den Ruhezustand, aber niemals wirken auf ihn erregende elektrische Kräfte. Nun werde der Vorgang umgekehrt. Die Wellen laufen jetzt auf den Resonator zu und erregen ihn zu Schwingungen. Während also beim direkten Vorgange die erregenden elektrischen Kräfte fehlen, sind sie beim umgekehrten vorhanden.

128.

Über die sogenannte H-Kurve.

(Math. Ann. 50. S. 325–332. 1898.)

Es sei mir gestattet die Eigenschaften dieser Kurve, welche ich zur Versinnlichung gewisser gastheoretischer Sätze benutzte[1]), hier unabhängig von ihrer wärmetheoretischen Bedeutung kurz zu behandeln. Diese Eigenschaften treten am klarsten und in der einfachsten Weise hervor, wenn man die Konstruktion der Kurve an ein ganz triviales Beispiel der Wahrscheinlichkeitsrechnung anknüpft.

Wir betrachten zunächst folgenden einfachen Fall: In einer Urne seien gleichviel weiße und schwarze Kugeln von sonst vollkommen gleicher Beschaffenheit. Wir machen aus der Urne, vom Zufalle geleitet, eine beliebige ungerade Anzahl $(2N+1)$ von Zügen, welche wir der Reihe nach mit

$$Z_{-N},\ Z_{-N+1},\ \ldots\ Z_0,\ Z_1,\ Z_2,\ \ldots\ Z_N$$

bezeichnen. Nach jedem Zuge werfen wir die gezogene Kugel wieder in die Urne zurück.

Es sei ferner n eine beliebige gerade ganze Zahl, die kleiner als $2N+2$ ist. Wir bezeichnen mit a_k die Anzahl der weißen Kugeln, welche zusammen bei den n Zügen Z_k, $Z_{k+1}, \ldots Z_{k+n-1}$ gezogen wurden, wobei k eine beliebige der $2N-n+2$ positiven oder negativen ganzen Zahlen inkl. der Null sein kann, welche zwischen $-N$ und $N-n+1$ inkl. liegen.

Wir konstruieren nun in der Ebene ein rechtwinkliges Koordinatensystem. Jedem Werte des k soll derjenige Punkt B_k entsprechen, dessen Abszisse

$$O\,A_k = x = \frac{k}{n}$$

---

[1]) Nature 51. S. 413. 28. Februar 1895; Wied. Ann. 60. S. 392. 1897. Daselbst findet sich sogar eine Figur einer H-Kurve. (Dieser Band Nr. 112 u. 120.)

und dessen Ordinate $A_k B_k = y$ gleich dem stets mit positiven Zeichen zu nehmenden Zahlenwerte des Ausdruckes $1-(2a_k/n)$ ist. Bezeichnen wir diesen Zahlenwert mit einem darüber gesetzten Striche, so ist also

$$(1) \qquad y = \overline{1 - \frac{2a_k}{n}}.$$ [1]

Wir erhalten so zunächst eine Reihe von $2N - n + 2$ diskreten Punkten $B_{-N}, B_{-N+1}, \ldots B_{N+1-n}$. Wir wollen nun sowohl die Zahl n als auch die Zahl N sehr groß gegenüber Eins werden lassen, aber die letztere Zahl in noch weit höherem Maße, so daß der Quotient N/n ebenfalls sehr groß gegen Eins wird, wobei wir zwar an beliebig große aber immer endliche (nicht im metaphysischen Sinne unendliche) Zahlen denken. Dann werden je zwei benachbarte Punkte B_k und B_{k+1} sehr nahe aneinander rücken, denn die Differenz ihrer Abszissen sowie ihrer Ordinaten verschwinden mit wachsendem n; erstere ist nämlich gleich $1/n$, letztere hat höchstens den Zahlenwert $2/n$.

Wir wollen daher die Reihe der mit B bezeichneten Punkte eine Kurve und zwar die H-Kurve des Lottos nennen, ohne damit behaupten zu wollen, daß sie auch wirklich alle Eigenschaften besitzt, welche sonst in der Geometrie von Kurven gefordert werden. Es fehlt nämlich die Eigenschaft, daß die Lage jedes Punktes durch eine unveränderliche analytische Formel definiert ist. Diese Lage ist vielmehr vom Resultate eines wirklichen von unbekannten Ursachen abhängigen Vorganges bestimmt, man könnte fast sagen dem Zufall überlassen. Trotzdem läßt sich nicht leugnen, daß man, wenn N eine noch so große Zahl ist, wirklich $2N+1$ Züge in der geschilderten Weise machen und wenn man auch noch für n einen bestimmten Wert annimmt, der klein gegen N, aber groß gegen Eins ist,

---

[1]) Man könnte auch $y = (1-(2a_k/n))^b$ setzen und unter b die Zahl 2 oder eine andere positive Zahl verstehen. Man würde dann eine größere Mannigfaltigkeit von H-Kurven erhalten. Da es mir aber gegenwärtig keineswegs auf eine erschöpfende geometrische Diskussion aller möglichen der H-Kurve verwandten Gebilde, sondern nur auf eine möglichst kurz gehaltene Versinnlichung der in der Physik Anwendung findenden Eigenschaften derselben ankommt, so beschränke ich mich auf den im Texte betrachteten Fall.

die betreffende H-Kurve, d. h. die betreffenden $2N - n + 1$ Punkte B zeichnen könnte. Würde man nochmals $2N + 1$ und dann wiederum $2N + 1$ Züge machen, so könnte man beliebig viele andere H-Kurven zeichnen, welche zwar durchaus nicht untereinander gleich wären, aber doch gewisse gemeinsame Eigentümlichkeiten hätten, um deren Auffindung es sich eben handelt.

Da n sehr groß angenommen wird, so ist a_k höchstwahrscheinlich, d. h. für die weitaus größte Mehrzahl der Werte von k sehr nahe gleich $\frac{1}{2}n$, daher y sehr nahe gleich Null. Die H-Kurve fällt also nahezu an allen Stellen fast mit der Abszissenachse zusammen. Wenn man aber nur N groß genug wählt, so wird man auch Stellen der H-Kurve erhalten, wo sich dieselbe um ein endliches Stück von der Abszissenachse entfernt. Wir wollen solche Stellen Buckel nennen.

Wenn wir z. B. $N = 1000 \cdot 2^n$ setzen, wobei schon n eine sehr große Zahl ist, so haben wir Chance, daß im ganzen Verlaufe aller $2N + 1$ Züge von Z_{-N} bis Z_N 2000 mal der Fall vorkommt, daß in einer Reihe von n sich folgenden Zügen jedesmal eine schwarze Kugel gezogen wird. Ist k der Index des ersten Zuges in dieser Reihe, so ist $a_k = 0$, daher $A_k B_k = y = 1$. Ebenso wird die Ordinate der H-Kurve gleich Eins, wenn n mal hintereinander eine weiße Kugel gezogen wird, was für $N = 1000 \cdot 2^n$ im Verlaufe aller $2N + 1$ Züge ebenfalls ungefähr 2000 mal vorkommen wird. Der größtmögliche Buckel, dessen höchste Ordinate gleich Eins ist, wird daher im Verlaufe aller $2N + 1$ Züge etwa 4000 mal vorkommen. Noch weit größer ist die Anzahl der Buckel von geringerer, aber um Endliches von Null verschiedener Höhe.

Die im bisherigen betrachtete H-Kurve besitzt trotz ihrer Stetigkeit keine Tangente in des Wortes strengster Bedeutung, d. h. die Richtung der von einem bestimmten Punkte der Kurve zu einem sehr nahen Punkte gezogenen Sehne nähert sich nicht unbedingt einer bestimmten Grenze, wenn der letztere Punkt dem ersteren immer näher rückt.

Lassen wir z. B. k um eine Einheit wachsen, gehen also von Punkt B_k zum Punkte B_{k+1} über, so wächst die Abszisse um $1/n$. Ferner ist a_k die Anzahl der in den Zügen Z_k, $Z_{k+1}, \ldots Z_{k+n-1}$ gezogenen weißen Kugeln. Lassen wir k um eine Einheit wachsen, so scheidet von diesen Zügen der Zug Z_k aus, dagegen kommt der Zug Z_{k+n} dazu. Wurde bei jedem dieser Züge die gleiche Farbe gezogen, so ändert sich der Wert von a_k, daher auch der von y nicht. Die Gerade $B_k B_{k+1}$ ist also der Abszissenachse parallel. Würden dagegen Kugeln von verschiedener Farbe gezogen, so ändert sich der Wert von a_k um eine Einheit. Die Änderung der Ordinate beim Übergang vom Punkte B_k zum Punkte B_{k+1} hat also nach Gleichung (1) den Zahlenwert $2/n$ und ist doppelt so groß als der Abszissenzuwachs, so daß die Gerade $B_k B_{k+1}$ mit der Abszissenachse nach der einen oder andern Seite einen Winkel bildet, dessen Tangente 2 ist.

Trotzdem nähert sich die vom Punkte B_k zum Punkte B_{k+l} gezogene Sehne in der überwiegenden Mehrzahl der Fälle einer Limite, welche wir die Quasitangente nennen wollen, wenn l groß gegen die Einheit aber, kleiner als n gemacht wird.

Sei z. B. die Ordinate von $B_k = 1$, so daß B_k die größte Ordinate eines Buckels von der höchsten möglichen Höhe ist. Dann ist das dazu gehörige a_k gleich Null oder n. Wir betrachten den ersten Fall $a_k = 0$, d. h. bei den Zügen Z_k, $Z_{k+1}, \ldots Z_{k+n-1}$ wurde keine einzige weiße Kugel gezogen. Gehen wir zum Punkte B_{k+l} über, lassen also k um l wachsen, so sind die l Züge $Z_k \ldots Z_{k+l-1}$ hiervon wegzulassen, dagegen die l Züge $Z_{k+n} \ldots Z_{k+n+l-1}$ hinzuzunehmen. Wir wissen, daß in den ersten l Zügen keine einzige weiße Kugel gezogen wurde; in den letzteren werden, wenn l eine große Zahl ist, wahrscheinlich nahezu $\frac{1}{2}l$ weiße Kugeln gezogen worden sein. Daher ist a_{k+l} wahrscheinlich um $\frac{1}{2}l$ größer als a_k. Nach Formel (1) ist also die Ordinate des Punktes B_{k+l} um l/n kleiner als die des Punktes B_k und da die Abszisse des ersteren Punktes um ebensoviel größer ist als die des letzteren, so ist die Gerade $B_k B_{k+l}$ unter einem Winkel von 45^0 gegen die Abszissenachse geneigt. In ähnlicher Weise läßt sich auch die Richtung der Quasitangente berechnen, wenn die Ordinate von B_k einen andern um Endliches von Null verschiedenen Wert hat. Wenn B_k eine nur sehr wenig von Null verschiedene Ordinate hat, also jener Mehrzahl von Kurvenpunkten angehört, welche sehr wenig von der Abszissenachse entfernt sind, so ist die Quasitangente der Abszissenachse parallel.

Ich rate vielleicht nicht fehl, wenn ich glaube, daß die Geometer von Fach der H-Kurve spotten werden. Demgegenüber möchte ich nur erinnern, daß die von Meteorographen, Barometergraphen, Thermometergraphen usw. gezeichneten Kurven einen Habitus zeigen, der an die Eigenschaften der H-Kurve erinnert. Es ist auch keineswegs ausgeschlossen, daß bei den letzteren Kurven in jedem Momente die Lage des zu erwartenden Punktes durch vielerlei sich entgegenwirkende Ursachen bestimmt ist, welche nach Wahrscheinlichkeitsgesetzen bald etwas höher, bald etwas tiefer gelegene Punkte bedingen, aber im Verlaufe langer Zeit doch Regelmäßigkeiten zeigen, so daß die nach einem etwas entfernteren Punkte gezogene Sehne an jeder Stelle eine ziemlich fixe Neigung gegen die Abszissenachse zeigt, unbeschadet der zahllosen kleinen Zacken der Kurve. Ja es kann sogar öfter als wir meinen der Fall eintreten, daß eine Kraft, die uns konstant scheint, es nur im Mittel in einem längeren Intervalle ist, während sie, wenn man ihren Verlauf in den kleinsten Zeitteilen beobachten könnte, daselbst den Gesetzen der Wahrscheinlichkeitsrechnung folgende Oszillationen aufweisen würde.

Ich will nur noch auf eine einzige Eigenschaft der H-Kurve etwas näher eingehen. Es ist offenbar gleichgültig, ob wir die $2N+1$ Züge in der Reihenfolge Z_{-N}, $Z_{-N+1}, \ldots Z_N$ oder in der umgekehrten Z_N, $Z_{N-1}, \ldots Z_{-N}$ anordnen. Es braucht zwar nicht jede einzelne H-Kurve bezüglich der Ordinatenachse vollkommen symmetrisch zu sein, aber durchschnittlich verläuft jede H-Kurve in der Richtung der wachsenden Abszissen nach dem gleichen Gesetze wie in der Richtung der abnehmenden. Es kann nicht möglich sein zu beweisen, daß sie eine Eigenschaft für wachsende Abszissen, nicht aber ebensogut für abnehmende besitze.

Wir wollen nun eine Kurve J zeichnen, welche dieselbe Symmetrie bezüglich der positiven und negativen Abszissen, aber in jedem Punkte eine Tangente im gewöhnlichen Sinne hat. Dieselbe soll, wie die H-Kurve größtenteils sehr nahe der Abszissenachse verlaufen, nur an einzelnen Stellen soll sie sich um Endliches darüber erheben. Wir wollen alle Punkte P der Kurve J zeichnen, denen eine bestimmte ungewöhnlich große Ordinate y_1 zukommt. Wenn wir von jedem dieser

Punkte aus um ein endliches Stück in der positiven oder negativen Abszissenrichtung fortschreiten, so werden wir wohl auch in der Regel zu Punkten mit kleineren Abszissen gelangen, allein der Differentialquotient dy/dx wird für ebenso viele der Punkte P positiv als negativ sein. Der Mittelwert dieses Differentialquotienten für alle Punkte P ist Null.

Dies gilt jedoch nicht für die H-Kurve. Wir wollen auf derselben wieder alle Punkte Q verzeichnen, denen eine um Endliches von Null verschiedene Ordinate y_1 zukommt. Lassen wir für alle diese Punkte die Abszisse um $\Delta x = 1/n$ wachsen, so werden zu diesen Zuwächsen des x zwar teils positive, teils negative Zuwächse der Ordinate gehören. Setzen wir dagegen für die gleichen Punkte den Zuwachs Δx der Abszisse gleich l/n, wobei l eine große Zahl ist, so ist der dazu gehörige Zuwachs Δy der Ordinate nicht nur fast ausnahmslos negativ, sondern es eilt der Mittelwert des Quotienten $\Delta y/\Delta x$ für alle Punkte Q sogar einer bestimmten Limite zu, wenn l immer mehr wächst, so lange es nur kleiner als n bleibt.

Natürlich gilt dasselbe beim Fortschreiten in der positiven und negativen Abszissenrichtung. Die Limite des Quotienten $\Delta y/\Delta x$ ist also der Größe nach gleich, aber entgegengesetzt bezeichnet für positive und negative Δx.

Für die Lage des Punktes Q sind drei Fälle möglich. 1. Derselbe kann auf der höchsten Spitze eines Buckels der H-Kurve liegen, so daß diese von ihm aus nach beiden Seiten abfällt. 2. Er kann der höchsten Spitze eines Buckels so nahe liegen, daß die Kurve zwar nach der einen oder andern Seite oder sogar nach beiden noch ansteigt, wenn man in der Abszissenrichtung um $1/n$ oder ein kleines Vielfache davon vorwärts geht, aber sobald man die Abszisse um l/n wachsen oder abnehmen läßt, nimmt die Ordinate ab, wenn l eine sehr große Zahl ist, die noch immer klein gegen n sein kann. Der dritte Fall ist der, daß der Buckel, auf dem sich der Punkt Q befindet, in endlicher Entfernung gleich hoch oder um ein endliches Stück größer als y_1 ist. Es ist nun die charakteristische Eigenschaft der H-Kurve, daß die Häufigkeit ihrer Buckel mit wachsender Höhe derselben so rasch abnimmt, daß unter allen Punkten Q nur verschwindend wenige vorkommen, für welche der dritte Fall eintritt.

Die eben auseinandergesetzten charakteristischen Eigenschaften der H-Kurve erfahren keine Beeinträchtigung, wenn man von den mit B bezeichneten Punkten je zwei benachbarte durch eine beliebige sehr kleine Kurve verbindet. Algebraisch können solche kleine Verbindungskurven in folgender Weise konstruiert werden. Wir nehmen an, der Zug Z_0 geschehe zur Zeit Null, der Zug Z_1 zur Zeit $\tau = 1/n$, Z_2 zur Zeit $2\tau = 2/n \ldots Z_k$ zur Zeit $k\tau$. Ferner verstehen wir unter $f_k(t)$ eine Funktion, welche immer den Wert Null hat, wenn beim Zuge Z_k eine schwarze Kugel gezogen wurde. Wurde dagegen beim Zuge Z_k eine weiße Kugel gezogen, so soll sein

für $t \leqq (k - n - \nu)\tau : f_k(t) = 0,$

„ $(k - n - \nu)\tau \leqq t \leqq (k - n)\tau : f_k(t) = \varphi\,[t - (k - n - \nu)\tau],$

„ $(k - n)\tau \leqq t \leqq k\tau : f_k(t) = 1,$

„ $k\tau \leqq t \leqq (k + \nu)\tau : f_k(t) = \varphi\,[(k + \nu)\tau - t],$

„ $(k + \nu)\tau \leqq t : f_k(t) = 0.$

Den einfachsten Fall erhält man, wenn man $\nu = 1$ annimmt. Man kann aber auch ν gleich 2 oder 3, ja selbst gleich einer Zahl setzen, die groß gegen Eins ist, wenn sie nur klein gegen n ist. $\varphi(u)$ kann dabei eine beliebige Funktion von u sein, welche für $u = 0$ den Wert Null, für $u = \nu\tau$ den Wert Eins hat und vom ersteren bis zum letzteren Werte kontinuierlich wächst. Setzt man dann

$$y = \sum_{k=-N+n}^{k=n} f_k(t)$$

und trägt auf der Abszissenachse die Werte von t, auf der Ordinatenachse die dazu gehörigen Werte von y auf, so erhält man eine im mathematischen Sinne kontinuierliche Kurve. Für $\nu = 1$ fallen sämtliche Ordinaten dieser Kurve, welche zu Werten des t gehören, die ganze Vielfache von τ sind, exakt mit den Ordinaten der einzelnen Punkte zusammen, aus denen früher die H-Kurve bestand. Für andere Werte des ν weichen sie nur um Verschwindendes ab.

Die neue H-Kurve, welche wir die kontinuierlich gemachte H-Kurve des Lottos nennen wollen, hat also sogar gewissermaßen eine Tangente im gewöhnlichen Sinne des Wortes, wenn der Abszissenzuwachs kleiner als $1/n$ ist. Ist dagegen der Abszissenzuwachs Δx groß gegen $1/n$, aber noch immer klein gegen Eins, so nähert sich der Quotient $\Delta y/\Delta x$ nochmals einer andern Limite, welche der Quasitangente entspricht.

Es kann natürlich hier bloß meine Absicht sein zu zeigen, daß Kurven von diesen Eigenschaften überhaupt geometrisch konstruierbar sind und daß es daher keinen Widerspruch involvieren kann, jener H-Kurve analoge Eigenschaften zuzuschreiben, welche in der Theorie von Gasen vorkommt, die aus einer sehr großen endlichen Zahl vollkommen abgeschlossener Moleküle bestehen. Für solche Gase nimmt die Größe H, welche das Maß der Wahrscheinlichkeit oder Ungeordnetheit eines Zustandes darstellt, mit außerordentlicher Wahrscheinlichkeit zu, wenn man von einem geordneten Zustande ausgeht, d. h. von einem solchen, für den H um Endliches von seinem Maximalwerte verschieden ist. Später bleibt dann H durch enorm lange Zeit gleich seinem größten Werte, nimmt aber nach noch weit längerer Zeit abermals einen Wert an, der um Endliches von seinem Maximalwerte verschieden ist.

Die H-Kurve gleicht der zuerst betrachteten, wenn die Stöße unendlich kurze Zeit dauern, da dann der Wert der Größe H nur im Momente des Stoßes eine plötzliche Änderung erfährt; sie gleicht aber der kontinuierlich gemachten H-Kurve des Lottos, wenn die Stöße eine kurze, aber endliche Zeit dauern. Die umgekehrte Zeitfolge der Zustände des Gases ist immer auch möglich. Es wird also auch möglich sein, daß H zu Anfang noch sehr nahe seinem Maximalwerte ist und in verhältnismäßig kurzer Zeit davon bedeutend abweicht; allein die Aufgabe, einen Anfangszustand sämtlicher Gasmoleküle zu finden (wir wollen ihn einen kritischen Anfangszustand nennen), welcher der letzteren Bedingung genügt, ist gewissermaßen mehrdeutig. Denn ein solcher Anfangszustand ist nicht durch den dazu gehörigen Wert des H bestimmt, sondern nur dadurch, daß die Anfangslagen und Anfangsbewegungen sämtlicher Moleküle einander in bestimmter Weise angepaßt sind.

Natürlich können sich wirkliche Körper niemals absolut wie Systeme verhalten, die aus einer großen endlichen Zahl von Gasmolekülen bestehen. Dies gilt schon deshalb, weil ja erstere niemals ganz außer Kontakt mit allen übrigen Körpern gebracht werden können. Daß sich wirkliche Körper häufig angenähert wie Systeme verhalten, welche aus einer endlichen Zahl von Gasmolekülen bestehen, die anfangs einen geordneten Zustand haben, für den H wesentlich von seinem Maximalwerte verschieden ist, dagegen niemals wie Systeme von Gasmolekülen, die sich anfangs in einem kritischen Zustande befinden, für den also H anfangs noch seinen Maximalwert hat, aber bald wesentlich kleiner wird, erklärt die mechanische Naturanschauung daraus, daß der Anfangszustand der Welt einem geordneten Zustande von Molekülen entspricht.

Da wir nun die Körper, mit denen wir experimentieren, immer dieser Welt entnehmen, so ist die Wahrscheinlichkeit, daß sie sich anfangs in einem geordneten Zustande befinden, eine sehr große und dieser Zustand geht, wenn wir äußere Einflüsse möglichst fern halten, jedesmal in einen ungeordneten über. Daß eine Welt ebensogut denkbar wäre, in welcher alle Naturvorgänge in verkehrter Zeitfolge ablaufen würden, unterliegt keinem Zweifel; jedoch hätte ein Mensch, welcher in dieser verkehrten Welt leben würde, keineswegs eine andere Empfindung als wir. Er würde eben das, was wir Zukunft nennen, als Vergangenheit und „umgekehrt" bezeichnen.

Wien, Weihnachten 1897.

129.

Vorträge, gehalten bei der 70. Versammlung Deutscher Naturforscher und Ärzte in Düsseldorf.

(Verh. d. 70. Vers. D. Naturf. u. Ärzte S. 65—68, 74. Düsseldorf 1898.)

a) Zur Energetik.

Motto: „Boltzmann erklärt sein Interesse für die Analogien in dem Verhalten der verschiedenen Erscheinungsformen der Energie für so groß, daß er sich selbst als leidenschaftlichen Energetiker bezeichnen muß." [1])

Ich, sowie gewiß alle, die in Lübeck auf meiner Seite standen, sind von der fundamentalen Bedeutung des Energie- und Entropieprinzips nicht weniger durchdrungen als Herr Helm. Nicht gegen das Streben, eine Naturdarstellung zu versuchen, welche die Energie an die Spitze stellt, opponierte ich, nur gegen die Art und Weise, wie es die Herren Helm, Ostwald, Meyerhoffer usw. versuchten. Ebenso war mir die Wichtigkeit der Untersuchungen von Gibbs bekannt, welche ich schon Wien. Ber. **98.** S. 889, 18. Oktober 1883,[2]) also lange schon vor dem Erscheinen der verdienstvollen deutschen Übersetzung, zitierte. Gerade im Interesse der gesunden Weiterentwicklung der Konsequenzen dieser Sätze, also der Energetik nach der Definition Hrn. Helms, bemühte ich mich, vor dem Bestreben zu warnen, durch Einführung unklarer Begriffe und unverständlicher Formeln Sätze von erkünstelter Abrundung oder Allgemeinheit gewinnen zu wollen. Diese Bemühungen waren nicht ganz ohne Erfolg, und wie Hr. Helm selbst bezeugte,[3]) auch nicht ohne jeden Nutzen für die Energetik; deshalb will ich, ohne sie zu weit auszudehnen, nochmals in einem Punkte darauf zurückzukommen.

---

[1]) Vgl. diesen Band Nr. 116.

[2]) Dieser Band Nr. 69. S. 93.

[3]) Wied. Ann. 57. S. 657. 1896.

Jedermann kennt die große Präzision, mit der in der Variationsrechnung die Begriffe des Differentials, der Variation einer Größe, der Variation ihres Differentialquotienten usw. gefaßt werden. Im Gegensatz hierzu kann ich den Satz Hrn. Helms: „In jedem mechanischen System muß für jede mögliche Veränderung die Summe der potentiellen und kinetischen Energie unverändert bleiben" nicht anders als unklar finden, und ich will dies nur an dem Beispiele der Bewegung eines einzigen materiellen Punktes erläutern.

Nur wenn mit der Gesamtbewegung desselben eine variable Gesamtbewegung verglichen würde, also wenn sowohl die der Zeit entsprechenden Koordinaten des materiellen Punktes drei Zuwächse $d_\sigma x$, $d_\sigma y$, $d_\sigma z$, als auch die der Zeit $t + dt$ entsprechenden drei Zuwächse $d_\sigma x + d_\sigma x' \, dt$ usw. erfahren würden, hätte die Änderung $d_\sigma T$ der lebendigen Kraft einen klaren Sinn. Dieselbe wäre, genau entsprechend den Prinzipien der Variationsrechnung, gleich

$$m(x' d_\sigma x' + y' d_\sigma y' + z' d_\sigma z').$$

Es wäre aber dann nicht

$$x' d_\sigma x' = x'' d_\sigma x,$$

wobei die Striche Ableitungen nach der Zeit ausdrücken. Wenn dagegen, wie Hr. Helm in seiner „Energetik nach ihrer geschichtlichen Entwicklung"[1]) tut, bloß von einer willkürlichen Verschiebung der der Zeit t entsprechenden Lage des materiellen Punktes gesprochen wird, so hat die Frage nach der Veränderung, welche die lebendige Kraft des materiellen Punktes durch dieselbe erfährt, gar keinen Sinn. Setzt man sie gleich

$$m(x'' d_\sigma x + y'' d_\sigma y + z'' d_\sigma z), \tag{1}$$

so ist dies eine rein willkürliche Definition, und niemand, dem ich bloß die Aufgabe stelle, die Veränderung der Größe T zu finden, welche durch die willkürliche Verschiebung der der Zeit t entsprechenden Lage des Punktes entsteht, kann ohne besondere Anweisung wissen, daß darunter gerade der Ausdruck (1) zu verstehen ist, wenn er nicht etwa den zu be-

[1]) Leipzig bei Veit & Comp. 1898. VI. Teil. 3. Abschnitt.

weisenden Satz, daß mx'' die Rolle einer Kraft spielt, schon voraussetzt, wie es Hr. Helm nach Poncelets Vorgang (l. c. S. 220) tut.

Es ist also der oben zitierte Satz unklar, wenn nicht der Begriff des Zuwachses der lebendigen Kraft in einer besonderen, im Wortlaute des Satzes nicht enthaltenen Weise interpretiert wird.

Ganz anders verhält es sich mit der Neumannschen Darstellung, welche Hr. Helm l. c. S. 229 anführt. Hier sind $d\xi$, $d\eta$, $d\zeta$ nicht etwa die Komponenten einer andern beliebigen, sondern wieder der wirklichen während der Zeit dt eintretenden Verschiebung. Hier ist selbstverständlich alles mathematisch korrekt, aber daß $mx''dx$ der der x-Richtung entsprechende Zuwachs der lebendigen Kraft sei, muß als neue Definition, und daß er gleich der Arbeit der x-Komponente der Kraft, als neues Prinzip aufgestellt werden.

Dieses neue Prinzip könnte folgendermaßen in Worte gekleidet werden: „Sei ein materieller Punkt gegeben, auf den beliebige Kräfte wirken. Wenn er außerdem gezwungen wäre, sich in einer bestimmten Richtung (der x-Richtung) zu bewegen, so wäre seine Beschleunigung durch das Prinzip der Erhaltung der Energie bestimmt; ebenso wenn er gezwungen wäre, in einer zweiten, darauf senkrechten (y-Richtung), und ebenso, wenn er gezwungen wäre, in einer dritten, auf beiden vorangehenden senkrechten Richtung (z-Richtung) sich zu bewegen. Wenn er nun vollkommen frei ist, so ist seine gesamte Beschleunigung immer die Superposition jener drei Beschleunigungen.“ Dieser Satz ist vollkommen klar, bedarf keiner näheren Definition mehr und ist auch richtig; allein er erschien offenbar nicht einfach und abgerundet genug, und deshalb suchte man ihn durch einen allgemeiner und abgerundeter klingenden zu ersetzen. Natürlich treten dieselben Unzukömmlichkeiten bei der Bewegung mehrerer materieller Punkte zutage, besonders wenn diese gewissen Bedingungen unterworfen sind. Noch auffallender sind sie bei Hrn. Helms Ableitung der Elastizitätsgleichungen (vgl. dessen Gleichung (6), S. 241). Ich will jedoch meine Ausführungen nicht ungebührlich ausdehnen und daher auch nicht mehr eingehend erörtern, daß mir meine alten Bedenken auch gegenüber der Darstellung der Fundamentalrelationen von Gibbs in dem neuen Buche Hrn. Helms berechtigt zu sein scheinen.

Ich kann in dieser Darstellung wieder nur ein Aufgeben der Präzision der Begriffsbestimmungen von Gibbs zu dem Zwecke einer äußeren formellen Abrundung erblicken.

So folgt der Gibbsche Satz, daß ein Zustand eines isolierten Systems ein Gleichgewichtszustand sein muß, wenn für denselben $(\delta S)_E \lesseqgtr 0$ ist, unmittelbar daraus, daß die Zunahme der Entropie das Kriterium dafür ist, daß das System in den andern Zustand übergehen kann, wenn nicht gleichzeitig in andern Körpern Entropieänderungen eintreten, d. h. wenn es isoliert ist. Hr. Helm dagegen findet (l. c. S. 149) darin eine Lücke, die auszufüllen er umständlich bemüht ist, und verwischt ebenso wieder die begriffliche Schärfe des zweiten Gibbschen Satzes.

b) Anfrage, die Hertzsche Mechanik betreffend.[1])

Zwei starre, in einem Punkte B mittels eines Kugelgelenks verbundene Stangen, von denen jede einen nicht in B befindlichen Massenpunkt A und C hat, während sonst alles masselos ist, liefern im Sinne Hertz' einen verborgenen Mechanismus, der die Reflexion einer im Innern einer elastischen Hohlkugel befindlichen elastischen Vollkugel an der Hohlkugel darstellt. Wie kann durch einen verborgenen Mechanismus, für den irgendwelche holonome oder nichtholonome Gleichungen gelten, an deren Stelle aber gemäß Hertz' Theorie nicht Ungleichungen treten dürfen, der einfache vollkommen elastische Stoß zweier Vollkugeln dargestellt werden? Sollte es wirklich Schwierigkeiten bereiten, selbst für diese einfachsten Naturvorgänge entsprechend einfache, alle Anforderungen der Hertzschen Theorie erfüllende verborgene Mechanismen zu finden, so würde dadurch deren Bedeutung für die Physik trotz aller ihrer philosophischen Schönheit und Vollkommenheit sehr vermindert.

---

[1]) Dieselbe Anfrage findet sich in etwas veränderter Form in dem Jahresbericht der D. Math.-Vereinigung 7. S. 76—77. 1899.

c) Vorschlag zur Festlegung gewisser physikalischer Ausdrücke.

Boltzmann beantragt, es mögen in den Fällen, wo noch keine einheitlichen Bezeichnungen üblich sind, solche von der mathematischen und der physikalischen Abteilung der Naturforschergesellschaft resp. der Mathematikervereinigung in Vorschlag gebracht und empfohlen werden. Als Beispiele solcher vorzuschlagenden Bezeichnungen führt er an:

1. „Vektor“ für eine Größe mit Richtung und Richtungssinn, „Tensor“ ohne den letzteren; „Rotor“ mit Drehungssinn, „Axiar“ als allgemeinen Begriff, der alle vorherigen umfaßt (nach Voigt und Wiechert).

2. Gebrauch des englischen (Weinranken-)Koordinatensystems, wo eine Beziehung zur gegebenen Natur vorliegt (zum Elektromagnetismus, zur Erddrehung usw.).

3. „Orientierung“ für die gesamte Gedrehtheit eines starren Körpers um einen Punkt (z. B. den Schwerpunkt). Ihr Differentialquotient nach der Zeit ist die Drehung.

4. „Isentropen“ statt „Adiabaten“ für Zustandsänderungen ohne Wärmezufuhr, „Isopyknen“ für solche, wo das Volumen, „Isobaren“ für solche, wo der Druck konstant bleibt.

d) Über die kinetische Ableitung der Formeln für den Druck des gesättigten Dampfes, für den Dissoziationsgrad von Gasen und für die Entropie eines das van der Waalssche Gesetz befolgenden Gases.

In der Gastheorie wird die Wahrscheinlichkeit, daß die den Zustand eines Moleküls bestimmenden generalisierten Koordinaten in einem unendlich kleinen Gebiet $d\pi$ liegen, proportional $e^{-hV} d\pi$ gefunden, wo die Größe $h = a/T$ verkehrt proportional der absoluten Temperatur ist. a ist eine reine Konstante, V die Kraftfunktion der inneren und äußeren, auf die Bestandteile des Moleküls wirkenden Kräfte. Es soll die universelle Bedeutung dieser Formel ein wenig illustriert werden.

1. Wenn bloß die Schwerpunkte der Moleküle betrachtet werden und keine andere Kraft als die Schwerkraft betrachtet wird, so ist $V = mgz$, die obige Formel geht also über in die bekannte Formel für das barometrische Höhenmessen.

2. Wenn wir die Formel auf ein System anwenden, das aus einer tropfbaren Flüssigkeit und dem darüberstehenden Dampfe besteht, und in dem genau die von van der Waals in seiner Theorie angenommenen Kräfte wirken, so liefert das Verhältnis der Wahrscheinlichkeiten, daß der Schwerpunkt eines Moleküls in einem in der Flüssigkeit befindlichen Volumenelemente liegt, zu der, daß er in einem gleichen Volumenelemente innerhalb des Dampfraumes liegt, das Verhältnis der Dichten der Flüssigkeit und des gesättigten Dampfes. Die Durchführung der Rechnung zeigt, daß man genau die Formel erhält, welche auch aus der Maxwell-Clausiusschen Annahme folgt, daß der Entropiesatz auch für die labilen Zustände des Systems gilt. Die Zulässigkeit dieser Annahme hat jetzt nichts Geheimnisvolles mehr; denn wenn man die Entropie als die Zustandswahrscheinlichkeit auffaßt, so ist klar, daß dieselbe ebenso für stabile wie labile Zustände Sinn hat.

3. Wendet man die eingangs angeführte allgemeine Formel auf die chemischen Kräfte an, welche die Atome eines Moleküls zusammenhalten, so ergibt sich daraus die bekannte Gibbssche Formel für die Gasdissoziation.

4. Wie findet man nun die Entropie eines das van der Waalssche Gesetz befolgenden Gases? Dasselbe habe die Masse Eins, das Volumen v und bestehe aus n Molekülen. $b/4n$ sei das Volumen eines als starre Kugel gedachten Moleküls, also $\frac{1}{4}b$ die Summe der Volumina aller Gasmoleküle. Die Wahrscheinlichkeit, daß sich das erste Molekül im Volumen v befindet[1]), ist v. Dieses macht eben das Volumen $2b/n$ als Ort für den Mittelpunkt des zweiten Moleküls unmöglich. Die Wahrscheinlichkeit, daß sich auch noch das zweite Molekül im Raume v befindet, ist daher

$$v\left(v - \frac{2b}{n}\right).$$

[1]) Darunter ist immer das Verhältnis dieser Wahrscheinlichkeit zu der zu verstehen, daß es sich in einem ganz leeren Raume vom Volumen Eins befindet.

Fährt man so fort, die Wahrscheinlichkeiten, daß sich auch die übrigen Moleküle im Raum v befinden, zu berechnen, so erhält man einen Ausdruck, dessen Logarithmus genau der Entropie proportional ist. So findet man für die Größe

$$\left(p + \frac{a}{v^2}\right) \cdot \frac{1}{RT}$$

zunächst die Reihe

$$v - \sum_{k=0}^{n-1} \frac{2kb}{n},$$

was sich für große n auf $v - b$ reduziert.[1])

---

[1]) Die letzten Zeilen sind — wohl infolge eines Druckfehlers — unverständlich. Man vergleiche hierzu Boltzmanns Vorl. über Gastheorie II. § 61. D. H.

130.

Sur le rapport des deux chaleurs spécifiques des gaz.

(C. R. 127. S. 1009—1014. 1898.)

Clausius[1]), le premier, a donné la valeur $k = 1\frac{2}{3}$ pour le rapport des deux chaleurs spécifiques des gaz, comme se déduisant de la théorie cinétique dans le cas où les molécules du gaz sont de simples points matériels ou des sphères rigides élastiques. Plus tard, Maxwell[2]) a trouvé $k = 1\frac{1}{3}$ pour les gaz dont les molécules peuvent être considérées comme des corps rigides élastiques, n'ayant pas la forme de sphères.

J'ai calculé à mon tour[3]), le rapport k, dans l'hypothèse que les molécules sont composées d'un nombre quelconque de points matériels, vibrant indépendamment les uns des autres; le résultat a été généralisé par Maxwell[4]), pour le cas où les molécules seraient des systèmes matériels quelconques caractérisés par des coordonnées généralisées. Si n est le nombre de *degrés de liberté* et ε le rapport du travail moyen des forces moléculaires à la force vive moyenne du centre de gravité des molécules, on a

$$k = 1 + \frac{2}{n + 3\varepsilon} \tag{1}$$

J'ai alors corrigé[5]) deux erreurs dans le second Mémoire de Maxwell et je suis, à ce que je crois, le premier qui ait dirigé l'attention sur le fait, que la valeur k trouvée par Maxwell dans son premier Mémoire, pour le cas où les

---

[1]) Pogg. Ann. **100.** S. 379. 1857.

[2]) Phil. Mag. (4) **20.** S. 36. 1860.

[3]) Wien. Ber. **53.** S. 209. 1866; **58.** S. 559. 1868; **63.** S. 418. 1871; **66.** S. 361. 1872 etc. (Diese Sammlung Bd. I. Nr. 2. S. 22; Nr. 5. S. 95; Nr. 18. S. 258; Nr. 22. S. 395.)

[4]) Cambr. phil. trans. (3) **12.** S. 547. 1879; Scient. pap. **2.** S. 713.

[5]) Münchn. Ber. **22.** S. 331. 1892. (Dieser Band Nr. 97.)

molécules se comportent comme des corps rigides élastiques, n'est juste que si la forme des molécules diffère de celle des corps de révolution, et que, dans ce dernier cas, on trouve $k = 1,4$.[1])

On suppose, dans tous ces calculs, qu'il s'agit d'un gaz *parfait* ou *idéal*, c'est-à-dire d'un gaz qui obéit aux lois de Mariotte et de Gay-Lussac (Boyle-Charles). Pour un tel gaz, il résulte de la formule (1) que k ne peut avoir la valeur $1\frac{2}{3}$ que si les molécules se comportent comme de simples points matériels ou comme des sphères parfaites, parce que, dans tout autre cas, on a $n > 3$ et ε ne peut pas être négatif. Pour les nouveaux gaz découverts par M. Ramsay, la température critique est si basse que, sans le moindre doute, ces gaz sont, à la température ordinaire, assez voisins de l'état gazeux parfait, et puisque pour eux la valeur de k est $1\frac{2}{3}$, il résulte de la théorie cinétique des gaz que leurs molécules se comportent comme des sphères parfaites, en ce qui concerne leurs chocs moléculaires.

Nous ne pouvons pas nous former une idée précise de la nature d'un atome. Mais il faut remarquer que, pour la plupart des gaz parfaits, dont la diatomicité est démontrée par des raisons de chimie, on a $k = 1,4$, c'est-à-dire précisément la valeur exigée par la théorie pour un gaz dont les molécules sont des corps rigides de révolution. C'est ce qui donne une grande probabilité à l'hypothèse de M. Ramsay, d'après laquelle il faut se représenter les deux atomes de la molécule de ces gaz comme deux boules sphériques réunies entre elles presque rigidement, comme les boules des haltères des gymnastes, qui forment en effet un corps rigide de révolution.

Cette hypothèse est appuyée par un fait bien connu. Les chimistes avaient soupçonné depuis longtemps que la molécule de la vapeur de mercure est monoatomique, et c'est pourquoi M. Baeyer a engagé M. Kundt à déterminer k pour cette substance à la température de l'ébullition. Les expériences que M. Kundt a exécutées avec M. Warburg[2]) ont donné,

---

[1]) Wien. Ber. **74.** S. 553. 1876; Pogg. Ann. **160.** S. 175. 1877. (Diese Sammlung Bd. I Nr. 37.)

[2]) Pogg. Ann. **157.** S. 355. 1876.

en effet, la valeur $1\frac{2}{3}$ prévue par la théorie. M. Leduc[1] doute de la validité de cet argument pour la théorie, parce que la vapeur de mercure n'est pas très voisine de l'état de gaz parfait à la température de l'ébullition du mercure. La valeur de k pourrait être plus petite dans cet état et la grande valeur de k trouvée par MM. Kundt et Warburg pourrait être due à l'écart par rapport à l'état de gaz parfait. On ne peut pas réfuter absolument ces doutes de M. Leduc, parce qu'on ne peut pas tenir exactement compte de l'effet de cet écart. Selon une formule que j'ai déduite[2]) de la loi de Van der Waals, cet écart ne pourrait qu'amoindrir et jamais augmenter la valeur de k; mais cette formule serait seulement concluante s'il était démontré que la vapeur de mercure obéit à la loi de Van der Waals avec assez d'exactitude.

Pour décider la question posée par M. Leduc, il faudrait faire des expériences avec la vapeur de mercure à des températures beaucoup plus élevées et à des pressions très faibles. Les doutes de M. Leduc seraient réfutés si k était constamment égal à $1\frac{2}{3}$. Mais, dès à présent, il n'est pas très probable que les écarts de la vapeur de mercure par rapport à l'état gazeux parfait soient assez grands pour augmenter la valeur de k de 1,4 ou d'une valeur encore moindre jusqu'à $1\frac{2}{3}$, et que le bel accord de la valeur prévue par la théorie avec l'expérience ne soit qu'un hasard.

Certainement ce doute de M. Leduc n'est pas applicable aux gaz découverts par M. Ramsay, parce que ces gaz sont sûrement très voisins de l'état gazeux parfait.

M. Leduc dit (*loc. cit.*) qu'on a enseigné, d'après moi, que, pour les gaz triatomiques, k serait égal à $1\frac{1}{3}$. Mais déjà en 1883, je dis[3]), après avoir énuméré les gaz pour lesquels on a $k = 1\frac{1}{3}$: »Les gaz dont les molécules ont trois atomes ou plus se comportent tout à fait autrement, ce qui est évident par les expériences de Wüllner[4]). Mais pourtant il semble presque que, pour ces gaz, k s'approche de la valeur $1\frac{1}{3}$ pour des températures très basses; dans ce cas, leurs molécules se

[1]) C. R. **127.** S. 662. 31. Oktober 1898.
[2]) Vorles. über Gastheorie, **2.** S. 53. 1898. Leipzig, Barth.
[3]) Wied. Ann. **18.** S. 310. 1883. (Dieser Band Nr. 68. S. 65.)
[4]) Wied. Ann. **4.** S. 231. 1878.

comporteraient, à des températures très basses, à peu près comme des corps rigides, n'ayant pas la forme des corps de révolution; mais, à des températures plus élevées, le lien des atomes serait relâché ou une autre variation d'état consommerait plus d'énergie.«

Seulement, pour la chlorine, la vapeur du brome et de la jodine, je trouve probable, dans une certaine mesure, que k est constamment égal à $1\frac{1}{3}$ dans un certain intervalle de température, comprenant celle des expériences. L'incertitude de tous ces nombres est encore augmentée, parce que tous ces gaz ne sont plus très voisins de l'état gazeux parfait.

Je veux dire, par la phrase citée, que la variabilité de k avec la température peut être expliquée par des mouvements internes atomiques ou électriques, dont le travail doit causer, en général, d'après la théorie, une variabilité de k avec la température. A des températures plus basses, il faudrait que la communication de l'énergie à ces mouvements internes fût si lente qu'ils ne se missent plus en équilibre des forces vives pendant la durée du temps des expériences, et que, en conséquence, les molécules se comportent comme des corps rigides. A ces températures, on aurait ainsi $k = 1\frac{2}{3}$, $k = 1{,}4$ ou $k = 1\frac{1}{3}$, suivant que ces corps seraient des sphères, d'autres corps de révolution ou d'une forme différente. Mais jamais les mouvements intérieurs ne peuvent avoir pour résultat que k soit plus grand qu'une de ces valeurs pour des molécules de la forme en question. Une augmentation de k, de 1,4 à $1\frac{2}{3}$, pour un gaz parfait, dont les mouvements moléculaires intérieurs ne prennent plus part à l'équilibre des forces vives, ne peut avoir lieu que si la forme des molécules passe, avec température décroissante, de celle d'un corps non sphérique à celle d'une sphère, ce qui est extrêmement improbable. Aussi un décroissement continu de k, sous la valeur 1,4, avec la température, pour un gaz parfait, n'a pas été observé jusqu'à présent.

Nous avons considéré les atomes (par exemple, ceux de l'argon) comme des sphères rigides, les molécules diatomiques (par exemple, celles de l'hydrogène) comme deux sphères rigidement unies. Il est peu probable que les uns se comportent exactement comme des billes de billard, les autres comme les haltères des gymnastes. Sans doute aussi les atomes sont composés. Seulement leurs composants sont arrangés symétriquement autour d'un centre et si fortement reliés que l'atome se comporte comme une sphère exacte, à l'égard du choc mutuel dans les gaz, et que chaque choc attaque l'atome entier et ne donne naissance à des mouvements intérieurs électriques qu'en un temps beaucoup plus long que celui des expériences. A des températures très élevées, certainements aux températures où le gaz rayonne sensiblement, les mouvements intérieurs ou électriques font partie de l'équilibre total des forces vives et k diminue.

Nous ne savons pas si l'atome de la chlorine ou du soufre n'est pas beaucoup plus complexe que celui de l'hydrogène. Si nous concluons que la molécule de l'argon est un simple atome, cela ne veut pas dire qu'elle est indivisible au sens philosophique. Nous ne pouvons non plus dire si sa composition est de la même complexité que celle de l'atome d'hydrogène, ou plutôt que celle de l'atome de soufre. Nous voulons seulement dire que les forces qui contiennent une molécule d'argon sont plutôt de l'ordre de grandeur de celles qui contiennent différentes parties d'un atome simple d'oxygène ou de soufre, que de celles qui contiennent les deux atomes d'une molécule d'hydrogène ou les atomes de l'ammonium ou du cyanogène.

Nous arrivons aux conclusions suivantes:

1. La molécule d'un gaz parfait pour lequel on a $k = 1\frac{2}{3}$ doit se comporter à l'égard des chocs moléculaires comme une sphère rigide, ce qui, probablement, n'est possible que pour des gaz monoatomiques.

2. La molécule d'un gaz parfait pour lequel on a $k = 1,4$ dans un intervalle de température étendu, se comporte comme deux sphères rigidement reliées entre elles, ce qui, probablement, n'arrive que pour des gaz diatomiques.

3. Chaque molécule et même chaque atome est capable de vibration en des parties internes ou électriques. Par conséquent, k diminue et devient variable aussi pour des gaz parfaits à de hautes températures. Pour les gaz triatomiques et polyatomiques, cela a déjà lieu aux températures ordinaires.

4. Pour un gaz imparfait, qui suit la loi de Van der Waals, k est toujours plus petit que pour un gaz parfait, dont la

molécule est de la même constitution et a les mêmes qualités internes. Mais, la loi de Van der Waals n'étant qu'une première approximation, nous ne pouvons pas savoir si ce théorème est vrai en général, et la théorie des gaz imparfaits est encore tout à fait incertaine.

Si des expérimentateurs se trouvaient engagés par ces lignes à tenter de nouvelles expériences afin de déterminer k pour l'argon, la vapeur de mercure, la chlorine, l'air, l'hydrogène, etc. à des températures et à des pressions aussi différentes que possible, ce serait là, à mes yeux, le résultat le plus désirable de ces considérations théoriques.

131.

Über eine Modifikation der van der Waalschen Zustandsgleichung; gemeinschaftlich mit H. Mache.

(Wien. Anz. 36. S. 87—88. 16. März 1899. Wied. Ann. 68. S. 350—351. 1899.[1])

Wenn man in Formel (157), § 54 des zweiten Teiles der Boltzmannschen Vorlesungen über Gastheorie[2]) den Größen x und y die daselbst S. 154 mit (158) bezeichneten Werte erteilt, dagegen einfachheitshalber $z = 0$ setzt, so ergibt sich die folgende Gleichung zwischen dem Drucke p auf die Flächeneinheit, dem spezifischen Volumen v und der absoluten Temperatur T eines Gases:

$$\left(p v + \frac{a}{v}\right)\left(v - \frac{1}{3} b\right) = r T \left(v + \frac{2}{3} b\right). \tag{1}$$

Diese Formel liefert, wie die van der Waalssche, für kleine v sowohl die von b unabhängigen, als auch die die erste Potenz von b enthaltenden Glieder so, wie sie von der Theorie gefordert werden. Sie hat aber den Vorteil, daß sie, wie es die Theorie verlangt, p von der Größenordnung

$$\left(v - \frac{1}{3} b\right)^{-1}$$

unendlich liefert, wenn v nahe gleich $^1/_3\, b$ ist. Sie hat übrigens die gleiche Form, wie die von van der Waals gegebene Formel.[3])

In der folgenden Tabelle sind die aus Formel (1) berechneten Drucke mit den von Amagat[4]) für Kohlensäure ge-

[1]) (Es ist hier der Abdruck in den Wied. Ann. wiedergegeben; derselbe ist gegen die frühere Publikation im Wien. Anz. etwas verändert. D. H.)

[2]) L. Boltzmann. Vorlesungen über Gastheorie. J. A. Barth. Leipzig 1898.

[3]) van der Waals. Kontinuität des gasförmigen und flüssigen Zustandes, S. 180. J. A. Barth. Leipzig 1899.

[4]) E. H. Amagat, C. R. 113. S. 447 u. 448. 1891.

fundenen zusammengestellt. Die obere Zahl gibt den im Experimente verwendeten, die darunterstehende den für das gleiche Volumen und die gleiche Temperatur aus der Formel (1) sich ergebenden Druck in Atmosphären. Den Konstanten sind die an der Spitze der Tabelle angegebenen Werte erteilt.

Die Übereinstimmung ist keine vollkommen befriedigende, aber doch weit besser als bei der ursprünglichen van der Waalsschen Formel, welche kaum erheblich einfacher ist, indem in der nun folgenden Tabelle nur an einzelnen Stellen, wo der kinetische Druck und der Innendruck nahe gleich sind, die Abweichungen erheblich werden. Zudem ist die Möglichkeit nicht ausgeschlossen, daß bei einfacher gebauten Substanzen Stickstoff, Wasserstoff, Quecksilberdampf, Argon, Helium usw. die Übereinstimmung noch besser wäre.

$$a = 0{,}00874$$

$$b = 0{,}003283$$

$$r = \frac{1}{273}(1 + a)(1 - b)$$

0°	10°	20°	30°	50°	70°	100°	137°	198°	258°
31 32,9	33 34,7	35 35,2	37 38,2	50 51,1	50 50,5	50 50	50 50	75 74,7	75 75,3
34* 36,7	44* 47,5	56* 59,6	50 52	75 75,6	75 75,3	75 74,7	100 99	100 99,2	100 100
35* 33,9	45* 24,8	57* 27,1	70* 69,5	100 88,2	100 97,7	100 98,5	150 145,8	150 147,4	150 151
50 58,8	75 90,9	75 62,1	75* 44,2	125 99,2	150 129,6	150 141,4	200 190,7	200 194,9	200 199,2
100 119,9	100 113,1	100 99,7	100 80,2	175 160,5	200 177,6	200 182,2	250 214,6	250 241,8	250 250,3
200 228,1	200 218,4	200 212,6	200 207,2	200 188,5	300 288,3	300 281,8	300 284,4	300 290,3	300 297,7
400 411,2	400 417,3	400 411,1	400 412	400 402,3	400 395,2	400 388,6	400 387,7	400 389,3	400 402,4
600 598,2	600 605,8	600 601,9	600 602,1	600 601,2	600 595,3	600 592,8	600 595,6	600 595,2	450 450,1
800 778,2	800 776,7	800 776,6	800 777,9	800 783,2	800 785,6	800 789,6	800 797,8	800 801,6	
1000 969,2	1000 975,3	1000 978,8	1000 982,2	1000 989	1000 993,7	1000 992,2	950 945,4	950 957,6	

Eine erheblich bessere Übereinstimmung für die niederen Temperaturen erhält man, wenn man in der Formel

$$\left(p+\frac{a}{v^2}\right)\left(v-b+\frac{c}{v^2+d}\right)=rT$$

die Konstanten passend wählt; doch stimmen dann die Werte für hohe Temperaturen weniger.

Nachtrag.

(Wien. Anz. 36. S. 106. 13. April 1899.)

Das w. M. Hr. Prof. L. Boltzmann teilt mit, daß Hr. H. Mache die Formel

$$p+\frac{0{,}00874}{v^2}=\frac{1{,}00646\,T}{273\left(v-0{,}003+\dfrac{0{,}0000000195623}{v^2+0{,}00000961782}\right)}$$

mit den Beobachtungen Amagats über CO_2 verglichen hat. Die Übereinstimmung ist bei tiefen Temperaturen eine recht befriedigende, bei den hohen aber sind die Abweichungen ziemlich groß.

132.

Über die Bedeutung der Konstante b des van der Waalsschen Gesetzes; gemeinschaftlich mit H. Mache.

(Cambridge Phil. Trans. 18. S. 91—93. 1899.)

In dem Buche von Professor Boltzmann, „Vorlesungen über Gastheorie, II. Teil" wurde die van der Waalssche Formel aus der Vorstellung abgeleitet, daß die Gasmoleküle Anziehungskräfte aufeinander ausüben, deren Wirkungssphäre groß ist gegen den Abstand zweier Nachbarmoleküle. Der Fall, wo diese Annahme nicht mehr zutrifft, wurde in demselben Buche auf S. 213 kurz behandelt. Es zeigt sich, daß dann Erscheinungen, wie sie bei der *Dissoziation* zweiatomiger Gase vorkommen, nicht eintreten können, falls die Anziehungskraft gleichmäßig nach allen vom *Atomzentrum* ausgehenden Richtungen wirkt. Die an jener Stelle abgeleiteten Formeln können aber benützt werden, um die Zustandsgleichung zu entwickeln. Es wurde dort die Annahme gemacht, daß die daselbst mit χ bezeichnete Größe *konstant* ist. Lassen wir diese Annahme fallen, so tritt an Stelle der Formel (233) allgemein der Ausdruck

$$\frac{n_2}{n_1} = \frac{2\pi n_1}{V} \int_{\sigma}^{\sigma+\delta} r^2 \, dr \, e^{2hf(r)}.$$

Es wird also jetzt angenommen, daß die Trennungsarbeit von der Tiefe abhängig ist, bis zu welcher das *Zentrum* eines zweiten Moleküls in den kritischen Raum des ersten eingedrungen ist. Dagegen soll zunächst der Fall dahin vereinfacht werden, daß die Anziehungskraft innerhalb dieses kritischen Raumes *konstant* bleibt. Dann wird

$$f(r) = C(\sigma + \delta - r).$$

Schreibt man zur Abkürzung $2hC = c$ und führt die *Integration* durch, so hat man

$$n_2 = \frac{2\pi n_1^2}{V c^3}\{e^{c\delta}[(c\sigma+1)^2+1] - [(\overline{c\sigma+\delta}+1)^2+1]\} = \frac{\varkappa}{2} n_1^2.$$

Es gilt aber allgemein für ein Gasgemisch aus n_1 und n_2 Molekülen verschiedener Art die Beziehung

$$pV = \frac{m\overline{c^2}}{3}(n_1+n_2) = MRT(n_1+n_2).$$

Nennen wir a die Zahl der Moleküle bei vollkommener *Dissoziation*, so ist

$$a = n_1 + 2n_2 = n_1 + \varkappa n_1^2.$$

Hingegen ist die Zahl der freien Moleküle im betrachteten Zustand

$$n = n_1 + n_2 = \frac{a+n_1}{2}.$$

Durch Elimination von n_1 und Entwickeln der Wurzel findet man hieraus den Näherungswert $n = a - (a^2\varkappa/2)$ und folglich auch weiter

$$pV = aMRT - \frac{a^2 MRT}{2}\varkappa.$$

Ist aber m die Masse eines Moleküls, μ das Atomgewicht, v das *spezifische* Volumen, endlich r die Gas*konstante* des betrachteten Gases, so ist

$$M = \frac{m}{\mu}, \quad \frac{am}{V} = \frac{1}{v},$$

endlich $R/\mu = r$ und es wird auch

$$p = \frac{rT}{v} - \frac{arT}{2v}\varkappa,$$

oder, wenn man auf den Ausdruck für $\varkappa$ zurückgeht,

$$p = \frac{rT}{v} - \frac{1}{v^2}\cdot\frac{2\pi rT}{c^3 m}\{e^{c\delta}[(c\sigma+1)^2+1] - [(\overline{c\sigma+\delta}+1)^2+1]\}$$
$$= \frac{rT}{v} - \frac{A}{v^2}.$$

Hierbei ist aber in v noch der von den Deckungssphären der Moleküle ausgefüllte Raum $\varrho = (1/m)\cdot\frac{4}{3}\pi\sigma^3$ abzuziehen. Wir erhalten also als Zustandsgleichung

$$p = \frac{rT}{v-\varrho} - \frac{A}{(v-\varrho)^2}.$$

Zur Diskussion dieser Formel finde noch folgende Betrachtung Raum. Es ist, wie man sich leicht durch Rechnung überzeugt,

$$e^{c\delta}[(c\sigma+1)^2+1]-[(\overline{c\sigma+\delta}+1)^2+1]$$

$$=c^3\sigma^2\delta\sum_{n=1}^{n=\infty}(c\delta)^{n-1}\left\{\frac{1}{n!}+\frac{2\frac{\delta}{\sigma}}{(n+1)!}+\frac{2\left(\frac{\delta}{\sigma}\right)^2}{(n+2)!}\right\}.$$

Ferner ist

$$A=\frac{1}{m}\;2\pi\sigma^2\delta rT\sum_{n=1}^{n=\infty}(c\delta)^{n-1}\left\{\frac{1}{n!}+\frac{2\frac{\delta}{\sigma}}{(n+1)!}+\frac{2\left(\frac{\delta}{\sigma}\right)^2}{(n+2)!}\right\}.$$

Es gilt weiter die Beziehung

$$c=2hC=\frac{C}{mr}\cdot\frac{1}{T}.$$

Setzt man endlich

$$\frac{1}{m}\cdot 2\pi\sigma^2\delta=\alpha,\quad \frac{C\delta}{mr}=\beta,\quad \frac{\sigma}{\delta}=\varepsilon,$$

so ist auch

$$\varrho=\frac{1}{m}\cdot\tfrac{4}{3}\pi\sigma^3=\tfrac{2}{3}\alpha\varepsilon$$

und es läßt sich die obige Zustandsgleichung in der Form schreiben:

$$p=\frac{rT}{v-\frac{2}{3}\alpha\varepsilon}-\frac{\alpha rT}{(v-\frac{2}{3}\alpha\varepsilon)^2}\sum_{n=1}^{n=\infty}\left(\frac{\beta}{T}\right)^{n-1}\left\{\frac{1}{n!}+\frac{2}{(n+1)!\,\varepsilon}+\frac{2}{(n+2)!\,\varepsilon^2}\right\}.$$

Die *Konstanten* dieser Gleichung haben folgende Bedeutung:

Es ist α gleich dem halben im Volumen der Masseneinheit vorhandenen kritischen Raume,

$\beta r=C\delta/m$ gleich dem Potential der Anziehungskraft auf der Oberfläche der Deckungssphäre,

endlich $\varepsilon=\sigma/\delta$ gleich dem Verhältnis aus dem Durchmesser des Moleküls und der Distanz, auf welche die Anziehungskraft wirkt.

Da die Gleichung (233), von welcher wir ausgegangen sind, voraussetzt, daß die Anzahl der Tripelmoleküle gegen die Anzahl der Doppelmoleküle verschwindet, so ist auch die obige Gleichung an die Voraussetzung gebunden, daß die Abweichungen des Gases vom Boyle-Charlesschen Gesetze noch klein sind. Es darf also auch das letzte Glied unserer Gleichung, welches ja den Innendruck darstellt, nicht über einen gewissen Wert hinauswachsen. Dies wird um so weniger der Fall sein, je größer ε ist. Aus den Versuchen von Amagat und Andrews über die Kompressibilität des Kohlendioxyds berechnet sich ε für dieses Gas zu ungefähr 100. Nach dieser Vorstellung scheint also der Anziehungsbereich sogar noch *relativ* klein zu sein gegen den Durchmesser des Moleküls.

Wir haben bisher unsere Zustandsgleichung abgeleitet, indem wir für $f(r)$ ein bestimmtes einfaches Abhängigkeitsverhältnis einführten. Läßt man $f(r)$ ganz willkürlich, so ergibt sich leicht, daß dies den Typus der Zustandsgleichung, auf welche man kommt, in keiner Weise verändert.

Es wird stets

$$p = \frac{rT}{v - \varrho} - \frac{A}{(v - \varrho)^2}$$

und es ist nur noch A von $f(r)$ abhängig.

Dies gilt freilich nur, solange man die Anzahl der Tripelmoleküle und der noch höheren *Kongregationen* vernachlässigen darf. Ist dies nicht mehr der Fall, so werden noch weitere Glieder hinzutreten, welche in ihren Nennern das $v - \varrho$ in der dritten, vierten und höheren Potenzen enthalten. Es ergibt sich dann für p eine Potenzreihe, wie sie ähnlich auch schon Hr. Professor Jäger von anderen Betrachtungen ausgehend aufgestellt hat. Leider begegnet die Auswertung ihrer weiteren *Koeffizienten* kaum zu überwindenden Schwierigkeiten.

133.

Über die Zustandsgleichung van der Waals.

(Amsterdam. Ber. 1899. S. 477—484.)[1])

Hr. van Laar hat auf Anregung des Hrn. van der Waals eine Formel berechnet[2]), welche zur Berechnung eines weiteren Näherungsgliedes in der Formel des letzteren geeignet ist. Ich will hier zeigen, wie die Formel des Hrn. van Laar zur

---

[1]) Diese Arbeit wurde von Hrn. van der Waals der königl. holländischen Akademie vorgelegt. Hr. van der Waals brachte gleichzeitig folgenden an ihn gerichteten Brief Boltzmanns zur Publikation:

Wien, am 2. März 1899.

Hochgeehrter Herr Kollege!

Hr. van Laar hat mir aus Utrecht eine Rechnung zugesandt, welche er auf Ihre Anregung hin unternahm. Ich habe daraus das nächste Korrektionsglied Ihrer Formel nach der mir eigentümlichen Methode berechnet und erlaube mir, Ihnen das Manuskript beiliegend zu übersenden. Das Resultat wird mit demjenigen, wozu Sie gelangen, nicht völlig übereinstimmen, aber eine Diskussion darüber wäre mir aus mathematischen Gründen sehr interessant, weniger aus physikalischen, da ja noch weitere Glieder doch nicht berechenbar sein werden. Nun sind für kleine Drucke die Beobachtungen zu ungenau, als daß dieses Glied nützlich wäre, während man für hohe Drucke noch mehr Annäherungsglieder brauchte. Zudem liegen für Hg-Dampf, Argon, Helium, wo man kugelförmige Moleküle vermuten könnte, keine Beobachtungen vor.

Es wäre mir lieb, wenn Sie die Güte hätten, mein Manuskript der Amsterdamer Akademie der Wissenschaften vorzulegen und wenn es in deren Berichten abgedruckt werden könnte, weil ich glaube, daß dadurch meine Absicht, diejenigen, welche sich für die Frage interessieren, zu einer der Wissenschaft nützlichen Diskussion anzuregen, am besten erreicht würde....

Ihr ergebenster
Ludwig Boltzmann.

[2]) Amsterdamer Akademie der Wissenschaften, 26. Januar 1899, ausgegeben am 6. Februar.

Ergänzung meiner diesbezüglichen Rechnungen benützt werden kann und mich dabei derselben Bezeichnungen bedienen, wie im zweiten Teile meiner Vorlesungen über Gastheorie, welche ich immer kurz mit l. c. zitiere.

I. Berechnung des für den Mittelpunkt eines neu hinzugekommenen Moleküls im Gase verfügbaren Raumes.

Sei V das Volumen eines Gefäßes, worin sich n gleich beschaffene, sehr kleine, starre Kugeln (Moleküle) von der Masse m und dem Durchmesser σ befinden.

Wir bezeichnen mit D_1 den ersten Annäherungswert des für den Mittelpunkt eines neu hinzugekommenen gleich beschaffenen Moleküls im Gefäß verfügbaren Raumes D, so daß $D_1 = V$ ist. In zweiter Annäherung müssen wir hiervon das Volumen der Deckungssphären aller n Moleküle abziehen, wobei wir unter Deckungssphäre eine dem Moleküle konzentrische Kugel vom Radius σ, daher vom Volumen $\frac{4}{3}\pi\sigma^3$ verstehen. Setzen wir $(2\pi\sigma^3/3m) = b$ und die gesamte Masse des Gases $mn = G$, so ist also die Summe der Volumina aller n Deckungssphären $2Gb$ und der zweite Annäherungswert des D ist daher

$$D_2 = V - 2Gb. \tag{1}$$

In dritter Annäherung müssen wir bedenken, daß nicht das gesamte Volumen aller Deckungssphären von V abzuziehen, ist, da hier und da zwei Deckungssphären ineinandergreifen und dann der Raum, der beiden gemein ist, nur einmal abzuziehen ist. Wir müssen also die Summe Z aller Räume, welche irgendwo zwei Deckungssphären gemein haben, wieder zu D_2 addieren.

Das Volumen Z finden wir in folgender Weise: Wir schlagen um den Mittelpunkt jedes der n Moleküle eine dem Moleküle konzentrische Kugelschale vom inneren Radius x und der sehr kleinen Dicke dx, welche wir die Kugelschale S nennen wollen. Das gesamte Volumen R aller so konstruierten Kugelschalen S ist $4\pi n x^2 dx$. Die Anzahl dn der Molekülmittelpunkte, welche sich in allen diesen Kugelschalen befinden, verhält sich zur Gesamtanzahl der Moleküle in erster Annäherung wie R zum Gefäßvolumen V, so daß man also erhält

(2) $$dn : n = 4\pi n x^2 dx : V$$

oder

(3) $$dn = \frac{4\pi n^2 x^2 dx}{V}.$$

Letzterer Ausdruck gibt die Anzahl der Moleküle, deren Mittelpunkt von dem Mittelpunkte irgend eines anderen Moleküls einen Abstand hat, der zwischen x und $x + dx$ liegt. Die Anzahl der Molekülpaare, deren Mittelpunkte einen zwischen diesen Grenzen liegenden Abstand haben, ist $\frac{1}{2} dn$. Sobald x zwischen σ und 2σ liegt, werden die Deckungssphären der beiden Moleküle des betreffenden Paares einen linsenförmigen Raum vom Volumen

(4) $$2K = \frac{\pi}{12}(16\sigma^3 - 12\sigma^2 x + x^3)$$

miteinander gemein haben (l. c. S. 166).[1] Das gesamte Volumen aller dieser linsenförmigen Räume, welche bei allen möglichen Molekülpaaren vorkommen, wurde mit Z bezeichnet. Es ist daher

(5) $$Z = \int K dn = \frac{\pi^2 n^2}{6V}\int_{\sigma}^{2\sigma} x^2 dx(16\sigma^3 - 12\sigma^2 x + x^3) = \frac{17}{16}\,\frac{G^2 b^2}{V}$$

und es wird

(6) $$D_3 = V - 2Gb + Z.$$

Der Wert von D, worin die Annäherung noch um einen Grad weiter getrieben ist, heiße D_4. Um ihn zu finden, muß man erstens von D_3 wieder die Summe aller Volumina abziehen, welche den Deckungssphären je dreier Moleküle gleichzeitig angehören und welche nach Hrn. van Laar gleich

$$\frac{2\beta G^3 b^3}{V^2}$$

ist, wobei β die von ihm berechnete und auf der letzten Seite seiner Abhandlung ebenfalls mit β bezeichnete Größe ist. Zweitens muß man aber auch noch zu Z ein Korrektionsglied hinzufügen, welches wir mit ζ bezeichnen wollen, so daß

(7) $$D_4 = V - 2Gb + \frac{17\,G^2 b^2}{16\,V} - 2\beta\frac{G^3 b^3}{V^2} + \zeta$$

---

[1] Vgl. auch van der Waals, Amsterdamer Akad. 31. Oktober 1896 und 29. Oktober 1898.

ist. Das Korrektionsglied ζ erhalten wir durch folgende Überlegung: Die Proportion (2) ist nur in erster Annäherung richtig. Strebt man eine größere Genauigkeit an, so darf das letzte Glied der Proportion nicht einfach V heißen, da ja nicht das ganze Gefäßvolumen für alle n Moleküle verfügbar ist. Ebenso muß auch zum vorletzten Gliede der Proportion eine Korrektion hinzugefügt werden, weil auch ein Teil des oben mit R bezeichneten Volumens in die Deckungssphäre anderer Moleküle fallen wird.

Wir können nun zunächst folgenden Satz aufstellen. Der Wahrscheinlichkeit gemäß wird sich die oben mit dn bezeichnete Zahl zur Gesamtzahl n der Moleküle verhalten wie derjenige Teil R_1 des Raumes R, welcher für den Mittelpunkt eines neu hinzutretenden Moleküls noch verfügbar ist, zum gesamten Raume der innerhalb des Gefäßes für den Mittelpunkt eines neu hinzutretenden Moleküls verfügbar ist.[1])

Letzterer Raum ist nach Formel (1) $V-2Gb$. Das letzte Glied der Proportion (2) muß also $V-2Gb$ statt V heißen und es ist noch R_1 zu suchen. Zu dem Ende konstruieren wir zu jeder der oben betrachteten n Kugelschalen vom Radius x und der Dicke dx, welche wir die Kugelschalen S genannt haben, eine konzentrische Kugelschale vom inneren Radius y und der Dicke dy. Die in dieser Weise neu konstruierten Kugelschalen nennen wir die Kugelschalen T. Die Anzahl der Molekülmittelpunkte, welche in allen Kugelschalen T zusammengenommen liegen, ist analog mit Gleichung (3)

$$dv = \frac{4\pi n^2 y^2 dy}{V}. \tag{8}$$

Innerhalb der Deckungssphäre jedes einzelnen dieser Moleküle fällt der Teil

$$\pi x \frac{\sigma^2 - (x-y)^2}{y}$$

der Oberfläche, daher der Teil

$$\omega = \pi x\,dx \frac{\sigma^2 - (x-y)^2}{y} \tag{9}$$

des Innenraumes der betreffenden Kugelschale S vom Radius x und der Dicke dx, wie eine leichte Rechnung lehrt. Der-

[1]) Bezüglich der ausführlicheren Begründung dieses Satzes vgl. l. c. §51.

jenige Teil des Volumens aller Kugelschalen S, welcher von den Deckungssphären aller dv Moleküle zusammen überdeckt wird, ist daher $\omega \cdot dv$.

Würde sich im Innern der Kugelschalen S kein Molekül befinden, so wäre dieser Ausdruck bezüglich y von $x - \sigma$ bis $x + \sigma$ zu integrieren und es würde folgen

$$(10) \qquad \int \omega\, dv \frac{16\pi^2 n^2 x^2 \sigma^3}{3V} dx = \frac{2bG}{V} \cdot 4\pi n x^2 dx.$$

Es würde sich also der von den Deckungssphären überdeckte Teil des gesamten Volumens $R = 4\pi n x^2 dx$ aller Kugelschalen S zu diesem gesamten Volumen R verhalten wie der ganze von den Deckungssphären aller Moleküle des Gases eingenommene Raum $2Gb$ zum ganzen Volumen des Gefäßes V, was von vornherein zu erwarten war.

Nun befindet sich aber in jeder Kugelschale S ein Molekül, so daß der Mittelpunkt des zweiten Moleküls nicht näher als bis in die Entfernung σ an den Mittelpunkt der Kugelschale herantreten kann. Es ist daher von dem Werte (10) abzuziehen

$$\int_{y=x-\sigma}^{y=\sigma} \omega\, dv = \frac{4\pi^2 n^2 x^2 dx}{V}\left(\frac{x^3}{12} - x\sigma^2 + \frac{4\sigma^3}{3}\right) = 4\pi n x^2 dx \gamma,$$

wobei

$$\gamma = \frac{\pi n}{12V}(x^3 - 12x\sigma^2 + 16\sigma^3)$$

ist.

Statt des vorletzten Gliedes in der Proportion (2) ist daher zu setzen

$$4\pi n x^2 dx\left(1 - \frac{2Gb}{V} + \gamma\right).$$

Da statt des letzten V $(1 - (2Gb/V))$ zu setzen ist, so kommt es bei Vernachlässigung von Gliedern noch höherer Ordnung auf dasselbe hinaus, als ob man das letzte Glied beließe und statt des vorletzten setzen würde

$$4\pi n x^2 dx(1 + \gamma).$$

Man erhält daher zu dn noch das Korrektionsglied

$$dv = \gamma\, dn$$

und zu Z das Korrektionsglied

$$\zeta = \int K\gamma\, d\nu = \frac{\pi^3 n^3}{72\, V^2} \int_{\sigma}^{2\sigma} x^2\, dx (x^3 - 12\sigma^2 x + 16\sigma^3)^2$$

$$= \frac{2357}{22680} \cdot \frac{\pi^3 n^3 \sigma^9}{V^2} = \frac{2357}{6720} \frac{G^3 b^3}{V^2};$$

somit liefert die Formel (7):

$$(11) \quad \begin{cases} D_4 = V - 2Gb + \frac{17}{16} \frac{G^2 b^2}{V} + \left(\frac{2357}{6720} - 2\beta\right) \frac{G^3 b^3}{V^2} \\ \quad = V - 2Gb\left[1 - \frac{17}{32} \frac{Gb}{V} + \left(\beta - \frac{2357}{13440}\right) \frac{G^2 b^2}{V^2}\right]. \end{cases}$$

Dies ist also der im ganzen Gefäße für den Mittelpunkt eines Moleküls verfügbare Raum, wenn man die Glieder von vier verschiedenen Größenordnungen bezüglich Gb/V berücksichtigt.

II. Korrektion der van der Waalsschen Gleichung.

Diese Korrektion kann hieraus am kürzesten nach der Methode gefunden werden, welche ich l. c. § 61 einschlug. Substituiert man an Stelle des dort benutzten und dort durch Gleichung (173) gegebenen Ausdruckes D den jetzt gefundenen Ausdruck D_4, so erhält man an Stelle der ersten Formel auf S. 174

$$l\left[v - 2\nu m b + \frac{17}{16} \frac{\nu^2 m^2 b^2}{v} + \left(\frac{2357}{6720} - 2\beta\right) \frac{\nu^3 m^3 b^3}{v^2}\right]$$

$$= l v - \frac{2\nu m b}{v} - \frac{15}{16} \frac{\nu^2 m^2 b^2}{v^2} - \left(\frac{1283}{6720} + 2\beta\right) \frac{\nu^3 m^3 b^3}{v^3},$$

daher statt der sechs Zeilen darauf folgenden Formel für S:

$$S = \frac{3nr}{2} \int (1 + \beta) \frac{dT}{T} + r\left[lv - \frac{b}{v} - \frac{5}{16} \frac{b^2}{v^2} - \left(\frac{1283}{26880} + \frac{\beta}{2}\right) \frac{b^3}{v^3}\right].$$

Die auf diese Formel l. c. folgende Formel für

$$\frac{\partial (TS)}{\partial v}$$

aber verwandelt sich in

$$\frac{\partial (TS)}{\partial v} = rT\left[\frac{1}{v} + \frac{b}{v^2} + \frac{5}{8} \frac{b^2}{v^3} + \left(\frac{1283}{8960} + \frac{3\beta}{2}\right) \frac{b^3}{v^4}\right],$$

so daß also die korrigierte van der Waalssche Zustandsgleichung folgendermaßen lauten würde:

$$(12)\quad \begin{cases} p + \frac{a}{v^2} = rT\left[\frac{1}{v} + \frac{b}{v^2} + \frac{5}{8}\frac{b^2}{v^3} + \left(\frac{1283}{8960} + \frac{3\beta}{2}\right)\frac{b^3}{v^4}\right] \\ \qquad = \dfrac{rT}{v - b + \frac{3}{8}\frac{b^2}{v} + \left(\frac{957}{8960} - \frac{3\beta}{2}\right)\frac{b^3}{v^2}}. \end{cases}$$

Hierbei ist nach Hrn. van Laar

$$\beta = \frac{73\sqrt{2} + 81 \cdot 17\left(\operatorname{arctg}\sqrt{2} - \frac{\pi}{4}\right)}{32 \cdot 35\pi} = 0{,}0958.$$

134.

Die Druckkräfte in der Hydrodynamik und die Hertzsche Mechanik.

(Ann. d. Phys. (4) 1. S. 673—677. 1900.)

Hertz geht in seiner Mechanik stets von einer, wenn auch beliebig großen, doch bestimmt gegebenen Zahl materieller Punkte aus, niemals von einem wirklichen Kontinuum. In konsequenter Verfolgung der Ideen Hertz' kann man daher ein Kontinuum nur in folgender Weise sich vorstellen. Man denkt sich sehr viele in einem Raume liegende materielle Punkte und läßt deren Anzahl in der Weise fort und fort wachsen, daß sich der Quotient der Größe jedes Volumenelementes in die darin enthaltene Masse einer endlichen, möglicherweise von Punkt zu Punkt kontinuierlich veränderlichen Grenze nähert. Ist dann zu Anfang Größe und Richtung der Geschwindigkeit jedes Massenpunktes eine beliebig gegebene kontinuierliche Funktion der Koordinaten desselben, und ist keine Bedingung gegeben außer der der Erhaltung der Masse, so kann und wird sich nach Hertz jeder Massenpunkt nicht nur in der geradesten Bahn, sondern wirklich in einer Geraden mit konstanter Geschwindigkeit bewegen. Die Bedingung der Erhaltung der Masse wird dann von selbst erfüllt sein, wie immer die anfangs gegebenen Geschwindigkeiten und deren Richtungen beschaffen gewesen sein mögen. Aus derselben kann bloß die Änderung der Dichte für jede Stelle berechnet, aber keine Relation zwischen den Bewegungen der verschiedenen Massenteilchen abgeleitet werden. Wenn daher Hr. Reiff[1]) aus der Bedingung der Erhaltung der Masse allein scheinbare Druckkräfte gewinnen zu können glaubt, welche den hydrodynamischen analog sind, so scheint mir das auf einem Irrtum zu beruhen.

---

[1]) R. Reiff, Ann. d. Phys. 1. S. 226. 1900.

Aus dem Prinzip der Erhaltung der Masse folgt in der Tat, wenn wir uns den Bezeichnungen Reiffs (l. c.) anschließen, die einzige Gleichung

$$\delta(\varrho\, d\tau) = 0.$$

Dieselbe legt den Verschiebungen $\delta\xi_1$, $\delta\xi_2$, $\delta\xi_3$ nicht die mindeste Beschränkung auf, so daß daraus keinerlei scheinbare Kräfte abgeleitet werden können; sie kann vielmehr nur zur Berechnung des den willkürlichen Verschiebungen $\delta\xi_1$, $\delta\xi_2$, $\delta\xi_3$ jedesmal entsprechenden $\delta\varrho$ benutzt werden und liefert:

$$\delta\varrho = -\left(\frac{\partial\,\delta\xi_1}{\partial x_1} + \frac{\partial\,\delta\xi_2}{\partial x_2} + \frac{\partial\,\delta\xi_3}{\partial x_3}\right)\cdot\varrho.$$

Hr. Reiff setzt außerdem

$$\delta\varrho = \frac{\partial\varrho}{\partial x_1}\delta\xi_1 + \frac{\partial\varrho}{\partial x_2}\delta\xi_2 + \frac{\partial\varrho}{\partial x_3}\delta\xi_3.$$

Wenn man die Art und Weise, wie dieser letztere Ausdruck gebildet ist, betrachtet, so sieht man, daß er nicht die Dichteänderung angibt, welche dadurch erzeugt wird, daß jeder Massenpunkt mit den Koordinaten x_1, x_2, x_3 die Verschiebungen $\delta\xi_1$, $\delta\xi_2$, $\delta\xi_3$ erhält, sondern vielmehr den Unterschied der beiden Dichten, welche in der Flüssigkeit, wie sie vor der Verschiebung gegeben war, einerseits im Punkte mit den Koordinaten x_1, x_2, x_3, andererseits in dem mit den Koordinaten $x_1+\delta\xi_1$, $x_2+\delta\xi_2$, $x_3+\delta\xi_3$ geherrscht haben.

Hr. Reiff setzt nun in seiner zitierten Abhandlung beide werte von $\delta\varrho$ untereinander gleich. Dadurch führt er nebst dem Prinzip der Erhaltung der Masse auch noch stillschweigend die Bedingung ein, daß nach der Verschiebung die Dichte in jedem Volumenelemente genau so groß wird, wie sie vor der Verschiebung in der Flüssigkeit an derjenigen Stelle war, wohin das betreffende Volumenelement verschoben wurde, daß also an jede fixe Stelle im Raume eine unveränderliche Dichte der Flüssigkeit geknüpft ist, d. h. daß die Flüssigkeit bei ihrer Bewegung sich zwar verdichtet und ausdehnt, jedoch genau so, daß sie beim Durchgange durch irgend eine Stelle im Raume immer die für diese Stelle unveränderlich vorgeschriebene Dichte annimmt. Durch diese Bedingung (Bedingung unbeweglich konstanter Dichte) sind dann in der Tat Relationen zwischen den Bewegungen der einzelnen Massenteilchen stipuliert, und zwar solche, welche zu den Reiffschen Bewegungsgleichungen

$$\varrho \frac{d u_1}{d t} = -\varrho \frac{\partial \lambda}{\partial x_1}, \quad \varrho \frac{d u_2}{d t} = -\varrho \frac{\partial \lambda}{\partial x_2}, \quad \varrho \frac{d u_3}{d t} = -\varrho \frac{\partial \lambda}{\partial x_3}$$

führen; doch konnte ich die weiteren Bemerkungen, welche Hr. Reiff an diese Gleichungen knüpft, nicht mehr ganz verstehen.

Bedenken, ob die besprochene, an fixe Raumpunkte geknüpfte Bedingung auch in der Tat durch bloße Gleichungen zwischen den Koordinaten bzw. Koordinatendifferentialen der Massenpunkte im Sinne Hertz' ausdrückbar ist, entgeht man, wie Hr. Brill[1]) zeigte, vollständig, wenn man an Stelle der bisher diskutierten Bedingung unbeweglich konstanter Raumdichte die auch physikalisch viel einfachere setzt, daß jedes Volumenelement im Fortwandern unveränderlich dieselbe Dichte behält, welche mit ihm im Raume mitwandert. Wir wollen dies die Bedingung der Inkompressibilität nennen. Beide Bedingungen sind natürlich identisch, wenn ϱ an allen Stellen der Flüssigkeit denselben Wert hat und wenn man von gewissen singulären Schwierigkeiten absieht, die bei der ersteren Bedingung z. B. eintreten würden, wenn die Begrenzung des Raumes, in dem sich die Flüssigkeit bewegt, nicht unveränderlich dieselbe ist.

Die letztere Bedingung (also die der Inkompressibilität) liefert zwischen den Verschiebungen $\delta \xi_1$, $\delta \xi_2$, $\delta \xi_3$ statt der Reiffschen die folgende Bedingungsgleichung:

$$\frac{\partial \delta \xi_1}{\partial x_1} + \frac{\partial \delta \xi_2}{\partial x_2} + \frac{\partial \delta \xi_3}{\partial x_3} = 0,$$

aus welcher dann sofort die gewöhnlichen Eulerschen Bewegungsgleichungen

$$\varrho \frac{d u_1}{d t} + \frac{\partial \lambda}{\partial x_1} = \varrho \frac{d u_2}{d t} + \frac{\partial \lambda}{\partial x_2} = \varrho \frac{d u_3}{d t} + \frac{\partial \lambda}{\partial x_3} = 0$$

für eine inkompressible Flüssigkeit folgen, auf welche keinerlei äußere Kräfte wirken. Geradeso, wie die Bewegungsgleichungen

---

[1]) A. Brill, Mitteilungen d. naturw. Vereins in Württemberg 1899; vgl. auch Bericht d. deutsch. Mathem.-Vereinigung und der Naturf.-Versamml. in München 1899.

für einen starren Körper, können also auch die für eine inkompressible Flüssigkeit und für starre Körper, welche in inkompressible Flüssigkeiten tauchen oder solche umschließen, ohne alle Schwierigkeit aus den Hertzschen Prinzipien der Mechanik abgeleitet werden; natürlich mit Ausschluß äußerer Kräfte.

Es eröffnet sich hierdurch eine Möglichkeit, aus den mechanischen Prinzipien Hertz' unter Zugrundelegung einer ganz bestimmten Vorstellung von der Natur der verborgenen Bewegungen ein detailliertes Bild der gesamten Erscheinungswelt zu erhalten. Man könnte sich, wie es Lord Kelvin, J. J. Thomson und andere getan haben, die Atome als Wirbel oder andere stationäre Bewegungserscheinungen in einer inkompressiblen Flüssigkeit denken, wobei man auch eingetauchte starre Körper beiziehen könnte. Aus den scheinbaren Wechselwirkungen dieser Wirbel usw. wären dann die Naturerscheinungen zu erklären. Man sieht aber sofort folgendes: Sobald man sich vom Standpunkte der mechanischen Prinzipien Hertz' ein vollkommen ins Detail ausgearbeitetes Bild der Naturerscheinungen machen will, ist man, wenigstens bei dem heutigen Stande unserer Kenntnisse, wiederum zur Einführung von Hypothesen gezwungen, die kaum weniger gekünstelt oder weniger willkürlich sind, als die der Fernwirkung von Massenpunkten. Auch sehe ich kaum ein, welchen Vorzug vom philosophischen Standpunkte die Vorstellung inkompressibler Flüssigkeiten, starrer undurchdringlicher Körper vor der fernwirkender Atome hat. Erstere ist in fast ebenso roher Weise aus dem angenäherten Verhalten der tropfbaren und festen Körper, wie letztere aus dem der Himmelskörper abgeleitet.

Weit größer wird der Nutzen der Hertzschen Vorstellungsweise, sobald man sich von der Art und Weise der Bewegung der verborgenen Massen nur eine ganz allgemeine, unbestimmte Vorstellung macht, wie ich dies selbst im ersten Teil meiner Vorlesungen über Maxwells Theorie des Elektromagnetismus, dem Beispiele des letzteren folgend, versuchte. Man hat dann sicher den Vorteil, daß man bestimmte Hypothesen vermeidet, die sich nachher als falsch erweisen können. Allein man wird kaum behaupten können, daß solche allgemeine Theorien den ins Detail ausgearbeiteten unbedingt überlegen seien und letztere kein Recht hätten, neben ersteren zu bestehen, da ja letztere wieder den Vorzug haben, die Verschwommenheit und Unbestimmtheit der Begriffe auf ein Minimum zu reduzieren.

Versuche, das Kraftgesetz der alten Mechanik aus einfacheren, philosophisch besser einleuchtenden Grundgesetzen abzuleiten, wurden schon vor Hertz gemacht. So versuchten, anlehnend an bekannte Ideen Lesages, Lord Kelvin, Isenkrahe, Preston u. a. die Gesetze des elastischen Stoßes als die Grundgesetze zu betrachten und die Kräfte als scheinbare Wirkungen von Molekularstößen zu erklären. Hertz hat das Verdienst, ein sehr allgemeines Schema aufgestellt zu haben, nach dem solche Versuche gemacht werden können, und es ist abzuwarten, ob ein solcher Versuch, der gleicnzeitig unbestimmte Verschwommenheit und Willkürlichkeit in der Spezialisierung vermeidet, gelingen wird.

135.

Zur Geschichte unserer Kenntnis der inneren Reibung und Wärmeleitung in verdünnten Gasen.

(Phys. Zeitschr. 1. S. 213. 1900.)

Behufs möglichster Publizität sei es mir gestattet, hier zu konstatieren, daß die bekannten Versuche über Reibung und Wärmeleitung verdünnter Gase von Kundt und Warburg gemeinsam ausgeführt wurden und daß die Arbeiten Smoluchowskis über den letzteren Gegenstand auf Anregung Warburgs und in ihrem ersten Teile in dessen Laboratorium gemacht wurden. Daß ich dies in meiner Gedächtnisrede auf Loschmidt[1]) aus Versehen nicht erwähnte, erklärt sich nur daraus, daß ich dort von allem, was mit Loschmidts Arbeiten nur in entfernterem Zusammenhange steht, lediglich ganz vereinzelte Punkte in gedrängtester Kürze hervorzuheben beabsichtigte.

---

[1]) Populäre Schriften Nr. 15. S. 244.

136.

Notiz über die Formel für den Druck der Gase.

(Livre Jubilaire dedié à H. A. Lorentz. S. 76—77. 1900.)

Falls das von den Molekülen wirklich erfüllte Volumen gegen das gesamte Volumen eines Gases nicht verschwindet, erfordert die bekannte Formel für den Druck des Gases eine Korrektion, deren erstes Glied zuerst von van der Waals berechnet wurde. Auf besonders elegante Weise wurde der Ausdruck für dieses Glied hernach von H. A. Lorentz aus dem Virialsatze abgeleitet. Ich habe noch später, in meinem Buche „Vorlesungen über Gastheorie" 1. S. 7, eine Methode zur Berechnung dieses Gliedes angegeben, welche zwar etwas umständlich ist, aber sich dadurch auszeichnet, daß sie bebesonders direkt ohne Zuhilfenahme fremder Begriffe zum Ziele führt.

Da bezüglich des zweiten Gliedes der in Rede stehenden Korrektion gewisse Zweifel aufgetaucht sind, so scheint es mir nicht ganz unnütz, darauf aufmerksam zu machen, daß nach der zuletzt erwähnten Methode auch dieses zweite Korrektionsglied berechnet werden kann. Es ist zu diesem Behufe bloß notwendig, sowohl bei Berechnung des Volumens, das einem neu hinzukommenden Moleküle im ganzen Gase zur Verfügung steht, als bei Berechnung des analogen Volumens innerhalb des dort mit γ bezeichneten Zylinders die Genauigkeit um ein Glied weiter zu treiben.

Für das erstere Volumen wurde die betreffende Rechnung bereits an einer späteren Stelle meines genannten Buches durchgeführt (S. 167). Es ergab sich dafür unter Beibehaltung der Bedeutung der dort angewandten Buchstaben der Ausdruck:

$$V - 2Gb + \frac{17}{16}\frac{G^2 b^2}{V}.$$

Dagegen ist die Berechnung des Raumes, welcher innerhalb des Zylinders γ einem neu hinzukommenden Moleküle zur Verfügung steht, zwar ohne prinzipielle Schwierigkeit, führt aber auf äußerst weitschweifige Auswertung von Integralen, welche vollkommen analog gebaut sind, wie die von J. J. van Laar in einer Mitteilung an die Amsterdamer Akademie der Wissenschaften am 26. Januar 1899[1]) behandelten. Ich habe mit dieser Auswertung einen meiner Schüler betraut, derselbe ist aber wegen der großen Weitläufigkeit der Rechnung damit noch nicht fertig geworden. Ich kann daher hier auch das definitive Resultat nicht mitteilen, sondern muß mich mit diesen Andeutungen begnügen.

---

[1]) Vgl. dieser Band Nr. 133.

137.

Eugen von Lommel.

(Jahresber. d. D. Mathem.-Vereinigung 8. S. 47—53. 1900.)

Ein arbeitsreiches Leben, in der Jugend nicht ohne Entbehrungen und Mühsale, später aber reich an Erfolgen und köstlichen Früchten, durchschnitt der Tod, als am 19. Juni 1899 Professor Dr. Eugen von Lommel starb. Obwohl der Verfasser dieser Zeilen mit ihm vier Jahre lang als engster Fachkollege zusammenwirkte und in vertrautester freundschaftlicher Beziehung stand, so sprach er mit ihm doch fast ausschließlich über Wissenschaft und Berufstätigkeit. Die nachfolgenden biographischen Notizen und Charakterschilderungen verdankt er der Güte der Witwe des Verewigten, teilweise entnimmt er sie auch einem Aufsatze Professor Günthers. So mußte also Lommel sterben, bis der Verfasser in die Eigentümlichkeiten seines Gemütes und Herzens nähern Einblick gewann.

Lommels Großvater mütterlicherseits war Apotheker, väterlicherseits Verwalter in Aschaffenburg, sein Vater war Arzt in Edenkoben, später Bezirksarzt in Hornbach.

In Edenkoben wurde Eugen von Lommel als der älteste von vier Brüdern am 19. März 1837 geboren, dort absolvierte er auch die Lateinschule, mußte dann aber das elterliche Haus verlassen, um in Speyer das Gymnasium zu besuchen. Diese Zeit war für Lommel reich an Entbehrungen und harter Arbeit, trug aber doch viel dazu bei, nicht nur scharfe realistische Beobachtung und idealistische Weltanschauung gleichmäßig in ihm zu entwickeln, sondern auch seinen Charakter für die späteren Kämpfe des Lebens zu stählen. Er mußte nicht nur ganz selbständig für sich, sondern bald auch für seinen jüngeren Bruder sorgen, mit dem er längere Zeit sogar in einem Bette schlief. Außer den ohnehin nicht karg bemessenen Obligatstunden lernte er noch mit großem Erfolge zeichnen und malen und besuchte nebstdem abends die Realschule, um seinen Durst nach naturwissenschaftlichen Kenntnissen zu stillen. Letzterer wird uns recht anschaulich durch die Lebhaftigkeit, mit der er in der Erlanger Rektoratsrede das Entzücken schildert, das er empfand, als er zum ersten Male tieferen Einblick in die Gesetze des Verbrennens, des Blutumlaufes, der Wirksamkeit einer galvanischen Batterie usw. gewann.

Ein geradezu staunenswertes Zeichen seines damaligen Fleißes liegt noch heute vor, nämlich 116 große zoologische Tafeln, welche er nach Okens Atlas, den anzuschaffen ihm die Mittel fehlten, in so vollendeter Weise nachzeichnete und malte, daß man sie erst bei genauerer Ansicht von den Kupferstichen des Originales unterscheidet; ferner zwei große Pflanzenbücher, nach der Natur reizend gemalt.

Obwohl ihn seine Kameraden gern leiden mochten, war doch seine Lebensführung damals, wie es bei den vielen Arbeiten, die Pflicht und Neigung ihm auferlegten, nicht anders möglich war, eine mehr ernste und zurückgezogene. Eine Geldsumme, welche er von der Großmutter behufs Erlernung der Tanzkunst erhalten hatte, verwendete er auf Büchereinkäufe; aber als im Jahre 1848 auch in der Pfalz die Revolution ausbrach, schloß er sich, elf Jahre alt, einem Haufen von Aufrührern an, der gegen die Festung Germersheim marschierte. Allerdings zog dieser bald mit einem einzigen Verwundeten, der von seinem Hintermanne getroffen worden war, wieder ab, und auch Lommel mußte gleich vielen anderen später in diesen Bestrebungen, wie Karl Moor sagt, Bubengedanken erblicken.

Unter seinen Lehrern am Gymnasium zu Speyer übte Schwerdt, der Verfasser der bekannten Monographie über die Beugung des Lichtes, einen nicht nur großen, sondern geradezu für das ganze Leben entscheidenden Einfluß auf Lommel aus; denn die Interferenz und Beugung des Lichtes blieb zeitlebens auch eines der Lieblingsthemen des letzteren.

Im Jahre 1854, erst $17^1/_2$ Jahre alt, inskribierte sich Lommel an der Universität München, wo Jolly, Seydel, Lamont, Liebig, Kobell usw. seine Lehrer wurden. Die

Zeit der Universitätsstudien war für ihn eine sehr glückliche. Neben seinem speziellen Fache studierte er so manches andere, wie Philosophie, Ästhetik und moderne Sprachen. Er besuchte auch fleißig das Schauspielhaus, Opernhaus und die reichen Kunstsammlungen Münchens und. pflegte heitere Geselligkeit im Kreise gleichgesinnter junger Männer.

1858 bestand er in München die Prüfung für das Gymnasiallehramt mit der Note sehr gut, ein Jahr darauf nahm er eine angenehme Hofmeisterstelle beim Landtagsabgeordneten und Weingutbesitzer Hrn. Buhl in Deidesheim an. Im Jahre 1860 erhielt er eine Lehrerstelle für Mathematik und Physik an der Kantonschule zu Schwyz, die er fünf Jahre darauf mit einer Oberlehrerstelle des gleichen Faches an einer analogen Anstalt zu Zürich vertauschte. In letzterer Stadt habilitierte er sich auch für Physik an der Universität und am eidgenössischen Polytechnikum.

Seinen Aufenthalt in der Schweiz benutzte er zu zahlreichen Ausflügen und Gebirgstouren, welche sich auch in das benachbarte Italien erstreckten. In Zürich verkehrte er mit Gottfried Keller, Vischer, Wislicenus, Prym, Ebert, Fick, Rose und andern. Im Herbste 1867 kehrte er wieder nach Deutschland im engeren Sinne zurück, indem er zunächst die Lehrkanzel für Mathematik und Physik an der Landwirtschaftlichen Hochschule zu Hohenheim annahm, wo vor und nach ihm noch so viele bedeutende Männer lehrten. Als charakteristischer Zug mag erwähnt werden, daß er sich damals, obwohl er über eine große Amtswohnung in Hohenheim verfügte, dazu noch in Stuttgart ein Absteigequartier mietete, wo er fast jeden Sonntag zubrachte, Theater und Konzerte besuchte und sich besonders mit der Familie des Physikers P. Zech innig befreundete.

Schon ein Jahr darauf nahm er jedoch einen Ruf als Professor der Physik an die Universität Erlangen an, wo er der Nachfolger des an das neugegründete Polytechnikum zu München berufenen Professors Beetz wurde. Hiermit hatte sich der Traum seiner Jugend erfüllt, und dort war es auch, wo er sich mit Fräulein Louise Hegel, der Tochter des berühmten Philosophen, vermählte, mit der er bis an sein Ende in glücklichster Ehe lebte.

Als Universitätslehrer fand er erst die volle Gelegenheit zur Entfaltung seiner Kräfte. Seine Experimentalvorlesungen fanden allgemeinen Beifall, der Kreis seiner Schüler, von denen viele interessante Experimentaluntersuchungen ausarbeiteten, erweiterte sich von Jahr zu Jahr. Dort entstanden auch viele seiner bedeutendsten wissenschaftlichen Arbeiten. Er war einmal Prorektor und mehrmals Dekan der philosophischen Fakultät der Friedrich-Alexander-Universität. 1869 erhielt er von dort einen Ruf an das eidgenössische Polytechnikum zu Zürich, den er jedoch ablehnte.

Nach 17 jähriger Lehrtätigkeit in Erlangen wurde er 1886 zu gleich erfolgreicher Tätigkeit als der Nachfolger Professor Jollys auf die Lehrkanzel für allgemeine Physik an die Universität München berufen, wo er zugleich die Konservatorstelle für die Normalmaße und Gewichte des bayrischen Staates übernahm. 1876 wurde er zum korrespondierenden, 1884 zum außerordentlichen und 1886 zum ordentlichen Mitgliede der bayrischen Akademie der Wissenschaften gewählt.

In München war er vor allem bemüht, den Bau eines den neueren Anforderungen der Wissenschaft entsprechenden physikalischen Institutes für die Universität zu ermöglichen. Die größten Schwierigkeiten stellten sich diesem Unternehmen anfänglich entgegen, welche er aber endlich alle durch seine mit diplomatischer Klugheit gepaarte Energie und Arbeitsamkeit überwand. Im Jahre 1894 wurde das neue physikalische Institut der Münchener Universität eröffnet, aber nur wenige Jahre sollte Lommel an demselben wirken. Für das Studienjahr 1898/99 hatte ihn die Ludwig-Maximilians-Universität zu München zum Rektor gewählt, und noch im Verlaufe desselben, mit der höchsten akademischen Würde bekleidet, starb er am 19. Juni 1899 an einer Krankheit, welche er schon lange mit sich herumtrug, deren plötzliche Verschlimmerung bis zum letalen Ausgange aber doch nicht erwartet wurde.

Professor Lommel ist vor allem charakterisiert durch ungewöhnliche Gedächtniskraft, Arbeitsamkeit und Allseitigkeit. Das fünfstündige Hauptkolleg über Experimentalphysik las er Jahr für Jahr in unübertrefflicher Weise unter außerordentlichem Andrange der Studierenden, leitete dabei die praktischen Übungen für Anfänger und ging den in seinem Laboratorium selbständig Arbeitenden an die Hand, so daß zahlreiche unter seiner Leitung ausgeführte Dissertationen und sonstige wissenschaftliche Experimentaluntersuchungen Jahr für Jahr aus demselben hervorgingen. Jeder mit den Verhältnissen Vertraute weiß, daß diese Tätigkeit an einer Hochschule von der Frequenz der Münchener Universität mit den damit verbundenen Prüfungen der Mediziner, Apotheker, Lehramtskandidaten und Doktoranden der Philosophie in der Hand eines einzigen vereint, schon der Grenze der Leistungsfähigkeit eines Menschen sehr nahe liegt. Lommel hielt aber obendrein noch regelmäßig Spezialvorlesungen aus dem Gebiete der mathematischen Physik und das mathematisch-physikalische Seminar ab und war dabei fortwährend auf dem Gebiete der Wissenschaft durch eigene Forschung und literarische Publikation tätig. Er hat manche neue wissenschaftliche Tatsache durch Experiment oder Rechnung gefunden und in seinen Abhandlungen mit ruhiger Einfachheit und bestimmter Klarheit dargestellt. Diese tritt ebenso in den von ihm geschriebenen Lehrbüchern und populären Schriften zutage, ja in letzteren (ich erwähne nur seinen kurzen Aufsatz über Spektralanalyse) zeigt er sich geradezu als Meister populärer Darstellung.

Dabei mangelt es ihm nicht an dem bei Physikern manchesmal vermißten Sinn und Interesse für das Historische. Er ist ferner nicht nur in Mathematik und Physik gleich bewandert, sondern hat auch feines Verständnis für die technischen Anwendungen, wie er theoretisch in seinem Vortrage über die moderne Entwicklung der Physik, praktisch bei Anordnung der elektrotechnischen Einrichtungen des neuen physikalischen Institutes der Universität München zeigte.

Obwohl er sich seiner Spezialwissenschaft mit solcher Liebe hingab, daß er einmal sagte, wenn er nochmals zur Welt käme, würde er wieder Physiker werden, so beschränkte sich sein Interesse doch keineswegs auf dasselbe. Die Studien auf dem Gebiete der beschreibenden Naturwissenschaften, die er in seiner Jugend gemacht hatte, entschwanden seinem Gedächtnisse niemals, und er wußte nicht nur die Namen der meisten gewöhnlicheren Tiere und Pflanzen, sondern auch deren Stellung im Systeme, Lebensbedingungen und Eigenschaften anzugeben. Daß er die Zeichen- und Malkunst nicht nur schätzte, sondern auch selbst mit einer für Dilettanten nicht gewöhnlichen Fertigkeit ausübte, wurde bereits erwähnt. Auch für Musik und Poesie besaß er feines Verständnis; in der ersteren zog er die alten Klassiker der neueren Musik vor, in der letzteren schätzte er besonders die formvollendeten Dichtungen, wie die von Rückert, Platen und Bodenstedt. Von Goethe kannte er nicht bloß die poetischen, sondern auch die naturwissenschaftlichen Werke aufs genaueste und kommt auf letztere in seinen Abhandlungen manchmal zurück.

Wie der Schreiber dieser Zeilen und der von ihm vor wenigen Tagen gefeierte Loschmidt gehörte auch Lommel zu jenen Nichtphilologen, die ihren Homer noch im Mannesalter immer und immer wieder lasen. Wie kommt es, daß diese Menschengattung nun auszusterben scheint? Beim helläugigen Kinde des Ägisträgers! der Sinn für Schönes und Großes ist unseren Söhnen nicht abhanden gekommen; diese lauschen doch Shakespeares Worten, Beethovens Tönen mit der gleichen Begeisterung wie einst wir. Beginnt etwa der Stern Homers zu erbleichen in der Morgenröte des 20. Jahrhunderts, oder treffen die wissenschaftlich doch weit besser geschulten Philologen von heute Herz und Gemüt der Jugend nicht mehr so wie *unsere* Lehrer? Würde wohl gar, wenn sie heute lebten, Achill dem Gymnasium mit seiner ganzen Schnellfüßigkeit entlaufen und Sokrates an die Spitze des Vereines für Mittelschulreform treten?

Jedenfalls scheint mir Lommel den Wert der klassischen Studien einseitig aufgefaßt zu haben, wenn er in seiner Erlanger Prorektoratsrede den bei einem Physiker befremdenden, für Österreicher geradezu unverständlichen Wunsch ausspricht, die Physik möge an Gymnasien nicht gelehrt werden, um die Arbeitszeit für die klassischen Sprachen nicht einzuschränken.

Obwohl der Schreiber dieser Zeilen, wie schon bemerkt, mit Lommel selten über anderes als über Wissenschaft und Amt zu sprechen Gelegenheit hatte, so empfand er doch deutlich, daß er Lommel zu den Ausnahmen zählen konnte, an die heranzutreten er ungescheut gewagt hätte, wenn er uneigennützigen Rates oder freundschaftlicher Tat bedurft hätte, und daß die edle biedere Gesinnung, die Lommel in allen Lebenslagen bewährte, kein äußerer Anstrich war.

Wenn nun noch einiges zur Charakterisierung der wissenschaftlichen Werke Lommels gesagt werden soll, so fallen an dieser Stelle natürlich zunächst diejenigen ins Gewicht, welche sich auf mathematischem Gebiete bewegen. Lommel hatte bis zu seiner Ernennung zum Universitätsprofessor immer neben der Physik auch Mathematik gelehrt und verfaßte eine nicht geringe Anzahl von Schriften rein mathematischen Inhaltes. Vor allen ist da sein kleines Buch über die Besselschen Funktionen zu nennen. Die Theorie dieser für den reinen Mathematiker wie für den Physiker ebenso wichtigen transzendenten Funktionen wird dort in origineller, leicht faßlicher und doch gründlicher Weise dargestellt. Sie werden durch zwei einer einzigen linearen Differentialgleichung äquivalente Gleichungen definiert, aus denen alle ihre Eigenschaften abgeleitet werden. Ihr Begriff wird auch durch Einführung gebrochener Indizes erweitert, und die einschlägigen Reihenentwicklungen werden besonders elementar und übersichtlich abgeleitet. Zum Schlusse wird die Integration von Differentialgleichungen, besonders der Riccatischen durch Besselsche Funktionen gelehrt und die Rechnung mit denselben durch eine beigegebene Tafel erleichtert.

Außerdem veröffentlichte Lommel noch zahlreiche Abhandlungen rein mathematischen Inhaltes, hauptsächlich in Grunerts Archiv, Schlömilchs Zeitschrift und den mathematischen Annalen. Dieselben behandeln immer Gebiete der Mathematik, welche in der Physik Anwendung finden; hauptsächlich die Integration von Differentialgleichungen. Berechnung bestimmter Integrale und transzendenter Funktionen, besonders der Besselschen und deren Anwendungen in mathematischen und physikalischen Aufgaben, dann auch Probleme der analytischen Geometrie.

Hieran schließen sich die mathematisch-physikalischen Abhandlungen Lommels. Dieselben betreffen vorwiegend Gegenstände der Optik, einige in Wiedemanns Annalen publizierte die Fundamente der Theorie des Lichts, besonders der Dispersion, Polarisation und Doppelbrechung. In diesen verwickelte er sich mit mehreren Physikern, besonders Voigt, in eine heftige Polemik, und es war dies einer der wenigen Punkte, bei deren Berührung der sonst so Gleichmütige und

Objektive empfindlich werden konnte. Von diesem Streite gilt wohl auch Schillers Wort: „Aber es bleichet indes Dir wie mir sich das Haar"; nicht im buchstäblichen Sinne, denn während der eine der Streitenden nun dort weilt, wo Helmholtz und Zöllner Arm in Arm lustwandeln, so ist der andere noch in voller Kraft eine der immer seltener werdenden Ecksäulen der mathematischen Physik. Schillers Wort gilt vielmehr bezüglich der streitenden Theorien selbst, da unter dem Einflusse der elektromagnetischen Lichttheorie über beide zur Tagesordnung übergegangen wurde.

Die übrigen Abhandlungen Lommels über Theorie der Optik betreffen spezielle Probleme derselben; die isochromatischen Flächen, die Isogyren, Kurven gleicher Lichtintensität usw. bei der Interferenz des polarisierten Lichts in doppeltbrechenden Krystallflächen; die Berechnung von Beugungs- und andern Interferenzerscheinungen, die Theorie der Fluoreszenz, Phosphoreszenz, Spektralanalyse, Drehung der Polarisationsebene usw. Außerdem hat Lommel einige theoretische Abhandlungen über Wärme und Elektrizitätstheorie geschrieben, wovon die über den Zusammenhang der Äquipotentiallinien und magnetischen Kraftlinien erwähnt werden mögen. Letztere stellte er auf stromdurchflossene Platten in sehr schöner Weise mittels Eisenfeile dar, was uns zu den rein experimentellen Arbeiten Lommels überleitet.

Einige von diesen behandeln ebenfalls Fluoreszenz und Phosphoreszenz, besonders dichroitische Fluoreszenz, und erörtern ihren Zusammenhang mit der Frage nach der Schwingungsrichtung der Ätherteilchen im polarisierten Lichte, welche Frage freilich heutzutage durch die elektromagnetische Lichttheorie ebenfalls in ein ganz anderes Licht gerückt wurde. In einer andern Abhandlung wird gezeigt, daß durch die Wirkung von rotem und ultrarotem Licht fluoreszierende Substanzen für die Wirkung des Fluoreszenz erregenden Lichtes gewissermaßen abgestumpft werden können, und darauf wird eine experimentelle Methode gegründet, helle oder dunkle Linien im Ultrarot sichtbar zu machen.

Dann seien noch erwähnt die Abhandlungen Lommels über die Lichtenbergschen Figuren, als räumliche Erscheinung aufgefaßt, über das Leuchten der Wasserhämmer, über die als

Heiligenschein bezeichnete optische Erscheinung, ferner über zwei von ihm konstruierte optisch-physiologische Apparate, das Erythroskop und Melanoskop, über die experimentelle Demonstration der Zusammensetzbarkeit aller Farben aus drei Grundfarben, endlich noch einige Abhandlungen pflanzenphysiologischen und meteorologischen Inhaltes.

Unter den populären Schriften Lommels nimmt die erste Stelle ein das elementare Lehrbuch der Physik; daran reiht sich das Buch: „Wind und Wetter", das über das Wesen des Lichtes, das Lexikon der Physik und Meteorologie, sowie mehrere Reden und populär-wissenschaftliche Zeitungsartikel. In der Monographie über die Interferenz des gebeugten Lichtes wird eine neue, sowohl experimentelle als auch mathematische Behandlung dieses Problemes in streng wissenschaftlicher Form gezeigt.[1])

[1]) Es folgt noch ein Verzeichnis der Publikationen Lommels, welches hier nicht wiedergegeben wird. D. H.

138.

Über die Form der Lagrangeschen Gleichungen für nichtholonome, generalisierte Koordinaten.[1]

(Wien. Ber. 111. S. 1603—1614. 1902.)

In Borchardts Journal für reine und angewandte Mathematik (98. Heft 1. S. 87)[2] habe ich als Beispiel zur Erläuterung eines allgemeinen Theorems den folgenden Fall betrachtet.

Zwei Riemenscheiben sind durch einen Treibriemen verbunden, welcher parallel der Achse der Scheiben in ähnlicher Weise hin- und hergeschoben werden kann, wie man einen Treibriemen von einer wirkenden Scheibe auf eine Leerscheibe oder umgekehrt verschiebt. Die eine Riemenscheibe verjüngt sich nach einer Seite hin, wogegen sich die andere nach der entgegengesetzten Seite nach einem solchen Gesetze verjüngt, daß ein und derselbe Treibriemen überall paßt, wenn er in der geschilderten Weise verschoben wird. Eine solche Verschiebung des Riemens bewirkt gewissermaßen eine Veränderlichkeit der Radien r_1 und r_2 der beiden Riemenscheiben und daher auch des Übersetzungsverhältnisses $a = r_1/r_2$.

Ist daher ω_1 die Winkelgeschwindigkeit der einen, ω_2 die der anderen Riemenscheibe, so hat man $\omega_2 = a\,\omega_1$. Wenn a veränderlich ist, so kann man a und die gesamte Winkeldrehung w_1 der ersten Riemenscheibe während einer gewissen Zeit als Koordinaten eines Punktes P, der entweder der zweiten Riemenscheibe angehört oder mit ihr fest verbunden ist, wählen. Es sind dies nichtholonome Koordinaten, da es zur Bestimmung der Lage des Punktes P nicht gleichgültig ist, ob zuerst a und

---

[1]) Voranzeige dieser Arbeit Wien. Anz. 39. S. 355. 18. Dezember 1902. Im Auszuge findet sich die Abhandlung auch in Phys. Ztschr. 4. S. 281—282; Verh. d. 75. Vers. d. D. Naturf. u. Ärzte S. 13. Kassel 1903; Jahresbericht d. D. Math.-Vereinigung 13. S. 132—133. 1904; Rep. Brit. Ass. Southport 1903. S. 569.

[2]) Dieser Band Nr. 73. S. 143. (Vgl. auch dieser Band Nr. 124. § 2. D. H.)

dann w_1, oder umgekehrt zuerst w_1 und dann a sich um dieselben Beträge ändern.

Der gleiche Effekt würde erzielt, wenn sich zwischen zwei nach entgegengesetzten Seiten konisch sich verjüngenden drehbaren Rotationskörpern eine Scheibe S drehen würde, die auf keinem der Rotationskörper gleiten könnte und die parallel ihrer Drehungsachse verschiebbar wäre.

Man kann vielleicht zweifeln, ob derartige Bedingungen ohne jede Gleitung realisierbar sind. Jedenfalls haben aber die Bedingungen, an welche wir uns das aus den beiden Riemenscheiben bestehende mechanische System gebunden dachten, genau die Eigenschaften, welche Hertz in seiner Mechanik von nichtholonomen Bedingungen fordert (Hertz' Mechanik, 1. Buch, Abschnitt IV).

Die Zuwächse der rechtwinkeligen Koordinaten eines jeden dieser Punkte sind in der Form

$$dx = A\,dw_1 + B\,da$$

darstellbar, wobei $B = 0$, A aber von a abhängig ist, so daß also dx kein vollständiges Differential ist. So ist z. B. eine unendlich kleine Winkeldrehung dw_2 der zweiten Riemenscheibe gleich $a\,dw_1$.

Ich zögerte am eingangs zitierten Orte nicht, die Lagrangeschen Gleichungen auf diesen Fall anzuwenden, sah aber später ein, daß dies nicht erlaubt ist, wie die folgenden Betrachtungen lehren.

Die Summe der lebendigen Kraft aller mit den beiden Riemenscheiben fest verbundenen Massen kann als Funktion von a und dw_1/dt ausgedrückt werden. Sie ist

$$T = \frac{1}{2}(K + La^2)\left(\frac{dw_1}{dt}\right)^2,$$

wenn t die Zeit ist und K und L die Trägheitsmomente aller mit der ersten resp. zweiten Riemenscheibe fest verbundenen Massen bezüglich der jeweiligen Drehungsachsen sind. Alles übrige denken wir uns dabei massenlos, so unter anderen den Riemen resp. die Scheibe S. Die partielle Differentiation von T nach dw_1/dt gibt vollkommen richtig die Kraft, welche nach der Koordinate w_1 wirkt und welche wir uns an einem mit der ersten Riemenscheibe fest verbundenen Punkte angreifend denken können.

Allein a hängt von den Koordinaten ab, welche die Lage des Riemens resp. der Scheibe S bestimmen. Die Differentialquotienten dieser Koordinaten nach der Zeit kommen zwar in T nicht vor, wohl aber kommen diese Koordinaten undifferenziert in T vor. Die Lagrangeschen Gleichungen liefern daher durch partielle Differentiation der Größe T nach diesen Koordinaten Kräfte, welche nach diesen Koordinaten wirken, d. h. sie zu verändern streben, welche aber nicht existieren.

Die Lagrangeschen Gleichungen sind daher nur für holonome Koordinaten richtig und es lohnt sich wohl der Mühe, zu fragen, welche Gleichungen bei nichtholonomen Koordinaten an Stelle der Lagrangeschen auftreten.

Um diese Frage zu beantworten, denken wir uns die Lage der Bestandteile eines beliebigen mechanischen Systems (einer beliebigen Anzahl n materieller Punkte) zunächst durch rechtwinkelige Koordinaten bestimmt. x_i sei eine beliebige derselben. Zwischen ihnen können Bedingungsgleichungen bestehen, welche wir in der Form schreiben:

$$(1) \qquad \eta_j dt + \sum^i \eta_j^i dx_i = 0, \qquad j = 1, 2, 3 \ldots \sigma.$$

Von denselben können beliebige holonom, beliebige andere nichtholonom sein. Für die holonomen sind natürlich die linken Seiten der obigen Gleichungen integrabel.

Die Lage sämtlicher Teile des mechanischen Systems soll auch durch verallgemeinerte Koordinaten p_h bestimmbar sein, und zwar betrachten wir zunächst den Fall, daß die Anzahl der verallgemeinerten Koordinaten gleich ist der Zahl s der Freiheitsgrade des Systems, also gleich der Differenz der Anzahl $3n$ der rechtwinkeligen Koordinaten und der Anzahl σ der zwischen ihnen bestehenden Bedingungsgleichungen.

Die p_h sollen aber (wenigstens einige derselben) nichtholonome Koordinaten sein, es sollen die Differentiale der rechtwinkeligen Koordinaten durch die verallgemeinerten Koordinaten mit Hilfe von Gleichungen gegeben sein, welche die Form haben:

$$(2) \qquad dx_i = \xi_i dt + \sum \xi_i^h dp_h.$$

Die rechten Seiten beliebig vieler dieser Gleichungen können integrabel sein, so daß die betreffenden Gleichungen in die Form gebracht werden können:

$$x_i = f(t, p_1, p_2, \ldots);$$

aber einige sollen nicht integrierbar sein, so daß also die verallgemeinerten Koordinaten keine holonomen sind. Die Größen ξ und η sind Funktionen der Koordinaten, welche möglicherweise auch noch die Zeit t explizit enthalten können.

Die Kräfte X_i, welche im Sinne der rechtwinkeligen Koordinaten x_i auf die verschiedenen materiellen Punkte des Systems wirken, seien gegeben; dann hat man bekanntlich nach dem Lagrange-d'Alembertschen Prinzip:

$$(3) \qquad \sum_1^{3n} {}^i (X_i - m_i \ddot{x}_i)\,\delta x_i = 0.$$

Den Fall einseitig wirkender Verbindungen, für welchen an Stelle des Gleichheitszeichens ein Ungleichheitszeichen treten würde, betrachten wir im folgenden nicht.

Die Buchstaben haben hier die übliche Bedeutung, nämlich $m_1 = m_2 = m_3$ ist die Masse des ersten, $m_4 = m_5 = m_6$ die des zweiten materiellen Punktes, ein darübergesetzter Punkt bedeutet den ersten, zwei den zweiten Differentialquotienten nach der Zeit, δx_i sind sogenannte virtuelle Verschiebungen, welche die auf einem bestimmten unveränderlichen Zeitmoment angewandten Bedingungen (1) erfüllen, in denen also $dt = 0$, für dx_i aber δx_i zu setzen ist, so daß sich ergibt:

$$(4) \qquad \sum_1^{3n} {}^i \eta_j^i\,\delta x_i = 0, \qquad j = 1, 2 \ldots \sigma.$$

Den aus den Gleichungen (2) bei Konstanthaltung aller p_h folgenden Differentialquotienten von x nach t nennen wir den partiellen nach t und bezeichnen ihn mit $\partial x_i / \partial t$; eine analoge Bedeutung hat $\partial x_i / \partial p_h$, so daß man also hat:

$$(5) \qquad \frac{\partial x_i}{\partial t} = \xi_i, \quad \frac{\partial x_i}{\partial p_h} = \xi_i^h.$$

Aus denselben Gleichungen folgt:

$$(6) \qquad \dot{x}_i = \xi_i + \sum_1^{s} {}^h \xi_i^h \dot{p}_h.$$

Dagegen ist bei Bildung der δx_i die Zeit konstant zu erhalten, so daß man hat:

$$\delta x_i = \sum_1^s {}^h\, \xi_i^h\, \delta p_h. \tag{7}$$

Versteht man daher unter einem partiellen Differentialquotienten der $\dot{x}_i$ einen solchen, wobei von den Variablen t, x_i und $\dot{x}_i$ alle konstant erhalten werden, bis auf die eine, nach welcher differentiiert wird, so ist:

$$\frac{\partial \dot{x}_i}{\partial p_h} = \frac{\partial \xi_i}{\partial p_h} + \sum_1^s {}^h\, \frac{\partial \xi_i^h}{\partial p_h}\dot{p}_h, \tag{8}$$

$$\frac{\partial \dot{x}_i}{\partial \dot{p}_h} = \xi_i^h = \frac{\partial x_i}{\partial p_h}, \tag{9}$$

letzteres gemäß den Gleichungen (5). Durch Differentiation derselben Gleichungen folgt:

$$\frac{d}{dt}\left(\frac{\partial x_i}{\partial p_h}\right) = \frac{\partial \xi_i^h}{\partial t} + \sum_1^s {}^k\, \frac{\partial \xi_i^h}{\partial p_k}\dot{p}_k. \tag{10}$$

Es ist also:

$$\frac{\partial \dot{x}_i}{\partial \dot{p}_h} - \frac{d}{dt}\left(\frac{\partial x_i}{\partial p_h}\right) = \frac{\partial \xi_i}{\partial p_h} - \frac{\partial \xi_i^h}{\partial t} + \sum_1^s {}^k\, \dot{p}_k\left(\frac{\partial \xi_i^k}{\partial p_h} - \frac{\partial \xi_i^h}{\partial p_k}\right).$$

Wir setzen nun kürzehalber:

$$\frac{\partial \xi_i}{\partial p_h} - \frac{\partial \xi_i^h}{\partial t} = \mathfrak{x}_i^h, \quad \frac{\partial \xi_i^k}{\partial p_h} - \frac{\partial \xi_i^h}{\partial p_k} = \mathfrak{x}_i^{hk}, \tag{11}$$

so daß wir schreiben können:

$$\frac{\partial \dot{x}_i}{\partial \dot{p}_h} - \frac{d}{dt}\left(\frac{\partial x_i}{\partial p_h}\right) = \mathfrak{x}_i^h + \sum_1^s \mathfrak{x}_i^{hk}\,\dot{p}_k. \tag{12}$$

Die geometrische Bedeutung der hier neu eingeführten Größen ergibt sich durch folgende Betrachtungen.

Läßt man zuerst p_h um dp_h und hernach p_k um dp_k wachsen, so nimmt die Größe x_i zuerst um $\xi_i^h\,dp_h$, hernach um

$$\left(\xi_i^k + \frac{\partial \xi_i^k}{\partial p_h}\,dp_h\right)dp_k$$

zu. Diejenige Stelle des Raumes, wohin während dieses ganzen Prozesses der materielle Punkt, dessen Masse m_r ist, von seiner

Ausgangsstellung aus verschoben wird, heiße B_r^{hk} Nun soll umgekehrt zuerst p_k um dp_k und dann erst p_h um dp_h wachsen, so daß zuerst x_i um $\xi_i^k dp_k$ und dann um

$$\left(\xi_i^h + \frac{\partial \xi_i^h}{\partial p_k} dp_k\right) dp_h$$

wächst. Dabei gelange derselbe materielle Punkt, dessen Masse m_r ist, von seiner unverschobenen Lage nach A_r^{hk}. Man sieht sofort, daß, wenn $i = r$, $r + 1$ oder $r + 2$ ist, die Größe

$$\left(\frac{\partial \xi_i^k}{\partial p_h} - \frac{\partial \xi_i^h}{\partial p_k}\right) dp_h dp_k = \mathfrak{x}_i^{hk} dp_h dp_k$$

nichts anderes ist, als die Projektion der geraden Verbindungslinie $A_r^{hk} B_r^{hk}$ der beiden Punkte A_r^{hk} und B_r^{hk} des Raumes auf diejenige Koordinatenachse, nach welcher die x_i gezählt werden. Bezeichnet man diese Projektion mit $C_i^{hk} D_i^{hk}$, so ist also:

$$\mathfrak{x}_r^{hk} = \lim \frac{C_i^{hk} D_i^{hk}}{dp_h dp_k}.$$

Ähnlich seien E_r^h und F_r^h die beiden Punkte des Raumes, wohin sich das Massenteilchen m_i verschiebt, wenn einmal zuerst t um dt und dann p_h um dp_h, das andere Mal zuerst p_h um dp_h, dann erst t um dt wächst. Ferner sei $G_i^h H_i^h$ die Projektion von $E_r^h F_r^h$ auf diejenige Koordinatenachse, nach welcher die x_i gezählt werden. In derselben Weise, in der sich früher die geometrische Bedeutung von $\mathfrak{x}_i^{hk}$ ergab, findet man jetzt, daß

$$\mathfrak{x}_i^h = \lim \frac{G_i^h H_i^h}{dt\, dp_h}$$

ist.

Bezeichnet man die Faktoren, mit denen Lagrange die Bedingungsgleichungen (4) multipliziert, mit $\lambda_1, \lambda_2 \ldots \lambda_\sigma$, so folgt aus (3) und (4) in der bekannten Weise:

$$X_i = m\ddot{x}_i + \sum_1^\sigma {}^j \lambda_j \eta_j^i, \quad i = 1, 2, 3 \ldots n. \tag{13}$$

Führt man in dem Ausdrucke $\sum_1^{3n} {}^i X_i \delta x_i$ statt der δx_i die δp_h vermöge der Gleichungen (7) ein, so erhält man:

$$\sum_1^{3n} {}^i X_i \delta x_i = \sum_1^s {}^h \sum_1^{3n} {}^i X_i \xi_i^h \delta p_h. \tag{14}$$

Der Koeffizient von δp_h in dem Ausdrucke rechts soll, wie bei holonomen generalisierten Koordinaten, die nach der Koordinate p_h wirkende Kraft genannt und mit P_h bezeichnet werden, so daß man also hat:

$$(15) \qquad P_h = \sum_1^{3n}{}^i X_i \xi_i^h = \sum_1^{3n}{}^i \left(m_i \ddot{x}_i + \sum_1^{\sigma}{}^j \lambda_j \eta_j^i\right) \frac{\partial x_i}{\partial p_h};$$

letzteres gemäß der Gleichung (13).

Wir wollen nun, wie man es bei Ableitung der Lagrangeschen Gleichungen zu tun pflegt, den Ausdruck $\dot{x}_i(\partial \dot{x}_i / \partial p_h)$ nach der Zeit differentiieren. Es folgt:

$$(16) \qquad \frac{d}{dt}\left(\dot{x}_i \frac{\partial x_i}{\partial p_h}\right) = \ddot{x}_i \frac{\partial x_i}{\partial p_h} + \dot{x}_i \frac{d}{dt}\left(\frac{\partial x_i}{\partial p_h}\right).$$

Bei holonomen Koordinaten kann man offenbar ohne weiteres

$$\frac{d}{dt}\left(\frac{\partial x_i}{\partial p_h}\right) = \frac{\partial \dot{x}_i}{\partial p_h}$$

setzen. Allein bei nichtholonomen ist dies nicht mehr gestattet. Denn es ist:

$$\dot{x}_i = \xi_i + \sum_1^{s}{}^k \xi_i^k \dot{p}_k,$$

daher:

$$\frac{\partial \dot{x}_i}{\partial p_h} = \frac{\partial \xi_i}{\partial p_h} + \sum_1^{s}{}^k \frac{\partial \xi_i^k}{\partial p_h} \dot{p}_k,$$

wogegen:

$$\frac{\partial x_i}{\partial p_h} = \xi_i^h;$$

daher:

$$\frac{d}{dt}\left(\frac{\partial x_i}{\partial p_h}\right) = \frac{d\xi_i^h}{dt} + \sum_1^{s}{}^k \frac{\partial \xi_i^h}{\partial p_k} \dot{p}_k$$

ist. Man hat daher:

$$(17) \qquad \frac{d}{dt}\left(\dot{x}_i \frac{\partial x_i}{\partial p_h}\right) = \ddot{x}_i \frac{\partial x_i}{\partial p_h} + \dot{x}_i \frac{\partial \dot{x}_i}{\partial p_h} + \dot{x}_i \left(\frac{d}{dt} \frac{\partial x_i}{\partial p_h} - \frac{\partial \dot{x}_i}{\partial p_h}\right)$$

oder nach Gleichung (12):

$$(18) \qquad \frac{d}{dt}\left(\dot{x}_i \frac{\partial x_i}{\partial p_h}\right) = \ddot{x}_i \frac{\partial x_i}{\partial p_h} + \dot{x}_i \frac{\partial \dot{x}_i}{\partial p_h} - \dot{x}_i \left(\mathfrak{x}_i^h + \sum_1^{s}{}^k \mathfrak{x}_i^{hk} \dot{p}_k\right).$$

Wir multiplizieren nun diese Gleichung mit m_i, addieren beiderseits

$$\sum_1^{\sigma}{}_j \lambda_j \eta_j^i \frac{\partial x_i}{\partial p_h}$$

und summieren schließlich bezüglich i von 1 bis $3n$.

Beginnen wir ganz links und schreiten zu immer mehr rechtsstehenden Gliedern der Gleichung (18) vor, so ist

1. nach Gleichung (9):

$$\sum_1^{3n}{}_i m_i \frac{d}{dt}\left(\dot{x}_i \frac{\partial x_i}{\partial p_h}\right) = \frac{d}{dt} \sum_1^{3n}{}_i m_i \dot{x}_i \frac{\partial \dot{x}_i}{\partial \dot{p}_h} = \frac{d q_h}{dt}.$$

q_h hat die bekannte Bedeutung. Es ist das Moment bezüglich der h^{ten} Koordinate und wird gebildet, indem man die lebendige Kraft

$$T = \tfrac{1}{2} \sum_1^{3n}{}_i m_i \dot{x}_i^2 \tag{19}$$

als Funktion der p_h und $\dot{p}_h$ ausdrückt und dann nach $\dot{p}_h$ partiell differentiiert.

2. Die p_h sollen die Bedingungsgleichungen identisch erfüllen. Es ist also bei konstanter Zeit für jedes j $(1, 2 \ldots \sigma)$:

$$\sum_1^{3n}{}_i \eta_j^i \delta x_i = 0, \tag{20}$$

wenn sich die p_h beliebig ändern, daher auch, wenn alle andern bis auf eines, das wir wieder p_h nennen wollen, sowie die Zeit konstant bleiben. Mit andern Worten, es ist für jeden Wert von j und h:

$$\sum_1^{3n}{}_i \eta_j^i \frac{\partial x_i}{\partial p_h} = 0, \quad j = 1, 2, 3 \ldots \sigma. \tag{21}$$

Wenn auch die Zeit um δt wachsen würde, so würden die x zudem etwas andere Funktionen der p werden und man hätte jetzt für jedes j:

$$\eta_j \delta t + \sum_1^{3n}{}_i \eta_j^i \delta x_i = 0.$$

Diese Gleichung gilt jedoch für unsere jetzigen Betrachtungen nicht, da mit allen bisher durch das Zeichen δ bezeichneten Variationen keine Veränderung der Zeit verknüpft ist.

3. Nach Gleichung (15) ist:

$$\sum_1^{3n}{}^i (m_i \ddot{x}_i + \lambda_j \eta_j^i) \frac{\partial x_i}{\partial p_h} = P_h. \tag{22}$$

4. Aus Gleichung (19) folgt:

$$\sum_1^{3n}{}^i m_i \dot{x}_i \frac{\partial \dot{x}_i}{\partial p_h} = \frac{\partial T}{\partial p_h}. \tag{23}$$

Es ergibt sich also:

$$\frac{d q_h}{d t} = P_h + \frac{\partial T}{\partial p_h} - \sum_1^{3n}{}^i m_i \dot{x}_i \left(\mathfrak{x}_i^h + \sum_1^{s}{}^k \mathfrak{x}_i^{hk} \right). \tag{24}$$

Es sei nun $\mathfrak{v}_r$ sowohl die Größe als auch die Richtung der Geschwindigkeit des r^{ten} materiellen Punktes, welcher die Masse $m_r = m_{r+1} = m_{r+2}$ hat, so daß $\dot{x}_r$, $\dot{x}_{r+1}$, $\dot{x}_{r+2}$ die Komponenten von $\mathfrak{v}_r$ in den drei Koordinatenrichtungen sind. Ferner seien $\mathfrak{u}_r^h$ und $\mathfrak{u}_r^{hk}$ die Größen und Richtungen der Geraden, welche früher mit $E_r^h F_r^h$ und $A_r^{hk} B_r^{hk}$ bezeichnet wurden. Dann kann man die Gleichung (20) auch in der Form schreiben:

$$\left\{ \begin{aligned} \frac{d q_h}{d t} &= P_h + \frac{\partial T}{\partial p_h} \\ &+ \Sigma_r m_r \mathfrak{v}_r \left[\mathfrak{u}_r^h \cos(\mathfrak{v}_r \mathfrak{u}_r^h) + \sum_1^{s}{}^k \mathfrak{u}_r^{hk} \cos(\mathfrak{v}_r \mathfrak{u}_r^{hk}) \right], \end{aligned} \right. \tag{25}$$

wobei in der ersten Summe r bloß die Werte 1, 4, 7 . . . $3n-2$ zu durchlaufen hat.

Hiermit ist also erstens erwiesen, daß die Lagrangeschen Gleichungen in unveränderter Form bei Anwendung nichtholonomer Koordinaten ungültig sind, und zweitens jedesmal das Korrektionsglied berechnet, welches man ihnen beifügen muß, damit sie wieder gültig werden.

Der Beweis erleidet nur eine unwesentliche Modifikation, wenn die Anzahl v der generalisierten Koordinaten größer ist als die Anzahl $s = 3n - \sigma$ der Freiheitsgrade des Systems. Dann bleiben zwischen den generalisierten Koordinaten noch $v - s = \tau$ Bedingungsgleichungen bestehen, von denen einige holonom, andere nichtholonom sein können. Von den σ

zwischen den rechtwinkeligen Koordinaten bestehenden Bedingungsgleichungen werden dann also bloß $\sigma - \tau$ durch die generalisierten Koordinaten identisch erfüllt.

Für die Variationen δx_i der rechtwinkeligen Koordinaten bei konstanter Zeit gelten nach wie vor die σ Gleichungen (4). Wir können alle diese Gleichungen in eine einzige zusammenfassen, indem wir jede mit einem willkürlichen Faktor λ_j multiplizieren und nachher alle addieren. Dadurch erhalten wir die resultierende Gleichung:

$$\sum_1^{\sigma}{}^{j} \sum_1^{3n}{}^{i} \lambda_j \eta_j^i \delta x_i = 0 . \tag{26}$$

Die Festsetzung, daß diese Gleichung für beliebige Werte der λ bestehen soll, vertritt vollkommen die σ Gleichungen (4).

Wenn wir nun in der Gleichung (26) die δx durch die δp ersetzen, so muß sich die Anzahl der willkürlichen Faktoren λ von σ auf τ reduzieren, da ja zwischen den δp nur τ Gleichungen bestehen, welche wir in der Form schreiben wollen:

$$\sum_1^{\tau}{}^{i} \zeta_j^i \delta p_i = 0 , \quad j = 1, 2 \ldots \tau . \tag{27}$$

Die Gleichung (26) muß sich daher nach Einführung der δp auf folgende reduzieren:

$$\sum_1^{\tau}{}^{j} \sum_1^{\tau}{}^{i} \mu_j^i \zeta_j^i \delta p_i = 0 ,$$

wobei die μ jedenfalls τ lineare, voneinander unabhängige Funktionen der λ sind.

Die Faktoren $\lambda_1, \lambda_2 \ldots \lambda_\sigma$ wurden nun nach Lagrange so gewählt, daß der Ausdruck

$$\sum_1^{3n}{}^{i} \left(X_i - m_i \frac{d^2 x_i}{dt^2} + \sum_1^{\sigma}{}^{j} \lambda_j \eta_j^i \right) \delta x_i$$

für alle Werte der δx_i verschwindet. Nach Einführung der generalisierten Koordinaten verwandelt sich dieser Ausdruck in

$$\sum_1^{\nu}{}^{h} \left\{ P_h - \frac{dq_h}{dt} + \frac{\partial T}{\partial p_h} - \sum_1^{3n}{}^{i} m_i \dot{x}_i \left(\mathfrak{x}_i^h + \sum_1^{\nu}{}^{k} \mathfrak{x}_i^{hk} \right) + \sum_1^{\tau} \mu_j \zeta_j^i \right\} \delta p_i = 0$$

oder

$$\sum_1^{\nu} {}^h \Big\{ P_h - \frac{dq_h}{dt} + \frac{\partial T}{\partial p_h} + \Sigma_r m_r \mathfrak{v}_r \Big[\mathfrak{u}_r^h \cos(\mathfrak{v}_r \mathfrak{u}_r^h) + \sum_1^{\nu} {}^k \mathfrak{u}_r^{hk} \cos(\mathfrak{v}_r \mathfrak{u}_r^{hk}) \Big] + \sum_1^{\tau} \mu_j \zeta_j^i \Big\} \delta p_i = 0,$$

wobei wieder r die Werte $1, 4, 7 \ldots 3n-2$ zu durchlaufen hat. Wegen der für die λ getroffenen Wahl, aus welcher analoge Eigenschaften für die μ resultieren, muß die linke Seite der letzten beiden Gleichungen für alle überhaupt möglichen Werte der δp_i verschwinden und man erhält die Bewegungsgleichungen:

$$\frac{dq_h}{dt} = P_h + \frac{\partial T}{\partial p_h} - \sum_1^{3n} {}^i m_i \dot{x}_i \Big(\mathfrak{x}_i^h + \sum_1^{\nu} {}^k \mathfrak{x}_i^{hk} \Big) + \sum_1^{\tau} \mu_j \zeta_j^i$$

oder

$$\frac{dq_h}{dt} = P_h + \frac{\partial T}{\partial p_h} + \Sigma_r m_r \mathfrak{v}_r \Big[\mathfrak{u}_r^h \cos(\mathfrak{v}_r \mathfrak{u}_r^h) + \sum_1^{\nu} {}^k \mathfrak{u}_r^{hk} \cos(\mathfrak{v}_r \mathfrak{u}_r^{hk}) \Big] + \sum_1^{\tau} \mu_j \zeta_j^i = 0.$$

Die durch den Mangel der Holonomität der Koordinaten bedingten Zusatzglieder zu den Lagrangeschen Gleichungen sind also ganz dieselben geblieben, wie in dem Falle, daß die Anzahl der generalisierten Koordinaten gleich der Zahl der Freiheitsgrade des Systems ist, so daß zwischen den generalisierten Koordinaten keine Gleichungen mehr übrig bleiben und es ist somit die gestellte Aufgabe in voller Allgemeinheit gelöst.

139.

Über das Exnersche Elektroskop. Gemeinsam mit A. Boltzmann.

(Wien. Anz. **41.** S. 325. 3. November 1904. Phys. Ztschr. **6.** S. 2. 1905.)[1]

An der Fensterplatte dieses Elektroskops brachten Elster und Geitel eine segmentförmige Spiegelbelegung an, welcher sie eine geradlinige Skala gegenüberstellten. Wiewohl man das Zusammenfallen der Ränder von Skala und Spiegelbelegung als Absehen (Korn zum Visieren) hat, so sind doch besonders bei Beobachtungen auf Schiffen, Luftballons usw., selbst wenn man mit der Lupe beobachtet, kleine Augenbewegungen nicht ganz zu vermeiden, wobei dann bald zwei nähere, bald zwei entferntere Punkte der Aluminiumblättchen mit dem Spiegelrande zusammenfallen, während gleiche Skalenteile äquidistant bleiben, so daß der gleiche Ausschlag der Aluminiumblättchen bald weniger, bald mehr Skalenteile zu betragen scheint.

Dieser Übelstand fällt fort, wenn sowohl der Rand der Skala, als auch der der Spiegelbelegung ein Kreisbogen ist, dessen Mittelpunkt in der Durchschnittslinie der beiden von den Aluminiumblättchen gebildeten Ebene liegt. (Die Blättchen als ebene Flächen gedacht.) Die Skalenteilstriche dürfen dann auch nicht parallel sein, sondern müssen ebenfalls nach einem Punkte dieser Durchschnittslinie konvergieren. Wenn sich dann das Auge bald hebt, bald senkt und dadurch bald entferntere, bald nähere Stellen der Aluminiumblättchen mit dem Rande der Spiegelbelegung zusammenfallen, so rücken die mit diesem Rande zusammenfallenden Punkte der Skalenteilstriche in demselben Maße auseinander oder zusammen und der abgelesene Ausschlag bleibt immer gleich. Wenn sich

[1]) Der vorliegende Abdruck ist mit der Ausgabe in der Phys. Ztschr. identisch; die Ausgabe im Wien. Anz. ist etwas kürzer und ist von L. Boltzmann allein verfaßt.

außerdem nach Gerdiens Vorschlag die messingenen Schutzplatten so weit zurückschieben lassen, daß die Aluminiumblättchen nicht anschlagen können und an der doppelt so langen Mittelstange tiefer unten nochmals zwei schwerere Goldblättchen angebracht sind, so gestattet das Elektroskop Ablesungen zwischen sehr weiten Grenzen der Spannung, da sich an der halbkreisförmigen Skala noch sehr große Ausschläge der Blättchen ablesen lassen.

Es ist unter allen Umständen gut, unmittelbar hinter den Fensterplatten sehr weitmaschige, mit dem Elektroskopgehäuse leitend verbundene Gitter aus feinstem Drahte anzubringen, um die Elektroskopblättchen gegen äußere elektrische Einwirkung zu schützen.

Namenregister.[1]

[1] Die Zahlen beziehen sich auf die Nummern der betreffenden Abhandlung.

Systematisches Inhaltsverzeichnis der ganzen Sammlung.[1]

I. Wärmelehre.

A. Thermodynamik.

B. Allgemeine mechanische Analogien des II. Hauptsatzes.

[1] Dieses Inhaltsverzeichnis soll nur zur Orientierung dienen. In manchen Fällen konnte bei der Einordnung einer Arbeit in ein bestimmtes Kapitel eine gewisse Willkür nicht vermieden werden. So behandeln z. B. die Arbeiten über Wärmegleichgewicht oft auch andere Fragen der Gastheorie.

[P. S. bedeutet Populäre Schriften.]

C. Kinetische Gastheorie.

A. Wärmegleichgewicht.

B. Spezifische Wärme.

C. Reibung.

D. Diffusion.

E. Zustandgleichung und Dissoziation.

F. Verschiedene Kapitel der kinetischen Gastheorie behandelnd.

C. Hallsches Phänomen, Thermoelektrizität und Verwandtes.

D. Verschiedene Kapitel der Elektrizitätslehre behandelnd.

III. Aus verschiedenen Gebieten.

A. Mechanik.

B. Akustik und Optik.

C. Zur Energetik.

D. Verschiedene Kapitel der Physik.

E. Mathematik.

F. Erkenntnistheorie.

G. Gedenkreden.

H. Populäre Vorträge und Schriften.

For EU product safety concerns, contact us at Calle de José Abascal, 56–1°, 28003 Madrid, Spain or eugpsr@cambridge.org.

www.ingramcontent.com/pod-product-compliance
Ingram Content Group UK Ltd.
Pitfield, Milton Keynes, MK11 3LW, UK
UKHW042206080726
473066UK00007B/280

* 9 7 8 1 1 0 8 0 5 2 8 1 8 *